Kran- und Transportanlagen
für Hütten-, Hafen-, Werft- und Werkstatt-Betriebe

Von

Dipl.-Ing. C. Michenfelder
Direktor der Ingenieur-Akademie Wismar

Zweite
umgearbeitete und vermehrte Auflage

Mit 1097 Textabbildungen

Springer-Verlag Berlin Heidelberg GmbH
1926

ISBN 978-3-642-50406-8 ISBN 978-3-642-50715-1 (eBook)
DOI 10.1007/978-3-642-50715-1

Softcover reprint of the hardcover 2nd edition 1926

Aus dem Vorwort zur ersten Auflage.

. . . Andererseits besteht aber infolge der einzigartigen Entwickelung der transporttechnischen Hilfsmittel eine derartige Fülle und Mannigfaltigkeit ihrer Ausführungen und Anordnungen, daß nur Wenige einen halbwegs erschöpfenden Überblick über die zahllosen Möglichkeiten, geschweige denn eine Kenntnis deren jeweiliger Vorteile und Nachteile haben können. Gerade dieses ist jedoch unerläßlich für jeden, der einen Betrieb durch Neugestaltung, durch Umbau oder Erweiterung auf der Höhe moderner Leistungsfähigkeit haben und halten will.

Mit Lehrbüchern über Hebezeuge ist nun erfahrungsgemäß gerade diesen Zwecken nicht viel gedient; mögen sie noch so meisterhaft sein, so bieten sie durch die naturgemäße Betonung der rechnerisch-konstruktiven Seite wohl dem Erbauer der Krane einen Anhalt, weniger aber dem Benutzer derselben.

Das vorliegende Buch strebt im Gegensatz hierzu an, namentlich dem im modernen Großbetriebe vielbeschäftigten Praktiker das zu bieten, was er zur selbständigen, nutzbringenden Entschließung in krantechnischen Fragen bei Neu- und Umbauten braucht: einen objektiven Ratgeber, der ihm tunlichst schnell und leichtverständlich die für die verschiedenen Fälle erprobten Ausführungsmöglichkeiten vor Augen führt und ihm dabei durch kritische Betrachtung ihrer betrieblichen Licht- und Schattenseiten einen weiteren Anhalt für seine Wahl gibt. Daß aus solchem vorzugsweise der Praxis entlehnten Material aber auch der entwerfende und durchbildende Ingenieur des Kranbaues manchen Fingerzeig für sein Schaffen wird finden können, dürfte sich bei den regen Wechselbeziehungen technischer Theorie und Praxis von selbst ergeben. Wenn das Buch endlich vermöge seiner vielen, für verschiedenartigste Betriebsverhältnisse vorgeführten Beispiele auch imstande wäre, die durch unklare oder unschlüssige Bestimmungen oft unnütz aufgewendeten Projektierungsarbeiten nur etwas einzuschränken, so würde dies als eine erfreuliche und den Kranbaufirmen gewiß besonders willkommene Nebenwirkung zu begrüßen sein . . . .

Die vorgenannte Bestimmung des Buches ließ mich ferner ganz besonderen Wert darauf legen, die Benutzer wie die Erbauer der Krane überall namentlich anzuführen, um dadurch den Interessenten auch unmittelbare weitergehende Informationen an Ort und Stelle zu ermöglichen. Jene Bestimmung erforderte es aber auch, die etwaigen Nachteile einer Anlage dem Leser ebensowenig wie deren Vorteile vorzuenthalten.

Die somit vielleicht hier und da auch weniger günstige Kritik einer Anlage soll und kann indes ein Vorwurf der Rückständigkeit für die betreffende Betriebsleitung oder Verwaltung durchaus nicht sein, schon deshalb nicht, weil die Modernisierung eines Betriebes, wie bekannt, ja leider oft weniger von der Fortschrittlichkeit der Leitung als von der Höhe des dafür bewilligten Etats beeinflußt wird. Zu der gelegentlichen Aufnahme aber auch solcher weniger rationeller Anlagen überhaupt wurde ich durch die Erwägung veranlaßt, daß man gerade aus Fehlern und Schwächen dann oft am meisten lernt, wenn man sie als solche erkennt.

Ebenso selbstverständlich erscheint mir ein weiterer Hinweis: die des öfteren angegebenen Preise für die seinerzeitige Anschaffung der Krananlagen, die bekanntlich von recht veränderlichen Verhältnissen, von der jeweiligen Konjunktur und von speziellen Einflußfaktoren in dem betreffenden Falle abhängen, können naturgemäß keine allgemeine und noch viel weniger eine dauernde Gültigkeit haben, sondern sollen lediglich einen Anhalt zur ungefähren Beurteilung der durch eine solche Anlage entstehbaren Kosten bieten . . . .

Die Unterlagen für meine Ausführungen, die sich zweckdienlich auf besondere Werkserfahrungen, günstige wie ungünstige, zu stützen hatten, habe ich zum weitaus größten Teil aus den verschiedenartigsten Anwendungsgebieten der Krane selbst geschöpft, aus zahlreichen Hüttenwerken, Schiffswerften, Häfen und Werkstätten des In- und Auslandes, die mir in äußerst schätzenswerter Weise noch besondere Gelegenheit zu solchen Studien und Informationen an Ort und Stelle gewährt haben. Weit über 100 dieser Betriebe haben mich so in uneigennütziger Weise bei den Vorbereitungen zu meinem Buche unterstützt . . . .

Berlin, im Dezember 1911.

C. Michenfelder.

Vorwort zur zweiten Auflage.

Das kennzeichnende Bestreben in der mit dem Weltkriege abschließenden Epoche der Transporttechnik, das sich naturgemäß auch in den Ausführungen der ersten Auflage dieses Buches wiederspiegelte, ist die Mechanisierung der Lastenbewegung gewesen. Der Ersatz der Handarbeit durch Maschinenarbeit auch bei der unproduktiven Güterbewegung war bestimmt durch die großartige Entwicklung von Industrie und Handel, die um die Jahrhundertwende allenthalben bei uns eingesetzt hatte. Die durch die Mechanisierung der Transporte erstrebte und erreichte Leistungssteigerung hatte einen offensichtlichen Ausdruck zunächst in der großzügigen krantechnischen Ausstattung vieler Großbetriebe erhalten: So war der Hafenbezirk Hamburgs schon vor dem Kriege mit rd. 1400 Kranen und Aufzügen — außer zahllosen Elevatoren, Bändern u. dgl. — ausgerüstet, so arbeiteten in der Kruppschen Gußstahlfabrik zu Essen nicht weniger als rd. 1200 Krane und Transportvorrichtungen (mit einer Gesamttragfähigkeit von etwa 13000000 kg), so verfügte der Betrieb von Borsig zu Berlin-Tegel über nahezu 300 Krane usw. Die Zuhilfenahme mechanischer Mittel aber nicht nur für die eigentlichen Transportbewegungen, sondern auch für die Hilfsvorgänge der Lastaufnahme, -abgabe und -lagerung (durch Greifer, Magnete, Zangen, Pratzen u. a.) hatte in weiterer Steigerung die Leistungsfähigkeit der Krane und damit auch die Zahl der entbehrlich gewordenen Handarbeiter auf eine kaum noch zu überbietende Höhe gebracht: So ersetzte die Verwendung eines nur vom Kranführer zu bedienenden Selbstgreifers mit 50 t stündlicher Leistung die Arbeit von reichlich 30 Handschauflern, deren Leistungsfähigkeit im allgemeinen mit nur 1500 kg je Mann und Stunde angenommen werden kann. Im Hüttenwerk, wo die Unhandlichkeit der Lasten besonders groß ist, ist auch der Gewinn durch Mechanisierung der Transportvorgänge naturgemäß besonders groß: Der z. B. den Beschickkran des Siemens-Martinofens bedienende Arbeiter vermag sogar 40 Mann, die nach dem früheren Verfahren von Hand beschicken, zu ersetzen. Beim Transport von Schrott und Gußeisen mittels Hebemagnet vermögen — nach statistischen Erhebungen in der amerikanischen Stahlindustrie — sogar 64 Arbeiter ausgesucht kräftigen Schlages durch 1 Mann ersetzt zu werden! Wenn auch Verzinsung und Tilgung der hohen Anlagewerte solcher leistungsstarker Kran- und Transportanlagen die Förderkosten nicht in gleichem Maße sich verringern lassen, so ist damit doch in der Regel auch ein rein-geldlicher Gewinn von ausschlaggebender Bedeutung verbunden: So stellen sich beispielsweise schon in dem erstgenannten Falle, bei Selbstgreiferbetrieb, die Umschlagskosten je Tonne auf 0,25 M. gegenüber 0,75 M. bei Handschaufelbetrieb. Kann die Benutzung des Greifers aber außer für das Erfassen der Last auch noch auf deren Stapelung, wie bei Langholz, ausgedehnt werden, so können dadurch die Arbeitslöhne sogar bis auf 13 vH. derjenigen für Handarbeit sinken.

Als kennzeichnendes Bestreben in der gegenwärtigen Entwicklungsperiode der Fördertechnik ist die Rationalisierung der Betriebe anzusehen, d. h. ihre Ausgestaltung derart, daß sie mit geringstem Aufwand den größten Nutzen ergeben, eine Forderung, die im grenzenlos erschwerten Wettbewerb von heute zur Hauptaufgabe der Werksleitungen geworden ist. Wie heute z. B. nach schon allgemeiner Erkenntnis eine rationelle Wärmewirtschaft die erforderliche Wärme durch geringstmöglichen Brennstoffverbrauch erzeugt und erzeugen muß, so soll und muß auch eine neuzeitliche Transportwirtschaft die in Industrie und Handel erforderliche Bewegung der Güter in technisch-wirtschaftlich bester Art zustande bringen. Die Verwirklichung solcher Bestrebungen hat mehr oder weniger zwar auch vor dem Kriege schon im geschäftlichen Interesse der Betriebe gelegen und ist von diesen, teilweise wenigstens, auch bereits durchgeführt worden, heute ist sie jedoch zur unumgänglichen Voraussetzung für ihre Existenzmöglichkeit geworden. Denn die erhöhte Konkurrenz durch das im Kriege wirtschaftlich wie technisch erstarkte Ausland einerseits und die verminderte Kaufkraft des Inlandes andrerseits erfordern die weitestgehende Verbilligung unserer Fabrikation. Die Veränderung der wirtschaftlichen Verhältnisse durch den Krieg hat auch in bezug auf die Wirtschaftlichkeit der transportmaschinellen Einrichtungen in manchem veränderte Gesichtspunkte entstehen lassen. So machen heute beispielsweise die außerordentlich gestiegenen Löhne der Handarbeiter in Verbindung mit deren fast gleichermaßen verringerten Leistungen maschinelle Anlagen auch schon für wesentlich kleinere Förderleistungen als früher bezahlt. Die Schaffung geeigneter Kleinfördermittel — Elektrokarren und -flaschenzüge, Stapler u. dgl. m. — hat einem solchen Gesichtspunkt Rechnung getragen, wobei deren verhältnismäßig geringe Kosten eine weitgehende Anwendung auch in unseren geldknappen Zeiten ermöglichen. Wenn man sich vergegenwärtigt, daß z. B. durch die Benutzung eines kleinen fahrbaren Bandes für die Beladung eines 20 t-Waggons eine Ersparnis von etwa 13 Arbeiterstunden im Vergleich zu der Beladung von Hand sich ergibt, oder daß durch die Verwendung eines kleinen flinken Elektrokarrens, an Stelle von Handkarren, Gewinne an Betriebskosten von 60, an Arbeitszeit sogar von 90 vH und mehr erzielt werden können, so ist die Eignung derartiger Transporthilfsmittel für die Erreichung des erwähnten Zweckes, d. h. für die Rationalisierung der Fabrikation wohl nicht zu bezweifeln. Die nach dem Kriege zum Zwecke der Rückeroberung des Marktes besonders für die deutsche Industrie notwendige billige Qualitätsherstellung durch Serienfabrikation förderte die Einführung und Weiterausbildung bisher unbekannter Transportweisen und -einrichtungen in Gestalt der Fließarbeit bzw. der Wandertische, Montagebänder u. dgl. m. Die zur Verbilligung des Güterumschlages und damit der Güter selbst angestrebte Erhöhung der Leistungsfähigkeit der Umschlagsmittel hat — wenn auch noch nicht in überall schon hinreichendem Maße — zu einer wesentlichen Steigerung der Arbeitsgeschwindigkeiten unserer Kran- und Transportvorrichtungen geführt. Bei den im Weltverkehr vorherrschenden Hafendrehkranen mit verstellbarer Ausladung hat die Rücksicht auf rationelles Arbeiten nach dem Kriege allenthalben Ausführungen für ein nur wagerechtes, hebungsloses Lasteinziehen entstehen lassen und vieles andere mehr. So macht sich überall die Not der Zeit als Förderer der Fördertechnik bemerkbar, und es ist zu hoffen, daß die verständnisvolle Weiterausgestaltung unserer Betriebe gerade in transporttechnischer Hinsicht diesen ihre alte Lebens- und Leistungsfähigkeit erhalten und ihre frühere Vorrangstellung in der Welt zurückgewinnen helfen wird. Die deutsche Fördertechnik bietet durch ihre Ausführungen in aller Welt ja selbst Beweise genug für die überragende Stellung, die unsere Industrie eingenommen hat. Und noch durch den Verlust des Krieges ist dem deutschen Kranbau in der Abgabeforderung der Sieger nach unseren großen Kranen und Schiffshebevorrichtungen gewissermaßen eine internationale Anerkennung seiner unerreichten Großtaten zuteil geworden, die, so schmerzlich die Hergabe an sich auch war, für die Einschätzung unseres krantechnischen Könnens in der Welt für uns nur schmeichelhaft sein konnte! —

Die größtenteils überaus günstige Beurteilung der ersten Auflage dieses Buches hat mich veranlaßt, bei der vorliegenden Neubearbeitung — unter Beibehaltung der schon für jene maßgebenden Bestimmung, Werksbesitzer und -leiter zu zweckmäßiger Kranausstattung ihrer Betriebe anzuregen — nach den gleichen Gesichtspunkten zu verfahren und nur inhaltlich insoweit Änderungen vorzunehmen, als es durch die zwischenzeitliche Weiterentwicklung des Gebietes sachlich geboten erschien. Vierzehn Jahre langes Schaffen zahlloser an der Fördertechnik interessierter Kreise, angeregt besonders durch die ungewöhnlichen Bedürfnisse der Kriegs- und Nachkriegszeit, haben solche Änderungen und Ergänzungen allerdings recht zahlreich und mannigfaltig werden lassen. Die unvermeidliche Folge davon ist, an sich wohl unerwünscht, ein nicht unbeträchtliches Anschwellen des Buchumfanges gewesen, für das jedoch die wesentliche Bereicherung des fachlichen Inhaltes und seine Fortführung bis zu den neuesten Errungenschaften der Transporttechnik ein vollwertiger Ausgleich sein dürfte. Abgesehen von teilweise erheblichen Erweiterungen bestehender Abschnitte sind neben den älteren Gebieten der Drahtseilbahnen und Elektrohängebahnen auch die jüngeren Zweige der Fördertechnik, wie Elektrokarren und Wandertische, Kabelkrane und -bagger und anderes mehr ganz neu aufgenommen worden. Die vielfachen Hinweise auf die geschichtliche Entwicklung der Kran- und Transportanlagen habe ich, trotz der vorwiegend praktischen Zweckbestimmung des Buches, beibehalten, ja z. T. noch ergänzt, weil in diesen Ausführungen nicht nur mitunter ein auch heute noch verwertbarer guter Kern liegt, sondern weil durch die dadurch möglichen Vergleiche mit neueren Bauarten die erzielten Fortschritte um so klarer zutage treten. Der ungeheueren Entwicklung der Fördertechnik, die ja nur mit einem verschwindenden Bruchteile der Neuausführungen hat berücksichtigt werden können, habe ich noch dadurch in gegen früher erhöhtem Maße Rechnung zu tragen versucht, daß ich für weitergehende Interessen tunlichst erschöpfende Literaturhinweise gab, die sich bis in die allerletzte Zeit der Drucklegung hinein erstrecken.

Um auch die im Anhang behandelten „Elektrotechnischen Gesichtspunkte" dem neuesten Stande auf diesem Gebiete anzupassen, habe ich dazu die Mitarbeit zweier durch jahrzehntelange Sondererfahrungen bewährter Fachmänner, der Herren Oberingenieure R. Krüger und A. Müller, Duisburg, gewonnen. Ihnen sei auch an dieser Stelle für ihre sehr schätzenswerte Unterstützung herzlich gedankt. Daß ich im übrigen für die weitgehende Neubearbeitung dieser Auflage, die sich in vielen Fällen wieder auf eigene Betriebswahrnehmungen und Erkundungen an Ort und Stelle stützen konnte, auch diesmal nicht nur von den Herstellerfirmen, sondern auch von den Benutzern der Kran- und Transportanlagen in wertvoller, z. T. uneigennützigster Weise unterstützt worden bin, soll auch hier dankbar anerkannt werden.

Möge das Buch, wie schon mit seiner ersten Auflage, eine wohlwollende Aufnahme finden und seinen Teil zur weiteren Vervollkommnung unserer Betriebe beitragen!

Wismar, im April 1926.

C. Michenfelder.

Inhaltsverzeichnis.

Hüttenwerke.

Schiffswerften.

Häfen.

Hüttenwerke.

Mehr noch als in anderen Betrieben ist im Hüttenwerk eine Kran- und Transportanlage nicht Selbstzweck, sondern Mittel zum Zweck: zum Zweck, die Bewegung der Last — außer den Rohstoffen in der Hauptsache Eisen und Stahl in flüssiger oder fester Form — rationell zu bewirken. Was heißt nun hier rationell und warum ist die Rücksicht hierauf gerade für die Anlage von Hüttenkranen besonderes Erfordernis?

Rationell wird eine Materialbewegung dann sein, wenn sie ihrem Zweck in technischer und wirtschaftlicher Hinsicht so dient, daß dieser mit dem geringsten Aufwand jeglicher Art erreicht wird. Daß neben der eigentlich selbstverständlichen Erfüllung der durch den Herstellungsgang begründeten betriebstechnischen Forderungen aber auch die Wirtschaftlichkeit der Arbeit von den Hüttenwerkskrananlagen in besonderem Maße zu verlangen ist, hat seinen Grund einesteils in der Quantität, andernteils in der Qualität des Transportgutes. Bei den in der Regel außerordentlich großen Mengen, seien es Rohstoffe, seien es Halb- oder Fertigfabrikate, die in einem Hüttenwerk zu bewegen sind und die allgemein auch eine entsprechende Häufigkeit der Einzelbewegungen erfordern, wird sich natürlich ein Fehler in der Anlage der Krane durch die zahlreichen Bewegungswiederholungen fühlbarer machen als etwa bei den gelegentlichen Transporten eines Arbeitsstückes in der Werkstatt oder auf dem Fabrikhofe. Ist hier ein durch unzweckmäßige Bewegungsdisposition erforderliches Mehr an Strom- und an Zeitverbrauch kaum von Belang, so kann es dort doch bald eine beträchtliche Größe erreichen. „Viele Wenig machen ein Viel“ — auch in bezug auf Verluste. Die Beschaffenheit des Transportgutes ist im Hüttenwerk oft ein weiterer Grund, dem rationellen Arbeiten der Krane mehr Beachtung zu schenken als anderswo. Wenn durch eine zweckmäßige Disposition einer Krananlage, die z. B. dem Transport heißer Blöcke von den Wärmöfen nach dem Walzwerk dient, unnütze Bewegungsstrecken und dadurch schädliche Erkaltungen des Walzgutes vermieden werden, so ist dies offensichtlich von größerer Bedeutung, als wenn etwa bei einem Speicherkran eine Kiste zu lange am Haken hängt. Gerade der Einfluß der Kranbewegungen auch auf die Qualität der Last ist ein Moment, das bei vielen Hüttenwerkskranen als zusätzliche Besonderheit in Betracht kommt und das einen rationellen Entwurf der Anlage auch in besonderem Maße erheischt. Ähnlich liegen die Verhältnisse auch bei anderen Hüttenkranen: mehr oder weniger sind auch bei ihnen anderwärts nicht erforderliche Rücksichten zu nehmen, die durch die Eigenart der Last, durch deren in Temperatur, Form, Lagerung oder Schwere begründete Unhandlichkeit u. a. m. bestimmt werden.

Wenn auch die Verhältnisse in selbst gleichartigen Hüttenbetrieben nicht vollkommen gleich liegen, wenn auch stets örtliche, fabrikatorische oder sonstige Verschiedenheiten von Fall zu Fall mit erwogen werden müssen, so lassen sich doch für den Entwurf von Kran- und Transportanlagen in Hüttenwerken — mit vielfacher Gültigkeit auch für die anderen in diesem Buche behandelten Arbeitsbetriebe — allgemeine Richtlinien ziehen, deren Innehaltung als erste Vorbedingung für ein rationelles Arbeiten zu gelten hat. So selbstverständlich die Erwägungen zum Teil vielleicht erscheinen mögen, die der Aufstellung solcher Richtlinien zugrunde liegen, so beweist doch die Erfahrung, daß dieser Selbstverständlichkeit durchaus nicht immmer Rechnung getragen wird — ein Umstand, der die nachfolgenden Ausführungen gewiß rechtfertigen dürfte. Die Gruppierung der Richtlinien sei vorgenommen in bezug auf

I. Vermeidung von Zeitverlusten bzw. Erhöhung der Leistungsfähigkeit,
II. Vermeidung von Kraftverlusten bzw. Verminderung der Betriebskosten,
III. Vermeidung von zu hohem Anlagekapital bzw. Kleinhaltung der Anlagekosten,
IV. Vermeidung von Betriebsstörungen bzw. Erhöhung der Sicherheit.

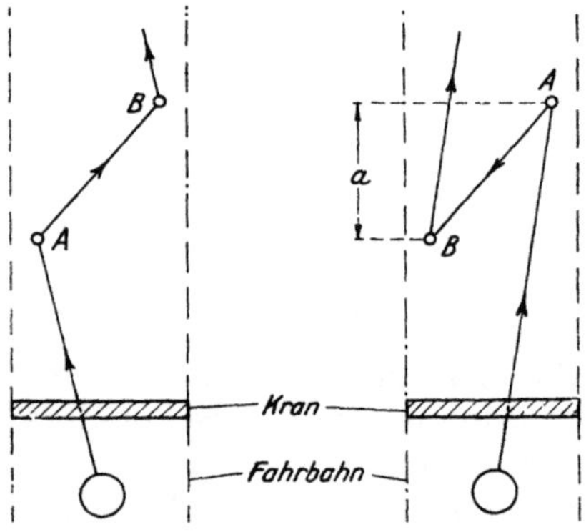

Abb. 1. Abb. 2.

Die Unterabteilungen dieser einzelnen Hauptgruppen betreffen

a) die Einzeldisposition, d. h. das selbständige Arbeiten eines einzigen Kranes,

b) die Gesamtdisposition, d. h. das Zusammenarbeiten mehrerer Krane.

Hiernach ergeben sich als für den Entwurf rationeller Kran- und Transportanlagen hauptsächlich zu beachtende grundsätzliche Anordnungen und Maßnahmen die folgenden (wobei die beigefügten Skizzen meist natürlich nur einige wenige der zahlreichen praktischen Ausführungsmöglichkeiten andeuten):

I. a) 1. Der Krantransport soll in fortschreitender Richtung erfolgen (Abb. 1). Zwecklose Rücktransporte (*a* in Abb. 2) sind zu vermeiden, weil daraus Zeit- und Leistungsverluste erwachsen, die der Zurücklegung der infolge der Bewegungsumkehr unnütz durchfahrenen Strecken entsprechen.

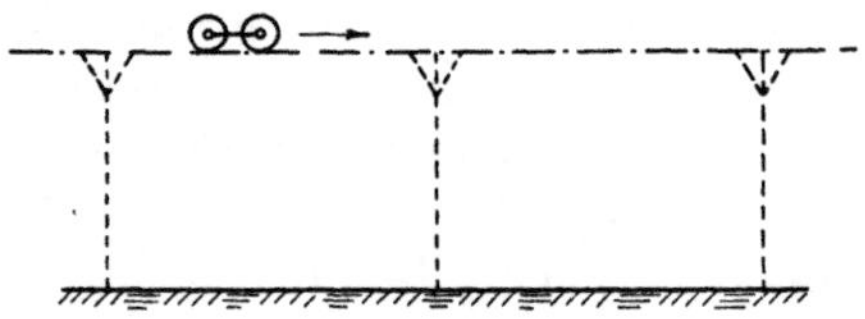
Abb. 3.

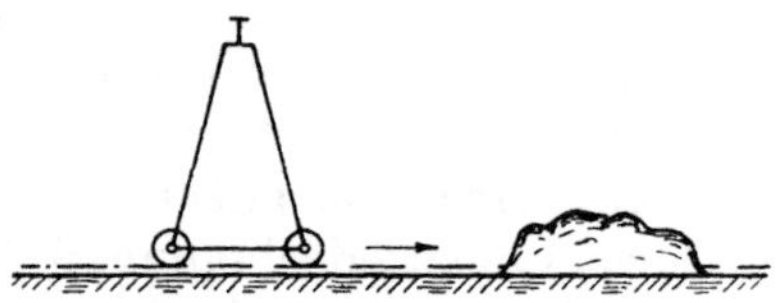
Abb. 4.

Daher sind die einzelnen in den Bereich eines Kranes fallenden Aufnahme- und Ablagestellen (*A*, *B* usw.) — z. B. die Ladestationen und die Bearbeitungsmaschinen — in der zweckentsprechenden Aufeinanderfolge anzuordnen.

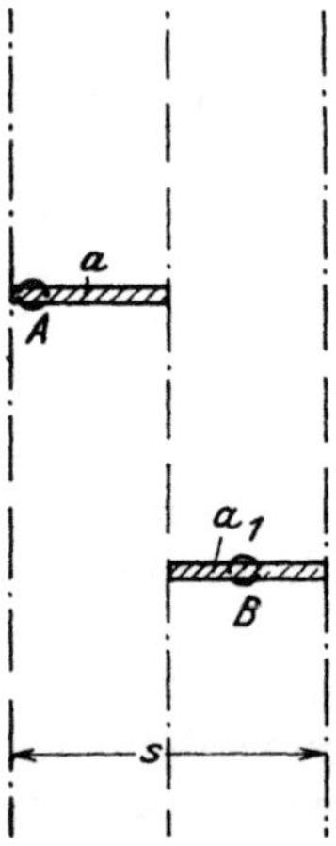

Abb. 5.

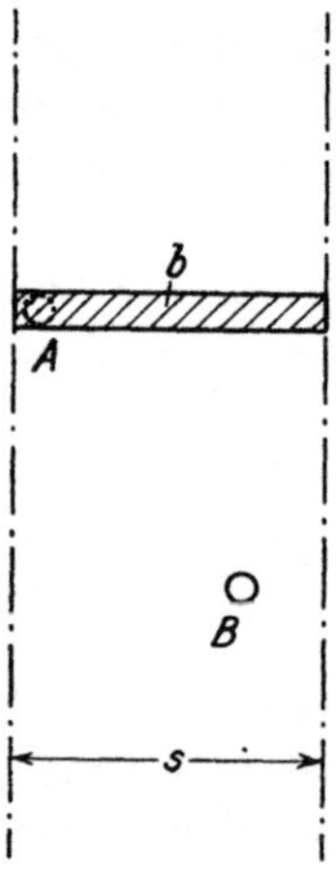

Abb. 6.

2. Der Transport soll ungehindert vor sich gehen können. Zu dem Zweck ist im allgemeinen die Hochlegung der Fahrbahn (Abb. 3) der Anordnung der Fahrschienen auf Flur (Abb. 4) vorzuziehen, weil hierbei, infolge aufliegender Hindernisse oder herrschenden Flurverkehres, Wartepausen leicht erforderlich werden können [vgl. auch IV. a) 1.]. Auch die Anlage hoher und fester Hürden oder ähnlicher Stapeleinrichtungen hat von diesem Gesichtspunkt aus der freien Stapelung gegenüber im allgemeinen Nachteile.

3. Der Kran soll verfügbar sein. Wird er an einer Stelle benutzt und gleichzeitig an einer andern benötigt (*A* bzw. *B* in Abb. 5 und 6), so wird die glatte Abwicklung des Arbeitsprogramms natürlich gehemmt.

Aus diesem Grunde verdient in vielen Fällen eine Unterteilung des Arbeitsbereiches in mehrere, durch kleinere Einzelkrane (a, a_1 in Abb. 5) selbständig und unabhängig bedienbare Felder den Vorzug vor der Anwendung nur eines, aber entsprechend größeren Kranes (*b* in Abb. 6).

4. Die Arbeitsgeschwindigkeiten sollen tunlichst groß gewählt werden. Im allgemeinen hat dabei die Größe der Geschwindigkeit im Verhältnis zur Häufigkeit der bezüglichen Bewegung zu stehen, so, daß selten zurückzulegende Wege langsamer bewältigt werden als oft zurückzulegende. Bei diesen würde ein unnötig großer Zeitaufwand eben durch die häufige Wiederholung besonders verlustbringend wirken. Im besondern soll man bei der Wahl der Geschwindigkeit auch die Größe der Wegstrecken derart von Einfluß sein lassen, daß längere Wege schneller als kürzere durchlaufen werden. Auf diese Weise werden die leistungsschwachen An- und Auslaufperioden in ein günstiges Verhältnis zu den wirksamen Beharrungsperioden gebracht.

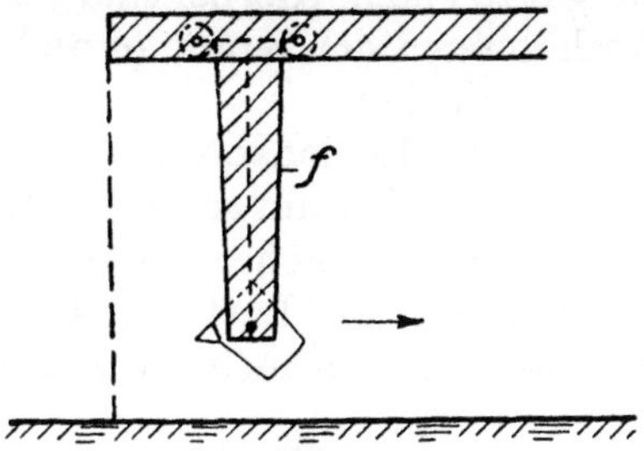

Abb. 7.

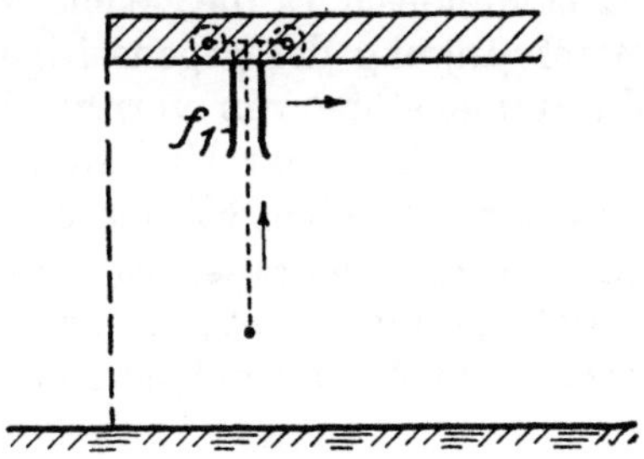

Abb. 7a.

Auch sollen durch das Pendeln der Last verursachte Wartezeiten nach Möglichkeit vermieden werden, und zwar im allgemeinen um so mehr, je genauer die Einstellung der Last im Fabrikationsgang erforderlich ist und je größer die Fahrgeschwindigkeiten

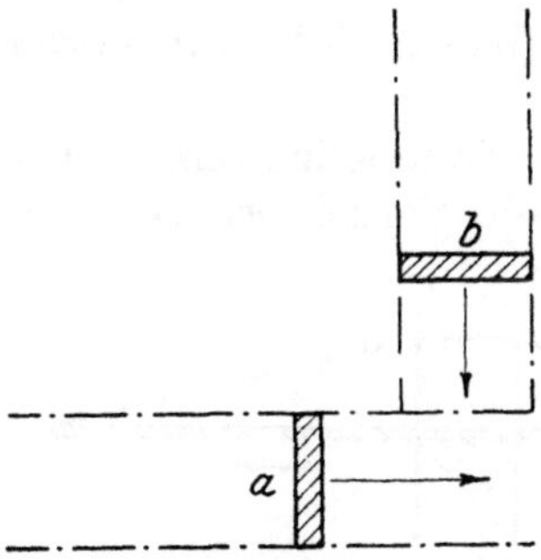

Abb. 8.

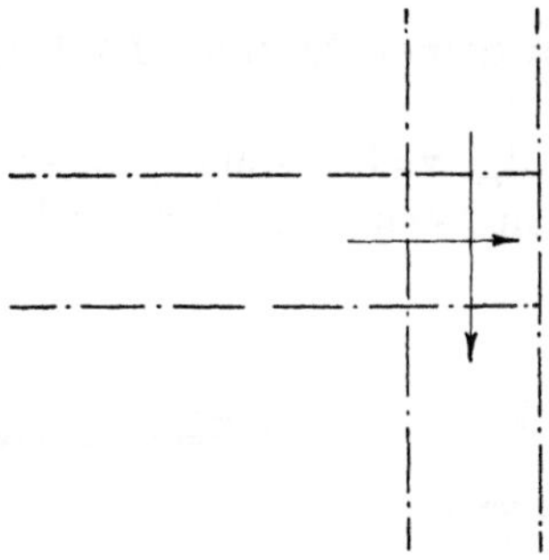
Abb. 9.

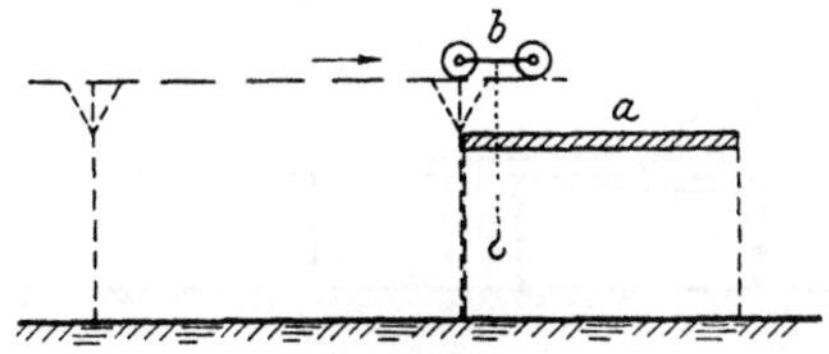

Abb. 10.

sind. Zu dem Zweck empfiehlt sich oft die Anordnung starrer Führungen (f in Abb. 7), die, namentlich bei längeren Fahrwegen und auch bei unentfernbaren Hindernissen, nur als Endführungen (f_1 in Abb. 7a) ausgebildet zu werden brauchen.

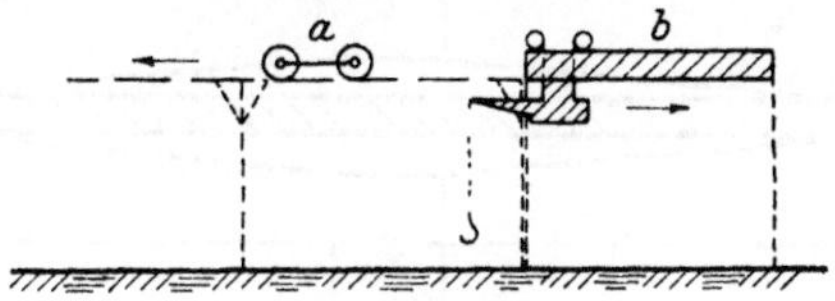

Abb. 10a.

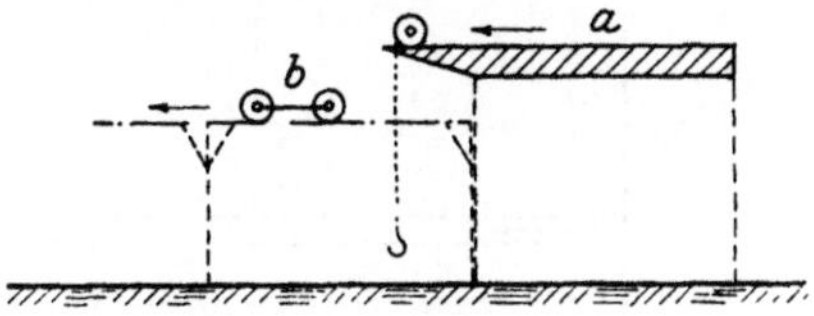

Abb. 10b.

I. b) 1. Die Angrenzung winklig zueinander gelegener Fahrbahnen von Kranen (a und b in Abb. 8) soll, wo möglich, endseitig stattfinden (Abb. 8). Kreuzungen und Überschneidungen der Fahrwege (nach Abb. 9) sind nach Möglichkeit zu vermeiden, da an solchen Stellen ein Kran durch das Vorüberfahren eines anderen zum Warten genötigt oder gar beschädigt werden kann.

Zur Erreichung eines unmittelbaren Ineinanderarbeitens der Krane wird man dann, wenigstens bei reinen Laufkrananlagen, je nach der Situation Fahrbahn-, Katzen- oder Brückenausladungen (Abb. 10, 10a bzw. 10b) anordnen, um dadurch die Arbeitsbereiche der Krane (a und b) teilweise sich überdecken zu lassen.

2. Bei mehreren Kranen, die ein und dasselbe Feld bestreichen, ist oft gleichfalls ein völlig ungehindertes Arbeiten eines jeden der Krane einzeln und über die ganze Feldausdehnung erforderlich oder doch erwünscht.

Während nebeneinander angeordnete Krane (Abb. 11) in den Fahrbewegungen sich gegenseitig hindern können, ist die Übereinander-Anordnung der Kranbahnen (Abb. 12) hierfür — bei Laufkranen — ein oft gebrauchtes und wirksames Mittel; bei Konsol-, Veloziped- oder auch gewöhnlichen Drehkranen läßt sich durch die Anordnung selbständiger Fahrbahnen (l und l_1 in Abb. 12a) zu beiden Seiten des Arbeitsfeldes u. U. die gleiche Wirkung erreichen. Hierbei sind durch Beschränkung der gegenseitigen Ausladungen der Krane (a und a_1) Zusammenstöße von vornherein auszuschließen.

3. Die Zahl der Umladungen soll nach Möglichkeit beschränkt sein. Bei derselben Häufigkeit wird das Umladen um so ungünstiger auf den Gesamttransport einwirken, je umständlicher das An- und Abschlagen der Last ist, bzw. je empfindlicher die Last ist. Oft ist daher eine Ausfahrmöglichkeit der Hebezeuge auf mehrere Arbeitsfelder, selbst unter Zuhilfenahme von Schiebebühnen, Drehscheiben o. dgl., von Vorteil Abb. 13; s. auch III. b) 1.].

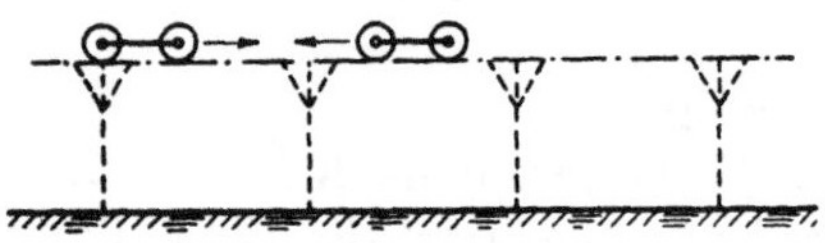
Abb. 11.

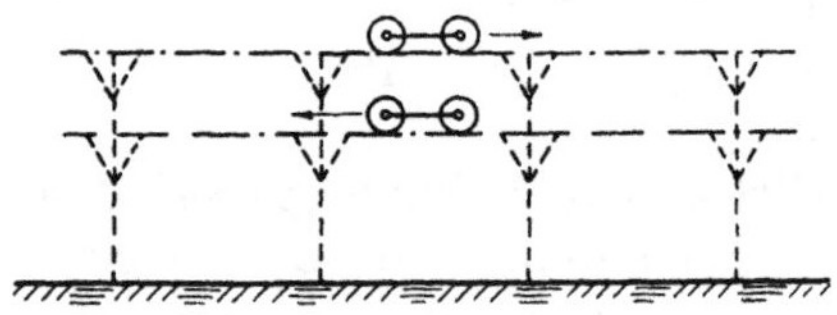
Abb. 12.

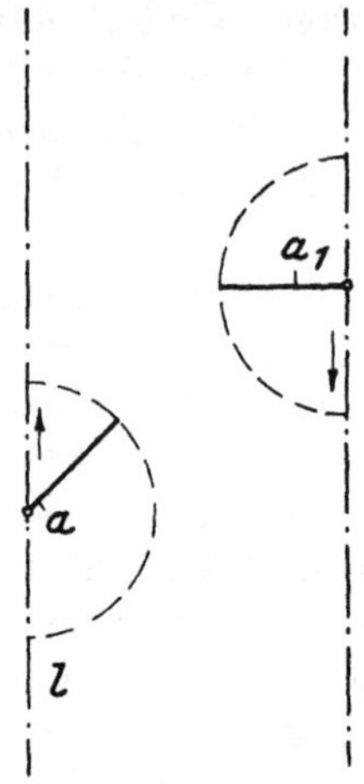

Abb. 12a.

II. a) 1. Die mitzubewegenden Totgewichte sollen so gering wie möglich sein. Fahrbare große Krane — gleichgültig, ob in Form von Auslegerkranen, Verladebrücken o. a. (Abb. 14) — haben in dieser Beziehung stets Nachteile gegenüber einer Mehrheit kleinerer Krane oder Katzen von gleicher Gesamtreichweite (Abb. 15). Dabei kann eine etwa erwünschte Querverbindung durch Katzenausleger (Abb. 15), Überlaufkatzen (Abb. 13), Versetzbühnen (Abb. 17) o. dgl. ermöglicht werden. [Zu beachten ist ferner das unter III. a) 1. Gesagte.]

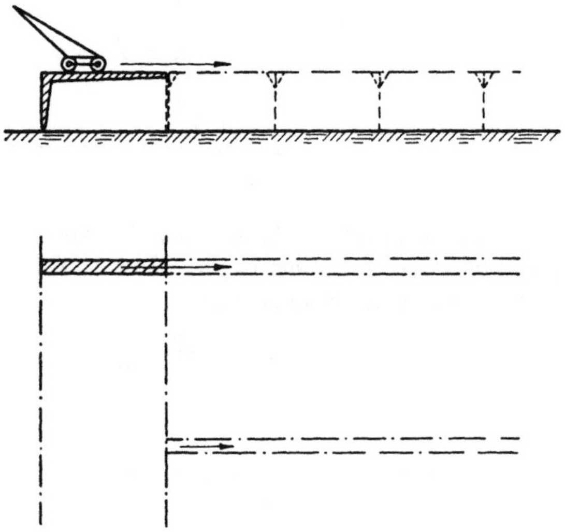
Abb. 13.

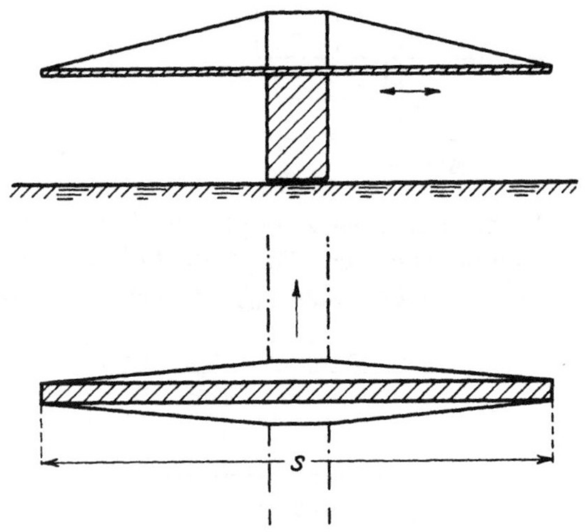

Abb. 14.

2. Bei einer Mehrzahl bewegbarer Tragkonstruktionen — Kranbrücke, Katze, Ausleger — ist die Anordnung zweckmäßigst so zu treffen, daß das Gewicht der Einzelkonstruktion proportional der Häufigkeit ihrer Bewegungen ist. Sehr oft wird deshalb eine Disposition günstig sein, bei der die meist wiederkehrenden Fahrbewegungen beispielsweise durch die Katze und die selteneren durch das Krangerüst ausgeführt werden.

Auch kann die Bewegung schwerer Krane, z. B. großer Verladebrücken, u. U. vorteilhaft dadurch eingeschränkt werden, daß das Brückenfahren nur zum gelegentlichen Parallel- oder Schrägeinstellen für die eigentliche Verladearbeit mit der Katze (*B* in Abb. 16) an wechselnden Stellen erfolgt, während für das weitere Heranschaffen von Verladegut eine besondere leichte „Zubringerkatze" (*A* in Abb. 16) benutzt wird.

III. a) 1. Die Tragkraft viel benutzter Krane soll entsprechend der für sie häufigst vorkommenden Belastung gewählt werden. Nur vereinzelt zu tragende größere Lasten sind dann, womöglich, durch das Zusammenwirken mehrerer solcher leichteren Krane oder nötigenfalls selbst durch eine besondere stärkere Einrichtung zu bewältigen. Eine Anpassung der Konstruktion an eine nur selten vorkommende Höchstlast läßt jene meist unnütz teuer und schwerfällig werden.

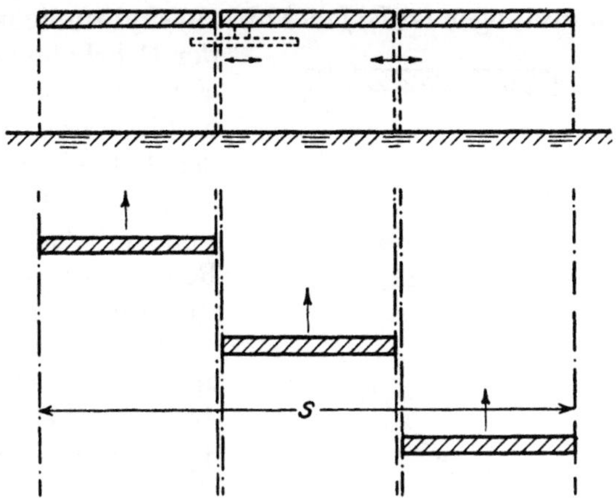

Abb. 15.

2. Die Arbeitsgeschwindigkeiten sollen nicht größer vorgesehen werden, als sie — namentlich mit Rücksicht auf die Größe der Arbeitswege — auch tatsächlich ausgenutzt werden können. [Vgl. hierzu auch das unter I. a) 4. Gesagte!] Übertreibungen verursachen auch hier oft die Verwendung nutzlos starker und kostspieliger Antriebsmaschinen.

III. b) 1. Die Zahl der Krane soll auf das notwendige Maß beschränkt sein. Diese eigentlich überflüssig klingende Forderung ist indes so zu verstehen, daß es zuweilen genügt — hauptsächlich bei Laufkranen, dann aber auch bei Bockkranen u. a. —, wenn man durch den Einbau einer Versetzeinrichtung (*A* in Abb. 17) benachbarte Krane (*a*) zur gelegentlichen Arbeitsleistung an anderen Stellen heranzieht, ohne dafür besondere Krane vorzusehen. Gleichzeitig ist damit auch eine weitreichende Reserve geschaffen [vgl. IV. a) 2. und I. b) 3.].

2. Die Krane sollen, so weit möglich, einander gleich sein (*a* in Abb. 17). Unnötige, selbst unwesentliche Verschiedenheiten bedingen oft eine unnötige Mehrausgabe.

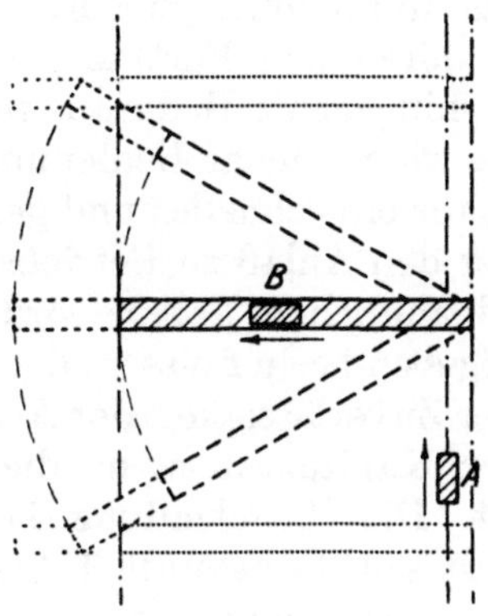

Abb. 16.

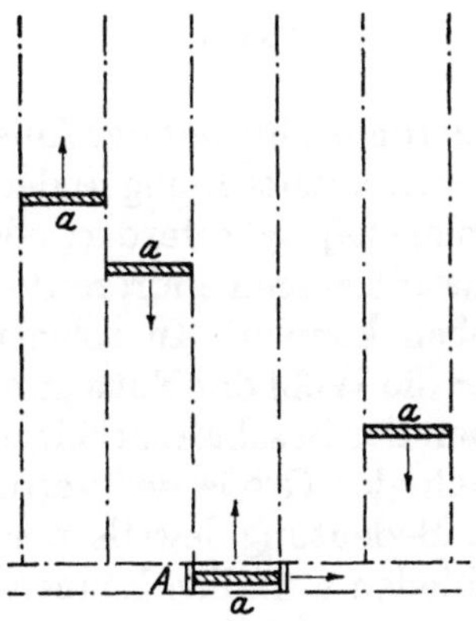

Abb. 17.

Durch die Gleichheit der Krane wird nicht nur die Lagerhaltung der Ersatzteile vereinfacht, sondern es werden auch Stillstände des Kranbetriebes durch die Austauschbarkeit der Krane und ihrer Einzelteile vermieden [vgl. IV. a) 2.].

IV. a) 1. Der Kranbetrieb soll äußeren Einflüssen entrückt sein. Hierfür ist zunächst wiederum die Hochlegung der Kranbahn — u. U. selbst nur um ein ganz geringes Maß, z. B. bei Bockkranen oder Verladebrücken (*x* in Abb. 18) — ratsam. Ferner ist hierfür dienlich die Fortlassung weit aufstehender oder tief herabhängender Konstruktionen (z. B. hoher Bühnen, Hürden o. dgl. auf Flur, langer Hängegerüste, Traversenführungen u. dgl. am Kran).

2. Für Reserve soll gesorgt sein. Das Versagen eines Kranes soll den Betrieb in dessen Arbeitsbereich nicht stillsetzen können.

Eine besonders wirksame Reserve liegt in dem Vorhandensein einer Einrichtung zum Versetzen einzelner Krane auf andere Bahnen [s. a. III. b) 1.]. Auch die Verteilung an sich wohl von einem einzigen Kran zu leistender Arbeit auf zwei oder mehrere Krane erscheint, unter diesem Gesichtswinkel betrachtet, vorteilhaft [s. a. II. a) 1.].

3. Auf Vergrößerungsfähigkeit der Anlage soll Rücksicht genommen werden. Insbesondere ist die Möglichkeit einer späteren Verlängerung (*l′* in Abb. 19) des Arbeitsstreifens (*l*) schon beim ersten Entwurf in Betracht zu ziehen; dem widersprechende Anordnungen (z. B. *f* in Abb. 19) sind tunlichst zu vermeiden. Auch die Stützkonstruktion der Fahrbahnen ist zwecks einer voraussichtlichen späteren Vergrößerung der Krananlage reichlich stark zu machen, damit durch die nachträgliche Vornahme dieser Arbeiten der Betrieb nicht gestört zu werden braucht.

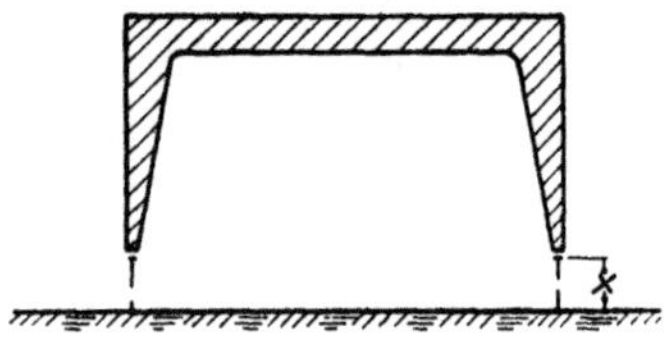

Abb. 18.

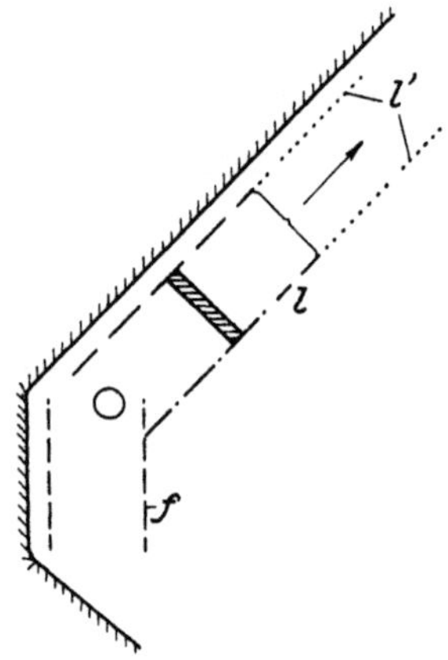

Abb. 19.

IV. b) 1. Überschneidungen der Fahrbahn mehrerer Krane sind tunlichst zu vermeiden. Andernfalls ist eine gegenseitige Behinderung oder Beschädigung der sich kreuzenden Krane zu befürchten. [Vgl. a. I. b) 1.]

2. Bei zusammengesetzten Anlagen ist eine Gleichartigkeit der einzelnen Krane anzustreben [s. a. III. b) 2.]. Dadurch wird nicht allein eine Auswechselbarkeit der vollständigen Krane ermöglicht, sondern es wird auch das stete Vorhandensein einzelner Ersatzteile gesichert. —

Bei näherer Prüfung der vorstehend aufgestellten Richtlinien ergibt sich, daß manche der unter I. bis IV. im einzelnen empfohlenen Maßnahmen sich decken oder doch mehr oder weniger ineinander übergreifen, während andere wieder miteinander in einem gewissen Widerspruch stehen. So soll beispielsweise die Zahl der Krane tunlichst gering gehalten werden mit Rücksicht auf die Kleinhaltung sowohl der Anlagekosten als auch der Betriebskosten, so fördern ferner alle Maßnahmen zur Erhöhung der Sicherheit gleichzeitig — durch den Fortfall von Betriebsstörungen — auch die Leistungsfähigkeit der Anlage, wohingegen z. B. die aus verschiedenen Rücksichten ratsame Mehrkrananordnung andererseits wieder mehr Bedienungspersonal und meist auch mehr Anlagekapital erfordert oder die für ein schnelles und genaues Arbeiten dienlichen starren Lastführungen andrerseits wieder den Anlaß zu Betriebsstörungen durch Zusammenstöße geben können. In solchen und ähnlichen Fällen wird dann stets diejenige Rücksicht für die Wahl des Entwurfes maßgebend sein müssen, die nach den örtlichen Verhältnissen, nach der Beschaffbarkeit bzw. der Zuverlässigkeit der Arbeiter, nach der Art des Betriebes, nach der Größe des verfügbaren Kapitals u. a. m. die entgegenstehenden Rücksichten an Bedeutung jeweils überwiegt. Die Entscheidung darüber wird von Fall zu Fall verschieden ausfallen können und ist selbstverständlich Sache der Werksleitung. Die angegebenen Richtlinien können und sollen, wie gesagt, nur einen allgemeinen, ersten Anhalt für diese Entschließungen bieten.

A. Lagerplatz der Rohmaterialien.

Der Zweck der kranmaschinellen Hilfsmittel auf dem Lagerplatz der Rohmaterialien für die Eisenerzeugung ist, die der Hütte zugeführten Rohstoffe, namentlich Kohlen und Erze, auszuladen und räumlich zu verteilen. In erster Linie wird die grundsätzliche Ausbildung der Entladeeinrichtung abhängig sein von der Art und Beschaffenheit der zuführenden Transportmittel, d. h. von der Zuführung der Materialien entweder zu Wasser oder zu Lande.

Was zunächst die Entlade- und Verteilungsweisen der zu Schiff anlangenden Rohstoffe betrifft, so sei einleitend daran erinnert, daß man sich noch bis vor gar nicht langer Zeit günstigsten Falles damit begnügte, einen kleinen ortsfesten Drehkran die im Schiffe mühsam vollgeschaufelten Kübel hochziehen zu lassen, um deren Inhalt mit weiterer Handarbeit durch eine verzweigte Hochbahn über den Lagerplatz zu verteilen. Die Entnahme von diesem und die Zuführung zu der Beschickeinrichtung des Hochofens erfolgte dann natürlich gleichfalls von Hand.

Die Abb. 20[1]) der Hermannshütte zu Neuwied veranschaulicht recht gut die Transportverhältnisse auf einem derartigen Hüttenplatz. Daß diese sehr primitive Umschlagsweise hier, wie auch bei dem benachbarten Hochofenwerk von Engers und anderen, übrigens noch bis auf den heutigen Tag geübt wird, findet eine gewisse Erklärung außer in dem Alter des Werkes — der erste Hochofen der Hermannshütte z. B. stammt aus

Abb. 20. Materialbewegung in einem alten Hochofenwerk.

dem Jahre 1854 — vor allem wohl in der Geringfügigkeit des Umschlages. Hat dieser hier wie dort ja nur einige ganz kleine Öfen, mit zusammen kaum 200 t täglicher Leistung, zu versorgen.

Unsere modernen großen Hochofenwerke, die das Zehn- bis Zwölffache leisten[2]) und dementsprechend ja noch viel größere Mengen an Rohstoffen benötigen — an Gewicht etwa das Dreieinhalbfache, an Volumen aber etwa das Zehnfache des Roheisens — würden sich zu einer rationellen Transportbewältigung derartiger Massen solch' ursprünglicher Arbeitsweise nicht mehr bedienen können. Wenn Drehkrane

[1]) Aufgenommen nach einem im Deutschen Museum zu München befindlichen Modell.

[2]) Es gibt heute auch in Deutschland schon Hochöfen mit etwa 700 t Tagesleistung (z. B. auf der August Thyssen-Hütte in Bruckhausen, woselbst bei einem nutzbaren Ofeninhalt von rd. 600 cbm vereinzelt schon mehr als 800 t in 24 Stunden erblasen worden sind!) In den Vereinigten Staaten von Nord-Amerika, wo noch vor einem halben Jahrhundert ein Hochofen durchschnittlich nur rd. 25 t täglich erschmolz, betrug im Mai 1925 die Durchschnittsleistung (der rd. 200 im Betrieb befindlichen Hochöfen) 466 t je Ofen.

in einigen Fällen wohl auch heute noch — vielleicht für untergeordnete Zwecke oder als Ergänzung anderer Entladeweisen — dafür benutzt werden, so wird wenigstens durch deren Fahrbarmachung ihr Arbeitsbereich ganz bedeutend vergrößert und damit auch das häufige Verholen der Schiffe vermieden. Wird dann weiter noch, wie es

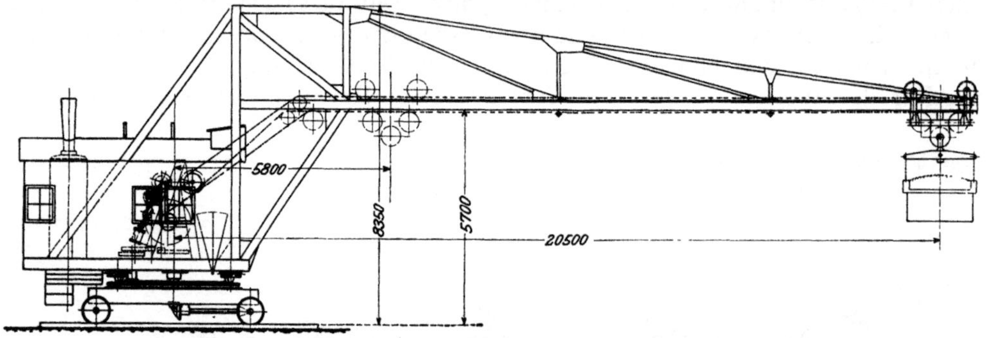

Abb. 21. Erzentladekran (Völklingen).

bei dem in Abb. 21 skizzierten Kran der Fall ist, die feste Rolle am Auslegerschnabel ersetzt durch eine auf langer Auslegerbahn leicht fahrende Katze, so wird auch mit einem solchen Kran eine verhältnismäßig rationelle Entladearbeit möglich sein können. Ein solcher Drehkran dient z. B. zum Ausladen von Erz usw. aus Saarschiffen für die

Abb. 22. Schiffsentladevorrichtung (Kratzwieck).

Röchlingschen Eisenwerke in Völklingen und ist für eine Tragkraft von 2 t, eine größte Ausladung von 20,5 m und eine Spurweite von 3,6 m von Mohr & Federhaff gebaut worden.

Mit der zunehmenden Entladeleistung sowohl als auch mit der Vergrößerung der Lagerflächen und der Schiffsabmessungen hat sich seit Beginn etwa dieses Jahrhunderts nun die „Verladebrücke" — eine von fahrbaren Stützen mit großer Spannweite getragene starre Laufbahn einer Katze oder eines Drehkranes — als besonders geeignete Ausbildung für solche Zwecke ergeben. Sie verbindet eine Ausdehnbarkeit der Brücke auch über sehr mächtige Lagerplätze mit außerordentlich hohen Arbeitsgeschwindigkeiten der obenfahrenden Katze (für größte Leistungen) und mit sehr kleinen Massen der toten Gewichte (für geringsten Kraftverbrauch). Die folgenden Beispiele ausgeführter Verladebrücken für Kohle und Erz werden zeigen, wie gerade sie nicht nur die aus den vorgenannten Gründen sich ergebenden Anforderungen erfüllen, sondern wie sie sich überdies auch den verschiedenartigen Bedingungen für die Sammlung und Weiterbeförderung der Lagerstoffe ohne weiteres anzupassen vermögen.

Wenn auch ein näheres Eingehen auf die zeitliche und konstruktive Entwicklung der Verladebrücken den rein praktischen Zwecken dieses Buches zuwider laufen würde[1]), so sei doch auf die Tatsache hingewiesen, daß die Anregung zur Schaffung solcher weitgespannter und leistungsfähiger Brücken ausging von den Hüttenwerken der Vereinigten Staaten von Nordamerika mit ihrem frühzeitigen Streben nach Quantitätsrekorden. Ebenso muß andererseits indes die Tatsache anerkannt werden, daß die weitere Durchbildung dieser maschinellen Hilfsmittel, eben jene gerade für deutsche und kontinentale Verhältnisse überhaupt so wertvolle Spezialisierung, gerade bei uns, in Deutschland, ihre kräftigste Förderung gefunden hat.

Eine noch stark an jene ersten „amerikanischen Verladebrücken" erinnernde Anlage, wohl eine der ersten in Deutschland überhaupt, ist in den Abb. 22 bis 24 veranschaulicht, die vier schon vor mehr als einem Vierteljahrhundert von Pohlig an das Eisenwerk Kraft gelieferten sog. Huntschen Brücken darstellend. Ihre Arbeitsweise erscheint zwar recht einfach und billig: Das ins Schiff herabgelassene Fördergefäß wird von der im vorderen Stützturm aufgestellten Winde gegen den Schrägausleger *a* gehoben und an diesem entlang durch den weiter wirkenden Seilzug bis über den Schüttrumpf *b* gezogen und in diesen entleert. Die darunter gefüllten Wagen *c* — je etwa 15 hl Kohlen oder 9 hl Erz fassend — rollen dann von selbst über die anschließende Brücke, deren Fahrbahn *d* zu diesem Zweck mit einer geringen

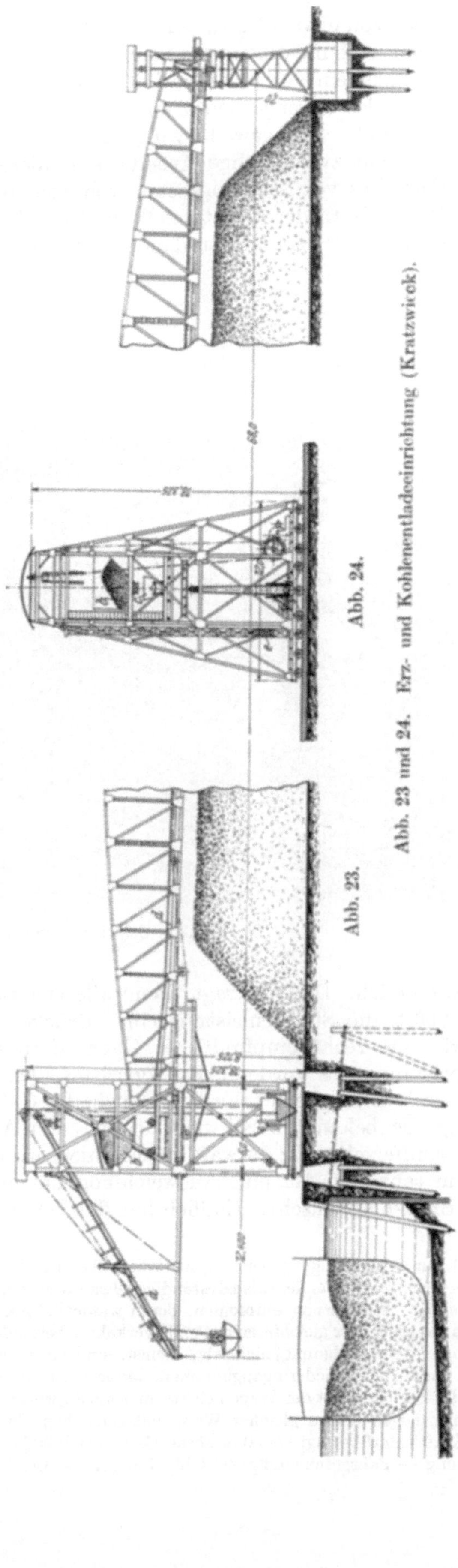

Abb. 23. Abb. 24.

Abb. 23 und 24. Erz- und Kohlenentladeeinrichtung (Kratzwick).

[1]) Es sei dieserhalb verwiesen auf Drews: Dingler 1909, S. 1 u. ff. sowie Erzbergbau 1910, S. 52 u. ff.; Génie civil 1909, S. 145 u. ff.; Richter: Z. V. d. I. 1910, S. 797 u. ff.

Neigung, von etwa $2^1/_2{}^0/_0$, versehen ist. Das Ausschütten des Materials aus den mit beweglichen Seitenklappen versehenen Wagen erfolgt durch einen beliebig einstellbaren Anschlag, nachdem vorher die auf der Talfahrt ja zunehmende Geschwindigkeit durch ein anzuhebendes Gegengewicht *e* entsprechend gemäßigt worden ist. Die Rückfahrt erfolgt wieder durch Gegengewichtswirkung.

Die nicht zwangläufige Arbeitsweise dieser sog. automatischen Bahn — die wegen des Fortfalles von Antriebskosten wohl sehr billig arbeitet —, die nochmalige Umladung des Materials an der Trichterstelle und das Ingangsetzen der Wagen durch einen besonderen Arbeiter[1]) sind einer dauernd hohen Leistungsfähigkeit der Anlage naturgemäß

Abb. 25. Schiffsentladebrücke (Rheinhausen).

nicht dienlich. Diese beträgt, wenn alle vier Brücken zusammen arbeiten, in 24 Stunden 2—3000 t, die Stundenleistung einer Brücke ist demnach höchstens nur etwa 30 t.

Ein oft recht empfindlicher Nachteil dieser Bauart ist auch die große Platzbeanspruchung des vorderen Stützgerüstes, das hier die ständige Freihaltung eines über 6 m breiten Streifens erfordert. Auch die Unbeweglichkeit des wasserseitigen Auslegers bringt die bekannten Schwierigkeiten beim Arbeiten gegen die Masten und Takelage der Schiffe mit sich; es wäre gerade hier, wo die Schüttbreite der automatischen Bahn ja nur sehr klein ist, eine Ausweichmöglichkeit dieser Ausleger für das öftere Verfahren der Brücke erwünscht. Endlich hat die Verwendung der wohl ungemein einfachen auto-

[1]) Zur Beschleunigung der Wagen ist die Anlaufstrecke außerdem mit einer erhöhten Neigung versehen. — Neuerdings wird, besonders als selbständige Gleisförderung, eine als „Elektroschnellförderer" (Fühles & Schulze) bezeichnete Einrichtung empfohlen, deren wesentlichster Vorzug ihre bedienungslose, d. h. selbsttätige Betriebsweise ist. Der gleichfalls im Pendelverkehr arbeitende Wagen wird an den beiden Endstellen (für die Beladung und die Entladung) nicht abgebremst, sondern er speichert seine lebendige Kraft für die Rückbewegung, doch nur für das Wiederingangkommen, dadurch auf, daß das Gleis an diesen Stellen erhöht angeordnet ist. Auf der Strecke fährt der Wagen elektromotorisch, wobei der Motor unter dem Wagen befestigt ist. Das Fassungsvermögen des in gleicher Weise mit seitlichen Entleerungsklappen ausgestatteten Wagens ist 500 l; der Kraftbedarf beträgt bei 50 m Förderlänge, bei 1500 kg/cbm Schüttgewicht des Fördergutes und bei 20 t/st. Leistung — Fahrgeschwindigkeit 1 bis 5 m/Sek. — nur $^1/_2$ PS. Vgl. Z. V. d. I. 1925, Nr. 44.

matischen Bahn eine sehr wesentliche Beschränkung des Arbeitsvermögens der Anlage insofern zur Folge, als man diese in keiner Weise zur Entnahme und Weiterverladung des Lagergutes dienstbar machen kann. Für alle die neuzeitlichen Anordnungen also, bei denen die Brücke nicht ausschließlich vom Schiff auf Lager, sondern zeitweilig auch wieder vom Lager fördern und dies nicht, wie hier, durch einfaches Abschaufeln gemacht werden soll, wird man auf die anfänglich vielleicht bestechenden Vorteile einer solchen Anlage also von vornherein verzichten müssen.

Wesentlich vollkommener gestaltet sich der Betrieb bei einer Ausbildung der Verladebrücke nach Abb. 25 und 26. Zunächst ist hier, auf der Kruppschen Friedrich Alfred-Hütte in Rheinhausen, der Gefahr eines Zusammenstoßens von Brückenausleger und Schiffsmasten in radikaler Weise dadurch aus dem Wege gegangen, daß die Brücken von vornherein so hoch gestellt worden sind, daß sie bei allen Wasserständen noch über die Schiffsaufbauten hinwegstreichen können. Die Einstellung des Kranes über die im Schiff wechselnden Entnahmestellen kann somit allerdings am schnellsten geschehen. Dies ist um so wertvoller, als für raschestmögliches Entladen von Erz mittels Kübel stets eine große Anzahl Arbeiter im Schiff verwendet werden können, wozu dann die Brückenstütze abwechselnd verfahren wird, um das eine Mal einen vollgeschaufelten Kübel aus dem einen Schiffsabteil, das andere Mal aus einem anderen aufzunehmen. Die Arbeitsfähigkeit der Brücke in bezug auf die transporttechnische Verbindung wechselnder Schiffs- und Bunkerabteilungen ist noch dadurch wesentlich erhöht, daß die Brücke mit Hilfe einseitigen Verfahrens einer jeden der beiden Stützen — um 8 m aus der Mittellinie — schräg eingestellt werden kann[1]) (s. den Grundriß Abb. 27). Ferner ist hier, im Gegensatz zu vorhin,

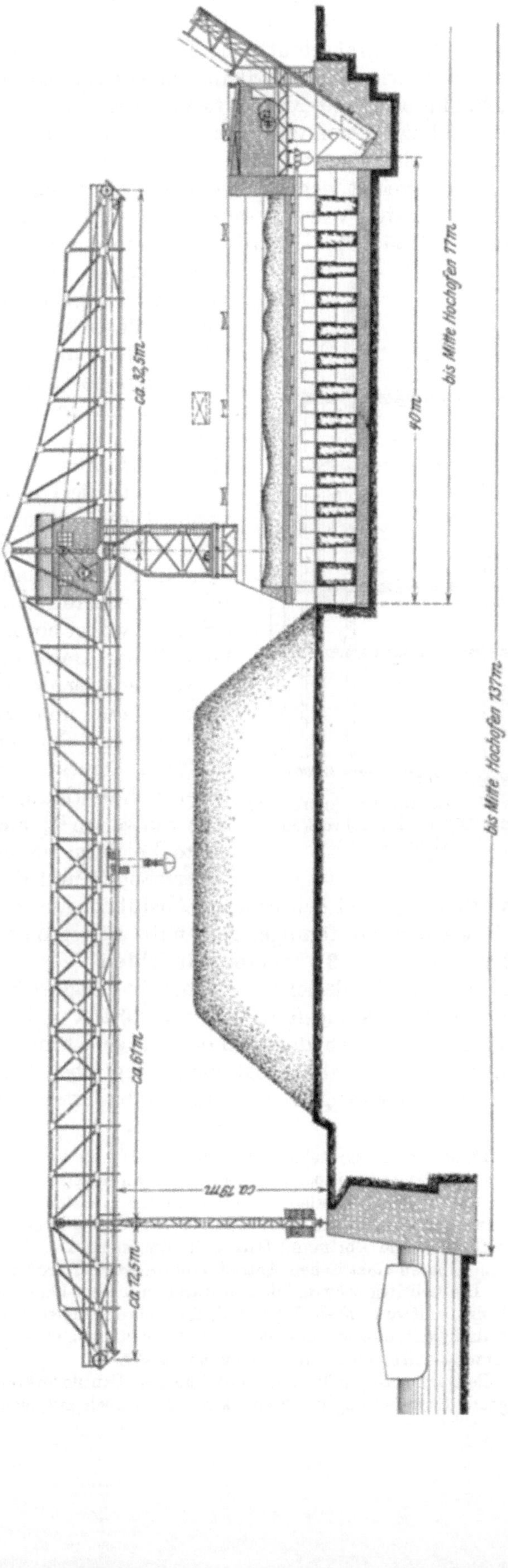

Abb. 26. Schiffsentladebrücke (Rheinhausen).

[1]) Eine Erzverladebrücke (Petravič) gleicher Arbeitsfähigkeit arbeitet auch im Hochofenwerk der Firma Albert Hahn, Röhrenwalzwerk in Oderberg; vgl. Feigl: Z. V. d. I. 1915, Nr. 8.

durch die Benutzung einer Laufkatze mit heb- und senkbarem Fördergefäß für die Horizontaltransporte die Möglichkeit gegeben, auch vom Lager in die vor den Hochöfen gelegenen Vorratstaschen zu fördern. Letztere können außerdem, wie die Abbildungen noch erkennen lassen, auch unmittelbar mit anrollendem Beschickgut gefüllt werden. Die durchschnittliche Leistung einer solchen Brücke — es arbeiten in Rheinhausen außer vier rein amerikanischen Schrägbahnkranen noch vier der eben beschriebenen Art, Pohligscher und Bleichertscher Ausführung (Abb. 25 und 28) — beträgt bis 50 t/st; bei der zuletzt genannten Arbeitsweise, wo mit einer Brücke st. 25—35 Förderspiele mit einem Kübelinhalt bis zu 4 t ausgeführt werden könnten, soll eine Leistung von 100 t und mehr erreicht werden. Die hierzu allerdings erforderlichen, sehr hohen Geschwindigkeiten — Lasten von 6 t werden mit 1,3 bis 1,5 m/sek gehoben und mit 4—5 m/sek verfahren (125 PS) — werden von einer zentralen Antriebstelle über der landseitigen Stütze durch eine Huntsche Zweitrommelwinde erzeugt: Die Last hängt an einer Laufkatze und wird mit dem gleichen endlosen Seil gehoben und verfahren. (Das Heben erfolgt, indem nur eine der beiden Trommeln bewegt und die andere festgehalten wird; das Fahren dagegen, indem beide Trommeln bewegt werden, so daß die eine so viel Seil aufwickelt, wie die andere abgibt. Die Last kann in jeder Höhe verfahren und an jeder Stelle gehoben und gesenkt werden, da die Umsteuerung der Winden jederzeit erfolgen kann. Die Verständigung zwischen den Ladearbeitern und dem abseits im Windenhaus stehenden Maschinisten, der sich über die Stellung der Last zwar durch einen Teufenzeiger orientieren kann, muß allerdings durch Zeichengebung erfolgen, wobei ein im untern Teil der wasserseitigen Stütze befindlicher Mann einen Signalarm bedient.)

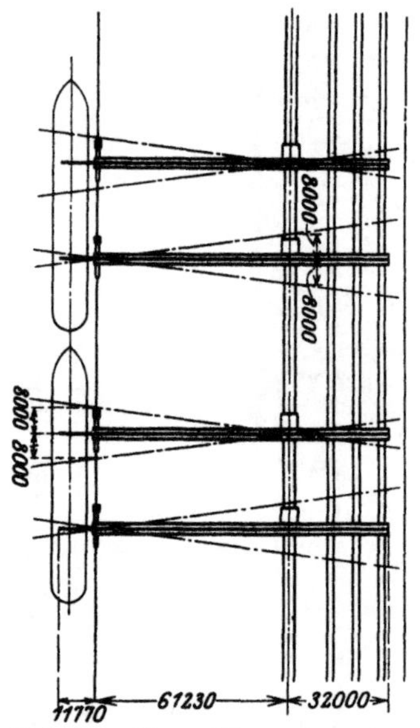

Abb. 27. Verstellbare Anordnung der Schiffsentladebrücken (Rheinhausen).

Ein solcher kombinierter und zentraler Bewegungsantrieb, der unleugbar Vorzüge in der Schnelligkeit des Arbeitens und der Einfachheit der Maschinenbedienung hat, dürfte andererseits in dem Seilverschleiß bei der außerordentlich weitläufigen Seilführung recht belangreiche Nachteile aufweisen[1]); auch erhält die an sich sehr schätzenswerte Leichtigkeit der Katze in den beträchtlichen Seilwiderständen und deren Spanngewichten[2]) eine unliebsame Gegenwirkung. Bei den neueren Ausführungen von Verladebrücken wird daher jetzt in der Regel der selbständige, getrennte Bewegungsantrieb gewählt.

Die in Abb. 31 veranschaulichten Verladebrücken (Jaeger) der Rheinischen Stahlwerke in Meiderich — die bei 6 t Tragkraft, 67,5 m Spannweite und 23,5 m Ausladung eine Leistungsfähigkeit von 70 t/st haben — können wegen der neueren Anordnung, namentlich der vollkommen selbständigen Führerkatze und der durch Hochklappen ausweichbaren Lastauskragung über Schiff, als Übergang zu der neuerdings zunehmend bevorzugten Art der kombinierten Schiffsentlade- und Lagerplatzkrane an-

---

[1]) Es sei an dieser Stelle auch verwiesen auf die diesbezüglichen Erfahrungen, die man mit ähnlichen Bewegungsantrieben bei sog. amerikanischen Cantileverkranen gemacht hat, fahrbaren Portal-Doppelauslegerkranen verhältnismäßig kleiner Stützweite des Portales wie sie, von früheren Zeiten her, auch auf unseren Hüttenwerken namentlich zum Verladen von Fertigmaterial noch benutzt werden; z. B. in Differdingen, Aachen, Peine und Dortmund (Hoesch). Erstenorts hat die vorgenommene Umänderung des Seilantriebes in unmittelbaren elektrischen Antrieb eine bedeutend größere Leistung bzw. geringeres Krafterfordernis ergeben. Die Arbeitsgeschwindigkeiten waren in diesem Falle zweckmäßig beschränkt worden von 50 auf 25 m f. d. Heben und von 300 auf 150 m f. d. Katzfahren; zugleich ein Beweis dafür, daß man mit der Annahme von Geschwindigkeiten recht wohl auch zu weit gehen kann, eben wenn die örtlichen Verhältnisse es zu einer vollen Ausnutzung derselben gar nicht kommen lassen.

[2]) Beispielsweise mußte an dem nämlichen Cantileverkran die Traverse (für Trägerverladung) für eine genügende Straffhaltung der Seile nachträglich noch mit nicht weniger als mit 2 t Schrott belastet werden.

gesehen werden: der fahrbaren Brücke mit obenlaufendem Auslegerdrehkran. Der eine Nachteil der erstgenannten Bauart, mit gewöhnlicher Katze, daß für ein Vorbeikommen der Brückenausladung an den Schiffsaufbauten, oder umgekehrt, ein besonderes Windwerk nebst mehr oder weniger hohem Aufbau für die Seilleitrolle vorhanden sein und mit Zeitverlust in Gang gesetzt werden muß, daß dabei ferner an der Gelenkstelle häufig schädliche Stöße auftreten, ist zwar in späteren Ausführungen vielfach dadurch vermieden worden, daß man statt der Brücke die Katze selbst mit einer auslegerartigen Verlängerung nach der Wasserseite zu ausgestattet hat, die dann durch einfaches Zurückfahren der Katze aus dem Bereich der Schiffe gebracht werden kann. Der andere Nachteil jedoch, daß für eine Lastentnahme aus verschiedenen Stellen des Schiffes oder für eine Querverteilung des Lagergutes auf dem Platz jedesmal die ganze schwere Brücke in Gang gesetzt werden muß, bleibt, oft außerordentlich fühlbar, bestehen. Die Abstellung auch dieses Übelstandes bei neueren Verladebrücken[1]) mit fahr-

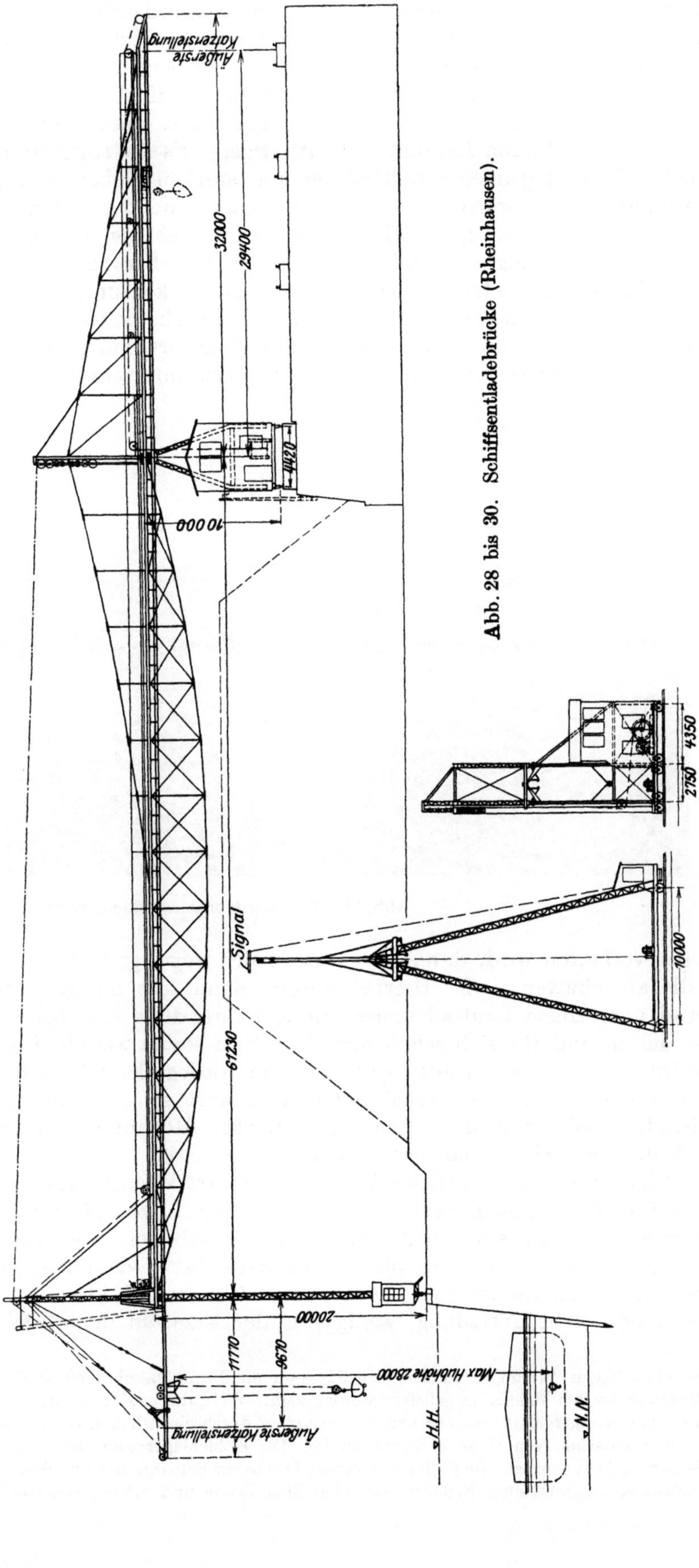

Abb. 28 bis 30. Schiffsentladebrücke (Rheinhausen).

[1]) Die erste Schiffsentladebrücke mit obenlaufendem Drehkran dürfte bei uns

barem Drehausleger bedeutet somit einen außerordentlichen Fortschritt für alle die zahlreichen Fälle, wo auf solche seitwärts gerichtete Arbeitsfähigkeit Wert zu legen ist.

Kommen, bei langen Verladebrücken, dagegen hauptsächlich Katzenwege von großer Ausdehnung in Frage — z. B. vom Schiff in weit zurückliegende Bunker oder dgl. — so kann das sehr viel größere Totgewicht eines Drehkranes recht wohl noch die Wahl der leichteren Laufkatze rechtfertigen. Es sei zugunsten letzterer noch erwähnt, daß sich in Gegenden mit häufigen und starken Nebeln mitunter auch die hohe Anordnung des Führerstandes auf dem oben laufenden Drehkran als für den Betrieb ziemlich hinderlich ergeben hat. Auch kann sich bei obenlaufendem Drehkran infolge der größeren Länge des mit dem Greifer frei herabhängenden Greifers ein Pendeln und Drehen des letzteren naturgemäß viel stärker und störender bemerkabr machen, als bei der tieferen Seilaufhängung an einer Brückenkatze. Endlich tritt bei einem obenlaufenden Drehkran eine ungünstigere Beanspruchung der Konstruktion leicht dadurch ein, daß dieser erfahrungsgemäß meist mit schräg nach vorn gerichtetem Aus-

Abb. 31. Erzverladebrücken (Meiderich).

leger verfahren wird, d. h. so, wie er in der Regel gelöscht hat und wie er doch jedenfalls ausschütten muß. Hierbei werden dann fast die gesamten Vertikaldrucke dauernd über einem Laufrad konzentriert, während sie sich bei den gewöhnlichen Katzen — die an und für sich schon nur etwa halb soviel wie ein Drehkran wiegen — ja von selbst mehr auf alle Räder verteilen; bei Auslegerkatzen in der Regel sogar auf sechs Laufräder. Es dürfte deshalb empfehlenswert sein, diesem Umstand durch entsprechende Ausbildung des Drehkranlaufwerkes Rechnung zu tragen, etwa durch Anordnung doppelter (Balancier-) Vorderräder o. a.

Eine besonders stattliche Anlage dieser Art ist auf dem Erz- und Kohlenlagerplatz des Hochofenwerkes Lübeck (Abb. 32) zu finden, wo auf vier fahrbaren Verladebrücken je eine Katze mit starrem Ausleger (Demag) arbeitet. Hier kommen recht häufig große Katzfahrwege in Betracht, die die leichtere Katze dem Drehkran überlegen sein läßt. Bei einer Spannweite der Brücke von 75 m und beiderseitigen Ausladungen von je 18 m findet die Entladung, wenigstens der Erze, in der Regel in die unter der rück-

---

vor etwa einem Vierteljahrhundert von Jäger an die Firma Jakob Trefz & Söhne (jetzt Hugo Stinnes) nach Rheinauhafen bei Mannheim geliefert worden sein. Wohl die größte derartige Anlage dagegen — bestehend aus nicht weniger als 21 solcher Brücken mit einer durchschnittlichen Gesamtleistungsfähigkeit von 1655 t/st — ist inzwischen von Mohr & Federhaff für den Kohlenlagerplatz des Consorzio Autonomo del Porto di Genova gebaut worden. Jede der mit einem fahrbaren Selbstgreifer-Drehkran von 4 t Tragkraft und 14 m Ausladung ausgestatteten Brücken hat 36 m Spannweite und 8,5 m wasserseitige Auskragung.

wärtigen Brückenauskragung gelegenen Bunker statt. Dazu hat die Katze einen Weg von jedesmal nahezu 100 m zurückzulegen. Außer der durch die Stützfüße hindurchfahrenden Last verlangt besonders noch die außergewöhnliche Höhe der Brücken — die Katzfahrbahn liegt 25 m über Wasseroberfläche, und es muß bei der exponierten Lage des Lagerplatzes mit einem Winddruck von wenigstens 150 kg/qm gerechnet werden[1]) — eine sehr große Breite der unteren Fahrgestelle (Radstand wasserseitig 20 m, landseitig 13 m)[2]). Infolgedessen ist die Entladung der meisten Schiffe, bis etwa 4000 t, mit nur zwei „Gängen", d. h. mit nur zwei gleichzeitig arbeitenden Brücken möglich. Trotzdem hierdurch die Gesamtleistungsfähigkeit der vierfachen Anlage bisweilen natürlich recht beschränkt wird, kann mit den Brücken kraft der hohen Arbeitsgeschwindigkeiten selbst dann noch ganz Bedeutendes geschafft werden. So werden beispielsweise zur Löschung des eigenen 4000-t-Kohlendampfers „Britannia" mittels zwei Gängen

Abb. 32. Schiffsentlade- und Lagerplatzbrücken (Lübeck).

nur 26 Stunden gebraucht, was, abzüglich zweier Stunden für Frühstücks-, Mittags- und Vesperpausen, die Stundenleistung einer Brücke zu 83 t ergibt. Die Tragkraft einer Katze beträgt 5 t (einschließlich Greifergewicht); die Hubgeschwindigkeit hierfür ist 42 m/min (62,5 PS), die Katzenfahrgeschwindigkeit 180 m/min (21 PS). Die vorerwähnte Anlage ist inzwischen um eine weitere Brücke, und zwar mit obenlaufendem Drehkran (MAN) vergrößert worden. Bei wiederum 75 m Spannweite und 36 m nutzbarer Ausladung der Brücke und 14 m Drehkranausladung kann diese fünfte Entladevorrichtung 75 t/st fördenr. [Hubgeschwindigkeit 48 m/min (77 PS), Drehkranfahrgeschwindigkeit 180 m/min (2 à 24,5 PS), Brückenfahrgeschwindigkeit 18 m/min (2 a 12,8 PS) und Kranschwenken — am Ausleger gemessen — 180 m/min (9,8 PS)].

Das Brückenfahrwerk braucht verhältnismäßig nur selten in Aktion zu treten. Durch die Einschaltung der Hängebahn zwischen Brücke und Vorratsbehälter ist ja eine stete Verbindung zwischen jeder Stelle der letzteren und dem Schiff hergestellt.

[1]) Sichergehende Konstrukteure rechnen bei an der See arbeitenden Verladebrücken mit einer Windbeanspruchung von sogar 200 bis 250 kg.

[2]) Ganz überschläglich läßt sich, bei] 200 kg Winddruck, der Radstand einer Brücke im allgemeinen gleich deren Höhe annehmen.

Diese Hängebahn, die nicht nur das Verfahren der schweren Brücken einschränkt, sondern auch den Arbeitsbereich der Brücken über deren Fahrstrecke hinaus in seitlich hiervon stehende Bunker erweitert, hat indes auch Nachteile: Abgesehen von der durch sie hinzukommenden Umladung des Gutes, ist sie im Betrieb ziemlich teuer, denn sie erfordert ständig zwei Mann für das Beladen und einen auf der Station. Empfehlenswert dürfte für solche und ähnliche Verhältnisse gradliniger Weiterbeförderung daher der Ersatz der Hängebahn durch einen über die Bunker hinwegfahrenden elektrischen Verteilungswagen sein, der von dem Greifer der Verladebrücke unmittelbar beladen wird, ein Verfahren, wie es z. B. von der Norddeutschen Hütte in Oslebshausen bei Bremen geübt wird.

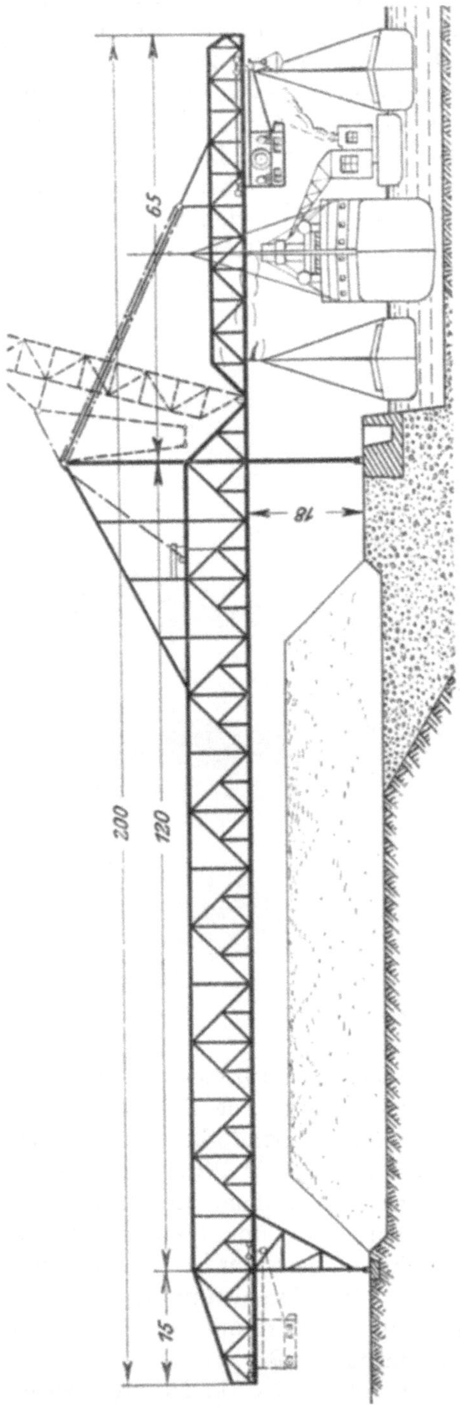

Abb. 33. Schiffsentlade- und Lagerplatzbrücke (Vlaardingen).

In wie starkem Maße die Gesamtleistung beim Löschen eines Schiffes durch eine mehrgliedrige Verladebrücken-Anlage in günstigem Sinne dadurch naturgemäß beeinflußt werden kann, daß alle Brücken gleichzeitig arbeiten können, beweist die unlängst beim Löschen desDampfers „Wilhelm Kunstmann“ im Reiherwerderhafen zu Stettin erreichte Rekordzeit. Hierbei konnte der mit 4550 t schwedischen Mullerzen beladene Dampfer durch die drei vorhandenen Brücken (Demag) — mit je 40 m Stützweite, 33,45 m wasserseitiger und 20 m landseitiger Ausladung sowie 5 t-Greiferkatze — in $19^1/_2$ Stunden gelöscht werden[1]). Die Portale der Brücken konnten hier so schmal gehalten werden, daß das Schiff gleichzeitig von sämtlichen Kranen bedient wurde, ja es war durch Anordnung und Größe der Luken sogar möglich gewesen, daß auch zwei Brücken nebeneinander aus einer Luke löschten. Die Arbeitsgeschwindigkeiten und Motorleistungen sind bei diesen Brücken: Heben 50 m/min (64 PS), Katzfahren 100 m/min (17,7 PS), Brückenfahren 18 m/min (32,6 PS); Auslegereinziehen 30 m/min (32,6 PS)[2]).

Gleichfalls zum Ausladen großer Erzdampfer (von etwa 10000 t) dienen zwei Verladebrücken (Demag), die demnächst für die August Thyssenhütte, Gewerkschaft, im Hafen Vlaardingen-Rotterdam in Betrieb kommen sollen und die durch Größe der Abmessungen und Tragkraft besonders bemerkenswert sein werden. Anordnung, Ausdehnung und Arbeitsweise dieser beiden fahrbaren Einrichtungen — die mit zu den größten Ver-

[1]) Dies entspricht, auf die einzelne Brücke bezogen und unter Außerachtlassung von Arbeitspausen, einer durchschnittlichen Stundenleistung von 78 t und einer durchschnittlichen Dauer eines Kranspieles von 3,8 Min.

[2]) Siehe Fördertechn. 1925, Heft 6.

ladebrücken der Welt zählen![1]) — gehen aus der Abb. 33 klar hervor. Nicht nur, daß diese Brücken mit 118 m Stützweite, einer wasser- und einer landseitigen Ausladung von 58 bzw. 17 m, die mit je einer Drehauslegerkatze von 13,5 m Ausladung ausgerüstet sind, einen außerordentlich großen Arbeitsbereich haben, ist vor allem auch ihre Leistungsfähigkeit vermöge ihrer ungewöhnlich großen Tragkraft (30 t) und Arbeitsgeschwindigkeiten (Katzfahren 360 m, Heben 66 m und Brückenfahren 20 m/min)[2]) eine ganz außerordentlich große: jede Brücke vermag vom Schiff auf Lager 500 t/st, von Schiff zu Schiff 550 t/st zu fördern, unter besonders günstigen Umständen sogar bis zum $1^1/_2$fachen dieser Mengen!

Von den beiden Möglichkeiten nun zur Erzielung der gleichzeitigen Fahr- und Schwenkbarkeit eines Katzenauslegers: ihn an die auf den Untergurten der Brücken laufende Katze zu hängen (etwa nach Abb. 33) oder ihn einer auf den Obergurten fahrenden Katze beizugeben (etwa nach Abb. 35), hat die letztere für den Betrieb im Allge-

Abb. 34. Förderbrücke mit eingebautem Transportband (Plessa).

meinen wohl mehr Vorteile. Nicht nur, daß ein solch' aufgesetzter Ausleger bei gleich hohen Brücken höhere Lagerhäufung zuläßt und daß er oft ohne weiteres schon über

[1]) An Größe der Spannweite werden sie übertroffen von den durch Mohr & Federhaff für den Harburger Kohlenlagerplatz von Hugo Stinnes gebauten zwei Verladebrücken (mit angehängtem Drehkran von 6 t Tragkraft und 10 m Ausladung), die eine Stützweite von je 127 m sowie einen festen Ausleger von 23,5 m und einen hochklappbaren von 15 m Länge haben — eine Gesamtkonstruktionslänge also von „nur" 165,5 m gegenüber 200 m bei den oben beschriebenen Rotterdamer und 156 m bei den nachgenannten Emdener Brücken. An Spannweite und an Stundenleistung ist ihnen die von der A. T. G. Allgemeine Transportanlagen G. m. b. H., Leipzig i. J. 1924 für das Braunkohlenwerk in Plessa (Kr. Liebenwerda) gebaute Abraumförderbrücke (Abb. 34) überlegen. Diese Brücke dürfte mit ihrer Spannweite von maximal 128,5 m — die haldenseitige Stütze läßt sich aus der Mittellage von 125 m Spannweite beiderseits um 3,5 m in der Brückenlängsrichtung verschieben — und ihrer Leistungsfähigkeit von i. M. 750 t/st die größte der bisherigen kontinentalen Ausführungen darstellen. Durch die ungemein leistungsstarke und wirtschaftliche Arbeitsweise kann sich diese Brücke, die das Fördergut (Sand und Lehm) mittels eines in den Brückenträger eingebauten Gummibandes von der Abbau- nach der Haldenseite schafft, trotz ihrer hohen Beschaffungskosten — 350000 M! — in kurzer Zeit bezahlt machen: Während beim früheren Abraumbetrieb durch Lokomotiven die Gesamtarbeitskosten 23,3 Pfg/m³ betragen haben, haben sie sich bei Benutzung der Brücke (mit einer monatlichen Leistung von rd. 100000 m³) auf nur 9,2 Pfg/m³ gestellt. Vgl. Ries: Z. V. d. I. 1925, Nr. 29 und v. Delius: Braunkohle 1925, Heft 12. Amerikanische Ausführungen reichen auch an jene Rotterdamer Brücken heran: So weist z. B. eine Kohlenverladebrücke (Heyl & Patterson) in Duluth-Superior, die mit einer 12 t-Katze arbeitet, eine Spannweite von 551 Fuß und eine Gesamtlänge von 712,5 Fuß auf. Sie vermag ein 10000 t-Schiff in 20 Stunden zu entladen. Näheres bei Hutchinson: J. Am. Soc. Mech. Eng. 1914, August.

[2]) Mit Hilfe von Motoren von entsprechend 460, 640 und 400 PS.

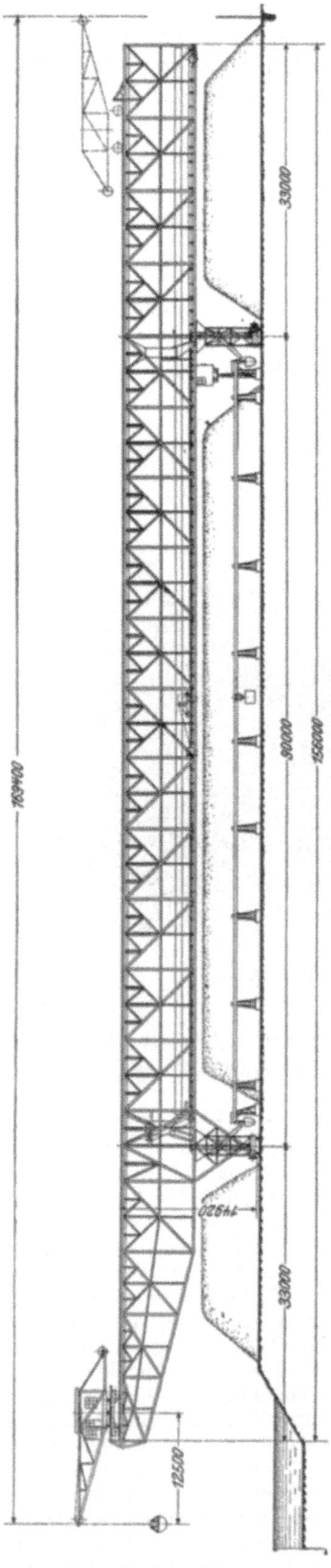

Abb. 35. Kohlenverladeanlage (Emden).

die Schiffshindernisse hinwegreicht, kann er die hochgezogene Last auch in jeder beliebigen Stellung brückeneinwärts fahren, ohne sie, wie jener, immer erst zwischen die Brückenstütze hindurchschwenken zu müssen[1]). Zusammenstöße des hohen Auslegers mit dem Schiff sowohl als auch besonders mit der Brückenkonstruktion erscheinen also ausgeschlossen. Nicht unerwähnt darf andrerseits jedoch der betriebliche Nachteil dieser Bauart bleiben, der aus der größeren Länge des freihängenden Seilstückes entsteht: das wesentlich stärkere Pendeln und Sichdrehen des Greifers.

Es ist bei dem Überwiegen der Vorteile aber begreiflich, daß sich diese Bauart von Verladebrücken mit oben laufendem Drehkran für die genannten Zwecke zusehends, gleichsam als Normalanlage, eingebürgert hat[2]).

Daß die Vorzüge oben laufender Drehkrane auch bei sehr langen Brücken ausgenutzt werden können, zeigt die Schiffsentladeanlage der Abb. 35—37. Sie stellt den Lagerplatz der Brikettfabrik Emden des Rheinisch-Westfälischen Kohlensyndikates mit der bemerkenswerten, von Mohr und Federhaff gelieferten maschinellen Ausstattung dar. Daselbst wird ein außerordentlich großer Lagerplatz von zwei Brücken mit je 90 m Spannweite und 33 m beiderseitigen Ausladungen in der Weise bedient, daß für den wasserseitigen Lagerstreifen der Drehkran (4 t Tragkraft und 12,5 m Ausladung) unmittelbar benutzt wird, für die weitere Verteilung der Schiffsladung — Feinkohle aus Westfalen — dagegen ein in die Brücke eingebautes Förderband benutzt wird. Bei der Entnahme der Kohle vom Lager (oder auch vom Schiff) und für die Weiterbeförderung nach den Elevatoren der Brikettfabrik ladet der Drehkran, je nach der Lage der Entnahmestelle, in einen über der vorderen oder der hinteren Stütze angebrachten Trichter[3]) entweder auf das Transportband oder in eine den ganzen Lagerplatz durchziehende Elektro-Hängebahn. Die Leistungsfähigkeit dieser beiden Brücken wird mit je 80 t/st ange-

[1]) Eine etwaige, zum beliebigen Durchfahren hinreichende Verbreiterung der Stützportale hat anderseits den Nachteil, daß dadurch ein für das Zusammenarbeiten der Brücken erwünschtes enges Aneinanderfahren derselben beeinträchtigt wird. Der Ausweg, dies etwa durch Versetzen der breitfüßigen Portale gegeneinander d. h. durch Annahme verschieden großer Spannweiten der Brücken doch zu ermöglichen, hat begreiflicherweise wieder Nachteile in der doppelten Gleisverlegung und in der vergrößerten Verkehrssperrung.

[2]) Rechnungsangaben über diese Krane finden sich bei Richter: Z. V. d. I. 1911, S. 1118 u. ff.

[3]) Diese Trichter können auch als Waage ausgebildet sein. Es sei bei dieser Gelegenheit erwähnt, daß von den für die Anbringung der Wiegevorrichtungen im allgemeinen gewählten Arten, auf der Katze oder fest auf der Brücke, die letztere vorzuziehen ist. Und zwar deshalb, weil die Waage dabei erfahrungsgemäß vor den Erschütterungen bewahrt bleibt, die ihre Aufstellung auf der Katze mit sich bringt. Die bei der Einschaltung der Waage in die Laufbahn allerdings entstehenden Zeitverluste beim jedesmaligen Verfahren der Katze treten zurück gegen die Wirkung, daß die Waage viel genauer wiegt. (Über weitere Einrichtungen zum Abwiegen des Fördergutes im Abschnitt „Häfen“.)

geben[1]). [Die Hubgeschwindigkeit des Drehkranes beträgt 0,57 m/sek (43 PS), die Fahrgeschwindigkeit 2,5 m/sek (24 PS) und die Drehgeschwindigkeit 2,18 m/sek (7 PS). Die Brücke kann verfahren werden mit 0,15 m/sek (35 PS)].

Wie zweckmäßig die Ausführung langer (horizontaler) Förderwege durch ein in die Brücke leicht einzubauendes Transportband ist,

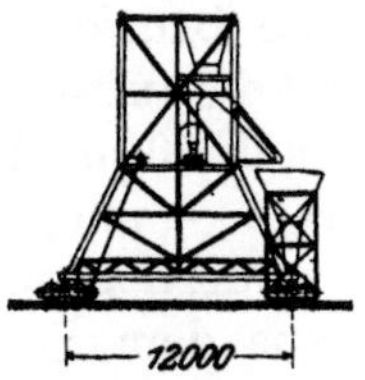

Abb. 36.

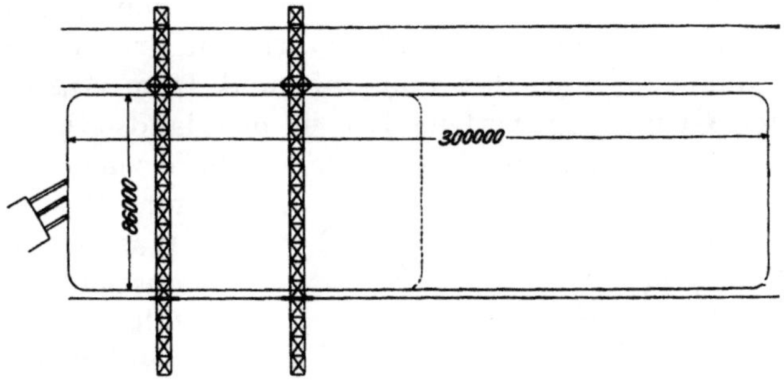

Abb. 37. Disposition des Lagerplatzes (Emden).

das kraft seiner kontinuierlichen Förderweise jede Hubleistung eines oder auch mehrerer Brückenhebezeuge[2]) spielend übernimmt, während die Verwendung dieser Hebezeuge zu solchen langen Fahrwegen deren Hubarbeit und damit auch deren Gesamtförderleistung natürlich ganz merklich schmälern muß, ließe sich durch eine Reihe weiterer Ausführungen leicht ergänzend veranschaulichen. Z. B. am neuen Hafen der Gelsenkirchener Bergwerks-Akt.-Ges. am Rhein-Herne-Kanal handelt es sich um die Beschickung eines

Abb. 38. Längseinstellbare Schiffsbeladebrücke (Nikolaieff).

Lagerplatzes mit Erz. In die fahrbare Lagerplatzbrücke (Demag) ist ein Transportband von 102 m Länge eingebaut, das bei einer Breite von 0,9 m und einer Arbeitsgeschwindigkeit von 1,2 m stündlich 300 t Erz auf Lager schafft. Erwähnung verdient, daß das seit Ende 1913 arbeitende Band (Bleichert) infolge seines schützenden Gummiüberzuges erst nach siebenjährigem angestrengtesten Betrieb hat ausgewechselt werden müssen.

[1]) Für die leistungsfähige Beschüttung seines ausgedehnten Erzlagers bedient sich auch das Hochofenwerk Trzynietz einer umfangreichen fahrbaren Gurtförderanlage (Heckel).

[2]) Zwecks Verdoppelung der Leistungsstärke von Verladebrücken mit obenfahrenden Drehkranen stattet die Maschinenfabrik Eßlingen die Brücke mit zwei solchen Drehkranen aus, deren Fahrgestell den Brückenträger auf je einer Seite konsolartig übergreift. Da somit jeder Drehkran auf seiner besonderen Fahrbahn längs einer der beiden Seitengurtungen der Brücke läuft, so ist ein ungehindertes und gleichzeitiges Zusammenarbeiten beider Krane und dadurch eine im Vergleich zu normalen, einfachen Verladebrücken verdoppelte Leistung erreichbar. — Eine in der Doppelkranausrüstung und -arbeitsfähigkeit gleichartige Anlage stellt auch die an späterer Stelle beschriebene Kipperkatzenbrücke (Demag) der Reichswerft Wilhelmshaven dar.

Eine in Aufbau und Arbeitsweise besonders eigenartige Verladeanlage, die sich, allerallerdings zum Beladen von Schiffen, gleichfalls eines in eine Brücke eingebauten Bandförderers bedient, besorgt zu Nikolaieff am Schwarzen Meer den Umschlag südrussischen Eisenerzes (Abb. 38). Die von Bleichert schon fünf Jahre vor dem Weltkriege gebaute Anlage besteht außer aus dieser fahrbaren Brücke noch aus zwei fahrbaren Halbportaldrehkranen (von je 10 t Tragkraft und 15 m Ausladung), die das aus der Eisenbahn in eine Grube abgeworfene Erz in den landseitigen Fülltrichter der Brücke fördern, aus dem es mittels des Bandes dem Schiffe zugeführt wird. Da die Brücke, die selbst eine Spannweite von 32,5 m aufweist, an der Wasserseite einen bis auf 20 m Ausladung ausziehbaren Ausleger trägt — um gegebenenfalls auch zwei nebeneinanderliegende Schiffe beschütten oder auch aus dem Schiffsprofil ganz herausgezogen werden zu können —, muß das eingebaute Förderband sich den verschiedenen Längen zwischen dem festliegenden Fülltrichter und der verschiebbaren Auslegerspitze anpassen können. Während nun eine solche Anpassung gewöhnlich in der aus Abb. 39 (unten) ersichtlichen Art, wobei das verschiebliche Band (B') in allen seinen Lagen durch ein festgelagertes Zwischenband (E) beschüttet wird, vorgenommen wird, ist dies hier durch die besondere Bandführung nach Abb. 39 (oben) erreicht, wobei die für das Ausziehen jeweils erforderliche Bandverlängerung l aus der Verkürzung l_1 des umgeleiteten Bandes (B) genommen wird. Hierdurch fällt die bei der gewöhnlichen Art auftretende Umschüttung des Fördergutes mit ihren bekannten Nachteilen fort. Die größte Förderlänge des Bandes ist, entsprechend den vorgenannten Brückenabmessungen, 53 m; es leistet bei 0,9 m Breite stündlich 250 t. Die Brücke ist auch schräg gegen ihr Fahrgleis einstellbar, wodurch, ohne Verholen des Schiffes, auch von einem breiteren Teil des Lagerplatzes in eine Schiffsluke gefördert werden kann.

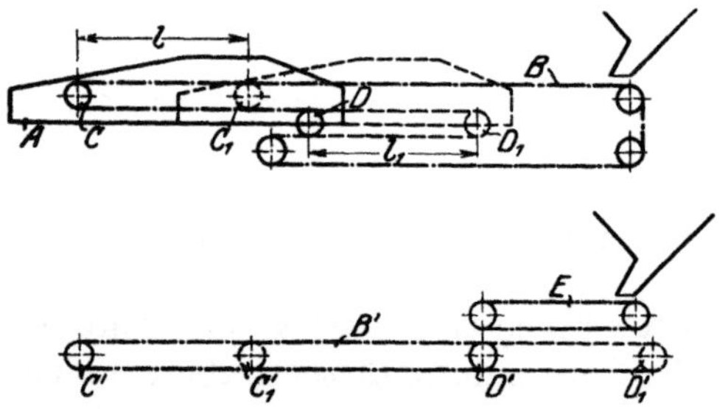

Abb. 39. Anordnungen eines längsverschieblichen Förderbandes.

Abb. 40. Schiffsentladevorrichtungen (Walsum).

Eine gleichfalls hierher gehörige Schiffsentladeanlage, die sich vermöge der eigenartigen Aufnahme des Materials durch eine besonders große Leistungsfähigkeit auszeichnet, ist die der Gutehoffnungshütte im Hafen zu Walsum (Abb. 40)[1]. Die beiden abgebildeten Jägerschen Brücken von 90 bzw. 63,5 m Spannweite können mit ihrem oben laufenden Drehkran von 10 t Tragkraft und 11 m Ausladung jedesmal von der Zeche auf besonderen Plattformwagen (Abb. 41) bereits gefüllt ankommende große

[1]) Siehe auch Z. V. d. I. 1906, S. 1803 u. ff.

Kasten (Klappkübel) von je 8 t Fassungsvermögen zum Weitertransport ins Schiff entladen. Es ist begreiflich, daß die Leistung bei einer derartigen Verladeweise[1]), bei Fortfall jeder Füllarbeit sowie bei den meist nur kleinen Arbeitswegen außerordentlich groß werden kann und daß dabei ferner die Kohle durch Vermeidung allen Stürzens sehr geschont wird. Es können auf diese Weise in der Stunde 240 t vom Waggon ins Schiff geladen werden; vom Lager ins Schiff, mittels 6,5 cbm Selbstgreifers, 120 t[2]). [Die Hubgeschwindigkeit beträgt 1,3 m/sek (60 PS), die Fahrgeschwindigkeit 1,5 m/sek (30 PS) und die Drehgeschwindigkeit 0,5 m/sek (10 PS); die Fahrgeschwindigkeit der Brücke ist 0,4 m/sek (68 PS).]

Abb. 41. Erz- und Kohlenverladeeinrichtung (Walsum).

In dem Vorhandensein der außer den Brücken hier noch am Kai fahrenden Drehkrane — im ganzen 9 Stück mit je 10 t Tragkraft und 12 m Ausladung —, die durch ihre leichte Ortsveränderlichkeit das mühsame Verholen der Schiffe unter die schwere Verladebrücke im allgemeinen unnötig machen sollen, ist gleichzeitig ein Hinweis darauf enthalten, daß auch die Größe bzw. Bauart der Schiffe mitbestimmend sein kann für den Entwurf der Lösch- und Ladevorrichtungen[3]). Bei kleineren Schiffen, Flußfahrzeugen, wird mit Rücksicht auf geringstmögliche Beanspruchung des Schiffskörpers eine in bezug auf dessen Mitte symmetrische Be- und Entladung vorgenommen, d. h. eine übermäßige Belastung der Schiffskonstruktion durch

Abb. 42. Schwimmender Entladekran (Braubach).

[1]) In gleicher Art geht die Kohlenverladung namentlich am Rhein-Herne-Kanal (vgl. Glasers Ann. 1924, Nr. 1118) vor sich; grundsätzlich ähnlich ist auch die Ziegelverladung (s. Abschn. „Häfen"). Eine Umschlagseinrichtung für Kohle mittels 30 t fassender Klappkübel, die durch wasserseitig auslaufende Bockkrane (Pohlig) aus dem Schiff gehoben werden, arbeitet im Hafen von Savona; vgl. Pietrkowski: Z. V. d. I. 1913, Nr. 15.

[2]) Weitere Angaben über Leistungen mit Erzgreifern sind an späterer Stelle gemacht.

[3]) Ausführlicher ist diese Frage im Abschnitt über Hafen-Krananlagen behandelt.

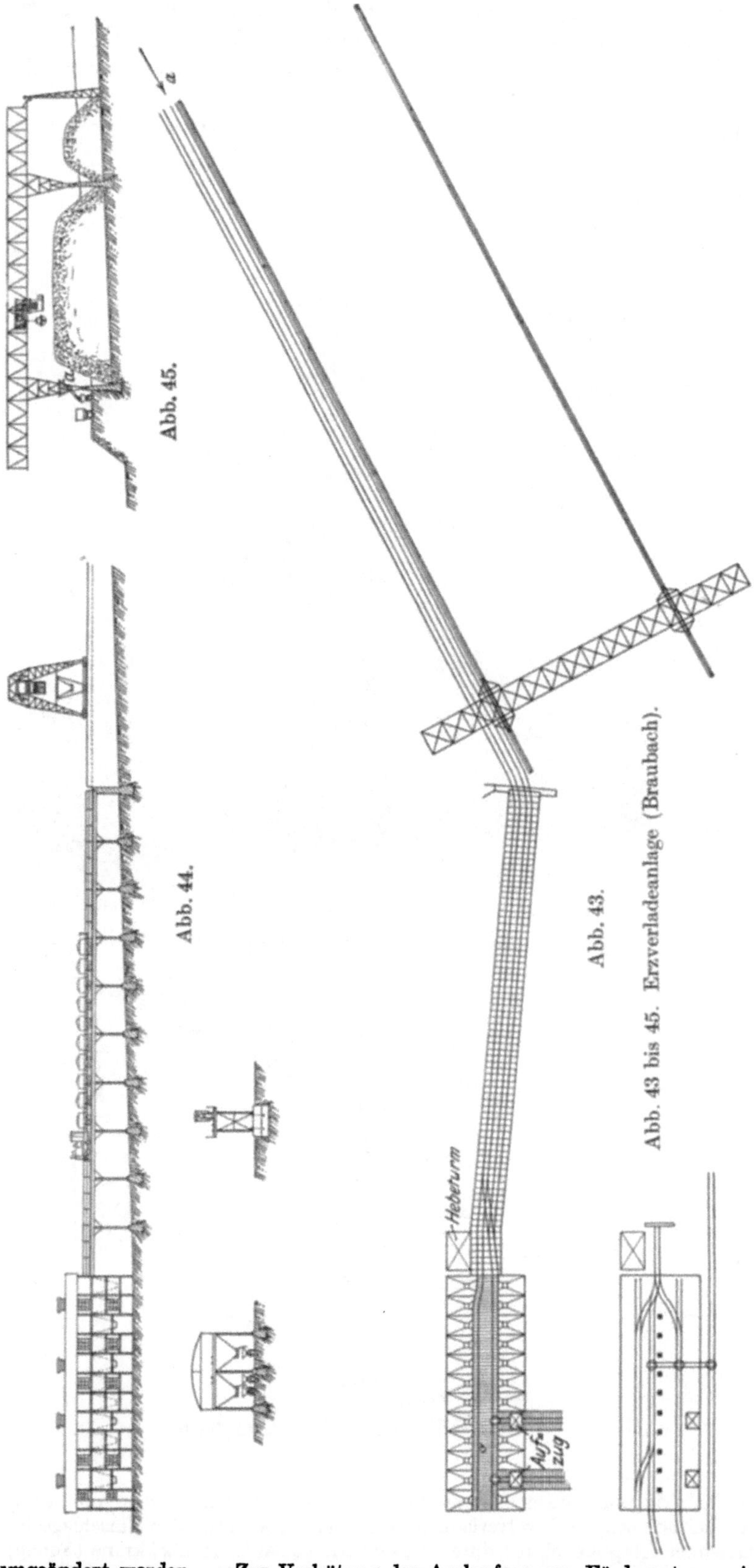

Abb. 45.

Abb. 44.

Abb. 43.

Abb. 43 bis 45. Erzverladeanlage (Braubach).

zu starkes einseitiges Arbeiten im Schiff vermieden werden müssen Den hierfür erforderlichen Wechsel der Arbeitsstellen nun durch eine Lagenänderung des Schiffes oder durch eine solche der Hebevorrichtung am zweckmäßigsten vorzunehmen, ist ein wichtiger Gesichtspunkt bei der Disponierung der Transportanlage.

Es möge an dieser Stelle noch ein Hinweis auf eine durch ihre eigenartigen Verladeverhältnisse bemerkenswerte Erzumschlagsanlage Aufnahme finden, die für die Braubacher Hütte von Schenck und Liebe-Harkort in Betrieb gesetzt worden ist. Die Abb. 42 bis 45 veranschaulichen die diesbezüglichen Verhältnisse an der Schiffsanlegestelle bzw. auf der von dieser ziemlich weit entfernten Hütte. Das in Rheinkähnen ankommende Erz wird in diesen zunächst noch von Hand in Kübel geladen, und zwar deshalb nicht von Greifern, da erfahrungsgemäß das staubförmige Erz — es handelt sich um eine Blei- und Silberhütte — durch die Schließfugen des Greifers herausrieseln und im Wasser verloren gehen würde[1]). Die Kü-

[1]) So ist z. B. in der Blei- und Silberhütte zu Hoboken bei Antwerpen der frühere Greiferbetrieb aus den genannten Gründen in Kübelbetrieb umgeändert worden. — Zur Verhütung des Auslaufens von Fördergut aus nicht dicht schließenden Greiferschalen können — nach D.R.P. 238284 und 240245 (Pohlig) — die Schließfuge über- bzw. untergreifende Blechstreifen angeordnet werden, deren Einstellung durch die Arbeitsbewegung der Greiferschalen selbsttätig erfolgt.

bel werden sodann durch einen fahrbaren Dampfschwimmkran hochgenommen, gewogen und in am Ufer stehende Bunker eingekippt (Abb. 42). Diese Bunker sind portalartig ausgeführt, so daß eine Schmalspurbahn *a* unter denselben hindurchgeführt werden kann. In ganzen Zügen werden die so gefüllten Muldenwagen dann auf den Lagerplatz der Hütte oder über die hier befindlichen Erzbunker gebracht (Abb. 43). Der Verladeplatz wird durch eine fahrbare Brücke bestrichen, deren Katze bei einer Tragfähigkeit von 7,5 t für Selbstgreiferbetrieb eingerichtet ist. Hier konnte man sich die bekannten Vorteile durch Verwendung von Selbstgreifern[1]) allerdings zunutze machen, da der zwar auch hier in gleicher Weise auftretende Verlust an Hebegut nicht wie dort ins Wasser, sondern ja auf das Lager zurückfällt. Das vom Ufer auf dem Verladeplatz ankommende Erz wird nun entweder auf diesen abgelegt oder es wird unmittelbar über die in der Skizze ersichtliche Hochbahn zu den Hüttenbunkern geschafft. Im ersteren Fall wird der Greifer von der Laufkatze abgehängt und die Mulden der Schmalspurwagen von dieser

Abb. 46. Umschlagseinrichtung für ein Hochofenwerk.

erfaßt und durch eine besondere Kippvorrichtung auf Lager entleert. Soll das Erz endlich vom Lagerplatz in die Bunker geschafft werden, so wird es vermittels des Selbstgreifers aufgenommen und durch einen am Brückenfuß angebrachten Trichter (*a* in Abb. 45) in die für die Weiterfahrt zur Bunkerhalle bereitstehenden Muldenwagen gebracht. Die endlich aus den Bunkern gefüllten Sammelwagen werden in eine Grube vor einem seitlich stehenden Hebeturm entleert, von der aus das Erz mittels eines Becherwerkes zu der hochliegenden Mischtrommel geschafft und hierauf durch ein Transportband zu den Röstöfen geleitet wird.

Die wenigen vorstehend gebrachten Ausführungen haben gezeigt, daß für die Schiffsentladung und Lagerung auch größter Mengen von Erz und Kohlen die fahrbare Verladebrücke in ihren vervollkommneten Ausbildungen (mit hochklappbarem wasserseitigen Brückenausleger, mit festem oder schwenkbarem Katzenausleger oder mit obenlaufendem Drehkran, gegebenenfalls im Verein mit einem eingebauten Transportband oder ähnlichem Dauerförderer) als leistungs- und anpassungsfähiges Hilfsmittel für die verschiedensten Fälle seit langen Jahren sich bewährt hat. In nordamerikanischen Hochofenwerken, auf denen das Löschen und Lagern der Rohstoffe durch Brückenkrane mit Greifern bis 15 t und noch mehr Fassungsvermögen[2]) die Regel bildet — wo-

[1]) Einige Leistungswerte von Erzgreifern sind am Schlusse dieses Buches angegeben.
[2]) Vgl. das über Stielgreifer Gesagte.

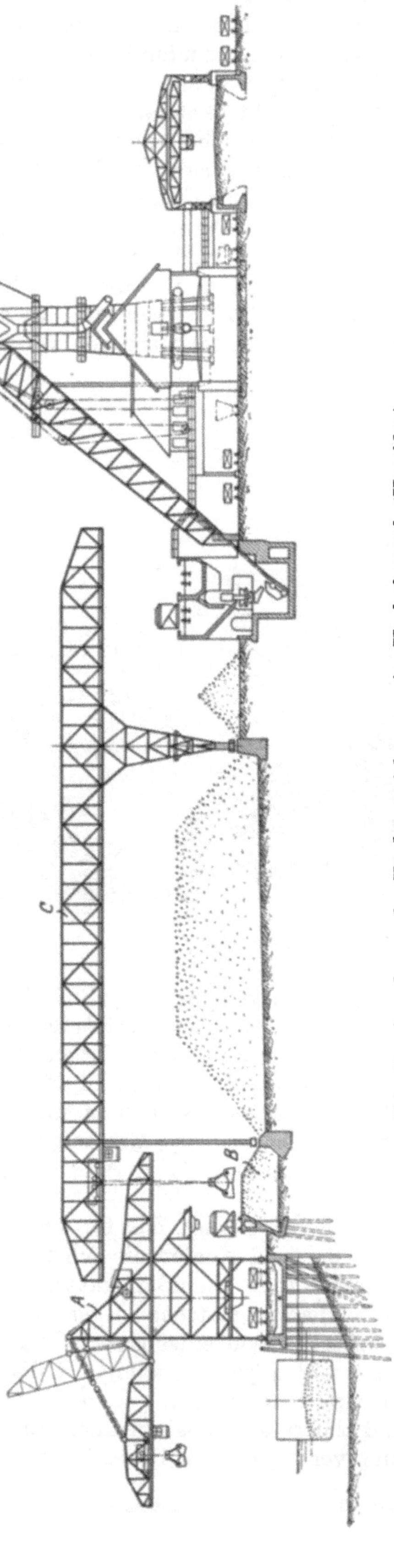

Abb. 47. Anordnung der Fördervorrichtungen im Hochofenwerk (Ymuiden).

bei gegebenenfalls eine Lagerplatzbrücke von mehreren Entladebrücken oder -kranen versorgt wird und dadurch das Löschgeschäft von der Einlagerung unabhängig gemacht wird (etwa nach Abb. 46) — ist die Leistung stellenweise so weit getrieben, daß 10000 t Erz und Kalkstein in 4 bis 8 Stunden aus dem Schiff auf den Lagerplatz befördert werden[1]). Eine gleichartige Anordnung weist auch das neue Hochofenwerk[2]) zu Ymuiden bei Amsterdam auf, wobei — nach Abb. 47 — zwei besondere Löschkrane *A* das Erz unter Vermittlung eines Zwischenbehälters *B* der Verladebrücke *C* zur weiteren Verteilung zuführen können. Die beiden Entladekrane (MAN) haben eine Tragfähigkeit von je 12,5 t und eine Spannweite von 12 m, die Verladebrücke (MAN) solche von 25 t bzw. 60 m. Die Leistungsfähigkeit sowohl der Brücke als auch der beiden Entladekrane zusammen beträgt 500 t/st.

Es ist andererseits jedoch nicht zu verkennen, daß die ins Riesenhafte gewachsenen Verhältnisse bei neuzeitlichen Großbetrieben den bemerkenswertesten Bestandteil der Verladebrücke, den starren Brückenträger, immer störender sich auswirken lassen können. Zunächst dürfte mit einer Katzfahrlänge von 200 m praktisch wohl das Größtmaß des Lagerplatzes in der Tiefenausdehnung erreicht sein, da die Brücke hierbei schon derart gigantische Abmessungen und Gewichte erhält, daß ihre Anschaffungs-und Betriebskosten die Wirtschaftlichkeit ihrer Benutzung ernstlich gefährden. Ferner bietet der hochgelegene Brückenträger den ja besonders an Küsten und Ufern auftretenden Stürmen eine so günstige Angriffsfläche, daß die Gefahr des Abgetriebenwerdens oder gar Zusammenstürzens beängstigend wird. Wenn auch das krasse Urteil eines alten Praktikers: „es ist das Schicksal der Verladebrücken, einzustürzen“ in dieser Verallgemeinerung erfahrungsgemäß nicht zutrifft, so dürfte mit zunehmender Ausdehnung der Brücken doch auch seine Berechtigung zunehmen. Es ist deshalb sehr schätzenswert, daß die neuere Fördertechnik auch für solche Fälle ein Hilfs-

[1]) Siehe Wehrheim: Stahleisen 1924, Nr. 36 und Bergmann: Z. V. d. I. 1913, Nr. 17.

[2]) Das Werk, mit z. Z. zwei Hochöfen — den ersten in Holland! — ist nach amerikanischen Plänen von der Phönix A.-G. und der Gutehoffnungshütte erbaut und Anfang 1924 für eine jährliche Erzeugung von 100000 t Eisen in Betrieb genommen worden.

mittel geschaffen hat, das die genannten Nachteile und Gefahren nicht aufweist, wenigstens bei weitem nicht in gleichem Maße: den Kabelkran[1]). Infolge des Ersatzes der starren, schweren Brückenträgerkonstruktion durch eine elastische, leichte Seilbahnverbindung fallen beim Kabelkran alle in dem Gewicht und der Massigkeit großer Brükken begründeten Mißstände von selbst fort. Der Kabelkran läßt eine Vergrößerung der Lagerplatztiefe auf das Vielfache des bei starren Verladebrükken Möglichen zu und gestattet dadurch, die Anordnung ausgedehnter Lagerplätze bis etwa 500 m tief auch senkrecht zum Ufer vorzunehmen, weil man bis zu diesem Maße mit der Spannweite eines Kabelkranes praktisch in den meisten Fällen wohl gehen kann, ohne daß infolge des Seildurchhanges Abmessung und Gewicht der Stütztürme allzu groß werden[2]). Durch eine solche Disposition des Kai- und des Lagerplatzes — Abb. 48 — kann bei am Ufer beengten Verhältnissen die Anlage eines Werkes mitunter erst ermöglicht werden; stets wird dadurch jedoch eine Ausnutzung des minderwertigen Hinterlandes an Stelle des meist höherwertigen Ufergeländes für Lagerzwecke erreicht. Daß die dünne Seilfahrbahn auch bei stärkstem Sturmwind eine Gefahr für die Standsicherheit der Verladevorrichtung nicht in sich birgt,

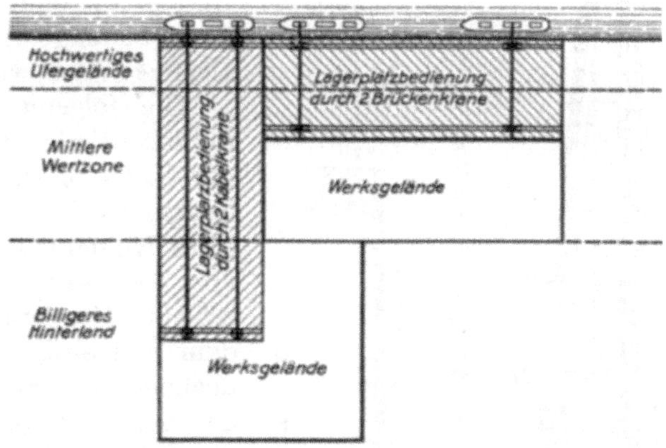

Abb. 48. Geländeausnutzung durch Kabelkrane und durch Verladebrücken.

Abb. 49. Schiffsentladung durch einen Kabelkran (Ostende).

[1]) Die ungewöhnliche Bezeichnung Kabelkran anstatt Seilkran dürfte sich daraus erklären, daß die Amerikaner, die schon seit dem Jahre 1870 derartige Transporteinrichtungen benutzen, diese mit cableway (crane) bezeichnen (während unsere „Drahtseilbahnen" von ihnen ropeways genannt werden). — Weiteres über Kabelkrane in den Abschnitten über Hafenumschlag und über Hellingsaustattung. Siehe auch bei Götz: Dt. Maschinenbau 1925, Nr. 1; Riedig: Fördertechnik 1922, Heft 15.

[2]) Die diesbezüglichen Verhältnisse bei den von Bleichert gebauten weitestgespannten Kabelkranen für Holztransport in Stromsbrück (Schweden) und für Abraumtransport bei Gera sind: Spannweite 465 m, Höhe der Türme 45 und 28 m bzw. Spannweite 475,5 m, Höhe der Türme 25 und 21 m.

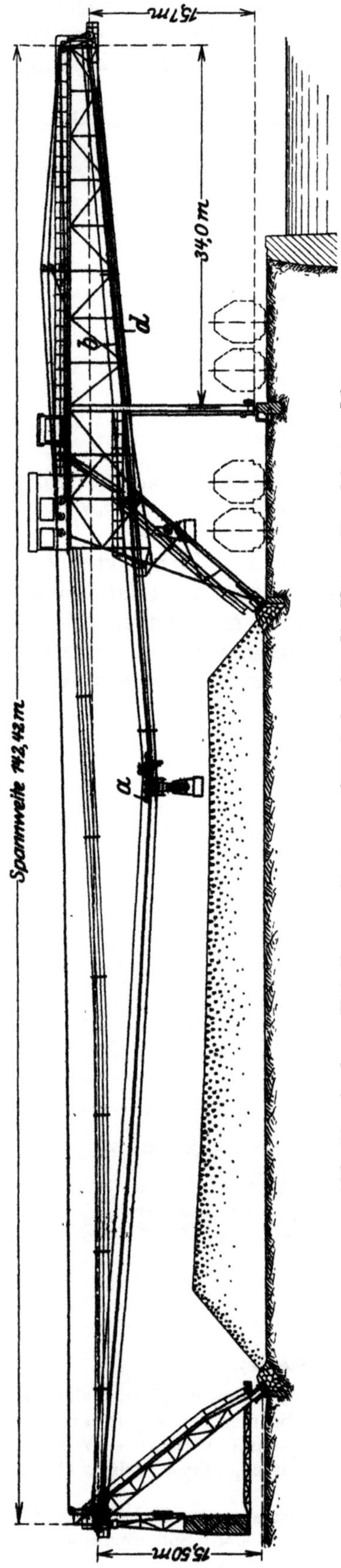

Abb. 50. Ausleger-Kabelkran mit starrer Stützbahn für die Katze (Frankfurt a. M.).

bedarf eines Nachweises wohl nicht. Die Ausbildung der wasserseitigen Stütze des Kabelkranes mit einem über das Schiff auskragenden Ausleger, der beim Nichtarbeiten der Anlage aus dem Schiffahrtsprofil hochgeklappt werden kann, befähigt den Kabelkran für die Schiffsentladung in gleicher Weise, wie es bei der Verladebrücke der Fall ist.

Die folgenden Anlagen zeigen den Kabelkran als Schiffsentlader und für die Lagerplatzbedienung mit an der Katze bzw. am Stützgerüst angeordnetem Bedienungsstand. Abb. 49 veranschaulicht die Entladung eines Kohlenkahnes durch einen Kabelkran (Bleichert) von 5 t Tragkraft und 128 m Spannweite, wobei bei 2,5 cbm Greiferinhalt die Leistung 65 t/st beträgt. An dem uferseitigen Stützturm ist, die Uferstraße überdeckend, eine Schutzbrücke angebaut. Das Tragkabel, das der seilgezogenen Führerstandskatze als Fahrbahn dient, ist am inneren Ende des Auslegerarmes befestigt; innerhalb des letzteren läuft die Katze aber auf festen Schienen, wie bei starren Verladebrücken. Eine andere Ausführungsart, die namentlich im amerikanischen Ursprungsland der Kabelkrane zu finden ist, besteht darin, daß das Tragkabel bis an das äußere Ende des Auslegers durchgeführt ist, wobei die Katze auf ihrem ganzen Wege auf dem Seile läuft. Beide Bauarten haben im Betriebe neben Vorzügen auch Nachteile: bei ersterer erfolgt die Lastaufnahme im Schiff wegen der darüber festliegenden Katzfahrbahn wohl mit größerer Sicherheit und ohne Zeitverlust durch vertikale Schwankungen des Lastaufnahmeorganes, indes beeinträchtigen die unvermeidlichen Schläge beim jedesmaligen Übergang der Katze von der nachgiebigen Seilfahrbahn auf die feste Schienenfahrbahn naturgemäß die Lebensdauer der Konstruktion; bei letztgenannter Bauart ist das Umgekehrte der Fall. Es ist deshalb die Vereinigung der erwähnten Vorteile unter Ausschaltung der nachteiligen Begleiterscheinungen bei einem Ausleger-Kabelkran als eine sehr glückliche Lösung dieser ebenso häufig auftretenden wie wichtigen Frage zu bewerten. Die Abb. 50 und 51 lassen erkennen, wie die Firma Bleichert diese Lösung bei einem unlängst für die Thyssensche Handelsgesellschaft im Osthafen zu Frankfurt a. M. erstellten Kabelkran zur Entladung von Kohlenkähnen bewirkt hat. Einesteils ist jene schädliche Übergangstelle durch die Befestigung des Tragseiles *b* am äußeren Auslegerende, andernteils sind die in der Seilnachgiebigkeit begründeten Schwankungen des Lastbehälters durch Beibehaltung einer festen Auslegerhilfsfahrbahn *d*, auf die die Katze *a* bei der Lastaufnahme sich aufsetzt, ausgeschaltet worden. Da diese Fahrbahn *d* sich in ihrer Gestalt überdies dem Verlauf der Seildurchhangskurve anschließt, ist ein sofortiges, stoßloses Aufsetzen der Katze mittels besonderer seitlicher Hilfsrollen *c* gewährleistet, wobei durch deren federnde Lagerung *e* auch kleine, etwa noch entstehende Stöße unwirksam werden (Abb. 51). Der Kran hat eine Bruttotragkraft von 6 t und leistet bei stündlich 18 bis 20 Förderspielen — die Fahrwege sind, für einen Kabelkran, ja ziemlich kurz, die Arbeitsgeschwindigkeiten dagegen nicht unbedeutend (240 m/min für das Katzenfahren und 40 m für das Heben) — etwa 60 t Kohle. Für das Heben und das Katzenfahren dient ein Motor von 65 PS, für das Kranfahren ein solcher von 16 PS.

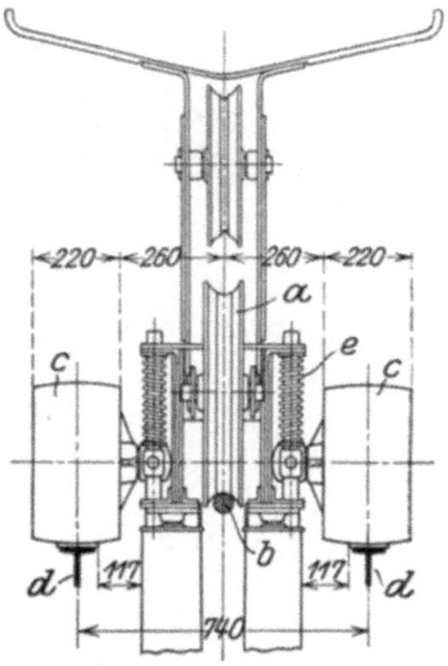

Abb. 51. Katzenführung im Kabelkranausleger (Frankfurt a. M.).

Der Vollständigkeit halber sei auch an dieser Stelle noch auf die Möglichkeit der Entladung und Lagerung von Schiffsmassengut im Großen mittels der **Elektrohängebahnen** hingewiesen[1]. Während diese sich in eigentlichen Hafen-, Speicher- und Fabrikbetrieben zusehends seit etwa 10 bis 15 Jahren auch bei uns eingebürgert haben, z. T. auch für recht ansehnliche Stundenleistungen, sind sie für den hier in Rede stehenden Zweck meines Wissens noch nicht herangezogen worden. Es sei deshalb hier nur kurz eine Anlage wiedergegeben, die zur Schiffsentladung, Stapelung und Wiederentnahme großer Mengen Kohlen im neuen Westhafen der Stadt Berlin dient, die sich aber auch den besonderen Bedürfnissen eines Hochofenwerkes unschwer anpassen lassen würde. Die im Wesen der Elektrohängebahn — Verwendung eigenmotorisch bewegter Fahrzeuge auf einer über Flur verlegten Einschienenbahn — gelegenen Vorzüge bestehen vor allem in der durch die leichte Linienführung der Fahrbahn gegebenen räumlichen Anpassungsfähigkeit, in der durch die Hochlage der Fahrbahn bewirkten Unab-

Abb. 52. Elektrohängebahn für Schiffsentladung und Lagerung (Berlin).

hängigkeit des Transportbetriebes von den Einflüssen des übrigen Verkehrs und auch der Witterung, in der einfachen Möglichkeit einer jederzeitigen Vergrößerung (oder auch Verkleinerung) der Leistungsfähigkeit der Anlage lediglich durch Hinzunahme (bzw. Ausschaltung) weiterer eigenmotorisch betriebener Transportzeuge, ohne daß diesfalls also der Antrieb von vornherein übermäßig groß bemessen (bzw. nur unvollkommen ausgenutzt) zu werden braucht. Zählt man zu diesen vorteilhaften Eigenheiten der Elek-

[1] Weitere Angaben siehe besonders im Abschnitt über Hafenausrüstung.

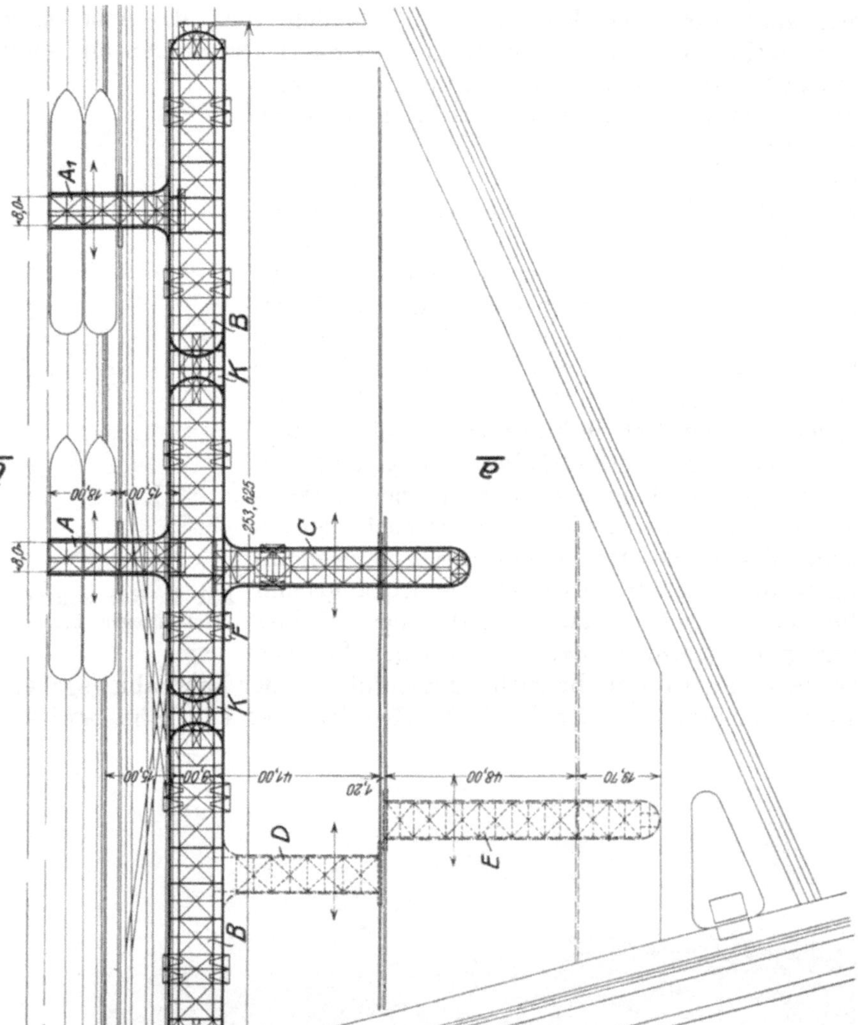

Abb. 53. Elektrohängebahn für Schiffsentladung und Lagerung (Berlin).

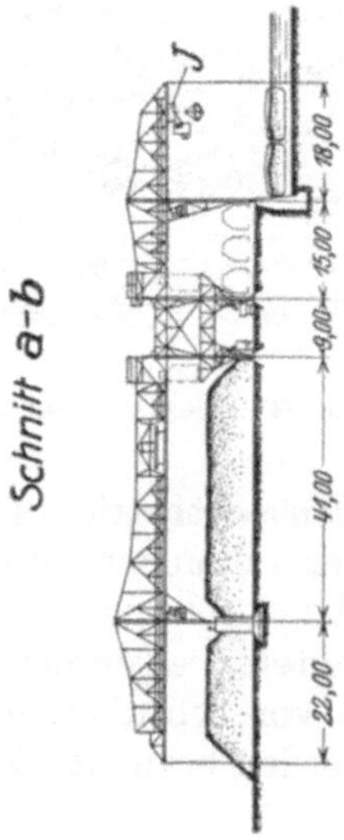

Abb. 54.

trohängebahnen noch deren Fähigkeit selbsttätigen Arbeitens und beliebig ausdehnbaren Arbeitsbereiches hinzu, so dürfte ihre Verwendbarkeit auch für den Anfuhrplatz der Rohmaterialien in einem Hochofenwerk ebensowenig außer Zweifel stehen wie für die anschließenden Arbeiten der Hochofenbegichtung, wofür sie sich ja schon bestens bewährt haben[1]).

Die seit Juli 1923 in Betrieb genommene Kohlentransportanlage mittels Elektrohängebahn (Bleichert) setzt sich nach Abb. 53 und 54 zusammen aus einem parallel zum Ufer verlegten schleifenförmigen Hochbahnstrang *B* von rund 250 m Längsausdehnung[2]), an den sich wasserseitig zwei (A und A_1), landseitig eine fahrbare Brücke *C* anschließen. Solche fahrbare Brücken, auf die in jeder Stellung die Elektrohängebahnwagen mittels sogenannter Schleppweichen[3]) von dem festen Fahrstrang auflaufen können und umgekehrt, erhöhen die Wirtschaftlichkeit und die Leistungsfähigkeit einer Elektrohängebahn zur Bedienung größerer Arbeitsflächen ungemein; erst durch sie wird es möglich, Arbeitsplätze von selbst größter Längsausdehnung mit geringstem Aufwand an Baustoff und an Zeit vollkommen zu bedienen. Die in Rede stehende Anlage arbeitet vorläufig mit vier Führerstandslaufwinden *J* und hat eine Leistungsfähigkeit von 80 t/st; eine Erhöhung auf das Doppelte ist für später nach dem gestrichelt gezeichneten Ausbau vorgesehen. Dabei weist der Lagerplatz eine nutzbare Fläche von rund 20000 qm und, bei 7 m Schütthöhe, ein Fassungsvermögen von etwa 130000 cbm, entsprechend rund 100000 t Kohlen auf. Das rationelle Arbeiten der Anlage ist weiterhin noch dadurch begünstigt, daß vermöge zweier in den 250 m langen festen Fahrbahnstrang eingebauter, schiebebühnenartiger Doppelweichen *K* der Kreislauf der Hängebahnfahrzeuge, entsprechend der jeweiligen Einstellung der fahrbaren Brücken, um einen Betrag bis zu $^2/_3$ der Länge der festen Fahrstrecke — d. h. bis um rund 350 m! — verkürzt werden kann.

Von allen den bisher betrachteten Einrichtungen grundverschieden sind natürlicherweise die Hilfsmittel zur Entladung der Rohstoffe in solchen Hüttenwerken, die auf eine Zufuhr derselben auf dem Landwege angewiesen sind. In der Hauptsache kommt hier in Frage die Materialankunft in Eisenbahnwagen oder mit der Drahtseilbahn. Bei einer Anrollung von Erz, Kohle und Kalkstein mit der Eisenbahn hat sich, sofern Selbstentlader nicht verwendet werden, das gewöhnliche Ausschaufeln von Hand bei den weitaus meisten Werken bisher erhalten. Es bietet, z. B. gegenüber feststehenden Kippvorrichtungen, ja zweifellos am leichtesten die Möglichkeit, die verschiedenen Sorten der Rohstoffe genau auf die zugehörigen Stellen zu schütten. Die Handarbeit für die Aufschüttung der Rohstoffhalde wird außerdem in der Regel dadurch aufs äußerste beschränkt, daß die Wagen auf einem Hochgeleise zugeleitet werden, von dem aus die Aufschüttung der Halden durch bloßes Abschaufeln von selbst erfolgt. Man erachtet die bei einem derartigen Aufschütten der Lager durch den Fortfall jedweden Hebens ersparte Arbeit mit Recht so hoch, daß man dort, wo für die Hochführung des Eisenbahngleises eine genügend lange Strecke nicht zu erhalten ist, den gleichen Arbeitsvorgang durch Ausschachtung des Terrains neben den Flurgleisen ermöglicht. Die Nachteile, die einerseits in den hohen Herstellungskosten solcher geräumiger Gruben, andererseits in der Unübersichtlichkeit eines solchen halbunterirdischen Betriebes bestehen, schmälern die Vorzüge des einfachen Abladens allerdings ganz bedeutend.

Die Größe der Rohstofflager wird, um eine zu lang gestreckte Ausdehnung derselben und damit zu große Entfernungen bis zu den Gichtaufzügen zu vermeiden, in den meisten Fällen eine mehrgleisige Zuführungshochbahn verlangen. Wenn sich dies bei ausgedehnten Werken einfach durch entsprechende Gleisführung erreichen läßt, so ist es bei räumlich beengten Anlagen doch oft nicht ohne weiteres möglich. So

[1]) Siehe S. 45 u. ff.

[2]) Die aus dem Grundriß ersichtliche einfache Fortführung *H* des festen Verlade-Hochgleises *B* dient lediglich als Zuleitung reparaturbedürftiger Fahrzeuge in den abseits errichteten Schuppen *G*.

[3]) Näheres darüber s. an späterer Stelle.

konnte beispielsweise in der Rolandshütte eine einfache Abzweigung mehrerer Entladegleise vom Staatsbahngleis nicht durchgeführt werden, und man ist dort deshalb zur Einschaltung einer Schiebebühne übergegangen. Diese besorgt nicht allein den Quertransport zwischen dem An- und Ausfuhrgleis der Staatsbahn und den (6) parallelen Entladegleisen, sondern übernimmt, vermöge einer aufmontierten Spilltrommel, zweckmäßig auch noch das Auf- und Abfahren der Waggons auf die einzelnen Entladegleise.

Das Streben nach Mechanisierung möglichst jeder gröberen Handarbeit bei den Lastenbewegungen im Hüttenwerk hat sich begreiflicherweise aber auch auf das Entladen der Wagen erstreckt, die die Erze, Kohlen und Zuschläge für den Hochofenbetrieb in die Hütte schaffen. Lassen die örtlichen Verhältnisse eine unmittelbare Überführung dieser Stoffe aus der Grube mit dem Förderwagen zu[1]), so wird deren selbsttätige Ent-

Abb. 55. Mehrwagen-Kreiselwipper (Oettingen).

leerung durch Zuhilfenahme sog. Kreiselwipper in einfachster Weise zu erreichen sein; zugleich mit dem geringsten Kraftaufwand dann, wenn die Zu- und Abfuhr der Wagen auf einer Gefällebahn selbsttätig erfolgen kann.

Von solchen, namentlich im Minettegebiet benutzten Kreiselwippern veranschaulichen die Abb. 55 bis 58 eine von Pohlig an Differdingen-Oettingen gelieferte Anlage[2]). Die von dem unmittelbar neben den Vorratstaschen befindlichen Schacht kommenden Grubenwagen *a* laufen, je 6 hintereinander, in den vor die Zuführungsgleise fahrbaren Wipper ein. Nachdem sie von diesen über die zu füllende Stelle der Vorratsbehälter gefahren worden sind, werden sie durch eine 180°-Drehung der trommelähnlich ausgebildeten und auf Stützrollen *c* gelagerten Auflaufvorrichtung *b* ihres Inhaltes entleert. Nach einer weiteren Drehung darauf in die ursprüngliche Lage zurückgebracht, können die Wagen den Wipper — vorliegenden Falles auf dem nämlichen

[1]) Kreiselwipper zum seitlichen Entleeren von Eisenbahnwaggons, wie sie in den Verein. Staaten gebraucht werden, sind in Deutschland ja nicht zulässig; doch wird dieses Verfahren z. B. auch in Witkowitz geübt. Eine seitlich kippende Waggon-Entladevorrichtung hat auch im Gaswerk Simmering-Wien Aufstellung gefunden. Näheres über solche Seitenkipper siehe bei v. Hanffstengel: „Die Förderung von Massengütern" Bd. II., Aumund: „Hebe- und Förderanlagen" Bd. I.

[2]) Über andere Kreiselwipperanlagen siehe auch Schütt: Stahleisen 1909, S. 546, Buhle: Z. V. d. I. 1909, S. 841 u. ff., Glinz: Stahleisen 1910, S. 1497 u. ff., sowie S. 1597 u. ff., Tillmann: Z. V. d. I. 1910, S. 425, Gerke: Berg- u. Hüttenmännische Rundsch. 1914, Nr. 4 und 1915, Nr. 7/9.

Wege, mitunter jedoch auch in entgegengesetzter Richtung — wieder verlassen. Die Leistung jedes der abgebildeten Wipper, deren Bewegungsmechanismen aus der Zeich-

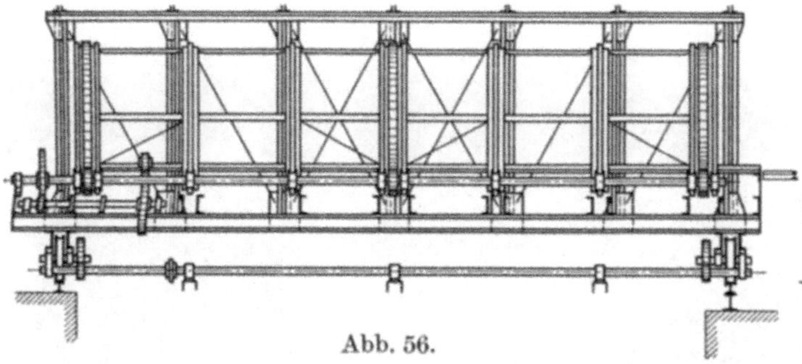

Abb. 56.

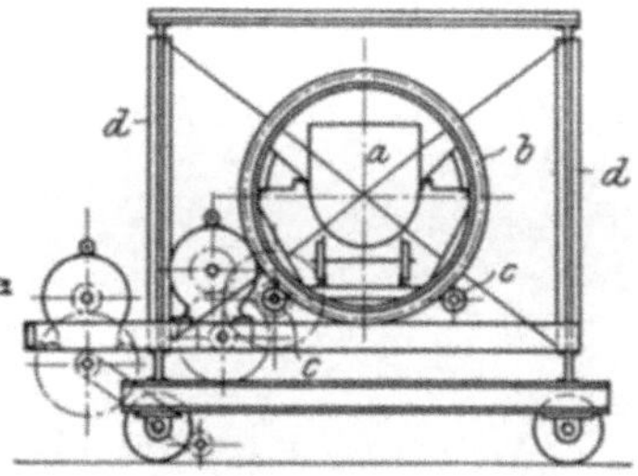

Abb. 57.

Mehrwagen-Kreiselwipper.

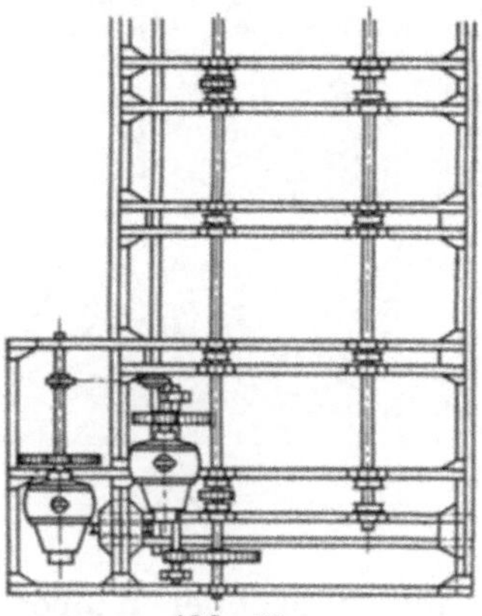

Abb. 58.

nung gut ersichtlich sind, beträgt stündlich ungefähr 100 Wagen von je 1,5 t Inhalt, d. h. rund 150 t.

Treten an die Stelle der das Material zuführenden Förderwagen normale offene Eisenbahnwagen, so wird der Kreiselwipper zu einem Waggonkipper. Bestand das Arbeitsmerkmal bei jenem darin, daß die obere offene Seite der zu entleerenden Wagen einfach um ihre Längsachse nach unten gekippt wurde, so besteht es bei diesem nur in einem Schrägstellen des mit aufklappbaren Stirnwänden versehenen Wagens um seine Querachse[1]), soweit, daß die Ladung von dem Boden herabrutschen kann[2]). In den wohl meisten Fällen, bei den stationären Waggonkippern[3]), gelangt dadurch der Wageninhalt in einen Behälter, aus dem das Material fortdauernd abgezogen werden muß. Es wird sich ja die Häufung des stets auf dieselbe Stelle entleerten Materials nicht allzu weit treiben lassen, ohne etwa noch besondere Hilfsmittel für deren Weiterverteilung auf eine größere Fläche in Anspruch zu nehmen. Günstiger sind in dieser Beziehung natürlich die fahrbaren Kipper — in Gestalt von auf Bodengleisen fahrenden Kurvenplattformen (Kurvenkippern) oder von an Kranen hängenden Kipp-

Abb. 59. Waggonkipper (Breslau).

[1]) In außerdeutschen Ländern, namentlich in Nordamerika und in England, wird auch bei Eisenbahnwagen die Kippung um die Längsachse der Wagen, die Ausschüttung also über deren Seitenwände vorgenommen. Vgl. z. B. Woernle: Z. V. d. I. 1925, Nr. 3 u. Engg. 1925, 21. August.

[2]) Entsprechend dem sonstigen Sprachgebrauch für das Wippen und das Kippen der Last — als einer Neigebewegung in der Vertikalebene bzw. einer Drehbewegug um die eigene Achse — müßten die Bezeichnungen für die obengenannten Einrichtungen, streng genommen, miteinander vertauscht werden.

[3]) Weitere Angaben über die Konstruktion und den Betrieb von Waggonkippern für Verladezwecke finden sich in dem Abschnitt über Hafenkrananlagen, am Schlusse dieses Buches; ferner bei Aumund: „Hebe- und Förderanlagen" Bd. I, v. Hanffstengel: „Die Förderung von Massengütern" Bd. II, Schlachter: Z. V. d. I. 1909, S. 1255 u. ff., Buhle: Glückauf 1911, S. 618 u. ff., Wintermeyer: Bergbau v. 23. März 1922, Kessner-Bodenburg: Maschinenbau v. 16. Juni 1923, Hubert: Prakt. Masch.-Konstr. v. 1. März 1924, Schulz: Die Werkbahn v. 20. November 1924.

bühnen (Kipperkatzen-Verladebrücken) —, deren Ausschüttstelle sich ganz nach Bedarf über beliebig ausgedehnte Sammelbehälter verlegen läßt.

Abb. 60. Waggondoppelkipper (Oberhausen).

Auch die stationären Anlagen werden mit stehender oder mit hängender Kipperplattform ausgeführt. Abb. 59 zeigt eine Waggonentladung (Luther) der ersten Art. Hierbei kann die Schrägstellung der Bühne, bei maschinellem Antrieb, durch Zahnsegment- und Ritzelantrieb[1]), durch spindelbetätigte Druckstangenwirkung[2]) hydraulischer Plungerantrieb kommt heute, dem zunehmenden Verschwinden der Druckwasserzentralen entsprechend, für Neuanlagen verhältnismäßig nur noch selten in Betracht[3]) — oder durch in den Kippwinkel hineingezogene oder -gedrückte Druckrollen erfolgen.

Die Abb. 63 bis 65 zeigen den von Bleichert für die Maximilianshütte in Rosenberg gebauten Waggonkipper feststehenden Typus der andern Art. Die hier von den Auerbacher Gruben mit der Eisenbahn ankommenden Erze — vgl. auch S. 66 u. Abb. 103 — werden in der ersichtlichen Weise zunächst durch den Kipper in einen unterirdischen Silo a, a_1 entleert, von dem aus sie dann durch eine Hängebahn erst den eigentlichen Füllrümpfen und aus diesen weiter den Gichten der Hochöfen zugeführt werden. Wenn auch dieses Verfahren wohl nicht gerade als besonders einfach anzusehen ist, so zeichnet sich die Anlage des Kippers selbst immerhin dadurch

Abb. 61. Druckspindelmechanismus eines Waggonkippers.

[1]) Abb. 60 ist ein solcher von der Demag für die Gutehoffnungshütte, Oberhausen, gebauter Doppelkipper.

[2]) Abb. 61; der in Abb. 62 ersichtliche Kipper (Demag) der Gelsenkirchener Bergwerks-A.-G. „Vulkan" hat als Druckorgan eine Doppelzahnstange. Die in die Kippbühne eingebaute Drehscheibe ermöglicht nicht nur die beliebig gerichtete Zufuhr der Waggons gegen den Kipper, sondern macht das Kippgeschäft auch unabhängig von der Lage des Bremserhäuschens auf den beliebig zugeführten Waggons.

[3]) Z. B. in dem sog. Plankipper; vgl. Aumund: Maschinenbau 1923, S. 727.

aus, daß sein Betrieb verhältnismäßig flott vonstatten geht. Es ist nämlich, wie auch die Zeichnung erkennen läßt, die Kipperplattform nach beiden Richtungen hin schrägstellbar, so daß Waggons mit Bremse, die wegen des an ihrem einen Stirnende angebrachten Bremserhäuschens ja nur eine einzige aufklappbare Stirnwand haben, vor dem Kippen nicht erst evtl. gedreht zu werden brauchen. Das Kippen erfolgt vielmehr ohne Zeitverlust nach beliebiger Seite a oder a_1, indem das eine Ende der Plattform verriegelt und das andere freigegeben wird; die Hubkette greift in der Mitte der Brücke an. Die stündliche Leistung dieses Kippers wird mit 10 Wagen, die erforderliche Kraft mit nur 9 PS. angegeben.

Um die Kosten für die Ausschachtung der bei diesem Beispiel getrennten Gruben zu vermindern und das Abziehen des Gutes zu vereinfachen, führte Bleichert später[1])

Abb. 62. Waggonkipper mit Bühnendrehscheibe (Duisburg).

das jeweils nicht angehobene Plattformende gleichzeitig in horizontaler Richtung, so daß alles Material in den in der Mitte der ganzen Einrichtung ausgeschachteten Behälter fällt. — Den gleichen Doppelzweck[2]) erreichten die ehemaligen Guilleaumewerke durch eine kranmäßige Ausbildung des Kippers nach Abb. 66 und 67: Die über einer geräumigen Grube angeordnete Plattform ist mit vier Gallschen Ketten an einer darüberfahrenden Katze aufgehängt. Je zwei dieser Ketten können von den Katzenwindwerken entweder gleichzeitig oder nacheinander gehoben oder gesenkt werden. Der Arbeitsvorgang ist nun so, daß die Plattform mit dem darauf festgemachten Waggon zunächst angehoben und darauf durch die Katze so weit ausgefahren wird, bis sich das Ausschüttende des Waggons etwa über der Mitte der Grube befindet. Dann wird das eine Windwerk abgestellt, das andere aber weiter laufen gelassen, wodurch der Wagen gekippt

[1]) Ein Kipper dieses Systems arbeitet z. B. im Städt. Gaswerk zu Stuttgart-Gaisberg.
[2]) Vgl. v. Hanffstengel: Z. V. d. I. 1908, S. 1805.

Abb. 63. Doppelseitiger Waggonkipper (Rosenberg).

und entleert wird. Die mit einer Hubkraft von 40 t für das Elektrizitätswerk München gebaute Anlage vermag stündlich bis zu 10 Waggons zu kippen bei einer Hubgeschwindigkeit von 2,75 m/min und einer Fahrgeschwindigkeit von 6 m/min.

Die ebenso eigenartige wie zweckmäßige Bewegung der Kipperbühne mit Hilfe keilartig zwischen diese und ihren Unterbau sich schiebender Druckrollen (MAN) — daher die Bezeichnung „Rollkipper" — ist aus Abb. 68 zu ersehen. Zwischen die Kipperplattform *A* und ihren Unterbau *B*, mit dem sie an ihrem vorderen Ende *C* gelenkig verbunden ist, wird ein Rollenpaar *D* hineingedrückt, so daß die Plattform scherenartig hochgeklappt wird. Die Bewegung dieser Druckrollen erfolgt durch Spindelantrieb *E*[1]), wobei die Krümmung der unteren Plattformwangen *F* derart gestaltet ist, daß die Arbeitslei-

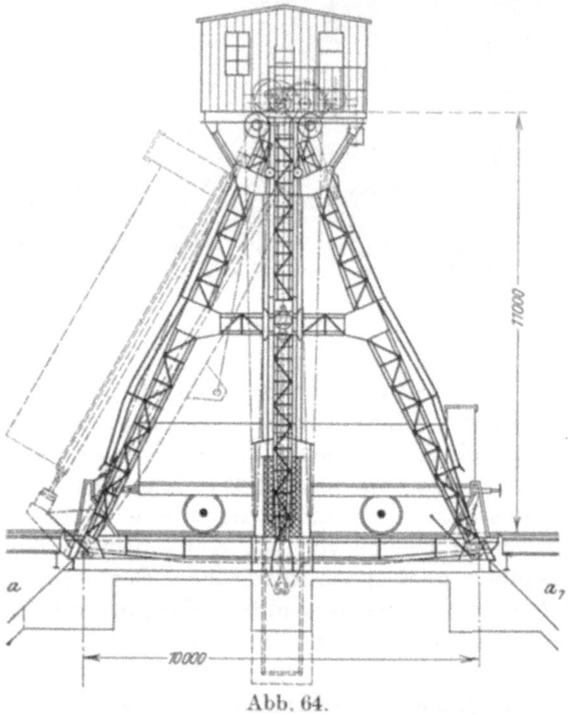

Abb. 64.

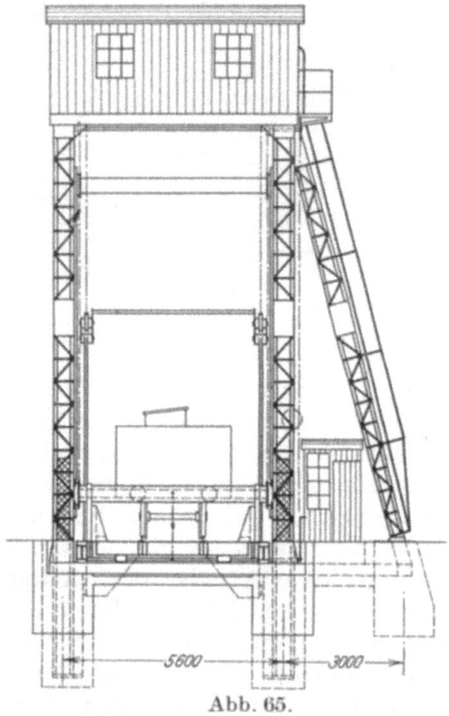

Abb. 65.

Abb. 64 und 65. Doppelseitiger Waggonkipper (Rosenberg).

[1]) Bei reichlichen Abmessungen zeichnet sich der Spindelantrieb dem früher gewählten Einziehen der Druckrollen mittels Gallscher Ketten gegenüber durch größere Betriebssicherheit und geringeren Verschleiß aus.

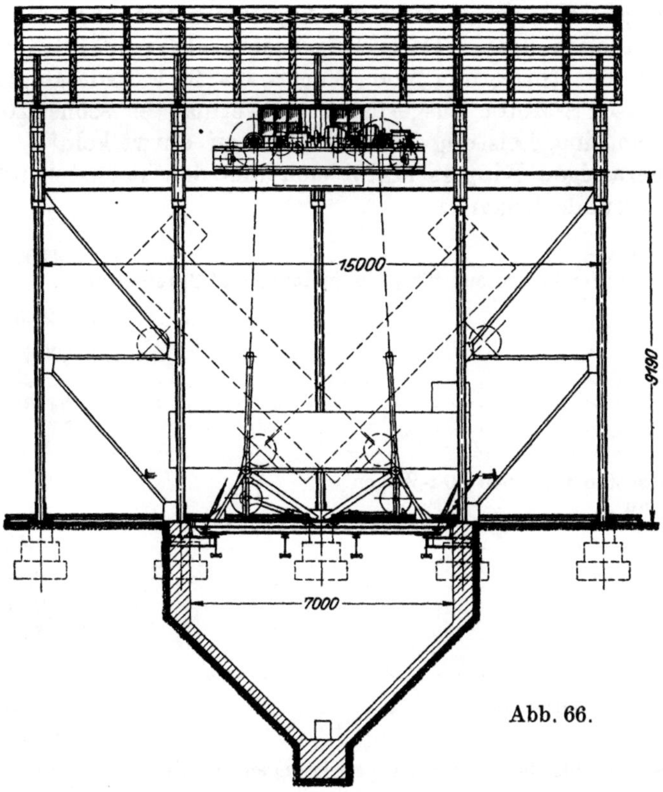

Abb. 66.

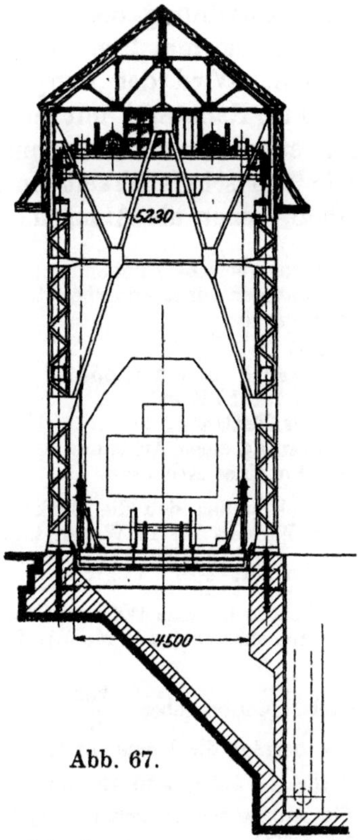

Abb. 67.

Abb. 66 und 67. Doppelseitiger Waggonkipper (München).

stung des Antriebsmotors *G* während des ganzen Anhebens nahezu gleich bleibt. Besonders bemerkenswert und wertvoll für den Ausschluß von Betriebsstörungen für den Fall, daß der Motor in den Endstellungen nicht rechtzeitig zum Stillstand kommen sollte, ist die dagegen vorgesehene Sicherheitsvorrichtung: Die im Querbalken *H* der Druckrollen *D* gelagerte Mutter *J* ist während des Betriebes durch Reibungsschluß infolge des starken Spindelzuges an der Drehung gehindert, so daß ihre achsiale Fortbewegung auf das Querstück *H* und auf die Druckrollen übertragen, d. h. die Plattform *A* gehoben oder gesenkt wird. Die Bewegung der Rollen hört jedoch in der höchsten und tiefsten Stellung der Plattform zufolge des Formverlaufes der Wangen *F* auf, auch wenn der Motor weiterläuft. Gleichzeitig kuppeln sich die Spindel *E* und die Mutter *J* durch die Klauen *K* und *L* bzw. K_1 und L_1. Die Mutter dreht sich demzufolge mit der Spindel, ohne sich zu verschieben, so daß die Druckrollen und die

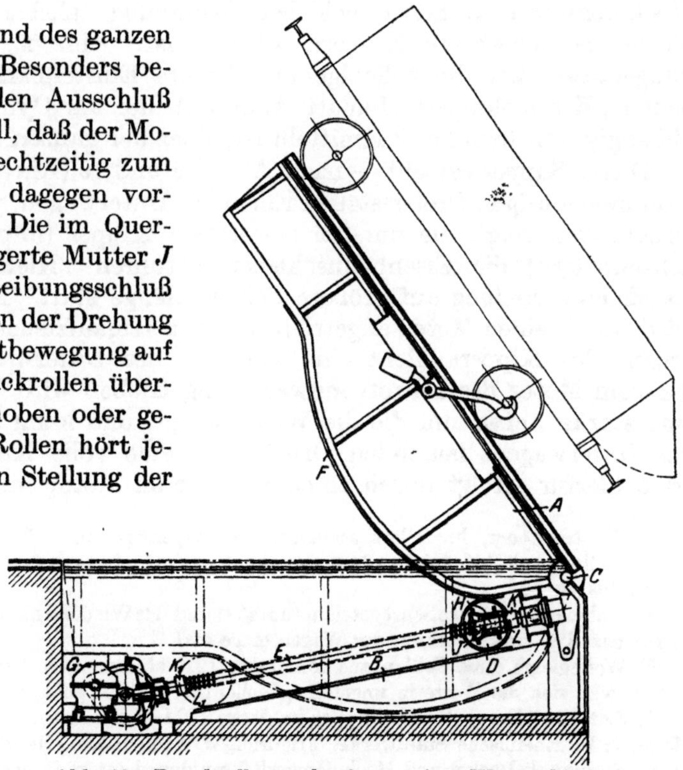

Abb. 68. Druckrollenmechanismus eines Waggonkippers.

Plattform stillstehen — selbst wenn der Motor noch läuft[1]). Die gedrungene und flachliegende Anordnung des Bewegungsmechanismus läßt die Fundamenttiefe bei diesem Kipper mit normal 2 m und damit auch dessen Gestehungskosten als recht erträglich erscheinen. Wird der Kipper für die Entleerung von Wagen bis 20 t Ladefähigkeit und 4,8 m Radstand mit einem 15 PS-Motor ausgerüstet, so vermag er sechs 20 t-Wagen stündlich zu entleeren, also eine Leistung von 120 t/st zu entwickeln[2]).

Die Wirtschaftlichkeit eines derartigen Kippers ergibt sich aus den nachstehenden Angaben, denen als Annahmen zugrunde liegen[3]):

Anlagekosten (einschl. Fundament) des Kippers	47000 M.
Dasselbe bezogen auf einen Arbeitstag (bei 5% Verzinsung und 10% Abschreibung und Unterhaltung $\frac{47000 \cdot 0,15}{300}$ =	23,50 M.
Stromverbrauch für ein Kippspiel	0,65 kW-st
Strompreis für 1 kW st	0,20 M.
Dauer einer Entladung	$^1/_6$ Std.
Stundenleistung eines Arbeiters	6 t
Stundenlohn eines Arbeiters	2 M.

Hiernach stellen sich die Entleerungskosten für einen 20-t-Wagen

a) mittels Kippers bei 15 Wagen täglich an

Anlagekosten: $\frac{23,50}{15}$	= 1,56 M.
Stromkosten für eine Wagenentleerung: 0,65 · 0,20	= 0,13 „
Bedienungskosten (zwei Mann): $2 \cdot 2 \cdot {}^1/_6$	= 0,67 „
	Sa. 2,36 M.
b) mittels Handbetriebes: $\frac{202}{6}$	= 6,66 M.
Somit beträgt die Ersparnis für eine Wagenentleerung	4,30 M.
und für ein Jahr: 4,30 · 15 · 300	= 19300 M.

d. h. die Anlage macht sich in $2^1/_2$ Jahren bezahlt, bei größeren Tagesleistungen natürlich in entsprechend kürzerer Zeit[4]).

Die Materialbewegung aus dem Waggon in die ausgedehnten Rohstoffbehälter der Hochofenwerke gestaltet sich bei Benutzung fahrbarer Kipper zweifellos einfacher, als es bei ortsfesten Kippern möglich ist. Abb. 85, Hochofenanlage der Gutehoffnungshütte, läßt die beliebige und leichte Einstellbarkeit eines solchen ortsveränderlichen „Kurvenkippers (Bauart Aumund), der als Dynamobilkipper überdies noch unabhängig von fremden Zugmitteln ist, über der ganzen Bunkerreihe erkennen.

Dieser Kipper besteht — nach Abb. 69 und 70 (Rheinmetall) — zunächst aus dem auf zwei zweiachsigen Drehgestellen ruhenden Unterwagen, wobei jedes Fahrgestell noch vier Druckrollen trägt, die nur bei belastetem Kipper (infolge der Durchbiegung der Radachsenfedern) die Eisenbahnschienen berühren. Hierdurch findet eine zweckmäßige Raddruckverteilung auf größere Schienenlänge statt. Das eine der beiden Drehgestelle wird durch einen Motor angetrieben. Zum Hinaufziehen des Waggons auf den Schleppwagen des Kippers dient eine inmitten des Unterwagens angeordnete Spilltrommel, die vom Motor des Hauptwindwerks angetrieben wird. Der Oberwagen trägt am Kopf eine starke Achse, um die die Wiege wippt, und kann auf vier auf einem Schienenring des Unterwagens laufenden Druckrollen eine volle Kreisdrehung ausführen. Der Antrieb hierfür erfolgt durch einen besonderen Motor mittels Schnecke und Ritzels, das

[1]) Bei trockener, besonders stückiger Kohle genügt zur vollständigen Entleerung des Wagens dessen Schrägstellung mit 45° meist vollauf; Feinkohle gleitet schwerer, feuchte Staubkohle erfordert sogar Neigungswinkel bis zu 60°.

[2]) Dabei erfordert das Schrägstellen (um 45°) und das Wiedersenken je $2^1/_2$ Minuten; der gleiche Zeitaufwand ist für das Auf- und Abfahren der Wagen eingesetzt.

[3]) Wenngleich diese Zahlen aus dem Jahre 1919 stammen, so kann das Endergebnis doch auch für heute gelten, weil sich die Werte in ungefähr gleichem Verhältnis geändert haben.

[4]) Seit Einführung der Rollkipper im Jahre 1911 bedienen sich ihrer auch Hüttenwerke in zunehmendem Maße, z. B. Rheinische Stahlwerke, Friedrich-Wilhelm-Hütte, Henrichshütte, Rombacher Hütte, Bismarckhütte, Stahlwerk Becker und Hochofenwerk Ymuiden; letztere in der neuesten Ausbildung mit Spindelantrieb der Druckrollen.

in einen Zahnkranz des Unterwagens eingreift. Die Wiege, deren größter Kippwinkel 60° beträgt, besteht aus zwei miteinander verbundenen Hauptträgern mit Laufschienen. An ihrem einen Ende befinden sich die federnde Aufhängung und die Umführungsrollen für die Zugseile des Schleppwagens, an ihrem andern das Fanghakenpaar, das sich beim Auffahren des Waggons aufrichtet und dessen hintere Achse festhält. Bewegt wird die Wiege durch zwei seitlich angeordnete Spindeln vom Motor des Hauptwindwerks aus. Als Verbindungsglied zwischen Eisenbahngleis und Wiege dienen Auflaufträger mit Zungen, die mit ihrem untern Teile drehbar am Unterwagen gelagert sind und normale Eisenbahnpuffer tragen. Der zum Hinaufziehen des Waggons auf die Wiege dienende Schleppwagen besitzt ein Fanghakenpaar, das mit der Unterflasche so verbunden ist, daß es sich beim Anziehen des Schleppwagens von selbst aufrichtet und die vordere Achse des Wagens umfaßt. Somit ist der Waggon beim Kippen an beiden Radachsen gehalten. Der Kipper ist normalerweise, bei Waggons bis 20 t Inhalt und 45° Kippstellung, standsicher; bei Überschreitung dieser Beträge kommen die am Unterwagen angebrachten Stützen auf die deshalb besonders langen Querschwellen des Eisenbahngleises zur Auflage. Die stündliche Leistung des Kippers, der nur 46 t wiegt, beträgt etwa 8 Wagen von je 20 t[1]).

Um die Waggons, wie im Falle der Abb. 85, auch über Hochbahnen entleeren zu können, ist eben der obere Teil der Kurvenbahn mit dem aufgezogenen Waggon drehbar gemacht, wo-

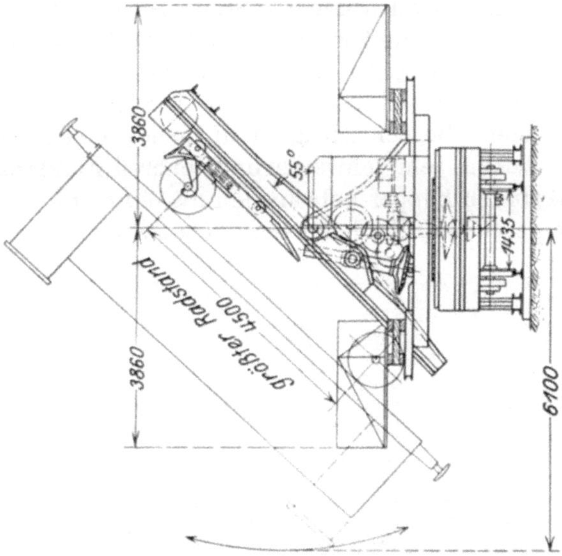

Abb. 70.

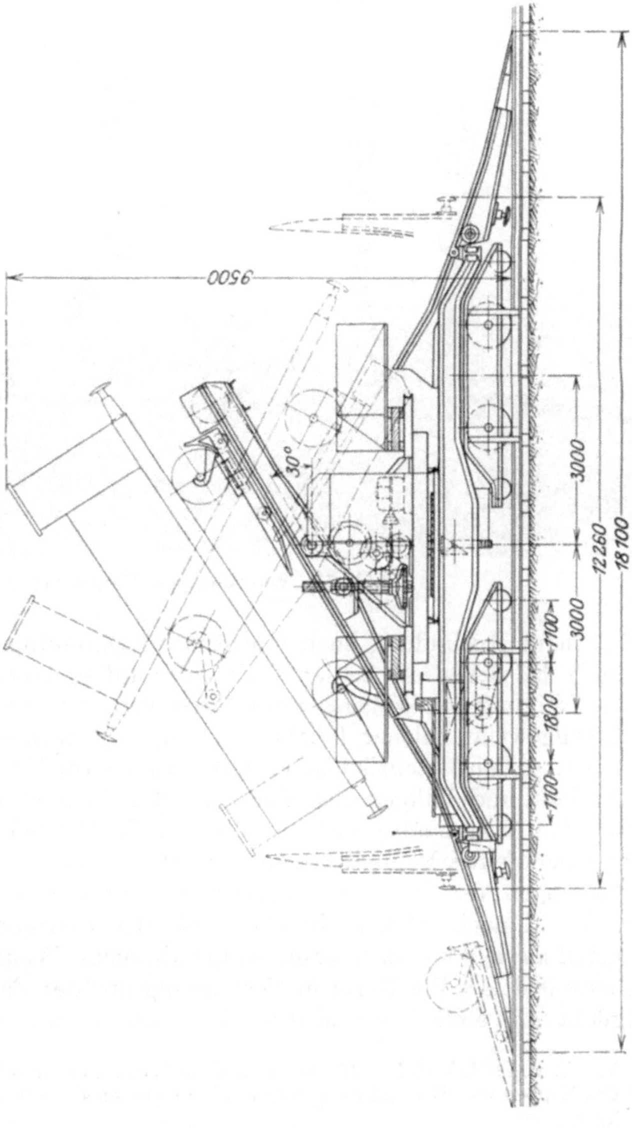

Abb. 69.

Abb. 69 und 70. Fahrbarer und drehbarer Waggonkipper.

[1]) Vgl. Stahleisen 1912, Nr. 23.

durch dessen Inhalt an beliebiger Stelle seitlich abfließen kann. Um den Kurvenkipper ferner auch auf nur eingleisigen Entladestrecken ohne größeren Zeitverlust benutzen zu können, ist er auch beiderseitig mit Auflaufgleisen versehen, wodurch die Wagen eines Zuges, der vor dem Kipper steht, hintereinander entladen und rückwärts abgelassen werden können. Berücksichtigt man noch den Umstand, daß die für ortsfeste Kipper oft erforderlichen, sehr schweren und teueren Fundamente fortfallen, so wird man einen solchen fahrbaren Kipper entschieden als ein recht zweckmäßiges Mittel für die Waggonentladung gerade in Hochofenwerken ansehen müssen.

Abb. 71. Waggonkipper-Verladebrücke (Ruhrort).

Eine neue Ausbildung auch fahrbarer Waggonkipper als sog. Scherenkipper (Patent Aumund), bei denen die beiden Radachsen auf scherenartig angeordneten Hebeln ruhen und die Neigung des Wagens durch Verstellen des einen Scherenhebels erzielt wird, soll das Eigengewicht solcher fahrbaren Kipper ganz außerordentlich verringern können. Dies hat u. a. den wesentlichen Vorteil, daß bei auf Hochbahnen laufenden Kippern auch jene leichter und billiger ausgeführt werden können[1]).

Für eine Waggonausschüttung über große Flächen, wie sie für die Rohmaterialien großer Hochofenwerke in Betracht kommt, hervorragend geeignet erscheint die aus den Anforderungen des Krieges entstandene fahrbare Kipperkatzen-Verladebrücke, deren Wesen nach Abb. 71 in einer von der Brücken-Laufkatze hochnehmbaren und schrägstellbaren Plattform samt aufgefahrenem Waggon besteht[2]). Die gleichzeitige Drehbarkeit dieser Plattform in Verbindung mit der Fahrbarkeit von Brücke und Katze ermöglicht mit einfachsten Mitteln die Ausschüttung des Waggons an ganz beliebigen

[1]) Vgl. Helm: Z. V. d. I. 1925, Nr. 38 und Selter: Fördertechnik 1925, Heft 19.
[2]) Das Kippen von Eisenbahnwagen durch Krane ist an sich schon recht alt; vgl. z. B. Gerdau: Z. V. d. I. 1892, Nr. 11.

Stellen oder Bunkern eines ausgedehnten Lagers bei beliebiger Schüttrichtung; die beliebige Heb- und Senkbarkeit der Plattform ermöglicht die genaue Anpassung der Schütthöhe an die jeweilige Lagerhöhe und damit größte Schonung des Materials bei geringster Staubbildung. Läßt man auf der Brücke in an sich bekannter Weise noch einen Greiferdrehkran [1]) arbeiten, so läßt sich eine solche Kipperkatzen-Verladebrücke weitgehend auch für die Fälle ausnutzen, in denen die Materialanfuhr sowohl mit der Bahn als auch mit dem Schiff erfolgt. Die abgebildete Anlage (Demag) dient auf Hütte Phönix, Duisburg-Ruhrort, dazu, in Eisenbahnwagen ankommende Rohstoffe, wie Erze, Koks und Kohlen auf einem Lagerplatz zu verteilen[2]). Um die Verwendbarkeit der Brücke durch die Fähigkeit des Wiederaufnehmens von Material zu erhöhen, ist die Katze noch mit einem 7 m langen Ausleger für Greiferbetrieb ausgestattet und überdies noch, für die Verladung von Roheisen, für Hebemagnetbetrieb eingerichtet. Bei einer Tragfähigkeit der Katze von 60 t (40 t Nutzlast) vermag die Anlage 12 Waggons in der Stunde zu entleeren, was bei 20 t-Waggons einer Leistung von 240 t/st entspricht; bei Greiferbetrieb kann eine Leistung von 150 t/st erzielt werden. Zur Bedienung sind erforderlich auf der Brücke 1 Führer und 1 Schmierer, auf dem Lagerplatz 1 Vorarbeiter und 2—3 Mann.

Eine grundsätzlich gleiche Brücke von noch wesentlich größeren Abmessungen hat das Tiglerwerk der August Thyssen-Hütte, Gewerkschaft, Hamborn, für die Kohlenentladung geliefert: Die Spannweite beträgt 70 m, die wasserseitige Brückenausladung 39 m, die lichte Höhe 18,2 m und die Tragfähigkeit der Kipperkatze 55 t. Sie vermag normal 12—15 Wagen, unter günstigen Verhältnissen aber auch bis 20 Wagen von je 25 t Tragkraft zu entladen, also eine Leistung bis 500 t/st zu entwickeln! (Gesamtleistung der Motoren ist 1010 PS)[3]).

Für die Heranschaffung der Rohstoffe auf dem Landwege kommt, wie gesagt, endlich auch noch die Drahtseilbahn in Betracht, wenn sich die Gewinnungsstätten dieser Materialien nicht allzuweit von der Hütte befinden[4]). Da die Drahtseilbahn indes nicht nur als Zubringer der Rohstoffe bis an das Hochofenwerk, wie Schiff und Eisenbahn, auftritt, bisweilen vielmehr auch die Weiterbeförderung der Rohstoffe bis auf die Gicht der Öfen übernimmt, also gleichzeitig die Aufgabe der eigentlichen Beschickvorrichtungen löst, so erscheint eine besondere, wenn auch nur kurze Behandlung auch dieses Transportmittels hier wohl gerechtfertigt[5]).

Das Wesen der Drahtseilbahn in baulicher Beziehung besteht in der Verwendung eines über dem Boden (auf Stützen) freiverlegten Seiles, längs dessen die Lasten durch Seilzug bewegt werden. Wird letzterer durch ein besonderes Seil (Zugseil) bewirkt, während ersteres (Tragseil) nur als Fahrbahn dient, so liegt die — bei uns — häufigste Form der Drahtseilbahn als „Zweiseilbahn" vor; dient jedoch das Tragseil, bei festangeschlossenen Lasten, gleichzeitig als bewegendes Organ (Förderseil), so liegt das als „Einseilbahn" bezeichnete System vor. Aus diesen baulichen Eigenheiten ergeben sich die betrieblichen Fähigkeiten und wirtschaftlichen Eigenschaften beider Systeme:

---

[1]) So arbeiten auf der Wilhelmshavener Reichswerft zwei derartige Brücken der Demag (48 m Spannweite und 10,5 m wasserseitige Ausladung), deren jede außer einer Kipperkatze noch zwei nebeneinander, mithin unabhängig voneinander obenlaufende Drehkrane (7,5 t × 8 m) trägt. Dadurch ist die Gesamtleistungsfähigkeit einer Brücke auf die staunenswerte Höhe von 500 t/st gesteigert worden (18 Waggons von je 20 t Ladegewicht für die Kipperkatze und 70 t für jeden Greiferdrehkran). Die Leistung der Brücken- und Katzenmotoren beträgt bei jeder dieser wohl größten bisher gebauten Kipperkatzen-Verladebrücken mehr als 500 PS (2 × 110 PS f. d. Brückenfahren, 175 PS f. d. Heben, 52 PS f. d. Katzenfahren, 37 PS f. d. Kippen u. 18 PS f. d. Plattformdrehen); vgl. E. T. Z. 1925, Heft 45.

[2]) Vgl. Leiber: Stahleisen 1925, Nr. 6.

[3]) In der Bremerhütte zu Geisweid fährt gleichfalls eine Kipperbrücke über dem Erzsilo (von 26000 t Inhalt), wobei die äußeren Silowände der Brücke als Fahrbahn dienen.

[4]) So werden u. a. auch der vorgenannten Maximilianshütte aus den benachbarten Sulzbacher Gruben noch Erz und Kalk mittels Drahtseilbahnen zugeführt; bei der Friedenshütte z. B. kommt dagegen die Kohle von den benachbarten Rudaer Gruben mit einer Drahtseilbahn an.

[5]) Ausführlicheres siehe bei Stephan: Die Drahtseilbahnen. Berlin: Julius Springer; v. Hanffstengel: Die Förderung von Massengütern Bd. II. Berlin: Julius Springer; Buhle: Z. V. d. I. 1913, Nr. 47 und Wettich: Z. V. d. I. 1915, Nr. 36/37.

Die Einseilbahn ist (infolge des Fortfalles des zweiten Seiles nebst Zubehör) in der Anschaffung naturgemäß billiger als die Zweiseilbahn[1]); diese stellt sich indes (infolge des wegen des leichteren bewegten Seiles — das Förderseil der Einseilbahn wird durch die anhängenden Lasten ja auch noch wesentlich auf Biegung beansprucht! — geringeren Kraftverbrauchs sowie infolge der einfachen Rollenschmierung[2]) im Betriebe billiger als die Einseilbahn. Wo es also, wie bei Anlagen für nur vorübergehende Zwecke (Heranschaffung von Material für Bauten u. dergl.), mehr auf Ersparnis der einmaligen Anlage- als der dauernden Betriebskosten ankommt, wird die Wahl einer Einseilbahn zweckmäßig in Betracht zu ziehen sein.

Diese allgemeinen wirtschaftlichen Überlegungen kommen bei der Entscheidung für das System einer Drahtseilbahn indes überhaupt nur bei kleineren Leistungen — vielleicht bis 30 t/st oder wenig mehr[3]) — in Frage, weil als obere Grenze für die einzelne

Abb. 72. Drahtseilbahn zum Erztransport (Kainsdorf).

Last bei Einseilbahnen nur etwa 3—400 kg zu gelten hat, um die Lebensdauer des über Rollen geführten Förderseiles nicht durch zu starke Knickung zu beeinträchtigen. Die Vorzüge des Drahtseilbahnbetriebes, im Vergleich zu bodenständigen Industriebahnen, ergeben sich aus der Hochlage der Förderbahn einesteils und aus der Verwendung des leichten, elastischen und doch widerstandsfähigen Drahtseiles als Förderbahn anderenteils: Unabhängigkeit des Förderverkehres von allen anderen Einflüssen — z. B. Schneeverwehungen, die bei Flurbahnen erfahrungsgemäß oft tagelange Betriebsstockungen verursachen — und Möglichkeit einfachster und billigster Aufstellung der Bahn ohne Rücksicht auf Art und Gestalt des überspannten Geländes[4]).

---

[1]) Und zwar — als roher Anhalt — um etwa 30% bei Leistungen bis 10 t/st.
„ „ 20% „ „ „ 20 „
„ „ 10% „ „ „ 30 „

[2]) Während die Laufrollen der Zweiseilbahn-Fahrzeuge bei ihrem Durchgang durch die Stationen in einfachster Weise geschmiert werden können, müssen die Tragrollen der Einseilbahn alle paar Tage durch mühsames Ersteigen der Stützen auf der ganzen Strecke geschmiert werden.

[3]) Bei Zweiseilbahnen ist man mit der Stundenleistung schon bis 250 t heraufgegangen, mit den Einzellasten bis 4 t u. mehr; mit der Fahrgeschwindigkeit geht man indes bei beiden Arten zweckmäßig nicht über 2 bis 2,5 m/sek, um die Auswirkungen der Stöße der bewegten Lastgehänge gegen die festen Konstruktionsteile auf der Strecke nicht schädlich oder gar gefährlich werden zu lassen.

[4]) Neuere Drahtseilbahnen weisen freie Spannweiten bis 1500 m und darüber auf!

Abb. 72 läßt in einer von Bleichert für die Königin-Marienhütte zu Kainsdorf i. Sa. zum Erztransport erbauten Einseilbahn das Wesen einer solchen gut erkennen. (Die Anlage ist heute nicht mehr im Betrieb.)

B. Beschickung der Hochöfen.

Der Heranschaffung des Kokses von den etwa 2 km entfernten Koksöfen und dessen Weiterverteilung über die Gichten der Hochöfen in Makejewka (Rußland) dient die aus Abb. 73 ersichtliche Zweiseilbahn (Bleichert). Die Anlage schafft stündlich 2500 Pud (etwa 40 t) Koks in die über den Gichten angebrachten Trichter, aus denen er dann mittels besonderer runder Fördergefäße abgezogen und in die Gicht geschafft wird[1]). Das Erz dagegen wird durch die gleichfalls ersichtlichen Steilaufzüge auf die Gichtbrücke gefördert.

Abb. 73. Drahtseilbahn zur Hochofenbegichtung (Makejewka).

Abb. 74. Drahtseilbahn zur Waggonbeladung (Laudenbach).

[1]) Eine grundsätzlich gleiche Anlage noch größeren Umfanges besitzt auch die Akt.-Ges. für Hüttenbetrieb in Duisburg-Meiderich.

Der Drahtseilbahn als Zubringerin für die Materialanfuhr mit Eisenbahn und Schiff sei an Hand der Abb. 74 und 75 noch kurz Erwähnung getan. Die erste Anlage dient dazu, Kohlen von der Grube nach der Station Bransrode-Laudenbach (Hessen-Nassau) in eine große Füllrumpfanlage zu befördern, aus der sie über

Abb. 75. Drahtseilbahn zur Schiffsbeladung (Vivero).

Schurren in Eisenbahnwagen geladen und so ihrer weitgelegenen Verwendungsstelle zugeführt werden. Die über 3 km lange Drahtseilbahn (Bleichert) hat von der Grube nach der Überladestelle ein Gefälle von 266 m, so daß sich bei einer Förderleistung von 37,5 t/st noch ein Überschuß von 9 PS ergibt, der zur Rückbeförderung von Grubenhölzern u. a. ausgenutzt wird. — Die Abb. 75 und 76 veranschaulichen die Heranschaffung spanischer Eisenerze an die Schiffsladestelle.

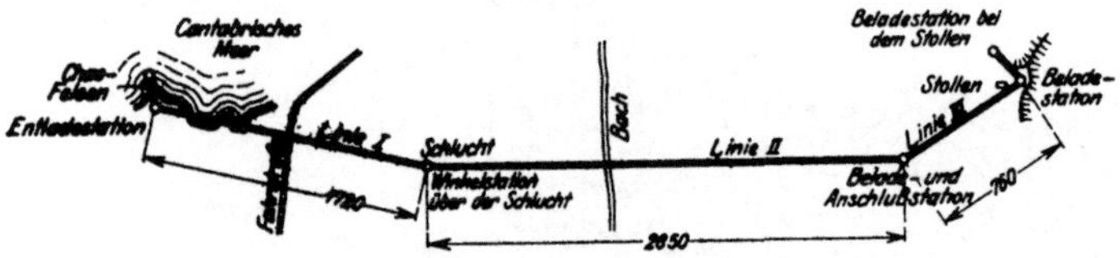

Abb. 76. Linienführung der Drahtseilbahn (Vivero).

Die von den Gruben in Nordspanien durch eine rund 6 km lange Drahtseilbahn von 68 t/st Leistung der Meeresküste zugeführten Erze werden hier 30000 t fassenden Entlade-Füllrümpfen übergeben, aus denen sie durch eine besondere Drahtseilbahn von nur 180 m Länge, aber 250 t/st Leistung dem im freien Meer vor der steilen Küste festgemachten Dampfer über eine über einen Felsen weitausladende Brücke zugeleitet werden. Mit Hilfe des großen Sammelbehälters vermag die Förderung von dem Stollen stetig, aber mit verhältnismäßig kleiner Stundenleistung zu erfolgen, während die eigentliche Schiffsbeladung von der Entladestation aus nur zeitweise, aber mit großer Stundenleistung erfolgt und somit die Liegezeit der Schiffe nach Möglichkeit verkürzt wird. Die Anlage (Bleichert) arbeitet in der aus dem Grundriß, Abb. 76, ersichtlichen Linienführung im Betriebe der Vivero Iron Ore Co. zu Vivero im nördlichen Spanien. —

Bevor die mit dem Vorhergehenden eingeleitete Begichtung der Hochöfen durch die Rohstoffe selbst heranbringende Schwebebahnen weiter behandelt wird, mögen zunächst — der zeitlichen Entwicklung gemäß — die aufzugsartigen Begichtungseinrichtungen näher besprochen werden[1]).

Krane im gebräuchlichen Sinne des Wortes, d. h. Maschinen, die außer für eine Vertikal- auch für eine reine Horizontalbewegung von Lasten bestimmt und befähigt sind, sind für die Hochofenbegichtung bis jetzt eine Seltenheit. Daß man für die hier in Betracht kommende Materialbewegung von den auf Flur gelegenen Sammelstätten nach den 20, ja 30 m und mehr über Flur gelegenen Entladestellen bekanntlich fast ausschließlich aufzugs- oder hängebahnartige Hilfsmittel benutzt, hat seinen Grund hauptsächlich wohl in der hierbei für die Lastenbewegungen ungleich leichter zu erzielenden Zwangläufigkeit. Eine solche ist aber für die Begichtung von Hochöfen, für die immer größere Leistungen und Geschwindigkeiten verlangt werden, von besonderer Bedeutung, wenn man einerseits bedenkt, welche Schwankungen beispielsweise ein von einer Kranwinde lose hochgezogener Möllerkübel unter Mitwirkung von Wind oder gar Sturm annehmen würde und wie leicht Zeitverluste oder gar Betriebsstörungen dabei eintreten könnten und wenn man sich andererseits vergegenwärtigt, wieviel gerade beim Hochofenbetrieb von einem gleichmäßigen und ungestörten Verlauf der Arbeit abhängt.

Von den beiden Hauptgruppen aufzugsartiger Begichtungseinrichtungen, den Vertikalaufzügen und den Schrägaufzügen, bilden erstere gegenwärtig wohl noch die überwiegende Mehrheit. Hierfür liegen im allgemeinen weniger sachliche als zeitliche Gründe vor, und zwar hauptsächlich durch das größere Alter bzw. durch die bisher größere Verbreitung senkrechter Hochofenaufzüge, die in vergangenen Jahrzehnten als ausschließliche Hilfsmittel hierfür in Anwendung kamen. Immerhin haben auch die Vertikalaufzüge im Laufe der Zeit beträchtliche Vervollkommnungen erfahren, die sie mitunter selbst bei Neuanlagen bis in die neuere Zeit das Feld gegen ihre Rivalinnen behaupten lassen. Als ausschlaggebende Vorzüge schätzt man an ihnen dann den geringeren Platzbedarf über Hüttenflur und die geringeren Kosten für die Anschaffung. Bei mehreren Hochöfen- und Vertikalaufzügen fällt zugunsten letzterer auch noch der Umstand günstig ins Gewicht, daß jeder der Aufzüge nötigenfalls leicht als Reserve für

[1]) Allgemein muß festgestellt werden, daß für die Beurteilung der Zweckmäßigkeit eines Begichtungssystemes — nicht nur dessen Wirtschaftlichkeit allein — eine ganze Reihe von oft recht verschiedenen Faktoren mitzusprechen hat, wie die Leistung und auch die Anzahl der Öfen, die Größe und die Lage bzw. Anordnung der verfügbaren Hüttenflur, die Wahrscheinlichkeit baldiger Erweiterung der Anlage u. a. m. Eine Norm für die Ausbildung dürfte hier mindestens ebensowenig wie für sehr viele andere Fälle der Ausgestaltung von Materialbewegungen aufzustellen sein. [Im Gegensatz hierzu hat sich in den Hochofenwerken Nordamerikas ein Normaltyp (etwa nach Abb. 47) für die Materialbewegung herausgebildet; vgl. Wehrheim: Stahleisen 1924, Nr. 34]. Einen kennzeichnenden Beweis dafür gibt auch die Verschiedenheit der Schlußergebnisse ab, zu denen praktische Fachleute in ihren diesbezüglichen Betrachtungen gelangen. So neigt Lilge (vgl. Stahleisen 1913, Nr. 46 und 47) im allgemeinen zu einer Bevorzugung der Elektrohängebahn, spricht jedoch bei Leistungen von über 1000 t Erz je Ofen in 24 Stunden der Schrägaufzugsförderung einen gewissen Vorrang zu, während Tesch (vgl. Stahleisen 1923, Nr. 18) zu dem Schlusse kommt, daß im allgemeinen der Schrägaufzug mit Kippgefäß den Vorzug verdiene und daß Hängebahnen ebenso wie Steilaufzüge nur für kleine Öfen oder dort zu verteidigen seien, wo die örtlichen Verhältnisse einen Schrägaufzug verhindern. Bei Hochöfen mit einer Tagesleistung von 40 bis 50 t sei sogar die Handbegichtung — im Gegensatz zur mechanischen (nicht bloß automatischen) Begichtung — zu verteidigen.

Vergleichsversuche, die unter ganz gleichen Verhältnissen durchgeführt sind, sind naturgemäß kaum möglich, so daß Schlußfolgerungen aus Vergleichen mehr oder weniger auf gewissen Annahmen, Schätzungen und persönlichen Bewertungen beruhen. Als offensichtlich im System gelegene, grundsätzliche Eigenheiten sind jedoch fraglos zu bewerten

beim Steilaufzug als Vorteil: geringster Platzbedarf, niedrigste Anschaffungskosten und einfachste Benutzbarkeit als Reserve für Nachbaröfen (bei Vorhandensein einer Gichtbrücke); als Nachteil: mangelnde Einheitlichkeit der Materialbeförderung vom Lager bis in die Gicht, größerer Bedarf an Bedienungsmannschaft und beschränkte Leistungsfähigkeit

beim Schrägaufzug als Vorteil: selbsttätige Begichtung, geringer Bedarf an Bedienungsleuten und große Leistung; als Nachteil: großer Platzbedarf bzw. geringe Einpassungsfähigkeit in die übrige Werksanordnung, mangelnde Reserve, Nichtverwendbarkeit als Aushilfe für Nachbaröfen, große bewegte Massen und Seillängen, schwere und teuere Konstruktion je Ofen

bei der Elektrohängebahn als Vorteil: räumliche Anpassungsfähigkeit und Vereinheitlichung des Gesamttransportes, einfachste Vergrößerungs- und Erweiterungsmöglichkeit, kleine bewegte Massen; als Nachteil: mangelnde bauliche Einfachheit.

einen anderen dienen kann, ja, daß man u. a. sogar mit einem Aufzug für zwei Hochöfen auskommt.

Interessant ist die Entwicklung der Gichtaufzüge auch deshalb, weil bei ihnen, wie bei kaum einer andern Gattung von Hebeanlagen, die verschiedenartigsten Antriebsweisen Verwendung gefunden haben[1]). In Abb. 77 und 78 ist beispielsweise die Begichtung zweier Hochöfen (von je ca. 75 t Leistung) der Mühlhofener Hütte skizziert. Sie erfolgt heute noch durch einen pneumatischen Aufzug, während ein benachbarter Hochofen, der ursprünglich durch einen hydraulischen[2]) Vertikalaufzug bedient worden war, gegenwärtig durch einen dampfbetriebenen Gichtaufzug versorgt wird. Die Wirkungsweise des abgebildeten Luftaufzuges, der bereits seit dem Jahre 1871 in Betrieb ist und seither ohne nennenswerte Schäden seinen Dienst getan hat, ist folgende[3]): Nachdem jedesmal vier Handwagen voll Koks und vier voll Eisenstein auf die unten befindliche Bühne *b* geschoben worden sind, wird der Zylinder *a*, der gleichzeitig als Führung für die Plattform *b* dient, luftverdünnt gepumpt, wodurch der atmosphärische Überdruck den Kolben *d* in den Zylinder hinabdrückt, d. h. die Lastbühne hebt. Das Abziehen der Wagen über beide Öfen erfolgt dann gleichfalls von Hand auf der Gichtbrücke *g*. Als Standanzeiger dient für den vor dem Zylinder im Maschinenhause *e* sitzenden Führer in primitivster Weise ein von der Plattform an einer Kette herabhängender Klotz *f*. Die maximale Tragfähigkeit des Aufzuges beträgt 4000 kg, die Hubhöhe etwa 16 m.

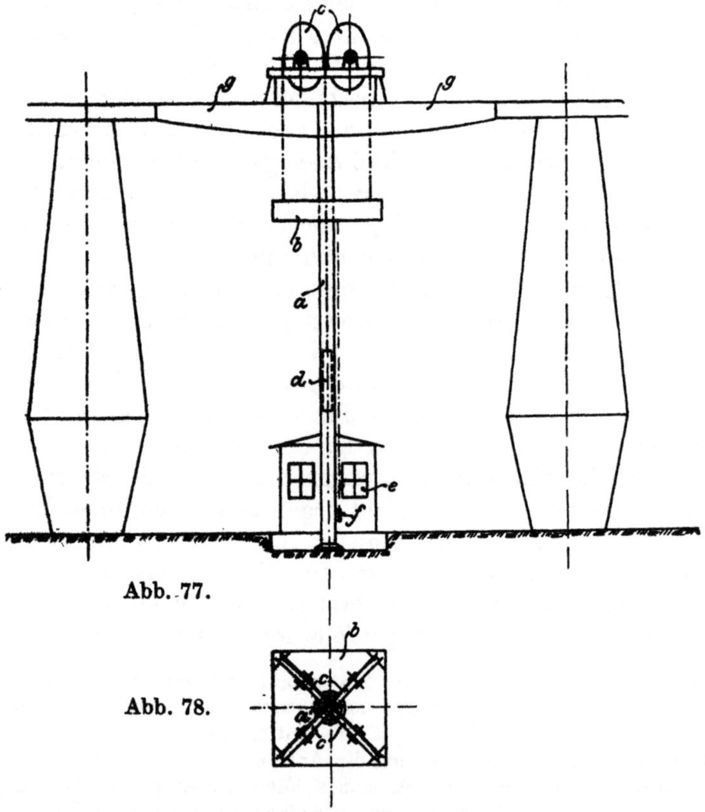

Abb. 77.

Abb. 78.

Hochofen-Druckluftaufzug (Mühlhofen).

Ungleich häufiger als diese originellen Gichtbeförderungsmittel findet man bei uns die Vertikalaufzüge in der Ausbildung nach Abb. 79. Die in lang verflossenen Zeiten übliche massive Ummauerung der Aufzugsbahnen ist fast überall einem lichten und leichten eisernen Führungsgerüst gewichen, und selbst die Dampfmaschine als Antriebsmittel in vielen Fällen schon dem Elektromotor[4]).

Immerhin auffallend ist es, daß in den meisten Fällen trotz der Konstruktionsmodernisierung der Vertikalaufzüge die übrige Bewegung der Beschickmaterialien oft

---

[1]) Die historische Entwicklung der Antriebsarten der Gichtaufzüge ist: 1. von Hand, 2. als Wassertonnenaufzug, d. h. mittels Wasserballastkammern an den Aufzugsbühnen, 3. durch Druckluft (seit 1839), 4. durch Dampf (seit 1872), 5. durch Elektrizität (seit 1900).

[2]) Übrigens ist noch während des Weltkrieges in der Hochofenanlage von Schneider & Co. in Creusot ein neugebauter 150 t-Hochofen für seine Beschickung mit einem hydraulischen Vertikalaufzug ausgerüstet worden (Stahleisen 1922, Nr. 50).

[3]) Ein ganz gleichartiger und fast gleichaltriger Aufzug arbeitet auch in der Hermannshütte (Abb. 20).

[4]) Eingehende Betrachtungen über die Entwicklung der Hochofen-Beschickungsanlagen, insbesondere ihrer elektrischen Ausrüstung, finden sich im Zentralbl. der Hütten- u. Walzwerke 1923, Nr. 4 bis 11.

noch die alte einfache geblieben ist; daß eine Unmenge von Handarbeitern oder -arbeiterinnen nicht nur das Einschaufeln des Möllers in die Handwagen besorgt, sondern daß sie diese auch über oft recht große Entfernungen mühsam nach und von dem Aufzug schiebt. Da nicht nur wegen der außerordentlichen Menge der fortlaufend auf die Gicht eines modernen Hochofens zu schaffenden Materialien[1]) die für einen solchen Handtransport benötigte Arbeiterzahl eine ganz gewaltige ist, sondern da wegen des um die Hochöfen herum so wie so ja recht beengten Terrains Zusammenstöße in diesem Transportgewühl keine Seltenheit sind, so dürfte es sich in solchen Fällen doch zweifellos empfehlen und auch durchführen lassen, diese Transporte stets wenigstens etwas zu sichern. Schon die Anbringung einfacher ⊔-Fahrbahnen an den einzelnen Wendepunkten der Transporte für den Hin- und Rücklauf würde vorteilhaft eine gewisse Zwangläufigkeit in diesen emsigen Flurverkehr bringen. Vollkommen beseitigt werden die genannten Übelstände aber erst durch die gänzliche Ausschaltung des Handbetriebes. Bei vertikalen Gichtaufzügen ist dies in günstiger Weise dadurch zu erreichen, daß eine Elektrohängebahn von dem Rohstofflager nach den Gichtaufzügen geführt wird. Mit der Hängebahn, die auch noch zur Verteilung der Rohstoffe auf dem Lager mit herangezogen werden kann, läßt sich in bequemer Weise ja selbst die Beladung der Aufzugsbühne und unter Umständen auch die Weiterführung der Möllerwagen bis zu den Gichten bewerkstelligen. Eine solche Anordnung, die den noch zu besprechenden Kupolofenbegichtungsanlagen durchaus gleich kommt, ist in Abb. 80 der Hohenzollernhütte[2])

Abb. 79. Hochofen-Vertikalaufzug (Laurahütte).

[1]) Zum Betrieb eines nur mittleren Hochofens, von 250 t, sind im Mittel täglich ja rund 20000 Ztr. Rohstoffe nach der Gicht zu befördern; entsprechend einer theoretischen Arbeitsmenge — bei 20 m Gichthöhe — von etwa 20 Millionen mkg. — Interessant dürfte bei dieser Gelegenheit eine Gegenüberstellung der Leistungen früherer Hochöfen, der Holzkohlenöfen, sein, wie sie auch heute noch ganz vereinzelt bei uns vorkommen. Bei einem solchen Hochofen des Staatl. Hüttenamtes Rothehütte i. Harz, der eine Jahresleistung von 2000 t hat, beträgt die Zahl der Gichten 42 bis 44 in 24 Stunden; eine jede derselben faßt 1 cbm Holzkohle (= 0,125 t) und etwa 2 cbf Möllerung (= 0,420 t). Zur Beschickung ist 1 Mann nötig, der auch die Holzkohle aus dem nahgelegenen Lagerraume holt; der gemöllerte Eisenstein wird von einem zweiten Arbeiter zum Gichtboden hingefahren und dort neben der Gicht des Ofens ausgestürzt. — Außer den beiden Holzkohlenhochöfen in Rothehütte (mit einem Gesamtfassungsraum von etwa 70 cbm) bestehen in Deutschland nur noch zwei solche (mit zusammen etwa 44 cbm) in Neuhütte bei Weidebrunn in Thüringen.

[2]) In ganz ähnlicher Weise, durch Zusammenarbeiten von Hängebahn und Vertikalaufzug, erfolgt die Materialbewegung auch bei den neueren Hochöfen in Völklingen; bei den älteren dagegen geschieht die Zufuhr noch durch Handwagen auf Flur.

veranschaulicht. Die in verkehrsfreier Höhe über Hüttensohle angelegte Hängebahn führt die Wagen vom Erzlagerplatz, wo sie durch in die Verladebrücken eingebaute Trichter gefüllt worden sind, bis zu zwei Aufstellgleisen vor den Aufzug. Hier ordnen sich die Wagen selbsttätig in Abständen von etwa 2,5 m und rücken nach Hochziehen je zweier Wagen auf die Gichtbühne auch selbsttätig nach; analog ist die Wagenbewegung auf der Gichtbühne. Die Hängebahnanlage ist vorläufig nur für einen

Abb. 80. Hochofen-Vertikalaufzug mit Hängebahn (Emden).

Ofen mit insgesamt 50 Wagen von Bleichert ausgeführt worden; der elektrische Doppelaufzug, der auch schon mit Rücksicht auf einen zweiten Hochofen doppelt aufgestellt wurde, ist für 5000 kg und 29 m Hubhöhe von Findeisen geliefert worden.

Die beschwerliche Zugänglichkeit des Gichtplateaus, namentlich bei senkrechten Aufzügen, wo mehr oder weniger Bedienung an den Gichten erforderlich ist und wo im Gegensatz zu Schrägbahnstrecken die Überwindung des gewaltigen Höhenunterschiedes durch steile Treppen vor sich gehen muß, hat stellenweise dazu geführt, neben den Materialaufzügen auch noch Personenaufzüge aufzustellen. Da die Gichten der Hochöfen zu dem Zweck, bei Störung an einem Vertikalaufzuge einen der anderen für die Beschickung mit aushelfen zu lassen, ja in der Regel untereinander verbunden sind, so genügt zu einer solchen Verkehrserleichterung für die gesamte Hochofenanlage meistens die Errichtung eines einzigen Personenaufzuges vollkommen. Die Abb. 81

zeigt ein Beispiel eines solchen schätzbaren Hilfsmittels (Mohr & Federhaff) auf den Dillinger Hüttenwerken. Nach meinem Dafürhalten ist der Fortfall der beträchtlichen Zeitverluste bei den Gichtern und Maschinisten — oft ist bei Vertikalaufzügen die Winde oben aufgestellt — und mehr noch bei der Kontrolle und Revision sowie der Fortfall jeglicher Anstrengung und Ermüdung, die begreiflicherweise auf die Durch-

Abb. 81. Hochofen-Personenaufzug (Dillingen).

führung der Aufsicht lähmend wirkt, die Anschaffung eines solchen Aufzuges recht wohl wert[1]).

Die Modernisierung der Hebetransportmittel in den Hüttenwerken hat im Hochofenwerk einen ziemlich einheitlichen Ausdruck in der Einführung schräger Gichtaufzüge gefunden. Vorausgesetzt, daß die grundsätzlichen Erfordernisse für deren Aufstellung: genügend Platz und genügend Geld verfügbar sind, weisen diese Schrägaufzüge dann auch eine solche Fülle betrieblicher Vorteile auf, daß deren Benutzung in

[1]) Solche Personenfahrstühle sind z. B. noch in Betrieb neben den vertikalen Lastenaufzügen in Laar (Phönix), Trzynietz u. a.; selbst dort, wo die Schrägbrücke der Gichtseilbahn eine Ersteigung der Gichten schon wesentlich erleichtert, kann die Anlage eines besonderen Personenaufzuges nutzbringend sein.

heute schon außerordentlich zahlreichen Fällen begreiflich ist[1]). Es haben sich nicht allein die neueren Hüttenwerke fast durchweg und von vornherein dafür entschieden, sondern es gingen und gehen, was vielleicht noch mehr besagt, auch ältere Hochofenwerke bei der Umänderung und Erweiterung ihrer Anlagen beinahe ausnahmslos dazu über.

Als hauptsächlichster Vorteil der neuen Schrägaufzüge[2]) hat es zu gelten, daß die Bewegung der Rohstoffe von deren unterer Aufnahme bis zur oberen Abgabe in die Gicht in ununterbrochenem Lauf erfolgen kann, vermöge eben der schräg über letztere hinweggeführten Fahrbahn. Dadurch fallen einesteils alle unnötigen Aufenthalte fort, die bei den Übergängen zwischen der senkrechten Aufzugs- und der wagerechten Zu- und Abfuhrbewegung unvermeidlich sind. Ein jeder solcher Fortfall bedeutet aber bei den außerordentlichen Anforderungen an die Leistungsfähigkeit moderner Hochofenbeschickungen einen wegen seiner häufigen Wiederkehr recht schätzbaren Gewinn. Andernteils ermöglicht die unmittelbare Entleerbarkeit der Fördergefäße in die Gicht eine Ersparnis der sonst hierfür nötigen Leute. Nimmt man nur an, daß

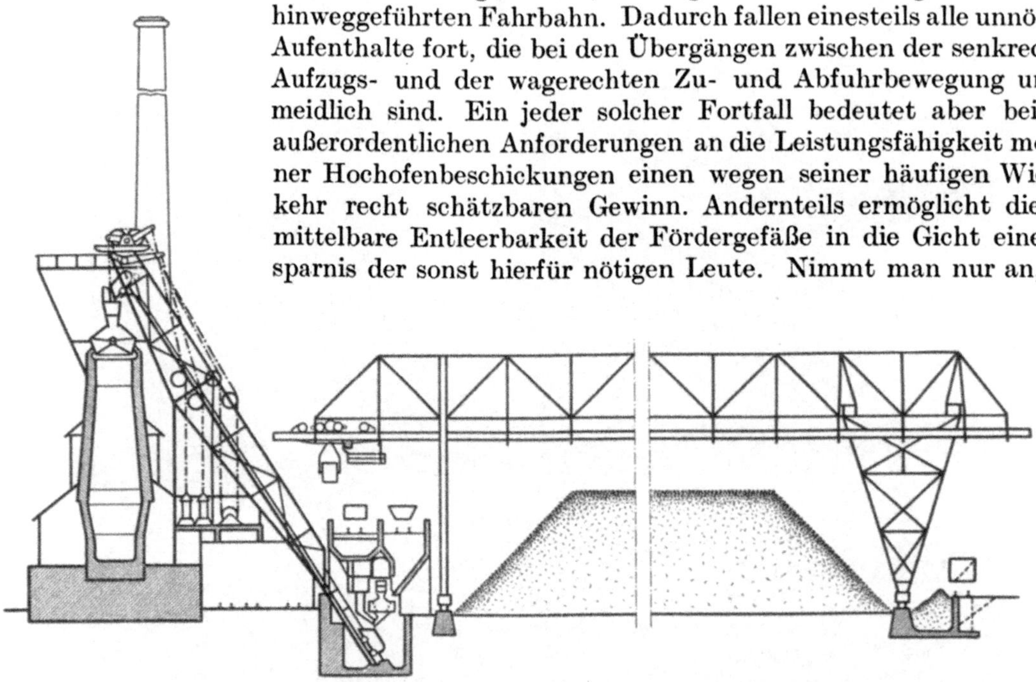

Abb. 82. Hochofenbegichtungsanlage mit Kippkatzen-Schrägaufzug.

dadurch auf der Gicht vier Mann — zwei in der Tag- und zwei in der Nachtschicht — entbehrlich werden, so ergibt sich durch den Betrieb eines Schrägaufzuges auf der Gicht allein eine beträchtliche Lohnersparnis. Wohl allein schon ein Grund, den — ganz roh genommen — im allgemeinen vielleicht doppelt so hohen Anschaffungspreis[3]) eines Schrägaufzuges gegen einen Vertikalaufzug bei dem Entwurf einer Anlage nicht zu sehr ins Gewicht fallen zu lassen. Dies ist um so weniger am Platz, als mit der Lohnersparnis ja auch eine Verringerung des Arbeiterbestandes Hand in Hand geht, die den Betrieb ja allgemein unabhängiger macht und vor allen Dingen auch, als der Gang des Hochofens durch die gleichmäßige automatische Beschickung erfahrungsgemäß günstig beeinflußt werden kann. Zu ungunsten des Schrägaufzugsystems dem Steilaufzugsystem gegen-

[1]) Sehr eingehend ist die Entwicklung und die Konstruktion, aber auch die betriebliche Seite der Schrägaufzüge dargestellt bei Aumund: Stahleisen 1910, S. 1863 u. ff. — Eingehende Wirtschaftlichkeitsberechnungen und Betriebserfahrungen mit verschiedenartigen Begichtungssystemen sind zu finden bei Lent: Stahleisen 1921, Nr. 28, Jaeger: ebenda Nr. 29 u. Opderbeck: ebenda Nr. 31 u. Nr. 32.

[2]) Schon vor 100 und mehr Jahren sind Hochöfen, namentlich in Schlesien, durch Schrägaufzüge bedient worden. Allerdings erfolgte das Schräghochziehen der Möllerwagen (durch ein das Zugseil aufwickelndes Wasserrad) nur gerade bis auf die Höhe der Gicht; das automatische Auskippen fehlte noch. Vgl. hierzu Matschoß: Beitr. z. Gesch. d. Technik, Bd. I, S. 26 u. ff.

[3]) Auch der Kraftverbrauch ist bei Schrägaufzügen größer als bei Vertikalaufzügen, teils wegen der beträchtlich größern Förderstrecke an sich, teils wegen der zusätzlichen Kipparbeit. Der Mehrbedarf soll sich in einzelnen Fällen zu 30% ergeben haben; im Mittel betrug der Kraftverbrauch je t bei etwa 37 m Förderhöhe f. d. Vertikalaufzug 0,25 KWh und f. d. Schrägaufzug 0,35 KWh. Vgl. Wolf: Die Materialbewegung im Eisenhüttenbetrieb, 1911, Dissert. — Eine interessante Gegenüberstellung der Anlagekapitalien und der Bedienungskosten für senkrechte und für schräge Gichtaufzüge gibt auch Aumund: Stahleisen 1910, S. 1967.

über ist jedoch auch der bauliche Nachteil mitunter nicht außer acht zu lassen, daß die mehr oder minder flach gestellte Aufzugsbahn[1]) einen entsprechend großen Bedarf an Grundfläche hat.

Bei den durch die älteren Schrägbrücken mit Kippkatzen (Abb. 82) stets an der nämlichen Stelle in den Begichtungstrichter entleerenden Förderwagen muß — zur Vermeidung einer einseitigen Beschickung und zur Erzielung eines regelmäßigen Ofenganges — die Verteilung des Fördergutes in dem Trichter besonders vorgenommen werden. Und zwar entweder dadurch, daß der obere Aufgabetrichter das Material gleichmäßig erst an einen darunter liegenden Trichter abgibt oder dadurch, daß der Aufnahmetrichter automatisch gedreht wird. Die Gerüste solcher Schrägaufzüge werden in der Regel für zwei nebeneinander oder übereinander laufende Förderwagen gebaut. Deren automatisches Einschütten in den Gichttrichter erfolgt entweder dadurch, daß eine den Möllerwagen tragende Plattform der Aufzugskatze sich über der Gicht schrägstellt und den Wageninhalt auskippt oder dadurch, daß die Katze selbst als Förderbehälter ausgebildet ist und an einer oberen Kurvenführung ihrer hinteren Laufräder durch den Förderseilzug in die Kippstellung gezogen und entleert wird.

Bei der neueren Methode der Schrägaufzugs-Begichtung — der sog. Kübelbegichtung — werden an der Laufkatze hängende Kübel mit Bodenentleerung (Abb. 84) nach oben bis über die Mitte der Ofenöffnung gefahren, auf letztere abgesenkt und durch das damit eintretende Öffnen des Bodens unmittelbar in den Ofen entleert[2]). Der wesentliche Vorteil dieses Systems besteht darin, daß das Stürzen des Koks, der, vor den Koksöfen oder unter den Bunkerausläufen in die Kübel gefüllt, ohne weitere Umladung direkt bis in den Hochofen gelangt, auf das mindeste Maß beschränkt ist, wohingegen z. B. bei dem erstgenannten Verfahren ein mehrmaliges Abschütten desselben stattfindet. Wie verlustbringend aber das dadurch bewirkte Zerkleinern des Koks für das Werk sein kann, geht aus Versuchen hervor, die den beim jedesmaligen Umladen von Koks entstehenden Wertverlust desselben auf 1,5—2% ergeben haben. Bei einem modernen Hochofen von etwa 400 t täglicher Roheisenerzeugung, also auch annähernd demselben Koksbedarf, würde dies aber schon einem sehr bedeutenden Verlust gleichkommen! Auch ist bei dem Kübelverfahren mit automatischer Bodenentleerung eine gleichmäßige Verteilung der Beschickungsstoffe über den Ofenquerschnitt ohne verwickeltes mechanisches Zubehör, wie drehbare Aufgabetrichter u. dergl. m., zu erreichen. Allerdings stellen sich diese im Betrieb so rationellen Gichtaufzüge in der Anlage wieder bedeutend teurer als jene. Beispielsweise wiegt die Eisenkonstruktion eines Schrägaufzuges des erstgenannten Systems 40—60 t, die des letzteren dagegen 120—200 t. Sind dabei drei oder noch mehr Abnahmestellen vorhanden — in welcher Möglichkeit übrigens ein weiterer Vorzug des Systems liegt —, so erhöht sich das Gewicht noch weiter. Der Gesamtpreis einer Anlage nach dem erstgenannten System — ob neben- oder übereinanderlaufend, ist belanglos — betrug für Gerüst, Aufzugsmaschine mit zwei Motoren von je 60 PS, den erforderlichen Maschinen im Maschinenhaus, zwei Förderlaufkatzen mit Drehscheiben vor dem Kriege ca. 65000—75000 Mk., der eines Aufzuges für Kübelbegichtung, bestehend aus dem Schräggerüst, der Aufzugsmaschine mit 2 Motoren von je 70 PS, den erforderlichen Maschinen im Maschinenhaus sowie der Förder- und Gegengewichtslaufkatze aber mehr als das Doppelte.

Einen Einblick in eines der größten und in seiner transporttechnischen Ausstattung interessantesten Hochofenwerke, der Gutehoffnungshütte[3]), gewähren die Abb. 83 bis 85. Erstere zeigt die ältere Eisenhütte (I) mit ursprünglichen Vertikaldampfauf-

[1]) So hat z. B. ein Schrägaufzug in Esch bei einer Neigung von nur 19° eine Länge — horizontal gemessen — von 102 m; siehe Zillgen: Stahleisen 1914, Nr. 32. Die amerikanischen Schrägaufzüge dagegen kennzeichnen sich oft durch eine sehr bedeutende Steigung. So haben z. B. die ersten, schon 1902 gebauten Brownhoist-Aufzüge in Witkowitz einen Neigungswinkel von nicht weniger als etwa 70°.

[2]) Besondere Bauarten s. Küppers: Stahleisen 1912, Nr. 15. — Allgemeines über Beschickanlagen mit Kippkübeln und mit Aufsetzkübeln vgl. bei Hoff: Z. V. d. I. 1925, Nr. 31.

[3]) Nähere Angaben siehe auch bei Groeck: Z. V. d. I. 1914, Nr. 50.

zügen und den vorderen der beiden in Kübel-Schrägaufzüge (Pohlig) umgebauten Begichtungsanlagen; letztere Abb. zeigt die neuere Eisenhütte (II) mit zwei gleichfalls von Pohlig fertiggestellten Schrägaufzügen. Die vorerwähnte Ersparnis an Leuten tritt bei diesen Anlagen, die ja selbst in ihren älteren Teilen primitive Lastenbewegungen

Abb. 83. Hochofen-Schrägaufzug (Oberhausen).

nicht aufweisen, folgendermaßen zutage: Zum Betrieb der Vertikalaufzüge (250 t) sind insgesamt 22 Mann unten und 3 Mann oben auf Gicht nötig, also in Summa 25 Mann; bei den Schrägaufzügen der neuen Eisenhütte (400 t) dagegen insgesamt nur 10 Mann unten und nur 1 Mann auf dem Kübelkran, also in Summa 11 Mann. Richtig ergibt sich die Ersparnis erst bei Umrechnung des Mannschaftsbedarfes für Öfen gleicher Leistungsfähigkeit: Danach würde ein Vertikalaufzug sogar 40 Mann benötigen! Auf

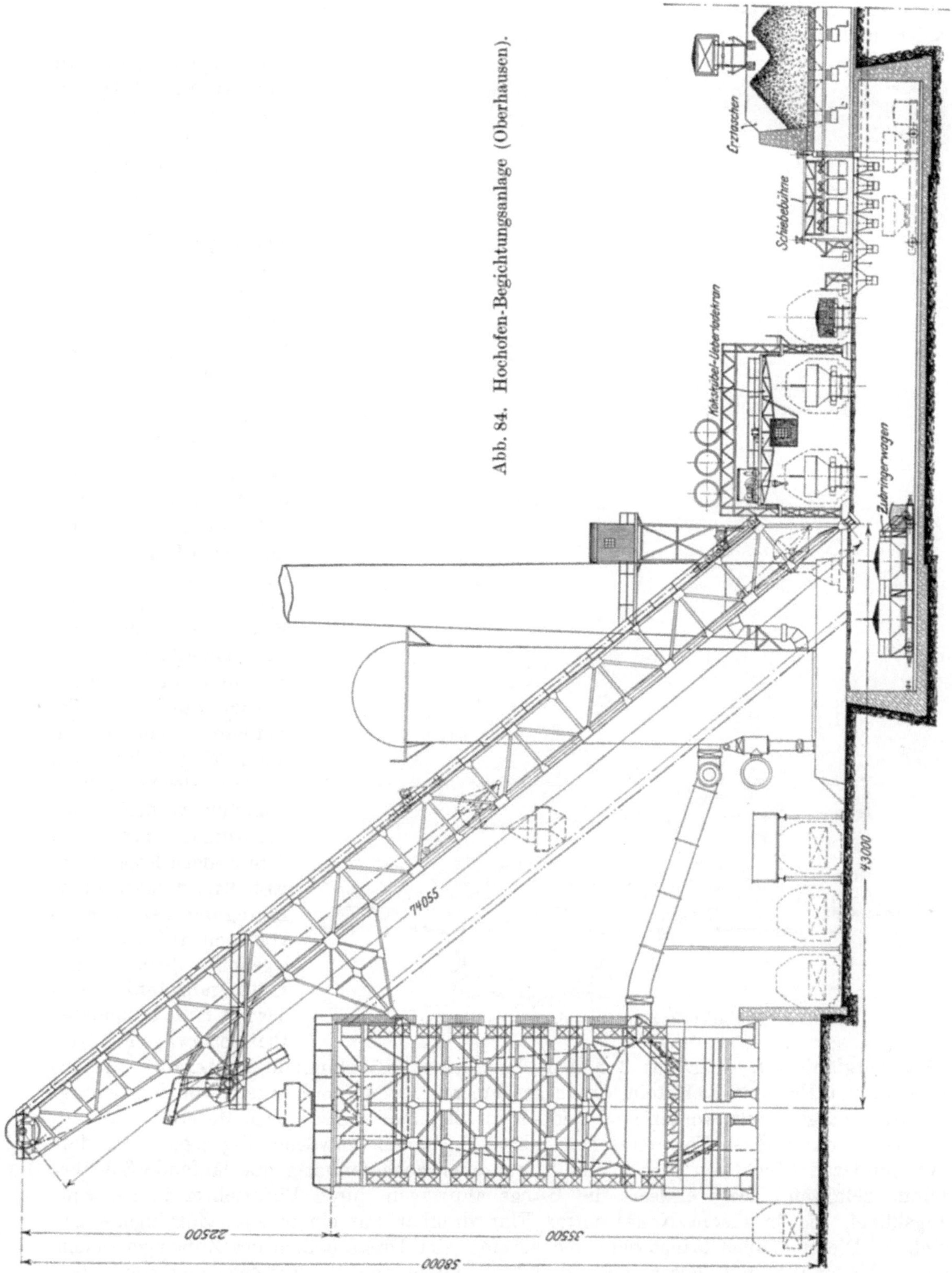

Abb. 84. Hochofen-Begichtungsanlage (Oberhausen).

die Anzahl der für die gesamte Materialbewegung beim Hochofen erforderlichen Leute hat selbstverständlich auch die Art und Weise der Heranschaffung des Materials bis unter die Katze des Gichtaufzuges den allergrößten Einfluß. Es kann, wie gesagt, schon für verhältnismäßig kleine Öfen ein ganzes Heer von Arbeitern erforderlich sein, wenn dieser Zutransport mühsam von Hand erfolgt; es läßt sich andererseits aber selbst bei größten Öfen die Arbeiterzahl auf das Mindestmaß beschränken, das für die Leitung und Beaufsichtigung der Transportmaschinen wohl nie entbehrt werden kann. In dem vorliegenden Falle wird nach Abb. 83 der Koks auf Eisenbahnspezialwagen von der Kokerei in Kübeln herangefahren, die durch den ersichtlichen Laufkran auf einen unter Flur fahrbaren Doppelkübelwagen gesetzt und von diesem alsdann der Katze des Schrägaufzuges zugeführt werden; Erz und Kalk dagegen werden durch eine besondere Schleppbahn, deren Wagen durch ein umlaufendes Seil mitgenommen werden, unter den Aufzug gebracht. In dem andern Falle, nach Abb. 84, erfolgt wohl die Bewegung des Kokses von den außerhalb gelegenen Zechen der Hütte ganz ähnlich wieder mit Hilfe besonderer Plattformwagen (von 25 t Tragfähigkeit, d. h. für 3 Kübel) bzw. eines Kübelumlade-Laufkranes, die Zuführung von Erz- und Kalkstein, die in geräumigen Eisenbetonbunkern vor den Schrägaufzügen aufgestapelt worden sind, jedoch in folgender Weise: Das Material wird zunächst in unter diese Vorratstaschen fahrende Hängebahnwagen abgezogen und darauf, immer 8 Stück von je 1 t Inhalt, auf eine hochofenseitig querlaufende Schiebebühne gefahren. Diese entleert die Hängebahnwagen durch Fülltrichter in die Aufzugskübel, die in einem Kanal unter Flur drehbar auf einem sog. Zubringerwagen stehen. Dieser endlich bringt dann die vermöge der Drehscheiben des Zubringerwagens ganz gleichmäßig mit Beschickgut gefüllten Kübel zur Hochbeförderung unter den Gichtaufzug. Bei Ausrüstung mehrerer Öfen mit Schrägaufzügen werden, genau wie bei den senkrechten Aufzügen, die Gichten zweckmäßigerweise durch eine Brücke für

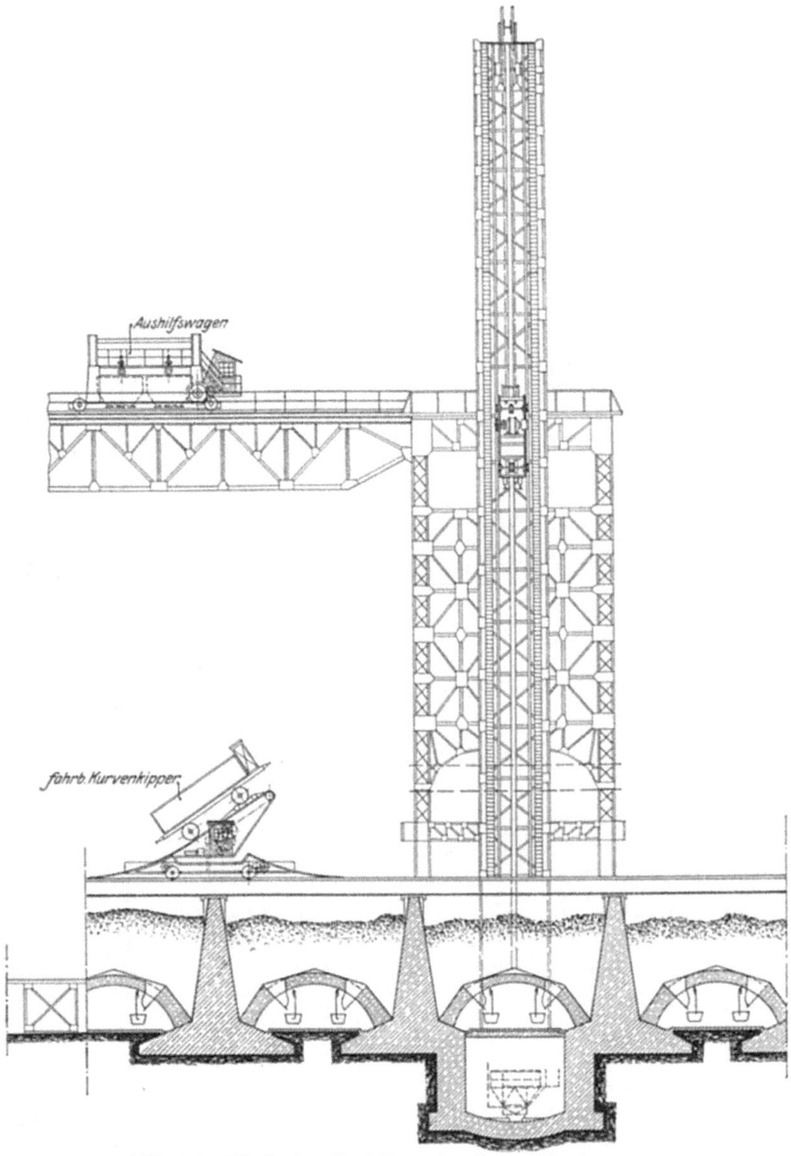

Abb. 85. Hochofen-Begichtungsanlage (Oberhausen).

einen Aushilfswagen verbunden, der bei etwaiger Störung an einem Aufzuge von dem benachbarten mit einem Möllerkübel beladen wird, diesen über die andere Gicht führt und ihn hier zur Entleerung absenkt.

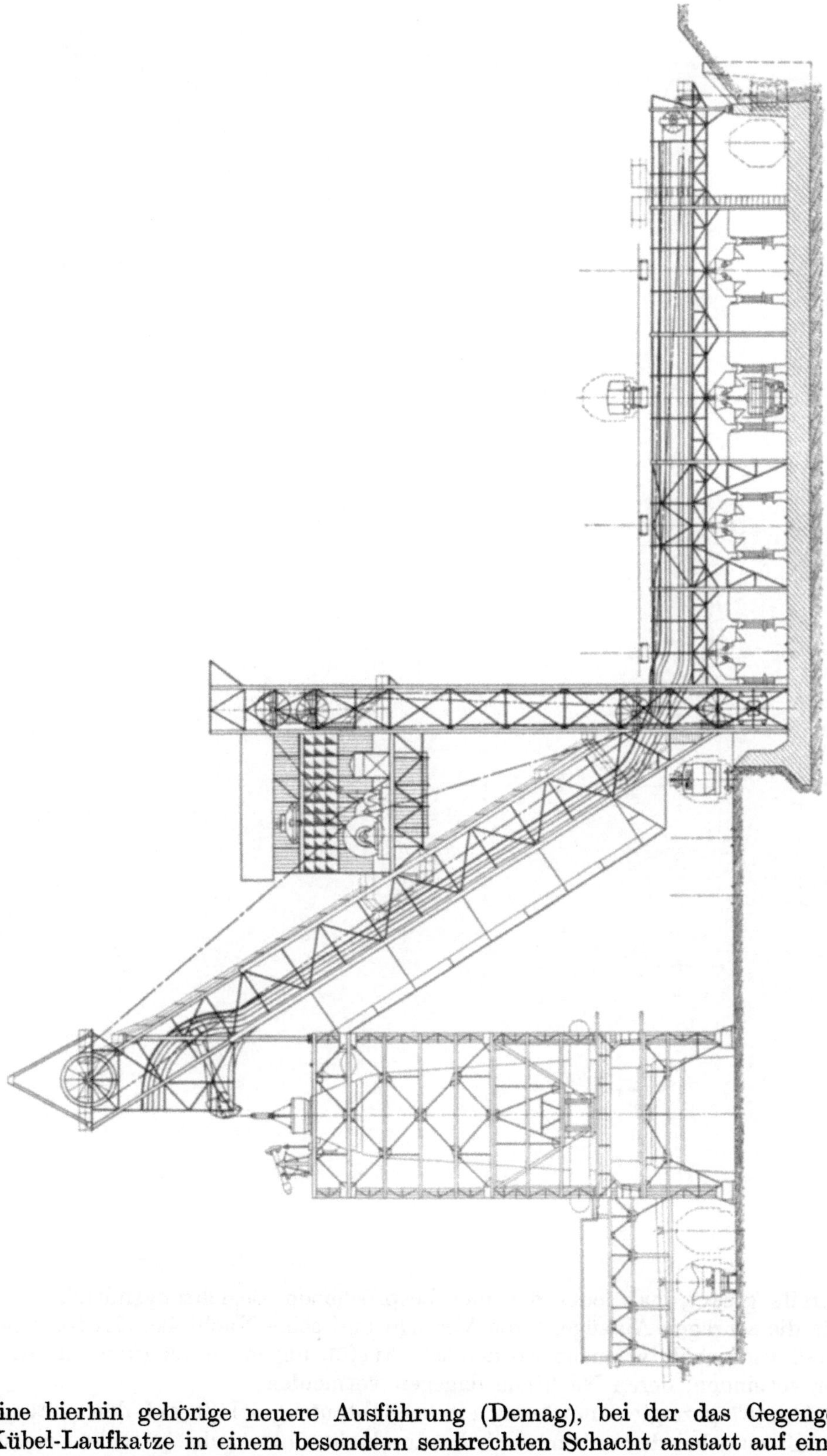

Abb. 86. Begichtungsanlage durch Schrägaufzug mit senkrechtem Gegengewichtsschacht.

Eine hierhin gehörige neuere Ausführung (Demag), bei der das Gegengewicht für die Kübel-Laufkatze in einem besondern senkrechten Schacht anstatt auf einer Schrägbahn des Laufkatzengerüstes geführt wird, gibt Abb. 86 wieder. Durch die freie Aufhängung des Gegengewichtes kann dieses und damit die bewegten toten Massen natürlich viel kleiner gehalten werden als bei einer Schrägführung, wo eben bloß dessen Schrägkomponente zur Wirkung kommen.

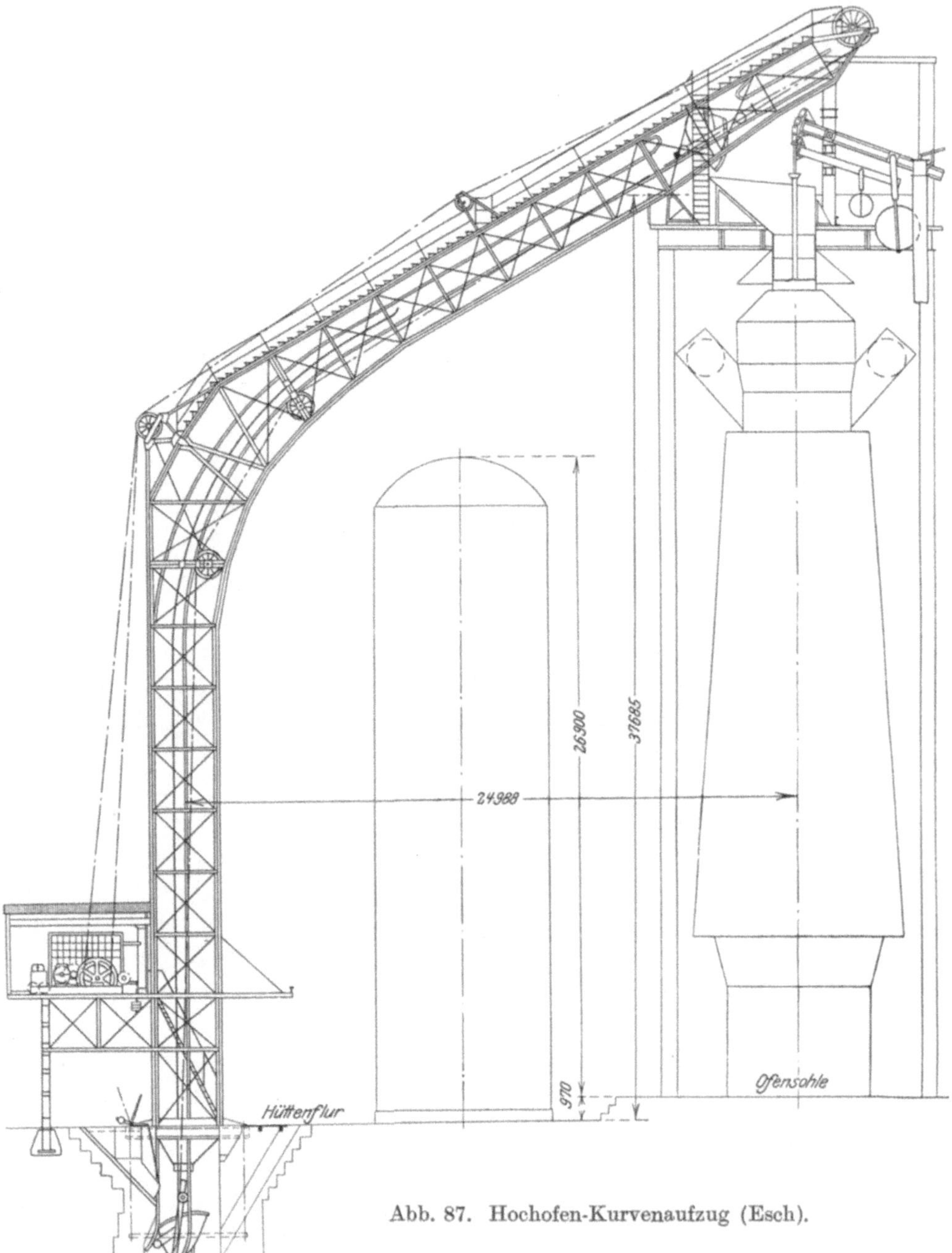

Abb. 87. Hochofen-Kurvenaufzug (Esch).

Wie bereits gesagt, hat jedes der hier besprochenen Begichtungsmittel, die senkrechten wie die schrägen Aufzüge, seine Vorzüge und seine Nachteile. Es ist daher begreiflich, daß wiederholt versucht worden ist, Ausführungen zu schaffen, die die Vorteile beider verbinden, deren Nachteile dagegen vermeiden.

Die in Abb. 87 gezeigte Anordnung eines Gichtaufzuges läßt auf den ersten Blick erkennen, daß man bei demselben wohl die durch die obere Schrägstrecke bei Schrägaufzügen mögliche automatische Begichtung beizubehalten bestrebt war, daß man aber durch Vertikalführung der unteren Aufzugsstrecke gleichzeitig die wertvolle Eigenschaft der Vertikalaufzüge beizubehalten versucht hat, die den Hochofen benachbarten Baulichkeiten in ihrer Anordnung so wenig wie möglich zu beeinträchtigen. Der Übergang von Vertikal- und Schrägstrecken hat zur Vermeidung von Stößen selbstverständlich allmählich zu erfolgen, durch eine sanfte Kurve, die dieser Aufzugsart auch den Namen Kurvenaufzug gegeben hat. Desgleichen behalten zweckmäßig die Förderkübel während des ganzen Aufstieges ihre vertikale Lage, vermittels Führungsrollen und Führungsschienen, bei, und erst am oberen Auslegerende sind letztere so gelegt, daß der ankommende Kübel automatisch ausgekippt wird. Ein solcher Aufzug ist, mit den in der Abb. 87 vermerkten Abmessungen, von Bleichert für das Hochofenwerk Esch des Aachener Hütten-Aktien-Vereins — das übrigens auch noch mit elektrischen Schräg- und dampfbetriebenen Vertikalaufzügen arbeitet — ausgeführt worden, und zwar zu dem Zweck, einen im Wege stehenden Winderhitzer zu umgehen[1]). Da der Aufzug als Doppelaufzug gebaut ist, sind durch ihn vorteilhafterweise auch nur die reinen Nutzgewichte zu fördern, weil sich ja der auf- und der absteigende Kübel in den Totgewichten ausgleichen. Die vertragsmäßige Stundenleistung beträgt etwa 12 Erzkübelförderungen von je 3,7 t und 14 Kokskübelförderungen von je 2,5 t. Die Hubhöhe ist ungefähr 37 m, die gesamte Länge des Aufzuges etwa 48 m. Da die Fahrgeschwindigkeit 0,75 m/sek[2]) beträgt, bleiben immerhin noch 60—70 Sekunden zum Möllern der Charge und zum Beschicken des Kübels übrig; dieses erfolgt durch Bodenentlader in einer Unterflurgrube von einem darüber geführten Eisenbahngleise aus.

So vorteilhaft eine solche kombinierte Formgebung des Aufzugsgerüstes auf den ersten Blick erscheint, so haben sich bei der Benutzung desselben in dem rücksichtslosen Hochofenbetrieb durch die Kurvenknickstelle doch Mißstände ergeben, die den Ersatz dieses Kurvenaufzuges durch einen Schrägaufzug normaler Bauart veranlaßt haben.

In anderer wirksamer Art ist das gleiche Bestreben, das Gichtgut in einem Zug von Hüttenflur über die Öfen zu bringen, durchgeführt worden bei der Begichtungsanlage nach Abb. 88 der Carlshütte zu Diedenhofen. Daselbst erfolgt die Materialbewegung in nachstehender Weise[3]):

Die unmittelbar oder aus Bunkern gefüllten Erz- und Kokskübel werden von eigenartigen, mit vier Wippauslegern versehenen Transportwagen (Abb. 89) aufgenommen, bis neben die Hochöfen gefahren und hier unter den portalartigen Fußausbau eines der vier Führungsschächte abgesetzt. Diese sind oben durch eine Brücke untereinander verbunden, auf der Windenkatzen laufen, und zwar für jeden Ofen zwei, davon eine als Reserve (Abb. 90)[4]). Eine jede solcher Laufwinden vermag nun mit ihrem durch den

[1]) Ein ganz ähnlicher Aufzug bedient auch einen der Hochöfen (für 200 t Erzeugung) des Hüttenwerkes Espérence bei Lüttich. Der senkrechte Teil ist bei ihm nur etwa 10 m lang, während die Schrägstrecke bis über die 31 m hohe Gichtbühne führt. Diese Anlage wurde 1911 von einer Firma Mortier gebaut. — Ein zu dem gleichen Zweck kurvenförmig gestalteter Schrägaufzug (MAN) bedient die Hochöfen der Soc. Russo-Belge in Enakievo; vgl. Hermanns: Verhandl. d. Ver. z. Beförd. d. Gewerbfleißes 1916, Heft VI.

[2]) Bei geraden Aufzugsbahnen, z. B. auch bei Schrägaufzügen, geht man mit der Fördergeschwindigkeit auch hierzulande wesentlich weiter. Über 2 m jedoch hinauszugehen, verbietet die Rücksicht auf die mechanische Beanspruchung des Aufzugs selbst und auch die Wirtschaftlichkeit des elektrischen Betriebes. Vgl. Rogge: Stahleisen 1913, Nr. 45.

[3]) Außerdem besitzt die Hütte noch zwei Hochöfen mit gewöhnlichen Vertikalaufzügen mit Dampfbetrieb, deren Arbeitsweise insofern auch eigenartig ist, als normalspurige Bodenentleerwagen mit einem Fassungsvermögen von 15 t Erz auf die Gicht gehoben werden. Näheres siehe Haug: Stahleisen 1922, Nr. 19.

[4]) Über die Gicht einfahrbare Winden, die den Kübel ganz ohne besondere Führungskonstruktionen hochziehen und absenken, sind mehrfach namentlich in belgischen Hütten in Gebrauch. Abb. 91 zeigt eine solche Ausführung (Pohlig) für die Usines Métallurgique du Hainaut in Couillet mit einer freien Hubhöhe von 34 m. Eine fast gleiche Anordnung ist für die Begichtung von zwei Hochöfen der Soc. An. d'Ougrée-Marihaye in Ougrée (Belgien) getroffen. Auch dort werden die Kübel freischwebend, d. h. ohne Führungsgerüst hochgezogen. Auch im Hochofenwerk Athus der Soc. An. d'Athus-Grivegnée sind 3 Öfen mit senkrechter Kübelbegichtung auf gemeinsamer Kranbahn ausgestattet.

Abb. 88. Hochofen-Laufkatzenaufzüge (Diedenhofen).

Abb. 89. Hochofen-Zubringerkran (Diedenhofen).

Führungsschacht herabgelassenen Lastschäkel den auf Flur abgesetzten Kübel zu erfassen und bis in die obere Verbindungsbrücke hochzuziehen. Darauf verfährt die Katze den gefüllten Kübel bis über die Gicht des Hochofens und läßt ihn zur Beschickung des letzteren auf diese nieder. Der entleerte Kübel wird sodann in analoger Weise durch den zugehörigen seitlichen Schacht wieder abgelassen und von dort durch einen der Zubringerkrane dem Füllort wieder zugeführt. Die vom Aufnehmen des gefüllten Kübels auf Flur bis zum Absetzen des entleerten Kübels liegenden Bewegungen (das Hochziehen und das Verfahren, das Aufsetzen auf die Gicht und das Wiederanheben, sowie das abermalige Verfahren und endlich das Herunterlassen des Kübels) werden somit in einheitlicher und fortlaufender Weise lediglich von dem Maschinisten der Laufwinde durchgeführt. Ein weiterer sehr belangreicher Vorzug der ganzen Anordnung besteht darin, daß im Notfalle sowohl jeder Aufzugsschacht als auch jede Laufwinde als Reserve bei Schäden benutzt werden kann. Die Anlage ist noch bemerkenswert durch besonders große Abmessungen und Tragkräfte: Die Förderhöhe beträgt 42 m, ein mit Erz gefüllter Kübel wiegt 11 t und wird durch einen 150 pferdigen Motor mit einer Geschwindigkeit von 0,8 m in die Höhe gezogen. Ein vollständiges Spiel, das sich aus den vorerwähnten sechs Einzelbewegungen zusammensetzt, erfordert ungefähr 4 Minuten. Die abgebildeten schweren Zubringerkrane und Gichtkatzen sind von G. Luther entworfen und gebaut.

Abb. 90. Gichtlaufkatze (Diedenhofen).

In ähnlicher Weise erfolgt seit kurzem auch die Begichtung der fünf Hochöfen der Georgs-Marien-Hütte — an Stelle der bisherigen Dampfaufzüge — durch in der gemeinsamen Gichtbrücke laufende, jedoch von einer ortsfesten Winde[1]) angetriebene Seilkatzen (MAN), die die Kübel in einem Doppelschacht hochheben. In dem über diesem Doppelschacht angeordneten Maschinenhaus sind zwei Winden untergebracht: die eine normalerweise für drei, die andere für die restlichen zwei Öfen. Jede Winde vermag in Ausnahmefällen aber auch alle fünf Öfen zu bedienen. In dieser Fähigkeit liegt natürlich ein besonderer Vorteil auch dieser Ausführung, namentlich den Schrägaufzügen gegenüber.

Einige Daten über diese Anlage[2]) sind: In der Stunde können bis 15 Kübel durch den Aufzug gefördert werden (Erzlast bis 20 t, Kokslast 7,5 t). Das Heben und Senken im Schacht erfolgt mit 0,55 m/sek, das Fahren der Seilkatze mit 1,1 m/sek Geschwindigkeit. Für die fünf Öfen werden nur zwei Windenführer benötigt. Der auf Hüttensohle beanspruchte Raum ist auf die Fußpunkte des zwischen dem dritten und vierten Ofen ange-

[1]) Eine derartige Anordnung arbeitet, namentlich bei großen Kübeln, wirtschaftlicher als vollausgerüstete Katzen; denn bei diesen findet ein Gewichtsausgleich der toten Kübellast nicht statt und das große Eigengewicht der Katze, deren Verfahren überdies viel Strom erfordert, verlangt eine entsprechend starke Fahrbahn.

[2]) Vgl. Stahleisen 1924 Nr. 39 und Strudthoff: Siemens-Z. 1924, Heft 9, und Centralbl. der Hütten- u. Walzwerke 1925, Nr. 11/13.

Abb. 91. Hochofen-Laufkatzenkran (Couillet).

Abb. 92. Hochofenbegichtung durch Horizontallaufkatzen (Schalke).

ordneten Windenschachtes und der beiden kleineren Schächte zur Führung der Gegengewichte beschränkt, die je an den beiden äußeren Enden der Katzfahrbahn aufgestellt sind. Im Vergleich zu Einzelbegichtungsanlagen dürfte bei der Beurteilung einer solchen für mehrere Öfen die gewissermaßen zentralisierte Ausführung zugunsten letzterer, aber besonders die ganz bedeutende Ersparnis an Material für Eisenkonstruktion und für die Antriebsmaschinen nebst der elektrischen Ausrüstung ins Gewicht fallen.

Wie sehr gerade diese Art der Ofenbeschickung durch Hochbahn-Laufkatzen neuerdings geschätzt wird, erhellt aus einer ganzen Reihe von weiteren Ausführungen aus jüngster Zeit: z. B. für das Hochofenwerk „Vulkan“ in Duisburg (Fahrbahn von 210 m

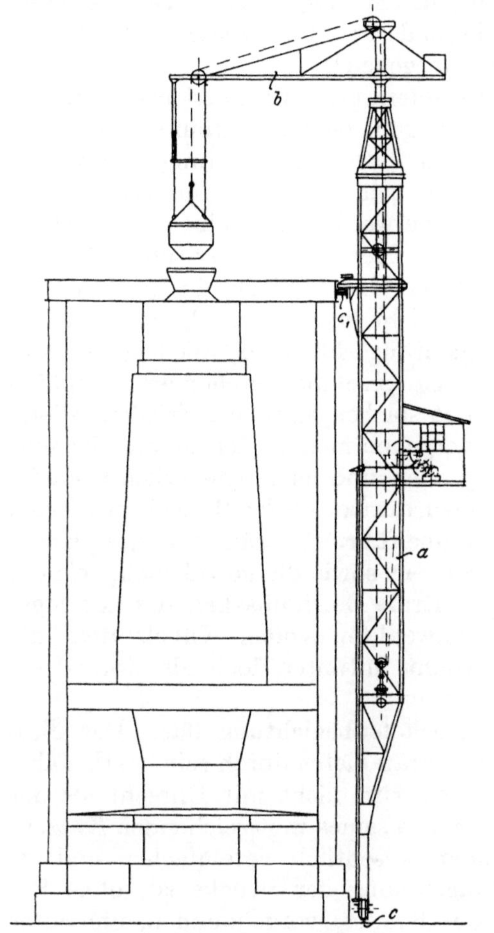

Abb. 93. Hochofen-Turmdrehkran.

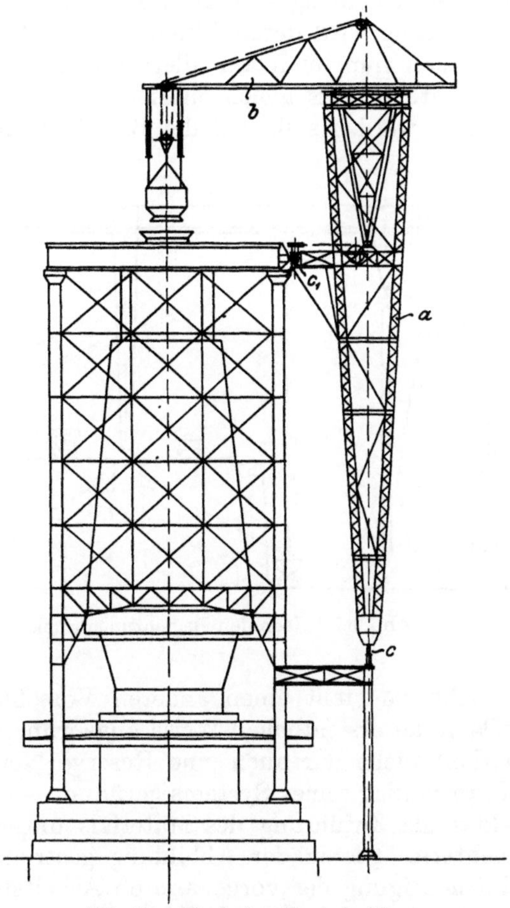

Abb. 94. Hochofen-Turmdrehkran.

Länge und 39 m Höhe), für die Duisburger Kupferhütte (Fahrbahnlänge 93 m, Fahrbahnhöhe 36 m) und für das Schalker Hochofenwerk der Gelsenkirchener Bergwerks-A.-G. (Fahrbahnlänge 237 m, Fahrbahnhöhe 49 m; vgl. Abb. 92). Bei allen diesen Anlagen werden die Förderkübel während der Hubbewegung in Schachtgerüsten geführt[1]).

Hatte die Begichtungseinrichtung in den vorbesprochenen Fällen zweifellos schon viel Kranartiges an sich, so ist doch auch bei uns schon die Begichtung durch ausgesprochene Krane ins Auge gefaßt worden. Wenn auch die nachstehend zu behandelnden Lösungen bisher nur in der Form von Vorschlägen vorliegen[2]), so ist die Möglichkeit

[1]) Nähere Angaben s. b. Opderbeck: Stahleisen 1921, Nr. 31, Hoff: Z. V. d. I. 1925, Nr. 31, Schruff: Stahleisen 1925, Nr. 36 u. Harms: Techn. Rundschau Nr. 42 d. Berl. Tagebl. 1925.

[2]) Ausgeführt ist die Begichtung durch einen Cantileverkran mit gegen die Gicht ansteigender Katzenfahrbahn-ähnlich dem der Abb. 95 — vor Jahrzehnten schon im Hochofenwerk Eisenerz in Steiermark, woselbst zwei Hochöfen durch je einen solchen Schrägbahnkran bedient werden.

deren Ausführung bzw. deren eventuell befriedigender Anwendung doch nicht von der Hand zu weisen.

Die Abb. 93 und 94 zeigen zunächst in zwar teils konstruktiver Verschiedenheit jedoch in prinzipieller Gleichartigkeit die Anwendung fahr- und schwenkbarer Masten- oder Turmkrane, wie sie für die Errichtung von Hausfassaden bekanntlich oft gebraucht werden, für die Begichtung von Hochöfen. Die Arbeitsweise der von Voß & Wolter gebauten Krane dürfte aus den Zeichnungen ohne weiteres hervorgehen. Die Fahrbarkeit des Kranes, längs einer oberen Führungsschiene c^1 und längs einer auf Flur oder noch besser auf einer Hochbahn verlegten Stützschiene c, ermöglicht nötigenfalls seine Benutzung zum Begichten mehrerer Hochöfen; in der Regel soll indes jeder Ofen nur von seinem eigenen Kran bedient werden. Als besonderer Vorzug dieser Begichtungseinrichtung wird deren Einfachheit und Billigkeit angegeben[1]).

Wenn nun auch am allerwenigsten für das Hochofenwerk, wo Betriebsstockungen bekanntlich stets gleich enorme Verluste mit sich bringen, dem Standpunkt das Wort geredet werden soll, daß die Billigkeit einer Anlage für deren Anschaffung maßgebend sein soll, so muß immerhin zugegeben werden, daß eine derart erhebliche Preisdifferenz mitunter für die Wahl einer Anlage doch schwer ins Gewicht fallen kann. Es mag die Begichtung kleinerer, niedrigerer und auch geschützt stehender Hochöfen mit solchen Kranen zufriedenstellend vorgenommen werden können; bei sehr großen und leistungsstarken Öfen jedoch dürfte sich der Mangel einer festen Kübelführung während des Hochziehens sowie die gewiß nicht leichte, zentrale Einstellbarkeit des herumgeschwenkten vollen Kübels über die Gicht mitunter doch als störend erweisen.

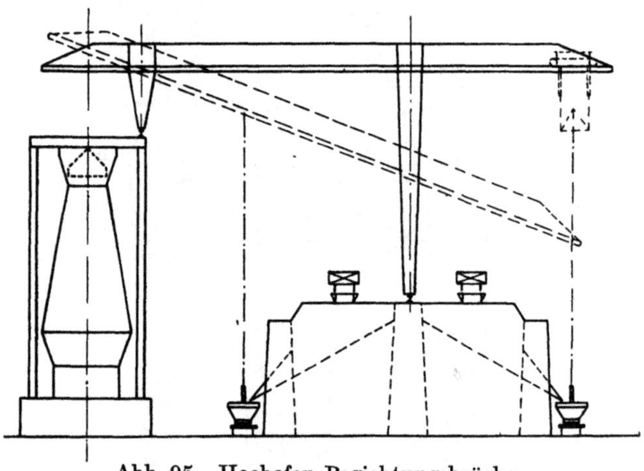

Abb. 95. Hochofen-Begichtungsbrücke.

Abb. 95 stellt einen anderen Vorschlag[2]) der Hochofenbegichtung dar. Der diesfalls in der ersichtlichen Weise angeordnete Halbportalkran bietet durch seine evtl. Fahrbarkeit nicht nur auch eine Reserve, sondern — dies wird nicht mit Unrecht als der Hauptvorzug seines Systems gerühmt — er kann vermöge seines weit reichenden Katzenfeldes die Zuführung des Materials unter Umständen wesentlich vereinfachen und erleichtern. Die in der Abbildung gestrichelte Schrägstellung der Brücke ist, ohne Beeinträchtigung der vorgenannten Arbeitsfähigkeit des Kranes, vorgenommen, um unter Umständen nach Art der bekannten Temperley-Krane mit einem Antrieb für das Heben und Querverfahren des Kübels auszukommen.

Es möge endlich noch eines diesbezüglichen Entwurfes von Schenk & Liebe Harkort Erwähnung getan werden, der in der Kombination einer gegen das Hochofengerüst seitlich sich anlehnenden Schrägbrücke mit außerordentlich schlanker Mittelabstützung die Vorteile einfacher Bewegungsmechanismen mit denen geringen Platzbedarfes und niedriger Anschaffungskosten glücklich verbindet. Die Eigenheit solcher Schrägbrückentransporte, daß die Last für das Katzenverfahren sich in ganz gegen die Schrägbahn hochgezogener Stellung befindet, tritt in dem zuletzt betrachteten Falle als besonderer Vorzug noch deshalb auf, weil dadurch die Pendelbewegungen des Kübels von selbst auf das Mindestmaß beschränkt bleiben; andererseits sind die

[1]) Siehe Lürmann: Stahleisen 1910, S. 260 u. ff. Während dort die Anlagekosten eines Schrägaufzuges zu 120000 Mk. angenommen werden, sollen sich diese Schwenkkrane für den gleichen Fall nur auf etwa 65000 Mk. stellen.

[2]) Von E. Böhringer, s. Zt. Oberingenieur der Maximilianshütte, Rosenberg.

Schwankungen auch beim Hochziehen des Kübels dadurch verringert, daß die ungeführte Vertikalbewegung infolge der Schräglage der Brücke verhältnismäßig nur kurz ist.

Alle vorgenannten Begichtungseinrichtungen haben intermittierende, oder besser gesagt, hin- und hergehende Arbeitsweise. Um hierbei trotz der charakteristischen Arbeitspausen die für moderne Hochöfen erforderlichen enormen Transportleistungen zu bewältigen, sind einesteils sehr große Geschwindigkeiten, andernteils sehr große Einzelförderlasten nötig[1]). Beides bedingt naturgemäß verschiedene Nachteile; die Konstruktionen werden schwer und der Arbeitsaufwand wächst bedeutend. Die Anwendung kontinuierlich arbeitender Fördermittel für die Hochofenbeschickung hat daher von vornherein eine gewisse Überlegenheit. Zu deren Gunsten tritt in vielen Fällen noch, wenigstens den Schrägaufzügen gegenüber, die leichtere Anpassungsfähigkeit ihres Laufes an vorhandene Gebäude oder dergleichen, eine Eigenschaft, die vornehmlich für ältere Werke, bei deren ursprünglicher Anlage noch nicht genügend Rücksicht auf rationellste Transporte genommen war, von Wert sein kann. Als ein Nachteil kontinuierlicher Förderanlagen wird von manchen Seiten indes angeführt, daß sie, entsprechend der Vielheit ihrer Elemente, leicht oder doch leichter zu Störungen Anlaß geben können. Ob ein solcher Einwurf mit Recht erhoben wird oder nicht, sei dahingestellt; jedenfalls aber werden hier Störungen an einzelnen der zahlreichen Organe bei weitem nicht so folgenschwer sein müssen, als dort, wo dieses Organ das einzige ist, und wo von dessen Wohl und Wehe der ganze Betrieb abhängt.

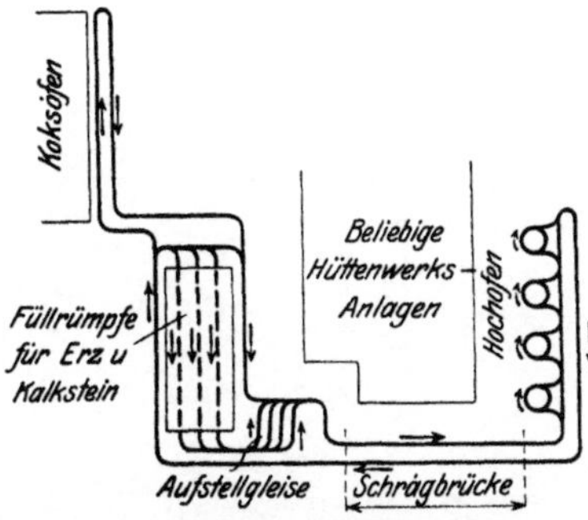

Abb. 96. Anordnungsmöglichkeit einer Hängebahn im Hochofenwerk.

Von kontinuierlichen Fördermitteln kommen für die Begichtung von Hochöfen hauptsächlich die **Elektrohängebahnen** sowie die **Seilbahnen** in Betracht; neuerdings in der Regel als Kombination beider (als sog. Elektroseilbahn), derart, daß die Wagen auf den horizontalen Schienenfahrstrecken durch ihren eigenen Motor[2]), auf den schrägen Strecken jedoch durch ein besonderes Zugseil fortbewegt werden. Die Wagen erhalten zu dem Zweck außer dem Elektromotor eine Seilklemme, die beim Einfahren in die Schrägstrecke selbsttätig das Zugseil erfaßt und es nach Verlassen derselben wieder freigibt, worauf der Wagen unter Strom weiter fährt. Irgendeine Unterbrechung des fortlaufenden Betriebes findet nicht statt, ebensowenig wie die Ein- und Auskupplungsstellen einer Bedienung bedürfen. Die vollkommene örtliche Anpassungsfähigkeit der Einschienenschwebebahn, ihre einfachst mögliche Weiterführung zu beliebig gelegenen Aufnahmestellen und ihre dadurch ohne Verkehrsstörung zu bewirkenden umladungsfreien Materialbewegungen bis auf die Gicht — s. Abb. 96 — sind die besonderen Eigenheiten dieses Systems.

Als ein durch die Einfachheit der Anlage und der Arbeitsweise bemerkenswertes Beispiel einer solchen Hochofenbegichtung ist in den Abb. 97 bis 102 zunächst die von Bleichert für Stumm-Neunkirchen gebaute Anlage etwas eingehender wiedergegeben. Das in Eisenbahnwagen über Hochbehältern *a* ankommende Erz (Abb. 98 u. 99) wird aus diesen, gut übersichtlich über Flur, in die Wagen der Elektrohängebahn *b* abgezogen (Abb. 99

[1]) So beträgt beispielsweise die Hubgeschwindigkeit bei den schrägen Gichtaufzügen in Witkowitz nicht weniger als 4 m i. d. Sekunde, das Gewicht eines gefüllten Gichtkübels, z. B. in Diedenhofen, nicht weniger als 11000 kg. Stellenweise (z. B. Gelsenkirchener Bergwerks-A.-G., in Schalke) ist man mit dem Kübelinhalt bis 12 cbm gegangen, entsprechend etwa 6 t Koks oder 16 t Erz, ja in einem Fall (Georgs-Marien-Hütte) sogar bis 20 t Erzlast! — Die großen Schrägaufzugswinden für die neueren Hochöfen des Eisen- und Stahlwerkes Hösch, Dortmund, fördern mit einem Kübel 12000 kg mit 1,5 m/sek auf die Gicht. (Die durch zwei Elektromotoren von je 185 PS norm. angetriebene Seiltrommel hat bei 2,8 m Breite einen Durchmesser von 3,5 m!). Vgl. Stahleisen 1914, Nr. 2.

[2]) Die Elektrohängebahn vermag als Adhäsionsbahn Steigungen in der Fahrbahn nur in der Größe von höchstens 1 : 30 ohne weiteres zu nehmen, als Seil- oder Kettenbahn jedoch bis 1 : 4. — Eine andersartige Hilfseinrichtung zur Überwindung von Höhenunterschieden (mittels heb- bzw. wippbarer Gleisstücke) ist dargestellt bei Müller: Werkz.-Masch. 1925, S. 164.

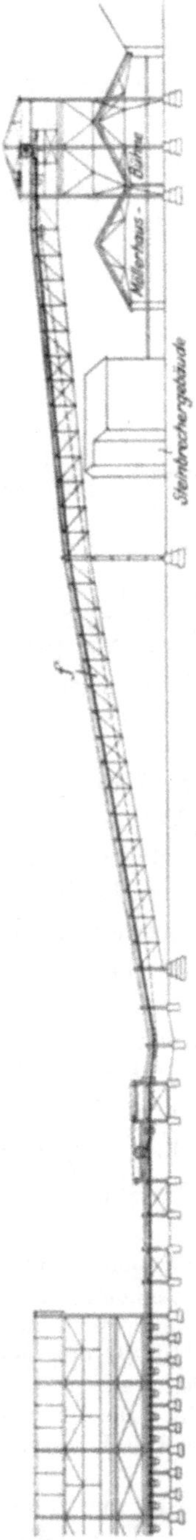

Abb. 97. Schnitt A—B.

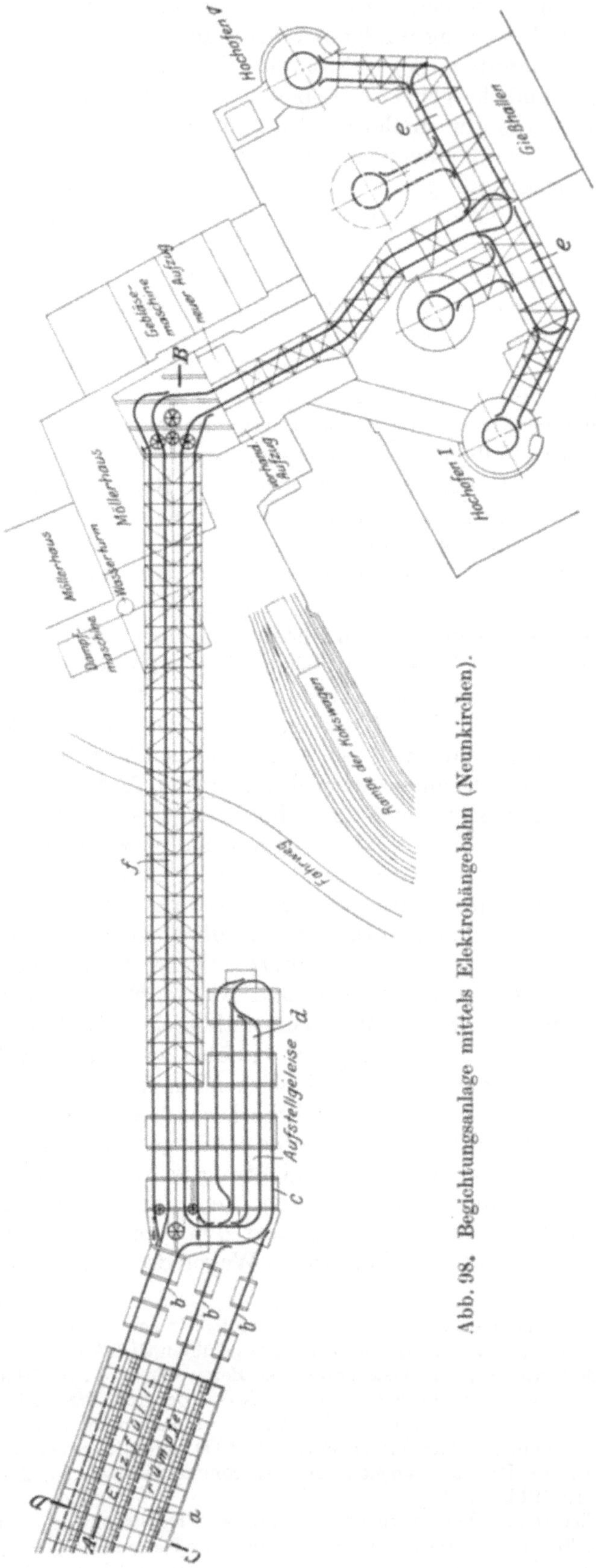

Abb. 98. Begichtungsanlage mittels Elektrohängebahn (Neunkirchen).

und 100.) Die unter den drei Bunkerreihen gelegenen Beladegleise vereinigen sich an einer automatischen Wage *c*, die den Inhalt der einzelnen Wagen selbsttätig aufzeichnet. Hieran schließen sich nun die auch in Abb. 101 deutlich sichtbaren mehrsträngigen Aufstellgleise *d*, auf denen die Wagen — es sind im ganzen 55 Wagen im Betrieb, nach Erzsorten bzw. Chargen getrennt — zusammengestellt werden. Ein Arbeiter hat nun die Wagen nach Bedarf von den Aufstellgleisen abzuziehen und auf die Gichtbühne *e* hinaufzuschicken. Dies geschieht einfach dadurch, daß er durch einen Schalter der ersten Blockstrecke des betr. Aufstellgleises Strom gibt, worauf der Wagen sich in Bewegung setzt und sich selbsttätig mit dem Zugseil der Schrägstrecke *f* kuppelt. Oben auf Gichthöhe angelangt, kuppeln sich die Wagen wieder selbsttätig aus und fahren unter Strom nach der Gicht des Ofens, dem sie durch Einstellen der Weichen zugewiesen werden. Hier wird ihr Inhalt an wechselnden Stellen der Gichtschüssel von Hand[1]) ausgekippt und dadurch in bester Weise gemöllert (Abb. 102). In analoger Art erfolgt dann endlich die Rückwärtsbewegung der Wagen unter die Beladestellen. Für die Zweckmäßigkeit der Ausführung dieser Anlage spricht auch die Tatsache, daß sie heute, nach fast zwei Jahrzehnten, noch in genau der gleichen guten Weise wie anfangs arbeitet.

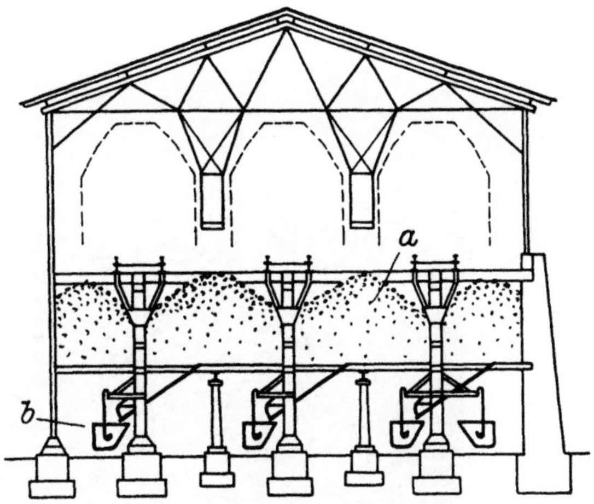

Abb. 99. Schnitt C—D.

Als besonderer Vorteil dieses Verfahrens wird, ganz besonders der Begichtung durch Schrägaufzüge gegenüber, hervorgehoben, daß die Verteilung des Materials in der Gicht wieder (genau wie beim alten Handtransport durch Karren) ganz und gar den jeweiligen Bedürfnissen ohne weiteres angepaßt werden kann und daß dadurch der Hochofengang in günstigster Weise regelbar ist. Ganz entschieden vorteilhaft ist es bei dieser, von der Bunkerbeladung bis zur Gichtauskippung gleichsam in einem Zuge vor sich gehenden Transportweise, daß dadurch jedwede Zwischenumladung des Materials fortfällt, was bekanntlich besonders mit Rücksicht auf die Schonung des Kokses nicht zu

Abb. 100. Gichthängebahn-Füllstation (Neunkirchen).

[1]) Diese Handarbeit wird indes durch die labile Aufhängung des gefüllten Kübels zu einer nahezu automatischen; das Zurückkippen des leeren Kübels wiederum wird dadurch sehr erleichtert, daß diesfalls der Schwerpunkt wieder oberhalb der Aufhängeachse gelegen ist.

Abb. 101. Aufstellgleise der Hängebahnwagen mit dahinter liegenden Erzbunkern (Neunkirchen).

Abb. 102. Gichthängebahn-Entleerung (Neunkirchen).

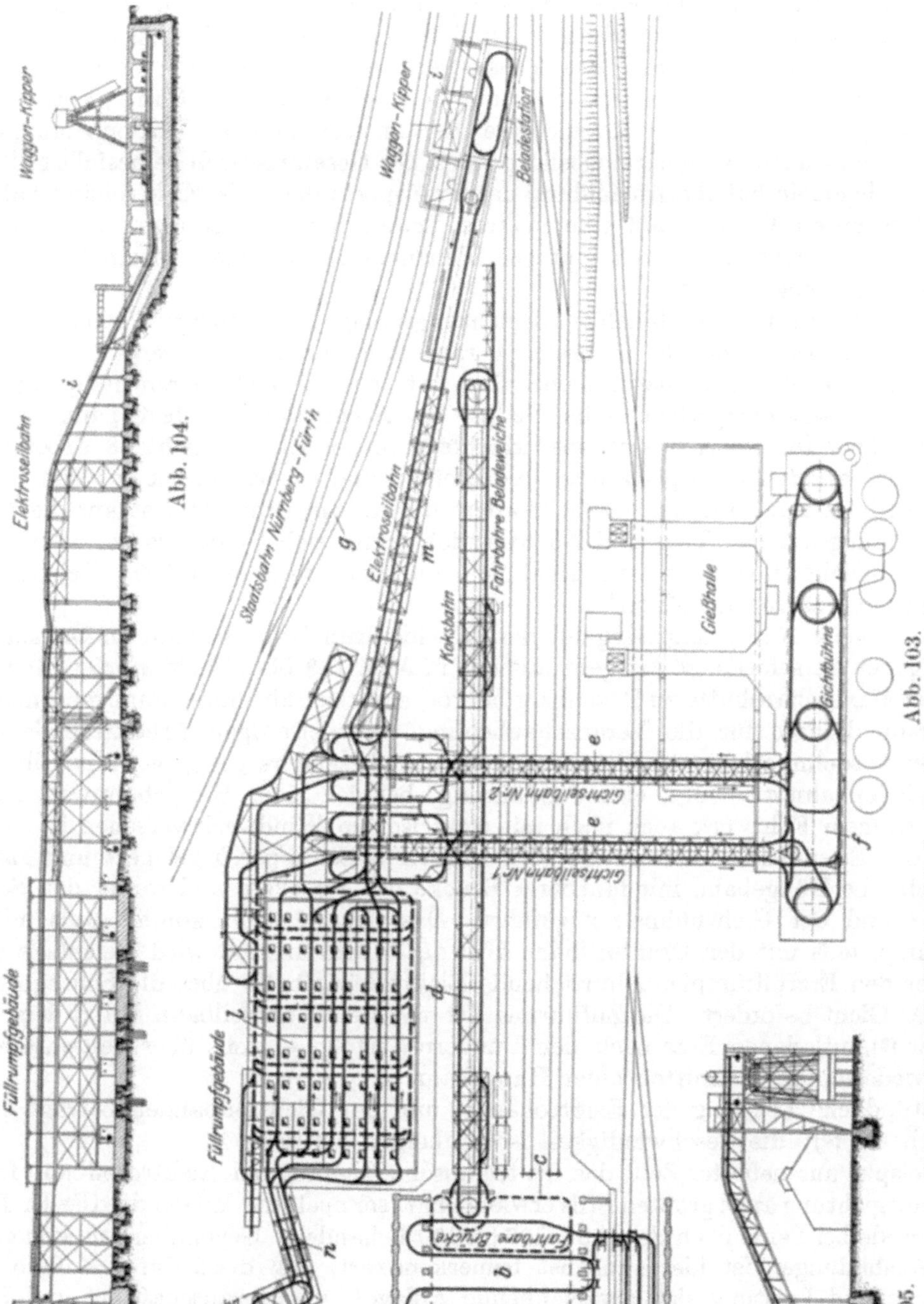

Abb. 103 bis 105. Elektroseilbahn im Hochofenwerk (Ros

unterschätzen ist. Auch ist eine Sicherung des Betriebes, die in den horizontalen Strecken durch den eigenmotorischen Antrieb eines jeden Fahrzeuges genügend gewährleistet ist, durch Ausbildung der Schrägstrecke als Doppelbahn — entweder arbeiten die Wagen auf den beiden äußeren oder auf den beiden inneren Hängegleisen — verhältnismäßig leicht, d. h. auch für mehrere Öfen mittels nur einer Verdoppelung, durchführbar, so daß auch bei einer Zugseilreparatur der Gesamtbetrieb keinesfalls stillstehen braucht. Allgemein hat die Ausbildung der Transportanlage als Elektrohängebahn den bereits erwähnten Vorteil, daß eine spätere Erweiterung der Anlage, d. h. eine Vergrößerung ihrer Leistung durch einfache Hinzunahme weiterer automobiler Hängebahnfahrzeuge möglich ist.

Obzwar bei dieser maschinellen Begichtungsanlage der einzige Vorteil der alten Hochofenbeschickung mittels mühselig herangefahrener Handkarren, d. i. das sorgfältige und sachgemäße Möllern, beibehalten ist, so ist doch deren hauptsächlicher Nachteil, der außerordentlich hohe Bedarf an Arbeitskräften, fast ganz beseitigt: Während früher für die Neunkirchener Hochöfen in der Einzelschicht 78 Arbeiter zum Erztransport von den Lagerplätzen auf die Gichten und wieder zurück benötigt wurden, sind hierzu jetzt nur 16 nötig. (Dabei fördert die Anlage rund 100 t/st auf die Gicht.) In Umrechnung auf den Tag- und Nachtbetrieb ergibt sich somit aus der Verwendung der Elektro-Gichtseilbahn für vier Hochöfen von zusammen etwa 700 t Leistung eine ständige Ersparnis von 124 Mann!

Die besondere Anpassungsfähigkeit der einschienigen Schwebebahn an Örtlichkeiten und Aufgaben verschiedener Art geht aus der in Abb. 103 bis 105 skizzierten Hochofenanlage der Maximilianshütte zu Rosenberg hervor, einer der ältesten derartigen Anlagen[1]), aber gerade deshalb für die Veranschaulichung der vielseitigen Arbeitsfähigkeit und beliebigen Ausdehnbarkeit von Elektrohängebahnen besonders geeignet. Mit Hilfe einer Elektrowindenbahn *a* — d. i. eine Ausführung, bei der jeder Hängebahnwagen außer mit elektrischem Fahrwerk auch noch mit elektrischem Windwerk versehen ist — wird der mit der Eisenbahn ankommende Koks in einem Schuppen *b* gelagert und aus diesem durch eine Hängebahn mit fahrbarer Brücke der Strecke *d* und weiter den Schrägstrecken *e* und der Gichtbühne *f* zugeführt. Das Erz dagegen kommt teils mit der Eisenbahn *g*, teils mit der Drahtseilbahn *h* in der Hütte an und wird gleichfalls durch eine unter den Erzfüllrümpfen *l* hinziehende Elektrohängebahn über die Schrägbrücken *e* nach der Gicht befördert. Die Zuführung der von der Drahtseilbahn *h* und dem Waggonkipper *i*[2]) entladenen Erze nach den Bunkern *l* erfolgt — teils über Seilschrägstrekken — wiederumfalls vermittels einer Hängebahn *m* bzw. *n*.

Die stündliche Leistung der Elektrohänge- und der Gichtseilbahnen beträgt durchschnittlich 100 t[3]); die Geschwindigkeit ist bei beiden 1 m/sek.

Als Beispiel aus neuester Zeit, das die technische Eignung der Elektroseilbahn für die Hochofenbegichtung auch größten Stils erwiesen hat, sei noch die Anlage der Ilseder-Hütte in Groß-Ilsede bei Peine nach den Abb. 106 bis 109 behandelt. Gegenüber anderen gleichartigen Ausbildungen ist hier zunächst bemerkenswert, daß diese durch außerordentliche Größe und Leistung sich auszeichnende Anlage[4]) die Heranschaffung und Hochbeförderung des gesamten Gichtgutes zu übernehmen hat, zu welchem Zweck sie aus zwei völlig getrennten Bahnen besteht (vgl. den Grundriß Abb. 106): der Erzbahn *a*, die Erz und Kalkstein von den offenen Bunkern *b* über das Aufstellgleis *c* und die Schrägbrücke *d* den Gichtplateaus der Hochöfen *e* auf der einen Seite zuführt, und der Koks-

---

[1]) Sie kam in ihrem ersten Ausbau schon 1906 in Betrieb. — Die erste Anlage dieser Art ist i. J. 1898 auf dem Hochofenwerk der Maximilianshütte in Unterwellenborn (Thüringen) ausgeführt worden. Vgl. Brennecke: Stahleisen 1904, Nr. 19.

[2]) Siehe S. 34.

[3]) D. h. 150 Wagen zu je 900 kg Erz und Kalkstein oder 400 kg Koks = 135000 kg Erz und Kalkstein bzw. 60000 kg Koks, also durchschnittlich rund 100000 kg.

[4]) Die Eisenkonstruktion wiegt insgesamt nicht weniger als 5500 t;. die Gesamtlänge der Fahrschienen beträgt 8130 m, die Anzahl der Weichen 158!

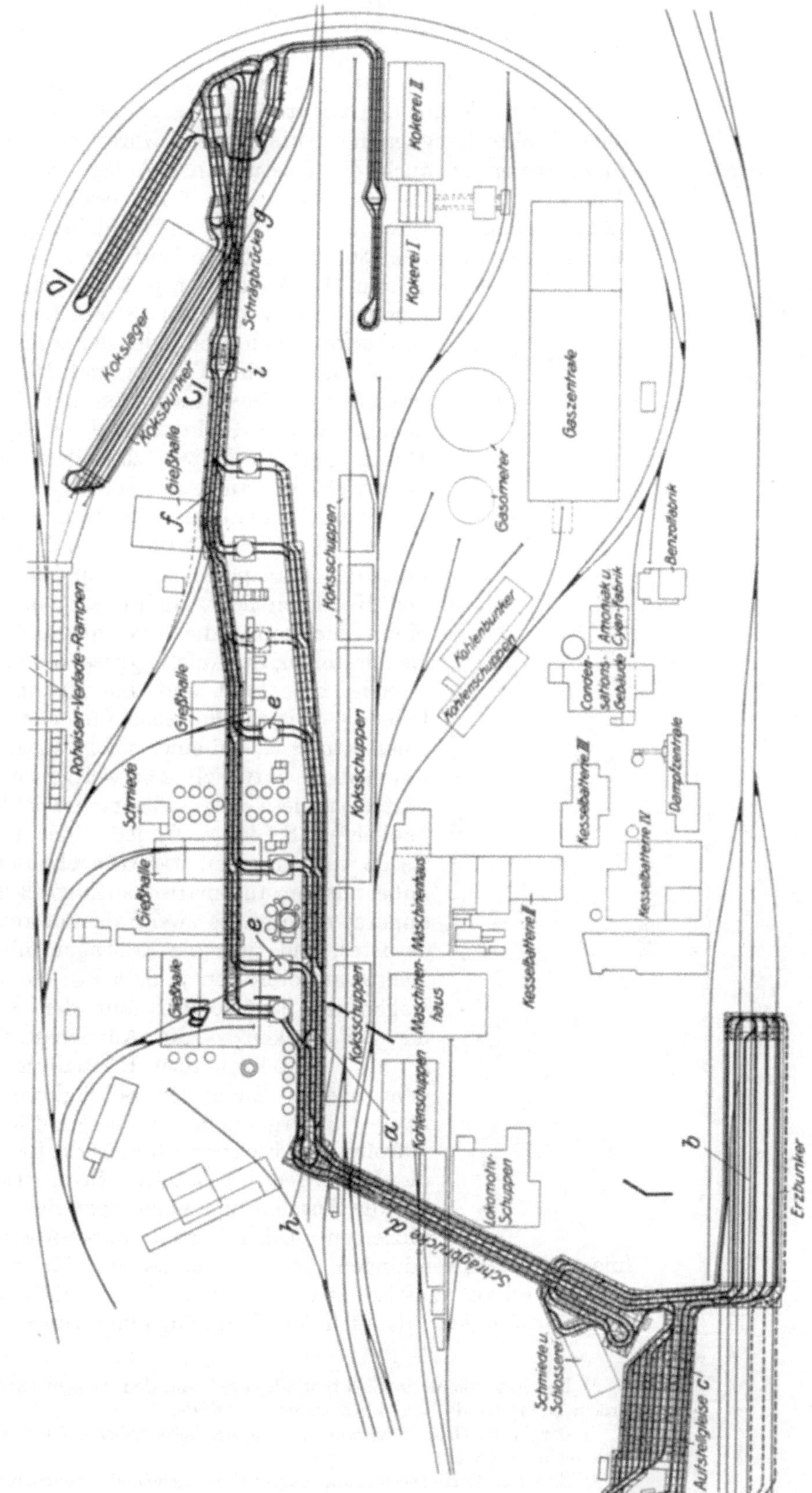

Abb. 106. Elektroseilbahn im Hochofenwerk (Groß-Ilsede).

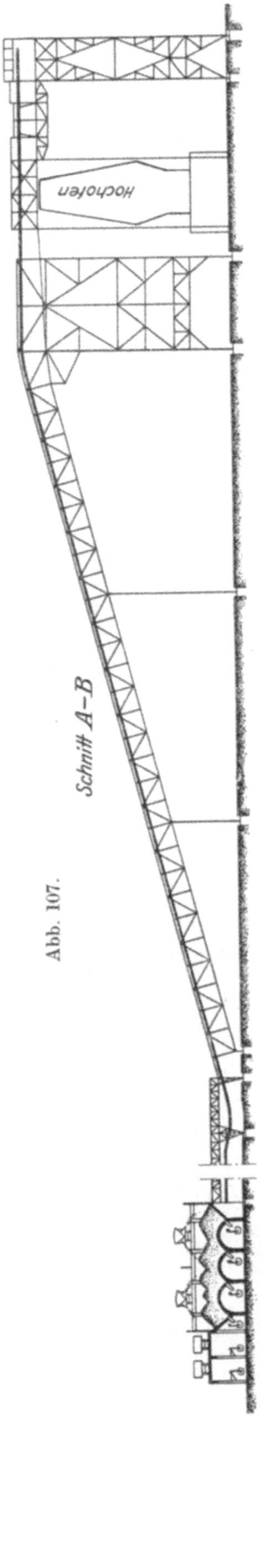

Abb. 107.

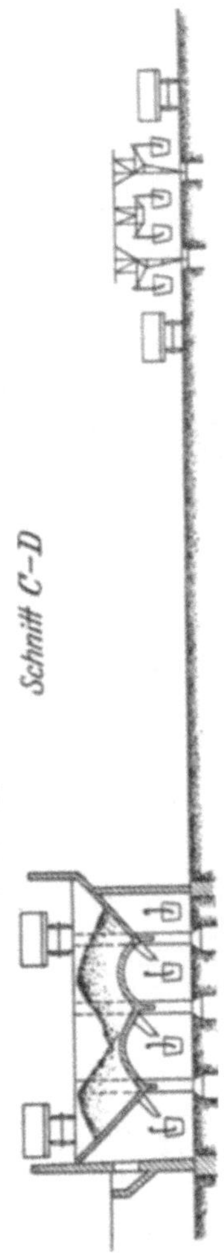

Abb. 108.

Abb. 107 und 108. Teilansicht zu Abb. 106.

bahn *f*, die den Koks in ähnlicher Weise auf der andern Seite auf die Gichten befördert[1]). Jede Bahn ist zur Reserve bei Seilschäden als Doppelbahn auf den Schrägstrecken *d* und *g* ausgeführt; auf den wagerechten Strecken, über Hüttenflur wie auf den Gichtbühnen, arbeitet die Bahn als reine Elektrohängebahn. Entsprechend ihrer maschinellen Ausstattung ist auch die Leistung der Anlage sehr groß: Auf der Erzstrecke verkehren, mit 1 m Geschwindigkeit, 129 Hängebahnfahrzeuge von je 2600 kg Beladefähigkeit, die ihr eine Leistung von 300 t/st erteilen; auf der Koksstrecke fahren 114 Wagen von je 800 kg Inhalt für eine Leistung von 90 t/st. Solche Leistungen sind erforderlich, weil jeder der sechs Hochöfen[2]) stündlich 50 t Erz und 15 t Koks braucht. — Das Auskippen der Wagenkästen in die Gichtschüssel erfolgt von Hand, das Umfahren derselben jedoch elektrisch, wie auch alle sonstigen mechanisierbaren Vorgänge selbsttätig erfolgen. Infolge der Vielgestaltigkeit und Ausdehnung der Transporte kommt indes auf jeden Hochofen noch ein Bedarf von 8—10 Mann Bedienung, die sich auf die unteren Beladestellen, die Aufstellgleise, die Schrägstrecke, die Gicht und den Antrieb verteilen. — Die mechanische und elektrische Ausstattung ist bei einer solch' ausgedehnten Anlage natürlich sehr weitgehend und verteuert diese notwendigerweise leider erheblich[3]). So ist z. B. jeder der in Gr.-Ilsede verkehrenden 243 Hängebahnwagen außer mit dem automatischen Zugseilklemmapparat noch mit je zwei Fahrmotoren ausgerüstet, und zwar die Erzwagen mit zwei Elektromotoren von je 0,75 PS, die Kokswagen mit je 0,45 PS. Für den Betrieb der Seilstrecken — die Antriebsstationen *h* und *i* sind hoch über Hüttenflur unter dem oberen Ende der Schrägbrücken *d* bzw. *g* untergebracht — ist ein 150- und 109pferdiger Elektromotor für die Erz- bzw. die Koksstrecke gewählt. Erfordert mithin die Anschaffung einer derartigen komplizierten Anlage wohl außerordentliche finanzielle Aufwendungen, so ist andererseits ihr Betrieb doch durchaus zufriedenstellend, sowohl hinsichtlich der Leistungsfähigkeit als auch der Unabhängigkeit von mensch-

[1]) Das Erz kommt in Selbstentladewagen von den eigenen Gruben in Broistedt und Gr.-Bülten, der Koks von Westfalen.

[2]) Der in der Grundrißzeichnung eingestrichelte siebente Ofen ist z. Z. noch nicht ausgebaut.

[3]) Eine auf Betriebserfahrung gegründete eingehende Beurteilung der Anlage durch den Generaldirektor der Hütte, Herrn Dr.-Ing. e. h. Hartmann findet sich in Nr. 32 von Stahleisen 1921.

Abb. 109. Gichtseilbahn [Erzstrecke] (Groß-Ilsede).

licher Bedienung, kurz in bezug auf die Zuverlässigkeit des Arbeitens. Während in den wagerechten Teilen der Förderbahn eine etwaige Betriebsstörung meistens einfach durch Ausschaltung des betroffenen Wagens behoben werden kann, ist auf den Schrägstrecken für einen etwaigen Zugseildefekt die Reservebahn ohne weiteres in Betrieb zu nehmen[1]).

Abb. 110. Gichtseilbahn mit gebrochenem Lauf (Fentsch).

Die Schrägstrecken der Seilhängebahnen haben infolge der Beschränkung ihrer Steigung auf 1:4 bei der Höhe der Hochöfen leicht eine sehr große Längenausdehnung und einen dementsprechenden Grundrißbedarf. So beträgt z. B. bei der zuletzt beschriebenen Anlage die horizontale Ausdehnung der 34 m hohen Erzbrücke 148 m. Es kommt vor, daß im Werk ein solcher Platz vor den Hochöfen überhaupt nicht freizumachen ist oder auch, daß die Sammelstellen für den Möller nicht in dieser notwendigen Entfernung von den Öfen angelegt werden können. Will man sich dann trotzdem die im Gichtseilbahnsystem gelegenen Vorteile zunutze machen, so ist dies mittels der durch Abb. 110 gezeigten Anordnung möglich, wobei durch Zickzackführung der Hängebahn deren Höhenentwicklung auf kleinerer Grundfläche erreicht ist. Die Anlage (Bleichert) ist für eine stündliche Leistung von 90 t Erz und 60 t Koks für zwei Öfen von je 225 t Tagesleistung in je einer Ausführung für die Fentscher Hütte gebaut worden[2]).

[1]) Die Haltbarkeit des Zugseiles, die außer von dessen Qualität natürlich ganz von dessen Pflege abhängt, kann erstaunlich groß sein: nach der Betriebsstatistik der Hütte sind mit einem Seil auf der Erzstrecke schon 921000 t geleistet worden! [2]) Näheres s. bei Brennecke: Stahleisen 1904, Nr. 19.

Die weitere Ausbildung des hier verkörperten Gedankens, eine Überwindung des Höhenunterschiedes einer Bahn bei kleinerem Grundflächenbedarf durch gebrochene Linienführung derselben vorzunehmen, führt zu den sog. Spiralaufzügen, wie sie nach dem Vorgange von Bleichert bereits in größerer Zahl für Transportaufgaben kleineren Ausmaßes ausgeführt worden sind. Das wesentliche Merkmal des Spiralaufzuges — Abb. 111 ist eine Ausführung (Bleichert) für die August Thyssen-Hütte in Hamborn — ist die schraubenförmig geführte Fahrbahn, längs deren das Fahrzeug durch eine rotierende Druckstange aufwärts bewegt bzw. für den Abwärtsgang herunterlaufen gelassen wird. In der Regel sind, um den Kreislauf der Transporte nicht zu stören, für den Aufwärts- und den Abwärtsgang getrennte Aufzüge vorhanden.

Abb. 111. Spiralaufzüge (Hamborn).

In neuartiger Anwendung für die Hochofenbegichtung hat die genannte Firma Spiralaufzüge nach Abb. 112 bis 115 für ein großes außerdeutsches Hüttenwerk in Vorschlag gebracht, und zwar unter gleichzeitiger Verwendung eines neuen Verfahrens der zentralen Begichtung der Öfen, wodurch bekanntlich eine gleichmäßige Verteilung der Materialien bei deren Abstürzen in die Gichtschüssel erstrebt wird. Zum Zwecke der Zentralbeschickung ist — wie die Prinzipskizze 116 und 117 erkennen läßt — die unmittelbar über den Gichtschüsseln liegende Hauptbahnstrecke *c* seitwärts verfahrbar eingerichtet, weil vor dem Senken der Gashauben diese Laufbahnstücke entfernt werden müssen. Der Vorgang der zentralen Begichtung spielt sich in folgender Weise ab: Der Elektrohängebahnwagen *a* fährt über das vom Gleisstrang getrennt an der Schiebebühne *b* aufgehängte Schienenstück *c* und entleert bei der Durchfahrt durch Anschlag seinen Kübelinhalt über Gichtmitte. Nach Auffüllen der Gichtschüssel fährt die Schiebebühne *b* über den außerhalb des Bereiches der Verschlußglocke *d* liegenden Träger *e* zurück, so daß der Raum über der Gicht zum Niederlassen der Glocke frei wird. An der Kreuzungsstelle der Schiene *c* mit den die Gichtglocke tragenden Organen *g* wird das Schienenstück *h*, zweckmäßig unter Ausnutzung der Bewegung der Schiebebühne, hochgeklappt und beim Zurückfahren wieder niedergelegt. Der Verlauf der Elektrohängebahn ist nun so angeordnet, daß für jede der gewählten drei Ofengruppen von je drei Öfen eine eigene Erzbelade-, Zufahrt- und Abfahrtstrecke, ein eigenes Erzaufstellgleis zu jedem

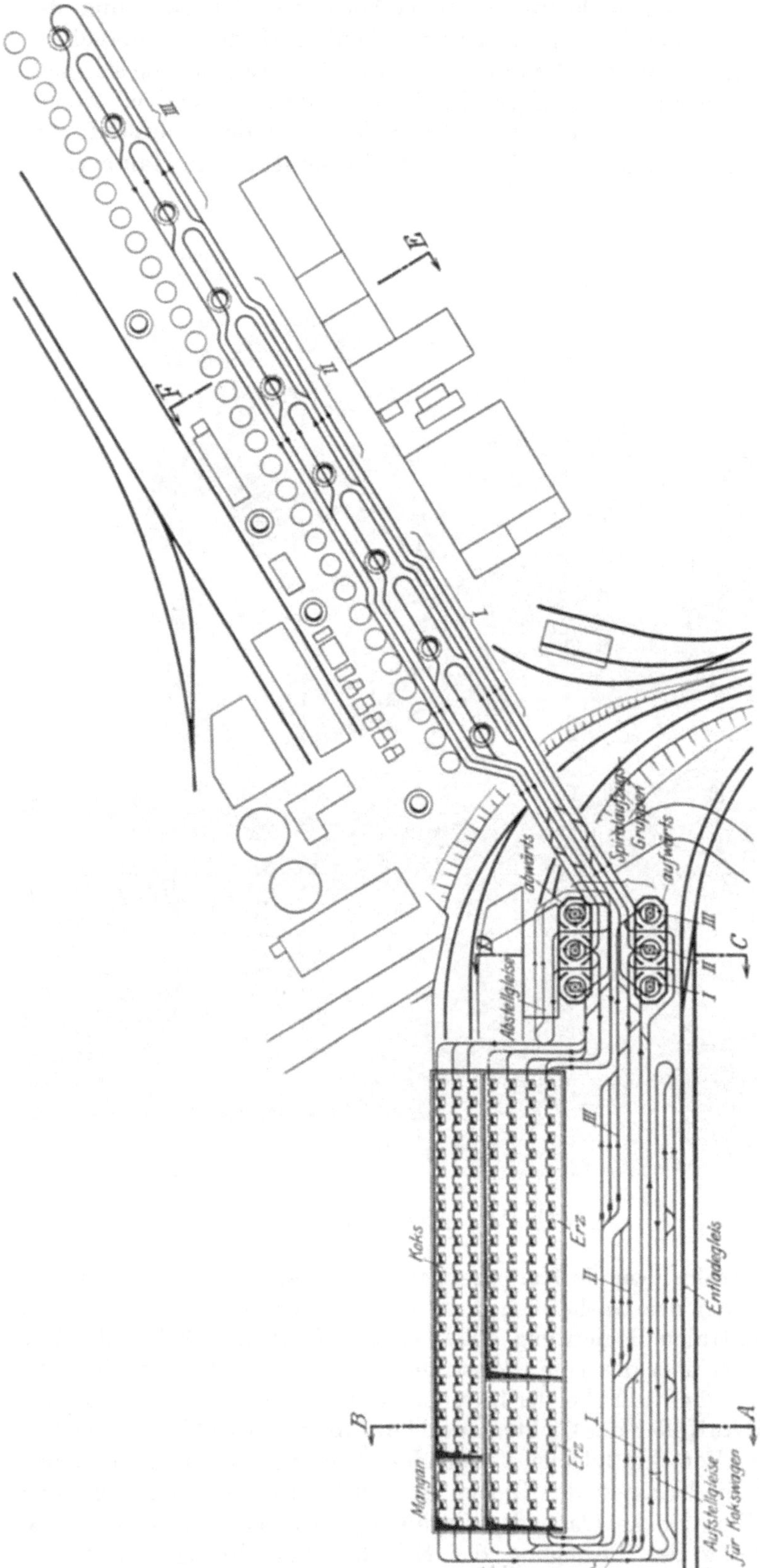

Abb. 112. Hochofenbegichtung mittels Elektrohängebahn und Spiralaufzügen.

Ofen für die Elektrohängebahnwagen auf Möllersohle, aber ein gemeinschaftliches Aufstellgleis für die Erz- und Kokswagen auf der Gichtbühne angeordnet ist. Dagegen sind für das Aufstellen der Kokswagen für alle neun Öfen gemeinschaftlich auf Möllersohle zwei Aufstellgleise vorgesehen, während jede Ofengruppe ihren eigenen Doppel-Spiralaufzug, d. h. zwei Spiralaufzüge mit gemeinschaftlichem Antrieb besitzt. Normalerweise dient die Bahnlinie I zur Begichtung der Ofengruppe I u. s. f.; mit Hilfe von Weichen kann der Betrieb indes auch anders gestaltet werden. Auf der einen Seite der Spiralaufzüge sind, über Weichen erreichbar, Abstellgleise vorgesehen, auf die die Wagen zwecks Instandhaltung aus dem Kreislauf ihres Verkehrs gezogen werden können. Bei den Spiralaufzügen ist die den Antrieb darstellende Drehsäule ständig in Bewegung; die Ein- und Ausfahrt der Elektrohängebahnwagen kann — durch automatische Regelung — nur erfolgen, wenn die Drehsäule die richtige Stellung zu ihnen hat[1]).

[1]) Von dem zuverlässigen Funktionieren dieser Einrichtung, das

Die für die Begichtung der neun Hochöfen (von je 200 t täglicher Leistung[1]) erforderliche Bedienungsmannschaft setzt sich zusammen aus

6 Mann zum Beladen der Wagen mit Erz unter dem Silo,
3 „ zum Beladen der Wagen mit Koks und Mangan unter dem Silo,
9 „ zum Abwiegen und Zusammenstellen der Erzchargen,
2 „ zum Weichenstellen an der Ein- und der Ausfahrtseite des Silos,

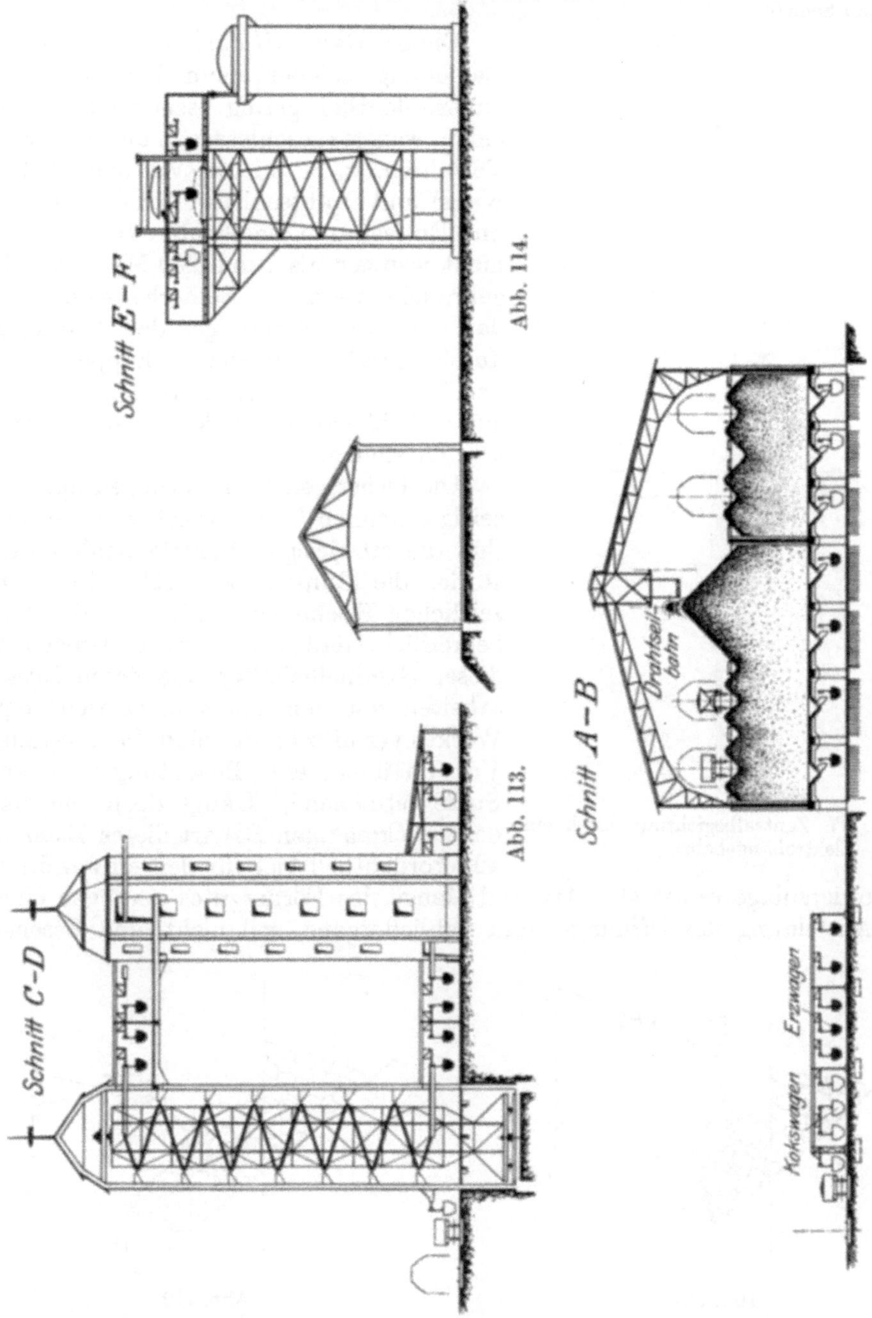

Abb. 113. Abb. 114. Abb. 115.

Abb. 113 bis 115. Teilansicht zu Abb. 112.

zweckmäßigerweise auf mechanischer Zwangläufigkeit beruhen sollte, dürfte die Eignung dieses ganzen Begichtungssystemes wesentlich abhängen.

[1]) Zur Erzielung dieser Leistung müssen jedem Ofen stündlich 36 t Erz und 15 t Koks zugeführt werden, das sind 18 Erzwagen von je 2 t (1,2 cbm) und 10 Kokswagen von je 1,5 t (3 cbm) Inhalt. Die Fahrgeschwindigkeiten betragen 1 m auf der Strecke und 0,6 m in den Spiralaufzügen; die Wagenintervalle 42 Sek. bei der Beschickung von 3 Öfen, 21 Sek. bei der Beschickung von 6 Öfen.

2 Mann in den Schalthäusern,
6 „ für die Öfen bei reihenweiser Begichtung innerhalb einer Ofengruppe (falls die Arbeiter innerhalb der Gruppe die Öfen gemeinsam bedienen; andernfalls sind für den Ofen zwei Mann erforderlich),
1 „ als Aufseher auf der Gicht (gleichzeitig als Reserve für den Schaltwärter),
1 „ als Aufseher auf der Hüttensohle (gleichzeitig als Reserve für den Schaltwärter)
15 „ für Wartung, Reparatur und Instandhaltung der Anlage,

Sa. 45 Mann pro Schicht.

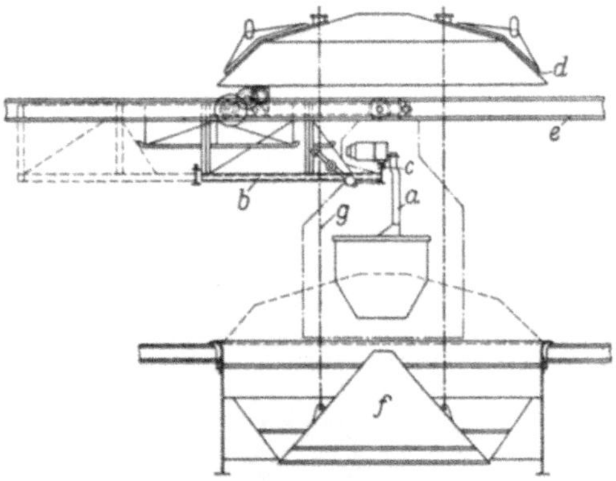

Abb. 116.

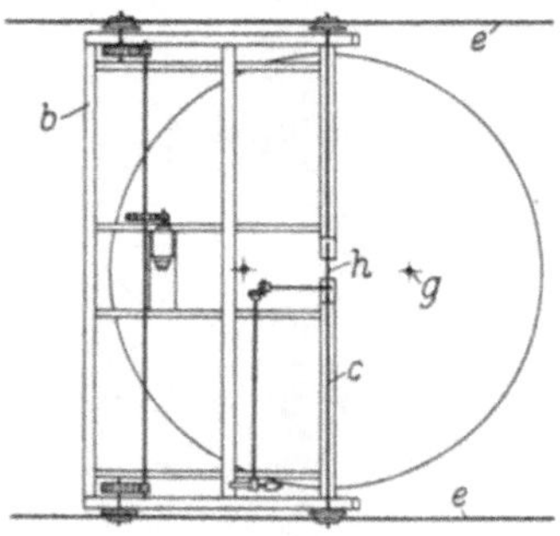

Abb. 117.

Abb. 116 und 117. Zentralbegichtung durch eine Elektrohängebahn.

Dieser Gesamtbedarf von 45 Leuten zur Bedienung solcher neun Hochöfen muß als außerordentlich gering bezeichnet werden. Bei einem weniger geschlossenen und automatischen Verfahren, z. B. mittels Vertikalaufzügen (für Koks) und Drahtseilbahn (für Erz), Umführung und Entleeren in die Gichten von Hand würden nicht weniger als rund 200 Mann pro Schicht gebraucht werden. Bemerkenswert ist noch, daß bei dem Ersatz gerader Schrägstrecken durch Spiralaufzüge die Seilkuppelapparate an den Hängebahnwagen fortfallen, die natürlich eine erhebliche Komplikation der ganzen Anlage darstellen.

Die bisherigen Betrachtungen haben gleichzeitig erkennen lassen, welchen Anteil und Einfluß die oft riesigen Vorratsbehälter der Rohstoffe, die Bunker oder Silos, in einem neuzeitlichen Hochofenwerk haben. Es ist deshalb begreiflich, daß vor allem diejenigen Organe dieser Sammelbehälter, die deren Zusammenarbeiten mit den Transportvorrichtungen des Werkes vermitteln, das sind die Auslässe bzw. Verschlüsse, eine Beachtung auch an dieser Stelle verdienen[1]). Hängt doch von der Wahl der zweckmäßigen Bauart dieses Elementes oft außerordentlich viel für den einwandfreien Betrieb der Förderanlage selbst ab. Art und Menge des Fördergutes bedingen eine ihnen angepaßte Ausbildung des Öffnungs- und Schließorgans, soll nicht eine Beschädigung

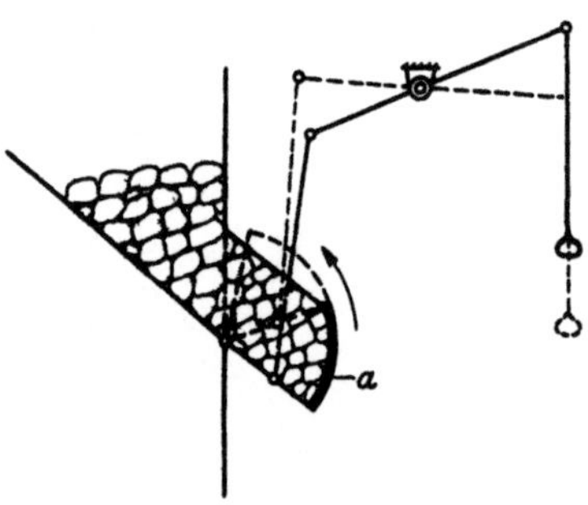

Abb. 118.

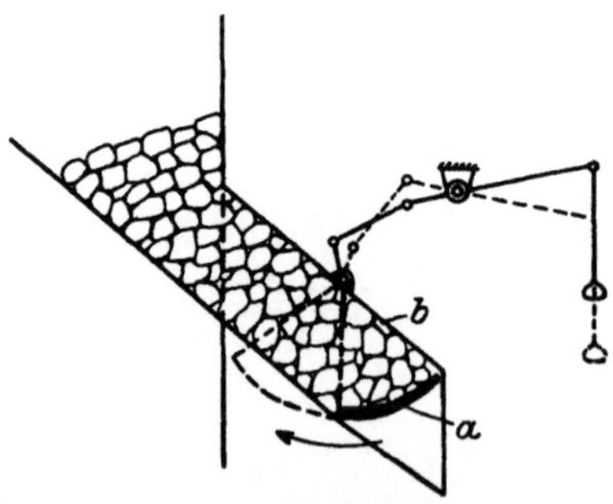

Abb. 119.

Abb. 118 und 119. Füllrumpfverschlüsse für Handbetätigung.

der Anlage durch übermäßiges oder unsachgemäßes, eine Verringerung der Leistung durch ungenügendes Beladen oder ein Verschwenden von Material und Verschmutzen der Anlage durch unvollkommenes Schließen des Abschlusses eintreten.

[1]) Weiteres siehe bei Buhle: Glückauf 1915, Nr. 26 und Lent: Stahleisen 1921, Nr. 28.

Einige für verschiedenartige Fälle bewährte Ausbildungen (Bleichert) seien in den Abb. 118 bis 123 schematisch wiedergegeben, wobei der eingezeichnete Pfeil die Öffnungsrichtung des Schiebers angibt, und dieser selbst in seiner Auslaßstellung gestrichelt angedeutet ist. Während Abb. 118 einen einfachen handbetätigten (Rund-) Schieberverschluß für feineres und weiches Gut darstellt, bei dem für einen dichten Abschluß der losgelassene Schieber a durch sein Gewicht das Material vollständig zu durchdringen vermag, zeigt Abb. 119 eine Ausbildung für großstückiges und hartes Material, wobei die Absperrplatte a durch den ausfließenden Materialstrom selbst in die Schlußstellung nach vorn mitgerissen wird. Dabei ist der obere vordere Abschluß b der Auslaufschurre durch nachgiebige Rechenzinken gebildet, wodurch einesteils ein Herausspringen von Material, andernteils, durch Fortfall eines festen Widerlagers, eine Bildung sog. Brücken mit ihrer bekannten Einsturzgefahr verhindert ist. Gewissermaßen eine Kombination dieser beiden Bauarten ist der Füllrumpfverschluß nach Abb. 120, der aus einem oberen, nach unten sich schließenden Schieber a_1 und einem unteren, nach oben sich schließenden Schieber a_2 besteht. Durch Öffnen des unteren Schiebers mittels Fuß-

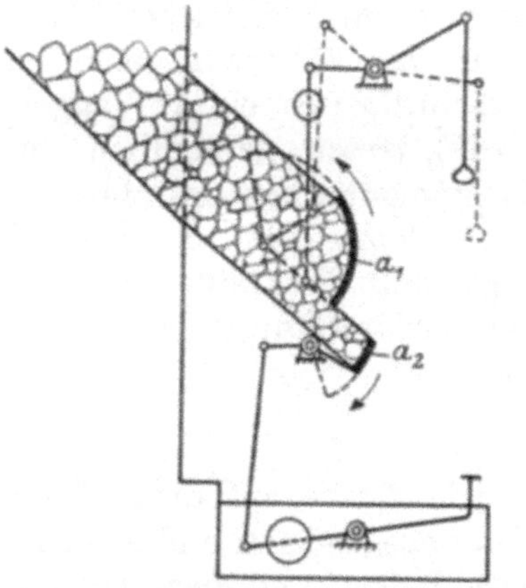

Abb. 120. Kombinierter Verschluß für Hand- und Fußhebelbedienung.

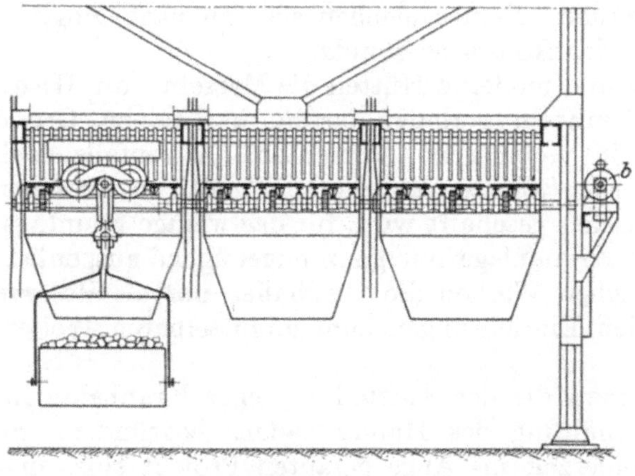

Abb. 121.

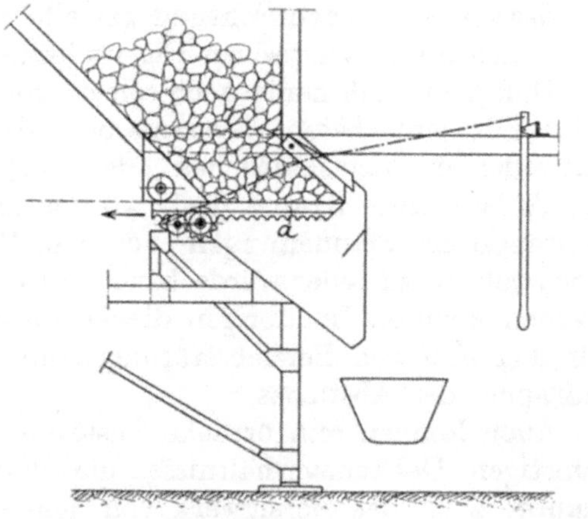

Abb. 122.

Abb. 121 und 122. Maschinell betätigter Füllrumpfverschluß.

trittes können die feineren Materialbestandteile, die sich ja unten absetzen, allein abgelassen werden, durch Öffnen des oberen Schiebers mittels Handzuges aber die größeren Stücke allein; durch gleichzeitige Betätigung beider Hebel kann endlich der gesamte Auslauf freigegeben werden. Für sehr große Leistungen oder Auslässe, für die Hand- oder Fußantrieb nicht hinreichen würde, kann gemäß Abb. 121 und 122 eine maschinelle Betätigung der Abschlußplatten a durch Elektromotor b, Transmission o. dgl. durchgeführt werden, wobei nur deren Einrückung in leichter Weise durch den ersichtlichen Handhebel erfolgt.

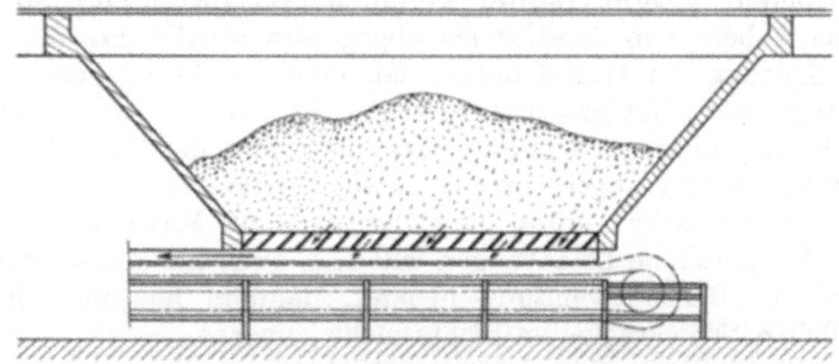
Abb. 123. Staufreie Auslauföffnung eines Sammelbehälters.

Bei sehr zahlreichen und maschinell zu bewegenden Verschlüssen kann man sich zur Verringerung der Motoren und Mechanismen eines Betätigungsapparates bedienen, der, unter die einzelnen Auslässe gefahren und mit ihnen gekuppelt, sie mit Hilfe nur seines eigenen Antriebes öffnet und schließt.

In den Fällen, in denen das Material aus einem Sammelbehälter — z. B. auch der Einschüttgrube eines Waggonkippers — durch ein Transportband o. dgl. abgezogen wird[1]), treten, namentlich bei großen Längen des Auslaufes, leicht Verstopfungen durch Zusammenbacken des Materials, das durch den Zug des Bandes noch begünstigt wird, auf. Klemmungen und Abschleifen des Bandes sind die Folgen. Es hat sich aber gezeigt, daß diese störenden Vorkommnisse durch eine einfache rostartige Unterteilung der Auslauföffnung, wie sie Abb. 123 erkennen läßt, wirksam ausgeschaltet werden können.

C. Masselgießplatz.

Die Krane auf dem Masselgießplatz sollen der Fortschaffung des aus dem Hochofen abgegossenen und erstarrten — u. U. erst selbst zerkleinerten — Roheisens aus dem Bett dienen, und zwar entweder in Waggons zum unmittelbaren Weitertransport oder auf einen Lagerplatz zur gelegentlichen Entnahme.

Während diese Arbeitsleistungen noch bis vor gar nicht langer Zeit allgemein — und auch heute noch häufig — in recht primitiver Art, ganz oder teilweise durch Hand, vollführt wurden, tragen die neueren, vervollkommneten Krane auch noch besonderen Anforderungen Rechnung, die z. B. durch den festen Zusammenhang des Abgusses an dessen Aushebevorrichtung gestellt werden. Ferner machen sie sich nach Möglichkeit auch die magnetischen Eigenschaften des Roheisens zunutze.

Daß aber auch heute noch selbst große und moderne Hütten die Masseln von Hand oder mit einfachsten mechanischen Hilfsmitteln verladen lassen, hat seinen Grund entweder in wirtschaftlichen oder auch in technischen Momenten. Erstenfalls, weil die Anlage eines Kranes dort, wo das meiste Roheisen zweckmäßig gleich in flüssigem Zustande mit Pfannenwagen nach dem Mischer geschafft wird, für das wenige Sonntagseisen relativ zu teuer würde bzw. weil die Krananlage nur ganz ungenügend ausgenützt werden könnte. Im übrigen dienen in solchen Werken die Gießhallen nur als Reserve für den Fall von Betriebsstörungen an den Einrichtungen zum unmittelbaren Weitertransport des Abstiches.

Auch können rein örtliche Zustände, etwa die der Aufstellung einer Kranbahn ungünstigen Gebäudeverhältnisse, die Beibehaltung des Handverladens begründen. So glaubte z. B. das Borsigwerk von dem seinerzeit ins Auge gefaßten Projekt eines magnetischen Masselverladekranes abstehen zu sollen, weil die in einer Reihe nebeneinander liegenden Gießbetten der drei Hochöfen eine Kranbahn von sehr großer Länge und eine Anlage von dementsprechend übermäßig hohem Preise verlangt hätten.

Auf der anderen Seite haben technische Gründe von der Einführung moderner, besonders magnetischer Verladeweisen abgeraten. So war unter Umständen, wenn das Roheisen in Sandformen abgegossen wurde, dies mit mehr oder minder großer Berechtigung ein Grund dafür, daß man der Frage der letztgenannten Verladeart überhaupt gar nicht erst nähergetreten ist. Beispielsweise ist die Donnersmarckhütte, die sehr tonhaltigen Formsand verwendet, von der Aushebung der Masseln durch den Magneten wieder abgekommen, nachdem letzterer — der vom Werk selbst gebaut war — infolge des sehr starken Sandüberzuges der Masseln viel zu wenig derselben angehoben hatte. Ähnliche Erfahrungen will u. a. auch die Maximilianshütte in Rosenberg gemacht haben. Bei Verwendung neuerer Magnete hat man jedoch, soviel ich weiß, von solchen Schwierigkeiten nichts mehr gemerkt.

Ein weiterer Grund für die Nichtverwendbarkeit von Magnetkranen in der Masselgießhalle kann die zu hohe Temperatur der auszuhebenden Masseln sein. Es ist ja nicht allenthalben durchführbar, die Abstiche des Hochofens wechselweise in verschiedene

[1]) Vgl. auch Hoff: Z. V. d. I. 1925, Nr. 31.

Betten zu leiten. Gestattet der Platzmangel im Hochofenwerk die Herrichtung eines Reservebettes nicht, so wird trotz des Abspritzens der Masseln — das mit Rücksicht auf die zulässige Durchfeuchtung der Sandformen für den nächsten Abguß ja nicht allzu weit getrieben werden darf — die Temperatur derselben für ein magnetisches Erfassen doch meist noch zu hoch sein.

Noch ein Grund endlich, von der Masselverladung wenigstens durch Magnete Abstand nehmen zu müssen, kann in der chemischen Zusammensetzung des gefallenen Roheisens liegen. In dieser Beziehung kann namentlich das Vorhandensein von Mangan sehr leicht die Benutzbarkeit von Magneten ausschließen.

Über die Einwirkung der Temperatur und des Mangangehaltes eiserner Lasten auf die Tragfähigkeit von Hebemagneten mögen schon an dieser Stelle — mit Gültigkeit auch für die später noch zu behandelnden anderen Anwendungsgebiete von Lastmagneten — einige Angaben gemacht werden. Wenngleich diese auch nur das Ergebnis vereinzelter Versuche, und zwar mit einem im übrigen bewährten Magnetfabrikat, sind und daher naturgemäß nicht ohne weiteres verallgemeinert werden dürfen, so können sie immerhin als Anhalt für die Entscheidung in dergleichen Fällen dienen, um so mehr, als ähnliche Ermittelungen bisher so gut wie gar nicht angestellt oder doch der Öffentlichkeit nicht zugänglich gemacht worden sind.

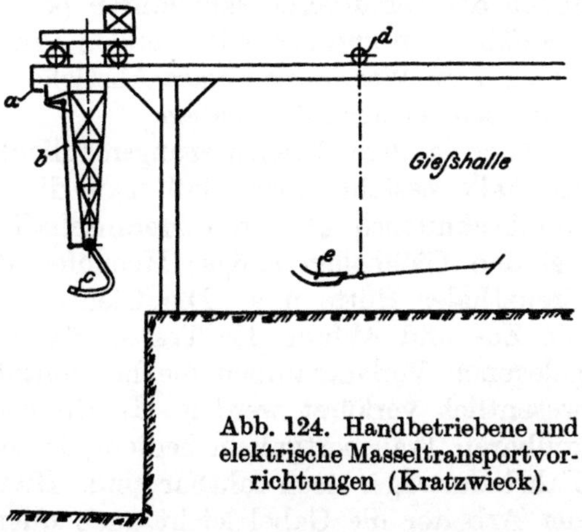

Abb. 124. Handbetriebene und elektrische Masseltransportvorrichtungen (Kratzwieck).

Zunächst konnte bei diesen Ermittelungsversuchen für die Beziehung von Magnettragkraft und Lasttemperatur bei Stahlblöcken festgestellt werden, daß solche von 200—250° C mit dem Magneten noch gut zu bewältigen waren. Die praktische Grenze für die Durchlässigkeit magnetischer Kraftlinien ergab sich bei etwa 400°. Bis zu dieser Temperatur konnten noch befriedigende Leistungen erreicht werden, wohingegen schon bei 420° ein plötzliches Versagen des Magneten stattfand. Dieses geschah bei dem Versuchsmagneten nun nicht etwa infolge mechanischer Störung durch Hitze, durch Verbrennen der Spule bzw. Unwirksamwerden ihrer Isolation[1]), sondern durch den zu großen Widerstand des heißen Blockmaterials gegen die magnetischen Kraftlinien. Hierin dürfte der Grund gelegen sein, daß Hebemagnete, mögen sie weiterhin konstruktiv auch noch so vervollkommnet werden, für den Transport sehr heißen Materials kaum je in Frage kommen werden.

Die Versuche mit manganhaltigen Lasten (Masseln) haben ergeben, daß Masseln mit einem Manganinhalt von 7% aufwärts mit dem Magneten nicht mehr transportiert werden konnten; ferner, daß 12 proz. Manganeisen bereits überhaupt keine magnetische Kraftlinie mehr durchläßt. Die praktische Grenze der wirtschaftlichen Transportierbarkeit konnte nach den Versuchen bei ungefähr 3% Mangangehalt angenommen werden, wobei die Lastaufnahmefähigkeit des Magneten noch etwa 60 bis 70% des ganz manganlosen Eisens betrug. —

In dem Falle nun, wo auf dem Gießplatz Handarbeit bei der Masselbewegung betrieben wird, läßt sich auch diese in verschiedener Weise vereinfachen und erleichtern. Zum Beispiel durch Zuhilfenahme von Gabeln, die mit einer Rolle an über das Gießbett geführten Trägern entlang bis an die jeweilige Arbeitsstelle gefahren, dort beladen und dann leicht bis über die Abwurframpe des Gießplatzes geschoben werden

[1]) Während bei gewöhnlicher Isolation der Spulendrähte mittels Baumwolle und Seide nur Temperaturen bis etwa 80° C, bei solcher mit Lack bis etwa 120° zulässig sind, hat sich die Isolierung lediglich durch die natürliche Oxydhaut bei Aluminiumspulen als außerordentlich hitzebeständig erwiesen. Diese Widerstandsfähigkeit kann durch Behandlung des oxydierten Drahtes mit heißem Öl, Harz u. dgl. noch erhöht werden; vgl. dazu ETZ 1913, 20. November und Helios 1914, 26. April.

können. Die Abb. 124 läßt rechtsseitig einen solcher einfacher Gabelwagen erkennen, wie sie in großer Anzahl u. a. in den Gießhallen des Eisenwerkes Kraft benutzt werden. An jedem der Wägelchen d hängt mittels einer Kette eine Gabel e, auf die die mit Brechstangen abgebrochenen Masseln — jedesmal ca. 8 Masseln von je 50 kg Gewicht — von Hand aufgelegt werden. Die hierzu verwendeten 3—4 Mann bedeuten indes nur scheinbar eine unnötige Belastung des Werkes, da sie sowieso zum zeitweiligen Formen der Sandgießrinnen erforderlich sind.

Der in Abb. 124 links gezeichnete Apparat stellt eine weiterausgebildete *Transport- und Abwurfvorrichtung* für Masseln dar, wie sie bei dem nämlichen Hochofenwerk probeweise eingeführt worden ist. Ein auf einer $\sqcup$ Bahn fahrendes Gerüst trägt an seinem unteren Ende kippbare Pratzen c, die, wie vorhin, von Hand beladen werden. Das Ausfahren der Masseln indes bis über die Verladerampe erfolgt motorisch; desgleichen geschieht das Abkippen des Transportgutes automatisch durch Stoß eines Kippgestänges b gegen einen festen Anschlag a. Bedeutet diese Einrichtung zweifelsohne einen konstruktionstechnischen Fortschritt gegenüber dem Vorigen, so scheint deren betriebtechnischer Nutzen doch ziemlich illusorisch zu sein. Die Arbeiter bedienen sich nämlich mit Vorliebe der gewöhnlichen Gabeln, vermutlich, weil ihnen das gemütliche Gabelfahren besser zusagt als das beschleunigte Aufladen auf die tragfähigeren und schnellfahrenden Pratzen. Die Ofenleistung bewältigen sie ja sowieso, da sie zum Wegräumen eines Abstiches von nur 25 t in der Zwischenzeit von vier Stunden doch reichlich Zeit haben.

Eine andere Erleichterungsmöglichkeit für das Handverladen in der Hochofengießhalle besteht darin, daß man die *Gleise der Masseltransportwagen* für die durchschnittlich kleinsten Heranschaffungswege verlegt. Derartig ist die Disposition bei den Gießhallen einiger Hochöfen der Gutehoffnungshütte, der Rolandshütte, der Creuzthaler Hütte u. a. Die Gießbetten sind daselbst mit mittleren Einschnitten für die Zu- und Abfuhr der Transportwagen versehen, wodurch im Vergleich zu seitlich gelegenen Verladerampen die horizontalen Arbeitswege der Lagerarbeiter ja nicht unwesentlich verkürzt werden. In Creuzthal, wo man sich weiterhin der vorerwähnten rollbaren Transportgabeln bedient, ist noch die Einrichtung getroffen, daß auch deren Fahrbahnträger noch fahrbar sind. Hierdurch kann, vermöge der Kürze der letzteren, der Arbeiter die Gabel leicht auch quer verschieben und so den ganzen Gießplatz mit ihr bedienen.

Als eine weitere Ausbildungsstufe der Masseltransportvorrichtung nach den Transportgabeln ist die *Hängebahn* — zunächst in einfachster Form von Hand betrieben — zu erwähnen, bei der der Kübel eine beliebig starke Beladung und sichere Fortschaffung der Masseln ohne besondere Stützung durch den Arbeiter zuläßt. Einer solchen Anordnung, im Verein mit der Anordnung der Fahrbahn inmitten der Masselbetten, bedient man sich bei Hochofen III der Gutehoffnungshütte. Das Gleis für die Hängebahnwagen ist dort aus der Halle heraus über ein normalspuriges Verladegleis weiter geführt, so daß der Arbeiter über einen verstellbaren Steg hinweg die Hängebahnwagen zur Entleerung bis über den nebenstehenden Eisenbahnwagen schieben kann. Analog ist die Masselverladeeinrichtung auch bei einem der Hochöfen (IV) des Eisenwerkes Witkowitz. Die Hängebahn, die hier in einer ziemlich weitläufigen Doppelschleife über die Gießbetten hinweggeführt ist, wird nur an Sonn- und Feiertagen für die Abfuhr des festen Roheisens benutzt, weil an Wochentagen das Eisen flüssig in Pfannen an die Martinhütte abgegeben wird.

Mit der Einführung einer *Elektrohängebahn* ist (vor jetzt fast 15 Jahren) das Eisenwerk Trzynietz vorangegangen, das für die Gießhallenbedienung seiner beiden Hochöfen von je 180 t meines Wissens erstmalig eine Elektrohängebahn (Bleichert) verwendet, die sich nach Abb. 125 und 129 noch dadurch auszeichnet, daß durch Zuhilfenahme zweier fahrbarer Kranbrücken a, a_1 mit Auflaufschienen b_1 für die Wagen c jeder Punkt der rund 200 m langen Gießhalle sowohl als auch des vorgelegenen Massellager- und -verladeplatzes mit den Kübeln direkt bedient werden kann. Im ganzen laufen dort an

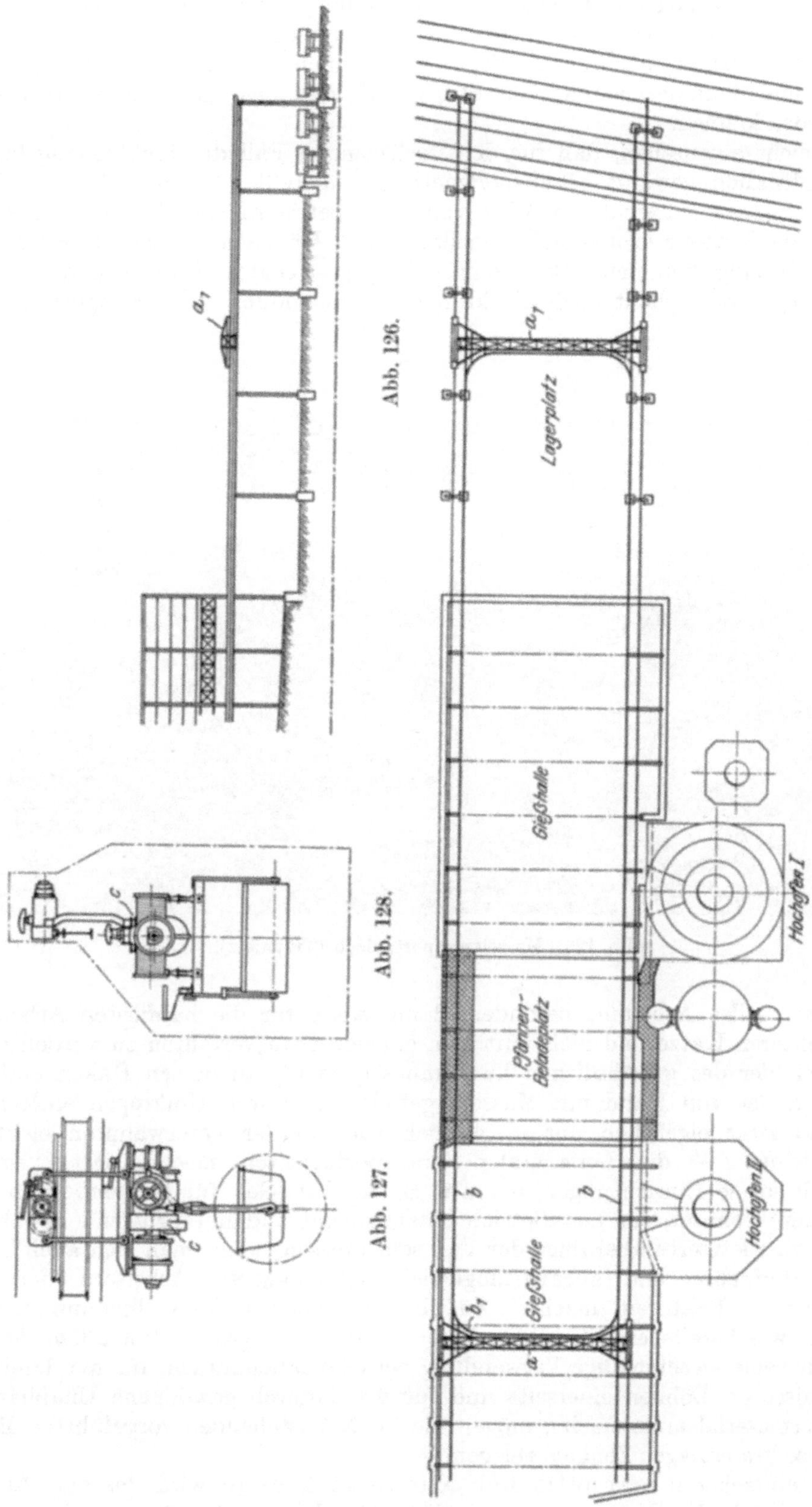

Abb. 126.

Abb. 128.

Abb. 127.

Abb. 125.

Abb. 125 bis 128. Masseltransportanlage (Trzynietz).

seitlichen Schienen *b* vier mit Windwerk versehene Hängebahnwagen *c* für je 250 kg Nutzlast; die Steuerung der Brücken und der Windenwagen findet von Flur aus mittels Handzuges statt. Die Abb. 129 zeigt das Massellager mit den beiden darüber ausgefahrenen Verbindungsbrücken der Hängebahnen; in diesen Stellungen werden die Lager- und Verladearbeiten, von Stapel auf Waggons, in schneller Weise durchgeführt werden können.

Es ist leicht einzusehen, daß für den vorliegenden Fall die Elektrohängebahn eine besonders glücklich gewählte Transportmethode darstellt. Ist doch für die Forträumung der Masseln jedesmal ein Weg von sehr beträchtlicher Länge zurückzulegen, wobei dann die Vorteile leicht- und schnellfahrender Hängebahnwagen in der bekannten Weise zur Geltung kommen. Bei weniger lang gestreckten Hallen- und Lagerdispositionen dagegen ermöglicht auch die kranartige Ausbildung der Transportmittel recht

Abb. 129. Masseltransportanlage (Trzynietz).

wohl ein rationelles Arbeiten, besonders dann, wenn für die häufigsten Arbeiten nur mit der leichteren Katze und nicht mit dem ganzen Kran verfahren zu werden braucht. Zunächst sei hier des gewöhnlichen Laufkranes gedacht, an dessen Haken einfach ein Kübel hängt, der von Hand mit Masseln gefüllt und durch Umkippen entleert wird. Hierbei sind zwar eigentlich nur — ähnlich wie bei der vorerwähnten elektrischen Pratzenlaufwinde — die horizontalen Transportarbeiten mechanisiert. Immerhin können auch solche Einrichtungen, deren z. B. die Akt.-Ges. für Hüttenbetrieb in Meiderich mehrere benutzt, für den Betrieb entsprechend und nutzbringend gewählt sein. Mehr noch wird letzteres allerdings der Fall sein müssen, wenn man sich auch hinsichtlich der Lastaufnahme und -abgabe möglichst unabhängig von Arbeitern oder anderen unberechenbaren Faktoren macht. Zu diesen weiteren Vervollkommnungsmitteln gehört nun, wie bereits einleitend zu diesem Abschnitte gesagt, vor allem der Hebemagnet. Für seine zweckmäßige Verwendung bei Gießhallenkranen, für die damit erzielten Ersparnisse an Löhnen einerseits und für die dadurch gewonnene Unabhängigkeit vom Arbeitermaterial andererseits, mögen die im Nachstehenden vorgeführten Beispiele neuerer Masselkrananlagen Zeugnis ablegen.

Bei den einfacheren magnetischen Gießplatzkranen wird das zur Aufnahme der Masseln durch den Magneten erforderliche Zerkleinern derselben noch in der althergebrachten Weise von Hand besorgt, während der Magnet nur das schnelle Ausheben des zerkleinerten Gießgutes aus den Formen, sowie dessen Weiterschaffung — entweder jedesmal direkt in bereitstehende Wagen oder in auf der Gießsohle abgesetzte Transportbehälter — übernimmt. Unter andern ist eine derartige Anlage seinerzeit von der Akt.-Ges. Lauchhammer für die freien Hochofengießplätze der Friedrich-Wilhelmshütte in Mülheim a. d. Ruhr in Betrieb gesetzt worden. (Es ist allerdings auch hier geplant, auf die nämliche, 270 m lange Kranhochbahn noch einen zweiten Kran zu setzen, der das Zerschlagen der Masseln auf maschinellem Wege bewirken soll.)

Einen der ersten Gießhallenkrane, die die obengenannten Arbeitsmöglichkeiten mechanischen Zerkleinerns und magnetischen Fortschaffens an sich vereinigen[1]), gibt Abb. 130 wieder. Es mochte hier — in der Carlshütte zu Diedenhofen — die Anordnung des Eisenbahngleises am Ende der etwa 100 m langen Gießhalle dazu geraten haben, nicht jede verhältnismäßig doch nur geringe Magnethubmenge einzeln nach den

Abb. 130. Gießhallenkran (Diedenhofen).

Wagen zu schaffen, sondern erst in der Nähe der jeweiligen Arbeitsstelle abgesetzte größere Muldengefäße mit dem Magneten voll zu laden und diese dann mit dem Kran über die Wagen zu fahren und auszukippen. Zu diesem Zweck ist der von der Maschinenfabrik Esslingen gebaute Kran mit einer zwischen den Hauptträgern laufenden Doppelwindwerkskatze ausgestattet, an deren Lastseilen eine Traverse hängt, die sowohl zur Aufnahme des Hubmagneten als auch zum Erfassen und Transportieren der Masselmulden dient. (Die Tragfähigkeit der Magnet- und Muldenkatze beträgt 7 t, die Hubgeschwindigkeit bei zwei 15 PS-Motoren 10 m/min, die Fahrgeschwindigkeit 90 m/min beim Kran, 60 m/min bei der Magnetkatze und 25 m/min bei der Schlagwerkskatze. Letztere, die außen am versteiften Seitenträger der Kranbrücke läuft, kann bei einem Hammergewicht von 250 kg und einem Hub von 2 m ungefähr 30 Schläge in der Minute machen. Der Hammer ist mit Rücksicht darauf, daß die Hallensohle einen Höhenunterschied von etwa 3,5 m aufweist, mit einer nachstellbaren Führung versehen.)

Ein in der grundsätzlichen Anordnung und Arbeitsweise beim Verladen gleicher Kran, und zwar eine Verladebrücke von 3 t Tragkraft und 36 m Spannweite der Maschinenfabrik Augsburg-Nürnberg, arbeitet auch im Hochofenwerk des staatl. Berg- und Hüttenwerkes Amberg (Bayern). An Stelle eines ursprünglich gewählten Hebe-

[1]) Weiteres siehe bei Broy: Z. V. d. I. 1921, Nr. 3.

magneten rechteckiger Form mit beweglichen Polen [1]) wird jetzt ein Rundmagnet (Lauchhammer-Type 3 von 1500 mm Durchm.) mit einer verbürgten Leistungsfähigkeit von 1000 kg pro Hub verwendet, mit dessen Hilfe zurzeit 120 t Masseln in 10 Stunden verladen werden, und zwar lediglich mit dem Kranführer. Wird dagegen ausnahmsweise ein an den Kran gehängter Kübel von Hand beladen, wofür aber mehrere Leute erforderlich sind, so steigt die zehnstündige Leistung auf 400 t.

Eine in bezug auf das Masselschlagwerk ganz ähnliche, in bezug auf den magnetischen Transport jedoch vermöge der günstigeren lokalen Disposition vorteilhaftere Anlage ist in den Abb. 131 und 132 zur Anschauung gebracht. Sie stellt die neuere Gießhalle des Hochofenwerkes Ückingen mit einem Lauchhammerschen Schlag- und Magnetkran dar. Die Anordnung des Kranes ist derart, daß zwischen den Kranträgern auf gemeinsamer Bahn, aber unabhängig voneinander, zwei Katzen fahren, deren eine das Fallwerk, deren andere den Hebemagnet trägt. Da die Fahrtrichtung der beiden Katzen parallel der Längsausdehnung der Masselstränge verläuft, so kann das Schlagwerk einen Strang fortschreitend zerkleinern, während gleichzeitig der Magnet die zerkleinerten Stücke ununterbrochen in die seitwärts stehenden Eisenbahnwagen schaffen kann. Durch eine passend verschiedene Wahl der Fahrgeschwindigkeiten der beiden Katzen — die Schlagwerkkatze kann mit 30 m, die Magnetkatze aber mit 120 m/min verfahren werden — ist es möglich, daß die Aufräume- und Verladearbeit trotz der dabei zurückzulegenden größeren Wege stets gleichen Schritt mit der Schlagarbeit zu halten vermag, so daß die Gesamtleistungsfähigkeit des Kranes voll ausgenutzt werden kann. Diese Regulier- und Anpassungsfähigkeit verdient gegenüber solchen neueren Gießhallenkranen, deren Schlag- und Magnethebevorrichtungen, wie noch gezeigt werden wird, auf nur einer einzigen großen Laufkatze gemeinsam angeordnet sind, noch deshalb hervorgehoben zu werden, weil hierbei die schätzenswerte Möglichkeit besteht, auch mit einem jeden der beiden Mechanismen allein, ohne Mitschleppen des andern, zu arbeiten, sowie Ausbesserungen an einem Mechanismus ohne gleichzeitige Lahmlegung des anderen vorzunehmen.

Abb. 131. Schlagwerks- und Masseltransportkran (Ueckingen).

Über die aus der Zeichnung, Abb. 132, nicht hervorgehenden Größen sei noch erwähnt: Das Gewicht eines Hammers beträgt 117 kg, die Fallhöhe rund 5 m, dessen durch Riemenreibwirkung erzeugte Hubgeschwindigkeit etwa 100 m/min. Die Führung eines

[1]) Vgl. Drews: Dingler 1910, 9. April.

jeden der beiden Hämmer wird, wie die Photographie erkennen läßt, durch ein genietetes Rohr (*b* in Abb. 133) rechteckigen Querschnittes gebildet, das an seinem unteren offenen Ende für ein ungehindertes Einziehen des sich leicht schief stellenden Fallbärs *c* zweckmäßig wohl von vornherein etwas zu erweitern wäre. Da von den beiden Hämmern in der Regel nur der eine (und zwar der vom nebenstehenden Führer besser zu übersehende) benutzt wird, hat man in dem anderen vorteilhafterweise eine stete Reserve.

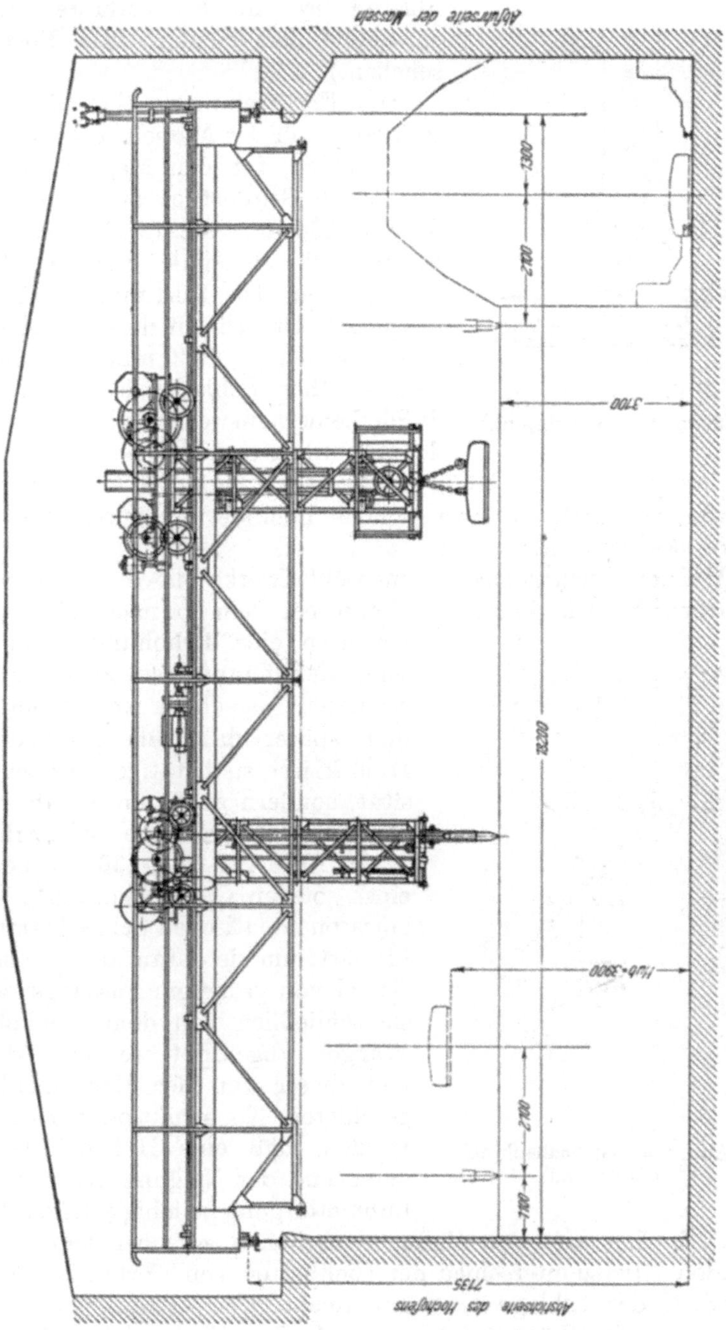

Abb. 132. Schlagwerks- und Masseltransportkran (Ueckingen).

Der mit diesem Kran — dessen Anschaffungspreis seinerzeit nur 29000 Mark betrug — erzielte wirtschaftliche Nutzen kommt, außer durch die gänzliche Ausschaltung der Masselschläger, in einer wesentlich erhöhten Leistungsfähigkeit der Anlage zum Ausdruck: Die vollständige Bewältigung eines Gusses, d. h. das Zerkleinern, Ausheben und Verladen von rund 35 t Roheisenmasseln erfordert jetzt nur noch etwa $^5/_4$ Stunden Zeit, während bei Benutzung eines nur mit einem ähnlichen Schlagwerk, aber ohne Magneten ausgestatteten Kranes in der benachbarten älteren Gießhalle des gleichen Werkes für die Beladung eines 15 t-Waggons noch etwa 50 Minuten gebraucht werden. Diese Vergrößerung der Leistung des Kranes um mehr als 50% durch den Magneten ist um so beachtenswerter, als die Masseln noch ziemlich heiß, schätzungsweise 100 bis 150°, ausgehoben und fortgeschafft werden müssen. Auch bei derart angestrengtem Betrieb hat sich eine Abnahme in der Leistung des Magneten nicht gezeigt. Die kräftige Wirkung desselben zeigte sich übrigens auch darin, daß die gußeisernen Masselrinnen, die ursprünglich mit einer hohen Mittelrippe versehen waren (*a* in Abb. 133), trotz ihres Gewichtes von etwa 1100 kg und trotz ihres Zusammenhanges mit der Umgebung oft samt den Masseln hochgenommen wurden. Infolgedessen mußte man die mittlere Rippe, wie gezeichnet, verflachen, so daß die wirksamen Kraftlinien des

Magneten in der Hauptsache nur noch durch die Masseln selbst geleitet werden. Interessant ist in dieser Beziehung auch noch die gelegentliche, wenn auch etwas mißbräuchliche Verwendbarkeit des auf die Masseln eines Waggons aufgesetzten Magneten zum einfachen Heranschieben eines leeren Waggonzuges neben die Arbeitsstätte. (Im übrigen braucht das Verfahren in der Regel ja nur entsprechend dem rinnenweisen Fortschritt der Arbeit zu geschehen.)

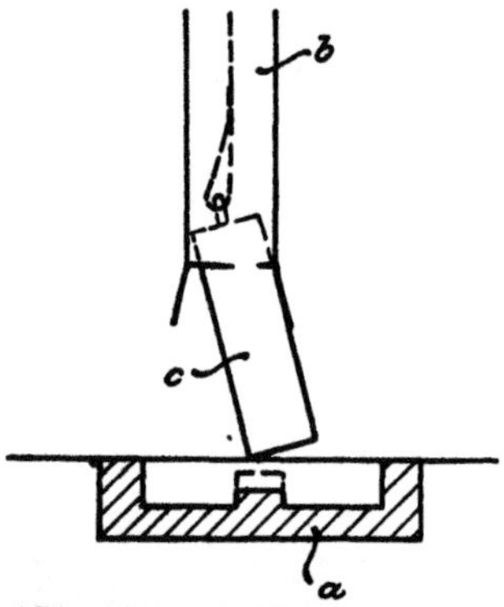

Abb. 133. Schlagwerkskran-Hammerbär (Ueckingen).

Die Ermittelungen über den durchschnittlichen Stromverbrauch für 1 t Masseln ergaben für den Kran 0,662 Kilowattstunden, für den Magnet allein 0,175 Kilowattstunden.

Als ein Seitenstück zu diesem Kran möge hier noch die in Abb. 134 dargestellte Masselverladevorrichtung vorgeführt werden, die gleichfalls von der Aktien-Gesellschaft Lauchhammer für das Dortmunder Hochofenwerk des „Phönix" ausgeführt ist. Die in diesem Falle sowohl mit einem Masselhebemagnet (von 1800 mm Durchmesser), als auch mit einem mechanischen Schlagwerk ausgestattete Katze ist noch dadurch bemerkenswert, daß die Hammerführungen in der aus der Zeichnung ersichtlichen Weise hochklappbar gemacht sind. Sie können bei ihrer Nichtverwendung somit den Kran als gewöhnlichen Laufkran benutzen lassen, wobei dann jegliche Behinderung durch die herabhängenden Führungsrohre beseitigt ist.

Während sich solche Riemenschlagwerke für das Zerkleinern von in Kokillen gegossenen Masseln bewähren, kann bei dem in nachgiebige Sandformen abgegossenen Roheisen eine Erhöhung dieser Schlagleistung erwünscht sein, damit auf das Zerkleinern der Masseln stets mit Sicherheit gerechnet werden kann. Zu diesem Zwecke ist man später dazu übergegangen, das Schlagwerk durch Druckluft zu betätigen, wobei sich nicht nur die Intensität, sondern auch die Anzahl der Schläge leicht auf das Doppelte bis Dreifache des Früheren erhöhen läßt.

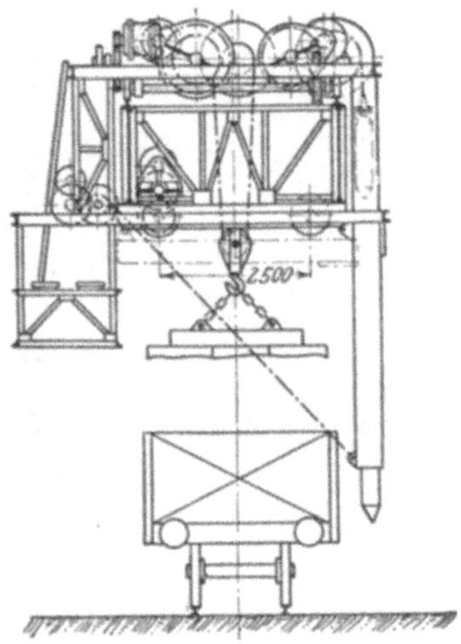

Abb. 134. Gießhallenkran (Dortmund).

In Abb. 135 und 136 ist die beispielsweise Anordnung eines solchen Gießhallenkranes wiedergegeben, der mittels eines pneumatischen Schnellhammers die Masselkämme zerkleinert, um sie darauf durch einen Magneten in beigestellte Kübel von größerem Fassungsvermögen zu laden, in denen sie schließlich von dem nämlichen Kran auf Lager oder Waggon abgekippt werden. Als besondere Eigentümlichkeit dieser von der Maschinenbau-Akt.-Ges. Tigler ausgebildeten Konstruktion verdient noch hervorgehoben zu werden, daß eine Höheneinstellung des Hammers, entsprechend der Neigung des Gießbettes, durch den Magnethubmotor ganz beliebig erfolgen kann. Die Einstellung kann somit in den weitesten Grenzen geschehen, was bei dem oft beträchtlichen und wechselnden Niveauunterschied der Gießbetten von Vorteil ist. Des Ferneren ist bei diesem Entwurf des Schlagwerkes mit Recht Wert darauf gelegt worden, daß empfindliche Teile, wie Stoffbüchsenführungen, Luftventile u. dgl. sich weder direkt über den glühenden Masseln befinden, noch dem sich stark entwickelnden Staub und Dampf zu sehr ausgesetzt sind. Diese Teile sind vielmehr möglichst weit ab vom Gießbett, und zwar in einem asbestgeschützten Hause auf der Katze, untergebracht, während lediglich der massive Hammerbär jenen unvermeidlichen Einwirkungen ausgesetzt ist[1]).

[1]) Bei einem später in der neuen Gießhalle der Carlshütte in Betrieb genommenen Demag-Krane befinden sich an der einen Seite des den Kranträger übergreifenden Katzengerüstes 2 Magnete für den

Die Leistungsfähigkeit eines solchen Kranes wird mit 40—50 t/st angegeben, so daß also noch bei einem Ofenabstich von 50 t nur $^5/_4$ Stunden zu dessen Fortschaffung benötigt werden, und zwar verteilt sich diese Zeit mit etwa 20 Minuten auf das Zerschlagen der Masseln, mit ungefähr 40 Minuten auf deren Verladen in Kübel und mit annähernd 15 Minuten auf den Forttransport der letzteren. Man dürfte also bei einem derartig leistungsstarken Kran selbst in dem ungünstigen Falle, wo jeder Abstich in immer wieder dasselbe Bett geleitet wird, noch vollauf Zeit für die Neuherrichtung desselben haben. — Eine ähnliche Krananordnung (Ardelt) über dem Masselbett der Bremerhütte läßt Abb. 137 erkennen.

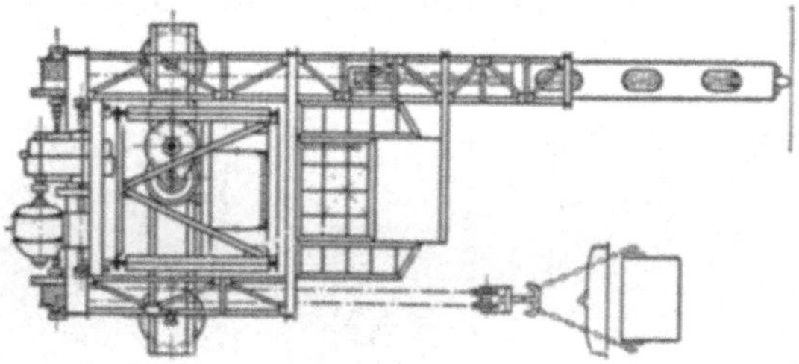

Abb. 136.

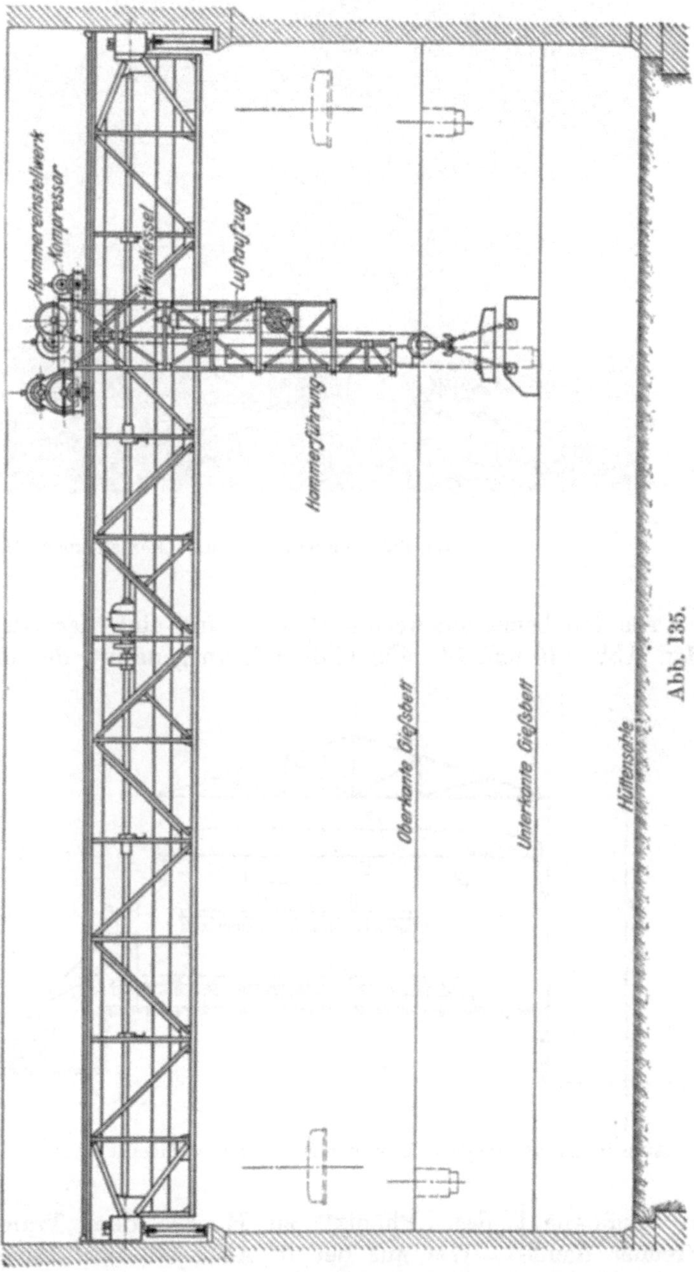

Abb. 135.

Abb. 135 und 136. Gießhallenkran.

Ist nach dem früher Gesagten schon bei kammförmigem Abguß des Roheisens das Abschlagen der Masseln vom Querlauf oder Muttereisen eine mehr oder weniger schwere Arbeit, so liegt es nahe, das Zerkleinern bei besonders langen und schweren Masselsträngen einem besonderen, **feststehenden Brecherwerk** zu übertragen. In solchen Fällen wird dem Kran lediglich die Aufgabe der Zuführung des Brechgutes zufallen. Naturgemäß wird sich auch die übrige Ausbildung des Kranes, in der Gestaltung und Anordnung der magnetischen Greiforgane für eine solche, bisweilen 10—12 m lange Massel in der zweckmäßigen Beschränkung seiner Bewegungen auf das Heben

---

Masseltransport, auf der anderen Seite ein pneumatisches Schlagwerk, das als heb- und senkbarer Luftzylinder, dessen unterer Kolben unmittelbar den Bär trägt, ausgebildet ist. — Gleichzeitig führte auch die A.-G. Lauchhammer ein pneumatisches Masselschlagwerk für die A.-G. für Hüttenbetrieb in Duisburg-Meiderich aus.

und das Längsfahren u. a. m. dem besonderen Verwendungszweck anzupassen haben.

Abb. 137. Schlagwerks- und Masseltransportkran (Geisweid).

Als ein bemerkenswertes Beispiel für eine derartige Anlage sei zunächst der in den Abb. 140 und 141 abgebildete Kran genannt, der in einer Ausführung der Demag

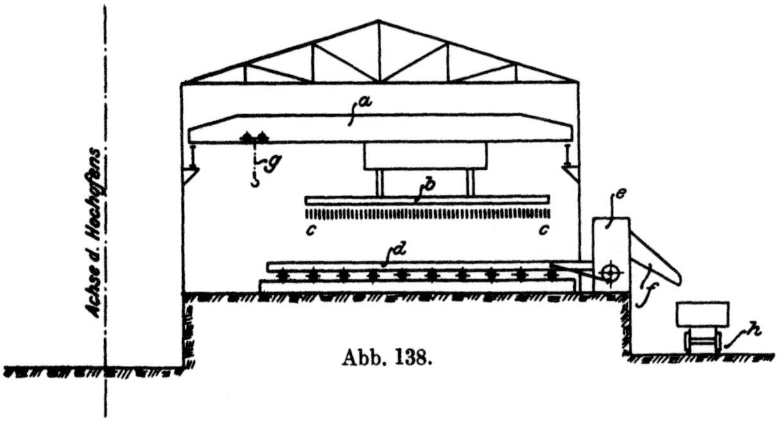

Abb. 138.

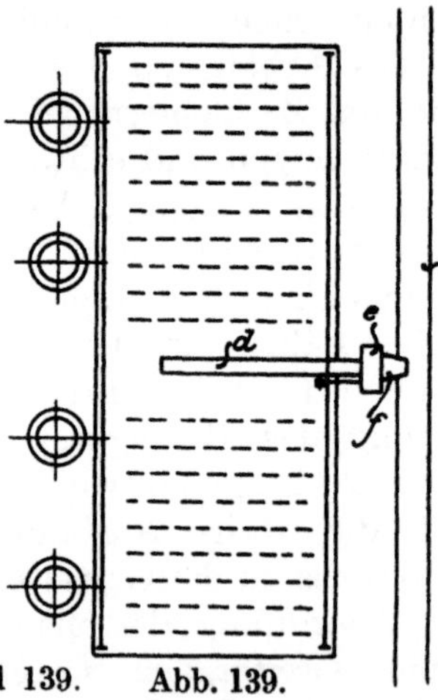

Anordnung des magnet. Masseltransportkranes (Hoerde). Abb. 138 und 139. Abb. 139.

in Gießhalle I des „Phönix“ zu Hoerde dem Transport der Masseln nach dem Brecher dient[1]). Wie aus der in Abb. 138 und 139 ersichtlichen Gesamtdisposition dieses Teiles des Hoerder Hochofenwerkes hervorgeht, ist der Arbeitsvorgang folgender: Der Kran *a* zieht einen Masselstrang in seiner ganzen Länge aus der Kokille und fährt ihn vor den Brecher *e*, wo er ihn auf eine Schwingrinne *d* ablegt. Diese

[1]) Siehe auch Heym: Stahleisen 1912, Nr. 18.

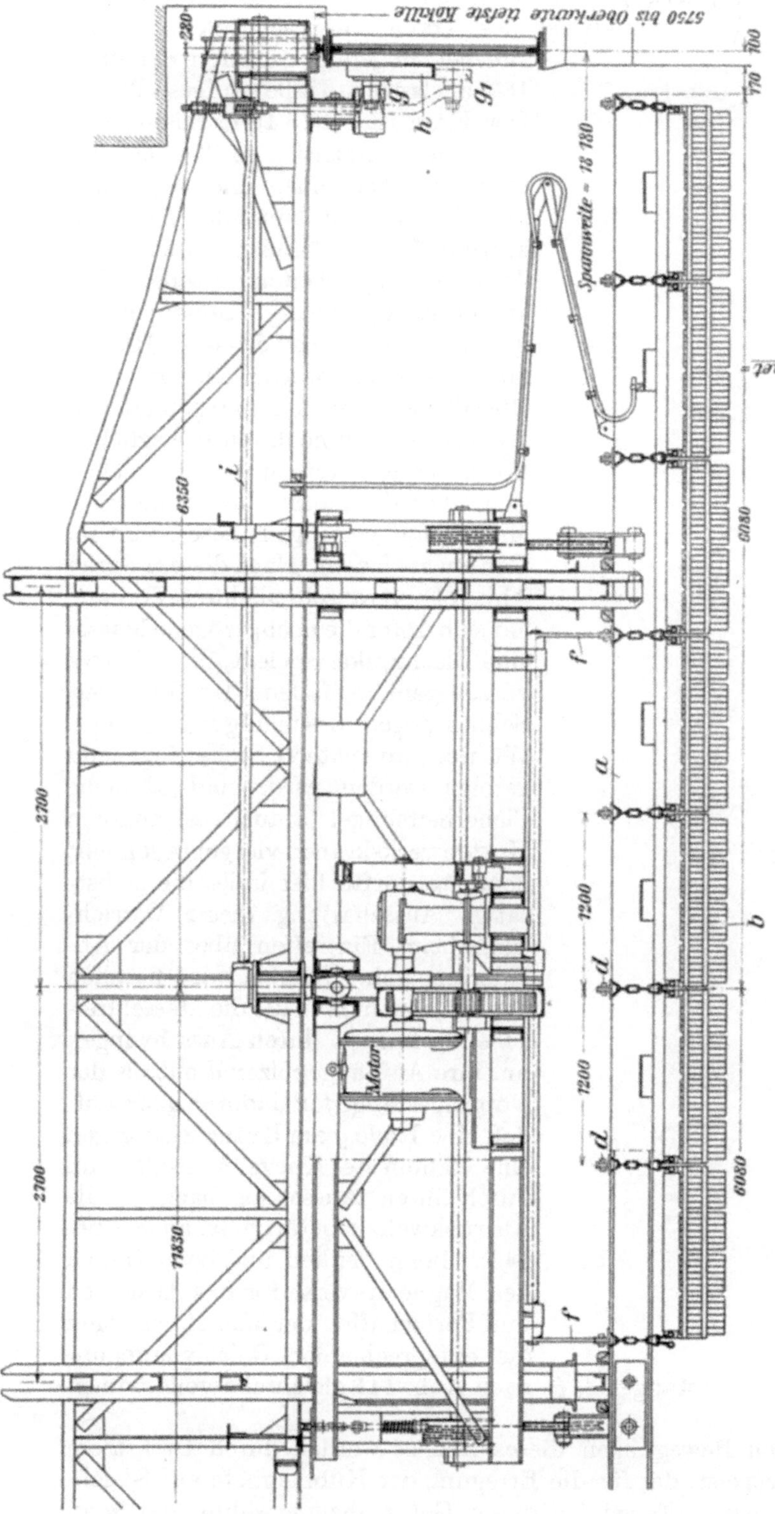

Abb. 140.

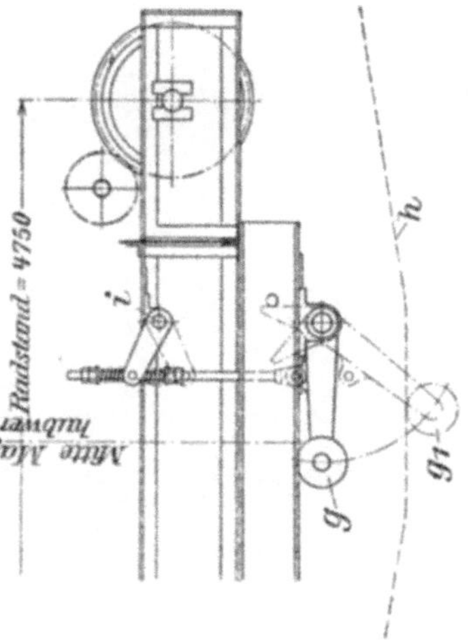

Abb. 142.

Abb. 140 und 142. Gießhallenkran (Hoerde).

führt die Massel (mit Hilfe eines vom elektrisch betriebenen Brecher in Gang gesetzten Kurbelmechanismus) ruckweise zwischen die Brechbacken ein, von wo aus endlich die zerkleinerten Stücke durch eine Abfallrutsche *f* in einen untergefahrenen Waggon gleiten. Um auch hier die Maximalwege des Kranes zu beschränken, ist der Brecher ungefähr inmitten der etwa 180 m langen Halle aufgestellt. — Der Kran ist bei 18,18 m Spannweite für eine Nutzlast von 3 t an den Magneten berechnet und außerdem mit einer seitlich laufenden 5 t-Hilfskatze *g* für gewöhnliche Hebe- und Ausbesserungsarbeiten versehen. Die an der starr geführten Hubtraverse *a*, in Abb. 140, angeketteten A.E.G.-Magnete *b*, die wegen der unebenen Oberflächen und der unregelmäßigen Lage der Lasten noch mit beweglichen Polen ausgestattet wurden, erstrecken sich über die ganze, bis 12 m lange Massel und vermögen diese somit im Ganzen zu fassen. Nach diesem durch Abb. 141 veranschaulichten Vorgang hat sich unter die hochgezogene Massel eine Blechmulde *c* gelegt, die bei etwa vorzeitigem Abfallen der Last als Schutz gegen Beschädigungen dient. Wie noch an späterer Stelle eingehend gezeigt werden wird, sind ähnliche Sicherheitsbügel ja auch bei anderen Hüttenwerkskranen viel gebräuchlich; neuartig dürfte hier indes die selbsttätige Ausschaltung dieser Vorrichtung beim Eintreffen über der Abladerinne sein: Hierbei wird nämlich die Schutzmulde in die die Massel freigebende Lage c_2 durch Ausschwingen um ihre Aufhängebolzen *d* mittels der Doppelgestänge *f*, *f'* dadurch gebracht, daß eine Rolle *g* am Krangerüst gegen eine raumfeste Kurve *h* stößt und durch ihren Ausschlag nach g_1 die Ausrückwelle *i* betätigt (s. auch Abb. 142). Beim Senken und beim Heben der Magnettraverse für das Ausheben und Fortschaffen der Masseln erfolgen die entsprechenden Relativbewegungen der Schutzbügel durch die Lenkerstangen *f*, *f'* nach Abb. 141 gleichfalls vollkommen automatisch.

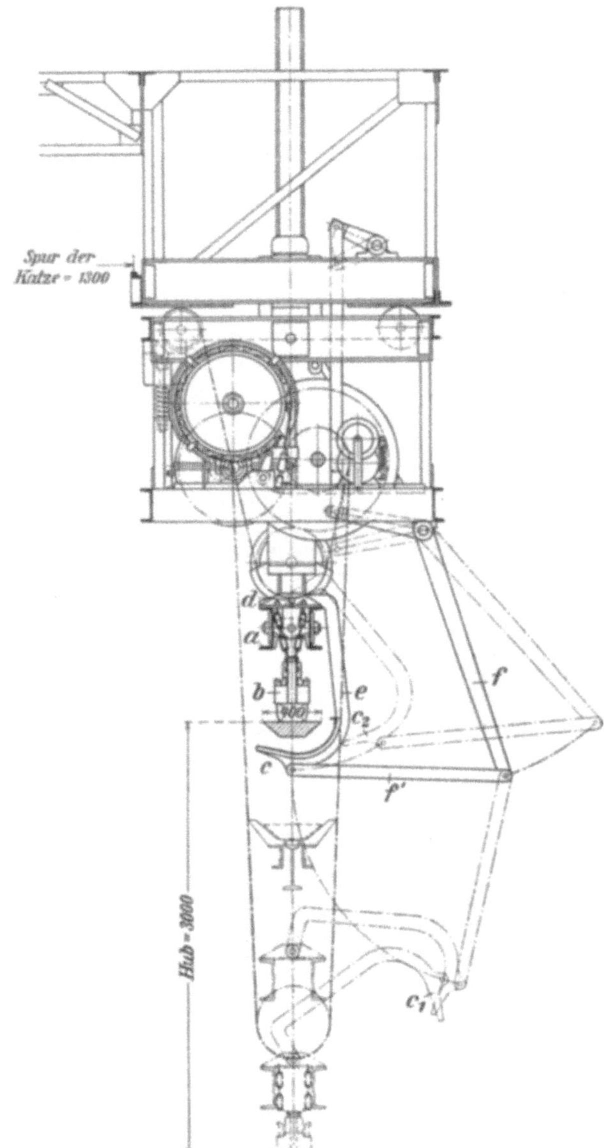

Abb. 141. Gießhallenkran (Hoerde).

Die Motoren für die einzelnen Bewegungen dieses Kranes werden durch Drehstrom von 220 Volt und 50 Perioden gespeist, der für die Erregung der Hubmagnete auf Gleichstrom von 110 Volt umgeformt wird. Es sei bei dieser Gelegenheit erwähnt, daß man sich bei der ganz ähnlichen Kranausstattung auch der neueren Gießhalle (II) in Hoerde die mit dem letztbeschriebenen Kran gemachten Erfahrungen — daß nämlich unter Umständen schon gebrochene Masseln nicht restlos aus den Kokillen ausgehoben wurden — insofern zunutze gemacht hat, als man die Magnete derart verstärkte, daß die schädliche Kraftlinienstreuung nicht mehr so schwer ins Gewicht fallen kann[1]).

Von der Akt.-Ges. Lauchhammer war für diesen Zweck dagegen ein Kran nach neueren Gesichtspunkten in Vorschlag gebracht worden (s. Abb. 143). Bei diesem sind — im Gegensatz zu dem Demag-Krane mit nicht weniger als 500 beweglichen Magnetpolen — ein Dutzend kompakter sogenannter Hufeisenmagnete an einer hebbaren Traverse der Krankatze derart angeordnet, daß ein sogar bis 15 m langer Masselstrang selbst in gebrochenem Zustande noch ohne Rückstände aus der Kokille ausgehoben und zum Brecher geschafft werden kann. Wie die Zeichnung auch erkennen läßt, sollen die magnetischen Kraftlinien unter Vermeidung hubschwächender Streuung die langen Masseln in ununterbrochener Folge durchfließen.

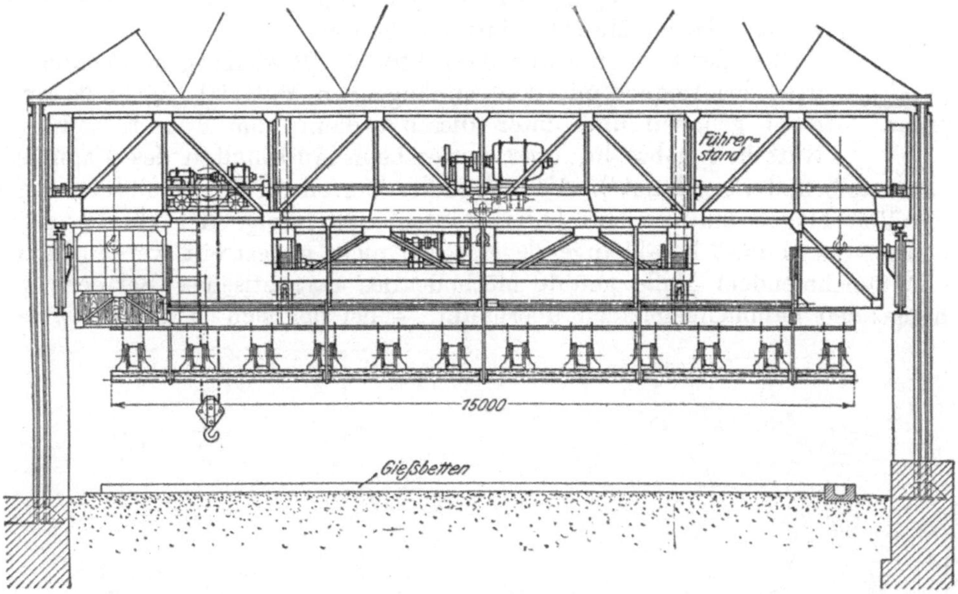

Abb. 143. Gießhallenkran.

Es kann beim Fehlen eines zweiten Gießbettes und bei der Notwendigkeit schneller Wiederinstandsetzung des ersten vorkommen, daß man von der Zerkleinerung des Gusses im Bett überhaupt absehen muß, weil die Temperatur der fortzuschaffenden Masseln für das Zerschlagen wenigstens von Hand zu hoch ist, und weil sich auch bei maschineller Zerkleinerung für die Forträumung zu heißer Masseln übergroße Schwierigkeiten ergeben würden. In einem solchen Falle verfährt man, z. B. in der Halberger Hütte, zweckmäßig so, daß man einen ganzen, noch glühenden Masselkamm durch einen gewöhnlichen Laufkran mit einem Haken hochnimmt[2]), über die tiefgelegene Hüttenflur fährt und ihn nach Ausklinken — das, wie bei gewöhnlichen Fallwerken, zweckmäßig durch Handzug von unten erfolgt — durch das Herabfallen von selbst zerschlagen läßt.

Für den Transport einer größeren Menge kleiner Masseln hat die Düsseldorfer Kran- und Magnetbauanstalt Schenck & Liebe-Harkort einige recht beachtenswerte Anordnungen getroffen, die gegenüber bisherigen Ausführungen magnetisch zu beladender Kranmagazine teils eine konstruktive Vereinfachung der Bewegungsmechanismen, teils eine Erhöhung der Betriebssicherheit zum besonderen Ziel haben[3]).

[1]) Um den Verlauf der magnetischen Kraftlinien wirksamer zu gestalten, ordnet man neuerdings auch Hilfsmagnete an, durch deren Einwirkung die Kraftlinien des Hebemagneten verschoben werden (Demag, D.R.P. Nr. 240450).

[2]) Ähnlich erfolgt auch bei Hoesch das Ausheben der Kämme, die dann allerdings durch eine drehbare Laufkrankatze einem besonderen Brecher übergeben werden.

[3]) Siehe auch Broy: Z. V. d. I. 1921, Nr. 3.

Die Abb. 144 zeigt zunächst eine am Katzengerüst kippbar aufgehängte Sammelmulde, deren Füllung durch einen längs einer Schrägbahn fahrbaren Elektromagneten erfolgt. Der Arbeitsvorgang ist einfach so, daß der Magnet die Masseln bis gegen die Schrägbahn senkrecht anhebt, wonach durch den nämlichen Antrieb selbsttätig dessen schräge Weiterbewegung bis über einen Trichter erfolgt. Die in diesen fallen gelassenen Masseln rutschen sodann sicher in die unterhängende Mulde.

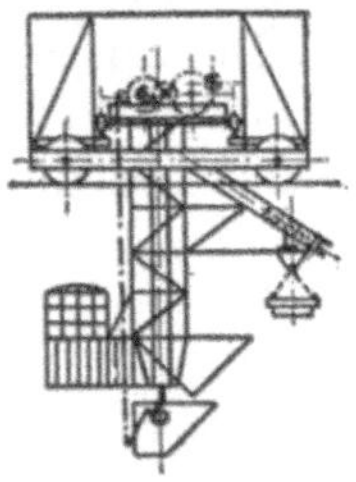

Abb. 144. Masselverladekran.

Bei der weiter durch Abb. 145 veranschaulichten Verladeart werden die durch den Magneten überhaupt lediglich senkrecht angehobenen Masseln in einen Sammelkübel fallen gelassen, der auf einem schwenkbaren Ausleger des Katzengerüstes ruht. Der Vorteil dieser Arbeitsweise besteht darin, daß der Magnet mit den angehobenen Masseln gar keine Seitenbewegung zu machen braucht, durch die ein Abstürzen wenig gefaßter Masseln eintreten könnte.

Bei der endlich durch Abb. 146 zur Darstellung gebrachten Lösung wird der Magnet mit dem anhängenden Material gleichfalls nur senkrecht gehoben und unter dieses sodann vom Führerstand aus eine Rutsche *b* gebracht, über die es beim Ausschalten des Magnetstromes in den Sammelbehälter *c* gelangt[1]). Als besonderer Vorteil dieser Ausbildung gegenüber ähnlichen Vorschlägen muß es betrachtet werden, daß infolge der oben angehängten Schurre das vom Magnet herabhängende Material nicht abgestreift werden kann.

Die in zunehmendem Maße geübte Methode des magnetischen Beladens von am Kran hängenden Sammelmagazinen überhaupt — bei der sich ja eine beliebig große

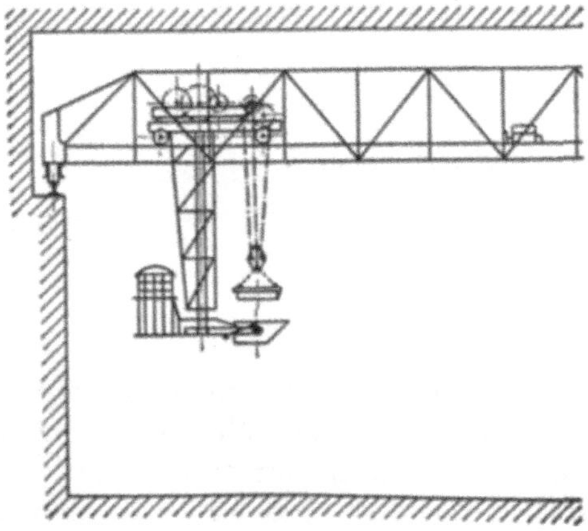

Abb. 145. Masselverladekran.

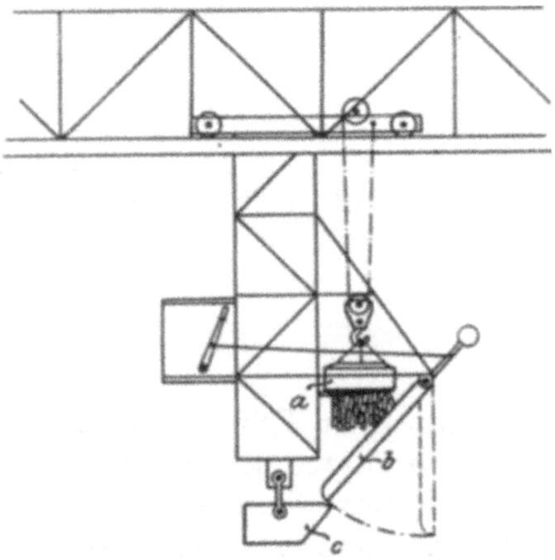

Abb. 146. Masselverladekran.

Tragfähigkeit des Kranes unter Verwendung vorteilhaft kleiner Magnete voll ausnutzen läßt — ist praktisch meines Wissens zuerst an einem Masselverladekran im Hochofenwerk Lübeck zur Anwendung gekommen[2]). Daselbst war schon seit dem 6. September 1907 ein von der Demag gebauter Kran im Betrieb, bei dem mit Hilfe eines an der Krankatze fahrbaren Magneten jedesmal bis 500 kg Masseln in einen an der nämlichen Katze aufgehängten Kübel mit dem zehnfachen Fassungsvermögen gehoben wurden. Die Menge des mit diesem Kran zu fördernden Eisens

[1]) Eine grundsätzlich gleiche Einrichtung, bei der ein Krangreifer beim Hochgehen eine Schurre mitnimmt, auf der dann die ausgebaggerte Erde in einen Prahm rutscht, ist schon beschrieben bei Salomon und Forchheimer: Neuere Erdbagger. Berlin: Julius Springer 1888. — Ein gleichartiger Masseltransportkran (Demag) mit Lastmagnet und Kippgefäß ist auch beschrieben bei Heym: Stahleisen 1912, Nr. 18 und Pape: Stahleisen 1912, Nr. 39.

[2]) Der nämliche Kran stellte (nach einem Vorschlage von Dr. Neumark) meines Wissens übrigens auch die erstmalige Kombination von magnetischem Hubwerk und mechanischem Schlagwerk dar; das ursprünglich für das Zerkleinern der Masseln noch vorhandene Friktionshammerwerk ist jedoch wieder außer Gebrauch gesetzt worden, da der anhaftende Sand sich zu störend auf dasselbe bemerkbar gemacht hatte.

betrug zwar durchschnittlich nur etwa 200 t in 24 Stunden, indes war die Anlage wegen des häufigen Stillstandes des Kranes nur zu einem Teil ihrer Leistungsfähigkeit ausgenutzt. Später sind alle drei dort vorhandenen Masselkrane in gleicher Weise ausgerüstet worden. Diese Magnete sind jedoch wegen häufiger Störungen seit etwa zwei Jahren wieder außer Betrieb gesetzt worden. Einesteils faßten nämlich die Magnete bei zu sandigem oder zu heißem Material und auch bei Stahleisen zu schlecht, anderteils wollte man das mit der Hand vorzunehmende zeitraubende Abschlagen der Einzelmasseln von der Muttermassel ersparen. Jetzt wird nur die Muttermassel einmal in der Mitte zerschlagen, die dadurch entstandenen halben Masselreihen werden von einer Zange gefaßt, von dem Kran nach dem aufgemauerten und umwehrten Vorherd gebracht und dort durch Herabfallenlassen in die einzelnen Masseln zerbrochen. Diese werden darauf, wie im Vorhergehenden beschrieben, von Hand in die Roheisenwagen gebracht.

Abb. 147 und 148 stellt eine von der Akt.-Ges. Lauch-

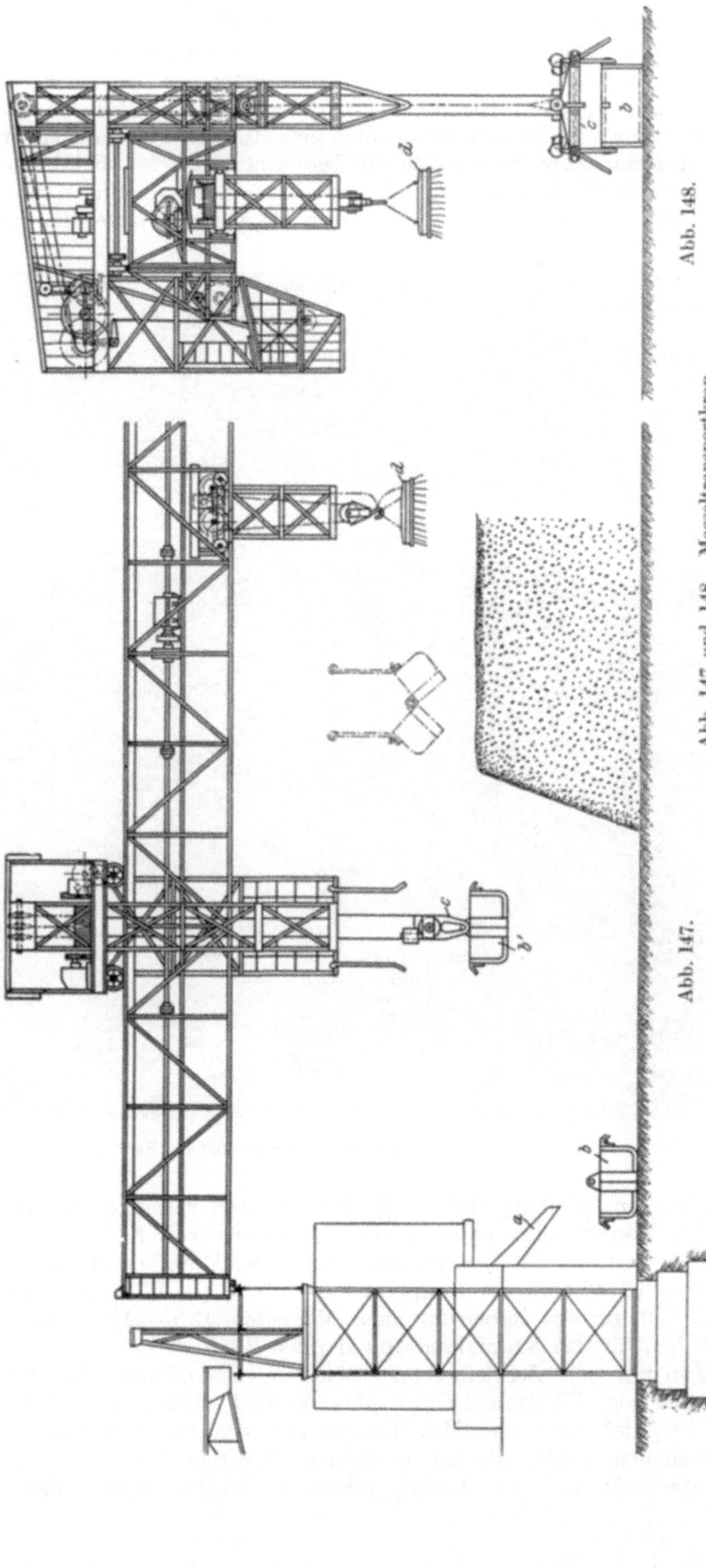

Abb. 147.

Abb. 148.

Abb. 147 und 148. Masseltransportkran.

hammer getroffene ähnliche Anordnung eines mit einem Belademagnet sowohl als auch mit einem Transportkübel für Roheisenmasseln ausgestatteten Kranes dar. Der dieser Anordnung zugrunde liegende Arbeitshergang ist folgender: Die Roheisenkämme werden zunächst auf einem Masselbrecher des neben dem ersichtlichen Roheisenlager liegenden Gießfeldes in Masseln von ca. 500—800 mm Länge gebrochen. Diese fallen vom Brechwerk aus über eine Rutsche *a* in Kübel *b*, welche drei Kämme mit einem Gesamtgewicht von 7500 kg fassen können. Mit Hilfe einer Greifervorrichtung *c* werden die Mulden sodann von dem Kran hochgenommen, über das Lager geschafft und hier ausgekippt. Eine mit einem Magneten *d* versehene Hilfskatze dient haupt-

Abb. 149. Masselgießkran (Esch.)

sächlich zur Beladung kleinerer Kübel, die dann vermittels derselben Greifervorrichtung in den Bereich eines anderen, der Begichtung von Kupolöfen dienenden Kranes, befördert werden. [Als Geschwindigkeiten bzw. Motorleistungen sind vorgesehen worden für das Kübelheben der Hauptkatze 10 m/min (41 PS), für deren Verfahren 40—50 m (14,2 PS), für das Heben mit dem Magneten 15 m (19,3 PS), für das Fahren 50 m (5,9 PS), für das Kranfahren 100 m (62,5 PS).]

Die mit dem Zerkleinern der Masseln verbundenen Übelstände lassen in der Benutzung sog. Gießmaschinen ohne Zweifel Vorteile erblicken. Man erspart damit, im Vergleich zu einem Masselzerschlagen von Hand, zunächst die hierfür sonst erforderlichen Leute, die als ausgesucht kräftige Menschen entsprechend teuer und selbstbewußt und bei Streiken schwer zu ersetzen sind. Man spart ganz allgemein auch — ganz abgesehen von etwaigen schweren Brechmaschinen — an Platz, da die ruhenden Gießbetten natürlich mehr Bodenfläche benötigen als laufende Gießbänder oder dergleichen. Andererseits muß zugegeben werden, daß die Gießmaschinen, besonders an ihren beweglichen Teilen, viel Reparaturen erfordern.

Die in der Abb. 149 vorgeführte derartige Gießanlage ist die des Hochofenwerkes Esch des Aachener Hütten-Aktien-Vereins[1]). Hier dienen zur Bewältigung der ganzen Tagesproduktion von fünf Hochöfen fünf Gießmaschinen Uehlingschen Systems. Es sind dies umlaufende sog. Pfannenförderer, deren aus Stahlguß hergestellte Pfannen als Kokillen für das flüssige Roheisen benutzt werden. Letzteres wird im vorliegenden Falle aus den beiden benachbarten Mischern durch zwei von Demag gebaute Pfannenkrane (von je 26 t Tragkraft und 11,20 m Spannweite) bis zu den festen Eingußrinnen über den Bechern geschafft. Da sich diese Eingußstellen für alle Bänder in gleicher, unveränderlicher Höhe befinden, so hat man hier zweckmäßig dafür Sorge tragen können, daß das beim Gießen hier angewendete Kippen der Pfanne automatisch erfolgt, und zwar in der Weise, daß die Pfanne beim Anheben mit seitlichen Zapfen so an Leitkurven des starren Katzengerüstes geführt wird, daß sie ohne weiteres Zutun des Führers stets in der nämlichen Höhenlage über den Eingußtrögen auskippt[2]). Die Aufstellung des Windwerkes auf einer Drehkatze erlaubt weiterhin ein ganz beliebig gerichtetes Ausgießen. Als Nachteil einer solchen Kippmethode, die in der allseitigen Zwangläufigkeit der Kippbewegung zwar einen hohen Grad von Betriebssicherheit für das Ausgießen selbst in sich schließt, sind die in den Kurvenbahnen leicht entstehenden Klemmungen zu nennen, die auch im vorliegenden Falle eine nachträgliche Verstärkung der Konstruktion erforderlich gemacht haben. Schenk & Liebe-Harkort haben deshalb zum automatischen Kippen der Gießpfanne in beliebiger Höhe und derart, daß der Pfannenausguß dabei im Raume unverändert bleibt, die in Abb. 150 skizzierte Einrichtung vorgeschlagen[3]). Der Arbeitsvorgang ist dabei folgender: Die Gießpfanne und Kippkette *a* werden von einem Motor aus mit der gleichen Geschwindigkeit angehoben. Hat nun die Gießpfanne die zum Kippen erforderliche Höhe erreicht, so befindet sich die Flasche *b* genau unter dem Querträger *c* und wird beim weiteren Heben der Gießpfanne mit ihm zusammen angehoben, d. h. die Wirkung des Flaschenzuges zwischen *b* und *c* wird aufgehoben, so daß sich die Kippkette vermöge des im vorliegenden Falle angenommenen Übersetzungsverhältnisses mit der doppelten Geschwindigkeit nach oben bewegt, wodurch ein Kippen der Gießpfanne bei Beibehaltung der Höhenlage des Pfannenausgusses — der sich durch die Kippbewegung allein ja senken würde — bewerkstelligt wird.

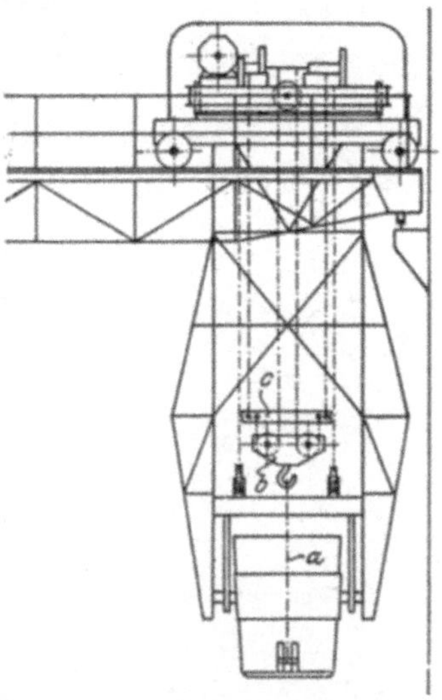

Abb. 150. Pfannenkippvorrichtung.

Jene amerikanische Methode des Abgießens der Masseln[4]) hat bei uns bisher nicht rechten Fuß fassen können. Allerdings ist — ganz abgesehen von dem starken Verschleiß an Kokillen — der notwendige Aufwand an maschinellen Hilfsmitteln dabei ziemlich groß: Sind doch in Esch z. B. außer den fünf, oft als Gießbänder bezeichneten Maschinen und außer den vorerwähnten beiden Gießkranen auch noch zwei weitere Spezialaufkrane — einer davon allerdings nur als Reserve — am abwurfseitigen Ende jener Bänder erforderlich, lediglich zur Bewältigung der Roheisen-Tagesleistung (von

[1]) Siehe auch Zillgen: Stahleisen 1914, Nr. 32.

[2]) Ähnliche selbsttätige Kippeinrichtungen sind auch an S.M.-Ofen-Beschickkranen für flüssigen Einsatz angewendet worden; siehe Stahleisen 1912, S. 1568 u. ff.

[3]) D.R.P. Nr. 225851.

[4]) In den nordamerikanischen Hochofenwerken sind derartige Roheisen-Gießmaschinen allgemein eingeführt; siehe Wehrheim: Stahleisen 1924, Nr. 34.

1250—1300 t). Die letztgenannten Krane (Jaeger) dienen dazu, die an der Umkehrstelle der Becherwerke in untergestellte Kübel abgeworfenen und noch außerordentlich heißen Masseln[1]) samt diesen in Kühlbassins zu tauchen und sie darauf durch Schiefstellen der Tröge in Waggons zu verladen (s. Abb. 151).

Anders in der Ausführung, bei jedoch gleichbleibendem Prinzip, sind die neueren rotierenden Masselgießmaschinen (Demag)[2]), die aus — gewöhnlich doppelt und nebeneinander angeordneten — Drehtischen bestehen, an deren Umfange die einzelnen Gußformen kippbar befestigt sind. Der Antrieb erfolgt mit Rücksicht auf das mögliche Verspritzen glühenden Eisens durch Druckwassermaschinen. Die Füllung der sich drehenden Gußformen geschieht mittels einer Rinne durch die Kranpfanne, die durch ein über eine Kurvenscheibe geleitetes Seil gekippt wird. Die Krümmung dieser

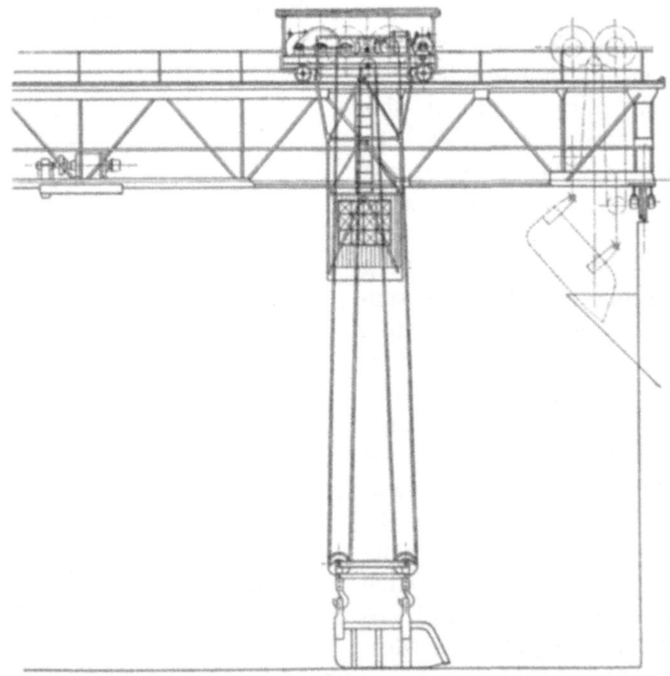

Abb. 151.

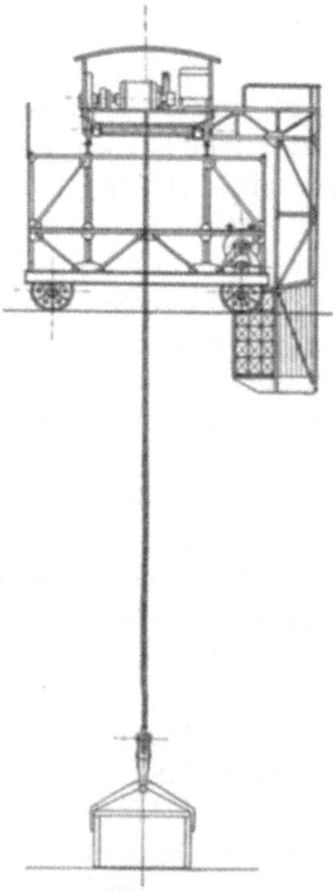

Abb. 152.

Abb. 151 und 152. Masseltransportkran (Esch).

Scheibe ist nun derart, daß bei gleichbleibender Winkelgeschwindigkeit derselben auch die sekundlich ausfließende Eisenmenge gleichbleibt, während eine wenigstens annähernd gleiche Fallhöhe durch Nahelegung der Pfannenkippachse an den Pfannenausguß erstrebt ist.

Einen weiteren ungefähren Anhalt für die mit der Verwendung von Hebemagneten[3]) für Roheisen zu erwartenden Leistungen bzw. Ersparnisse können noch die nachgenannten Ergebnisse aus verschiedenen Betrieben bieten:

Mit einem Lauchhammer-Magnet, von 1350 mm Durchmesser und 2000 kg Eigengewicht[4]), wurden in der Gußstahlfabrik Döhlen am 30. VIII. 1909[5]) 15000 kg Roh-

[1]) Die Gießmaschinen haben eine Umlaufgeschwindigkeit von etwa 8 m/min.

[2]) Siehe Schmid: Gieß.-Ztg. 1912, Nr. 15 (Aplerbecker Hütte); Stahleisen 1912, Nr. 35.

[3]) Siehe auch das unter „Schrottplatz" Gesagte.

[4]) Infolge neuerdings, an Stelle einer mit Baumwolle, Seide oder Asbest isolierten Kupferspule, verwendeter Aluminiumspulen mit Selbstisolierung durch Oxydation sind die Eigengewichte dieser Magnete beträchtlich verringert worden, und zwar bei dem Magnet von 1350 mm Durchmesser auf rund 1700 kg, bei dem Magnet von 1500 mm Durchmesser auf rund 1850 kg.

[5]) Seitdem sind Versuche über die Leistungsfähigkeit von Hebemagneten daselbst leider nicht mehr angestellt worden.

eisen entladen und dazu, bei im ganzen 34 Minuten Zeit, 30 Hübe gebraucht, so daß das durchschnittliche Nutzgewicht 500 kg betragen hat. Der Stromverbrauch ergab sich dabei zu 15 Amp.

Mit einem Demag-Magnet, von 1500 mm Durchmesser und 2700 kg Eigengewicht, wurde darauf unter denselben Verhältnissen die gleiche Menge Roheisen bewegt und bei 25 Minuten Entladezeit 18 Hübe, entsprechend einem Durchschnittsgewicht von 835 kg benötigt. Der Stromverbrauch betrug in diesem Falle allerdings 22,5 Amp.

Mit einem Schenck-Magnet von 1500 mm Durchmesser sind, bei allerdings nur einmaligem Hube, aus einem ungeordneten Masselhaufen 1220 kg, von geordneten Masseln sogar 1630 kg aufgenommen worden.

Die Tragkraft endlich eines Magneten des Eisenacher Magnetwerkes, von gleichfalls 1500 mm Durchmesser und 2250 kg Eigengewicht, wird mit 1200 kg Masseln angegeben. Mit einem kleineren Magneten dieser Firma (von 750 mm Durchmesser und 700 kg Eigengewicht) wurden bei Versuchen in der Lokomotivfabrik von Henschel & Sohn in Kassel 230 kg Masseln pro Hub gehoben; hierbei betrug der Stromverbrauch 4 Amp. bei 220 Volt.

Neuere Vergleichsversuche in Rothe Erde-Aachen bei der Waggonbeladung mit Masseln (von 0,45 Si und 1,83 Mn) ergaben mit einem Lauchhammer-Magnet von 1500 mm Durchmesser eine Durchschnittsleistung von 782 kg, mit einem Demag-Magnet eine solche von 650 kg. Dabei verbrauchte ersterer 24 Amp., letzterer 19 Amp.

Zum Schluß noch einige Leistungsangaben über ein amerikanisches Fabrikat: Ein Magnet von 1600 mm Durchmesser, der Cutler-Hammer-Clutch Co., Milwaukee (Wisc.), — die neben der Electric Controller and Supply Company, Cleveland (Ohio), hauptsächlich die Vereinigten Staaten und auch England mit ihren Fabrikaten versorgt — soll bei maschinengegossenen Masseln eine Tragkraft von 1170 kg, bei sandgegossenen eine solche von 1080 kg entwickeln. Diese Angaben scheinen nach einem vorliegenden Betriebsberichte eine Erhöhung wohl zuzulassen: Bei der Inland Steel Co., Indiana Harbor, wurde ein mit 1960 t Masseln beladener Dampfer von 2 mit je einem 1600 mm Cutler-Hammer-Magneten ausgestatteten Verladebrücken in 21 Arbeitsstunden gelöscht. Hierzu sind im ganzen 1281 Spiele ausgeführt worden, so daß sich als durchschnittliches Hubgewicht eines Magneten ein Betrag von rund 1530 kg ergibt. Angaben über den Stromverbrauch werden nicht gemacht.

D. Schlackentransport.

In dem Maße, wie die Schlacke aus ihrer bisherigen Rolle einer lästigen Beigabe der Roheisenerzeugung in die eines nutzbaren Nebenproduktes des Hochofens übergeht, vervollkommnen sich auch begreiflicherweise die für ihre Weiterbewegung bestimmten Transportmittel. Die früher für das ausnahmslose Aufschütten der Schlacke auf die weit entfernte Halde in der Regel nur benutzten einfachen Feldbahnen weichen mehr und mehr modernen Krananlagen, die ein systematisches Verladen der granulierten Schlacke zwecks deren Weiterverarbeitung zu Bausteinen, Zement u. dgl. bewerkstelligen können. Immerhin wird bei der enormen Schlackenproduktion eines Hochofenwerkes — dem Gewicht nach etwa $1^1/_4$, dem Volumen nach aber sogar wenigstens 3 mal soviel als das erschmolzene Roheisen — ein großer Teil derselben noch unverwertbar abgelagert werden müssen, so daß zunächst auch die hierfür dienenden Transportmittel der Beachtung recht wohl wert sind[1]).

Als Schlackentransportmittel zwischen Hochofen und der außerhalb des Werkes gelegenen Halde werden je nach den örtlichen Verhältnissen, nach zwischenliegenden Flußläufen, nach der zu überwindenden Steigung u. dgl. auf Flur fahrende Wagenzüge

[1]) Weiteres siehe bei Hermanns: Braunkohle 1919, Nr. 44; Buhle: Z. V. d. I. 1913, Nr. 47. — Eines fahrbaren Schrägauslegerkranes mit Laufkatze (Carlshütte) bedient sich zur Haldenaufschüttung der Kesselschlacke bis 17 m Höhe neuerdings die Elektrizitäts- u. Kleinbahn-A.-G. in Waldenburg i. Schl.; vgl. E. T. Z. 1925, Heft 31, Z. V. d. I. 1925, Nr. 26 u. Anz. f. Berg-, Hütten- u. Maschinenwesen 1925, Nr. 144.

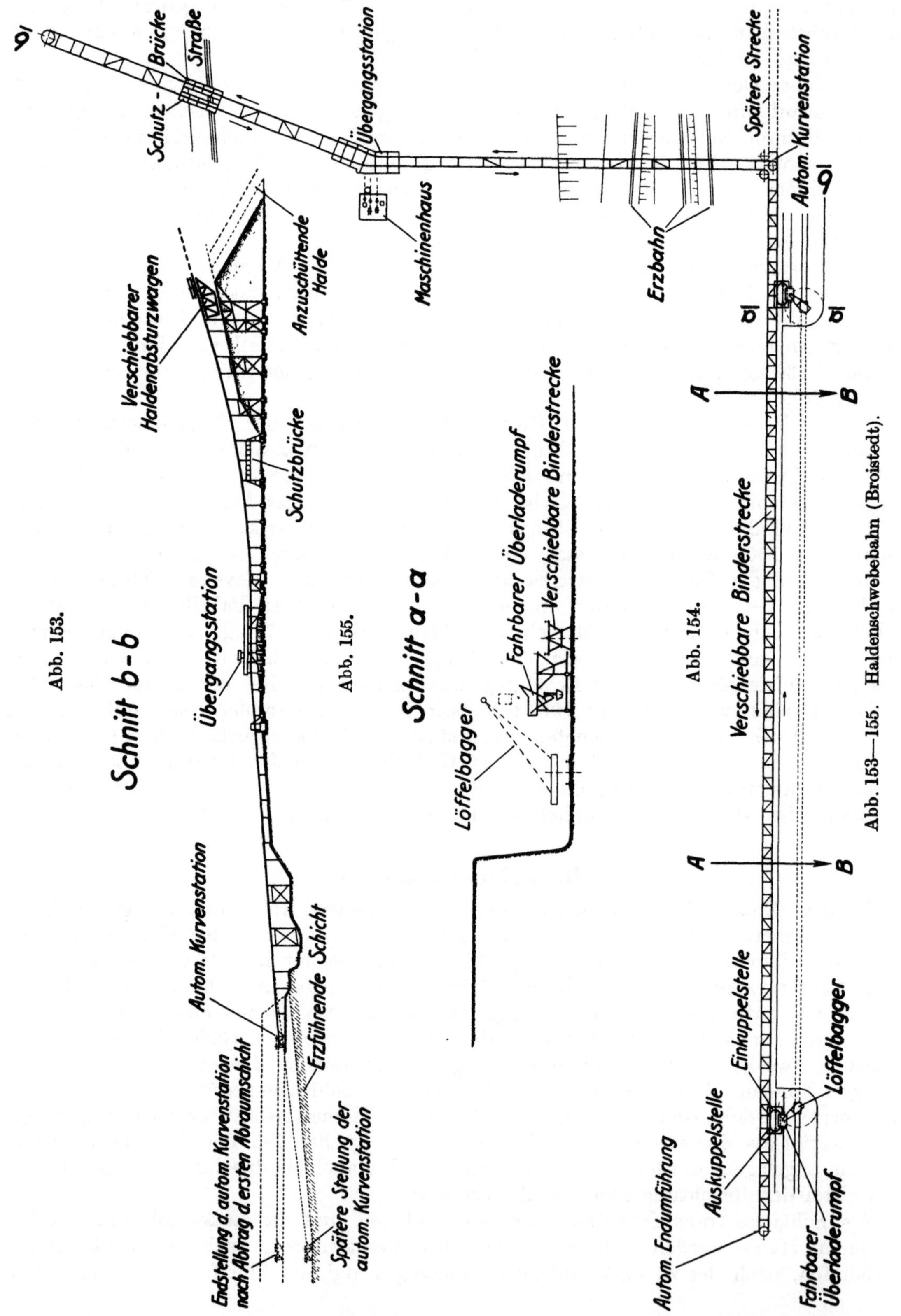

Abb. 153. Abb. 155. Abb. 154.

Abb. 153—155. Haldenschwebebahn (Broistedt).

oder Schwebebahnen[1]) in Betracht kommen. Ersterenfalls benutzte man früher und

[1]) Z. B. Bremerhütte, Geisweider Eisenwerke. — Vorschläge für eine Abfuhr von Schlacke und Roheisen durch Laufkrane macht Langheinrich: Stahleisen 1911, S. 1869 u. ff.

auch heute noch vielfach Haubenwagen, aus denen bei Ankunft auf der Halde zunächst die noch flüssige Schlacke aus dem Innern abgelassen und die verbleibende Schale (Schlackenklotz), nach Anheben der Haube mittels eines feststehenden Kranes, durch Umkippen der Wagenplattform auf die Halde gestürzt wurde. Diesem ziemlich umständlichen Verfahren geht man neuerdings auch dadurch aus dem Wege, daß man an Stelle jener Haubenwagen einfache Kippmuldenwagen benutzt, deren ganzer, flüssiger wie fester, Inhalt sich beim Umkippen auf einmal entleert[1]). Der Hauptwert bei solchen Fördermitteln ist auf zuverlässiges Funktionieren der Kippeinrichtung zu legen. Verletzungen, wie sie durch vorzeitiges oder nachträgliches Ausfließen von Schlacke leider häufig vorkommen, müßten doppelt ängstlich vermieden werden: sind doch Verbrennungen durch Hochofenschlacke noch gefährlicher als solche durch flüssiges Eisen, da jene erfahrungsgemäß leicht zu Blutvergiftungen führen, selbst wenn die Verletzung als solche nicht gefährlich sein würde.

Die Fortschaffung und Ablagerung von Abfallstoffen durch Schwebebahnen

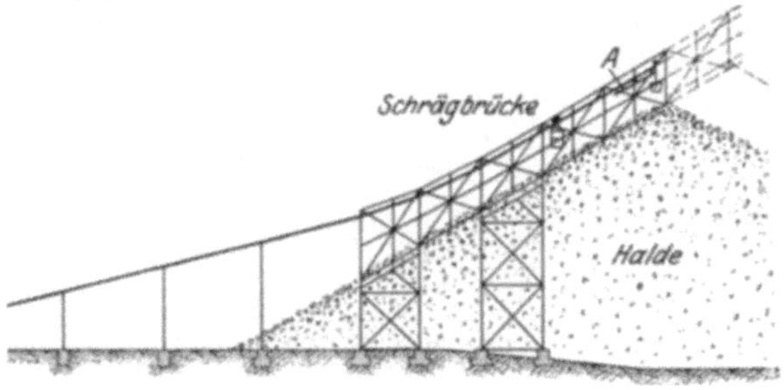

Abb. 156.

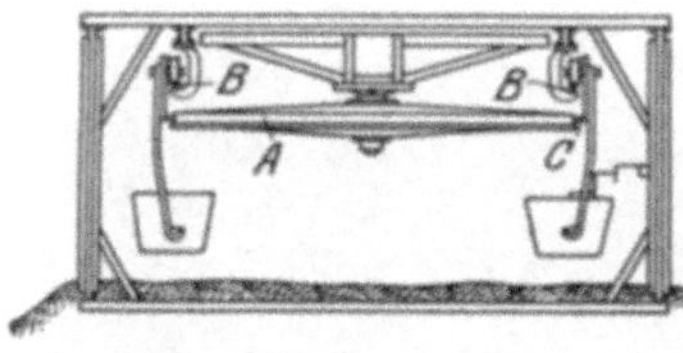

Abb. 158.

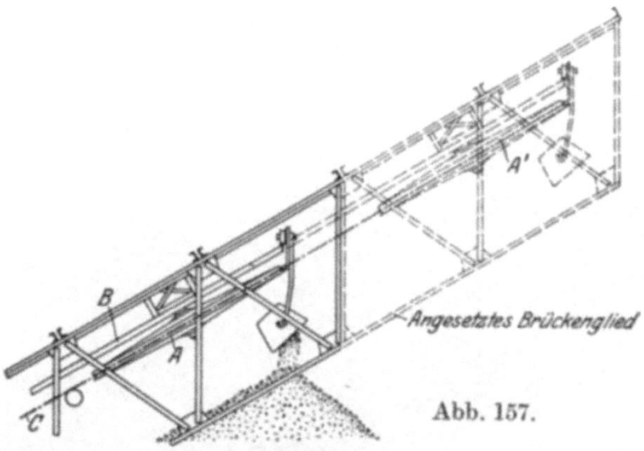

Abb. 157.

Abb. 156 bis 158. Haldenschüttung.

hat zunächst die in deren System gelegenen Vorzüge der gegenseitigen Nichtbehinderung von Transport- und Flurverkehr sowie der Einflußlosigkeit der Bodenverhältnisse auf die Verlegung der Transportbahn für sich und ermöglicht weiterhin, unter Benutzung zwangläufiger Zugmittel, eine steile Hochführung der Bahn zwecks Anschüttung größter Mengen auf verhältnismäßig kleiner Grundfläche. (Abb. 159). Es sind auf diese Weise schon Haldenkegel von rund 100 m Höhe beschüttet worden, wobei der natürliche Böschungswinkel des Haldenmaterials die Neigung der Bahn bestimmt, so daß diese durch das Material selbst die Stützung erhält.

Eine interessante Anlage ähnlicher Art, die im Eisenerz-Tagebau Broistedt der Ilseder Hütte den Abraum auf Halde schafft, ist in den Abb. 153 bis 155 wiedergegeben. Der von Löffelbaggern ausgehobene Abraum wird in verschiebbaren Beladestationen in die Wagen einer Seilhängebahn gefüllt, die den Tagebau in einer Länge von etwa 800 m in geradem Lauf durchzieht, um an dem einen Ende nach der z. Zt. schon rund 65 m hohen Halde abzubiegen[2]). Bei Erreichen der vollen Schütthöhe kann diese durch einfaches Vorziehen des die obere Umkehr- und Ausschüttstelle tragenden Vorschubwagens vergrößert werden (s. a. Abb. 161). Dies erfolgt unter Berücksichtigung des zeitweisen selbsttätigen Nachrutschens des Haldenmaterials[3]) etwa alle 3—4 Monate um den

[1]) Z. B. Rolandshütte. [2]) Die Anlage besteht seit 1918.

[3]) Solches tritt hauptsächlich nach längeren Regenzeiten und im Frühjahr bei schwindendem Frost ein.

Betrag von 4—5 m. Der Vorschubwagen ist zu dem Zweck auf über Holzschwellen gelagerte] [-Schienen gesetzt, zwischen die ein Führungsbund seiner Laufrollen eingreift. Das Versetzen der Hängebahnstrecke im Tagebau dagegen, das mit dem Fortschreiten des

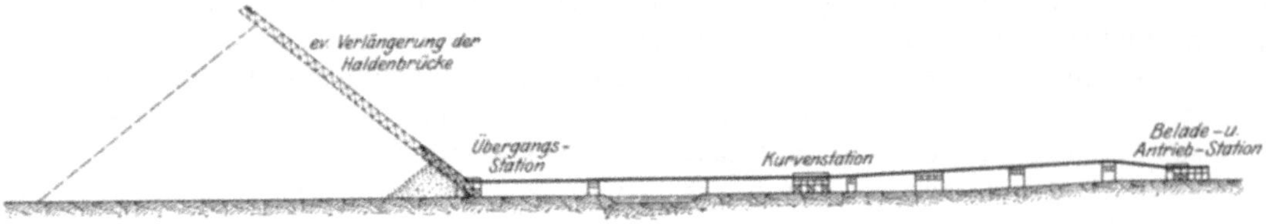

Abb. 159.

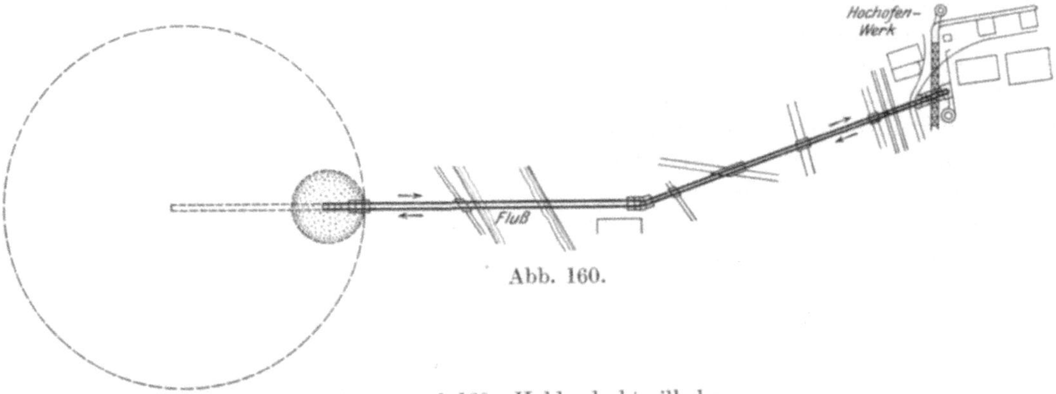

Abb. 160.

Abb. 159 und 160. Haldendrahtseilbahn.

Abb. 161. Haldenbahn-Endstrecke mit Vorschubwagen (Waldenburg).

Abbaues erfolgt, geschieht dadurch, daß die leicht auseinandernehmbaren Holzbinder mit den anhängenden Laufschienen der Hängebahn jedesmal um etwa 12 m parallel verrückt werden. Diese Arbeit, wobei immer je 10 Böcke versetzt werden, dauert bei

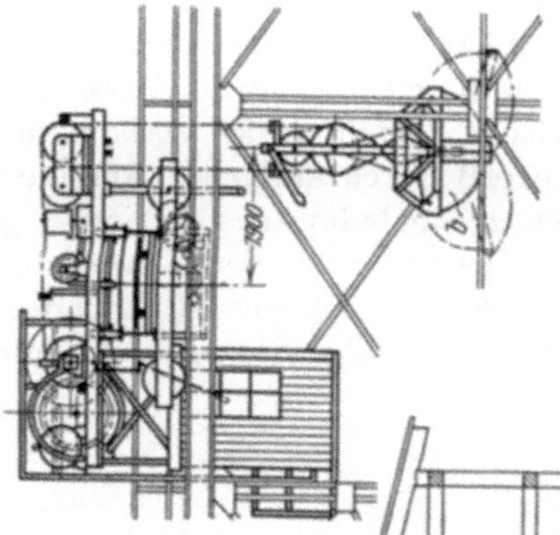

Abb. 163.

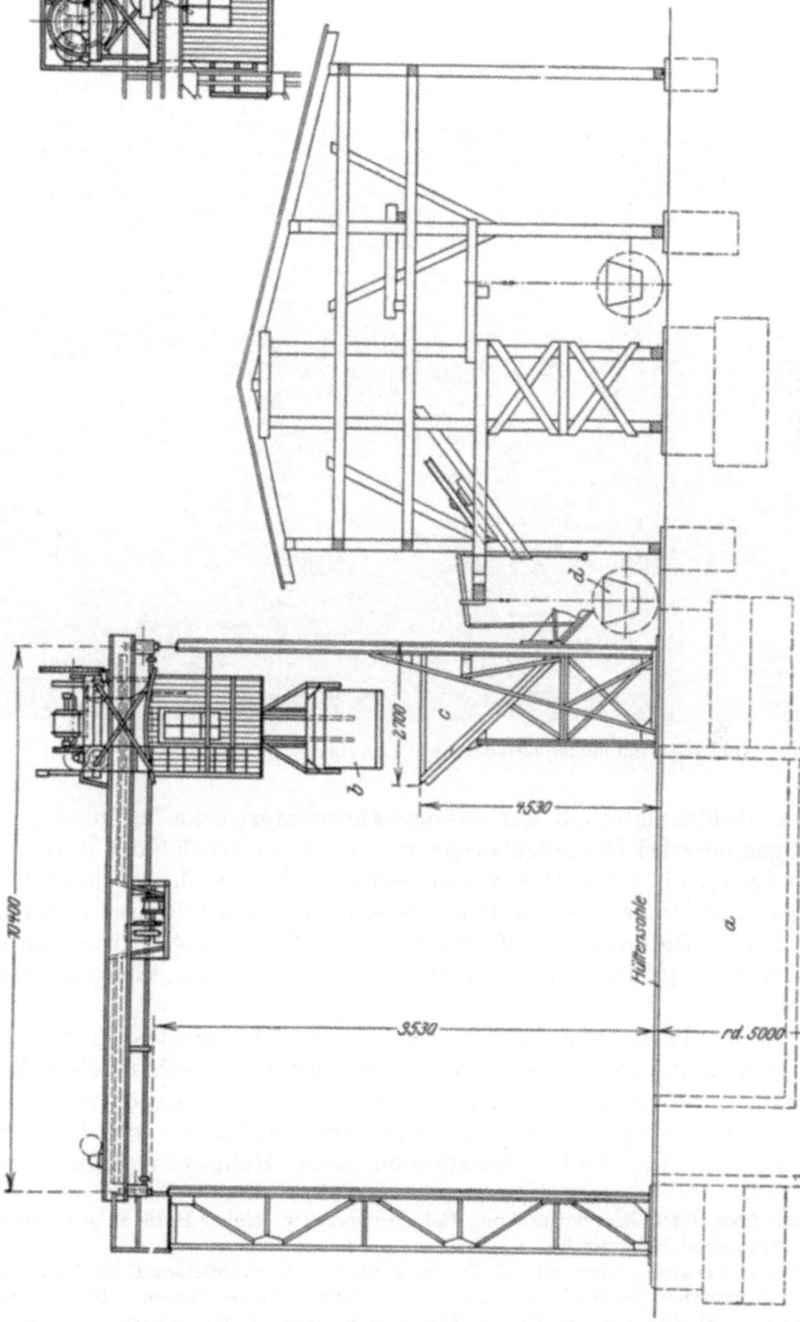

Abb. 162.

Abb. 162 und 163. Schlackenverladeanlage (Trzynietz).

einem Aufwand von rund 60 Mann stets 4—5 Tage. Die Leistung der Haldenschüttbahn beträgt in zehnstündiger Schicht 1500 Wagen für je 0,4 cbm gewachsenen Boden. An Wagen sind rund 140 von je 6,5 hl = 1000 kg Inhalt im Umlauf, denen durch das Zugseil eine Geschwindigkeit von 1 m bei etwa 20 m gegenseitigem Abstand erteilt wird. — Abb. 156 bis 158 zeigen das ältere Bleichertsche Verfahren der Verlängerung der Haldenschrägbahn (zwecks Erhöhung des Schüttkegels) durch einfaches Ansetzen weiterer Konstruktionsfelder an das obere Ende des Hängebahngerüstes, unter gleichzeitiger Hinausschiebung natürlich der Umkehrscheibe (*A*) bzw. der Abwurfstelle an das verlängerte Ende (*A'*) der Gerüstkonstruktion. Die Fahrschiene (*B*) und das Zugseil (*C*) für die Hängebahnwagen werden natürlich um den gleichen Betrag höher geführt[1]).

Abb. 164. Schlackenverladeanlage (Hayingen).

Die Zuführung des Haldenmaterials zur Hängebahnschrägstrecke kann — z. B. bei größeren Entfernungen oder bei Geländeüberspannungen — natürlich auch durch eine reine Drahtseilbahn erfolgen (Abb. 159 u. 160), wobei gegebenenfalls auch auf deren freier Strecke die Abschüttung des Materiales mit Hilfe verschieblich einstellbarer Anschläge vorgenommen werden kann. Die hohe kegelförmige Halde, die beim Abstürzen an der Umkehrstelle der Schrägbahn gebildet wird, wird dann durch einen langgestreckten Haldenrücken ersetzt[2]).

Die Granulierung der Schlacke, die in der Regel ja durch direktes Einleiten in Wasserbehälter[3]) vor sich geht, hat außer ihrem eigentlichen wirtschaftlichen Wert die Annehmlichkeit, daß gefahrbringende Verletzungen ziemlich ausgeschlossen sind, da die Fortschaffung der bei der Körnung gekühlten Schlacke natürlich eine harmlose Manipulation darstellt. Unter Umständen sind Hebungen dabei über-

[1]) Nähere Angaben, auch über Herstellungskosten und Benutzungsdauer solcher Haldenkonstruktionen finden sich bei Dieterich: Stahleisen 1906, Nr. 7.

[2]) Weiteres siehe u. a. bei Hermanns: Verhandl. d. Ver. z. Beförd. d. Gewerbfleißes 1916, Heft VI.

[3]) Manchmal auch, unter Ausnutzung der Schlackenwärme, durch Luft; z. B. bei Buderus. Die so trocken granulierte Schlacke wird dort — ähnlich auch in Bremerhütte und Friedrich-Wilhelmshütte — durch ein Becherwerk in einen Hochbehälter geschafft und aus diesem durch Seilbahnwagen in die Steinfabrik abgezogen.

haupt überflüssig, wenn nämlich die Schlacke vom Hochofen direkt in Wasserbehälter abfließen kann, aus denen sie alsdann in untergefahrene Wagen abgezogen und fortgeschafft werden kann (wie z. B. in der Creuzthaler Hütte). In anderen Fällen, wo die Terrainbeschaffenheit beim Hochofen eine solche Hochlage der Wasserbehälter über den Gleisen nicht ergibt, wird die granulierte Schlacke aus dem Kühlbassin durch besondere Hebevorrichtungen herausgeholt und weiterverladen werden müssen. Oft werden hierzu Becherwerke, ebensooft aber auch Krane benutzt. Eine Anlage der letzteren Art zeigt die Abb. 162 in einer von Bleichert für das Eisenwerk Trzynietz geschaffenen Ausführung: Die vom Hochofen durch eine unterirdische Rohrleitung in das Bassin *a* eingeleitete Schlacke wird durch den Greifer *b* eines über der Wassergrube fahrenden Laufkranes ausgehoben und in einen seitlichen Fülltrichter *c* entleert. Um diesen nicht auch gleichzeitig mit hochgehobenem Wasser zu füllen, besitzt der Greifer eine genügende Anzahl kleinerer Löcher, aus denen das mitgenommene Wasser unterwegs ausfließen kann. Von den Füllrümpfen aus wird die Schlacke sodann in die Wagen *d* einer Drahtseilbahn abgezogen, die sie auf die einige 100 m weit entfernte Halde schüttet[1]). — Eine ähnliche Anlage, bei der der Abtransport der granulierten Schlacke, die durch einen Greiferlaufkran aus dem Wasserbehälter vorher in siloartige Füllrümpfe geschüttet worden ist, durch Eisenbahnwagen erfolgt, veranschaulicht auch die Abb. 164. Sie stellt die von Beck & Henkel für de Wendel gebaute Schlackenverladeanlage dar. Mehr noch als im vorigen Beispiel erfordert die Höhe der Silos hier eine außerordentliche Hochlage der Fahrbahn über Flur (18 m).

E. Klärteichbedienung.

Außer den vorgenannten Kraneinrichtungen finden im Hochofenwerk neuerdings ähnliche auch noch für die Bedienung der Klärteiche, die die Mengen[2]) verbrauchten und verunreinigten Kühlwassers vom Hochofenbetrieb aufnehmen, Anwendung. Die früher hierzu meistens benutzten, neben dem Klärteich fahrenden Drehkrane konnten

Abb. 165. Klärteich-Verladelaufkran (Haspe).

[1]) Eine gleichartige Anlage (Pohlig) benutzen auch die Rombacher Hüttenwerke.
[2]) Ein moderner Hochofen verbraucht i. M. etwa 3000 cbm Kühlwasser in 24 Std.

erhöhten Ansprüchen an die Leistungsfähigkeit nur schwer genügen, da der Schlamm immer erst mühsam in den Kranbereich herangeschaufelt oder -gefahren werden mußte. Besser können die Verhältnisse, wenigstens bei kleineren Klärbecken, schon

Abb. 166. Schlammförderanlage.

bei Verwendung von Hängebahnkatzen[1]) liegen, wenngleich diese auch nur ja ein mehr oder weniger lineares Feld bestreichen. Vollkommener dagegen vermag auch

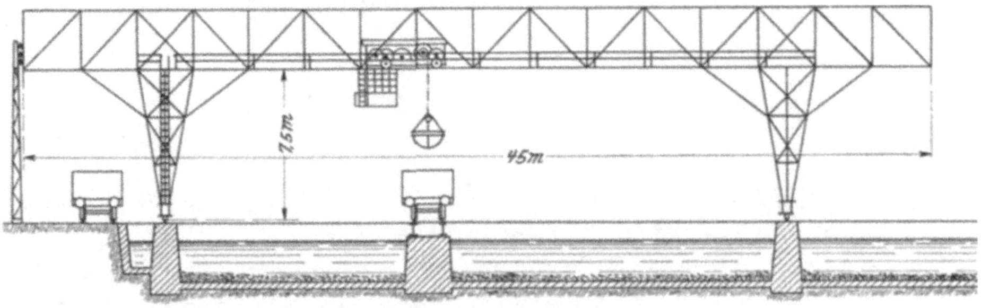

Abb. 167. Klärteich-Verladebrücke (Bruckhausen).

hier wieder der Laufkran zu arbeiten, der die Klärbassins in ihrer ganzen Längs- und Querausdehnung bedienen kann. Eine solche Anlage im Hasper Hochofenwerk veranschaulicht die Abb. 165. (Der von Jäger für eine Tragkraft von 3 t und eine Spannweite von 52,25 m gebaute Kran, der mit einem Selbstgreifer von 1 cbm Fassungsvermögen arbeitet, erzielt eine Hubgeschwindigkeit von 10 m, eine Kranfahrgeschwindig-

[1]) Z. B. in den Geisweider Eisenwerken.

keit von 30 m und eine Katzfahrgeschwindigkeit von 100 m/min durch je einen Motor von 10 PS.)

Eine weitere Ausbildung einer Kohlenschlamm-Verladeanlage (Demag) stellt Abb. 166 dar. Eine katzenartig auf dem den Klärteich überspannenden Kranträger verfahrbare Baggervorrichtung hebt den Schlamm auf ein Transportband, das ihn, bei entsprechender Förderrichtung, nach den am Rande des Teiches aufgestellten Wagen schafft. Ist ein Klärteich ausgebaggert, so kann die ganze Brücke über den nächsten Teich ge fahren werden. Zu diesem Zweck läßt sie sich sowohl in der Längs- als auch in der Querrichtung verfahren, was nach Hochziehen der für die jeweilige Fahrtrichtung nicht benutzten Laufräder mit Hilfe von Spindeln möglich ist. Beide Räderanordnungen werden von dem in der Mitte des Brückenuntergurtes aufgestellten Motor angetrieben.

Abb. 168. Kabelkran für Schlammförderung (Mölke).

Zweckmäßig dürfte auch der mit Auskragungen versehene Bockkran für die Bedienung namentlich ausgedehnter Klärteiche sein, da bei ihm gleichfalls, wie die Abb. 167 einer Ausführung von Schenk & Liebe-Harkort für die August Thyssen-Hütte, Gewerkschaft, zeigt, die Anordnung der Waggongleise — zur Fortschaffung des Schlammes — seitlich der Kranfahrbahn möglich ist. Auch hierdurch kann das Verladegeschäft rationeller gestaltet werden als mit gewöhnlichen Laufkranen, die unter Umständen ihre weitgespannte Brücke jedesmal erst über außerhalb des Teiches stehende Waggons verfahren müssen[1]).

[1]) Vgl. auch Bruche: Anz. f. Berg-, Hütten- u. Maschinenwesen 1925, Nr. 73 u. Prüss: Glückauf 1925, Nr. 17.

Die vorteilhafte Anwendungsmöglichkeit eines Kabelkranes (Bleichert) auch für solche Zwecke läßt Abb. 168 erkennen. Der kreisfahrbare Kran hat eine Spannweite von 264 m und eine Tragfähigkeit von 3,5 t. Bei einer Hubgeschwindigkeit von 35 m und einer Katzfahrgeschwindigkeit von 200 m/min beträgt die stündliche Leistung bei mittleren Förderwegen, gut greifbarem Kohlenschlamm und gut eingearbeiteten Bedienungsleuten bis zu 24 Förderspielen (Greiferinhalt 1,5 cbm). Der Kran, an dessen festen Turm inzwischen ein gleichartiger zweiter angeschlossen worden ist, arbeitet seit einigen Jahren auf der Wenceslausgrube in Mölke i. Schles.

F. Beschickung der Kupolöfen.

Von Bedeutung ist für viele Werke, Stahlhütten wie Eisengießereien, die eine Umschmelzung des Roheisens im Kupolofen vornehmen, die Frage der zweckmäßigen Beförderung der Masseln usw. auf bzw. in letzteren, d. i. der Beschickung der Kupolöfen.

Daß die Entwicklung der hierfür gebräuchlichen maschinellen Hilfsmittel mit denen für die Hochofenbegichtung viel Ähnlichkeit zeigt, ist ja naheliegend. Auch bei den Kupolöfen waren noch bis vor etlichen Jahren die Vertikalaufzüge — falls nicht benachbartes Hügelland eine direkte Zufuhr mit Wagen zur Gicht als das Allereinfachste ergab[1]) — die Regel, und erst die Neuzeit schuf auch hierfür neue Methoden, die das Ziel auf rationellere Weise zu erreichen suchten[2]).

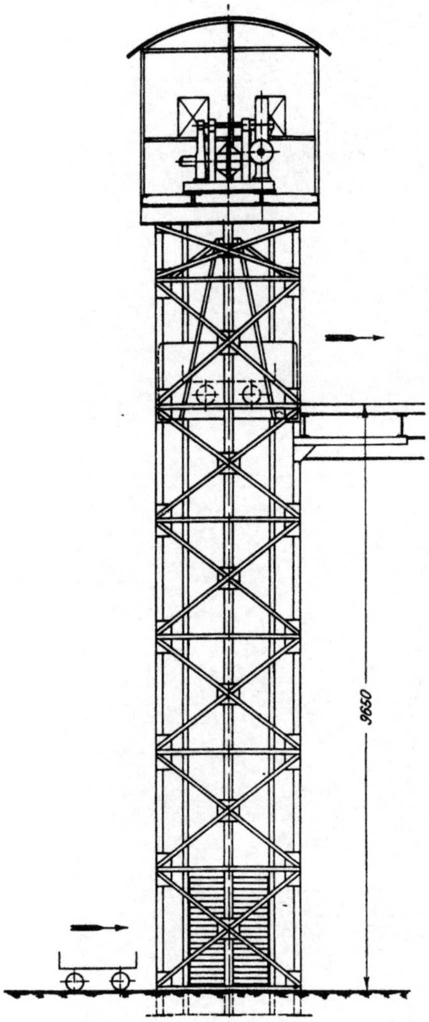

Abb. 169.

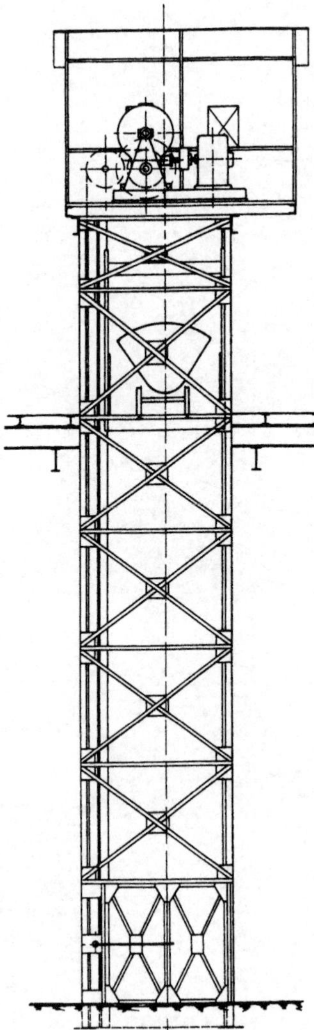

Abb. 170.

Abb. 169 bis 171. Kupolofen-Vertikalaufzug (Düdelingen).

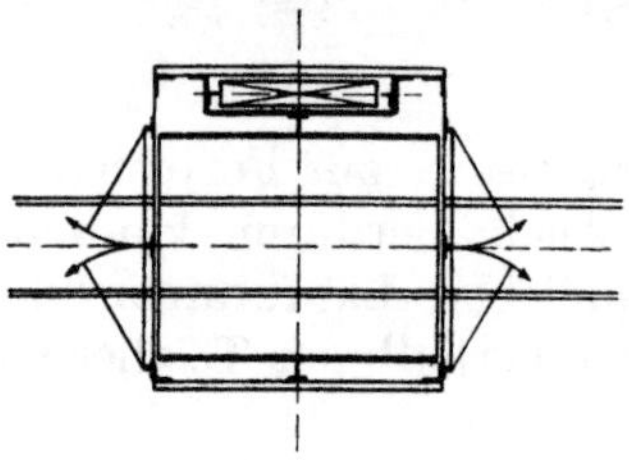

Abb. 171.

[1]) So wird von den 14 Kupolöfen eines unserer ältesten und am Bergabhang gelegenen Hüttenwerke, der Halbergerhütte, nur ein Teil von Vertikalaufzügen bedient, wohingegen sich bei dem anderen Teil die Begichtungsbühne in gleicher Höhe mit dem oberen Hüttenterrain befindet (das durch eine Adhäsionsbahn mit der unteren Hüttenflur verbunden ist).

[2]) Vgl. auch Pape: Stahleisen 1912, Nr. 39; Ehrhardt: Stahleisen 1914, Nr. 31. Auch hinsichtlich der Verschiedenartigkeit der

Die senkrechten Aufzüge — von denen die Abb. 169 bis 171 in einer von Mohr & Federhaff für Düdelingen gelieferten Ausführung für 5 t Tragkraft ein Beispiel geben — benötigen auch hier zum Abziehen und Entleeren der Wagen besondere Bedienungsmannschaft auf der Beschickbühne. Ist dieses schon bei einem Ofen kein Vorzug,

Abb. 172. Kupolofen-Schrägaufzüge (Ruhrort).

so kann es bei einer größeren Anzahl von Öfen, wobei man überdies mit einem einzigen Schacht kaum ausreicht, zu einem empfindlichen Nachteil werden. Es ist daher begreiflich, daß man sich auch bei der Kupolofenbeschickung besonders für hohe Leistungen, wie sie sich beispielsweise beim Stahlwerksbetrieb für das Einschmelzen des Sonntagseisens ergeben, die Vorteile automatischer Zufuhr des Schmelzgutes zunutze zu machen gesucht hat. Die Abb. 172 bis 174 zeigen zwei dies ermöglichende Schrägaufzüge [1]), die für eine Gesamtleistung von 120 t in 20 Stunden von der Firma Schenck &

Antriebskraft liegt Übereinstimmung vor. So sind selbst hydraulische Gichtaufzüge namentlich in nordamerikanischen Gießereien noch heute häufig; vgl. Stahleisen 1912, Nr. 17.

[1]) Betr. den ersten Schrägaufzug mit zwangläufiger Gefäßentleerung der Maschinenfabrik E. Becker für die Gießerei von Keyling & Thomas siehe Ehrhardt: Stahleisen 1909, S. 54.

Liebe-Harkort für die Hütte „Phönix“ in Ruhrort geliefert worden sind[1]). Durch diese beiden Aufzüge, die durch eine gemeinsame elektrische Winde wechselweise

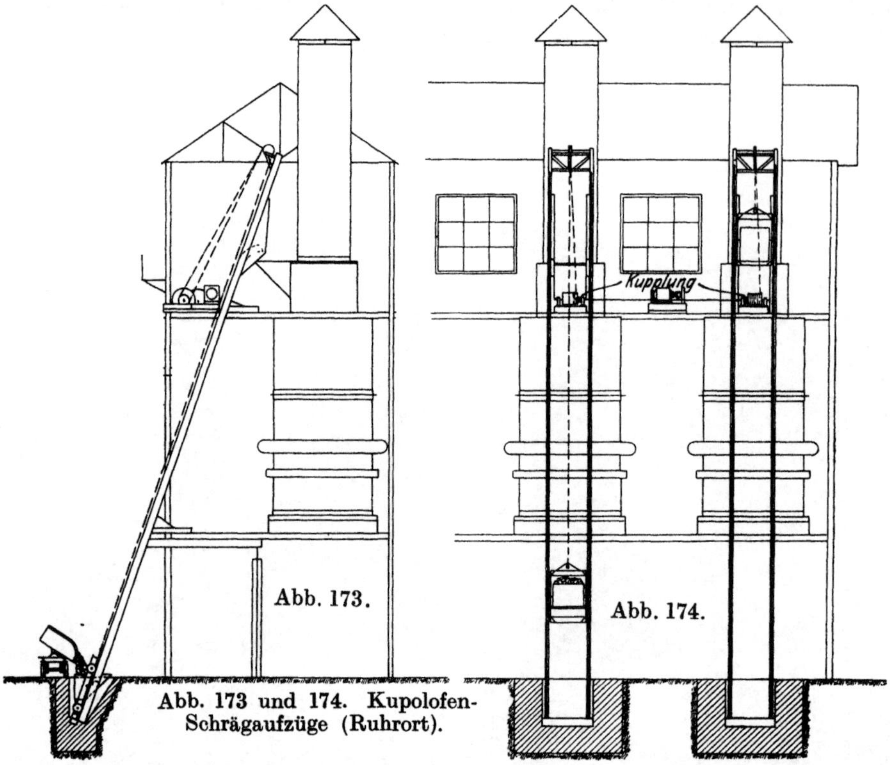

Abb. 173 und 174. Kupolofen-Schrägaufzüge (Ruhrort).

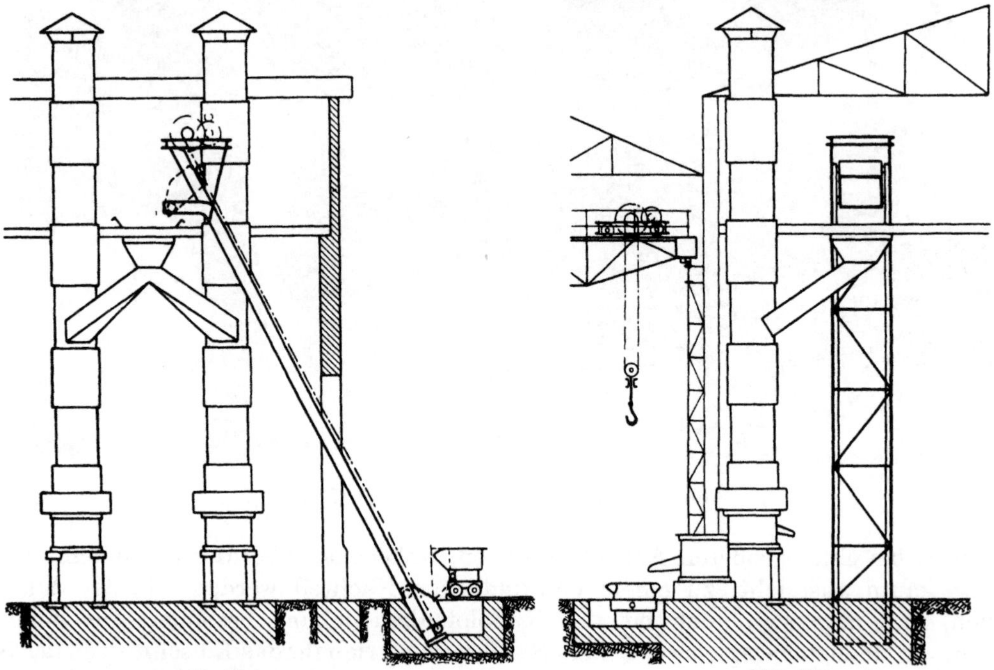

Abb. 175. Abb. 176.

Abb. 175 und 176. Gemeinsamer Kupolofen-Schrägaufzug.

angetrieben werden, wird fortwährend ein gefüllter Kübel gehoben, während bei dem anderen Aufzug ein leerer Kübel gesenkt wird. Wie die Abbildungen erkennen lassen,

[1]) Die Anwendung von Schrägaufzügen ist in den letzten Jahren auch auf Kupolöfen von größten Leistungen — 10000 kg/st und mehr — ausgedehnt worden.

bewegt sich auf dem schrägen Führungsgerüst ein Laufwagen mit eingehängtem Kippkübel, der auf Flur in eine Grube fährt, um so von Handkippwagen gefüllt zu werden. In der höchsten Stellung angekommen, wird der Kübel, der für sich allein durch eine Rollenführung aus der geraden Schrägbahn abgelenkt wird, in die Ofengicht entleert. In Ausnahmefällen muß es auch möglich sein, nur mit einem Aufzug zu arbeiten. Es läßt sich zu dem Zwecke eine der beiden Hubtrommeln vom Antrieb abkuppeln, so daß nur ein Aufzug in Tätigkeit ist.

Die Anlage eines ähnlichen Schrägaufzuges war von dem Stummschen Hüttenwerk in Neunkirchen, das seine von Ueckingen kommenden Masseln mit einem Vertikalaufzug hob, mit der weiteren Vervollkommnung geplant, daß der Aufzugskübel nicht von Hand, sondern unmittelbar von dem magnetischen Entladekran gefüllt wird.

Die wahlweise Bedienung zweier Öfen durch nur einen (stationären) Schrägaufzug (Ardelt) kann nach Abb. 175 und 176 dadurch erfolgen, daß der Aufzugskübel nicht unmittelbar in die Gicht, sondern in einen zwischen den Öfen angebrachten Behälter entleert, dessen Inhalt durch Auslaufrohre dem jeweils zu speisenden Ofen zugeführt wird. Die hierzu erforderliche Betätigung des Schiebers kann von Hüttenflur aus geschehen.

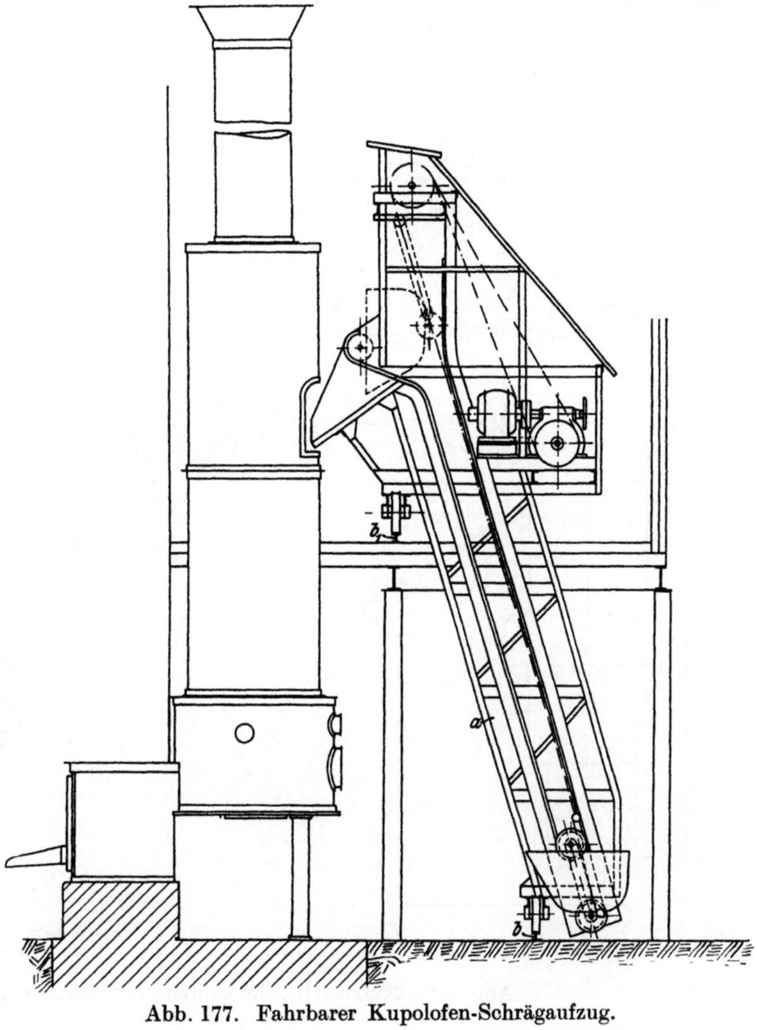

Abb. 177. Fahrbarer Kupolofen-Schrägaufzug.

Eine von der Akt.-Ges. Vulcan, Köln, vorgeschlagene weitere Ausbildung solcher Kupolofenschrägaufzüge besteht darin, daß das Gerüst *a* in der aus Abb. 177 ersichtlichen Weise auf Schienen *b*, b_1 von Hand fahrbar eingerichtet ist, um mehrere Öfen automatisch beschicken zu können[1]). Es empfiehlt sich in diesem Falle, die Winde in gewöhnlicher Weise durch ein direkt mit einem Elektromotor gekuppeltes Vorgelege antreiben zu lassen, während für den Fall, daß nur ein Ofen bedient werden soll, der Antrieb der Aufzugswinde ebensogut auch durch eine vorhandene Transmission erfolgen könnte. Der Anschaffungspreis für derartige fahrbare Anlagen, die von der genannten Firma mit Förderkübel für 200—1000 kg Inhalt eingerichtet werden, bewegte sich, je nach Leistung und Abmessungen, zwischen 1500 und 8000 M. Allgemein sei zu diesem Punkte

[1]) Die Beschickung nur zweier benachbarter Öfen kann, wie gesagt, wohl auch mit Hilfe eines zwischen diesen fest aufgestellten Aufzuges erfolgen, wobei das Schmelz- und Feuerungsmaterial aus dem Einwurftrichter durch ein sog. Hosenrohr dem jeweils zu beschickenden Ofen zugeleitet wird; s. Abb. 175 (Ardelt).

jedoch gesagt, daß der Höhe des Anlagekapitals für selbsttätige Beschickvorrichtungen Ersparnisse dadurch gegenüber stehen, daß unter Umständen nicht unerheblich an Begichtungspersonal dauernd gespart werden und daß ferner die Bühne bedeutend kleiner ausfallen kann. (Letztere wird man zweckmäßiger Weise für den Fall etwaiger Betriebsstörungen an den Aufzügen noch zum Ablagern von Beschickmaterial benutzen.) Als ein Moment sozialer Art tritt zugunsten solcher Schrägaufzüge, bei denen sich also kein Schmelzer mehr auf der Bühne zu befinden braucht, noch die Beseitigung von Unfällen, die sich bei der Bühnenbeschickung ja durch Austreten von Kohlenoxydgas ereignen können[1]).

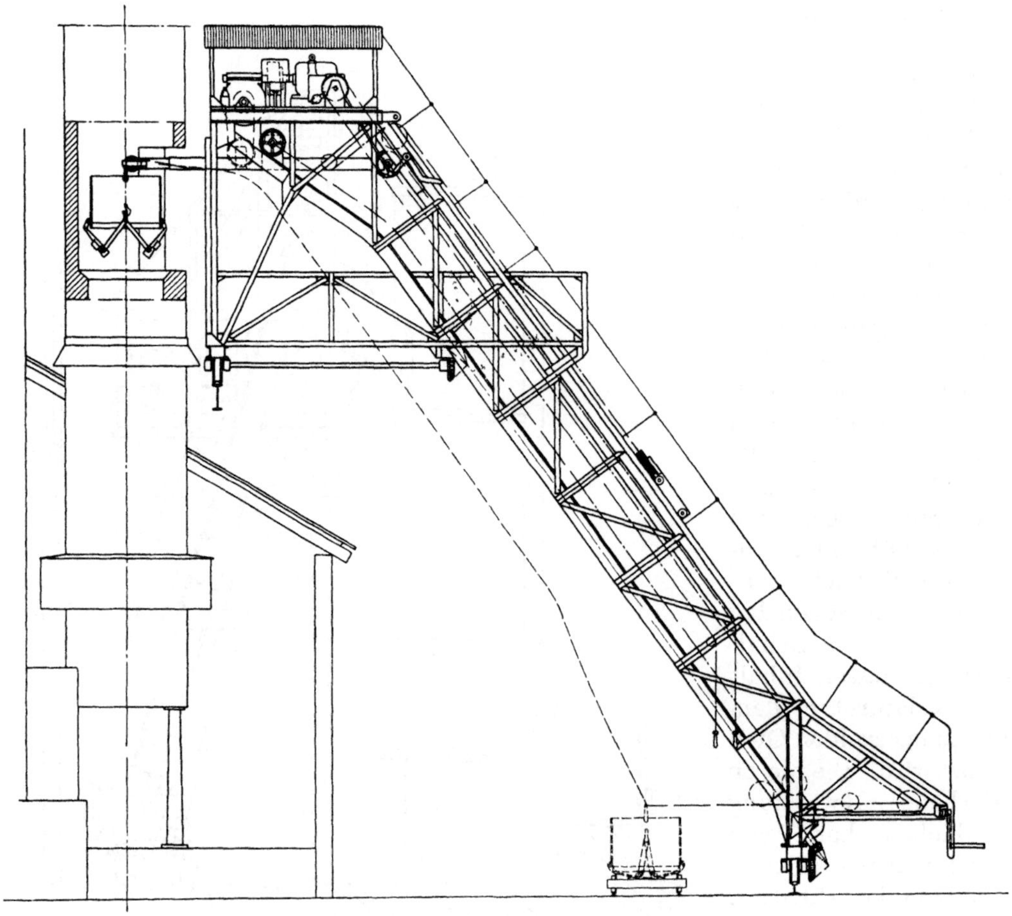

Abb. 178. Kupolofen-Schragaufzug für Zentralbegichtung.

Einen wesentlichen Fortschritt in Durchbildung und Betriebsweise stellt der Schrägaufzug (Zobel-Neubert) nach Abb. 178 dar. Bei ihm ist es durch Zuhilfenahme eines Katzenauslegers möglich, den an diesem hängenden Möllerkübel unmittelbar über die Gicht zu bringen, in diese zentral sich entleeren zu lassen und somit alle mit einer einseitigen Materialeinschüttung verbundenen Nachteile zu vermeiden[2]).

Gleichfalls in steigendem Maße haben sich Hängebahnen für die Versorgung von Kupolöfen mit Schmelzmaterial eingebürgert. Sie dürften ja auch durch ihre kontinuierliche, jede Bewegungsumkehr vermeidende Arbeitsweise wie kaum ein anderes System sich dazu eignen, große und größte Leistungen auszuführen. Elementarantrieb der Wagen — als sog. Elektrohängebahn — ist hierfür dann Voraussetzung[3]). Genau

[1]) Vgl. auch Irresberger: Stahleisen 1910, S. 1188.
[2]) D.R.P. Nr. 230695. Ausführlich beschrieben von Wülfrath: Stahleisen 1914, Nr. 31.
[3]) Vgl. Leber: Stahleisen 1912, Nr. 13.

wie beim Hochofenbetrieb kann die Hängebahn mit Vorteil auch beim Kupolofenbetrieb in ununterbrochenem Lauf weiter über die Lagerplätze von Roheisen, Koks und Kalkstein usw. weggeführt werden, so daß die Materialien ein störendes Umladen auf ihrem Wege bis zum Ofen überhaupt nicht mehr durchzumachen brauchen. Die Überwindung des Höhenunterschiedes zwischen Hüttenflur und Beschicköffnung erfolgt, unter Vermeidung von Schrägstrecken, häufig durch einen zwischen den oberen und unteren Lauf der Hängebahn eingeschalteten Vertikal-Doppelaufzug.

Eine der größten derartigen Elektrohängebahnanlagen ist die von Bleichert für Thyssen & Co. in Mühlheim a. d. R.[1]) gelieferte, deren Gesamtanordnung aus Abb. 179 und deren im Freien liegende Teile in Abb. 180 ersichtlich sind. Sie dürfte mit einer Jahresproduktion von etwa 75000 t wohl eine der größten Gießereianlagen überhaupt darstellen[2]); die einwandfreie Bedienung derselben durch eine einzige Hängebahnanlage dürfte andererseits der beste Beweis für die Zweckmäßigkeit einer solchen eben für sehr große Produktionen sein. Die Bahn a—a_1, die in der ersichtlichen Weise den ganzen Lagerplatz in so niedriger Höhe durchzieht, daß Roheisen, Kalkstein, Koks und Brucheisen noch bequem von Hand in die Wagenkästen der Elektrohängebahn eingeladen werden können, ist insgesamt 425 m lang. Mit Hilfe von Weichen c kann der Fahrweg der Wagen gegebenenfalls wesentlich abgekürzt werden.

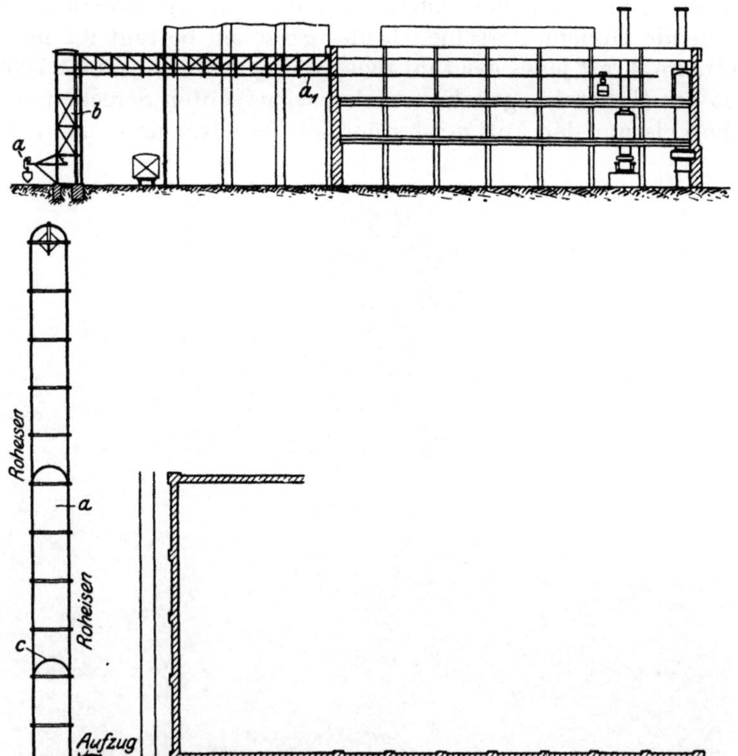

Abb. 179. Förderanlage für Kupolofenbeschickung (Mülheim).

[1]) Siehe auch Schmidt: Stahleisen 1909, S. 1378.

[2]) Die der gesamten, allerdings noch weit erheblicheren Stahlerzeugung — von täglich etwa 1750 t — in Rothe Erde dienenden Umschmelzöfen werden durch eine Schräghängebahn mit Seilantrieb (Pohlig) begichtet; siehe auch Stahleisen 1907, S. 1526.

Der untere Lagerplatzstrang *a* und der obere Gichtbühnenstrang a_1 sind durch einen senkrechten elektrischen Aufzug *b* miteinander verbunden, in dessen Fahrbühne die Hängebahnwagen von dem unteren und dem oberen Fahrstrang ein- und ausfahren können. Der durch den Aufzug mit einer Hubgeschwindigkeit von 0,25 m/sek zu überwindende Höhenunterschied beider Strecken beträgt 9,2 m, seine Tragkraft 2200 kg (die Nettotragkraft jedes der fünf Elektrohängebahnwagen ist 1250 kg). Die Fahrgeschwindigkeit der Elektrohängebahn auf den wagerechten Strecken ist 1 m/sek. Die durchschnittliche Leistung der Anlage ist stündlich 20 t Roheisen, 2,5 t Koks, 1 t Kalk und 5 t Sand.

Abb. 180. Förderanlage für Kupolofenbeschickung (Mülheim).

Die umfangreiche Gießereianlage der Maschinenfabrik Voith in Heidenheim wird nach Abb. 181 u. 182 außer durch eine der vorgenannten grundsätzlich ähnliche Begichtungsbahn mit elektrischem Antrieb noch durch eine ausgedehnte Handhängebahn zum Transport von flüssigem Eisen, von Sand u. a. bedient[1]). Die Gesamtausführung stammt von der Firma Bleichert. An den Bunkern *a* für Roheisen, Koks und Kalkstein ist die Elektrohängebahn *b* unterirdisch entlang geführt, um dann durch einen Tunnel *c* unter der Mittelgießerei *d* hindurch in den Aufzug *e* geleitet zu werden, der die Hängebahnwagen auf die Höhe der Gichten der vier Kupolöfen *f* hebt. Hier werden sie über eine Schleife *g* an den Einschüttrichtern aller Öfen vorbeigeführt und gelangen danach zur Heranholung weiteren Schmelzgutes wieder in den Aufzug zurück. Diese Bahn ist 210 m lang und vermag stündlich 14 t Roheisen und 1,4 t Koks und Kalksteine zu fördern. Zum Transport von flüssigem Eisen, Sand und Formkästen in der Kleingießerei läuft unten an den Kupolöfen und der dahinter gelegenen Sandaufbereitung eine Handhängebahn *h* vorbei, deren Arbeitsbereich durch die (in Abb. 182 noch besonders ersichtliche) fahrbare Brücke *i*[2]) — die elektrisch verfahren und vom Fußboden aus ge-

[1]) Vgl. Stahleisen 1914, Nr. 18.

[2]) Eine längs fester Enden von Hängebahnschienen schiebebühnenartig verfahrbare Brücke u. ä. m. ist beschrieben bei Müller: Werkz.-Masch. 1925, S. 163 u. ff.

steuert werden kann — sich über die ganze Grundfläche der Kleingießerei erstreckt. Die Hängebahngießwagen dieser Bahn haben eine Tragkraft von 1 t, entsprechend 400 kg für das Gewicht der Pfanne und 600 kg des flüssigen Eisens.

Eine in der Gesamtanordnung nach Abb. 183 bis 185 den vorigen gleiche Elektrohängebahnanlage (Bleichert) besorgt auch beim „Phönix" in Hoerde das Beschicken zweier Kupolöfen *B*; hierzu werden im Ganzen noch 5—6 Mann benötigt (und zwar 3—4 Mann unten auf dem Lager zum Füllen der Kübel, 1 Mann unten am Aufzug *A* zum Steuern

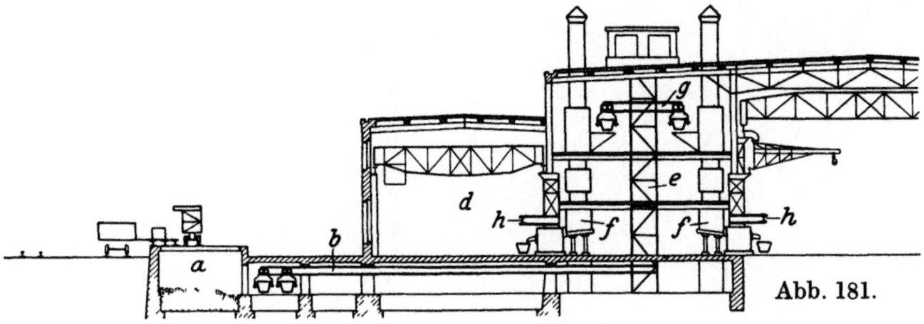

Abb. 181.

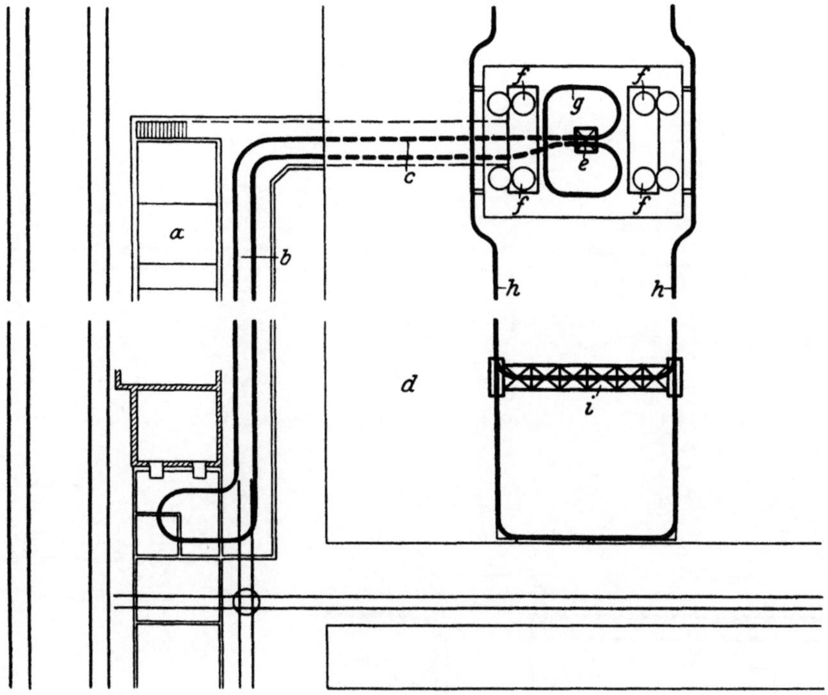

Abb. 182.

Abb. 181 und 182. Förderanlage zur Kupolofenbeschickung (Heidenheim).

und 1 Mann oben zum Aufschreiben, Ausschalten und Kippen). — In ähnlicher Art — durch eine Kombination von (handbetriebener) Hängebahn mit Vertikalaufzug — erfolgt die Begichtung zweier Kupolöfen auch bei der Firma F. Küppersbusch Söhne A.-G. in Schalke[1]).

Die bisher betrachteten Begichtungsarten wiesen fast ausnahmslos eine seitliche Einschüttung des Schmelzgutes in den Ofen auf. Insbesondere war bei der Elektrohängebahn eine Überführung der Wagen über die Ofenmitte hinweg wegen der Empfindlichkeit der elektrischen Wagenausrüstung gegen die oberhalb der Gicht herrschenden Temperatur- und auch Staubverhältnisse nicht möglich. Das Bestreben, bei der Benutzung von Elektrohängebahnen eine zentrale Begichtung des Kupolofens mit

[1]) Vgl. Schott: Stahleisen 1911, S. 132.

allen ihren Vorzügen für einen guten Ofengang möglich zu machen, hat bei der in den Abb. 186 bis 189 dargestellten Anlage (Bleichert) für die Gießerei von Borsig in Tegel zu einer neuartigen Ausbildung[1]) geführt: Der wie bisher neben dem Ofen *a* an-

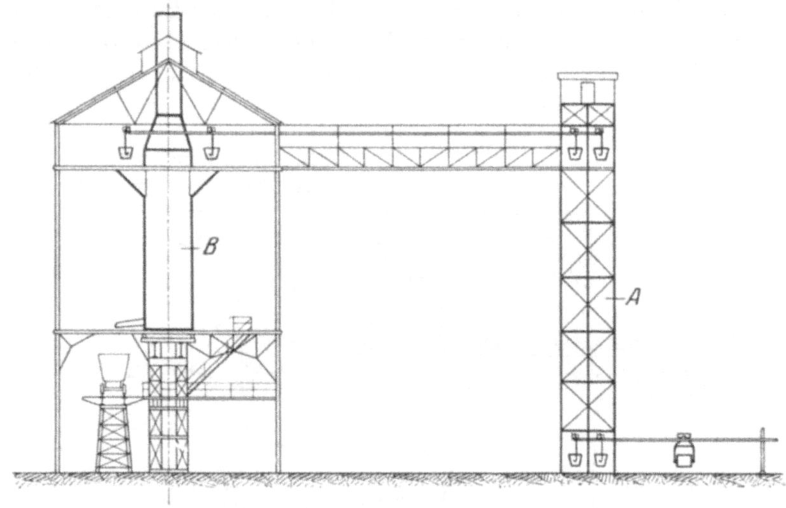

Abb. 183.

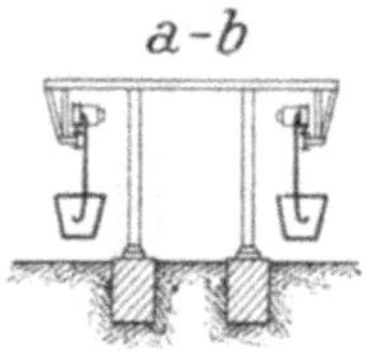

Abb. 184.

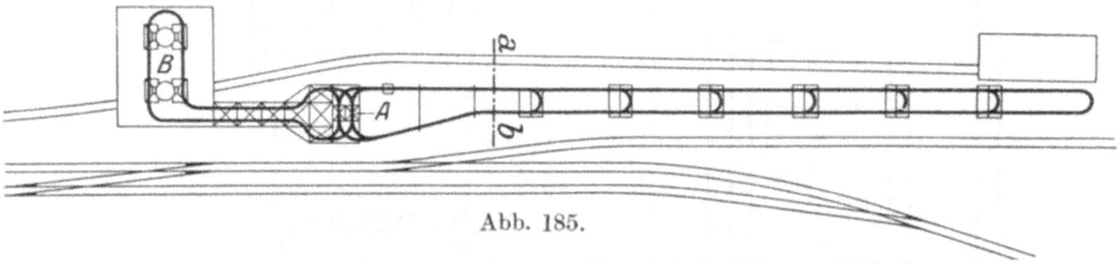

Abb. 185.

Abb. 183 bis 185. Förderanlage für Kupolofenbegichtung (Hoerde).

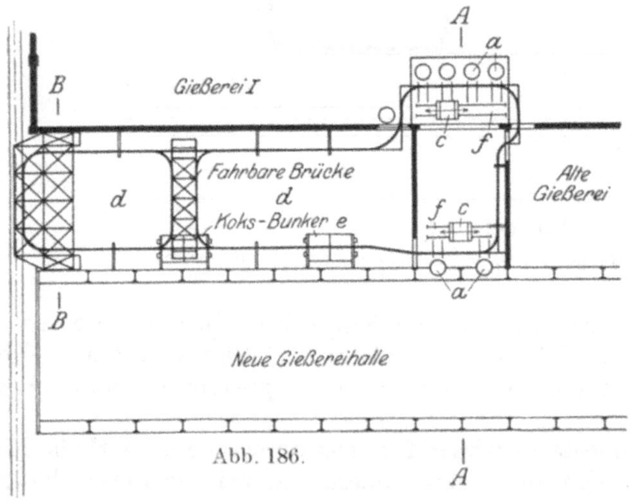

Abb. 186.

Schnitt A-A

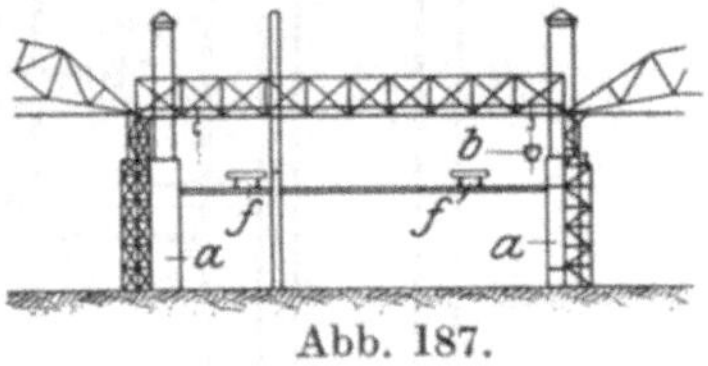

Abb. 187.

Schnitt B-B

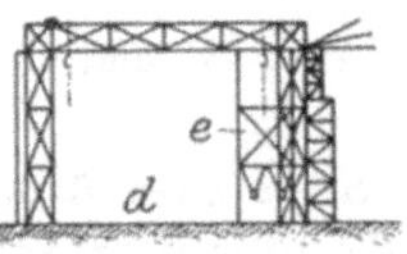

Abb. 188.

Abb. 186 bis 188. Förderanlage für zentrale Kupolofenbeschickung (Tegel).

---

[1]) Gleichartige Zentralbegichtungen bestehen noch bei Meier & Weichelt in Leipzig und bei den Deutschen Werken in Spandau. — Zentralbegichtungen durch Schrägaufzüge sind — ähnlich den vom Hochofenbetrieb her bekannten — bereits früher aufgeführt worden; vgl. Gieß.-Ztg. 1912, Nr. 18 und Feuerungstechn. 1915, Heft 14. Eine ebenso eigenartige wie einfache Zentralbegichtung ist in der Gießerei Rödinghausen i. W. durch-

gefahrene Kübel *b* wird auf den Auslegerarm eines in den Ofenraum radial einfahrbaren Wagens *c* abgesetzt, der ihn allein, ohne den vor dem Ofen zurückgebliebenen Elektrohängebahnwagen, über die Mitte des Ofens fährt, woselbst er seinen Inhalt durch Bodenentleerung abgibt. Vor jeder der beiderseitigen Ofenreihen ist ein solcher Auslegerwagen auf Schienen *f* mittels Handkurbel schiebebühnenartig verfahrbar; das Einfahren des mit dem gefüllten Hängebahnkübel belasteten Auslegers in den Ofen erfolgt elektromotorisch[1]). Die Anlage besitzt eine Gesamtlänge von 175 m und vermag bei 1100 kg Tragkraft stündlich 16 t vom Lager nach der Gicht zu fördern. Die beiden Windenwagen haben Kübel von 5 hl Inhalt für Gußeisen und von 12 hl

Abb. 189. Auslegerwagen für zentrale Ofenbeschickung (Tegel).

für Koks. Die Arbeitsgeschwindigkeit beträgt für das Heben 20 m, für das Fahren 50 m/min. Abgesehen von der Erzielung eines gleichmäßigen Ofenbetriebes durch die Zentralbegichtung hat diese, der seitlichen Trichterbegichtung gegenüber, noch den Vorteil, daß die Schütthöhe eine um die Trichterhöhe größere wird und daß die am Trichterauslauf gern auftretenden Verstopfungen mit den lästigen Begleiterscheinungen fortfallen. Den Abb. 186 u. 188 ist auch noch zu entnehmen, wie bei der Beschickung durch eine Elektrohängebahn diese gleichzeitig wieder zur Heranschaffung des Schmelzgutes — der Masseln vom Lagerplatz *d* und des Kokses aus den Bunkern *e* — ohne Umladung benutzbar ist. —

---

geführt: die auf Flur mit dem Schmelzgut gefüllten Wagen werden durch einen gewöhnlichen Steilaufzug auf Gichthöhe gehoben, automatisch entriegelt und rollen auf einem mit Gefälle verlegten Gleis über die Gichten der beiden Öfen. Ein Anschlag über diesen öffnet die Bodenklappen des Wagens, der seinen Inhalt darauf in den Schacht fallen läßt; ein Gegengewicht zieht den leeren Wagen wieder in die Aufzugsbühne zurück. Es werden also auch keinerlei Bedienungsleute auf der Gicht benötigt. Näheres siehe Stahleisen 1912, Nr. 26.

[1]) Um für den Fall einer Betriebsstörung den Kübel aus dem Ofen entfernen zu können, kann der Wagen auch mit Hilfe des ersichtlichen Handradantriebes zurückgefahren werden.

Bei aller Anerkennung der unbegrenzten Leistungsfähigkeit und der sicheren Betriebsweise solcher Hängebahnanlagen, deren Fahrstrang dicht über alle zu bedienenden Lagerstätten geführt wird, darf doch nicht übersehen werden, daß der sich nahe über Flur abwickelnde Wagenverkehr, besonders bei notwendigen großen Fahrgeschwindigkeiten, als hinderlich empfunden werden kann. Daß ferner auch ein die Stetigkeit der Arbeitsweise[1]) unterbrechender Vertikalaufzug für das Auf- und Abbefördern der Kübelwagen sowie dessen Wartung jedenfalls eine unerwünschte Beigabe ist. Die Einschaltung eines Vertikalaufzuges hat praktisch weiterhin zur Folge, daß wegen der nicht ganz genauen Einstellung der Schienenstücke in der Fahrbühne gegenüber den festen Schienensträngen der Übergang der Hängebahnwagen leicht mit Stößen verbunden ist, die der Konstruktion und dem Betrieb natürlich nicht dienlich sind.

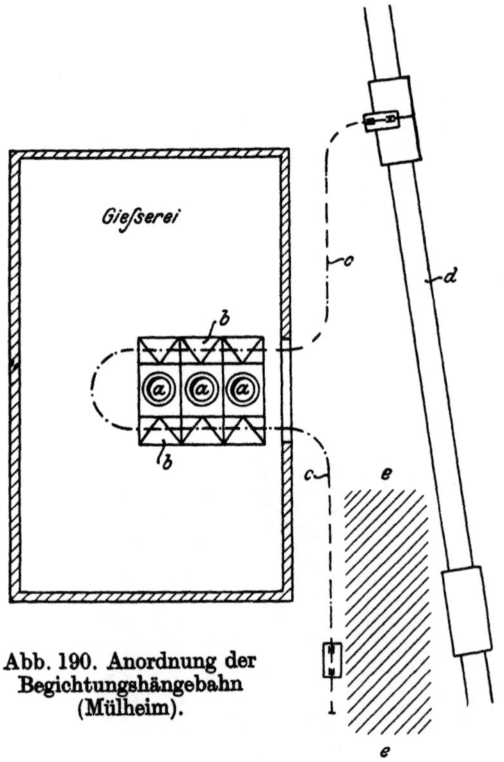

Abb. 190. Anordnung der Begichtungshängebahn (Mülheim).

Diese Nachteile vermeidet in außerordentlich zweckmäßiger Weise die Kupolofenbegichtungsanlage für Gießerei I der Friedrich-Wilhelmshütte in Mülheim a. d. R. Wie die Situationsskizze, Abb. 190, zu erkennen gibt, ist daselbst eine Hängebahnschiene *c* über das Zufuhrgleis *d* der Eisenbahnwagen sowie über die Vorratslager der Beschickungsmaterialien *e* hinweg an den beiderseitigen Einfülltrichtern *b* dreier Kupolöfen *a* vorbeigeführt, aber — was das Wesentliche ist — durchgehend gleich in der Beschickhöhe von etwa 10 m über Flur. Zum Füllen müssen die Kübel der Hängebahnwagen natürlich herabgelassen werden, zu welchem Zwecke diese mit einem elektrischen Windwerk versehen sind, das von dem mitfahrenden Führer gesteuert wird. Um an Bedienungspersonal und an Zeit für das Heben und Senken zu sparen, ist mit jeder der beiden Führerlaufkatzen (Demag) noch ein zweiter Windwerkswagen gekuppelt, der dementsprechend aber ohne Fahrantrieb zu sein braucht. Das Schwanken der hochgezogenen Kübel, namentlich nach dem Durchfahren der Kurven, wird durch am Fahrgestell der Wagen angebrachte Bügel verhindert. [Die Hubgeschwindigkeit beträgt bei 1200 kg Last 12 m/min (6 PS), die Fahrgeschwindigkeit eines beladenen Wagenzuges 90 m/min[2]) (6,5 PS).]

Die Analogie der Materialbeförderungsverhältnisse beim Kupolofen- und beim Hochofenbetrieb kommt auch dadurch zum Ausdruck, daß kranartige Beschickvorrichtungen auch bei jenem nur die Ausnahme bilden. Die verhältnismäßig wenigen Ausführungen zeigen indes auch hier die schätzenswerte Anpassungsfähigkeit der Kranausbildung an örtliche Verhältnisse.

So benutzt die Hütte „Phönix" in Ruhrort außer der vorhin genannten Schrägaufzugsanlage für die Bedienung zweier weiterer Kupolöfen einen feststehenden Bockkran (Scholten), dessen als Motorlaufwinde ausgebildete Katze zunächst die ankommenden Waggons entladet. Das Material kann mit Hilfe einer einseitig offenen Mulde weiterhin gehoben und über einer zwischen den beiden Öfen angebrachten doppelseitigen Rutsche (*c* in Abb. 192) entleert werden, von der aus es dann ohne besondere

[1]) Bemerkt sei, daß sich kontinuierliche Beschickeinrichtungen nach dem Bagger- bzw. Elevatorprinzip für Kupolöfen nicht bewährt haben sollen; vgl. Ehrhardt: Stahleisen 1909, S. 53; siehe aber auch Hermanns: Stahleisen 1910, S. 576.

[2]) Bei den vorgenannten Anlagen hatte man die Fahrgeschwindigkeit eben wohl auch mit Rücksicht auf den übrigen Verkehr auf 60 m/min beschränkt.

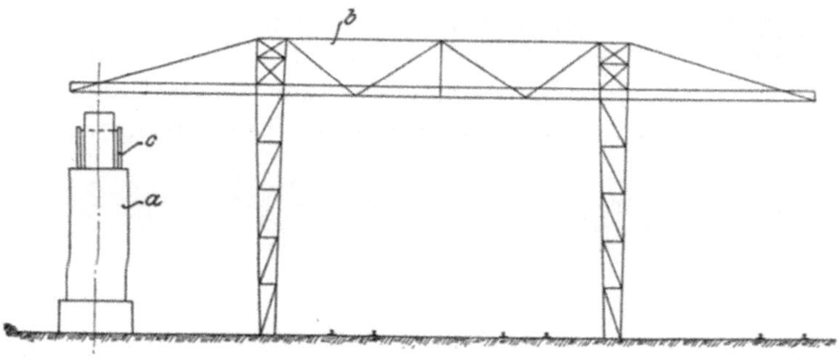

Abb. 191.

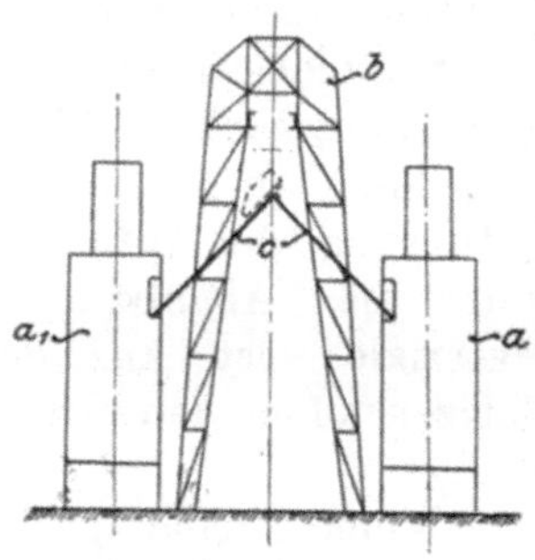

Abb. 192.

Abb. 191 und 192. Begichtungsbockkran (Ruhrort).

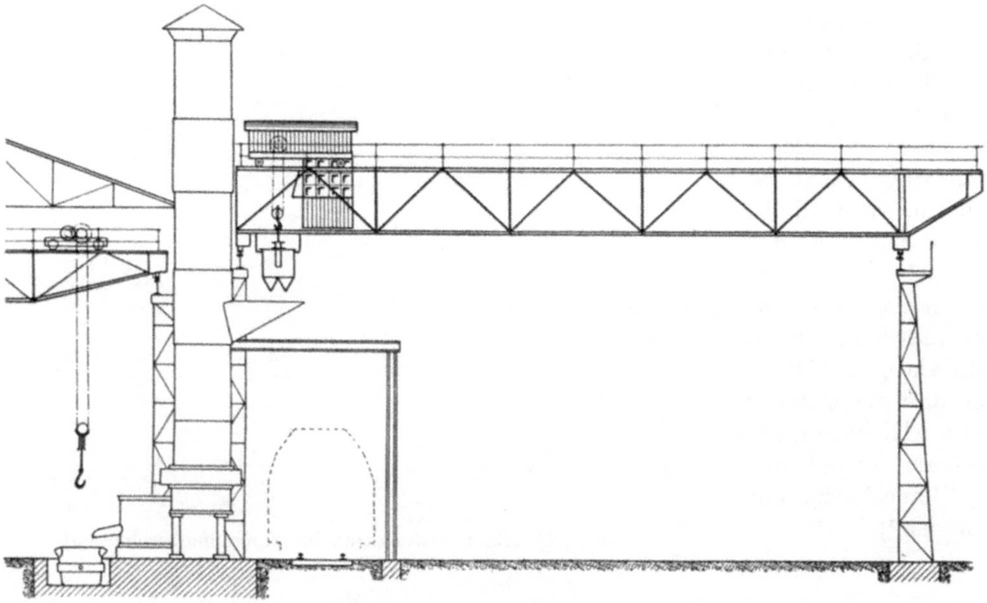

Abb. 193. Begichtungslaufkran.

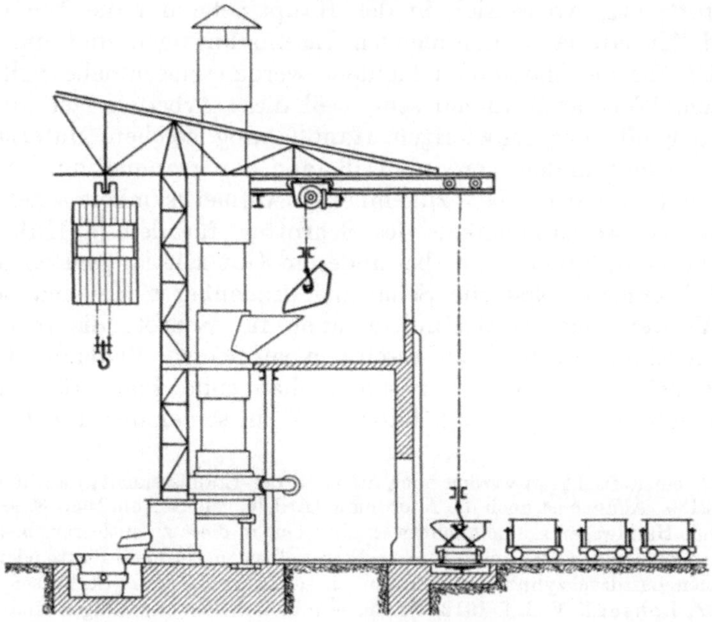

Abb. 194. Begichtungslaufkatze.

Nachhilfe in den Ofen (a oder a_1) gelangt. — In ähnlicher Weise erfolgt die Bewegung des Kupolofenbeschickmaterials auch bei den Rombacher Hüttenwerken. Laufkran- und -katzenartiger Transportmittel (Ardelt) bedient man sich zur Beschickung der Kupolöfen auch nach Abb. 193 und 194. Die Arbeitsweise dieser Vorrichtungen, die Zuführung, die Aufnahme und die Abgabe des Materiales ist aus den Skizzen ohne weiteres zu ersehen.

Als eine eigenartige Begichtungsweise stellt sich die im Strebelwerk, Mannheim, angewendete dar. Daselbst fährt auf dem Dach des Kupolofenhauses ein Laufkran, auf dem wiederum ein Auslegerdrehkran angebracht ist. Dieser kann, wie es die besonderen Verhältnisse dort als wünschenswert erscheinen lassen, über die Ofenhausmauer hinweg die gefüllten Klappkübel hochnehmen und sie dann in senkrechter Richtung, also für zentrale Begichtung, in den Ofenschacht entleeren lassen[1]).

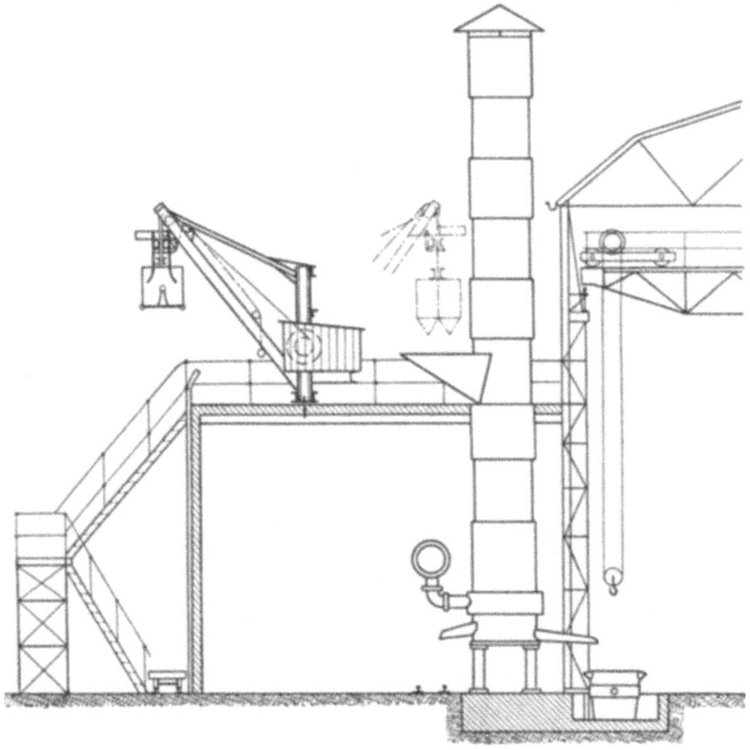

Abb. 195. Dachschwenkkran für Kupolofenbeschickung.

G. Schrottplatz.

Auf dem Schrottplatz, wo es sich in der Hauptsache um die Entladung der mit Eisenabfällen und Altmaterial ankommenden Eisenbahnwagen und um die Beladung der Beschickmulden für die Martinöfen handelt, werden maschinelle Hilfsmittel hierzu deshalb von großem Wert und Nutzen sein, weil diese Arbeiten fast ununterbrochene sind und wegen der oft sehr schwierigen Handhabung solchen Materials mit Recht als sehr unangenehm empfunden werden. Daß man der kranmaschinellen Ausstattung der Schrottplätze erst in neuerer Zeit zunehmende Aufmerksamkeit schenkt, hat seinen Grund eben in der Schwerhandlichkeit des Schrottes, für den ja Hubmittel, wie sie als Selbstgreifer, Pratzen, Zangen o. a. bei anderem Gut seit langem eingebürgert sind, nicht in Betracht kommen. Erst die Schaffung brauchbarer Hebemagnete hat durch deren wirksame Verwendung als Greifmittel auch für Schrott die früher ausschließliche Handarbeit erstaunlich schnell zu beseitigen vermocht. Vielfach ist auch der mit dem Schrottlager mehr oder weniger zusammenhängende Platz für das Zerkleinern gegossenen Einschmelzgutes — das sog. Fallwerk — in seiner maschinellen Ausstattung

[1]) Gleichfalls durch einen Dachkran werden auch die Öfen der Etablissements Cail in Denain beschickt; s. Stahleisen 1911, S. 2130. Ähnlich ist auch die Anordnung (Ardelt) gemäß Abb. 195. Eines ungewöhnlichen Hilfsmittels, um das mit Handwagen an die Gicht geschaffte Gut in diese zu entleeren, bedienen sich amerikanische Gießereien, indem eine vor der Gichtöffnung schrägstellbar angeordnete Platte oder auch der Wagen unmittelbar (durch einen Luftdruckzylinder) angehoben wird; s. Irresberger: Stahleisen 1914, Nr. 48 und Stahleisen 1912, Nr. 22; Lohse: Z. V. d. I. 1912, Nr. 38. Ähnliche Hilfseinrichtungen sind auch beschrieben bei Keller: Stahleisen 1914, Nr. 35. Sogar kontinuierliche Förderer werden in Amerika für die Kupolofenbeschickung benutzt; s. Lohse: Z. V. d. I. 1912, Nr. 39.

gleichfalls von der Einführung magnetischer Schrottverladekrane beeinflußt worden. Und zwar dadurch, daß man eben den Magneten dieser Krane zweckmäßigerweise auch zum Heben des Zerkleinerungsgewichtes benutzt, dessen Fallenlassen dabei durch Unterbrechung des Magnetstromes in denkbar einfachster Art erfolgen kann.

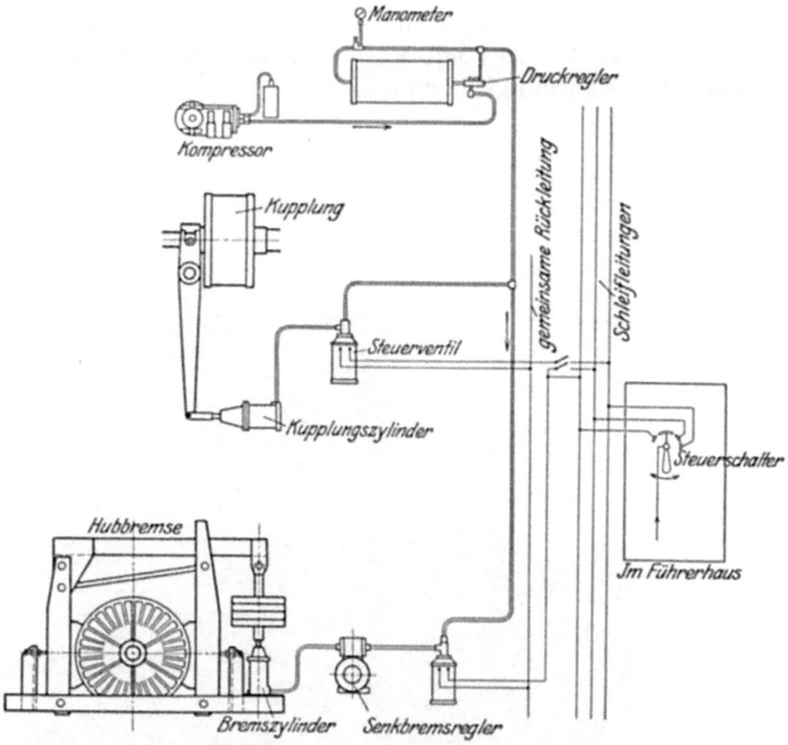

Abb. 196. Schema einer Druckluftbremseinrichtung.

Die zur Erzielung einer großen Fallhöhe des Zerkleinerungsgewichtes erforderliche Hochlage des Kranes bringt, soll dessen Leistungsfähigkeit einigermaßen gewahrt bleiben, auch entsprechend große Arbeitsgeschwindigkeiten mit sich. Für die sichere Durchführung solchen Schnellbetriebes, besonders der hohen Senkgeschwindigkeiten, hat sich die Druckluftsteuerung vielfach bewährt. Die Abb. 196 und 197 zeigen das Schema und den Einbau einer Jordan-Druckluftsteuerung an der Katze eines Fallwerkskranes (Tigler), bei dem die 7 t schwere Kugel mit 30 m/min magnetisch gehoben, dieser Hebemagnet aber mit 70 m/min gesenkt werden kann. Der Antrieb des Hubwerkes geschieht mit durchlaufendem Motor. Beim Heben wird dieser mit dem Trommelgetriebe mittels Druckluft gekuppelt, wobei die Bremse gleichzeitig durch Druckluft gelüftet wird. Beim Senken folgt nur ein Lüften der Bremse, die Druckluft wird bei einer bestimmten Senkgeschwindigkeit — in diesem Falle, wie gesagt, 70 m/min — durch den Senkbremsregler gedrosselt.

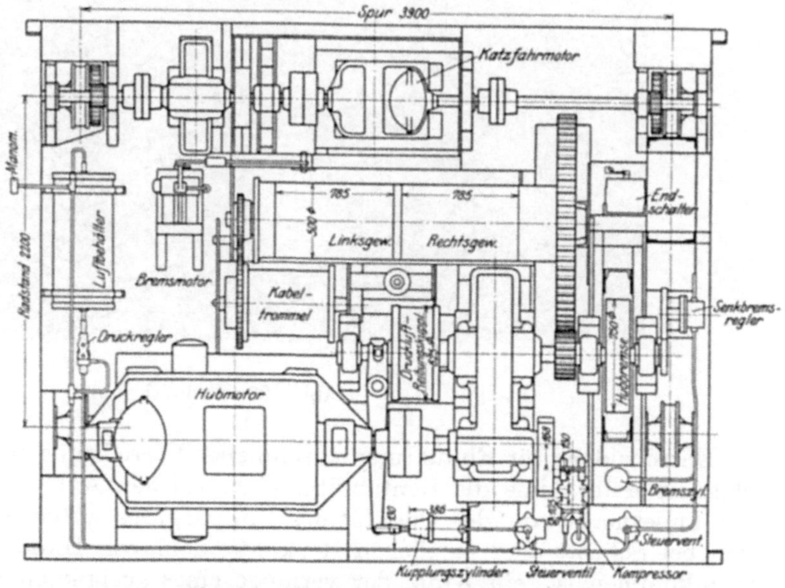

Abb. 197. Krankatze mit Druckluftbremse.

Einen Fallwerkslaufkran mit handgesteuerter Zange[1]) zum Fassen der Birne gibt Abb. 198 in einer Ausführung des Grusonwerkes wieder. Er läuft im Freien auf einer 16 m hohen Kranbahn über dem Fallwerk eines

[1]) Der Kran ist später allerdings mit einem Hebemagneten (1500 mm Durchmesser) an Stelle der Zange ausgerüstet worden.

Martinwerkes. Seine Aufgabe besteht darin, das ankommende Schlaggut aus dem Verladeraum in den Schlagraum zu befördern, die Fallbirne (von 6 t Eigengewicht) zu bedienen und das zerkleinerte Material in Wagen zu verladen. Um leichtere Lasten — die maximale Tragkraft ist 25 t — und die Fallkugel schneller heben und senken zu können, hat das Hubwerk ein umschaltbares Vorgelege. Lasten bis 8,5 t lassen sich mit 15 m, Lasten bis 25 t mit 5 m/min heben; die Kranfahrgeschwindigkeit ist 51,5 m, die Katzfahrgeschwindigkeit 26 m/min.

Abb. 198. Fallwerkskran.

Entscheidend für Einführung maschineller Vorrichtungen wird auch auf dem Schrottplatz in erster Linie die Rentabilität einer solchen Anlage sein. Diese wird hier mehr wie andernorts von der Qualität des Entladegutes abhängen. Begreiflicherweise wird sich bei Schrott aller möglichen Herkunft, dem von Hand nur außerordentlich schwer beizukommen ist, ein Kran, der vermöge eines geeigneten Greifmittels leicht entladen kann, von vornherein erwünschter machen als bei solchem Schrott, der durch seine gleichmäßige und handliche Zusammensetzung auch von Handarbeitern ohne Schwierigkeit bewältigt werden könnte. Dies kann also ein Grund sein, daß sonst auch mit Kranen recht gut ausgestattete Stahlwerke auf dem Schrottplatz noch die ursprüngliche Handverladung beibehalten (z. B. van der Zypen, Köln-Deutz u. a.). Andererseits können natürlich auch günstige Arbeiter- bzw. Lohnverhältnisse die Rentabilität kostspieliger Krananlagen ungünstig beeinflussen und die Beibehaltung der bisherigen Handarbeit begründet oder doch begreiflich erscheinen lassen. So sind bei uns beispielsweise auf den Schrottplätzen oberschlesischer Werke oft noch recht stattliche Kolonnen billiger polnischer Arbeiter mit dem Ausladen des sehr sperrigen Schrottes beschäftigt, ohne daß dieses eine so verlustbringende Manipulation für die Werke darstellt, wie es scheinen könnte (z. B. Hubertushütte, Huldschinskywerke).

Anders verhält es sich, wie gesagt, dort, wo solche mildernde Umstände für eine krantechnische Rückständigkeit nicht vorhanden sind. Hier ist denn auch in auffallend starkem Maße die Mechanisierung der Schrottverladearbeiten durchgeführt, so stark, daß diese Bautätigkeit eine der typischsten Erscheinungen bei der vorkriegszeitlichen Modernisierung unserer Hüttenwerke war. Die gerade auf dem Schrottlager getroffenen weiteren Ausbildungen ursprünglich nur für die eigentliche Schrottentladung bestimmter Krane ist gleichzeitig charakteristisch dafür, wie groß im allgemeinen die Anpassungsfähigkeit kranartiger Hebe- und Transportmittel an sehr verschiedene Aufgaben ist und wie weit diesbezügliche Variationen — jede vorteilhaft für ihren Fall — an Kranen bereits getrieben sind.

Setzt man die Verwendung von Hebemagneten als Greiforgane für den Schrott bei all diesen Kranen als zweckmäßigst voraus, so wird die einfachste Form letzterer, die normale Type eines Laufkranes, Drehkranes o. a. sein, dessen Lasthaken eben durch jenen Magneten ersetzt ist. Man begnügt sich hierbei dann damit, daß dieser Kran zum Entleeren angefahrener Schrottwagen und weiterhin gewöhnlich auch noch zum Beladen der zum Martinwerk zu fahrenden Muldenwägelchen benutzt wird. Bei natürlich sachgemäßer Aufstellung und konstruktiver Durchbildung eines solchen einfachen Kranes wird man mit dessen Verwendung trotzdem schon ganz beträchtliche Gewinne erzielen. Dies geht beispielweise aus den Verhältnissen auf dem Schrottplatz des Martinwerkes Riesa a. E. vor und nach Ingebrauchnahme eines derartigen Kranes hervor: Vor Anlage des Magnetkranes (Bauart Lauchhammer) sind für 1 t Schmelzeisen 30 Pf. für das Entladen gezahlt worden. Nach Ingebrauchnahme der Magnetkrananlage sind diese Kosten auf 2,6 Pf. reine Löhne gesunken; hierzu kommen allerdings noch die Tilgung der mit rund 30000 M. einzusetzenden Gesamtanlagekosten und rund 0,2 Pf./t Stromkosten. Die Gesamttransportkosten des ganzen Einsatzes stellten sich früher auf 82 Pf./t, bei schlechtem Schrott, bei Schnee und Frost mitunter sogar auf 1 M. Später war dieser Betrag auf durchschnittlich 0,58 M. gesunken, und zwar obschon bisher wegen Platzmangels nur der Schrott, und nicht auch das Roheisen, magnetisch geladen wurde. Bei einer Abfertigung von durchschnittlich 285 Eisenbahnwagen, d. i. 3800 t Schrott im Monat, ergab sich für die Unkosten somit ein Weniger von rund 1000 M. [Der Kran hatte dabei die nachgenannten Arbeitsgeschwindigkeiten bzw. Motoren: Für 5 t Heben 20 m/min (29 PS), für Katzenfahren 60 m/min (6,8 PS) und für Kranfahren 100 m/min (29 PS).]

Zur weiteren Veranschaulichung des wirtschaftlichen Einflusses derartiger Krane seien nachstehend noch ein paar Betriebsberichte des Borsigwerkes, das seit November 1909 einen ganz ähnlichen Hochbahn-Laufkran mit einem Lauchhammer-Magneten benutzt, mitgeteilt: Es wurden dort im Monat Dezember 1909 2730 t Schrott magnetisch eingefüllt. Die Kosten für 1 t ergeben sich aus:

1. Abschreibung und Verzinsung für das Anlagekapital von 42250 M. mit 11% zu	464,75 M.
2. Stromverbrauch von 6156 Kilowattstunden zu 3,7 Pf. in 50½ Schichten zu	227,77 „
3. Kranführer mit 50½ Schichten zu 3,80 M.	191,90 „
4. Schmier- und Putzmaterial (Firnis, starres Fett, Vaseline, Putzwolle, Glätte)	42,53 „
5. Hilfsmannschaften für das Muldenbeladen mit zwei Mann und 50½ Schichten zu 2,60 M.	262,60 „
6. Ausbesserungen (Sicherungen usw. und Dreherarbeit)	43,98 „
zusammen	1233,53 M.

d. h. für 1 t 45,19 Pf., während im Jahre 1907, das für die Vergleichsrechnung zugrunde gelegt wurde, die Tonne eingesetzten Schrotts sich auf 68,4 Pf. stellte.

Im Monat Januar 1910 wurden mit dem Magnetkran 2990,5 t Schrott eingesetzt; die Betriebskosten hierfür ergeben sich aus:

1. Verzinsung (4 %) und Tilgung (7 %) des Anlagekapitals (42250 M.) zu . . . . 464,75 M.
2. Stromkosten für 5306 Kilowattstunden zu 3,7 Pf. . . . . 196,32 „
3. Kranführerlöhne für 50 Schichten zu 3,80 M. . . . . 190,00 „
4. Schmier- und Putzmaterial . . . . 7,18 „
5. Ausbesserungen an Motoren, Steuerwalzen usw. . . . . 74,75 „
6. Auswechseln des Lasthubseiles . . . . 31,50 „

zusammen 964,50 M.

die Entladung von Hand hätte gekostet: (2990,5 × 0,684) . . . . 2045,50 M.

somit beträgt die monatliche Gesamtersparnis . . . . 1081,00 M.

d. i. für 1 t eingesetzten Schrottes eine Ersparnis von 36,15 Pf.

Der mit einem solchen Kran mittelbar noch erzielte Vorteil, von der Arbeiterschaft ziemlich unabhängig zu sein, findet seinen Ausdruck hier darin, daß jetzt außer dem Kranführer nur noch zwei Mann erforderlich sind, während bei der früheren Handverladung durchschnittlich 15 Leute beschäftigt waren. Ganz allgemein wird durch die Benutzung von Hebemagneten der Kran viel besser ausgenutzt werden können, weil die sonst durch das Anschlagen der Last oder durch das Füllen der Transportbehälter bedingten Zeitaufwände fortfallen.

Einen bemerkenswerten Beitrag zur Frage der Leistungsfähigkeit moderner Hebemagnete geben ferner die Ermittelungen ab, die von der Witkowitzer Bergbau- und Eisenhütten-Gesellschaft in dieser Richtung angestellt worden sind. Um bei ununterbrochener Arbeit einer zu starken Erwärmung des Magneten vorzubeugen, war zu dem ursprünglich allein vorhanden gewesenen Magneten Demagscher Ausführung noch ein Lauchhammer-Magnet beschafft worden, wodurch es möglich wurde, den Magneten etwa alle zwei Stunden zu wechseln und ihm so Zeit zur Wiederabkühlung zu geben. Die Magnete, deren jeder 1300 mm Durchmesser hat, nahmen bei den Versuchen von ungeschlichteten, regellosen Haufen oder von regellos beladenen Wagen mit Sicherheit bei einem Hub

600—650 kg Puddeleisen, roh, in Schalen gegossen; 530—540 kg Ferrosilicium;
400—450 „ Martinroheisen, in Sand gegossen; 500—550 „ sperrigen Schrott.

Endlich mögen für die Beurteilung der Leistungsfähigkeit von Elektromagneten bei der Verladung verschiedenartigsten Schrottes noch die nachstehenden Versuchsergebnise einige praktische Anhaltspunkte bieten.

Zunächst sind im Düsseldorfer Rheinhafen bei der Entladung von Schrottkähnen durch Hebemagnete Ergebnisse erzielt worden, die in der nachstehenden Tabelle Aufzeichnungen gegenüber gestellt sind, die nämlichen Orts und unter gleichen Verhältnissen bei Handentladung vorgenommen sind:

	Blechabfälle, kurze Stabeisen, Roststäbe, Deckel u. dgl.			kurze Stahlenden, die beim Maßschneiden abfielen		Drehspäne[3])
	Betrieb mit					
	Hand[1])	Hebemagnet (Lauchhammer)	Hebemagnet (Demag)	Hand[1])	Hebemagnet (Lauchhammer)	Hebemagnet (Demag)
Geförderte Gesamtmenge . . . . . . kg	467346	270900	224250	—	136885	280617
Zahl der Hübe	559	773	790	—	184	2187
Stromverbrauch (Kran und Magnet) kw-st	200	233	166	—	59	378
Stromkosten für 1 t (bei 15 Pf./kw-st) Pf.	6,5	12,9	11,1	5	6,5	20,2
Akkordlohn für die geladene Tonne. „	25	—	—	15	—	—
Gesamtkosten für 1 t[2]) . . . . . . „	31,5	12,9	11,1	20	6,5	20,2
Kranzeit für 1 t . . . . Min.	5,5	3,78	4,15	1,8	1,7	8,1
Durchschnittsgewicht für 1 Hub . . kg	835	350	284	—	740	129

[1]) Die Entladung mit der Hand erfolgte in der Weise, daß eine an ihren vier Ecken am Kran hängende Blechmulde im Schiff mit der Hand gefüllt und nach dem Einschwenken in den Wagen durch einseitiges Lösen der Aufhängeketten und nachfolgendes Wiederanheben durch den Kran ausgekippt wurde.

[2]) Im Hafen von Worms, wo für das Entladen von Schrott an einen vorhandenen alten Dampfdrehkran gleichfalls ein Magnet (1200 mm Durchmesser) gehängt worden ist, ergab sich das Kostenverhältnis für Hand- und für Magnetentladung eines 15 t-Waggons wie 3,60 M. zu 1,25 M. (inkl. Löhnen, Kohlen usw., sowie Verzinsung und Amortisation der 3900 M. kostenden vollständigen Magneteinrichtung).

[3]) Lange schmiedeeiserne Späne sind für magnetisches Heben nicht sonderlich geeignet, weil sie sich leicht ineinander verwickeln und dadurch im Haufen zurückgehalten werden.

Hierzu sei noch bemerkt, daß die örtlichen Verhältnisse bei diesen Versuchen insofern nicht gerade günstig waren, als namentlich die Lasthübe wegen der hohen Kaimauer recht groß ausfielen[1]). Hierdurch konnten naturgemäß die gerade im einfachen und schnellen Erfassen und Loslassen der Lasten begründeten Überlegenheiten des magnetischen Entladens vor dem unmagnetischen Verfahren weniger zur Geltung kommen, als dies etwa bei kleineren Lastwegen, aber desto häufigeren Lastumsetzungen möglich ist.

Im vorliegenden Falle könnte bei der ziemlich teueren Stromerzeugung (in der eigenen Hafenzentrale) ein Mehr oder Weniger an Stromverbrauch seitens des Magneten wohl ins Gewicht fallen; in den meisten Fällen jedoch und ganz besonders in Hüttenwerken mit ungewöhnlich billigem Strom wird dieser Umstand praktisch in den Hintergrund treten gegenüber der Leistungsfähigkeit des Magneten. Man wird, besonders bei Bestimmung des Magneten für so anstrengende Arbeiten wie Schrottentladen u. dgl., gut tun, noch besonders darauf zu achten, daß die Tragkraft des Magneten auch in vielstündigem ununterbrochenen Beriebe möglichst konstant bleibt und daß sie nicht durch übermäßige Eigenerwärmung der Spule unzulässig herabgedrückt wird. Das beim Bau der letzteren zuweilen maßgebende Streben, durch Beschränkung von Querschnitt und Zahl der Windungen den Herstellungspreis des Magneten zugunsten des Verdienstes oder der augenblicklichen Wettbewerbsfähigkeit herabzusetzen, hat für den Benutzer des Magneten natürlich bald eine Abnahme der Leistungsfähigkeit bzw. der Tragkraft desselben zur ebenso unvermuteten wie unerfreulichen Folge gehabt. Kaum anderswo ist ,,Sparsamkeit" so wenig angebracht, wie bei der Bemessung der Magnetspule, wo die durch einen unzulässig erwärmenden Stromwiderstand entstehenden Verluste zu einer so merklichen Abnahme der Tragkraft des Magneten führen können, daß dafür selbst in einer Verminderung des Anschaffungspreises um wenige hundert Mark — bei einem Gesamtpreis von einigen tausenden — ein Ausgleich bei weitem nicht zu erblicken ist. Auch Kühlrippen, Luftumlauf und Ventilationsvorkehrungen in dem die Spule umgebenden Gehäuseraum, Wasserkühlung oder dergleichen rein äußerliche Maßnahmen können als Ausgleich gegen die durch innerliche Vorgänge anwachsenden schädlichen Wirkungen des Stromes praktisch allein nicht in Betracht kommen[2]). Probeversuche mit stark zu beanspruchenden Hebemagneten sollten dementsprechend auf längere Dauer ununterbrochen durchgeführt werden, um dabei auch den Grad der schwächenden Eigenerwärmung feststellen zu können.

Weiterhin seien noch die Ergebnisse im Schrottheben bei den bereits an früherer Stelle erwähnten Versuchen in der Gußstahlfabrik Döhlen wiedergegeben:

Mit dem großen Demag-Magneten wurde gehoben (bei 22,5 Amp.)

Art des Materiales	Geförderte Gesamtmenge kg	Dauer des Entladens Min.	Anzahl der Hübe	Durchschnittsgewicht für 1 Hub rd. kg
Kernschrott. .	15150	35	32	475
Drehspäne . .	15200	30	35	435
Blechbunde. .	10910	27	22	500
Stahleisen . .	15000	22	22	680
Spand. Späne .	15000	32	25	600

Mit dem kleineren Lauchhammer-Magneten wurde gehoben (bei 15 Amp.)

Materialart	Gesamt-Fördermenge kg	Gesamtdauer Min.	Hubzahl	Durchschnittliches Hubgewicht rd. kg.
Kernschrott. .	10000	27	27	370
Stahlspäne . .	4700	15	17	275
Bandagen . .	11800	28	28	420
Schienenenden	13200	27	27	490
,, ,,	15000	35	27	555
Spand. Späne .	15000	47	42	360

[1]) Die in Rede stehende Arbeitsstelle — der Magnet wurde an einen der vorhandenen Halbportalkrane (Losenhausen) gehängt — ist im Abschnitt „Häfen" abgebildet.

[2]) Schenck & Liebe-Harkort und das Magnetwerk Eisenach statten ihre Magnetspulen zu dem Zweck vorteilhafter auch mit inneren Durchgangskanälen für die Kühlluft aus, wodurch die Kühlwirkung natürlich besser als bei bloßer Außenumspülung wird. Das Magnetwerk Eisenach ordnet zur Erzeugung eines wirksamen Kühlluftstromes sogar einen besonderen kleinen Elektroventilator inmitten des Magnetgehäuses an. — Um eine Beschädigung der Magnetspule, d. h. ein Verbrennen der Isolation durch übermäßige Erwärmung zu ver-

Auch die nachgenannten Versuchswerte können einen Anhalt für die Beurteilung magnetischer Arbeitsweise im Hüttenwerk abgeben[1]).

Zunächst wurden in der Niederrheinischen Hütte in normalem Betriebe beim Schrottverladen — vom Waggon auf Stapel bzw. vom Stapel in Mulden — mit einem 1500-mm-Spezial-Rundmagneten (Schenck & Liebe-Harkort) folgende Ergebnisse erzielt:

Materialart	Materialmenge t	Transportweg i. M. m	Energieverbrauch kw-st
Roheisen	45	23	1,82
Blechschrott . . .	4,7	25	0,52
Drehspäne	10,2	26,5	0,99
Feine Drehspäne .	2,4	30	0,18
Messerschrott. . .	0,8	33	0,14
Wellblechabfälle .	0,4	16	0,06

Es sind also zum magnetischen Entladen von 63,5 t Schrott im ganzen 3,71 Kilowattstunden verbraucht worden; das ergibt bei einem Preis von 0,03 M. für die Kilowattstunde insgesamt nur ca. 0,11 M. an Stromkosten. Da die Förderung sich auf einen Tag verteilte, ließ sich die Nützlichkeit des Magnetkranes noch dadurch erhöhen, daß er in den Zwischenzeiten auch den Transport der Mulden übernahm.

Beim Verladen verschiedenartigsten Schrotts ist in der Eisenbahnwerkstatt Frankfurt a. M mit einem Hebemagneten (Eisenach) von 1400 mm Durchmesser und 2000 kg Eigengewicht und einem Aufwand von 5 kw dessen durchschnittliche Hebefähigkeit ermittelt worden zu 200—400 kg bei Drehspänen und zu 600—900 kg bei Kernschrott[2]). Hinsichtlich der Ersparung von Arbeitern haben sich dabei — für ein 9stündiges Tagewerk — nachstehende Zahlen ergeben: Es erforderte die Verladung von

	Mit dem Magnetkran	Bei Handarbeit
60 t Kernschrott	1 Arbeiter	12 Arbeiter
60 t Drehspäne	1 „	20 „
60 t Stahlschrott	1 „	12 „
75 t Bremsklötze	1 „	13 „
30 t Blechschrott	2 „	7 „
60 t Radreifen	4 „	10 „

Beim Bewegen von Blöcken hat sich der Wattverbrauch als ganz besonders niedrig ergeben. Es wurden mit einem 750 mm-Quadratmagneten obengenannter Firma etwa 70 t kleine Blöcke — von $140 \times 140 \times 1100$ mm — betriebsmäßig vom Waggon auf Lager gefördert und daselbst sauber aufgeschichtet, und zwar pro Hub 7 Blöcke im Gesamtgewicht von 1200 kg. Die dabei beobachteten Einzelergebnisse sind in beifolgender Tabelle zusammengestellt:

Fördermenge t	Förderweg i. M. m	Förderzeit Min.	Energieverbrauch kw-st
15	6,5	12,5	0,24
15	8	17	0,27
15	10	15	0,28
11	9,5	11	0,20
4,5	18	5	0,10
9	25	14	0,28

hüten, stattet die Demag ihre Lasthebemagnete für aussetzenden Betrieb neuerdings mit Wärmeschutzpatronen aus, die — infolge Durchschmelzens — den Stromkreis des Magneten bei einer Temperatur unterbrechen, die etwas unter der zulässigen Höchsttemperatur liegt (bei einer Außentemperatur der Spule von 70—75°, entsprechend 100—120° Innentemperatur).

[1]) Vgl. auch den sehr lesenswerten Aufsatz von Pfiffner über die Berechnung von Lasthebemagneten, über den Einfluß beweglicher Polschuhe und die Eigenerwärmung ausgeführter Magnete (Brown-Boveri) in der ETZ 1912, Heft 2 u. 3. Nach den dort gemachten Ausführungen ergibt sich die mittlere Tragkraft von Hebemagneten für Masseln angenähert gleich dem halben Eigengewicht des Magneten.

[2]) S. Schmitz: Verk. Woche 1915, Nr. 35.

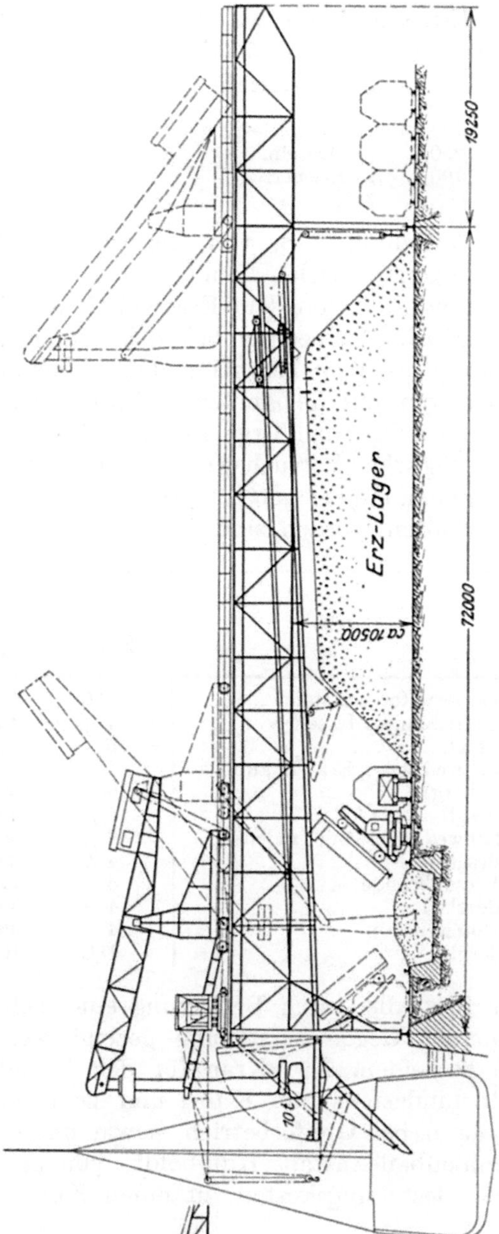

Abb. 199.

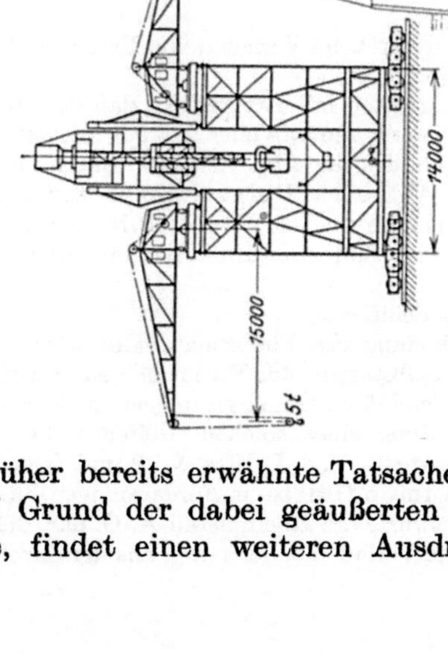

Abb. 200.

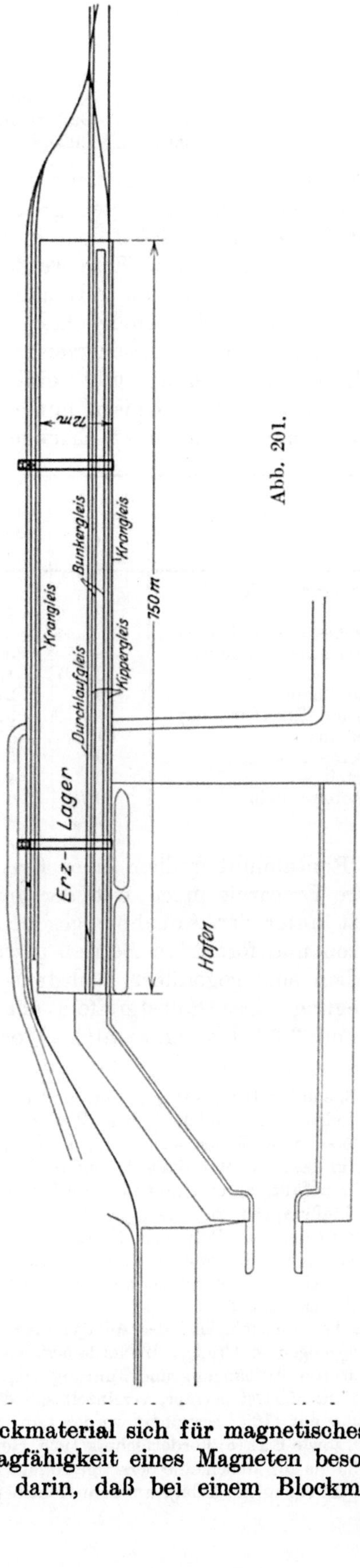

Abb. 201.

Abb. 199 bis 201. Erzverladeanlagen.

Die früher bereits erwähnte Tatsache, daß Blockmaterial sich für magnetisches Verladen auf Grund der dabei geäußerten hohen Tragfähigkeit eines Magneten besonders gut eigne, findet einen weiteren Ausdruck auch darin, daß bei einem Blockmagnet der letztgenannten Art, der bei nur 850 kg Eigengewicht etwa 20000 kg Abreißkraft besitzt und sonach mit genügender Sicherheit noch einen 5000 kg schweren Block tragen kann, sich die Traggrenze für verschiedene andere Materialien ergeben hat zu nur

100 kg bei Grobschrott,	100 kg bei Schmiedespänen,
150 „ „ Kleinschrott,	250 „ „ Masseln,
150 „ „ Gußbruch,	100 „ „ Eisenerz.
100 „ „ Gußspänen,	

Wenn man auch bei der magnetischen Verladung z. B. von Eisenerz mit Hilfe eines größeren Spezialmagneten größere Leistungen[1]) erzielen könnte, so ist die Wirksamkeit des Magneten dabei doch stets zum mindesten von dem Eisengehalt des Erzes abhängig. Weniger reiche Erze werden sich natürlich schlechter heben lassen als hochprozentige und werden eine rationelle Bewegung mit dem Magneten unter Umständen überhaupt nicht mehr ermöglichen. Das Arbeiten mit geeigneten Selbstgreifern[2]) dagegen hat auch bei Eisenerzen zu sehr befriedigenden Ergebnissen geführt. Die nachfolgende Aufstellung gibt einige diesbezügliche Versuchswerte wieder, die im Hafen von Deutscher Kaiser mit einem Lauchhammerschen Erzgreifer, von 2 cbm Fassungsvermögen und 5,5 t Eigengewicht, erhalten worden sind:

Material	Entladedauer Std.	Gehob. Gesamtgewicht t	Material	Entladedauer Std.	Gehob. Gesamtgewicht t
Mimro, Kiesabbrände (feines Erz)	9	440	Gerissa-Roteisenstein	5½	190
Südrussisches (bestes Greifererz, weil schwer u. fein)	9½	500	Ferromangan-Rasenerz	7¾	425
desgl.	8¾[3])	195	desgl.	5	220
Thon und Chamotte	9[4])	270	Schwedisches Erz (Krännigsborg)	10	600
Schwedisches Erz (Kirunna)	4½	372	desgl.	7½	300
Roteisenstein	10	570	Schwedisches Erz (weicher)	6½	500
Schwedisches Erz	9	588	desgl.	4½	300
Roteisenstein	10	400	Kiesabbrände	4	425
Gerissa-Roteisenstein	9½	630	desgl.	4	300
desgl.	7½	400	Roteisenstein	4	360
			desgl.	1½	100

Die Rentabilität endlich eines Erzgreifers bzw. die durch Benutzung eines solchen erzielbare Ersparnis möge mit der nachfolgenden Gegenüberstellung gezeigt werden. Diese ist unter der Annahme gegeben, daß bei einem 7,5 t-Kran für den Umschlag von Erzen und forcierten Betrieb gewöhnlich mindestens fünf Kübel und zehn Mann erforderlich sind gegenüber höchstens zwei Mann bei Greiferbetrieb, sowie unter Zugrundelegung eines Selbstgreifers der Maschinenbau-Anstalt Humboldt, von ca. 4 t Inhalt und 3,2 t Eigengewicht[5]). Werden die Gestehungskosten für einen Kübel mit

[1]) Z. B. soll ein Demag-Magnet von rund 1300 mm Durchmesser beim Verladen von Erzen Leistungen von 0,8 t bei jedem Hub erreicht haben (Z. V. d. I. 1913, 13. September).

[2]) In besonderen Fällen sucht man die Übelstände beim Arbeiten mit Erzgreifern, daß der Greifer nicht tief genug in das harte Material sich eingräbt bzw. allzuschwer werden müßte oder daß das mit den Schneiden gefaßte Erz abfällt, durch eine besondere Druckstielführung (ähnlich der Abb. 199) bzw. durch automatische Spaltverschlußklappen zu beseitigen (s. S. 22 Fußnote 1). Vgl. auch Heinze: Kohle Erz 1913, Nr. 45 und Hermanns: Öst. Polytechn. Z. 1914, Nr. 9 und Wintermeyer: Z. V. d. I. 1915, Nr. 48. Weitere Sonderbauarten von Erzgreifern sind beschrieben bei Borchers: Stahleisen 1914, Nr. 15 und in Z. V. d. I. 1914, Nr. 9; Heinze: Maschinenwelt 1914, Nr. 11.

[3]) Weil Restbestand. [4]) Kleine Schiffe.

[5]) Die Leistungsfähigkeit der Anlage, aber auch die Schonung des Fördermateriales wächst mit dem Fassungsvermögen der Greifer. In Nordamerika sind mehrfach Selbstgreifer für Erze nach dem Hulett-System, d. h. mit starrer Aufhängung und Führung (sog. Stielgreifer), mit 17 t Fassungsvermögen in Gebrauch, deren Leistung i. M. 550 t/st beträgt, vereinzelt soll die Stundenleistung eines solchen Greifers (100 PS-Greifermotor) sogar auf 1100 t gesteigert worden sein; vgl. Bergmann: Z. V. d. I. 1914 Nr. 9 und Iron Age 1912, August 29, sowie Buhle: Fördertechnik 1925, Heft 13. S. a. Aumund: Hebe- u. Förderanlagen Bd. I, S. 222. — Abb. 199 bis 201 stellen eine derartige Anlage nach dem Entwurfe der Rheinmetall-A.-G. dar, die das Herstellungsrecht für solche Anlage auf dem Kontinent besitzt. Die Verlademöglichkeiten aus der durch Kurven-

Runder Lastmagnet für Schrott, Masseln und anderes unregelmäßiges Material.

Tragfähigkeit				Größe mm Dmr.	Eigen-gewicht[1]) kg	Strom-verbrauch[2]) kw	Fabrikat
Gußspäne kg	Kernschrott kg	Masseln kg	Stahlblock kg				
250	500	455	6000	1150	1280	4,2[3])	AEG.
400	700	600	10000	1400	1940	6,5[3])	„
580	1000	750	12500	1650	2800	9,0[3])	„
700	1200	900	15000	1800	3580	10,5[3])	„
120	350	450	7000	700[5])	450	1,2	Ardelt
150	400	500	9000	900	800	1,8	„
200	500	600	10000	1000	980	2,8	„
350	650	700	12000	1100	1250	3,0	„
450	750	1000	15000	1200	1500	3,5	„
500	900	1200	18000	1350	1850	3,8	„
550	1100	1300	20000	1450	2250	5,3	„
600	1400	1600	24000	1560	3000	5,8	„
650	2000	2200	30000	1750	3500	7,0	„
				400	200	0,4	Demag
				700	320	2,0	„
				800	480	2,3	„
				900	610	2,5	„
				1000	850	3,3	„
				1100	1050	3,8	„
				1300	1700	4,8	„
				1400	2400	5,3	„
				1500	2600	6,0	„
				1550	3200	7,5	„
				1750	3100[4])	10,0	„
				1900	3400[4])	11,0	„
				900	520	2,5	Krupp
				1000	630	3,0	„
				1100	830	3,8	„
				1200	1000	4,5	„
				1300	1400	5,2	„
				1400	1800	6,0	„
				1500	2000	7,0	„
				1600	2350	8,0	„
				1700	2550	9,0	„
				1800	3000	10,0	„
	75	150	2000	500	300	1,0	Magnetwerk
	100	250	3200	650	445	1,3	„
75	150	300	4800	750	605	1,8	„
100	250	400	6400	900	885	3,0	„
150	325	475	7200	1000	1180	3,8	„
200	400	560	8800	1100	1440	4,6	„
300	550	800	11200	1300	2180	5,2	„
350	650	925	12600	1400	2598	6,4	„
450	750	1100	16500	1500	3110	7,0	„
600	900	1500	22000	1800	4565	9,4	„
			500	400[6])	70	0,17	Oerlikon
			1000	450	100	0,28	„
90	150	200	2000	500	140	0,4	„
130	230	300	3000	600[7])	200	0,73	„
200	350	450	6000	850	410	1,5	„
300	520	650	10000	1050	710	2,1	„
410	700	900	14000	1300	1130	3,3	„
630	1100	1400	18000	1550	1600	4,9	„
820	1400	1800	25000	1800	2300	8,5	„

kipper gefüllten Grube ins Schiff (über einen seeseitig auskragenden Bunker) oder auf das Lager (durch Verfahren des Erzgreifers) oder vom Lagerplatz ins Schiff (mittels des in der Brücke fahrbaren Bunkerwagens) sind aus der Zeichnung klar zu ersehen. Die auf der Verladebrücke beiderseits angeordneten Schwenkkrane dienen zur Stückgutverladung. Die von den beiden Brücken erreichbare Tagesleistung ist zu nicht weniger als 20000 t angenommen.

[1]) Mit Kupferspule; mit Aluminiumspule ist das Eigengewicht ca. 20% niedriger.

[2]) Bei Kupferspule; bei Aluminiumspule ist der Stromverbrauch ca. 20% höher.

[3]) Nach viertelstündigem Betrieb bei etwa 50% Einschaltdauer — d. h. gleicher Dauer der Einschaltung und der Pause — ungefähr 20% weniger.

[4]) Mit Aluminiumspule. [5]) S. Abb. 202. [6]) S. Abb. 203. [7]) S. Abb. 205.

1250 M., diejenigen für einen Selbstgreifer mit 2600 M. angenommen und der Jahreslohn eines Arbeiters mit 250 Tagen à 6 M. eingesetzt, so erfordert

	Kübelbetrieb		Greiferbetrieb
Amortisation und Verzinsung (30%) . . .	M. 375.—		M. 780.—
Lohn für 10 Arbeiter	„ 15000.—;	für 2 Arbeiter	„ 3000.—
	M. 15375.—		M. 3780.—

d. h. die Ersparnis würde rund 11600 M. pro Jahr betragen.

Listenmäßige Abmessungen, Gewichte, Tragkräfte und Stromverbrauch gebräuchlicher Lasthebemagnete neuerer Bauart für verschiedenartige Materialien sind endlich noch der Zusammenstellung auf S. 125 bzw. den nachstehenden Tabellen zu entnehmen[1]).

Rechteckiger Lastmagnet für Träger, Schienen, Blöcke und anderes geordnet liegendes Material.

Tragfähigkeit				Polbreite mm	Eigengewicht[2]) kg	Stromverbrauch[3]) kw	Fabrikat
Stahlblock kg	Gußspäne kg	Kernschrot kg	Masseln kg				
1500	50	80		500	310	1,8	A.E.G.
3000	100	165		700	500	2,5	"
3000	100	165		1000	620	3,6	"
6000	200	330		1400	1000	5,0	"
3000		200		770[5])	275	0,8	Ardelt
12000		400		1016	800	2,0	"
20000		800		1520	1150	2,3	"
				400[4])	220	0,7	Demag
				800[4])	550	1,0	"
				1000[4])	620	1,2	"
				1600[4])	1000	2,0	"
				2000[4])	1200	2,4	"
				Größe:			
				700 × 400	350	1,0	Krupp
				1150 × 500	700	2,0	"
				1300 × 600	950	2,5	"
				1600 × 600	1150	3,0	"
				2000 × 600	1400	3,6	"

Von Einfluß auf die Wirtschaftlichkeit des Schrottplatzbetriebes ist selbstverständlich auch die allgemeine Anordnung der Transporte auf dem Schrottplatz, d. h. die Wahl der Kranart und ihrer Arbeitsweise. Beide müssen natürlich, wie ja auch in

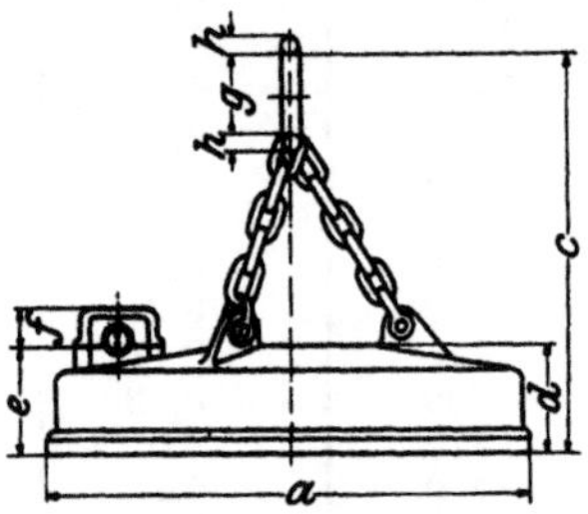

Abb. 202. Runder Lastmagnet.

Type	a	c	d	g	h
MR 7	700	900	220	250	40
MR 9	900	900	250	250	40
MR 10	1000	900	270	250	40
MR 11	1100	900	285	250	40
MR 12	1200	900	280	250	40
MR 13,5	1350	1210	300	250	50
MR 14,5	1450	1220	310	250	50
MR 15,6	1560	1230	350	250	50
MR 17,5	1750	1250	350	250	50

allen anderen Fällen, den vorliegenden örtlichen und betrieblichen Verhältnissen angepaßt sein. So kann beispielsweise dort, wo ausgedehnte Flächen zeitlich und räumlich unterbrochen durch Krane zu bedienen sind, an Stelle eines weitgespannten, schweren Kranes des Laufkran- oder des Verladebrückensystems ein kleiner, leichter Bockkran in gleisversetzbarer Ausbildung von Vorteil sein. Die damit erzielbare Gewichts- und

---

1) Zahlenangaben über hufeisenförmige Lastmagnete (Lauchhammer) siehe an späterer Stelle.
2) Mit Kupferspule; mit Aluminiumspule ist das Eigengewicht ca. 20% niedriger.
3) Bei Kupferspule; bei Aluminiumspule ist der Stromverbrauch ca. 20% niedriger.
4) Mit beweglichen Polen. 5) S. Abb. 207/208.

entsprechende Betriebskostenersparnis ist aus der zeichnerischen Gegenüberstellung Abb. 209 bis 212 von Lagerplatzanordnungen mit Verladebrücke und mit Umsetzkran entnehmbar. Dort ein schwerfälliger Kran mit hohen Anlage- und Fahrbetriebskosten, hier ein leichter und leichtbeweglicher Kran mit entsprechend niedrigen Anschaffungs- und Kraftkosten für die Fahrbewegung. Ein solcher Umsetzkran hat als wesentlichen Bestandteil das drehbare Radgestell, vermöge dessen er, in etwas angehobener Lage, die Gleise der einzelnen Arbeitsstreifen über ein diese verbindendes Gleis erreichen kann. Die einfache Bauart eines solchen Drehgestelles (Grusonwerk) geht aus Abb. 213 u. 214 wohl ohne weiteres hervor. Das Krangerüst *R* wird vom Fahrgestell *B* vermittels des Drehschemels *D* getragen, der sich um den im Krangerüst befestigten Zapfen *H* dreht. Die Bolzen *A* bewirken, daß beim Anheben des Krangerüstes *R* auch die Fahrgestelle *B* von den Schienen abgehoben werden. Die Drehgestelle sind durch besondere Vorrichtungen in ihrer Lage zum Krangerüst gesichert, damit die Räder beim Fahren genau parallel zueinander stehen.

Type	A	B	D
HB 16	400	185	218
HB 17	450	195	235
HB 18	500	205	245

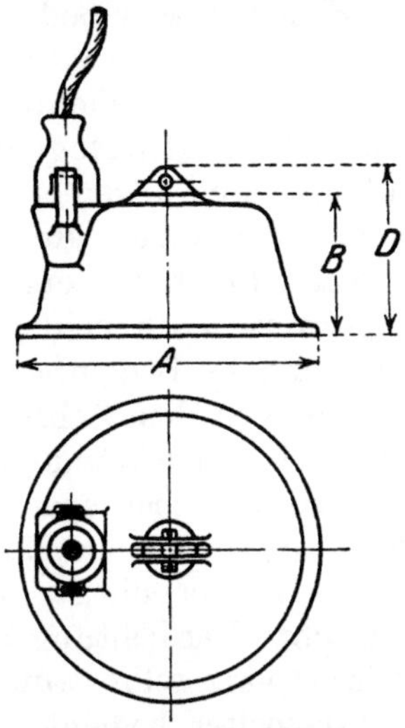

Abb. 203 u. 204. Kleiner Glockenmagnet.

Der offensichtlichen Geringfügigkeit magnetischer Schrotthebemengen, die aus der der Magnetwirkung ungünstigen Schrottbeschaffenheit — kleine Eisenquerschnitte, aber große Lufträume — physikalisch erklärlich ist, kann mit Maßnahmen mechanischer Art wohl etwas nachgeholfen werden. Hierfür erscheint das in den Abb. 215 u. 216 veranschaulichte Mittel, die durch den Magneten eingeleitete Hebung durch die Wirkung mechanischer Greifer *a* zu unterstützen (Demag), durchaus geeignet. Die Greifer, die an dem gewöhnlichen Rundmagneten angebracht werden können, bewirken, daß das einmal gefaßte Gut auch wirklich aus dem Haufen herausgehoben wird, ohne daß es bei der geschwächten magnetischen Zugkraft größtenteils wieder abgerissen wird. Es liegt auf der Hand, daß der Nutzen eines solchen „Magnetschrottgreifers" mit der Sperrigkeit des Schrottes zunimmt, daß er in besonderem Maße also bei dem so genannten Presseschrott sich bemerkbar machen wird[1]).

Type	A	B
HB 19	600	220
HB 20	850	290
HB 21	1050	320
HB 22	1300	355
HB 23	1550	380
HB 24	1800	410

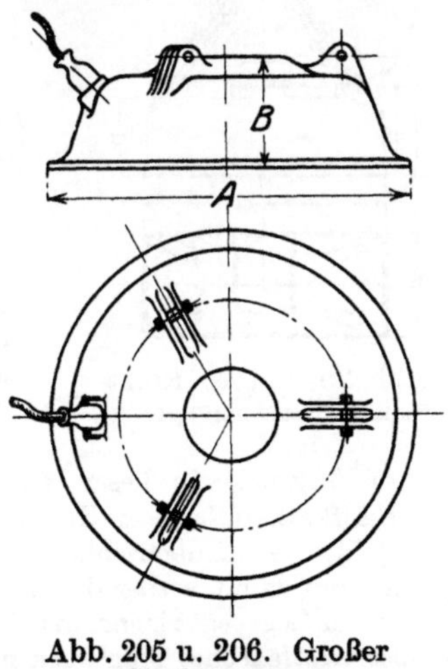

Abb. 205 u. 206. Großer Glockenmagnet.

Durch eine Sonderausbildung der Krankonstruktion, in Anpassung an die jeweiligen Verhältnisse auf dem Schrottlager, läßt sich ihr Nutzen natürlich unter Umständen noch wesentlich erhöhen. Als Beispiel möge hierfür zunächst der Schrottlagerplatz der Aciéries et Usines à Tubes de la Sarre in Saarbrücken (Burbach) angeführt werden. Hier sind die Katzen der von der Akt.-Ges. Lauchhammer gebauten Verladekrane — Abb. 217 und 218 — noch mit einer quer zu ihrer Fahrtrichtung angeordneten Laufbahn für den Magneten versehen, wodurch es, mit Rücksicht auf die den sehr breiten Lagerplatz schräg durchschneidenden Eisenbahngleise (Abb. 218), möglich ist, die Entladearbeiten mit einem tunlichst geringen Aufwand kraftverzehrender Kranbewegungen durchzuführen. Eine derartige Lösung dürfte sich in Zukunft auch in anderen Fällen aus rein wirtschaftlichen Gründen als recht zweckmäßig um so häufiger ergeben, als man auch anderswo

[1]) In Amerika werden Schrottmagnete neuerdings ringförmig gestaltet, wodurch der Schrott auch von der Ringinnenfläche gehalten wird; vgl. „The Engineer" 1926, Nr. 3653.

ja mehr und mehr mit einer Vergrößerung der Abmessungen und der Totgewichte von Verladeanlagen zu rechnen hat[1]).

Eine andere Lösung für ähnliche Verhältnisse stellt die Sonderbauart (Demag) nach Abb. 219 dar. Um die Lastgehänge den verschiedenen Richtungen der auch hier den Schrottplatz (von Grillo Funke & Co, Schalke) fächerförmig durchziehenden Eisenbahngleise anpassen zu können, sind Magnet und Muldengehänge an einem schwenkbaren Doppelausleger aufgehängt.

Kommen sehr bedeutende Leistungen in Frage, so kann unter Umständen die gleichzeitige Benutzung zweier Hebemagnete an einer Katze zweckdienlich sein. Die in Abb. 220 u. 221 veranschaulichte Anordnung derselben (nach Lauchhammer) ermöglicht es ferner, durch die beiden Magnete zu gleicher Zeit zwei hintereinander angefahrene Wagen zu entladen. Ganz allgemein hat man bei einer solchen Doppelanordnung noch den Vorteil einer jederzeitigen Reserve des einen Magneten bzw. Windwerkes in dem andern. Der dargestellte Kran ergibt vermöge seiner rückwärtigen Fahrbühnenauskragung günstigerweise noch beiderseits gleich kleine Anfahrmasse für die Magnete und damit eine vollständige Bedienbarkeit der kranbestrichenen Lagerfläche.

Die von dem Schrottplatzkran außer dem Entleeren der Schrottwagen in der Regel noch zu verrichtende Arbeit ist das Beladen der Chargiermulden mit Schrott. Um letztere nun bei sperrigem Schrott jedesmal mit der genügenden Ladung versehen zu können[2]), gehen die Martinwerke in zunehmendem Maße zum Gebrauch von Paketierpressen über, die das lose eingefüllte Schrottgut schnell in die für den Muldeneinsatz erwünschte Verdichtung bringen. Wenn nun eine solche Presse, die am besten ja auf dem Schrottplatz selbst aufgestellt ist, auch durch den nämlichen Kran, d. h. ohne weitere Handarbeiter bedient werden kann, so ist dies für einen einfachen, flotten und wirtschaftlichen Betrieb natürlich nur von Wert[3]). Die Abb. 222 veranschaulicht eine derartige Anordnung[4]), wobei durch die Hochlegung des Anfuhrgleises nicht nur jede Störung durch den Wagenverkehr vermieden, sondern auch noch die Möglichkeit geschaffen worden ist, das Material einfach über den hochgeklappten Deckel in diese hinabgleiten zu lassen. Die vollständige obere Zugänglichkeit des Preßraumes der bei diesem Entwurf gewählten Lauchhammerschen Konstruktion (Abb. 223) gestattet es weiterhin, daß das fertige Schrottpaket von dem Kranmagnet unmittelbar ausgehoben und fortgeschafft werden kann, ein Vorzug, der z. B. bei Schrottpressen mit seitlichem Ausstoß des Paketes[5]) nicht ohne weiteres in gleichem Maße vorhanden ist.

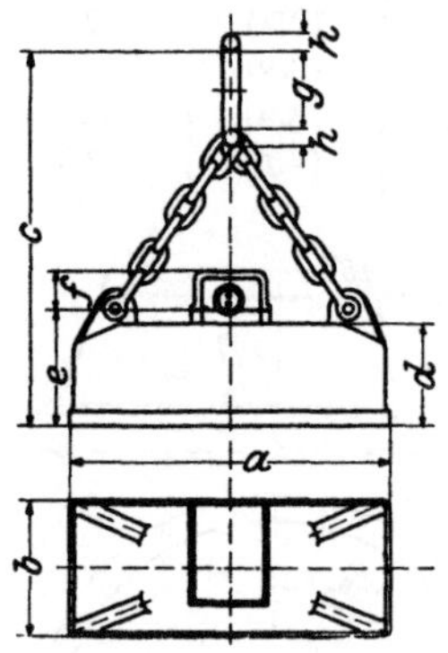

Abb. 207 u. 208. Rechteckiger Lastmagnet.

Über die Presse selbst, deren zunehmende Verwendung in zweckmäßiger Verbindung mit magnetischen Schrottverladekranen voraussichtlich zu erwarten ist, seien daher einige Angaben gemacht[6]).

Zu Abb. 207 u. 208: Rechteckiger Lastmagnet.

Type	a	b	c	d	g	h
ME 7,5/2,5	770	270	900	245	250	40
ME 10/4	1016	416	1200	315	305	40
ME 15/4	1520	420	1180	295	305	40

[1]) Vergleiche in dieser Beziehung z. B. die grundsätzlich ganz ähnliche Schiffsentladevorrichtung mit Querlaufkatze (Nagel & Kaemp) für den Holzumschlag im Hamburger Hafen.

[2]) Mit der ofenbetrieblichen Wirkung, die Zahl der Beschickungen, d. h. des Ofentüröffnens möglichst gering und damit wieder die thermische Ausnutzung des Ofens möglichst groß zu halten.

[3]) Im Gegensatz hierzu arbeitet — um nur ein Beispiel anzuführen — ein im übrigen modern eingerichtetes großes westfälisches Stahlwerk noch mit nicht weniger als 6 alten Paketierpressen mit stehendem Preßraum und vertikalem hydraulischen Stempel, deren jede von besonderen Arbeitern mühselig von Hand gefüllt und entleert werden muß. — Die Kosten hydraulisch paketierten Schrotts sollen außerdem sehr hoch sein; siehe Stahleisen 1910, S. 77.

[4]) Ausgeführt z. B. auf der Bethlen-Falva-Hütte.

[5]) Vgl. Stahleisen 1914, Nr. 46.

[6]) Vgl. auch Hermanns: Zentralbl. der Hütten- u. Walzwerke 1913, Nr. 17 und Buhle: Techn. Rundsch. des „Berl. Tagebl." 1915, Nr. 31.

Das für eine Paketgröße von 1,5 × 0,7 × 0,6 m, bei einem Gewichte von etwa 800—1000 kg, vorgesehene Maximalvolumen beträgt ca. 5 cbm. Das Material kann bei geöffnetem Deckel, wie gesagt, ungehindert von oben — durch den Magnetkran oder direkt vom Wagen — in den Preßraum geworfen werden. Der Deckel wird darauf durch einen besonderen motorischen Antrieb (22 PS) geschlossen, wodurch der Schrottinhalt bereits in geringem Maße vorgepreßt wird. Nachdem der Deckel dann noch mit den aus der Photographie ersichtlichen Handhebeln angezogen worden ist, beginnt die eigentliche Pressung. Dabei wird zuerst die Seitenwand durch eine elektrisch angetriebene Spindel (50 PS) so weit vorgeschoben, daß die Kniehebel senkrecht zu der Antriebsspindel stehen. Hierdurch ist bei fast gleichbleibender Antriebskraft ein allmählich zunehmendes Pressen des Schrottes möglich, und andererseits ist die Endlage der vorgeschobenen Seitenwand genau festgelegt. Diese Seitenwand bildet nunmehr die eine Führung für zwei Stempel, welche durch einen besonderen Antrieb (100 PS) gegeneinander bewegt werden und das Paket auf die gewünschte Länge fertig pressen. Nach Öffnen des Deckels und Zurückziehen der Stempel liegt das Paket frei in dem Preßraum, fertig zur Aufnahme durch den Kranmagneten. Die für die Pressung dieses Paketes einschließlich der vorhergehenden magnetischen Füllung erforderliche Zeit beträgt etwa 5—6 Minuten.

Die Leistungen solcher Lauchhammer-Pressen sind nach der letztgenannten Quelle aus der Tabelle S. 130 zu ersehen.

Zur Beurteilung der Rentabilität einer solchen modernen Schrottpreßanlage seien im Nachstehenden einige Mittei-

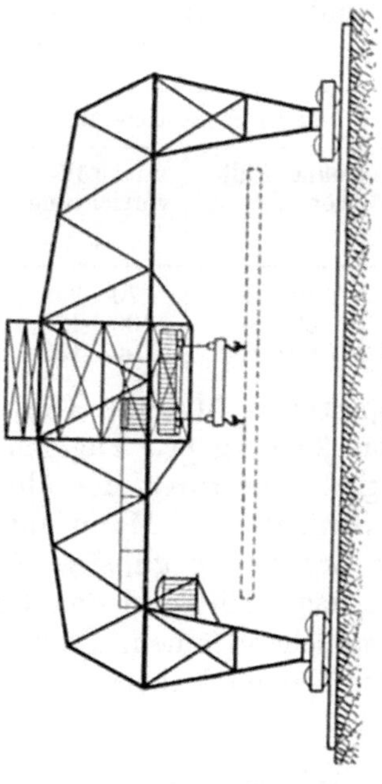

Abb. 210.

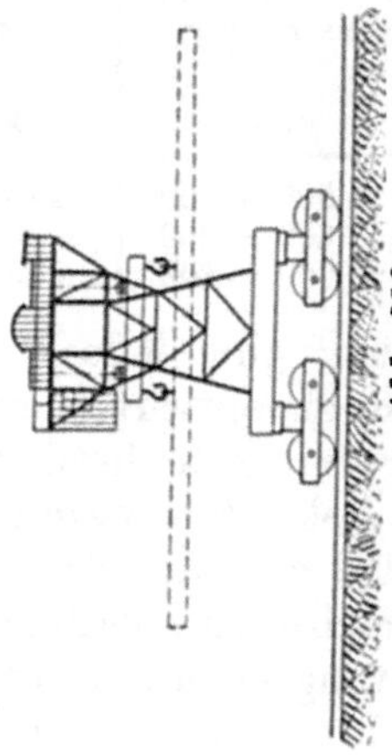

Abb. 212.

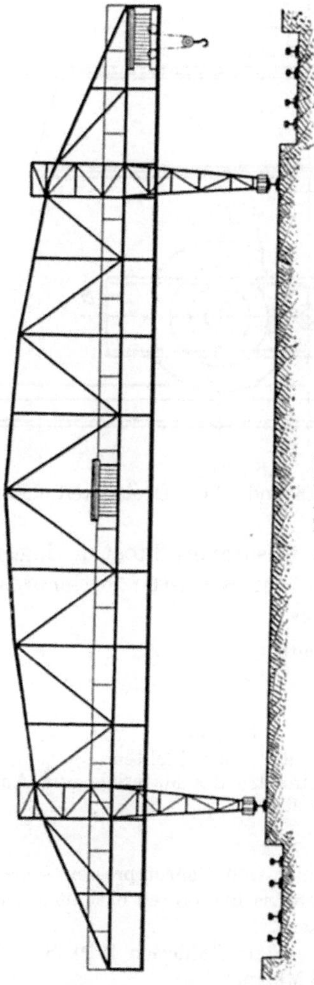

Abb. 209.

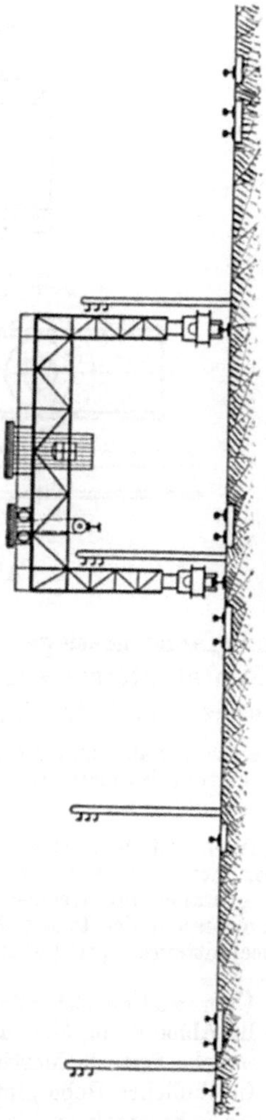

Abb. 211.

Abb. 211 und 212. Lagerplatzbedienung durch schwere Verladebrücke bezw. durch leichten Versetzkran.

lungen[1]) über die diesbezüglichen Verhältnisse auf dem Schrottplatz des Martinwerkes Riesa a. E., und zwar vor und nach Aufstellung einer solchen Presse gemacht: Früher wurde das Material von Hand in einen eisernen Kasten von 500 × 500 mm Querschnitt gezwängt und dann vermittels eines Fallgewichtes zusammengeschlagen. Ein solches Paket wog dann bei etwa 400 mm Stärke ca. 60 kg. Die Leistungsfähigkeit hing natürlich sehr von der Beschaffenheit des Preßgutes ab und betrug, im Jahresdurchschnitt, ungefähr 3000 kg täglich, ging jedoch bei sperrigem Material (Sprungfedern, Drähten u. dgl.), das oft kaum zu entwirren war, auf 2000 kg pro Tag zurück. Diese geringe Leistung wurde überdies noch durch häufige Reparaturen der alten Presse ungünstig beeinflußt. An Arbeitskräften waren pro Schicht drei Mann mit 18 M. Tagesverdienst erforderlich, so daß sich die Preßkosten pro Tonne günstigenfalls auf 6 M. stellten. [Bei kurzem Schmelzeisen allerdings, das sich leichter in den Kasten bringen ließ, stieg die tägliche Leistung etwa auf 5 t, entsprechend einem Preßlohn von 3,60 M. pro Tonne[2]).] Nach Ingebrauchnahme der beschriebenen Paketierpresse sind die Leistungen etwa auf das

Abmessungen des fertigen Paketes	Gewicht des Paketes	Tages-Höchstleistung	
		ohne Füllvorrichtung	mit Füllvorrichtung
mm	kg	t	t
900 × 500 × 450	450—600	50—60	70—90
1100 × 600 × 500	600—900	60—80	100—120
1200 × 700 × 600	800—1000	80—100	100—130

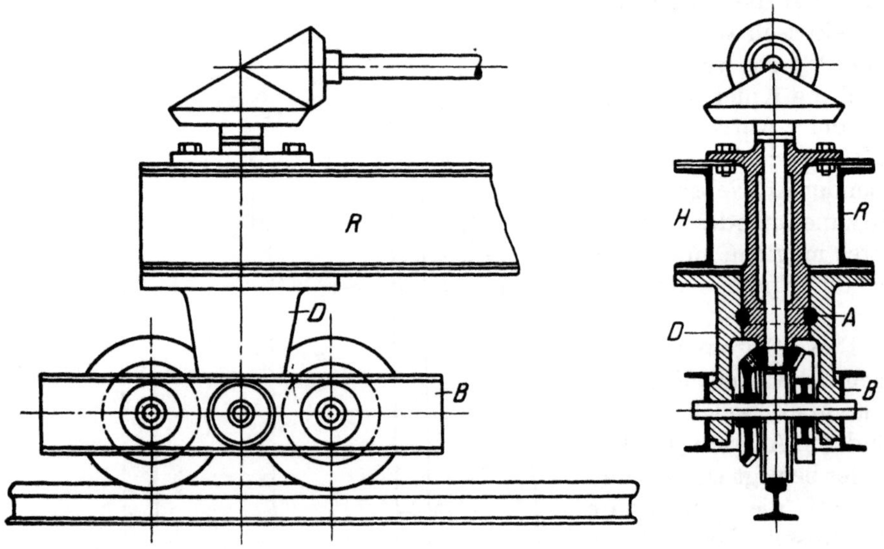

Abb. 213. Abb. 214.
Abb. 213 und 214. Drehgestell eines Versetzkranes.

Zwanzigfache gestiegen, die Gesamtpreßkosten dagegen auf rund das Zehntel gefallen! Die Rentabilitätsberechnung der Schrottpaketierpresse nebst zugehörigem Magnetkran ist nachstehend durchgeführt:

Kran einschl. Bahn und Fundamente	35000 M.
Presse einschl. Fundamente	70000 „
Gesamtanlagekosten	105000 M.
Kranführer 5 M. Schichtlohn, 300 × 2 Schichten	3000 M.
Pressenführer 4,50 M. Schichtlohn, 300 × 2 Schichten	2700 „

Stromverbrauch des Kranes für Einladen des Materials und Ausladen des Paketes 1,5 kw-st,
Stromverbrauch der Presse 2,0 kw-st,
Durchschnittspreis pro kw-st 4 Pf.,

[1]) Über weitere Betriebsergebnisse mit Schrottpressen siehe Petersen: Stahleisen 1910, S. 78. Diese wertvolle Abhandlung über das Herdfrischverfahren enthält auch eine Reihe interessanter Angaben über die transportliche Seite in Martinwerken.

[2]) In ähnlicher Höhe gibt Petersen: Stahleisen 1910, S. 77, die Kosten von Hand gestampfter und gebündelter Schrottpakete mit 3—4 Mk. pro t an.

105000 M. Anlagekapital, 10% Amortisation	10500 M.
Lohn des Kranführers	3000 „
Lohn des Pressenführers	2700 „
Reparatur, Schmiermaterial usw. . .	1500 „
	17700 M.

Gesamtleistung pro Jahr bei Tag- und Nachtbetrieb 300 × 2 × 50 t = 30000 t,
Gewicht eines Paketes ca. 800 kg, d. h. 30000 : 0,8 = ca. 40000 Pakete,

Stromverbrauch pro Paket für Kran und Presse 3,5 kw-st à 4 Pf. . . .	= 14,0 Pf.
Übrige Kosten pro Paket 17700 : 40000 = 0,444 M.	= 44,4 „
	58,4 Pf.

Bei Beurteilung der Rentabilität einer solchen Presse kann auch noch der Um-

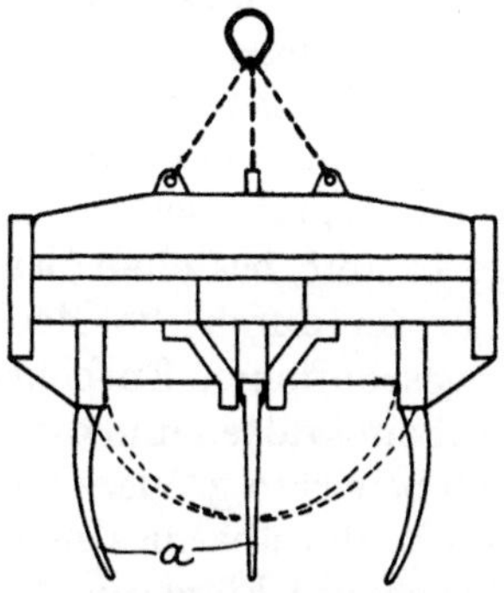

Abb. 215. Magnetschrottgreifer.

Abb. 216. Magnetschrottgreifer.

Abb. 217. Magnet. Schrottverladekran (Burbach).

stand günstig mit ins Gewicht fallen, daß durch eine geordnete Aufstapelung paketierten Schrottes natürlich viel an Lagerfläche gespart werden kann.

Der zuletzt abgebildete Schrottverladekran läßt gleichzeitig dessen weitere Verwendungsweise für den **Muldentransporter** erkennen. Während das früher größtenteils geübte Verfahren, die mit Schrott beladenen Beschickmulden durch mühselige Gleistransporte, und meist noch unter Zuhilfenahme eines besonderen Aufzuges, auf die Beschickbühne zu bringen, zwar sehr umständlich, aber durch die beschränkte Arbeitsfähigkeit der älteren Chargiervorrichtungen begründet war, gewährt eine neuzeitliche Disposition dieser Arbeitsvorgänge, wie sie den folgenden Abbildungen zugrunde liegt, ganz beträchtliche Vorteile. Soweit der Schrottplatz selber hierbei in Frage kommt, bestehen diese einesteils in der durch die Mechanisierung geschaffenen Entbehrlichkeit von Arbeitskräften und die dadurch an sich bewirkte größere Leistungsfähigkeit, die überdies noch durch die überhaupt kürzeren Wege und durch den Fortfall des besonderen Aufzuges erhöht wird.

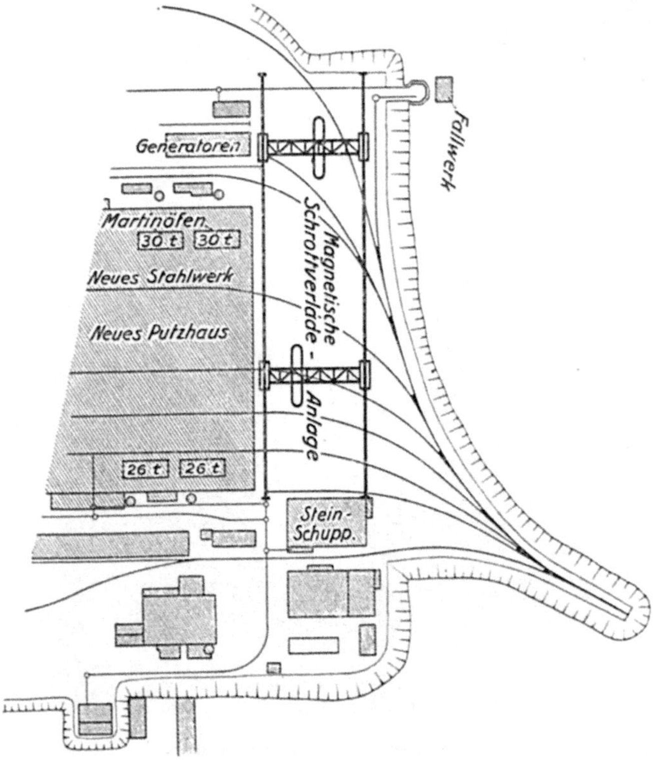

Abb. 218. Anordnung des Schrottverladeplatzes (Burbach).

Abb. 219 Schrottverladeanlage (Schalke).

Die Abbildungen geben des weiteren einen Begriff von den bei diesen Magnetkranen herrschenden Variationsmöglichkeiten, die ebenso häufig durch die Preisfrage wie durch betriebliche Gründe geschaffen werden. Für manche Fälle erscheint die völlige Trennung und selbständige Beweglichkeit des magnetischen Verladewerkes und des mechanischen Muldentransportwerkes am Platze (s. Abb. 224 oder 226); manchmal eine völlige Vereinigung der Bewegungsmechanismen von Magnet und Muldenbügeln derart, daß wechselweise nur mit einem von beiden gearbeitet werden kann (s. Abb. 228 oder 230); manchmal nur wieder eine teilweise Vereinigung beider.

Von den völlig kombinierten Anlagen gibt Abb. 228 ein Beispiel in einer von Zobel, Neubert & Co. für das Gußstahlwerk Döhlen gelieferten Ausführung:

Um ein besonderes Hubwerk auf der Katze oder eine zweite Katze für den Magnettransport zu sparen, sind die beiden Windwerke in der Weise vereinigt, daß sowohl Magnet- als auch Muldenwindwerk durch einen einzigen Motor angetrieben werden. Für die ursprünglich geübte Arbeitsweise konnten beim Arbeiten mit dem Magneten die Muldenbügel an dem Katzengerüst festgestellt werden, wohingegen beim Arbeiten mit den Muldenbügeln der Magnet mit dem Gehänge verbunden blieb, wodurch eine wechselweise Benutzung beider Vorrichtungen ohne Zeitverlust möglich war. Magnet und Greifbügel hingen je an einem starren Gerüst, und zwar ersterer an einem innen, letzterer an einem außen angeordneten. Hierdurch ließ sich der Magnetstempel innerhalb des Muldenstempels unabhängig auf und ab bewegen, während andererseits das äußere Muldengehänge durch das Magnethubwerk dadurch gehoben werden konnte, daß sich jenes auf das untere Querhaupt des Magnetgehänges aufsetzte. Später sind die Bügel zum Transport der Mulden in Wegfall gekommen, weil es sich als vorteilhafter herausgestellt hat, die Mulden auf ihren Transportwagen zu lassen und mit dem Magneten an diese heranzufahren.

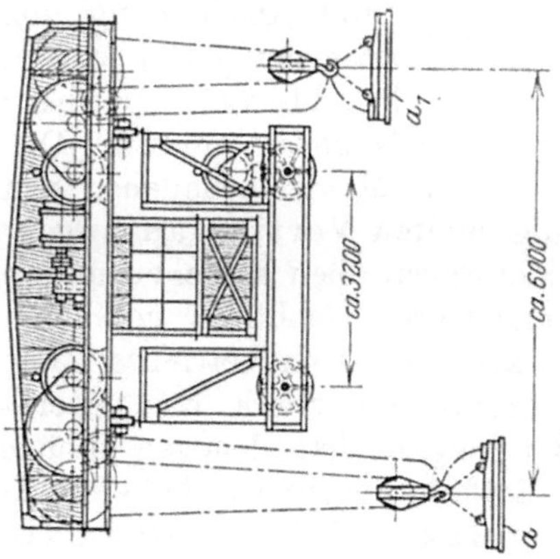

Abb. 221.

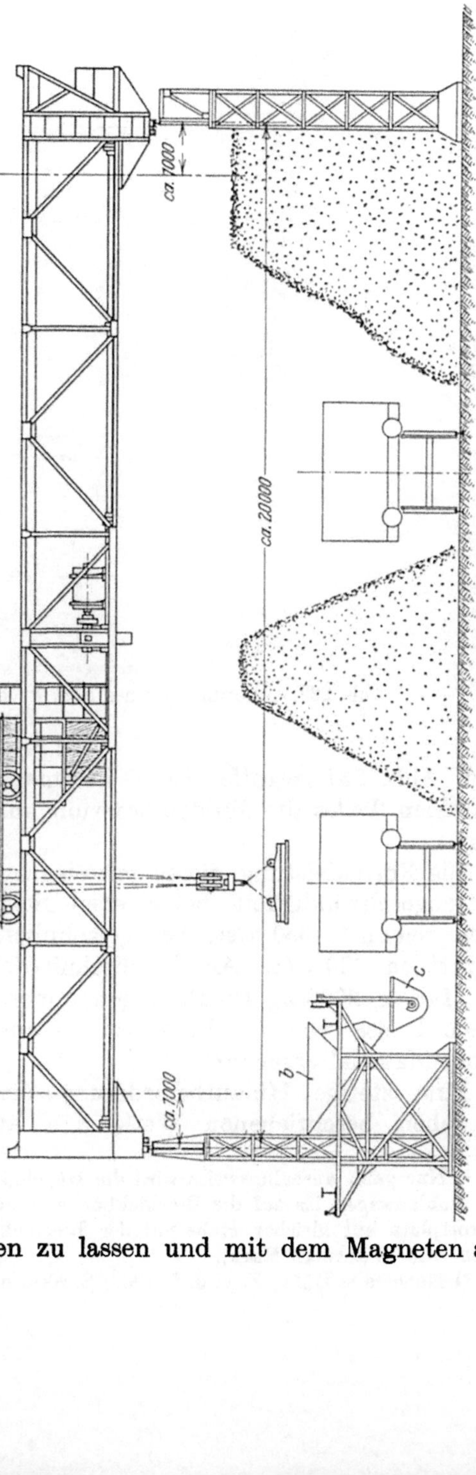

Abb. 220. Magnet. Schrottverlade-Doppelkran.

Gestattet die Lage und Ausdehnung von Schrottplatz und Chargierbühne nicht ohne weiteres ein Absetzen der gefüllten Mulden durch den Schrottplatzkran vor die Chargiermaschine (wie in Abb. 226), so wird man sich hierzu notgedrungen eines weiteren Transportmittels bedienen müssen. Die ursprüngliche und auch heute noch geübte Methode, die mit Mulden beladenen Schmalspurwagen bis zu einem vor der Beschickbühne aufgestellten Vertikalaufzug [1]) von Handlangern schieben und die dann gehobenen Muldenwagen oben abziehen und auf der Arbeitsbühne verteilen zu lassen, hat natürlich mancherlei Nachteile, vor allem die der Mühseligkeit, Langsamkeit und Unwirtschaftlichkeit des Handbetriebes. Der Ersatz des Vertikalaufzuges durch ein kontinuierliches Schrägförderwerk, das unten die anlangenden Wagen selbsttätig faßt und oben wieder freigibt, hat dagegen zunächst den Vorzug einer ununterbrochenen, stockungslosen Beförderungsweise; bei einer Doppelanordnung — wie sie beispielsweise bei dem Muldenwagen-Schrägaufzug (Lauchhammer) des Riesaer Martinwerkes,

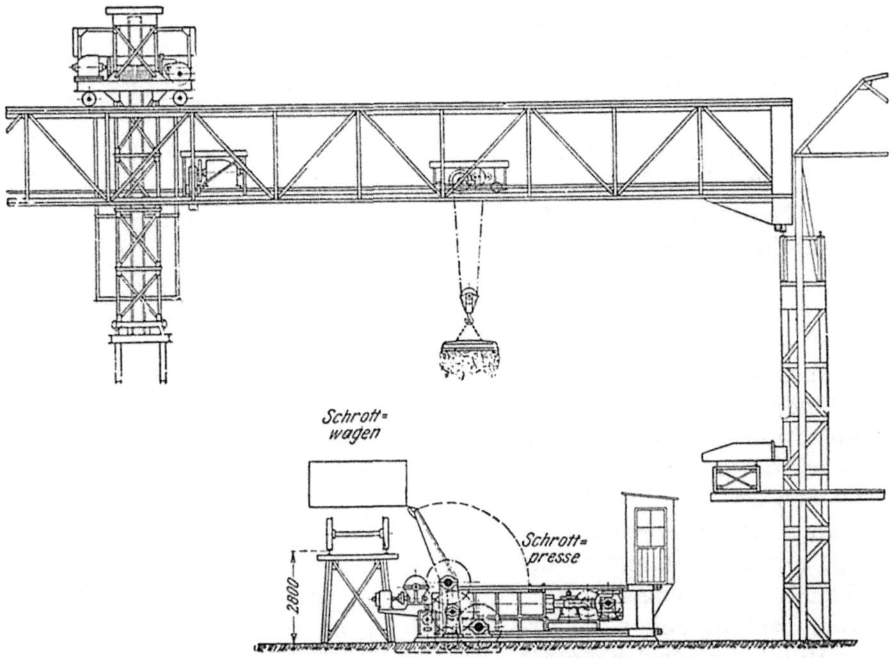

Abb. 222. Anordnung eines Schrottverlade- und Muldentransportkranes und einer Schrottpresse.

nach Abb. 231 getroffen ist — hat man noch die Annehmlichkeit, daß beim Versagen des einen Teiles die Muldenförderung mit dem andern allein aufrecht erhalten werden kann.

Die Förderleistung dieses mit einem 17pferd. Elektromotor und mit ca. 6 m minutl. Kettengeschwindigkeit betriebenen Schrägaufzuges (Steigung 1:3) beträgt bei Roheisen reichlich 350 t/st, bei gewöhnlichem Schrott etwa 130 und bei gutem Kernschrott ca. 220 t/st. Als durchschnittliche Schrottförderung können minutlich 3 Mulden für je 2000 kg Inhalt angenommen werden. Als Stromkosten haben sich — bei einem Preise von 5,5 Pf./kw-st — im Mittel nur etwa 0,35 Pf. für eine t geförderten Material ergeben [2]).

Eine stetige Hinaufbeförderung der Muldenwagen auf die Ofenbühne, die in der eben beschriebenen Weise u. a. auch noch im Eisenwerk Witkowitz, wo die

[1]) Nur ganz ausnahmsweise wird die Hügeligkeit des Terrains ohne weiteres ein direktes Hinauffahren der Muldenwagen bis auf die Beschickbühne ermöglichen (wie z. B. in der Hubertushütte), oder wird der Schrottplatz auf gleicher Höhe mit der Beschickungsbühne der Martinöfen angelegt werden (wie z. B. im Eisen- und Stahlwerk Mark).

[2]) Näheres s. Bülz: Z. V. d. I. 1909, S. 2004 u. ff.

Chargierbühne nicht neben, sondern hinter dem Schrottplatze liegt, durchgeführt wird, kann bei sehr großen Entfernungen auch ganz ohne jegliche Aufzugsvorrichtung von-

Abb. 223. Elektrische Schrottpresse (Riesa).

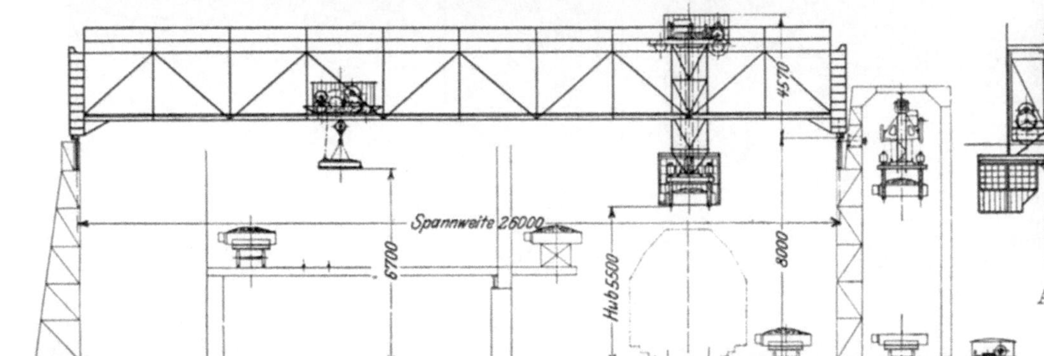

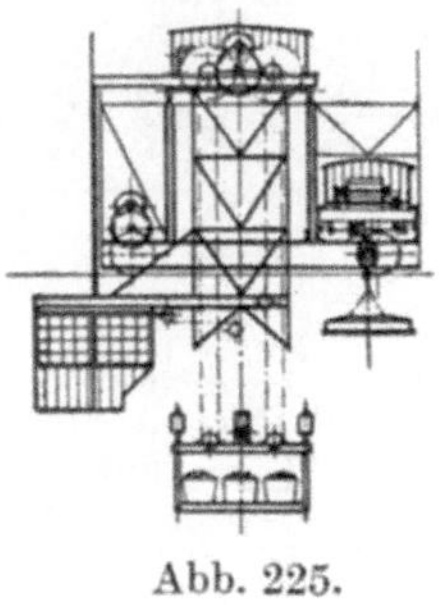

Abb. 225.

Abb. 224. Magnet. Schrottverlade- und Muldentransportanlage (Düsseldorf).

statten gehen. In solchen Fällen, wo ein Horizontalverschieben der Muldenwagen durch Menschenkraft ja überhaupt nicht mehr in Betracht kommen kann, wird man diese am schnellsten wohl durch eine Lokomotive in sanft ansteigender Bahn unmittelbar auf die Höhe der Chargierbühne fahren können (Westfälische Stahlwerke). Unbedingt vorzuziehen ist einem solchen Verfahren, das in Anlage und Betrieb teuer und störend ist, indes die Hochlegung des Transportes. Da zur Aufnahme des Mulden-

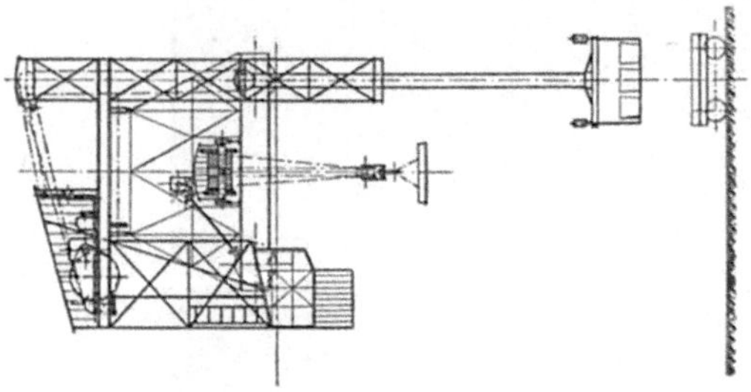

Abb. 227.

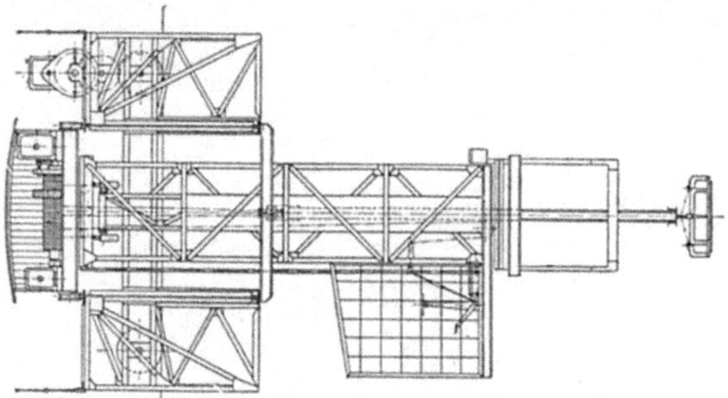

Abb. 229.

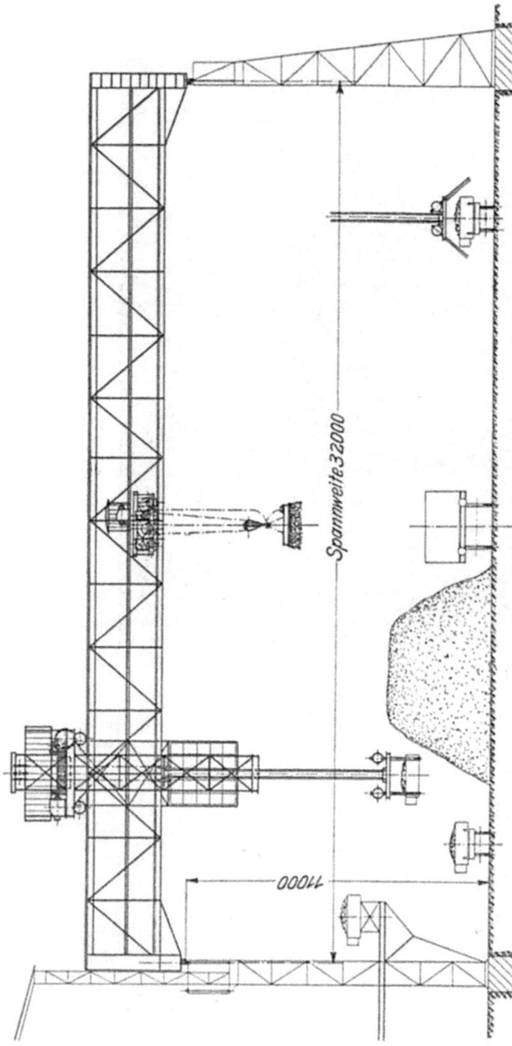

Abb. 226. Magnet. Schrottverlade- und Muldentransportkran.

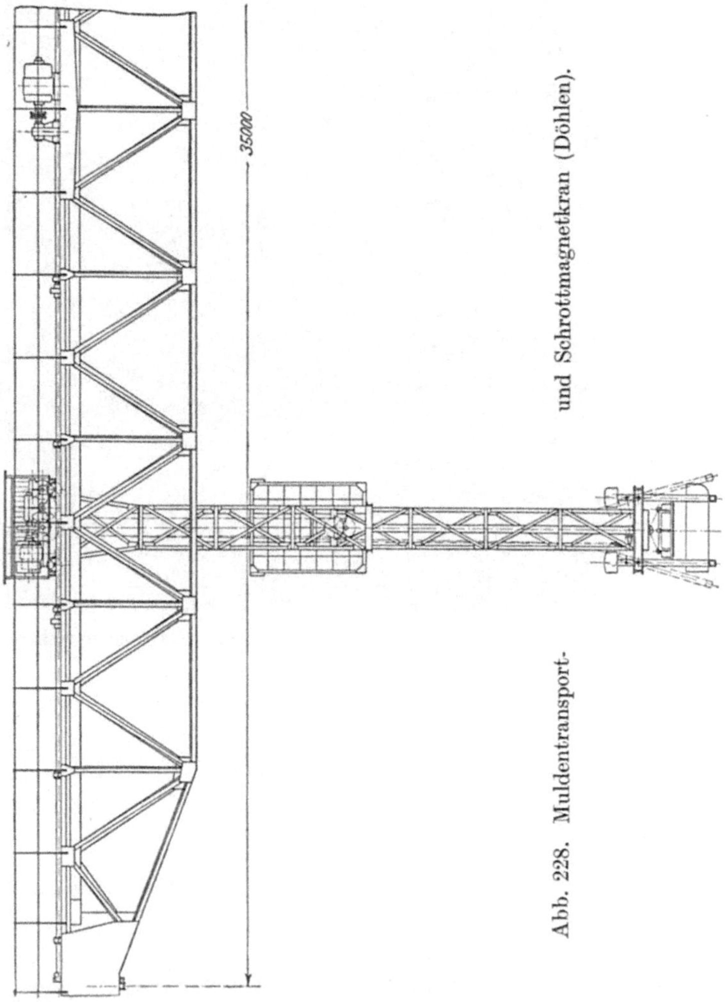

Abb. 228. Muldentransport- und Schrottmagnetkran (Döhlen).

gehänges eine Laufkatze genügt, wird als Hochbahn eine einschienige **Hängebahn** — bei größeren Entfernungen natürlich elektromotorisch betrieben — als geeignetst in Betracht kommen, womit ja auch gekrümmte Wege, die mit dem Kran nicht mehr zu durchfahren wären, ohne weiteres zurückgelegt werden können.

Abb. 224 stellte eine solche Schrotttransportanlage dar; dieselbe ist von der Akt.-Ges. Lauchhammer für die Düsseldorfer Röhren- und Eisenwalzwerke gebaut worden.

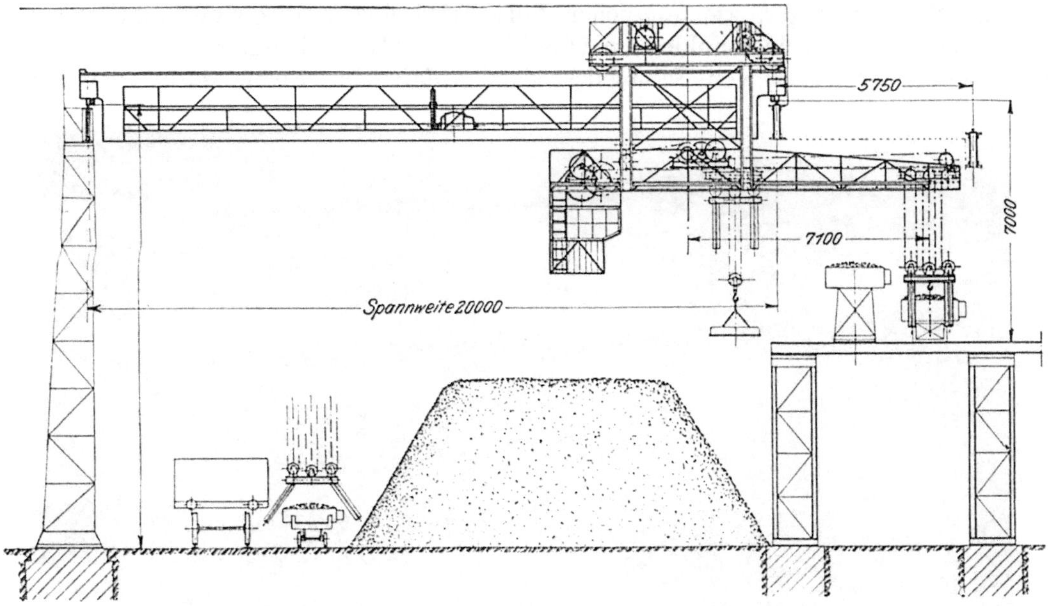

Abb. 230. Magnet. Schrottverlade- und Muldentransportkran (Oberhausen).

Abb. 231. Muldenwagen-Schrägaufzüge (Riesa).

Aus der Zeichnung ist weiterhin noch die Vorrichtung zum Verschieben der durch den Schrottplatzkran beladenen Muldenwagen in den Bereich der seitlich vorbeifahrenden Hängebahn zu ersehen. Zur Verminderung des Schwankens werden die hochgezogenen Mulden — deren Lage zueinander nach Abb. 232 (Witkowitz) durch entsprechend profilierte Auflager von Muldenwagen und -bügel gesichert werden kann — zweckmäßig durch feste Führungen an der Katze gehalten (wie es beispielsweise bei dem Entwurf von Zobel, Neubert & Co. für Dillingen nach Abb. 233 u. 234 der Fall ist)[1]. — Die Abb. 235 zeigt endlich noch den Transport der Mulden durch einen besonderen Laufkran mit ganz starrer Führung (Zobel-Neubert). Zwei derartige Krane werden in Julienhütte, wo der Schrottplatz in der Verlängerung der Ofenhalle liegt, dazu benutzt, die gefüllten Mulden zunächst auf eine Ablage vor den Ofen zu befördern, von wo aus sie dann der Chargierkran aufnimmt.

[1] In ganz ähnlicher Art, nur ohne starre Endführung des Muldengehänges, erfolgt der Muldentransport in Georgsmarienhütte.

In gleich eigenartiger, wie nützlicher Weise wird eine Elektrohängebahn (Bleichert) zum Beladen von Beschickmulden im Oberbilker Stahlwerk benutzt: Daselbst werden die bei der Bearbeitung von Schmiedestücken abfallenden Späne durch eine Hänge-

Abb. 232. Muldentransportwinden (Witkowitz).

bahn von der Werkstätte bis auf die Beschickbühne des Martinwerkes geschafft (Abb. 236)[1]. Die Kurvenbeweglichkeit der Hängebahn ist hier in sinnreicher Weise noch

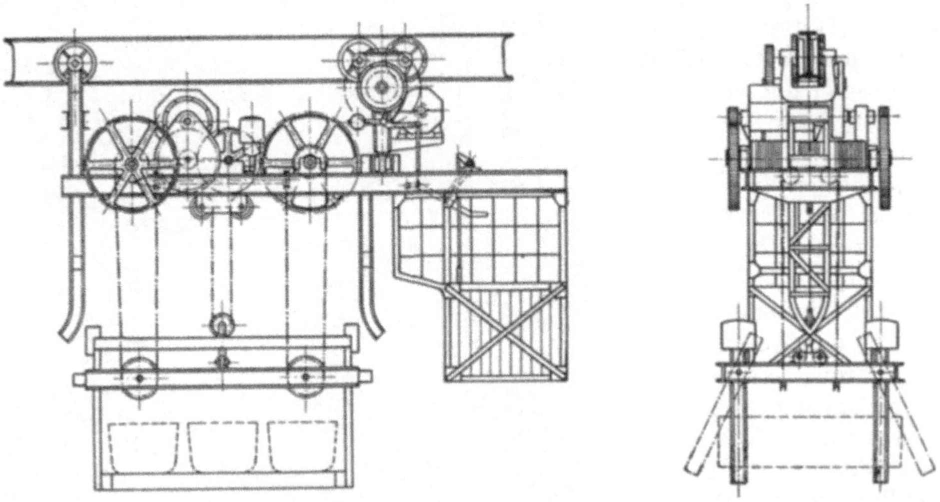

Abb. 233. Abb. 234.
Abb. 233 und 234. Muldentransportkatze (Dillingen).

dahin ausgenützt, daß die Endstrecke *c* derselben kreisbogenförmig geführt ist, so daß die entsprechend abgesetzten Mulden *a* von dem drehbaren Schwengel *b* des Chargierlaufkranes nach Belieben aufgenommen werden können Der aus der Ver-

[1]) Die übrigen Mulden werden, gleichfalls durch eine Hängebahn, den Öfen gegenüber abgesetzt, da für ein direktes Übernehmen vom Schrottplatz die Generatoren im Wege sind.

wendung einer solchen einfachen und doch fast völlig automatisch arbeitenden Elektrohängebahn zu erzielende Nutzen wird sehr augenfällig durch die Angabe, daß mit ihr im Vergleich zum früheren Spänetransport nicht weniger als sechs Mann gespart werden, obgleich das Gesamtanlagekapital der mit einem Motorwindenwagen auf eine Gesamtstrecke von etwa 200 m arbeitenden Hängebahn nur 9000 M. betragen hat[1]). Die geldliche Aufwendung für diese Anlage, deren Nutzen und Leistungsfähigkeit sich bei einfacher Weiterführung bis direkt über die Spänegruben der Werkzeugmaschinen noch leicht erhöhen ließe, ist also durch die ersparten Löhne allein in einem Jahre herausgewirtschaftet.

Ein Ersatz eines besonderen Aufzuges wird demnach durch das Hubwerk einer Elektrohängebahn in kaum zu übertreffender Weise für alle die Fälle geboten werden,

Abb. 235. Muldentransportkran (Julienhütte).

wo sich eben durch die Entfernung von Schrottlager und Martinwerk die Zuhilfenahme eines solchen Ferntransportmittels wünschenswert macht[2]). Ist dagegen bei zwar benachbarten Schrott- und Chargierplätzen die Absetzung der gefüllten Mulden auf einer rampenartigen Verbreiterung der Ofenbühne — wie man sie bei Neuanlagen in der Regel erstreben wird — nur wegen zwischenstehender Schornsteine o. dgl. durch einen Schrottplatzkran nach den vorbetrachteten Konstruktionen nicht möglich, so läßt sich selbst dann ein besonderer Muldenaufzug umgehen. Die Abb. 237 zeigt z. B. die bezüglichen Verhältnisse bei der Königshütte, wo ein mit einem drehbaren Katzenausleger versehener Laufkran nicht nur die Entleerung der Waggons auf dem anliegenden Schrottplatz besorgt, sondern auch die gefüllten Mulden in die Beschickhalle hinein setzen kann. Zu diesem Zweck ist der von der Eintrachthütte bzw. von der Demag gebaute Kran außer mit einem Lauchhammer-Magneten *b* noch mit einem Muldenbügelgehänge *a* ausgestattet, und zwar getrennt derart, daß jedes für sich frei und ohne gegenseitige Behinderung arbeiten kann. Das bisher auch hier durch einen be-

[1]) Die Abstützung der Fahrschiene konnte in diesem Fall allerdings von den benachbarten Gebäuden erfolgen, das Steuern von einem feststehenden Stand aus.

[2]) Betr. die Benutzung eines normalen Chargierlaufkranes auch für das Muldenhochziehen s. Abb. 267.

sonderen Vertikalaufzug bewirkte Hochbringen der Mulden ist somit in sehr vereinfachter Weise dem Schrottplatzkran übertragen worden, für dessen Anschaffung allein genügende Gründe vorhanden waren. Der wirtschaftliche Wert dieser Einrichtung geht daraus klar hervor, daß zu der früheren Schrottentladung und Muldenfüllung von Hand ungefähr 20 Mann gebraucht wurden, bei dem jetzigen Magnetbetrieb dagegen nur 5 Mann, ganz abgesehen von den Leuten, die vordem noch nötig waren, um die mit dem Aufzug zur Beschickbühne gehobenen Muldenwagen oben abzuziehen und zu verteilen. — Sehr ähnlich liegen hinsichtlich der früheren und jetzigen Arbeitsweise auch die Verhältnisse auf dem Schrottplatz der Charlottenhütte. Der früher zum Heben der Mulden benutzte Dampfaufzug ist durch einen später in Betrieb genommenen Schrottplatzkran überflüssig geworden, dessen Katze mit einem horizontal weit verschieblichen Ausleger versehen ist, durch den die Muldenbügel auf das hinter Schornsteinen zurückstehende Beschickplateau reichen können[1]). Da bei dieser Ausführung (der Deutschen Maschinenfabrik) der Magnet für das Heben von Schrott an dem Muldenbügelgehänge selbst befestigt wird, so besteht gegenüber z. B. den Anordnungen in den Abb. 229 und 230 oder 240 indes hier noch der Nachteil, daß beim Schrottheben mit dem Magneten stets die schweren Muldenbügel mitgeschleppt werden müssen.

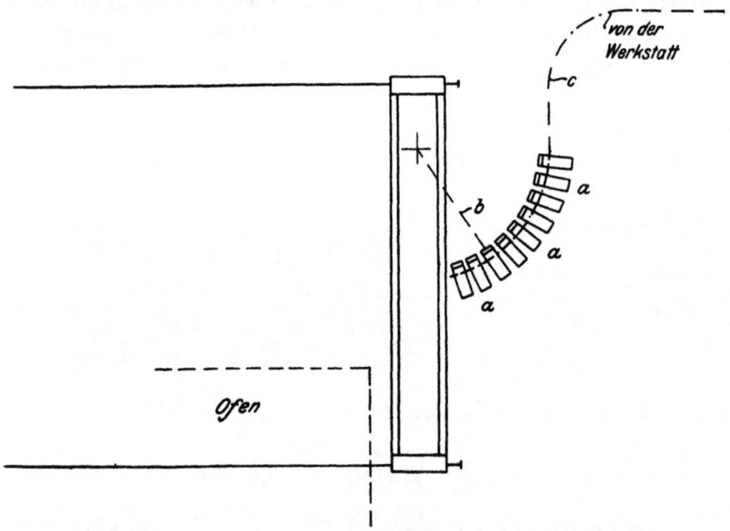

Abb. 236. Disposition des Muldentransportes (Oberbilk).

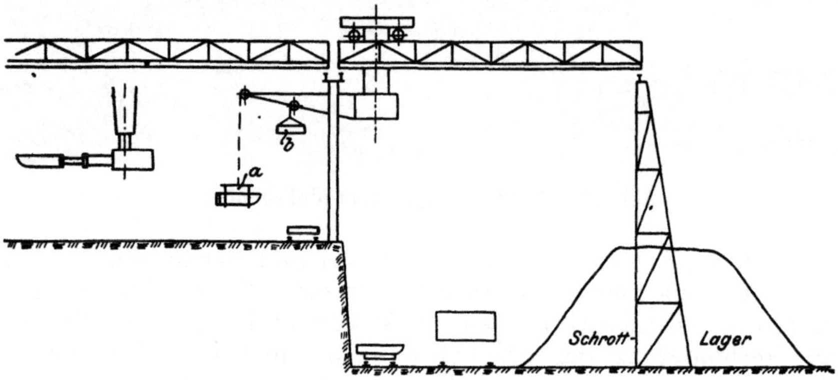

Abb. 237. Magnet. Schrottverlade- und Muldentransportkran (Königshütte).

Sehr ähnlich kommt dieser allgemeinen Disposition auch die von der Akt.-Ges. Lauchhammer für die Gutehoffnungshütte ausgeführte Schrott- und Muldentransportanlage (Abb. 230 bzw. 238). Der Kran dient mit 15 t Tragkraft zur Aufnahme von drei Mulden und zu deren Absetzen auf die vor den Martinöfen stehenden Muldenbänke bei 7 m Ausladung über Katzenmitte und ist weiterhin mit einem Magnethubwerk ausgerüstet, welches gleichzeitig zum Öffnen und Schließen der Muldenbügel dient. Über die Gestaltung der Eisenkonstruktion und die Anordnung der einzelnen Bewegungsmechanismen gibt die Abbildung genügenden Aufschluß. [An Arbeitsgeschwindig-

[1]) Ähnlich erfolgt auch in Hörde die Hinaufbeförderung ganzer Muldenwagen auf die Beschickbühne.

keiten bzw. Motoren sind vorgesehen: Für das Muldenheben 15 m/min und das Magnetheben 40 m/min (85 PS), für das Hauptkatzenfahren 50 m/min (24 PS), für das Hilfskatzenfahren 45 m/min (24 PS), für das Kranfahren 120 m/min (65 PS). Da Drehstrom (220 Volt, 50 Perioden) zur Verfügung steht, ist für die Erregung des Magneten (1500 mm Durchm.) auf dem oberen Katzenrahmen ein Umformer für max. 7,5 kw angeordnet.]

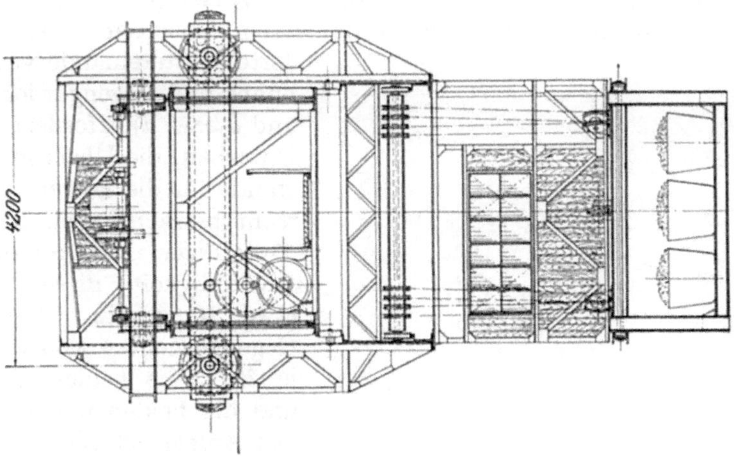

Abb. 239.

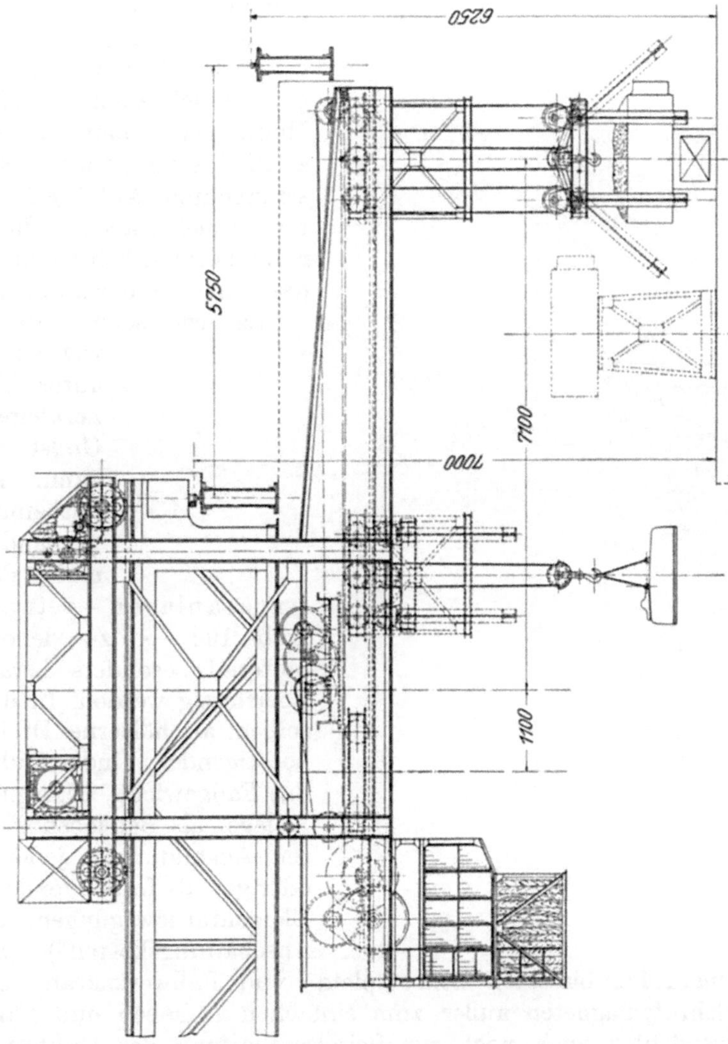

Abb. 238. Katze des magnet. Schrottverlade- und Muldentransportkranes (Oberhausen).

Für die im vorhergehenden beschriebene Schrottverladung der Königshütte erfordert es die Unebenheit des Hüttenterrains, daß die mit Schmelzgut gefüllten Waggons, bevor sie von jenem Schrottentladekran in Angriff genommen wurden, einen Höhenunterschied von etwa 7 m überwinden. Hierzu dient ein elektrisch betriebener **Vertikalaufzug** (Demag), der zwischen die unteren und die oberen Hüttengleise eingeschaltet ist. Die Bewegung der Winde, die oben auf dem Führergerüst der Hubbühne aufgestellt ist, wird auf diese durch vier Gallsche Ketten übertragen. [Das Heben und Senken der für 30 t Belastung berechneten Plattform, die durch Gegengewichte natürlich zweckmäßig ausgeglichen ist, erfolgt durch einen Motor von 45 PS mit einer Hubgeschwindigkeit von 5,5 m/min[1].]

In wesentlich verschiedener, wenn auch nicht gerade besserer Weise werden die unvermeidlichen Niveau-

[1]) Ein ganz ähnlicher Waggonaufzug besorgt auch bei der Hochofenanlage des Phönix in Bergeborbeck die Überführung von Eisenbahnwagen von Hochbahn auf Hüttenflur.

unterschiede in einem oberschlesischen Hüttenwerke überwunden. Wie die Abb. 242 bis 244 erkennen lassen, dient dazu eine Zahnradbahn, deren über die Schrägstrecke bewegte Teile im wesentlichen aus der Versetzplattform *a*, aus zwei Gegengewichtswagen *e* und aus zwei beide verbindenden Gallschen Ketten bestehen. Das ungehinderte Untereinandervorbeifahren von Aufzugsbühne und Gegengewichtswagen (auf den Gleisen *c* und *b* bzw. *d*) erfordert einen recht komplizierten Unterbau, die Überwindung der Bewegungswiderstände für die langen und schweren Ketten einen recht beträchtlichen Kraftaufwand. [Bei einem 50pferdigen Elektromotor beträgt die Fahrgeschwindigkeit dieses Waggon-Schrägaufzuges[1]) etwa 10 m/min. Die dabei mitzubewegenden Gegengewichtswagen *e* wiegen nicht weniger als je 20 t, die beiden Schachtgewichte *g* je 1,2 t und die beiden je etwa 46 m langen Ketten 5 t.] Die Anlage ist allerdings bereits im Jahre 1898 gebaut worden und entbehrt sicherlich nicht der Originalität und eines gewissen entwickelungsgeschichtlichen Interesses. Aus diesem Grunde glaubte ich auch, sie hier aufnehmen zu sollen. Heute wird man in ähnlichen Fällen jedoch zweifellos zu anderen Systemen, vor allem den senkrechten Aufzügen, seine Zuflucht nehmen, um so mehr, als der Platzbedarf für jene Anlage recht beträchtlich ist und auch die Anlagesumme dafür nicht niedrig gewesen sein soll.

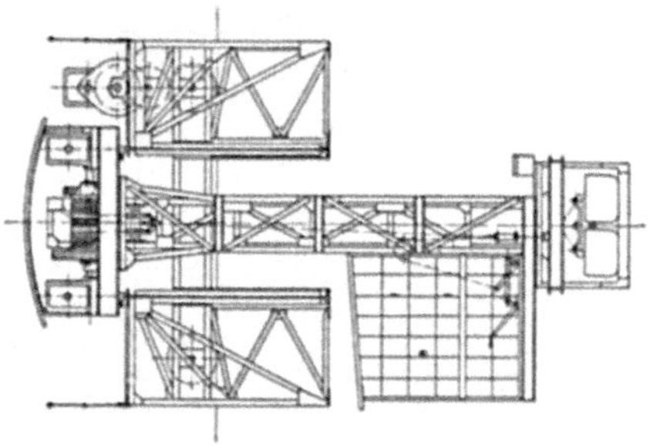

Abb. 241.

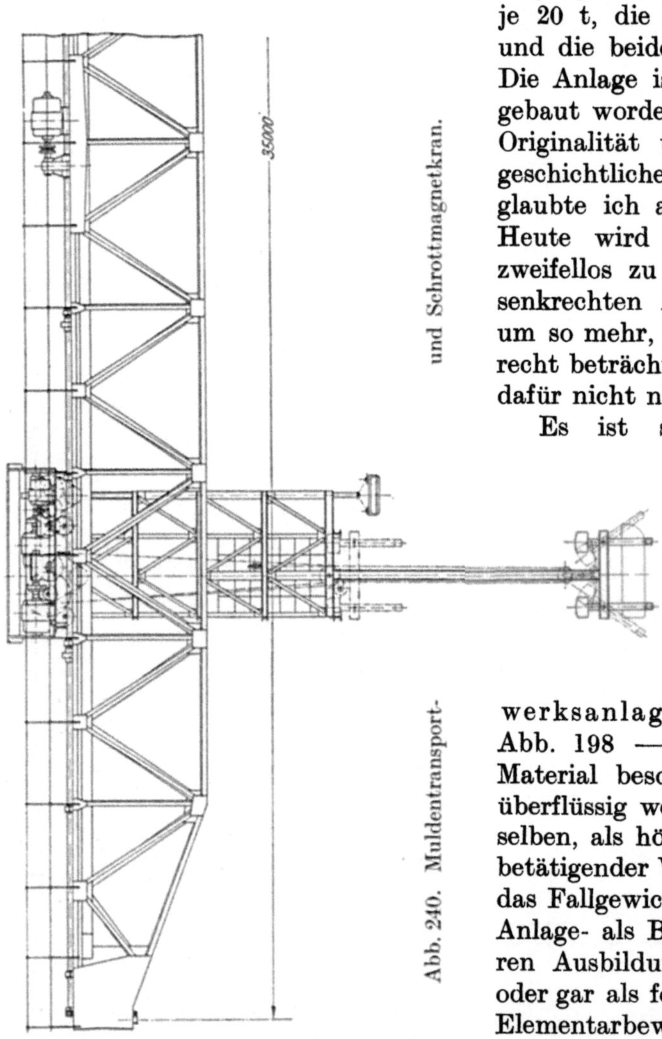

Abb. 240. Muldentransport- und Schrottmagnetkran.

Es ist schon an früherer Stelle gesagt worden, daß der Schrottplatzkran unter Umständen auch für das Zerkleinern einzuschmelzender Gußstücke verwendet werden kann. Der Wert einer solchen Mitbenutzung dieses so wie so vorhandenen Kranes besteht zunächst darin, daß besondere Fallwerksanlagen — etwa in der Ausführung nach Abb. 198 —, zu denen das zu zerkleinernde Material besonders herangeschafft werden muß, überflüssig werden. In der einfachsten Form derselben, als hölzerne Dreibeine mit von Hand zu betätigender Winde- und Ausklinkvorrichtung für das Fallgewicht, beanspruchen sie zwar weniger Anlage- als Betriebskosten; in den vollkommeneren Ausbildungen jedoch, in Eisenkonstruktion oder gar als feststehende oder fahrbare Krane mit Elementarbewegungen, erfordern sie erhebliche Anschaffungskosten[2]). Stets hat man überdies bei einem kombinierten Schrottplatz- und Fallwerkskran noch die Annehmlichkeit, den Schrottmagneten außer zum einfachen Anheben und Fallenlassen des Zerkleinerungsgewichtes auch noch zur Beiseiteschaffung des Gußbruches bzw. zur Beladung

[1]) Nach einem Entwurf des Zivilingenieurs Tümmler von der Eintrachthütte erbaut.
[2]) Vgl. Gieß.-Zg. 1912, v. 15. September.

der Mulden mit letzterem benutzen zu können. Wenn bei solchen kombinierten Fallwerkskranen die geringe Höhe der Fahrbahn eine zu kleine Fallhöhe ergeben sollte — was bei den magnetisch leicht zu bewältigenden schwerstmöglichen Fallgewichten durchaus nicht immer notwendig sein dürfte —, so läßt sich diese durch einen Gerüstaufbau an der Katze des Kranes, nach Abb. 245 bis 248 sehr leicht und wirksam vergrößern.

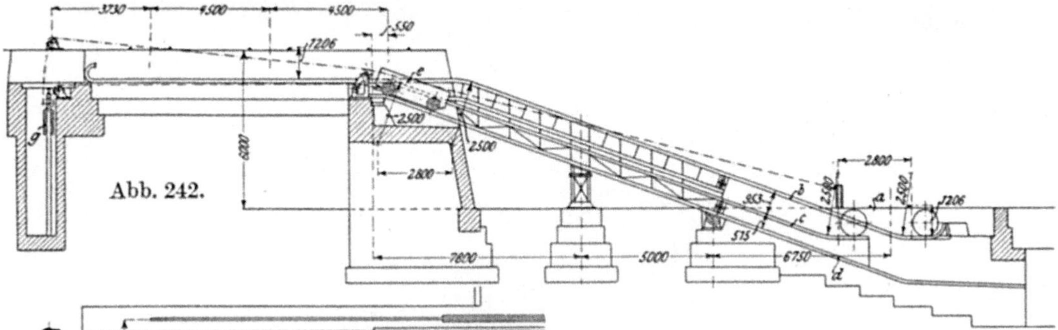
Abb. 242.

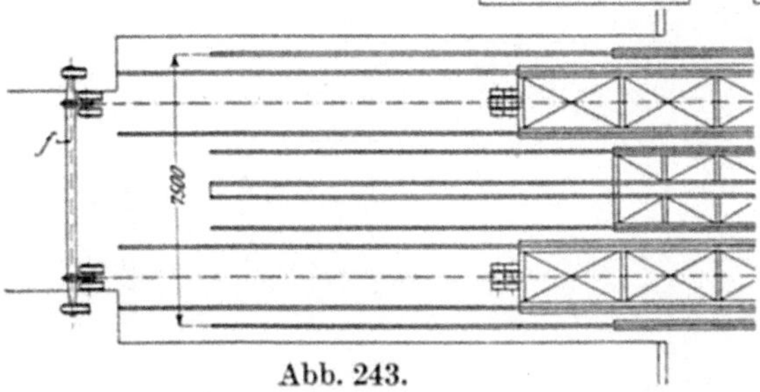
Abb. 243.

Abb. 242 und 243. Waggon-Schrägaufzug.

H. Generatorenraum.

Die dem Schrottplatz benachbarte Lage des Generatorenhauses kann es unter Umständen möglich machen, die Krananlage des ersteren auch für die Bekohlung der Generatoren heranzuziehen. Sei dies dadurch, daß die Träger des ja fast ausnahmslos als Laufkran gestalteten Schrottplatzkranes gleichzeitig einem weiteren Katzenausleger als Laufbahn dienen[1]), sei es, daß auch nur die Fahrbahn des Schrottplatzkranes oder deren Verlängerung für einen besonderen Generatorenkran benutzt wird. Letzteres kommt beispielsweise zur Durchführung in der Charlottenhütte, wo neben dem vorbeschriebenen Magnet- und Muldentransportkran ein Greiferlaufkran die Kohlen aus der Kohlengrube über einen in die Kranfahrbahn hineinreichenden Bunker in die Generatoren befördert (Abb. 249). Diese Anordnung hat den Vorteil, daß der Kran einfach gehalten sein kann. Bei gefülltem Bunker wird der Kran nach Anhängen eines Magneten auch zum Entladen der Schrottwagen

Abb. 244. Waggon-Schrägaufzug.

[1]) Siehe z. B. Michenfelder: Dingler 1907, S. 794.

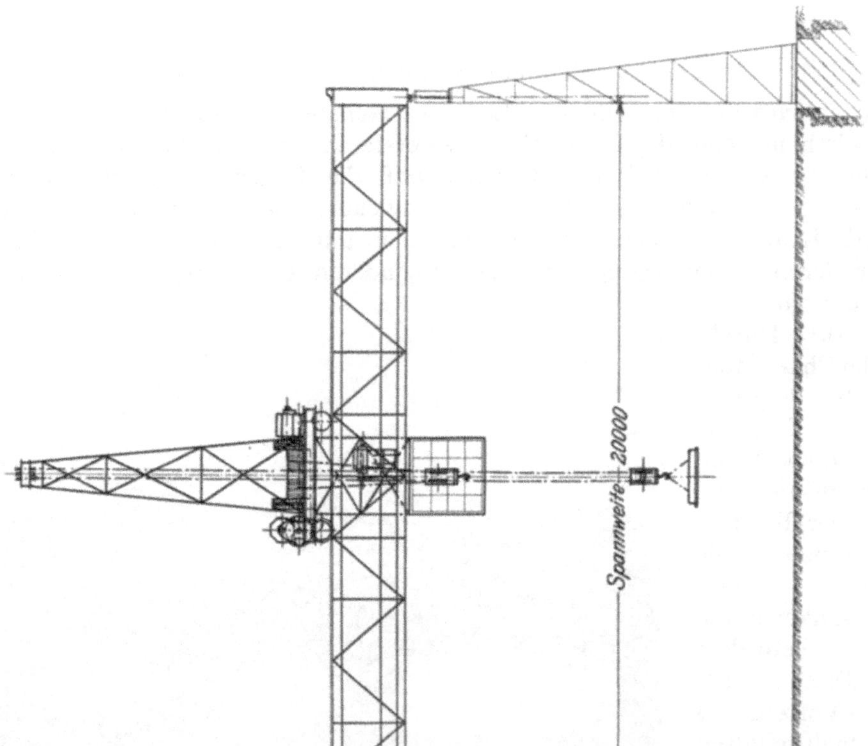

Abb. 245.

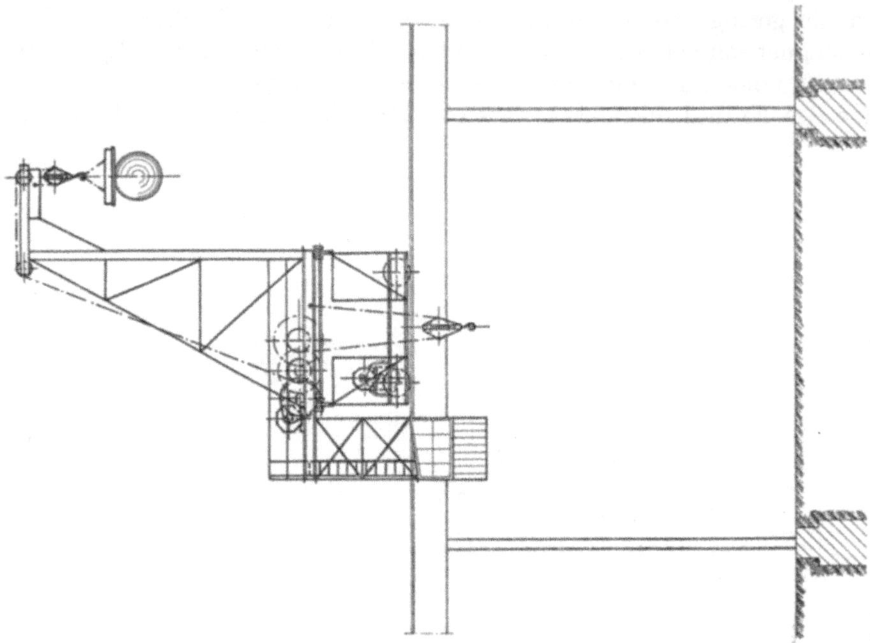

Abb. 246.

Magnet. Schrottverlade- und Fallwerkskran.

benutzt. Auf der die Verlängerung der Kranbahn des Kohlengreiferkrans bildenden Schrottkranbahn arbeiten zwei Auslegerlaufkrane, die mittels Greifer die Mulden auf die Chargierbühne heben oder mittels untergehängter Magnete auch das Ent- und Beladen von Schrottwagen vornehmen.

Wenn auch das für die Bekohlung von Generatoren vorherrschende Kransystem der reine Laufkran ist, der, an der Decke des Generatorenhauses fahrend, mit Kübeln oder Greifern die in tiefliegenden Seitenbunker abgelassenen Kohlen aus automatisch bewegten Füllöffnungen aufnimmt, hochzieht und in die Generatoren entleert[1]), so sind Abweichungen hiervon doch auch bei uns zu finden. Und zwar hat auch hier namentlich die **Hängebahn** sich Eingang zu verschaffen gewußt. Handbetrieb kommt dabei, wegen der zu großen Leistungen, in Eisenhütten mit Vorteil kaum irgendwo in Frage. Für Glashütten dagegen, mit geringerem Brennstoffbedarf, kann auch die Handhängebahn eine rationelle Lösung der Transportfrage wohl ergeben. Besonders dann, wenn etwa — nach Abb. 250 — die Beförderung der Kohlen unter Ausnutzung der Schwerkraft doch selbsttätig erfolgt. Die mit der Eisenbahn in der Hütte ankommenden Kohlen werden von Hand in den anliegenden Schuppen *a* geschaufelt, aus dem sie in einen bergabfahrenden Hängebahnkübel *b* abgezogen und durch dessen Bodenentleerung dem Generator *c* zugeführt werden. Nur der leere Kübel braucht mit geringem Kraftaufwand die kurze Schrägstrecke hinaufgeschoben zu werden.

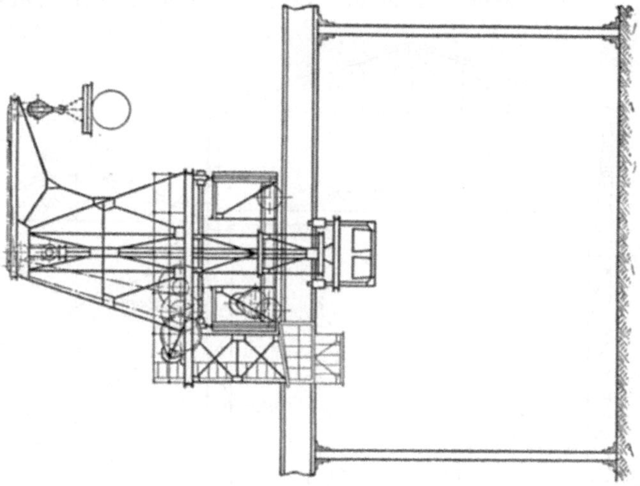

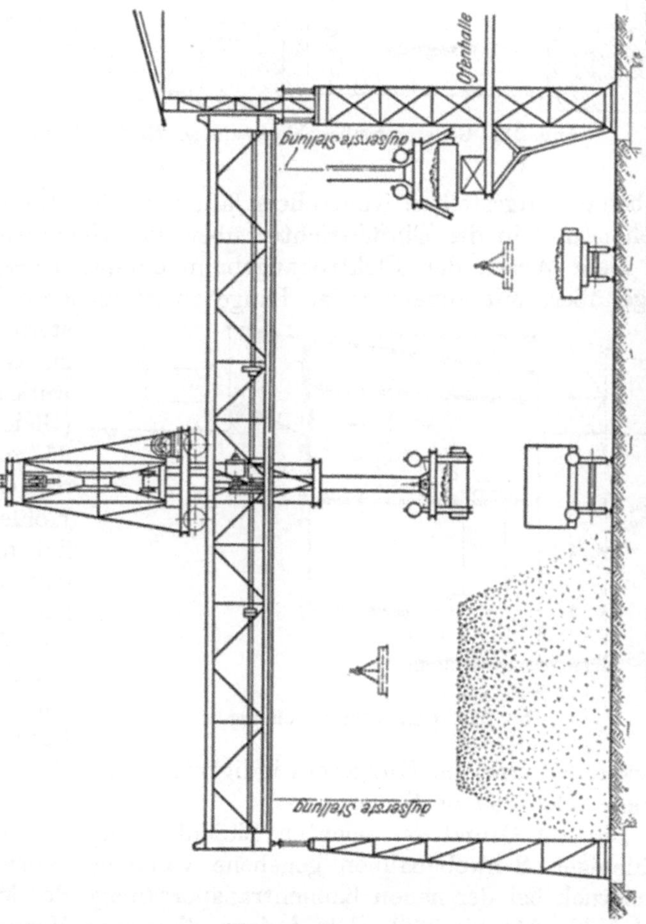

Abb. 247. Magnet-Schrottverlade-, Muldentransport- und Fallwerkskran. Abb. 248.

Die Abb. 251 zeigt eine einfache Generatoren-Hängebahn mit elektrischem Antrieb im Stahlwerk Oeking, die von Pohlig ausgeführt ist. Die aus den Eisenbahnwagen in einen tief liegenden Bunker ausgeschaufelten Kohlen werden von dem Greifer einer Hängebahnkatze herausgenommen und über die sich in der Längsrichtung

[1]) Vgl. Abb. 329 (*a*).

an den Bunker anschließenden Generatoren befördert. Der Kohlenbehälter ist zum Schutz seines Inhaltes gegen Verstauben mit von Hand verfahrbaren gewölbten Deckeln verschlossen. Die Kohle wird jetzt von dem Greifer unmittelbar in die Generatoren geschüttet, nachdem die zu ihrer Verteilung über den Generatoren ursprünglich vorhanden gewesene Schnecke, die die Kohle zu sehr zerkleinerte, ausgeschaltet worden ist.

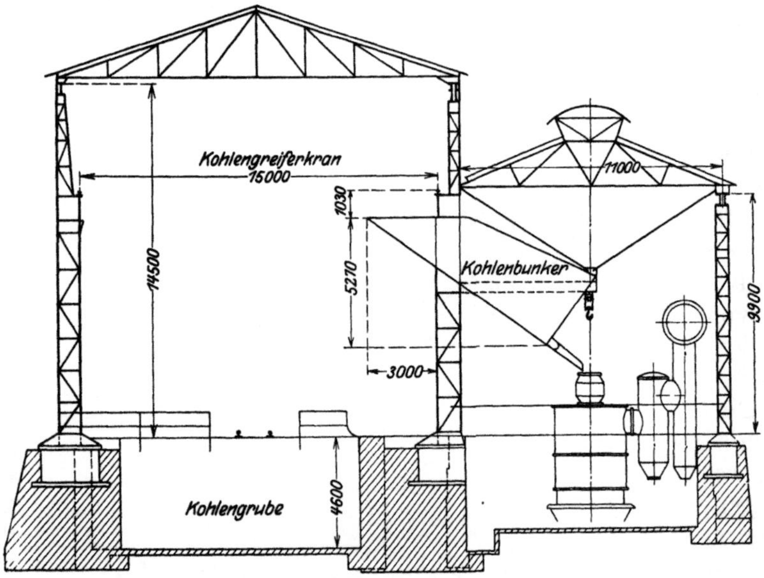

Abb. 249. Generatorenbekohlungsanlage (Niederschelden).

Die selbsttätige und vielartige Arbeitsweise der Elektrohängebahn kommt bei der Generatorenanlage in Lipine nach Abb. 252 zum Ausdruck. Die aus den Waggons über einen Rost in einen tiefliegenden Vorratsbunker geschaufelten Kohlen werden in den abgesenkten Kübel einer Elektrowindenkatze gefüllt, indem der Bedienungsmann auf der Generatorenbühne durch den ersichtlichen Zahnstangen-Kurbelmechanismus den Bunkerschieber öffnet. Mittels des nebenan aufgestellten Kontrollers läßt derselbe Mann darauf den gefüllten Kübel hochziehen und in die Einfülltrichter über den Generatoren sich entleeren.

Dem Wesen der Elektrohängebahn entspricht es, daß sich deren Anlage, Kranen gegenüber, mit zunehmender Länge in steigendem Maße zweckmäßig erweist. Günstiger erscheint in dieser Beziehung die zur Bedienung der Generatoren im Stahlwerk Becker benutzte Elektrohängebahn (Bleichert). Die Bahn ist hier nach Abb. 253 mit in sich geschlossenem Lauf durch das Generatorenhaus I, weiter über die Kohlentaschen des Kesselhauses und endlich noch durch das Generatorenhaus II geführt und versieht so in kontinuierlichem Zuge die gesamte Kohlenspeisung des Werkes. Die Anlage ist für eine stündliche Leistung von 7 t Kohle oder 3,5 t Koks errichtet. Die Länge der Bahn beträgt 225 m, die Fahrgeschwindigkeit 60 und die Hubgeschwindigkeit 15 m/min. Der Inhalt der Kübel ist 720 kg Kohle oder 360 kg Koks.

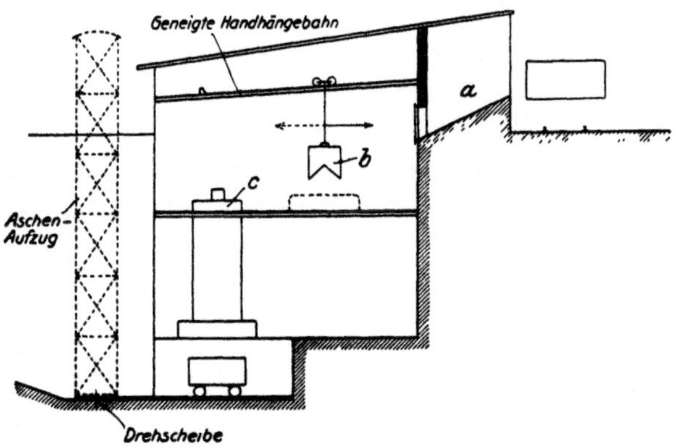

Abb. 250. Generator-Bekohlung.

Die auf Grund der leichten Linienführung und örtlichen Anpassungsfähigkeit einschieniger Schwebebahnen gegebene vielartige Verwendbarkeit kommt deutlich zum Ausdruck bei der neuen Kohlentransportanlage der Maxhütte in ihrem Werk bei Haidhof (Abb. 254 bis 256). Die Anlage dient zur Versorgung sowohl der Kohlenbunker *a* im Kesselhaus als auch zur Bekohlung der Gaserzeuger *b*. Der durchschnittliche Kohlenbedarf ist im Kesselhaus bei normalem Betrieb 200 t, maximal 300 t in 24 Stunden, im Generatorengebäude 230 bzw. 300 t. Als Fördergut kommt Braunkohle von im allgemeinen kleinstückiger Beschaffenheit (750 kg/cbm) in Betracht. Die Kohlen-

Abb. 251. Generatorenbeschickkatze (Düsseldorf).

Abb. 252. Generatoren-Beschickung (Lipine).

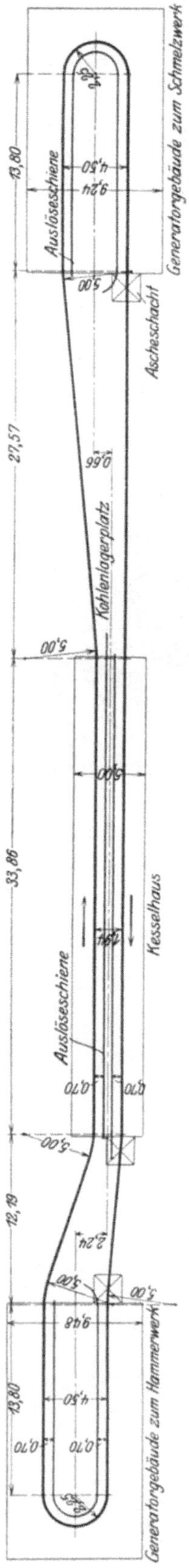

Abb. 253. Anordnung der Elektrohängebahn zur Generatoren- und zur Kesselbeschickung (Willich).

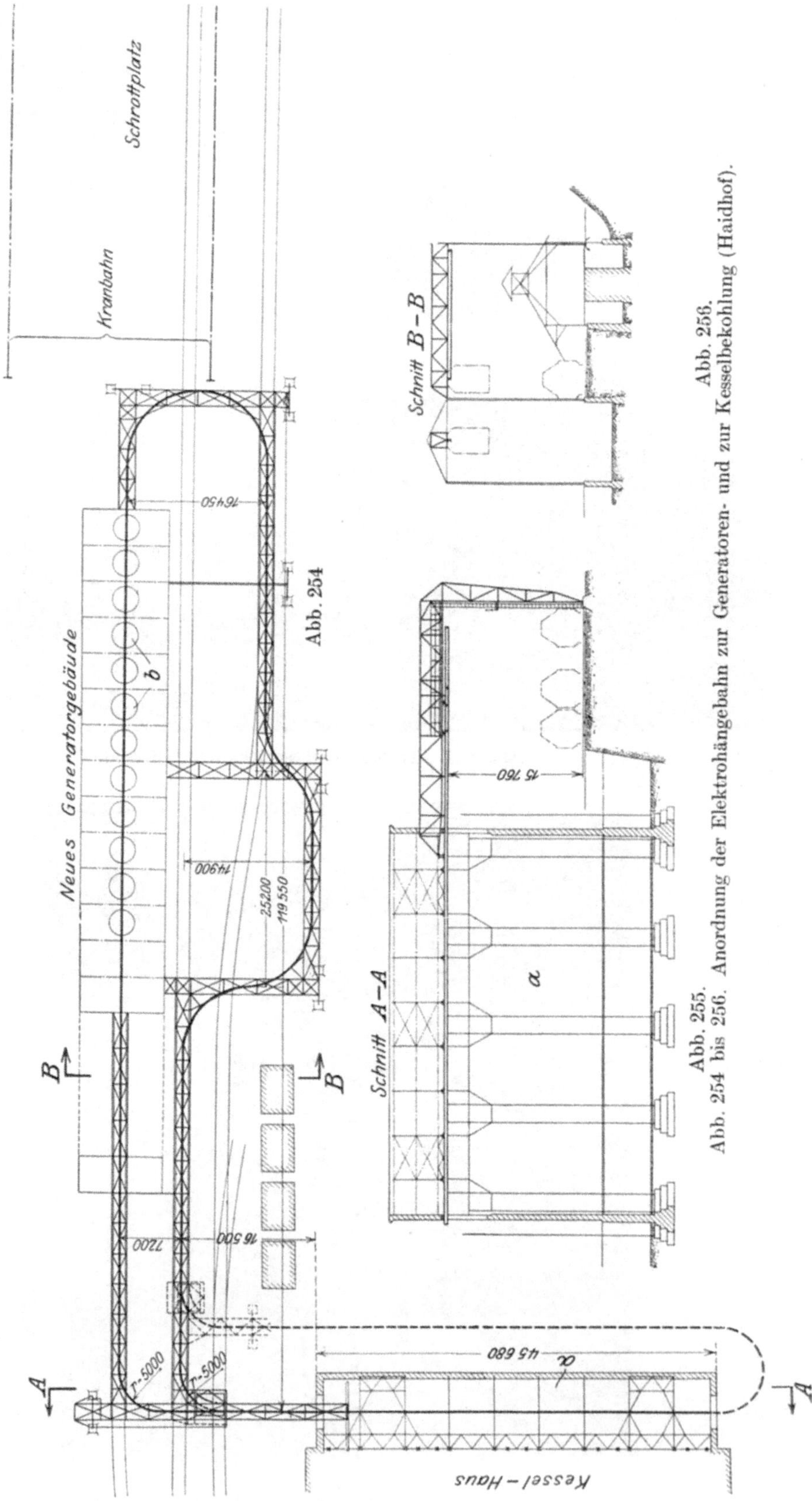

Abb. 255. Abb. 256.
Abb. 254 bis 256. Anordnung der Elektrohängebahn zur Generatoren- und zur Kesselbekohlung (Haidhof).

entnahme erfolgt aus den Eisenbahnwagen an verschiedenen Stellen; ein Stapelplatz ist im Freien vorgesehen. Die Kohlenbunker der genannten beiden Bedarfsstellen liegen mit Oberkante 13 m über Hüttenflur. Der Transport der Kohlen erfolgt nun mit Hilfe der Elektrohängebahn — zwei Führerstandskatzen (Bleichert) mit Greiferbetrieb (Inhalt 1,5 cbm=1125 kg Braunkohlen) —, die in einer Länge von rund 300 m die Anfuhrgleise, den Lagerplatz neben der Generatoranlage und sämtliche Bunker bestreichen kann; eine spätere Erweiterung nach der gestrichelten Linie ist vorgesehen. Bei einer mittleren Fahrgeschwindigkeit von 100 m und Hubgeschwindigkeit von 30 m/min leistet die Anlage mit einem Greifer 540 t/24 st; der Kraftbedarf ist dabei für das Heben 30 kw, für das Fahren 7 kw.

Es sei an dieser Stelle auch einer Hebevorrichtung Erwähnung getan, die dem Abtransport der Asche von Generatoren und Kesseln dient. Die Abb. 257 u. 258 lassen die

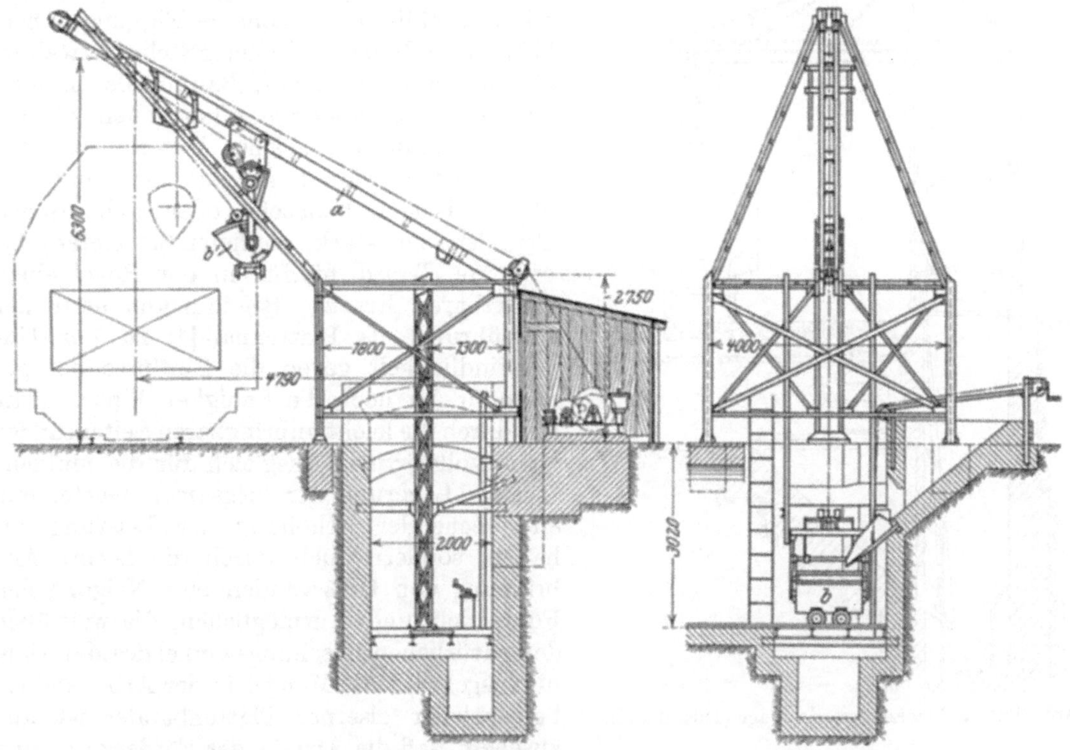

Abb. 257. Aschenverladeanlage (Witkowitz.) Abb. 258.

Disposition einer solchen Anlage erkennen, die vor längeren Jahren für das Eisenwerk Witkowitz von Petravič gebaut worden ist. Die Zufuhr von den Kesseln erfolgt aus dem Kanal direkt durch das von dem Kran leicht abzuhängende fahrbare Kippgefäß *b*, während die vom Generator kommende Asche durch eine seitliche Rutsche und Schüttrinne in das am Kran hängende Gefäß gefüllt werden kann. Dieses wird alsdann von dem einzigen Bedienungsmann der Anlage durch Betätigung des unten aufgestellten Kontrollers gehoben. Sobald das mit Holzbuffern versehene Gehänge des Kippgefäßes oben gegen die Katzenschilder am Ausleger *a* stößt, nimmt das Hubseil die Katze in bekannter Weise mit, bis sich das Gefäß über dem Abfuhrwaggon selbsttätig entleert und hierauf selbsttätig wieder aufrichtet. Falls der Wärter das rechtzeitige Abstellen der Hubbewegung durch den Kontroller versäumen sollte, wird dieses durch einen Endschalter automatisch bewirkt. Der Zurücklauf des Kippgefäßes erfolgt durch eine vom Führer mittels Gestänge zu bewirkende Bremsung der Trommel. Es brauchen mit dieser Anlage nur 48 Spiele in 12 Stunden gemacht zu werden, wobei das Gewicht der Nutzlast 600 kg, das Eigengewicht des Kippgefäßes 300 kg wiegt. [Bei einem gemeinschaftlichen Antriebsmotor von 9,1 PS beträgt die Hubgeschwindigkeit 24 m/min und die Fahrgeschwindigkeit 48 m/min.]

Eine demselben Zweck dienende Anlage (Bleichert) ähnlichen Aufbaues für die Düsseldorfer Röhrenwalzwerke veranschaulicht Abb. 259. Die Schlacke wird von den Generatoren durch eine 135 m lange unterirdische Handhängebahn *A* dem Füllrumpf *B* zugeführt, aus dem sie mit dem Kübel *C* einer kleinen Elektrohängebahn in den Eisenbahnwagen gefördert wird. Die Leistung beträgt, bei 5 hl Kübelinhalt, 3 t/st.

Anschließend sei hier kurz auch noch auf andersartige Vorrichtungen für das Heranschaffen und Verteilen von Kohlen, Koks, Schlacken u. dgl. hingewiesen, die in der örtlichen Anpassungsfähigkeit oder in dem durch kleinstes Durchgangsprofil beschränkten Platzbedarf oder in der überaus großen Leistungsfähigkeit oder in der vollkommen selbsttätigen Arbeitsweise oder in noch anderen guten Eigenschaften für bestimmte Fälle ihre besondere Eignung haben. Während z. B. der an früherer Stelle[1]) erwähnte Gurtförderer aus Hanf, Baumwolle, Balata, Gummi oder anderen pflanzlichen Stoffen für den Transport solcher Materialien nicht verwendet werden kann, die den Gurt aus physikalischen, chemischen oder mechanischen Gründen zu stark angreifen[2]), bietet das eiserne Band hierfür in der Regel einen schätzbaren Ersatz. Bei ihm kommt in der Ausführung als Plattenband[3]) zu der Unempfindlichkeit gegen die Einflüsse der genannten Art noch die Fähigkeit hinzu, nicht nur durch die leicht anbringbaren Seitenränder einen vollwertigen Ausgleich für die muldenförmige Lagerung der biegsamen Gurte, mit entsprechender Erhöhung der Leistung, zu haben, sondern auch durch die leichte Anbringung von Querwänden eine Neigung der Förderrichtung zu ermöglichen, die weit über den natürlichen Böschungswinkel des Materials hinausgeht[4]). Als Mangel in der Arbeitsfähigkeit solcher eiserner Plattenbänder ist anzusehen, daß die Abgabe des Fördergutes nur „über Kopf", d. i. am Umkehrende des Bandes erfolgen kann, wohingegen beim Fördergurt auch an Zwischenstellen des Förderlaufes das Material durch Abstreichbretter oder durch Abwurfwagen[5]) entnommen werden kann.

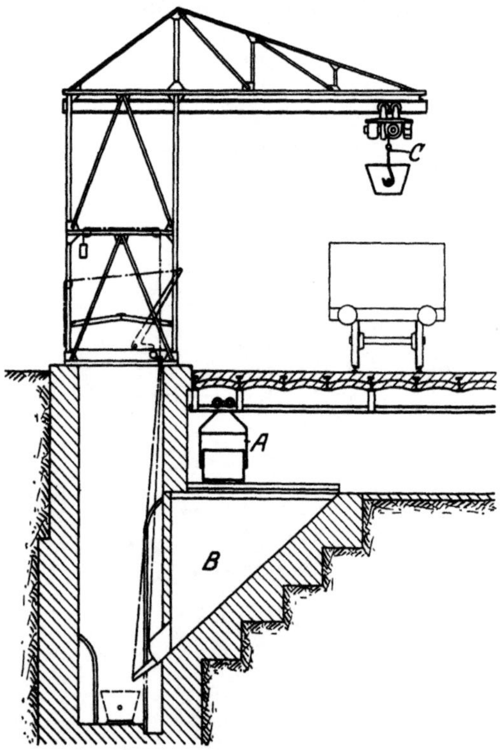

Abb. 259. Schlackenverladeanlage (Düsseldorf).

---

[1]) S. 18 u. ff.

[2]) Z. B. ist der Gummigurt, der bei feuchtem und bei warmem Gut zu empfehlen ist, zur Dauerförderung auch nur bis etwa 60° warmen Materiales verwendbar.

[3]) Die durchgehend gewalzten Stahlbänder (System „Sandviken"), deren einfacher Einbau und Aufbau vermöge ihrer Biegsamkeit dem der gewebten Bänder ähnelt, sind infolge ihrer Größtbreite von 450 mm in ihrer Leistungsfähigkeit naturgemäß begrenzt. Als Höchsttemperatur des Fördergutes kommen auch beim Sandviken-Band mehr als 100° C nicht mehr in Frage, weil sonst das Band sich wellt und wirft. Auch eignen sie sich für den Transport von Schlacke, Asche u. dgl. nur dann, wenn sie nicht durch deren Schwefelgehalt angegriffen werden. Bei Gurten und Plattenbändern sind Breiten von 400 bis 1000 mm das übliche. Als Geschwindigkeiten kommen in Betracht beim Stahlband $^3/_4$ bis 1 m, beim Gurt i. M. 1 m (bei Massengut und muldenförmiger Lagerung des Gutes unter Umständen noch bedeutend mehr!), beim Plattenband $^1/_4$ bis $^1/_3$ m/sek.

[4]) Während als größte Steigung für lose geschüttetes Gut beim Gurtförderer rund 20° angenommen werden kann, kann man beim Plattenbandförderer damit bis zu 45° gehen.

[5]) Dabei sind die baulich wohl viel einfacheren Abstreifer mit Rücksicht auf ihre relativ zum Band schabende Wirkung bei scharfkantigem Fördergut, wie Erz, Koks u. dgl., nicht zu empfehlen, bei Braunkohle indes

Die Abb. 260 zeigt das steil ansteigende Ende und die Abwurfstelle eines im Kraftwerk Hirschfelde arbeitenden eisernen Bandes (Bleichert), das 120 t/st grubenfeuchte Rohbraunkohle befördert. Durch die Anordnung von Seiten- und Zwischenwänden werden gleichsam gelenkig miteinander verbundene offene Kästen gebildet, die diesen Förderern auch den Namen „Pfannentransporteure" gegeben haben. Besonders fortschrittlich erscheint bei solchen die gelenkige Verbindung der Bandplatten nach Abb. 261. Bei der gewöhnlichen Aneinanderlenkung der Platten bleiben zwischen diesen Spalten, die sich bei der Abbiegung des Bandes nach wechselnden Richtungen vergrößern und verkleinern Hierdurch werden Materialstücke leicht eingeklemmt und Verbiegungen oder Verschmutzungen der Konstruktion hervorgerufen. Um solches zu vermeiden, läßt die abgebildete Bauart die einzelnen Platten wulstartig sich übergreifen, wodurch solche Fugen mit ihren schädlichen Wirkungen nicht entstehen. In weiterer Vervollkommnung kann man die übergreifenden Blechkanten noch derart zuschärfen, daß sich die Oberfläche des Bleches tangential an den zylindrischen Wulst anschließt, wodurch eine glatte Förderbahn gebildet ist.

Abb. 260. Pfannenförderer (Hirschfelde).

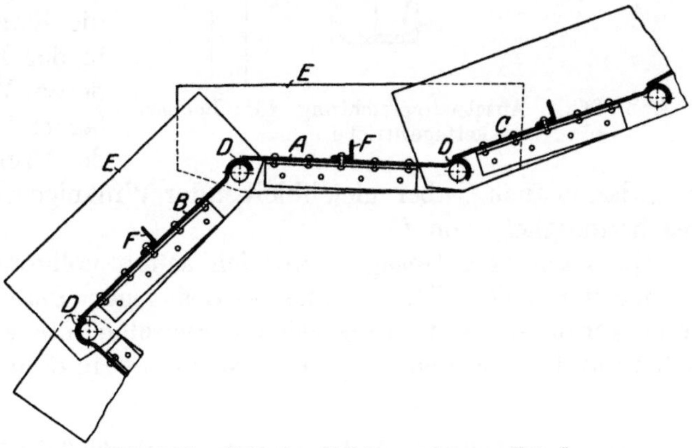

Abb. 261. Gelenkausbildung eiserner Bänder.

Während Bandförderer, aller Art, nur für den gradlinigen oder in einer Vertikalebene mehr oder weniger flach abgelenkten Transport sich eignen, für andere Förderrichtungen dagegen die Zuhilfenahme noch anderer Fördermittel — besonderer Bänder, Schnecken, Elevatoren o. a. — unter jedesmaliger Überladung des Gutes erfordern, ist der Conveyor oder das Pendelbecherwerk zum ganz beliebig gerichteten Transport von Massengut befähigt. Denn die pendelnde Aufhängung der Becher in der Förderkette ermöglicht durch die stets wagerechte Bechereinstellung die einwandfreie Mitnahme des Materiales in wagerechter, senkrechter und jeder schrägen Förderrichtung. Die vollkommen

---

anwendbar. Ein Abstreifen des Fördergutes nach beiden Seiten des Bandlaufes ist sowohl beim Abwurfwagen durch sog. Hosenrohre, d. i. gegabelten Rohrauslauf, als auch beim Abstreifer durch eine pflugartige Ausbildung desselben möglich.

selbsttätige Arbeitsweise, durch Beladung der Becher mittels Füllmaschine oder -trommel[1]) sowie durch Entladung mittels Kippvorrichtung, ist beim Conveyor in gleicher Weise wie beim Band vorhanden. Auch die praktisch ohne weiteres — durch Wahl entsprechender Bechergrößen[2]) — durchführbare Steigerung der Leistung bis zu außerordentlichen Höhen — z. B. bei Kohle bis zu 250 t/st und mehr — gestattet der Conveyor vermöge seiner bei dichter Becheranordnung nahezu pausenlosen Ausschüttung. Außer den vielen Gelenkstellen, die eine zuverlässige Schmierung verlangen, stellt der Antrieb der langgliedrigen Laschenkette eine unerwünschte Eigenheit einer Conveyoranlage dar. Denn bei dem Antrieb einer solchen Kette durch einen mit gleichförmiger Winkelgeschwindigkeit sich drehenden Mechanismus üblicher Art ergibt sich bekanntlich ein steter Wechsel der Kettengeschwindigkeit, die in ihren Grenzwerten den Halbmessern der dem Antriebsscheibenpolygon umbeschriebenen und einbeschriebenen Kreise entspricht. Diese Geschwindigkeitswechsel äußern sich in einer mehr oder weniger starken, stoßartigen Beanspruchung der Ketten und weitergehend der ganzen Anlagekonstruktion, die naturgemäß mit zunehmender Häufung — herrührend von steigender Umdrehungszahl der Antriebsvieleckscheibe bzw. Fördergeschwindigkeit der Kette — auch in ihrer schädlichen Wirkung zunehmen. Man soll deshalb mit der Kettengeschwindigkeit über einen verhältnismäßig kleinen Wert — 0,25 bis 0,30 m/sek — nicht hinausgehen, sofern man nicht auf andere Weise einen Ausgleich für die Ungleichförmigkeit der Kettenantriebsgeschwindigkeit schafft[3]). Abb. 262 zeigt beispielsweise eine solche Ausgleichsvorrichtung in Form einer Kurbelschleife[4]): auf der mit gleichförmiger Winkelgeschwindigkeit angetriebenen Welle a ist die Kurbel b befestigt, die mit dem Stein c in der Kulisse d der Schleife e sich bewegt, deren Welle f exzentrisch zur Welle a gelagert ist. Infolgedessen verändert sich bei der Drehung von a der Abstand von c nach f und damit auch — bei gleichbleibender Winkelgeschwindigkeit von a — die Winkelgeschwindigkeit von f.

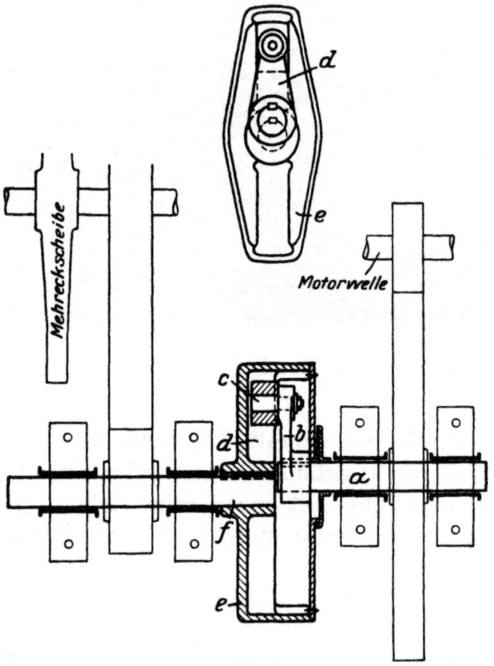

Abb. 262. Ausgleichvorrichtung für Becherkettenantriebe.

Die nach dem Gesagten an sich schon vollkommene Ablenkbarkeit des Conveyors in der vertikalen Förderebene — des sogen. Planconveyors — kann durch Einschaltung achsialer Verdrehungsgelenke zwischen die einzelnen Becher auch noch auf beliebige andere Ebenen ausgedehnt werden — in dem sogen. Spiralconveyor. Die Abb. 263

[1]) Da bei der Füllmaschine der automatische Abschluß des Materialausflusses durch einen federbetätigten Schieber erfolgt, so ist deren Verwendbarkeit zweckmäßig auf solches Material beschränkt, das diesem Abfluß durch seine Härte, Grobstückigkeit oder andere Eigenschaften Schwierigkeiten nicht bietet. Bei der mit den Bechern mit derselben Teilung und Geschwindigkeit umlaufenden Fülltrommel kommt ein solcher mechanischer Abschluß nicht in Frage. Andrerseits bietet die Füllmaschine die Möglichkeit, das Material „dosieren", d. h. bestimmte Mengen verschiedener Materialien gleichzeitig transportieren zu können. Zu diesem Zweck werden mehrere Füllmaschinen in den Kettenstrang eingebaut, deren Schieber verschieden weit geöffnet werden und dadurch die Dosierung bewirken.

[2]) Übliche Bechergrößen liegen zwischen 400 × 600 und 800 × 1100 mm, entsprechend einem Inhalt von etwa 40 bis 240 l.

[3]) Auch dann kann jedoch die Rücksicht auf die an den Abladern auftretenden Schläge von einer zu weitgehenden Steigerung der Fördergeschwindigkeit abraten.

[4]) D.R.P. Nr. 398701.

bis 265 zeigen eine solche Anlage (Bleichert)[1]) im Kraftwerk Mittelsteine i. Schles., wobei die aus der Eisenbahn in längs des Gebäudes liegende Einwurfgruben geschaufelten Kohlen aus diesen in die Conveyorbecher abgezogen und in winkligem und ansteigendem Lauf über den Bunkern im Kesselhaus entleert werden. Die Länge der Becherkette beträgt 208 m, die Hubhöhe 24 m und die Leistung 50 t/st[2]) (20 PS).

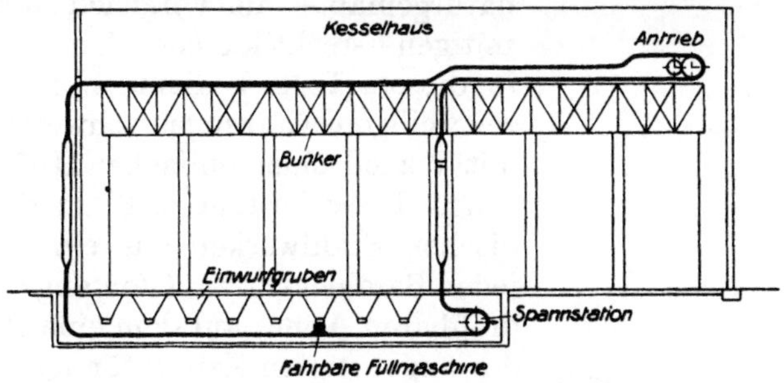

Abb. 263.

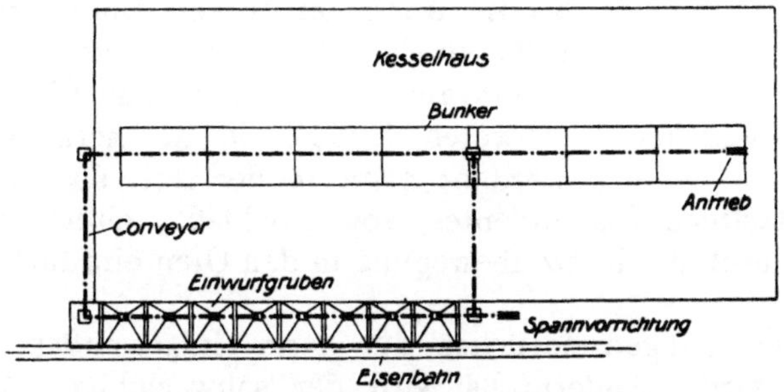

Abb. 264.

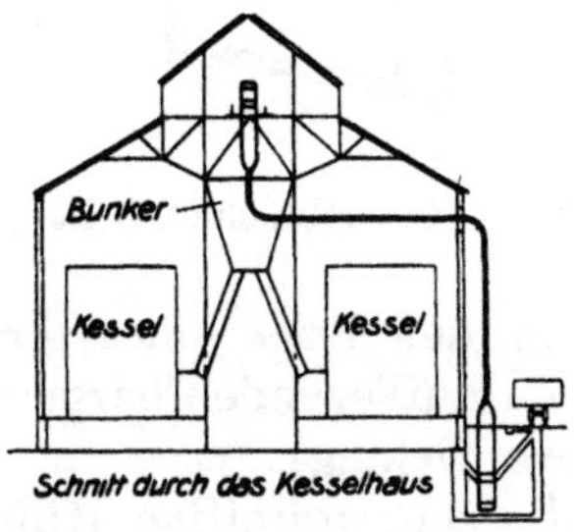

Abb. 265.

Spiralconveyoranlage für Kesselbekohlung (Mittelsteine).

J. Beschickung der Martinöfen.

Zur Ausschaltung der Handarbeit für das Beschicken der Martinöfen mit Schrott liegen Gründe noch schwerwiegenderer und mannigfaltigerer Art vor, als auf dem Schrottplatz. Es fallen hierbei, außer der für das Anfassen mit Handzangen oder dgl. meist ganz ungeeigneten Form des Schrottes, besonders schwer noch die Wärmeverluste ins Gewicht, da jedes unnötig lange Offenstehen der Beschicktüre ungünstig auf den Schmelzvorgang einwirken muß. Selbstverständlich wirkt auch noch die in und am Ofen herrschende Glut auf eine größtmögliche Fernhaltung von Menschen hin. Alle diese Umstände erfordern von einer maschinellen Beschickvorrichtung eine hohe Leistungsfähigkeit, die sich aus reichlicher Tragfähigkeit und tunlichst großen Arbeitsgeschwindigkeiten zu ergeben hat. Daß diese Leistungsfähigkeit auch dauernd gewahrt bleibt, macht eine reichliche Bemessung und zweckmäßige Materialwahl besonders aller den schädlichen Hitzeeinflüssen ausgesetzten Teile zur Voraussetzung.

Die Handbeschickung findet sich nach dem Gesagten bei uns wohl nur noch dort vor, wo entweder die Geringfügigkeit der Ofenleistung die Ausnutzung einer kostspieligen Beschickmaschine gar nicht oder zu wenig erwarten läßt, oder wo das Alter der Ofenhalle den nachträglichen Einbau von solchen unmöglich macht. Noch mehr als die geringe Größe der Öfen kann die geringe Anzahl der Chargen für die Beibehaltung des gänzlichen oder teilweisen Handbeschickens sprechen; z. B. in Stahlformgußwerken, welche nur 1—2 Chargen täglich machen, im Gegensatz zu dem ununterbroche-

[1]) Für die Verdrehung der Becherkette — stets im aufsteigenden Strang — ist eine Höhenentwicklung von rund 5 m erforderlich.

[2]) Bei Spiral- oder Verdrehungsconveyorn dürfte die Stundenleistung mit Rücksicht auf die Flächenpressung bzw. Abnutzung in den Verdrehungsgelenken zweckmäßigerweise nicht zu weit getrieben werden; erfahrungsgemäß ist 30 bis 40 t bereits ein hoher Wert.

nen Betriebe solcher Werke, die auf Blöcke gießen und gemeinhin „Martinwerke" genannt werden[1]).

Ersteres ist beispielsweise der Fall im Stahlwerk Becker, wo der verarbeitete Qualitätsstahl zu seiner Erzeugung im ganzen nur einen Martinofen von 5 t Fassung benötigt; ähnlich liegen die Verhältnisse ferner namentlich in älteren Martinwerken mit naturgemäß — im Vergleich zu den neuzeitigen — recht kleinen Öfen. Aber selbst in diesem Falle bedient man sich zum zeitweiligen Einbringen schwerer Stücke mit Vorteil einer einfachen Hilfsvorrichtung. Diese besteht z. B. in den Rheinischen Stahlwerken aus einem seitlich jeder Beschicktür am Ofen angebrachten drehbaren Arme, auf dem eine Rolle mit der angehängten Zange für das schwere Beschickgut leicht verschoben werden kann. Auch der Haken eines mitunter selbst in alten Martinwerken vorhandenen Laufkranes kann für das Chargieren schwerer Stücke leicht herangezogen werden; etwa in der Art, daß man in denselben den Stiel eines schaufelartigen Instrumentes, sog. „Schieß", einhängt und das vorne aufliegende Chargiergut durch die Katzenbewegung in den Ofen einführt (z. B. Stahlwerk Oeking).

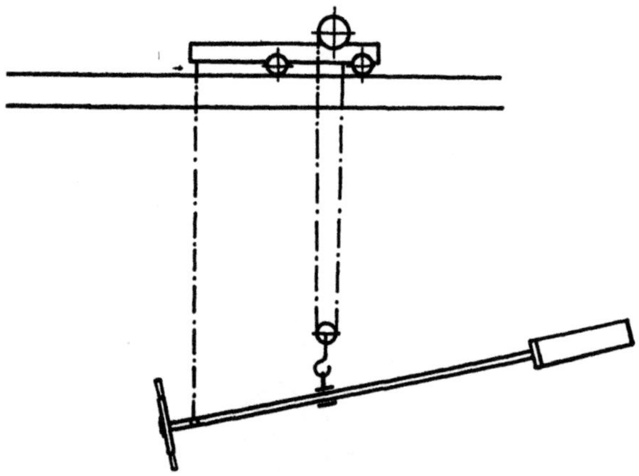

Abb. 266. Muldenbeschick-Gehänge (Friedenshütte).

Solche sehr primitive Hilfsmittel genügen natürlich nur dann einigermaßen, wenn ihre Benutzung selten notwendig wird. Andernfalls wird der schwerfällige Betrieb mit ihnen natürlich bald zu kostspielig und auch für den Ofengang leicht zu nachteilig. Es sind denn auch im Laufe der Zeit Vorrichtungen geschaffen worden, die diesen Mängeln des Handchargierens abhelfen sollten, ohne die für kleinere Betriebe zu große Belastung durch eine ganzmaschinelle Einrichtung zu verursachen. In einfachster Weiterausbildung der vorerwähnten Benutzung eines normalen Laufkranes beschickt z. B. die Friedenshütte ihre Öfen. Daselbst ist der die Mulde tragende Schwengel an dem Kranhaken so aufgehängt, daß jene durch Handdrehen an einem rückwärtigen Steuerrad gekippt werden kann; vgl. die Skizze Abb. 266. Letzteres dient gleichzeitig als Gewichtsausgleich für die gefüllten Mulden; um bei leeren Mulden das schwere Steuerrad nicht zu Boden sinken zu lassen, ist das bezügliche Schwengelende noch an einem rückwärtigen Ausbau der Katze auf-

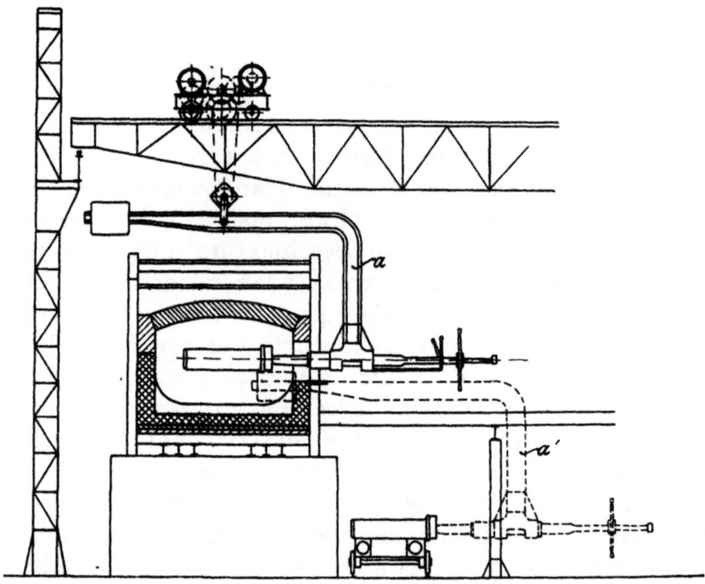

Abb. 267. Muldenbeschick-Gehänge.

[1]) Auch in Glashütten, wo bis heute eine reine Handbeschickung der Schmelzöfen noch die Regel bildet, dürfte die Zuhilfenahme einfacher Beschickmechanismen — etwa nach Abb. 266 — völlig genügend und zweckmäßig sein. Vgl. Knoblauch: Keramische Rundsch. 1924, Nr. 21 und Maurach: V. d. I.-Nachr. 1925, Nr. 24.

gehängt. [Die von der Demag für eine Tragkraft von 5 t (Muldeninhalt 1,2 t) gebaute Vorrichtung weist folgende Arbeitsgeschwindigkeiten bzw. Motorleistungen auf: für das Heben 4,5 m/min (7 PS), für das Katzenfahren 30 m/min (2,5 PS), für das Kranfahren 85 m/min (7 PS).] Ein ähnliches Chargiergehänge für ganz normale Laufkrane, nach einem Entwurf von Wellman-Seaver, zeigt Abb. 267, die gleichzeitig das unmittelbare Muldenaufnehmen von Hüttenflur durch den entsprechend geformten Schwengelträger a in dessen Tiefstlage a' erkennen läßt.

Da sich das Arbeiten mit diesen halbmaschinellen Chargiervorrichtungen in Friedenshütte als recht schwer und auch recht teuer — an jedem der beiden Krane sind außer dem Kranführer noch zwei Mann zum Muldenkippen nötig — ergeben hat, so war man dort deshalb auch im Übergang zu einem der noch zu beschreibenden vollkommen maschinellen Beschickkrane begriffen.

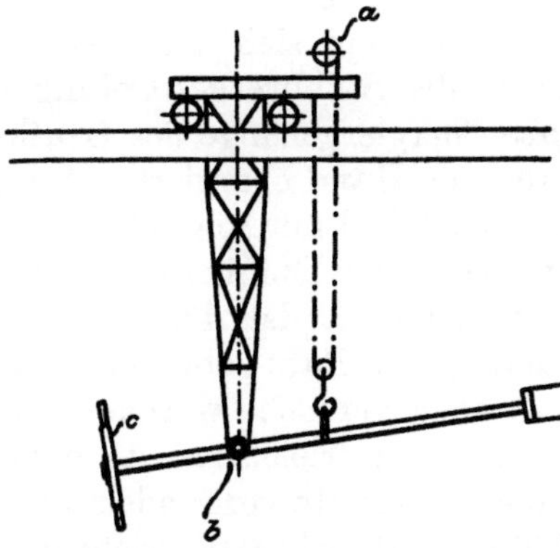

Abb. 268. Muldenbeschickkran (Gleiwitz).

Einer etwas vollkommeneren Einrichtung (Demag) zum Beschicken der Martinöfen bedient man sich in den Huldschinskywerken[1]), wo die ganze Schwengelkonstruktion nach Abb. 268 gelenkig an einem von der Krankatze herabhängenden starren Gerüst

Abb. 269. Muldenbeschickkran (Kattowitz).

bei b gelagert ist, während das Heben durch die Winde a erfolgt. Das Muldenkippen von Hand, durch das Rad c, wird hier angeblich auch als vorteilhafter deshalb empfunden,

[1]) Desgl. im Eisen- und Stahlwerk Mark, bei der Fagersta Bruks Aktiebolag (Wellman-Seaver), bei der Aktiebolaget Dahlsbruck und in der Rhein. Metallwaren- u. Maschinenfabrik, Abt. Rath (Demag) u. a.

weil oft sehr sperriger Schrott im Ofen ist und natürlich bei weniger feinfühligem maschinellen Kippen wohl manchmal Brüche zu erwarten wären. Abb. 269 zeigt eine gleichartige Vorrichtung (Ardeltwerke) von 6,5 t Tragfähigkeit — 2000 kg Nutzlast — und 10 m Ausladung in der Baildonhütte.

Andernorts hat sich das Arbeiten mit einer ganz ähnlichen Vorrichtung — im Martinwerk des Stahlwerkes Oeking — als so wenig zufriedenstellend erwiesen, daß man das ganze Chargiergehänge des Laufkranes selber zum alten Eisen geworfen hat und nur noch ganz von Hand chargiert. Man empfand es dort, wo man allerdings mit recht kleinen Ofentüren und nur schmaler Beschickbühne zu rechnen hat, sehr nachteilig, daß der Ofen mangels der Drehbarkeit des Schwengels[1]) nicht gleichmäßig chargiert werden konnte, und ferner, daß für das Kippen mit dem zurückstehenden Steuerrade unverhältnismäßig viel Platz gebraucht wurde.

Es ist auch versucht worden, das Handchargieren in solchen älteren oder kleineren Martinwerken zu erleichtern, in denen zur Anbringung eines über den Öfen fahrenden Laufkranes kein Platz vorhanden ist. So hatte s. Zt. die Demag eine von Hand auf der Beschickbühne verfahrbare Vorrichtung[2]) entworfen, bei der der Schwengel in einem Bockgerüst dreh- und kippbar gelagert ist. Dieser Beschickwagen, der für 500 kg Muldeninhalt konstruiert war, hat sich m. W. jedoch trotz seines niedrigen Preises von 2000 M. nicht einführen können und zwar hauptsächlich deshalb nicht, weil die schienenlose Fortbewegung der sehr schweren „Chargierkanone" zu umständlich und mühevoll war.

Kann man sonach wohl sagen, daß sich das halbmaschinelle Chargieren unserer Martinöfen im allgemeinen nicht bewährt hat, so ist der Nutzen ganzmaschineller Einrichtungen dafür doch ohne jeden Zweifel. Wenn eine Frage hierbei noch unentschieden ist, so ist es nur die nach der Überlegenheit der unten oder der oben fahrbaren Maschinen. Diese Frage läßt sich, wie ja auch bei den allermeisten anderen Transporten, allgemeingültig auch hier nicht beantworten. Teils werden die vorhandenen Baulichkeiten das eine System dem anderen vorziehen lassen, teils wird dies durch die bestehenden Zufuhrverhältnisse oder Arbeitsweisen o. a. m. bedingt sein[3]). Die schätzenswerten, prinzipiellen Eigenheiten, die sich aus der Verwendung von auf der Beschickbühne fahrenden Chargiermaschinen ergeben, bestehen zunächst in der außerordentlichen Stabilität und Standfestigkeit breitspuriger Wagen. Diese vermögen für das zwangläufige Einfahren der Mulden in den gefüllten Ofen natürlich einen ungleich stärkeren Rückhalt zu bieten als die leicht fahrenden Krankatzen; auch für das Fortbewegen der Muldenwagen vor den Öfen können sie aus demselben Grunde im Bedarfsfalle ohne Schaden benutzt werden, während sich dies bei Laufkranschwengeln nur mit einem mehr oder weniger großen Risiko für die Konstruktion vornehmen läßt. Auch eine solche zwar bestimmungswidrige Verwendung der Chargiervorrichtung sollte bei der Auswahl der Maschine vorsorglicherweise mit berücksichtigt werden. Die grundsätzlichen Vorteile laufkranartiger Beschickvorrichtungen dagegen bestehen in erster Linie in der gänzlichen Freihaltung der Beschickbühne, die überdies nicht schwerer als etwa für Handchargieren gebaut zu werden braucht und in der Benutzungsmöglichkeit des Kranes für Montage-, Reparatur- und sonstige Transportzwecke[4]). Die oft behauptete Überlegenheit des Chargierlaufkranes durch die Horizontaldrehbarkeit des Muldenschwengels ist, wie noch gezeigt wird, auch bei unten fahrenden Beschickmaschinen möglich und schon ausgeführt. Entsprechend der neuzeitlichen, allgemeinen Bevorzugung des Lauf-

[1]) Zur Schwenkbarmachung der Mulde auch bei einem solch' einfachen Chargiergehänge kann sich u. a. auch dessen analoge Aufhängung an einem Drehausleger-Laufkran empfehlen (D.R.P. Nr. 234130).

[2]) S. auch Michenfelder: Z. V. d. I. 1909, S. 595.

[3]) Als ein Beispiel sei hier das Oberbilker Stahlwerk genannt: Der in Breite und Höhe außergewöhnlich beschränkte Platz — bei einer ausnutzbaren Breite von nur 6 m vor den Öfen ist zwischen Oberkante Ofenarmatur und Unterkante Dachbinder bloß 1200 mm Entfernung! — hatte hier früher den Einbau eines Chargierlaufkranes über den Ofen ausgeschlossen erscheinen lassen und auch für den Beschickwagen (Lauchhammer) noch eine bedenkliche Aussparung der Rückwand erfordert. Infolge der neuartigen Zufuhr und Aufnahme der Mulden hat man später indes trotzdem den Einbau eines Beschicklaufkranes durchgeführt.

[4]) Z. B. für das Muldenhochziehen (Abb. 267), für das Chargierpfannenbewegen (Abb. 329, *d*) u. a. m.

kransystems dürfte dieses eben auch bei der Ausstattung der Ofenhalle von Martinwerken künftig noch mehr gewählt werden als bisher schon.

Die mit der zunehmenden Einführung des Martinverfahrens[1]) wachsende Bedeutung und Bewertung maschineller Muldenbeschickvorrichtungen findet einen Ausdruck auch in der großen Menge konstruktiver Änderungen, Vorschläge und Verbesserungen auf diesem Gebiet. Da ein näheres Eingehen, auch nur auf einen Teil derselben, den Rahmen dieses Buches bei weitem überschreiten würde, so seien unter Hinweis auf die bereits vorhandene vorzügliche Literatur[2]) im folgenden hauptsächlich wieder nur mehr betriebstechnische Betrachtungen verschiedener ausgeführter Anlagen angestellt.

Abb. 270. Muldenbeschickkran (Riesa).

Was die laufkraftartigen Chargiervorrichtungen anlangt, so werden dieselben, wenigstens bei uns, fast ausnahmslos an grundsätzlicher Übereinstimmung für eine vielfache Beweglichkeit ausgebildet: Für das Kranfahren (zur Bedienung verschiedener Ofentüren), für das Katzenfahren (zum Muldeneinfahren in den Ofen)[3]), für das Muldenkippen, d. i. das Drehen um die Mulden- bzw. Schwengellängsachse (zum Entleeren der gefüllten Mulden im Ofen), für das Muldenheben, und zwar das Vertikalheben und das Schrägheben (Wippen) (zum Aufnehmen der gefüllten Mulden und zum ev. leichteren Einfahren in den Ofen) und für das Muldenschwenken, d. i. das Drehen um die vertikale Achse des Katzengerüstes (zum Aufnehmen außenseitig abgesetzter Mulden). Dazu kommen oft noch die Bewegungen — Heben und Fahren — einer Hilfskatze.

---

[1]) Die Martinstahlerzeugung hat z. B. im Jahre 1894 in Deutschland (einschl. Luxemburg) betragen rund 1 Million t, im Jahre 1908 dagegen rund 4 Millionen t; in den Ver. Staaten von Nordamerika ist die Produktion im gleichen Zeitraum von rund 0,8 Millionen t sogar auf fast das zehnfache gestiegen! Im Jahre 1910 hat die Erzeugung basischen Martinstahles in Deutschland gegenüber dem Vorjahre wieder um 29,3 % zugenommen, die von Thomasstahl dagegen nur um 6,8 %. — Vgl. auch S. 161, Fußnote 1.

[2]) Frölich: Z. V. d. I. 1906, S. 1729 u. ff. und Stauber: Stahleisen 1907, S. 976 u. ff.

[3]) Evtl. auch zum gleichzeitigen, selbsttätigen Öffnen und Schließen der Ofentüren beim Verfahren der Katze (nach D.R.P. Nr. 249861 der Demag).

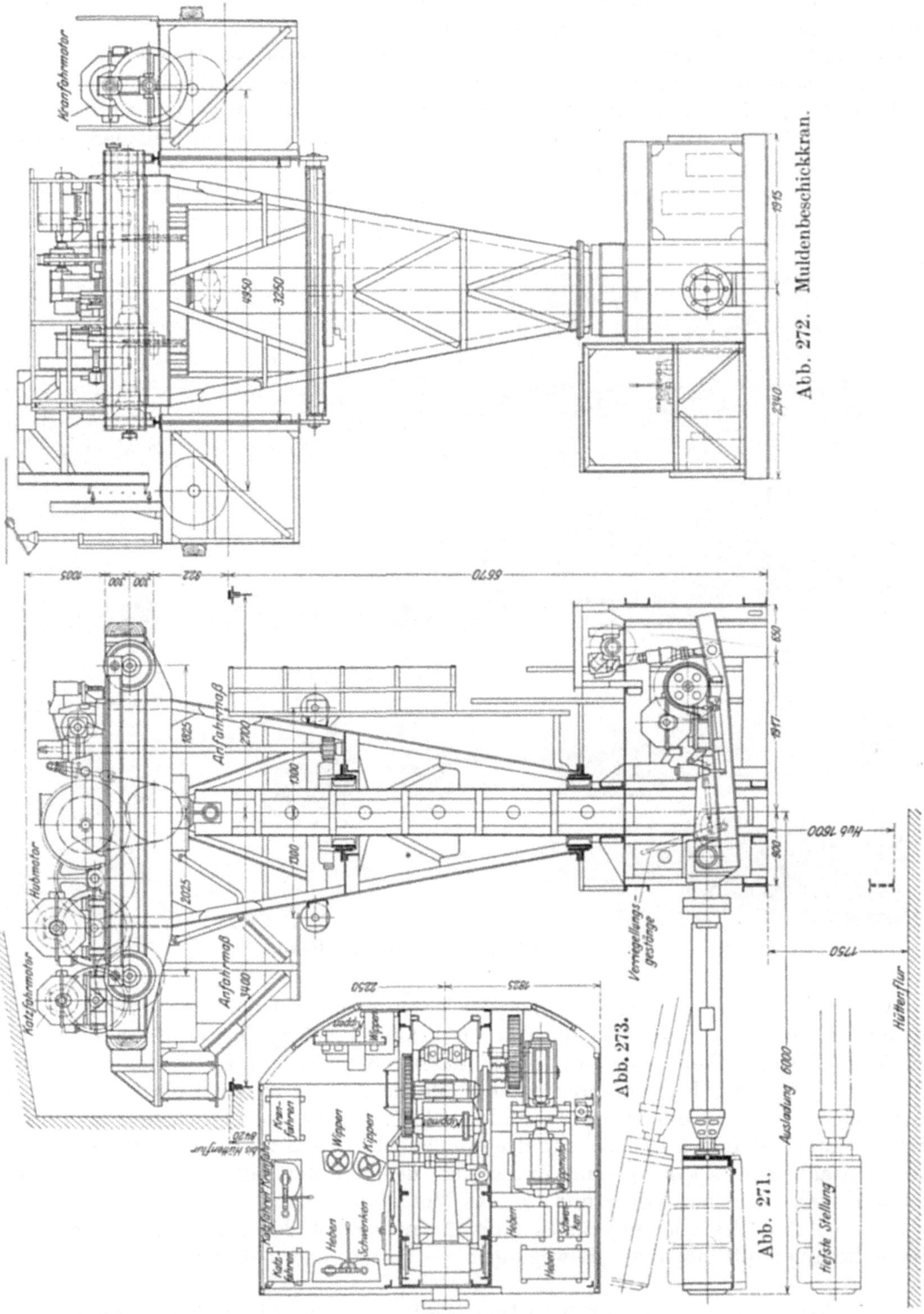

Abb. 272. Muldenbeschickkran.

Abb. 273.

Abb. 271.

Diesfalls also nicht weniger als acht verschiedene Bewegungsarten![1]) Die Abb. 270 zeigt

[1]) Entsprechend vielartig ist auch die mechanische und elektrische Ausrüstung eines solchen Kranes. Die in den nachstehenden Abb. 271 bis 273 abgebildete Ausführung eines Muldenchargierkranes weist z. B. folgende Verhältnisse auf: Bei einem Höchstgewicht des Muldeninhaltes von 2 t, einer Spannweite des Kranes von 17,1 m und einer Tragkraft der Hilfskatze von 10 t erfordert das Kranfahren (80 m/min) einen

beispielsweise eine Lauchhammersche Ausführung im Stahlwerk Riesa. Wenn auch für die Einführung der Muldendrehbewegung der vorgenannte Zweck bestimmend gewesen sein mag — die dafür oft auch noch angeführte Chargiermöglichkeit gegenüber liegenden Öfen wird in der Praxis ja nur außerordentlich selten ausgenutzt[1]) — so nimmt man dies heute doch in der Regel selbst in solchen Fällen an, wo die Zuführung der Mulden auch nicht durch einen außenseitigen Schrottplatzkran o. a. auf der den Ofentüren gegenüber liegenden Bühnenseite stattfindet. Man ist dann jedenfalls, mögen die Mulden in beliebiger Weise und an beliebiger Stelle auf die Arbeitsbühne gelangen, in der Lage, sie an beliebige Stellen zu verteilen. Das andernfalls notwendige Auffahren der Muldenwagen unmittelbar vor dem Ofen hat für den Betrieb im Chargierraum selbst den mehr oder minder empfundenen Nachteil, daß der Verkehr und Aufenthalt der Ofenarbeiter gerade an den Stellen behindert wird, die für das Hantieren an den betriebenen wie an den auszubessernden Öfen am meisten benötigt werden.

Abb. 274. Muldenbeschickkran (Manchester).

Worin sich die modernen Chargierlaufkrane wohl noch am meisten unterscheiden, ist das Hubwerk. Nicht etwa in dem Vorhandensein oder Nichtvorhandensein einer Hubbewegung (die zum Aufnehmen der Mulden ja stets nötig ist), sondern in der Art derselben — als reine Vertikalbewegung oder als Wippbewegung des Schwengels. Das Fehlen einer Vertikalbewegung für die ganze Unterkonstruktion macht es natürlich erforderlich, die Beschickbühne dauernd von hohen Gegenständen und Ablagerungen überhaupt möglichst freizuhalten, über die sich ein hebbarer Kranunterbau natürlich meist leicht hinwegsetzen kann. Aber auch der Ofenbetrieb selbst macht oft eine Vertikalbeweglichkeit der Mulde wünschenswert. Liegt es doch auf der Hand, daß ein horizontales Einfahren der Mulde in den bereits mit Schrott gefüllten Ofen für die Lebensdauer aller davon betroffenen Teile nicht förderlich ist, daß Beschädigungen an der Krankonstruktion wie auch am Ofen leicht vermieden werden können, wenn die Stellung des einzubringenden Muldenschwengels sich dem entgegenstehenden Schrott in der Höhenlage anpassen kann. Es steht somit wohl zu erwarten, daß beim Chargierlaufkran die reine Vertikalbeweglichkeit seiner ganzen unteren Konstruktion mit Recht die Regel werden wird, von der nur in den allernotwendigsten Fällen Preisrücksichten eine Ausnahme werden machen lassen. Naturgemäß wird andererseits der Kran durch eine solche Vielseitigkeit der Bewegungen recht kompliziert, entsprechend teuerer und wartungsbedürftiger, Gründe, die namentlich in Amerika und England vielfach noch zur Wahl einfacherer Konstruk-

30,5 PS-Motor, das Katzfahren (35 m/min) einen 10,5 PS-Motor, das Vertikalheben der Mulde (5 m/min) einen 23,5 PS-Motor, das Schrägheben (8 m/min) einen 6,5 PS-Motor, das Drehen (3 mal/min) einen 5,7 PS-Motor, das Muldenkippen (16 mal/min) einen 6,5 PS-Motor, sowie das Heben mit der Hilfskatze (7 m/min) einen 19,7 PS-Motor und das Fahren mit dieser Hilfskatze (27 m/min) einen 3,5 PS-Motor. Alles in allem also 8 Antriebsmotoren von zusammen 106,4 PS.

[1]) Z. B. im alten Martinwerk des Phönix-Ruhrort.

tionen führen. Abb. 274 stellt beispielsweise eine solche einfache, nicht drehbare Maschine mit lediglich wippender Vertikalbewegung des Muldenschwengels, nach einer Ausführung der Wellman-Seaver Co. für die British Westinghouse Co. dar; Abb. 275

Abb. 275. Muldenbeschickkran (Glasgow).

eine drehbare Maschine mit gleicher Wippbeweglichkeit. Diese — die gleichfalls von Wellman-Seaver an Beardmore, Glasgow, geliefert wurde — zeichnet sich indes noch durch ungewöhnliche Tragkraft und Stärke aus; sie verträgt eine Schwengelbelastung von 6 t. Für die Aufnahme des großen Kippmomentes ist die Herstellung der Drehsäule aus vollwandiger Eisenkonstruktion zweckentsprechender Gestaltung diesfalls natürlich besonders geeignet; der Fortfall einer Vertikalverschieblichkeit der Säule kommt einer solchen Ausführung hier noch besonders zu statten.

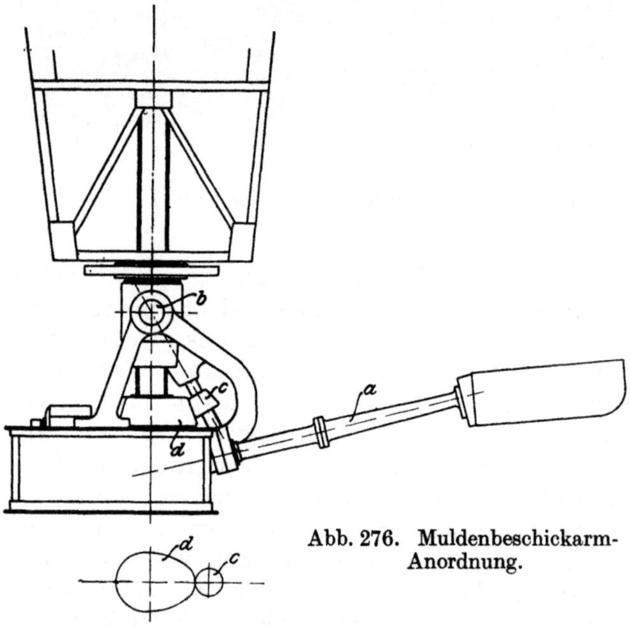

Abb. 276. Muldenbeschickarm-Anordnung.

Um Mulde und Muldenschwengel in die zum Einfahren in den Ofen geeignetste Schräglage zu bringen, ist bei dieser, wie auch bei anderen sonst bekannt gewordenen Konstruktionen, eine besondere Betätigung des Windwerkes erforderlich. Um dies selbsttätig zu bewirken, lassen Schenck & Liebe-Harkort bei manchen ihrer Muldenchargierkrane auch, nach Abb. 276, die um eine Achse *b* wippbare Schwengelkonstruktion *a* vermittels einer Rolle *c* um ein eiförmiges Auflager *d* der Drehsäule schwenken[1]). Es ist einleuchtend, daß durch eine geeignete Formgebung dieser Kurvenbahn erreicht werden kann, daß die Mulden, unter Rücksicht auf ihre Aufstellung in bezug auf den Ofen[2]), stets mit wagerechtem Schwengel erfaßt werden

[1]) D.R.P. Nr. 227903.

[2]) Der Vorschlag (Scholten D.R.P. Nr. 170111), die Schrägstellung der einzufahrenden Mulden selbsttätig dadurch zu bewirken, daß die Schwengeldrehachse geneigt angeordnet ist, ergibt die wagerechte Schwengellage zwar schon bei einer Drehung um 90° gegen die Einfahrrichtung der Mulden, jedoch mit einer

können, während sie andererseits den jeweiligen Verhältnissen entsprechend mit nach oben gerichtetem Schwengel in den Ofen einfahren können.

Eine ungewöhnliche, aber zweckdienliche Aufhängung und Anhebeinrichtung für den in diesem Fall, wegen der hinter der Kranbahn noch ziemlich weit zurückliegenden Öfen, ganz besonders weit ausladenden Schwengel ist bei einer Ausführung (Demag) für die Bergische Stahlindustrie getroffen worden. Das hier infolge der großen Ausladung und der hohen Belastung der Mulde auftretende Moment ist durch Anordnung eines besonderen Schwinghebels aufgenommen, an dem der Schwengel aufgehängt ist.

Bevor zur Besprechung der andersartigen Chargiermaschinen übergegangen werden soll, sei noch mit wenigen Worten auf den meines Erachtens schätzenswertesten Vorzug der Laufkrane vor jenen hingewiesen. Es ist dies seine Verwendungsmöglichkeit nicht nur zu den schon genannten Aufstellungs- und Ausbesserungsarbeiten an den Öfen

Abb. 277. Muldenbeschickwagen (Riesa).

(wobei die Hilfswinde des Kranes sowohl zum Auswechseln der Ofentüren, Träger und auch zum Hochziehen von Dolomit, Sand und allem, was die Ofenleute brauchen, benutzt werden kann), sondern man wird sich dieser Hilfskatze auch zum Auflegen besonders schwerer Chargierstücke auf die Schaufel[1]), zum Herausheben der Ofensauen und selbst auch zum Heraufbefördern der Muldenwagen auf die Beschickbühne vorteilhaft bedienen können. Endlich kann der Laufkran bei dem zunehmenden Arbeiten mit flüssigem Einsatz[2]) eine erweiterte Anwendung auch in der Ofenhalle dadurch erfahren, daß seine Hilfskatze zum Hochnehmen, zum Transport und zum Auskippen der Roheisenpfannen benutzt wird (s. auch Abb. 329, *d*). Dem Laufkransystem wohnt

achsialen Verdrehung des Schwengelkopfes; eine einwandfreie Muldenaufnahme ist aber erst nach einer weiteren Drehung um 90° möglich.

[1]) In den Carnegieschen Stahlwerken zu Homestead, die nicht weniger als 64 Martinöfen besitzen, befindet sich für das direkte Einsetzen schwerer Stücke von oben auch ein Ofen mit abnehmbarem Gewölbe (vgl. Stahleisen 1911, S. 442); desgl. im Cargo Fleet-Stahlwerk zu Middlesbrough.—Die Indiana Steel Co. in Gary betreibt sogar 84 Martinöfen; Krupp besitzt in Essen und Rheinhausen 47 Öfen.

[2]) In Deutschland arbeitet heute schon eine größere Reihe von Stahlwerken mit flüssigem Roheisen (z. B. Friedenshütte, Julienhütte, Georgsmarienhütte, Hüsten u. a.); in russischen Werken ist dieses Verfahren sogar schon die Regel geworden.

also als Chargiermaschine für Martinöfen eine vielseitige Verwendungsfähigkeit inne, wie sie andere Bauarten nicht entfernt aufweisen. Für den letztgenannten Zweck der Beschickung mit flüssigem Roheisen, aber auch nur für diesen, sind fahrbare **Aufzugsgerüste** vorgeschlagen worden, an denen die Pfanne hochgewunden und oben automatisch ausgekippt wird[1]).

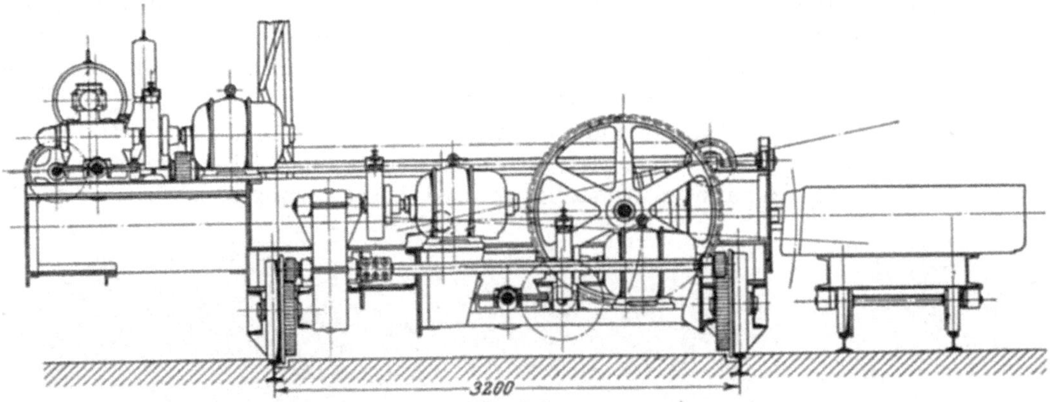

Abb. 278.

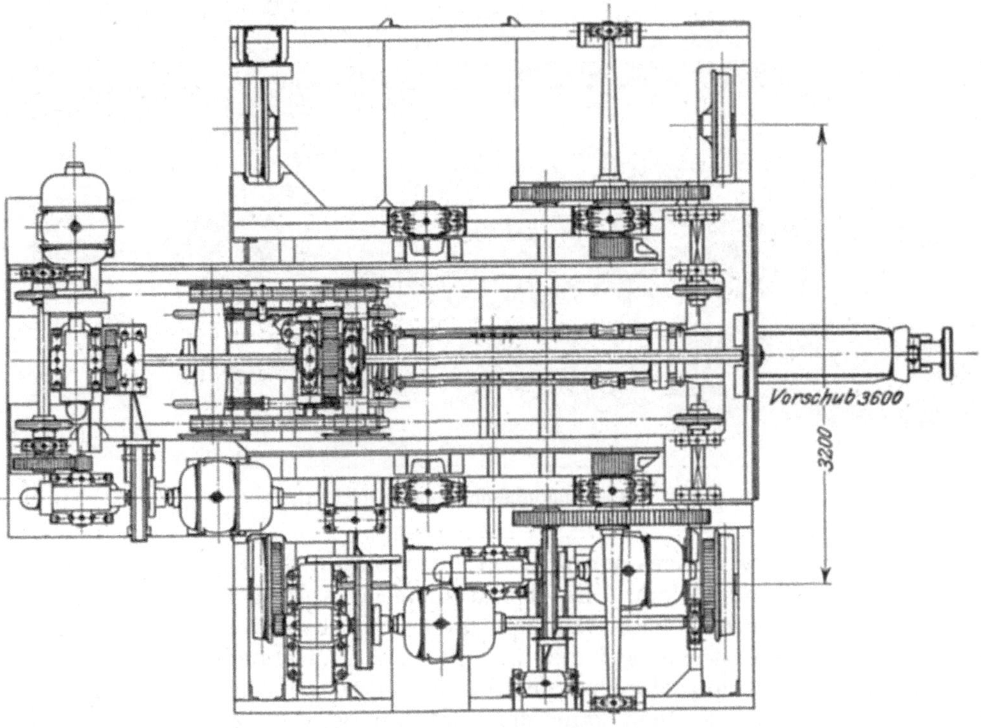

Abb. 279. Muldenbeschickwagen.

Von den **unten laufenden** Beschickmaschinen kommen als Haupttypen in Betracht solche, deren gesamte Konstruktionsteile nach den Abb. 277 bis 281[2]) möglichst ebenerdig angeordnet sind und solche, bei denen nach Abb. 282 erst ein bockkranartiger Aufbau die eigentliche Chargiervorrichtung trägt. Dazwischen liegende Konstruktionen, etwa nach Abb. 283, bilden sehr seltene Ausnahmen.

---

[1]) S. Neumann: Stahleisen 1912, Nr. 38.

[2]) Die Abb. 277 stellt einen Chargierwagen der üblichen Bauart der A.-G. Lauchhammer, die Abb. 278 eine recht schmal gebaute Konstruktion der vormaligen Guilleaumewerke dar.

Daß die auf der Beschickbühne fahrenden Maschinen, ganz allgemein, durchaus vollwertig sein können, beweisen zunächst die anerkennenden Urteile aus jahrzehntelangen Betrieben mit denselben. So hat sich in einem solchen langen Zeitraum ein Be-

Abb. 280. Muldenbeschickwagen (Witkowitz).

Abb. 281. Muldenbeschickwagen (South Wales).

schickwagen[1]) im Martinwerk des Oberbilker Stahlwerkes auch unter teilweise recht erschwerten Verhältnissen stets außerordentlich bewährt; die Martinöfen des Borsigwerkes werden gleichfalls seit Jahrzehnten zur vollsten Zufriedenheit durch

[1]) Der A.-G. Lauchhammer; s. auch die Fußnote 3 auf S. 156.

zwei Beschickwagen bedient; desgl. in der Hubertushütte, Peine, Witkowitz, Rothe-Erde u. a.

Das Anwendungsfeld solcher Chargierwagen, für deren Einführung das Fehlen der horizontalen Schwengeldrehbarkeit bisher, namentlich bei rückseitiger Muldenanfuhr

Abb. 282. Muldenbeschick-Bockkran (Middlesbrough).

Abb. 283. Muldenbeschickwagen (Kattowitz).

natürlich sehr hinderlich sein mußte, dürfte in Zukunft manche Erweiterung dadurch finden, daß man dazu übergegangen ist, auch bei ihnen eine solche Schwengelbeweglichkeit vorzusehen. Selbst bei Neuanlagen wählt man mitunter noch heute die wagenförmige Beschickmaschine als diejenige, welche auch den stärksten äußeren Beanspruchungen eine unerreichte Stabilität entgegenzusetzen vermag[1]). Eine solche Wahl ist z. B. wie bei der Ausstattung der neuen Martinwerke der Gutehoffnungshütte und des Eisenwerkes Witkowitz (Abb. 284) — des heute größten Martinwerkes Europas! — so auch bei der von Van der Zypen getroffen worden, dessen altes Martinwerk gleichzeitig als Anwendungsstätte der anderen Type stehender Chargiermaschinen nach Abb. 282 genannt werden kann[2]). Diese Chargier**bockkrane** — die Abbildung zeigt eine charakteristische 8 t-Ausführung der Wellman-Seaver Co. für ein Middlesbrougher Stahlwerk — beanspruchen zwar vermöge ihrer auskragenden Laufbahn weniger Platz der Arbeitsbühne in der Breitenrichtung, dafür jedoch mehr in der Höhenrichtung und eignen sich vor allen Dingen zum Chargieren schwerer Stücke nicht so gut, wie die niedrig gebauten Chargierwagen. Das

Abb. 284. Muldenbeschickwagen und Beschicklaufkran (Witkowitz.)

Schleifen der Katzenräder kann bei ihnen durch übermäßigen Fahrwiderstand der Katze ja eben so leicht eintreten, wie bei den reinen Chargierlaufkranen. Dafür stellen sie sich andererseits aber infolge ihrer einfacheren Beweglichkeit — das Schwenken fällt ja ganz fort — und ihres gedrungenen Baues viel billiger als die entsprechenden Laufkrane: während in einem bestimmten Falle der Chargierlaufkran 37000 M. erforderte, kostete der Bockkran gerade nur die Hälfte.

Die in Abb. 281 ersichtliche Maschine, die erste und bis heute zwar noch seltene Ausführung dieses Types der Wellman-Seaver Co.[3]), stellt nun eine durch die hinzukommende Drehbarkeit des Schwengelaufbaues wesentlich vervollkommnete Beschick-

[1]) Es sei hier zur Kennzeichnung der häufig herrschenden Gegenteiligkeit von Anschauungen indes auch die Auffassung mancher Martinwerker wiedergegeben, daß gerade diese Stabilität der Beschickmaschine ein Nachteil sei, und zwar deshalb, weil die Arbeiter infolgedessen die nötige Schonung beim Chargieren leicht außer acht ließen und dadurch, wenn auch nicht die Maschine, so doch den Ofen beschädigten!

[2]) Desgl. in Rombach und Malstatt-Burbach.

[3]) Erstmalg anfangs 1908 an die Briton Ferry Steel Co. in Briton-Ferry und später auch noch an die Blaenavon Steel Co. in Blaenavon geliefert. Zunehmends scheinen sich diese Maschinen jedoch auch auf dem Kontinent einzuführen: Das Eisenwerk Witkowitz hat vor dem Kriege zwei derselben eingestellt, und auch deutsche Werke beabsichtigten dem Vernehmen nach deren Anschaffung.

vorrichtung dar. Die Photographie gibt anschaulich die gleichwertige Verwendbarkeit eines solchen Chargierwagens mit den modernen Chargierlaufkranen in bezug auf das rückwärtige Aufnehmen und Absetzen der Mulden wieder. Allerdings zeigt die Abbildung ebenso deutlich auch den außerordentlichen Raumbedarf auf Ofenflur; beträgt doch die Spannweite des Kranwagens nicht weniger als 7900 mm. Das Gewicht der für eine Muldentragkraft von 3000 kg berechneten Maschine, deren Gesamtlieferungspreis 40000 M. betrug, ist netto 30000 kg. Als ein weiterer Vorteil der niedrig gebauten Beschickwagen ist der Umstand anzusehen, daß sie das Arbeiten obenlaufender Krane in keiner Weise behindern; vgl. Abb. 284.

Die in der Breite und auch der Höhe sehr beengten Verhältnisse im Martinwerk der Baildonhütte[1]), die die Verwendung einer Chargiermaschine der vorbesprochnen Arten ausschlossen, haben zu einer bemerkenswerten Sonderbauart geführt. Unter Berücksichtigung der dort ofenseitig zuzuführenden Mulden blieb für eine auf Flur fahrende Chargiermaschine nur noch eine Spurweite von kaum $2^1/_2$ m übrig. Da die horizontale Auflagerung des Schwengels diesfalls bei einem Vorschub der Mulde von fast $3^1/_4$ m (1500 kg Inhalt) übermäßig große Drücke ergeben hätte, so ist der Schwengel in der aus Abb. 283 ersichtlichen Weise mit Gallschen Ketten an einem Bockaufbau des Unterwagens heb- und senkbar aufgehängt worden[2]). [Die Geschwindigkeitsdaten dieses schon vor 20 Jahren von Gebr. Scholten gebauten Beschickwagens sind bei einer Gesamtbreite von etwa 3,5 m (Radstand 2,5 m) und einer Gesamthöhe von ungefähr 4 m: Wagenfahren 50 m (20 PS), Muldenfahren 30 m (10 PS), Muldenheben 3 m (10 PS), Muldenkippen 15 Umdrehungen (6 PS)].

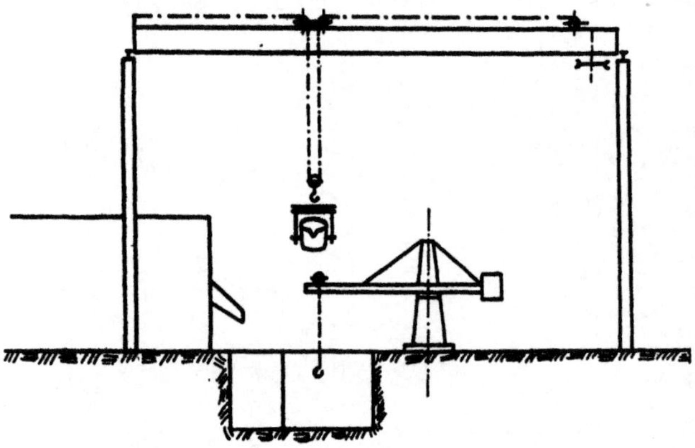

Abb. 285. Alte Martinwerks-Krananlage.

K. Martin-Gießhalle.

Zur Entnahme und Fortschaffung des im Martinofen erschmolzenen Stahles sind maschinelle Vorrichtungen seit dem Bestehen von Martinwerken in Gebrauch gewesen[3]). Der Abstich einer Charge stellt ja selbst bei den ältesten und kleinsten Öfen ein Gewicht dar, an dessen Bewegung von Hand nicht mehr gedacht werden kann; auch der weitere Prozeß des Abgießens glühendflüssigen Stahles in mehr oder weniger kleine Formeingüsse erfordert eine Sicherheit der Bewegungen, die nur durch Maschinen zu erreichen ist. Hierdurch sind im großen und ganzen die Erfordernisse gekennzeichnet, die an die Ausbildung solcher Gießmaschinen zu stellen sind. In bezug auf die Betriebskosten dürfte die Bewegung des flüssigen Stahles den größten Teil aller Materialbewegungsstoffe des Martinwerkes beanspruchen[4]).

[1]) Die Lichtmaße betragen hier nur 7350 mm zwischen Ofen und Gebäuderückwand bzw. 4700 mm zwischen Bühne und Binder.

[2]) Betr. Beschickeinrichtung für flüssiges Roheisen in bockkranartiger Ausbildung s. Stahleisen 1912, S. 1568 u. ff.

[3]) Schon die Gießhalle des ersten Martinwerkes, von A. Borsig-Berlin aus dem Jahre 1868, wurde — nach einem im Deutschen Museum in München befindlichen Modell (vgl. Abb. 285) — von einem Seiltrieb-Laufkran bestrichen, dessen Laufkatze in loser Kettenschlinge die Gießpfanne trug; von je einem, jedem der drei Öfen gegenüberstehenden, hydraulischen Schwenkkrane wurde die Gießgrube außerdem bedient.

[4]) Diesbezügl. Untersuchungen in einem oberschlesischen Martinwerke haben die Gesamttransportkosten zu annähernd 7 % von den Umwandlungskosten und 2 % von den Gesamtgestehungskosten ergeben. Hierbei betrugen die jährlichen Kosten für den Transport des flüssigen Stahles von der Ofenrinne zum Gießplatz und den Rücktransport der Pfanne zum Pfannenplatz (mittels dreier Gießkrane auf 200 m langer Kranbahn) etwa

Die typische Entwicklung der maschinellen Einrichtungen hat sich hier in der Gießhalle analog der der benachbarten Beschickhalle in der Hauptsache wieder nach den beiden Richtungen hochlaufender Krane und auf Flur fahrender Wagen bewegt.

Die Gießwagen[1]) stellen hier die in der Anlage zwar bedeutend einfachere Lösung dar, deren betriebliche Ausnutzung dagegen im Vergleich zu den Laufkranen nur eine beschränkte ist. Während die letzteren, ebenso wie in der Ofenhalle, außer ihrem eigentlichen Zweck, der Überführung des flüssigen Stahles aus den Öfen in die Gußformen, sehr oft und mit Vorteil auch noch anderen Transportarbeiten dienen können, welche hier ja zur Aufstellung und Fortschaffung von Kokillen und Blöcken in besonderem Maße erforderlich sind, bleibt die Benutzung der Pfannenwagen auf das Abfangen und Vergießen der Charge beschränkt. Dadurch, daß der Arbeitsboden in der Gießhalle

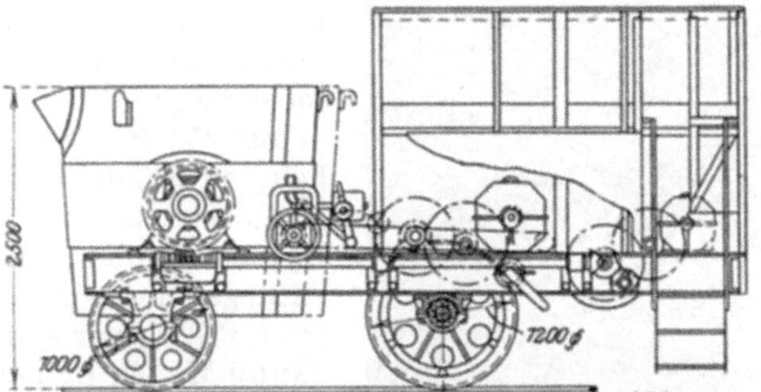

Abb. 286.

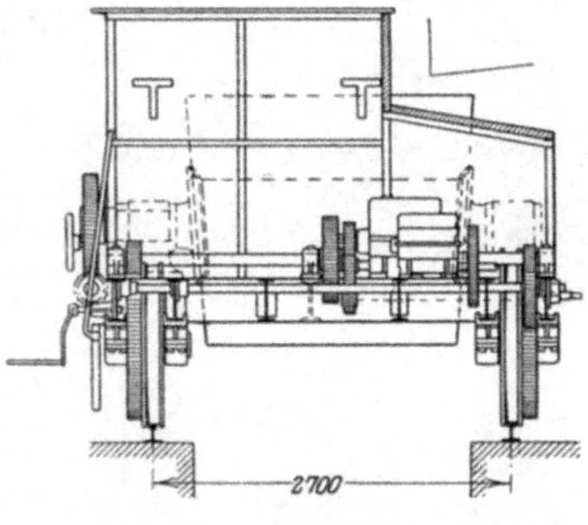

Abb. 287.

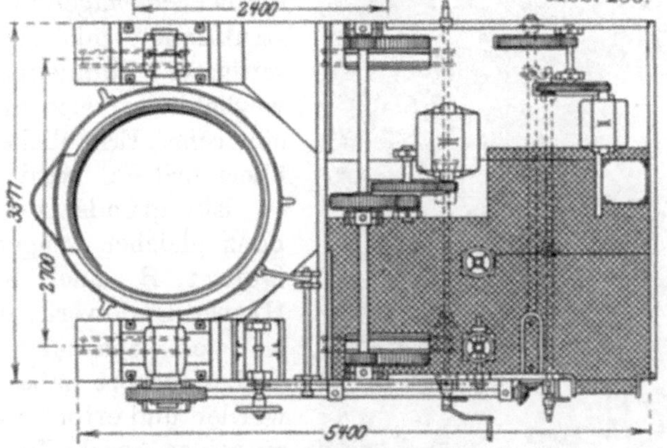

Abb. 288.

Abb. 286 bis 288. Martinwerks-Gießwagen (Magdeburg).

die Hüttenflur selbst ist, ist die Erstellung der Fahrbahn für die Wagen hier weniger kostspielig als vor den Öfen, wo die Arbeitsbühne dafür noch ganz besonders verstärkt werden muß. Außer der Preisfrage können für die Wahl eines Gießwagens aber auch wieder Rücksichten auf das Gebäude mitsprechen. Und gerade diese dürften wohl in den meisten Fällen, d. i. namentlich bei älteren Anlagen, zur Benutzung untenfahrender Gießmaschinen geführt haben. Eine weitere Vereinfachungsmöglichkeit der Gießwagen für Martinwerke liegt darin, daß bei ihnen die Hubbewegung der Pfanne meistens entbehrlich ist. Dies einesteils wegen der unveränderlichen Höhe des Ofenausgusses, andernteils wegen der meist auch nur geringen Höhenunterschiede der Formeingüsse. Die endlich noch in Martinwerken größtenteils übliche Aufstellung der Kokillen in einer einzigen, zwischen der Fahrbahn des Wagens vor den Öfen gelegenen Grube ermöglicht es überdies, die Pfanne unverschieblich fest auf dem Wagengestell zu lagern, so daß man bei solchen einfachen Gießwagen dann lediglich zwei Bewegungen hat: die des Verfahrens des Wagens

25% der Gesamttransportkosten, die Kosten für die Beschickung der Öfen und Mischer mit dem Muldeneinsatz (mittels dreier Chargierkrane auf gleichfalls 200 m langer Kranbahn) nur etwa 10%, einschließlich der Beschickung mit flüssigem Roheisen (mittels Lokomotiv- bzw. Krantransportes) auch annähernd erst 25%. Näheres s. bei Fromm: Stahleisen 1922, Nr. 47 u. 49.

[1]) Eingehende Betrachtungen, insbesondere über die Entwickelung und über die Konstruktionsunterschiede ausgeführter Gießwagen finden sich bei Michenfelder: Dingler 1907, S. 663 u. ff., Stauber: Stahleisen 1907, S. 965 u. ff., Frölich: Z. V. d. I. 1907, S. 1727 u. ff., Hermanns: Zentralbl. d. Hütten- u. Walzwerke 1912, S. 623 u. ff., Heym: Glasers Ann. 1919, Bd. 84.

für das Gießen und die des Kippens der Pfanne für das Schlackenentfernen bzw. für das Abgießen im Falle des Einfrierens der Stopfenvorrichtung.

Einen solchen einfachen Typus stellten die Abb. 286 bis 288 dar. Dieser von der Maschinenbau-Akt.-Ges. Tigler an Krupp-Grusonwerk gelieferte Wagen hat neben dem elektrischen Antrieb zum Pfannenfahren und -kippen zweckmäßig noch Handantrieb als Reserve. Die konstruktive Einfachheit einer derartigen Gießvorrichtung, die sich übrigens auch in vielen Fällen für den Roheisentransport gebrauchen ließe, findet einen Ausdruck auch in der relativen Niedrigkeit ihrer Anschaffungskosten. Diese betrugen im vorliegenden Falle — für 25 t Pfanneninhalt, 40 m/min Fahrgeschwindigkeit (17 PS) und 1 Umdreh./min Kippgeschwindigkeit (10,5 PS) — nur etwa 13000 M., ein Betrag, der bei Gießwagenkonstruktionen mit vielseitigerer Pfannenbeweglichkeit meist um ein sehr Erhebliches überschritten wird[1]). — Ein grundsätzlich ganz gleicher Wagen läuft z. B. auch im Hasper Stahlwerk; er ist von Schenck & Liebe-Harkort gebaut worden und erforderte zu seiner Anschaffung rund 15000 M.

Abb. 289. Elektr. Gießwagen (Hubertushütte).

Ist die Aufstellung der Kokillen derart, daß die Eingüsse nicht in einer Linie hintereinander liegen, so wird eine weitere Beweglichkeit der Pfanne, quer zur Gleisrichtung, notwendig. Hierfür wählt man nun besonders die Schwenkbewegung der zu diesem Zweck auf einem Ausleger gelagerten Pfanne deshalb, weil dadurch auch seitlich der Wagengleise laufende Gießgruben von dem Stopfenloch leicht bestrichen und auch zurückliegende Abstichrinnen der Öfen leicht erreicht werden können.

Bei nur zwischen den Gießwagengleisen gelegener Grube mit mehreren Kokillenreihen begnügt man sich meistens damit, die Pfanne mit einer Querfahrbeweglichkeit

[1]) So werden die Anschaffungskosten des noch mit einer Pfannenschwenk- und -katzfahrbewegung ausgestatteten elektrischen 25 t-Gießwagens (Tigler), Abb. 289, zu ca. 45000 M. angegeben, des weiterhin noch mit Pfannenhub versehenen dampfhydraulischen 20 t × 3,2 m-Gießwagens (Tigler), Abb. 295, zu ca. 55000 M., des gleichbeweglichen reinelektrischen 16,5 t × 3,1 m-Gießwagens (Demag) des Peiner Walzwerkes zu 67000 M. — und des gleichfalls reinelektrischen 20 t × 4,25 m-Gießwagens (Demag), Abb. 293 u. 337, des Aachener Hütten-Aktien-Vereins — überdies ohne die etwa 20000 M. kostende elektrische Ausrüstung, die dieser selbst gestellt hat — sogar zu 69000 M.

auf dem Wagengestell auszustatten. Es möge bei dieser Gelegenheit jedoch darauf hingewiesen werden, daß gerade solche auslegerlose Gießwagen besonders kräftig in ihrem Unterbau sein müssen, damit dieser gegen ev. überfließende Schlacke beim Auskippen genügend widerstandsfähig ist und nicht zu stark verbogen wird. Fälle dieser Art sind vorgekommen.

Eine Disposition der erstgenannten Art liegt der Abb. 289 zugrunde, die die Martinhalle der Hubertushütte mit den von Tigler gebauten elektrischen Gießwagen darstellt. Die bei diesen außerdem noch vorgesehene Fahrbeweglichkeit der Pfanne auf dem Schwenkausleger erleichtert das Quervergießen zwar nicht unwesentlich, durchaus notwendig ist eine solche zusätzliche Pfannenverschiebbarkeit jedoch nicht, da die horizontale Einstellung des Stopfenloches ja auch nur mit Hilfe des Auslegerschwenkens und Wagenfahrens stets möglich ist. [Das Fahren des Gießwagens erfolgt mit 50 m/min (60 PS), das Schwenken 1 mal/min (15 PS) und das Pfannenverschieben und -kippen mit 5 m/min (15 PS).]

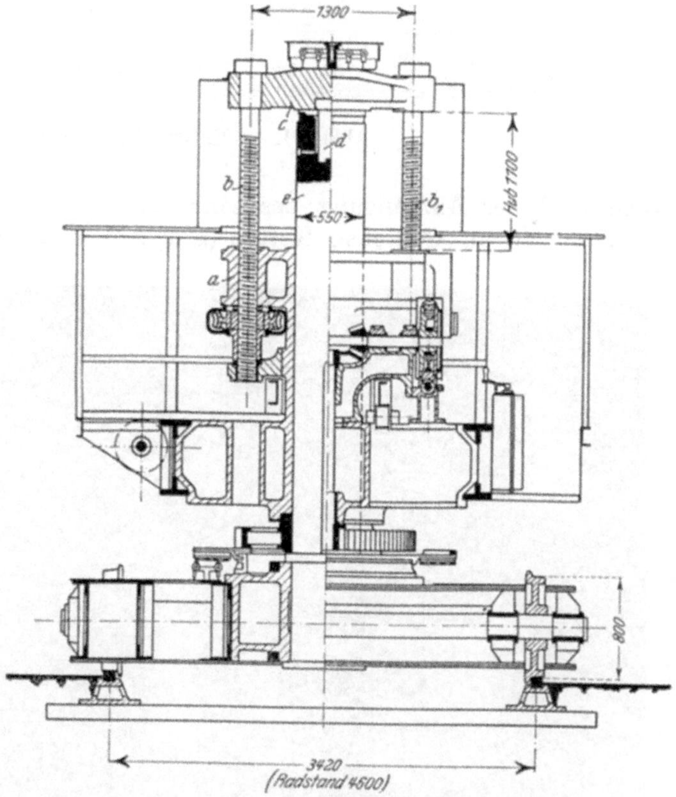

Abb. 290. Elektr. Gießwagen.

Liegen aus irgend welchen Gründen die Höhen der Eingüsse, d. h. die Scheitel der Kokillen bzw. Gespanntrichter, über ein gewisses Maß auseinander — etwa über $^1/_2$ m —, so wird die vertikale Einstellbarkeit des Pfannenloches erwünscht sein, um Verspritzungen von Stahl beim Gießen zu verhüten. Auch können bei zu großer Gießhöhe die Bodenplatten der Kokillen leicht beschädigt werden, wodurch weiterhin das Abziehen der Blöcke sehr erschwert wird. In solchen Fällen wird noch eine Hubbeweglichkeit der Pfanne vorhanden sein müssen.

In den Mitteln zur Erzielung dieses Pfannenhubes herrschte bis vor wenigen Jahren noch die größte Verschiedenheit vor, in der grundsätzlichen Betriebsart sowohl als auch in den konstruktiven Einzelheiten. Daß hier, doch ganz im Gegensatz zu den Kranen, eine einheitliche Ansicht über das zweckmäßigste Betriebsmittel — ob Elektrizität, Dampf oder Druckwasser — sich nicht schneller durchgesetzt hat, muß einigermaßen wundernehmen. Geschmack und Vorurteil haben meines Erachtens hier den größten Teil dazu beigetragen, daß die diesbezügliche Entwicklung bei den Gießwagen nicht den gleichen einheitlichen und bewährten Verlauf genommen hat, wie etwa bei den Gießkranen u. a. Für die Behauptung, daß der elektromotorische Betrieb als solcher sich hier nicht bewähren könne, oder daß nur der hydraulische Plunger eine sichere und verläßliche Abstützung für die Pfanne sei, liegt wohl kein Grund vor, nachdem der elektrische Antrieb ja für andere, wenigstens gleich schwierige Verhältnisse die Probe bereits glänzend bestanden hat. Wenn solches bei Gießwagen bisher auch nicht allenthalben der Fall gewesen ist, so dürfte dies gewiß weniger in dem Prinzip als in der Ausführung gelegen haben. So steht es außer Zweifel, daß der erste elektrische Gießwagen, der ehemals nach Abb. 290 in Kneuttingen lief, zu Beanstandungen bzw. zur Umwandlung für hydraulischen Betrieb nur deshalb Anlaß gegeben hat, weil die beiden Spindeln b, b_1 ohne jedwede Druckausgleichsmöglichkeit starr mit der Traverse c auf der Säule e verbunden gewesen waren. Da so kein gleichmäßiger Druck auf die Kugellager der Hubmuttern erzielt wurde, konnte es natürlich leicht vorkommen, daß die Kugeln sprangen u. dgl.

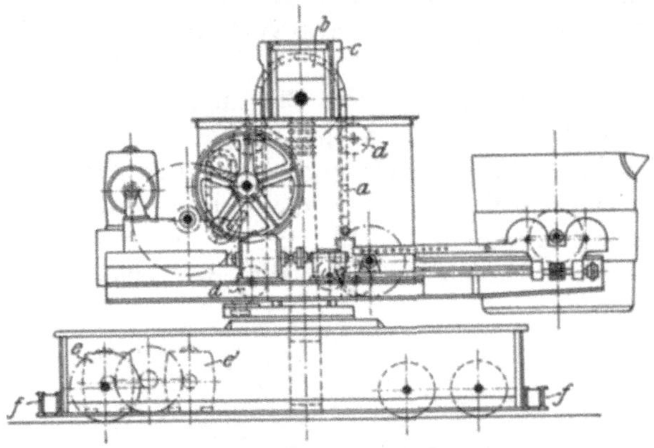

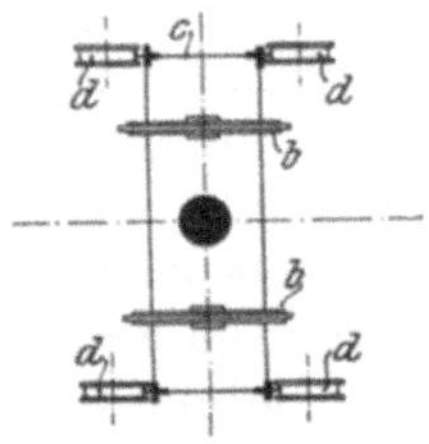

Abb. 291. Elektrischer Gießwagen (Peine). Abb. 292.

Auch wird der Aufhängung des schweren Pfannenauslegers mit all seinen Antriebsmechanismen an Gallschen Ketten (a in Abb. 291), wie sie bei den elektrischen Gieß-

Abb. 293. Elektr. Gießwagen und Stripperkrane (Aachen).

wagen für Peine und für Aachen nach Abb. 291 und 293 vorgenommen ist, vielleicht nicht mit Unrecht nachgesagt, daß sie zu Übelständen dadurch führen könne, daß die

Ketten sich ungleich längen[1]) und leicht verstauben. Nicht minder kann es eine unzweckmäßige Anordnung der Motoren oder eine unsachgemäße Stromzuführung, die bei der in Abb. 293 gezeigten Aachener Anlage anfänglich Störungen verursacht hat, verschuldet haben, daß diese partiellen Mißstände dem Antriebsprinzip zur Last gelegt werden. Endlich ist besondere Sorgfalt auch der Gleisverlegung bei elektrischen Gießwagen zuzuwenden, deren Vorzug einerseits in der relativ gedrängten Bauart besteht, die andererseits jedoch eine bedenkliche Anhäufung der Schienendrücke zur Folge hat. Als ein Beleg, von vielen, dafür, daß man diesem Punkte rechtzeitig besondere Aufmerksamkeit schenken soll, mögen hier nur die Erfahrungen angeführt werden, die in dieser Be-

Abb. 294. Elektrohydraul. Gießwagen und elektr. Stripper (Burbach).

ziehung bei der in Abb. 294 erkenntlichen Burbacher Anlage gemacht worden sind. Die ungenügende Berücksichtigung der außergewöhnlichen Schienenbelastung durch den netto 110 t schweren Gießwagen, elektrohydraulischen Systems der Demag[2]), brachte namentlich anfänglich viel Störungen mit sich. Die Laufräder und die Fahrschienen wurden völlig deformiert und mußten mehrfach ausgewechselt und umgeändert werden. Die bei normalem Kranbetriebe, bei Verwendung guter Stahlgußräder und Stahlschienen, zulässige Beziehung $Q : b \cdot d = 60$ (wobei Q den Raddruck in kg, d den Raddurchmesser und b die Schienenkopfbreite in cm bedeutet), sollte bei in Tag- und Nachtarbeit angestrengten Maschinen, wie Gießkranen und Gießwagen, auf einen noch erheblich niedrigeren Betrag verringert werden. Um so mehr als die Gleise hier durch Schlacken und Eisen ständig in Mitleidenschaft gezogen und die Gewichte dieser elektrischen Gießwagen ungemein groß sind: Während z. B. der in Abb. 295 wiedergegebene dampfhydraulische Gießwagen (für 20 t Pfannenfüllung und 3,6 m Pfannenausladung) ohne Pfannenlast 67,7 t wiegt,

[1]) Vgl. auch das bei Gieß- bzw. Mischerkranen über die Kettenaufhängung der Pfannenlast Gesagte (S. 181).

[2]) D. h. die Abstützung der Pfannenlast bzw. die Hubbewegung erfolgt noch hydraulisch, alle übrigen Bewegungen dagegen elektrisch. Beim dampfhydraulischen System werden in der Regel alle Bewegungen durch Druckwasser vollführt, nur die Fahrbewegungen indes durch den unmittelbaren Dampfantrieb.

Abb. 295. Dampfhydraulischer Gießwagen (Borsigwerk).

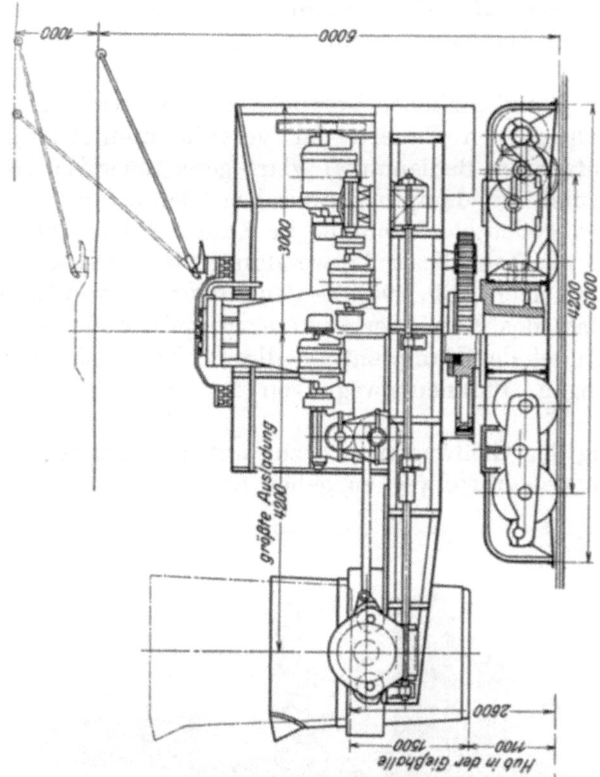

Abb. 297.

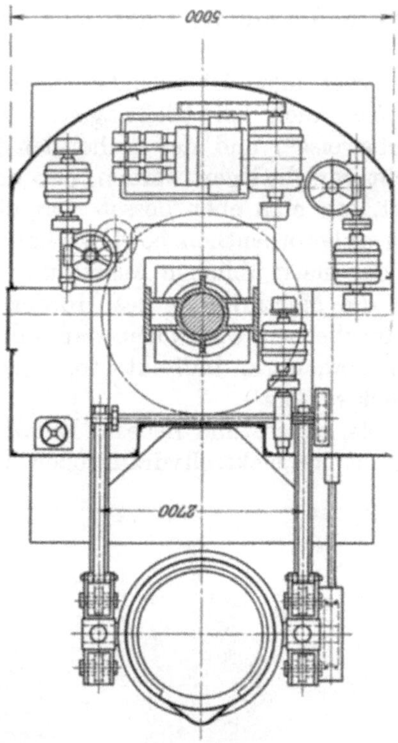

Abb. 298.

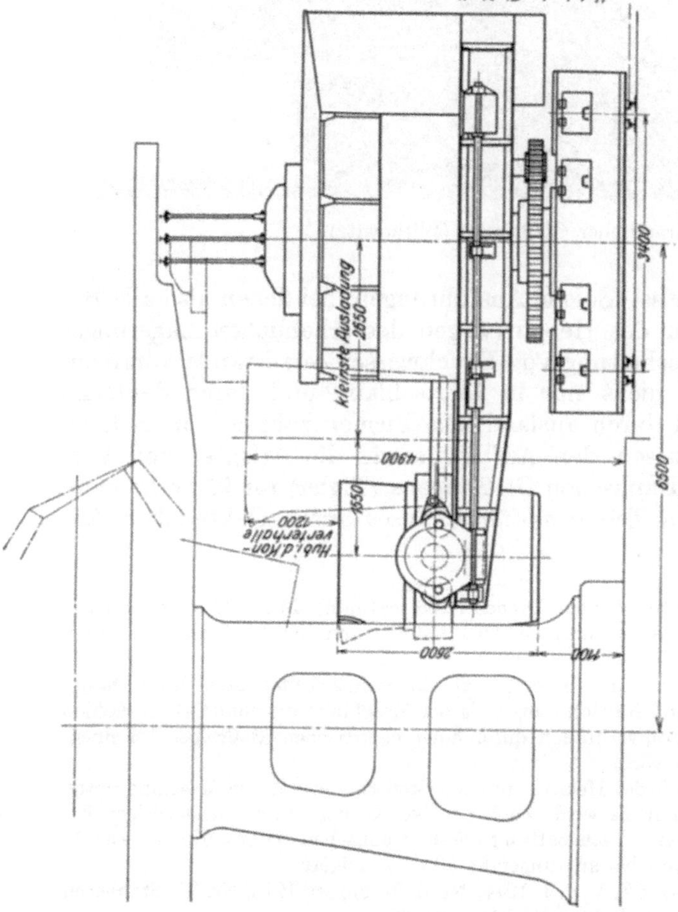

Abb. 296.

Abb. 296 bis 298. Elektrohydraulischer Gießwagen.

wiegt der elektrische Gießwagen nach Abb. 293 (20 t Pfanneninhalt und allerdings 4,25 m Ausladung) sogar ohne elektrische Ausrüstung[1]) und Pfanne nicht weniger als 96,15 t.

Trotz allen Überzeugtseins von den grundsätzlichen Vorzügen des elektrischen Antriebes auch bei Gießwagen: der gedrungenen Bauart, der vervollkommneten Betriebsweise[2]) und der einheitlich-vereinfachten Bedienung[3]), darf gerechterweise doch nicht verschwiegen werden, daß der Betrieb mit dampfhydraulischen Gießwagen überall dort, wo man eben dessen vorstehend angedeutete Nachteile in Kauf nehmen konnte, sich außerordentlich bewährt hat. Und die Zahl dieser Verwendungen ist nicht gering. In der meist üblichen Ausbildung — etwa nach Abb. 295, die den Typus der von Tigler für die Martinwerke des Hörder-Vereins, des Borsigwerkes u. a. m. gebauten dampfhydraulischen Gießwagen darstellt — findet der Dampfantrieb direkte Verwendung für das Fahrwerk, indirekt für die übrigen Pfannenbewegungen zur Erzeugung des Druckwassers[4]).

Die neuere und neueste Entwicklung der Gießwagen in bezug auf die Antriebskraft scheint im elektrohydraulischen Wagen den Mittelweg zu gehen zwischen der elektri-

Abb. 299. Dampfhydraulischer Gießwagen (Witkowitz)

schen und der hydraulischen Betriebsweise. Solche Ausführungen, bei denen also alle Bewegungen durch Elektromotoren — für das Heben (wegen der erheblichen Lagerungsschwierigkeiten) jedoch unter Zwischenschaltung von Druckwasser — zustande kommen, sind in den letztvergangenen Jahren nicht nur in Deutschland und durch deutsche Firmen, sondern auch im Ausland und durch ausländische Firmen zahlreich in Betrieb gekommen[5]). Die Abb. 296 bis 298 lassen den Aufbau sowie die Arbeits- und Verwendungsweise eines solchen elektrohydraulischen Gießwagens (Tigler) für 25 t erkennen. Das Druckwasser wird im rückwärtigen Teil des Führerhauses durch elektrischen Antrieb der Preßpumpe erzeugt.

[1]) Für das Heben (1,53 m/min) ein 47 PS-Motor, für das Drehen (1,68 mal/min) ein 15 PS-Motor, für das Pfannenfahren und -kippen (12,5 m/min bzw. 1,98 mal/min) ein 25 PS-Motor und für das Gießwagenfahren (62 m/min) zwei Motoren von je 75 PS.

[2]) Der dampfhydraulische Gießwagen muß ja auch in eventuell kürzeren Arbeitspausen unter Dampf gehalten werden. Auch wird dessen Betrieb an und für sich teurer, da der Maschinist oft ohne Gefühl Kohlen in den Kessel wirft, während der geringe Mehrstromverbrauch durch einen elektrischen Gießwagen bei einem Hüttenwerk im allgemeinen weniger ausmachen wird.

[3]) Beim elektrischen Wagen ist, unter Fortfall des Heizers, nur ein Steuermann auf der Maschine nötig.

[4]) Die Pressung des hydraulischen Betriebsmittels wird, nach der bei Kranen unter gleichzeitiger Erstrebung kleinster Abmessungen und vollkommener Dichthaltung der hydraulischen Triebwerke als zweckmäßigst erprobten Höhe, auch bei den Gießwagen bis auf ungefahr 50 at gesteigert.

[5]) Vgl. z. B. Hoff: Stahleisen 1922, Nr. 27; sowie Z. V. d. I. 1914, Nr. 3, Stahleisen 1913, Nr. 18, Stahleisen 1912, Nr. 42); Hermanns: Zentralbl. d. Hütten- u. Walzwerke 1912, Nr. 33.

Von der gebräuchlichsten Anordnung dampfhydraulischer Gießwagen, die sich, wie gesagt, im allgemeinen als recht betriebssicher bewährt hat[1]), sind natürlich gelegentliche Abweichungen nach der einen oder andern Richtung vorgenommen worden. So war bei dem Entwurf der gleichfalls von Tigler mehrfach an die Rombacher Hüttenwerke gelieferten Wagen das Bestreben maßgebend, die Baulänge nach Möglichkeit zu verkürzen. Dies wurde zunächst zu erreichen gesucht durch Kröpfung des Auslegers nach oben derart, daß dessen rückwärtiger Teil beim Schwenken der Pfanne über die auf dem Unterwagen fest montierten Maschinen hinwegstreichen kann. Hierdurch konnte natürlich die Drehsäule bedeutend näher an den anderen Teil des Wagens herangerückt werden. Ferner zeichnet sich diese Anlage dadurch aus, daß die Dampfmaschine direkt, ohne Zwischengetriebe, auf die Laufräder arbeitet. Der Wagen läßt sich so schnell auf die volle Fahrgeschwindigkeit bringen, der Nachlauf auf ein Kleinstmaß beschränken. (Die Arbeitsgeschwindigkeiten dieses Wagens sind 100 m/min für das Fahren, 5 m/min für das Pfannenverschieben, 1,5 m/min für das Heben, 1 mal/min für das Schwenken und 1 mal/min für das Kippen der Pfanne.)

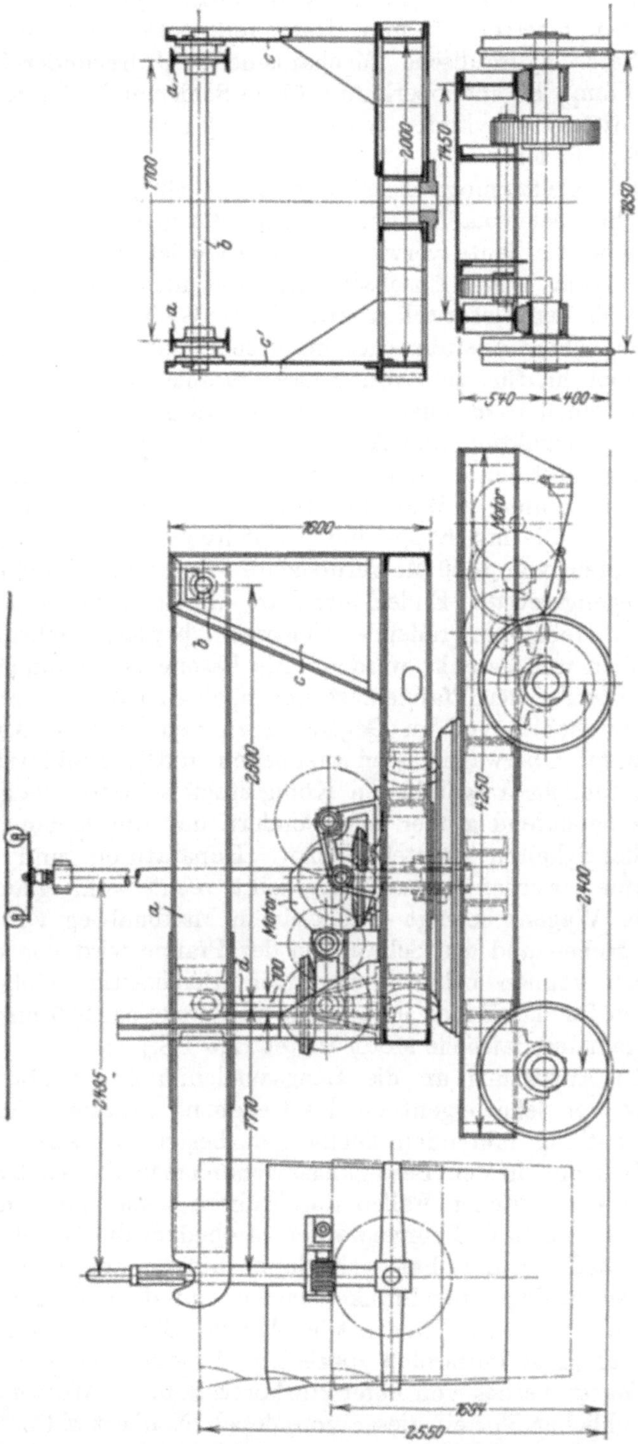

Abb. 300. Abb. 300 und 301. Elektr. Gießwagen. (Remscheid.) Abb. 301.

Einen im lokomotivartigen Fahrantrieb ähnlichen dampfhydraulischen Gießwagen zeigt Abb. 299. Von der Wiener Lokomotiv-Fabriks-Akt.-Ges. für das alte Witkowitzer Martinwerk gebaut, hat sich dieser Wagen seit schon über 30 Jahren bewährt. Da die Gießformen in der Regel gleich weit vom Fahrgleis aufgestellt werden, so konnte die Konstruktion hier durch den Fortfall einer Pfannenverschiebbarkeit auf dem Ausleger vereinfacht werden; der rückwärtige Teil des letzteren trägt dagegen einen durch Kettenzug verfahrbaren hydraulischen Gewichts-Akkumulator als einstellbares Gegengewicht für die Pfannenlast, die im Höchstfall 20 t betragen darf.

[1]) In großer Anzahl arbeiten anstandslos auch Wagen ähnlicher Bauart der vorm. Märkischen Maschinenbauanstalt, z. B. in Dillingen, St. Ingbert, Union-Dortmund u. a.

(Die hauptsächlichsten Daten sind:

Betr. Kessel: Totale wasserberührte Heizfläche 30 qm, Rostfläche 0,88 qm, Dampfspannung, effektiv 12 Atm., Speisewasser 1,75 cbm, Brennstoffe 0,32 cbm.

Betr. Triebwerk: Dampfzylinder-Durchmesser 380 mm, Kolbenhub 380 mm, Laufrad-Durchmesser 850 mm, Radstand, total 5300 mm.

Betr. hydraulische Mechanismen: Hubzylinder-Durchmesser 590 mm, Hubhöhe 1000 mm, Pfannenoberkante über Schienenoberkante, max. 3600 mm, Mitte Pfanne bis Mitte Hubzylinder, konstant 3600 mm. Das Dienstgewicht des Wagens mit Last beträgt 93 t.)

Der elektromotorische Betrieb für Gießwagen kommt in der Form, in der er in den Beispielen nach Abb. 291 und 293 in einigen wenigen Ausführungen für Thomasbetriebe bis heute verwirklicht worden ist, für kleinere Martinwerke vor allem wegen seines sehr hohen Anschaffungspreises nicht in Frage. Immerhin hat man auch hierfür sich den elektrischen Antrieb für Gießwagen mit mehreren Pfannenbewegungen in vereinfachten Ausführungen zunutze gemacht. Die Abb. 300 u. 301 veranschaulichen als Beispiel hierfür den von Senssenbrenner für die Bergische Stahlindustrie gebauten elektrischen Gießwagen[1]). Es sei vorausgeschickt, daß durch möglichste Vereinfachung von Konstruktion und Antrieb der Preis dieses für 6 t Pfanneninhalt und 2,5 m Ausladung bestimmten Gießwagens, bei ca. 15 t Leergewicht, auf 14000 M. gehalten werden konnte. Wie die Zeichnung 300 erkennen läßt, ist die Pfanne mit Gehänge — die mit Kipp- und Stopfenvorrichtung ein Mehrgewicht von 2,2 t und einen Mehrpreis von 1400 M. verursachte — an einem kräftigen Hebel *a* aufgehängt, der am entgegengesetzten Ende *b* drehbar auf Böcken *c*, *c′* gelagert ist. Durch eine inmitten dieses Hebels angreifende elektrisch bewegte Schraubenspindel *d* kann die Pfanne gehoben und gesenkt werden. Als besonders zweckmäßig sei hervorgehoben, daß man dabei außer der Pfannenlast nur noch den entsprechenden Gewichtsanteil des Hebels mit zu heben hat, im Gegensatz zu den anderen Ausführungen, bei denen auch die gesamten Oberwagenlasten anzuheben sind[2]). Daß letzterenfalls dann, wo alles an einem zum Plunger ausgebildeten Königsstock schwebt, nicht nur die zu hebenden Totlasten ganz bedeutend größer sind, sondern daß durch den oft einseitigen Stoffbüchsendruck Undichtigkeiten entstehen bzw. Reparaturen und Auswechselungen öfters vorgenommen werden müssen, erscheint recht wohl glaubhaft. [Die Fahrgeschwindigkeit dieses Wagens beträgt — bei einem Maximalweg von nur 14 m — 0,7 m/sek (16 PS). Das Heben und das Schwenken der Pfanne wird von einem einzigen Motor ausgeführt, jedoch können beide Bewegungen gleichzeitig erfolgen. Die Geschwindigkeiten betragen für das Heben 0,04 m/sek (Hubhöhe ca. 850 mm), 0,3 m/sek für das Schwenken; der gemeinschaftliche Motor leistet 12,5 PS.]

In Anpassung an die Längsausdehnung der Martinöfen ist die gradlinige Gießgrube von jeher eigentlich das Gegebene gewesen, die in der beschriebenen Weise von den entlang fahrenden Gießwagen bestrichen wird. Eine gewisse Vereinfachung im Aufbau und in den Bewegungsmechanismen der Gießvorrichtung hat sich in den allerdings sehr seltenen Fällen durchführen lassen können, wo die Gießgrube des Martinwerkes, wie es in Thomaswerken ja ehedem die Regel war, kreisförmig ausgebildet war. Die Gießmaschine hat sich dann einfach auf einen schwenkbaren, die Pfanne tragenden Ausleger beschränken lassen, auf dem diese unter Umständen nur noch radial verschiebbar war. Eine solche Anlage, die wegen ihrer immerhin nur begrenzten Arbeitsfähigkeit indes bloß spezielleres Interesse haben dürfte, sei mit den Abb. 302 bis 304 des Martinwerkes von Peter Harkort & Sohn in Wetter a. d. Ruhr vorgeführt. Als kranbetrieblicher Vorteil dieser von Zobel, Neubert & Co. gebauten dampfbetriebenen Einrichtung muß jedoch genannt werden, daß einerseits nur wenige einem starken Ver-

[1]) Dieser Wagen, der bereits auf der Düsseldorfer Ausstellung 1902 gezeigt wurde, ist vermutlich der erste rein-elektrische Gießwagen überhaupt. Vgl. auch Hermanns: Zentralbl. d. Hütten- u. Walzwerke 1912, Nr. 33.

[2]) Vgl. hierzu auch das über den neuen Gießwagen (Demag) für Thomaswerke Gesagte.

schleiß ausgesetzte Teile vorhanden sind, die überdies, zu ebener Erde, leicht nachgesehen und ausgewechselt werden können, und daß andererseits die Bedienung eine entsprechend einfache und bequeme ist, um so mehr, als der Maschinist in horizontaler Richtung tunlichst weit von dem glühenden Eisen entfernt ist. Diese als „Rollgießkran" bezeichnete Vorrichtung, deren Anschaffungskosten in einem ihrer konstruktiven Einfachheit entsprechenden Höhe stehen, arbeitete in genanntem Betriebe jahrzehntelang anstandslos. — Auch in der alten Martingießhalle von Van der Zypen wurden seinerzeit für je zwei der nacheinander entstandenen Öfen (hydraulische) Zentralgießkrane aufgestellt. Diese — deren ältester fast 30 Jahre in Dienst gewesen — mußten vor dem Kriege indes zwei modernen elektrischen Gießwagen den Platz räumen.

Ähnliche drehkranartige Einrichtungen sind ja von jeher in Martinwerken, wenn auch nicht gerade zum Gießen, so doch zum Kokillensetzen und Blockziehen eine ty-

Abb. 302. Dampfgießkran (Wetter).

pische Erscheinung gewesen. Die Nichtverwendbarkeit der Gießwagen für dergleichen Hebearbeiten machte es oft notwendig, daß ein halbes Dutzend und mehr solcher neben der Gießgrube stehender Drehkrane auch den Platz der Gießhalle noch versperrte, den der auf Flur fahrende Gießwagen eben noch freiließ. Besondere Ordnung und Übersichtlichkeit waren in solchen Betrieben schlechterdings nicht zu erwarten. Die für die Bedienung so vieler Krane und für die Beendigung der von diesen bloß begonnenen Aufräumungsarbeiten zahlreich nötige Mannschaft mußte ein rationelles Arbeiten selbst in jenen noch besseren Zeiten außerordentlich erschweren. Der Zug nach oben, der sich auch im modernen Kranbau durch den zunehmenden Übergang zum Laufkran allerorts geltend machte, konnte denn auch kaum anderswo so umwälzend günstig wirken als gerade hier: in seiner Verwendung zum Transport der Pfanne und zum Vergießen der Formen kann er alle die Verkehrsbehinderungen beseitigen, die durch einen auf der Flur fahrenden Gießwagen entstehen müssen; in seiner Benutzung für die Bewegung der Kokillen und Blöcke u. a. m. kann er alle die Arbeitsbeschränkungen umgehen, die die Aufstellung zahlreicher Schwenkkrane in der Gießhalle zeitigen muß. Sein einziger Nachteil besteht darin, daß er zur Aufnahme seiner Fahrbahn ein entsprechend starkes Gebäude bzw. eine besondere Laufbahnunterstützung erfordert. Da die bestechenden Vorzüge des Gießlaufkranes, zu denen noch die Zulässigkeit beliebig großer Fahrgeschwindigkeiten tritt, es bewirkt haben, daß hierauf, wenigstens bei Neubauten, fast ausnahmslos Rücksicht genommen wurde, so ist es begreiflich,

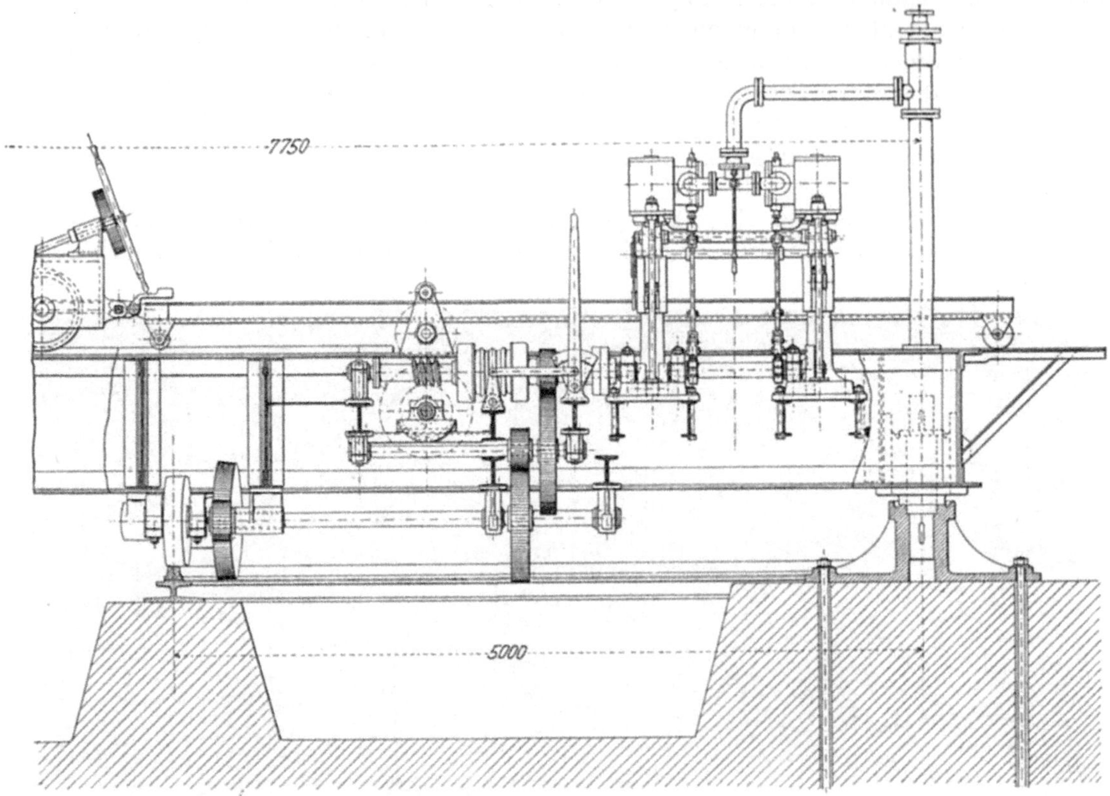

Abb. 303.

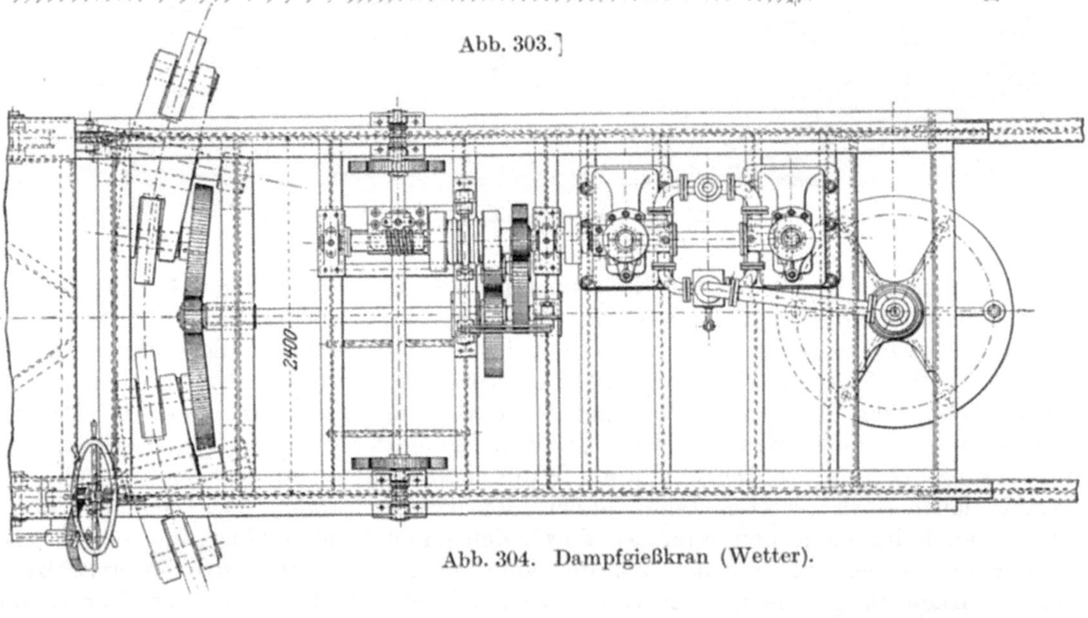

Abb. 304. Dampfgießkran (Wetter).

daß man dem Gießlaufkran in unseren Hüttenwerken jetzt außerordentlich häufig begegnet. Die zum sicheren Transport, Abgießen und Auskippen des glühendflüssigen Pfanneninhaltes zu treffenden Vorkehrungen und besondere Betriebsverhältnisse haben jedoch schon in verhältnismäßig kurzer Zeit zur Schaffung recht verschiedenartiger und oft auch recht zweckmäßiger Konstruktionen geführt, die an einigen bemerkenswerten Beispielen im Nachstehenden besprochen werden mögen[1]. — Es soll auch hier die Reihenfolge der betrachteten Ausführungen, die, wie auch in den anderen Abschnitten dieses Buches, im allgemeinen vom konstruktiv Einfacheren zum Zusammengesetzteren gewählt ist, übrigens durchaus keinen Maßstab für die Zweckmäßigkeit der Entwürfe abgeben. Es sei an dieser Stelle mit ausnahmsloser Gültigkeit für alle anderen wiederholt, daß auch bei der Wahl moderner Kranentwürfe sich eines nicht für alle schickt, daß eben die besonderen Verhältnisse — betrieblicher, örtlicher, sozialer oder, nicht zuletzt, finanzieller Art — in jedem Einzelfalle eine andere Ausführung als zweckmäßigst und angebracht erscheinen lassen können. Bei im großen und ganzen aber für einen Fall gleichgeeigneten Ausbildungen wird endlich die persönliche Ansicht und der Geschmack des Bestellers mit Recht den Ausschlag zu geben haben.

In der einfachsten und wohl auch häufigsten Gestalt zeigt sich der Gießkran im Martinwerk heute als normaler moderner Laufkran, in dessen Haken die Pfannentra-

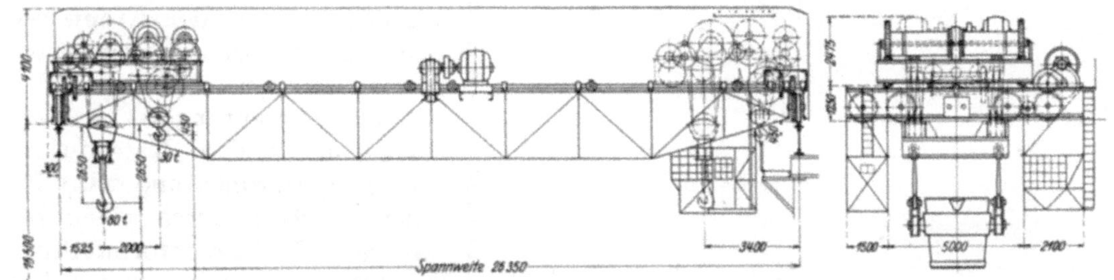

Abb. 305. Abb. 305 und 306. Gießkran. Abb. 306.

verse mit einem Bolzen oder einer Öse eingehängt werden kann. Das nur zum Ausschütten der Schlacke notwendige Kippen der Pfanne — das Abgießen des Stahles erfolgt in der Regel ja durch das Bodenloch derselben — wird diesfalls durch eine der bekannten Handkippvorrichtungen an der Pfanne selbst bewirkt. Der Gebrauch solcher gewöhnlicher Laufkrane schließt unleugbar Vorteile in sich: Außer dem relativ niedrigen Preise noch die Möglichkeit, den Lasthaken ohne weiteres zu beliebigen anderen Hebearbeiten in der Halle benutzen zu können. Erforderlichenfalls kann aber auch ein solcher Gießkran zum beliebigen Zusammenarbeiten mit einem anderen Laufkran, der für Nebenarbeiten sehr oft noch vorhanden ist und dann gleichzeitig auch eine volle Reserve für den Gießkran darstellt, herangezogen werden. So geschieht es beispielsweise in der Martingießhalle des Oberbilker Stahlwerkes, wo für das Vergießen der großen 16 t-Blöcke für die Harmetpresse die Pfanne zwischen die Haken zweier benachbarter Laufkrane gehängt wird, mit dem weiteren Vorteil, daß durch den tieferen Angriff der Lasthaken die Pfanne 2 m höher gehoben und somit noch bequem über die Eingußöffnung der sehr hohen Kokille gebracht werden kann. Krane der vorgeschriebenen einfachsten Form haben allerdings, besonders bei kleinen und daher vielen Kokillen und häufigen Fahrbewegungen, den empfindlichen Nachteil, daß bei ihnen das Gießen wegen des Schwankens der Pfanne nur schwer erfolgen kann und daß bei größeren Pfannen bisweilen 2—4 Mann zum Festhalten derselben erforderlich werden. In der weitergehenderen Ausbildung, bei der die Pfannentraverse an beiden Enden von den Hubseilen gefaßt wird (Abb. 305 und 306) ist das Pendeln der Pfanne wenigstens in Richtung dieser Traverse gemildert.

Eine spezialisiertere Ausführung eines Gießkranes geben Abb. 307 und 308 wieder. Dieser von Zobel-Neubert in doppelter Ausführung für die Georgsmarienhütte gebaute 60 t-Gießkran ist zunächst mit einem eigens für das Pfannenerfassen ausgebildeten

[1] Ausführlichere Darlegungen auch über Gießkrane finden sich vor bei Frölich: Z. V. d. I. 1907, S. 2051 u. ff., Stauber: Stahleisen 1907, S. 989 u. ff. und Michenfelder: Dingler 1907, S. 726 u. ff.

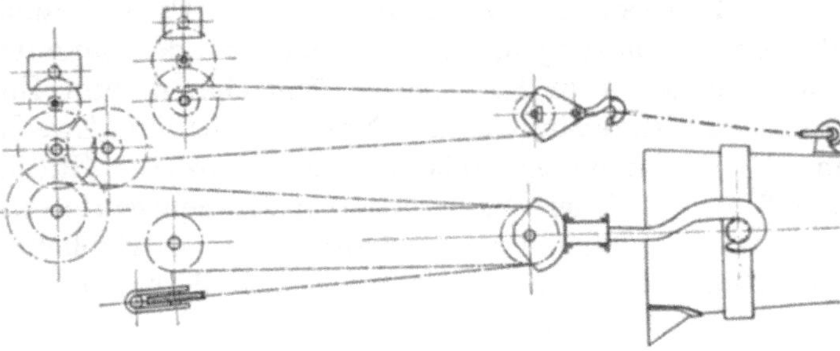

Abb. 309. Pfannenkipp-vorrichtung.

Gehänge versehen, auch befindet sich das Kippwerk oben auf der Katze. Da nach beiden Seiten gekippt werden soll, ist einesteils die Pfanne um 360° leicht drehbar in einem großen Kugelring aufgehängt, und sind andernteils auf der Gießkatze außer dem gemeinschaftlichen Hubmotor zwei elektromagnetische Membrankupplungen zum Einschalten des einen oder des anderen der beiden Kippwerke angeordnet. Die zum automatischen Kippen der Pfanne dienende Vorrichtung ist, wie gesagt, neben dem Katzenwindwerk angeordnet und wird für den Leerlauf durch einen besonderen Elektromotor mit Stirnradübersetzung angetrieben (Abb. 309). Eine elektromagnetisch betätigte Bandbremse hält die Kippkette beim Abstellen des Motors in jeder beliebigen Höhe fest. Der Kippwerksmotor, der durch eine besondere Steuerwalze beeinflußt wird, dient dazu, je nach Bedarf die Flasche zur Befestigung an der Gießpfanne herunterzulassen und, falls sie nicht gebraucht wird, wieder hochzuziehen, damit sie nicht störend im Wege ist. Durch eine elektromagnetische Membrankupplung kann das Kippwerk mit dem Pfannenhubmotor in Verbindung gesetzt werden. Das Kippen erfolgt also durch den Haupt-Hubwerksmotor allein und vollständig unabhängig von dem kleinen Kippwerksmotor, der eben nur zur Ingangsetzung des leeren Kippwerkes dient. Das Kippen kann mit beliebiger Geschwindigkeit erfolgen, je nachdem man den Motor langsamer oder schneller laufen läßt; es geschieht unabhängig von der Geschicklichkeit des Kranführers durch zwangläufige Betätigung vom Hubwerksmotor aus. Der Ausguß der Pfanne bleibt beim Kippen in derselben Höhenlage; er macht nur eine geringe horizontale Verschiebung durch, entsprechend dem Unterschied seiner Entfernungen vom Drehzapfen und von Pfannenmitte[1]).

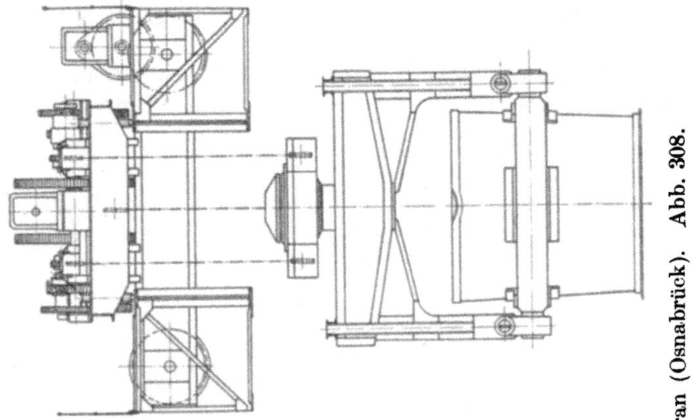

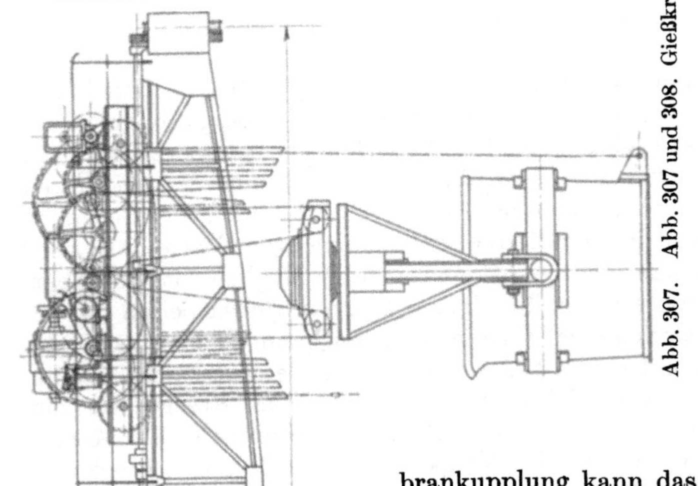

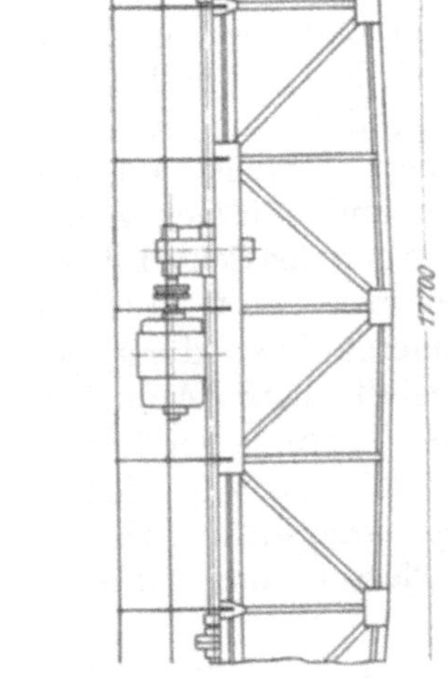

Abb. 307. Abb. 307 und 308. Gießkran (Osnabrück). Abb. 308.

[1]) Dem automatisch gleichmäßigen Ausgießen dient eine von der Demag geschaffene Kippvorrichtung (D.R.P. Nr. 266831), bei der das

Sieht man für die Kippbewegung eine besondere Hilfswinde vor, so erfordert deren selbständiger Betrieb zwar auch besondere Aufmerksamkeit, man hat in ihr jedoch ein schätzenswertes Hebezeug für ganz beliebige Verwendungszwecke. Die Unabhängigkeit des Arbeitens sowohl als auch die Größe des Arbeitsbereiches einer solchen Hilfswinde gewinnt natürlich noch, wenn diese nicht auf der gleichen Bahn wie die Hauptkatze fährt, vielmehr auf einer besonderen, unterhalb oder seitlich der Hauptkatzenbahn gelegenen. Dann ist nicht nur das jederzeitige und unbehinderte Bestreichen der ganzen Kranbreite bei beiderseits gleich kleinen Anfahrmassen möglich, und zwar der Hilfskatze sowohl als auch der Hauptkatze, sondern auch ein Auskippen der Pfanne nach beiden Seiten (Abb. 310 und 311).

Eine sehr viel umstrittene Frage bei Gießkranen betrifft das Schwanken oder Pendeln der Pfanne und die zu dessen Verhütung zu treffenden Maßnahmen. Wenn man sich auch der Erörterung dieses Punktes gewiß oft in einem über Gebühr hohen Maße widmet — das einwandfreie Arbeiten mit den Gießkranen ist in letzter Linie erfahrungsgemäß immer von der Geschicklichkeit der Bedienung abhängig —, so erscheint dessen konstruktivliche Berücksichtigung angesichts der stetig noch zunehmenden Pfannenlasten und Fahrgeschwindigkeiten doch mehr oder minder geboten. Tritt das Schwanken der Pfanne doch gerade in dem Augenblick am stärksten im die Erscheinung, wo die Gießarbeit beginnen soll, d. i. beim Anlangen der Pfanne über den Gießformen. Aber auch bei den kurzen Bewegungen von Kokille zu Kokille macht sich das Schwingen der Pfanne, wie schon vorhin erwähnt, oft besonders lästig bemerkbar.

Bei der in Abb. 307 dargestellten Konstruktion, bei der man zur Erzielung eines allerdings recht gedrungenen Windenbaues Gallsche Kette als Tragorgan für die Pfanne genommen hat, kann durch die Seitensteifigkeit des Tragmittels wohl eine gewisse Schwächung des Pendelns eintreten. Die tatsächliche Ausnutzung dieser Eigenschaft der Kette müßte indes wegen der damit verbundenen Bruchgefahr als bedenklich erscheinen[1]). Kann man dauernd mit einem zuverlässigen Kranführer nicht rechnen, so ist meines Erachtens gerade für solche lose hängende Gießpfannen die Verwendung bruchsicherer Tragseile entschieden ratsamer. Selbst auf die Gefahr hin, daß die störenden Bewegungen der Pfanne dabei etwas größer werden. Um diesem Übelstand zu steuern, leitet man zwar vielfach die Tragseile von der Unterflasche schräg nach oben zur Trommel (Abb. 312) und glaubt, durch eine solche gespreizte Seilführung die Bewegungen der Pfanne gegenüber dem Kran stets verhindern zu können. Aber abgesehen davon, daß ein solcher Effekt ja überhaupt lediglich in der Spreizrichtung, d. i. meistens in Richtung des Katzfahrens, vorhanden ist und merklich auch nur bei größerem Spreizwinkel, d. h. bei hochgehobener Pfanne eintritt[2]), ganz abgesehen also von diesen Einschränkungen, kann unter Umständen dadurch auch die entgegengesetzte Wirkung auftreten. Kann doch gerade eine recht schräg ansteigende Seilaufhängung gleichsam ein Hinaufrollen der in ihrer Bewegung verzögerten Flasche leichter zulassen, als eine vertikal nach oben geführte parallele Seilaufhängung mit in der Höhe versetzten Auflaufstellen[3]).

---

einerseits an der Pfanne befestigte Zugorgan mit seinem anderen Ende auf einer motorisch angetriebenen Kurvenscheibe von solcher Gesta t befestigt ist, daß, bei gleichbleibender Winkelgeschwindigkeit dieser Scheibe, die in der Zeiteinheit aus der Pfannenschnauze ausfließende Menge während des ganzen Kippvorganges gleichbleibt.

[1]) Auch kann u. a. durch ungleichmäßiges Längen der beiderseitigen Aufhängeketten ein schiefes Auflaufen derselben auf die Kettenräder und eine dadurch hervorgerufene Störung eintreten, wie es beispielsweise bei den ersten Mischerkranen (Demag) für Rombach der Fall gewesen ist. Es sollte deshalb bei derartigen Kettenaufhängungen wenigstens stets noch eine, solche Seitenbeanspruchungen von Kette, Rad und Lager mildernde Zwischengelenkigkeit an der Traverse vorgesehen werden.

[2]) D. h. sofern die Wanderung der Seile auf den Trommeln in senkrechter Richtung zur Seilebene erfolgt. — Eine solche Seilführung, daß die Last in der Spitze einer vor den Seilen gebildeten Pyramide hängt, ist nach einer Ausführung des Grusonwerkes beschrieben im Anz. f. Berg-, Hütten- und Maschinenwesen 1925, Nr. 100.

[3]) Eine solche rein-parallelseilige Aufhängung ist u. a. in Julienhütte an den 50-t-Gießkranen (Demag) vorgenommen, deren Pfannen mit 60 und mit 25 m/min Kran- bzw. Katzengeschwindigkeit verfahren werden können.

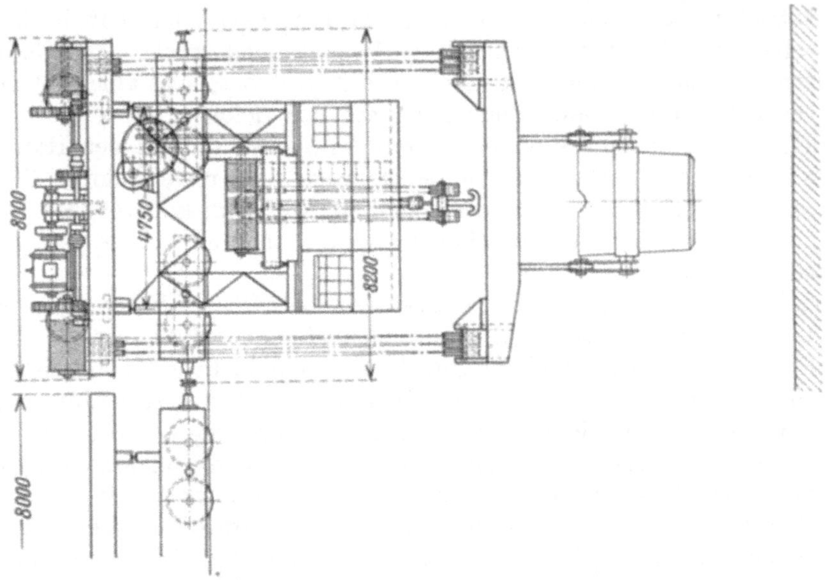

Abb. 311.

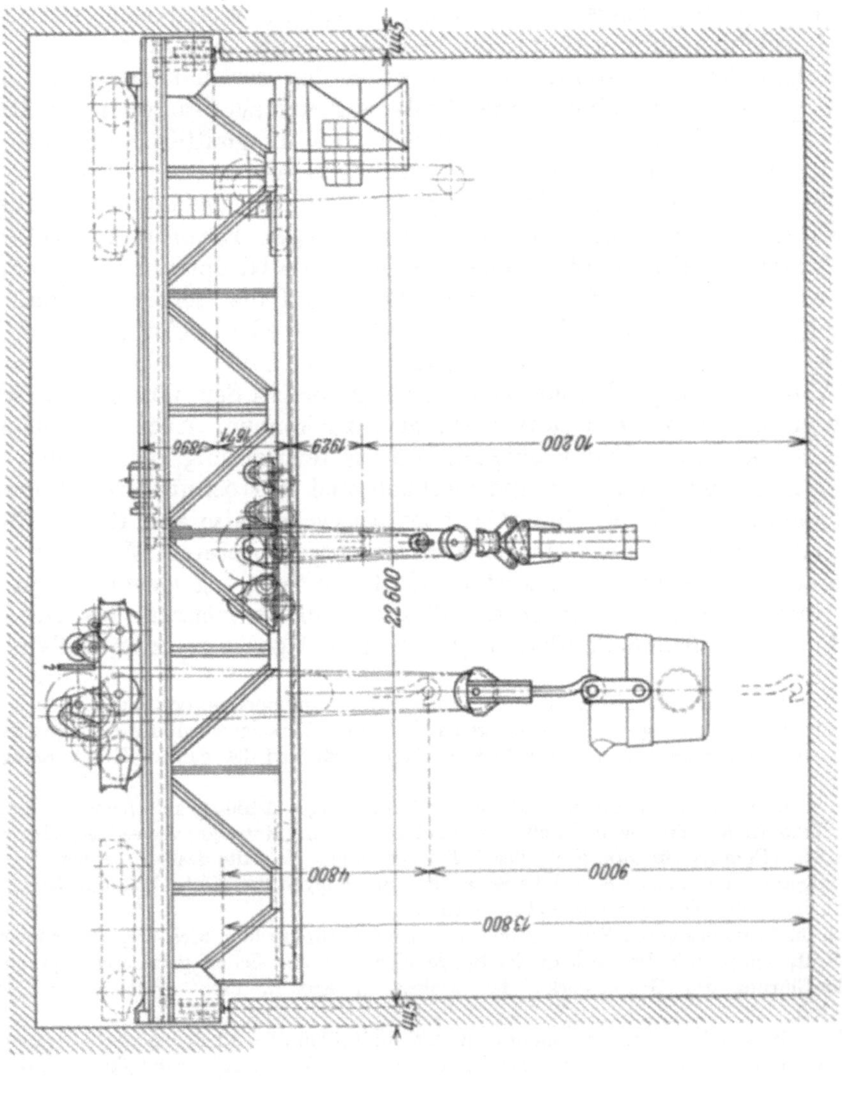

Abb. 310.

Abb. 310 und 311. Gießlaufkran mit Hilfskatze auf besonderer Bahn.

Abb. 312. Gießkran (Bismarckhütte).

Abb. 313. Gießkran (Königshütte).

Es ist also gegebenenfalls die Möglichkeit eines solchen Hinaufrollens zu verhüten, wie es meist durch Vertikalführung wenigstens einiger Seiltrume[1]) oder dgl. erfolgt.

Wenn man nun auch in sehr vielen Fällen eine Aufhängung der Gießpfanne an frei von der Krankatze herabhängenden Seilen noch als vollkommen ausreichend für eine flotte und sichere Gießarbeit hält, so scheint man — wenigstens bei uns[2]) — mehr und mehr doch der Ansicht zuzuneigen, daß mit den zunehmenden Massenkräften beim Gießkran eine besondere Abstützung der Pfanne gegen seitliche Schwankungen notwendig oder doch wünschenswert sei. Diese Überlegung führte zur Konstruktion der sog. Gießkrane mit starrer Pfannenführung, deren Merkmal beispielsweise nach den Abb. 314 und 320 in der Anordnung eines an der Laufkatze befestigten schmiedeeisernen Hängegerüstes besteht, längs dessen die Pfanne, unter Vermittlung einer

Abb. 314. Krananlage einer Martingießhalle (Witkowitz).

Führungstraverse, nur vertikal verschieblich ist. Der hierdurch mit Sicherheit erreichbare Fortfall jedweden Pfannenschwankens erscheint heute schon vielen Betriebsleitern so wertvoll, daß sie dafür selbst die offenkundigen Nachteile eines solchen Führungsgerüstes für den übrigen Gießhallenbetrieb mit in den Kauf nehmen. Diese bestehen vor allem in der Behinderung des Verkehrs auf Gießhallensohle und in der Notwendigkeit, den Boden der Halle von allen höheren Gegenständen, mit denen das Hängegerüst zusammenstoßen könnte, frei zuhalten. Indes sind auch hier Konstruktionen geschaffen worden, die den einen oder den anderen Nachteil der Pfannenführungsgerüste wirksam abschwächen.

Die Ausführung nach Abb. 315, und 316 weist z. B. eine doppelte Einschiebbarkeit des Gerüstes auf, das die Pfanne wohl bis zum Absetzen auf Flur führen kann, das dadurch jedoch andererseits nach Bedarf bis auf fast 6 m über Flur eingezogen werden kann und so dem übrigen Verkehr nicht mehr hinderlich zu sein braucht. Zwei Krane dieser

[1]) Z. B. Westfälische Stahlwerke.

[2]) In Amerika sind neuerdings, z. B. im Stahlwerk Gary, Gießkrane auch allergrößter Art — für 400 t Tragfähigkeit (Probelast) und 20 bis 30 m Spannweite! — mit an Seilen freihängender Pfannentraverse ausgeführt worden. Vgl. Buhle: Fördertechn. 1925, Heft 7.

Bauart, von 40 bzw. 25 t Tragkraft und je einer 10 t-Kippwinde (Andritz), laufen im Eisenwerk Kladno.

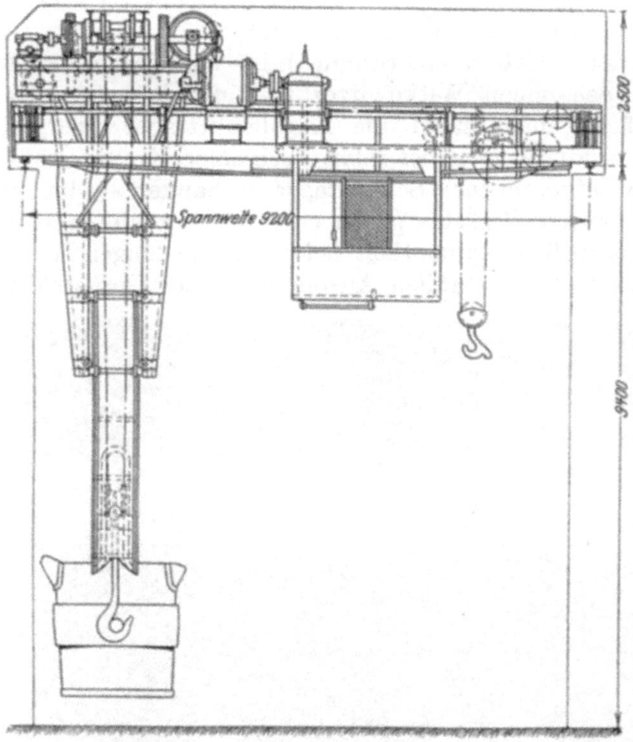

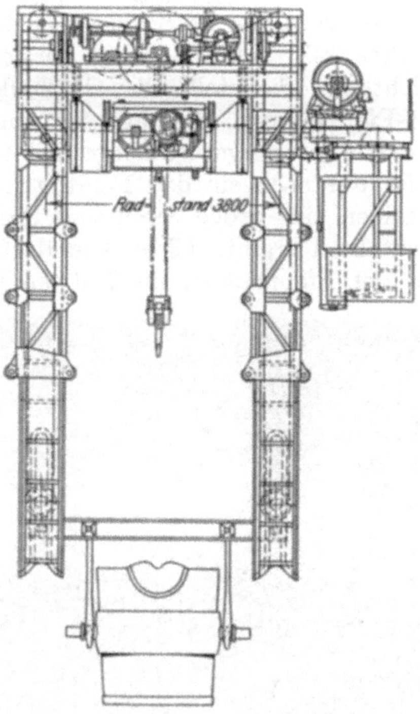

Abb. 315. Abb. 315 und 316. Gießkran mit Teleskopgerüst (Kladno). Abb. 316.

Die Abb. 317 zeigt ferner eine zunächst wieder dadurch bemerkenswerte Konstruktion, daß die Pfanne (15 t) in eine gleichfalls gerüstähnliche Tragkonstruktion *a* von reichlicher Länge eingehängt worden ist, die sich teleskopartig in das Katzengerüst *b* einschieben läßt und so dessen verkehrstörende Länge trotz steter Starrführung der Pfanne wesentlich beschränkt. Weiter kann sich dieser Tragbalken der Pfanne aber in verschiedenen Arbeitsstellungen gegen Aufsetzriegel *c* abstützen, die mittels Kettenzuges *d* leicht zur Wirkung gebracht werden können. Die Anbringung dieser Sicherheitsvorrichtung, die die bei einem etwaigen Bruch des Tragorgans von dem ausfließenden Stahl drohenden Gefahren beseitigen soll, ist auf einen vorher durch Kettenbruch veranlaßten Unfall bei einem Gießkran einfachster Bauart zurückzuführen und dürfte sich auch in manch' anderem, ähnlichem Fall empfehlen. Der Betrieb mit diesem vervollkommneten Kran, von der Demag an die Bergische Stahlindustrie geliefert, hat sich als gut und sicher bewährt. In der einfachen Einbaumöglichkeit derartiger Schutzverriegelungen liegt übrigens ein weiterer Vorzug starrer Gerüste.

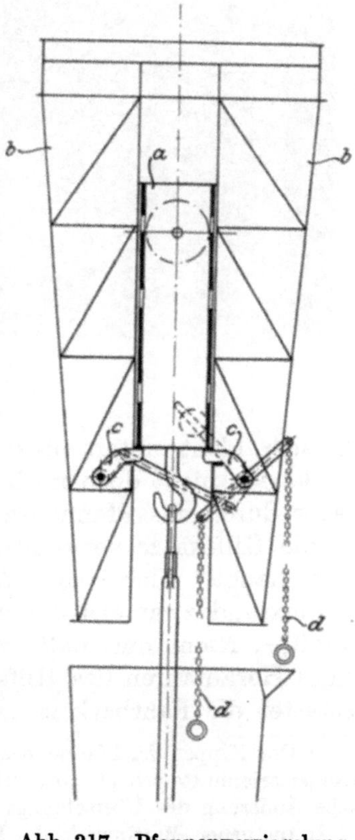

Abb. 317. Pfannenverriegelung (Remscheid).

Bei einem nach Abb. 313 von Zobel, Neubert & Co. für die Königshütte gelieferten 45 t-Gießkran ist das Hängegerüst zweckmäßig einseitig derart ausgebildet, daß das Anfahrmaß der Pfanne gegen die Martinöfen ebenso klein wie bei loser Pfannenaufhängung bleibt. Die Verwendung Gallscher Ketten als Tragmittel, wodurch unstreitig und vorteilhaft eine gedrungenere Bauart des Windwerkes als bei Seilen erreicht wird, erscheint hier, wie in ähnlichen Fällen, wo eine Seitenbeanspruchung der Kettenlaschen durch das Führungsgerüst ausgeschlossen ist, nicht unzweckmäßig Der Kran arbeitet nach Aussage der Betriebsleitung denn auch seit Jahren sehr gut[1]).

Eine seit Jahren häufig verwendete Gießkrananordnung[2]) ist aus der Abb. 314 ersichtlich. Sie stellt die Gießhalle des neuen Witkowitzer Martinwerkes dar. Der 50 t-Pfannenkran (Demag) ist zunächst mit einem die Kranhauptträger übergreifenden Führungsgerüst ausgestattet, wodurch sich bei relativ schmaler Kranbreite — es ist nur noch ein den Fahrantrieb aufnehmender Seitenträger vorhanden — im allgemeinen eine große Steifigkeit des breiten Gerüstes gegen eine Beanspruchung beim Kranfahren ergibt. (Trotzdem darf natürlich, namentlich bei einem so langen Hebelarm der Pfannenlast, die Notwendigkeit einer stabilen Ausbildung jeder Gerüsthälfte

Abb. 318. Gießkran (Sharon).

für sich nicht unterschätzt werden, damit eine nachträgliche Versteifung derselben im Betrieb nicht doch noch vorzunehmen ist.) Die durch die Überbrückung der Kranträger durch das Pfannenwerk frei werdende Untergurtung ist in zweckmäßiger Weise für die Hilfskatze verwendet, an der gleichzeitig der Führerkorb mit den Steuerapparaten hängt. Eine solche Anordnung, die gegenüber der üblichen mit feststehendem Führerstand zwar etwas teurer ist, hat gerade für den Gießereibetrieb schätzenswerte Vorzüge: Nicht nur, daß, wie schon gesagt, ein doppelseitiges Pfannenkippen und ein nahes Heranfahren des Hilfskatzenhakens an die Öfen für Aushilfsarbeiten möglich ist, gestattet die Fahrbarkeit des Steuerkorbes dem Führer die jeweils für das Gießen so-

[1]) Das Kippen der Pfanne, das automatisch in der nämlichen Weise wie bei dem vorerwähnten Kran der Georgsmarienhütte erfolgt, ging anfänglich zwar etwas langsam von statten; man hat dem jedoch durch einfache Änderung des Übersetzungsverhältnisses abhelfen können.

[2]) Im neuen Martinwerk des Phönix zu Ruhrort sind zwei ganz gleichartige übereinander angeordnete Laufkrane von je 75 t Tragkraft vorhanden.

Abb. 319. Gießkrane (Witkowitz).

Abb. 320. Gießkran (Witkowitz).

wohl als auch gegen die Hitze günstigste Platzwahl. Allgemein empfiehlt es sich übrigens bei Kranen, die über hohen Temperaturen arbeiten müssen, den Führerstand mit einem doppelten Boden zu versehen (falls man ihn nicht überhaupt seitlich unten anordnen kann, wie bei Abb. 318, einem von Wellman-Seaver für die Carnegiewerke gebauten 90 t-Gießkran). — Zwei weitere, nach ähnlichen Gesichtspunkten durchgebildete, starrgeführte 80 t-Gießkrane des Witkowitzer Riesenwerkes, bei denen durch die seitliche Anordnung der Pfannenführung und durch das Auskragen der Pfannentraverse — ähnlich wie bei dem vorbeschriebenem Krane in der Königshütte — ein dichtes Heranfahren an den Kippofen unter Anpassung an den abgeschrägten Verlauf seiner Vorderwandung erreicht ist, sind in Abb. 319 und 320 wiedergegeben[1]).

Abb. 321. Kranaordnung in einer Gießhalle (Meiderich.)

Als Ersatz für den im obigen Beispiel gewählten Laufkran für Block-, Kokillen- und Pfannentransport nimmt man neuerdings mehr und mehr auch wohl einen **Halbportalkran**[2]), der, einerseits an der Gebäudewand, andererseits neben der Gießgrube laufend, zweckmäßig wohl auch noch mit einem Katzenausleger versehen wird, um die Gießgrube sowohl wie einen außen gelegenen Lager- und Verladeplatz bedienen zu können. Er bietet dem Laufkran gegenüber den Vorteil, weder den — selbst mit starrer Führung ausgestatteten — Gießkran zu hindern oder von diesem gehindert

[1]) Vgl. Schuster: Stahleisen 1914, Nr. 23 u. Feigl: Z. V. d. I. 1916, Nr. 34.

[2]) Z. B. Bethlen-Falva-Hütte, Julienhütte, Rombacher Hüttenwerke, Gußstahlwerk Witten, Union-Dortmund, Phönix-Hoerde; in den Rhein. Stahlwerken jedoch sind zwei derartige Krane wieder abgebrochen worden, weil sie sich für die in der Nähe arbeitenden Leute als zu gefährlich erwiesen haben. Eine eigenartige und zweckdienliche Ausbildung solcher halbbockförmiger Krane zeigt das neue Kruppsche Martinwerk in Essen-Borbeck: daselbst laufen an der den Öfen abgekehrten Wand der Gießhalle zwei Halbportale, die stützfußseitig mit Drehauslegern (10 t × 12 m) versehen sind. Diese können einerseits die Gießgruben, andererseits ein besonderes Nachbarschiff der Halle zum Absetzen der Kokillen bestreichen; vgl. Stahleisen 1923, Nr. 6.

zu werden, noch das Gebäude unnötig hoch und teuer werden zu lassen; er kommt demnach vorzugsweise auch beim Ausbau älterer Werke in Betracht, denen die größere Belastung durch Laufkrane nicht mehr zugemutet werden kann. Es muß indes daran

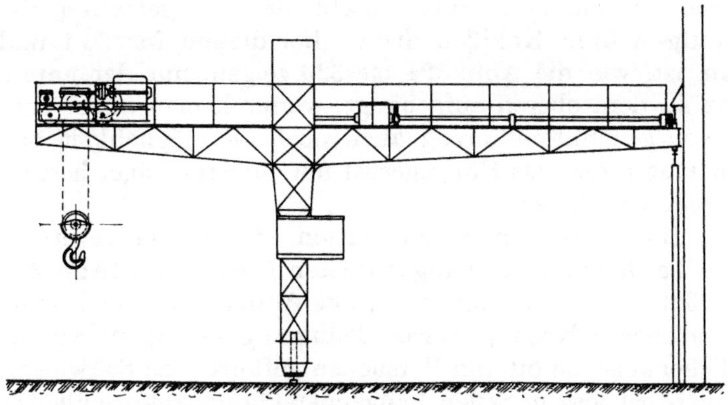
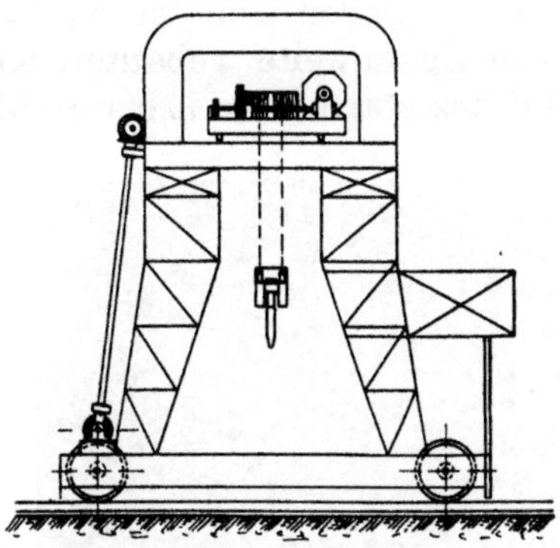

Abb. 322. Abb. 322 und 323. Kokillen- und Blockversetzkran (Dortmund). Abb. 323.

erinnert werden, daß Portal- oder Halbportalkrane, so angenehm sie durch die Fähigkeit eines ungestörten Zusammenarbeitens mit darüberlaufenden Kranen mit starrer Führung erscheinen mögen, vom Gesichtspunkte der Gefährlichkeit für die in ihrer

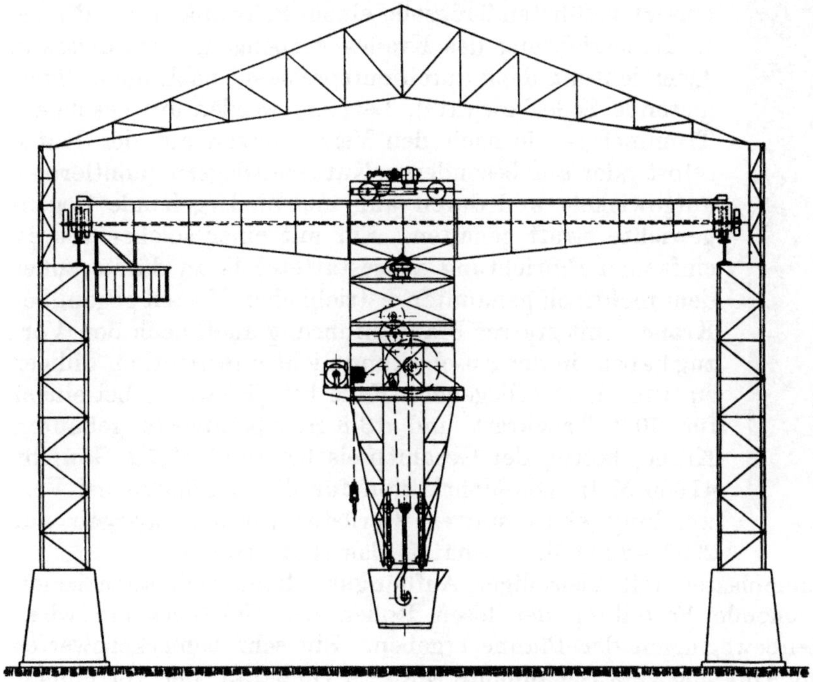
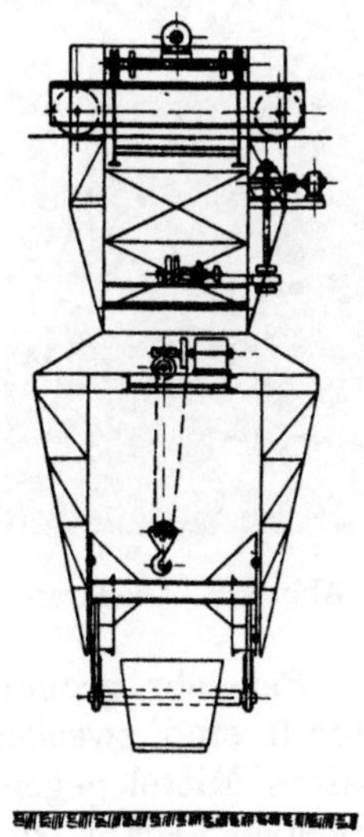

Abb. 324. Abb. 324 und 325. Gießkran (Longwy). Abb. 325.

Nähe arbeitenden Leute doch ebenso unangenehm sind. — Abb. 321 der Gießhalle der Rheinischen Stahlwerke in Duisburg-Meiderich veranschaulicht derartige Verhältnisse, die darin enthaltenen Gefahrmöglichkeiten erkennen lassend. Die Anordnung eines stützseitigen, selbst kurzen Auslegers beim Halbbockkran — Abb. 322 zeigt einen solchen im Martinwerk Hoesch arbeitenden Ausleger-Halbportalkran nach einer Ausführung von Schenck & Liebe-Harkort — schaltet die Gefahr zweckmäßig aus.

Bedingt das Mitschleppen eines eisernen Führungsgerüstes an sich zwar schon einen Mehraufwand an Arbeit für das Längs- und Querverfahren der Katze, so würde dieser bei einer unter Umständen noch erforderlichen Horizontal-Drehbewegung der Pfanne sich noch weiter erhöhen müssen, um so mehr, als der Einbau einer Drehscheibe oder dgl. auf der Katze die Konstruktion so wie so noch beträchtlich erschweren würde. Einen für solche Fälle vorteilhaften Ausweg haben Schenck & Liebe-Harkort bei einem für die Soc. An. des Aciéries de Longwy gebauten Gießhallenkran getroffen, der zum Vergießen von im Kreise aufgestellten Kokillen dient. Bei diesem für 30 t und 17 m Spannweite gebauten Kran ist, wie die Abb. 324 bis 326 zeigen, nur der untere Teil des starren Gerüstes drehbar an dem oberen aufgehängt, wodurch man außer dem eben genannten Vorzug auch noch die Möglichkeit beibehalten hat, das Hängegerüst um die Kranträger herumgreifen zu lassen.

Abb. 326. Gießkran (Longwy).

Die störenden Eigenschaften starrer Hängegerüste — bei übereinander angeordneten Gießkranen (Abb. 314 u. 329e u. e_1)[1]) ist die gerüstlose Aufhängung der Pfanne am oberen Kran ja sogar Bedingung — haben begreiflicherweise zu öfteren Versuchen geführt, das Schwingen auch bei lose in Seilen hängender Pfanne auszuschließen oder doch wenigstens genügend abzuschwächen. Es verdient in dieser Beziehung zunächst eine Konstruktion Beachtung, die sich an einigen von der Wilhelmshütte für die Bismarckhütte gebauten Martingießkranen vorfindet (Abb. 312). Während die in bekannter Weise gespreizt geführten Tragseile einem Schwanken der Pfanne in Längsrichtung des Kranes vorbeugen, wird dieses in Querrichtung dazu durch entsprechend nach oben divergierende Seile bewirkt[2]). Letztere werden auf besondere Trommeln — je nach den Verhältnissen auf der Katze selbst oder auf besonderen Katzenauslegern montiert — aufgewickelt und durch auf- und niedergehende Gegengewichte straff gehalten. Ein mit einer solchen relativ einfachen Einrichtung ausgestatteter Kran dürfte außer dem mehrfach genannten betrieblichen Vorteil gegenüber Kranen mit starrer Pfannenführung auch noch den Vorzug haben, in der Anschaffung nicht unwesentlich billiger zu sein. Im vorliegenden Falle beispielsweise, bei einem für 70 t Tragkraft und 13,8 m Spannweite gebauten Krane, betrug der Gesamtpreis bei rund 53,7 t Gewicht 41000 M.[3]). Die Mehrkosten für die Laufkatze bei Verwendung eines starren Gerüstes wurden dagegen auf 2000—2200 M. geschätzt, das sind etwa 5%.

Bei sehr großen Pfannenlasten mit vielseiliger Aufhängung kann sich auch schon durch eine zweckentsprechende Verteilung der losen Rollen des Gehänges ein wirksames Mittel gegen Seitenbewegungen der Pfanne ergeben. Ein sehr bemerkenswertes Beispiel hierfür ist der in Abb. 330 veranschaulichte schwere Gießkran, der vor einiger Zeit von Wellman-Seaver an das Stahlwerk von William Beardmore, Glasgow, geliefert wurde. Die Pfannenlast, welche hier allerdings in der ungewöhnlichen Größe von 150000 kg[4]) auftritt, hängt mit 24 Seilsträngen an der Katze. Durch die allseitig

[1]) Auch im neuen Martinwerk 7 der Friedr. Krupp A.-G. am Rhein-Herne-Kanal bei Essen-Borbeck wird die Gießhalle durch mehrere übereinander laufende Krane ohne starre Führungen bedient, s. Stahleisen 1923, Nr. 6.

[2]) D.R.P. Nr. 195586.

[3]) Diese setzen sich zusammen aus: Gewicht des Krangestells inkl. Fahrantrieb aber exkl. elektrischer Teil 25,5 t bzw. 12000 M., das des mechanischen Teils der Laufkatze einschließlich der Aufhängung 23 t bzw. 16000 M. und das des elektrischen Teils 5,2 t bzw. 13000 M.

[4]) Gleichstarke Gießkrane sind übrigens auch für deutsche Hüttenwerke (z. B. Hoesch, Thyssen) ausgeführt worden.

weite Verteilung der Seilaufhängepunkte scheinen Pendelbewegungen der Pfanne in der Tat wirksam gedämpft zu werden. Entsprechend der Schwere der Ausführung dürfte sich des Ferneren auch der Anschaffungspreis eines solchen Kranes im Vergleich zu einem starrgeführten erheblich niedriger stellen. Dieser Kran z. B. hat bei 14 m Spannweite, einer 25 t-Hilfskatze und den nachgenannten Motorleistungen komplett nur rund 100000 M. gekostet. [Die Hubgeschwindigkeit beträgt 1,5 m/min für 150 t, 4,5 m/min für 50 t (80 PS); das Katzenfahren kann bei Vollast mit 18 m/min (35 PS) erfolgen, das Kranfahren mit 30 m/min (60 PS); Hilfskatzenheben: 7,5 m/min (60 PS), Hilfskatzenfahren 24 m/min (10 PS).]

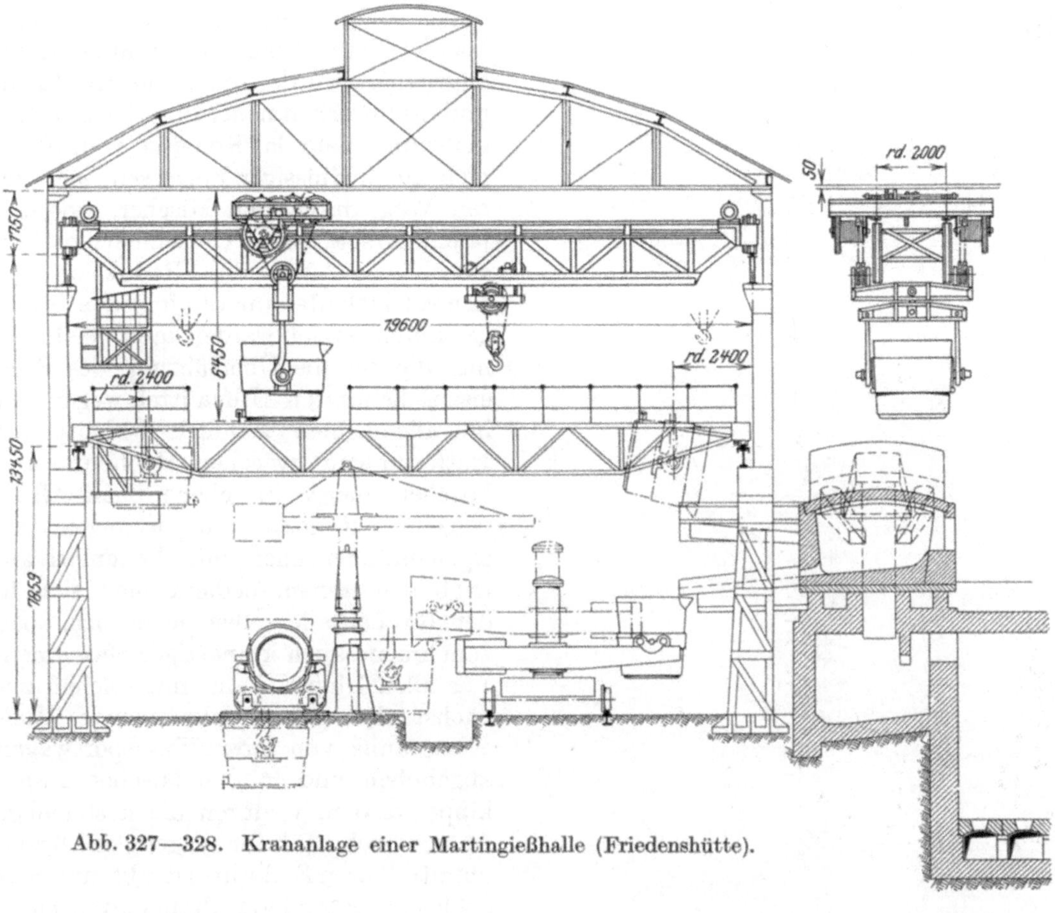

Abb. 327—328. Krananlage einer Martingießhalle (Friedenshütte).

Um einen Gegenanhalt für die zur Anlage schwerer Gießkrane mit starrer Führung unter Umständen zu machenden Aufwendungen zu geben, sei bemerkt, daß beispielsweise schon jeder der beiden 80 t-Gießkrane für Thyssen (s. Z. V. d. I. 1908, S. 1556), für eine Spannweite von 19,8 m und eine Hilfswinde von 20 t und ungefähr gleichen Motorleistungen, annähernd die gleiche Summe erfordert haben soll.

Die in Abb. 318 außerdem wiedergegebene, grundsätzlich ähnliche Gießkranausführung (für 90 t) der nämlichen englischen Firma zeichnet sich noch durch den bis in Höhe des Ausgusses herabgeführten Bedienungsstand aus. Hierdurch kann allgemein nicht nur die Unannehmlichkeit der Gießarbeit für den Kranführer gemildert werden, sondern es kann unter Umständen auch die Sicherheit dieser Arbeit infolge der günstigeren Überblickung der Gießstelle erhöht werden[1]).

[1]) Die Erkenntnis der Zweckdienlichkeit tiefliegender Führerstände gerade für Arbeiten in der Gießhalle, für das Umlegen der Zangen u. dgl., legte es im Stahlwerk Becker sogar nahe, nachträglich noch den Führerbock des Laufkrans (Flohr) tiefer zu hängen

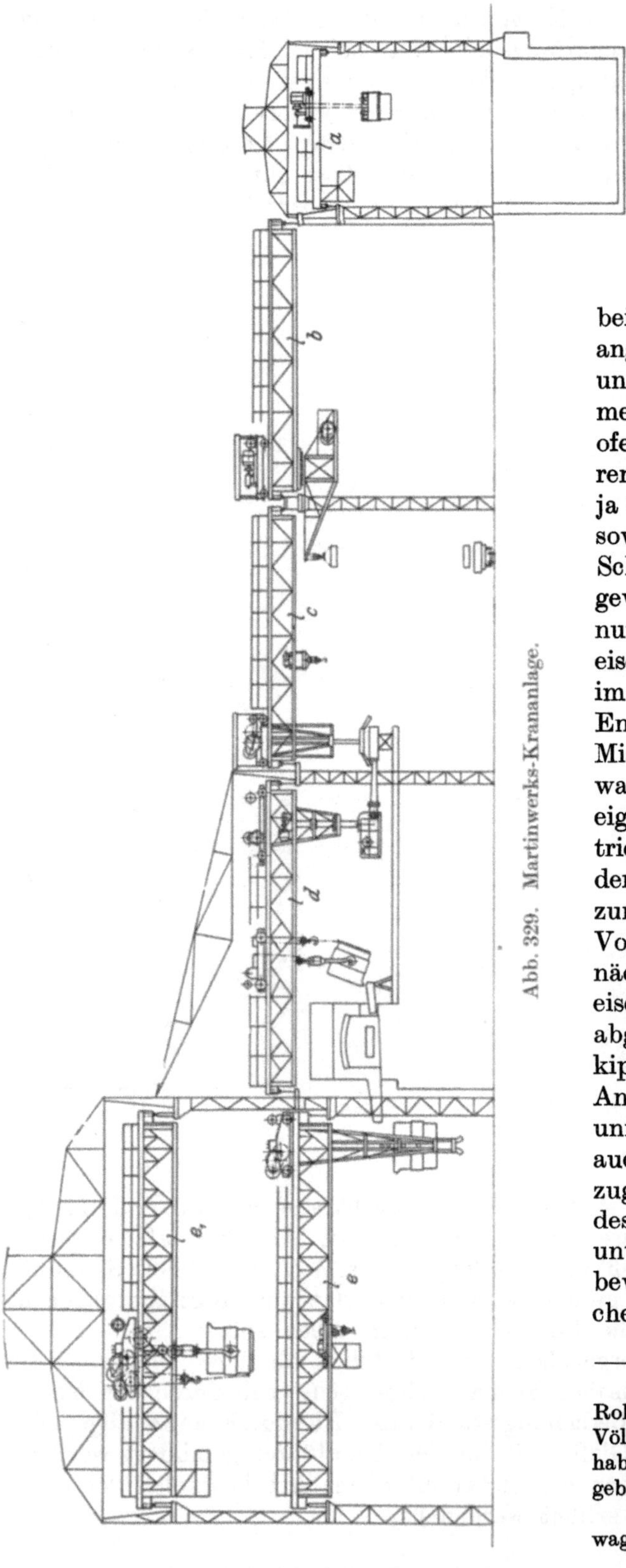

Abb. 329. Martinwerks-Krananlage.

Die vorstehend im einzelnen behandelten Kranausstattungen der verschiedenen Arbeitsstätten eines Martinwerkes zeigt in einem beispielsweisen Zusammenwirken der nebenstehend in Abb. 329 wiedergegebene Entwurf (Scholten).

L. Mischerhalle.

Wie schon an früherer Stelle, bei der Erwähnung des Sonntagseisens, angedeutet wurde, nimmt in Hochofen- und Stahlwerken neuerdings bekanntlich mehr und mehr das Roheisen vom Hochofen aus in flüssiger Form seinen weiteren Weg durch den Mischer, wodurch ja eine Ersparnis der Umschmelzkosten [1]) sowohl als auch eine Reduktion des Schwefelgehaltes für die folgende Stahlgewinnung erzielt werden kann. Während nun die für die Überführung des Roheisens benutzten Hilfsmittel wegen der im allgemeinen ziemlich bedeutenden Entfernungen zwischen Hochofen und Mischer meist in ebenerdigen Gleiswagen [2]), Roheisentransportwagen mit eigenem oder auch mit Lokomotivantrieb [3]), bestehen, bedient man sich in der Mischerhalle selbst neuerdings doch zunehmend auch kranartiger Maschinen. Vor allen Dingen kann mit solchen zunächst die unten ankommende Roheisenpfanne von ihrem Transportwagen abgehoben und in den Mischer ausgekippt werden, wodurch die kostspielige Anlage hochgeführter Wagengleise [4]) zum unmittelbaren Einkippen der Pfanne oder auch ein besonderer Pfannenwagenaufzug [5]) unnötig wird. Auch das Abfangen des Eisens und dessen Abfuhr lassen sich unter Umständen gut durch den Kran bewerkstelligen. Endlich kann ein solcher über dem Mischer arbeitender Kran

[1]) Die Mehrkosten durch das Umschmelzen des Roheisens im Kupolofen sollen beispielsweise in Völklingen 4 bis 5 M. für die Tonne betragen haben; s. Kollmann: Die Großindustrie des Saargebietes, S. 62.

[2]) Über neuere Ausführungen von Roheisenwagen s. Hermanns: Stahleisen 1916, Nr. 33.

[3]) Z. B. Gutehoffnungshütte, Burbacher Hütte, Völklingen und Peine (woselbst das flüssige Roheisen mittels langer Pfannenwagenzüge von dem etwa 8 km entfernten Hochofenwerk Groß-Ilsede herangeschafft wird).

[4]) Z. B. Hayingen, Rhein. Stahlwerke, Peine u. a. m.

[5]) Z. B. Neunkirchen.

Abb. 330. Gießkran (Glasgow).

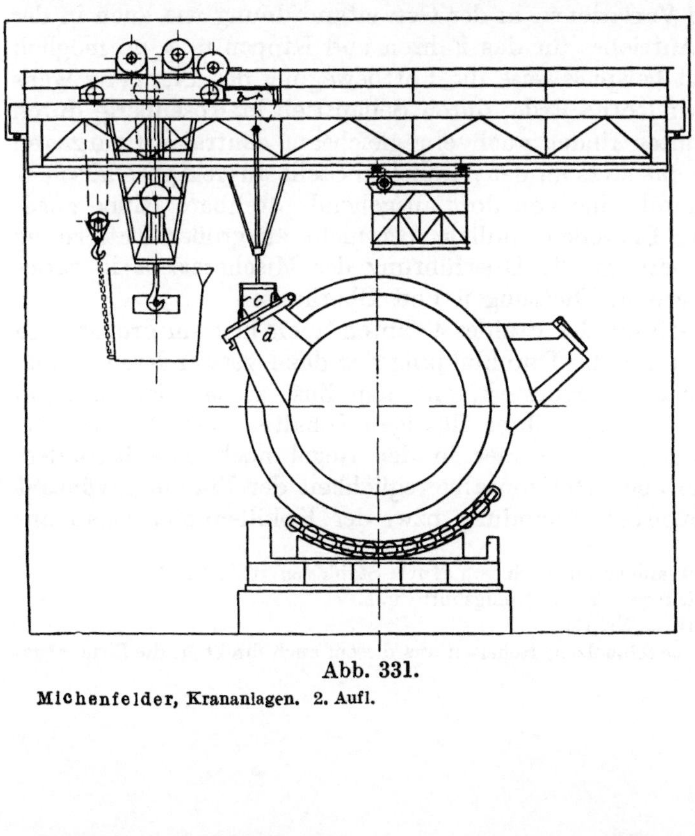

Abb. 331.

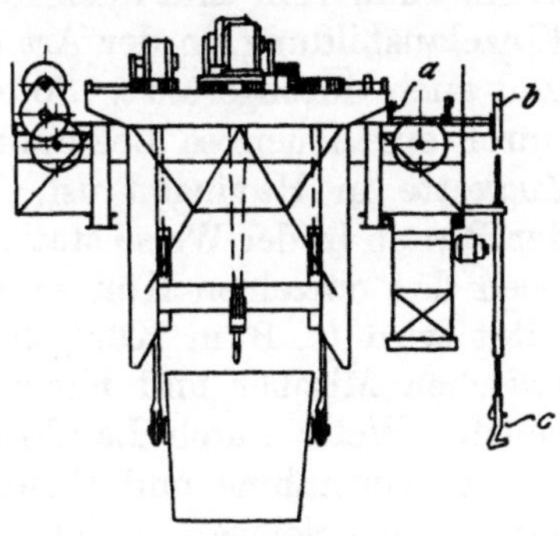

Abb. 332.

Abb. 331 und 332. Mischerkran.

oder auch mehrere solcher[1]) von großer Tragfähigkeit natürlich auch bei der Aufstellung und bei der Reparatur des Mischers wertvolle Dienste leisten. Die aus der genannten Bestimmung der Mischerkrane sich ergebenden grundsätzlichen Anforderungen an deren Ausbildung sind dementsprechend in der Hauptsache wieder auf eine sichere und schwankungslose Führung der Pfanne gerichtet. Der Anbringung starrer Pfannenführungen ist jedoch die Arbeitsbühne im Wege, die den Mischer im allgemeinen zur Probeentnahme und zu Reparaturzwecken umgibt. Infolgedessen begnügt man sich, falls man nicht überhaupt die gewöhnliche lose Pfannenaufhängung am Kran für ausreichend oder wegen der leichteren Benutzbarkeit zu anderen Arbeiten gar für wünschenswert hält[2]), in der Regel mit einer starren Endführung der Pfanne. Bei einer solchen ist es möglich, mit der Katze auch über der Bühne beliebig nahe an oder über den Mischer zu fahren, während man bei schnellen Längstransporten doch die in die Endführung hineingezogene Pfanne gut vor Schwankungen schützt. Derartige Anlagen sind in neuerer Zeit ziemlich häufig, beispielsweise bei der Gutehoffnungshütte, bei Phönix-Laar, Friedrich-Wilhelmshütte u. a. in Betrieb genommen worden[3]). Die Anordnung des Mischerkranes für die beiden letztgenannten Hütten — von 50 bzw. 25 t — ist noch dadurch bemerkenswert, daß sie einen seitlich fahrbaren Führerstand aufweist. Hierdurch ist es möglich, daß sich der Kranführer für die abwechselnde Bedienung der beiderseitigen Mischerschnauzen ganz unabhängig den jeweils geeignetsten Platz wählt. Bei dem in Abb. 331 und 332 gezeigten Entwurf (Tigler) eines Mischerkranes erfolgt die Bedienung der Mischerdeckel automatisch durch die Krankatze selbst, indem diese durch Anschlag gegen Nocken *a* und Drehung eines Scheibensegmentes *b* den Deckel *d* mittels eines Hakengestänges *c* öffnet. Das Schließen des Deckels erfolgt nach Zurückfahren der Pfanne, wiederum selbsttätig, durch das Eigengewicht.

M. Konverterhalle.

Für die Konverterhalle des Bessemer- und Thomaswerkes kommt mit Bezug auf Lasttransporte zunächst die Heranschaffung des flüssigen Roheisens nach der Birne und weiterhin die Fortschaffung des erblasenen Stahles von der Birne zur Gießstelle in Betracht. Für ersteres liegen die Verhältnisse vielfach ganz ähnlich wie beim Mischer, derart, daß die Bewegung der gefüllten Roheisenpfanne einfach durch Gleistransporte[4]) über beliebige Entfernungen und Krümmungen bewerkstelligt werden kann. Immerhin sind auch hierbei Variationen in der Gesamtanordnung wie auch in der Einzelausbildung, in der Art des Antriebes für das Fahren und Kippen u. a. m. möglich und auch durchgeführt. So erfolgt beispielsweise die Fortbewegung des Pfannenwagens durch eine feuerlose Lokomotive in Rothe Erde, durch Seilantrieb in Rosenberg, durch Zugkette in Hayingen usf. Mitunter findet auch ein gleichsam zentrales Chargieren der Birnen in der Weise statt, daß das stets an der nämlichen Stelle ausgekippte Mischereisen den einzelnen Konvertern durch eine von dort ausgehende drehbare Rinne zugeleitet wird (z. B in Königshütte). Bisweilen endlich, bei nicht zu großer Entfernung zwischen Mischer und Konverter, erfolgt die Überführung des Mischereisens in rationellster Weise durch Laufkrane, wie in Düdelingen und Oberhausen.

Zur Entnahme und Weiterschaffung des Stahles könnten auch hier im großen und ganzen die gleichen Gesichtspunkte für die Durchbildung der dazu verwendeten Transportmittel einflußgebend sein, wie im Martinwerk, mit dem Zusatz, daß das während des Neigens der Birne erfolgende Abfangen ihres flüssigen Inhaltes und oft auch die stark wechselnde Höhe der Kokilleneingüsse hier in der Regel noch eine besonders sorgsam ausgebildete Vertikal- und auch Horizontalbeweglichkeit der Pfanne erwünscht machen, die sich dem Weg der Konvertermündung bzw. der Kokillenhöhe genau an-

[1]) Vgl. die Beschreibung der Stahlwerksanlagen in Esch von Hoff: Stahleisen 1922, Nr. 27.

[2]) Z. B. in Burbach, Völklingen, Düdelingen, Esch, Königshütte u. a.

[3]) Siehe Simmersbach: Stahleisen 1915, Nr. 12.

[4]) Bisweilen wird das im Kupolofen umgeschmolzene Roheisen aus diesem auch direkt in die Birne abgestochen (z. B. in Hoerde).

zupassen vermag[1]). Wenn sich nun Krane für die Stahlentnahme im Thomaswerk bisher ungleich weniger als im Martinwerk eingebürgert haben, so liegt dies in der Hauptsache daran, daß die vor den Konvertern durchlaufende Bühne dem Herabhängen der Pfanne Schwierigkeiten in den Weg stellt. Die Bevorzugung von unter diesen Bühnen hinwegfahrenden wagenförmigen Pfannentransportmaschinen, von Gießwagen, hat hierin in erster Linie ihren Grund.

In den alten Bessemerwerken, wo zwei oder höchstens drei kleinere Konverter noch bequem die ganze Stahlerzeugung schafften, war bei deren Anordnung in Kreisbogenform (vgl. Abb. 334) die Aufstellung eines zentralen Pfannenschwenkkranes *a* zur Stahlentnahme unstreitig die einfachste Lösung, da auch für die Aufstellung der Gießformen eine vom Schwenkarm bestreichbare kreisförmige Gießgrube *b* völlig genügte.

Diese historische Disposition hat sich von der ältesten Anlage[2]) zum Teil sogar noch bis auf den heutigen Tag erhalten. Selbst größere Stahlwerke fangen noch jetzt in althergebrachter Weise die Charge mit dem bekannten „Zentralkran" ab und lassen diesen dann auch noch das Vergießen besorgen.

So wird beispielsweise in einem allerdings schon seit 1882

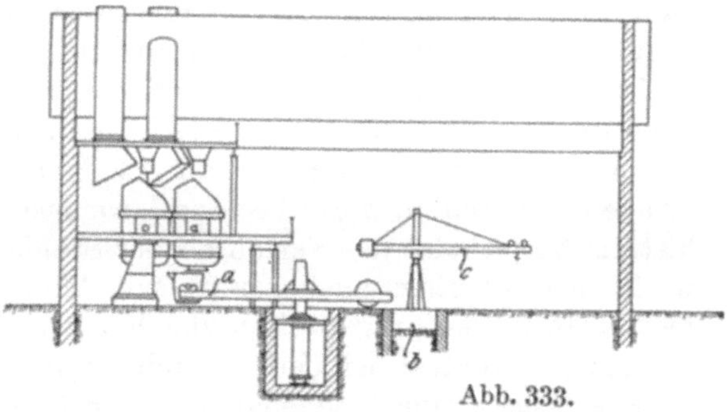

Abb. 333.

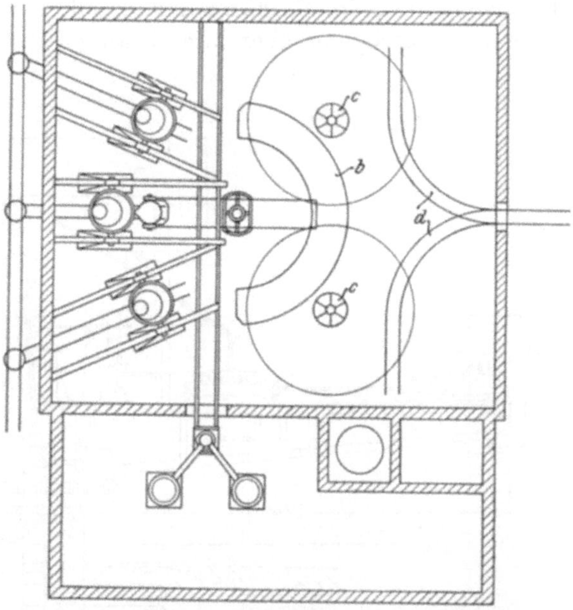

Abb. 334.

Abb. 333 und 334. Bessemerwerks-Zentralgießkrane.

Abb. 335. Bessemerwerks-Zentralgießkran (Hoerde-Deutsches Museum).

[1]) Das Fehlen einer Pfannenhubbewegung ist bei Gießwagen in Thomaswerken eine seltene Ausnahme. Ein in Rosenberg laufender elektrischer (12 t) Wagen dieser Art (Demag) ist noch dadurch bemerkenswert, daß sich sein Pfannenausleger auf einem Drehkranz abstützt, ähnlich wie es bei dem feststehenden Zentralgießkran der Abb. 302 der Fall ist.

[2]) Die Abb. 335 ist nach dem im Deutschen Museum befindlichen Modell angeblich der ersten in Deutschland bekannten Bessemer-Anlage, gebaut vom Hoerder Verein im Jahre 1863, aufgenommen. (An anderer Stelle wird eine bereits aus dem vorhergehenden Jahre stammende Anlage bei Krupp in Essen als erste ihrer Art in Deutschland genannt; s. Stahleisen 1911, S. 1033.)

stehenden Thomaswerk in Hayingen der Stahl aus sogar 6 Konvertern (à 15 t) noch durch drei hydraulische Zentralkrane aufgenommen, von denen je einer in einer halbkreisförnigen Gießgrube vor je zwei Konvertern steht. Da für Block- und Kokillenbewegung auch seitlich der Gruben noch hydraulische Schwenkkrane, im ganzen sieben Stück, aufgestellt sind, so hat man hier an den Konvertern mit nicht weniger als 10 getrennten Kranen zu arbeiten, wofür beständig wenigstens 15 Mann beschäftigt sind. Nicht weniger historisch erscheint das Verfahren der Stahlabgabe in einem großen Ruhrorter Thomaswerk, das allerdings auch bereits seit Anfang der achtziger Jahre in Betrieb ist: Die hier im Halbkreis aufgestellten vier Konverter (à 15 t) gießen ihre Charge zunächst in die Pfanne eines zentral zu ihnen stehenden hydraulischen Schwenkkranes ab, der sie weiterhin aber erst noch einem nebenan in einer Gießgrube stehenden zweiten Zentralkran zum Eingießen in die im Halbkreis aufgestellten Kokillen übergibt. Diese zweifellos umständliche Stahlbewegung über zwei Pfannen ist hier darin begründet, daß der Entnahme-

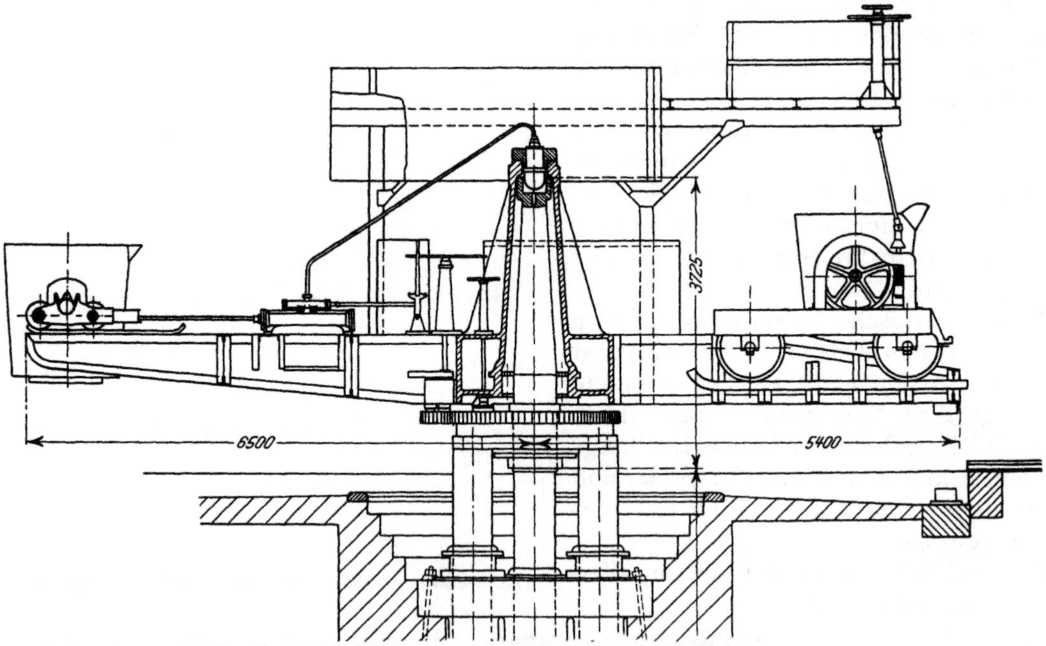

Abb. 336. Hydraulischer Übergabekran (Ruhrort).

kran (Abb. 336)[1]) auch zum Beschicken der Konverter dient, die hier von unten und wagerecht liegend chargiert werden. Durch die Verteilung der beiden Aufgaben des Abfangens und des Vergießens des Stahles auf zwei getrennte Krane ist dabei wenigstens erreicht, daß während des Chargierens der Zentralgießkran ruhig arbeiten kann und umgekehrt.

Die zum Beschicken der Konverter mit flüssigem Roheisen erforderliche Vertikalbewegung der Pfanne erfolgt heute noch auf recht verschiedene Art und Weise. Zum Teil wird der Höhenunterschied zwischen der Konvertereinguß- und der Roheisenentnahmestelle — aus dem Hochofen, dem Mischer oder dem Kupolofen — durch eine Gleisbahn überwunden, deren Steigung je nach der zwischenliegenden Entfernung durch Adhäsion[2]) oder durch zwangläufige Zugorgane[3]) (Ketten, Seile oder dgl.) überwunden wird. Zum Teil erfolgt das Hochbefördern der Gießpfanne, wie gesagt, aber

[1]) Dieser von der Maschinenfabrik „Deutschland" bereits im Jahre 1883 gelieferte Kran (für 16 t Tragkraft, 5,8 m Pfannenausladung, 3,2 m Hub und 25 at Wasserdruck) arbeitet seitdem in ununterbrochenem und angestrengtem Betrieb, ohne daß eine Störung desselben durch Reparatur erforderlich gewesen wäre; gewiß ein beredtes Zeichen zum mindesten für die Unverwüstlichkeit dieser Standardkrane früherer Zeit.

[2]) Z. B. Rheinsche Stahlwerke, wo die Mischeranlage ca. 1 km vom Hochofen entfernt ist.

[3]) Z. B. de Wendel.

auch schon durch Krane, die, ausschließlich in Laufkranform, vor den schrägen Gleistransporten ja nicht unwesentliche Vorzüge besitzen. Die zu große Entfernung oder zwischenliegende Gebäude erfordern zwar auch dann häufig noch die Pfannenzuführung zu diesen Kranen durch eine besondere Gleisbahn[1]). Es kann bei günstiger Disposition aber eine solche Laufkrananlage auch die Möglichkeit aufweisen, daß die Pfanne in einem Zug, d. h. ohne Umladung von der Aufnahme- bis zur Abgabestelle des Roheisens bewegt wird; und zwar dann, wenn die Bahn des Laufkranes über beide Arbeitsstellen hinweggeführt ist. Im allgemeinen wird hierfür die Roheisenüberführung vom Mischer nach benachbarten Konvertern in Betracht kommen, wie es recht zweckmäßig z. B.

Abb. 337. Elektrischer Gießwagen (Aachen).

in Düdelingen und Oberhausen verwirklicht ist. Ein solcher Laufkran wird außer dem Hochziehen der Pfanne in einfachster Weise auch deren Ausgießen besorgen können, wozu andernfalls oft erst die Anstellung einer besonderen Kippeinrichtung an den Pfannenwagen erforderlich ist. Bei der in Düdelingen getroffenen Disposition, bei der auch zur Stahlentnahme aus der Birne ein Pfannenlaufkran verwendet wird, besitzt letzterer in den darüber fahrenden Chargierlaufkranen gleichzeitig eine jederzeitige Reserve. Eine derartige Stahlentnahme durch einen Kran bildet indes, wie schon erwähnt, wegen der Konverterbühne bis heute noch die Ausnahme; die Regel ist das Stahlabfangen in Gießwagen, wie es Abb. 337 im Aachener Hüttenverein an einem reinelektrischen Gießwagen (Demag) erkennen läßt. Diesen Gießwagen, die für die nachgebende Anpassung des Pfanneneinlaufes an den sich senkenden Konverterauslauf mit einer Hubbewegung für die Pfanne ausgestattet sein müssen, haftete der Nachteil an, daß

[1]) Z. B. Maxhütte-Rosenberg. Im Peiner Walzwerk gelangt das Eisen durch eine 8 km lange Gleisbahn in großen Roheisenpfannenwagen vom Hochofen in Groß-Ilsede in den Mischer.

mit der Pfanne der ganze Oberwagen gehoben wurde. Dabei war also sehr viel Totlast mitzuheben und außerdem konnte die Pfanne mitunter nicht einmal hoch genug gehoben werden, weil sonst der Oberwagen an die Konverterbühne gestoßen wäre (vgl. Abb. 296).

Abb. 338. Elektrischer Gießwagen.

Die hierin liegenden wirtschaftlichen und betrieblichen Mängel soll die Gießwagenbauart (Demag) nach Abb. 338 ausschalten: Die Pfanne ruht auf einem senkrecht schwingbaren Ausleger, dessen Drehachse auf dem Oberwagen gelagert und dessen entgegengesetztes Ende durch Schraubenspindeln auf- und ab bewegt wird. In bezug auf das Zustandekommen der Pfannenhub- und Senkbewegung ist dieser neueste reinelektrische Gießwagentyp also dem ältesten nach Abb. 300 grundsätzlich durchaus ähnlich. In bezug auf die Lagerung der Pfanne unterscheiden sie sich aber wesentlich: während sie dort an dem Schwinghebel aufgehängt ist, ist sie hier auf ihm gelagert, und zwar derart, daß sie die wagerechte Lage, unabhängig von der Neigung des Schwinghebels, stets beibehält — abgesehen natürlich von den maschinell erreichbaren Kippstellungen. Für die automatische Beibehaltung der wagerechten Pfannenlage sorgt ein Gestänge dadurch, daß die Zapfenlager der Pfanne entsprechend dem Ausschlagwinkel des Schwinghebels auf der Kippwerksschnecke abrollen. Der dargestellte Gießwagen ist an die Gesellschaft Altos Hornos de Vizcaya in Bilbao geliefert für einen Pfanneninhalt von 16 t,

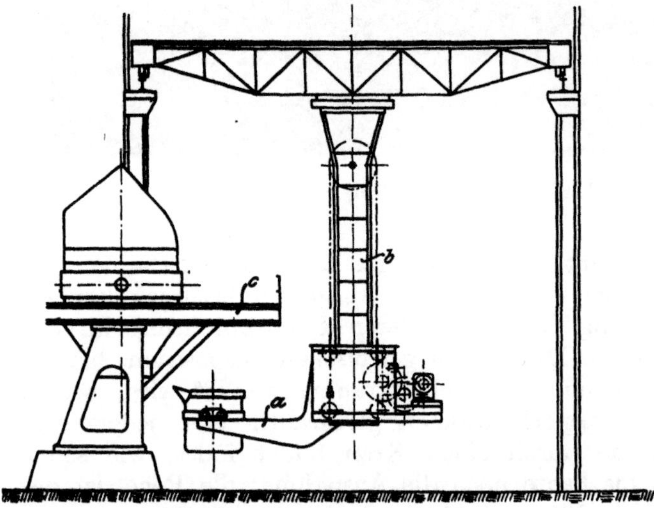

Abb. 339. Thomaswerks-Gießkran.

eine größte Ausladung von 5,5 m und einen Hub von nicht weniger als 1,6 m; seine Arbeitsgeschwindigkeiten betragen für das Fahren rund 100 m/min, für das Heben 2 m/min und für das Schwenken 1,2 Umdr./min. Die Gesamthöhe des Wagens ist 4,55 m[1]).

Von weiteren Bestrebungen, beim Heben der Pfanne unnötige Totlasten auszuschalten und gleichzeitig die dabei beanspruchte lichte Höhe des Raumes von mitzuhebenden

Abb. 340. Gießlaufkran im Thomaswerk (Hagendingen).

Wagenaufbauten nicht unnötig groß zu erfordern, sei nur noch ein Vorschlag erwähnt, nach dem die auf einer Katze gelagerte Pfanne längs einer schräggansteigenden Bahn des Oberwagens hochgezogen wird[2]).

Eine laufkranmäßige Ausbildung der Gießvorrichtung ist, wie gesagt, im Thomaswerk wegen der im Wege stehenden Konverterbühne nicht ohne weiteres durchführ-

[1]) Vgl. Stahleisen 1914, Nr. 30 und Heym: Glasers Ann. 1919, Nr. 1001/5.

[2]) Näheres s. bei Hermanns: Zentralbl. d. Hütten- u. Walzwerke 1912, Nr. 33.

bar. Eine von der Demag vorgeschlagene Ausbildung des Pfannenkranes nach Abb. 339 könnte an sich zwar die genannte Schwierigkeit beseitigen; eine praktische Anwendung hat der Vorschlag meines Wissens jedoch nicht gefunden. Die große exzentrische Be-

Abb. 341. Thomaswerk mit Laufkranen (Hagendingen).

lastung dürfte bei dem Betrieb eines solchen „hängenden Gießwagens" zu wenig erfreulichen Erscheinungen führen. Zweckdienlicher ist es jedenfalls, für die Verwendung laufkranförmiger Gießvorrichtungen im Thomaswerk die Konverterbühne mit auf-

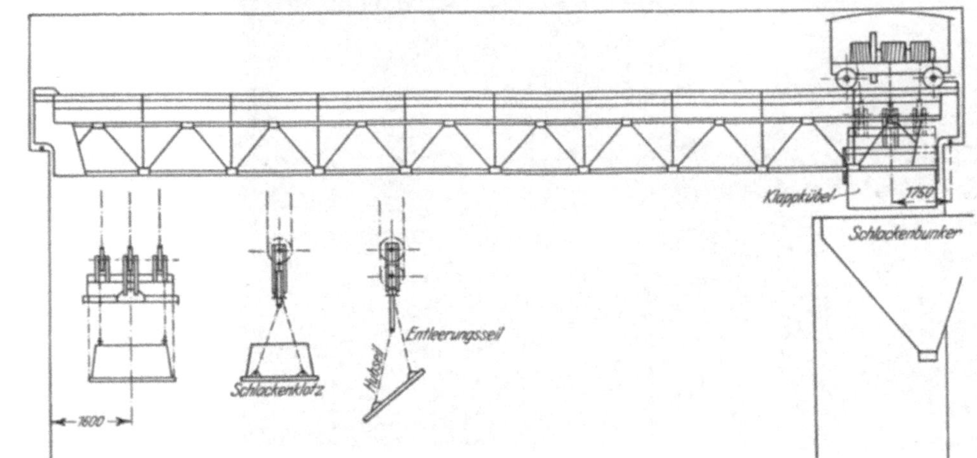

Abb. 342.

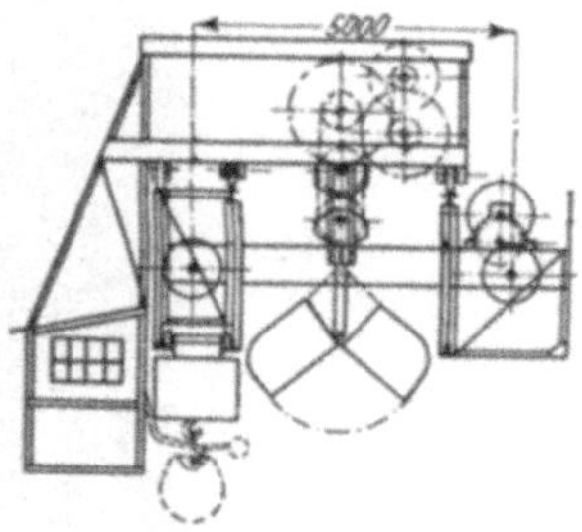

Abb. 343.

Abb. 342 und 343. Schlackenverladekran.

klappbaren Teilen vor den Birnen auszubilden, so daß die Pfanne mit ihrer senkrecht nach oben führenden Aufhängeeinrichtung ungehindert an die Birne heranfahren kann. Die Abb. 340 und 341 lassen derartige Ausbildungen (Demag) im Stahlwerk Hagendingen[1]) anschaulich erkennen.

[1]) Eine ähnliche Anlage ist auch die des Stahlwerkes zu Neuves Maisons (Meurthe-et-Moselle).

N. Schlackentransport.

Die Bewegung der Thomasschlacke, von der Birne nach der Schlackenmühle[1]), geht in der Regel durch Wagen vor sich, die von rückwärts unter die Konverterschnauzen geschoben und dann gefüllt zur Mühle gefahren werden. Für das hier vorzunehmende

Abb. 344. Schlackenverladeeinrichtung.

erste Zerkleinern der Schlackenklötze und für das Einfüllen in die Bunker der Schlacken-

[1]) Bekanntlich erweist sich die Thomasschlacke als wirksames und wertvolles Düngemittel nur in feingemahlenem Zustand.

mühle kann mit Vorteil ein Kran nach Abb. 342 verwendet werden[1]). Das Abstürzen des bis 10 m hoch über Hüttensohle hebbaren Schlackenkuchens erfolgt bei ihm vermittels eines besonderen Gehänges, das, ebenso wie das Öffnen des Kübels mit zerkleinerter Schlacke, über dem Trichter der Schlackenmühle, vom Führerstand aus gesteuert wird. Weiterhin ist bei diesem Entwurf (für 20 t Tragkraft und 28 m Spannweite) noch eine seitlich laufende 2 t-Winde vorgesehen, deren Fallgewicht gleichfalls vom Führerkorb aus ausgelöst werden kann. Letzterer hängt zu dem Zwecke an der nämlichen Seite der Haupthubwinde von dieser herab; Abb. 343. [Die bei dem skizzierten Entwurf vorgesehenen Geschwindigkeiten bzw. Motorleistungen sind für die Hauptwinde: Heben 12 m/min (90 PS), Katzfahren 60 m/min (21 PS), Kranfahren 120 m/min (70 PS); für die Fallwerkswinde: Heben 30 m/min (21 PS), Fahren 60 m/min (3 PS).]

Die Abb. 344 läßt die Lösung der gleichen Aufgaben durch einen Bockkran (Zobel-Neubert) mit Stösselschlagwerk erkennen.

O. Thomas-Gießhalle.

Die Hilfsmittel für den Weitertransport des flüssigen Thomasstahles werden mit den oben besprochenen Einrichtungen der Konverterhalle naturgemäß wohl immer identisch sein. Das unmittelbare Nebeneinanderliegen der Gießhalle und der Konverterhalle würde ja jede Einschaltung eines weiteren Transportmittels, womit unnötigerweise eine Umladung der Pfanne verbunden wäre, von vorneherein als unzweckmäßig erscheinen lassen. Dementsprechend wird also der Gießwagen in der Thomasgießhalle, ungleich mehr noch als in der Martingießhalle, ein typisches Transportmittel sein. Auch die Variationen in bezug auf Konstruktion und Antriebsmittel kehren hier in wenigstens der gleichen Fülle wieder wie dort, mit dem Unterschiede jedoch, daß der durch die allgemein größeren Leistungen der Thomaswerke bzw. durch die größere Chargenzahl forciertere Betrieb einen Handantrieb hier überhaupt nicht in Frage kommen läßt. Die größere Produktion der Thomaswerke erfordert im Gegenteil häufig das Vorhandensein mehrerer Gießmaschinen[2]), teils für gleichzeitiges Zusammenarbeiten, teils für öfteres Auswechseln. Um letzteres vornehmen zu können, bedient man sich meistens einer Schiebebühne; so in Rothe Erde und in Burbach. Die Anlage einer Schiebebühne bedingt naturgemäß eine teilweise Freihaltung der Flur. Wo diese nicht oder nur schwer durchzuführen ist, dürfte sich deshalb der Ersatz der ebenerdigen Schiebebühne durch einen obenfahrenden Laufkran empfehlen. Eines solchen bedienen sich z. B. die Rombacher Hüttenwerke in der durch die Abb. 345 und 346 wiedergegebenen Ausführung für 110 t Tragkraft (Mohr & Federhaff), aus der die sonstige Arbeitsweise ja klar hervorgeht. Im übrigen gilt hier hinsichtlich der konstruktiven und betrieblichen Eigenheiten der gebräuchlichen Gießwagensysteme — des reinelektrischen[3]), des dampfhydraulischen[4]) und des elektrohydraulischen[5]) — das bereits über die Gießwagen beim Martinwerk Gesagte.

Herrscht sonach im Thomaswerk für die Hilfsmittel zur Bewegung des flüssigen Stahles mit Recht die Wagenform vor, so liegen andererseits in der Gießhalle für die Aufstellung und Auswechselung der Gießformen sowie für das Ausheben und Fortschaffen der Blöcke noch so bedeutende Aufgaben vor, daß sich dafür mehr oder weniger spezialisierte Krane als eine unbedingt erforderliche Weiterausstattung ergeben. Die allgemeinen Bedingungen, denen diese Krane zu genügen haben, lassen sich außer in der selbstverständlichen Betriebssicherheit im Erfassen der schweren und gefährlichen

[1]) In einer Ausführung von Scholten für 15 t Tragkraft und 30 m Spannweite ist ein ähnlicher Kran z. B. bei Hoesch in Benutzung; desgl. in Rothe Erde u. Hagendingen (Schenck).

[2]) Z. B. arbeiten in Rothe Erde 3 Stück, in Burbach, Gutehoffnungshütte, Rhein. Stahlwerke, Hoerde St. Ingbert, Neunkirchen, Esch u. a. je 2 Gießwagen.

[3]) In Rothe Erde und Peine.

[4]) In Oberhausen, St. Ingbert, Dillingen, Völklingen, Königshütte u. v. a.

[5]) In Burbach und Esch.

Lasten rotglühender Stahlblöcke in einer der hohen Produktion der Thomaswerke entsprechenden außergewöhnlichen Leistungsfähigkeit ausdrücken.

Als einfachste Lösung der vorgenannten Aufgaben wird sich auch hier wieder ein Laufkran ergeben, der vermöge seiner verkehrsentrückten Lage die Arbeiten in der Gießhalle in keiner Weise stört und der durch große Arbeitsgeschwindigkeiten auch höheren Leistungsansprüchen gerecht wird. Das Setzen und Auswechseln der mit Ohren versehenen Kokillen kann er natürlich ohne weiteres besorgen (vgl. auch Abb. 347); mit Hilfe einer der bekannten einfachen Blockzangen wird er auch in den meisten Fällen den Transport der Blöcke einwandfrei erledigen können (s. Abb. 294). Anders verhält es sich jedoch mit dem dem Blocktransport vorhergehenden Abziehen der Kokille; hierfür wird man erfahrungsgemäß heute oft nicht mehr mit einem gewöhnlichen Kran auskommen, will man nicht hier in der Vollkommenheit der übrigen modernen Arbeitsweisen eine Unterbrechung eintreten lassen.

Der Grund hierfür ist in letzter Linie wieder der forcierte Betrieb in den Thomaswerken. Während sich in dem ruhigeren Betrieb des Martinwerkes das Abstreifen der Gießformen, das sog. **Strippen**[1]), selbst bei den größten Blöcken meist ohne besondere Hilfsmittel durch den gewöhnlichen Kran noch gut erzielen läßt[2]), da den Blöcken genügend Zeit

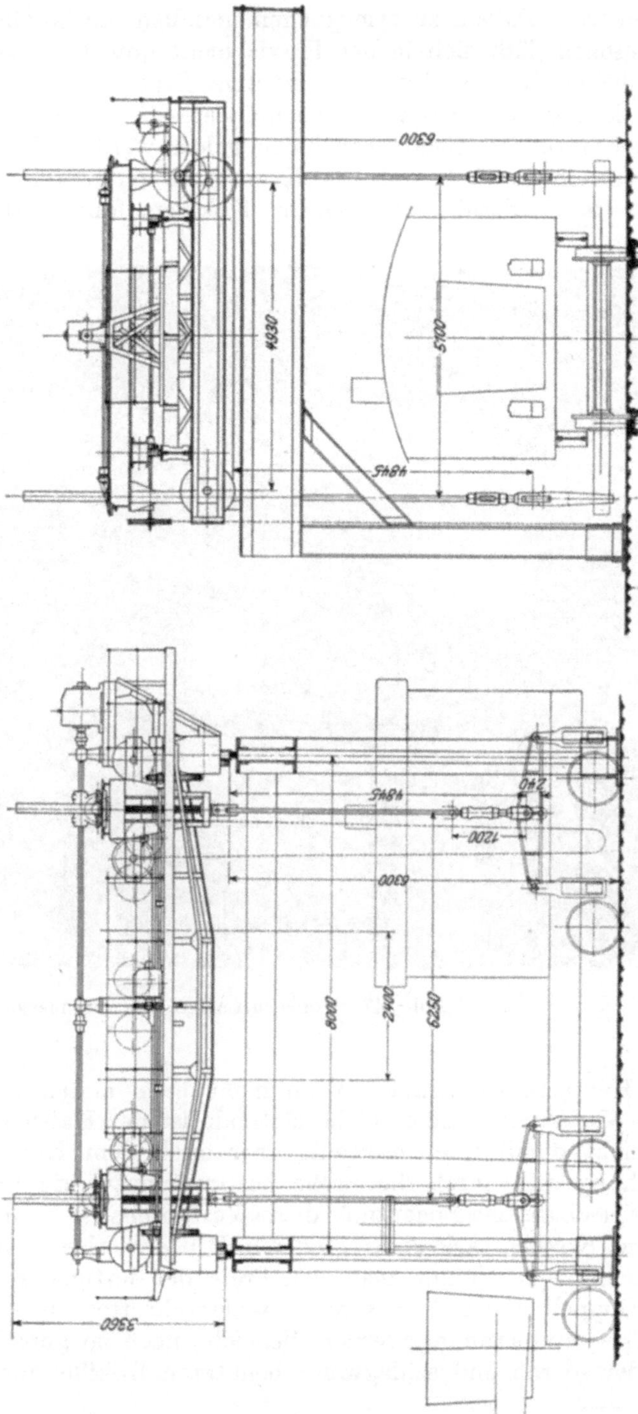

Abb. 345. Abb. 345 und 346. Gießwagen-Versetzkran (Rombach). Abb. 346.

[1]) Streng genommen ist die Bezeichnung „Strippen" und „Stripperkran" oder auch „Abstreifkran" nur dann am Platze, wenn, bei aufgesetztem Stempel, die Kokille über den Block gezogen, also abgestreift wird. Andernfalls sollte man folgerichtig von „Ausdrücken" bzw. „Ausdrückkran" sprechen.

[2]) Z. B. in den Hudschinskywerken Blöcke bis zu 22 t, im Borsigwerk sogar Blöcke bis 30 t. Als eine Ausnahme kann in dieser Beziehung das Martinwerk von Eicken gelten, wo aber der vorhandene elektrische Stripperkran (Demag), obzwar sogar mit Drehantrieb von Hand, selbst bei Verrichtung auch aller sonstigen Transport- und Verladearbeiten noch keineswegs forciert zu arbeiten braucht. Er hat dabei 180 Blöcke, von

zum Erkalten bzw. Schrumpfen gelassen werden kann, ist dies bei Thomaswerken sehr oft unmöglich. Noch bevor hier die Erkaltung der Blöcke weit genug hat fortschreiten können, um ein freies Abziehen der Kokillen zu ermöglichen[1]), wird der Platz der Gießhalle schon wieder für das Abgießen einer neuen Charge benötigt. Die Voraussetzung, um das einfache Überziehen der Kokille auch dann, wenigstens in den allermeisten Fällen, zu ermöglichen, nämlich die tadellose Beschaffenheit der Kokillenwandungen, läßt sich in der Praxis nicht immer vollkommen und auch dann nur mit erheblichen Kosten durch die häufige Erneuerung der Kokillen erfüllen. Sitzt dann aber dennoch ein Block fest, so muß er, um jeden Anlaß zu etwaigen Stockungen des Betriebes zu beseitigen, gewaltsam gelöst werden. Dieses geschieht nun in der Regel bekanntlich dadurch, daß der Kranführer mit der gefüllten Kokille möglichst schnell gegen ein Hindernis, meist andere Kokillen, fährt und durch diesen Schlag den Block

Abb. 347. Transportanlage einer Thomasgießhalle (Burbach).

zum Herausfallen bringt. Wenn nicht beim ersten Male, so doch bei Wiederholung dieses Verfahrens. Eine solche Methode ist der Haltbarkeit der Kokille selbstverständlich nicht dienlich, ebensowenig aber auch dem Kran, der durch die seitliche Beanspruchung und durch die Stöße bestimmungswidrig in Mitleidenschaft gezogen wird. Die wirtschaftliche Bedeutung dieses Verfahrens ist bei den gewaltigen Summen, die auch in dem Kokillenpark eines größeren Hüttenwerkes investiert sind, durchaus nicht zu unterschätzen. Nimmt man den Preis der fertigen Kokille durchschnittlich etwa zu dem Doppelten des Wertes des Kokillenschrottes an — vor dem Kriege etwa 115 bzw. 60 M/t — und kann man ferner, vielleicht noch zu günstig, annehmen, daß die Haltbarkeit der so roh und schlagweise benutzten Kokille nur $^1/_3$—$^1/_4$ der glatt abgestreiften

---

je nur 0,5 t Gewicht, in 20 Std. zu versorgen. Im Gegensatz dazu beträgt z. B. die Leistung der beiden hydraulischen Stripper des Thomaswerkes in Rothe Erde pro Schicht, d. h. in 12 Std., 1000 t und mehr, und zwar an Blöcken von 2 bis 3 t.

[1]) Die Konizität des Kokillenhohlraumes darf wieder mit Rücksicht auf das spätere leichte Auswalzen des Blockes ja nur schwach sein.

ist[1]), so kann man sich ein ungefähres Bild von den Werten machen, die alltäglich bei einer Produktion von mehreren hundert Blöcken in Trümmer gehen.

Es erscheint also nicht mehr als zweckmäßig, wenn für selbst nur gelegentliche Nachhilfen beim Blockausdrücken Vorrichtungen benutzt werden, die eine größere Schonung und eine bessere Ausnutzung der Kokillen bewirken. Den Hüttenverwaltungen muß dies jedenfalls als eine wirtschaftlich wertvolle und erstrebbare Maßnahme erscheinen, wenn auch vielleicht die einzelnen Betriebe als solche sie nicht immer einmütig wünschen werden. Während sie nämlich dem Stahlwerker wohl aus dem Grunde allgemein willkommen sein werden, weil er damit nicht mehr so viel Sorgfalt und Mühe auf die Instandhaltung der Kokillen aufzuwenden braucht, wird der Walzwerker maschinell gestrippte Blöcke zunächst wohl nicht so gern sehen, weil diese eben wegen der noch verwendbaren schlechteren Kokillen öfter auch eine dementsprechend schlechtere Oberfläche aufweisen.

Besser als das erwähnte rohe Anschlagen der Kokille dürfte wohl schon das durch Abb. 348 veranschaulichte Verfahren sein, das vielfach z. B. bei de Wendel-Hayingen geübt wird. Die Kokille wird durch den Kran unter Einschaltung eines Hebels *a* etwas

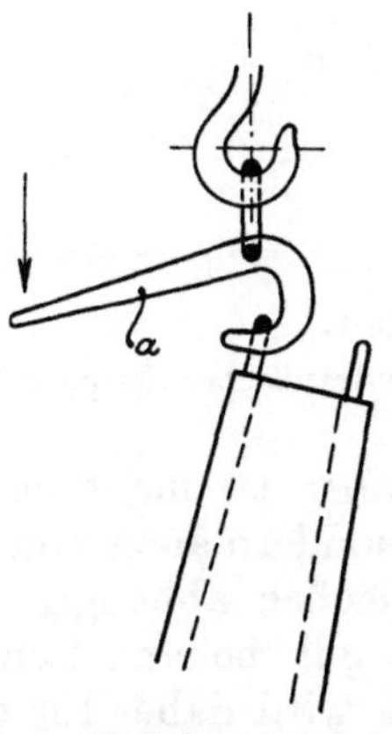

Abb. 348. Handstrippvorrichtung (Hayingen).

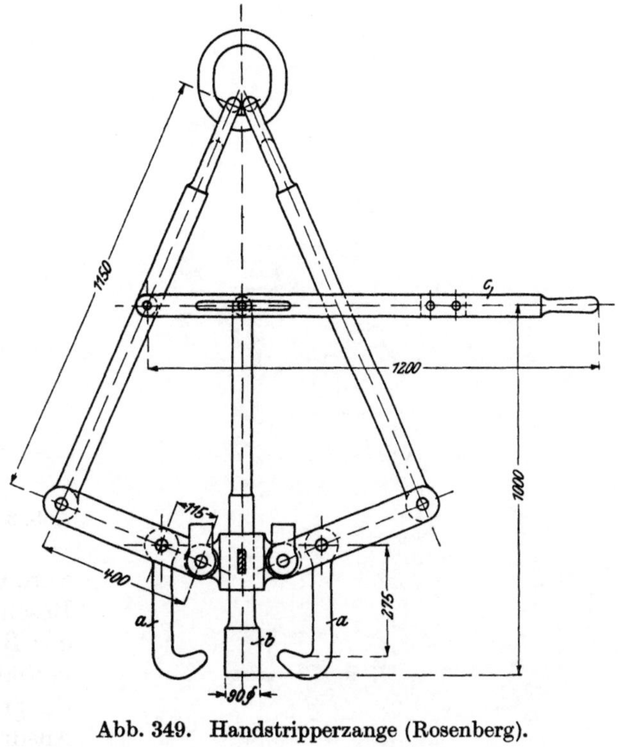

Abb. 349. Handstripperzange (Rosenberg).

angehoben und dann vom Arbeiter durch Draufschlagen mit einer Stange auf diesen Hebel fallen gelassen.

Dieses immerhin noch stoßweise Arbeiten läßt sich aber selbst durch einfache Hilfsmittel in den Fällen beseitigen, wo im allgemeinen eine besondere Ausdrückkraft nur in geringer Stärke erforderlich und verfügbar ist.

Die Abb. 349 stellt eine derartige Blockausdrückzange dar, die, mit dem oberen Ring an einen gewöhnlichen Kran, mit den unteren Haken *a* in die Tragösen der Kokille gehängt, beim Anheben das Eigengewicht von Block und Kokille bzw. noch die Handhebelkraft für das Ausdrücken des Blockes nutzbar macht. Solche einfachen Hilfsmittel[2]) sind in verschiedenen Hütten mit recht gutem Erfolg in Gebrauch. Es ist mit

[1]) Man kann letzterenfalls im Durchschnitt vielfach gut mit 80—100 Abgüssen rechnen (die Kokillengießereien selbst garantieren meist für 50—60 Abgüsse). Über die Haltbarkeit gußeiserner Kokillen vgl. auch Stahleisen 1911, S. 1286.

[2]) S. auch Michenfelder: Öst. Z. f. Berg- u. Hüttenw. 1908, Nr. 25. — Betr. eine ähnliche Zange (Demag) s. Kessner u. Ebinghaus: Z. Gieß.-Pr. 1925, Nr. 6.

ihnen möglich, kleinere festsitzende Blöcke schon nach 2—3 Minuten sicher aus der Kokille zu drücken[1]).

Naturgemäß ist die Anwendung solcher einfachster Strippmittel auf die Fälle beschränkt, wo der durch die dabei wirksamen geringen Kräfte erzeugte Druck genügt, um den Zusammenhang zwischen Block und Kokille zu lösen. Die Stärke dieses Zu-

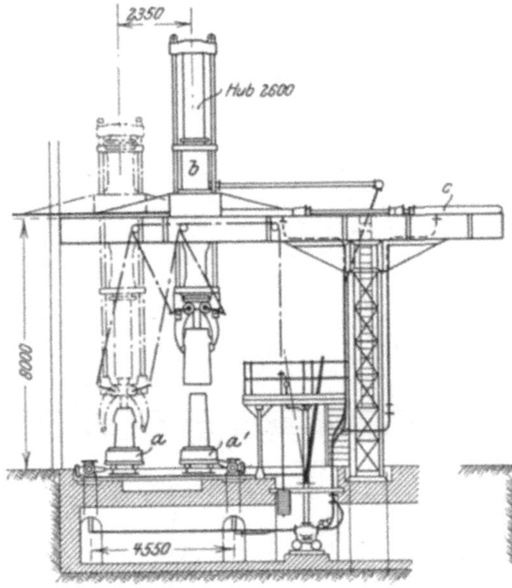

Abb. 350.

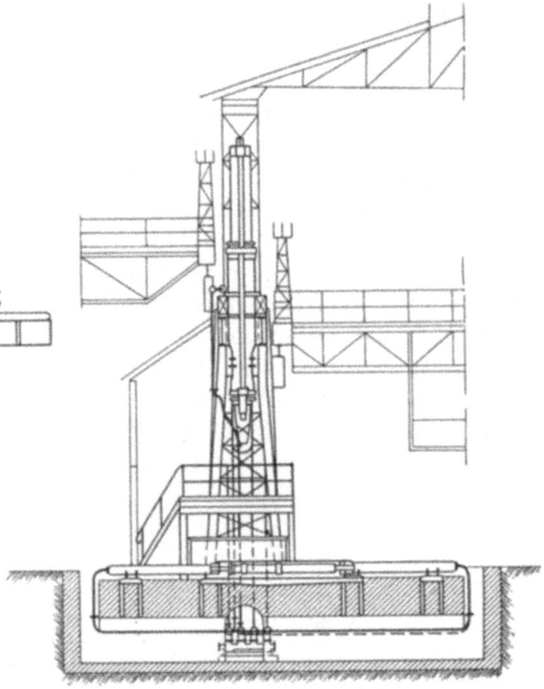

Abb. 351.

Abb. 350 bis 352. Hydraulischer Stripper (Aachen).

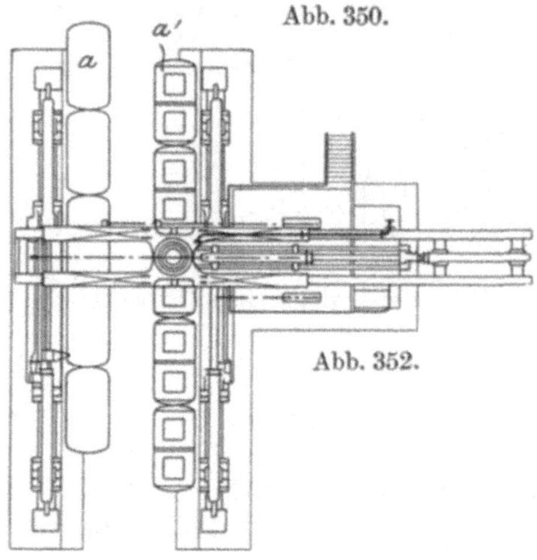

Abb. 352.

sammenhanges aber ist nicht nur von der Beschaffenheit, sondern auch von der Größe der Berührungsflächen abhängig. Bei selbst verhältnismäßig gut behandelten Kokillen für große Blöcke wird daher für das rasche Ausdrücken der Blöcke Elementarkraft zu Hilfe genommen werden müssen; Ausdrückwiderstände von 100 und mehr t sind dabei durchaus keine Seltenheit.

Zum Antrieb maschineller Blockausdrückvorrichtungen benutzt man Druckwasser oder Elektrizität. Ersteres besitzt seine Vorzüge vor allem in der größeren Einfachheit der Konstruktion und der durch den robusteren Bau bedingten großen betrieblichen Unempfindlichkeit; die Überlegenheit des elektrischen Stripperkranes dagegen beruht hauptsächlich in seiner allseitigen Leichtbeweglichkeit, wodurch er außer für das Blockausdrücken auch für das Versetzen bzw. Verladen der Kokillen und Blöcke geeignet ist. Ferner in der Fähigkeit des — genügend starken und überlastungsfähigen — Elektromotors, bei besonders festsitzenden Blöcken auch einmal einen größeren Druck herzugeben, wohingegen die maximale Ausdrückkraft des hydraulischen Strippers ja auf die durch den Stempeldurchmesser und den Wasserdruck einmal festgelegte Größe

1) Beispielsweise verwendet solche Zangen, in prinzipiell gleicher Bauart auch mit mehreren Stempeln für Knüppelkokillen, die Maximilianshütte in Rosenberg.

beschränkt ist[1]). Trotzdem nun nicht zuletzt wohl jene vielseitige Verwendungsmöglichkeit den elektrisch betriebenen Stripper in unseren Hüttenwerken mehr und mehr vorherrschen läßt, soll doch die besonders sichere und verläßliche Arbeitsweise des hydraulischen Strippers auch an dieser Stelle anerkannt werden. Ist der Materialdurchgang in der Gieß- bzw. Tiefofenhalle derart, daß die zu strippenden Blöcke ohne Umwege und Zeitverluste dem Stripper zugeführt werden können, so dürfte die

Abb. 353. Hydraulischer Stripper (Longwy).

hydraulische Ausbildung desselben unter allen Umständen eine befriedigende Arbeit gewährleisten. Einen recht bemerkenswerten Beweis liefert hierfür Rothe Erde: Nachdem man dort, schon zu Beginn des Jahres 1905, den Anfang mit elektrischen Stripperkranen (Demag)[2]) gemacht hatte, ging man im Jahre darauf doch zur Aufstellung hydraulischer Stripper über, denen die gefüllten Kokillen nach dem Walzwerk zugeführt werden. Die Stripperkrane dienen nur mehr fast ausschließlich zum Kokillentransport

[1]) Daher werden auch in Rothe Erde diejenigen Blöcke, die der hydraulische Stripper nicht mehr auszudrücken vermag, ausnahmsweise doch noch durch den elektrischen Stripper gelöst.

[2]) Von 8 t Tragkraft und 10,55 m Spannweite.

(Abb. 293); das Verfahren der mit je zwei Kokillen besetzten Wagen von der Gießhalle nach der ca. 150 m davon entfernten Tiefofenhalle erfolgt zugweise durch Dampflokomotiven. Ganz abgesehen von dem Strippvorgang als solchem, hat dieses in Amerika ja häufiger geübte Verfahren den Vorteil, daß einesteils die viel beanspruchte Gießhalle schneller frei wird und daß andernteils die Blöcke wärmer in die Grube kommen, wenn sie mit der schützenden Kokille nach dort überführt werden. Das Strippen selbst erfolgt dann hier durch zwei hydraulische Vorrichtungen (Delattre), deren Anordnung und Wirkungsweise die Abb. 350 bis 352 erkennen lassen. Die geringe Seitenverschieblichkeit des Strippers längs der Gebäudewand hat den Zweck, die gestrippten Kokillen auf den benachbarten Wagenzug *a* absetzen zu können. Das Arbeiten mit diesen

Abb. 354.

Abb. 355.

Abb. 354 und 355. Elektrische Strippvorrichtung (Savona).

seit langen Jahren in Betrieb befindlichen hydraulischen Strippern (mit 30 at Wasserdruck) ist derartig befriedigend, daß man eine gleiche Anlage in doppelter Ausführung auch für das neue Stahlwerk der Adolf-Emil-Hütte in Esch vorgesehen hat[1]). Die Photographie, Abb. 353, zeigt eine gleiche Anlage im Betrieb bei der Soc. de Senelle Maubeuge in Longwy. Auch das (erst 1912 erbaute) Stahlwerk Skinningrove bei Middlesbrough hat den ursprünglich aufgestellten elektrischen Stripperlaufkran (Arrol) durch einen feststehenden hydraulischen Stripper ersetzt, wie er sich auch in den benachbarten englichen Hüttenwerken, z. B. Cargo Fleet, bestens bewährt hat. Eine in der ortsfesten Stripperanordnung, der Zu- und Abführung von Kokillen und Blöcken und in der Benutzung von Wasserdruck (50 at) für das Abstreifen gleichartige Anlage (Demag) ist

[1]) Vgl. Stahleisen 1913, Nr. 18.

neuerdings in dem Stahlwerk der Fiatwerke zu Turin zur Ausführung gekommen. Eigentümlich ist hierbei indes, daß die auf dem Kopf stehend vergossenen Kokillen festgehalten und der Block nach oben herausgedrückt wird[1]).

Neuartig und für manche Verhältnisse recht zweckmäßig erscheint die ortsfeste Aufstellung von Blockabstreifern, deren Stützgerüst wippbar, d. i. um eine untere Achse oben ausschwingbar gemacht ist. Mit diesen als „Pendelstripper" (Demag)[2]) bezeichneten Vorrichtungen ist es möglich, die Kokille bei geneigter Stellung der Stützen

Abb. 356. Elektrischer Stripperkran (Ebbw Vale).

von einem normalen Laufkran auf die Unterlage abzusetzen und dadurch ohne weiteres in den Bereich des danach wieder senkrecht einzustellenden Strippers zu bringen. Die sonst erforderlichen Wagen und Gleise für das Heran- und das Fortschaffen der Blöcke und Kokillen können wegfallen, weil dies von einem gewöhnlichen Kran besorgt werden kann[3]).

Die in der leichten Kraftzuführung bei den elektrischen Strippern begründete Beweglichkeit und Anpassungsfähigkeit an gegebene Verhältnisse treten besonders

[1]) Vgl. Z. V. d. I. 1922, Nr. 30.

[2]) Ausführlicheres darüber s. Kessner u. Ebinghaus: Z. Gieß.-Pr. 1925, Nr. 6.

[3]) Nach einem Vorschlage von Stauber (D.R.P. Nr. 386425) ist zum Fortschaffen der abgestreiften heißen Formen ein besonderes Fördermittel (wanderrost- oder rollgangartig) angeordnet, das sie so langsam zur Gießstelle führt, daß sie hier von neuem vergossen werden können.

deutlich zutage bei der zunächst zu besprechenden einfachen elektrischen Strippervorrichtung nach Abb. 354 und 355. Während die bisher gebräuchlichen Stripperkrane in sich abgeschlossene Spezialvorrichtungen darstellen, die für andere Zwecke als für die Block- und Kokillenbewegung nicht verwendbar sind, ist die in Rede stehende elektrische Strippvorrichtung leicht an den Haken eines jeden vorhandenen Kranes einzuhängen, unter der selbstverständlichen Voraussetzung, daß der Kran die Belastung durch die etwa 5 t schwere Vorrichtung, zu der natürlich noch das Gewicht von Block und Kokille[1]) tritt, verträgt. Die Abbildungen lassen diese von Wellman-Seaver seit Jahren gebaute Vorrichtung in ihrer Konstruktion und Wirkungsweise recht anschaulich erkennen. Der aufmontierte Motor von 40 PS soll durch den Seiltrommelzug eine Abstreifkraft von maximal 150 t ausüben können. Wenn auch noch nicht sehr viele Ausführungen dieses Strippapparates vorliegen[2]), so erscheint dessen allgemeinere Einführung doch nicht unzweckmäßig und unwahrscheinlich. Gerade die jederzeitige Einbau- und Betriebsfertigkeit kann diese Vorrichtung ja namentlich älteren Werken

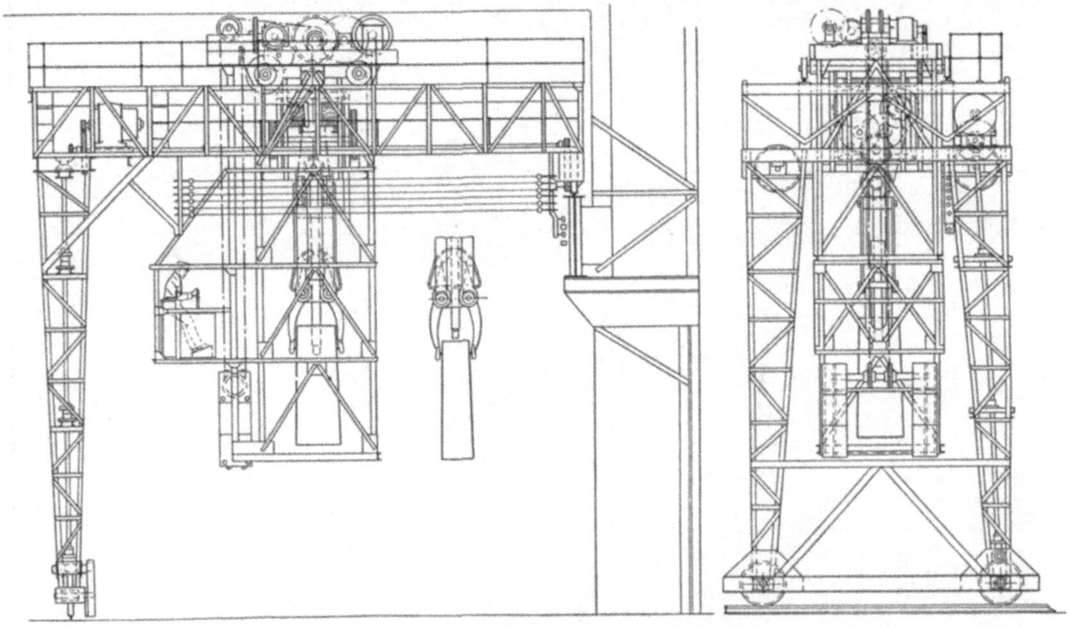

Abb. 357. Einhüftiger Stripperkran. (Bagnoli.) Abb. 358.

erwünscht sein lassen; der geringe Anlagepreis dagegen allen solchen Betrieben, für die die Anschaffung eines teueren Spezialkranes zum Strippen vielleicht erwünscht, aber nicht unbedingt erforderlich ist. Die Kosten jener Abstreifvorrichtung haben etwa 10000 M., die der vollständigen Stripperkrane nach Abb. 293 und 365 dagegen haben etwa 55000 M. betragen. — Die Abb. 356 zeigt die Anbringung der Strippvorrichtung an einer Krankatze, an der sie für ein sicheres Arbeiten bei schnellem Betrieb noch längs eines nachträglich angebrachten Gerüstes geführt wird. Ähnliche Ausführungen sind außerdem in Betrieb gekommen z. B. bei John Lysaght & Co. in Scunthorpe und bei der Soc. Ilva in Bagnoli bei Neapel (Abb. 357). Die bei letztgenannter Anlage vorhandene einhüftige Ausbildung des Krangerüstes gestattet das gleichzeitige Arbeiten auch noch anderer Krane mit starrem Hängegerüst, weil dieses ja neben dem Stützbock des Halbportalkranes an letzterem vorbeifahren kann. Solche Ausführungen sind neuerdings des öfteren in Stahlwerken vorgenommen worden; vgl. z. B. die Abb. 359 und 360. Jene stellt die Gießhallenkrananlage (Demag) in den Rheinischen Stahlwerken dar, diese die Stripper- und Tiefofenkrane (Oerlikon) der Compagnie d'Alais in Tamaris. Bei letzterer lag die Aufgabe vor, daß der Halbbockkran *a* und der Laufkran *b* unab-

[1]) Ganz überschläglich kann man das Gewicht der Kokille gleich dem des Blockes annehmen.
[2]) Für Savona, Vireau Molhain, Louvroil und Decazeville.

hängig voneinander sowohl die Tieföfen *c* als auch den Blockkipper *d* bedienen können. Diese Forderung hat zu der Sonderbauart geführt, die schematisch in den Abb. 360 und 361 angegeben ist. Die Katze *e* des Halbportalkranes ist auf einen besonderen Unterwagen *f* fahrbar aufgesetzt, auf dessen Ausleger *g* sie über den Blockkipper *d* aus-

Abb. 359. Gießhallen-Krananordnung (Meiderich).

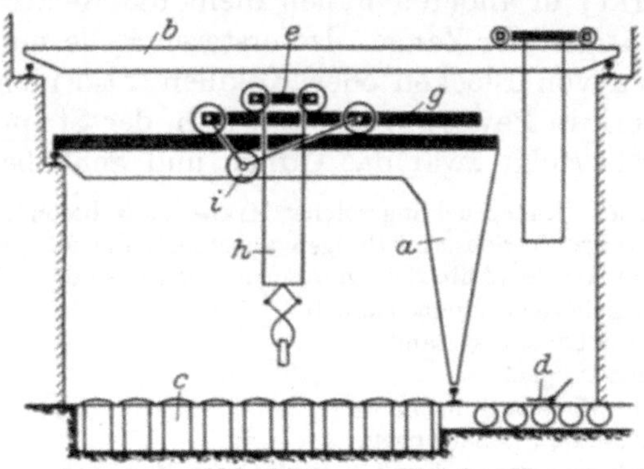

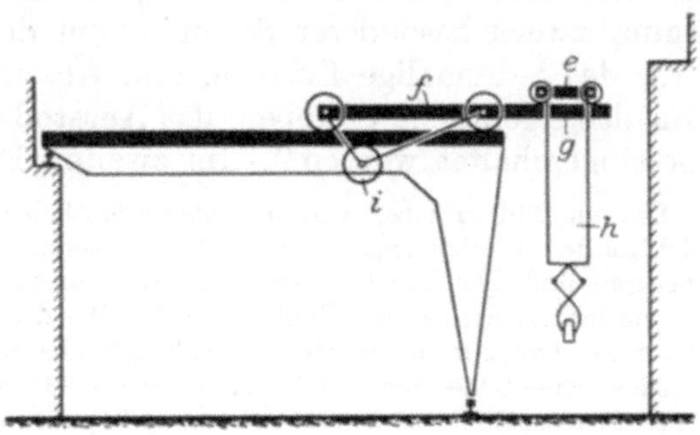

Abb. 360. Tiefofen-Krananordnung (Tamaris). Abb. 361.

fahren kann. Es ist also gewissermaßen eine teleskopartige Fahrbarkeit des Katzengerüstes *h* geschaffen. Damit letzteres nun durch den Stützbock des Kranes hindurchzufahren vermag, sind die beiden Stützfüße erst oberhalb der Hauptträger, wie auch unten am Fahrwerk, miteinander verbunden, und zwar gelenkig. Denn die geringe freie Höhe zwischen der Laufkatze *e* und dem darüber verkehrenden Stripperkran *b* erlaubte nicht die Durchbildung des Portaljoches als starres System; jede Portalhälfte ruht, für sich standfest, auf zwei Laufrollen. Um ein Kippen des Unterwagens *f* bei ausgefahrener Katze *e* — Stellung Abb. 360 — zu verhüten, ist er mit zwei Gegenrollen *i* versehen. — Das ungehinderte Zusammenarbeiten von Stripperlaufkranen und Tiefofenhalbportalkran (Demag) ohne die erschwerende Aufgabe des vorerwähnten Kranes wird auch bei der in Abb. 359 abgebildeten Anlage erfüllt.

Solche spezialisierte Stripperkrane sind nun überall dort, wo ihre durch die Sonderausbildung hoch gesteigerte Leistungsfähigkeit voll ausgenutzt werden kann, zweifellos von erheblichem Nutzen, und die in den letzten Jahren stark zunehmende Einführung derselben gerade in unseren leistungsfähigsten Stahlwerken kann der nächstliegende Beweis dafür sein. Die außergewöhnlich hohe Beanspruchung der Stripperkrane, die nachstehend noch durch einige Zahlen illustriert werden soll, stellt andererseits selbst für Hüttenwerkskrane ungewöhnliche Anforderungen an den mechanischen und den elektrischen Teil. Während auf letztere auch im Anhang dieses Buches, bei Besprechung der „Elektrotechnischen Gesichtspunkte bei Krananlagen“, noch besonders eingegangen werden wird, sei über den besonders wichtigen und empfindlichen Mechanismus für die Betätigung der Zange und des Ausdrückstempels an dieser Stelle kurz einiges gesagt.

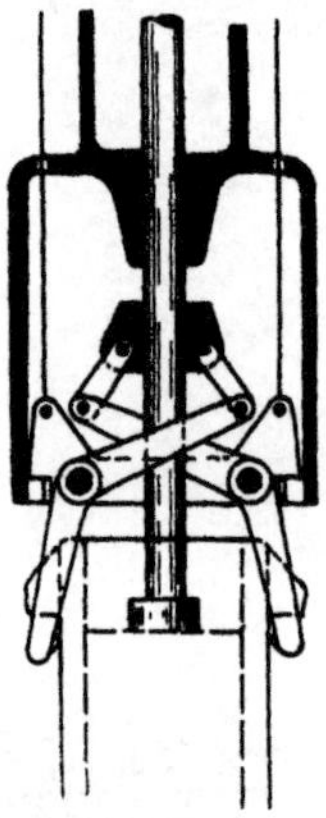

Abb. 362.

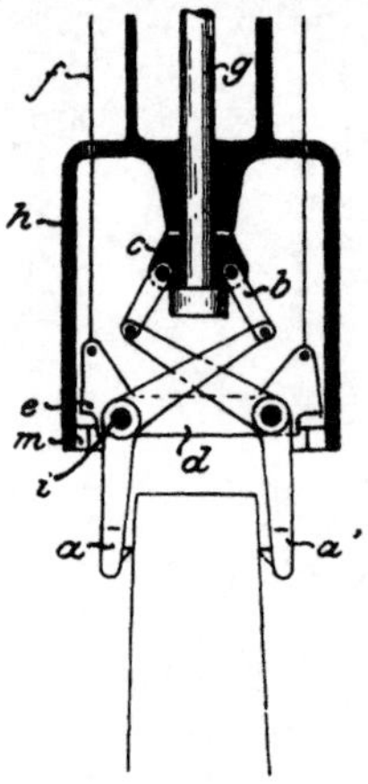

Abb. 363.

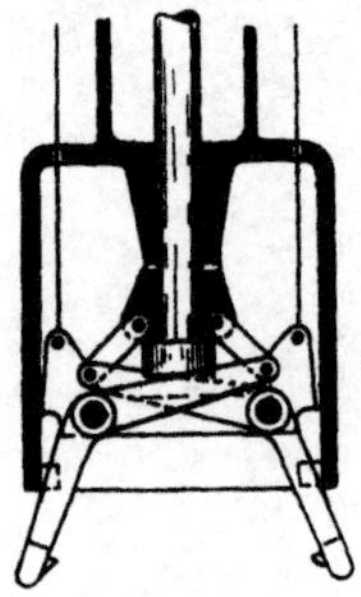

Abb. 364.

Mechanische Stripperzange.

Bei der Mehrzahl der Ausführungen wird das Öffnen und Schließen der Zange durch Heben und Senken des Ausstoßstempels bewirkt; in anderen Fällen dient die Relativbewegung zweier besonderer Rahmen zum Betätigen der Zange. Im ersteren Falle muß also für das jedesmalige Erfassen und Absetzen von Blöcken oder Kokillen, also nicht nur für das eigentliche Strippen, das Ausstoßwerk in Bewegung gesetzt, d. h. der Strippmotor eingeschaltet werden[1]). Im zweiten Fall erfolgt zwar das Öffnen und Schließen

[1]) Um ein Bild zu geben von der außerordentlich hohen Beanspruchung solcher Krane, ganz besonders der elektrischen Einrichtung, seien im Nachstehenden einige Betriebsermittlungen angeführt, die an dem Stripperkran und dem Blocktransportkran der Burbacher Hütte (Abb. 294) gewonnen worden sind. (Die Werte wurden erhalten durch Zählen der Anhübe der zugehörigen Bremsmagnete.)

Bei dem Stripperkran machte der Hubkontroller pro Schicht insgesamt:
1131—980—949—1099—855—1445—1103—1257—984 Schaltungen,
d. h. pro Charge: 70,8—65,2—63,3—68—66—84—69—84—75 Schaltungen,
d. h. pro Block: 10,5—9,7—9,2—9,3—9,3—12—10,6—11,3—10,2 Schaltungen.

Eine zwölfmalige Betätigung des Hubkontrollers pro Block vermag die Vielseitigkeit der Blockbewegung und die Angestrengtheit des Kranbetriebes jedenfalls recht deutlich widerzuspiegeln.

Der Fahrkontroller des Stripperkrans machte entsprechend pro Schicht insgesamt:
738—1221—1362—1179—988—1232—1128—1446—1493—1574 Schaltungen,
d. h. pro Charge: 67—71—91—78—70—77—71—85—93—112 Schaltungen,
d. h. pro Block: 9,5—9,6—12,5—11—10,7—11,1—10—12—15—16 Schaltungen.

Die Kollektortemperatur wurde danach, bei einer Raumtemperatur von 34° C, beim Hubmotor zu 60° C, beim Fahrmotor zu 105° C gemessen.

Bei dem Blocktransportkran machte der Hubkontroller pro Schicht insgesamt:
1752—1819—1759—1411—951—1568—1204—1235—1628—1633—1468 Schaltungen,
d. h. pro Block: 8,5—8,8—8,5—8,3—6,3—9,1—7—6,5—8,6—8,6—9,4—9,2 Schaltungen.

der Zange ohne Einwirkung des Ausdrückstempels, indes sind dabei, wie gesagt, zwei besondere Rahmen, ein innerer und ein äußerer, erforderlich. Der das ganze Ausstoßwerk tragende innere Rahmen muß nun entweder durch große Gegengewichte ausbalanciert oder durch eine in das Hubwerk einzubauende Reibungskuppelung getragen werden. Es muß also beispielsweise zum Öffnen der Zange der ganze innere Rahmen mit dem Ausstoßwerk festgehalten werden, während das Hubwerk die Senkbewegung ausführt, d. h. es sind jedesmal bedeutende Massen abzubremsen.

Diese Übelstände, die schon zu vielfachen Störungen Anlaß gegeben haben[1]), sucht eine neuere Stripperkonstruktion in wirksamer Weise zu umgehen. Bei dem schematisch durch die Abb. 362 bis 364, in einer praktischen Anwendung dagegen durch Abb. 365 wiedergegebenen Stripper der Firma Schenck & Liebe-Harkort vollziehen sich die Arbeitsvorgänge wie folgt: Das Öffnen und Schließen der Zange a, a^1 wird, bei der in Abb. 363 gezeichneten Lage, durch Heben und Senken einer Traverse d vermittels eines Steuerorgans f hervorgerufen. Hierbei wirkt die Zange selbstschließend, d. h. durch das Eigengewicht des Blockes schließend. Wenn eine Kokille erfaßt und der Block herausgedrückt werden muß, so wird der Stripperstempel g und dadurch auch die Traverse d so weit gesenkt, daß sich deren Ansätze e auf Vorsprünge m des Zangenschildes h auflegen (Abb. 362). Beim Ausstoßen wird der Druck durch die Zangenschenkel a, a^1 und die genannten Ansätze e, m auf das Schild h übertragen, also für die selbstschließende Wirkung der Zange unschädlich gemacht. — Im Gegensatz zu den zuerst erwähnten elektrischen Stripperkranen beschränkt sich das Einschalten des Ausstoßmotors bei der vorliegenden Konstruktion auf die Fälle, in denen der Block nach Anheben der Kokille auch wirklich nicht schon von selbst hinausfällt. Da dieses unter Umständen recht häufig der Fall ist, so läßt sich die Zahl der Schaltungen für das Stripperwerk unter Umständen ganz erheblich verringern und damit auch der Verschleiß am Kontroller und Motor sowie am übrigen Strippermechanismus. Auch dürfte sich trotz geringeren Kraftverbrauches eine größere Leistung des Kranes ergeben, und zwar durch den Fortfall der Zeiten, welche für die Zangenbewegungen durch den relativ langsam arbeitenden Ausstoßstempel gebraucht wurden. Als Vorteil endlich gegenüber der weiterhin genannten Stripperkonstruktion ist bei der Schenckschen Anordnung für die Zangenbetätigung lediglich deren Eigengewicht zu berücksichtigen, worin weitere Vorteile begründet sind (geringere Totgewichte und Stromverbrauch, größere Steuerfähigkeit und Leistungsfähigkeit.) — Einen ähnlichen Stripperkran hatte auch Krupp-Rheinhausen[2]) in Betrieb genommen. Bei diesem war jedoch die Senkbremsschaltung durch Hinzunahme einer (zwischen die diesfalls doppel-

Abb. 365. Blockabstreif- und -einsetzzange und Deckelabhebevorrichtung (Duisburg).

[1]) S. auch Stauber: Stahleisen 1907, S. 994; desgl. Hütte: Taschenbuch für Eisenhüttenleute, S. 469.

[2]) Der Kran arbeitet hier, im Gegensatz zu dort, im Stahlwerk, wo er die gestrippten Blöcke auf Wagen zum Weitertransport nach den Tieföfen setzt.

ten Hubmotoren eingeschalteten) Wirbelstrombremse[1]) vermieden worden. Diese Anordnung hatte sich anfangs wohl bewährt[2]), weil dabei weder die Motoren noch die Kontroller durch die in Anbetracht der großen Massen und Geschwindigkeiten sonst starken Bremsströme angegriffen werden. Der gleichfalls von Schenck & Liebe-Harkort gebaute Kran arbeitet mit Schützensteuerung[1]), wobei die Schütze, ebenso wie auch der Drehmotor, auf einem seitlichen Ausbau angebracht sind, um der niedergehenden Traverse nicht im Wege zu sein. Auch erfolgte bei diesem Kran die Zangensteuerung nicht wie beim vorigen durch Fußtritt, sondern durch einen Bremsmagneten, der auf dem bewegten Teile, dem Stripperplateau, angeordnet war. Später sind die Wirbelstrombremsen indes von allen Stripperkranen wieder entfernt worden, weil sie bei den an den Kranen auftretenden verschiedenen Belastungen zu wenig regelfähig waren. Die Zangenbewegung wird jetzt an sämtlichen Stripperkranen durch den Strippermotor bewirkt und durch dessen Kontroller gesteuert.

P. Tiefofenhalle.

Um den Stripperkran gegebenenfalls auch zur Bedienung der Tieföfen, d. h. zum Einsetzen und Ausziehen der Blöcke verwenden zu können, ist eine gedrängte Bauart der Zange besonders erwünscht, um mit ihr auch bei geöffneter Stellung in die engen Gruben noch hinein zu kommen bzw. diese dabei möglichst unbeschädigt zu lassen. Mit der in Abb. 366 dargestellten Sonderausbildung eines Stripperkranes, bei der je eine besondere Zange für die beiden Aufgaben des Erfassens der Blockform und des Blockes vorgesehen ist[3]), könnte dieser Zweck wohl an und für sich gut erreicht werden. Kann die nur zum Erfassen des Blockes bestimmte Zange *b* doch wesentlich kleiner gehalten werden als die zum Hochnehmen der Kokille beim Strippen erforderliche Zange *a*. Indes verursacht eine solche Trennung der Zange eine so bedeutende Komplikation im Bau sowohl als auch bei der wechselweisen oder gar gemeinsamen Benutzung der einzelnen Mechanismen, daß man diesen Ausweg dafür kaum empfehlen dürfte; am allerwenigsten in der vorliegenden weiteren Ausbildung, wo die neben dem doppelten Hängegerüst noch angeordnete Hilfskatzenbahn *c* eine abermalige Verbreiterung des Kranes, auf das ganz ungewöhnliche Maß von rund 10 m, zur Folge hat. Allerdings war der ursprüngliche Zweck dieser von der Demag für Deutscher Kaiser, die heutige August Thyssen-Hütte, geschaffenen Konstruktion[4]) nicht das leichtere Blockeinsetzen in die Gruben. Man beabsichtigte durch die Trennung der Zangen in die bekannten und einfachen Bauarten vielmehr, den Kran unter Vermeidung der Komplikation einer kombinierten Zange der Bedienung der Harmetpresse derart anzupassen, daß bei letzterer gestrippt und der Block darauf sofort durch die andere Zange weggesetzt würde. Während dieser Doppelhängegerüst-Kran im alten Martinwerk der genannten Hütte noch in Betrieb ist, sind

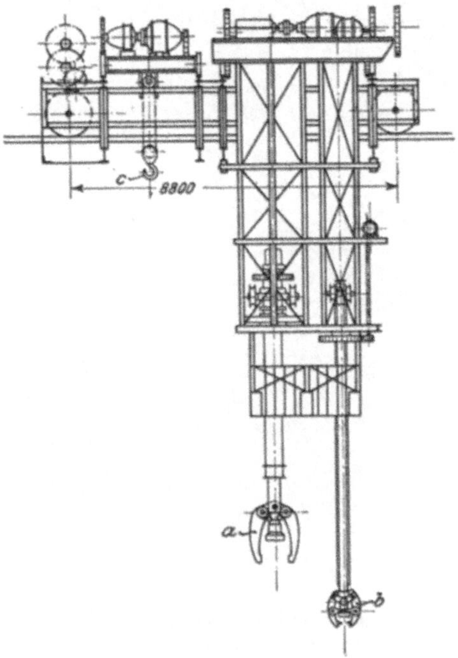

Abb. 366. Elektrischer Stripperkran (Bruckhausen).

[1]) Näheres s. im Anhang dieses Buches.

[2]) Als Folge dessen sind sogar auch die anderen dort befindlichen Stripperkrane nach diesem Vorbild umgebaut worden.

[3]) Eine amerikan. Ausführung solcher Art ist schon beschrieben in Iron Age 1908, 17. Dezember.

[4]) Der Kran ist für 10 t Tragkraft der Blockzange und 50 t Tragfähigkeit der Hilfskatze bei 25 m Spannweite gebaut und vermag 90 t Stripperdruck auszuüben.

die neueren Stripperkrane im neuen Martinwerk und im Thomaswerk mit nur einem Schacht ausgeführt[1]).

Während das Abheben der Tiefofendeckel für das Einsetzen des Blockes bei einer solchen Doppelanordnung wohl durch die starre freie Zange und vom Kranführer erfolgen kann, erfordert diese Manipulation im allgemeinen eine besondere Vorrichtung und Bedienung. Erfolgte früher, und vielfach auch heute noch, die Bewegung der Grubendeckel in vom Blockeinsetzkran unabhängiger, wenn auch sehr verschiedenartiger Weise, so sucht man neuerdings doch mehr und mehr dem Einsetzkran auch diese Arbeit noch zu übertragen. Die Ansichten über die Zweckmäßigkeit solcher Bestrebungen sind allerdings geteilt: Manche Hüttenwerke halten eine solche zusätzliche Beigabe sogar für eine hemmende Belastung des meist so wie so schon außerordentlich beanspruchten Kranes und Kranführers. An Mitteln und Wegen, die Deckelbewegungen getrennt vorzunehmen, herrscht nun ebensowenig Mangel, wie an Konstruktionen für diese Betätigung durch den Kran.

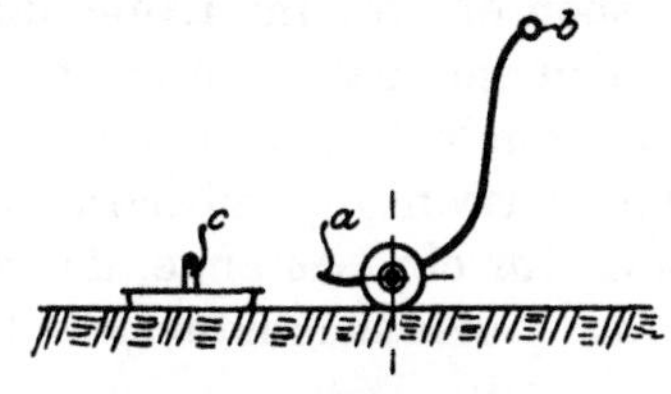

Abb. 367. Tiefofendeckel-Abhebekarren (Völklingen).

Ersterenfalls geschieht das Deckelabheben meist durch einen über Ofenflur fahrbaren Wagen. Entweder in allereinfachster Form, nach Abb. 367, durch einen mit einem Handgriff *b* rollbaren Haken *a*, der leicht, schnell und sicher in die Ösen *c* der Tiefofendeckel eingreifen kann; oder auch nach Abb. 368 (Demag) in der weiterausgebildeten Form, daß ein sämtliche Tieföfen niedrig überspannender fahrbarer Träger mittels einer besonderen Hakenkatze die einzelnen

Abb. 368. Tiefofendeckel-Abhebewagen.

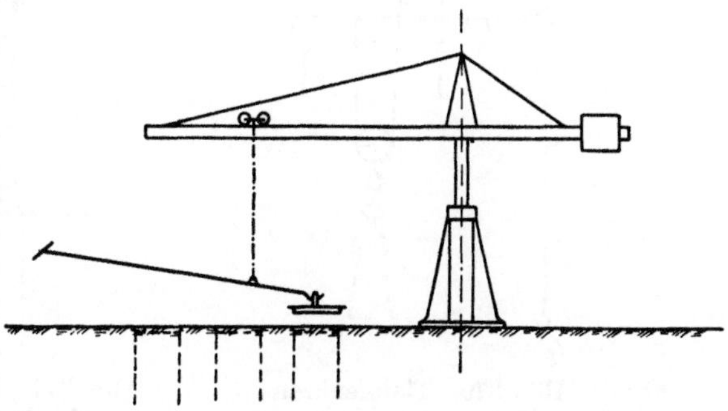

Abb. 369. Tiefofendeckel-Abhebekran (Friedenshütte).

Deckel hochnehmen und versetzen kann[2]). Dabei können die verschiedenen Bewegungen dieser laufkranartigen Einrichtung von Hand oder motorisch erfolgen. Auch der früher in Stahlwerken für den Block- und Kokillentransport vorherrschende, feststehende hydraulische Drehkran wird, bei entsprechender Anordnung der Tieföfen, für das Bewegen ihrer Deckel noch heute benutzt. Die Abb. 369 läßt eine derartige Verwendung erkennen, bei der die Hub- und Schwenkbewegung durch Druckwasser, die Radialbewegung zum Erfassen der Deckel indes durch einen an der Hakenstange tätigen Arbeiter erfolgt.

Alle diese und ähnliche Methoden erfordern wegen ihrer Anordnung auf Hüttenflur allerdings eine gewisse Rücksichtnahme durch den Blocktransport und können andernfalls zu Kollisionen führen. Von diesem Gesichtspunkte aus erscheint die Anbringung der Deckelhebevorrichtung auf dem Blocktransportkran an sich nicht schlecht. Die kurze Zeit, die der heiße Block dabei vielleicht länger auf das Einsetzen warten muß,

[1]) Auch die ersten elektr. Stripperlaufkrane (Arrol) des Stahlwerkes Skinningrove waren in dieser Art ausgeführt gewesen, doch sind die obengenannten Nachteile einer getrennten Bauart auch dort empfunden worden.

[2]) Z. B. Königshütte, Rothe Erde, Burbach, Düdelingen u. a.

dürfte meines Erachtens kaum von Belang sein. Wichtiger ist für die Beurteilung der Zweckmäßigkeit dieser Vorrichtungen wohl die Frage, ob sich das genaue und sichere Fassen der Deckel von dem Kranführer aus auch wirklich immer und ohne Schwierigkeiten vornehmen läßt.

Bei einer Ausbildung des Verfahrens nach Abb. 370, wo der von der Katze *a* des Blockeinsetzkranes herabhängende Haken *b* von einem besonderen Arbeiter in die Deckelösen eingehängt wird — eine z. B. bei de Wendel in Hayingen betriebene Arbeitsweise —, ist man unnötigen Wartens zwar sicher enthoben, bedarf andererseits aber noch dieses besonderen Bedienungsmannes außer dem Kranführer. Um auch jenen zu entbehren, ist im Laufe der letzten Jahre eine besonders große Anzahl von Konstruktionen geschaffen worden, die dem Kranführer selbst auch noch die Bedienung der Tiefofendeckel, d. h. die Steuerung der hierfür am Kran vorgesehenen sog. Deckelabhebevorrichtung, übertragen. Diese beruhen zunächst durchweg in einer Hubvorrichtung für ein Gestänge, das an seinem unteren Ende finger- oder hakenartige oder neuerdings auch magnetische Greiforgane für den Deckel aufweist, während grundsätzliche

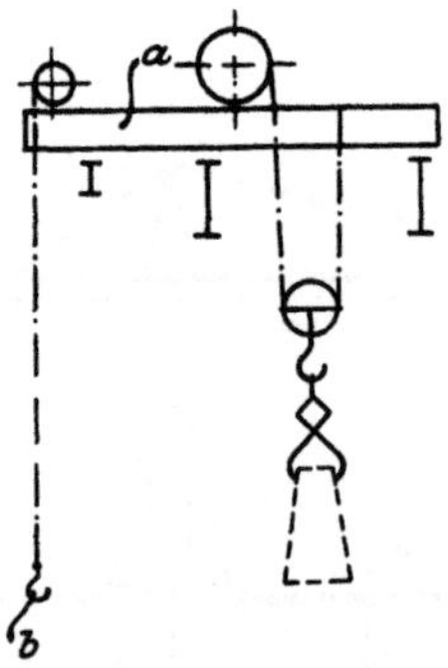

Abb. 370. Tiefofenkran mit Deckelabhebevorrichtung (Hayingen).

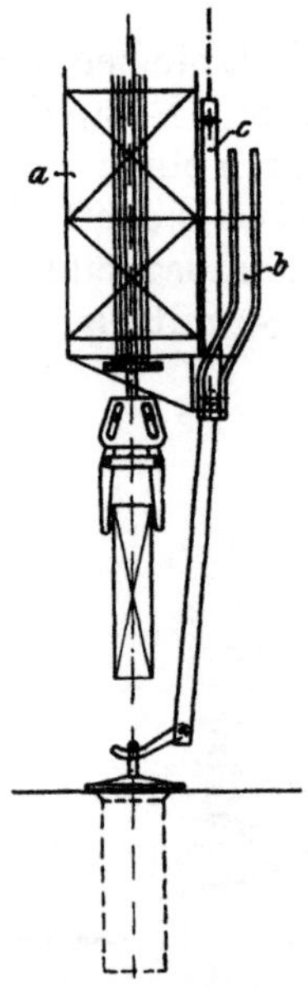

Abb. 371. Tiefofendeckel-Abhebevorrichtung (St. Ingbert).

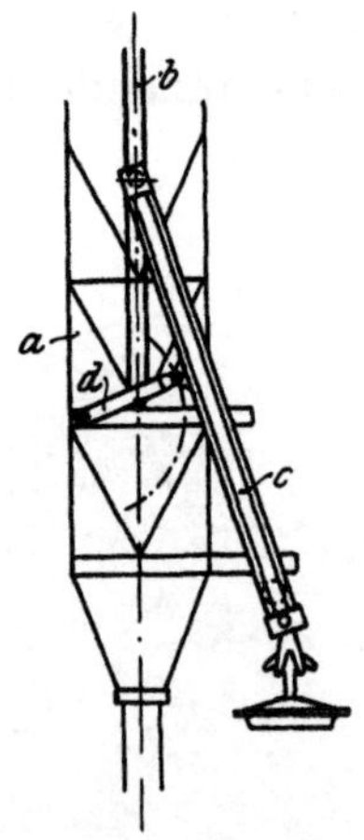

Abb. 372. Tiefofendeckel-Abhebevorrichtung (Neunkirchen).

Verschiedenheiten nur in der Art und Weise bestehen, wie die für das Ein- und Ausführen des Blockes erforderliche Seitenbewegung des Deckels vollführt wird. Ursprünglich wählte man hierfür mit Vorliebe eine Führung der Deckelstange in einer z. B. nach Abb. 371 am Gerüst *a* angebrachten ebenen oder gar schraubenförmigen Kurvenbahn *b*. Bei nicht vorsichtigem Anheben können hierbei aber leicht Schleuderkräfte erzeugt werden, die ein Abfallen der Deckel befürchten lassen. Auch ist die Seitenbewegung des Deckels dadurch vorgenommen worden, daß man nach Abb. 372 das am Katzengerüst *a* einesteils (in *b*) vertikal geführte Deckelhebegestänge *c* andernteils durch einen Lenkerarm *d* beiseite drückt. Dem Vernehmen nach hat auch diese Konstruktion durch einen ziemlich großen Verschleiß Nachteile.

Die obengenannten Übelstände vermeidet zunächst eine Ausbildung der Deckelabhebevorrichtung wie sie nach Abb. 373 von Zobel-Neubert ausgeführt ist. Das Eigenartige an ihr besteht darin, daß die Vertikalführung des Deckelgestänges an einer unter dem Führerkorb horizontal verfahrbaren Katze *a* aufgehängt ist, wodurch in beliebiger Weise eine Trennung oder eine Kombination der von dem zugehörigen elektrischen Windwerk *b* eingeleiteten Bewegungen des Deckels erreichbar ist.

Um die Schwierigkeiten und die Zeitverluste zu beseitigen, die das Erfassen der Tiefofendeckel durch ein Element der vorbenannten Art vielfach mit sich bringt, ist man auch hier dazu übergegangen, den ja schon bei einem bloßen Aufsetzen wirksamen Hebemagneten anzuwenden[1]). Um nun aber den Deckel mit dem Magneten tatsächlich stets schnell und sicher hochnehmen zu können, ist der Deckel zunächst mit einer geeigneten Aufsetzfläche für den Magneten zu versehen, die zweckmäßig weit genug von dem eigentlichen Deckel abstehen soll, um durch die zwischenliegende Luftschicht vor allzustarkem Heißwerden bewahrt zu sein[2]).

Zur Illustrierung des Gesagten möge auf die in Abb. 365 wiedergegebene Deckelhebevorrichtung von Schenck & Liebe-Harkort verwiesen werden, die noch durch die besondere Art und Weise, in der die notwendige Aufeinanderfolge der Deckelbewegungen erreicht wird, bemerkenswert ist. Das Anheben der Deckel — es stoßen hier, in der Niederrheinischen Hütte, jedesmal zwei Deckel über den Mitten der in einer langen Ofengrube nebeneinander stehenden Blöcke zusammen — sowie darauf das Seitwärtsbewegen derselben wird in selbsttätiger Folge durch die in der Abbildung ersichtliche Schrägbahnkatze erzielt, in gleicher Weise wie es schon bei früher besprochenen anderen Ausführungen der Fall war.

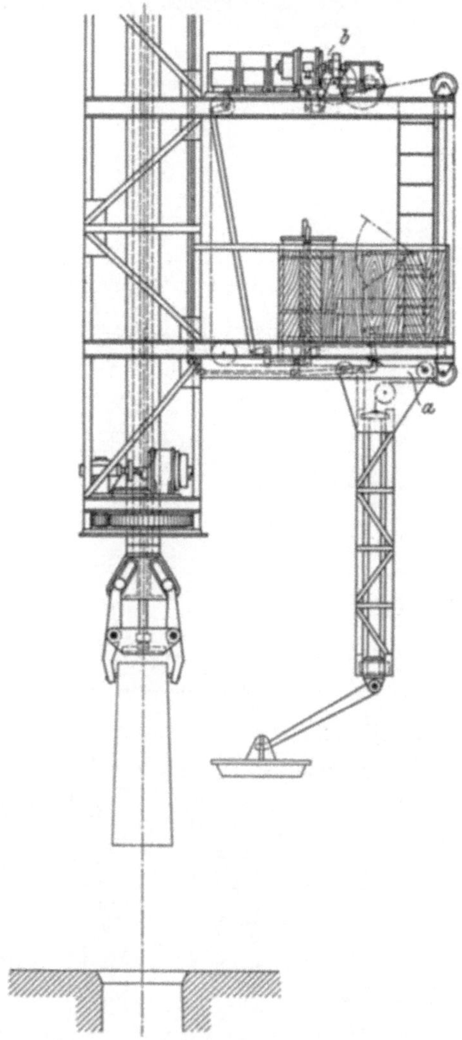

Abb. 373. Tiefofenzange und Deckelabhebevorrichtung (Königshütte).

Wird der Tiefofenkran nicht gleichzeitig als Stripperkran benutzt, sondern lediglich eben zum Bedienen der Tieföfen bzw. zum Weiterschaffen des Blockes nach der Walzenstraße, so können sich für dessen zweckdienliche Ausbildung unter Umständen teilweise sich widersprechende Forderungen ergeben. Kollisionen der Blockzange mit den Ofenwänden beim Ein- und Ausfahren bzw. beim Drehen derselben in der Grube werden ohne Zweifel weniger Schäden anrichten können, wenn die Zange lose, also nachgiebig vom Kran herabhängt, als wenn sie starr geführt mit der Ofenwand zusammenstößt. Aus Rücksicht namentlich auf diese größere Schonung der Tieföfen arbeiten denn auch bis heutigen Tages noch sehr viele Hütten mit solchen von einem gewöhnlichen Laufkran lose herabhängenden einfachen Blockzangen[3]). Dagegen haben starr geführte Tiefofenzangen den zweifellosen Vorzug, den Arbeiter, der die lose Blockzange überwerfen muß, zu entbehren und trotzdem bei gut eingeschultem Kranführer schneller zu arbeiten. Überdies kann das Auflegen des durchhitzten Blockes auf den Kippstuhl der Walzenstraße mit einer starr geführten Zange meist auch noch besser vorgenommen werden als mit einer frei pendelnden. Durch diese wohl mindestens ebenso belangreichen Vorzüge von Tiefofenkranen mit starrgeführter Zange — die Abb. 374 zeigt z. B. eine neuzeitliche Ausführung eines solchen (von Zobel-Neubert) — fühlt

[1]) Z. B. Georgsmarienhütte, Phönix-Hörde, Niederrh. Hütte, Hüstener Gewerkschaft.

[2]) Wie an früherer Stelle — auf S. 77 — schon gesagt ist, hört ja die Hubwirkung eines Elektro-Magneten bei Überschreiten der Lasttemperatur von etwa 400° auf.

[3]) Z. B. Völklingen, Burbach, Friedenshütte.

sich andererseits wieder eine große Anzahl von Hüttenwerken zur Wahl solcher Anlagen veranlaßt.

Lassen die örtlichen Verhältnisse mehr Wert auf kleine Anfahrmasse als auf große Fahrgeschwindigkeiten legen, so empfiehlt es sich natürlich, das Führungsgerüst für

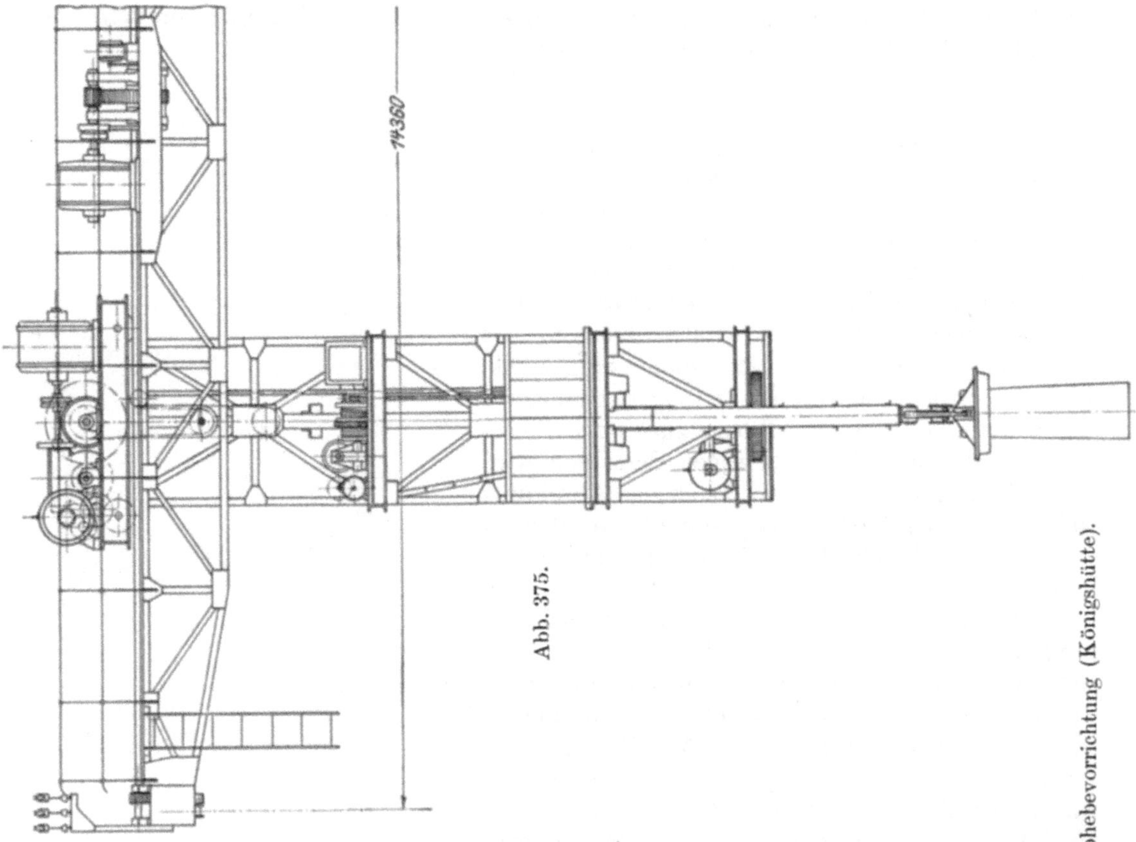

Abb. 375.

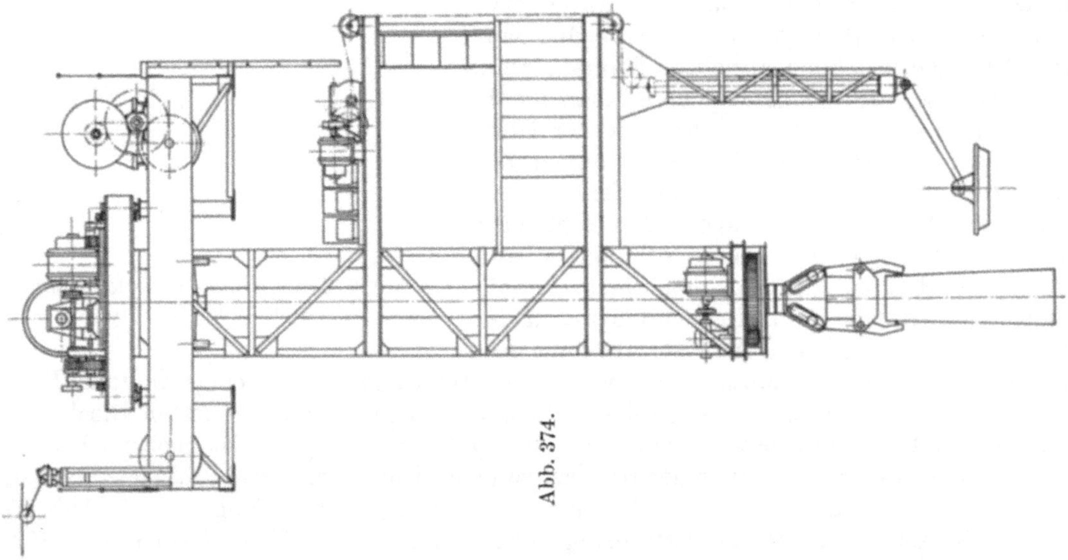

Abb. 374.

Abb. 374 und 375. Tiefofenkran mit Deckelabhebevorrichtung (Königshütte).

die Zange möglichst schmal zu halten. Ein Beispiel dieser Art ist durch die Abb. 376 und **377 veranschaulicht.** Es stellt einen von Schenck & Liebe-Harkort an Savona gelieferten **Einsetzkran** dar, bei dem die (durch Aufsetzen) geöffnete Zange durch eine elektro**magnetische Bremse** *b* festgehalten wird. Soll die Zange geschlossen werden, so wird die

Bremse durch den gleichfalls in der Führungssäule angeordneten Magneten *a* gelüftet und die Zange fällt zu.

Bei unmittelbarem Parallel-Nebeneinanderliegen von Tiefofenhalle und Gießhalle wird es natürlich besonders erstrebenswert sein, die Blöcke auf kürzestem Wege und ohne Umladung in die Gruben zu bringen. Die meist getrennten Kranbahnen beider Hallen führen dann zur Zuhilfenahme von Katzenauslegern, deren Arbeitsfeld in bekannter Weise aus der einen Halle in die andere übergreift. Will man nun auch hierbei Gradführung des Blockes für ein gesichertes Arbeiten gegen die Gruben haben, so muß man, da die sonst üblichen Führungsgerüste an den Auslegerschnabel nicht gut angehängt werden können[1]), zu ungewöhnlichen Hilfsmitteln greifen. In Abb. 378 ist z. B. eine solche Lösung gezeigt, wie sie praktisch im neuen Stahlwerk der Gutehoffnungshütte an mehreren von der Demag gebauten Kranen der Thomasgießhalle durchgeführt ist. Die Flasche der Blockzange *c* wird hier durch eine Führungsstange *d*, die mit ihrem oberen Ende auf einer horizontalen Bahn des Auslegers *a* rollt, vermittels eines Lenkers *e* vertikal gerade geführt. Abgesehen vielleicht von den mitunter nicht unbedeutenden Drükken an den Gelenkstellen, dürfte eine solche Konstruktion ihre Aufgabe mit relativ einfachen und billigen Mitteln gut lösen.

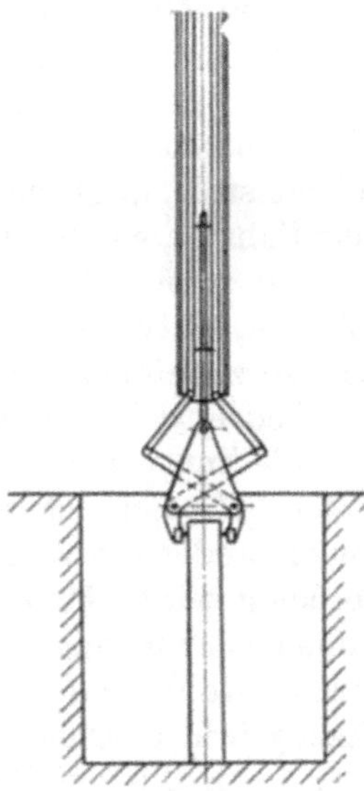

Abb. 376.

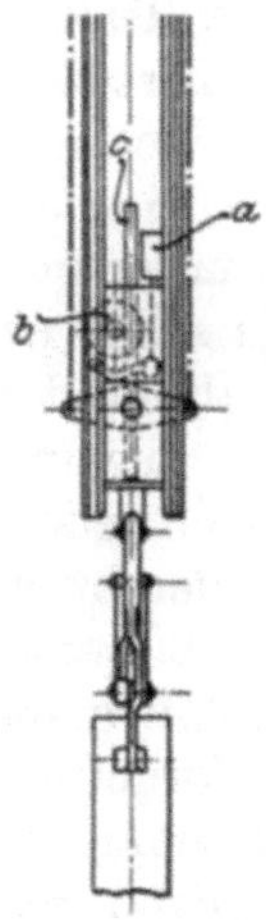

Abb. 377.

Abb. 376 und 377. Tiefofen-Zangenmechanismus (Savona).

Hängt auch das rationelle Arbeiten mit allen Kranen in erster Linie von der zweckmäßigen Gesamtanordnung, von dem einfachsten Zusammenarbeiten mit den nächsten Transportanlagen sowie ferner von der zweckdienlichen Sonderkonstruktion der Krane selbst ab, so ist die sachgemäße Ausführung der Einzelteile doch selbstverständlich stets die allererste Voraussetzung für ein erfolgreiches Arbeiten. Während nun bei den meisten der übrigen Krane für die Beachtung dieses Punktes die im Kranbau bzw. Maschinenbau allgemein gebräuchlichen Regeln für die Bemessung der Teile, für die Wahl des Materials u. dgl. einen sicheren Anhalt bieten, ist die Einzelausbildung bei den zuletzt besprochenen Kranen, die der Bewegung des heißen Blockes dienen, durch die hinzukommende Berücksichtigung der Temperatureinwirkung des heißen Blockes

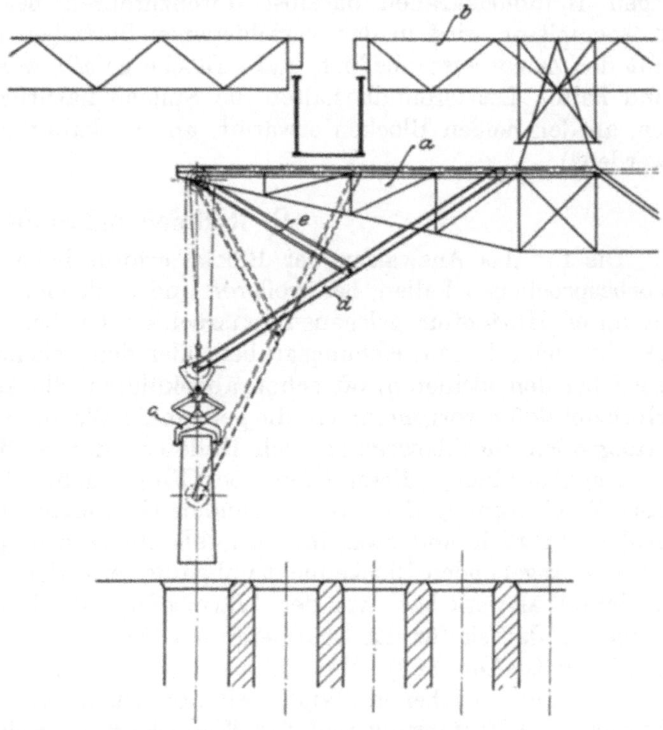

Abb. 378. Tiefofen-Drehauslegerlaufkran (Oberhausen).

[2]) Ein ähnlicher Vorschlag ist z. B. in Stahleisen 1910, Nr. 2 (Tafel IV) gemacht.

noch besonders sorgsam vorzunehmen. Naturgemäß werden ja bei all diesen Kranen die Teile, die der enormen Glut des Blockes schonungslos ausgesetzt sind, entweder außerordentlich widerstandsfähig sein müssen oder sie werden außerordentlich stark leiden und schnell versagen. Betroffen sind davon hauptsächlich die Zangen, die Schenkel und insbesondere die Körnerspitzen. Für die Zange, die vielfach aus Gußstahl gefertigt wurde, hat sich Schienenstahl ungleich besser bewährt, um so mehr als die Zange oft ja schon nach ein paar Fahrten wieder in Wasser abgekühlt wird. Hinsichtlich des Kühlhaltens der Zange dürfte es sich für die Dauerhaftigkeit der davon betroffenen Teile im allgemeinen empfehlen, entweder die Wasserkühlung möglichst häufig, nötigenfalls nach jedem Einsetzen vorzunehmen, damit die in der Zange auftretenden Temperaturdifferenzen möglichst niedrig gehalten werden, oder aber, falls der Betrieb dies zuläßt, d. h. wenn der Führer die Zange nicht zu lange im Ofen zu halten braucht, letztere womöglich überhaupt nicht abzuschrecken. Auf alle Fälle ist ein sorgfältiges Maßhalten erforderlich, da sonst entweder die zu heiße Zange sich verbiegt, oder die zu stark abgeschreckte Zange brüchig wird. Mehr noch als die Zange sind natürlich die Körnerspitzen der zerstörenden Einwirkung der Blockhitze ausgesetzt. Auch hierfür soll sich der gewöhnliche Schienenstahl besonders gut bewährt haben, ohne daß sich ihm z. B. der viel teuere Werkzeugstahl überlegen gezeigt hätte[1]). In Fällen, wo die Befürchtung besteht, daß der innen noch flüssige Block beim Erfassen durch die Körnerspitzen zusammengequetscht würde, hat man mit dem Ersatz der einfachen Spitzen durch gezahnte Platten gute Erfahrungen gemacht. Dadurch wurde der Zangenschenkeldruck auf eine größere Fläche verteilt und sowohl der Block vor Deformierung wie auch die Körnerspitzen vor zu schneller Zerstörung bewahrt. Diese einfache Maßnahme hat sich z. B. in Königshütte an einem Blockziehkran derart bewährt, daß man sie auch bei allen übrigen Heißblockkranen daselbst durchzuführen beabsichtigt[2]). Die Haltbarkeit der Körnerspitzen wird in den verschiedenen Betrieben endlich noch davon abhängen, ob mit der Zange ausschließlich heiße Blöcke gefaßt werden, oder etwa abwechselnd heiße und kalte. Letzterenfalls halten die Spitzen natürlich nur sehr viel kürzere Zeit, weil sie, an den heißen Blöcken erwärmt, an den kalten Blöcken dann leicht breit gedrückt werden[3]).

Q. Rollöfen und Stoßöfen.

Die für das Auswalzen der Blöcke erforderliche Erwärmung derselben, die in den vorbesprochenen Fällen, bei größeren und noch mehr oder weniger heißen Stahlblöcken in unter Hüttenflur gelegenen senkrechten Gruben (den ungeheizten sog. Wärmeausgleichs- oder Durchweichungsgruben oder den geheizten eigentlichen Tieföfen) erfolgte, wird bei den kleineren, oft schon abgekühlten Blöcken in der Regel durch gasgeheizte Horizontalöfen vorgenommen, die gemeinhin Wärmöfen oder je nach der Art der in ihnen erfolgenden Blockbewegung auch Rollöfen oder Stoßöfen genannt werden.

Die Anordnung dieser Öfen über Flur macht für deren Beschickung mit Blöcken eine Vereinfachung der dazu dienenden Hilfsmittel im Vergleich zu denen der Wärmegruben möglich und zwar insofern, als ein Heben und Senken der ja auch über Flur zu- und abgehenden Blöcke nicht unbedingt erforderlich ist. Vielfach kommen die Blöcke in dem Walzwerk bzw. vor den Wärmeöfen auf Plattformwagen gleich in einer solchen Höhe an, daß sie für das Chargieren der Öfen nurmehr horizontal verschoben zu werden brauchen (s. Abb. 388). Von der besonders bei den Rollöfen, mit geneigter Herdfläche, noch häufig betriebenen Handarbeit abgesehen, wobei eine Anzahl Leute mit Hilfe von Stangen die Einführung und das Weiterkanten (Rollen) der Blöcke im Ofen besorgen, wird bei den wagerechten Stoßöfen das Einbringen und Weiterschieben (Stoßen) der

[1]) Z. B. St. Ingbert.

[2]) Eine ähnliche Maßnahme wird auch bei den Block stirnseitig fassenden Zangen (für Stoßöfen) dadurch getroffen, daß an jeder Seite mehrere Körnerspitzen gleichzeitig zur Wirkung kommen.

[3]) Diesbezügliche Ermittlungen in Hörde haben die Lebensdauer der Spitzen zu etwa 3—5 bzw. 20 Blöcken und mehr ergeben.

Blöcke maschinell, wohl am häufigsten durch einen sog. Blockdrücker, vorgenommen. Es sind dies feststehende oder auch vor mehrere Öfen verfahrbare Maschinen, die ver-

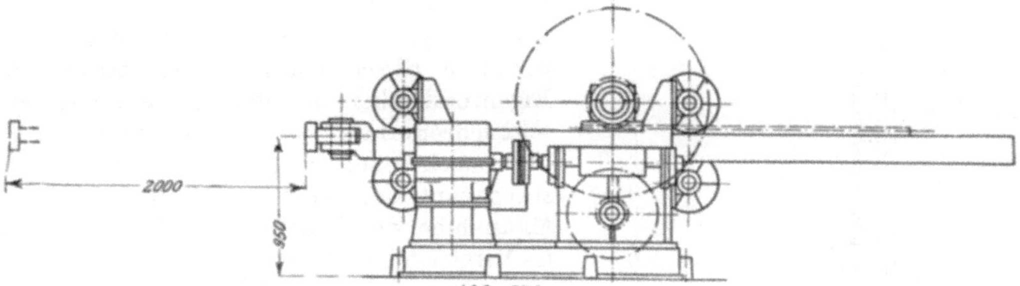

Abb. 379.

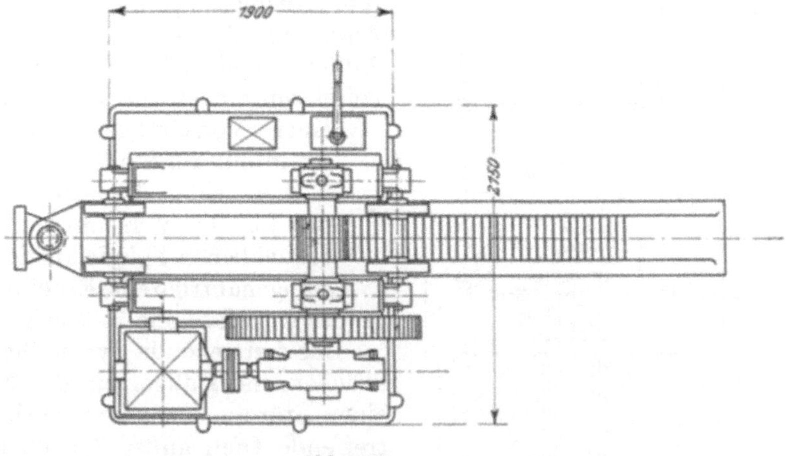

Abb. 380.
Abb. 379 und 380. Block-Einstoßmaschine.

möge eines hydraulisch[1]) oder elektrisch parallel der Ofensohle bewegten Stempels die vor der Ofentür anlangenden Blöcke in den Ofen hineindrücken[2]). Die Abb. 379

Abb. 381. Block-Einstoßmaschine (Mülheim a. d. R.).

und 381 geben zwei solche moderne elektrische Blockdrücker wieder. Während die Abb. 379 eines von Breitfeld, Daněk & Co. entworfenen Blockdrückers außer der Kraft-

[1]) Naturgemäß nur bei stationären Drückern.

[2]) Vgl. auch Schömburg: Fördertechn. 1912, Heft 7 und Hermanns: El. u. Maschinenb. 1914, Heft 31. — Eine laufkranartig ausgebildete Brammen-Ausstoßvorrichtung, die den Flur vor dem Ofen vollkommen freiläßt, ist im Witkowitzer Stahlwerk in Betrieb; vgl. Feigl: Z. V. d. I. 1916, Nr. 37.

übertragung vom Motor auf die Druckstange besonders noch deren sorgfältige Rollenführung sowie die anpassungsfähige Beweglichkeit und leichte Auswechselbarkeit des vorderen Druckschuhes erkennen läßt, zeigt die Abb. 381 einen von Schenck & Liebe-Harkort gebauten Blockdrücker, dessen zweckmäßige Eigentümlichkeit in der Verwendung eines schmiedeeisernen Gestelles und in der außerdem ersichtlichen Doppelanordnung des Druckstangenantriebes besteht. Wird durch erstere Maßnahme die Bruchsicherheit der Maschine im Vergleich zu gegossenen Gestellen bekanntermaßen wesentlich erhöht, so wird durch letztere Ausbildung eine leichtere und sicherere Aufnahme der bedeutenden Druckkräfte (bis 25000 kg) erreicht. Dieser Blockdrücker arbeitet mit einem Antriebsmotor von 42 PS und einer Vorschubgeschwindigkeit von ca. 5,5 m/min im Stahlwerk von Thyssen & Co. — Bei beiden Bauarten bringt der Ersatz des für die Vorschubbewegung früher gebräuchlichen Spindelantriebes durch Zahnstangenantrieb eine Erhöhung des Wirkungsgrades der Maschine mit sich.

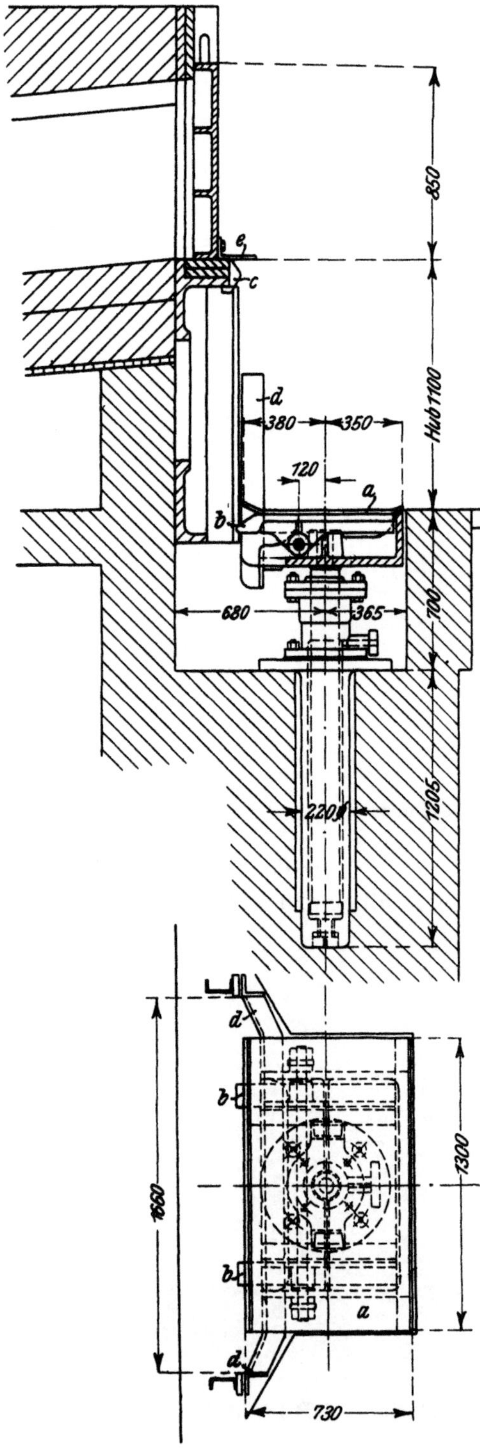

Abb. 382 und 383. Block-Einsetzmaschine.

Das feststehende System hat bei den Blockdrückern indes allgemein den Nachteil, daß bei einer Störung an einem solchen auch der betreffende Ofen außer Betrieb kommt, was bei fahrbaren Drückern[1]) zumal beim Vorhandensein einer (gemeinsamen) Reserve ausgeschlossen erscheint. Zur Aufnahme des Reaktionsdruckes macht sich bei den fahrbaren Blockdrückern dagegen, wenigstens vor jeder Ofentür, ein Widerlager, in Form einer festverankerten rückwärtigen Auflaufschiene oder dgl. nötig.

Recht oft noch erfordern aber die örtlichen Verhältnisse oder die Beladung der Wagen mit mehreren Blockschichten ein vorheriges Anheben der Blöcke auf die Höhe der Ofensohle. Eine vielfach dafür gebräuchliche Einrichtung ist in Abb. 382 und 383, gleichfalls nach einer Konstruktion von Breitfeld, Daněk & Co., aufgezeichnet: Nachdem die Blöcke auf eine um einen Bolzen kippbare Plattform *a* abgeworfen worden sind, werden sie mit dieser durch einen Druckwasserplunger gehoben. In Chargierhöhe angelangt, treffen Nasen *b* der Kopfplatte *a* gegen feste Anschläge *c* am Ofen, wodurch sich die Platte schräg stellt und die Blöcke in den Ofen rollen. Das Öffnen und Schließen der Ofentür geschieht gleichfalls automatisch dadurch, daß Mitnehmerwinkel *d* am Plungerkopf gegen Anschläge *e* an der Ofentür stoßen[2]).

[1]) Z. B. in Rothe Erde (Demag), Rombach (Losenhausen) u. a.
[2]) Ähnlich erfolgt das Öffnen von Martinofentüren durch den Chargierkran nach D.R.P. Nr. 227028.

Die im Vorhergehenden gekennzeichnete Aufeinanderfolge der einzelnen Bewegungen, das Anheben des Blockes, das Öffnen der Tür, das Einbringen des Blockes und das Schließen der Tür, wird in manchen Walzwerken — z. B. Peine, Döhlen — mit Hilfe des in Abb. 384 skizzierten Mechanismus selbsttätig hervorgebracht: Die

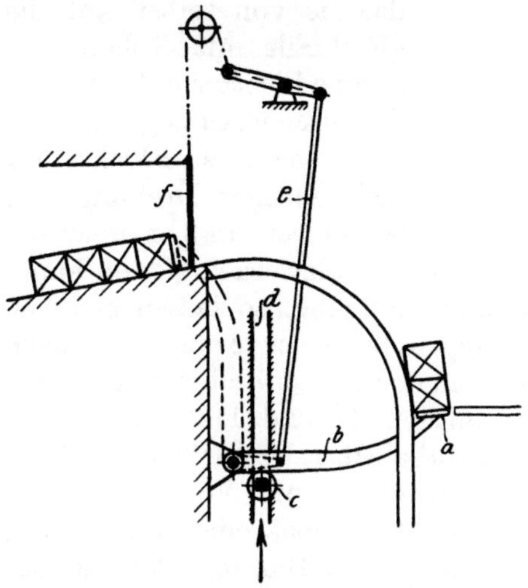

Abb. 384. Block-Einsetzvorrichtung (Döhlen).

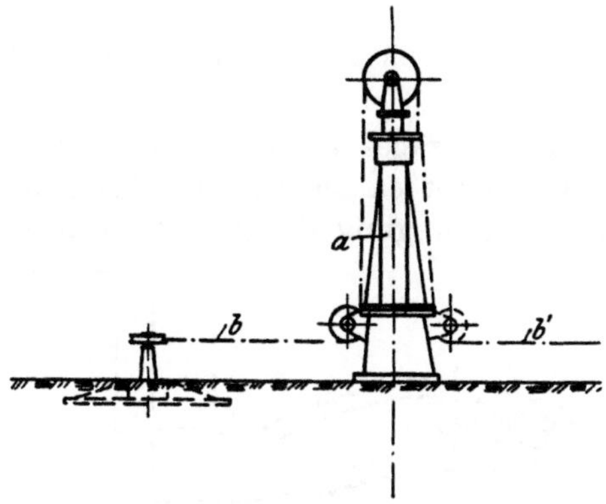

Abb. 385. Block-Ausziehvorrichtung.

niedrig ankommenden Blöcke bzw. Knüppel werden zunächst auf das Kopfstück *a* von Traghebeln *b* aufgelegt, die drehbar am Ofen befestigt sind und bei dieser Drehbewegung die Knüppel längs der Kreisbogenbahn gegen die Ofenöffnung bewegen. Die Drehung der Arme *b* erfolgt durch einen in der Pfeilrichtung wirkenden hydraulischen Kolben vermittels einer längs einer Bahn *d* geführten Rollentraverse *c*. Das Hochklappen der Arme bewirkt durch das Hebelgestänge *e* ein gleichzeitiges Öffnen der Ofentür *f*. Das Wiederschließen der letzteren geschieht, wie auch im vorigen Beispiel, durch das Eigengewicht der Türe. Wie die Zeichnung erkennen läßt, ist der Mechanismus vermöge der vorgebogenen Aufsetzplatte auch zum Eindrücken und Nachstoßen der Blöcke gut zu verwenden.

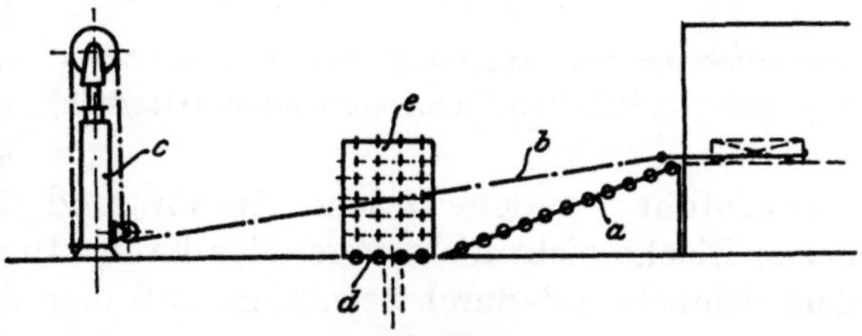

Abb. 386.

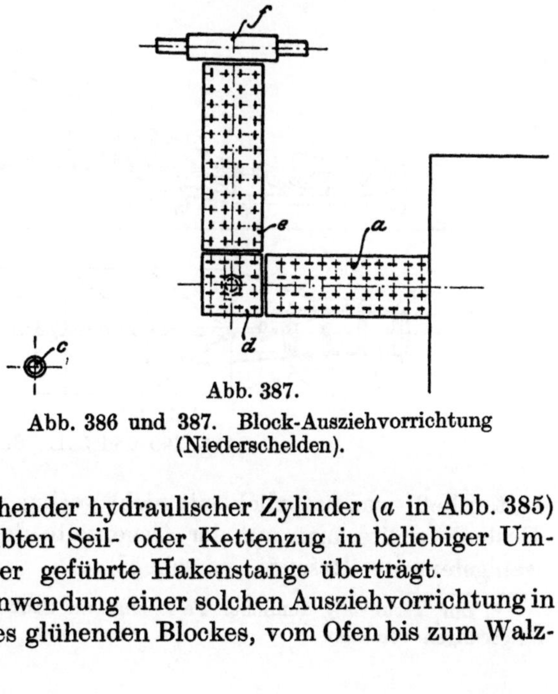

Abb. 387.

Abb. 386 und 387. Block-Ausziehvorrichtung (Niederschelden).

Haben die Blöcke den Ofen bis zu ihrer für das Auswalzen nötigen Erhitzung durchwandert, so erfolgt das Herausnehmen derselben aus dem Ofen meistens dadurch, daß der Block mit Hakenstangen auf einen vorgeschobenen Transportwagen gezogen wird, entweder durch Arbeiter oder durch eine maschinelle Hilfsvorrichtung. Auch für den Betrieb dieser Blockausziehmaschinen wird Druckwasser noch in erheblichem Maße verwendet; in der Regel in der Weise, daß ein abseits stehender hydraulischer Zylinder (*a* in Abb. 385) den durch seine Kolbenbewegung ausgeübten Seil- oder Kettenzug in beliebiger Umleitung *b* oder *b'* auf die von dem Arbeiter geführte Hakenstange überträgt.

Die Skizzen Abb. 386 und 387 zeigen die Anwendung einer solchen Ausziehvorrichtung in der Charlottenhütte. Die Weiterbewegung des glühenden Blockes, vom Ofen bis zum Walzwerk, die auf den erwähnten Blockkarren gewöhnlich von Hand vor sich geht, findet in dem vorliegenden Beispiel in einer eigenartigen Weise statt: Die Blöcke werden durch die vom hydraulischen Kolben *c* bewegte Kette *b* aus dem Ofen zunächst auf ein schräges Rollenbett *a* gezogen, über das sie von selbst auf die gleichfalls mit Rollen versehene Plattform *d* eines hydraulischen Aufzuges gleiten. Dieser hebt den Block unter gleichzeitiger Drehung um 90° so weit, daß er über ein zweites schräges Rollenbett *e* bis zwischen die Walzen *f* des Walzwerkes gleiten kann.

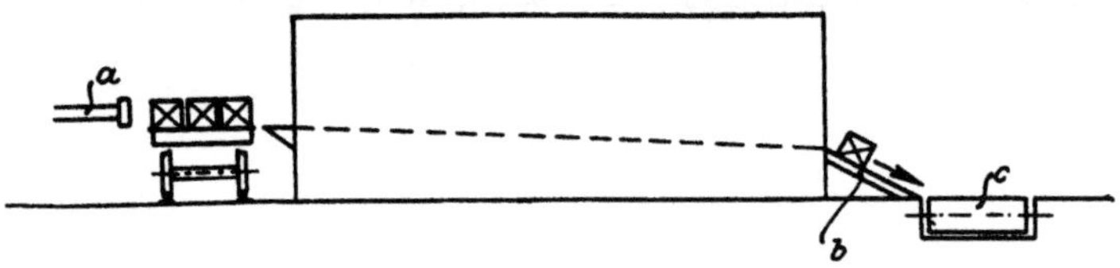

Abb. 388. Block-Ein- und Ausstoßvorrichtung (Königshütte).

Gestattet es die gegenseitige Lage von Stoßofen und Rollgang, so lassen sich die für die Bewegung des Blockes erforderlichen Einrichtungen bei einer Anordnung nach Abb. 388 wohl noch wesentlich vereinfachen. Ein horizontaler Blockdrücker *a* bewerkstelligt nicht allein das Beschicken des Ofens, sondern übernimmt, unter Vermittlung der zwischenliegenden Blockreihe, gleichzeitig das Ausstoßen eines Blockes, der auf der Gegenseite über schräggestellte Träger *b* in einfachster und schnellster Weise auf den vorgelagerten Rollgang *c* gleitet. Wenn nun auch eine solche Anordnung, die beispielsweise an einigen Stoßöfen der Königshütte getroffen ist, als verlockend einfach erscheint, so hat sie doch auch ihre Nachteile: Es kann ja mitunter vorkommen, daß aus irgendeinem Grunde die regelmäßige Blockzufuhr vor dem Drücker aufhört und daß der Stempel dann die im Ofen befindlichen Blöcke nicht mehr vorstoßen kann. In solchen Fällen mußte man diese dann vor dem Schmelzen dadurch bewahren, daß man sie durch Gasabstellung im Ofen wieder erkalten ließ, was natürlich mit nicht geringen Störungen und Verlusten verbunden war. Deshalb wollte man auf der Gegenseite doch noch eine besondere Ausziehvorrichtung, wenigstens als Reserve, vorsehen[1]).

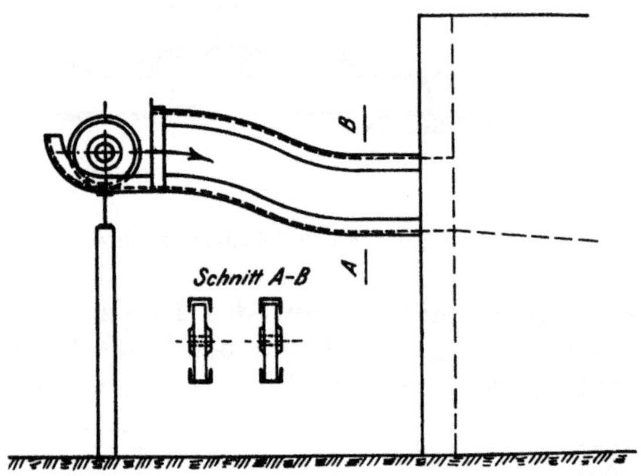

Abb. 389. Radscheiben-Einsetzvorrichtung (Oberbilk).

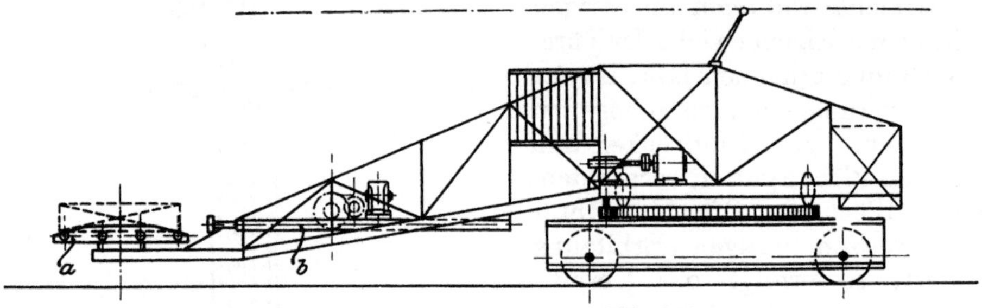

Abb. 390.

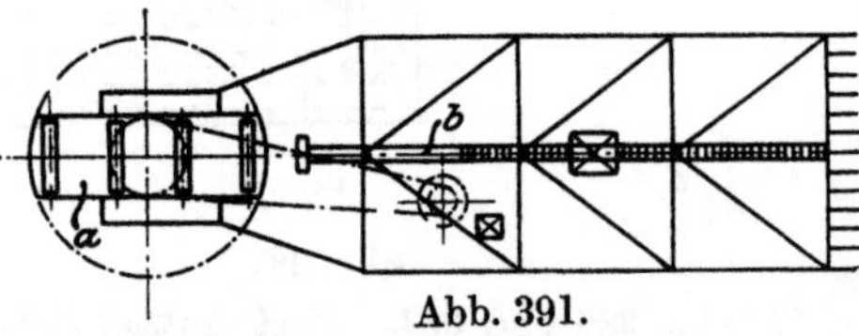

Abb. 391.

Abb. 390 und 391. Blockaufsetzwagen (Peine).

[1]) Zur Verhütung ähnlicher Fälle sind die Stößel der Blockeindrückmaschinen mit ausziehbaren Verlängerungen versehen.

Auch die besondere Form der Blöcke oder der zu erhitzenden Arbeitsstücke kann eine Vereinfachung der Beschickvorrichtung ermöglichen. So erfolgt z. B. in den Huldschinskywerken das Einsetzen der kurzen, zum Pressen von Bandagen bestimmten kegelförmigen Blöcke in den Wärmofen dadurch, daß die zuvor hydraulisch gehobenen Blockkegel selbsttätig in das Ofeninnere hineinrollen. — In ganz ähnlicher Weise kann auch das Einführen anderer rotationsförmiger Arbeitsstücke in den Ofen erfolgen, wie etwa das Einrollen vorgepreßter Räder (z. B. in Rhein. Stahlwerke). In Abb. 389 ist eine diesem prinzipiell wohl gleiche, nur in ihren Mitteln etwas andersartige Methode für das Chargieren gegossener Radscheibenblöcke im Oberbilker Stahlwerk veranschaulicht: Die Radscheiben werden daselbst von einem Laufkran auf eine in den Ofen mündende Schrägkurvenbahn aufgesetzt, auf der sie dann sicher geführt und mit einer zweckmäßigen Geschwindigkeit in den Ofen rollen.

Da das Überführen der heißen Blöcke vom Ofen zur Walzenstraße mit den noch vielfach üblichen Handkarren höheren Anforderungen an die Wirtschaftlichkeit und Vollkommenheit des Betriebes natürlich nicht entspricht, so ist man begreiflicherweise auch hierfür schon zu maschinellen Hilfsmitteln übergegangen. Besonders vorteilhaft werden sich diese Transportmaschinen natürlich für größere Leistungen, bei schwereren Blöcken und längeren Wegen erweisen[1]). Wenn man früher für derartige Einrichtungen, also namentlich in älteren Werken, die Bauart unten fahrender Wagen bevorzugte, so hatte dies seinen zwingenden Grund meistens in den recht gedrückten Raumverhältnissen gerade der Walzwerke.

Eine charakteristische Ausführung eines solchen Blockaufsetzwagens für die Aufnahme, den Transport und die Abgabe des Blockes zeigen die Abb. 390 und 391. Bei dieser von der Demag schon vor langer Zeit an das Peiner Walzwerk gelieferten elektrischen Maschine werden die Blöcke vermittels einer feststehenden hydraulischen Vorrichtung zunächst auf die Platte *a* am Kopf des Wagenauslegers gezogen, sodann unter gleichzeitigem Schwenken dieses Auslegers bis vor den Hebetisch des Blockwalzwerkes gefahren und dort, nach Drehung der Platte *a* in die dem Rollgang entsprechende Walzenlage, durch den Stempel *b* dem Hebetisch bzw. dem Walzwerk zugeführt[2]). — Vollkommener wird die Arbeitsweise einer solchen Maschine dann natürlich, wenn diese auch das Einsetzen der Blöcke allein und ohne jede weitere Hilfsvorrichtung besorgen kann, wie es beispielsweise bei der von der Akt.-Ges. Lauchhammer für Trzynietz gebauten Maschine nach Abb. 392 der Fall ist. Das zum Ausziehen der Blöcke nötige Erfassen derselben im Ofen geschieht hier durch Greifbacken am vorderen Ende des Schwengels, der für die Ausziehbewegung verfahrbar auf dem Drehgestell des Wagens angeordnet ist. Die für das sanfte Ablegen des Blockes auf den Rollgang und auch für das Manövrieren der Zange im Ofen erforderliche Vertikalbewegung des Blockschwengels wird durch den in der Photographie ersichtlichen Kurbelwippmechanismus erzielt.

Wenn die örtlichen Verhältnisse für die in Rede stehende Bewegung des Blockes die Verwendung eines Laufkranes gestatten, so wird man dadurch auch hier natürlich die vorteilhaften Wirkungen erzielen, die man andernorts, z. B. in der Ofenhalle des Martinwerkes, mit dem Ersatz auf Flur fahrbarer Maschinen durch oberlaufende Krane erreicht.

Die Benutzung eines normalen Laufkranes hierfür veranschaulicht die Abb. 393. Sie stellt einen der vier von der Maschinenfabrik Oerlikon an das Hüttenwerk von de Wendel gelieferten Blockeinsetzkrane dar, die im Aufbau und in der Aufhängung

[1]) Bei geringer Entfernung zwischen Rollgang und Wärmofen genügt, insbesondere bei kleineren Blöcken, für deren Überführung unter Umständen ein einfacher zwischen Ofen und Rollgang aufgestellter Drehkran (Phönix-Hörde).

[2]) Grundsätzlich ähnlich gebaute Blockaufsetzwagen, größtenteils noch mit Dampf betrieben und mit einer besonderen Kettentrommel für das Blockausziehen versehen, arbeiten noch heute in einer großen Reihe von Walzwerken (z. P. Thyssen-Mülheim, Phönix-Hörde); teilweise sogar in ungewöhnlich starker Ausführung für 20 t schwere Brammen und 6 m Ausladung. Für solche Verhältnisse wird die stabilere Wagenform dem Laufkran allerdings nach wie vor vorzuziehen sein.

Abb. 392. Blockausziehwagen. (Trzynietz).

Abb. 393. Blockeinsetzkran (Hayingen).

des Blockschwengels der früher beschriebenen, gleichfalls an einem gewöhlichen Laufkran befestigten Muldenchargiervorrichtung außerordentlich ähneln[1]). Im Vergleich zu der Benutzung gewöhnlicher Handkarren bietet die Benutzung solcher einfacher und verhältnismäßig billiger Maschinen zweifellos eine nennenswerte Arbeitserleichterung und -beschleunigung, da der Arbeiter eigentlich nur noch das Steuern der Bewegungen zu besorgen hat. Und auch dieses ist durch die sorgfältige Ausbalancierung und die doppelgelenkige Aufhängung des Tragbügels nach Möglichkeit noch erleichtert[2]). Andererseits muß jedoch zugegeben werden, daß eine räumliche Entlastung der Ofenhalle für den sonstigen Flurverkehr wegen des sehr gespreizten Blockgehänges gegenüber dem Karrentransport kaum eintreten dürfte.

Leistungsfähiger und für hohe Walzproduktionen daher geeigneter werden selbstverständlich auch für das Blockeinsetzen und -ausziehen ganzmaschinelle Krane sein, deren sämtliche Bewegungen zwangläufig und motorisch von einem einzigen Bedienungsmann, dem Kranführer, leicht, sicher und schnell ausgeführt werden. Die schon bei dem vorigen Beispiel festgestellte Ähnlichkeit des Blockeinsetzkranes mit dem Muldenchargierkran kehrt auch bei den Weiterausbildungen des ersteren wieder. Hier wie dort die Vielseitigkeit der Bewegungen, insbesondere die Verschiedenartigkeit der Hub- oder Wippmechanismen, hier wie dort das Vorherrschen der laufkranmäßigen Bauart und die

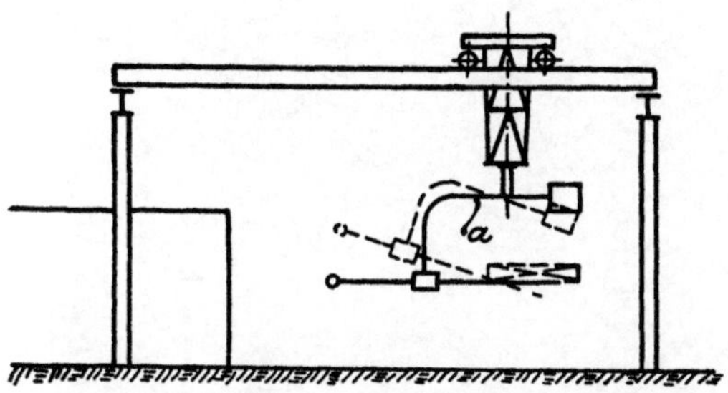

Abb. 394. Blockeinsetzkran (Burbach).

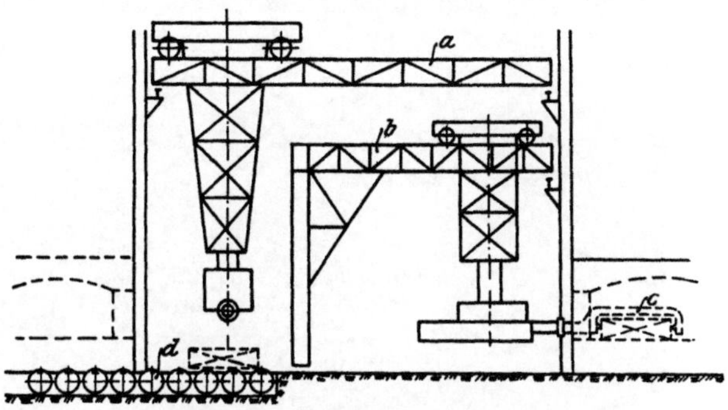

Abb. 395. Blockausziehkrane (Hattingen).

nur ausnahmsweise Wahl der Bockkranform[3]). Die hauptsächlichste konstruktive Besonderheit der Wärmofenkrane besteht naturgemäß in der Ausbildung des Greiforganes für die Blöcke, wofür die Rücksicht sowohl auf die Ablagerungsart der Blöcke außerhalb wie innerhalb des Ofens als auch auf die größtmögliche Schonung der Zange durch die Ofenhitze maßgebend ist, unter Umständen wohl auch die Größe bzw. Form der Blöcke. Eine den Block, wie etwa in Abb. 395, stirnseitig fassende Zange *c* vermag ihn wohl bequem aus jeder Blockschicht aufzunehmen, ihn im Ofen beliebig dicht neben den benachbarten Block niederzulegen und so die Ofenbreite gut auszunutzen, aber die Hitze wird an dieser jedesmal weit in den Ofen hineinreichenden Zange nicht lange spurlos vorübergehen. Auch wird bei zu langen Blöcken (vorgeblocktem Material) eine solche Zange leicht sich verbiegen oder rissig werden können[4]). Während in diesen Beziehungen eine den Block nur an seinem rückwärtigen Ende fassende Zange (wie bei dem in Abb. 396 abgebildeten Kran) zweifellos besser ist, erfordert diese aber wieder für das Lagern der Blöcke im Freien sowie für das Ablegen derselben im Ofen

[1]) Siehe Abb. 267.

[2]) Auch im Schienen- und Trägerwalzwerk der Burbacher Hütte arbeitet ein mit einem ganz ähnlichen, jedoch starr geführten Bügelgehänge ausgestatteter Blockeinsetzkran (Demag). Dabei äußert sich indes die unnachgiebige Aufhängung des Tragbügels *a* namentlich beim Aufkanten des Blockes auf die Tragschaufel wenig vorteilhaft durch ein Schrägstellen und Ecken der ganzen Unterkonstruktion des Kranes (s. Abb. 394). Eine sorgsame Berücksichtigung und Aufnahme dieser oft bedeutenden exzentrischen Belastung erscheint daher allgemein sehr geboten.

[3]) Z. B. Differdingen, Hattingen.

[4]) Z. B. Dillingen. — Um dieser Erscheinung zu begegnen, schaltet die Demag in den gefährdeten Zangenkopf einen auf Zug beanspruchten schmiedeeisernen Verstärkungsbolzen ein; vgl. Stahleisen 1914, Nr. 8.

besondere rostartige Unterlagen, die aber der untergreifenden Zangenbacke die Möglichkeit zum Fassen des Blockes gibt. Seitlich fassende Zangen, nach Art etwa der Abb. 398, erfordern dies zwar wieder nicht und brauchen auch nicht übermäßig weit in den Ofen gefahren zu werden, sie ermöglichen indes nicht die Aufnahme und die Ablage dicht nebeneinander angeordneter Blöcke. Für die Wahl der Zangenart werden sonach jeweils nur die für die besonderen Betriebsverhältnisse wichtigsten Rücksichten zu entscheiden haben.

Außer durch die Verschiedenartigkeit der Zangenkonstruktion sind die veranschaulichten Anlagen aber auch noch in anderer Hinsicht bemerkenswert. So zeichnet sich die Doppelanlage der Abb. 395, die schematisch die bezügliche Krananordnung in der Henrichshütte (Demag) wiedergibt, in ihrer Arbeitsweise besonders noch durch die Unabhängigkeit eines jeden Kranes aus: Sowohl die in der üblichen Laufkranform

Abb. 396. Blockchargierkran (Bolckow Vaughan).

ausgebildete Einsetzmaschine *a* als auch die unter ihr als Halbbockkran fahrende Einsetzmaschine *b* vermögen dadurch unabhängig voneinander die Blöcke aus dem Ofen zu nehmen und auf den Rollgängen *d* abzusetzen. Bei einer Nebeneinander- oder auch Übereinander-Anordnung zweier als Laufkrane ausgebildeter Maschinen würde ja eine solche Arbeitsfähigkeit nicht vorhanden sein, letzterenfalls wenigstens nicht bei starrer Führung des oberen Kranes.

Während das Anheben bzw. Niederlassen der Blöcke bei dieser Konstruktion durch ein vertikales Parallelverstellen des Schwengelauslegers vermittels eines auf der Krankatze montierten Kettenhubwerkes erfolgt, werden diese Bewegungen bei dem in Abb. 396 gezeigten Blockeinsetzkran in eigenartiger Weise durch ein kurbelbetriebenes Gelenkparallelogramm erzeugt. Die Ausbalancierung des Schwengelarmes läßt sich in diesem Falle durch die diagonale freie Gegenanordnung des Hubwerkes gut erzielen und dadurch der Kraftverbrauch für die Blockhubbewegung wesentlich einschränken. Für diese bei englischen und amerikanischen Spezialkranen öfter angewandte Konstruktion — der vorliegende Wärmofenkran ist von Wellman-Seaver für Bolckow, Vaughan & Co.

in Middlesbrough geliefert — könnte als Vorzug auch noch angeführt werden, daß die Triebswerksteile dem Verkehr etwas mehr entrückt sind und daß dadurch auch der Führerstand etwas freier ist.

Bei dem in Abb. 403 abgebildeten Kran ist, genau wie bei dem auf Seite 190 besprochenen Gießkran, zur Vereinfachung des Schwengeldrehwerkes die Maßnahme getroffen worden, nur den unteren Teil der Hängekonstruktion drehbar einzurichten.

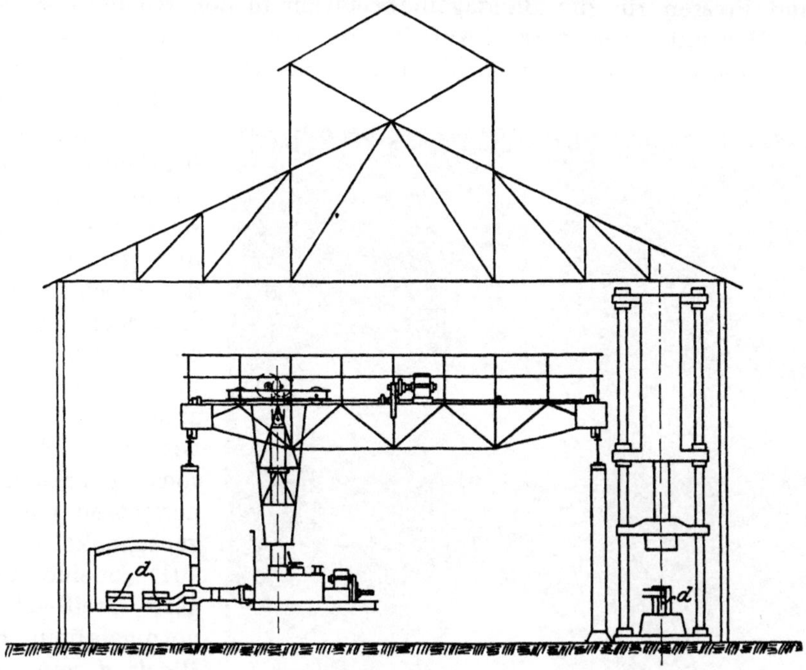

Abb. 397.

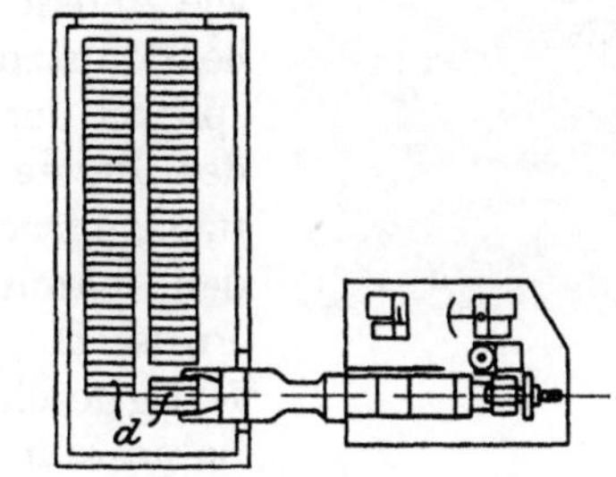

Abb. 398.

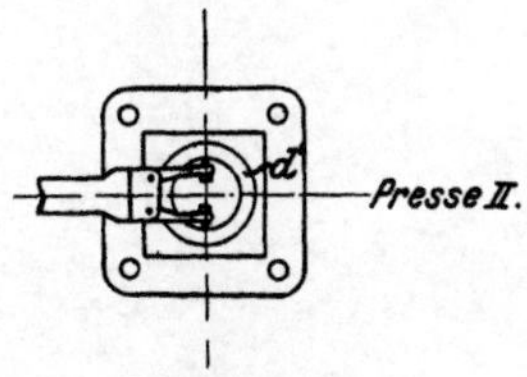

Abb. 399.

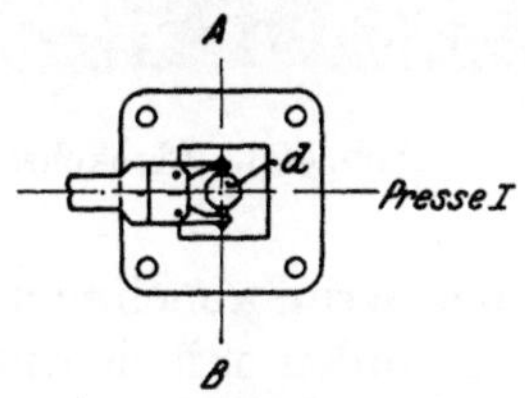

Abb. 400.

Abb. 397 bis 400. Chargierkran für Bandagenfabrikation (Duisburg).

Das Blockablegen erfolgt bei diesem gleichfalls von der Wellman-Seaver Co. für ein englisches Stahlwerk gelieferten Krane durch Schiefstellen des Schwengels vermittels eines Kurbeldrehwerkes.

In erhöhtem Maße endlich ist die in Abb. 402 skizzierte Ausführung eines Wellrohrchargierkranes von 3 t Tragkraft charakteristisch, der von Schenck & Liebe-Harkort an Grillo, Funcke & Co. geliefert wurde. Es ist bei diesem nicht nur, in ganz ähnlicher Weise wie bei den vorerwähnten Kranen, der untere Teil mit seinem in das Wellrohr hineingreifenden Auslegerfinger allein drehbar, sondern der ganze untere Teil kann außerdem leicht abgehängt und der Kran alsdann wie ein normaler Dreimotorenlaufkran verwendet werden. Bei einer solchen zentralen Belastung beträgt die Tragfähigkeit des Kranes 25 t[1]).

Die besondere Form oder Bearbeitungsweise der Last kann auch bei den hierher gehörigen Kranen noch weiter spezialisierte Ausbildungen der Zange herbeiführen. Ein bemerkenswertes Beispiel hierfür liefert zunächst die in den Abb. 397 bis 401 aufgezeichnete Chargierkrananlage (Schenck & Liebe-Harkort), die zur Bedienung der Wärmöfen und Pressen für die Bandagenfabrikation in den Rheinischen Stahlwerken bestimmt ist. Der mit einer starren Aufhängung und einer horizontalen Drehbarkeit des Schwengels ausgestattete Kran zieht in der ersichtlichen Weise die wagerecht im Stoßofen liegenden Blöcke *d* heraus, um sie zur Weiterbearbeitung zunächst der Presse I zuzuführen, woselbst sie flach geschmiedet und gelocht werden. Um den Block in die hierfür erforderliche vertikale Lage zu bringen, war die Zange ursprünglich mit einer eigenartigen Greifvorrichtung versehen. An Stelle der sonst gebräuchlichen Körnerspitzen trugen die Zangenschenkel *a* (siehe Abb. 401) je eine drehbar gelagerte Greifbacke *b*, die dem vorn gefaßten, horizontalen Block *d* ein selbsttätiges Einstellen in die Vertikallage gestattete, und zwar ohne seine Oberfläche irgendwie zu beschädigen, wie dies bei Benutzung fester Körnerspitzen der Fall wäre. Von der Presse I aus wird der flachgedrückte Block durch den nämlichen Kran zur Presse II geschafft, wo die fertig geschmiedete Bandage hergestellt wird. Um auch diese durch den Kran abnehmen und lagern bzw. verladen zu können, waren die Zangenschenkel noch außen mit Körnerspitzen *c* versehen, die sich vermöge der nach unten abgebogenen Schenkelform gegen die Innenwand der Bandage legen konnten (siehe den Grundriß Abb. 399). Während die Krananlage im Ganzen sich in nunmehr zwölfjährigem Betriebe gut bewährt hat, ist dies hinsichtlich der aufgesetzten drehbaren Spitzen weniger der Fall gewesen. Man arbeitet dort jetzt mit der stumpfen Spitze allein, also ohne die aufgesetzte Spitze. Durch schärferes und milderes Anpressen der Spitzen an das Werkstück wird es in seiner Lage genau festgehalten oder es dreht sich um die Spitzen.

Abb. 403. Blockchargierlaufkran.

Als eine weitere und eigenartige Ausführung solcher Transportmittel sei die in Abb. 404 ersichtliche Laufkatze behandelt, die zum Transport rotglühender Rad-

[1]) Eine besonders gedrungene Ausführung (Petravič) eines schweren Beschickkranes für Bleche ist eingehend behandelt von Feigl: Z. V. d. I. 1916, Nr. 36.

scheiben vom Walzwerk zu einer Presse in Witkowitz dient. Die Radkörper werden auf die der besonderen Lastform entsprechend gestaltete Gabel aufgelegt und durch einen von Hand überzuwerfenden Bügel festgehalten. Die Gabel ist an ihrer Führungs-

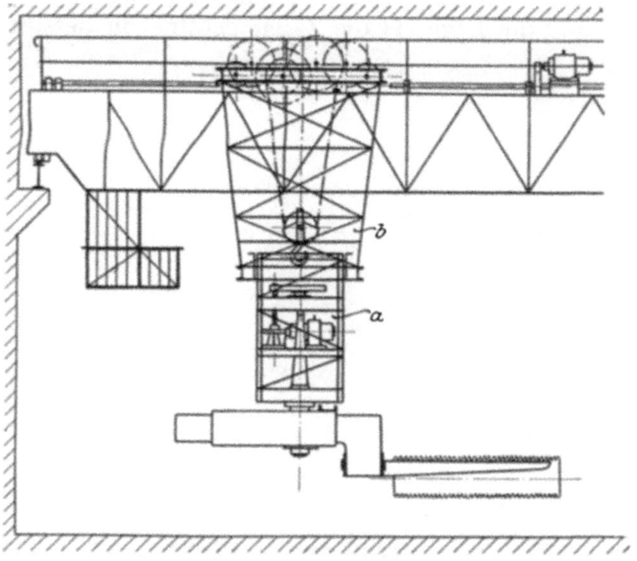

Abb. 402. Wellrohrbeschickkran (Schalke).

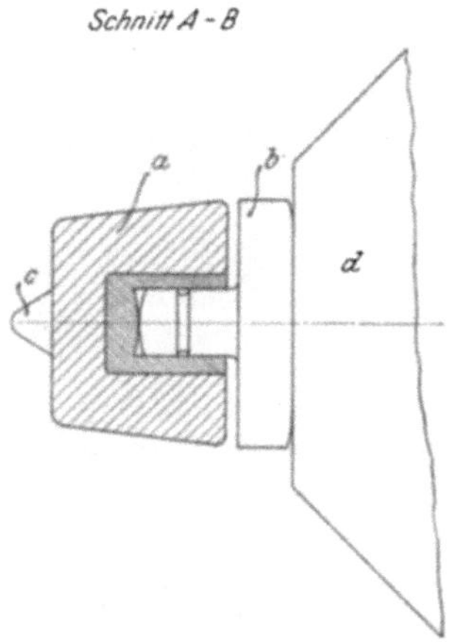

Abb. 401. Greifbackenausbildung (Duisburg).

stange so gelagert, daß die Radscheiben von den gegenseitigen Handgriffen aus etwas gehoben und gesenkt werden können, um sie vom Amboß lockern zu können. Um diese Arbeit zu erleichtern und auch das in die ganze Konstruktion fallende Lastmoment zu verkleineren, ist die halbe Nutzlast, d. i. 150 kg, durch ein Gegengewicht am Handhebel ausbalanciert. Die Führungsstange selbst, die für eine leichte Drehbarkeit der Zange in einem Kugellager aufgehängt ist, wird oben in einem zweckmäßig an zwei Rundstäben gleitenden Rollenkopf und unten in einem in das Stützgerüst eingesetzten Lager sehr sicher geführt. Da die Katze gekrümmte und stark belebte Strekken durchfahren muß, ist ihr Fahrwerk in bekannter Weise kurvenbeweglich durchgebildet, und sie ist außerdem mit einer vom Führer durch Fußtritt zu betätigenden Warnglocke ausgerüstet. Die Katze ist von Petravič gebaut und hat sich im Betriebe seit Jahren bestens bewährt.

Abb. 404. Radscheiben-Transportkatze (Witkowitz).

Eine neuere Radreifenbeförderungskatze (Tigler) mit heb- und drehbarer Zange für 3 t Tragfähigkeit ist weiterhin durch Abb. 405—409 wiedergegeben. Die zum Befördern vorgewalzter Radreifen zur Presse dienende Katze ist bei Ausbildung der Zange nach A_1 zum Erfassen von Radreifen von 600—1000 mm Außendurchmesser befähigt, nach A_2 für 900—1540 und nach A_3 für 1470—2140 mm große Räder. Dabei veranschaulicht die gezeichnete Lage I die Zange in geöffneter und höchster Stellung, die Lage II die Zange in geschlossener höchster Stellung und die Lage III die Zange geöffnet in tiefster Stellung.

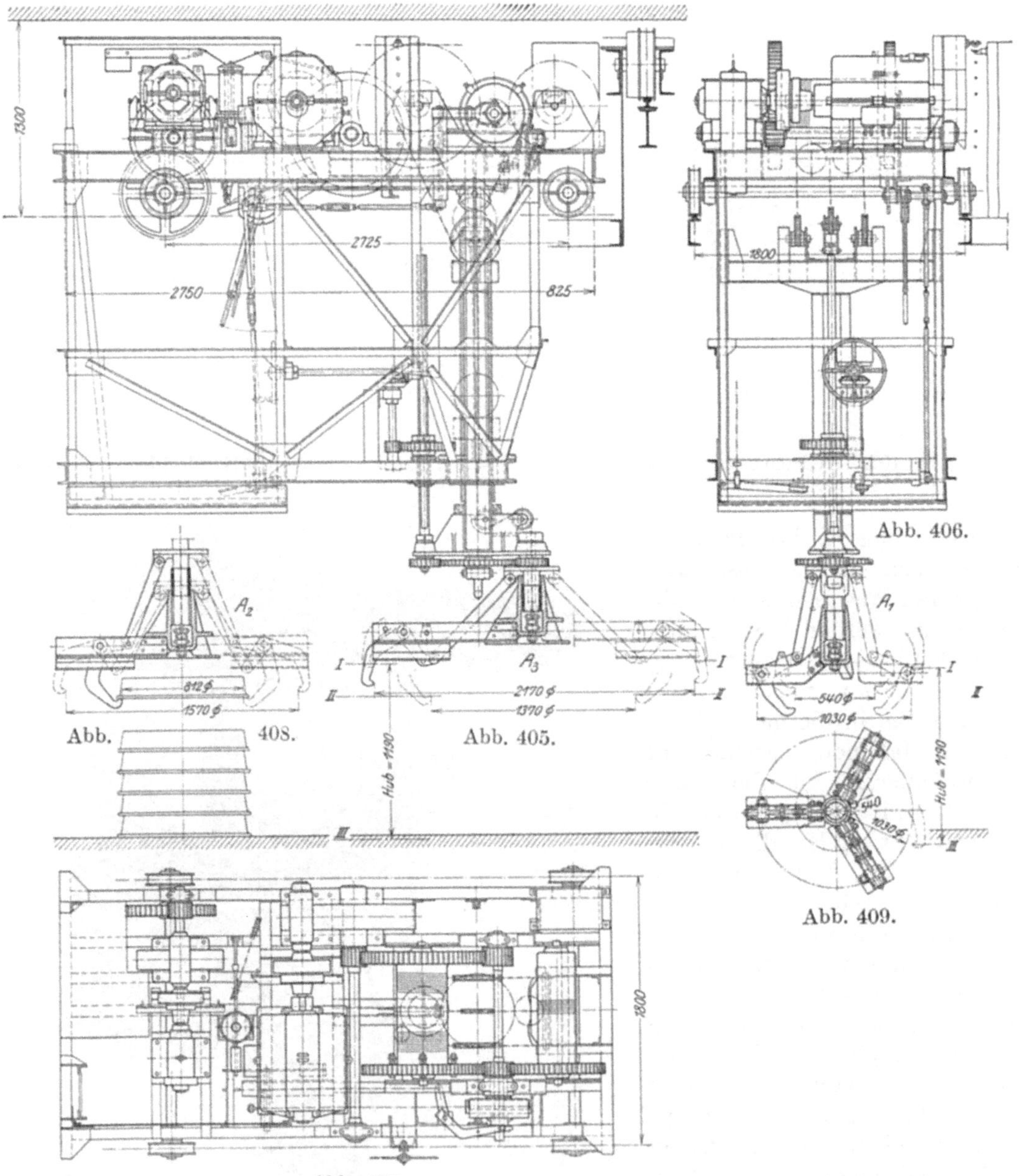

Abb. 406.

Abb. 408.

Abb. 405.

Abb. 409.

Abb. 407.

Abb. 405 bis 409. Radreifen-Transportkatze.

Eine andere Sonderausbildung eines Einsetzkranes — für Schweißpakete — ist endlich in den Abb. 410 bis 412 nach einer Ausführung von Piechatzek für die Marthahütte veranschaulicht. Während dort bisher die Pakete mittels auf Wagen ruhender Schaufeln von Hand eingesetzt wurden, wird dies jetzt durch den dargestellten Kran wesentlich erleichtert, indem die Transport- und Hubbewegungen elektromotorisch vor sich gehen und auch das Aufnehmen der Pakete leicht von einer durch Hand zu bedienenden Zange[1]) erfolgt. Das Feststellen der letzteren kann (zwischen Maulweiten von 150—300 mm) zweckmäßig an einem gezahnten Bügel vorgenommen werden. Der

Abb. 410. Einsetzkran für Schweißpakete (Marthahütte).

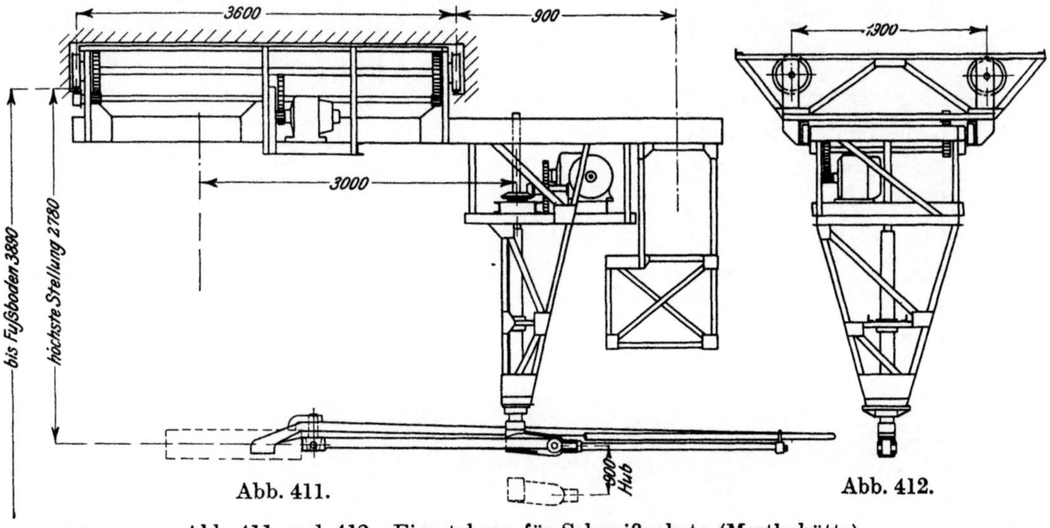

Abb. 411. Abb. 412.

Abb. 411 und 412. Einsetzkran für Schweißpakete (Marthahütte).

---

[1]) Die Zange wurde nach den Angaben von Generaldirektor Stapf der Ternitzer Stahl- u. Eisenwerke ausgeführt.

für 2 t Tragkraft berechnete Kran, der eine Produktion von 100 t in 24 Stunden zu bewältigen hat, zeichnet sich sowohl durch eine für den vorliegenden Zweck wohlangebrachte Einfachheit als auch ganz besonders durch seinen außerordentlich niedrigen Anschaffungspreis von 7500 M. aus. [Die Arbeitsgeschwindigkeiten und Motorleistungen betragen dabei für das Heben 3—4 m/min (4 PS), für das Katzenfahren 30—35 m/min (2,5 PS) und für das Kranfahren 50—55 m/min (4 PS).]

R. Preß- und Hammerwerk.

Die in dem vorhergehenden Beispiel gezeigte Bedienung einer Schmiedepresse durch einen sich in einem starren Krangerüst führenden Zangenschwengel würde für solche Fälle, wo es sich, wie ja meistens, um das Schmieden oder das Hämmern schwerer Werkstücke handelt, nicht durchführbar sein. Ganz abgesehen davon, daß die bei der Bearbetung solcher schweren Werkstücke auftretenden Stöße von einem starren Krangerüst und weniger noch von einer ausladenden Zangenkonstruktion ohne Beschädigungen nicht aufgenommen

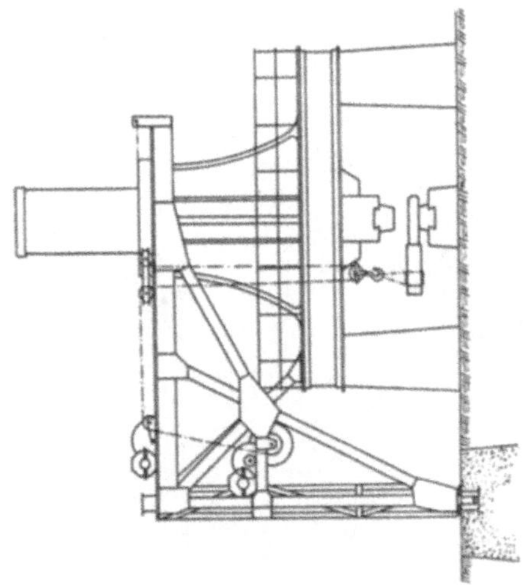

Abb. 414.

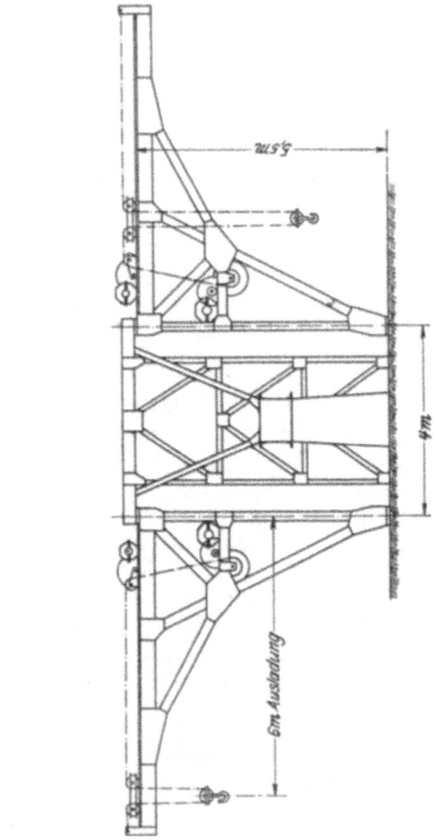

Abb. 413.

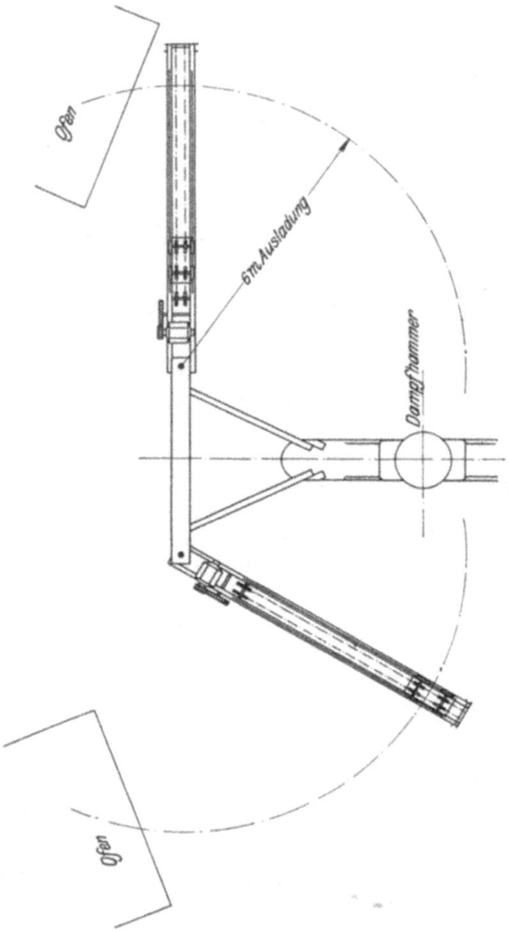

Abb. 415.

Abb. 413 bis 415. Drehkrananordnung an einem Dampfhammer (Bochum).

werden könnten, schließt die Unhandlichkeit solcher Arbeitsstücke, die während des Pressens oder Hämmerns ja meistens auch noch gedreht werden müssen, die Verwendung zangenartiger Tragmittel vollends aus. Vielmehr hat sich dafür die federnde Einhängung der Last in lose und ausweichbare Zugorgane seit langem als die bewährteste Methode erwiesen. Und zwar für die Bedienung von Hämmern unter Zuhilfenahme feststehender Drehkrane, für die Bedienung von Pressen, wofür ungleich schwerere Lasten in Frage kommen, unter Verwendung von Laufkranen. Gelegentliche Ausnahmen bestätigen auch hier die Regel.

Bei kleinen Blöcken und bei kleinen Schmiedemaschinen kann natürlich die Auf stellung eines leichten, von Hand oder nur teilweise durch Kraft betriebenen Schwenkarmes vollkommen ausreichend und zweckentsprechend sein. Zum Beispiel werden in solch' einfachster Weise im Oberbilker Stahlwerk die kleinen Blöcke aus dem Wärm-ofen der nebenstehenden Presse durch eine Handgabel zugeführt, die in Rollen an einem zwischen Ofen und Presse stehenden Schwenkarm hängt. Gewöhnliche Säulendrehkrane mit Hand-, Dampf-, Druckwasser- oder Elektromotorantrieb arbeiten ja schon seit jeher in den meisten Hammerwerken[1]).

Abb. 416. Schmiedekrane (Reisholz).

Von der üblichen Einzelanordnung der Krane unterscheidet sich die in Abb. 413 bis 415 wiedergegebene Anlage eines westfälischen Stahlwerkes: Um den großen 120 Ztr.-Dampfhammer mit zwei Öfen gut ausnützen zu können, wurde derselbe nach der gezeichneten Anordnung mit einer von Schenck & Liebe-Harkort gebauten elektrischen Doppelkrananlage ausgestattet. Die Fundamente dieser beiden Drehkrane (von je 8 t Tragfähigkeit) sind mit denen des Dampfhammers vereinigt, während die oberen Zapfenlager der Krane sich durch eine verbindende Eisenkonstruktion gegen den Hammerständer abstützen. Durch diese Befestigung werden die auftretenden horizontalen Kräfte nicht mehr, wie sonst üblich, auf die oft zu schwache Gebäude- bzw. Dachkonstruktion übertragen. — Abb. 406 zeigt die Ausführung einer gleichartigen Doppelanlage von Schmiedekranen (Ardelt) von je 3000 kg Tragkraft und 7 m Ausladung im Preß- und Walzwerk Reisholz b. Düsseldorf.

Wenn das naturgemäß beschränkte Arbeitsfeld vom Drehkran nicht mehr ausreicht, um die Blockbewegung vom Ofen nach dem Amboß durchzuführen, so werden hierzu

[1]) Wegen des historischen Interesses sei bei dieser Gelegenheit als Beispiel auch auf die aus vier Dampfdrehkranen bestehende Anlage zur Bedienung des berühmten Kruppschen 1000 Ztr.-Hammers „Fritz" hingewiesen, die kurz vor dem Kriege nach 50jähriger Tätigkeit außer Betrieb gesetzt worden ist. (Eine plastische Nachbildung dieser Hammerwerksanlage befindet sich übrigens im Deutschen Museum.)

bisweilen wohl auch andersartige Hebetransportmittel verwendet. Beispielsweise ist in Abb. 417 die Bedienung eines 100 Ztr.-Hammers *c* durch zwei parallellaufende 10 t Laufkrane *a, b* im Oberbilker Stahlwerk skizziert. Das Arbeitsfeld solcher Laufkrane ist im allgemeinen ja für eine unbegrenzte Entfernung der Öfen vom Amboß herstellbar; im vorliegenden Falle ermöglicht es die Sonderbauart der Katze in schätzenswerter Weise, die Aufhängung der Last bis auf 600 mm an die Hammermitte heranfahren zu können. Als ein weiterer Vorteil des Laufkranes muß in solchen und ähnlichen Fällen die einheitliche Bedienung durch einen Mann für die ganze Blockbewegung gelten.

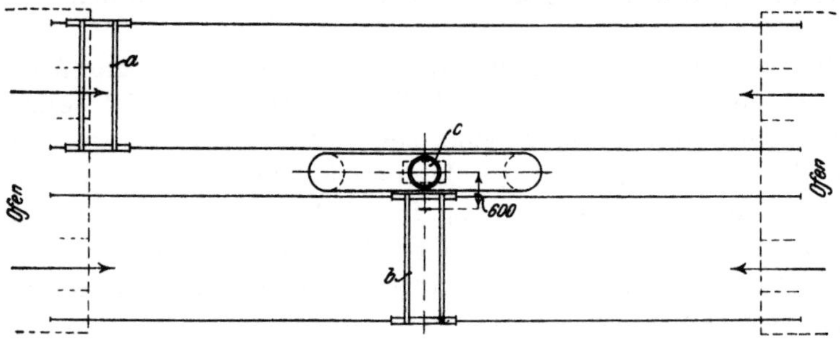

Abb. 417. Laufkrananordnung an einem Dampfhammer (Oberbilk).

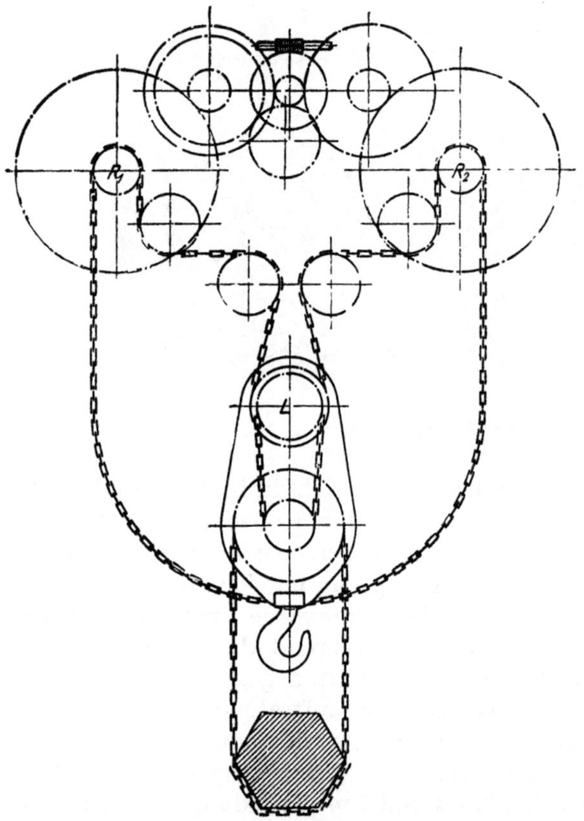

Abb. 418. Schema einer Wendevorrichtung für Schmiedestücke.

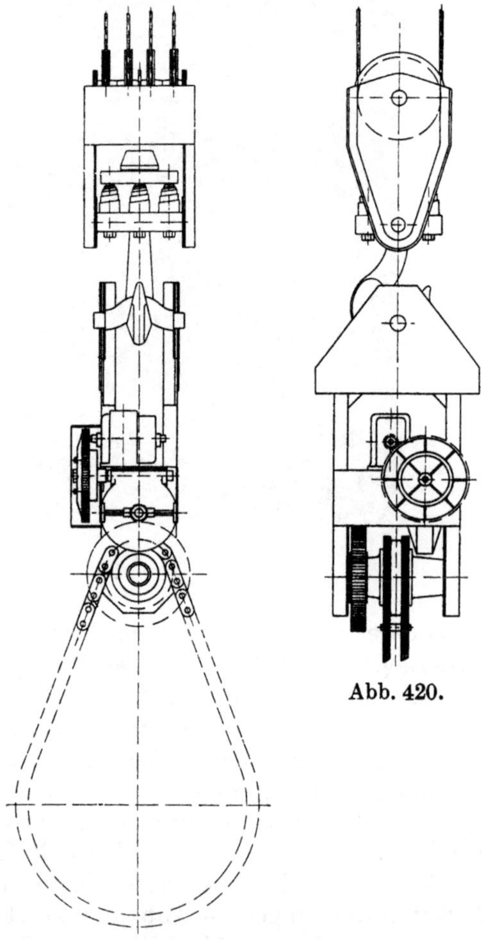
Abb. 419.

Abb. 420.

Abb. 419 und 420. Elektr. Wendevorrichtung für Schmiedekrane (Döhlen).

Für die Bewegung und die Abstützung der zur Bearbeitung durch die Schmiedepresse bestimmten, oft außerordentlich schweren Stücke dient, wie gesagt, in der Regel ein gewöhnlicher Laufkran, der zwar seinem besonderen Zweck durch eine besondere Ausbildung verschiedenen Zubehörs oft noch Rechnung trägt. In erster Linie durch ein Lastgehänge, das sich in gleicher Weise zur Stützung und zum Wenden der Blöcke, Wellen od. dgl. wie auch zur Aufnahme von Stößen und zusätzlichen Drücken, die nur gemildert auf die eigentliche Krankonstruktion übertragen werden sollen, eignet. Die letztgenannte Wirkung wird wohl von jeher ausnahmslos durch Einschalten genügend kräftiger Federn zwischen Werkstück und Kran erreicht. Die Mittel zur Erzielung des **Lastwendens** dagegen haben im Laufe der Zeit doch grundsätzliche Änderungen erfahren. Bestanden sie früher meistenteils in einem gewöhnlichen Hilfswindwerk, dessen Zug jedesmal durch Anschließen an das in der Krankette hängende Schmiedestück tangential auf dieses übertragen wurde[1]), so geht beim modernen Schmiedekran

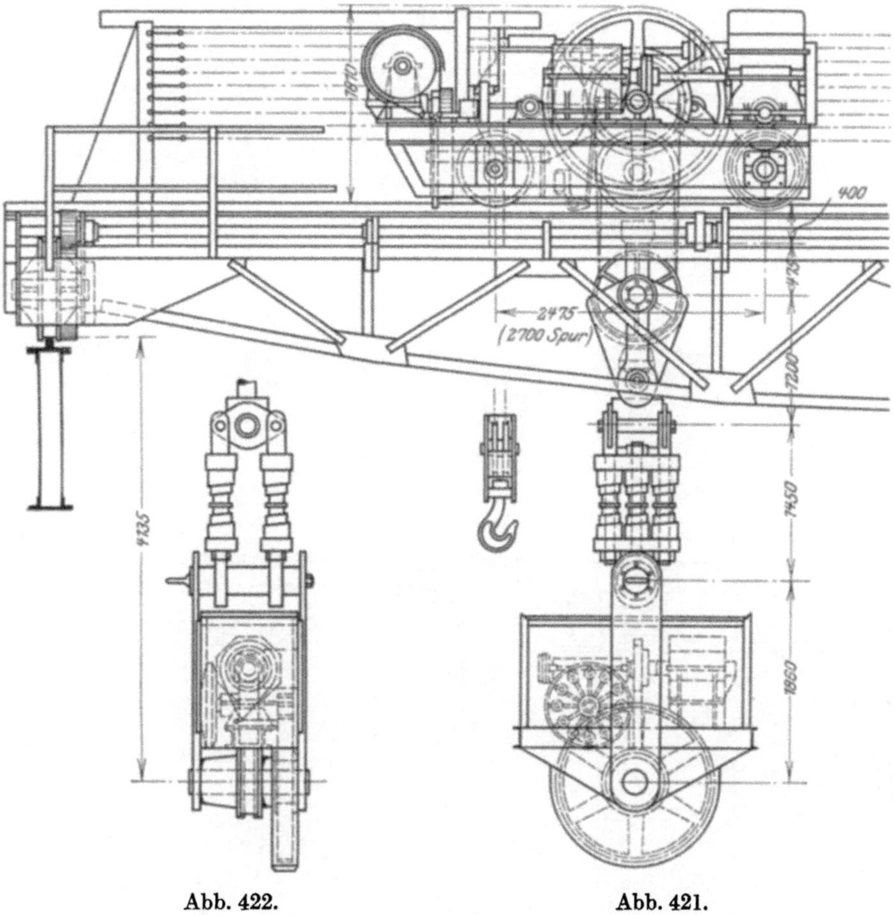

Abb. 422. Abb. 421.

Abb. 421 und 422. Schmiedekran mit elektrischer Wendevorrichtung (Witkowitz).

das Streben zunächst dahin, auch das Wenden des Schmiedestückes ohne besondere Handmanipulationen durch den Kranführer allein zu bewirken. Nach einem Vorschlag von Erich Becker hat man sich hierfür (z. B. in der Poldihütte) einer besonderen Bauart der Katze bedient, wie sie nach Form und Wirkungsweise aus Abb. 418 ersichtlich ist. Die Lastflasche L hängt in einer Kettenschleife, deren beide Trume über Leiträder an der Katze nach den Antriebsrollen R 1 und R 2 des gemeinsamen Winde- und Wendewerkes geführt sind. Werden diese Rollen vom Motor in gleichem Sinne mit gleicher Geschwindigkeit bewegt, so wandert die Kette bloß in sich, die anhängende Flaschenrolle L dabei in Drehung versetzend. Wird die eine Antriebsrolle dagegen auf die andere Drehrichtung mit gleicher Geschwindigkeit umgekuppelt, so erfolgt lediglich eine senkrechte Bewegung der Flasche, also ein Heben oder Senken der Last. Die ersterenfalls eintretende Drehung

[1]) Auch sind hierfür mitunter an der Presse selbst Flaschenzüge oder hydraul. Hubzylinder — z. B. Henrichshütte — angebracht.

der losen Rolle L wird durch einen Gallschen Kettentrieb innerhalb des Flaschengehäuses auf die um das Werkstück gelegte Tragschlinge und somit auch auf dieses selbst übertragen.

Neuerdings wird die gleiche Arbeitsfähigkeit, die bei diesen Kranen durch eine besondere Bauart von Windwerk und Kettenführung, durch Antrieb von der Krankatze aus erreicht wurde, auch bei ganz normalen Laufkranen erzielt. Und zwar durch

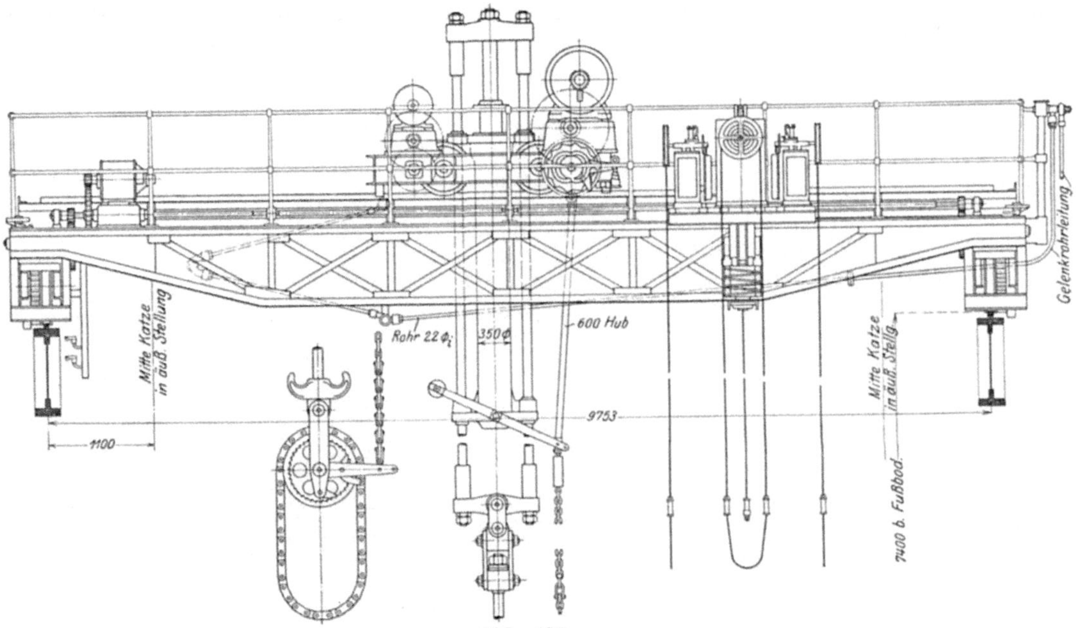

Abb. 423.

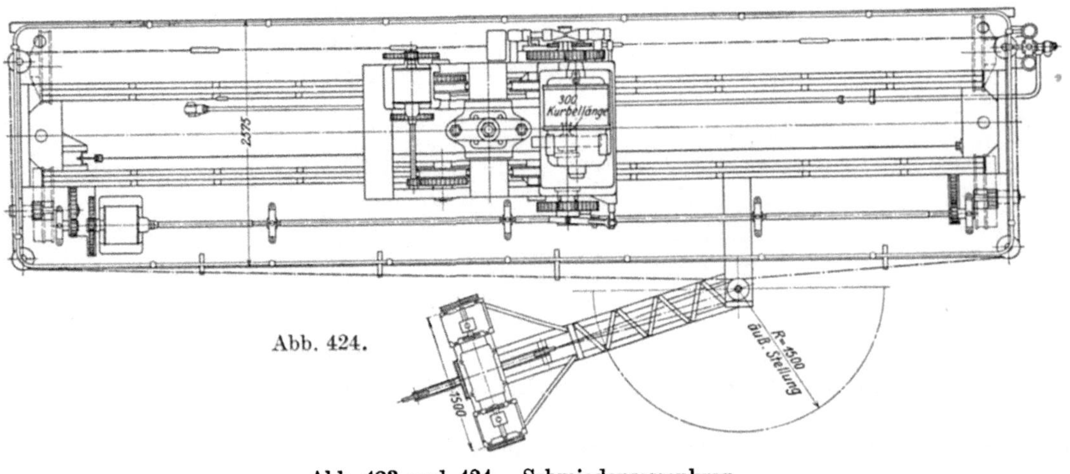

Abb. 424.

Abb. 423 und 424. Schmiedepressenkran.

Einhängen einer mit selbständigem Motorantrieb versehenen Wendevorrichtung an die Kranflasche. Die Abb. 419 und 420 gibt das Wesentliche eines solchen Wendegehänges, nach einer Ausführung eines 25 t-Schmiedelaufkranes von Zobel-Neubert für die Gußstahlfabrik Döhlen, wieder: Die in den Kranhaken eingehängte Vorrichtung arbeitet mit einem eigenen Elektromotor (2,5 PS) durch ein dreifaches Vorgelege auf eine Kettennuß, um die die Wendekette gelegt ist[1]). Die dabei sich ergebende Wendegeschwindigkeit entspricht einer minutlich zweimaligen Umdrehung dieser Kettennuß. — Eine wohl grundsätzlich gleiche, jedoch viel schwerere Wendevorrichtung, wie sie an einem von

[1]) Die ursprünglich vorgesehene Gallsche Gelenkkette ist durch eine Gliederkette (43 mm Durchmesser) ersetzt worden.

der Maschinenfabrik Andritz an das Eisenwerk Witkowitz zur Bedienung einer 4500 t-Schmiedepresse gelieferten 80 t-Schmiedekran angebracht ist, zeigen die Abb. 421 und 422. Aus der eingezeichneten Seitenansicht geht noch die bei Wendevorrichtungen besonders schätzenswerte geringe Baubreite hervor, die der Wendekette ein nahes Herankommen an die Arbeitsstelle und dadurch ein möglichst sicheres Manövrieren gestattet. Die Steuerung erfolgt bei diesem Krane von einer dicht neben der Schmiedepresse fest aufgestellten Bühne aus; eine Anordnung, die wegen der dadurch verbesserten Übersehbarkeit der Arbeitsstelle recht empfehlenswert ist, besonders dann, wenn die Geringfügigkeit der Transportwege ein Mitfahren des Kranführers sowieso entbehrlich macht. In diesem Fall ermöglicht ein 19 pferd. Motor ein vollständiges Wenden des schwersten Stückes $2^1/_4$ mal in der Minute.

In Bau und Arbeitsweise ganz eigenartig ist der Schmiedepressenkran (Grusonwerk) nach Abb. 423 und 424. Der für 20 t Tragkraft, 9,75 m Spannweite und 2,44 m Hub ausgeführte Kran arbeitet mit einem auf der Katze aufgestellten hydraulischen Hubwerk, während zum Drehen der Schmiedestücke eine von oben betätigte Wendevorrichtung mit Klinkwerk dient. Auf einem am Kranträger angebauten Drehausleger sind die Motoranlasser — die Fahr- und Wendebewegungen erfolgen elektrisch — und die Steuerungsteile so aufgestellt, daß sie durch Zugschnüre unmittelbar an der Presse bedient werden können. — Auch sei an dieser Stelle kurz noch einer Vorkehrung gedacht, die die Bewegung des Schmiedestückes vom Ofen nach der Presse gleichfalls zu erleichtern und zu beschleunigen imstande ist. Während der auszuschmiedende Block gewöhnlich mit seinem anderen Ende aus dem Ofen ragt und für die Weiterbearbeitung immer erst mühsam daran herausgezogen werden muß, erfolgt (in einem großen rheinischen Stahlwerk) das Ein- und Ausbringen der schweren Blöcke zweckmäßig in der durch Abb. 425 skizzierten Weise: Der Herd, d. i. die Bodenplatte des Ofens, ist mit dem darauf liegenden Block *a* durch einen elektrisch betriebenen Kettenzug *b* herausziehbar, worauf der Block sehr leicht durch die untergelegte Kettenschlinge *c* der am Kran hängenden Wendevorrichtung *d* hochgenommen und der Presse zugeführt werden kann. Bei dem vorliegendenfalls recht stattlichen Blockgewicht von 16 t erscheint dieses Verfahren, das in ähnlicher Weise auch bei der Fabrikation schwerer Panzerplatten gehandhabt wird, besonders angebracht.

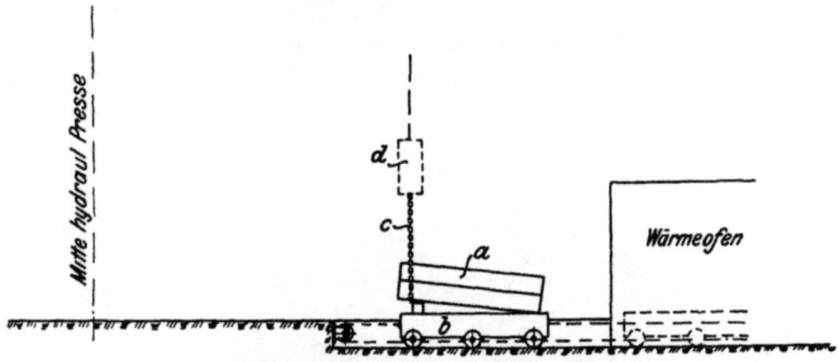

Abb. 425. Blockausziehwagen.

S. Blocklager.

Soweit bei den bisher beschriebenen Kranen eine Bewegung von Blöcken in Betracht kam, d. h. in der Gießhalle und bei den Wärmöfen, hatten die dafür verwendeten Hilfsmittel teils auf die sehr hohe Temperatur dieser Blöcke, teils auf das Arbeiten in den Öfen bzw. auf die Lagerungsart der Blöcke in diesen Bedacht zu nehmen. Fallen solche Rücksichten bei dem Transport von Blöcken fort, wie etwa bei dem eigentlichen Blocklager, so wird die Kranausbildung, zunächst des Greiforgans, dahin zielen können, eine möglichst schnelle Stapelung bzw. Verladung der Blöcke selbstverständlich auch unter tunlichster Ausschaltung von Lagerarbeitern, vorzunehmen. Bei der Wahl des Kransystems wird andererseits die Rücksicht auf den übrigen Verkehr und mehr noch auf eine intensive Ausnutzung der zur Verfügung stehenden Lagerfläche von Einfluß sein müssen. In der Regel wird die Anfuhr der Blöcke über weitere Entfernungen durch Gleistransporte erfolgen, und der Bocklagerkran wird nur das Entladen, Stapeln, Wiederentnehmen und -verladen der Blöcke ausführen. Für die als Greiforgane hier in gleichem Maße geeigneten Zangen oder Magnete ergibt sich eine starre Führung meistens als das Zweckmäßigste, da hierdurch das exakte Aufsetzen von Zange oder Magnet auf die Blockstapel, sowie deren genaue Schichtung im allgemeinen auch ohne besonderen Platzarbeiter vom Kranführer aus vorgenommen werden kann.

Die Abb. 426 bis 428 geben ein Beispiel eines derartigen mit Zange arbeitenden Blocklagerkranes. Dieser Kran, der von Zobel, Neubert & Co. an die Baildonhütte geliefert wurde, vermag durch die große Spitzenverstellbarkeit seiner Zange nicht sowohl einzelne als auch mehrere Blöcke gleichzeitig — bis zu einem Gesamtgewicht von 5 t — zu fassen. Die Lagerung der Blöcke erfolgt dabei in der aus der Photographie noch erkenntlichen Art in kreuzweisen Schichten, unter Auslassung eines Blockes in der Mitte jeder zweiten Schicht, an dessen Stelle sich die Zange um die untere, tragende Blockreihe legt. Das Vorhandensein eines Drehwerkes für die Zange ermöglicht es dieser, die in der eben beschriebenen Weise gekreuzt auf die Transportwagen abgesetzten Blöcke sofort parallel zu richten, so daß sie bei ihrer Ankunft vor dem Wärmofen ohne weiteres in diesen gestoßen werden können. Der Wert dieser Zangendrehbarkeit geht überzeugend auch daraus hervor, daß bei gelegentlichem Außerbetriebsein derselben[1]) stets noch zwei Mann für jene Gleichrichtung der Blöcke erforderlich werden. Das Heben und Steuern der Zange erfolgt, wie gesagt, allein vom Kranführer aus. Zwischen den beiden Hubtrommeln, an die der Zangenträger aufgehängt ist, sitzt lose auf der Welle die Steuertrommel für die Zangenschenkel, durch eine Schleifkupplung jedoch mit den Hubtrommeln sich drehend. Durch Bremsung dieser Steuertrommel, die das durch den Zangenträger hindurchgehende Steuergestänge aufnimmt, wird eine Relativbewegung zwischen diesen erreicht und dadurch in bekannter Weise ein Öffnen oder Schließen der Zange bewirkt. Eigenartig bei dieser Zangensteuerung ist indes die Aufhängung des Steuerseiles an einem in einer Führung beweglichen und vom Maschinisten gut übersehbaren Gewicht. Hierdurch wird, wenn die Zange geöffnet oder geschlossen und die Steuertrommel noch gebremst ist, ein Schlappwerden der Seile verhindert und gleichzeitig wird der Kranführer dadurch, daß sich das Gewicht von seinem Anschlage entfernt, auf ein Lüften der Bremse aufmerksam gemacht.

Abb. 426. Blocktransportkran (Kattowitz).

Hat sich die vorbeschriebene, verhältnimäßig einfache Blockzange in langjährigem und sehr angestrengtem Betriebe durchaus bewährt, so kann eine weiter getriebene konstruktive Spezialisierung derselben doch unter Umständen ihren Ersatz durch das gerade Gegenteil, d. h. durch eine Zange allereinfachster Form, wieder wünschenswert erscheinen lassen. Im allgemeinen ist ja der Übergang zu komplizierteren Konstruk-

[1]) Da die Zange bei heftigem Betrieb zuweilen bis gegen das exponierte Drehwerk gehoben wird und dadurch Zahnbrüche verursacht werden, dürfte sich hier, wie auch in anderen Fällen, eine geschützte Anordnung des Räderwerkes empfehlen.

tionen, im vorliegenden Falle von Zangen, die dadurch wohl zu selbständigem Arbeiten befähigt sind, doch in solchen Fällen wenig am Platze, wo die damit ersparten Arbeiter für andere Zwecke an dem Platze doch nicht ganz entbehrlich werden. Zur Kennzeichnung dessen möge die in Abb. 429 dargestellte Zange eines Blocklagerkranes (Demag) im Stahlwerk van der Zypen angeführt werden, die für eine möglichst sichere Erfassung verschieden langer Blöcke mit stufenförmigen Schenkeln *a*, *a'* ausgestattet war[1]). Die geringe Einstellbarkeit der verschiedenen Maulweiten ermöglichte indes stets nur das Fassen eines einzigen Blockes und behinderte so die Leistungsfähigkeit des Kranes. Nachdem man jetzt an Stelle dieser Spezialzangen zwei ganz gewöhnliche Blockzangen (*a*, *a'* in Abb. 430) an den nämlichen Kran gehängt hat, vermag man mit diesem auf einmal bis zu 16 Blöcke zu heben. Der hierfür bei entsprechender Schichtung der Blöcke (nach Abb. 431) lediglich zum Anlegen der Zangen nötige Arbeiter ist für die Bedienung der benachbarten Einstoßvorrichtung, vor der die Blöcke abgesetzt werden, sowieso vorhanden, ohne hierfür aber voll ausgenützt zu werden.

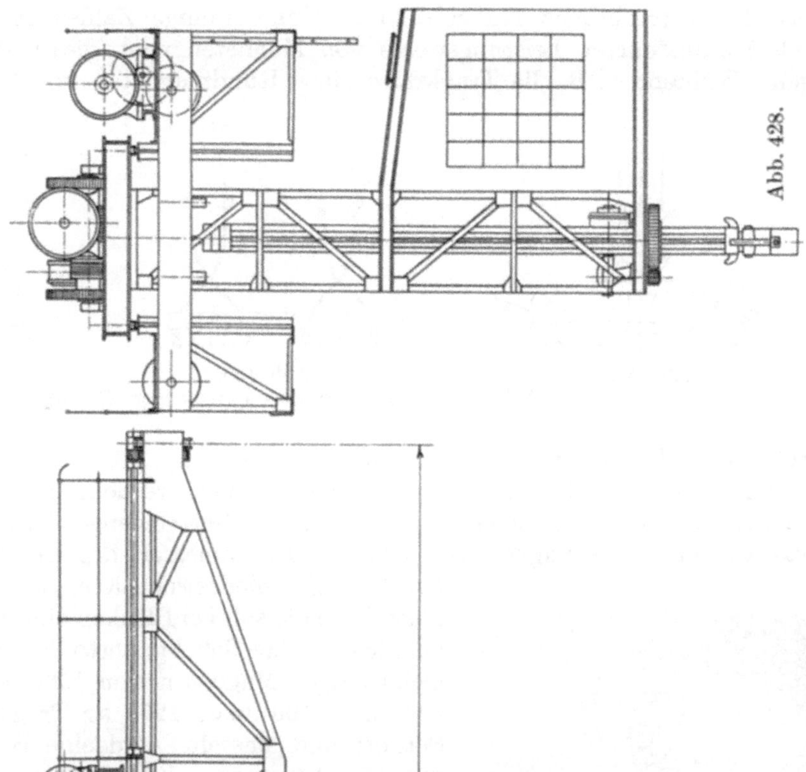

Abb. 428.

Abb. 427.

Abb. 427 und 428. Blocktransportkran (Kattowitz).

Sehr naheliegend und mit bestem Erfolg schon vielfach durchgeführt ist indes der Ersatz einer mechanischen Greifvorrichtung durch eine magnetische für das Anheben

[1]) Vgl. Stahleisen 1913, Nr. 16. — Zangen verschiedener Bauart sind beschrieben z. B. von Wintermeyer: Fördertechn. 1911, Heft 9.

kalter Blöcke. Die gedrängte Form dieser Lasten, die bei ziemlich ebener Oberfläche, bei gleichmäßiger Schichtung und bei möglichster Beschränkung der Luftzwischenräume den Kraftlinien des Magneten einen wirksamen Angriff ermöglicht, gestattet in sehr vorteilhafter Weise die Verwendung verhältnismäßig kleiner und leichter Magnete selbst für beträchtliche Hubgewichte. Einige wenige Zahlen mögen die an früherer Stelle[1]) aufgeführten Leistungswerte von Magneten nach dieser Richtung vervollständigen. Während z. B. die Tragkräfte eines Rundmagneten von 570 mm äußerem Pol-

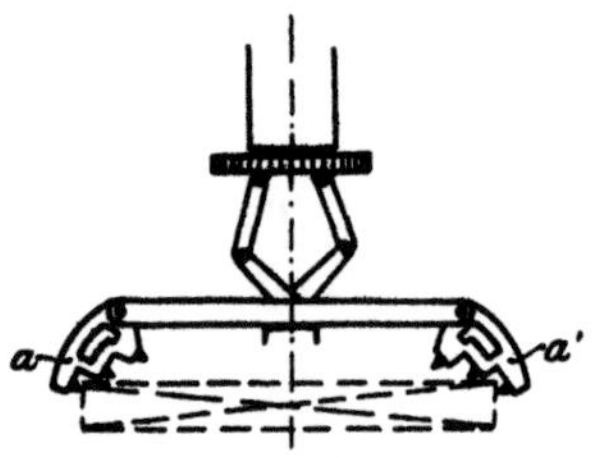

Abb. 429.

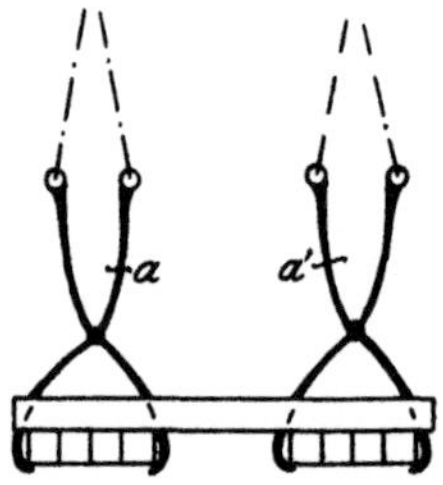

Abb. 430.

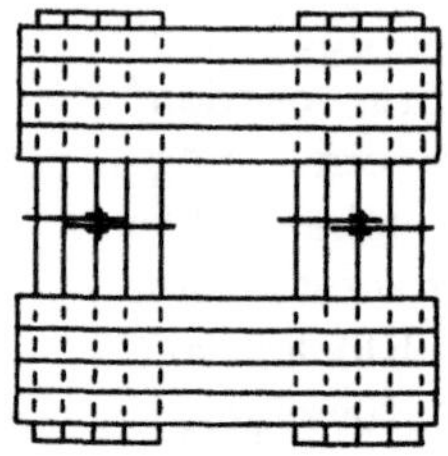
Abb. 431.

Abb. 429 bis 431. Blockzangentransport (Köln).

durchmesser der A.E.G. für Gußeisenspäne zu 90 kg, für Schrott zu 150 kg und für Masseln günstigsten Falles zu 300 kg angenommen werden, beträgt dessen praktische Hubkraft bei Blöcken 3000 kg[2]) (bei einem Nettoeigengewicht von 425 kg!). Ein etwas kleinerer Hebemagnet, von 500 mm Durchmesser, des Eisenacher Magnetwerkes, der 80 kg Schmiedeeisenspäne, 150 kg Schrott oder 250 kg Masseln hebt, soll bei Blöcken eine Tragkraft von 2000 kg entwickeln (bei 350 kg netto Eigengewicht); für einen gleichartigen Magneten von 1500 mm Durchmesser und 600 bzw. 700 bzw. 1200 kg Tragvermögen für Späne, Schrott und Masseln, wird eine Blocktragkraft von sogar 18000 kg angegeben (bei einem Eigengewicht des Magneten von 1900 kg netto). Ein Magnet von 915 mm Durchmesser der Cutler-Hammer-Clutch Co., Milwaukee, soll an Drahtabfällen 225, an Kesselblechabfällen 315, an Masseln (Sandguß) 360 kg, an Blöcken oder Brammen dagegen fast 9000 kg heben können (815 kg Eigengewicht). Ein anderer Magnet amerikanischer Herkunft endlich, der einen Block von 10000 lbs[3]) hob, hat aus einem Masselhaufen nur eine einzelne Massel von 100 lbs Gewicht gehoben[4]). Als Höchstleistung eines modernen Hebemagneten, von rund 2000 mm Durchmesser, wird eine Tragfähigkeit von nicht weniger als 75000 kg angegeben[5]).

Abb. 432. Magnet. Blocktransport (Benrath).

Kann sich die volle Tragkraft des Magneten nicht an einem einzigen Block erschöpfen, sondern hat er hierfür mehrere Blöcke gleichzeitig anzuheben, so wird durch die geringere Anpassungsfähigkeit der verschiedenen Blockoberflächen die Leistung des Magneten naturgemäß mehr oder minder beeinträchtigt. Berücksichtigt man bei dessen Ausbildung die für das magnetische Anheben ungünstige Lagerung der z. B. mit wechselseitig gerichteter Konizität liegenden Blöcke, so dürfte sich dieses durch trotzdem recht beachtenswerte Leistungen bemerkbar machen. Um auch hierfür ein konkretes Beispiel anzuführen, sei der zum Verladen von Blöcken im Blechwalzwerk von Capito & Klein in Benrath

---

[1]) Siehe S. 120 u. ff.

[2]) Die theoretische Tragkraft dieses Magneten, d. h. die sog. Abreißkraft bei vollkommen ebenem (gehobeltem) Block ist 6000 kg.

[3]) 1 lb entspricht etwa 0,9 Pfund.

[4]) Siehe Eastwood: Cassiers Magazine 1906, Dezember.

[5]) Vgl. Scheuermann: Die Kraftmaschine 1925, Nr. 5.

benutzte Magnet (Abb. 432) erwähnt, der als schätzenswerte Besonderheit eine solche Anordnung der inneren Pole aufweist, daß die Blockschichten ohne nennenswert schwächenden Einfluß auf die magnetische Tragkraft auch kreuzweise abgelegt werden können. Dieser von Schenck & Liebe-Harkort gebaute Magnet von 750 mm im Quadrat vermag gleichzeitig drei Blöcke von über 2000 kg Gesamtgewicht auch

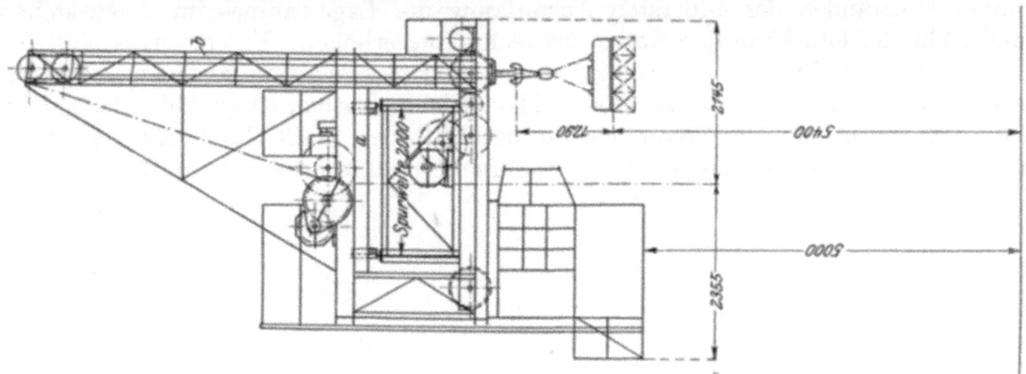

Abb. 434.

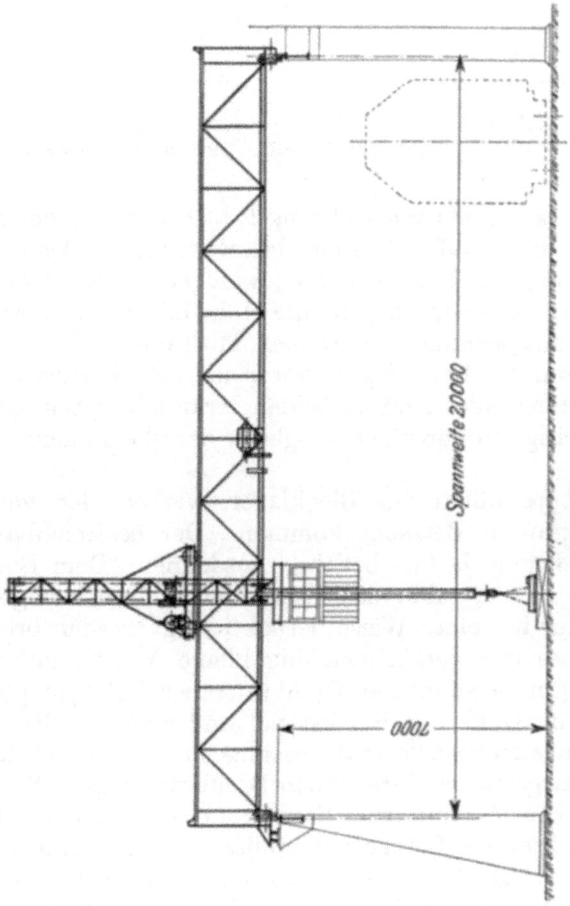

Abb. 433.

Abb. 433 und 434. Magnetischer Blocktransportkran (Witten).

bei wechselseitig gerichteter Konizität derselben, also auch bei recht ungünstiger Berührung der Last anzuheben. Die mit dem in Rede stehenden Kran angestellten Betriebsermitteluugen haben denn auch zu recht günstigen Ergebnissen geführt: Es wurden zum Verladen eines 15 t-Waggons, d. h. von 22—25 Blöcken, bei einem durchschnittlichen Förderwege von 6—7 m nur 0,24 Kilowattstunden und eine Zeit von nur 15 Minuten gebraucht. Berücksichtigt man dabei, daß die Krankonstruktion nicht einmal für eigentliche Magnetverladezwecke ausgebildet war — z. B. ohne starre Führung und Drehwerk des Magneten, mit einem besonderen Bedienungsmann auf Flur u. a. — so kann wohl angenommen werden, daß andernfalls sich jene Verladezeit unter weiterer Beschränkung der Betriebskosten auf vielleicht 8—10 Minuten verkürzen lassen würde.

Eine solche starre Führung des Magneten kann die Zeitverluste für das ordnungsgemäße Aufsetzen und für das Ablegen der Blöcke zwar wesentlich verringern, und zwar in erhöhtem Maße mit zunehmender Fahrgeschwindigkeit des Magneten, sie kann jedoch unter Umständen der äußersten Ausnutzung des Lagerraumes im Wege stehen, will man nicht die Fahrbahn der Katze unzweckmäßig erhöhen. Einen wirksamen Ausweg verschafft auch hier die Anordnung eines Führungsgerüstaufbaues an der Katze an Stelle eines gewöhnlichen Hängegerüstes. Ein solcher Aufbau ist in Abb. 433 und 434 in einer Ausführung von Lauchhammer für das Wittener Stahlröhrenwerk ersichtlich. Die in größerem Maßstabe aufgezeichnete Seitenansicht läßt erkennen, daß der Magnet

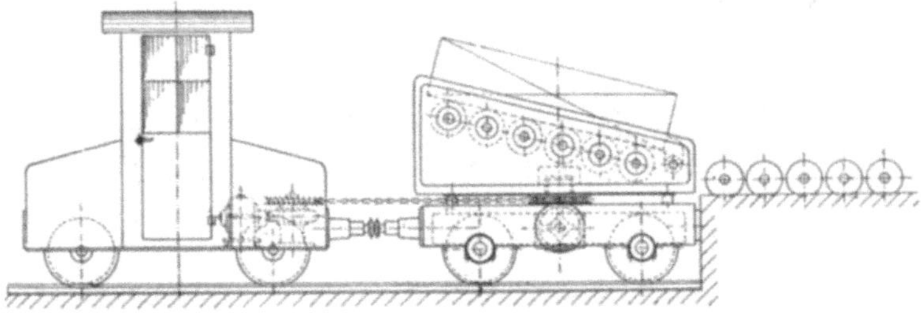

Abb. 435.

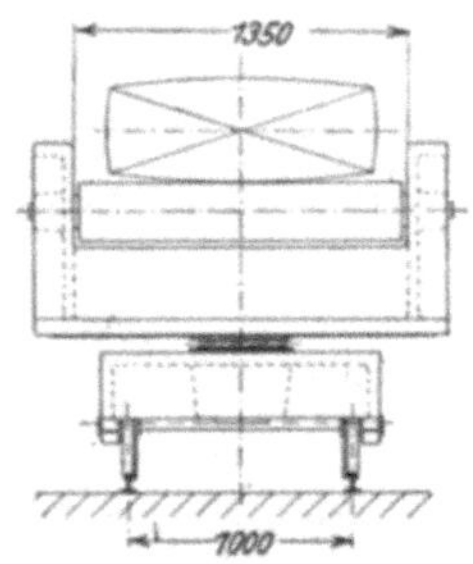

Abb. 436.

Abb. 435 bis 437. Blocktransportwagen.

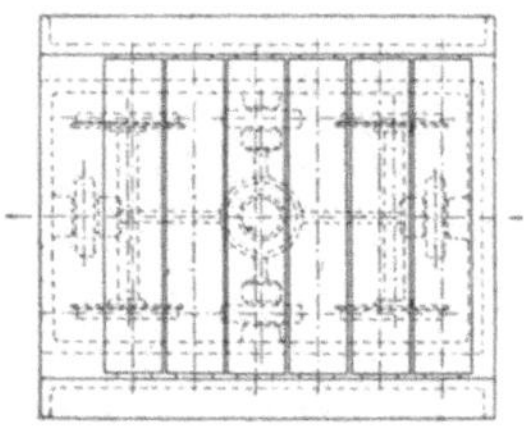

Abb. 437.

trotz seiner starren Führung b in hochgezogener Stellung nicht mehr Platz auf dem Lager beansprucht als der Führerkorb, der für ein gutes Erkennen der jeweiligen Arbeitsstelle an der Katze fahrbar befestigt ist; um die Höhe der Kranträger für den Lasthub mit ausnutzen zu können, läuft die Katze a auf den oberen Gurten der Kranträger; durch die gegenseitige Befestigung des Magnetgerüstes und des Führerstandes sind zu beiden Kranbahnseiten kleinste Anfahrmasse der Katze und gleichzeitig ein günstiger Ausgleich der überstehenden Belastungen der Katze erreicht.

Als zweckmäßigste Krantype dürfte für Blocklager, wie bei den vorbesprochenen Anlagen der Fall, der Laufkran in Betracht kommen. Der bestreichbare Lagerraum läßt sich bei ihm in jeder Richtung, ja fast beliebig, ausdehnen. Dem Bockkran gegenüber hat er bekanntlich den Vorzug, daß das Fahren auf seiner hochgelegenen Bahn von dem Verkehr auf Lagerflur in keiner Weise berücksichtigt werden braucht und daß für dieses Kranfahren überdies nur verhältnismäßig kleine Massen und Kraftaufwendungen in Frage kommen. Der gewöhnliche Drehkran aber hat ihm gegenüber noch den weiteren Nachteil, daß die Höhe der Blockstapel und auch die Breite des Lagerplatzes durch die praktisch zulässigen Auslegerabmessungen recht beschränkt sind. Die geringere Ausnutzbarkeit einer Lagerfläche durch einen Drehkran möge z. B. durch die Verhältnisse auf dem Blocklager des Martinwerkes Riesa veranschaulicht werden: Während hier früher ein fahrbarer Drehkran die Blöcke nur mühsam bis auf mäßige Höhe stapeln konnte, schichtet sie jetzt ein Laufkran bis nahezu auf die Höhe seiner Fahrbahn. Können hierdurch einesteils schon doppelt so viel Blöcke auf nur halb so große Lagerfläche gestapelt werden, so werden hierfür andernteils auch noch durch die Einführung magnetischen Arbeitens zwei Mann an Bedienung gespart.

T. Walzwerk.

Begnügt man sich bei der Beförderung von Blöcken zum und vom Blocklager, besonders wenn dies von der Gieß- oder der Walzwerkshalle weiter entfernt ist, wohl in den meisten Fällen und ja auch ganz gut noch gewöhnlicher, auf Flur fahrender Blockwagen, so wird man bei der darauf folgenden Überführung der Blöcke vom Wärmofen nach dem Rollgang oder von einer Walzenstraße nach der anderen auf einen möglichst schnellen Transport jedes einzelnen Blockes bedacht sein müssen, um ihm seine Temperatur für das Auswalzen nach Möglichkeit zu erhalten. Für die erstgenannte Operation wird der nach den früher erwähnten Gesichtspunkten zur Bedienung eines Tiefofens oder eines Wärmofens ausgebildete Kran mit besonderem Vorteil dann verwendet werden, wenn die Zange für ein selbsttätiges und sicheres Absetzen des Blockes starr geführt ist[1]) und wenn, wenigstens solange der glühende Block an der Katze hängt, nur diese und nicht auch der Kran zu bewegen ist. Die Erfüllung dieser im Kranbetrieb aus wirtschaftlichen Gründen ja allgemein zu stellenden Forderung, für schnelle oder häufige Bewegungen eben nur die kleinsten Totgewichte mitzuschleppen, dürfte sich bei der Bewegung des auszuwalzenden Blockes durch die kürzestmögliche Transport-, d. i. in diesem Falle Abkühlungszeit besonders günstig fühlbar machen.

Hat der Block bis zum Blockwalzwerk einen weiteren Weg zurückzulegen, so kann für diesen Transport auch eine Einrichtung gute Dienste leisten, wie sie nach einem Entwurfe der Akt.-Ges. Lauchhammer in Abb. 435 bis 437 veranschaulicht ist. Hierbei wird der Block von dem Blockziehkran auf einen mit Walzen versehenen Schrägboden eines Transportwagens abgelegt. Nachdem ein ungewolltes Abrutschen des Blockes durch einen (mittels Handrad) vorgelegten Hebel verhindert ist, wird die drehbare Plattform des Wagens — entweder einfach durch Einstecken eines Drehbaumes oder, wie gezeichnet, maschinell durch einen besonderen Antrieb von der Akkumulatorenlokomotive aus — so eingestellt, daß der vor die Walzenstraße gefahrene Block unmittelbar auf deren Zuführungsrollgang abrollen kann.

Für die Überführung des vorgeblockten Materials nach den Fertigstraßen haben sich gleichfalls schnellfahrende Laufkrane oder -katzen — untenfahrende Hebezeuge sollte man gerade im Walzwerk, wo wegen des einherschießenden Walzgutes der Boden mehr noch als anderswo von allen Hindernissen frei gehalten werden muß, nach Möglichkeit vermeiden — bewährt, die entweder mittels sicher zwischen die Rollgangswalzen ablaßbarer, d. h. starrgeführter Pratzen oder Greifer[2]) oder auch mittels seitlich fassender Zange[3]) den Block über den Rollen aufnehmen und wieder absetzen können.

Neuartig ist in dieser Beziehung der Entwurf einer Blocktransportwinde nach Abb. 438 und 439 (Lauchhammer), wobei der von der Blockstraße abrollende Block auf ein mit Walzen versehenes Plattformgehänge der Katze gleitet und mit diesem auf einer schrägen Ablauffläche vor dem anderen Rollgang niedergelassen und so zum Abrollen gebracht wird. Wie die Zeichnung erkennen läßt, sind die das Walzengehänge tragenden Ketten verschieden lang, und dieses noch mit einer Begrenzung für den aufrollenden Block versehen, der dadurch auch beim Transport vor einem Herabfallen geschützt ist. Das Drehwerk für das Gehänge trägt beliebigen Richtungen der Rollgänge Rechnung; die starre Führung desselben ermöglicht ein schnelles und genaues Absetzen vor denRollgangswalzen. —

Die folgenden Abbildungen zeigen verschiedenartige Kranausführungen für den Transport von Halbzeug, Platinen bzw. Knüppel. Der nach Abb. 440 und 441 von Zobel-Neubert (für 1 t u. 9,1 m) gebaute Kran zeichnet sich trotz Kippratzen und starrer Führung durch große Einfachheit aus. Die seitlichen Kranbühnen sind durch die Abdeckung zwischen den beiden Hauptträgern ersetzt, außerhalb deren die Führungsrohre hochgeführt werden. Hierdurch wird einesteils natürlich eine größtmögliche Leichtigkeit des Kranes, andernteils eine große Hubhöhe bei kleiner Laufschienenhöhe erreicht. — Zwei ältere, von Oerlikon für de Wendel gebaute Krane sind nach Abb. 442 durch die selbständige Aufhängung der kippbaren Pratzen eigentümlich.

[1]) Z. B. van der Zypen, Maximilianshütte-Rosenberg, Phönix-Laar.

[2]) Z. B. Rothe Erde, Völklingen, Friedenshütte. (Bei dem im Trägerwalzwerk der letztgenannten Hütte zum Herüberschaffen der Blöcke von einem Rollgang zum anderen dienenden, außerordentlich schweren Kran (Demag) erfolgt das wippweise Anheben der weit ausladenden Pratzen übrigens recht eigenartig noch durch ein Glyzerinhubwerk.)

[3]) Z. B. Maximilianshütte-Rosenberg, Stumm-Neunkirchen.

Die Hochnahme geschnittener Knüppel und anderer Halbfabrikate durch die Kranpratzen geschieht vielfach — nach Abb. 443 — in der Weise, daß sie von einem Kettenschlepper *a* in einen Muldenrost *b* geworfen werden, aus dem sie dann die untergreifenden Pratzen *c* aufnehmen. Da diese Entnahme aus dem größeren Sammelbehälter nur in gewissen Zeitabständen zu erfolgen braucht und der Kran inzwischen auch noch verladen kann, so kann die Leistung des letztern ziemlich bedeutend werden. Beispielsweise schafft in Düdelingen — wo übrigens auch der Schwellentransport in gleicher Weise vor sich geht — ein Kran bis 700 t Knüppel täglich.

Die vertikale Bewegung des glühenden Walzgutes unmittelbar vor den Walzen eines Triogerüstes — bei den Duogerüsten ist die Lastbewegung ja auf den horizontalen Transport durch die Rollgänge beschränkt — erfolgt bei schwereren Profilen mit Vorteil durch die sog. Hebetische[1]), bei leichteren Profilen in der Regel noch durch die sog. Dachwippen; bei ganz leichten wohl auch nur von Hand. Während die Dachwippen seither durch Dampf oder Druckwasser betrieben wurden, ist man heute auch hierbei durch Einführung des elektrischen Antriebes nicht zurückgeblieben. Erwähnt werden soll hierfür eine von der Demag gebaute Anlage im Stahlwerk Becker, die dadurch noch interessant und eigenartig ist, daß die Hebelwippen an einem über den drei Walzenständern hinwegfahrenden Doppel-Auslegergerüst angebracht sind, welches somit auch zu Montagearbeiten an den Walzengerüsten benutzt werden kann. Die Betätigung der beiderseitigen Wippen erfolgt durch einen inmitten des fahrbaren Gerüstes aufgestellten Elektromotor unter Vermittlung je eines Kurbelgetriebes; die Steuerung geschieht von Flur aus. —

Gewöhnlich erfolgt das Bedienen der Walzengerüste, insbesondere das Auswechseln der Walzen, durch einen besonderen Kran, der je nach den vorliegenden Verhältnissen, der Beschaffenheit des Gebäudes, dem Vorhandensein von Dachwippen u. a. m., in der Regel als Laufkran oder als Bockkran, über den Walzengerüsten fahrbar, angeordnet ist. Fahrbare Drehkrane finden sich mit Recht für diese Zwecke nur noch sehr vereinzelt in älteren Walzwerken vor[2]).

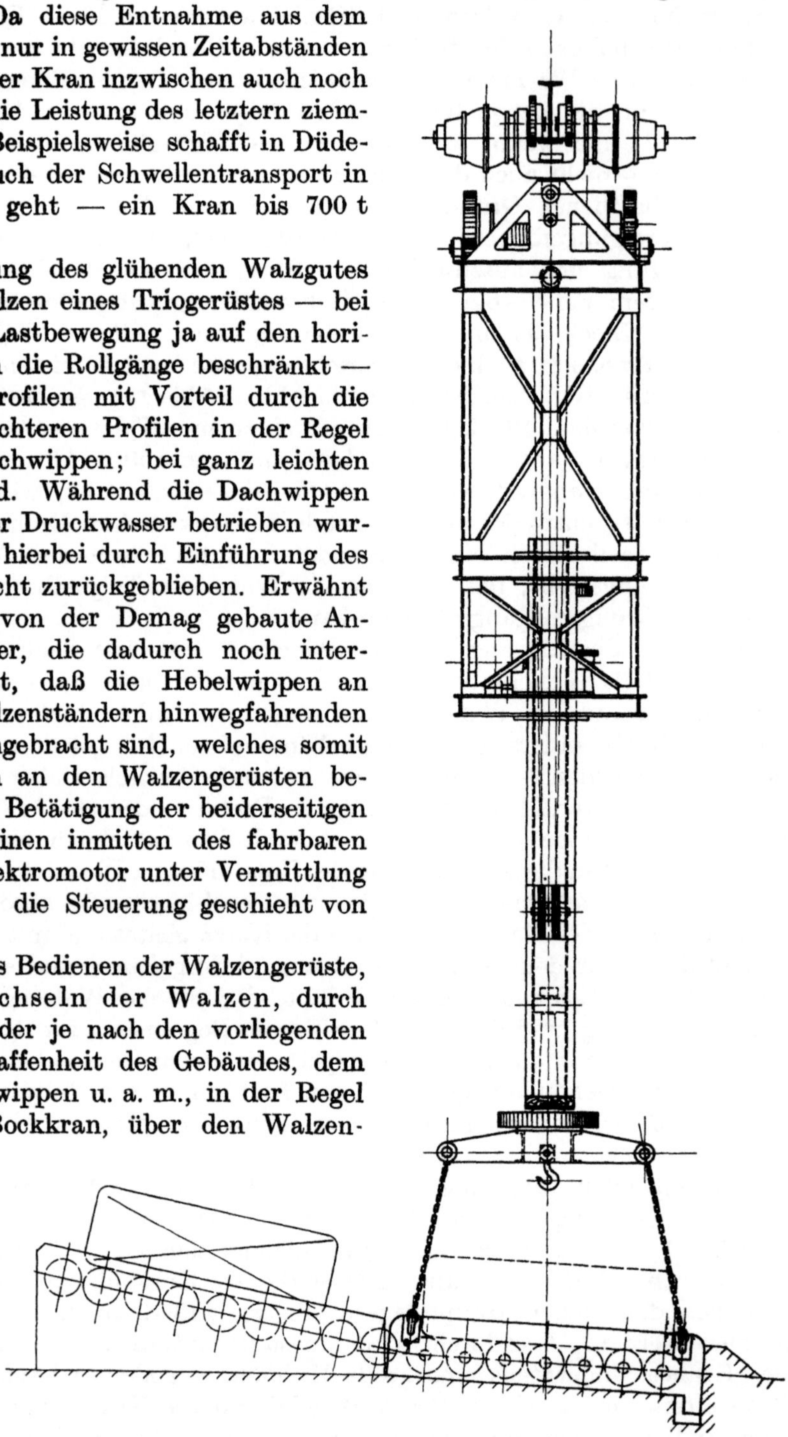

Abb. 439. Blocktransportkran.

Der Drehkran und auch der Bockkran können für den übrigen Arbeitsverkehr auf Walzwerksflur natürlich mehr oder weniger hinderlich sein; außerdem ist der Hakenbereich bei ihnen für ein Heran-

[1]) S. Stahleisen 1908, S. 1704 u. 1911, S. 1534 u. ff.

[2]) Z. B. im alten Walzwerk in Witkowitz, in Hayingen u. a.

schaffen von Ersatzteilen beschränkter als beim Laufkran, solange man mit ihren Abmessungen bzw. Ausdehnungen die praktische Grenze nicht überschreiten will. Der Laufkran eignet sich daher auch ausschließlich für das zunehmend geübte Versetzen und Auswechseln ganzer Walzengerüste. Die Photographie, Abb. 444, zeigt die Vornahme einer solchen Arbeit an einer Feinstraße in Rothe Erde mit einem normalen 50 t-Laufkran (Schenck & Liebe-Harkort). Die Größe der Hublasten bei schweren Walzengerüsten bedingt hierfür natürlich auch entsprechend starke Krane. So arbeitet z. B. in der neuen Walzhütte des Eisenwerkes Witkowitz u. a. ein elektrischer Laufkran von 80 t Tragkraft (Augsburg-Nürnberg), über einer Walzenstraße der Rheinischen Stahlwerke sogar ein solcher von 150 t Tragfähigkeit (Demag)[1]), zu dem inzwischen noch ein zweiter von gleichfalls 150 t Tragkraft beschafft worden ist. Dieser Kran vermag das vollständige Auswechseln eines Dreiwalzengerüstes einschließlich Walztischen in nur etwa einer halben Stunde vorzunehmen, wohingegen ehedem für das genaue Einbauen wohl ein halber Tag erforderlich gewesen ist. Auch vom wirtschaftlichen Standpunkt aus erscheint die Anschaffung solcher schweren Krane im Walzwerk gerechtfertigt, wenn die Ausnutzung derselben eine genügend häufige ist; wenn also, wie im vorliegenden Falle, auf der Straße oft die verschiedensten Profile (T- und U-Eisen, Schienen und Schwellen) gewalzt werden.

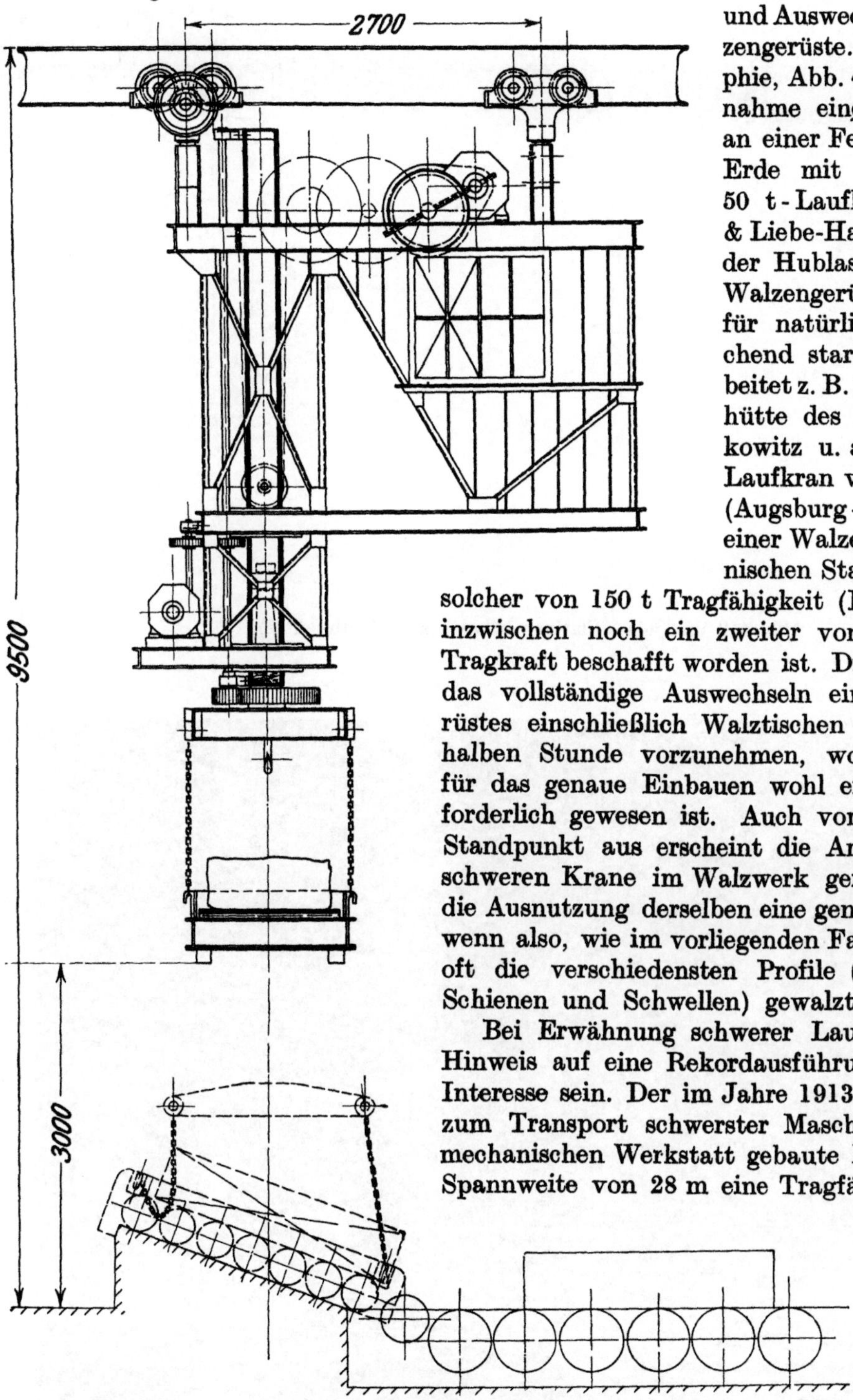

Abb. 438. Blocktransportkran.

Bei Erwähnung schwerer Laufkrane dürfte ein Hinweis auf eine Rekordausführung dieser Art von Interesse sein. Der im Jahre 1913 vom Grusonwerk zum Transport schwerster Maschinenteile in einer mechanischen Werkstatt gebaute Kran hat bei einer Spannweite von 28 m eine Tragfähigkeit von 210 t (315 t Probelast) und dürfte damit bei uns[2]) bis heute wohl unübertroffen sein. Seine Arbeitsgeschwindigkeiten bei Vollast sind

[1]) Siehe Drews: Dingler 1908, Heft 4.

[2]) Im Lande der unbegrenzten Möglichkeiten ist auch diese Grenze bereits überschritten: Im Stahlwerk Gary bei Chikago z. B. arbeiten Laufkrane (zum Transport von Gießpfannen) für 400 t Probelast — 1 short ton = 2000 lbs = 907 kg, 1 long ton = 2240 lbs = 1016 kg — und 27,5 bzw. 18 m Spannweite. Diese von

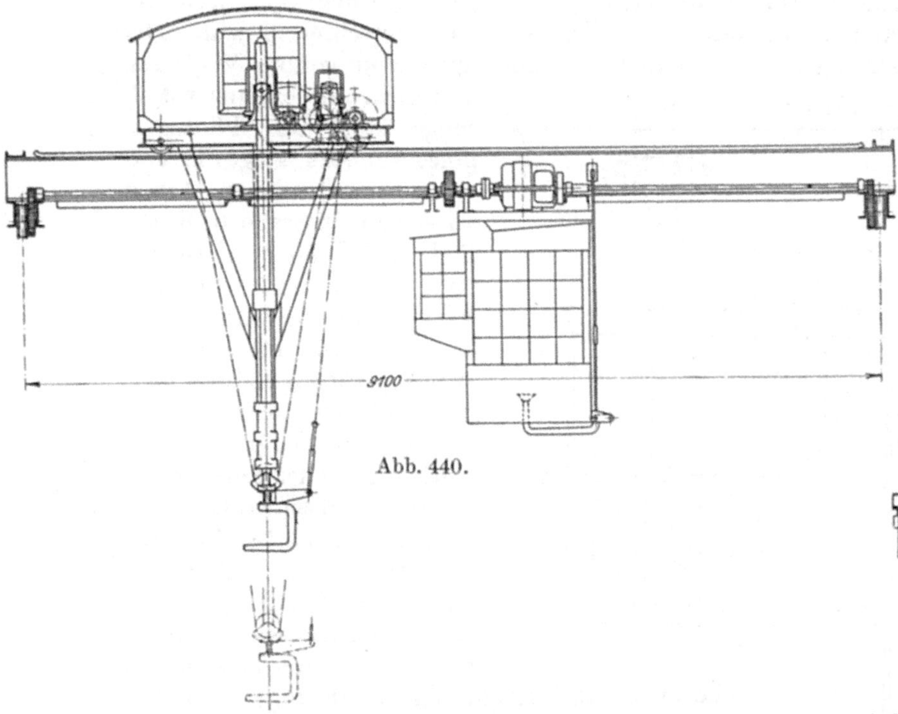

Abb. 440.

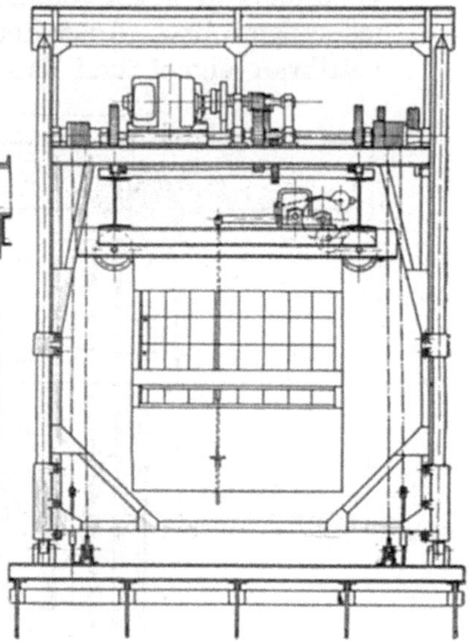

Abb. 441.

Abb. 440 und 441. Platinenverladekran (Marthahütte).

Abb. 442. Kippratzen-Laufkrane (Hayingen).

2 m/min für Heben (160 PS), 30 m/min für Katzfahren (50 PS) und 60 m/min für Kranfahren (160 PS). Die Kranbrücke ruht auf 8 Laufrädern von 1100 mm Durchmesser; der größte Raddruck beträgt 75 t. Die Last hängt in 12 Seilsträngen von je 55 mm Stärke; die Seilrollen und -trommeln haben einen Durchmesser von 1300 mm. Die Unterflasche wiegt mehr als 8 t; der ganze Kran wiegt 185 t.

U. Lager- und Verladeplatz.

Die Anordnung sowie die Einzelausbildung der Krane für das fertig gewalzte Gut wird sich zweckmäßigerweise nach der weiteren Behandlung desselben und nach seiner durch Form und Verkaufsart bedingten Lagerung ergeben. Die Rücksicht auf vor dem Einlagern erst noch vorzunehmende Adjustagearbeiten wird auf die rationelle Disposition der Transportanlagen einen gleich starken Einfluß ausüben müssen, wie die Form und Lagerung des Materials auf die Greif- oder Tragorgane der Hebezeuge. Entsprechend der sich in diesen Beziehungen mannigfaltig unterscheidenden Materialien führt auch die Beachtung der angedeuteten Gesichtspunkte auf dem Lager- und Verladeplatz zu recht verschiedenartigen Lösungen. Bei allen Anlagen indes sollen die grundsätzlichen Anforderungen natürlich wieder abzielen auf größte Wirtschaftlichkeit und Leistungsfähigkeit: durch Vermeidung unnötiger Transportwege und Ausschaltung von Transportkreuzungen, durch Kleinsthaltung der toten Transportmassen, d. h. durch Steigerung der relativen Tragfähigkeit der Krane und durch möglichste Beschränkung der Bedienungsmannschaften.

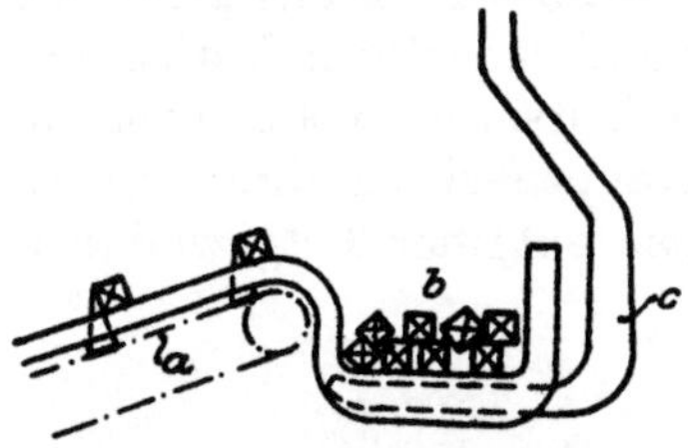

Abb. 443. Knüppelverladung.

Was zunächst die Lagerung bzw. den Transport von Schienen anlangt, so muß der Kran zunächst für eine bequeme Abwickelung des Abnahmegeschäftes den Verkehr von und nach der Adjustage leicht vermitteln können. Da für eine solche Leichtbeweglichkeit ein möglichst geringes Eigengewicht des Kranes eine technische und wirtschaftliche Vorbedingung ist, sind die schwereren Lagerplatzkrane hierfür von recht fraglicher Zweckmäßigkeit. So ist man heute wohl allgemein der Ansicht, daß die bei Beginn dieses Jahrhunderts von mehreren auch unserer Hüttenwerke aus Amerika übernommenen

Abb. 444. Walzwerkslaufkran (Aachen).

der Alliance Machine Co., Ohio, gebauten Krane besitzen vier Vollwandträger, auf deren äußerem Paar die Hauptkatze mit der an Seilen hängenden Pfannentraverse, auf deren innerem Paar darunter die Hilfskatze läuft. Die Kranbrücke selbst ist beiderseitig auf je zwei Fahrwerksträger mit je 8 Laufrollen pendelnd gestützt. Vgl. Buhle: Fördertechn. 1925, Heft 7.

Kantileverkrane[1]) ein rationelles Arbeiten hier fast unmöglich machen. Bei Auslegerlängen von nahezu 100 m und Eigengewichten von ungefähr eben so vielen Tonnen muß ein öfteres Verfahren einzelner Schienen durch den schweren Kran, entweder für die eigentlichen Transport- oder für die Verladearbeiten, wie eine Verschwendung an Betriebskraft und Arbeitszeit anmuten. Dabei soll die Behinderung durch das für die einzige Mittelabstützung solcher riesiger Ausleger sehr breit erforderliche Fahrgestell noch gar nicht einmal in Betracht kommen. Daß für besondere Verhältnisse, die auf dem Hüttenlagerplatz aber kaum vorliegen dürften, auch der schwere Bockauslegerkran mit entsprechender Durchbildung ein wirtschaftliches Arbeiten ergeben kann[2]), ändert an jenem allgemeinen ungünstigen Urteil nichts. Haben jene einfachen, unförmlichen Doppelausleger-Bockkrane, schlechthin wohl auch kurz „Amerikaner" genannten Transportmittel bei uns glücklicherweise nur sehr schwach Fuß gefaßt, so ist es den schweren bockkranartigen Verladebrücken doch ungleich mehr gelungen, sich für die genannten Arbeitszwecke auf unseren Hüttenwerken einzuführen, obwohl auch ihnen hierfür der Hauptnachteil ihrer amerikanischen Schwesterkonstruktion anhaftet: das Mitschleppen enormer Totgewichte beim Verfahren verhältnismäßig kleiner Nutzlasten[3]).

Abb. 445. Doppelausleger-Bockkran (Kamenskoje).

Diese Mißstände haben in den letzten Jahren mit der zunehmenden Würdigung der Wirtschaftlichkeit von Krananlagen zwingend dazu geführt, eine Änderung in der Disposition der Transportanlagen oder, in anderen Fällen, wenigstens in der Arbeitsfähigkeit solcher schweren Krane vorzunehmen[4]). Ersteres geht in der Hauptsache darauf hinaus, weitere Transporte auch in der Längsrichtung nur von kurzspannigen, schnelllaufenden Kranen ausführen zu lassen. Eine in dieser Beziehung zweckmäßige Anlage befindet sich beispielsweise auf dem Schienenlager von Düdelingen. Ein verhältnismäßig kleiner Kran von 19 m Spannweite (s. Abb. 446) bringt alles Material von der

[1]) D. s. fahrbare Gerüste von T-Form mit sehr weiten beiderseitigen Ausladungen. Solche Krane amerikanischer Herkunft (Brownhoist) arbeiten z. B. auf dem Trägerlager von Rothe Erde, Witkowitz und Donawitz. Nähere Angaben über derartige Trägerverladekrane in russischen und japanischen Stahlwerken sind enthalten z. B. in Fördertechn. 1909, S. 265 u. ff. — Hier sei zur Kennzeichnung der in Rede stehenden Verhältnisse nur angeführt, daß z. B. zwei derartige, von der Demag für die Soc. Metallurgique Dnieprovienne Midi de la Russie in Kamenskoje und für die Japanischen Stahlwerke in Yawatamachi gebaute Verladekrane (Abb. 445) bei nur 3,5 t Tragkraft nicht weniger als je 90 m Auslegerbreite haben, woraus auf das Unrationelle beim Kranfahren (mit 75 m/min) geschlossen werden kann. Während das Heben der Höchstlast (mit 12 m/min) einen 23 PS-Motor, das Katzenfahren (mit 90 m/min) einen solchen von 7,2 PS bedingt, erfordert das Brückenfahren zwei Motoren von je 33 PS!

[2]) Vgl. hierzu auch das im Abschnitt „Häfen" Gesagte.

[3]) Beispielsweise soll eine Verladebrücke (Demag) in der August Thyssen-Hütte, die im Höchstfall 7,5 t transportieren kann, nicht weniger als 150 t wiegen; ihre Belastungs- bzw. Ausnutzungsfähigkeit beträgt mithin günstigenfalls 5 % ihres Eigengewichtes! (Nach Klönne: Verringerung der Selbstkosten in Adjustagen und Lagern von Stabeisenwalzwerken.)

[4]) Vgl. hierzu auch das über Umsetzkrane Gesagte.

Adjustage leicht und schnell neben jede Stelle der beiderseitig an dessen Fahrbahn angrenzenden eigentlichen Lager. Mit Hilfe seines Katzenauslegers kann er das Material jeweils in das rechte oder linke Lager (für Schienen bzw. für Träger) absetzen, von wo es der zugehörige größere Laufkran dann bloß quer zu verteilen hat. Außerdem kann jener kleine Kran das herangeschaffte Material, das aus irgendwelchem Grunde nicht erst in das eigentliche Lager eingeordnet werden soll, vorteilhafterweise auch auf dem unter seiner Fahrbahn sich erstreckenden Zwischenlager ablegen. Die bedeutenden Längstransporte — die Fahrbahn des 5 t tragenden Zubringerkranes ist ca. 400 m lang — gehen also unter Mitbewegung nur geringer toter Massen rationell vor sich; die dabei ohne großen Kraftverbrauch durchzuhaltende hohe Fahrgeschwindigkeit von 180 m ergibt eine hohe Leistungsfähigkeit[1]). Die Rentabilität dieser von der Demag gebauten Anlage, deren Gesamtanschaffungskosten etwa 350000 M. betragen haben, erhellt aus der damit gegen früher auf dem Lagerplatz erzielten Ersparnis von 80 Mann.

Beim Trägerlager, wo, im Gegensatz zur Schienenlagerung, auf die verschiedensten Profile und Längen Rücksicht zu nehmen, also für jede dieser Gruppen zwecks leichten Einordnens und Verladens ein besonderer Platz vorzusehen ist, wird sich die Unterteilung in einzelne Felder zweckmäßig noch entsprechend weiter führen lassen. Die gesamte Größe des Lagers, mit der die Notwendigkeit einer solchen Unterteilung im allgemeinen ja zunimmt, wächst besonders bei Trägern noch durch das ausgedehnte Vorratslager für die ruhigeren Bauzeiten im Winter.

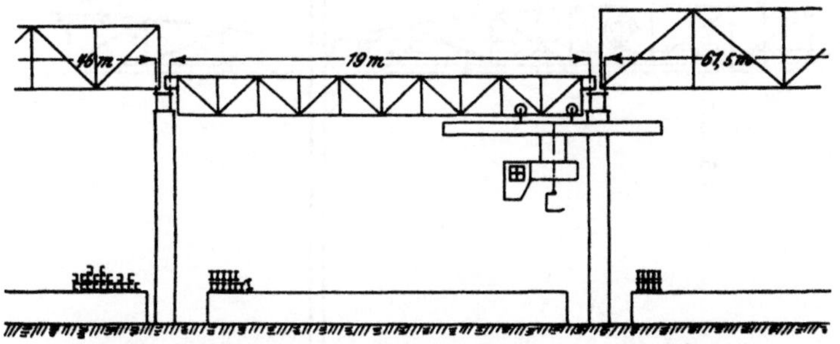

Abb. 446. Schienen- und Trägerlagerkrane (Düdelingen).

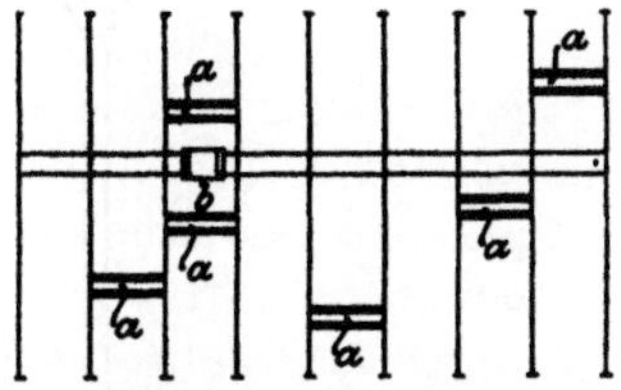

Abb. 447. (Aachen.)

Bei uns ist meines Wissens zuerst — schon im Jahre 1895 — Rothe Erde auf seinem Formeisenlager zu einer solchen weitgehenden Unterteilung des ganzen Platzes geschritten. Die Abb. 447 und 448 zeigen die Disposition dieser Transporte: Der gesamte Lagerplatz wird zunächst von nicht weniger als neun Laufkran-Fahrbahnen überstrichen. Die im Prinzip allein dadurch erzielten Vorteile sind, bei zwar höheren Anlagekosten durch die vielen Fahrbahnen, unverkennbar und sehr wesentlich. Man hat geringe tote Einzelmassen, daher erhöhte Geschwindigkeiten und beschleunigte Lager- und Versandarbeiten, und endlich noch die sehr schätzbare Möglichkeit, gleichzeitig an verschiedenen Punkten arbeiten zu können. Da nun nicht auf allen Feldern stets gleichzeitig gearbeitet zu werden braucht, man erfahrungsgemäß mit vier Laufkranen schon gut auskommt, so ist zur Beibehaltung der letztgenannten Arbeitsmöglichkeit noch eine quer über die parallelen Laufkranbahnen sich erstreckende Fahrbahn angeordnet. Der auf dieser laufende Kran *b* vermag nun nach Bedarf jeden der vier Laufkrane *a*[2]) über einen beliebigen der acht Lagerstreifen zu setzen und somit jederzeit eine vollständige Bedienbarkeit des ganzen Lagers als auch eine erhöhte Bearbeitung

[1]) In ähnlicher Art — von zwei auf parallelen Hochbahnen fahrenden Laufkranen (Demag) von je 20,3 m Spannweite und 7,5 t Tragfähigkeit, die gleichfalls mit nicht weniger als 180 m verfahren — wird auch das Trägerlager der Rhein. Stahlwerke bedient. Für diese wenig ausgenutzten Krane sind später neue, ähnliche beschafft worden, die, hinter den Walzwerken angelegt, das Zurückfahren des Walzgutes nicht mehr nötig machen. — Weitere Anwendungen dieses Systems weisen auf: die Verladung des Fertigmaterials in Völklingen mittels dreier nebeneinander fahrender Hochbahn-Laufkrane (Augsburg-Nürnberg), der Trägertransport in Hayingen, wo auf $^1/_2$ Dtzd. paralleler Hochbahnen je zwei Laufkrane arbeiten u. a. m.

[2]) Von der Demag und von Jäger erbaut.

eines einzelnen Streifens durch mehrere Krane zu bewirken. So schätzenswert nun auch diese Möglichkeit erscheint, mit wenigen leichten Kranen ein großes Lager beliebig bedienen zu können, so darf doch nicht verkannt werden, daß die bei der Ausnutzung eben dieser Möglichkeit auftretenden erheblichen Zeitverluste durch das notgedrungen nur langsame Arbeiten des Überhebekranes eine solche Disposition nicht als einwandfrei ergeben. Auch das namentlich für das Beladen eines Waggons mit Material aus verschiedenen Querfeldern häufig erforderliche Vorstoßen desselben und das umständliche Verwiegen dieses Materials wird lästig empfunden werden müssen[1]).

Eine im großen und ganzen wohl ähnliche Disposition der Lager- und Verladeeinrichtungen hat in besonders großem Maßstabe später[2]) auch die Burbacher Hütte getroffen; vgl. Abb. 449 bis 452. Daselbst wird allerdings jeder der acht Lagerstreifen (I—VIII) von einem eigenen Laufkran *a* bedient, so daß von vorneherein eine größere Unabhängigkeit beim Arbeiten auf Lager vorhanden ist. Trotzdem ist noch eine die

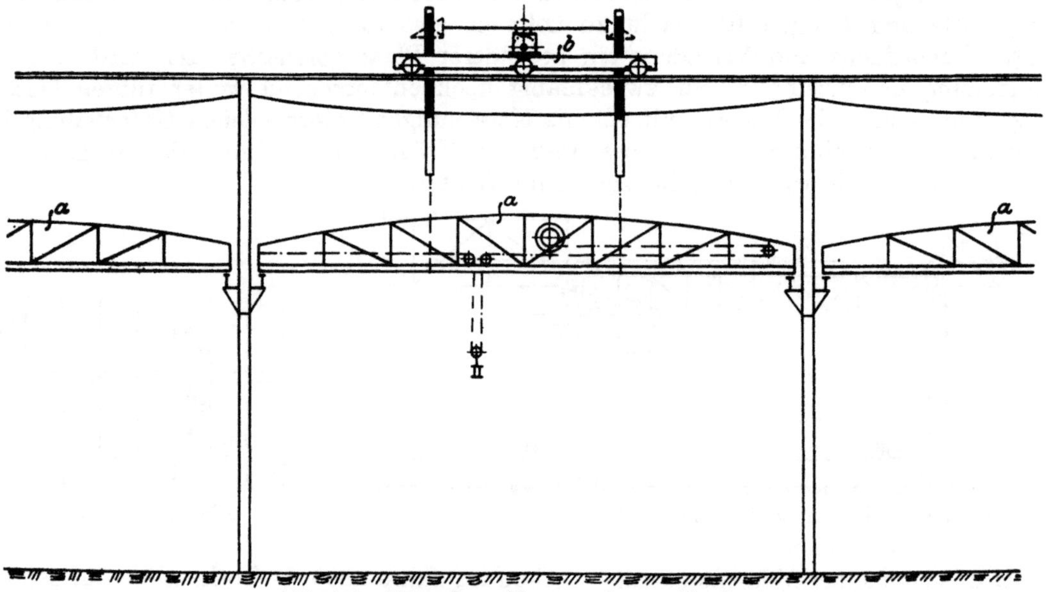

Abb. 448. Trägerlager-Krananordnung (Aachen).

Enden der Kranbahnen verbindende Fahrbahn für ein Quertransportmittel *b* angeordnet, das bei besonders starker Inanspruchnahme eines Feldes einen etwa untätigen Kran eines anderen Feldes auf ersteres übersetzen kann. Die schiebebühnenmäßige Ausbildung dieser Einrichtung *b* ermöglicht im Vergleich zu dem Überhebekran des vorigen Beispiels, der den Laufkran mühsam fassen, anheben und langsam zwischen den Stützen seiner Fahrbahn hindurchlancieren muß, natürlich ein ungleich schnelleres Versetzen[3]). Zur Zuführung der vom Walzwerk kommenden Kommissionen vor die einzelnen Lagerstreifen dienen zwei quer dazu fahrende Bockkrane *c*. Je zwei benachbarte Laufkranbahnen werden durch gemeinsame Stützen getragen[4]), an denen

[1]) Für die neuen Anlagen hat Aachen die Anordnung dreier sich übergreifender Verladebrücken (je eine für Halbzeug, Formeisen und Schienen gewählt,) dabei jedoch — wie übrigens auch bei dem noch aus dem Jahre 1899 stammenden Cantileverkran (Brownhoist) des Formeisenlagers — die Einrichtung getroffen, daß ein Verfahren der Krane durch Heranbringen der verschiedenen Profile und Kommission auf besonderen Sammelwagen möglichst eingeschränkt und das Arbeiten dadurch wirtschaftlicher gestaltet wird.

[2]) Vollständig im Betrieb seit Ende 1908.

[3]) Vgl. das über Versetzeinrichtungen für Teilfeldkrane von Schiffbauplätzen und über Umsetzkrane für getrennte Arbeitsplätze Gesagte.

[4]) Mit Ausnahme der benachbarten Laufschienen der Felder VI und VII, zwischen denen eine Pohligsche Drahtseilbahn d für die Beförderung von Kalk zur Dolomithalle des Stahlwerkes angeordnet ist. Auch eine solche Zwischenverlegung würde ja bei dem breiten Arbeitsfelde einer weitbespannten Verladebrücke nicht gut möglich gewesen sein.

die Lampen für eine gute Erleuchtung des ganzen Platzes angebracht werden können; übrigens ein weiterer, wenn auch nebensächlicherer Umstand, der zugunsten dieses Kransystems gegenüber den großen Verladebrücken spricht.

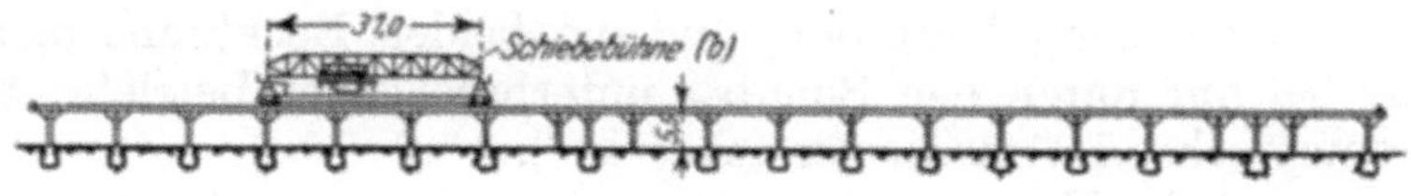

Abb. 451.

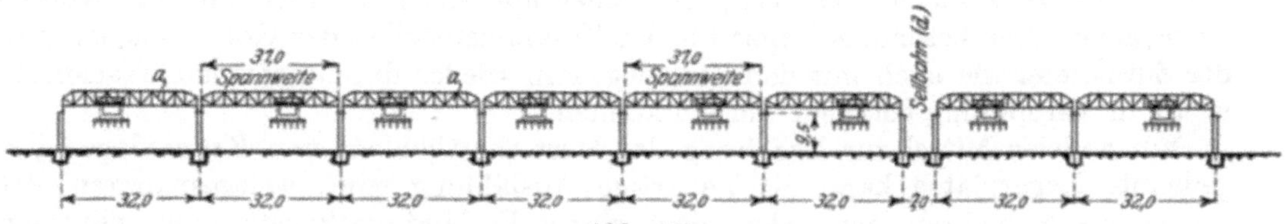

Abb. 450.

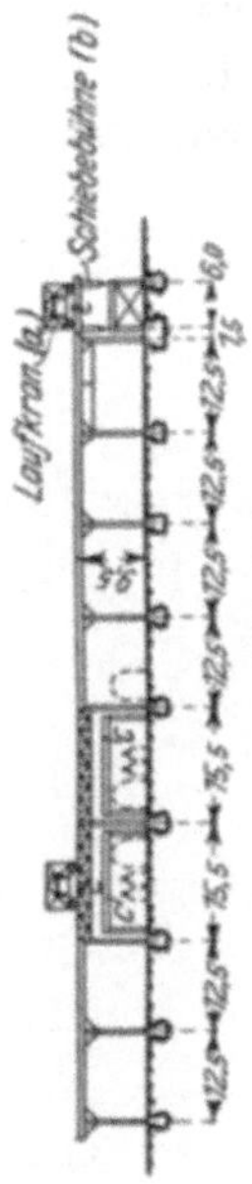

Abb. 452.

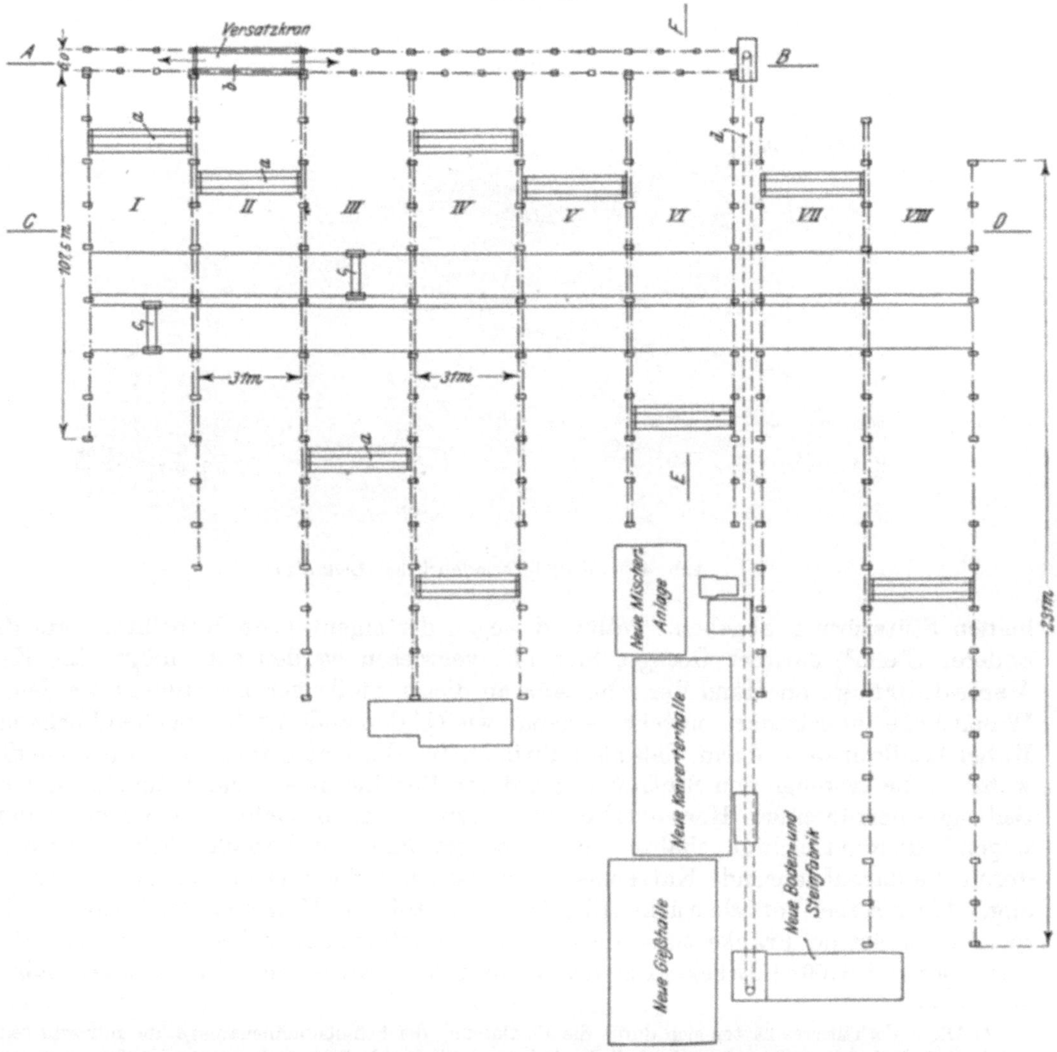

Abb. 449.

Abb. 449 bis 452. Anordnung der Krane auf einem Trägerlagerplatz (Burbach).

Wie die technische Seite dieser Anlage (Demag) die höchsten Anforderungen an die absolute Leistungsfähigkeit zu befriedigen vermag, interessiert auch das mit ihr erzielte wirtschaftliche Ergebnis: Bei einer Gesamtanlagesumme von rund 1000000 M. wurden ständig nicht weniger als 200 Arbeiter auf dem Lagerplatz erspart, so daß sich jene zwar hohen Kosten allein durch die ersparten Löhne schon in etwa drei Jahren bezahlt machten [1]). Die durch Fortfall von 200 Lagerarbeitern wesentlich gesteigerte Betriebssicherheit ist ein weiterer, fast nicht minder hoch einzuschätzender Gewinn. Die laufenden Betriebskosten durch die vermehrten Kranführer und den Verbrauch an elektrischer Energie kommen gegenüber solchen Riesenersparnissen kaum in Betracht. Brauchen doch die neun Laufkrane und die beiden Bockkrane monatlich bei Doppelschicht, also bei nur durch den Sonntag unterbrochenem Betriebe, bloß 50000 Kilowattstunden, entsprechend 1100 M. Stromkosten [2]).

Bei der Lagerung und der Verladung von Stabeisen (Winkel-, Rund- und Quadrateisen sowie ganz kleinen Trägern) ist wieder mit vielen Profilen für eine Kommission zu rechnen. Das besondere Lager für das Zusammenstellen der Kommissionen muß mit der Zurichterei wie auch mit den Verladegleisen wieder durch geeignete Transportmittel leicht in Verbindung gebracht werden können.

Ein anderes Mittel zur Erhöhung der Wirtschaftlichkeit von Krananlagen für ausgedehnte Lagerplätze kann die neuartige Ausbildung eines weitgespannten Verladekranes als Kabelkran, mit oder ohne starre Verbindungskonstruktion zwischen den

Abb. 453. Kabel-Verladebrücke (Liegnitz).

beiden Stütztürmen abgeben. Während wegen der eigentlichen Kabelkrane auf das an anderer Stelle [3]) darüber Gesagte hier nur verwiesen werden soll, möge eine **Kabel-Verladebrücke** an Hand der Abb. 453 an dieser Stelle veranschaulicht werden. Das Wesentliche ihrer Bauart besteht — genau wie bei den andernorts eingehend behandelten Kabel-Laufkranen — darin, daß als Fahrbahn für die Katze freigespannte Seile dienen, während die zwischen den Stützen angeordnete Verbindungsbrücke lediglich die von den Seilzügen herrührenden Horizontaldrücke aufzunehmen braucht. Die Brücke kann deswegen bedeutend leichter gehalten sein, als bei gewöhnlichen Verladebrücken, deren Träger durch die darauf fahrende Katzenlast sehr stark auf Biegung beansprucht werden. Die abgebildete Kabel-Verladebrücke (Bleichert), die auf dem Holzlager der Liegnitzer Pianofortefabrik Arthur Franke zum Ausladen und Weiterbewegen bis 28 m langer Stämme dient, weist bei 60 m Brückenspannweite und 20 m Ausladung eine Katzfahrbahnlänge

---

[1]) Diese Verhältnisse hätten sich durch die Fortlassung der Schiebebühnenanlage, die nur sehr selten benutzt wird, da das die meist gebrauchten Kommissionen enthaltende Feld sowieso mit zwei Kranen ausgestattet ist, noch merklich günstiger gestalten lassen können. Andererseits gewährt das Vorhandensein der Schiebebühne die Annehmlichkeit, daß bei etwaiger Betriebsstörung an einem der Laufkrane das betr. Feld nicht lange ausgeschaltet zu sein braucht.

[2]) Die Kosten einer Kilowattstunde ergaben sich in Burbach mit Verzinsung, Amortisation und Heizgasbewertung zu nur 2,22 Pf.

[3]) S. S. 25 u. a. O.

von annähernd 80 m auf. Ihre Tragfähigkeit ist 3 t, ihre Stundenleistung bei mittleren Förderwegen, d. h. bei 10—12 Kranspielen, 30—36 t.

Die Bauart der Kabel-Verladebrücken wird zweckmäßig bei Spannweiten bis etwa 90 m gewählt. Bei kürzeren Abmessungen wird die gewöhnliche Verladebrücke, bei längeren der gewöhnliche Kabelkran billiger. — Eine grundsätzlich gleiche Ausführung einer solchen Brücke ist gleichfalls von Bleichert und für Stammholztransport vor Jahresfrist an die Gewerkschaft Deutschland in Ölsnitz geliefert worden. Sie hat 2,5 t Tragkraft und 70 m Spannweite. Bei normal 1000 kg Last beträgt die Geschwindigkeit für das Heben 20 m/min (7,5 PS), für das Katzenfahren 120 m/min und für das Kranfahren 15 m/min.

In kaum geringerem Maße als von der oben skizzierten günstigen Gesamtdisposition der Transportanlage des Lagerplatzes hängt deren zufriedenstellendes Arbeiten aber von der zweckmäßigen Durchbildung der einzelnen Transportmittel ab und dabei wieder, wie gesagt, hauptsächlich von der geeigneten Wahl des Greif- oder Tragorganes. Ist es doch ohne weiteres einleuchtend, daß gerade ein Verfahren, das sich an tausenden und abertausenden Stücken wiederholt, durch seine Vereinfachung oder Beschleunigung beträchtliche Gewinne schaffen muß. Indes sind die Lagerungs- und Entnahmeweisen für die verschiedenen Fertigmaterialien des Walzwerkes und vor allem auch die Form und das Verhalten des Lagergutes selbst von so vielseitigem Einfluß, daß für die jeweils zweckmäßigste Auswahl des Tragmittels weitgehende Erfahrungen erforderlich sind.

Beispielsweise werden auf dem Schienenlager unter Umständen schon ganz einfache Pratzen — Ketten erfordern zum Herumschlingen ja stets besondere Bedienung — gut und selbsttätig arbeiten können. Nämlich dann, wenn die Schienen, wie häufig, in nur einer Lage und genügend hoch gelagert sind. In anderen Fällen, in denen trotz hoher Zwischenstücke zwischen den einzelnen Lagerschichten, das rasche Einbringen der Pratzen Schwierigkeiten machen kann, hat sich gerade bei Schienen die Verwendung von Hebemagneten bewährt. Ihre stets wohlgeordnete Nebeneinanderlagerung und ihre eben zugerichteten Oberflächen gestatten ein überaus leichtes und günstiges Aufsetzen des Magneten, dessen Kraftfluß in den relativ schweren Schienenlasten weiterhin eine wirksame Ableitung findet.

Schon unsere wohl älteste derartige Anlage, die vor bereits zwanzig Jahren für den Rillenschienenplatz des Phönix-Laar[1]) von der Demag (mit A. E. G.-Magneten) geliefert worden ist, hat die Eignung magnetischer Verladeweise für diese Zwecke dadurch ergeben, daß die Kosten der Materialbewegung bei Verwendung der mit Hebemagneten ausgestatteten Krane[2]) auf weniger als die Hälfte der Transportkosten bei gewöhnlichen Kranen mit Schlingkettenbetrieb ermäßigt wurden. (Die Transportkosten, bezogen auf 1 t Nutzlast und 1 m Weg, ergaben sich bei den Versuchen zu 0,0747 Pfg. bei Schlingkettenbetrieb, zu 0,0364 Pfg. bei Magnetbetrieb[3]).

Diese Anlage ist, gleich wie die neueren Transporteinrichtungen des Phönix auf dessen Hörder Schienenlager (Abb. 454), noch durch die recht zweckmäßige Methode bemerkenswert, mit der die Schienen aus der Adjustage dem Lager zugeführt werden. Dieses geschieht durch eine leichte Zubringerkatze, die sich, wie aus der Photographie ersichtlich, längs der einen Stützbahn der genannten Lagerplatzkrane unter diesen hinwegbewegen kann. Da die von dieser Katze jeweils an der gewünschten Stelle des Lagers abgelegten Schienen von den Lagerplatzkranen in der Regel nur durch Verfahren der Katze derselben weiter verteilt bzw. verladen zu werden brauchen, so ist mit einer solchen Anordnung in recht einfacher und vollkommener Weise jene Grundforderung des modernen Transportbetriebes erfüllt, die Lastbewegungen durch möglichst leichte Transportmittel und das Verfahren schwererer Krane möglichst nur für deren hierzu erforderliche Einstellung vorzunehmen. Die Abb. 455 veranschaulicht die

---

[1]) Siehe Öst. Z. f. Berg- u. Hüttenw. 1908, Abb. 24.

[2]) Zwei Laufkrane von 44 m Spannweite und 4 t Tragfähigkeit.

[3]) Vgl. Michenfelder: ETZ 1909, Heft 22.

Abb. 454. Anordnung der magnetischen Schienenverladung (Hoerde).

Abb. 455. Magnetische Schienen-Zubringerkatze (Hoerde).

Heranschaffung von Schienen durch die magnetische Zubringerkatze bei der von der Maschinenfabrik Eßlingen für Hörde gebauten Anlage; die entsprechende Katze in Laar arbeitet nur mit Pratzen, die die Schienen beim Senken auf eine durchlaufende, rostartige „Bühne" ablegen.

In Vervollständigung des an früherer Stelle[1]) bereits über äußere Einflüsse auf das Verhalten von Hebemagneten Gesagten mögen an dieser Stelle noch einige Erfahrungen wiedergegeben werden, die man über die Einwirkung von Nässe, Eis und Schnee bei Lastmagneten gemacht hat. Dabei soll aber ausdrücklich wieder gesagt sein, daß sich solche Erfahrungen natürlich nicht ohne weiteres verallgemeinern lassen, daß hier im besonderen die Ausführung des Magneten, die Wahl der Form und Größe desselben und auch die Art des von jenen Niederschlägen betroffenen Verladegutes solche Betriebsergebnisse recht verschieden ausfallen lassen können.

Beispielsweise hat sich nun bei der magnetischen Verladung kompakterer Lasten, also nicht etwa Schrott oder dergleichen, ergeben[2]), daß wohl Regen und weicher Schnee, die beim Aufsetzen des Magneten ja beiseite gedrückt werden, der Hubwirkung des letzteren kaum Abbruch tun, daß dagegen hartgefrorener Schnee oder Eiskrusten — also z. B. bei Glatteis — eine derartige Isolierschicht bilden, daß der Magnet nur etwa $^1/_3$—$^1/_4$ seiner normalen Tragkraft geäußert hat. Wollte oder könnte man sich in solchen Fällen mit einer derartigen Minderleistung nicht begnügen, so müßte man den Magnet von vorneherein entsprechend kräftiger wählen, was andererseits aber wieder eine unrationelle Ausnutzung desselben sonst zur Folge hat. Bei der Verladung von Rillenschienen durch Magnete mit beweglichen Polen haben sich früher auch schon bei Regen Störungen dadurch gezeigt, daß beim Aufsetzen dieser beweglichen Pole auf die Schienen das in den Rillen befindliche Wasser in den Magnet spritzte und Kurzschluß herbeiführte. Nachdem das Werk die Magnete dann rundum mit Zinkblech abgedeckt hatte, traten diese Störungen nicht mehr auf.

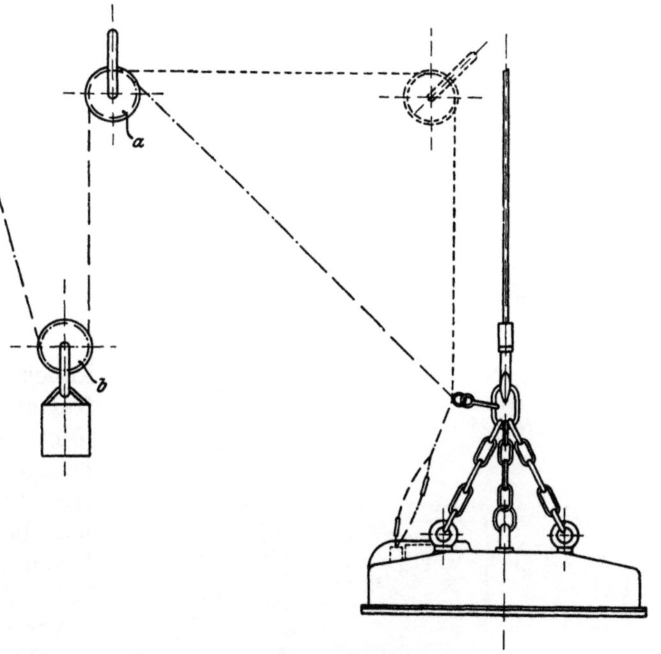

Abb. 456. Magnetkabel-Straffhaltung.

Endlich sei an dieser Stelle auch noch auf die bei Magnetkranen zusätzlich in Betracht kommende Einrichtung der Kabelzuführung hingewiesen[3]), deren unzweckmäßige Ausführung auf den Betrieb begreiflicherweise empfindlich rückwirken muß.

Das von der Katze oder dem Ausleger zu dem Magneten führende Stromkabel, das der Bewegung des Magneten leicht folgen und daher sehr biegsam sein muß, muß andererseits natürlich gehörig widerstandsfähig sein, um bei etwaigen Berührungen mit dem Fördergut, mit Gebäude- oder Wagenkanten, Schiffswänden und dergleichen nicht gleich beschädigt zu werden. Als eine zweckdienliche Armierung hat sich unter andern eine Lederumwickelung erwiesen. Die früher oft geübte einfache Verlegung dieses Zuführungskabels, nämlich ohne zwangläufige Führung von der Katze oder dem Führer-

[1]) Siehe S. 77. [2]) Z. B. in Königshütte.

[3]) Betr. das bei der elektrischen Leitungsanlage im allgemeinen zu Beachtende s. den Anhang über „Elektrotechn. Gesichtspunkte bei Krananlagen".

stande nach dem Magneten, ist daher auch zu verwerfen; denn das hierbei in mehr oder minder großem Bogen durchhängende Kabel ist Beschädigungen natürlich sehr leicht und oft ausgesetzt, wodurch plötzliche Stromunterbrechungen eintreten. Während es z. B. in Amerika noch vielfach[1]) gebräuchlich ist, die stete Straffheit des Zuführungs-

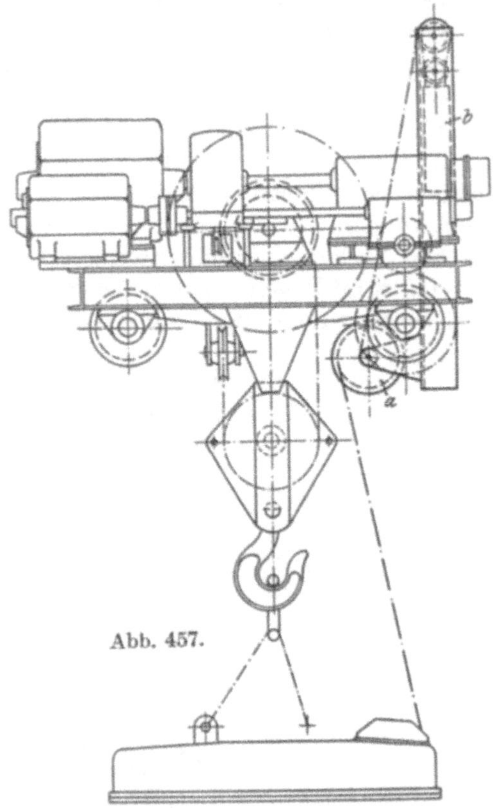

Abb. 457.

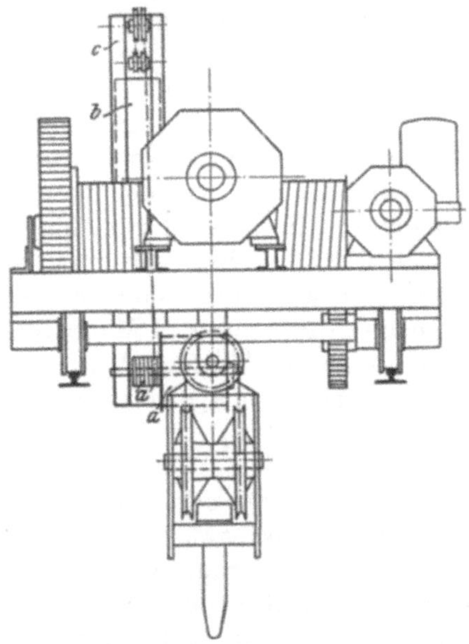

Abb. 458.

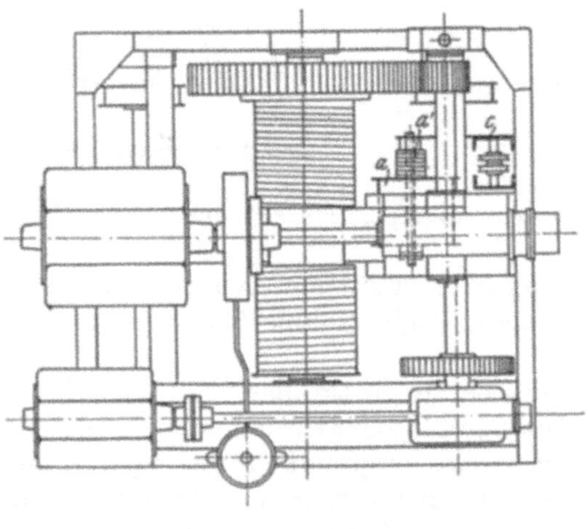

Abb. 457 bis 459. Magnetkabel-Straffhaltung.

kabels einfach durch eine in dessen Länge frei eingehängte Gewichtsrolle zu erzielen (*b* in Abb. 456) — was besonders bei hochgezogenem Magneten einen störend großen Kabeldurchhang ergeben kann —, wählt man bei uns meines Wissens durchweg eine besondere Trommelaufwickelung des Kabels, derart, daß ein Durchhängen von überschüssigem Kabel ganz vermieden ist.

Der Antrieb dieser Kabeltrommel wird in verschiedener Art bewirkt. Die Abb. 457 bis 459 stellt z. B. eine von Lauchhammer bei Magnetkranen mit Laufkatze vielfach geübte Straffhaltungsmethode dar: Hierbei wird auf einen Fortsatz *a'* der Kabeltrommel *a* durch ein Gewicht *b*, das sich in einem kleinen Gerüstaufbau *c* der Katze führt, ein ständiger, das Kabel gespannt haltender Seilzug ausgeübt.

Eine in der Wirkungsweise ganz ähnliche Anordnung für Auslegerkrane ist in den Abb. 460 und 461 veranschaulicht. Sie stellt eine von Zobel, Neubert & Co. (an den neueren Portalverladekranen des Coseler Oderhafens) bewirkte Kabelzuführung dar, die sich von der vorbeschriebenen nur dadurch unterscheidet, daß die Neigung des Auslegeruntergurtes zur Führung des Spanngewichtes *b* ausgenutzt ist.

[1]) Für wichtigere Ausführungen wendet man allerdings auch in Amerika ein sorgfältigeres Verfahren der Kabelspannung an, beispielsweise durch ein auf der Katze untergebrachtes selbsttätiges Trommelwindwerk, das von einem besonderen kleinen Elektromotor angetrieben wird.

Bei anderen Ausführungen endlich erfolgt die Bewegung der Kabeltrommel zwangläufig von der Lasthubwinde aus. Diese Antriebsweise hat bei sorgfältiger Durchbildung den Vorteil, daß Stöße, wie sie durch die Massenkräfte frei bewegter Gewichte auf das Kabel übertragen werden können, nicht zu befürchten sind; ja, daß überhaupt eine nennenswerte Zugbeanspruchung des Kabels vermieden wird, wie sie beim Hochziehen des Gewichtes durch den niedergehenden Magneten auftritt.

Die Überlegung, daß Schienen auf Grund ihrer schichtenweisen Lagerung und gleichmäßigen Oberfläche zu ihrem kraftvollen magnetischen Erfassen nicht wie etwa regellos durcheinander gehäufter Schrott oder Masseln eine große Streuung der Kraftlinien erfordern, sondern am besten mit solchen Magneten gehoben werden können,

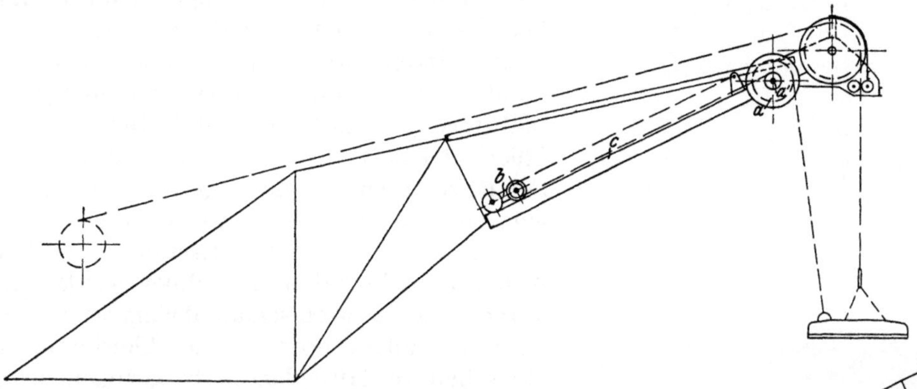

Abb. 460.

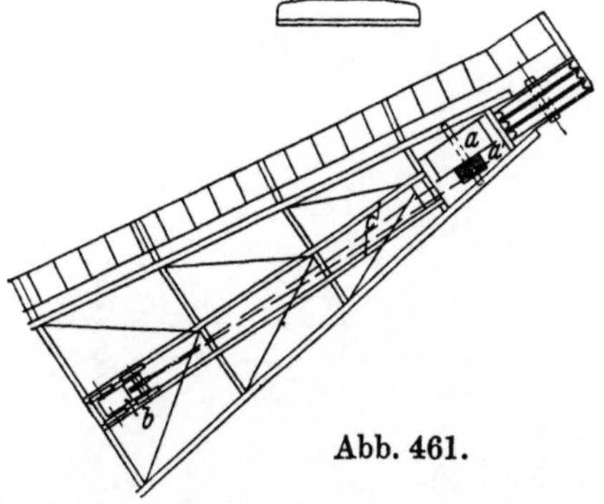

Abb. 460 und 461. Magnetkabel-Straffhaltung.

Abb. 461.

deren Kraftlinien gleichmäßig in der Längsausdehnung der stabförmigen Lasten verlaufen, hat zur Konstruktion besonderer „Hufeisenmagnete“ geführt[1]). Die Hauptabmessungen, Leistungen u. a. m. hufeisenförmiger Lastmagnete, Fabrikat Lauchhammer, sind nachstehender Tabelle[2]) zu entnehmen.

Tragfähigkeit eines Magneten allein				Tragfähigkeit zweier Magneten an Traverse				Größe			Eigengewicht	Stromverbrauch
Knüppel	Stabeisen	Blöcke	Schienen	Bleche	Stabeisen	Schienen	Träger	Breite[3])	Länge[4])	Höhe[5])		
kg	kg	kg	kg	kg	kg	kg	kg	mm	mm	mm	kg	kw
1000	1800	2500	2500	3000	4000	5500	6000	610	800	570	900	2,0
2000	2500	3500	3800	3000	6000	8000	9000	850	1000	770	2200[6])	4,5

Eine praktische Anwendung solcher Hebemagnete zeigen die Abb. 462 bis 465 der s. Z. für das Schienenlager der Stummschen Hütte von Lauchhammer gebauten Verladebrücke.

[1]) Bereits vorher sind ähnliche Magnete (der Electric Controller Co.) für den Schienentransport in Gary in Gebrauch gewesen; vgl. Cassiers Magazine 1909, S. 219.
[2]) Nach Dub („Der Kranbau“ 1922 [A. Ziemsen Verlag]).
[3]) Das ist das Maß zwischen den Außenkanten der Polschuhe (in Richtung des Kernes).
[4]) Das ist die Länge der Polschuhe (senkrecht zur Kernrichtung).
[5]) Das ist die Bauhöhe des Magneten (von Unterkante Polschuh bis Mitte Kettenöse).
[6]) 1400 kg nach Hermanns („Elektrotechnik und Maschinenbau“ 1913, Heft 12).

Bei 37 m Katzfahr- und 120 m Kranfahrlänge war die als Bockkran ausgebildete Brücke mit zwei dieser Hufeisenmagnete ausgestattet, die sich für den Transport selbst längster Schienen an einem starr geführten Querstücke bis auf eine gegenseitige Entfernung von 10 m verschieben und feststellen ließen[1]).

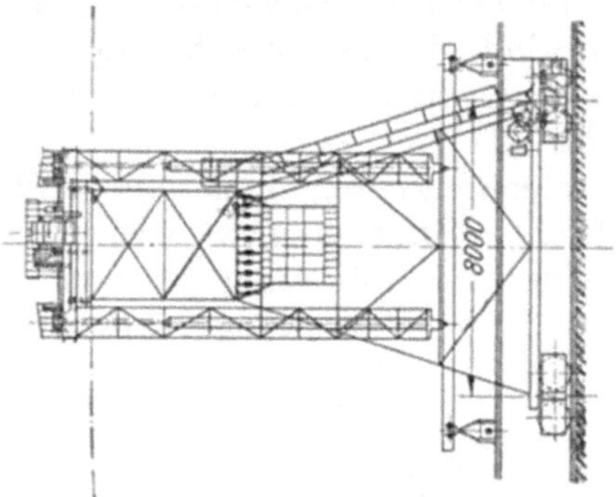

Abb. 463.

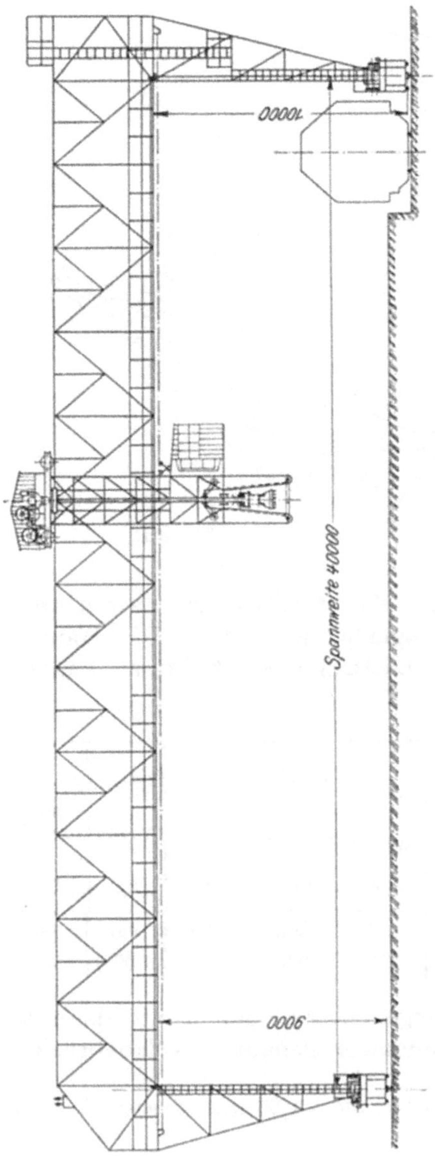

Abb. 462.

Abb. 462 und 463. Magnet. Schienenverladebrücke (Neunkirchen).

Die bei diesen Magnetkranen gegen Beschädigungen durch ein Abfallen der angehobenen Lasten noch vorgesehenen Sicherheitsbügel führen zu einem Gebiet über, das mit der außerordentlich steigenden Verwendung von Hebemagneten an Bedeutung entsprechend zunimmt. Die beim Magnetverladebetrieb durch ungewollte Stromunterbrechung und mehr oder minder auch durch Stöße und heftige Erschütterungen zu befürchtende Gefahr des Abfallens der Last macht das Vorhandensein einer Schutzvorkehrung hiergegen zweifellos erwünscht, wenn nicht sogar erforderlich; besonders dann, wenn das Lastgut, mit dessen Abfall vorsichtshalber gerechnet werden muß, durch seine Schwere schadenbringend wäre und ganz besonders noch, wenn hierdurch auch Menschen in Mitleidenschaft gezogen werden könnten. Sind hiernach z. B. bei der magnetischen Verladung von Schrott, wo das Herunterfallen einzelner Teile nennenswertes Unheil kaum anzurichten imstande ist, derartige Schutzvorrichtungen nicht nötig, so rät doch der Gedanke an ein mögliches Abfallen etwa einer Schiene oder eines Trägers auf einem belebten Verladeplatze dringend zur Anbringung einer Sicherung gegen die hierdurch zu befürchtenden Schäden.

Die schützende Wirkung wird bei der Mehrzahl dieser Vorrichtungen dadurch erzielt, daß an der Katze aufgehängte, vertikal oder horizontal drehbare Bügel durch das Anheben der Last bzw. durch Anschläge oder Mitnehmerorgane automatisch unter das Transportgut bewegt werden.

Bei dem eingangs erwähnten Magnetkran auf dem Schienenlager des Phönix zu Ruhrort erfolgt das Untergreifen der Drehpratzen noch nicht selbsttätig, sondern es muß jedesmal durch den Kranführer besonders veranlaßt werden. In der Regel ist dabei die Sicherheitsvorrichtung derart angeordnet, daß sie beim weiteren Anheben der Magnete gleichfalls hochgenommen wird, was natürlich eine nicht unwesentliche Mehrbelastung des Windwerkes zur Folge hat. Einen Fortschritt stellte in dieser Beziehung die Sicherheitseinrichtung bei dem

[1]) Heute erfolgt dort die Schienenverladung wieder mittels Kette, weil die Hufeisenmagnete bei den daselbst bestehenden besonderen Verhältnissen im Betriebe sich doch nicht bewährt hatten.

zuletzt genannten Lauchhammerschen Schienenverladekran dar[1]). Hierbei waren die als Fangvorrichtung dienenden Klappbügel an dem festen Katzengerüst unverschieblich angebracht und wurden durch das Lastgehänge erst in ganz hochgezogener Stellung ein- bzw. ausgerückt. Das zu diesem Zwecke zwar immer erst erforderliche Zurücklegen des vollen Hubweges erscheint bei der Geringfügigkeit desselben indes ziemlich belanglos. Vielmehr wird diese Notwendigkeit den Kranführer veranlassen, die Schienen vor dem Verfahren aus dem Arbeitsbereich des Lagerplatzes zu entfernen und dadurch Zusammenstöße zu verhüten[2]).

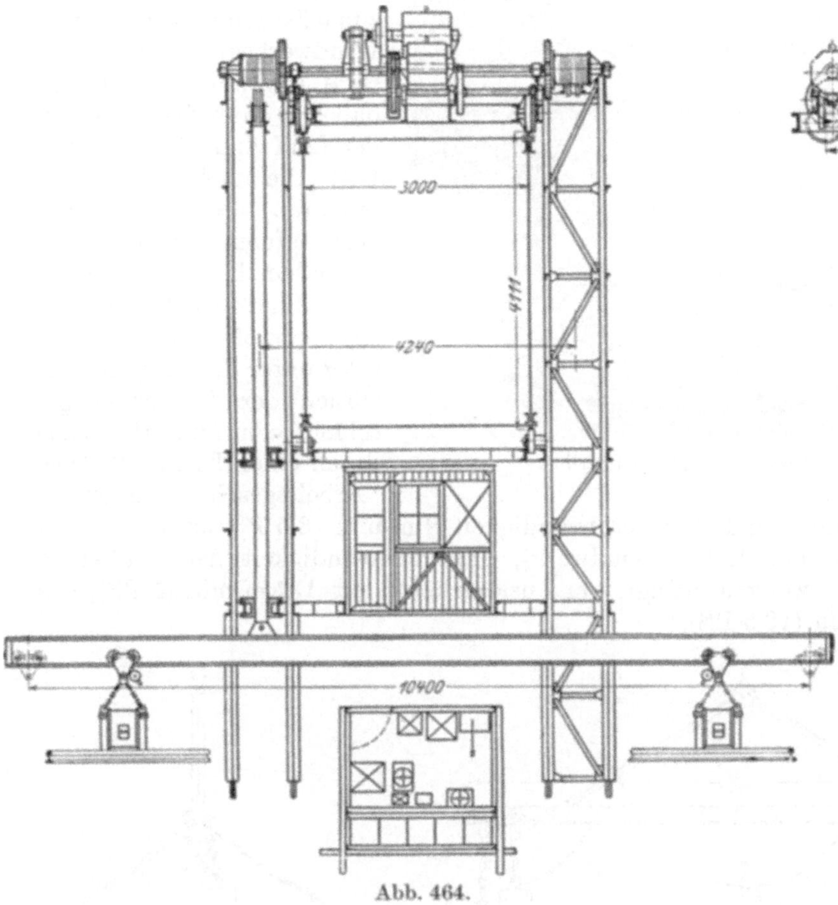

Abb. 464.

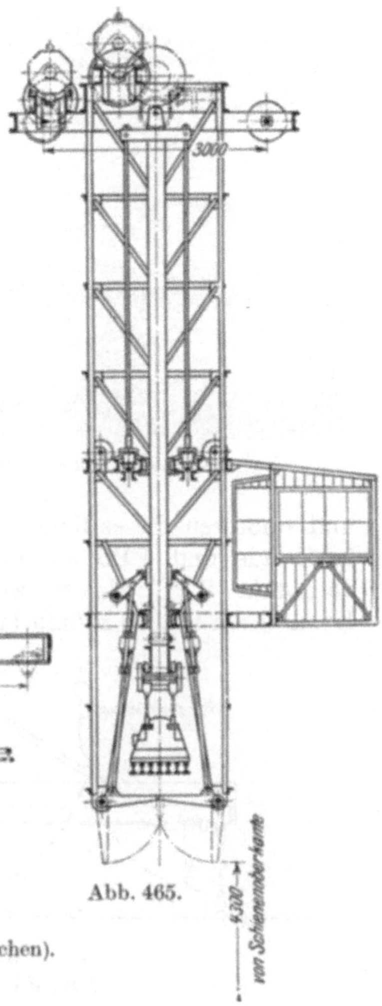

Abb. 465.

Abb. 464 und 465. Katze der magnet. Schienenverladebrücke (Neunkirchen).

Eine gleichartige Fangvorrichtung an einem schwenkbaren Lastarm weist die in Abb. 466 veranschaulichte Anlage auf. Dieser von Gebr. Bolzani für das Trägerlager der „Deutschen Eisenhandel A.-G.“, Abt. Ravené, Berlin, Huttenstraße gebaute Kran soll Träger verschiedenster Länge auf einem Platz stapeln, der in seiner Mitte von einer Straße durchzogen wird. Als einfachste und billigste Lösung ergab sich dabei die Verwendung eines Portaldrehkranes, der das winkelrecht zu dieser Straße liegende Walzeisen bei der Verladung schwenken kann, an Stelle der bei forciertem Hüttenbetrieb

---

[1]) Mit dem Aufgeben der magnetischen Verladeweise bei Stumm (infolge häufigen Versagens der verwendeten Hufeisenmagnete) fiel auch die Notwendigkeit der Benutzung der Sicherheitsbügel fort, die an sich übrigens zu schwach waren und die Last beim Versagen der Magnete fallen ließen.

[2]) Betr. weitere und andersartige Ausführungen von Schutzvorrichtungen bei Hebemagneten und Pratzen s. Michenfelder: Z. V. d. I. 1911, S. 855 u. ff. bzw. Wintermeyer: Zentralbl. d. Hütten u. Walzwerke 1913, S. 86 u. ff.

gebräuchlichen Hochbahn-Laufkrane. Da Träger bis zu 16 m Länge zu stapeln sind, mußte der Ausleger ziemlich lang werden; um aber auch kurze Träger fassen zu können, ist eine auf dem Ausleger fahrbare Motorwinde vorgesehen worden. Durch die weitere Anordnung eines festen Hakens am inneren Ende des Lastarmes ist ein recht genaues Aufstapeln der Trägerenden neben dem Fahrgleis möglich. Dieses feste Windwerk, dessen Antrieb sich im Führerhaus befindet, ist für eine normale Tragkraft von 1 t, die Motorlaufwinde für 2 t berechnet. Das Anheben der Träger erfolgt derart, daß zunächst mit Hilfe des festen Windwerkes das eine Trägerende angehoben wird und daß erst dann das Hubwerk der Laufwinde in Tätigkeit tritt. Die am Ausleger angebrachten Sicherheitsfangarme öffnen sich bei hochgehendem Träger selbsttätig und schließen sich durch ihr Eigengewicht auch selbsttätig unter dem Träger; das Öffnen der Fangarme geschieht vom Führerhaus aus durch einen Fußhebel. [Die Arbeitsgeschwindigkeiten und -motoren dieses Kranes sind: Hubgeschwindigkeit 9 m/min (8,5 PS an der Motorlaufwinde und 4 PS an dem festen Windwerk), Fahrgeschwindigkeit der Laufwinde 25 m/min (2 PS); das Schwenken erfolgt, am Auslegerkopf, mit 137 m/min (5 PS), das Kranfahren mit 85 m/min (12,5 PS).]

Abb. 466. Magnet. Träger-Stapelkran (Berlin).

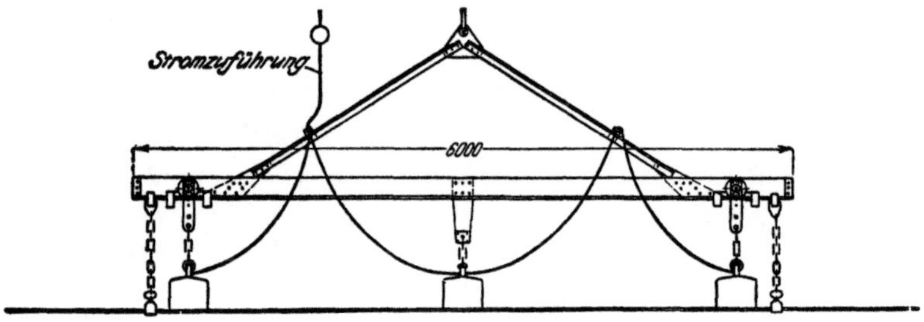

Abb. 467.

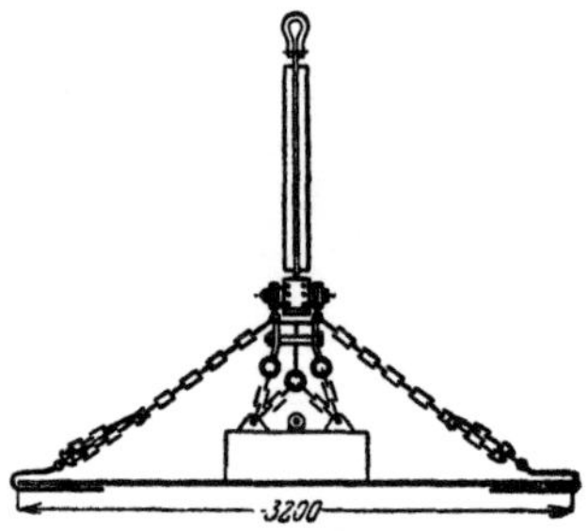

Abb. 468.

Abb. 467 und 468. Magnetgehänge mit Sicherheitsketten.

Bei Laufkranen und Verladebrücken, wo die Anbringung starrer Gerüste an der Katze möglich ist, lassen sich solche Sicherheitsorgane ja ohne weiteres vorsehen. Doch auch bei unstarr geführtem Magnetgehänge, wie es fat ausnahmslos bei Drehkranen geboten erscheint, können zuverlässige Schutzmaßnahmen gegen ein Herunterfallen der Magnetlasten in verschiedener Form getroffen werden. Die einfachste, allerdings mit der Hand anzubringende Sicherung ist die mittels gewöhlicher Kettenbügel, die, lose unter die Last gelegt, bei einem Versagen des Magneten als mechanische Lasthaken wirken. Die Abb. 467 und 468 eines derart gesicherten Magnetgehänges, an einer von Losenhausen gebauten Drehkran-Verladebrücke[1]), lassen die zum handmäßigen Sichern und Entsichern magnetisch gehobener Bleche nötigen Maßnahmen erkennen. Will man in ähnlichen Fällen jedoch bei der Aufnahme der Last zu deren Sicherung die Lager-

[1]) Im Wormser Hafen. Näheres s. u. Hafenkrane.

arbeiter überhaupt entbehren, so kann das Ein- und Ausschalten von Schutzbügeln mit Vorteil auch vom Kranführer besorgt werden. Beispielsweise hat Lauchhammer zur Verwendung an einem (Greifer-) Drehkran, von 6 t Tragfähigkeit, eine dessen Betrieb entsprechende Konstruktion durchgebildet, deren Wirkungsweise nach Abb. 469 und 470 ohne weiteres verständlich ist.

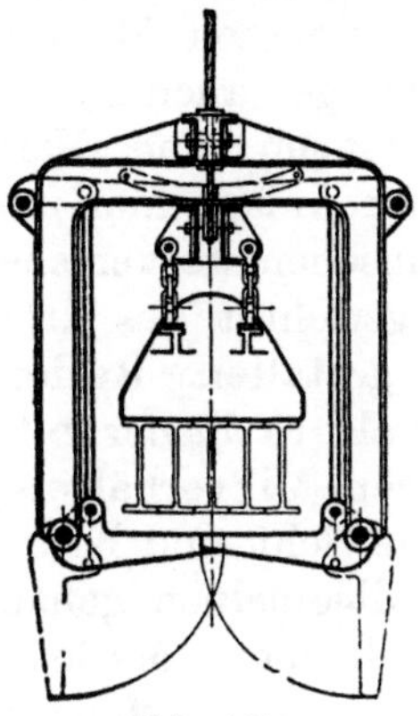

Abb. 469.

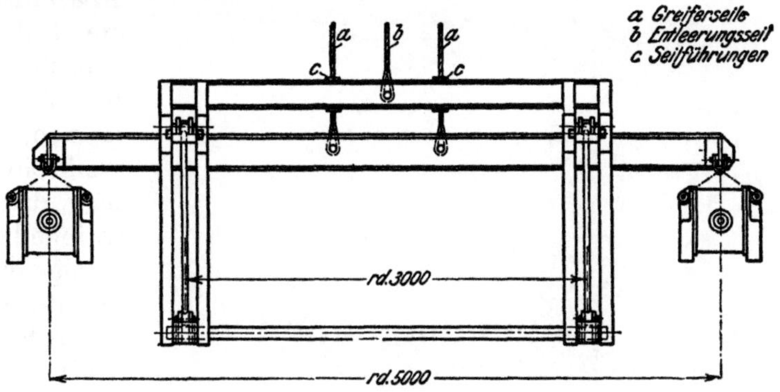

Abb. 470.

Abb. 469 und 470. Automatische Schutzvorrichtung an magnetischen Drehkranen.

Das Bedürfnis nach automatischen Schutzvorrichtungen, die allerdings in den meisten Fällen die toten Lasten auf Kosten der nutzbaren Tragkraft solchen Kranes zu sehr vergrößern, ist zweifellos vorhanden, allein schon im Hinblick darauf, daß die an Umschlagsplätzen für die verschiedensten Massengüter vorhandenen Krane sich vorkom-

Abb. 471.

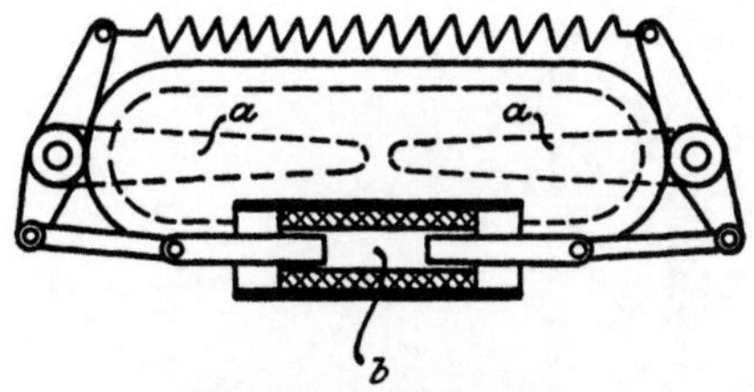

Abb. 472. (Draufsicht.)

Abb. 471 und 472. Hebemagnete mit direkt-elektrisch betätigten Schutzpratzen.

mendenfalls leicht und billig auch für eine betriebssichere Magnetverladung einrichten ließen[1]). An sich sind übrigens die Bestrebungen, bei jedem Hebemagneten unabhängig von der Bauart des Kranes Sicherheitsbügel haben zu können, nicht neu. Es sei daran erinnert, daß schon vor einer Reihe von Jahren Zobel, Neubert & Co. an Kneuttingen einen Verladekran mit einem S. S. W.-Magneten geliefert haben, an dessen Gehäuse (vgl. Abb. 471) die Sicherheitsgreifer *a*, *a* selbst angeordnet waren und durch einen unmittelbar aufgesetzten kleinen Motor ($^1/_3$—$^1/_2$ PS bei ca. 1000 Umdr.) durch Schnekkengetriebe *b*, *b* betätigt wurden[2]). Bewährt hat sich diese originelle Anordnung jedoch wegen der Empfindlichkeit des kleinen Motors und wegen der Übersetzung, die für einen derart rauhen Betrieb nicht geeignet ist, recht wenig. — Eine ähnliche Bauart

[1]) Um hierfür nur einen Beleg zu geben, sei erwähnt, daß bei der Schiffsüberladung von Platinen durch den Stahlwerksverband in Brügge (Zeebrügge) vermittels der dort vorhandenen Portalkrane eine einfache Sicherungsmöglichkeit ebenso erwünscht wie förderlich gewesen wäre. Man hatte von der beabsichtigten Anbringung solcher Schutzvorrichtungen dort nur deswegen Abstand genommen, weil diese eben die Nutztragfähigkeit der Krane allzusehr gemindert haben würden.

[2]) Selbstgreifer mit aufgesetztem Elektromotor zum Bewegen der Greiferschalen sind schon vor längeren Jahren gebaut worden (z. B. von M.A.N. für Burbacher Hütte); auch die Demag, Losenhausen & Laudi bauen neuerdings derartige Greifer. — Vgl. Hänchen: Maschinenbau 1924, S. 574, Buhle: Bautechn. 1924, S. 129 und Z. V. d. I. 1922, Nr. 25.

ist, nach einem Vorschlage von Siemens-Schuckert, weiter in Abb. 472 skizziert, wobei durch Einschalten eines Hilfsmagneten *b* die in diesen hineingezogenen Polkerne den Ausschlag der Sicherheitsgreifer *a*, *a* bewirken[1]).

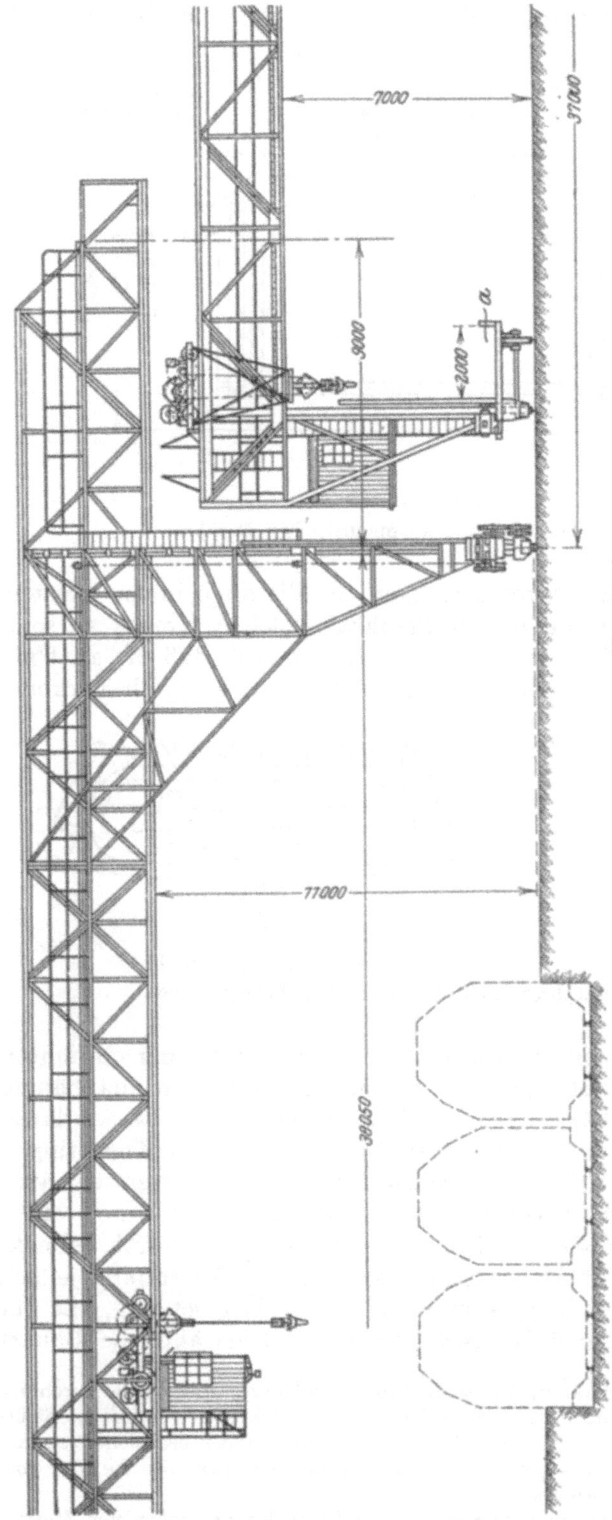

Abb. 473. Trägerverladebrücken (Neunkirchen).

Wie schon einleitend zu diesem Abschnitte angedeutet wurde, ist ein Teil der neueren Modernisierungsbestrebungen auch bei schweren Ausführungen von Verladekranen, deren Anlage hier und da vielleicht wünschenswert erscheinen mag, dahin gerichtet, das Arbeiten rationell zu gestalten. Rationeller wenigstens, als es bisher oft sein konnte bei dem Mißverhältnis zwischen Krangewicht und Krantragkraft. Im allgemeinen gehen die in Rede stehenden Maßnahmen darauf hinaus, das Verfahren des Kranes dadurch nach Möglichkeit zu beschränken, daß man seine Konstruktion für das jedesmalige Verfahren mit der höchstzulässigen Menge Lagergut versieht. Da die Aufnahmefähigkeit der Tragorgane aber nur in den seltensten Fällen der maximalen Belastungsfähigkeit der ganzen Krankonstruktion entspricht, so sind für die Erreichung jenes Zweckes in der Regel besondere Vorkehrungen zu treffen. Diese bestehen nun ausnahmslos darin, daß man an dem Kran eine Art Vorratsbehälter anbringt, der, womöglich bei stillstehendem Kran, bis auf das zulässige, der Krantragfähigkeit entsprechende Maß gefüllt und dann erst durch den Kran an seinen Bestimmungsort gefahren wird. Dieses Prinzip der zwischengeschalteten Beladung eines sog. Sammelmagazins muß fraglos für alle jene Fälle, in denen schwerere Transportkrane Verwendung finden, eine beträchtliche Erhöhung nicht nur der Wirtschaftlichkeit, sondern auch der Leistungsfähigkeit der Krananlage zur Folge haben; letzteres durch die außerordentliche Einschränkung der Anzahl der Kranfahrwege bzw. der Fahrzeiten. Bei magnetischer Beladung der Sammelbehälter kommt dabei als besonderer Vorzug noch hinzu, daß man

[1]) Vgl. Wintermeyer: Fördertechn. 1907, Heft 6.

kleine und leichte Magnete, sog. Schöpfmagnete, gleichsam zum Vollschöpfen des Magazins, verwenden kann.

In einfachster Weise hat man den Gedanken einer solchen Transportart mehrfach dadurch verkörpert, daß man bei Verladebrücken an einem Stützbock derselben eine Ablagerungsfläche anordnet, auf der die weiterzutransportierenden Lasten vordem in größerer Menge einzeln abgelegt werden konnten. Die Abb. 473 läßt an der einen der von Bleichert für das Neunkirchener Trägerlager von Gebrüder Stumm gebauten Verladebrücken eine solche Einrichtung *a* erkennen[1]).

Wenn auch die mit diesen beiden Verladebrücken erzielten Ersparnisse recht beträchtlich sind — gegen früher, wo es auf dem Platz vor Arbeitern gestrotzt hat, sollen jährlich ca. 100000 M.[2]) gespart werden! —, so erscheint doch die Anordnung des Sammelmagazins an der Katze selbst, wie sie bei den nachbesprochenen Beispielen getroffen worden ist, für die Erreichung der mehrfach erwähnten Ziele vorteilhafter. Vor allem fallen dadurch die vielmaligen Wege der Katze vom und zum Magazin fort und ferner kann auch die Entladung des Magazins schneller und an beliebigen Orten erfolgen[3]).

Als Mittel, die zur wiederholten Materialablage erforderliche Bewegung des Schöpf- oder Sammelmagneten hervorzubringen, wurden recht verschiedenartige Mechanismen vorgeschlagen[4]): Für die langsgetreckten Lasten des Walzwerkes[5]) anfänglich besondere Schwinghebel, die den Magnet zwangläufig aus seiner vertikalen Hubrichtung in die horizontale Bewegungsrichtung, d. h. über die zu füllenden Tragmittel überleiteten. Um den hierbei vorhandenen nur kleinen Schöpfweg, der unter Umständen noch eine entgegenkommende Fahr- und Hubbewegung des ganzen Kranes bzw. der mechanischen Tragmittel erfordert, zu vergrößern, hat man dann die Schwingbewegung des Magneten dadurch ersetzt, daß man diesen an einer mit einem besonderen Hubwerk ausgestatteten kleineren Katze aufhing. Eine derartige Anordnung — mit der man indes begreiflicherweise nur ein langsameres Arbeiten als mit den Schwinghebeln erzielt — ist an den beiden neueren Trägerverladekranen (Demag) getroffen worden, die nach den Abb. 474 und 475 für das Peiner Walzwerk gebaut wurden. Die in größerem Maßstabe wiedergegebene Zeichnung der Katze dieser Krane, Abb. 476, läßt außer den Antriebsvorrichtungen für das Fahrwerk dieser Katze und für das Hubwerk der kippbaren Sammelbügel noch die Hilfskatze für die Magnetbewegungen deutlich erkennen. Diese Hilfskatze ist imstande, außer der Traverse und den beiden Magneten 2 t zu heben; die Belastungsfähigkeit der Pratzen dagegen beträgt 7,5 t.

Trotz dieser den Effekt der Krane zweifellos erhöhenden Hilfsbeladevorrichtung dürfte auch diese Anlage zur Bestätigung des früher ausgesprochenen Urteils angeführt werden können, daß sich das System großer und auf Flur fahrender Brücken für die Arbeiten auf den Verladeplatz des Walzwerkes weniger eignet als das leichter und auf Hochbahn fahrender Laufkrane. Ein Vergleich dieser Anlage z. B. mit der vorbeschriebenen des Düdelinger Trägerlagers spricht in mehrfacher Art zugunsten der letzteren. Bei nahezu gleichem Anlagekapital[6]) für die Peiner Brücken soll die Ersparnis an Leuten nur etwa die Hälfte der erstgenannten betragen. Trotz der verhältnismäßig nur schmalen

[1]) Ein ähnliches Ablegemagazin — auf dem Verbindungsträger zweier Stützfüße — weist z. B. auch eine von Bleichert für die Rimamurany-Salgo Tarjaner Eisenwerke und eine von der Demag für Röchling-Völklingen gebaute Trägerverladebrücke auf; s. Z. V. d. I. 1908, S. 1521, Abb. 63. Auch bei den Halbportalkranen am Fruchtschuppen C des Hamburger Hafens sowie des Osthafens zu Frankfurt a. M. sind Bühnen für das Ablagern von Gütern angebracht worden.

[2]) D. h. ohne Berücksichtigung der für Verzinsung und Amortisation neu entstandenen Ausgaben.

[3]) Später ist jene einseitige Ablagerungsfläche bei dem Stummschen Krane übrigens wieder entfernt worden, weil sie sich bei richtiger Lagerung der verschiedenen Kommissionen als entbehrlich erwiesen hat. Auch dürfte die einseitige Anhäufung von Lasten für das einwandfreie Verfahren langer Brücken nichtgünstig sein. (Der in der Zeichnung noch angedeutete Fahrantriebsausgleich — an jedem Stützbock steht ein Hauptstrommotor — durch Gallsche Ketten, die mehrfach gerissen sind, ist später durch Transmissionswellen bewirkt worden.)

[4]) S. a. Wintermeyer: Zentralbl. d. Hütten u. Walzwerke 1913, Nr. 5.

[5]) Über ähnliche Einrichtungen für Masseln, Schrott u. dgl. ist berichtet auf S 90 dieses Buches.

[6]) Die beiden Peiner Brücken kosteten 99500 M. bzw. 87300 M., deren Montage 20000 M., Kabel 40000 M. sowie Gleise und Stromzuführung (die wegen der übrigen Krane in unterirdischen Kanälen erfolgen mußte) 74000 M., zusammen also 320800 M.; die Düdelinger Anlage, wie gesagt, rund 350000 M.

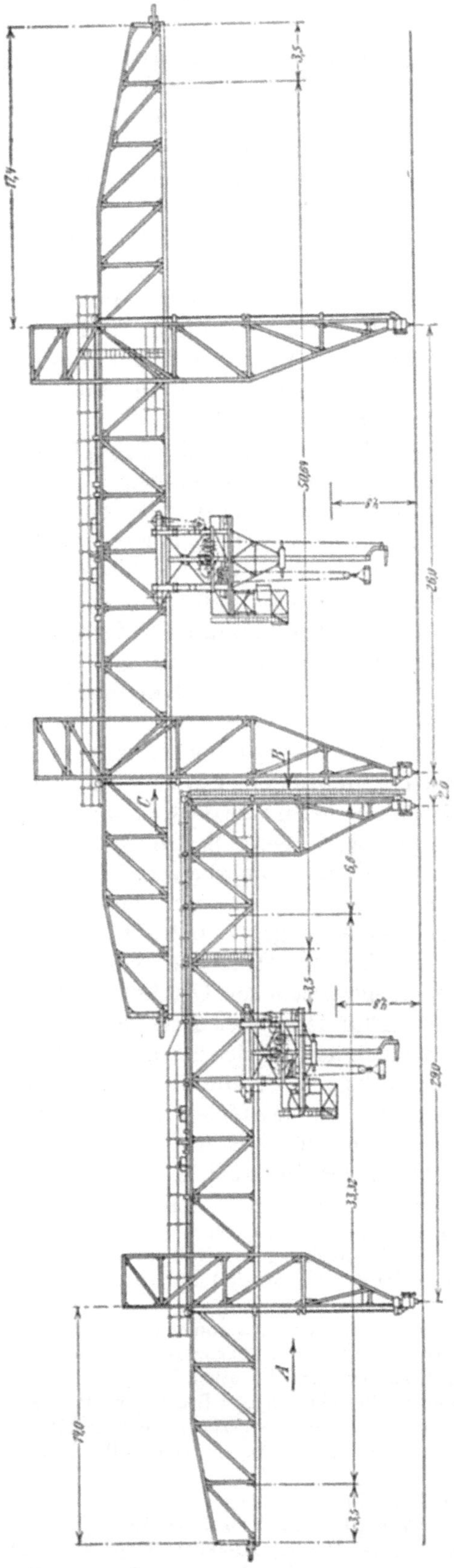

Abb. 474.

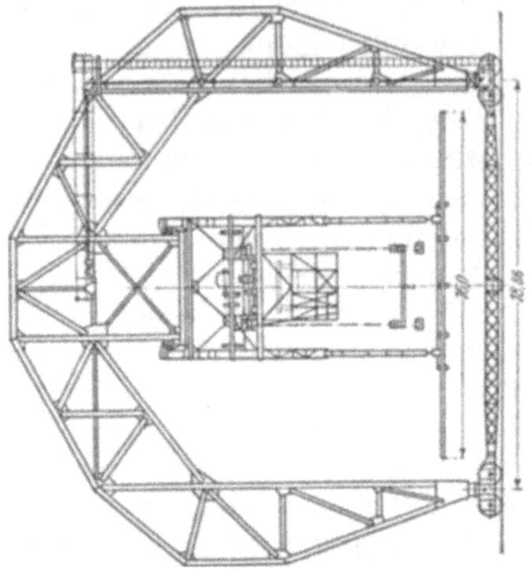

Abb. 475.

Abb. 474 und 475. Magnet. Trägerverladebrücken (Peine).

Arbeitsbreite der Peiner Brücken ist deren Eigengewicht indessen recht beträchtlich: 126 bzw. 104 t, entsprechend natürlich auch der Kraftverbrauch für das Bewegen dieser Gewichte. Daß dieses andererseits aber bisweilen, bei Sturm, in unerwünschter Weise leicht von selbst eintritt, dürfte ein weiterer und wesentlicher Nachteil solcher Verladebrücken sein, die dem Winddruck natürlich eine viel wirksamere Angriffsfläche bieten und leichter abgetrieben und umgeworfen werden können, als einfache Laufkrane. Die Erfahrung hat dies ja nicht nur im vorliegenden Falle, sondern noch in zahlreichen anderen Fällen bestätigt[1]). Es sei deshalb an dieser Stelle noch ganz besonders auf die Notwendigkeit hingewiesen, solche Verladebrücken mit unbedingt zuverlässigen **Feststellvorrichtungen** zu versehen. Da die verschiedenen für eine Feststellung der Brücken gebräuchlichen Mittel, seien es Befestigungsketten, Vorsteckbolzen od. dgl., seien es Bremsschuhe oder ähnliches, erfahrungsgemäß bisweilen doch versagt haben, und zwar dadurch, daß erstere durch die plötzliche ruckweise Beanspruchung brachen, letztere aber einfach mit vorwärts geschleppt wurden, so empfiehlt sich meines Erachtens als das sicherste Mittel gegen ein Abtreiben des Kranes, diesen in den Arbeitspausen grundsätzlich jedesmal gegen Prellböcke an den Enden der Fahrbahnen festzulegen. Jedenfalls muß die Feststellung aber so ausgeführt

[1]) Z. B. die Verladebrücken in Meiderich, Hüsten, Emden, Stettin, Rheinau, Nürnberg u. a. m. — Vgl. auch das auf S. 24 darüber Gesagte. S. a. Müller: Der Bauingenieur 1925, Heft 10; desgl. Z. V. d. I. 1925, Nr. 42.

sein, daß bei einem Bestreben der Brücke, sich fortzubewegen, ein Ruck überhaupt nicht eintreten kann. Denn dabei würden, infolge einer übermäßigen Beanspruchung der Halteorgane, diese erfahrungsgemäß leicht reißen können. So haben sich (beispielsweise an sämtlichen fünf großen Verladebrücken der Norddeutschen Hütte) Haltehaken *a* nach Abb. 477 recht bewährt, die nachziehbar (*b*) an den durchlaufenden Schienenunterlagen *c* angreifen. Bei etwa mehr als zwei auf gleicher Fahrbahn laufenden Brücken muß man sich für die zwischenliegenden — falls seitliche Blechböcke für eine Bolzenverriegelung etwa nicht zu wählen sind — natürlich mit den sonst bestbewährten Mitteln behelfen. Erwähnt sei von diesen die u. a. bei einer späteren Erzverladebrücke (Jäger) der Rheinischen Stahlwerke in Duisburg-Meiderich angebrachte Feststellvorrichtung, bei der sich in den Ruhepausen selbsttätig ein mit einer besonderen Auflaufzunge versehener Bremsschuh vor das Rad legt (Abb. 478). Diese Einrichtung hat sich gut bewährt[1]). Die an den neueren elektrischen Kaikranen (MAN und Flohr) zu Bremen nach Abb. 479 durchgebildete Feststellvorrichtung, bei der das mit einem Sperrzahnkranz *a* ausgestattete Laufrad *b* durch eine im Portalgestell *c* angeordnete und mittels eines Durchsteckbolzens *d* zu sichernde Klinke *e* festgehalten wird, erscheint in der Wirkungsweise besonders verläßlich.

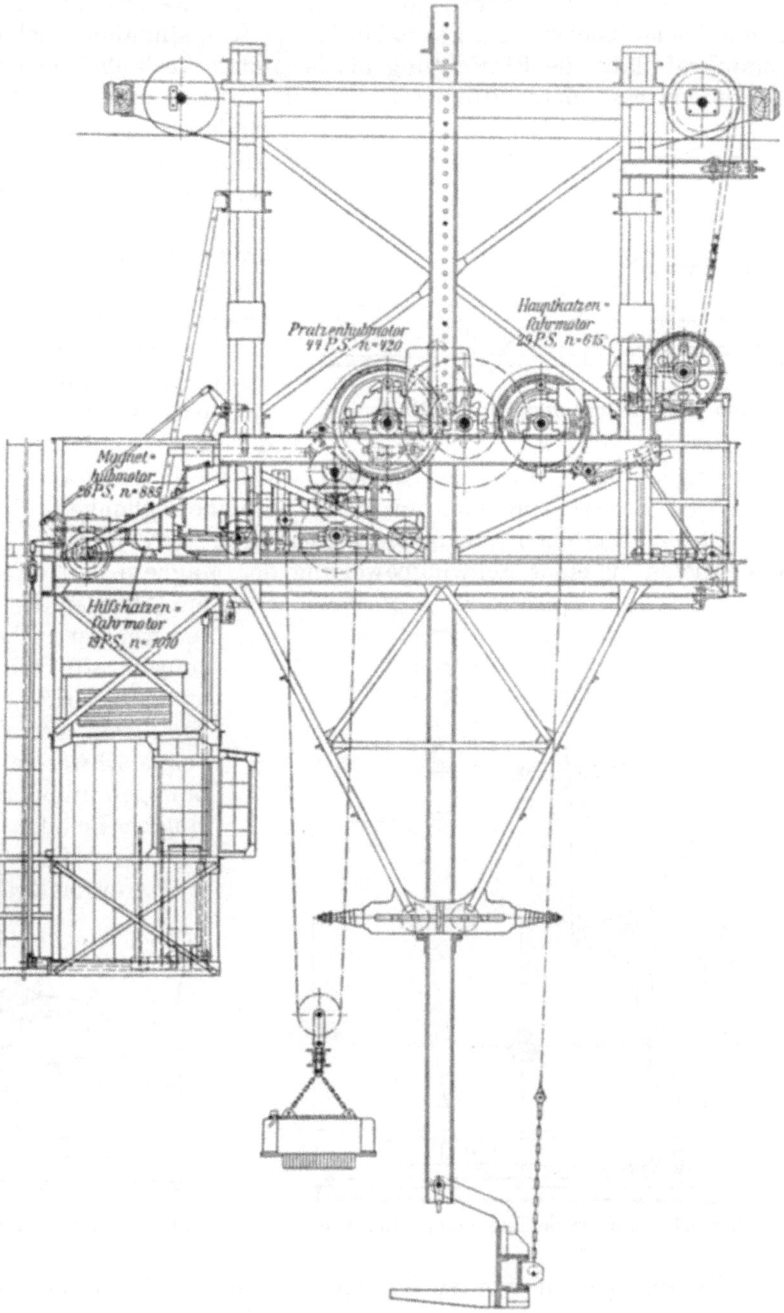

Abb. 476. Katze der magnet. Trägerverladebrücke (Peine).

[1]) Über elektr. Sicherungsmaßnahmen vgl. a. Wintermeyer: Helios 1915, Nr. 12. — Über eine besonders das Kippen und Entgleisen von Kranen — namentlich fahrbaren Auslegerdrehkranen und Löffelbaggern — verhütende „Radfessel" (Orenstein & Koppel), die aus einer Kombination von Schienenzangen, Bandbremse und Spannvorrichtung besteht, vgl. Uebbing: Der Maschinenmarkt 1925, Nr. 88.

Als recht gut erscheint auch der neuerdings für eine Windschutzbremse bei selbst größten Verladebrücken (Eßlingen) durchgeführte Gedanke, die im Entstehen begriffene Abtriebbewegung der Brücke selbst für die Betätigung ihrer Feststellvorrichtung zu benutzen. Dabei überträgt ein ungewollt, also stromlos angetriebenes Laufrad diese seine Drehung vermittels Sperrad-, Spindel- und Hebelwerkes auf gegen die Laufschienen sich legende Klemmbacken. Die zwangläufig und doch allmählich sich äußernde und steigernde Klemmkraft läßt die Einrichtung als besonders verläßlich erscheinen; die Möglichkeit, sie in einem besonderen Bremswagen auch an das einfache Radgestell der Brücke anzuschließen, gestattet selbst ihre nachträgliche Anbringung an vorhandene Brücken ohne deren bauliche Veränderung[1]).

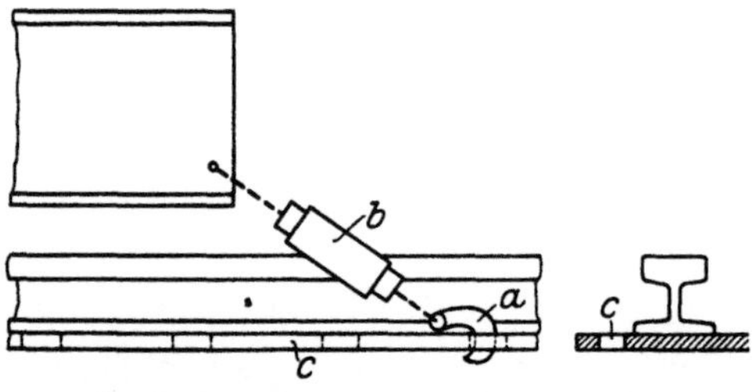

Abb. 477. Brückenfeststellung (Emden).

Während das **Beladen der Sammelbehälter** bisher dadurch gelöst worden ist, daß der Schöpfmagnet sich mittels seitlicher Eigenbewegung über das Magazin einstellen und dieses füllen konnte, ist bei der in Abb. 480*a* bis *c* dargestellten Anlage der Hergang umgekehrt: Die Magnete sind zum Aufnehmen der Lasten lediglich heb- und senkbar an der Katze angeordnet[2]), aber das Magazin, d. h. in diesem Falle Pratzen für das Ablagern der Träger, besitzt außerdem noch eine Seitenbeweglichkeit, durch die das magnetisch ausgehobene Gut eben auf ihnen niedergelegt werden kann. Diese Arbeitsweise hat im Vergleich zu einer Schwingbewegung der Magnete den offensichtigen Vorzug, daß ein Abfallen der Träger von dem Magneten weniger zu befürchten ist, weil Horizontalkräfte, die ein Abstreifen der Last leicht bewirken, von dieser ferngehalten sind. Daß man dafür jedesmal das wohl etwas schwerere Magazin unter die Last bewegen muß, erscheint dagegen von geringem Belang.

Dieser Kran, der von Zobel, Neubert & Co. für das Trägerlager in Kneuttingen

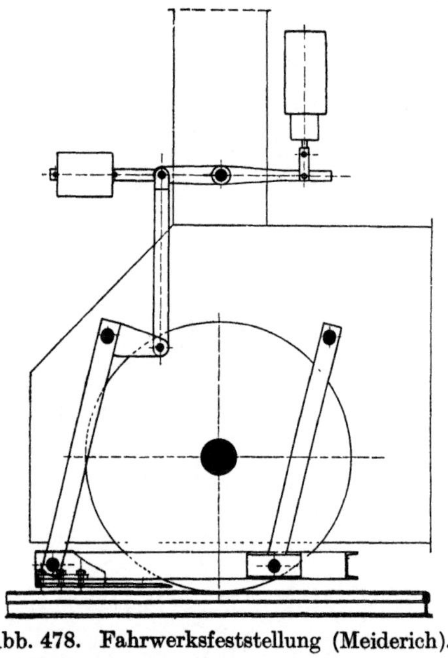
Abb. 478. Fahrwerksfeststellung (Meiderich).

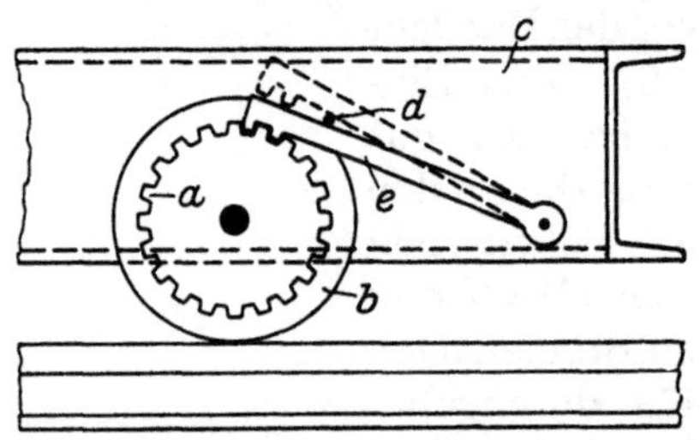

Abb. 479. Fahrwerksfeststellung (Bremen).

entworfen und gebaut worden ist, arbeitet mit (S. S. W.-) Magneten, die sich durch besonders schmale Pole auszeichnen, derart, daß noch ein liegend gelagertes I-Eisen N. P. 12 am schmalen Stege sicher gefaßt und gehoben werden kann; s. Abb. 481. Andererseits ist der Magnet so stark bemessen, daß er nach den damit vorgenommenen Versuchen auch ein I-Eisen N. P. 40, von 3500 kg, d. h. dem mehr als zehnfachen Gewicht des ersteren, noch bequem hebt. Sind, wie im vorliegenden und ähnlichen Falle, wo Lasten über 4—5 m Länge transportiert werden müssen, in der Regel zwei Magnete an einem

[1]) Näheres s. bei **Hänchen**: Z. V. d. I. 1925, Nr. 38.
[2]) Ähnlich wie bei dem Masselverladekran der Abb. 145.

Querstück angeordnet, so gelten hinsichtlich dieser Tragkräfte natürlich die doppelten Werte.

In Abb. 482 ist ein gleichfalls von Zobel-Neubert gebauter Kran dargestellt, der (für die Verladung von Platinen in Friedenshütte) nach dem gleichen Prinzip, wenn auch mit andersartigen Antriebsmechanismen, s. Abb. 483, arbeitet. Die Tragkraft des kleinen Lastmagneten beträgt hier 500 kg, während die Belastungsfähigkeit des Kranes bzw. der Sammelpratzen 5000 kg beträgt, so daß zur vollen Ausnutzung des Kranes einem Verfahren desselben ein mindestens zehnmaliges Schöpfen der Pratzen voraufzugehen hat.

Ist damit zu rechnen, daß die einzelnen Träger sich trotz der erwähnten Spezialmagnete vielleicht doch nicht ohne weiteres aufnehmen lassen werden, etwa dadurch, daß sie in Einsenkungen des Lagers liegen, oder daß sie von vornherein nicht sorgfältig genug auf Zulage hingestellt sind, so wird man zweckmäßig den Betrieb mit Ketten wählen. Eigentliche Aufnahmepratzen, die bei Schienen, wie gesagt, unter Umständen sehr gut zu gebrauchen sind, kommen für Träger nicht in Betracht, da sie für ein Herausgreifen einzelner Stäbe aus dichten Haufen, was hier ja öfters zu geschehen hat, unbrauchbar sind. Der Kettenbetrieb hat ja natürlich nicht den Vorzug automatischen Arbeitens wie der Magnetbetrieb, da bei ihm wenigstens zwei Mann zum Umschlingen unter dem Kran stets nötig sind. Auch müssen dabei zwischen allen Stäben Zwischenräume liegen, um ein Durchziehen der Ketten zu ermöglichen. Außerdem hat er noch den Nachteil, daß man mit ihm praktischerweise nur zusammenliegendes Material aufnehmen und verladen kann. Will man nicht mehr gezwungen sein, das Material vorher von Hand zu-

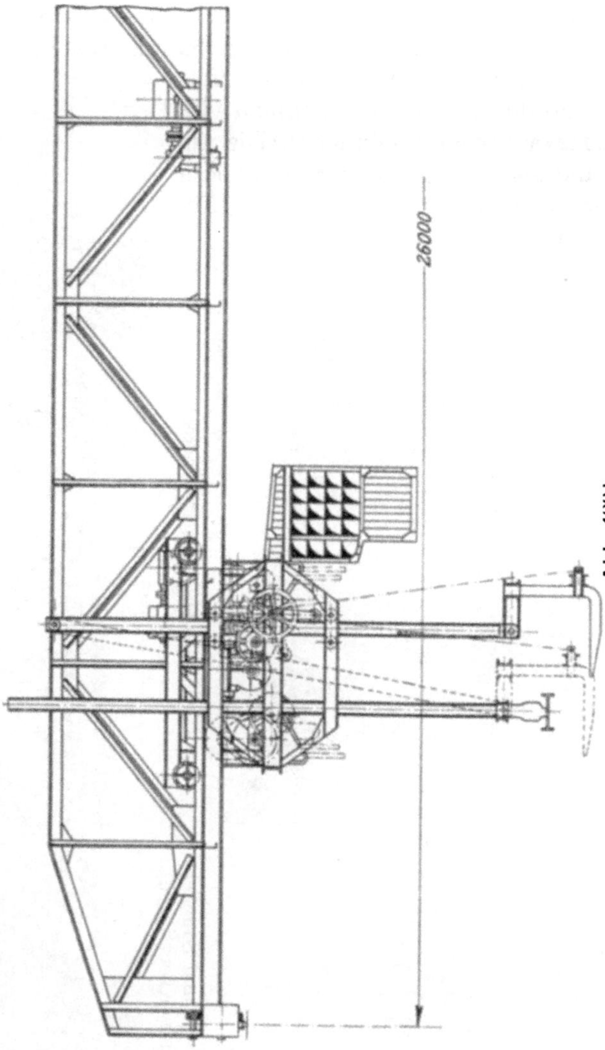

Abb. 480 b.

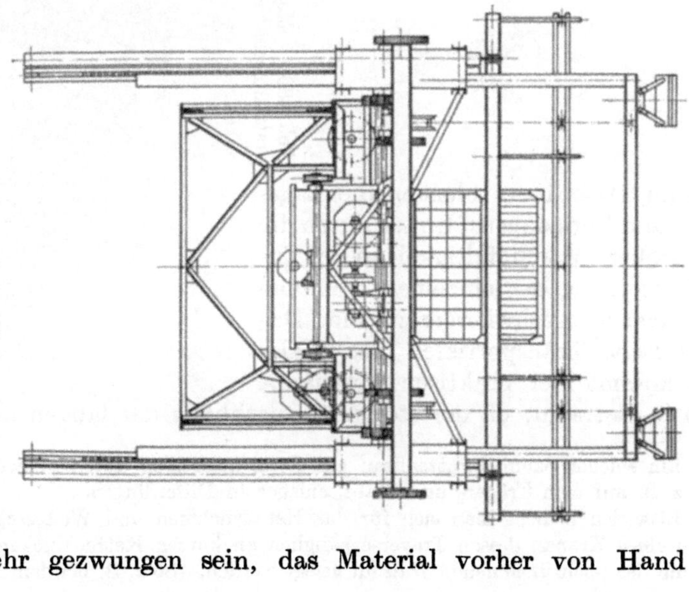

Abb. 480 a.

Abb. 480 a und 480 b. Magnet. Trägerverladekran mit Sammelpratzen (Kneutingen).

sammenzustellen, so kann eine Zange in Verbindung mit einer Pratze gut aushelfen. Die Zangen können vom Kranführer meist unschwer um den Kopf oder Flansch des zu hebenden Eisens gelegt werden und dieses dann entweder direkt auf Sammelpratzen[1]) oder auch auf einem benachbarten Sammelrost niedergelegt werden, von dem es dann Kippratzen oder Magnete in einer größeren Anzahl leicht hochnehmen und weitertransportieren können[2]). Die Abb. 484 und 485 stellen ein derartiges kombiniertes Lastgehänge dar. (Zobel, Neubert & Co.)

Abb. 481. Trägermagnete.

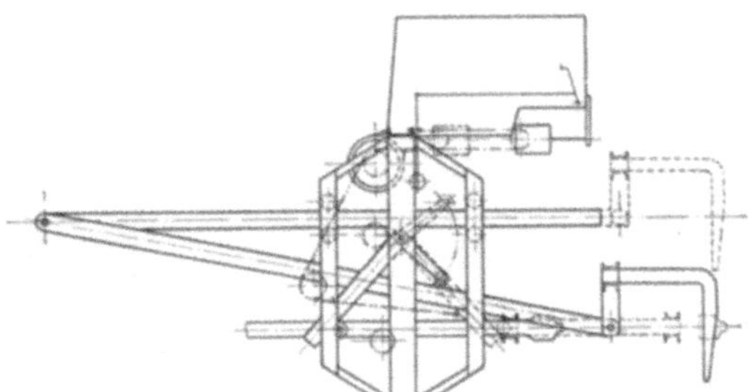

Abb. 480 c. Magnet- und Sammelpratzenmechanismus (Kneuttingen).

Abb. 482 und 483. **Magnet. Platinenverladekran mit Sammelpratzen (Friedenshütte).**

Beim Stabeisen scheinen die Lagerungs- und Verladeverhältnisse durch die noch größere Mannigfaltigkeit in der Zusammensetzung der einzelnen Kommissionen fast noch schwieriger zu sein. Das magnetische Transportieren des Walzgutes kommt hier praktisch überhaupt kaum in Betracht, da der störende Durchhang der langen und dünnen Stäbe nur durch

[1]) Ein solcher Sammelpratzenkran mit Zangenbeladung durch Schwinghebelmechanismus (Demag) arbeitet z. B. auf dem Träger- und Stabeisenlager in Differdingen.

[2]) Bisweilen bedient man sich für das Herausnehmen und Weiterschaffen der Träger aus sehr engen Stapeln eines Kranes, dessen Traverse lediglich an kurzen Kettenstücken hängende Zangen trägt, die von Hand um das hochzunehmende Walzgut gelegt werden. (So z. B. bei dem Trägerlager der Königshütte.)

die gleichzeitige Benutzung einer größeren Anzahl von Magneten zu verhindern wäre, diese Magnete aber dann zu viel von der Tragfähigkeit des Kranes fortnähmen. Die Verwendung von Sammelpratzen, die gut mit Zangen zu beladen wären, erscheint indes auch nicht besonders ratsam, da deren Beladung mit einer hinreichend großen Zahl solcher leichter Stäbe zu aufhältlich ist. Die gewöhnlichen Pratzen wiederum bereiten für die Aufnahme und das Ablegen des in engen Hürden gestapelten Materials oft Schwierigkeiten. Es dürfte sich demnach als einfachstes Organ zum Erfassen von Stabeisen die gewöhnliche Kette ergeben.

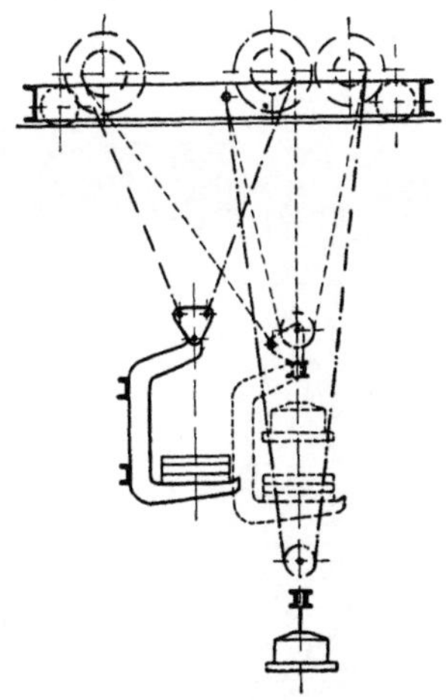

Abb. 483. Magnet- und Sammelpratzenmechanismus.

Die folgenden Bilder zeigen einige Ausführungsbeispiele. Der nach Abb. 486 von Schenck & Liebe-Harkort für die Kleineisenverladung in Rothe Erde in doppelter Ausführung gebaute Kran, von 5 t Tragfähigkeit, unterscheidet sich von der einfachsten Form solcher Verladekrane dadurch, daß die Schlingkettentraverse an den Hubtrommeln nicht direkt, sondern unter Einschaltung eines Horizontal-Kugellagers an einem Balancier *a* aufgehängt ist. Hierdurch ist mit einfachsten Mitteln eine leichte Drehbarkeit der Traverse von Hand

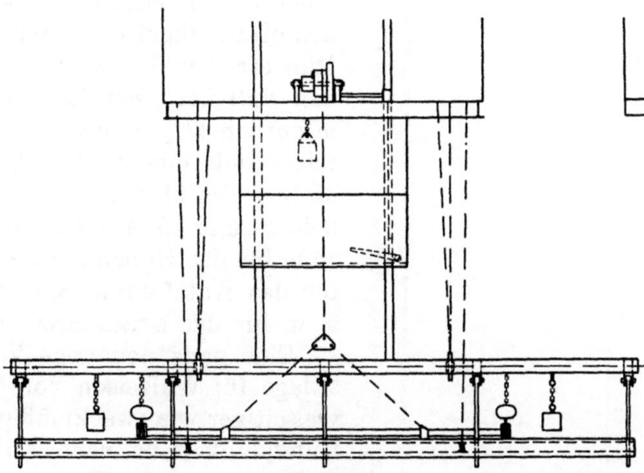

Abb. 484.

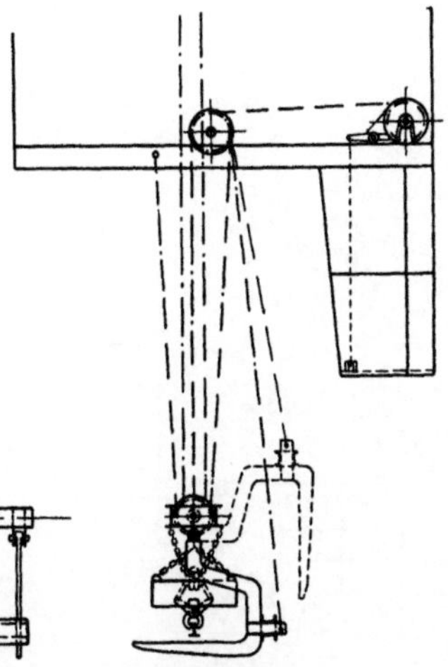

Abb. 485.

Abb. 484 und 485. Kombiniertes Krangehänge für Walzeisentransporte.

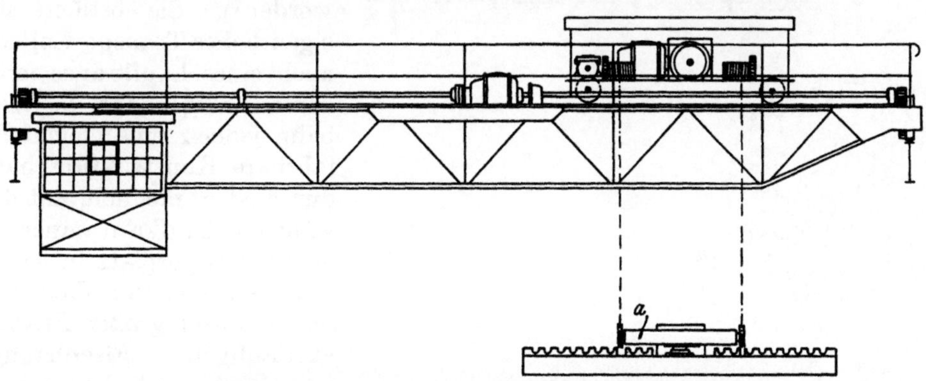

Abb. 486. Doppeltraversen-Laufkran (Rothe Erde).

erreicht. In den Endstellungen verriegelt sich die Traverse, die mit Rasten für verschiedene Einhängedistanzen der Schlingketten versehen ist, selbsttätig mit dem Balancier. Daß auch mit solch' einfachen Mitteln bei sachgemäßer Konstruktion und Anwendung sehr beträchtliche Gewinne zu erzielen sind, kann daraus hervorgehen, daß mit diesen beiden Kranen, gegen früher, 50 Mann gespart sein sollen. — Eine in bezug auf das Drehwerk maschinell durchgebildete Konstruktion, bei der die Plattform der Laufkatze als Drehscheibe ausgeführt und das Drehen durch einen besonderen Motor bewirkt ist, ist bei einem gleichfalls von Schenck & Liebe-Harkort an die Düsseldorfer Röhren- und Eisenwalzwerke gelieferten Verladekrane von 5 t Tragkraft und 33 m Spannweite ausgeführt worden.

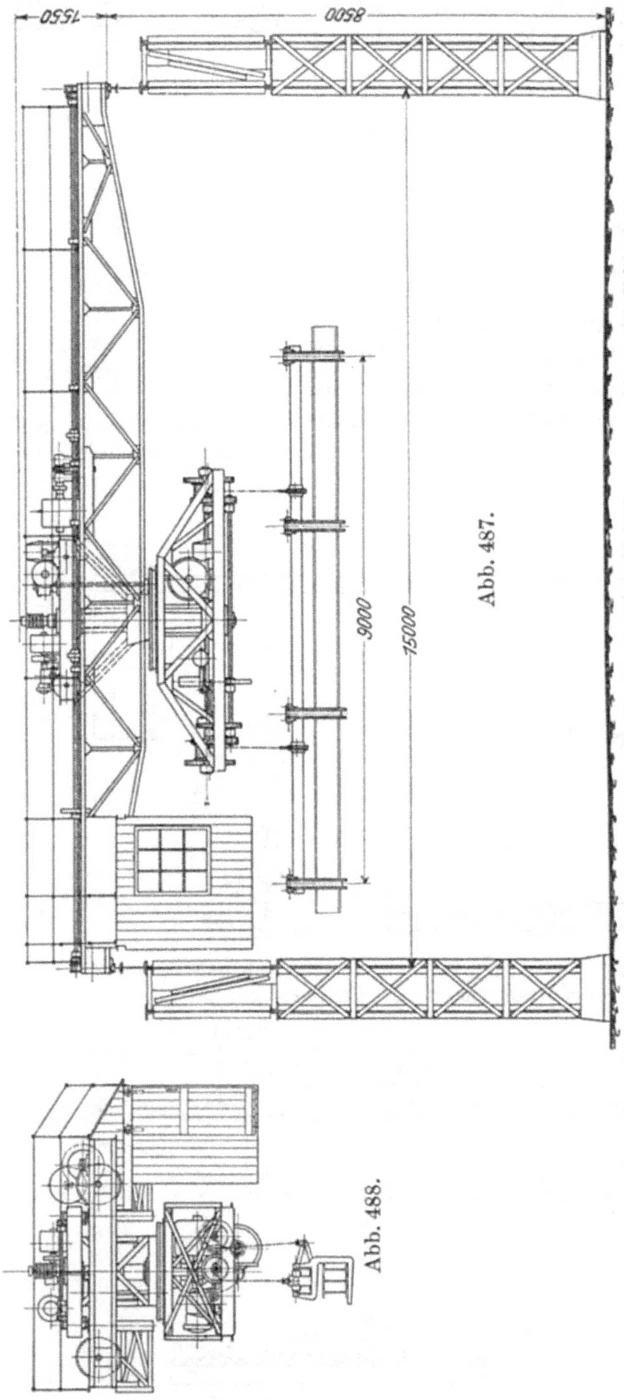

Abb. 487 und 488. Trägerverlade-Laufkran mit schwenkbarem Kippratzengehänge (Völklingen).

Mit Bezug auf die Schwenkbarmachung von Krankatzengehängen sei in Abb. 487 und 488 noch eine Ausführung von Mohr & Federhaff für Röchling wiedergegeben, bei der die Aufhängung des drehbaren Teiles zur Erzielung geringster Reibungswiderstände auf einem Kugellager, anstatt auf einer Drehscheibe, vorgenommen ist — eine übrigens auch bei den modernen Drehausleger-Laufkranen oft durchgeführte Maßnahme. Man erreicht dabei im vorliegenden Fall bei einer Last von 5 t minutlich $2^1/_2$ Umdrehungen derselben mit einem bloß 2,6 pferd. Motor. Die übrigen Geschwindigkeiten und Motorstärken sind: 15 m für das Heben (34 PS), 30 m für das Katzfahren (3,9 PS) und 95 m für das Kranfahren (12 PS).

Eine ganz neuartige Verladeanlage für Walzeisen von ebenso vielseitiger wie zweckmäßiger Arbeitsfähigkeit ist nach Abb. 489 und 490 von der Demag an die Rheinischen Stahlwerke geliefert worden[1]). Sie bedient sich als eigentliches Transportmittel zwar auch eines Laufkranes mit drehbarem Lastgehänge, der als Fahrbahn jedoch eine gleichfalls verfahrbare Konstruktion hat. Dadurch ist es möglich, mit dem bewährten Laufkran einen ausgedehnten Lagerplatz in seiner ganzen Tiefe und vor allem auch in seiner ganzen großen Breite nebst weitläufigen Eisenbahngleisen vollständig zu bedienen und vermöge der wasserseitigen Fahrbahnausladung gleichzeitig auch noch einen entsprechend breiten Kaistreifen mit den anliegenden Schiffen zu bearbeiten. Nach der jeweils erforderlichen Einstellung der Laufkranfahrbahn kann das Verladen dann mit Hilfe des ver-

[1]) S. a. Z. V. d. I. 1925, Nr. 38.

hältnismäßig leichten Laufkranes in rationeller Weise vor sich gehen. Die mit einer schiffsseitigen Ausladung von 20,5 m versehene fahrbare Fahrbahn hat eine Spannweite von 47 m, der Laufkran eine solche von 22 m. Bei einer Tragkraft des Kranes von 10 t sind die minutlichen Arbeitsgeschwindigkeiten der Anlage folgende: Heben 25,9 m (2 × 50,3 PS), Katzfahren 53 m (15 PS), Drehen 2,7 mal (15 PS), Kranfahren 97,5 m (50,3 PS) und Brückenfahren 32,5 m (100,6 PS).

Wenn auch der Laufkran aus dem schon mehrfach angeführten Grunde wohl allgemein als das geeignetste Transportmittel für alle Fertigmaterialien des Walzwerkes angesehen wird, so ist man doch, namentlich in älteren Werken, mitunter gezwungen, das System des Transportmittels in anderer Art den besonderen örtlichen Verhältnissen anzupassen. Die Abb. 491 bis 493 lassen ein Beispiel hierfür beim Transport von Walzeisen durch eine Motorlaufkatze (Pohlig) in der Baildonhütte erkennen. Trotzdem man dort mit den Arbeiten dieser Einschienenkatze an sich recht zufrieden ist, empfindet man aber doch die bloße lineare Verteilungsmöglichkeit

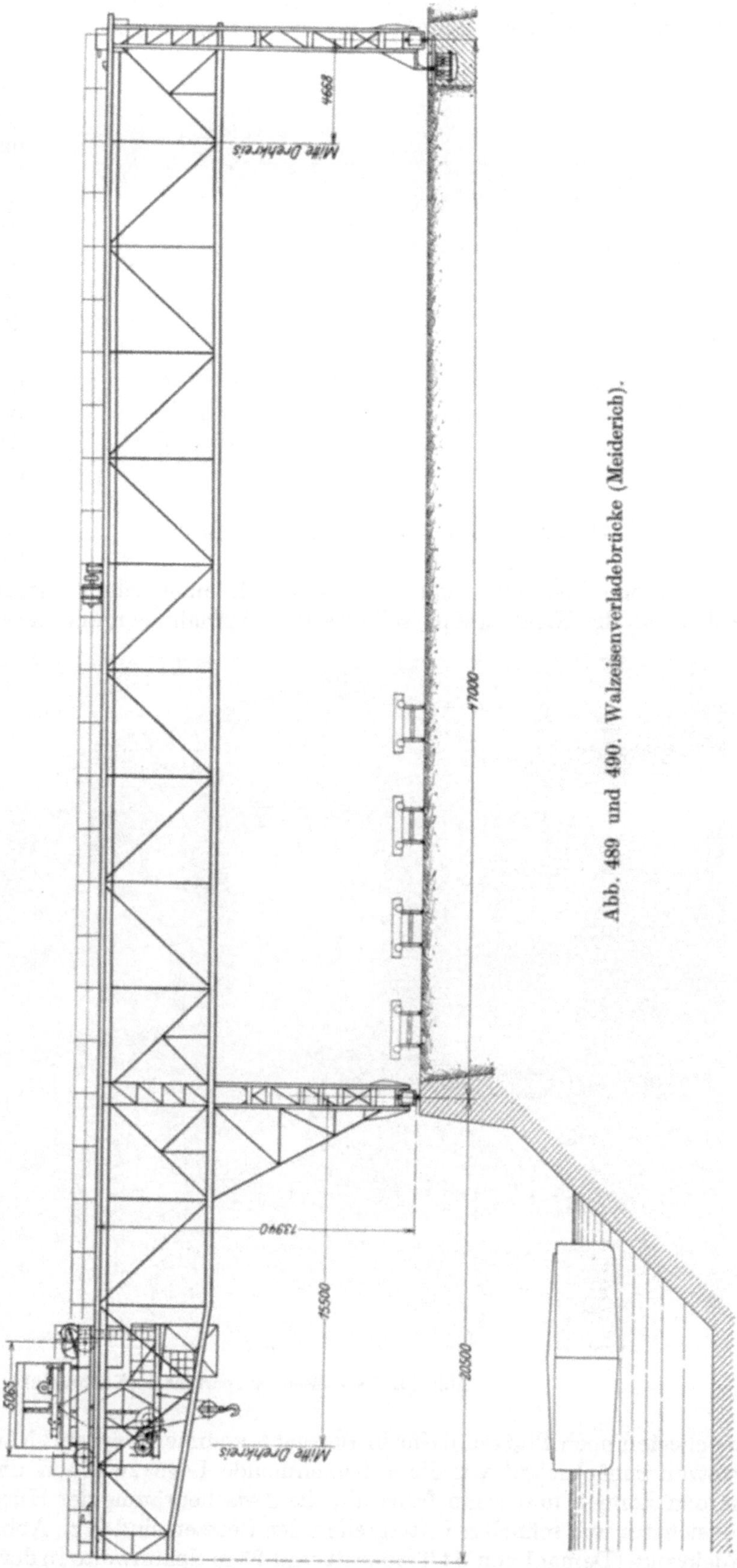

Abb. 489 und 490. Walzeisenverladebrücke (Meiderich).

des Lagergutes durch eine solche Katze, die wegen des schwachen Gebäudes und der Fahrbahnkrümmungen überdies nur wenig tragfähig ist (1 t), als einen Mangel. Auf das Durchfahren scharfer Kurven ist bei dem Bau der Katze, die für die Aufnahme der bei solchen Langlast-Hebezeugen ja stets doppelt vorhandenen Windetrommeln schon eine beträchtliche Baulänge erhalten mußte, zweckmäßig dadurch Rücksicht genommen, daß man zwei getrennte und nur durch eine Kuppelstange *c* verbundene Fahrgehänge *b*, *b'* angeordnet hat.

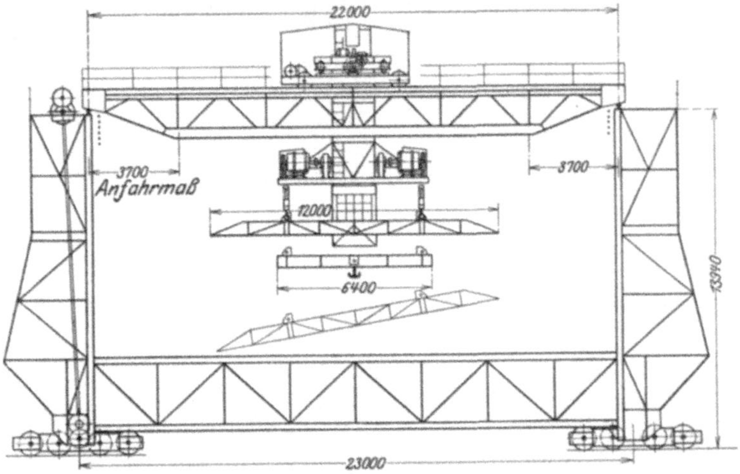

Abb. 490. Stabeisenverladebrücke (Meiderich).

Die für das Anschlingen der Tragketten bei den bisher betrachteten Beispielen erforderliche Bedienung hat man natürlich auch schon auszuschalten versucht. Das früher für die Nichteignung selbsttätiger Aufnahmeorgane Gesagte läßt erkennen, daß

Abb. 491. Stabeisentransportkatze (Kattowitz).

am ehesten noch Pratzen dafür in Betracht kommen werden. Namentlich dann, wenn die Pratzen zunächst gut vor die aufzunehmende Lage zwischen die Hürden hinabgelassen werden können und wenn fernerhin die Zwischenräume der Hürdenlagen groß genug für ein sicheres und schnelles Untergreifen der Pratzen sind (vgl. Abb. 494 eines Stabeisenverladekranes [Demag] von 5 t Tragkraft und 23 m Spannweite in der Falvahütte). Die erstere

Bedingung wird am besten zu einer horizontalen Drehbarkeit der Pratzen führen, die letztere zu entsprechend hohen Zwischenstücken zwischen den Lagen. Eine derartige Anlage besteht z. B. auf dem Feineisenlager der Westfälischen Stahlwerke. Die Abb. 495 bis 497 lassen das Arbeiten des Pratzengehänges in den Hürden erkennen: An der Laufkrantraverse *a* sind durch motorischen Kettenantrieb *c* wagerecht drehbare Pratzen *b* angeordnet, die sich in der ersichtlichen Weise um eine hochzunehmende Stablage in die Hürden *d* niedersenken lassen. Für das natürlich recht vorsichtig zu bewirkende Einlassen der Drehpratzen in die Hürden ist das Gehänge dieses von der Demag gebauten Laufkrans starr geführt, eine Maßnahme, die man sonst zur Schonung der Hürden gern zu vermeiden sucht. — Um

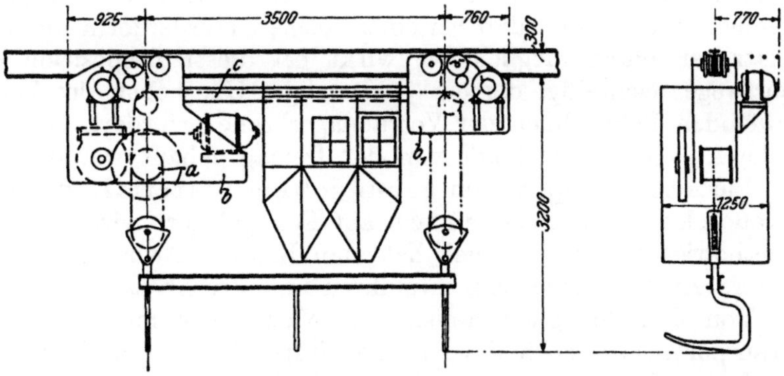

Abb. 492. Abb. 493.

Abb. 492 und 493. Stabeisentransportkatze (Kattowitz).

Abb. 494. Stabeisenverladung (Schwientochlowitz).

auch gelegentlich Kippratzen für die Bedienung der Hürden verwenden zu können, hat man letztere — auf dem Feineisenlager von Differdingen — an einzelnen parallelen Bockreihen angeordnet, deren jede von beiden Seiten für das Einfahren von

Pratzen zugänglich ist[1]). Die Verladung der so gestapelten Vorräte erfolgt dadurch, daß die zugehörigen Krane das Material erst in den Arbeitsbereich eines quer über sie hinwegfahrenden Pratzenkranes des Kommissionslagers übergeben, von dem sie dann in die wieder quer zu dessen Fahrbahn laufenden Waggons verladen werden. Abgesehen aber davon, daß bei einer solchen Hürdenform nur eine wesentlich schlechtere Platzausnutzung möglich ist, wirkt bei dieser Disposition die Kreuzung der Transportwege nachteilig, die ein jedesmaliges Überheben des Verladegutes über die durchlaufenden Fahrbahnen der Vorratslagerkrane erfordert. Diese im übrigen recht stattliche Anlage ist gleichfalls von der Demag gebaut worden.

Für den Transport von gebündeltem Material, der Bandeisen- und der Drahtstraße, das in der Regel einfach auf Flur gelagert wird, kommt Ketten- und auch Magnetbetrieb in Frage. Auch hat man Krane entworfen, an denen dreh- und kippbare untere Auslegerarme zum Einfahren in aufrecht lagernde Bunde vorgesehen sind.

Von den Fertigmaterialien des Walzwerkes mögen in bezug auf die Hebe- und Transportweisen noch die Bleche einige Erwähnung finden. Als Tragmittel kommen hierfür in Frage an Ketten hängende Haken oder Bügel[2]) und, bei kalten Blechen, neuerdings mehr und mehr auch Magnete. Bei Benutzung der ersteren wird es mitunter (z. B. in Witkowitz) lästig empfunden, die unter die Blechränder greifenden Klauen umzulegen bzw. herauszuziehen. Bei magnetischem Anheben wiederum soll es (z. B.

Abb. 495.

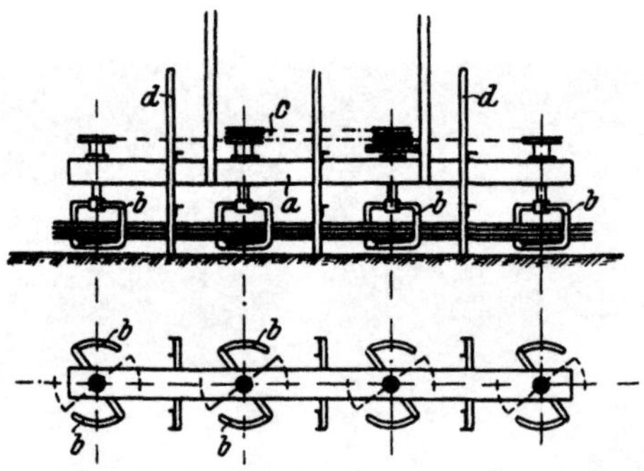

Abb. 497.

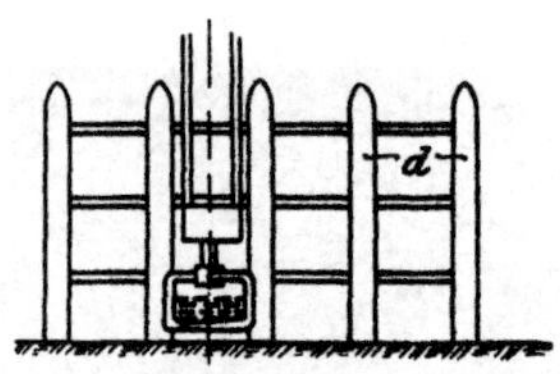

Abb. 496.

Abb. 495 bis 497. Traverse eines Feineisentransportkranes (Bochum).

auf einem oberschlesischen Hüttenwerke) mitunter eingetreten sein, daß, — wie bei Stabeisen — bei unebenen oder schlecht aufeinander liegenden dünnen Blechen die unteren derselben nur teilweise mit hochgenommen wurden und durch die abstehenden Teile dann den Transport gefährdeten. Derartigen Vorkommnissen dürfte indes schon durch einen geschickten Kranführer leicht dadurch zu begegnen sein, daß bei einem solchen Anheben des Blechbündels der Magnetstrom für einen Augenblick unterbrochen wird. Hierdurch fällt die unterste, nicht ganz angezogene, Platte auf den Stapel zurück — möglichst natürlich aus ganz geringer Höhe —, und der Transport der nun noch an den Magneten haftenden Platten kann mit Sicherheit erfolgen[3]).

In Abb. 498 bis 500 ist die Katze eines solchen magnetischen Blechverladekranes veranschaulicht, wie er von der Akt.-Ges. Lauchhammer u. a. für deren Riesaer Walzwerk ausgeführt worden ist. Da Bleche von verschiedener Länge, bis etwa 10 m zu verladen sind, sind die beiden kleinen Hubmagnete (von 750 mm Durchmesser) auf der

---

[1]) Vgl. Michenfelder: Z. V. d. I. 1908, S. 1520.

[2]) Vgl. Wintermeyer: Z. prakt. Masch.-B. 1913, Nr. 1.

[3]) Die Demag hat einen Hubmagneten für Bleche geschaffen (D.R.P. Nr. 242799), bei dem diese nur magnetisch angelüftet und darauf durch verstellbare Greifhaken an den Längsseiten festgeklemmt werden. — Ein anderes, ganz automatisch wirkendes Sicherungsmittel hat die gleiche Firma dadurch geschaffen, daß sie den Magneten samt den angehobenen Blechen (mittels eines Hilfsmotors) um eine wagerechte Achse dreht. Die dadurch hochgestellten Bleche stützen sich nunmehr auf an dem Magnet angeordnete hakenförmige Arme und werden auf diese Weise mechanisch getragen; vgl. Z. V. d. I. 1912, Nr. 10.

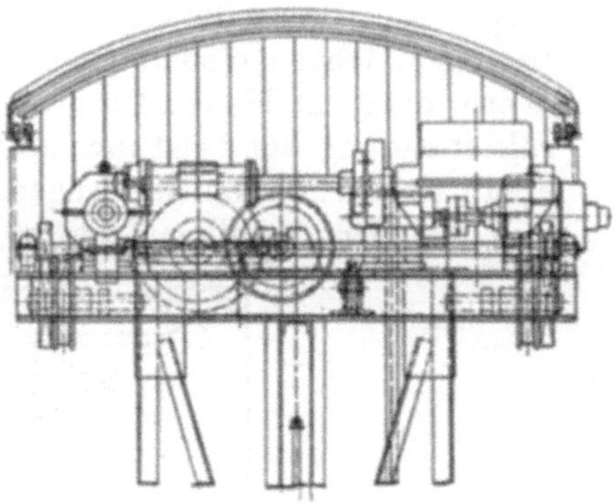

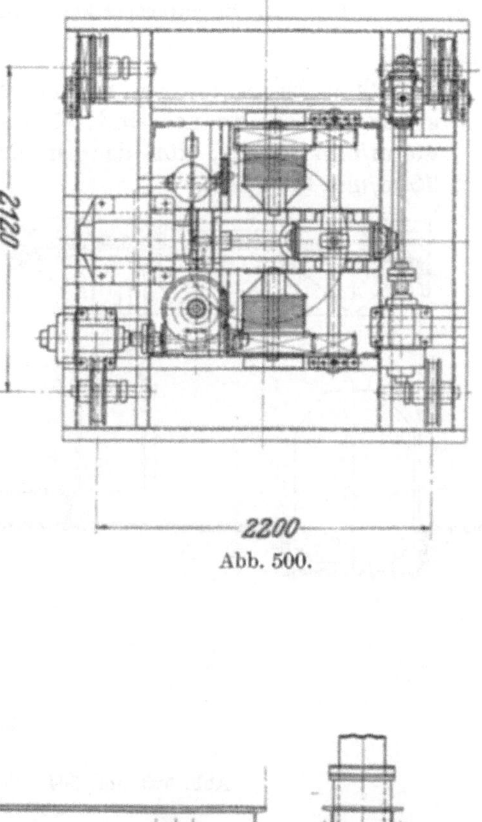

Abb. 500.

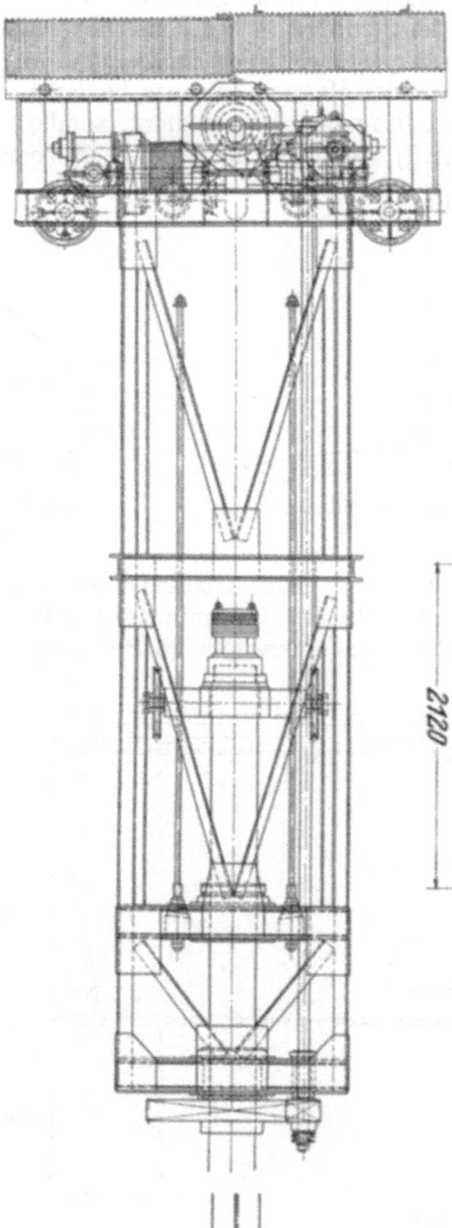

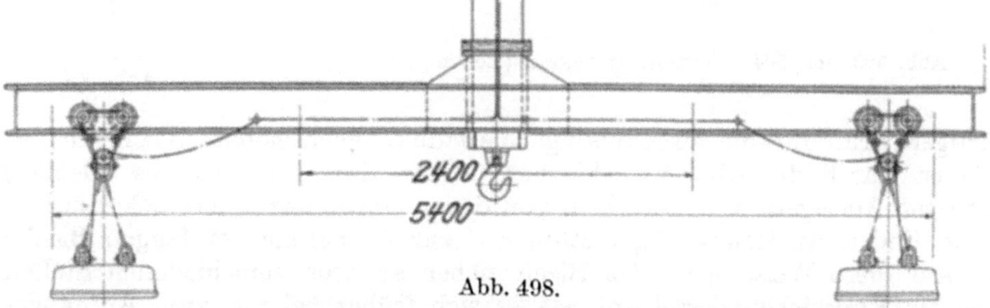

Abb. 498.

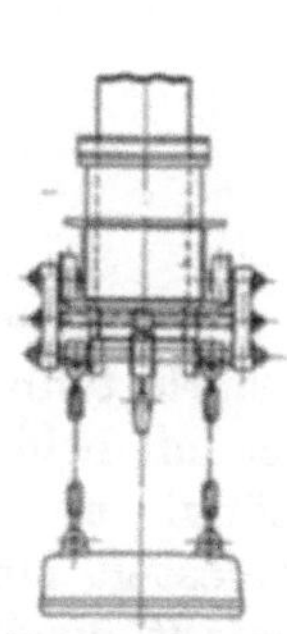

Abb. 498 bis 500. Magnet. Blechtransportkran (Riesa). Abb. 499.

Traverse zweckmäßig verstellbar aufgehängt[1]). Die drehbare Lagerung der Säule er-

[1]) Man hat die Verschiebung der Magnete auch schon durch einen auf der Traverse angeordneten Elektromotor vorgenommen; vgl. Buhle: Berg- u. Hütten-Rundsch. 1911, S. 2. Doch können sich hiergegen m. E. leicht ähnliche Einwände erheben lassen, wie bei der auf S. 263 erwähnten motorischen Schutzbügelverstellung.

möglicht es, daß jedes Blech aus beliebiger Lage aufgenommen und bequem auf die Wage bzw. den Wagen niedergelegt werden kann[1]); in der Mitte der Traverse ist in üblicher Weise noch ein Haken für den Transport beliebiger Einzellasten angebracht. Zur Charakterisierung der Leistungsfähigkeit der Magnete sei noch bemerkt, daß der Kran nicht allein zum Verladen der wagerecht liegenden Bleche dient, sondern auch zum Kanten und Wenden derselben benutzt wird; bei glattem, womöglich bearbeiteten Blechrand

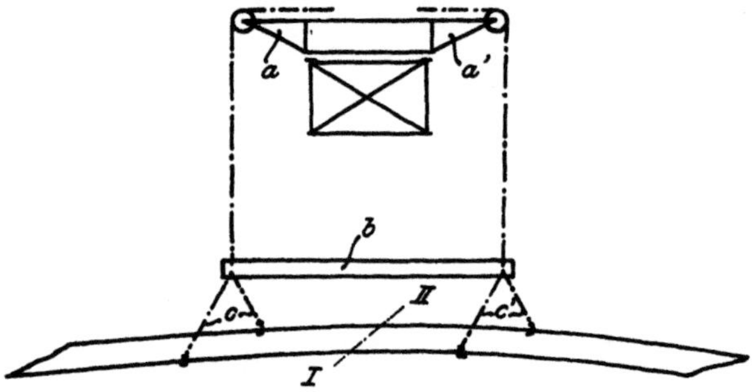

Abb. 501. Blechtransportkran (Niederschelden).

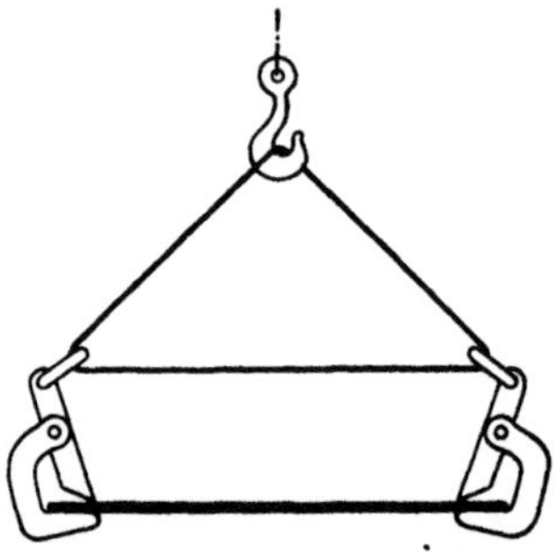

Abb. 502. Automatische Blechklemme.

natürlich besser als bei rauhen Kanten. [Die Arbeitsgeschwindigkeiten und Motorstärken dieses Kranes sind: Für das Heben 12 m/min (18,5 PS), für das Katzfahren 40 m/min (5 PS), für das Drehen 2 bis 3 mal/min (5 PS) und für das Kranfahren 70 m/min (18,5 PS).]

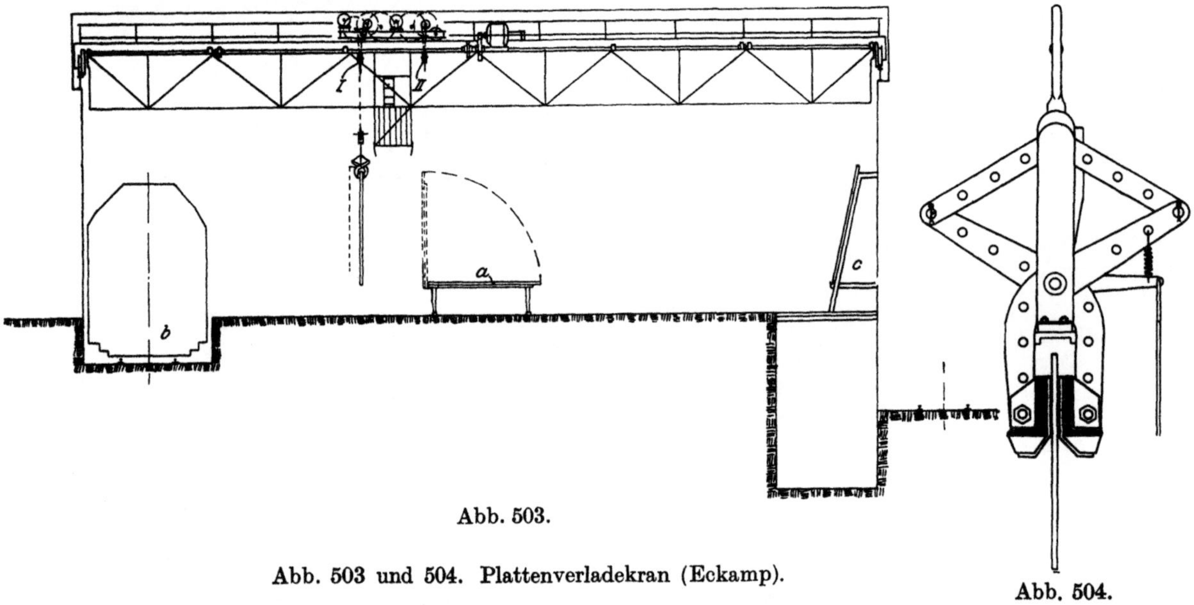

Abb. 503.

Abb. 503 und 504. Plattenverladekran (Eckamp).

Abb. 504.

Ein eigenartiger Kran für die zweckmäßige Verladung noch heißer Bleche in der Charlottenhütte ist durch die Abb. 501 skizziert[2]). Die Katze des Kranes (Demag) ist mit beiderseitigen Auslegern *a*, *a'* versehen, von denen ein breites Querstück *b* herabhängt, an dessen Enden wiederum Bügelketten *c c'* zur Aufnahme der langen Bleche befestigt sind. Auf diese Weise wird das Blech sicher an vier verschiedenen Stellen gefaßt, wodurch ein Einknicken desselben, wie es sich früher bei nur zwei Aufhängepunkten (bei I/II) ergeben hatte, wirksam vermieden wird. — Für kürzere Bleche, die nur an zwei Stellen gefaßt zu werden brauchen, hat sich der Klemmhaken nach

[1]) Bei einem später von Lauchhammer für Rothe Erde gebauten Blechverladekran läßt sich die sehr lange Magnettraverse durch Aufklappen der Enden zum Einfahren in die Kastenwaggons verkürzen.

[2]) Nach einem Vorschlag von Direktor Petersen-Charlottenhütte.

Abb. 502 bewährt, der infolge seiner selbst sich einstellenden Klemmkraft ein schnelles und sicheres Verladen der Bleche ermöglicht[1]).

Infolge der großen elastischen Durchbiegung nur in der Mitte gefaßter Bleche dürfte sich bei gegebener Verwendung nur eines Magneten — z. B. bei älteren Laufkranen, Drehkranen u. dgl. — dessen Ausstattung mit beweglichen Polen empfehlen, die sich der jeweils auftretenden Oberflächenkrümmung des Bleches ja vollkommen anzupassen vermögen[2]). —

Im Anschluß an diese Blechtransportkrane sei kurz auch noch auf die entsprechenden Hilfsmittel in Glashütten hingewiesen. Die hier als Fertigfabrikat in Betracht kommenden Glasplatten erfordern mit ihrer Empfindlichkeit gegen Stoß und Biegung eine besondere Ausbildung und schonende Wirkungsweise zunächst der Lastaufnahmeorgane.

Der in Abb. 503 skizzierte Kran (Schenck & Liebe-Harkort) dient zum Stapeln und Verladen großer Spiegelscheiben in der Eckamper Glashütte und ist zu diesem Zweck zunächst mit einem Greiforgan versehen, das in Gestalt einer selbstschließenden gummigefütterten Zange (Abb. 504) ein sicheres, schnelles Hochnehmen und Transportieren der empfindlichen Platten ermöglicht[3]).

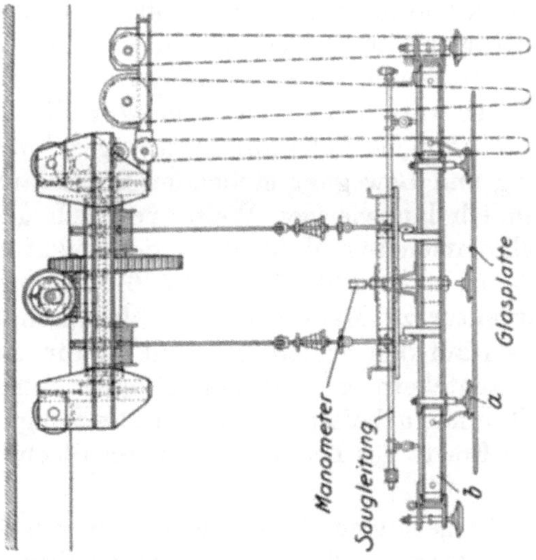

Abb. 506.

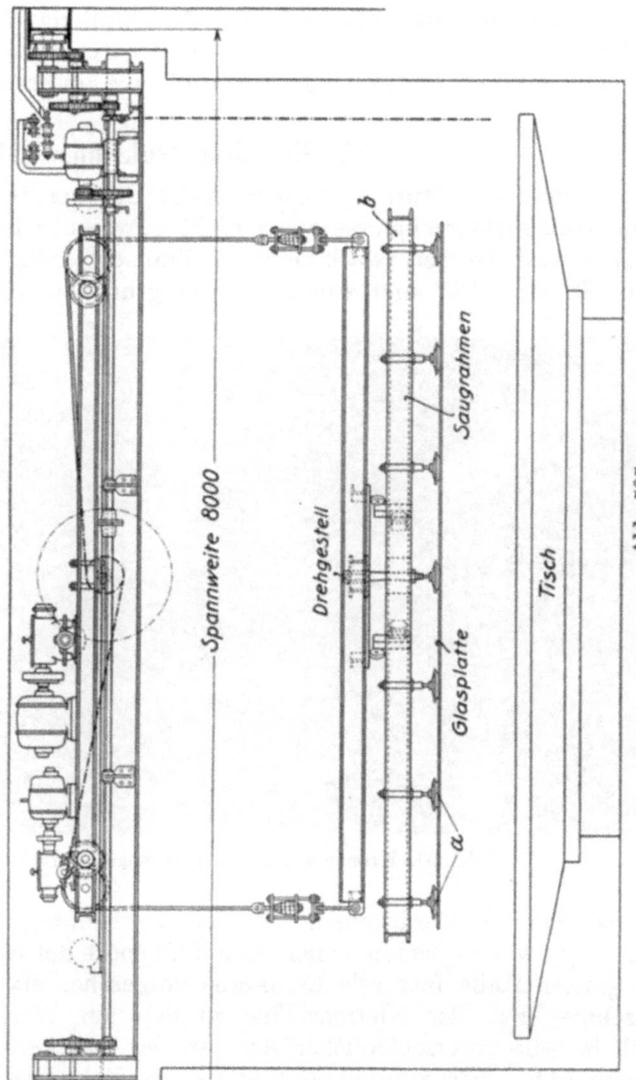

Abb. 505.

Abb. 505 und 506. Spiegelscheibentransport (Mannheim).

[1]) Solche Haken sind z. B. bei der Schiffsverladung im Hafen zu Antwerpen in Gebrauch, wo der lebhafte Personenverkehr am Kai eine besondere Sicherheitsgewähr erfordert.

[2]) Beispielsweise sind die beiden alten Laufkrane der Kesselfabrik des Witkowitzer Eisenwerkes in dieser einfachen Art für den Blechtransport modernisiert worden.

[3]) D. R. P. Nr. 236667 bezweckt das Festhalten mittels Druckluftkissen-Zangenschenkeln.

Um die Halle beiderseitig, d. h. sowohl über den rechtsseitigen Lagerständen als auch über den linksseitigen Verladegleisen rein vertikal bedienen zu können, ist die Katze weiterhin mit zwei außenliegenden Lastangriffsstellen, einem Verladehaken I und einem Stapelungshaken II versehen. — Es dürfte vielleicht die Frage der Erwägung wert sein, ob sich eine ähnliche Behandlung, mit gezahnten Zangen, nicht auch vorteilhaft für die Stapelung und Bewegung stehender Bleche anwenden ließe, die bis jetzt ja sehr oft noch in ziemlich langwieriger Weise vor sich geht.

In noch vollkommenerem Maße trägt der Leichtzerbrechlichkeit der Last der Kran (Mohr & Federhaff) nach Abb. 505 und 506 Rechnung. Er dient in der Rheinischen Spiegelglasmanufaktur zu Mannheim zum Heranschaffen und zum Auf- und Ablegen großer Glasplatten auf den Schleiftisch und ist für deren sicheres und doch schonendes Erfassen mit Saugtellern *a* ausgestattet, die federnd an einem heb-, senk- und schwenkbaren Rahmen *b* befestigt sind. Diese Saugteller sind für die unmagnetischen Glasscheiben der Ersatz der Lastmagnete beim Blechtransport.

Mit den vorhergehenden Ausführungen waren Krananlagen für solche Arbeitsstätten behandelt worden, die mehr oder weniger in sämtlichen Hochofen-, Stahl- und Walzwerken wiederkehren. Im Anschluß daran mögen nachstehend noch einige Hebe- und Transportanlagen für solche Arbeitsplätze in loser Aufeinanderfolge besprochen werden, die sich nur vereinzelt auf unseren Hüttenwerken vorfinden.

V. Eisenkonstruktionswerkstätten.

Bei manchen Hüttenwerken[1]) bildet die konstruktionsmäßige Weiterverarbeitung ihrer Walzwerkserzeugnisse einen nicht unwesentlichen Betriebszweig, so daß auch ein Hinweis auf hierbei zweckdienliche Transportanlagen angebracht erscheint. In den Abb. 507 und 508 sind zunächst zwei grundsätzlich verschiedene Ausführungen von

Abb. 507. Krananlage in einer Eisenkonstruktionswerkstätte (Witkowitz).

Krananlagen wiedergegeben, die der Herstellung von Eisenkonstruktionen dienen, Während zwar in beiden Fällen zum Transport der einzelnen wie der fertigen Teile über der ganzen Halle fahrende Laufkrane vorgesehen sind, erfolgt die Bewegung der Bohrmaschine bzw. der Nietmaschine zu den am Werkstück wechselnden Arbeitsstellen doch in sehr unterschiedlicher Art. In der Brückenbauanstalt des Witkowitzer Eisenwerkes (Abb. 507) wurden hierfür als „Bohrkrane" bezeichnete, elektrisch fahrbare

[1]) Z. B. Gutehoffnungshütte, Rheinhausen, Union, Burbach, Rothe Erde-Aachen, Witkowitz, Donnersmarckhütte.

Abb. 508. Krananlage für Bohrmaschinen und Eisenkonstruktionen (Wittenau).

Abb. 509. Krananordnung in einer Eisenbauwerkstatt (Witkowitz).

Träger angeordnet, an denen die Bohrmaschinen gleichsam wie Laufkatzen längsverschieblich sind[1]). Vorbedingung für eine wirtschaftliche Ausnutzung der Anlage, deren Zweckmäßigkeit natürlich mit der Schwere der sonst zu den Werkzeugmaschinen zu bewegenden Arbeitsstücke wächst, ist, daß die Konstruktionen in Richtung des Bohrkranträgers zugelegt werden können, damit die vier Bohrmaschinen jedes Bohrkranes ohne Verfahren desselben gleichzeitig in Tätigkeit sein können. Vorbedingung eines

Abb. 510. Krananordnung in einer Kesselschmiede (Witkowitz).

genauen Arbeitens dieser Anlage mit den benutzten Bohrmaschinen dagegen ist eine außerordentliche Starrheit des ganzen Systems, wofür nicht nur die Niedrigkeit der Fahrbahn des Bohrkranes — die in Witkowitz für ein gerade noch mögliches Arbeiten unter dem Bohrkran nur etwa 2,5 m über Flur liegt — von günstigem Einfluß ist, sondern vor allem auch die Widerstandsfähigkeit des Trägers gegen Vibrationen, die bei Verwen-

[1]) Bei dem älteren dieser beiden in Witkowitz früher verwendeten Bohrkrane laufen auf jeder Außenseite der Brückenträger zwei von Hand verfahrbare und schwenkbare Bohrspindeln, bei dem neueren (abgebildeten) Bohrkran dagegen tragen zwei zwischen den Untergurten der Träger laufende Katzen beiderseits je eine schwenkbare Bohrmaschine.

dung von Spitzbohrern die Löcher leicht unrund werden lassen, bei Verwendung von Spiralbohrern aber leicht zum Festklemmen und Abbrechen der Bohrer führen können. Wie sehr gerade hier dieser letzte Gesichtspunkt wegen der zu verlangenden hohen Präzision der Arbeit beachtenswert ist, beweist die vorgeführte Anlage dadurch, daß sich bei ihr trotz ihres scheinbar außerordentlich starken Traggerüstes im Betrieb anfänglich doch noch störende Erscheinungen der genannten Art gezeigt haben sollen[1]). Für die Zweckmäßigkeit der geschilderten Arbeitsweise spricht die Tatsache, daß auch in der neuen, in jeder Hinsicht modernst ausgestatteten Brückenbauanstalt des Witkowitzer Werkes (Abb. 509) das gleiche Verfahren mit Hilfe eines halben Dutzend solcher in niedriger Bockkranform gestalteter Bohrkrane beibehalten worden ist. Die Abbildung zeigt auch die vollkommene krantechnische Ausstattung für die Bewegung der Arbeitsstücke. Das Zusammenarbeiten verschiedener Krane an der hydraulischen Nietmaschine ist durch Abb. 510 veranschaulicht.

Abb. 511. Konsolkran (Wittenau).

Eine größere Beweglichkeit der Arbeitsmaschinen und eine größere Freiheit für das Zusammensetzen der Eisenkonstruktionen gewährt ohne Zweifel die Anordnung, wie sie nach Abb. 508 und 511 in der neuen Flohrschen Eisenkonstruktionshalle in Wittenau bei Berlin durchgeführt ist. Daselbst werden die zu beiden Seiten der Halle sich erstreckenden Zulagen von einfachen und leichten Konsolkranen[2]) überstrichen, in deren Lasthaken die transportablen Bearbeitungsmaschinen [Patent Flohr[3])] leicht über beliebige Punkte des geräumigen Kranbereiches eingestellt werden können. Die zweckmäßige, in sich außerordentlich widerstandsfähige Bügelform dieser Maschinen, die ein festes Zusammenhalten der zu bearbeitenden Teile bewirkt, macht die Güte der Arbeit, die bei den bewegten Eisenkonstruktionen des Kranbaues übrigens mehr noch als bei ruhenden Eisenkonstruktionen, wie Dächern o. dgl. erforderlich ist, unabhängig von der Starrheit der Aufhängung der Maschine. Infolgedessen kann durch die Verwendung vieler, leichter Krane — in dem vorgeführten Beispiel sind nicht weniger als 15 Stück vorhanden — eine sehr intensive Bearbeitung der ganzen Halle in rationellster Weise vorgenommen werden. Mit der Anzahl solcher Konsolkrane zu sparen, hatte um so weniger Wert,

[1]) In den Ver. Staaten von Nordamerika benutzte Bohr- und Nietkrane, in Form fahrbarer Bockkrane, sind beschrieben bei Dircksen: Z. V. d. I. 1908, S. 373 u. ff.

[2]) Weitere Angaben über Konsolkrane für Werkstätten finden sich u. a. bei Hänchen: Prakt. Masch.-Konstr. 1924, Nr. 37.

[3]) Näheres hierüber s. bei Schrader: Glasers Ann. Bd. 67, Nr. 794. 1910.

als sich deren Preis, bei 1000 kg Tragkraft und 4,5 m Ausladung, auf nur ca. 1000 bis 1200 M. stellte.

Für die Zuführung des Materials aus den Seitenhallen leistet vielfach ein leichter, neben diesen laufender Velozipedkran gute Dienste. Die Abb. 512 stellt einen solchen Kran von 2 t Tragfähigkeit (Andritz) dar, wie er in der Nebenhalle der vorbeschriebenen Witkowitzer Werkstätte arbeitet. Zur Bedienung einer breiteren Werkstatthalle ist die Fahrbahn des in Abb. 517 wiedergegebenen Velozipedkranes (Ardelt) von 3 t Tragfähigkeit und 4 m Ausladung in Mitte der Halle verlegt worden.

Die Störungen, die sich bei solchen Kranen mitunter an deren oberer Rollenführung ergeben haben, sind hier dadurch wirksam vermieden worden, daß letztere durch ein gut versteiftes Gitterwerk gebildet ist. Der Umstand, daß bei diesen

Abb. 512. Velozipedkran (Witkowitz).

Kranen die untere Fahrbahn und die obere Führungsbahn in einer senkrechten Ebene liegen, verleiht der Fahrtrichtung derselben ohne weiteres die Anpassungsfähigkeit an seitliche Abbiegungen. Die Abb. 513 zeigt einen solchen kurvenfahrbaren Velozipedkran (Oerlikon) in leichter Ausbildung, für 700 kg Tragkraft und 7,2 m Ausladung.

Vermag man nun diesem Vorzug auch noch den Vorteil der Laufkrane, infolge der Hochlage der Fahrbahn den Verkehr auf Werkstattflur selbst bei schnellem Fahren nicht zu gefährden oder zu hemmen, zuzugesellen, so dürften derartige Transporte sicherlich Anspruch auf Zweckmäßigkeit haben. In wie günstiger Weise eine solche Disposition die Lastverkehrsverhältnisse in modernen Werkstätten zu beeinflussen imstande ist, zeigt anschaulich die Abb. 514 der neuen Eisenkonstruktionshalle Gustavsburg der Maschinenfabrik Augsburg-Nürnberg. Das Gebäude von annähernd 140 m Länge und 75 m Breite ist in drei Längsschiffe geteilt, in denen elektrische Krane den Transport in bemerkenswerter Weise bewerkstelligen: In jedem Schiff befindet sich ein Laufkran und darunter zwei Konsolkrane, die die Halle durchfahren können. Die Laufbahnen der Konsolkrane sind an den Säulen und den Außenwänden angebracht.

Dadurch, daß diese Laufbahnen an den Seitenwänden durch Kurvenstücke und Stirnwandbahnen zu einer geschlossenen Fahrstrecke verbunden sind, können die Konsol-

Abb. 513. Kurvenfahrbarer Velozipedkran.

Abb. 514. Krananlage in einer Konstruktionswerkstatt (Gustavsburg).

krane unmittelbar Lasten zwischen dem Mittelschiff und dem Seitenschiff befördern, so daß das Eisenbahngleis nur in das Mittelschiff der Halle geführt zu werden braucht.

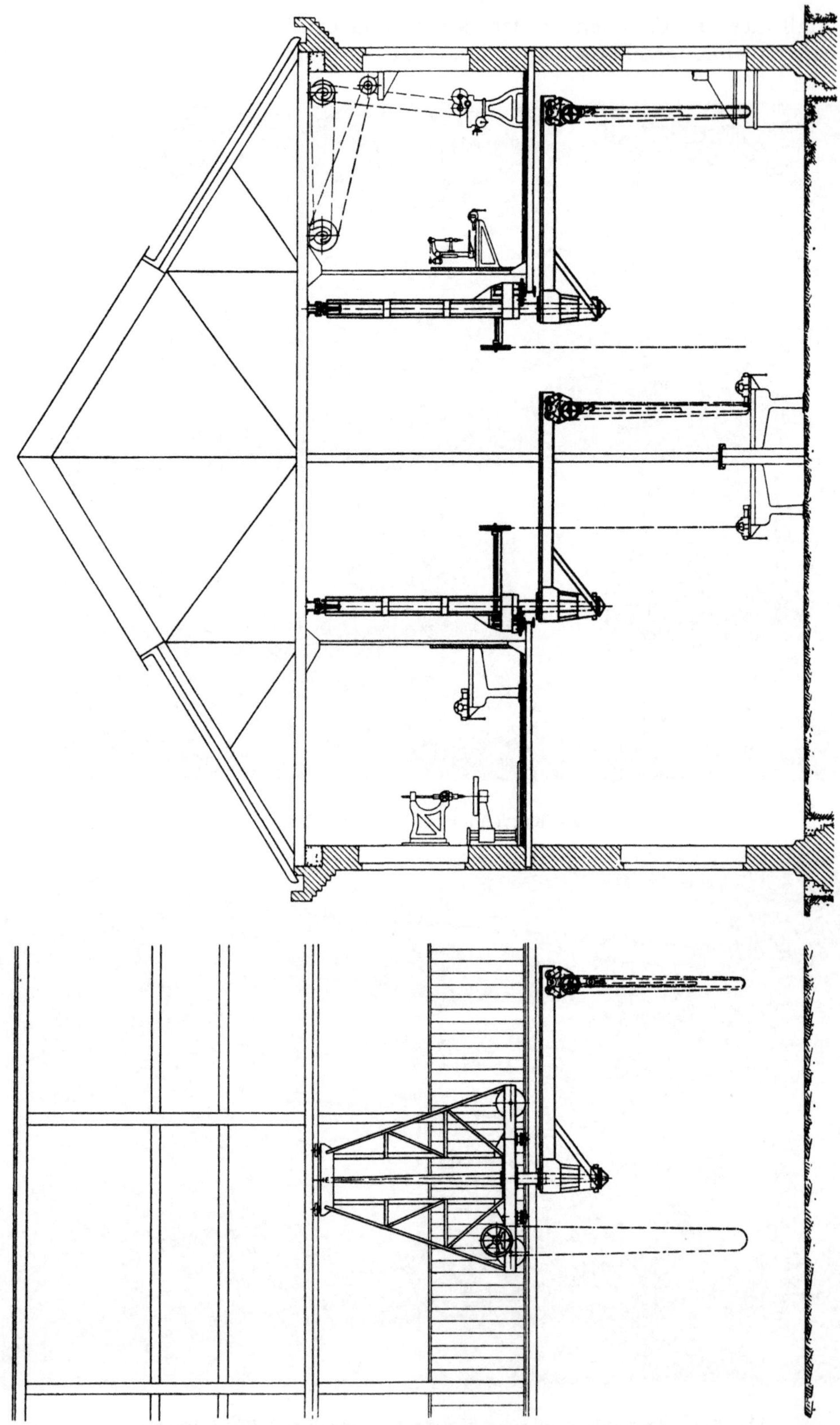

Abb. 515. Abb. 516.

Abb. 515 und 516. Kranausstattung einer Galeriewerkstätte.

Allgemein ist bei einer derartigen Anordnung zu beachten, daß der Laufkran mit anhängender Last noch zwischen den gegenüberstehenden Auslegern der Konsolkrane hindurchfahren kann.

Die Abb. 515 und 516 veranschaulichen eine eigenartige und zweckmäßige Ausstattung einer mit Arbeitsgallerien versehenen Werkstatt mit leichten, handbetriebenen Konsoldrehkranen (Mohr & Federhaff).

Endlich mögen hier noch einige verschiedenartige Krananlagen Aufnahme finden, die für das Verladen bzw. Entladen von Eisenkonstruktionsmaterial in Betracht kommen. Am einfachsten gestaltet sich die Anlage entschieden durch einen die Waggongleise mitbenutzenden Drehkran, der bei genügendem Hakenbereich und Tragvermögen das Verladegeschäft und nebenbei ev. noch den Rangierbetrieb gut wird versehen können. Krane solcher Art sind an verschiedenen Stellen dieses Buches wiedergegeben.

Die umseitige Photographie, Abb. 518, zeigt die auf dem Tempelhofer Trägerverladeplatz von Steffens & Nölle benutzte Transporteinrichtung, die aus einer auf einer

Abb. 517. Velozipedkran (Eberswalde).

($^1/_4$ km langen) Hochbahn fahrenden Brücke besteht, auf die wiederum ein schwerer, fahrbarer Drehkran aufgesetzt ist. Diese Anordnung gestattet es, unter möglichster Einschränkung des Brückenfahrens, außer dem zwischen den Hochbahnen gelegenen breiten Verladeplatz auch die jenseits der letzteren liegenden Stapelplätze zu bedienen. Durch die beiderseitigen Brückenauskragungen ergibt sich bei einer Spannweite von 21,2 m und einer Drehkranausladung von 7,8 m für die äußersten Hakenstellungen ein gegenseitiger Abstand von ca. 38 m.

Auf eine ähnliche Disposition der Lager- und Verladeplätze nimmt die in Abb. 519 dargestellte Krananlage (Augsburg-Nürnberg) Rücksicht, die auf dem Stabeisenlager der Brückenbauanstalt Gustavsburg benutzt wird. Die Brücke ist hier als Bockkran mit leichter Laufkatze ausgeführt, unterscheidet sich jedoch von den normalen Anlagen dieses Systems vorteilhaft dadurch, daß die Fahrbahn gerade nur um einen solchen Betrag hochgelegt worden ist, daß der ganze Platz jederzeit ohne Gefährdung und Verzögerung begangen werden kann. Im Vergleich zu Verladeanlagen der üblichen laufkranförmigen Bauart dagegen wird man hierbei nicht nur die Herstellungskosten auch nur einigermaßen langer Fahrbahnen erheblich verringern können (während man zur Erzielung der größeren Hubhöhe nur zwei einfache Stützböcke mehr braucht), sondern man gewinnt auch in vollem Maße die bekannten Vorzüge der ersteren: Eine im Ver-

Abb. 518. Trägerverladeanlage (Tempelhof).

Abb. 519. Hochbahn-Bockkran (Gustavsburg).

gleich zu Flurkranen durch das Freiwerden des Durchfahrtsprofiles vergrößerte Lagerfläche, deren Breite überdies die Kranspannweite, wie auch bei dem vorerwähnten, aber viel schwereren Drehkran, mit Hilfe von Ausladungen beliebig übertreffen kann, sowie Vermeidung von Zusammenstößen und Beschädigungen des Hochgerüstkranes und seiner Fahrbahn. Die dem Verkehr entrückte Hochlage der Fahrschienen läßt somit ohne irgendwelche Gefährdung beliebig hohe Fahrgeschwindigkeiten des Kranes zu[1]).

[1]) Im vorliegenden Fall beträgt sie 100 m i. d. Min.

Will man eine Beeinträchtigung des freien Arbeitsfeldes weder durch Hochbahnen noch durch auf Flur fahrende Krane haben, so bleibt für dessen Bedienung nur der ortsfeste Drehkran. Dieser erfordert indes in seinen gebräuchlichen Formen für eine einigermaßen hinreichende Beherrschung der auf Lagerplätzen meist in Frage kommenden weiten Flächen sehr große Ausladungen und dementsprechend schwere und teuere Konstruktionen. Einen befriedigenden Ersatz kann nun für solche Fälle, wo es sich außerdem eher um beliebig gerichtete Versetz- und Verladearbeiten als um langgestreckte Transporte handelt, die Anlage schwenk- und wippbarer Mastenkrane bieten, ähnlich wie sie bekanntlich in England und Amerika als sog. Derrickkrane für die verschiedensten Zwecke verbreitet sind[1]). Ein bemerkenswertes Anwendungsbeispiel solcher Krane stellt bei uns der Lagerplatz der Bamag in Berlin dar[2]), der, in einer Größe von fast 5000 qm, von vier Mastenkranen (Demag) bestrichen wird. Jeder der Masten *a* ist nach Abb. 520 unten durch ein kugelartiges Spurlager im Fundamentstern und oben durch ein Halslager gestützt, das durch stählerne Ankertaue *b*, *b'* gegen den Boden und gegen die benachbarten Halslager gehalten ist. Die Hochlage dieser Abfangtaue, die die Übersicht über den Platz in keiner Weise beschränken, gestattet, die Auslegerstreben *c* ungehindert durchzuschwenken[3]), so daß sie in ihrer Gesamtheit fast jeden Punkt des großen Hofes bestreichen können. Das Einziehen der Masten, von 22,5—3 m Hakenausladung, sowie das Heben der Last erfolgt durch Flaschenzugseile *d* bzw. *f* von einem gemeinsamen Winden- und Führerstande zu ebener Erde *e* bzw. *g*. (Die größte Last von 5 t kann durch einen 26 PS-Motor mit 0,25 sekundlicher Geschwindigkeit gehoben, der Auslegerkopf durch einen gleichstarken Motor mit 0,20 m, die Last bei größter Ausladung mit rund 1,65 m durch einen 9pferdigen Motor geschwenkt werden.)

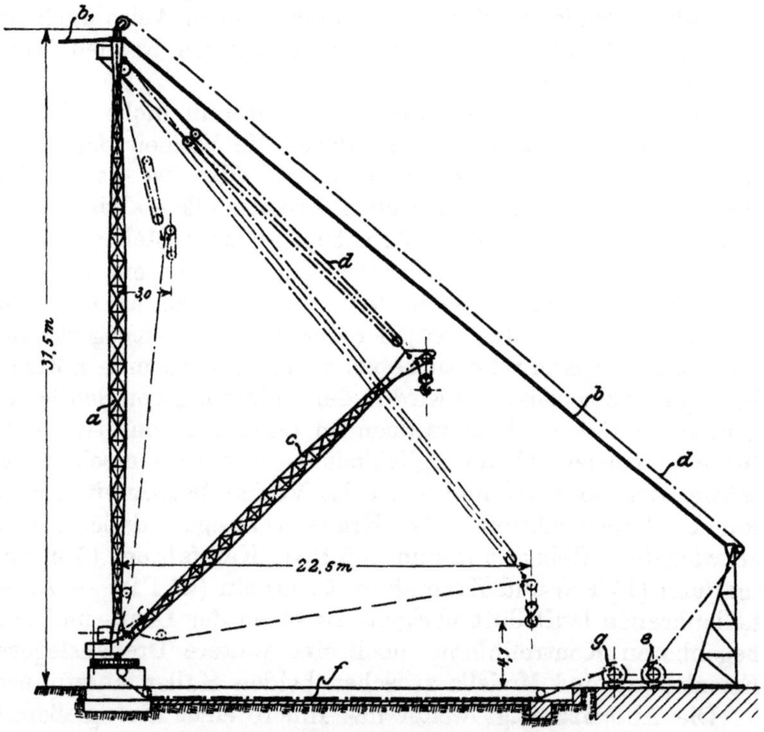

Abb. 520. Schwenkmastenkran (Berlin).

W. Eisengießereien[4]).

Die Eisengießereien, die gleichfalls einer Reihe unserer Hüttenwerke angegliedert sind, sind von jeher der Ausbildung von Kranen förderlich gewesen. Nicht nur dadurch, daß die hier erforderliche Genauigkeit der Arbeit und die Rücksichtnahme auf die Emp-

[1]) Näheres s. z. B. bei Scharff: Z. d. Verbandes dt. Arch.- u. Ing.-V. 1914, Nr. 29.

[2]) Eine ausführliche Beschreibung dieser Anlage hat Specht: Z. V. d. I. 1906, S. 1462 u. ff. gegeben. — Ein gleichartiger Kran, von 30 m Ausladung und 3,6 t maximaler Tragfähigkeit (Le Titan Anversois), arbeitet auf dem Lagerhof der Soc. An. des Chantiers et Ateliers de St. Nazaire. Vgl. ferner Cassiers Magazine 1909, S. 123.

[3]) Starre Haltestreben für Derrickkrane, die zu dem gleichen Zweck nach einer gebrochenen Linie gestaltet sind, sind beschrieben bei Wintermeyer: Z. V. d. I. 1914, Nr. 6.

[4]) Vgl. dazu auch den Abschnitt „Beschickung der Kupolöfen“ (S. 104 u. ff. dieses Buches).

findlichkeit der Arbeitsstücke, die unten fahrende Krane von vorneherein ausschließen sollten, ein besonders genaues und feinfühliges Arbeiten der Hebezeuge verlangten, sondern auch dadurch, daß der Wunsch, auch an den äußersten Seiten und Ecken der Gießhalle genau vertikal gerichtete Hebungen vorzunehmen, zur Einführung und Verbreitung der sog. Auslegerlaufkrane und -katzen wesentlichen Anlaß gab.

Eines der typischsten Beispiele für die Verwendung solcher Krane bildet die Maschinenfabrik Thyssen & Co., A.-G. zu Mülheim a. d. Ruhr mit ihrer Gießerei, wohl eine unserer größten Gießereien überhaupt. Die Abb. 521[1]) läßt Anordnung und Arbeitsweise dieser Schwenkausleger erkennen. Die in Hallenmitte liegenden Kranlaufbahnen werden von den Dachbindern getragen, wodurch nicht nur eine vollständig säulenfreie Halle, sondern in der ersichtlichen Weise auch noch eine Längsfahrbahn für eine unabhängig zwischen den beiderseitigen Kranen laufende Schwenkauslegerkatze (3 t) geschaffen ist[2]).

Bei einem derartigen Entwurfe sind nun nicht allein die vorgenannten Gesichtspunkte beachtet, sondern es ist durch die Vielheit der Krane auch deren Leichtbeweglichkeit und Unabhängigkeit gewahrt. Man ist dabei nicht mehr gezwungen, beim Festliegen eines Kranes über einer Arbeitsstelle — wie es ja bei Form- und Gießarbeiten öfter vorkommt — mit der Arbeit an anderen Stellen zu warten; man hat dabei durch das Zusammenarbeiten mehrerer Krane außerdem die sehr schätzenswerte Möglichkeit, die schwersten Lasten trotz relativ leichter Hebezeuge bewältigen zu können. Im vorliegenden Falle, wo jeder der vier Drehauslegerkrane[3]) 30 t bei 4 m Ausladung und 13,2 m Spannweite zu heben vermag, kann man nötigenfalls also Stücke von 120 t bewegen. (Beispielsweise wird in der Abbildung von den beiden Kranen im rechten Schiff gerade ein Gasmaschinenrahmen im Gewichte von etwa 60 t befördert.) Voraussetzung für eine solche Arbeitsmöglichkeit — und dies erscheint als ihr einziger, wenn auch schwerwiegender Nachteil — ist das Vorhandensein einer ungemein kräftigen und schweren Dachkonstruktion. Die Krane vermögen dabei folgende Geschwindigkeiten zu entwickeln: Heben 5 m/min (52 PS), Katzfahren 15 m/min (15 PS), Schwenken 1,3 mal/min (15 PS) und Kranfahren 50 m/min (42 PS). — Außer diesen eigentlichen Gießhallenkranen läuft dort übrigens zwischen der Groß- und der Mittelgießerei, unter einer begehbaren Kontrollbühne, noch eine weitere Drehauslegerkatze, zu dem Zwecke, um Formkasten und Modelle zwischen beiden Hallen auszutauschen.

Die Abb. 522 zeigt weiter das Innere einer Eisengießerei[4]), in der man sich gleichfalls die eigenartige Arbeitsfähigkeit eines Drehauslegerlaufkranes zunutze gemacht hat. Dieser von Flohr gebaute Kran dient in der Hauptsache zum Herübernehmen der gefüllten Gießpfanne aus dem linken Seitenschiff — in dem die beiden Kupolöfen stehen — in das von seiner Laufbrücke überstrichene Mittelschiff. Diese Arbeit, die bisher in gefährlicher Weise mittels Handlowren vor sich ging, vermag der neue Kran in einwandfreier Weise durchzuführen, da er Lasten von 30 t noch 2,5 m weit aus der Nebenhalle hochnehmen kann. Eine Bedienung des rechtsseitigen Schiffes ist im vorliegenden Falle nicht nötig, da dieses lediglich die Trockenkammern enthält; es wäre aber wegen des auf dieser Seite tiefer herabhängenden Fahrbahnträgers auch gar nicht möglich. Fälle, in denen die baulichen Verhältnisse vielleicht ähnlich liegen wie hier, in denen die betrieblichen Verhältnisse jedoch auch eine Bedienung der anderen Nebenhalle erwünscht sein lassen, dürften deshalb unter Umständen zur Hinzunahme noch einer vertikalen Bewegung des ganzen Drehauslegers raten; besonders dann, wenn

[1]) Diese Photographie stellt zwar die große Montagehalle von Thyssen dar, deren Krananordnung (Demag) indes mit derjenigen (Augsburg-Nürnberg) der Großgießerei vollkommen übereinstimmt.

[2]) Es möge bei dieser Gelegenheit der Tatsache gern Erwähnung getan werden, daß die Idee einer solchen zwischenlaufenden Katze, die namentlich bei modernen Hellingtransporten (s. unter „Werften") Bedeutung und Anwendung gefunden hat, von Thyssen selbst herrühren und bereits im Januar 1906 in der Gebäudezeichnung zweifelsfrei zum Ausdruck gekommen sein soll. Die Patente Nr. 189300 bzw. 194263 (Benrath) datieren erst vom 15. April bzw. 24. Juli desselben Jahres.

[3]) Nähere konstruktive Angaben über diese Krane finden sich in der Gieß.-Zg. 1907, Nr. 3.

[4]) Der Germaniawerft zu Kiel.

nur geringere Tragkräfte in Frage kommen, die solche vervollkommnetere Ausführungen weniger kompliziert werden lassen.

Die zuletzt gezeigte Abbildung gibt durch die fünf **Säulendrehkrane** (Demag) gleich-

Abb. 521. Drehauslegerlaufkrane (Mülheim).

zeitig einen Hinweis auf die Methode, in der früher fast ausschließlich die Bedienung der Arbeitsflur in Gießereien erfolgte (abgesehen von dem allgemein üblichen Laufkran, der zum Transport schwerer Stücke, namentlich auch der Pfanne, nötig ist).

Abb. 522. Krananlage in einer Eisengießerei (Kiel).

Als Ersatz für solche ortsfeste Schwenkkrane haben sich in neuerer Zeit vielerorts Konsolkrane eingeführt[1]). Die Abbildung 523 der gleichfalls von Flohr mit derartigen Hebe- und Transportmitteln ausgestatteten neueren Eisengießerei der Firma R. Wolf, Magdeburg, läßt deutlich die mit diesem Kransystem erreichbaren Vorteile erkennen: Zunächst machen die nur senkrecht zueinander gerichteten Hakenbewegungen das Arbeiten mit den Kranen erfahrungsgemäß leichter und genauer, als es bei kreisförmigen Schwenkbewegungen möglich ist. Diese Überlegenheit, die für andere Kranzwecke mitunter weniger ins Gewicht fällt, erweist sich indes bei den empfindlichen Formarbeiten recht schätzenswert. Als die augenfälligsten Vorzüge dieser neueren Krananordnung erscheinen jedoch die Entrückung aller bewegten Krankonstruktionen aus dem unteren Hallenbereich sowie die Benutzbarkeit des Konsolkranes an beliebigen Stellen längs seiner Fahrbahn, unabhängig von dem in der Regel darüber verkehrenden Laufkran. Die Ausladung der gewöhnlich zu beiden Hallenseiten angeordneten Konsolkrane ist dabei zweckmäßig nur so groß zu wählen, daß der Laufkran mit seiner Belastung noch zwischen den gegenüberstehenden Konsolkranen hindurch fahren kann[2]).

Abb. 523. Krananlage in einer Eisengießerei (Buckau).

Lassen die örtlichen bzw. baulichen und betrieblichen Verhältnisse die ebenerdige Stützung des Wandkranes zu, so kann eine Krananordnung von Lauf- und Velozipedkranen gewählt werden. Auch hier sind die genannten vorteilhaften Arbeitsfähigkeiten der Krane vorhanden, die in der gegenseitigen Unabhängigkeit, der Möglichkeit des Zusammenarbeitens und des Kurvenfahrens bestehen. Letztere Fähigkeit kommt deutlich zum Ausdruck bei der Anlage nach Abb. 513, einen kurvenfahrbaren Velozipedkran (Oerlikon) von 770 kg Tragkraft und 7,2 m Ausladung darstellend. [Die Abb. 524 und 525 zeigen

[1]) Z. B. auch in der modernen, großen Gießerei von Jäger & Co., Elberfeld und der A.E.G., Berlin. Bei dieser sind weitergehend sogar zwei Konsolkranbahnen übereinander angeordnet, wobei der obere Kran zweckmäßig eine größere Ausladung als der darunter laufende hat; vgl. Pape: Stahleisen 1912, Nr. 44. Weiteres über Krananordnungen in Eisengießereien s. Leber: Stahleisen 1912, Nr. 48.

[2]) Die stellenweise vorgenommene Ausbildung des Konsolkranes mit einem schwenkbaren Ausleger läßt die Kollisionsgefahr beim Zusammenarbeiten mit Laufkranen geringer erscheinen. Eine zweckmäßige Bauart eines solchen Wandkranes (Demag) ist beschrieben in Z. V. d. I. 1913, Nr. 51; vgl. dazu auch Feigl: Z. V. d. I. 1916, Nr. 37.

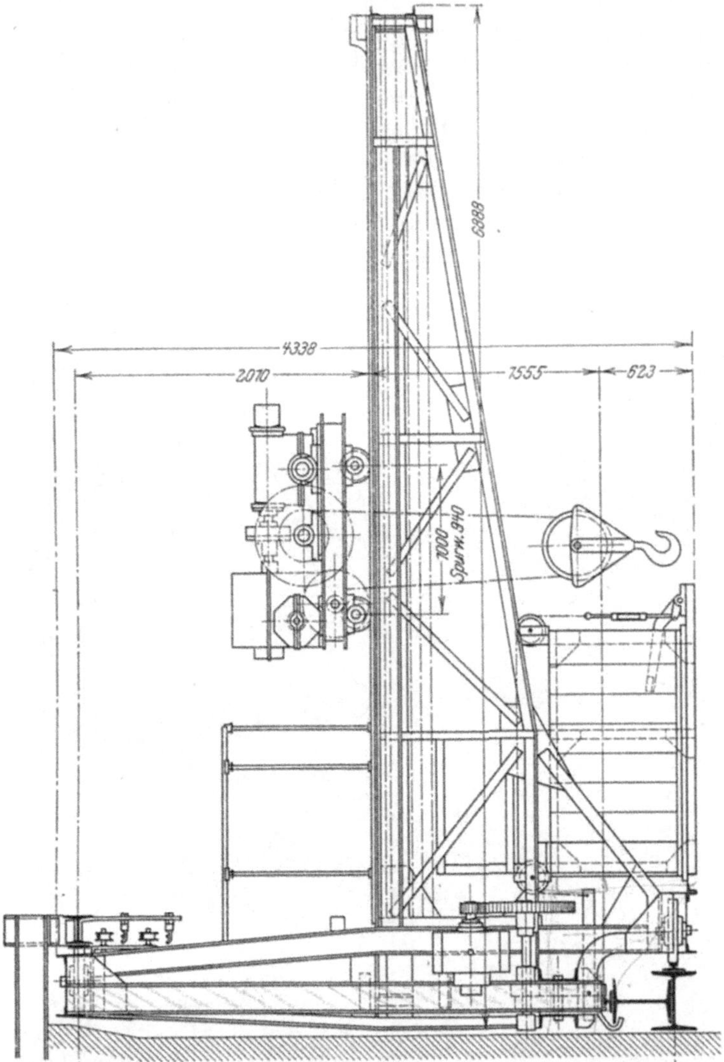

Abb. 524.

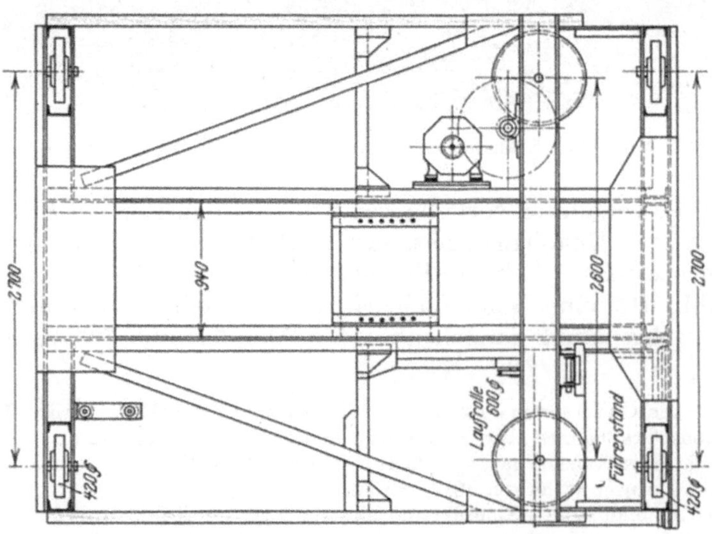

Abb. 525.

Abb. 524 und 525. Konsolkran.

die zweckmäßige Konstruktion jenes für 5 t Tragfähigkeit und 5,8 m Nutzausladung bestimmten Kranes (Abb. 523), dessen Arbeitsgeschwindigkeiten in nachstehender Höhe gewählt sind: Für das Heben 8 m/min (17 PS), für das Katzenfahren 10 m/min (1 PS) und für das Kranfahren 120 m/min (4,5 PS)].

Das Streben, mit einem leichten und dem empfindlichen Boden einer Gießerei entrückten Transportmittel alle Teile derselben leicht erreichen zu können, hat der **Hängebahn** auch hier Eingang verschafft. Die verhältnismäßige Seltenheit der Transporte bzw. die Geringfügigkeit der verlangten Leistungen werden Handantrieb in der Regel als genügend erscheinen lassen; die Hinzunahme fahrbarer Brücken ermöglicht die Bestreichung selbst großer Hallen mit geringstem baulichen Aufwand. Die Abb. 526 zeigt die Gießhalle der Voithschen Maschinenfabrik, Heidenheim, mit einer derartigen Hängebahnausstattung (Bleichert).

Bei der Ausgestaltung des **Formkastenlagers** mit Hebe- und Transportmitteln scheint in der Regel die Rücksicht auf die örtlichen Verhältnisse auf dem Platz selbst leitend gewesen zu sein, die denn auch die verschiedensten Kransysteme hierfür hat zur Verwendung kommen lassen, wie Cantileverkrane[1]), Laufkrane, Bockkrane, Velozipedkrane u. a. m. Zwei Vertreter der letztgenannten Typen geben die Abb. 527 und 528 wieder. Die Ausführung nach Abb. 527

Abb. 526. Handhängebahn (Heidenheim).

Abb. 527. Bocklaufkran (Winterthur).

[1]) Z. B. Friedrich-Wilhelmshütte in Mülheim-Ruhr.

stellt den von den Rollschen Eisenwerken für den Formkastenlagerplatz von Gebr. Sulzer in Winterthur gebauten Kran dar, der sich als ein auf einer gußeisernen Säulenbahn fahrender, außerordentlich niedriger Bockkran kennzeichnet. Diese nicht gewöhnliche Bauart läßt es zu, daß die Kästen über die ganze Länge der überkragenden Katzfahrbahn verteilt werden können, ohne daß die Kranfahrhochbahn hierfür hinderlich wäre. Die Tragkraft dieses Kranes ist 15 t, die Spannweite 16 m und die nutzbare Ausladung 6 m.

Abb. 528. Velozipedkran (Amsterdam).

Das in Abb. 528 ersichtliche schmale Formkastenlager[1]) wird durch einen sich gegen das Gießereigebäude abstützenden Velozipedkran (Gebr. Figée) bedient. Eine solche Kranart scheint hierfür deshalb nicht unzweckmäßig zu sein, weil durch sie nach dem früher Gesagten eine unmittelbare Verbindung zwischen dem Inneren der Gießerei und dem äußeren Lagerplatz verhältnismäßig leicht vermittelt werden kann. —

Endlich möge hier noch eine Transporteinrichtung für Gießereien erwähnt werden, die sich meines Erachtens trotz ihrer außerordentlichen Einfachheit, oder vielleicht gerade deswegen, oft recht nützlich erweisen würde. Sie bezweckt eine Erleichterung der Gießarbeit selbst[2]), und zwar in solchen Fällen, wo die Größe und Schwere der Pfanne die Zuhilfenahme besonderer Krane wohl nicht notwendig macht, wo aber eine mechanische Unterstützung des Handtransportes immerhin wenigstens eine Annehmlichkeit schaffen würde. In den Abb. 529 und 530 ist ein solches Transportmittel skizziert, wie es in großer Anzahl z. B. in der (Stahlformguß-) Maschinenformerei für kleinere Massenartikel des Stahlwerkes Oeking benutzt wird[3]). Die in der üblichen Weise von zwei Arbeitern an Schere *e* und Stiel *f* herangetragene Pfanne (150 kg) wird in dem seit-

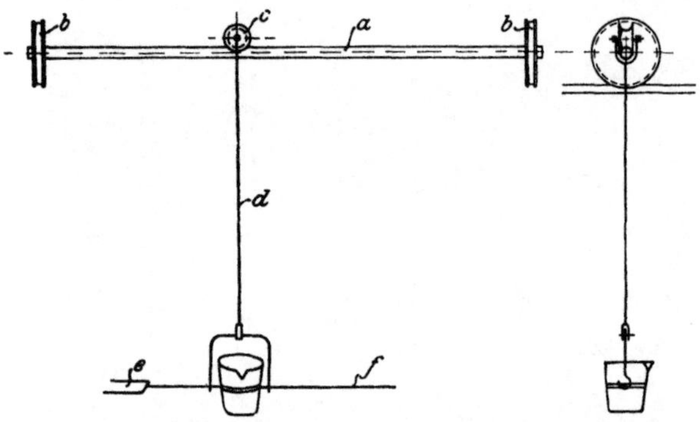

Abb. 529. Abb. 530.
Abb. 529 und 530. Pfannen-Transportvorrichtung (Oeking).

[1]) Der Nederlandsche Fabriek van Werktuigen en Spoorwegmaterial in Amsterdam.

[2]) Einer gleichartigen Einrichtung bedienen sich auch die nordamerikanischen Brillion Iron Works in Wisc.; s. Stahleisen 1914, Nr. 44.

[3]) Vgl. auch Leber: Stahleisen 1912, Nr. 48 und Lohse: Z. V. d. I. 1912, Nr. 38. Wegen Verwendung leichter Hängebahnen für andere Zwecke in Eisengießereien sei auf das an früherer Stelle (S. 78 u. 108) Gesagte verwiesen. Vgl. auch Westhoff: Anz. f. Berg-, Hütten und Maschinenwesen 1925, Nr. 94.

lichen Gießschiff in eine Gabel eingehängt, die an einem über den Formkastenreihen verfahrbaren Laufrohr a[1]) querverschieblich ist. Hierdurch wird dem Gießer gerade während des vorsichtig auszuführenden Gießens die Mühe des Pfannentragens abgenommen, so daß er seine volle Aufmerksamkeit ohne Ermüdung nur auf das Dirigieren der Pfannenschnauze zu verwenden braucht. Die minimalen Herstellungskosten einer solchen Transportvorrichtung — von s. Zt. etwa 100 M. — lassen sich aus dem überaus einfachen Bau wohl erklären, dessen dementsprechende Unempfindlichkeit überdies für den staubigen Betrieb der Formerei besonders zu schätzen ist.

Röhrengießereien.

Eigenartig ergeben sich die Hebe- und Transporteinrichtungen in modernen Röhrengießereien. Die peripherische Anordnung der stehenden Gußformen[2]), die von einer seitlich aufgestellten Stampfmaschine bearbeitet werden, läßt den zentral angeordneten Auslegerkran hier als das Gebotene erscheinen. Die Ansicht der neuen Röhren-

Abb. 531. Krananlage in einer Röhrengießerei (Gröditz).

[1]) Die beiderseitigen Laufräder b, b sitzen fest auf diesem Rohr, das sich demzufolge in der tiefen Rille der Gabelrolle c muß drehen können.

[2]) Vgl. Stahleisen 1910, S. 367 und Ardelt: Stahleisen 1913, Nr. 9.

gießerei der Akt.-Ges. Lauchhammer in Gröditz, Abb. 531, läßt diese Verhältnisse gut erkennen. Während ein an der rechtsseitigen Wand laufender Konsolkran die Verbindung zwischen den Kupolöfen und den vier Drehtischen bzw. den Rohrformen herstellt, wird jedes dieser Drehgestelle durch einen elektrischen Drehkran bedient, der das Einsetzen der Kerne, das Herausziehen der Kernspindeln und das Herausziehen der gegossenen Rohre besorgt[1]). Gleichzeitig unterstützt jeder dieser Drehkrane auch noch die in der links angrenzenden Kernmacherei an der Decke befindlichen hydraulischen Hebezeuge bei dem kurzen Transport der Kerne zum Hebetisch.

Kann diese neue Anlage für stehend zu gießende Rohre als Beispiel für deren rationelle Kranausstattung dienen, so bietet die alte Röhrengießerei in Gröditz ein Beispiel dafür, daß bei einem forcierten Betrieb und selbst mittleren Tragleistungen die Umwandlung von Handbetrieb in Elementarbetrieb ein unbedingt wirtschaftliches Erfordernis ist: Während dort nämlich bisher auf einer Kranbahn nicht weniger als 9 Handkrane — bis 5 t Tragfähigkeit — über den einzelnen Formkästenschlitzen zum Transportieren der Rohrkerne nötig waren und zu deren Bedienung 12—15 Mann erforderten, leistet diese Arbeit neuerdings ein einziger normaler Laufkran mit nur einem Mann, dem Führer, als Bedienung. Daß dieser sog. Kernmacherkran dabei allerdings nicht zur Ruhe kommt, ist für eine vollkommene Ausnutzung der Anlage ja nur von Nutzen.

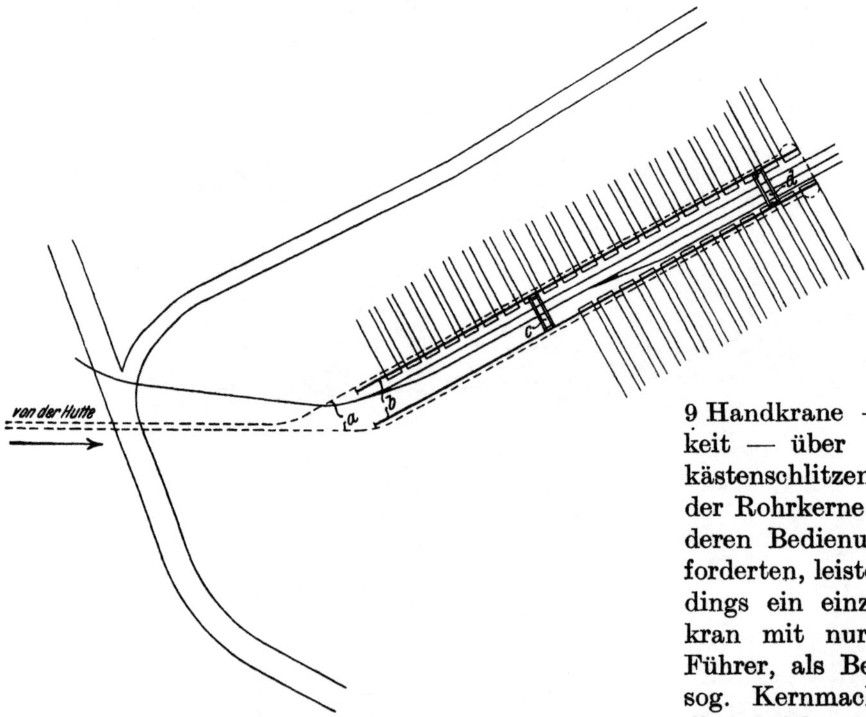

Abb. 532.

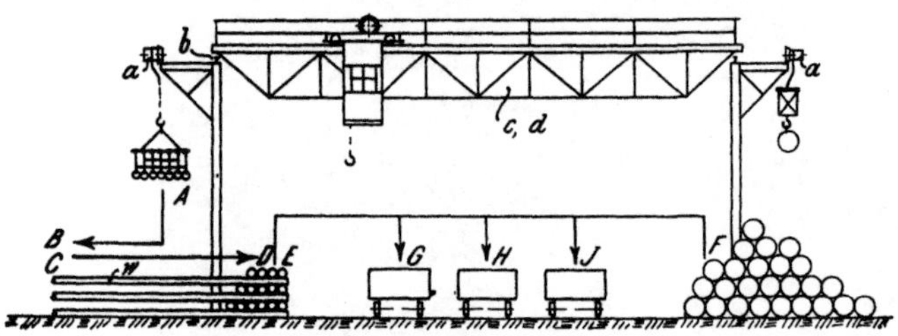

Abb. 533.

Abb. 532 und 533. Disposition einer Röhrentransportanlage.

An dieser Stelle dürften auch einige Bemerkungen über die zweckmäßige Weiterbewegung, über die Lagerung und über die Verladung von Rohren am Platze sein. Wohl in der Mehrzahl der Fälle erfolgen diese Rohrbewegungen durch gewöhnliche Transportkarren bzw. durch fahrbare Drehkrane, die Weiterverteilung der Rohre über dem Platz sogar nur durch Arbeiter. Als Greiforgane bei der Bewegung durch den Kran dienen ganz allgemein einfache, mit Ketten am Kran hängende Bügel, die in die beiderseitigen Stirnöffnungen der Rohre von Hand eingehakt werden[2]). Diese, nach modernem Maßstab vielleicht rückständig erscheinende Methode erweist sich indes gerade hier im großen und ganzen als gar nicht unwirtschaftlich: Was zunächst die Rohraufnahme betrifft, so kommen automatisch wirkende Greiforgane, Zangen,

[1]) Über die Bedienung auf Kreisbahnen beweglicher Formkästen durch feste Auslegerkrane s. auch Hermanns: Z. prakt. Masch.-Bau 1910, Abb. 26 und Stahleisen 1910, Abb. 12.

[2]) Z. B. Buderus, Friedrich-Wilhelmshütte, Halbergerhütte, Gröditz u. a.

Pratzen oder Magnete teils wegen der stark wechselnden Form, teils wegen der sehr engschichtigen Lagerung und teils wegen der Sprödigkeit und Empfindlichkeit der Rohre gegen Stöße und Schläge nicht in Betracht. Gegen ein magnetisches Erfassen dünnerer Rohre spricht außerdem noch, daß diese, ähnlich wie leichtes Walzgut, oft ungleichmäßig von den Magneten hochgehoben würden und daß dadurch die abhängenden Rohre auf dem weiteren Transport Schaden anrichten könnten. Für die manuelle Verteilung der Rohre aber über die Stapel fällt ins Gewicht, daß die leichte Rollbarkeit der Rohre über die Zwischenlagen[1]) hinweg ein an Billigkeit und Schnelligkeit durch einen Kran kaum zu erreichendes Verfahren darstellt. Doch lassen sich auch unter Berücksichtigung des Gesagten bei der Materialbewegung auf dem Röhrenlager Vervollkommnungen wohl erzielen. Einige dahingehende Vorschläge enthält z. B. ein Entwurf, der vom Verfasser nach den Abb. 532 bis 535 für eines unserer größten Gußröhrenwerke angefertigt wurde. Die Überführung der Rohre von ihren verschiedenen Anlieferungsstellen nach dem Lagerplatz erfolgt dabei, unter besonderer Berücksichtigung zwischenliegender Verkehrshindernisse, durch eine Hängebahn *a*. Nachdem diese die Rohre am Ende einer der zahlreichen Stapelreihen des Lagerplatzes niedergelassen hat, werden sie in der bisherigen bewährten Weise von Lagerarbeitern seitlich bis zur gewünschten Stelle jenes Stapels abgerollt (Pfeilrichtung *A*—*B*).

Für das Verladen in Waggons werden die Rohre dann zunächst umgekehrt vom Arbeiter bis an das Ende des Stapels, nach Mitte Platz zu gerollt (Pfeilrichtung *C*—*D*), von wo sie durch die Katze eines Laufkranes *c* oder *d* in die Eisenbahnwagen geladen werden (Bewegungsrichtung von *E* bzw. *F* nach *G*, *H* oder *J*). Zur Begründung der Wahl der Zuführungshängebahn sei im besonderen noch angeführt, daß diese, die sich ja auch auf dem übrigen Hüttenterrain den gegebenen Gebäude- und sonstigen Verhältnissen leicht und ohne irgendwelche Verkehrsstörung anpassen kann, die Rohre auf dem Lagerplatz günstigerweise gleich in solcher Höhe zuführt, daß sie ohne weiteres auf selbst schon hohen Stapeln abgelegt werden können.

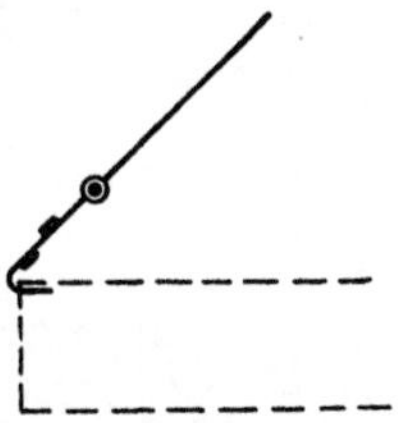

Abb. 535.

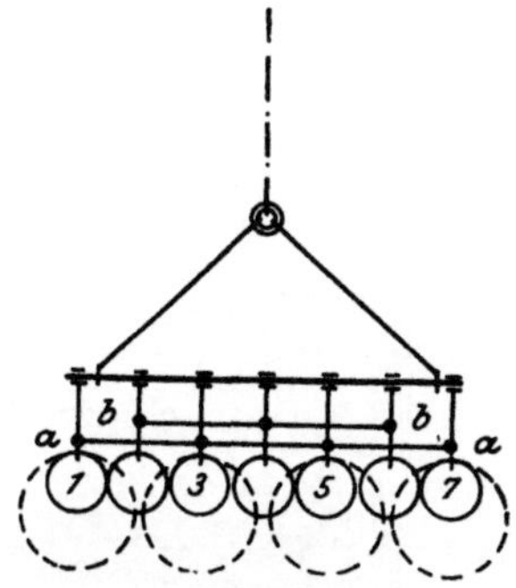

Abb. 534.

Abb. 534 und 535. Gehänge eines Rohrtransportkranes.

Aus der besonderen Anordnung der Verladelaufkrane entspringen andererseits die Vorteile, daß dadurch ein jeder derselben gleichsam den ganzen Lagerplatz beherrscht, indem er trotz relativ kleiner Abmessungen die inneren Ausläufer der Rohrstapel beider Lagerhälften überspannt. Sodann wird dadurch nicht nur wegen der Leichtigkeit der Laufkrane ihr Kraftbedarf an sich schon gering, sondern letzerer wird sogar meistens auf dem mindesten Maß dadurch gehalten werden können, daß das Beladen nur durch Bewegung der Katze zu erfolgen braucht. Die Hochlage der Kranbahn *b* endlich hat wieder zur Folge, daß die Lagerfläche durch den Kranbetrieb gar nicht in Anspruch genommen wird, mithin intensiv zum Rohrablagern ausgenutzt werden kann. Dadurch, daß die Hängebahn außerhalb des Bereiches der Laufkrane herumgeführt ist, ist eine vollständige Unabhängigkeit der Lagerungs- und der Verladearbeiten gewahrt.

Ähnlich wie bei dem Ab- und Zurollen des Lagergutes ist hier auch für die Befestigung der anzuhebenden Rohre das bewährte manuelle Verfahren mittels stirnseitig einzulegender Haken beibehalten worden. Doch wird diese Arbeit dadurch etwas vereinfacht und beschleunigt, daß man nicht, wie es bisher üblich gewesen, jeden Haken des Geschirres einzeln umlegt, sondern daß mehrere Haken durch ein Verbindungsstück gleichzeitig betätigt werden können. Ein derartiges Ausführungsbeispiel ist in Abb. 534 und 535 in etwas größerem Maßstabe skizziert. Je zwei aufeinanderfolgende Haken (1, 3, 5, 7 bzw. 2, 4, 6) sind unterhalb ihrer gemeinsamen Drehachse durch Traversen

[1]) Die Zwischenlagen bestehen in der Regel aus „wracken" Rohren (Ausschuß); nur bei sehr schweren Rohren aus Holzbalken.

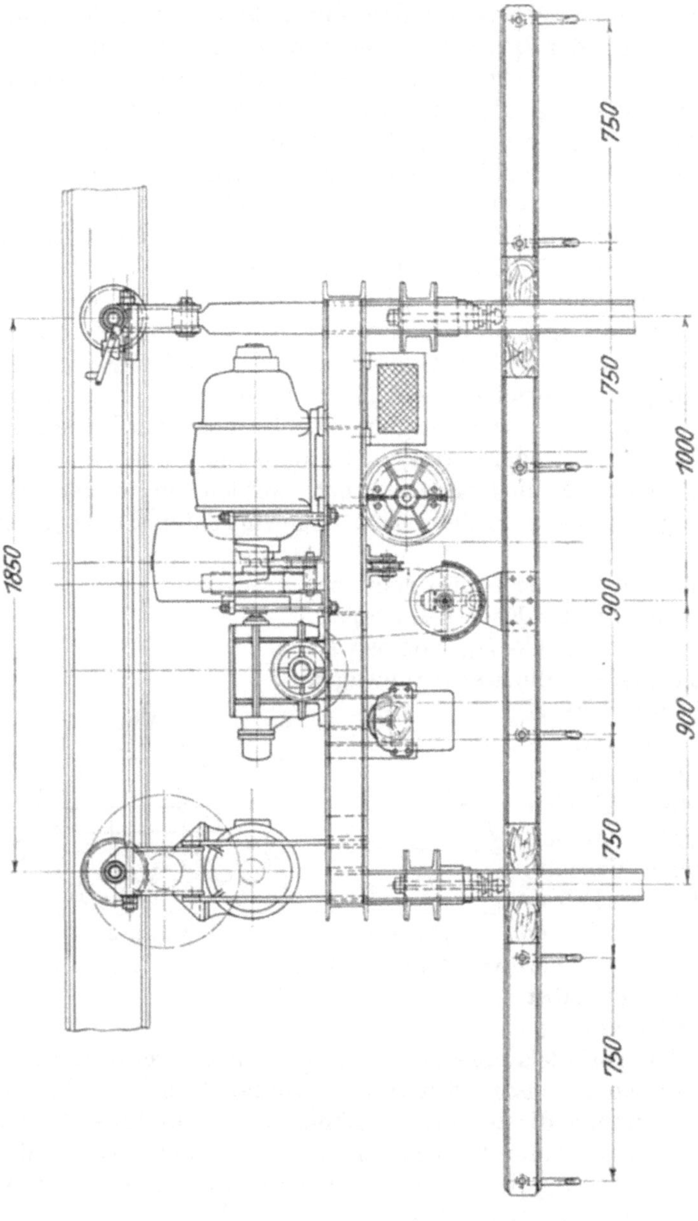

Abb. 536.

Abb. 536 und 537. Röhrentransportwinde (Witten).

a—a bzw. *b—b* so miteinander verbunden, daß beispielsweise zum Hochnehmen von kleinen Röhren durch Herabschlagen der Traverse *b—b* alle Haken des Gestänges gleichzeitig zum Angriff gebracht werden, während für größere Rohre durch Herunterklappen der Traverse *a—a* nur die Haken 1, 3, 5, 7, aber mit entsprechend größerem Abstand, zur Wirkung kommen.

Die geringe Eignung des Hebemagneten für den Transport gußeiserner Röhren besteht auch gegenüber Stahlröhren kleineren Durchmessers. Die größere Länge und Elastizität kann ein einseitiges Herabhängen einzelner Röhren von dem Magneten hier sogar noch leichter als dort eintreten lassen. Da außerdem die oft sehr kleinen Durchmesser der Stahlröhren den Gebrauch der vorbeschriebenen Hakengehänge ausschließen, so dürfte die Hochnahme der Röhrenbündel durch umgelegte Ketten hier das Gegebene sein.

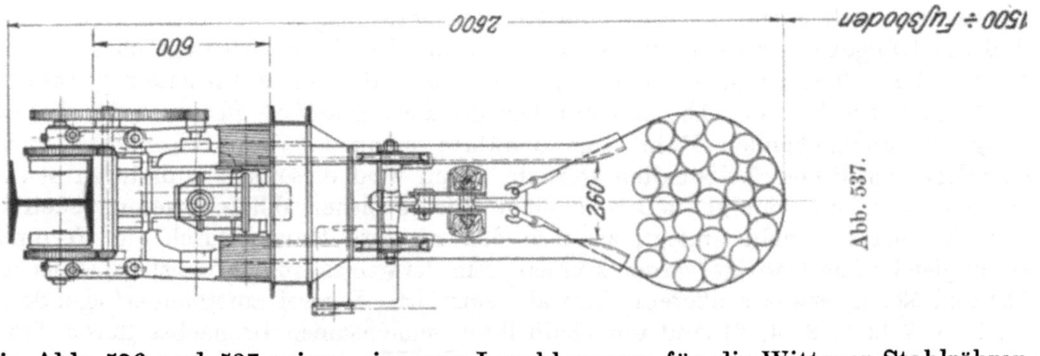

Abb. 537.

Die Abb. 536 und 537 zeigen eine von Lauchhammer für die Wittener Stahlröhrenwerke ausgeführte Röhrentransportwinde, bei der die Verladung noch insofern erleichtert ist, als die Röhren bereits bündelweise in Bügel eingelagert und samt diesen verladen werden. Wenn auch ein solches Verfahren im vorliegenden Falle nur für die Röhrenbewegung innerhalb des eigenen Betriebes gehandhabt wird, so dürfte dessen Ausdehnung sich auch in manch anderen Fällen, wo die gelegentliche Rücksendung der Bügel keine Schwierigkeiten verursacht, vielleicht bezahlt machen[1]). Damit die störenden Schwingungen der langen Röhrenbündel beim Durchfahren der Strecke ausgeschlossen sind, legt sich die gegen Spiralfedern hochgezogene Last mit Reibhölzern zwischen starre Führungsbügel am Windenrahmen[2]). [Die Hubgeschwindigkeit dieser Katze beträgt bei 2 t Tragfähigkeit 9 m/min (6,5 PS), die Fahrgeschwindigkeit 60 m/min (2,4 PS).]

Geht auch, wie gesagt, das Heben, Ablagern und Verladen von Röhren in der überwiegenden Mehrzahl der Fälle nicht mit Unrecht noch ohne Benutzung des modernen Lastmagneten vor sich, so sei der Vollständigkeit halber doch erwähnt, daß unter Umständen die magnetische Rohrbeförderung doch auch vorteilhaft und wünschenswert sein kann. So z. B. bei sehr weiten und schweren Rohren, die einerseits schon wegen ihrer Unhandlichkeit eine möglichste Ausschaltung von Menschenarbeit verlangen, und bei denen andererseits jene Unzuträglichkeiten durch ungleiches magnetisches Erfassen mehrerer Lagen und auch Beschädigungen durch zu hartes Aufsetzen nicht oder doch nicht in gleicher Weise wie bei dünnen Rohren zu befürchten sind[3]).

In solchen Fällen dürfte die Ausstattung des Magneten mit zylindrisch ausgehöhlten Polschuhen oder selbst mit beweglichen Einzelpolen am Platze sein, da diese sich der gekrümmten Oberfläche des Rohres wirksamer anpassen als ebene Magnetunterflächen. (Vgl. hierzu auch das auf S. 88 Gesagte.)

Tempergießereien.

Der Herstellung von Tempergußwaren dienen die in den beistehenden Abbildungen skizzierten Krananlagen, die verschiedenartigen Verhältnissen der Gebäude sowie der Glühöfen Rechnung tragen[4]).

Das Einsetzen der Töpfe in den Ofen kann durch den Kran am einfachsten von oben her erfolgen, beispielsweise durch einen gewöhnlichen Laufkran nach Abb. 538, die eine von Schenck & Liebe-Harkort für die Deutschen Nickelwerke in Schwerte gebaute Anlage (für 10 t Tragfähigkeit) darstellt.

Bei der durch Abb. 539 wiedergegebenen Anlage, von der nämlichen Firma an

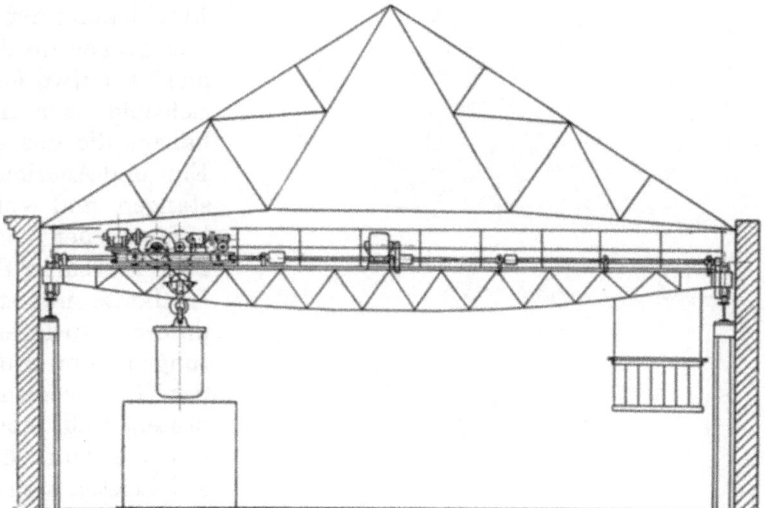

Abb. 538. Temperofen-Beschickkran (Schwerte).

[1]) Über analoge Verfahren bei der Umladung von Erz, Koks und Ziegelstein s. an den betr. Stellen dieses Buches.

[2]) Eine gleichartige Sicherung der Last in der Endlage weist auch ein Trägerverladekran in Differdingen auf; vgl. Fördertechn. 1909, S. 233.

[3]) Über einen solchen von der Maschinenfabrik Augsburg-Nürnberg für die Bismarckhütte gebauten Magnetkran zur Beförderung sehr großer Rohre, bis 10 t Stückgewicht, findet sich Näheres bei Michenfelder: Z. V. d. I. 1911, S. 855.

[4]) Ein zum Ein- und Ausbringen von Messingblechen in Glühöfen dienender schwerer Beschickkran (Petravič), der sich vor allem durch seine in der Höhe ungemein gedrungene Bauart auszeichnet, ist beschrieben von Feigl: Z. d. V. I. 1916, Nr. 36.

das Kabelwerk Oberspree geliefert, ist dadurch, daß die Laufkatze (von 1 t Tragfähigkeit) auf einem festen Ausleger des Kranes fahrbar angeordnet ist, die Möglichkeit gegeben, die Töpfe, wie gezeigt, in einem Nachbarraum abzusetzen, damit sie dort im Kühlen ausgepackt werden können. Durch die Anordnung des Führerkorbes und der Triebwerke am rückwärtigen Ende dieses Auslegers ist außerdem vorteilhafterweise erreicht, daß sie der schädlichen Einwirkung der aufsteigenden Gase entzogen sind.

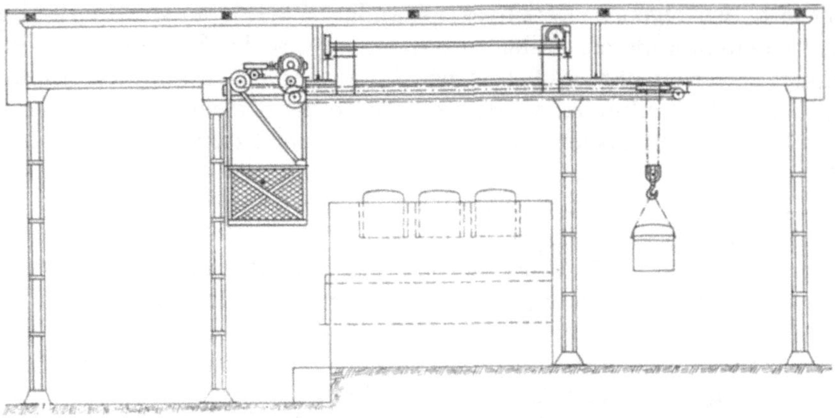

Abb. 539. Auslegerlaufkran (Oberschöneweide).

Durch den drehbaren Ausleger ist der in Abb. 540 und 541 skizzierte Kran befähigt, die Töpfe auch seitlich seiner Bahn abzusetzen. Da der Betrieb in diesem Falle nicht sehr forciert ist, so ließ sich für das Schwenken und Verfahren des Auslegers Handbetrieb einbauen; das Heben der Töpfe erfolgt indes elektrisch.

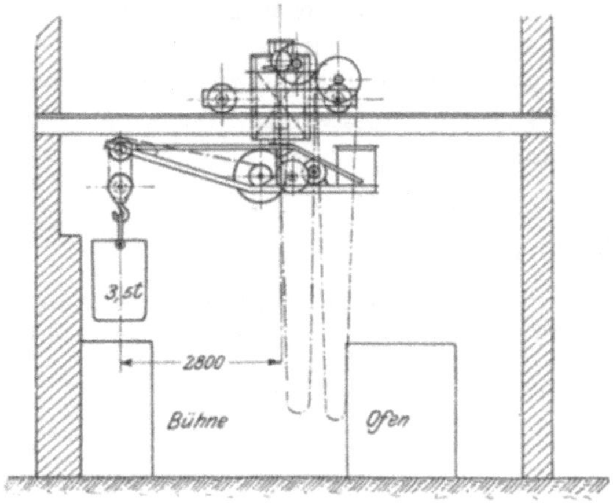

Abb. 540.

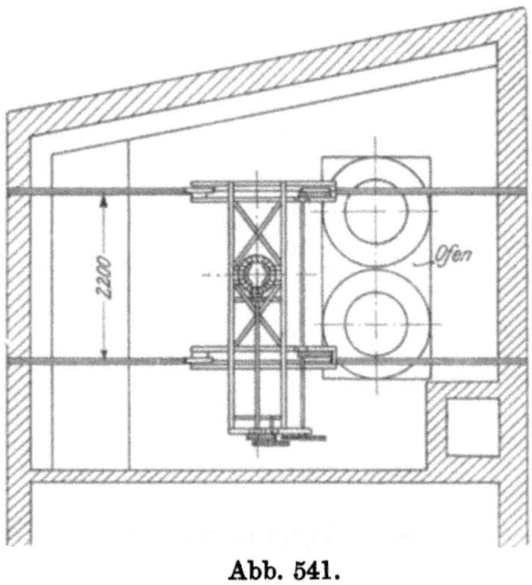

Abb. 541.
Abb. 540 und 541. Drehauslegerlaufkran (Remscheid).

Da von der älteren Methode der seitlichen Beschickung der Temperöfen mitunter nicht abgegangen werden soll, so dürfte auch eine hierfür entworfene maschinelle Einsetzvorrichtung nach Abb. 542 und 543 Interesse haben, die das sonst hierfür gebräuchliche Ein- und Ausziehen der Töpfe mittels Brechstangen und von Hand zweifellos in vollkommenener Weise bewirkt. In einem auf Flur fahrbaren Bockgerüst bewegt sich eine Laufkatze mit starrem Hängegerüst, dessen unterer Ausleger mit geeigneten Vorrichtungen zum Anheben und zum Festhalten der Töpfe versehen ist. Diese Vorrichtungen bestehen aus einem doppelten Balken *a*, der in der ersichtlichen Weise unter die im Ofen auf Leisten stehenden Töpfe geschoben und dann angehoben wird bzw. aus zwei Bügeln *b*, die nach dem Anheben zangenartig um den Topf gelegt werden und so ein Umfallen desselben verhindern. Das Verfahren des Bockgerüstes sowie der Katze erfolgt elektrisch, das Einleiten der Bewegungen zum Anheben und Festhalten der Töpfe dagegen von Hand [1]). Der Entwurf dieser Maschine rührt gleichfalls von der vorgenannten Firma her.

[1]) Eine ähnliche Vorrichtung zum seitlichen Beschicken von Härteöfen, jedoch in Laufkranform — nach Art der Muldenchargierkrane — arbeitet in der Maschinenfabrik Hohenzollern, Düsseldorf.

X. Beizereien.

Außer der beim Beizen von Blechen, Röhren u. dgl. zunächst erforderlichen Bewegung, nämlich dem Ein- und Austauchen derselben in den Beizträgen, hat sich bekanntlich eine zusätzliche Bewegung für eine vollkommene Beizung als erforderlich ergeben: eine Relativbewegung des Beizmittels gegen das Beizgut. Nachdem sich das

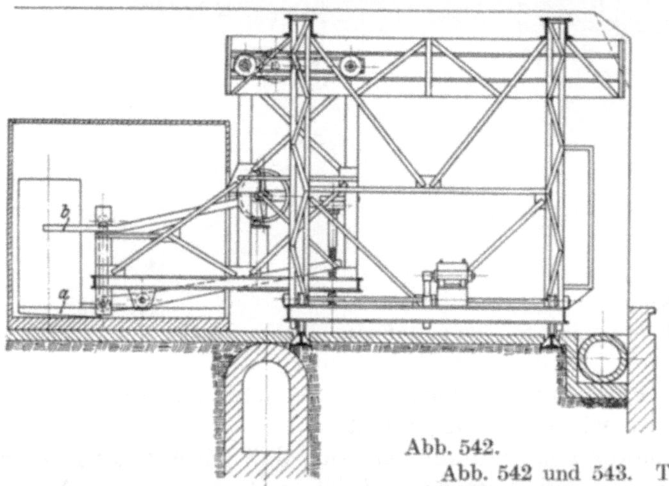

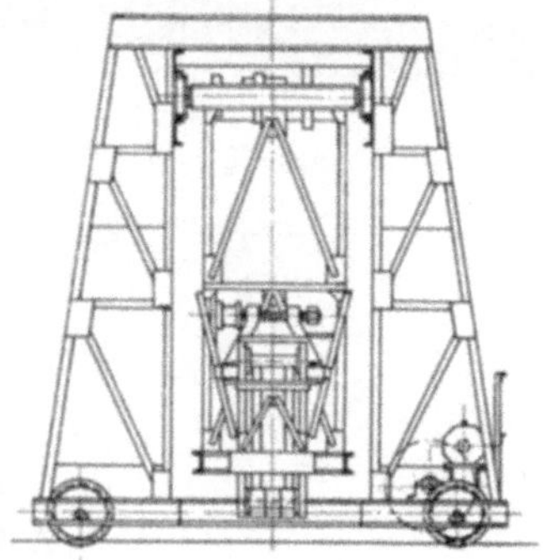

Abb. 543.

Abb. 542.

Abb. 542 und 543. Temperofen-Beschickkran.

früher hierfür geübte Aufrühren des Bades durch Schnecken, Flügel o. dgl., die eine besondere Maschinerie benötigten und nur kurze Lebensdauer hatten, nicht bewährt hatte, ging man dazu über, das im Bade hängende Beizgut selbst in eine schüttelnde

Abb. 544. Beiz-Laufkran.

Bewegung zu versetzen. Hierfür hat sich nun die Zuhilfenahme der für das Eintauchen des Gutes gebrauchten Hebevorrichtung als das Einfachste und Zweckmäßigste ergeben. Ferner hat sich auch die Benutzung des Elektromotors dem Dampfantrieb gegenüber als das Wirtschaftlichere erwiesen, vorausgesetzt, daß der für mehrstündige Leistung berechnete elektrische Teil vollkommen gekapselt und mit einem besonderen Schutz gegen die schädliche Einwirkung der Säuredämpfe zu versehen ist[1]). Einige ver-

[1]) Obgleich sich der elektrische Antrieb bei den nacherwähnten Beizkranen, bei denen die nötige Vorsicht in der Auswahl und Aufstellung der Motoren sowohl als auch der Steuerapparate und Widerstände beachtet ist,

schiedenartige Beispiele solcher Beizkrananlagen mögen nachstehend nach bewährten Ausführungen der Firma Zobel, Neubert & Co. noch kurz behandelt werden[1]).

Der in den Abb. 544 bis 546 veranschaulichte Kran arbeitet seit etwa dreizehn Jahren schon in der Röhrenbeize der Laurahütte[2]). Während das Kran- und das Katz-

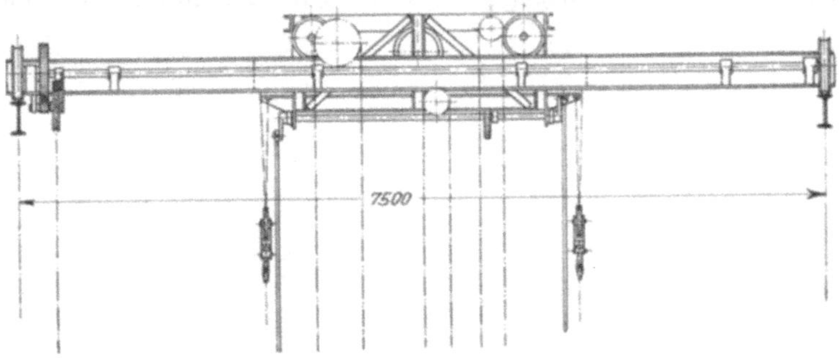

Abb. 545.

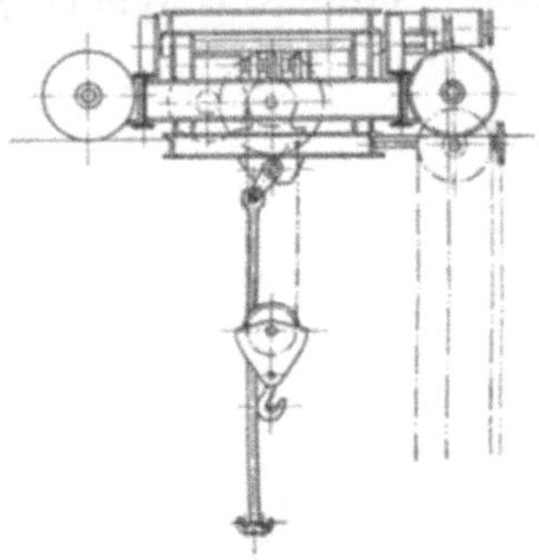

Abb. 546.

Abb. 545 und 546. Beiz-Laufkran.

fahrwerk und auch der Hubmechanismus Besonderheiten nicht aufweisen, ist das Schüttelwerk in eigenartiger Weise wie folgt ausgebildet:

Sein Antrieb wird, vom Hubmotor aus, dadurch bewirkt, daß ein auf der Trommelwelle sitzendes Trieb mit dem vom Motor in Bewegung gesetzten Trommelrad gekuppelt wird. Dieses Trieb greift in ein Zahnrad ein, das auf der unter dem Katzengerüst sichtbaren Schüttelwelle aufgekeilt ist, und versetzt letztere somit in Umdrehung. An ihren beiden Enden trägt die Schüttelwelle zwei um 180° gegeneinander versetzte Kurbeln, an deren Zapfen die Schüttelstangen eingehängt werden. Hierbei wird also das Material nicht nur auf- und abgeführt, sondern an den beiden Enden außerdem noch in vertikaler wie auch in horizontaler Richtung ganz wechselweise bewegt. Ein Kleben der einzelnen Materiallagen, das bei parallelen Schüttelbewegungen eintreten und die Güte der Beizung beeinträchtigen kann, erscheint bei dieser Einrichtung in recht wirksamer Weise ausgeschlossen. (Für das Heben und das Schütteln wird bei dem dargestellten Kran von 4 t Tragfähigkeit ein gekapselter Motor von 4,5 PS verwendet, der eine Hubgeschwindigkeit von 3,5 m/min erzeugt bzw. die Schüttelwelle sich etwa 5 mal/min drehen läßt.)

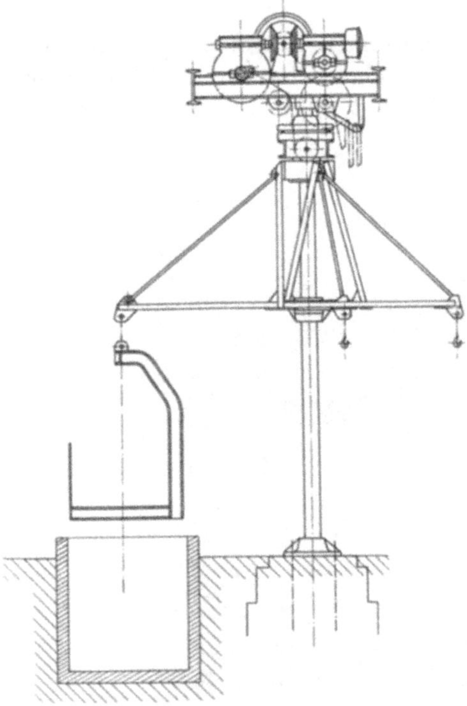

Abb. 547. Beiz-Drehkran.

Bei der nach Abb. 547 für die Blechbeize des nämlichen Hüttenwerkes ausgeführten stationären Anlage ist mit der kreisförmigen Aufhängung dreier Beizkörbe bezweckt worden, daß schon während des Abbeizens eines oder zweier Körbe der dritte beladen werden kann. Durch die hierdurch erzielte Zeitersparnis wird die

durchaus bewährt hat, glauben manche Firmen dennoch von der Verwendung des Elektromotors absehen zu sollen. So ist ein von Zobel-Neubert für ein Düsseldorfer Röhrenwerk gebauter Röhrenbeizkran auf ausdrücklichen Wunsch der Bestellerin lediglich mit Seilantrieb ausgestattet worden.

[1]) Maschinelle Einrichtungen von Blechbeizen sind beschrieben u. a. von Clement: Stahleisen 1908, S. 937 u. ff. bezw. 1909, S. 73, Lohse: Stahleisen 1909, S. 893 u. ff., Stahleisen 1909, S. 73 u. ff., Krämer: Stahleisen 1910, S. 1443 u. ff., Buchert: Stahleisen 1912, S. 1489, Michenfelder: Z. V. d. I. 1912, S. 1645 u. ff.

[2]) Einen gleichen Kran benutzt auch die Kalker Trieurfabrik Meyer & Co. in Köln-Kalk.

Leistungsfähigkeit der Anlage natürlich erhöht. Auch bei dieser für 5 t Tragkraft berechneten Ausführung werden Schüttelwerk und Hubwerk durch einen einzigen Motor betätigt, wobei dessen Kraft gleichfalls durch eine Umkuppelung auf den einen oder den

Abb. 548. Beiz-Drehkran.

anderen Mechanismus übertragen werden kann. Die Vertikalbewegung und die Schwenkbewegung des dreiarmigen Korbgehänges wird längs einer Säule geführt, die sich auf Hüttenflur in einem Spurlager und am oberen Windenrahmen in einem Halslager abstützt; um die Reibung bzw. den Kraftaufwand auch bei einseitigen Momenten nach Möglichkeit zu beschränken, ist das Gehänge an der Säule zweckmäßig mit Rollen

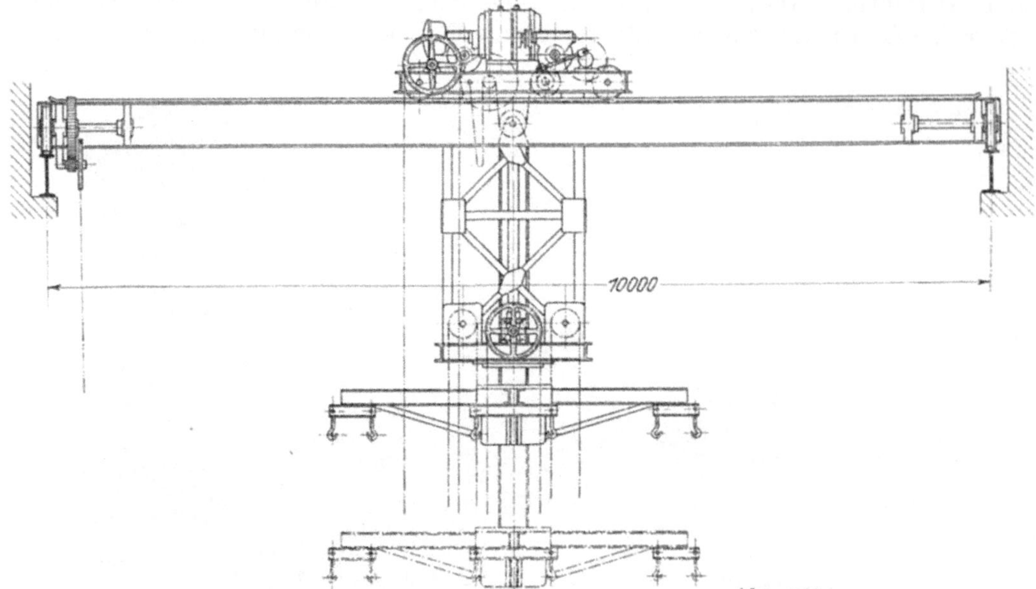

Abb. 549.

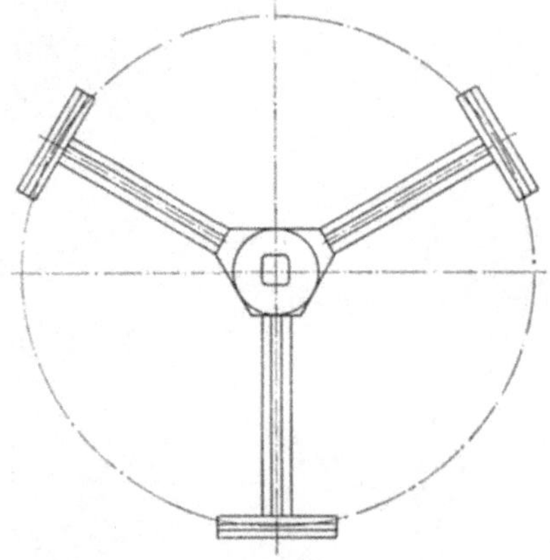

Abb. 550.

Abb. 549 und 550. Beiz-Drehlaufkran.

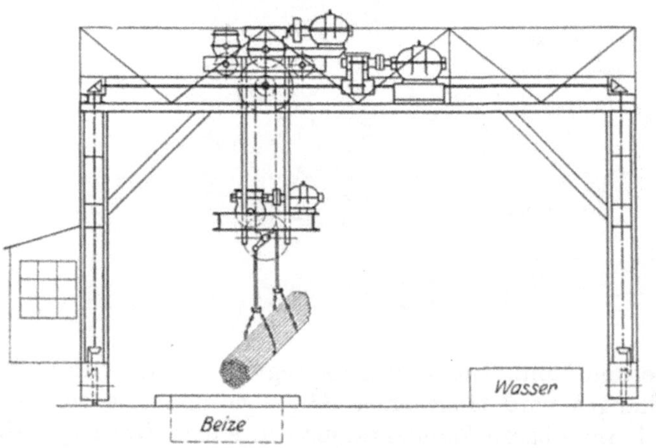

Abb. 551.

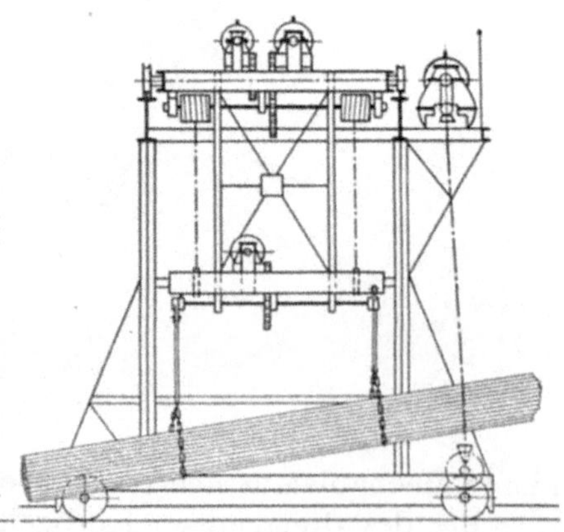

Abb. 552.

Abb. 551 und 552. Beiz-Bockkran (Mülheim).

geführt. (Hier bewirkt ein 15 PS-Motor bei einer Hubhöhe von 1,65 m eine Hubgeschwindigkeit von ca. 3 m bzw. 12 Schüttelbewegungen in der Minute bei einem Schüttelhub von 0,15 m. Das Schwenken des Drehgerüstes, das oben in einem großen Kugelkranz aufgehängt ist, erfolgt mit Leichtigkeit von Hand.)

Der in Abb. 549 dargestellte Entwurf bezweckt eine weitere Erhöhung der Leitungsfähigkeit einer deratigen Beizanlage, indem die Maschine als vollbeweglicher Laufkran ausgebildet ist, um so einen beliebig großen Raum bestreichen zu können. Bei diesem, wie auch bei dem vorhergehenden Entwurf greift das Schüttelwerk zwar wiederum durch eine Kurbel, jedoch an dem festen Ende des Huborganes an.

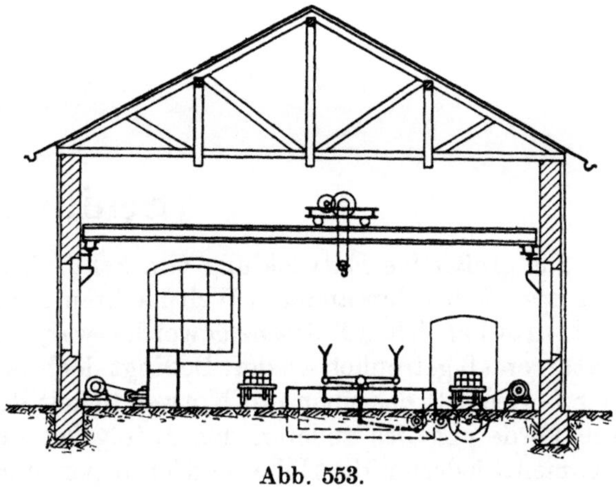

Abb. 553.

In Bockkranform ist die in Abb. 551 und 552 abgebildete Anlage zum Beizen von Rohren bei Thyssen in Mülheim ausgeführt. Bei ihr ist das Hubwerk so mit der Schüttelvorrichtung verbunden, daß durch Umkuppeln vom Führerstand aus entweder die Hub- oder die Schüttelbewegung vorgenommen werden kann. Der Kran hat 4 t Tragkraft und 7,1 m Spannweite. Mittels eines 6pferdigen Motors wird eine Hubgeschwindigkeit von 3,5 m/min und eine fünfmalige Schüttelbewegung in der Minute erzeugt. Das Katzfahren erfolgt mit 20 m/min (4,75 PS), das Kranfahren mit 40 m/min (6 PS).

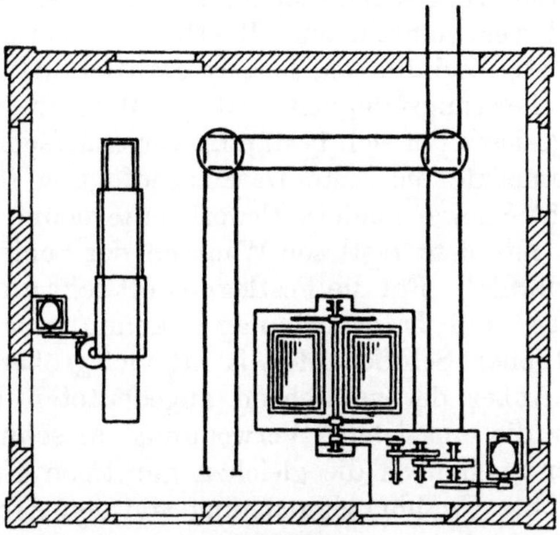

Abb. 554.

Abb. 553 und 554. Feststehende Beizanlage.

Eines andersartigen Schüttelmechanismus bedient sich die in Abb. 553 und 554 skizzierte Beizanlage (Ardelt) für Feinbleche: Die gefüllten Beizkörbe werden dabei in ein doppeltes Hebelgestänge gehängt, das von einem seitlich aufgestellten Elektromotor (5 PS) unter Einschaltung eines Kurbel- und Schubstangengetriebes in die Rüttelbewegung versetzt wird.

Schiffswerften.

Die großartige Entwicklung von Schiffahrt und Schiffbau, die schon vor dem Kriege bei uns wie bei den anderen Weltmächten zum Lebensnerv der nationalen, wie vor allem der wirtschaftlichen Existenz geworden war, spiegelt den technischen Ausbau der Werften naturgemäß getreulich wieder. Bedingt doch bei den natürlichen Wechselwirkungen beider der Fortschritt des einen mit Notwendigkeit die Vervollkommnung des anderen, bedeutet die Förderung des anderen den Erfolg des einen. An diesem technischen Ausbau nun nehmen wiederum die Hebe- und Transporteinrichtungen unstreitig den hervorragendsten Anteil. In gleichem Maße, wie verbesserte Herstellungsverfahren des Schiffbaumaterials und vervollkommnete Bearbeitungsweisen desselben die Qualität der Schiffsbauten günstig beeinflussen, fördert die Ausstattung der Werft mit rationellen Transportanlagen die Leistungsfähigkeit und die Wirtschaftlichkeit ihres Betriebes. Stellt diese letztere angesichts der sich beständig verschärfenden internationalen Konkurrenz auf dem Schiffbaumarkte die erste Daseinsbedingung für alle Werften dar — wenigstens soweit sie nicht Staats- sondern Erwerbsunternehmen sind —, so ist die Leistungsstärke der Werft ein mit dem rastlosen Wachsen der Schiffsabmessungen unabweisbares technisches Erfordernis[1]). Für die Festlegung oft sehr großer Beträge für die Erstellung leistungsstarker Hebe- und Transportanlagen kommt der Umstand günstig in Betracht, daß die neuzeitlichen Schiffsbauten ja oft viel größere Wertbeträge darstellen[2]).

Außer der vorstehend angedeuteten Erhöhung der technischen Leistungsfähigkeit hat die ausgiebige Verwendung maschineller Transportmittel für den Werftbetrieb aber auch noch die gleichen günstigen Nebenwirkungen wie anderswo, namentlich die erhöhte Unabhängigmachung von den Arbeiterverhältnissen und von deren nachteiligen Folgeerscheinungen.

Entsprechend ihrer Bedeutung in transporttechnischer Hinsicht mögen in den nachfolgenden Kapiteln nun die Hellinge und die Ausrüstungsplätze sowie die Werkstätten und die Lagerplätze nebst Höfen gesondert behandelt werden.

A. Hellingausstattung.

Für die Zweckmäßigkeit der Hellingausstattung mit Kranen spielt deren Systemwahl und deren Anordnung, in bezug sowohl auf den Bauplatz selbst als auch auf den Zufuhrplatz des Baumaterials, eine bei weitem wichtigere Rolle als etwa deren kon-

[1]) Die schätzungsweise Leistungsfähigkeit des Weltschiffbaues, die vor dem Kriege 5 Millionen B.-R.-T. jährlich betragen hat, ist inzwischen auf 10 Millionen angewachsen. Hierbei kann man die Leistungsfähigkeit der deutschen Werften — ohne die Danziger — im Jahre auf etwa 700000 B.-R.-T. Handelsschiffe veranschlagen. Näheres s. V. d. I.-Nachr. 1925, Nr. 43 und 46.

[2]) Die Steigerung und Höhe der Herstellungskosten von z. B. Kriegschiffen, bei denen allerdings gut ein Drittel für die artilleristische Armierung gerechnet werden kann, ist aus der nachstehenden Aufstellung zu erkennen:

Baujahr	Klasse	Verdrängung t	Baukosten Millionen M
1870	Preußen		7,3
1891	Brandenburg	10000	16
1896	Kaiser	11150	24
1908	Nassau	18900	36,8

Baujahr	Klasse	Verdrängung t	Baukosten Millionen M
1910	Helgoland	22800	47,1
1914	Markgraf		50,13
1915	Wörth		rd. 60

Die etwa zu gleicher Zeit mit den letztgenannten auf Stapel gelegten italienischen Linienschiffe sollen je 72, die amerikanischen sogar 85,7 Millionen Mark gekostet haben.

struktive Sonderausbildung. Diese unterscheidet sich, wie die folgenden Beispiele zeigen werden, von der moderner Dreh- oder Laufkrane — mit oder ohne Ausleger — so gut wie gar nicht, während die Gesamtdisposition derselben in Anbetracht der zahllosen Wiederholung ihrer Arbeitsbewegungen von einschneidender Bedeutung für die Zweckmäßigkeit der ganzen Anlage ist. Dementsprechend soll bei der gewählten Betrachtungsfolge der Krane als feststehende Krane, als fahrbare Krane (und zwar auf Werftflur oder auf Hochbahn fahrend) und endlich als Kabelkrane jedesmal als weiteres Einteilungsmerkmal, eben in Würdigung des Einflusses auf die Gesamtdisposition der Transporte, die Lastaufnahmemöglichkeit durch das Hebezeug entweder an der Kopfseite oder an der Längsseite der Helling treten.

Was allgemein bereits an früherer Stelle gesagt worden ist, gilt auch hier: „Wo Licht ist, ist auch Schatten". Demzufolge wird sich auch bei den verschiedenen Hebetransportsystemen für Hellinge nur durch das Überwiegen der Vorteile für einen bestimmten Anwendungsfall die Zweckmäßigkeit eines Systems ergeben.

Der feststehende Kran, der in seiner bekannten ursprünglichen und einfachsten Form mit Holzmastenschrägauslegern und abseits aufgestellter Winde an manchen Hellingen selbst modernisierter Werften auch heute noch, als Überbleibsel vergangener Zeiten, angetroffen wird, dürfte mit seinen Vorzügen niedriger Anschaffungs- und Aufstellungskosten sowie geringer Platzbeanspruchung allerdings kaum die Mängel aufwiegen, geschweige denn überwiegen, die in der Beschränkung des Arbeitsfeldes auf einen nur kleinen Kreisbogen und weiter in der Unzulänglichkeit des Auslegerschwenkens von Hand liegen. So erfordert die geringe Ausdehnung seines Arbeitsfeldes für eine nur einigermaßen hinreichende Bedienung größerer Hellingplätze eine unverhältnismäßig große Anzahl solcher Mastenkrane oder aber deren umständliches Versetzen mit fortschreitenden Spanten, was natürlich den Vorzug der Billigkeit bzw. die Unabhängigkeit des Arbeitens an beliebigen Stellen wieder beeinträchtigt. Als Hilfsmittel zum rationellen Bau größerer Schiffe können diese primitiven Hebevorrichtungen daher nicht bezeichnet werden. Zur Kennzeichnung unserer deutschen Werften sei gesagt, daß sich bei ihnen solche simplen Ladebäume nur in verhältnismäßig geringer Zahl noch vorfinden, auf unseren großen Werften — schon vor dem Kriege — sogar gar nicht mehr oder doch nur auf untergeordneteren Hellingen. In krassem Gegensatze hierzu stand bis dahin das schiffbauende England, wo auffallend viele Werften an ihren Hellingplätzen noch einem Wald von Ladebäumen glichen. Dies scheint nun im Widerspruch zu stehen mit dem einleitend Gesagten, daß die Entwickelung von Schiffbau und Werftausstattung Hand in Hand gehe. Diese Regel wird durch jene Ausnahme indes nicht umgestoßen, eine Ausnahme, die ihre Erklärung dort in erster Linie wohl in der ungemein scharf durchgeführten Arbeitsteilung und in Überlieferungen hat, in einer Übertragung der zum Schiffbauen erforderlichen intellektuellen und manuellen Fähigkeiten von Generation zu Generation. Zu diesen technischen Gründen, die fast eine Gleichwertigkeit der mit herkömmlichen und der mit verbesserten Hilfsmitteln geleisteten Arbeit ermöglichen, traten noch wirtschaftlich-soziale Gründe durch die Einwirkung der mächtigen englischen Arbeiterorganisation, der Trade Unions, die sich gegen die Einführung maschineller Hilfsmittel — als den vermeintlichen Arbeiterfeinden — meist mit Erfolg gewehrt hatten[1]).

[1]) Vgl. a. v. Ahlefeld: Berliner Tageblatt 1912, Nr. 141. — Wie sehr indes eine hochstehende transporttechnische Werftausstattung einen Ausgleich gegen solche ererbte und erlernte Fähigkeiten bilden kann, dafür dürfte u. a. die kürzlich getroffene Entscheidung in dem durch die englische Reederei Furness, Witby & Co. veranstalteten internationalen Wettbewerb für den Bau von 5 Motorschiffen von je 10000 t einen Beweis liefern. Daß die transporttechnisch modernst ausgestattete Deutsche Werft A.-G. in Hamburg gegen schärfste internationale Konkurrenz den Auftrag erhalten hat, ist zweifellos auch auf ihre — außer durch vorteilhafte Konzernorganisation — durch rationellste Transporteinrichtungen begründete besondere Leistungsfähigkeit zurückzuführen. Bei dieser Erkenntnis muß man auch trotz der Feststellung des englischen Untersuchungsausschusses bleiben, daß der so wesentliche Preisunterschied — £ 60000 — weder durch eine dementsprechende Verschiedenheit der englischen und der deutschen Löhne noch durch bessere Organisation oder fabrikationstechnische Überlegenheit der deutschen Werft begründet sei. Vgl. „The Engineer" 1925, 23. Oktober.

Durch konstruktionstechnische Vervollkommnung jenes ältesten Systems feststehender Hellingkrane lassen sich die erwähnten Nachteile mit einer Vergrößerung der Ausladung bei eisernen Lastarmen und mit der Einführung eines maschinellen Schwenkwerkes allerdings entsprechend verringern.

Doch auch dann erscheinen manche, unvermeidbar gerade in der stationären Ausbildung des Wippkranes gelegenen Mängel oft hinreichend, um seinen in der billigen Anschaffung gelegenen Hauptvorteil nicht ausschlaggebend sein zu lassen. Zunächst kann bei einer für wipp- und schwenkbare Ausleger schon ansehnlichen Ausladung von 15, ja selbst 20 m, und auch bei Zuhilfenahme von drei bis vier solcher Krane für eine Helling bei weitem nicht die ganze Grundfläche eines zu erbauenden größeren Schiffes bestrichen werden. Die zur häufigen Bewegung schwerer Teile nach den vielen Zwischenstellen dann zu errichtenden Flaschenzugsgerüste müssen aber nur als Notbehelf gelten, auch dann, wenn deren Hubwerke von den Winden der benachbarten Krane in Gang gesetzt werden. Ferner müssen die stationären Krane neben unbenutzten Hellingen gleichfalls unbenutzt bleiben, was ihre Rentabilität leider oft recht beeinträchtigt. Wenn eine unserer größten Werften, Schichau in Danzig, auch heute noch sich solcher Krane bedient[1]) —zwischen je zwei der Hauptbellinge stehen daselbst ein Paar Gitterwerkstürme mit je zwei diagonal angeordneten Schwenkauslegern (für 13 m Ausladung bei 3,5 t bzw. für 7,5 m Ausladung bei 7,5 t)[2]) — so liegt darin eine Bestätigung dessen, was vorhin über die von örtlichen Verhältnissen abhängige Zweckmäßigkeit der Kranwahl an Hellingen gesagt worden ist. Der hier, im Überschwemmungsgebiet der Weichsel gelegene Grund und Boden hätte die für die noch zu besprechenden moderneren Kransysteme erforderlichen Pfahlgründungen so kostspielig werden lassen, daß die Rentabilität der Anlage dadurch sehr in Frage gestellt worden wäre.

Abb. 555. Helling-Mastenkran (Clydebank).

Zur Illustrierung des vorhin über die Transportzustände auf englischen Werften Gesagten sei an dieser Stelle darauf hingewiesen, daß sich Anlagen der letztbeschriebenen Art, die bei uns vom transporttechnischen Standpunkte aus doch mehr oder weniger nur als Notbehelf angesehen werden, in noch wesentlich unvollkommenerer Ausbildung und Anzahl auf der wohl berühmtesten englischen Werft, John Brown & Co.,

[1]) Einer derselben ist in Abb. 725, im Hintergrunde, ersichtlich.

[2]) Diese Krane sind, mit elektromotorischem Einzelantrieb für das Heben und Schwenken, von Schichau selbst schon im Jahre 1901 aufgestellt worden. — Vgl. hierzu auch Voigt: Fördertechn. 1909, S. 260.

Clydebank, bis kurz vor dem Kriege noch als die hauptsächlichsten Transporthilfsmittel vorfanden[1]). Während daselbst etwa ein Dutzend Helgen überhaupt nur durch Holzmasten bedient werden — und zwar zum Liften mit Dampf und zum Schwenken mit Handseilen — ist nur die größte Helling, auf der seinerzeit die „Lusitania" und die „Aquitania" gebaut wurden, in der Nähe des Hellingkopfes beiderseits mit je einem Gittermast für 4 t Last und 11 m Ausladung, Abb. 555 bzw. 556, ausgestattet gewesen. Die Masten *a* werden, wie die Photographie ja zur Genüge erkennen läßt, durch weit nach dem Boden gespannte Seile gehalten und sind an ihren Fußenden auf Klötzen *c* verschiebbar, um sich den verschiedenen Schiffsabmessungen wenigstens etwas anpassen zu können[2]); durch eine seitwärts feststehende elektrische Winde *d* erfolgt das Heben und Senken des Lasthakens. Außer diesen beiden elektrischen Mastenkranen waren an jeder Seite dieser bevorzugten Helling noch drei Holzmasten mit hydraulischem Windwerk *C* vorhanden[3]). Dieses Beispiel eignet sich übrigens auch noch als Beleg für die angeführte Begründung englischer Zustände. Durch den außerordentlich geschulten und geschickten Stamm von Schiffbauern, über den die auf dem klassischen Boden der Schiffbaukunst gelegene Werft verfügt, wurde es möglich, daß die „Lusitania" — deren Schiffskörper allein rund $26^1/_2$ Millionen Kilogramm Bleche erforderte — mit diesen verhältnismäßig doch recht primitiven maschinellen Hilfsmitteln in einer sogar um vier Monate kürzeren Zeit fertiggestellt werden konnte als die auf einer der damals modernst eingerichteten Hellinge Englands, in Wallsend, gebaute „Mauretania".

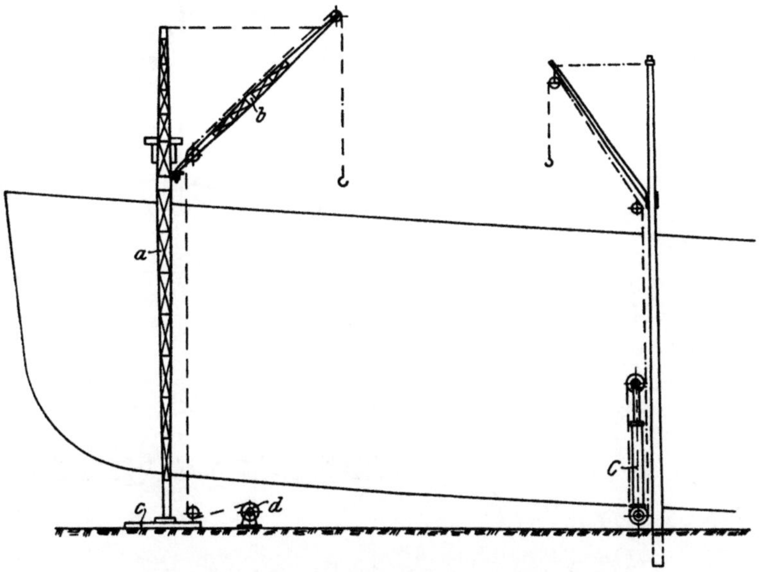

Abb. 556. Helling-Krananordnung (Clydebank).

Die Wirksamkeit feststehender Krane läßt sich indes auch dort, wo zwingende Rücksichten auf die Bodenbeschaffenheit bzw. das Anlagekapital die Herstellung einer Kranfahrbahn ausschließen, wesentlich dadurch erhöhen, daß man an Stelle des — wohl bei Dampfantrieb recht zweckdienlichen — wippbaren Schrägauslegers horizontale Lastarme mit auf diesen laufenden Katzen wählt. Solche ermöglichen es, zumal mit Hilfe einer einfachen diametralen Verlängerung dieses Lastarmes als Gegengewichtsarm, die Nutzausladung leicht bis auf Werte zu steigern, die schon bei Verwendung von zwei Kranen pro Helling eine annähernd vollständige Bedienung sogar größerer Neubauten gestatten. Daß bei derartigen Kranen — die Abb. 557 und 558 zeigen die Helgen der Koninklijke Maatschappy „de Schelde" in Vlissingen (Demag) — durch das radiale Katzenfahren auch die Vorzüge einer reinen wagerechten Lastbewegung (gegenüber der geneigten Lastbewegung bei wippenden Auslegern) vorhanden sind, spricht weiterhin zu ihren Gunsten; desgleichen die bei ihnen

[1]) Heute besitzt auch die Clydebankwerft nach unseren Begriffen transporttechnisch modern ausgestattete Hellinge: eine ca. 140 m lange und 27 m breite Eisenhalle (mit Glasdach), über deren beiden Längshälften je zwei Laufkrane und über deren Kiellinie eine Laufkatze, von je 5 t Tragfähigkeit, verkehren.

[2]) In ähnlicher Weise wird übrigens auch bei den vorerwähnten Danziger Mastenkranen das gelegentliche Versetzen vorgenommen.

[3]) Für den Bau der „Aquitania", die am 28. April 1913 vom Stapel lief, sind die Holzmasten bereits durch eiserne, mit elektrischem Windwerk, ersetzt gewesen, von denen je sieben an beiden Hellingseiten aufgestellt waren. (Die „Aquitania" hatte 275 m Länge über alles, also nur 1 m weniger als der „Imperator".)

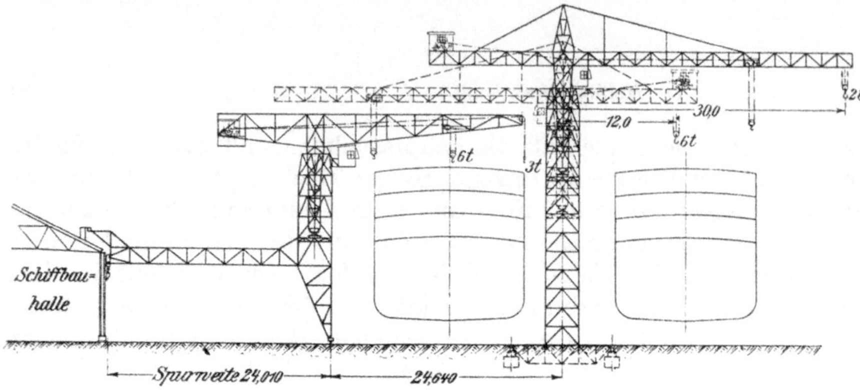

Abb. 557.

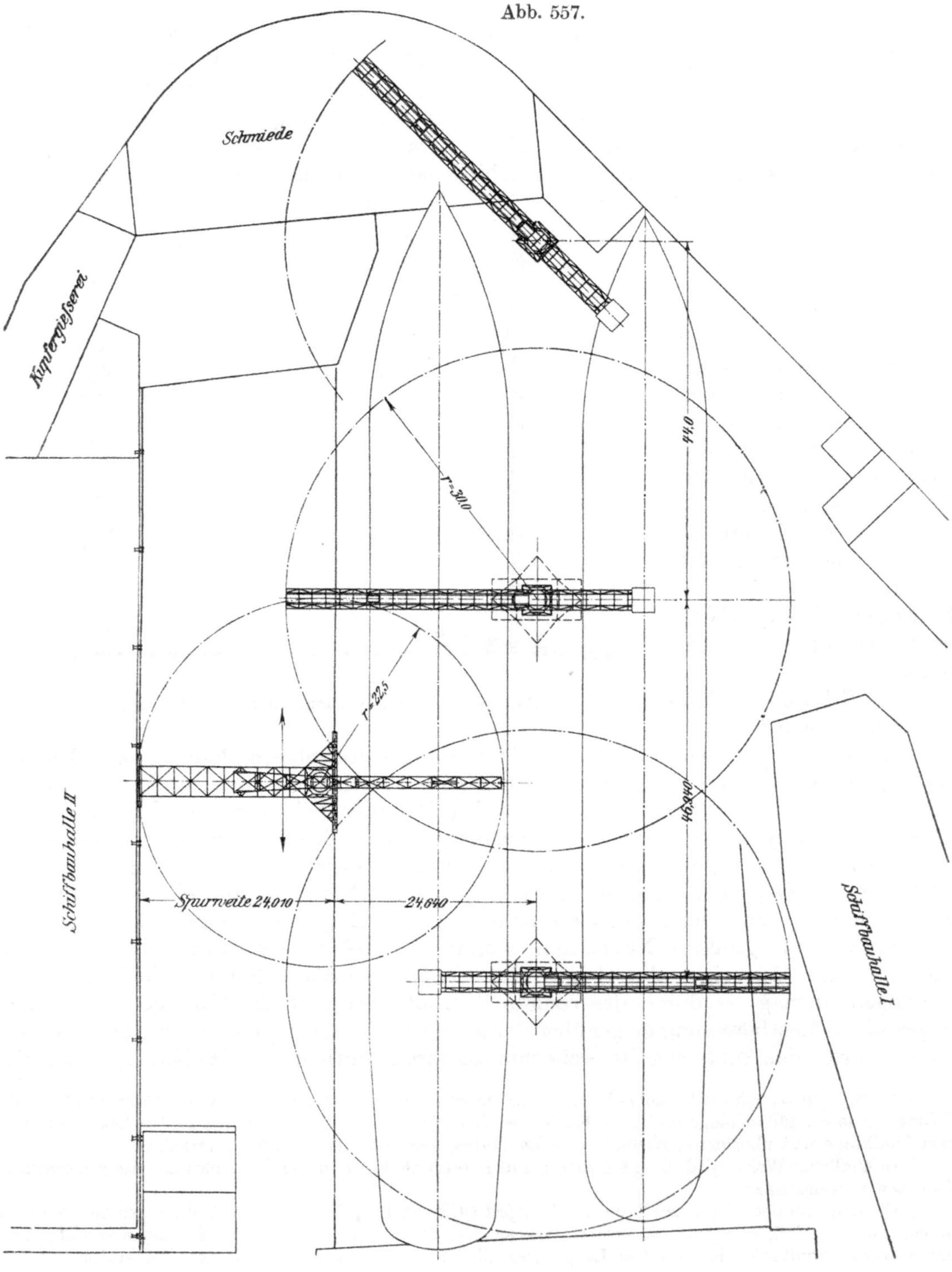

Abb. 558.

Abb. 557 und 558. Anordnung von Helling-Turmdrehkranen (Vlissingen).

allgemein dadurch gesteigerte Leistungsfähigkeit, daß die horizontale Katzfahrbewegung rascher vollzogen werden kann als die radiale Auslegerwippbewegung der Last. Gemeinsam mit allen neben der Helling angeordneten Kranen, gleichgültig ob feststehend oder fahrbar, weist eine solche Ausführung endlich die schätzenswerte Möglichkeit auf, zur Bedienung zweier benachbarter Bauplätze herangezogen zu werden. Die zu diesem Zwecke später durchgeführte Erweiterung der Vlissinger Anlage durch einen dritten zwischen den Hellingköpfen feststehenden Turmdrehkran und einen seitlich fahrenden Halbportalkran ist aus den betreffenden Dispositionszeichnungen gleichfalls ersichtlich. Während jener dritte Turmdrehkran namentlich den vorderen Teil der Schiffe, der bei größeren Bauten den beiden ersten Kranen entrückt war, bedienen kann, vermag der Halbportalkran die längere der beiden Hellinge nahezu vollständig zu bestreichen. Die Gestalt dieses Kranes, die in einer ungewöhnlichen Vereinigung eines hammerförmigen Schwenkauslegers mit einem einhüftigen Fahrgestell besteht, hat den verkehrstechnischen Vorteil, daß die störend große Platzinanspruchnahme gewöhnlicher Portale hierbei, gleichsam infolge der Auseinanderziehung und einseitigen Hochlegung des Stützfußes, auf ein für den Flurverkehr, für die Materialzufuhr und -ablage aus der seitlichen Schiffbauhalle erträgliches Maß gebracht wird[1]).

Da feststehende Krane im allgemeinen auf die seitliche Zufuhr der Baumaterialien durch besondere Krane, Wagen oder dergleichen angewiesen sind, so ist die Aufrechterhaltung ihres Betriebes selbst in den Grenzen der Hellingausdehnung in steter Abhängigkeit von diesen ebenerdigen Zuführungsmitteln; eine

Abb. 559. Feststehende und fahrbare Helling-Turmdrehkrane (Bremen).

[1]) Wegen weiterer Angaben über diese und auch die im folgenden zu besprechenden Hellingkrane sei verwiesen auf Michenfelder: Jahrb. Schiffsbaut. Ges. 1909; über die ältere Entwickelung der Werfttransportmittel, namentlich in den Ver. Staaten Nordamerikas, auf Schwarz: ebenda 1901 u. 1902.

Abhängigkeit, die den Fortschritt der Bauarbeiten natürlich beeinträchtigen kann, sobald jene Zufuhrmittel zum Beispiel durch anderweitige Inanspruchnahme, durch Versperrung oder Beschädigung ihrer Bahn oder dergleichen in Mitleidenschaft gezogen werden. Die Vorzüge feststehender Krane — geringe Raumbeanspruchung und niedrige Aufstellungskosten — müssen mithin bedeutend gewinnen, wenn diese unliebsamen Möglichkeiten in wirksamer Weise ausgeschlossen werden.

Eine eigenartige Lösung solcher Art veranschaulichen die Abb. 559 bis 563 der Hellingtransporte der A.-G. „Weser": Dort ist[1]) eine kombinierte Kran- und Hängebahnanlage (Demag) zur Ausführung gebracht, bestehend aus sechs feststehenden Turmdrehkranen letztbetrachteten Systems, von denen jederseits drei in etwa halber Höhe durch ein endloses Hängebahngleis untereinander verbunden sind (Abb. 562 und 560). Auf jeder dieser beiden in sich geschlossenen Hängebahnen laufen, also ohne gegenseitige Behinderung, zwei Katzen, die stets bereit sind, die von der Werkstatt fortlaufend am Kopfe der Hellinge angelieferten fertigen Teile in die Nähe ihrer Bestimmungsorte längsseits

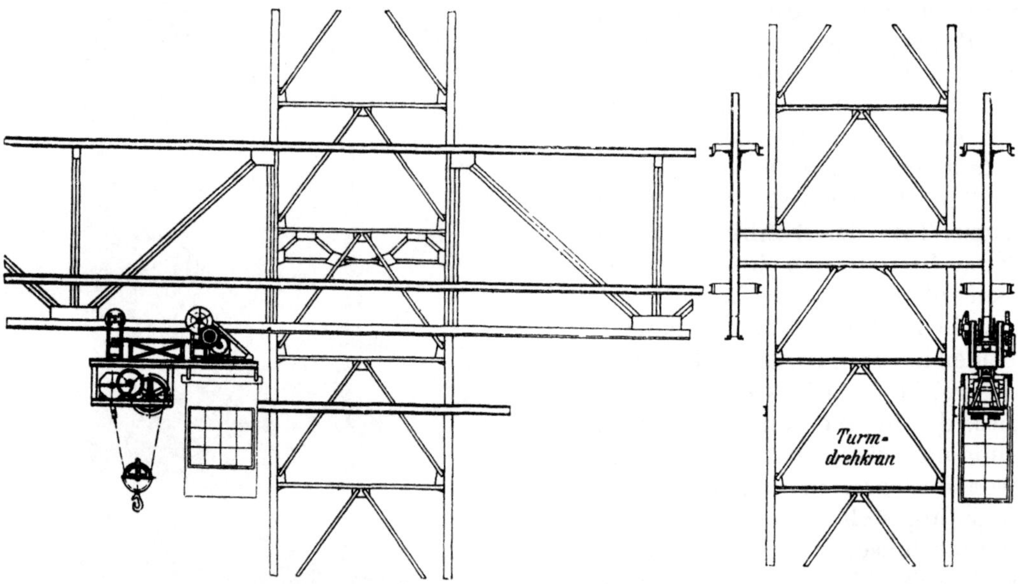

Abb. 560. Abb. 561.

Abb. 560 und 561. Hängebahn-Anordnung (Bremen).

des Schiffneubaues zu transportieren und abzulegen, von wo aus sie dann schließlich einer der nächsten Turmkrane übernimmt. Ist diese Methode der ungestörten und rationellen Versorgung der Turmkrane mit Schiffbaumaterial nach dem Gesagten an sich schon recht vorteilhaft, so kommt ihre Zweckmäßigkeit im vorliegenden Falle dadurch noch besonders zur Geltung, daß erstens der gerade am Kopfende der Hellinge stark beengte Raum (siehe Abb. 563) ein schnellstmögliches Abführen der anlangenden Teile erfordert und daß zweitens die durch häufige Unregelmäßigkeit in der Materiallieferung doppelt gerechtfertigte Arbeitsweise der Werft mittels „Zulegen", d. h. unabhängig von dem Baufortschritt auf der Helling, ein geordnetes Aufstapeln der fertiggestellten Teile gleich an der Stelle ihrer späteren Verwendung wünschenswert erscheinen läßt. Dieser Umstand ist überhaupt mitbegründend gewesen für die Wahl eines Transportsystems, bei dem längsschiffs gut zugeführt und abgelegt werden kann. Die Lageskizze (Abb. 563) der Schiffbauplätze sowie die ausführlichere Krandispositionszeichnung (Abb. 562) geben weiterhin noch zu erkennen, daß die von den feststehenden Turmkranen mit ihren rund 25 m langen und jeweils natürlich verschieden hohen Auslegern eingeschlossene Helling II vollständig von den Lasthaken bestrichen werden kann, und daß auch die beiden benachbarten Hellinge I und III großenteils noch in das Arbeits-

[1]) Nach einem Vorschlage des damaligen Werftbetriebsleiters Overbeck.

feld dieser Krananlage einbegriffen werden können. Eine nach dem eingangs Gesagten indes naturgemäß zu erwartende Kehrseite auch all dieser, durch eine immerhin große Anzahl von Hebezeugen erkauften Annehmlichkeiten besteht außer in dem für eine Helling bei vollem Betrieb reichlich benötigten Kranpersonal auch in den verhältnismäßig hohen Anlagekosten der Gesamtanlage, die für die betriebsfertige Einrichtung — sechs feste Turmdrehkrane, zwei Hängebahnen mit vier Führerlaufwinden, Fundamentierung und Stromleitung — damals ca. 430000 Mark betragen haben. Berücksichtigt man ferner den durch das örtliche Gebundensein der Anlage sich ergebenden Fortfall jeder Benutzungsmöglichkeit der Krane an anderen Hellingen oder gar auch gelegentlich bei der Schiffsausrüstung, so wird man dem fahrbaren System der Turmdrehkrane, das diese Nachteile nicht aufweist, eine besondere Eignung zum Transportmittel beim Schiffbau jedenfalls nicht absprechen können. Es liegt in dieser Erweiterung des Arbeitsfeldes und in dieser Vervollkommnung der Arbeitsweise auch der Grund, warum diese noch junge, spezifisch deutsche Kranbauart[1]) — die ersten fahrbaren Hellingturmkrane mit Laufkatzen dürften die im Jahre 1905 von Stuckenholz auf der Werft des Bremer Vulkan in Betrieb gesetzten sein — eine so vielartige Ausbildung und eine so zahlreiche praktische Anwendung durch die großen Werften des In- und Auslandes gefunden hat.

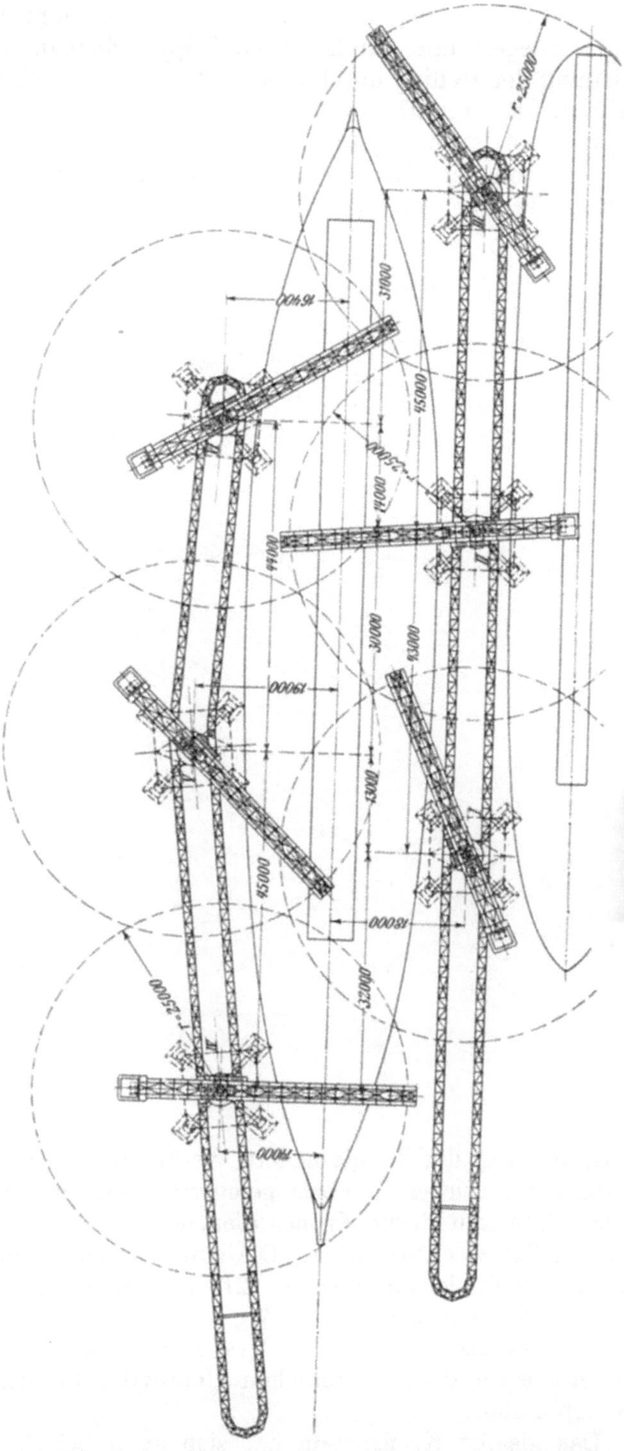

Abb. 562. Anordnung feststehender Helling-Turmdrehkrane mit Hängebahnen (Bremen).

Bevor auf diese modernen fahrbaren Turmdrehkrane, deren Eigentümlichkeiten sich begreiflicherweise nur beim Bau großer Schiffe mit Wirtschaftlichkeit werden ausnutzen lassen, weiter eingegangen wird, mögen jene fahrbaren Hellingkrane besprochen werden, die für kleinere bis mittlere Schiffsbauten bisher wohl auf den meisten in- und ausländischen Werften Verwendung finden. Es sind dies gewöhnliche **Drehkrane** (Abb. 564), deren Fahrgleise

[1]) Ein später von Arrol für die Werft von Workmann, Clark & Co. in Belfast gebauter fahrbarer Turmdrehkran von 8 t Tragkraft, 80′ max. Radius und 126′ Höhe der Fahrbahn über Flur ist beschrieben in Engg. 1912, v. 19. Juli.

der Längsausdehnung der Helling angepaßt und die für ihren Sonderzweck mit einer geeigneten Gestaltung und Bewegungsfähigkeit des Auslegers versehen sind. Für ihren Betrieb wird in der Regel Dampfkraft verwendet, wodurch einesteils ihre Gesamtanlage möglichst billig und wodurch andernteils ihre beliebige andere Verwendung, insbesondere zum Heranholen des Materials, ermöglicht ist. Die durch die gebrochene Form des Auslegers und durch dessen Wippbarkeit in weit reichendem Maße ermöglichte Bedienung der Helling durch einen solchen Kran wird durch das Schema Abb. 565 veranschaulicht. Dasselbe stellt das Querarbeitsfeld eines der auf der Schiffswerft von San Marco des Stabilimento Tecnico, Triest, benutzten Hellingdampfdrehkrane dar. Bei diesem von der Maschinenfabrik Andritz gebauten Kran kann die Ausladung außer durch die Wippverstellbarkeit des Auslegers auch noch dadurch, unter gleichzeitiger

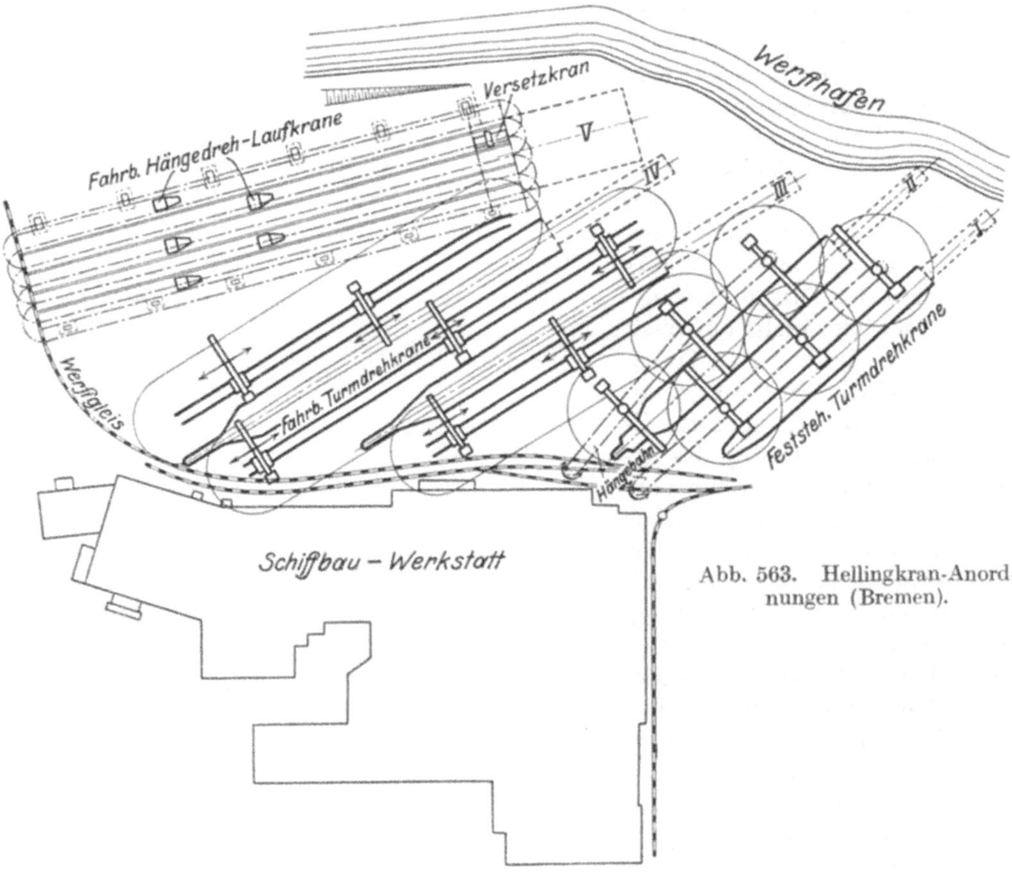

Abb. 563. Hellingkran-Anordnungen (Bremen).

Vergrößerung der Tragfähigkeit, verändert werden, daß das Hubseil über eine in der Mitte des Auslegerschnabels gelagerte Rolle geleitet wird. (Die zur Beurteilung der Arbeitsfähigkeit dieses Kranes dienenden Maße sind nebst den zugehörigen Tragkräften aus der Skizze entnehmbar. Die zum Antrieb dienende Zwillingsdampfmaschine — von 175 mm Zylinderdurchmesser, 210 mm Hub und 180 Umdrehungen — wird durch einen stehenden Kessel von 7 qm Heizfläche und 8 at Überdruck gespeist. Der Anschaffungspreis eines solchen Kranes hat sich auf insgesamt rund 29000 K. gestellt.) Die Anwendung eines ähnlichen Hellingdrehkranes auf der Schiffswerft S. Rocco zeigt die Abb. 566.

Das gleiche Kransystem hat sich auch bei der Werft von Frerichs als zweckdienlich erwiesen, und zwar so lange, als man es nur zum Bau mittlerer Schiffe zu verwenden brauchte, d. h. für Schiffe bis etwa 4000 t, die bei einer Breite von ungefähr 14 m eine maximale Höhe von ca. 15 m hatten. Die Abb. 564 veranschaulicht einen dieser von Nagel & Kaemp gebauten Krane bei der Arbeit. (Seine Tragfähigkeit beträgt maximal

3 t bei 6 m und 1 t bei maximal 13 m Ausladung; seine größte Rollenhöhe ist 19 m über Krangleis. Zum Antrieb dient eine Doppelzylindermaschine von je 180 mm Kolbendurchmesser, 200 mm Hub und 150 Tourenzahl, die durch einen Quersiederkessel von 8 at gespeist wird; der Steinkohlenverbrauch des letzteren beläuft sich bei einer Arbeitszeit von zehn Stunden auf ca. vier Zentner.) Der Anschaffungswert eines solchen Kranes betrug s. Zt 18000 M.; seine Nettobetriebskosten pro Jahr 2500 M. Als man dort, in Einswarden, aber ein Schiff von 8000 t mit ca. 17 m Breite und 22 m Höhe zu bauen anfing, erwiesen sich diese Krane doch als unzulänglich. — Auch die Werft von Meyer in Papenburg arbeitet wohl nach dem gleichen Transportsystem, siehe Abb. 567, betreibt diese Krane indes elektrisch, und zwar bei Stromzuführung durch ein an Masten aufgehängtes Anschlußkabel, das zur größeren Schonung beim Kranverfahren durch ein Gegengewicht straff gehalten wird[1]). Die Tragkraft dieser Krane, von denen je drei zur vollständigen Bedienung zweier benachbarter Hellinge ausreichen, beträgt — praktischerweise gemäß nur ihrer allerhäufigsten Belastung — bloß 800 kg, ihr Herstellungspreis konnte mit 7000 M. dementsprechend niedrig gehalten werden.

Abb. 564. Fahrbarer Helling-Wippdrehkran (Einswarden).

Es sei bei dieser Gelegenheit gesagt, daß es sich auch bei Hellingkranen im Interesse der Geringhaltung des Anlagekapitals empfiehlt, die Konstruktion nur für die häufigst vorkommenden Belastungen und nicht für nur vereinzelte Mehrbeanspruchungen durchzubilden. Letztere können nötigenfalls, sollten sie die zulässige Grenze für die Kraftanstrengung überschreiten, in der gebräuchlichen Weise mit Flaschenzügen bewältigt werden.

Für die Errichtung großer Schiffsbauten haben sich nun, wie bereits gesagt, seit Jahren die fahrbaren Turmdrehkrane vielfach eingeführt und bewährt. Die neueren Konstruktionen solcher Krane unterscheiden sich von anderen turmartigen Ausführungen — wie sie, außer bei Schichau (Abb. 725), bei uns wohl nur noch in den Nordseewerken zu Emden, nach Abb. 586, benutzt wurden[2]) — im wesentlichen dadurch, daß mit Hilfe einer Laufkatze auf horizontalem Ausleger eine selbständige Beweglich

[1]) Der Verschleiß desselben, der außerdem durch eine besondere Armierung gemildert wird, soll indes trotzdem nicht unbedeutend sein.

[2]) Beide Ausführungen ähneln sich auch insofern noch, als bei ihnen in gleicher Art das Turmgerüst zur Aufnahme eines größeren Wasserbehälters für Feuerlöschzwecke u. a. dient.

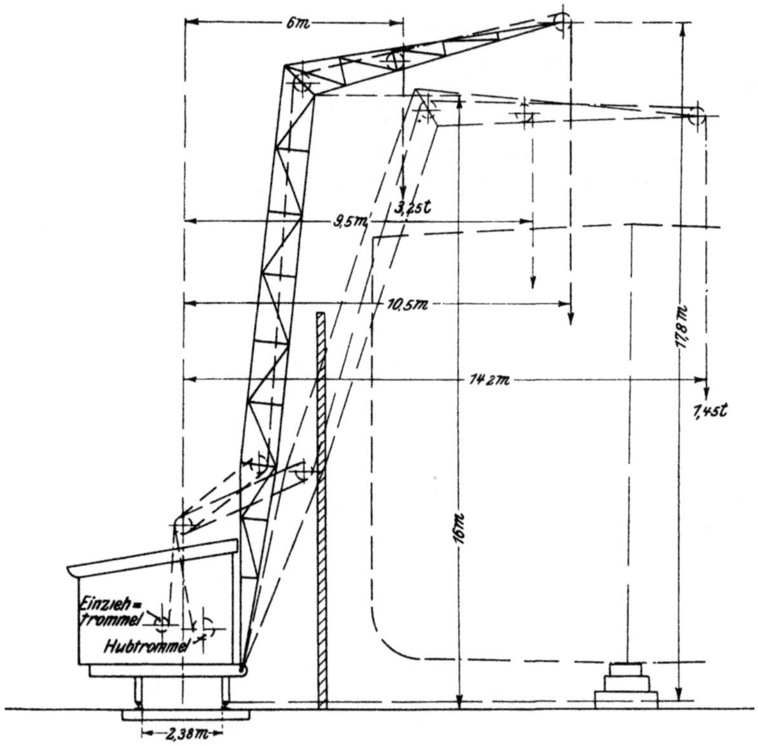

Abb. 565. Fahrbarer Helling-Wippdrehkran (San Marco).

keit der Last in radialer Richtung geschaffen wurde. Diese ermöglicht es, der Last mit Hilfe einer kleinen, leicht verschieblichen Katze, also mit Beschleunigung geringster Massen, eine gradlinige Horizontalbewegung auch querschiffs zu erteilen, die eine genaue Anpassung bei der Arbeit ja ungleich besser und schneller gestattet als das Wippen bzw. das gleichzeitige Schwenken und Verfahren des Kranes. Die Abb. 568 bis 574 lassen einige mit neuzeitlichen Turmdrehkranen bediente Hellinge erkennen.

Als vorteilhaft erscheint an den Turmkranen die bei den stattlichen Abmessungen doch überaus leichte und luftige Durchbildung der Eisenkonstruktion, die nicht nur ihre Manövrierfähigkeit erhöht, sondern auch ihre Herstellungs- bzw. Anschaffungskosten entsprechend erniedrigt. Daß dadurch solche fahrbare Turmdrehkrane, die ganznach Bedarf gemeinsam oder getrennt an einer oder mehreren Hellingen verwendet werden können[1]), zu einem im Verhältnis zu anderen Hellinganlagen billigen Hilfsmittel für den Schiffbau werden, dürfte ihnen, trotz rein betriebstechnisch vielleicht noch vollkommenerer Lösungen der Hellingtransportfrage, auch künftig gewiß noch ein bestimmtes Feld sichern.

Abb. 566. Fahrbarer Helling-Wippdrehkran (San Rocco).

Auf der nämlichen Werft der A. G. „Weser" z. B. werden die Hellinge III und IV (siehe Abb. 563) mit Hilfe einer dreisträngigen Gleisanlage von sieben fahrbaren Turmkranen (Demag) bedient, deren Gesamtkosten einschließlich der teueren Fahrbahnen sich auf ca. 430000 M. belaufen haben. Durch Anführung dieses Wertes im Anschluß an den vorigen, kann natürlich nur hinsichtlich der unter gleichen Verhältnissen erforderlichen Anlagekapitalien ein ungefährer Vergleich beider Transportsysteme angestellt werden. Wenn auch dieser Faktor oft sehr gewichtig mitspricht, so müßten zur Feststellung der totalen wirtschaftlichen Überlegen-

[1]) Voraussetzung hierfür ist allerdings, daß die einzelnen Krane nicht (wie z. B. beim Bremer Vulkan) verschiedene Spurweiten haben.

heit eines von mehreren für die gleiche Örtlichkeit technisch in Frage kommenden Systemen natürlich vor allem noch die für die nämliche Leistung insgesamt benötigten Betriebsunkosten an Energieaufwand, Reparatur und Bedienung als laufende Ausgaben berücksichtigt werden. Als ein weiterer Vorteil der Hellingturmdrehkrane aber, der in Anbetracht der rapiden Steigerung der Schiffsbreiten sehr für sie ins Gewicht fallen kann, ist es anzusehen, daß diesem Umstand durch Hinausschieben der Fahrgleise verhältnismäßig leicht Rechnung getragen werden kann.

Abb. 567. Fahrbare Hellingdrehkrane (Papenburg).

Zu den Vorbedingungen, die die Anschaffung und den Betrieb solcher fahrbarer Krane zweckmäßig sein lassen können, gehört außer einem der Erstellung der Fahrbahn nicht zu ungünstigen Untergrund

Abb. 568. Fahrbare Turmdrehkrane (Wilhelmshaven).

auch noch das Vorhandensein genügenden Platzes zwischen den Helgen. Denn die Standfestigkeit des hohen Kranes gegen Querkippen erfordert trotz zusätzlicher Belastung der Stützfüße durch Gewichtskästen doch noch eine Spannweite des Portals von mindestens 5—6 m, die das zwischen den benachbarten Stellagen freizuhaltende lichte Minimalprofil nicht unwesentlich größer werden lassen muß, als z. B. bei den schlankprismatischen Stützgerüsten feststehender Turmkrane. Für die Wirtschaftlichkeit des Arbeitens mit Fahrturmkranen dürfte es weiterhin Voraussetzung sein, daß die Beaufsichtigung des Betriebes besonders darauf gerichtet ist, daß der Kran nicht allgemein auch für die Längstransporte benutzt wird, wie es etwa bei den vorbeschriebenen kleinen Auslegerdrehkranen ohne Schaden geschehen konnte. Ist es doch wieder selbstverständlich, daß ein häufiger und beträchtlicher Arbeitsaufwand zur Massenbeschleunigung eines Turmdrehkranes von 80—100 t und mehr Eigengewicht für die Beförderung von im Mittel vielleicht hundertmal kleineren Nutzlasten den Betrieb nicht so rationell gestalten wird, als die Zufuhr der leichten Bauteile bis neben die Einbaustelle mittels entsprechend leichter Transportmittel. Hierin mag es wohl

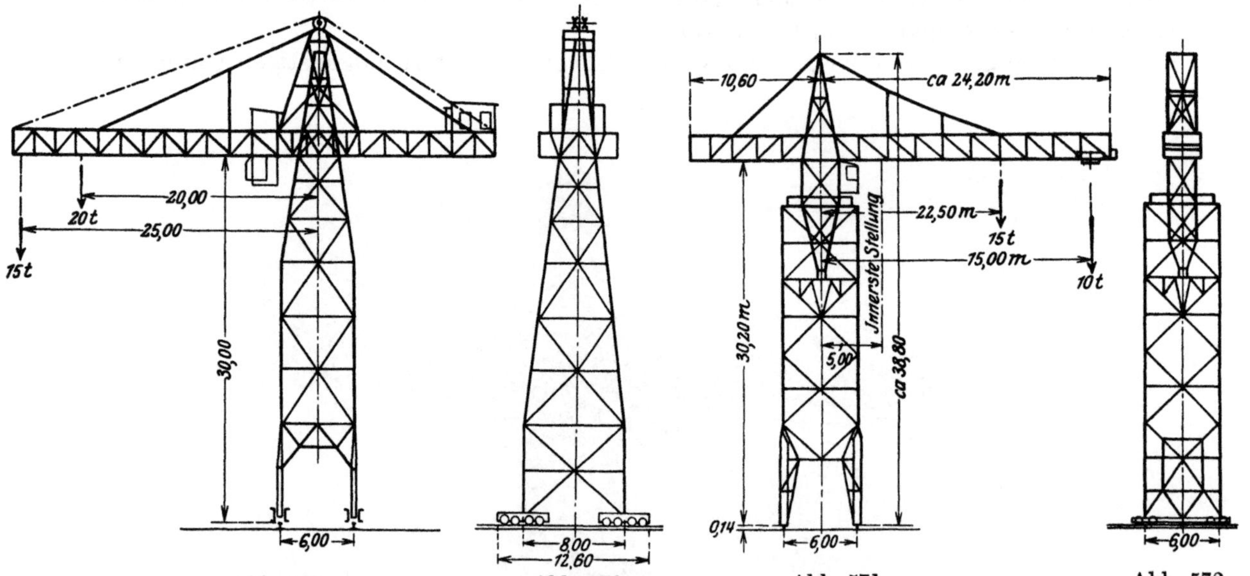

Abb. 569. Abb. 570. Abb. 571. Abb. 572.

Abb. 569 bis 572. Fahrbare Turmdrehkrane.

auch begründet sein, daß gerade auf unseren Reichswerften, wo neben Platz auch Aufsicht genügend vorhanden, mit den fahrbaren Turmdrehkranen auch in wirtschaftlicher Beziehung gute Erfahrungen gemacht worden sind[1]), und daß als dritte im Bunde auch die ehemalige Danziger Kaiserliche Werft an den Ersatz ihrer alten, auf wenig stabilen Holzstellagen laufenden 3 t × 4 m-Drehkrane durch moderne fahrbare Turmdrehkrane herantrat. Die Fahrbarkeit stellt sich als Vorzug bei den Turmdrehkranen eben nur dadurch dar, daß ihr Standort bei gelegentlichem Bedarf zweckmäßig für die beliebig wechselnde Baustelle eingenommen werden kann und daß die Krane wenigstens im Notfalle in der Lage sind, sich selbst mit Arbeitsgut versorgen zu können.

Im allgemeinen wird man bei den auf Flur laufenden Hellingkranen, entsprechend dem Fall der Helling, mit einer Neigung ihrer Fahrbahn zu rechnen haben, die in Verbindung mit der Höhe bzw. der beträchtlichen Windfläche der Turmkrane[2]) eine besonders sorgfältige Durchbildung und Benutzung der Fahrwerksbrems- bzw. Feststellvorrichtungen — womöglich in doppelter Anordnung — als unerläßliche kon-

[1]) Beispielsweise sollen mit den beiden ersten Wilhelmshavener Turmkranen, die nur 50000 M. gekostet haben, tägliche Einbaugewichte bis 80 t erzielt worden sein.

[2]) Die ausgeführten Turmkrane gehen in ihren Höhen- und Breitenabmessungen bis 30, ja 35 m und mehr.

struktionstechnische Voraussetzung für einen gesicherten Betrieb fordert[1]). Infolge Bremsdefekts ist seinerzeit auf dem Bremer Vulkan, wo mit einem Gefälle von etwa 1 : 60 zu rechnen ist, schon einer der ersten Hellingturmdrehkrane[2]) über den Prellbock hinaus ins Wasser gestürzt. Bei der Ausbildung des Fahrwerkes kann unter Umständen noch eine Krümmung von Einfluß sein, welche das der sich verjüngenden Schiffsform angepaßte Gleis aufweist. Dies ist z. B. in Wilhelmshaven der Fall, wo den Turmkranen (Demag; Abb. 573) das Befahren der Kurve in eigenartiger Weise durch die nachbeschriebene Maßnahme ermöglicht ist (vgl. Abb. 575). Jedes der äußeren Kranlaufräder ist außer mit seinem normalen Laufkranz *a* noch mit einem solchen von etwas größerem Durchmesser *c* versehen, der beim Übergang in die Kurvenstelle die außenseitige Abstützung des Kranes auf der entsprechend niedriger verlegten Kurvenschiene *d* selbsttätig und stoßlos übernimmt. Es ist einleuchtend, daß sich bei Bemessung der Laufradkranzdurchmesser im Verhältnis der Krümmungsradien r und r_1 der zugehörigen Kurvenschienen eine das Ecken oder Schleifen der Räder verhütende (Umfangs-) Geschwindigkeitsdifferenz derselben in sehr einfacher Weise und ohne die hierfür oft üblichen besonderen Triebwerksumschaltungen einstellen wird[3]).

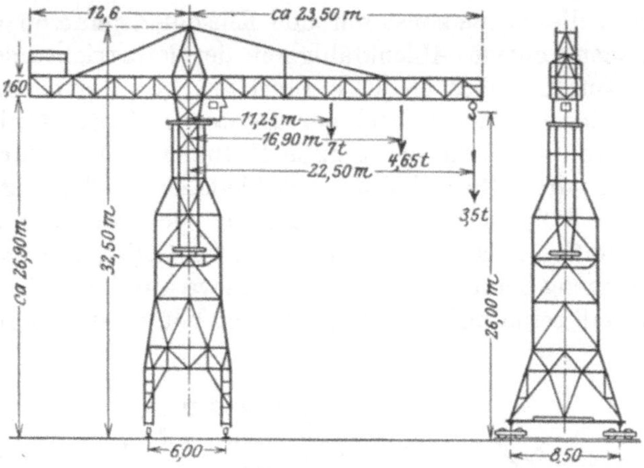

Abb. 573. Abb. 574.
Abb. 573 und 574. Fahrbare Turmdrehkrane.

In grundsätzlich anderer Weise wird das Befahren von Kurven durch Zuhilfenahme besonderer Fahrgestelle erreicht, auf die der ganz normale Kran bei Beginn der Kurve auffährt und bei Beendigung der Kurve abfährt[4]). Stellung und Be-

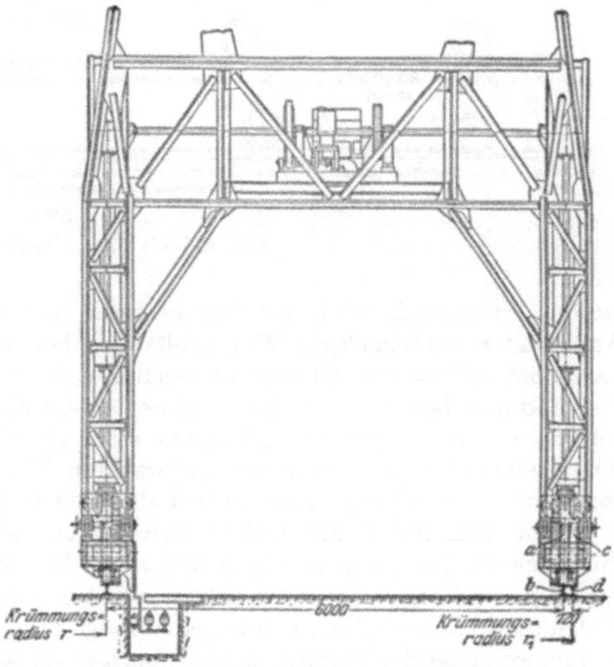

Abb. 575. Kurvenfahrwerk (Wilhelmshaven).

[1]) S. hierzu auch das auf S. 266 Gesagte.

[2]) Nähere Konstruktionsangaben über diese Krane (Demag) sind enthalten in Z. V. d. I. 1905, S. 589. — Über die Ausbildung späterer Turmdrehkrane (Demag) der nämlichen Werft s. Z. V. d. I. 1906, S. 1559.

[3]) Eine grundsätzlich gleiche Einrichtung zum Befahren von Kurven hat auch ein 1922 von den Škodawerken für den Donauhafen Bratislava (Preßburg) gebauter Portaldrehkran von 2 t Tragkraft und 13,8 m Ausladung. Ein andersartiges automatisches Kurvenfahrwerk besteht z. B. darin, daß die Übersetzung der Antriebsvorrichtung für die eine Laufradseite gegenüber der der anderen entsprechend dem Kurvenradius selbsttätig während der Fahrbewegung vermittels am Krangestell angebrachter Ausrückgestänge geändert wird (Mohr & Federhaff).

[4]) D.R.P. 383062. — Eine gewisse Ähnlichkeit mit diesem Verfahren in bezug auf den Grundgedanken hat die von anderer Seite für das Kurvenfahren untenlaufender Krane vorgeschlagene Maßnahme, die beiden nach obigem getrennten Hilfsfahrgestelle miteinander zu verbinden, die damit geschaffene Konstruktion um den gemeinsamen Kurvenmittelpunkt schwenkbar zu lagern und so den darauf gefahrenen Kran über die Kurve bis zur anschließenden Geradstrecke zu befördern.

messung der Räder dieses Fahrgestelles sind der zu durchfahrenden Kurve angepaßt. Die Triebkraft des auffahrenden Kranes überträgt sich selbsttätig auf das Untergestell, wie auch die Kupplung und Lösung beider nach dem Auffahren bzw. vor dem Herunterfahren des Kranes selbsttätig erfolgt, so daß dem Kranführer eine weitere Aufgabe nicht zufällt. Mit Hilfe dieser insbesondere für Laufkrane gedachten Einrichtung kann diesen die sonst nur den Einschienenkatzen und -kranen (Veloziped- und Konsolkranen) eigene Ablenkfähigkeit der Fahrtrichtung verliehen werden.

Im Anschluß an diese Einrichtungen dürfte ein Hinweis auch darauf interessieren, wie in der Werft Kiel der Deutsche Werke-Aktiengesellschaft die Befahrung kleiner Kurven — bis herab zu 22 m Halbmesser[1]) — durch regelspurige Eisenbahnwagen vollführt wird. Dort sind an verschiedenen Stellen sog. Gleiskurven mit Spurkranzauflauf (Abb. 576 bis 579) eingebaut, die sich als Ersatz für Drehscheiben bestens bewährt haben[2]). Allgemein beruhen solche Gleiskurven verschiedener Bauart darauf, daß das Fahrzeug beim Einlauf in die Kurve auf die verbreiterte äußere Fahrschiene aufklettert, so daß seine äußeren Räder in der Kurve statt auf der Lauffläche auf den Spurkränzen

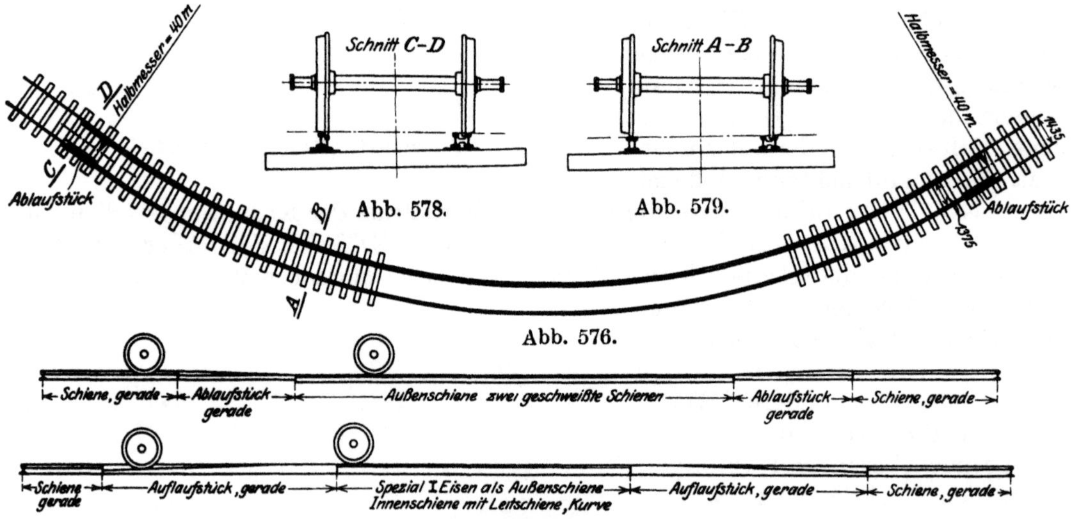

Abb. 577.

Abb. 576 bis 579. Gleiskurve (Kiel).

laufen. Hierdurch wird der Durchmesser und damit der bei einer Umdrehung der Außenräder zurückgelegte Weg größer als bei den innen laufenden Rädern, wodurch das sonst auftretende Gleiten ausgeschaltet wird. Das Aufsetzen des Spurkranzes wird hier dadurch bewirkt, daß der Kopf der an die Kurvenaußenschiene stoßenden Normalschiene auf die Länge von 1,5 m um etwa Spurkranzhöhe derart abgesenkt wird, daß das Außenrad nahezu in einer wagerechten Ebene durch die Kurve läuft. Eine allmähliche Überhöhung kann hierbei dadurch erzielt werden, daß teils in der Geraden vor dem Ablaufstück die Außenschiene erhöht wird, teils in der Kurve hinter dem Ablaufstück die Innenschiene abgesenkt wird. Die breite Lauffläche der Außenschiene wird durch Aneinderschweißen der Köpfe zweier Normalschienen erreicht. Durch die leichte Ablenkbarkeit des Schienenstranges vermöge solcher Gleiskurven erhalten auch normale Bahnanschlüsse die Vorzüge schmalspuriger Gleise. Es wird durch sie in vielen Fällen möglich sein, vorhandene Werkstätten und Lagerplätze für normale Lokomotiven und

[1]) Die Eisenbahnbehörde hat das Befahren solcher Kurven von 100—30 m Radius für reichseigene zweiachsige Güterwagen zugelassen, wenn sie mit höchstens 3 km/st Geschwindigkeit einzeln darüber gezogen werden.

[2]) Ausführliches über Gleiskurven s. Kiehne: Bauing. 1924; Feindler: Techn. Blätter d. Dt. Bergw.-Ztg. 1924, Nr. 33 und Die Werkbahn 1925, Heft 1; Seeger: Der prakt. Masch.-Konstr. 1925, Nr. 42. Vgl. auch V.d.I.-Nachr. 1924, Nr. 42.

Eisenbahnwagen auch ohne den umständlichen und aufhältlichen Drehscheibenbetrieb zugänglich zu machen.

In welcher Weise zweckmäßig unter Ausschluß unnötigen Hin- und Herfahrens der Turmkrane die Lastzufuhr zu diesen erfolgt, läßt besonders gut die Disposition der Wilhelmshavener Helgen, Abb. 580 und 581, erkennen. Während aus den quer vor der Helling und den parallelen Nachbardocks gelegenen Werkstätten Lowren mittels Drehscheiben die Materialien auf direktem Wege bis zur Einbaustelle den Kranen zubringen, fahren es aus der abgebildeten, an die Helling angrenzenden neuen Werkstatt Laufkrane

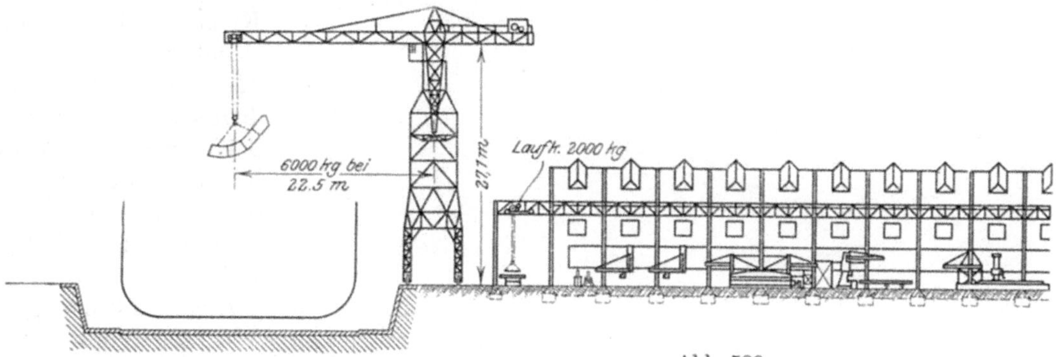

Abb. 580.

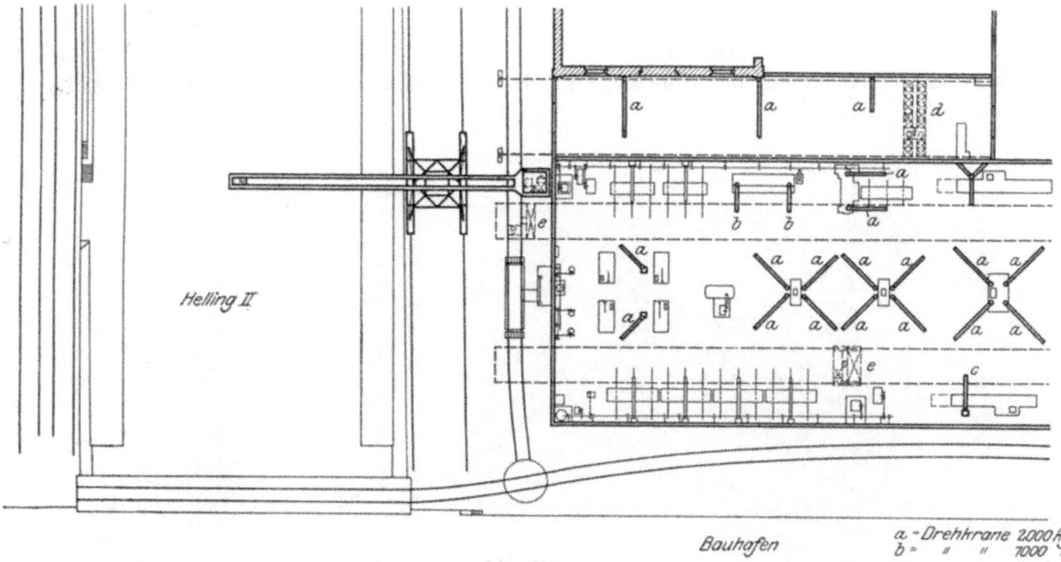

Abb. 581.

Abb. 580 und 581. Anordnung der Werkstätten- und Hellingkrane (Wilhelmshaven).

e bzw. *d* unmittelbar bis zu der seitlichen Aufnahmestelle durch die Turmkrane. Die in Abb. 582 und 583 skizzierte Disposition der Transporte auf den Hellingen der vorm. Kaiserl. Werft Kiel sieht für die Materialzufuhr aus der Schiffbauhalle, außer einem Halbbockkran über dem Plattenlager, auch einen aus deren Mittelschiff auslaufenden Deckenkran vor, der indes nicht direkt vor dem Turmdrehkran ablegt, sondern erst unter Vermittlung von auf Flurgleisen *a* fahrenden Wagen[1]). Neben anderen Kranarten dienen seit einigen Jahren auch auf der Frerichswerft drei auf Flur fahrende Turmkrane (Nagel & Kaemp)[2]) zur Versorgung der Schiffsneubauten mit Material, s. Abb. 584. Sie be-

[1]) Nähere Angaben über die Kranausstattung der neuen Schiffbauhalle selbst sind zu finden bei Michenfelder: Schiffbau 1909, S. 623 u. ff.

[2]) Ein vierter Kran (Rieche) ist wegen seiner geringen Tragfähigkeit — 1,5 t bei 12 m Ausladung — für den Helgenbetrieb weniger geeignet.

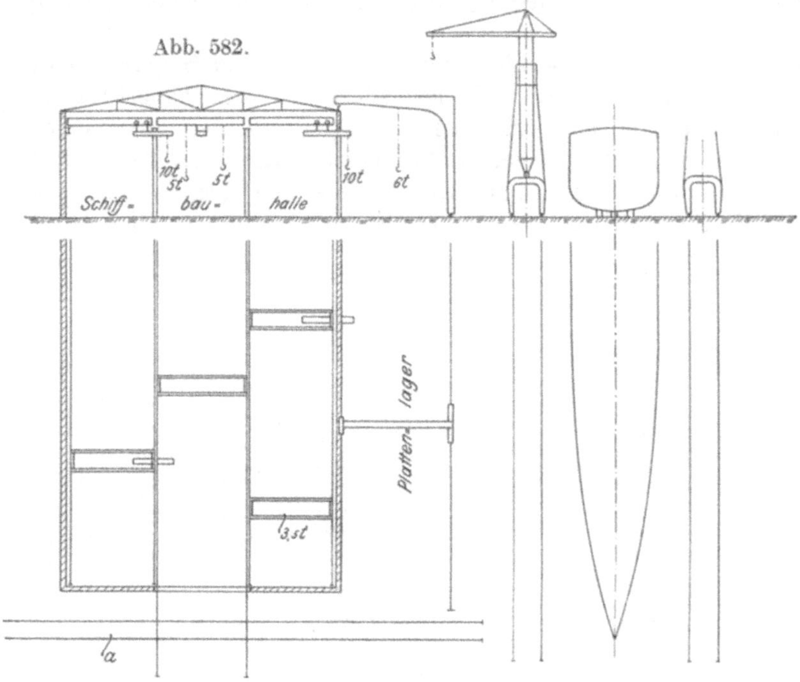

Abb. 583.

Abb. 582 und 583. Anordnung der Werkstatt- und Hellingkrane (Kiel).

sitzen eine Tragfähigkeit von 5,5 t und eine Ausladung bis 15 m bei einer Rollenhöhe von 25 m über Schienenoberkante.

Als eines Vertreters von neben der Helling auf Flur laufenden Kranen sei der Vollständigkeit halber noch des fahrbaren Bockkranesgedacht, der, mit seinen Portalen den Neubau samt der Stelling quer umspannend, glücklicherweise nur eine recht geringe Einführung erlebt hat. Wenn er mit dem Fahrturmdrehkran auch die in der Ortsveränderlichkeit gelegenen Vorzüge gemein hat — es kann mit Rücksicht auf die große Spur eines solchen Bockkranes zum Versetzen desselben über nebeneinander liegende Hellinge vorteilhaft eine Schiebe-

Abb. 584. Fahrbare Turmdrehkrane (Einswarden).

bühne dienen[1]) —, und wenn auch sein Platzbedarf zwischen den Hellingen sogar geringer ist, so dürfte doch seine Verwendung in Zukunft kaum mehr in Frage kommen. Denn die kopfseitige Aufnahme der Bauteile würde durch das jedesmalige Verfahren des ganzen Kranes natürlich zu schwerfällig, kostspielig und zeitraubend werden, die Schaffung aber einer seitlichen Lastaufnahmemöglichkeit durch die Laufkatze würde sich wieder schlecht mit der Forderung geringer Platzbeanspruchung zwischen den

Abb. 585. Fahrbare Bockkrane für Baggerschiffbau (Lübeck).

Helgen vertragen. Bei der Benutzung des Bockkranes nicht für die Bewegung der Lasten, sondern zum Halten von Bearbeitungsmaschinen, wie es noch bei einigen englischen und amerikanischen Werften geschieht[2]), treten die genannten Nachteile

[1]) Eine derartige Einrichtung benutzt eine unserer größeren ostdeutschen Werften und vermag dadurch mit einem einfachen Bockkrane eine größere Anzahl kleinerer Hellinge (für Torpedoboote) zu bedienen. Auch Schneider & Co. in Châlons s. S. bedienen sich für kleinere Schiffsbauten, Unterseeboote u. dgl., noch längsfahrbarer Bockkrane.

[2]) Z. B. läßt die Abb. 630 der Werft von Harland & Wolff seitlich noch drei auf einer Helling daselbst benutzte Bockkrane erkennen.

weniger auf. Ebenso mag dies der Fall sein beim Bau von Baggerschiffen, wo es sich auch mehr um vereinzelte Montage- als um unzählige Transportbewegungen handelt. Eine solche Verwendung des Bockkranes veranschaulicht die Abb. 585. Sie stellt den Exkavatormontageplatz der Lübecker Maschinenbau-Gesellschaft dar, auf dem nebeneinander zwei fahrbare Bockkrane arbeiten. Durch die bloße Betrachtung dieses Bildes wird man die Überzeugung bekommen, daß sich ein solches Kransystem unmöglich für den Bau größerer Schiffe wirtschaftlich könnte verwenden lassen. Ist bei der vorliegenden Arbeitsbestimmung ein lichtes Profil des Portales von 15,5 m in der Höhe und 10,2 m in der Breite vollkommen ausreichend, so wird man sich unschwer einen Begriff machen können von der Riesenhaftigkeit eines Bockkranes, der ein modernes großes Schiff von vielleicht 25 m Breite und 20 m Tiefe mit den erforderlichen Spielräumen zu umspannen in der Lage wäre. [Der dargestellte Kran ist für 10 t Tragfähigkeit berechnet und vermag die Lasten mit 3,8 m/min zu heben, mit 22 m/min quer und mit 25 m/min längs zuverfahren. Er ist von Nagel & Kaemp[1]) erbaut worden und erforderte zu seiner Anschaffung eine Summe von rund 20000 M.]

Abb. 586. Schwenkmastenkrane für Helling-, Ausrüstungs- und Verladezwecke (Emden.)

Zwei eigenartige Ausbildungen auf Flur fahrender Auslegerkrane für Hellinge seien zum Schluß noch durch die Abb. 586 bis 590 wiedergegeben. Die erstere stellt (in der Mitte des Bildes) den bei den einstmaligen Nordseewerken in Emden benutzten fahrbaren Turmdrehkran dar. Derselbe war mit nicht weniger als sechs Rohrauslegern, für je 2 t Tragfähigkeit und 18 m Ausladung, versehen. Zu jedem dieser Ausleger führte ein über seitliche Rollen geleitetes endloses Seil, das durch einen Spillkopf an der elektrischen Winde bewegt werden konnte, wodurch ein Schwenken des Auslegers um einen durch jene Seilrollen engbegrenzten Winkel herbeigeführt wurde. Nach Übergang der Nordseewerke in den Besitz der Deutsch-Luxemburgischen Bergwerks- und Hütten-Aktiengesellschaft erfolgte deren vollständige Neuausstattung auch in krantechnischer Beziehung. Abb. 620 zeigt die jetzige Hellingeinrichtung, die außer in auf Flur und auf Eisenbetonhochgerüsten fahrenden Portaldrehkranen aus einem stattlichen Eisengerüst für fünf Ausleger-Laufkrane von je 5 t Tragkraft und 8,2 m Ausladung besteht. Das Hellinggerüst bedeckt eine Arbeitsfläche von rund 202 m × 43 m bei einer lichten Höhe von rund 36 m, so daß unter ihm gleichzeitig zwei Schiffe gebaut werden können. Die Fahrgeschwindigkeit der Deckenkrane beträgt 60 m/min, ihre Hubgeschwindigkeit 22 m/min.

Der Entwurf der Abb. 587 bis 589 überträgt die für den Bau von Hausfassaden vielfach benutzten Mastenkrane *a* (Voß & Wolter)[2]) auf den Schiffbau. Zwei Eigen-

[1]) Der im Hintergrund ersichtliche zweite Kran, von grundsätzlich gleicher Ausbildung, entstammt der Rheiner Maschinenfabrik.

[2]) Näheres s. bei Hermanns: Prakt. Masch.-Konstr. 1915, Nr. 1; Wintermeyer: Z. V. d. I. 1914, Nr. 6 und Dahlheim: Z. V. d. I. 1914, Nr. 15.

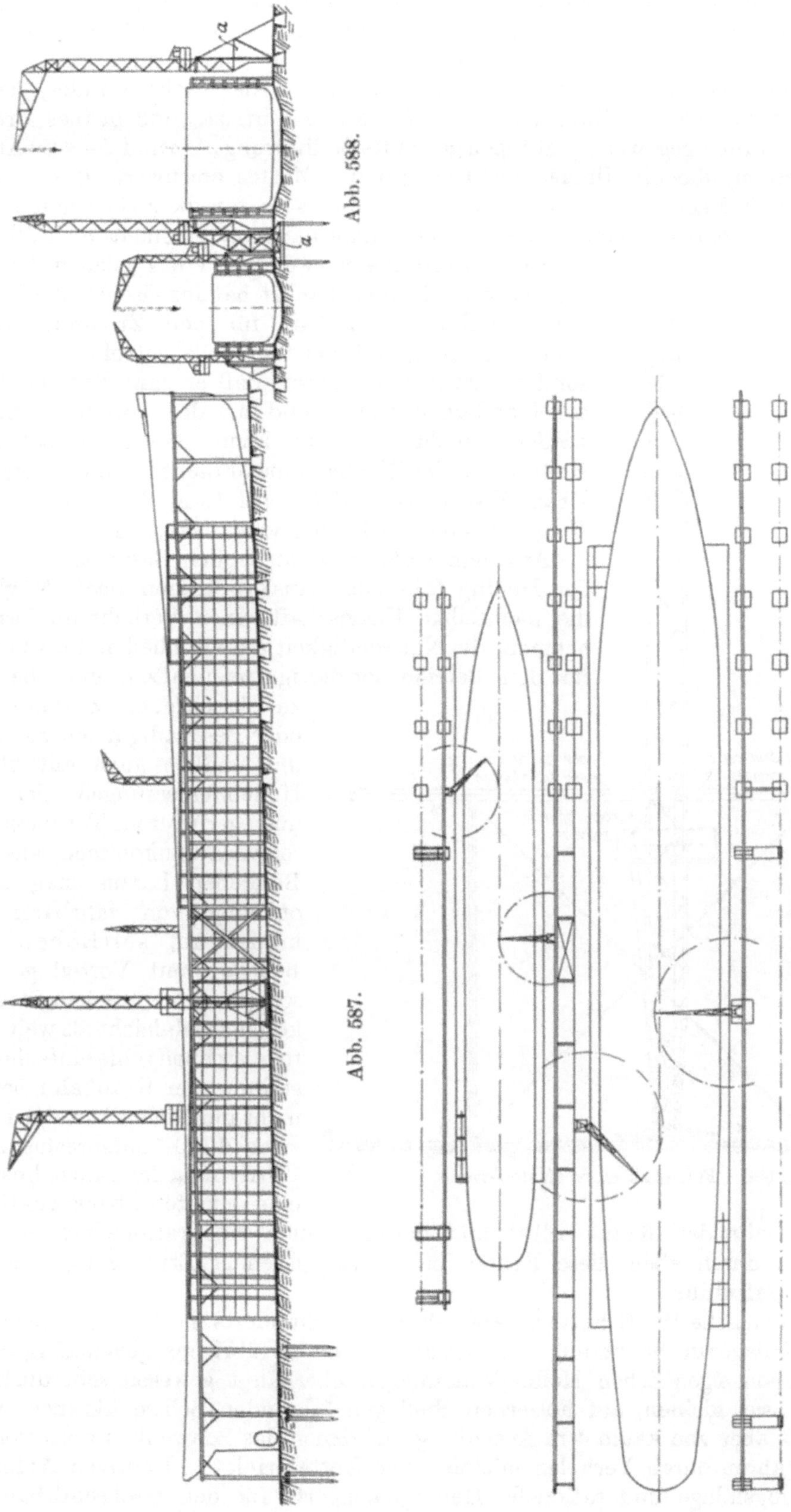

Abb. 588.

Abb. 587.

Abb. 589.

Abb. 587 bis 589. Mastenkrananordnung für Hellingzwecke.

schaften dieses Systems scheinen einer solchen Verwendung allerdings nicht ungünstig zu sein, das ist einmal die Leichtigkeit ihrer Konstruktion und Ortsveränderung bei selbst sehr großen Höhen und sodann der verhältnismäßig sehr geringe Platzbedarf für ihre Abstützung namentlich zwischen zwei Hellingen. Als Nachteil indes, der beim Schiffbau in ganz anderem Maße als beim Häuserbau auftritt, muß meines Erachtens die bei diesen Kranen gegen ein Umkippen gewählte Seilführung *c—c* und *d—d* (in Abb. 590) angesehen werden, die ein flinkes Fortbewegen des Mastes erschwert, das aber z. B. bei der in Abb. 588 getroffenen Anordnung zum mindesten für die zwischen den Helgen stehenden Krane mangels einer anderen Materialaufnahmemöglichkeit unerläßlich ist.

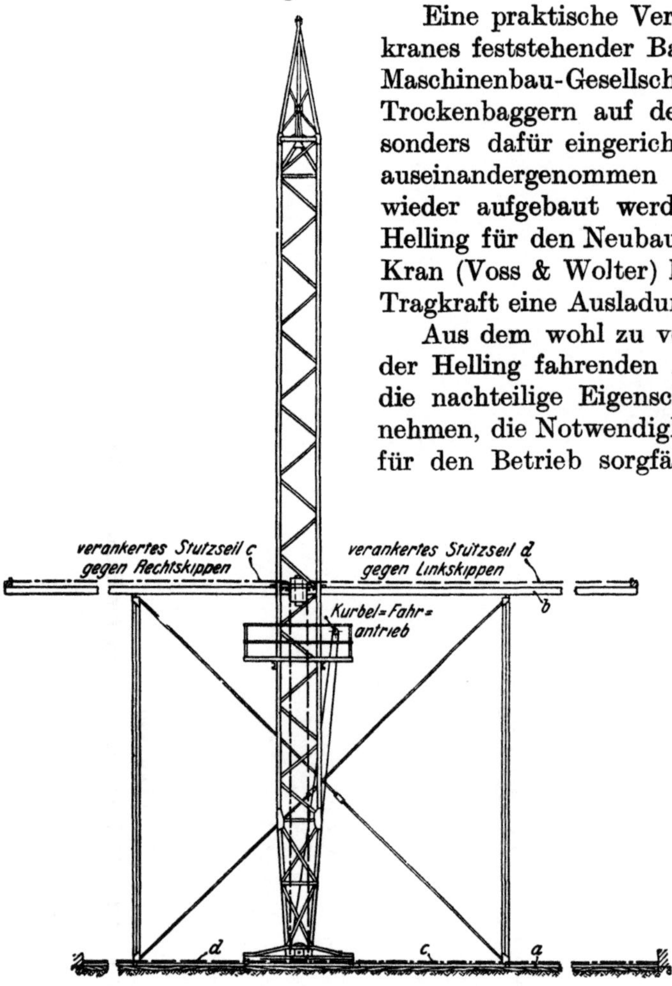

Abb. 590. Fahrwerk eines Mastenkranes.

Eine praktische Verwendung eines solchen Turmdrehkranes feststehender Bauart hat inzwischen die Lübecker Maschinenbau-Gesellschaft für den Zusammenbau von Trockenbaggern auf der Baustelle getroffen. Er ist besonders dafür eingerichtet, daß er zum Versand bequem auseinandergenommen und an der jeweiligen Baustelle wieder aufgebaut werden kann. Der z. Zt. neben einer Helling für den Neubau eines Frachtdampfers aufgestellte Kran (Voss & Wolter) hat bei 18 m Hubhöhe und 5—8 t Tragkraft eine Ausladung von 10—6,3 m.

Aus dem wohl zu verstehenden Bestreben, den neben der Helling fahrenden Auslegerkranen nach Möglichkeit die nachteilige Eigenschaft einer Verkehrshinderung zu nehmen, die Notwendigkeit auszuschließen, ihre Fahrbahn für den Betrieb sorgfältig freizuhalten, und die Gefahr zu beseitigen, Zusammenstöße oder Beschädigungen zu erleiden, und endlich auch mit kleineren Höhenabmessungen der Krane und geringeren Totmassen derselben auszukommen, aus diesem Bestreben heraus mag die Anordnung von fahrbaren Drehkranen auf seitlichen Hochbahnen mit Vorteil geschaffen sein. Bei einer solchen Disposition können sich leicht als weitere Vorteile ergeben: eine einfachere Herstellung der Kranbahn bei selbst nicht günstigem Untergrund, und zwar durch entsprechend große Entfernung der Fahrbahnstützen; eine leichtere Konstruktion der niedriger zu haltenden Krane selbst und dadurch auch eine rationellere kopfseitige Lastaufnahme durch eben diese Krane, bei Platz sparender Erübrigung einer längsseitigen Materialzufuhr.

Als erste deutsche Werft hatte anfangs dieses Jahrhunderts die Danziger Reichswerft eine solche Anlage in Benutzung genommen, die damit übrigens gleichzeitig eine der ersten deutschen eigentlichen Hellingkrananlagen überhaupt gewesen sein dürfte. Sie bestand aus zwei kleinen, auf hölzernen Stellagen fahrenden Schwenkkranen, von 3 t Tragfähigkeit, aber von kaum 4 m Ausladung, bei denen das Schwenken noch von Hand und das Verfahren durch Verholen mittels einer Kette erfolgte. Heutigen Anforderungen an leistungsfähige und rationelle Hellingtransporte für den Großschiffbau würde diese Anlage natürlich nicht genügen können; bei dem Arbeitsprogramm der Danziger Reichswerft dagegen, das sich in der Hauptsache auf den Bau von Unterseebooten und Schiffsreparaturen und -modernisierungen erstreckte, machten sich die angedeuteten Mängel nicht in gleichem Maße fühlbar.

In vollkommener Weise bedient sich eines solchen Transportsystems bei uns u. a. auch die Flensburger Schiffsbau-Gesellschaft und die Kieler Germaniawerft; erstere ausschließlich, letztere aber nur teilweise. Ihnen haben sich später von Werften, die Schiffe mittlerer Größe bauen, bei uns noch angeschlossen z. B. die Neptunwerft in Rostock, Nüscke & Co. und die Oderwerke in Stettin, die Frerichswerft in Einswarden sowie, für die kleineren Hellinge, auch Blohm & Voss in Hamburg.

Die Anordnung und Arbeitsweise der Flensburger Krane, die zwar auch schon seit einer längeren Reihe von Jahren, aber mit gutem Erfolg in Betrieb sind, geht anschaulich aus der beistehenden Photographie (Abb. 591) hervor: Zwischen den fünf Helgen sind in etwa halber Schiffsseitenhöhe Fahrbahnen auf gut versteiften Gerüsten verlegt, auf denen leichte elektrische Drehkrane von 2 t Tragfähigkeit laufen, deren Ausladung

Abb. 591. Fahrbare Helling-Hochbahndrehkrane (Flensburg).

durch Wippbewegung des Lastarmes bis auf rund 9 m vergrößert werden kann. Die gedrängte Lage der Hellinge, zwischen denen (bei sogar nur einreihigen Stellingpfosten) für Fahrturmdrehkrane kein Platz bliebe, läßt die Eignung der gewählten Krananordnung gerade für solche Fälle besonders zutage treten. Gestattet doch die dem Verkehr auf der Werft entrückte Kranfahrbahn ohne Gefahr eine beträchtliche Geschwindigkeit der Krane für den Längstransport der vor den Hellingköpfen abzulegenden Bauteile, der hier, bei der leichten Durchbildung solcher Krane, keineswegs eine unwirtschaftliche Arbeitsweise darstellt. Bei einer zulässigen Fahrgeschwindigkeit von 2 m und mehr — die Fahrbahnen können, wie im vorliegenden Falle, ja ohne nennenswerte Mehrkosten horizontal verlegt werden — dürfte auch das Heranbringen des Materials an die Einbaustelle in bezug auf die dazu erforderliche Zeit kaum zu wünschen übrig lassen. Der Umstand, daß das Fahrbahngerüst verhältnismäßig niedrig ist, hat weiterhin die günstige Folge, daß dessen Herstellung entsprechend billig werden kann und daß auch der zum Verfahren des Kranes erforderliche Lasthub nur dem zum Einbau durchschnittlich benötigten zu entsprechen braucht; er verlangt andererseits vom Kranführer jedoch ein nicht geringes Maß von Achtsamkeit und Geschicklichkeit, um Last und Ausleger jedesmal ohne Schaden zwischen den Pfosten der Arbeitsbühnen hindurchzuschwenken.

Die Fahrbahngerüste sind, wie die Abbildung zeigt, aus Holzbalken zusammengesetzt, wodurch sie sich erforderlichenfalls, d. h. bei breiteren Schiffen wohl leicht fortnehmen lassen, wodurch ihnen jedoch der Charakter des Provisorischen anhängt. Die Werft ist denn auch später dazu übergegangen, vorläufig das eine der Gerüste, für den Bau ihrer größten Dampfer, durch ein eisernes zu ersetzen (Hein, Lehmann & Co.). Dasselbe hat eine Länge von 130 m, eine Breite von 3,5 m und eine Höhe von 9,15 bis 11,75 m erhalten; die Benutzung desselben hat sich als außerordentlich zufriedenstellend erwiesen[1]).

Auf seitlich hochlaufende Drehkrane fiel, wie gesagt, auch die Wahl der Kruppschen Germaniawerft bei der Anlage ihrer offenen Hellinge V bis VII. Die in Abb. 592

Abb. 592. **Fahrbare Helling-Hochbahndrehkrane** (Kiel).

nur veranschaulichten 3 t × 13,5 m-Drehkrane (Grusonwerk), bei deren Formgebung angesichts der freien Hochlage der Fahrbahn mit gutem Grund die größtmögliche Beschränkung der Windfläche maßgebend gewesen ist, sind inzwischen ergänzt worden durch zwei grundsätzlich wohl ähnliche, doch größere Krane (3 t bei 16,5 m bzw. 5 t bei 10 m Ausladung)[2]), die einesteils mit den bereits vorhandenen zusammenarbeiten[3]), andernteils aber infolge ihrer Höhe auch über die Deckaufbauten größter Handelsschiffe hinwegreichen können. In dieser Möglichkeit, das Arbeitsfeld der Helling durch einfache Hinzunahme weiterreichender Krane in der Höhe fast beliebig vergrößern zu können, ohne aber das Gerüst selbst irgendwie verändern zu brauchen, liegt gewiß

[1]) S. a. Lienau: Z. V. d. I. 1913, Nr. 43.

[2]) Die Abb. 740 zeigt einen derselben, wie er von dem Schwimmkrane der Werft gerade auf seine Bahn gesetzt wird; sein Gewicht beträgt rund 34 t, gegen 28 t der alten Krane.

[3]) Um eine seinerzeit nicht vorgesehene Belastung eines Feldes der Eisenkonstruktion gleichzeitig durch zwei Krane auszuschließen, ist zwischen letztere zweckdienlich ein Distanzwagen eingeschaltet worden.

ein weiterer und nicht unwesentlicher Vorzug des Systems seitlich fahrender Krane. Eine Verlängerung aber der Helling — die im vorliegenden Falle von etwa 200 m auf 300 m geplant war — bietet durch einfaches Ansetzen neuer Gerüstfelder auch keine besonderen Schwierigkeiten. Bei den neuen Kranen wird, als Ersatz für das Auslegerwippen, die Verstellung der Ausladung für Lasten von 3—5 t durch eine Handschneckenradwinde im Führerhaus dadurch bewirkt, daß von dieser aus über Leitrollen am Ausleger ein endloser Seilzug mit angeschlossener Lastrollenlaufkatze bewegt wird. Durch Fänger und Anschläge wird diese Katze in ihrer oberen bzw. ihrer unteren Grenzlage festgestellt.

Im Jahre 1920 haben auch Blohm & Voß einige Hellinge für mittlere Schiffe in der vorbesprochenen Art ausgestattet. Die vier Kranbahnen sind je 135 m lang und bis Oberkante Kranschiene 17 m hoch; auf den beiden mittleren Bahnen arbeiten je zwei Drehkrane (Demag) und auf den beiden äußeren je ein Drehkran (Tigler) von 3 t × 16 m oder 5 t × 9 m Ausladung. Eigenartig und praktisch ist dabei folgende Einrichtung: Jede Bahn ist in fünf Felder eingeteilt, in deren horizontalem Verband ein lichtes Profil von 15 m × 3,8 m freigelassen ist, um Lasten von den Transportwagen, die unterhalb der Bahn zwischen den gespreizten Säulenfüßen verkehren, durch die Krane abheben und durch dieses lichte Profil hindurch nach der Baustelle des Schiffes befördern zu können.

Abb. 593. Fahrbare Hochbahn-Turmdrehkrane (Einswarden).

Auch die Frerichswerft hat für die Bedienung eines i. J. 1916 angelegten Helgen IV für Schiffe bis 15000 t Tragfähigkeit eine ähnliche Krananordnung gewählt (Abb. 593 bis 595): Auf einem alle 26 m durch 12 m hohe Stützen getragenen Gitterträger laufen zwei elektrische Turmdrehkrane (Zobel-Neubert) von 5 t Tragfähigkeit bei 8 m Ausladung bzw. 2,5 t bei 15 m. Die Rollenhöhe beträgt 23 bzw. 26 m, so daß beide Krane ungehindert übereinander hinwegschwenken können. Unter der Kranhochbahn ist wieder ein Gleis verlegt, auf dem mittels Plattformwagen das bearbeitete Eisen aus den Werkstätten herangefahren und diesfalls seitlich erst abgelegt wird, so daß es von den schweren Kranen zweckmäßig bloß in das Schiff eingesetzt zu werden braucht.

Bei der aus Abb. 596 ersichtlichen neuen Hellinganlage der Flenderwerft in Lübeck ist die Niedrighaltung der Fahrgerüste[1]) durch einen entsprechend höheren Bau der

[1]) Ähnlich ist auch die neue transporttechnische Ausstattung einer der Hellinge auf den Nordseewerken, wo auf einer verhältnismäßig niedrigen Hochbahn aus Eisenbeton ein stattlicher Portaldrehkran von 5 t größter Tragkraft, 19 m größter Ausladung und 35 m Hubhöhe verkehrt.

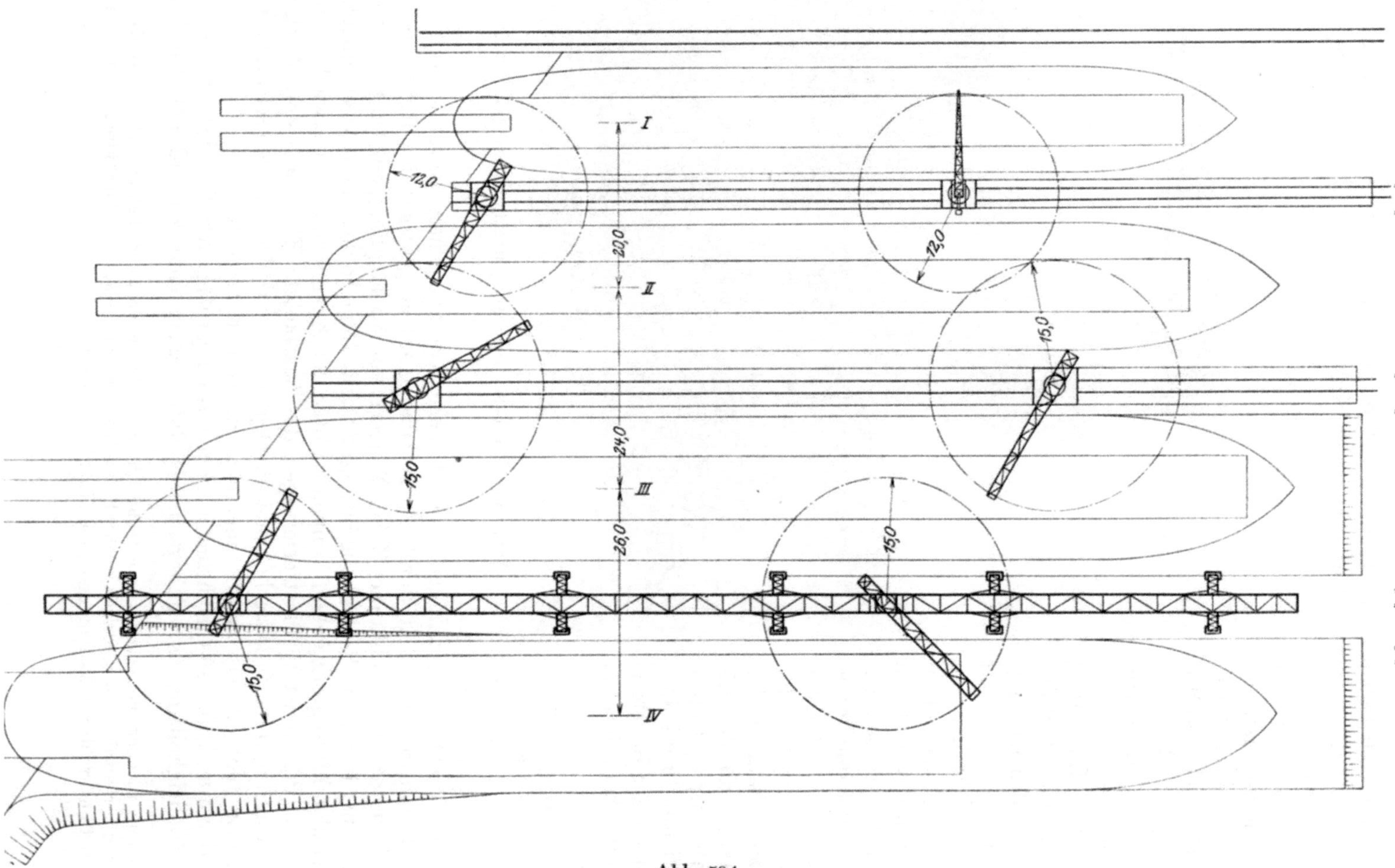

Abb. 594.

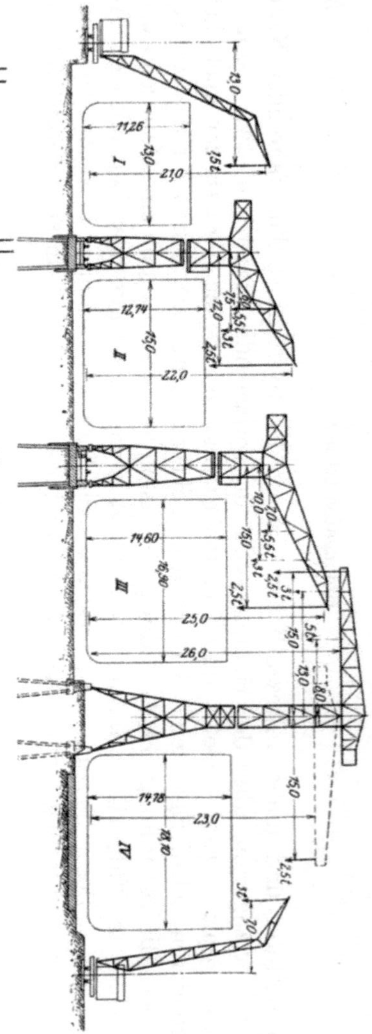

Abb. 595.

Abb. 594 und 595. Fahrbare Hellingdrehkrane (Einswarden).

Krane ausgeglichen. Diese sind als Turmdrehkrane von 6 t Tragkraft bei 9,5 m Ausladung — 4,5 t bei 14,5 m und 3 t bei 19 m — ausgebildet, von denen je einer auf den sechs Helgenbrücken fährt und die fünf Helgen (für Schiffe bis 16000 t Tragfähigkeit) beiderseitig bedienen kann.

Daß aus der Häufigkeit oder aus der Seltenheit der Verwendung eines Transportsystems durchaus nicht ohne weiteres auf dessen Eignung bzw. dessen Unbrauchbarkeit geschlossen werden kann, geht ebensowohl bei dem vorbesrpochenen wie bei dem nachfolgenden System hervor. Während die Flensburger und die Kieler Anlage, die sich in jeder Beziehung als durchaus zweckmäßig erwiesen haben, lange Jahre hindurch ganz ohne Nachbildung geblieben sind, hat sich die im folgenden zu besprechende Krantype bis noch vor gar nicht allzu langer Zeit einer häufigen Bevorzugung zu erfreuen

Abb. 596. Fahrbare Hellingdrehkrane (Lübeck).

gehabt, trotzdem dies die damit gemachten Erfahrungen wohl nirgendwo gerechtfertigt hätten. Besonders stark haben diese sogenannten Kantileverkrane im Auslande, namentlich in Amerika und England sich einzuführrn vermocht[1]), wohingegen deutsche Werften davon, mit Ausnahme einer einzigen Doppelanlage, verschont gegeblieben sind. Die Abb. 597 läßt letztere auf der Werft des Bremer Vulkan erkennen und damit auch die in seinem System begründeten Nachteile. Die über die beiderseitigen Hellinge sich erstreckende Doppelauslegerkonstruktion hat naturgemäß eine außergewöhnliche Schwere zunächst des Kranes und weiterhin auch seines Fahrgerüstes zur Folge[2]), die man vielleicht dann in Kauf nehmen würde, wenn sich mit den Kranen wirklich die beiden Hellinge bedienen ließen, wenn sich also in einer solch großen Brücke mehrere sonst erforderlichen kleine Krane vielleicht vereinigen ließen. Dies ist jedoch praktisch undurchführbar, da eine solche gleichzeitige Benutzung für beide Schiffe deren verschiedene Baustadien gar nicht zulassen. Aber selbst bei Zuhilfenahme mehrerer solcher Krane, die wohl vorteilhaft zum Transport schwerer Stücke zusammenarbeiten

[1]) Z. B. werden in Wallsend nicht weniger als 7 Hellinge so bedient; in Newport News 5.

[2]) Im vorliegenden Falle wiegt beispielsweise jeder der beiden Krane rund 130 t.

könnten — beim Bremer Vulkan laufen auf der fast 200 m langen Hochbahn zwei solcher Krane mit den in der Abbildung angegebenen Abmessungen und Tragkräften — wird eine unabhängige gleichzeitige Versorgung beider Hellinge wieder wegen der gegenseitigen Behinderung der Längsfahrbewegungen der Krane kaum zu erreichen sein. Eine Unabhängigkeit des Arbeitens ist nicht zu erzielen, selbst dann, wenn die Aufnahme der Lasten nur von der Seite erfolgen würde. Die große Höhe des Fahrbahngerüstes schließt indes den Vorteil in sich, daß seitlich an ihm Konsolkrane fahren können, deren wagerechte Ausleger dadurch ohne weiteres über die Schiffs- und Gerüstbauten hinwegzustreichen vermögen. Diese leichteren Hilfskrane leisten besonders zum

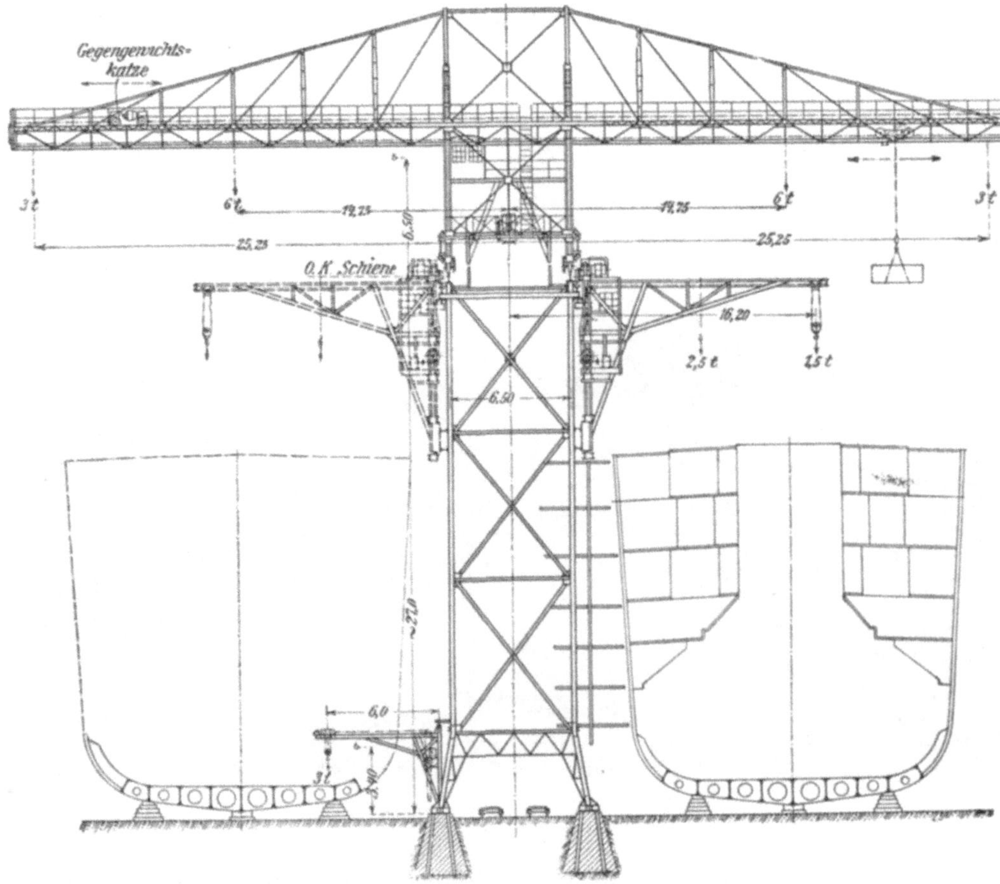

Abb. 597. Fahrbarer Hochbahn-Doppelauslegerkran (Vegesack.)

Transport und Halten von Nietmaschinen für die schweren Bauteile gute Dienste, und es kann auf die Rücksichtnahme auf diese Bedienung der Nietmaschine wohl auch die Wahl des ganzen Kransystems, wenigstens teilweise, zurückgeführt werden, das im übrigen, wie gesagt, recht unvollkommen ist. Infolge dieser unvollkommenen Bedienbarkeit der beiden Hellinge mit den beiden Kranen sollen letztere ausschließlich für die linksseitige Helling Verwendung finden, während das rechts aufliegende Schiff besser bloß durch die beiden Konsolkrane versorgt wird. Die Abb. 598 und 599 geben zwei gleichartige ausländische Hellinganlagen wieder, auf der Werft von Harland & Wolff in Belfast und auf der Werft San Marco des Stabilimento Tecnico in Triest. Die in der Abb. 600 ersichtlichen Hochbahnauslegerkrane auf der Werft von Swan-Hunter in Wallsend o. T. haben in verständiger Berücksichtigung der Tatsache, daß eben zwei Helgen doch nicht zu gleicher Zeit von einem Kran bedient werden können, nur einseitig eine Katzfahrbahn erhalten, die indes für eine beliebige Verwendbarkeit für beide Hellinge mit dem Ausleger drehbar gemacht ist.

Der fraglos naheliegende Gedanke, nach dem Vorbilde der bewährten Werkstättenbedienung auch den Hellingplatz durch längsfahrende **Deckenlaufkrane** zu überspannen, hat erst in diesem Jahrhundert eine zunehmende Verwirklichung erfahren, nachdem ganz vereinzelt zwar auch schon vorher solche Ausführungen in Amerika und England bestanden. Bei uns hat meines Wissens als erste die Seebecksche Werft — um Mitte 1900 — dieses Prinzip in seiner einfachsten Ausführung bei ihrem Baudock und dann auch bei ihrer geneigten Ablaufhelling zur Anwendung gebracht. Der in Abb. 601 veranschaulichte Kran (Liebe-Harkort) dürfte sonach als erster deutscher Hellinglaufkran zu betrachten sein, als deutscher Vorläufer eines Transportsystems, das in weiterer Ausbildung gerade auf deutschen Werften vorherrschend geworden ist. Er besitzt eine Spannweite von 29 m und eine Tragfähigkeit von 2,5 t und eine für damals schon beachtenswerte Fahrgeschwindigkeit von 95 m/min. Eigenartig ist bei ihm ferner die Steuerung. Der Anlasser jedes der drei Motoren kann durch Verschieben eines Gasrohrgestänges betätigt werden, das sich über die ganze Länge der Laufbrücke erstreckt. Hierdurch ist es möglich, die einzelnen Arbeitsbewegungen des Kranes ganz nach Bedarf von einem beliebigen Punkte der Laufbrücke einzuleiten, da es sich für den dortigen Betrieb am vorteilhaftesten ergeben hat, wenn der Kranführer jeweils direkt oberhalb der Last steht. Der Kran soll sich außerordentlich gut bewährt haben, so daß man ihn, lediglich unter Verkürzung seiner Spannweite auf 28 m, auch für die Bedienung des neuen Seebeckschen Baudockes herübergenommen hat.

Abb. 598. Hellingkrananordnung (Belfast).

Nachdem das nämliche Transportprinzip, d. h. mittels auf festen Gerüsten über der Helling fahrender Laufkrane, im Jahre 1901 auch der Stettiner „Vulkan" und die

Germaniawerft in einer für vielseitigere Arbeitsfähigkeit vervollkommneten Ausbildung angenommen hatten, ist ihnen in neuerer Zeit bekanntlich eine stattliche Reihe großer

Abb. 599. Hochbahn-Doppelauslegerkran (S. Marco).

deutscher und auch ausländischer Werften auf diesem Wege gefolgt. Wenn auch in teilweise noch weitergehender Durchbildung, so muß doch schon diese Tatsache an sich —

Abb. 600. Helling-Kranausstattungen (Wallsend).

seitens des Stettiner „Vulkan" ist es bei seiner Hamburger Neuanlage überdies eine grundsätzliche Wiederholung — ebenso deutlich wie günstig für das Prinzip sprechen und muß das Interesse an diesem besonders stark erwecken.

Die vom Werkstattbetrieb her bekannten Hauptvorteile des Laufkransystems gehen bei dessen Übertragung auf den Hellingbetrieb ohne weiteres auf diesen mit über: die leichte und unbeschränkte Ausdehnbarkeit seines Arbeitsbereiches, der Fortfall jeglicher Behinderung des Flurverkehrs durch bewegte Krankonstruktionen oder umgekehrt, die infolgedessen beliebig steigerbaren Fahrgeschwindigkeiten der Krane, der durch die gesicherte Freihaltung der Bahn von Fahrhindernissen erreichte Ausschluß von Zusammenstößen und Beschädigungen — alles dies sind ja hier wie dort schätzenswerte Folgeerscheinungen aus der Wahl hochlaufender Maschinen, die der Leistungsfähigkeit der Anlage zugute kommen. Als wertvoller wirtschaftlicher Gewinn kommt bei der Verwendung von Laufkranen allgemein noch die leicht durchführbare Kleinhaltung der Beschleunigungsmassen hinzu, die bei Benutzung der bisher betrachteten Kranbauarten doch namentlich für die Längsfahrbewegungen, besonders also bei der Materialzufuhr, in einem für den praktischen Betrieb mehr oder minder starken, d. h. kostspieligen Mißverhältnis zur Nutzlast standen. Dieses aber findet seinen Ausdruck nicht

Abb. 601. Baudock-Laufkran (Bremerhaven).

allein in dem entsprechend vergrößerten Energieaufwand für die Kranlängstransporte, sondern auch darin, daß mit den meist auch entsprechend größeren Windflächen, namentlich der weitausladenden Bock- und Turmdrehkrane, auch die Häufigkeit von Arbeitseinstellungen bei Sturm wächst[1]). Zieht man ferner in Betracht, daß diese Beherrschung des vom Laufkran nur gerade soweit als wirklich ausnutzbar überspannten Arbeitsfeldes eine vollkommene ist, ohne die toten Konstruktionsflächen beispielsweise der Seitenauslegerkrane, und berücksichtigt man vor allen Dingen, daß die beiderseitigen Stützgerüste seiner Fahrbahn in den meisten Fällen zum einfachen Anbringen der Laufstege und Arbeitsbühnen benutzt werden können, so wird man in diesen vielen Vorzügen ein reichliches Äquivalent für die Schwierigkeiten und Kosten erblicken können, die die Errichtung der hohen Fahrbahnen verursachen mag. Man geht gewiß nicht fehl in der Behauptung, daß zufolge der genannten Systemvorzüge der Laufkrane deren wohl allgemeine Anerkennung als — absolut genommen — geeignetste Hellingtransportmittel gegebenenfalls nur dann eine Verwirklichung nicht findet, wenn eben die Höhe des für die Fahrbahnerstellung nach Maßgabe der jeweiligen Verhältnisse festzulegen-

[1]) Ganz allgemein läßt sich etwa annehmen, daß im Kranbetrieb bei bis 30, ja 40 kg/qm Winddruck noch gearbeitet werden kann; darüber hinaus macht meist auch das Schaukeln der Last Schwierigkeiten. Bei etwa 100 kg aber tritt oft schon ein Gleiten der Räder ein.

den Kapitals, also finanzielle Gründe, die Werft davon Abstand nehmen lassen muß. Dieser einzige und wirtschaftliche Nachteil der Hellinglaufkrane tritt, den auf Werftflur angeordneten Typen gegenüber, allerdings dadurch noch besonders stark hervor, daß die unabänderlichen Abmessungen der Gerüste unter Bedachtnahme auf künftige Schiffsgrößen schon von vornherein zweckmäßig größer, als derzeit nötig, zu wählen sind. Technische Bedenken aber dürften bei Neuanlagen von Werften kaum je das Laufkransystem verwerfen, wie etwa mehr oder weniger zutreffend von manchen Seiten sachliche Einwendungen oder Befürchtungen geltend gemacht wurden z. B. gegen den Turmdrehkrantypus, und zwar wegen des immerhin beschränkten Lasthakenbereiches oder der großen Anzahl der benötigten Krane bei ortsfester, wegen großen Platzbedarfes oder geringer Standfestigkeit bei ortsveränderlicher Ausbildung, oder gegen den schweren Bockkrantypus wegen mangelnder Manövrierfähigkeit und dergleichen mehr.

Bei der in Abb. 601 ersichtlichen alten Werft von G. Seebeck A.-G. in Bremerhaven kam der nur durch ganz schmale, schlanke Stützsäulen für die Laufkranbahn in geringster Weise beanspruchte Platz den durch Wasserlauf und Straße außerordentlich beengten Verhältnissen besonders zu statten. Die Materialaufnahme mußte hier an den Kopfenden der Baudocks und der Helgen durch die Laufkrane erfolgen, woselbst die Dampfkrane das von der Straße angerollte Material nach Passieren des Schiffbauschuppens abzulegen vermochten. Jeder der beiden Laufkrane bediente meist eine größere Anzahl kleinerer Neubauten, stand dann für jeden derselben also nur kärglich zur Verfügung. Trotzdem gaben die namentlich in diesem alten Baudock gemachten Erfahrungen, in Sonderheit die bei dem Materialtransport daselbst auftretenden günstigen Verhältnisse, die Veranlassung, daß auch die neue Seebecksche Werft (Abb. 602 bis 604) für den Bau von Schiffen das gleiche transporttechnische Grundprinzip beibehalten hat[1]). Neben den Ersparnissen, die das Ausdocken namentlich größerer Schiffe im Vergleich zum Stapellauf[2]), ganz abgesehen von der größeren Sicherheit[3]), gewähren soll, hat man durch das Baudock gerade hinsichtlich der Transporteinrichtungen entschiedene Vorteile, die für die Werft den Nachteil der sehr erhöhten Anlagekosten und der (allerdings geringen) laufenden Unkosten für das Auspumpen von Leckwasser[4]) überwogen: Einmal können die Fahrgerüste auf die ganze Länge um die ansehnliche Tiefe der Docksohle — hier etwa $7^1/_2$ m — niedriger und entsprechend billiger werden, ferner werden die Kranbahnsäulen-Fundamente billiger, weil hierzu das Dockwandgemäuer ausgenützt wird, und sodann werden die senkrechten Wege der Baulasten durchschnittlich ganz bedeutend kürzer. Dieses hat zur Folge eine dauernde Ersparnis von Kraft und Arbeitszeit, d. h. von Betriebskosten, jenes eine beträchtliche Verringerung der Anschaffungskosten. Eine sich aus der Niedrigkeit der Gerüste weiter ergebende große Annehmlichkeit besteht aber darin, daß die mündliche Verständigung der Arbeiter mit den Kranführern noch möglich ist. Der Gewinn an Zeit wird bei diesen Baudocks weiter noch dadurch erhöht, daß auch die Wege für die vielen Gänge der Arbeiter im allgemeinen kürzer werden, da die Laufstege, von der Dockoberkante (Werftflur) ausgehend mit einer geringen Steigung, bei kleineren Bauobjekten sogar horizontal, und auf kürzestem Wege eine unmittelbare Verbindung mit dem Deck herstellen.

[1]) Dem Vernehmen nach werden auch sämtliche Staatswerften Japans künftighin mit Baudocks ausgestattet werden.

[2]) Die ungefähren Kosten des Stapellaufes eines 150 m langen Schiffes, an dessen Vorbereitung Dutzende von Leuten wochenlang arbeiten müssen, dürften mit rund 20000 M. nicht zu hoch angegeben sein. Der Ablauf der „Olympic" soll allein an Talg für 1000 £ erfordert haben, s. a. The Belfast News-Letter 1910, Oktober 21.

[3]) Unfälle sind beim Stapellauf ja schon des öfteren vorgekommen; erinnert sei nur an den des großen Kreuzers „Derfflinger" und des Kreuzers „Condor" der deutschen Marine auf der Werft von Blohm & Voss, des französischen Linienschiffes „Danton" — das mit seinen 8500 t Ablaufgewicht sogar umfiel! —, des italienischen Schnellpostdampfers „Principessa Jolanda" auf der Werft in Riva Trigoso, des britischen Zerstörers „Zulu" auf der Hebburn-Werft u. a.; nicht außer acht zu lassen das schon öfter vorgekommene „Kleben"-Bleiben nach einem Teilablauf, das bei von Ebbe und Flut abhängenden Wasserständen große Gefahren für den Schiffskörper in sich birgt und sogar ein Durchbrechen zur Folge haben kann.

[4]) Die Anlage der beiden Baudocks hat inkl. Ausbaggern, Betonieren und der beiden Abschlußtore etwa 1,5 Millionen Mk. gekostet, davon die Gerüste und Kranbahnen nur ca. 200000 Mk.

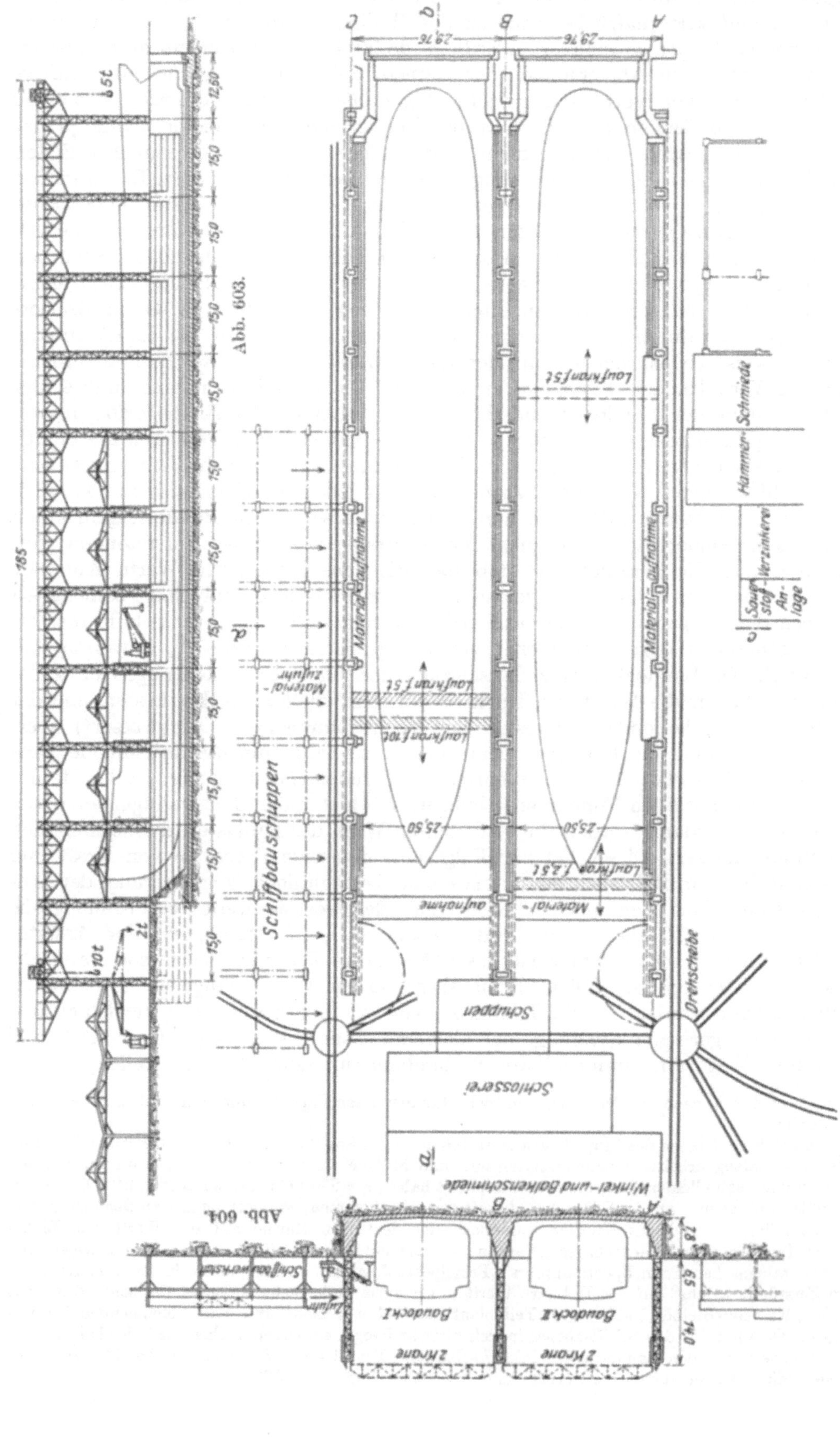

Abb. 603.

Abb. 602.

Abb. 604.

Abb. 602 bis 604. Baudock-Kranausstattung (Geestemünde).

Bei uns werden — außer von Seebeck — Baudocks jetzt auch noch von der Marinewerft Wilhelmshaven benutzt, deren neuzeitliche Ausstattung mit seitlich auf Flur fahrenden Turmdrehkranen die Abb. 605 bis 607 erkennen lassen; ihre Hauptabmessungen und Tragkräfte sind den Skizzen gleichfalls zu entnehmen.

Die neue Werftanlage von Seebeck weist nun in der Disposition der Transportvorrichtungen gegenüber der alten für den Schiffbaubetrieb noch Verbesserungen insofern auf,

Abb. 605. Baudock-Schwenkkran (Wilhelmshaven).

als zunächst die Zufuhr der Bauteile von den die Docks umgebenden Werkstätten aus eine vielseitigere, freiere und übersichtlichere ist, da neben verschiedenen ebenerdigen (fahrbaren und feststehenden) Drehkranen auch aus den am westlichen Dock befindlichen Hallen ausmündende Gleise von Laufkranen[1]) die fertigen Teile für die eigentlichen Hellingkrane fortlaufend neben dem Dock ablegen können. Daß letztere Krane in doppelter Anzahl über jedem Bauplatz verkehren — auf jeder der 185 m langen und 20,5 m hohen Eisengerüstbahnen laufen hintereinander ein 10 t- und ein 5 t-Kran bzw. ein 5 t- und ein 2,5 t-Kran (die je nach Erfordernis durch einen Schwimmkran von einem zum andern Laufgerüst umgesetzt werden können) — bewirkt eine Unabhängigkeit und flotte Abwicklung der ineinandergreifenden Transportarbeiten um so mehr, als die Ablage des Einbaumaterials nicht mehr wie bei der alten Werft lediglich am Kopfende, sondern auch an den äußeren Längswänden geschehen kann, so daß eine gegenseitige Behinderung der Krane bei der Lastaufnahme kaum merklich auftreten dürfte.

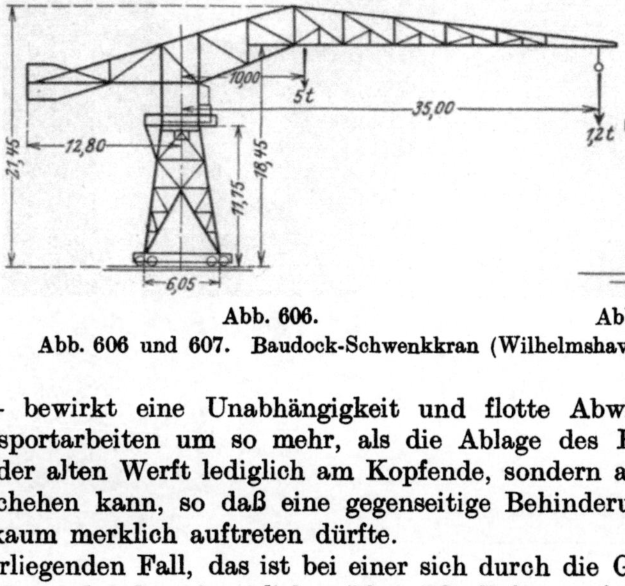

Abb. 606.

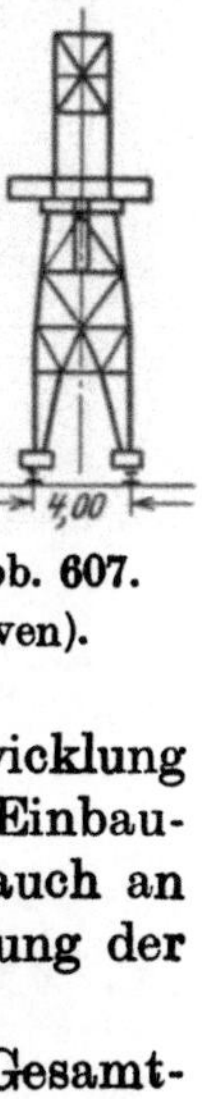

Abb. 607.

Abb. 606 und 607. Baudock-Schwenkkran (Wilhelmshaven).

Wenngleich also für den vorliegenden Fall, das ist bei einer sich durch die Gesamtdisposition der Werft als günstig ergebenden einseitlichen Materialanlieferung für jeden

[1]) Die eigenartige Ausbildung dieser „Pendelkrane“ ist an späterer Stelle näher beschrieben.

Abb. 608. Hellingkrananlage (Stettin).

Bauplatz, gerade die Hintereinanderanordnung der Laufkrane als zweckdienlich gelten darf, deren jeder somit in gleichem Maße den ausgedehnten seitlichen Anlieferungsplatz beherrschen kann, so wird doch für die meisten Werften die ausschließlich kopfseitige Materialaufnahme eine Nebeneinanderanordnung der Krane als beste Lösung ergeben. Dabei treten zu den nämlichen Fähigkeiten der Krane, einer ungehinderten und zwar gänzlich ungehinderten Lastaufnahme sowie eines beliebigen Zusammenarbeitens, noch die besonders wertvollen Eigenschaften, daß erstens eine völlig unabhängige Bedienung jeder Schiffsseite möglich ist, und daß zweitens wegen der durch die Breitenunterteilung der Helling verkleinerten Spannweiten der Krane deren Einzelgewichte weiterhin außerordentlich verringert, also deren tote Fahrmassen in ein möglichst rationelles Verhältnis zu den Nutzlasten gebracht werden. Es sind dies Eigenschaften, die sich auf Grund vollkommenerer Anpassungsfähigkeit der Gesamtanlage an den Wechsel der Bauarbeiten, auf Grund erhöhter Manövrierfähigkeit und verringerter Stromkosten der einzelnen Transportmittel gleich günstig in technischer wie in wirtschaftlischer Hinsicht auf den Betrieb äußern und die einen Ausgleich bilden für die gegen vorhin allerdings ganz erhebliche Vermehrung der Gerüstmassen durch die notwendige Aufhängung der Zwischenträger für die Kranlaufbahnen.

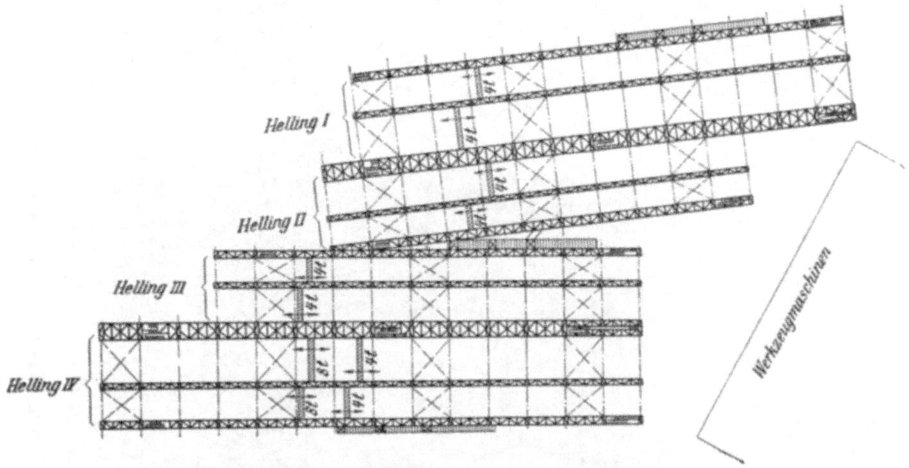

Abb. 609. Hellingkran-Anordnung (Stettin).

Die Stettiner Hellinganlage des Vulkan (Abb. 608), die mit der der Germaniawerft bei uns zweifellos bahnbrechend gewesen ist für dieses Prinzip der laufkranartigen Hellingtransporte, hat bei der Nebeneinanderanordnung der Krane (Bleichert) durch das Versetzen des gemeinsamen Laufbahnträgers aus Hellingmitte noch die schätzenswerte Arbeitsmöglichkeit vorgesehen, auch die für das Absetzen von Lasten so wichtige Kiellinie der Schiffe mit dem Kran ohne weiteres beherrschen zu können. Durch Hinzunahme weiterer Laufkrane auf eine Fahrbahn — bisher ist nur auf der Helling IV (s. Abb. 609) hinter jedem der beiden allgemeinen 4 t-Krane noch ein Laufkran von 8 t Tragfähigkeit angeordnet — kann nicht nur eine jederzeitige Reserve geschaffen, sondern auch das Zusammenarbeiten der Hellingkrane in weitere Grenzen gebracht werden. Im vorliegenden Falle läßt allerdings die Festigkeit der Fahrbahnkonstruktion nur eine Gesamtbelastung der zusammenarbeitenden Krane bis 16 t zu. Außerdem werden hierdurch die Krane natürlich leichter für die Nietmaschinen frei und könnten, wie im vorigen Beispiel, unter Umständen auch seitlich zugeführte Materialien ungehinderter abfertigen. Hier, in Stettin, kommt eine Verwendung für den letztgenannten Zweck allerdings nicht in Frage, da die Aufnahme der Baulasten durch die Krane ausschließlich und in der bequemsten Weise an den Stirnenden der Hellinge, in unmittelbarer Nähe der anliefernden Werkstätten erfolgt, während lediglich Hilfsmaterialien, wie Stellingstützen, Pallhölzer u. a. m., durch die geräumigen Portale der Gerüstsäulen zwischen jedem Hellingpaar seitlich zugeführt werden.

Die schweren Gerüste — das leider unvermeidliche Erfordernis für selbst leichte Laufkrane — werden beim Stettiner Vulkan in ihrer Gewaltigkeit gekennzeichnet durch

Abb. 610. Helling-Krananlagen (Geestemünde).

ihr Gewicht von über $3^3/_4$ Millionen kg, in ihrer Anforderung an die Kapitalkraft der Werft durch ihre Herstellungskosten von 1,8 Millionen Mark.

Den Stettiner Helgen ähnelt in der Disposition der Transportvorrichtungen noch am meisten die Tecklenborgsche Anlage in Geestemünde (Abb. 610)[1]. Auch hier sind die beiden ältesten Hellinge, die in Ausnutzung der wenig günstigen Wasserverhältnisse — genau wie beim Vulkan (siehe Abb. 609) — in einem Winkel zueinander angeordnet werden mußten, von je zwei Laufkranen (MAN) ungleicher Spannweite überbrückt, deren Fahrbahnen hier wie dort mit Hilfe weit überstehender Konsolträger noch um ein Beträchtliches über die letzten Gerüstsäulen hinaus verlängert sind und dadurch den Arbeitsbereich der Krane erheblich erweitern. Die Leichtbeweglichkeit der Krane, deren Gewichte nur etwa 11,5 bzw, 13,5 t, deren Fahrgeschwindigkeiten dagegen 130—150 m betragen, läßt die gleichfalls ausschließliche Aufnahme des Materials am Kopf der Hellinge zweckmäßig erscheinen, das daselbst aus der seitwärts gelegenen Werkstätte durch Motorlaufwinden und weiterhin durch Dampfkrane auf kürzestem Wege zugeführt werden kann.

Die gleich schätzbare Bequemlichkeit wie Sparsamkeit der Benutzung des Eisenfachwerkes als Ersatz sperriger Holzstellagen ist bei dieser ohnehin leicht-eleganten Gerüstkonstruktion (MAN) — das Gesamtgewicht für die beiden ersten Hellinge beträgt 1 300 000 kg — dadurch besonders augenfällig, daß die zwischen den Säulen doppelwandig angeordneten ⌊-Vertikalen ein äußerst leichtes Zwischenstecken und Verstellen der Arbeitsbühnenträger ermöglichen.

Diese beiden ältesten Hellinggerüste stammen schon aus dem Jahre 1907. Im Jahre 1913 sind dann der dritte und der vierte Helgen und 1918 auch der fünfte Helgen mit Krananlagen (MAN) überbaut worden, die sich grundsätzlich den beiden ersten anlehnen, nur mit dem Unterschied, daß jeder Mittelträger noch mit einer 3 t-Laufkatze ausgerüstet ist. Dafür ist die Spannweite eines jeden der beiden Laufkrane (6 t) über einer Helling die gleiche, und zwar rund 10 bzw. 9 bzw. 12 m. Die Kranfahrbahnlängen sind für jede Helling verschieden, 138 m die kleinste und 230 m die größte; ihre Höhe über Werftflur ist mit 31 m bei allen Hellingen gleich.

Eine weitere Durchbildung der Anwendungsweise des reinen Laufkransystems für Hellingzwecke ist bei den Anlagen für die japanische Marine in Yokosuka und in Kure vorgenommen worden[2]. Bei beiden Anlagen wird in prinzipiell gleicher Ausführung (siehe Abb. 611) der Schiffbauplatz nicht allein von zwei parallelen Längsfahrbahnen für leichtere Laufkrane (Demag) überspannt, sondern der ganze Hellingraum kann außerdem von einem großen Laufkran bearbeitet werden, der, die ganze Hellingbreite überspannend, mit seiner Tragkraft von 30 t dort ebensowohl zum Aufrichten der schweren Steven als auch zum Ablegen der Panzerplatten und zum Einbauen von Ausrüstungsgegenständen verwendet wird[3]. Dies wird hierzulande ja meist besonderen Werftkranen außerhalb der Helling überlassen, um Schiff und Hellingsohle nicht unnötig zu belasten und um die Helling für andere Neubauten eher wieder frei zu haben. Da der große Laufkran (zu dem sich in Kure bei 36,4 m Spannweite noch ein weiterer von 20 t Tragkraft gesellt) mit Rücksicht auf günstigere Gerüstabmessungen unterhalb der eigentlichen Transportkrane angeordnet ist, von denen in Kure je zwei, in Yokosuka sogar je drei von 5 t Hebekraft über jeder Schiffsseite laufen, so wird er während des Arbeitens dieser kleinen Krane jedesmal zweckmäßig an dem äußeren Ende seiner Bahn festgestellt werden müssen[4]. Die Teilkrane der einen Helling-

[1] Vgl. a. Lienau: Z. V. d. I. 1913, Nr. 43.

[2] Später hat sich auch die Kawasaki-Werft zur Errichtung eines der abgebildeten Yokosuka-Anlage ganz ähnlichen Hellinggerüstes entschlossen. Für die Zukunft soll jedoch, wie schon gesagt, die Anlage von Baudocks auf allen kaiserl. Werften Japans geplant sein.

[3] Eine gleiche Anordnung und Verwendung schwerer Deckenlaufkrane weist auch die Helling von Beardmore bei Glasgow auf, wo unter zwei breiten 15 t-Laufkranen (für Panzerbeplattung) jederseits noch zwei schwenkbare 5 t-Wandkonsolkrane (für Materialtransporte) laufen.

[4] Eine derartige Festlegung ist übrigens auch sonst bei Hellinglaufkranen besonders dringend zu raten, da gerade sie wegen ihrer doppelt exponierten Lage — auf Hochbahn und am Wasser — den Windangriffen besonders stark ausgesetzt sind. Denn nicht nur Turmdrehkrane oder Verladebrücken können vom Sturm mitgenommen werden, sondern erfahrungsmäßig recht wohl auch selbst schmale und schwere Laufkrane. Als

hälfte lassen die Kielebene des Schiffes in neuartiger Weise dadurch in den Bereich ihrer Lasthaken fallen, daß ihre Katzen auf einem unter den mittleren Fahrbahnträger auskragenden Arm verfahren können. Um hierfür die Katzen möglichst leicht zu machen und ihre Bauhöhe zu beschränken, ist das Hubwerk fest in das äußere Ende der Kranträger eingebaut worden, wodurch gleichzeitig der Hauptanteil der Krangewichte vorteilhaft an die starken seitlichen Längsträger verlegt ist und Mittelträger sowie Binder entsprechend leichter werden können[1]).

Gleichfalls in zwei durch (normale) Laufkrane unabhängig voneinander bediente Hauptarbeitsstreifen wird der Kriegschiffshelgen der Howaldtswerke geteilt (Demag); siehe Abb. 612. Indes wird hier die Mittelschiffslinie — wie auch bei den vorbesprochenen neuen Tecklenborgschen Helgen — durch ein anderes Mittel als bei den übrigen der

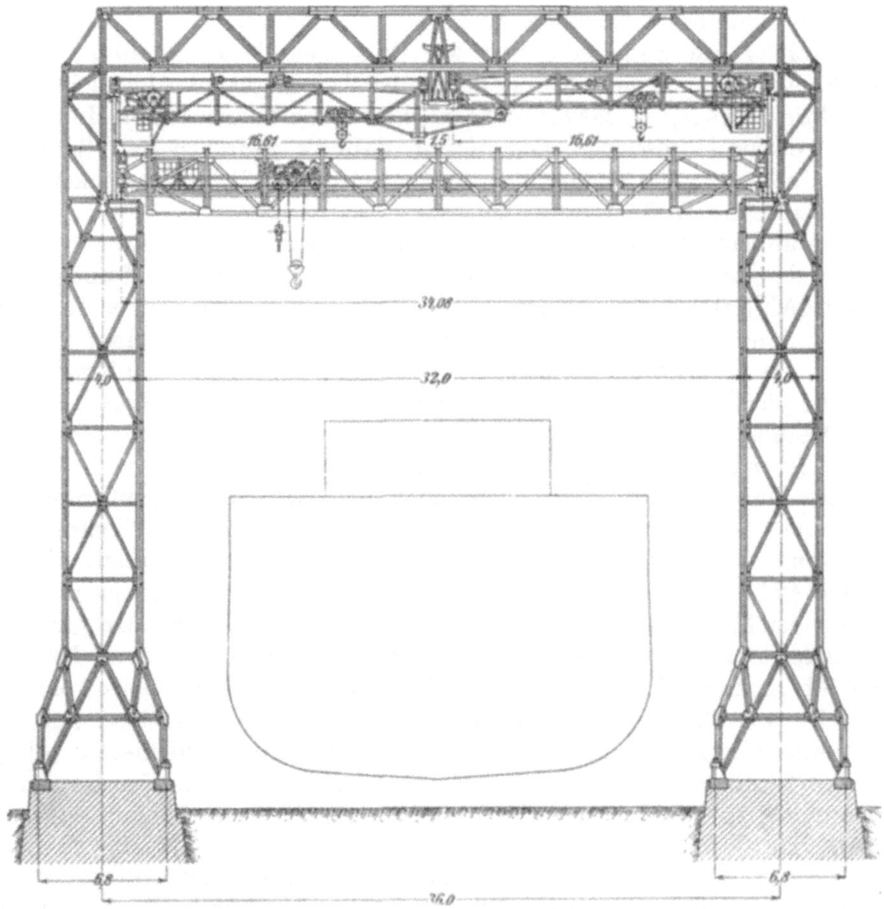

Abb. 611. Helling-Krananordnung (Yokosuka).

bisher betrachteten Anlagen beherrscht, und zwar durch ein über Kiel längsfahrendes besonderes Hebezeug. Unverkennbar sind die hierdurch für den Betrieb entstehenden Vorteile, die sowohl darin liegen, jederzeit für die Arbeiten über Kiel ein eigenes und besonders leichtbewegliches Hilfsmittel bereit zu haben, ohne darauf warten oder es anderen Stellen entziehen zu müssen, als auch darin, bei dessen Zusammenarbeiten mit den Nachbarkranen für den Transport schwerer Teile eine erhöhte Tragwirkung zu

---

Beispiel hierfür möge nur der eine der vorhin erwähnten 15 t-Hellinglaufkrane von Beardmore genannt sein, der gerade am Tage meines Dortseins heruntergeweht worden war. Auch den Laufkran über dem Schienenlager der Westfäl. Stahlwerke erreichte seinerzeit ein gleiches Schicksal.

[1]) Den Grundgedanken einer derartigen Bedienbarkeit des benachbarten Arbeitsstreifens hatte schon D.R.P. Nr. 102806 der Rombacher Hüttenwerke a. d. Jahre 1898 zum Gegenstand.

erzielen. Die für solche Zwecke zu benutzende Gelenkdoppeltraverse — vgl. die Abb. 612 — sichert eine gleichmäßige Verteilung der Gesamtlast auf die einzelnen Hebezeuge und verhindert somit eine Überlastung eines Kranes.

Eine Schwenkbarkeit der Auslegerkonstruktion wird nun bei Hellinglaufkranen wieder ähnliche Vorteile zeitigen wie bei Werkstättenlaufkranen, wofür sich bekanntermaßen diese Bauart mit Recht einer zunehmenden Verwendung erfreut: erstens wird sich die Vergrößerung des Lasthakenbereiches über die Kranbahnen hinaus beiderseits unabhängig von der Art der Fahrbahnunterstützung und auch in der Längsrichtung um einen für die Lastaufnahme schätzenswerten Betrag vornehmen lassen, und zweitens wird die Einstellungsfähigkeit der Last durch die Hinzunahme der Schwenkbewegung erweitert.

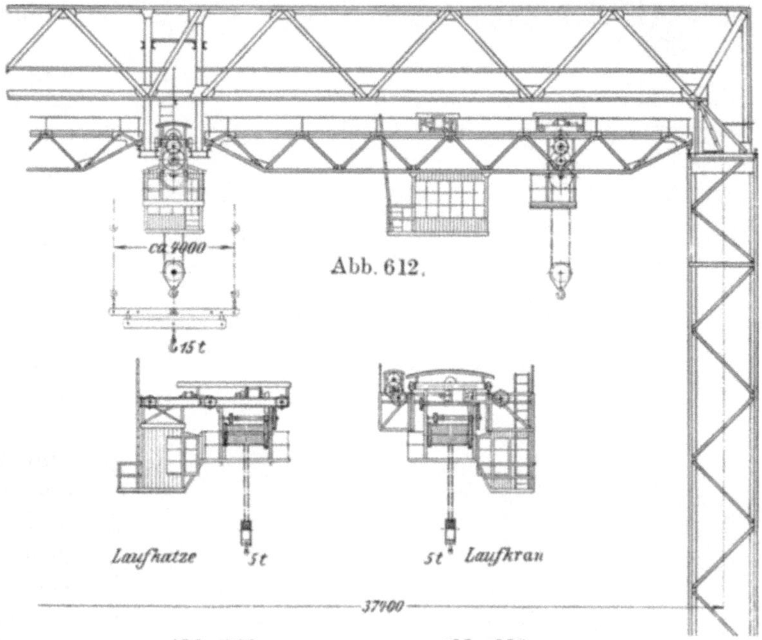

Abb. 613. Abb. 614.

Abb. 612 bis 614. Helling-Krananordnung (Kiel).

Wohl die ersten nach diesen Gesichtspunkten entworfenen Hellinge besaß die Werft von Swan-Hunter in Wallsend o. T., die auch in bezug auf die Bedachung der Hellinge erstmalig zu einer Glaseindeckung der ganzen Schiffbauplätze geschritten ist. Diese bemerkenswerte Anlage, die seit nunmehr schon 3 Jahrzehnten in Betrieb ist, besteht nach Abb. 615 aus zwei Hallen, an deren Dachbindern die Fahrbahnen für je zwei drehbare Lastausleger angeordnet sind. Das Material, das in eigenartiger Weise durch zwei Drahtseilbahnen *b*, *b'* den Köpfen der Hellinge zugeführt wird, kann von den Drehauslegern direkt oder nach Bearbeitung in der unmittelbar anschließenden Werkstätte *d* hochgenommen werden. Bemerkenswert ist diese Anlage weiterhin noch dadurch, daß auf ihr bereits ein Aufzug *c* vorgesehen ist, der Arbeiter, Werkzeuge und dergleichen mühelos und schnell an die hochgelegene Arbeitsstelle bringt. Eine derartige Einrichtung, die übrigens auch von anderen englischen Werften übernommen worden ist, fehlt bei selbst unseren größten deutschen Hellinganlagen noch fast vollständig[1]). Und doch

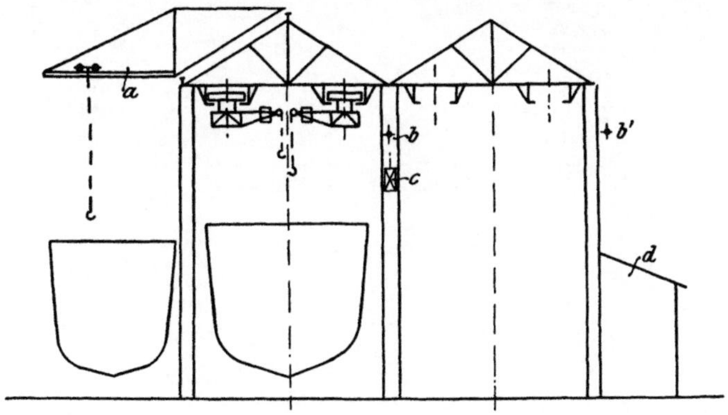

Abb. 615. Helling-Krananordnung (Wallsend).

[1]) Eine Ausnahme hiervon macht meines Wissens nur die neue große Gerüsthelling von Blohm & Voss und die Kabelkranhellinganlage der Deutschen Werft. Welche Höhenunterschiede dabei in Betracht kommen, erhellt auch daraus, daß z. B. bei Blohm & Voss das über dem Aufzugsschacht angeordnete Windenhaus nicht weniger als 70 m über Werftflur sich befindet. Näheres siehe Fördertechnik 1925, Nr. 19.]

muß gesagt werden, daß die Zeitverluste, die durch die Wege von so vielen Arbeitern nach und von ihren hochgelegenen Arbeitsplätzen entstehen, wohl den Einbau eines solchen einfachen Aufzuges lohnt, der überdies ja durch die vorhandenen Gerüstsäulen außerordentlich erleichtert ist. (Vgl. auch Abb. 618 und 628.)

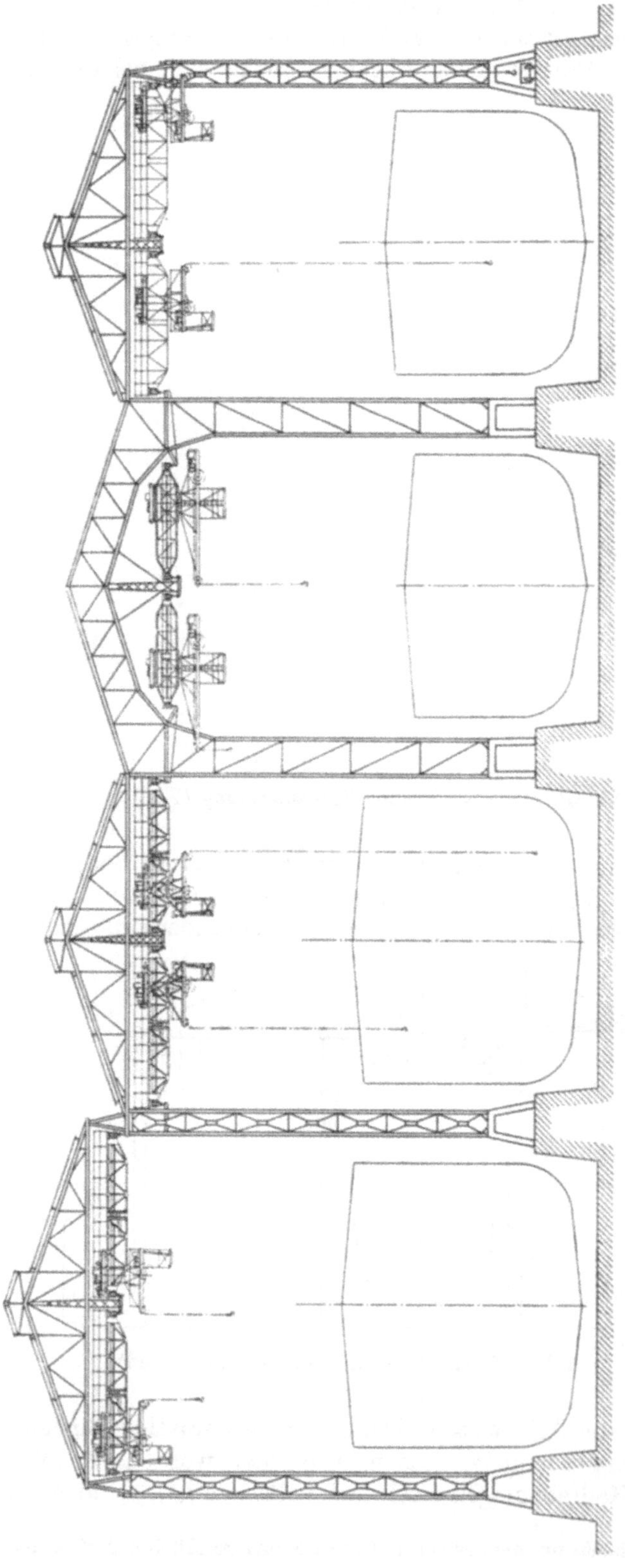

Abb. 616. Helling-Krananordnung (Kiel).

Bei uns hat sich dann zuerst und verhältnismäßig frühzeitig schon, vor zweiundzwanzig Jahren, die Germaniawerft die Vorzüge solch' obenlaufender Drehauslegerkrane (Demag) zunutze gemacht nach Abb. 616.

Auch hat diese Anlage sonst noch manche Ähnlichkeit mit der vorbeschriebenen. Zunächst die Verglasung der Halle, die hier aber nicht nur auf das Dach, sondern großenteils auch auf die Seiten- und Stirnwände ausgedehnt worden ist. Da die völlige Unzweckmäßigkeit einer solchen Glaseindeckung, wenigstens für unsere Gegenden, von vielen Seiten behauptet wird, so möge demgegenüber festgestellt werden, daß die Germaniawerft, die für die Abgabe eines Urteils als einzige Benutzerin solcher Schiffsbauplätze bei uns allein nur kompetent sein kann, mit der von ihr getroffenen Wahl in betrieblicher Hinsicht durchaus günstige Erfahrungen gemacht hat. Auf das Arbeiten der Krane, wenigstens soweit es sonst durch die Unbilden der Witterung zu leiden hat, muß ihre außerordentlich geschützte Lage natürlich vorteilhaft einwirken, insofern, als Sturm, Regen oder Kälte ein Abstellen der Krane bzw. ein Einstellen der Arbeit nicht mehr erzwingen können. Auf Grund der günstigeren Arbeitsbedingungen in diesen überdachten Hellingen, deren unmittelbarer Anschluß an die Werkstätten die Materialzufuhr noch besonders erleichtert, können die Akkordpreise daselbst wesentlich niedriger als in den benachbarten offenen Hellingen der Werft festgesetzt werden. Die meist gegen diese Hellinghallen gemachten Einwände, es sei in ihnen bedeutend zugiger, finsterer und lärmender als in den freien

Hellingen, sind an Hand der Kieler Erfahrungen zu bestreiten. Für das Entstehen der Zugluft geben die ja nur an der Ablaufseite der Schiffe halb offenen Hallen durchaus keinen

Abb. 617. Helling-Krananordnung (Wallsend).

Anlaß. Die Verdunkelung des Arbeitsraumes durch die Verglasung, d. h. durch den sich ansetzenden Schmutz und Schnee, kann auf ein unmerkliches Maß leicht dadurch beschränkt werden, daß die Reinhaltung der Scheiben mit Hilfe an den Dächern und Seiten fahrender Putzwagen jederzeit zu bewirken ist. Die Verstärkung des Arbeitslärmes endlich, die bei der vermehrten Resonanz in den Hallen ohne Frage eintritt, kann praktisch jedoch bei den ungeheueren Lärmmengen, die auch bei offenen Hellingen stets erzeugt werden, kaum ins Gewicht fallen. Anders verhält es sich vielleicht mit den Kosten für eine solche Schutzdachverglasung der Schiffbauplätze. Die hierfür erforderliche Summe — bei dem in Rede stehenden Beispiel betrug dieselbe ca. 150000 M. pro Halle! — wird in der Tat wohl oftmals eine Werft von deren Anlage abhalten müssen.

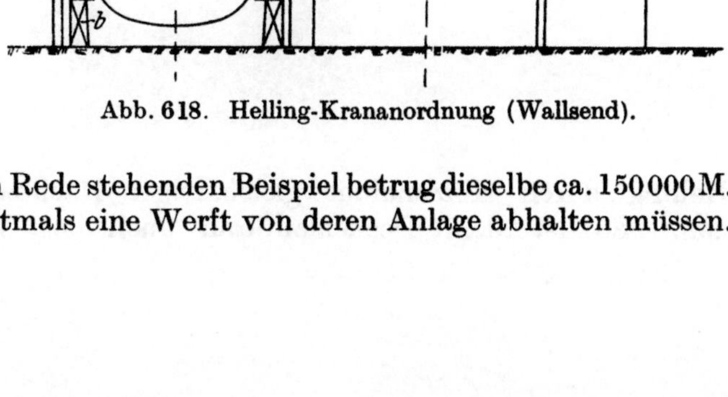

Abb. 618. Helling-Krananordnung (Wallsend).

Abb. 619. Helling-Kranausstattung (Bremen).

In weiterer Variation und Kombination der Laufkranbauarten findet sich die durch die Hellingunterteilung gegebene Nebeneinanderanordnung der Hebezeuge auf zwei älteren Hellingen der Werft von Swan-Hunter (Abb. 617 und 618). Jede dieser Hellinge, die übrigens gleichfalls mit Glasdächern versehen sind, wird in einer Länge von etwa 240 m durch fünf Deckenkrane bedient, die mit ihren für 3 bzw. 5 t Belastung berechneten Auslegern jeden Neubau in vollkommenster Weise bearbeiten können. Bei dieser Helling, der Geburtsstätte der „Mauretania“, hat man angesichts ihrer Höhe von etwa 46 m den Einbau zweier Aufzüge *a, a′* für die Arbeiterbeförderung wieder als zweckmäßig erachtet. Die Photographie läßt gleichzeitig die auf halber Höhe noch angebrachten Schwenkkrane zum Halten der Bügelnieter deutlich erkennen. Werden schmalere Schiffe gebaut, so benutzt man zur Befestigung der Arbeitsbühnen statt des Hallengerüstes leichtversetzbare eiserne Fachwerkständer *b*. Übereinstimmend mit den vorhin betrachteten Hellinghallen hat man auch hier eine Werkstatt *c* unmittelbar an den Schiffbauplatz angeschlossen. Bemerkenswert ist bei dieser Anlage auch noch eine Einrichtung, durch die man mit Hilfe eines landseitig quer zu den Deckenfahrbahnen laufenden Rahmens die einzelnen Krane nach Bedarf auf verschiedene Bahnen (von Hand) versetzen kann. Dadurch ist in sehr schätzenswerter Weise erreicht, daß einzelne Längslaufkrane gegeneinander vertauscht bzw. versetzt werden können, so daß sowohl bei Reparatur eines solchen Kranes anhaltende Störungen vermieden, als auch bei Bedarf die Arbeiten auf einer Helling durch Hinzunahme gleichartiger Nachbarkrane beschleunigt werden können. So ist dem Deckenlaufkran auch der Vorzug weitgehender Verwendbarkeit anderorts verliehen, der bislang nur den auf Flur fahrenden Hellingkranen eigen war.

In ähnlicher Weise ist auch Helling V der Akt.-Ges. „Weser" im Jahre 1913 ausgestattet worden (Abb. 619; vgl. auch Abb. 563)[1]): Die Helling ist von einem auf je

Abb. 620. Helling-Kranausrüstung (Emden).

sechs Säulen an den Längsseiten ruhenden, ca. 45 m hohen Krangerüst (Gutehoffnungshütte) umrahmt, dessen Decke aus sechs 226 m langen Längsbindern gebildet ist, die durch sieben durchgehende Querbinder miteinander verbunden sind. An den Untergurten

[1]) S. a. Lienau: Z. d. V. d. I. 1913, Nr. 43.

der Längsbinder sind die Bahnen für fünf Hängedrehlaufkrane (Demag) angebracht, die bei 8,4 m Ausladung 7,5 t, bei 4 m Ausladung 12,5 t Tragkraft haben. Ein am wasserseitigen Ende des Krangerüstes angeordneter Versetzkran (Demag) von 34 t Trag-

Abb. 621. Helling-Kranausstattung (Hamburg).

kraft kann die einzelnen Hängedrehlaufkrane aus einer Kranbahn in eine andere versetzen[1]). Auch die Nordseewerke, Emden, haben zwei ihrer Hellinge in den letzten

[1]) Die Anschaffungskosten von Gerüst und Kranen haben seinerzeit etwas über 1 Million M. betragen.

Jahren in dieser Art neu ausgestattet (Abb. 620). Das von fünf Auslegerdrehkranen befahrene Hellinggerüst bedeckt eine Arbeitsfläche von 201,4 m × 42,4 m — mit einer lichten Höhe von 35,8 m —, so daß zwei größere Schiffe gleichzeitig auf Stapel gelegt werden können. Jeder Kran hat 5000 kg Tragkraft und 8,2 m Ausladung; die Hubgeschwindigkeit beträgt 22 m, die Fahrgeschwindigkeit 60 m/min. Endlich sind auch die Howaldtswerke in Kiel neuerdings zu einem gleichartigen Ausbau der Hellinge übergegangen: an die ältere Kriegschiffhelling — bestehend aus einem 37 m breiten Gerüst mit vier Laufkranen — schließt sich südlich das neue Hellinggerüst von 70 m Breite an, unter dem drei Schiffe gleichzeitig auf Stapel gelegt und von sieben Laufkranen (von 10 bzw. 5 t Tragfähigkeit) bedient werden können[1]).

Mit der Krananordnung dieser Hellinge hat die der älteren großen Hellinge von Blohm & Voss und des Hamburger Vulkans viel Ähnlichkeit. Bei ersterer, deren Gerüst nach Abb. 621 (links) eine doppelte und eine einfache Helling mit einer imponierenden Gesamtbreite von annähernd 100 m und einer Gesamtlänge von etwa 266 m überdeckt, wird jede Helling zwar nur durch zwei seitliche Laufkrane und einen über Kiel fahrenden Drehauslegerkran bedient, es ist jedoch durch die Anordnung eines wasserseitig quer über allen Längskranbahnen laufenden Bockkranes, genau wie im vorigen Beispiel, wieder die Möglichkeit eines Kranaustausches gegeben. Infolge seiner zweckmäßigen Lage am Fußende der Helgen wird hier dieser kräftige Versetzkran (für 20 t Tragkraft) vorteilhaft auch noch beim Aufrichten der schweren Steven, Ruder und Wellen Dienste tun können. Die Abstützung der Fahrbahnkonstruktion erfolgt hier in eigenartiger Weise durch leichte Fachwerksäulen, die in der Hellingrichtung in Abständen von je 26 m angebracht sind und durch den Fortfall der üblichen Quereisen der ganzen Anlage trotz ihres riesigen Gewichtes von $3^1/_2$ Millionen kg ein sehr luftiges Aussehen verleihen. Die isolierte Aufstellung der Stützsäulen schließt allerdings deren Benutzung für das Anbringen von Arbeitsbühnen aus und erfordert hierfür stets besondere Böcke. Als ein besonderer Vorzug der hier erstmalig — wenigstens in Deutschland — vorgenommenen gemeinsamen Überspannung zweier Hellinge wurde es angesehen, daß man dadurch eine Benutzbarkeit der Anlage auch für die späteren Zeiten noch gesichert habe, in denen eine einfache Gerüsthelling den vergrößerten Schiffsbreiten nicht mehr genügen würde.

Für den Bau der großen Schiffe, wie 4 S. S. „Vaterland"[2]) und „Bismarck", ist es aber trotzdem erforderlich geworden, eine neue Helgenanlage von noch größerer Abmessung und Tragfähigkeit zu beschaffen, die unmittelbar anschließend an die vorhandene Anlage ausgeführt wurde (Abb. 621, rechts). Diese neue Anlage[3]) ist, gemessen von Kranschiene zu Kranschiene, noch 6 m höher als die ältere; sie hat eine Gesamtlänge von 310 m, die Spannweite an der Wasserseite beträgt 85 m. Die rechtsseitigen Bahnen sind zunächst noch nicht in der ganzen Länge ausgebaut; sie dienen gegenwärtig zum Bau von Schwimmdocks. Die Eisenkonstruktion ist jedoch so hergerichtet, daß eine Verlängerung der Bahnen in Spannweite über beide Helgen ohne weiteres möglich ist. Die gesamte Neuanlage enthält 16 Kranbahnen, und zwar je vier Bahnen für Laufkrane von 7,5 t Tragkraft und 11,96 m Spannweite sowie für Drehlaufkrane von 7,5 kg Tragkraft und 8,54 bzw. 4,88 m Spannweite bei einer Ausladung von 5,7 m bzw. 4 m und acht Bahnen für Führerlaufkatzen von 5 t Tragkraft.

Die für die ältere Helgenanlage vorgesehene Versetzkranbahn ist entsprechend verlängert worden, so daß der vorhandene Versetzkran auch die neue Anlage in der ganzen Breite befahren kann und man somit in der Lage ist, auch hier einen Austausch der Krane untereinander und auch mit den Kranen der älteren Anlage vorzunehmen. — Für die Beförderung des Bedienungs- und Aufsichtspersonals sowie von Material dient ein Aufzug (Stahl) von 1875 kg Tragkraft — entsprechend 25 Personen — und 65 m

[1]) S. Meyer, Z. V. d. I. 1925, Nr. 20.

[2]) Das „Vaterland" hat bei einer Länge z. d. P. von rund 276 m eine Breite von etwa 30,5 m und eine Seitenhöhe bis zum Hauptdeck von etwa 19,2 m. Sein Ablaufgewicht betrug 31000 t.

[3]) S. a. Lienau: Z. V. d. I. 1913, Nr. 43.

Abb. 622.

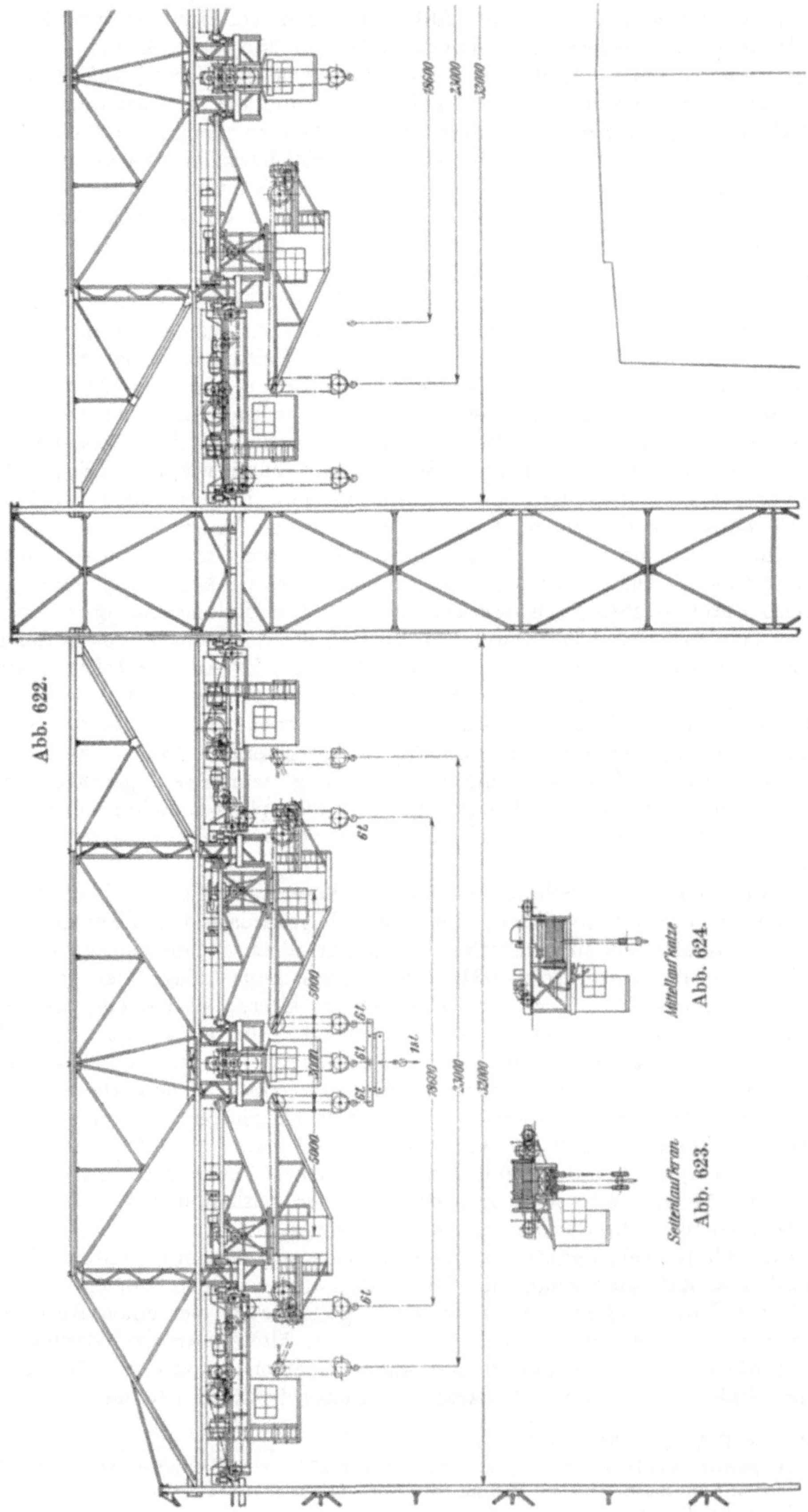

Abb. 623. Seitenlaufkran

Abb. 624. Mittellaufkatze

Abb. 622 bis 624. Helling-Krananordnung (Hamburg).

Hubhöhe, dessen Windenhaus sich oberhalb des Schachtgerüstes in einer Höhe von etwa 70 m über Werftflur befindet[1]).

Der Hellingkranausstattung der Hamburger Vulkanwerft hat vor allem wiederum das Bestreben zugrunde gelegen, außer eine gleichzeitige Bedienung mehrerer Arbeitsstellen ein Zusammenarbeiten mehrerer Lasthaken an allen den Stellen zu ermöglichen, wo es nicht allein die Schwere, sondern auch die Häufigkeit der Schiffbauarbeiten erfordert, also sowohl an der Außenhaut als auch am Kiel des Schiffes. Die hierfür, wie bei Swan-Hunter, bei den ersten beiden Hellingen (Abb. 622 und Abb. 625, links) getroffene fünffache Breitenunterteilung läßt wiederum den in der Mitte jeder Hellinghälfte fahrbaren Drehausleger, dessen Haken ebensowohl in die Gegend des Kieles als auch der Außenhaut reichen kann, und zwar unter gleichzeitiger Beherrschung aller zwischenliegenden Punkte, als das geeignetste Mittel erscheinen. Es vermögen daher diese Drehauslegerkrane die Arbeiten der benachbarten Seitenlaufkrane und der Mittenlaufkatze unter Benutzung der schon früher erwähnten Gelenktraverse derart zu unterstützen, daß für Arbeiten an der Außenhaut Lasten bis 12 t, für Arbeiten am Kiel sogar solche bis 18 t bewältigt werden können[2]). Das Alleinarbeiten der Hebezeuge, für Nietzwecke sowohl als für Transportzwecke, kann ohne jedwede Behinderung von statten gehen, da der ausweichende Drehschnabel alle etwa kollidierenden Stellungen der seitlichen Laststränge ja leicht umgehen kann.

In Ergänzung der aus der Zeichnung entnehmbaren Angaben seien die Spannweiten der seitlichen Laufkrane mit 7,3 m, die der Drehkrane mit 6 m und die der mittleren Laufkatze mit 1 m angegeben. Die gemeinsame Hubhöhe ist 38 m. Die Fahrgeschwindigkeit der Krane beträgt 20 m/min, die der Katze 80 m.

Bei der dritten großen Gerüsthelling der Vulkan-Werke (Abb. 625, rechts) ist man mit der Querunterteilung noch einen Schritt weitergegangen, indem sieben nebeneinander laufende und ungewöhnlich starke Drehlaufkrane das Baufeld bestreichen. Jeder von ihnen, der eine Spannweite von 6,2 m hat, vermag 12 t bei einer Ausladung von 6 m und 30 t bei einer solchen von 0,3 m zu heben. Auch besitzen sie mit 48 m eine ungewöhnlich große Hubhöhe.

Wenn sich auch äußerlich die neuen Hamburger Hellinge des „Vulkan“ gar nicht unerheblich von der alten Stettiner Anlage unterscheiden mögen, das Grundprinzip der Transportweise ist von dieser doch beibehalten worden; ein weiteres und besonders gewichtiges Zeugnis für die Eignung des Systems unabhängig nebeneinander über dem Schiffbauplatz verkehrender Leichtkrane.

Diese siebenfache Aufteilung der Breite von Gerüsthellingen stellt bei uns in Deutschland das Höchste in bezug auf die Nebeneinanderlegung starrer Kranfahrbahnen dar und dürfte bei der durch Anordnung und Gestaltung sowie durch Tragkraft und Geschwindigkeit der Hebezeuge möglichen Arbeitsweise wohl auch allen Anforderungen entsprechen, die an die Leistungsfähigkeit und Wirtschaftlichkeit einer solchen Anlage zu stellen sind. Daß jedoch die praktische Durchführung des nämlichen Gedankens anderwärts noch weiter getrieben ist, führt z. B. die Transporteinrichtung der Hellinge von William Doxford & Sons, Ltd., in Sunderland vor Augen. Ein jeder der drei Helgen ist dort mit nicht weniger als neun parallelen Fahrbahnen für je ein laufkatzenartiges Hebezeug ausgestattet (s. Abb. 627). Der geringe Abstand dieser Bahnen voneinander, etwa $2^3/_4$ m, macht maschinelle Querbeweglichkeit der Lasthaken überflüssig. Denn das für ein Bestreichen der ganzen Hellingfläche im Höchstfalle erforderliche seitliche Ausschwingen des Hakens um nur $1^1/_2$ m ist bei einer freihängenden Seillänge von 30—40 m unschwer vorzunehmen. Weniger günstig dürfte die große Zahl der Hebezeuge meines Erachtens allerdings auf die Bedienung und die Wirtschaftlichkeit der

[1]) Vgl. Fördertechnik 1925, Heft 19.

[2]) Beim Bau des in Abb. 626 ersichtlichen Riesendampfers „Imperator“, der mit 268 m Länge und 50000 t Verdrängung bekanntlich das —zunächst — größte Schiff der Welt geworden ist, konnte man an noch schwereren Stücken sogar alle fünf Krane gleichzeitig wirken lassen, z. B. beim Einsetzen eines rund 28 t wiegenden Wellenbockes.

Abb. 625. Helling-Kranausstattung (Hamburg).

ganzen Anlage zurückwirken. Aber selbst wenn die 27 Katzen (Demag), deren jede nur von dem anhängenden Führerstand aus zu steuern ist, auch bei vollbelegten Helgen

Abb. 626. Helling-Kranausstattung (Hamburg).

nie alle gleichzeitig zu beschäftigen wären, und wenn auch eine Verteilung der Führer auf die jeweils benötigten Katzen durch eine vor sämtlichen Kopfbahnenden durchgehende Plattform verhältnismäßig schnell und einfach möglich ist, so ist doch die zeitliche und räumliche Unabhängigkeit der Lastbewegungen bei dieser Disposition nicht in gleichem Maße wie vorhin vorhanden. Die Übernahme der Einbauteile (maximal 3 t) durch die Laufkatzen erfolgt natürlich am Kopf der etwa 150 m langen Hellinge;

Abb. 627. Helling-Laufkatze (Sunderland).

Abb. 628. Helling-Krangerüst mit Treppen- und Auszugsanlagen (Belfast).

nur den äußersten Katzen können Lasten auch durch die Säulenportale längsseitig zugeführt und daselbst durch am Gerüst feste Dreharme zugeschwenkt werden. Das Bestechendste an diesem Entwurf einer Hellintransportanlage ist zweifellos, daß man für sämtliche Längswege der Lasten ausschließlich mit denkbar kleinsten Totgewichten der Transportmittel auskommt.

In ganz eigenartiger Weise ist die Frage der Hellingbedienung durch Deckenkrane bei den neueren großen Hellingen von Harland & Wolff — Abb. 628 — gelöst worden[1]). Daselbst ist zwar auch der Gedanke verfolgt, durch Dezentralisation der Transporte, d. h. durch Zuhilfenahme einer Anzahl selbständiger Transportmittel für jede Helling die gleichzeitige Bedienung mehrerer Stellen des Neubaues zu ermöglichen, indes ist die Ausbildung der Krane und deren Bewegungsfähigkeit eine von den bisher besprochenen abweichende. Die Systemskizze, Abb. 629, läßt die hier getroffene Krananordnung erkennen: Über jeder der beiden Hellinge laufen zunächst drei etwa 15 m lange Rahmen *a*, in denen je zwei normale Laufkrane *b*[2]) mit Laufkatze *c* querbeweglich sind. Während diese Vorrichtungen, die für größere Transporte längsschiffs natürlich einen beträchtlichen Kraftaufwand erfordern, dementsprechend hauptsächlich für die Bedienung hydraulischer Nietmaschinen bestimmt sind, erfolgt die Beförderung von Bauteilen durch seitlich fahrende Konsolkrane *d*, deren schwenkbare Ausleger jeden Punkt des Schiffes leicht bedienen können. Zur Unterstützung namentlich bei der Zufuhr der Bauteile läuft nun außerdem mitten über beiden Hellingen noch ein Schwenkkran *e*, dessen 41 m langer Ausleger auch seitlich lagernde Platten und dergleichen noch übernehmen kann. Auch kann er stirnseitig noch weit über die Gerüstenden hinausgelegene Stellen bestreichen und somit gewissermaßen eine Verlängerung der Hellinggerüste ersetzen. Für die Reichhaltigkeit der Kranausstattung — für jede Helling stehen 12 Lasthaken zur Verfügung — spricht deutlich auch der Umstand, daß für die Bewegung der Lasten im ganzen nicht weniger als 76 Kranmotoren mit einer Gesamtleistung von 1600 PS vorhanden sind[3]). Das Riesenhafte der Hellinggerüste, das aus den Photographien wegen der schrägen Draufsichten natürlich nicht voll zur Geltung kommt, wird durch die Angabe genügend gekennzeichnet, daß die Länge des feststehenden Gerüstbaues bei einer Gesamtbreite von fast 80 m nicht weniger als 325 m beträgt. Bezeichnend für die rapide Steigerung der Schiffsgrößen aber ist es, daß diese Hellinge, die vor anderthalb Jahrzehnt für die Fertigstellung der größten Schiffsriesen, der „Olympic“ und „Titanic“, erbaut wurden (Arrol), für ein kommendes Rekordschiff vielleicht schon zu klein sein werden. Läßt doch die Abb. 630 beim Stapellauf des damals größten Schiffes, der „Olympic“, erkennen, daß der ablaufende Schiffsrumpf schon hart die Ständer des Gerüstes streifte.

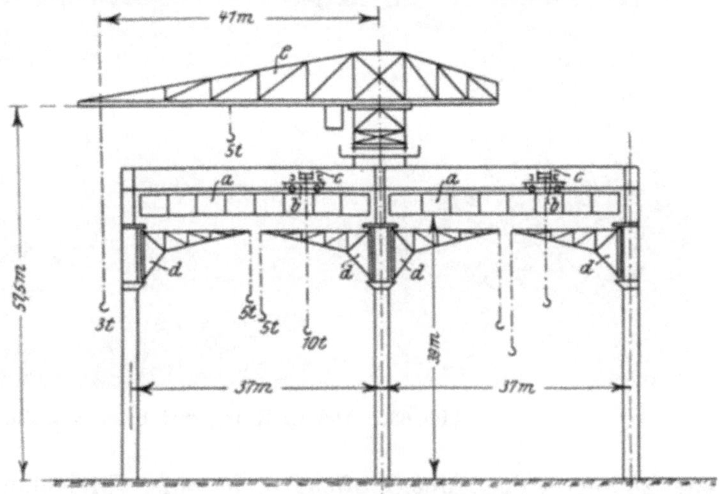

Abb. 629. Helling-Krananordnung (Belfast).

Über den Bindern der Hellinggerüste fahrende Krane sind an sich übrigens nicht neu. Zeigte doch schon die in Abb. 615 skizzierte Hellinganlage die Benutzung des Hallendaches als Fahrbahn für einen seitlich ausladenden Hellingkran *a*. Diese, wie gesagt, schon ziemlich alte Anordnung, die man in England als sogenannte „roof cranes“ ja auch für andere Zwecke häufiger antrifft[4]), hat bei den neueren Hellingen der (früher Wigham Richardson'schen) Werft von Swan-Hunter, die seit etwa 15 Jahren in Betrieb sein mögen, eine Wiederanwendung gefunden (*a*, *a* in Abb. 631). Bei einer solchen

[1]) Vgl. Engg. 1912, 5. Juli.
[2]) Nicht, wie in der Abbildung versehentlich angegeben, nur ein und auf dem Rahmen fahrender Laufkran.
[3]) Nach Laas: Z. V. d. I. 1908, S. 671.
[4]) S. die im Abschnitt über Hafenkrane abgebildeten Kaischuppen-Dachkrane.

Disposition erspart man wohl viel an den sonst für Deckenkrane über drei Hellingen erforderlichen Gerüsten, man hat dafür aber auch dieselben Nachteile in den Kauf zu nehmen, die den Betrieb der alten Kantileverkrane so wenig wirtschaftlich machten. Bei der mittleren der in Abb. 631 vorhandenen drei Hellinge, die übrigens im Gegen-

Abb. 630. Helling-Krangerüst beim Stapellauf (Belfast).

satz zu den vorgenannten offen, d. h. ohne Eindachung ist, ist die Ausbildung der Deckenlaufkrane insofern noch vereinfacht worden, als nur die Auslegerkatze des linksseitigen Kranes verfahrbar gemacht ist, wohingegen der rechte Kran mit einem fest angeordneten Schwenkausleger arbeitet. Wie es bei den englischen Ausführungen dieser Krane fast durchweg der Fall ist, ist auch hier der Führerstand unmittelbar an der Spitze des Schwenkauslegers angebracht, was wohl ein leichteres Einstellen des Hakens über der Arbeitsstelle ermöglicht, die Hub- und Senkbewegung jedoch vom Kranführer weniger leicht als bei zurückliegendem Stand übersehen läßt.

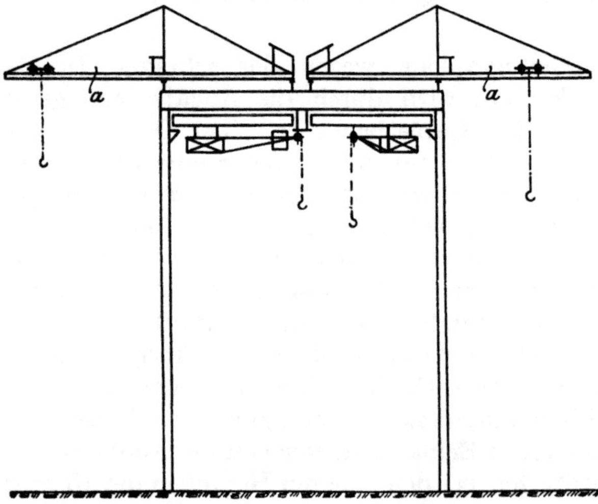

Abb. 631. Helling-Krananordnung (Wallsend).

Für nicht wenige Fälle werden die Vorzüge der aufgeführten laufkranartigen Anlagen an sich wohl anerkannt, gelten jedoch als zu teuer erkauft mit den gewaltigen Gerüstmassen. Der in Abb. 632 und 633 skizzierte Vorschlag des Verfassers versucht nun mit einer für Hellingzwecke neuartigen Ausbidung der Transporteinrichtung, unter Beibehaltung der Hauptvorzüge über Schiff laufender Kleinkrane, die in der kostspieligen und umständlichen Gerüsterstellung ihrer Fahrbahn gelegenen Nachteile möglichst zu mildern und solche

Kleinkrane damit auch für Werften benutzbar zu machen, die derart teuere Gerüsthallen nicht errichten können. In der äußeren Form des weitreichenden Gerüstes für die Windwerkskatzen wohl dem Doppelauslegerbockkran (Kantileverkran, Abb. 445) ähnelnd, bezweckt die vorgeschlagene Transporteinrichtung durch die jedoch feststehende Verwendung dieses dementsprechend längs über Helling gestellten Gerüstes, der Anlage die früher besprochenen Nachteile jener fahrbaren Kranriesen zu nehmen. Daß die Notwendigkeit, ja die Möglichkeit ausgeschlossen ist, schwere Gerüstmassen zu bewegen, daß die Aufnahme sowie der Längs- und Quertransport der Lasten vielmehr lediglich durch leichte Drehauslegerlaufkatzen unter Wahrung deren völliger Bewegungsfreiheit erfolgt, dürfte auf die Wirtschaftlichkeit des Betriebes nicht minder günstig einwirken, als die durch die auskragende Gerüstform mögliche Gewichtsersparnis auf die Anlagekosten. Letzteren kommt ferner natürlich die mit dem Fortfall der zahlreichen Fahrbahnquerträgerstützen vereinfachte Fundamentierung zustatten. Durch die Vereinigung der vielen Gerüstständer und Querträger in einem einzigen Stützbock wird die Forderung einer guten Ausnutzung der ruhenden Konstruktionen, einschließlich der Fundamente, durch die Nutzlast in hohem Maße erfüllt; denn jene festen Konstruktionen werden zur Aufnahme der von der Nutzlast bzw. den Windwerkskatzen herrührenden Kräfte beständig herangezogen, wohingegen bei den vorigen Anlagen mit festen Fahrbahnen das Konstruktionsmaterial von Gerüst und Fundamenten nur an dem jeweiligen Standort des Kranes ausgenutzt wird. Während Abb. 632 eine für Schiffslängen bis etwa 100 m in einfachster Weise ausführbare Form einer derartigen Transportanlage darstellt, die bei Verwendung zweier Katzen (eventuell noch einer mittleren Laufwinde) nicht sowohl beide Schiffshälften unabhängig versorgen, als auch über Kiel mit beiden Haken gemeinsam arbeiten könnte, ließ sich derselbe Grundgedanke durch Hintereinanderstellen zweier solcher Bockauslegergerüste konstruktiv auch auf längere Hellinge übertragen[1]). Durch die dann erforderliche Vermehrung der Stützportale beginnt diese Konstruktion sich den üblichen Hellinggerüsten jedoch wieder zu nähern, so daß die gleichsam in dem Zusammenschrumpfen der Gerüstbauten begründeten Vorteile des in Rede stehenden Prinzipes am auffallendsten für kürzere Helgen in die Erscheinung treten dürften.

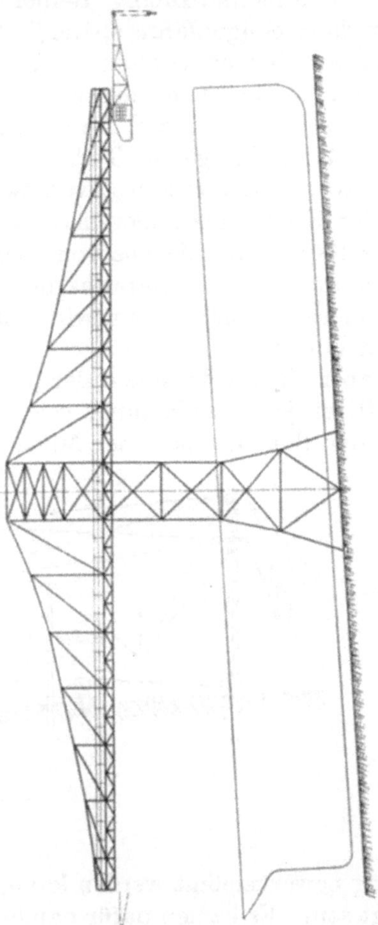

Abb. 632.

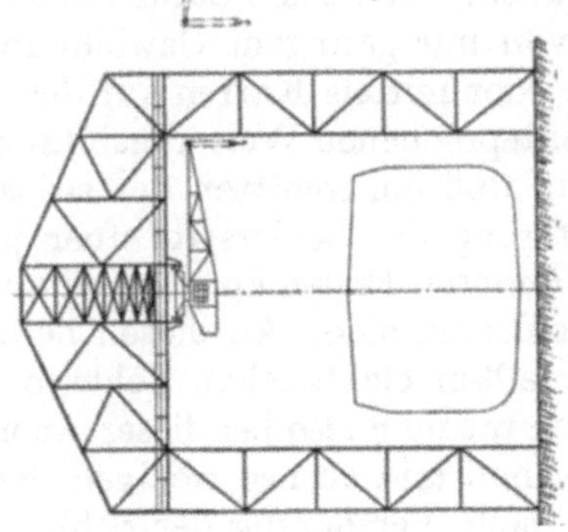

Abb. 633.

Abb. 632 und 633. Krananlage mit feststehendem Ausleger-Stützbock für kleinere Hellinge.

Die bei den bisher betrachteten Anlagen mit über Schiff laufenden Katzen wohl mehr oder weniger, aber doch unter allen Umständen erforderlichen seitlichen Stützkonstruktionen lassen den Ersatz stützbedürftiger Schienenfahrbahnen durch freigespannte Seilfahrbahnen für seitlich beengte Hellinge besonders wertvoll erscheinen.

[1]) Verschiedene derartige Ausführungsmöglichkeiten sind veranschaulicht im Jahrb. Schiffsbaut. Ges. 1909, S. 524 u. ff.

Um so mehr, als hierbei auch die allgemein ja in den geringen Konstruktionsgewichten von Seilbahnen begründeten und bekannten Vorzüge gewonnen werden[1]).

Die ersten Hellingseilbahnen dürften gegen Ende des vorigen Jahrhunderts auf amerikanischen Werften zur Ausführung gekommen sein (z. B. bei den Bath-Iron Works, der Eastern Shipbuilding Co. u. a.); eine englische Werft (Palmers) und einige deutsche Werften (Schichau-Elbing, Reiherstieg, Oderwerke, Lübecker Maschinenbauges.) folgten ihnen dann einige Jahre später[2]), bis nach dem Kriege das System durch eine deutsche Rekordausführung (Deutsche Werft) seine Krönung fand.

Trotz der verhältnismäßig nur geringen Anzahl der bisherigen Ausführungen herrscht bei ihnen in bezug auf Anordnung und konstruktive Durchbildung doch eine recht große Mannigfaltigkeit: Teils ist die Seilbahn längsschiffs, teils querschiffs gespannt und dabei wieder teils fest verankert, teils verschieblich; das einemal fährt der Führer mit der Katze, das anderemal steuert er diese von einem festen Standpunkt aus und dergleichen mehr. Welche von diesen Ausführungsarten die beste ist, läßt sich natürlich wieder nicht ohne weiteres sagen. Eines schickt sich eben auch hier nicht für alle, und jede dieser Ausbildungen wird für bestimmte Verhältnisse ihre besonderen Vorteile haben können.

Daß z. B. bei der einen der obengenannten Werften zwei Drahtseilbahnen quer über die Mitten je dreier Hellinge gelegt worden sind, daß damit also nur die Hinaufbeförderung der Bauteile nach der Mitte eines jeden Schiffes und nicht auch deren Längsver-

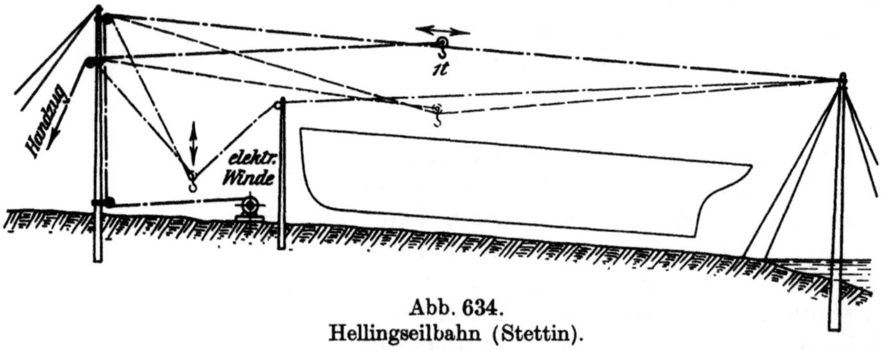

Abb. 634.
Hellingseilbahn (Stettin).

teilung bewerkstelligt werden kann, dürfte in der Art der zu erbauenden Schiffe gerechtfertigt sein. Es kamen dafür nämlich Torpedoboote von höchstens 70 m Länge und Bauteile von nur geringem Gewicht in Betracht, so daß deren kurze Längstransporte von Hand oder mittels Karren auf den Stellingen lieber in den Kauf genommen wurden, als eine entsprechende Weiterausbildung der Seilbahnanlage. Diese ist dort einfach so getroffen, daß ein inmitten der sechs Hellinge aufgestellter Gittermast zur gemeinsamen Befestigung der beiderseits über je drei Hellinge gespannten Tragseile dient, die mit ihren anderen Enden an je einen außerhalb der Schiffbauplätze verankerten Gitterträger angeschlossen sind. An diesen befinden sich die Steuerstände für die nebenan auf Flur aufgestellten elektrischen Schlepp- und Hubseilwinden der Katzen.

Kommt man also bei dieser Anordnung für die Bedienung vieler Hellinge mit wenigen Seilbahnen und ebenso wenigen Bedienungsleuten aus, so erfordert eine vollkommenere maschinelle Versorgung der Schiffbauplätze mit längsverlegten Seilbahnen im allgemeinen auch eine entsprechende Vermehrung der genannten Faktoren. Eine Anlage dieser Art, die sich im übrigen durch äußerste Einfachheit und Billigkeit der Anschaffung auszeichnet, wurde bis vor kurzem nach Abb. 634 in vierfacher Ausführung von den Stettiner

[1]) Über Kabelkrane s. u. a. Buhle: Dt. Bauzg. 1913, Nr. 79; Riedig: Fördertechn. 1922, S. 195 u. ff.; Buhle: Bautechn. 1924, S. 277 u. ff.

[2]) Kabelkrane im allgemeinen sind schon in den 80er Jahren des vergangenen Jahrhunderts in Amerika ausgeführt worden, in Deutschland erstmalig i. J. 1902 und zwar von Unruh & Liebig für den Granitsteinbruch in Demitz-Thumitz.

Oderwerken benutzt[1]). Die ganze Einrichtung zum Transport bis 1 t schwerer Teile bestand danach aus einer kleinen, neben jeder Helling aufgestellten elektrischen Winde (ca. 5 PS), deren Lastseil über die Fuß- und die Kopfrolle eines landseitigen Holzspiers geführt und an der Spitze eines wasserseitigen Spieres befestigt ist. Dieses so über Schiffsmitte, mit Fall nach dem Wasser zu, gespannte Seil diente zugleich als Fahrbahn und als Hubseil für eine Hakenflasche, die ein Handseil darauf landwärts ziehen oder wasserwärts selbsttätig abrollen lassen konnte. Die Lastaufnahme erfolgte, nachdem die Hakenrolle über den kopfseitigen Zufuhrplatz gezogen war, vermittels der Winde durch Nachlassen und Wiederanziehen des Tragseiles. Als einfachstes Mittel gegen ein Aufliegen des nachgelassenen Hubseiles auf die Schiffs- und Stellingbauten diente ein quer vor diesen befestigter Holzstamm, gegen ein Zustraffziehen des Seiles ein an diesem angebrachter Vermerk. Die Querbewegungen der Lasten von Mitte Schiff nach den seitlichen Einbaustellen geschahen unter Ausnutzung der Seilnachgiebigkeit gleichfalls von Hand. Natürlich beschränkt der überwiegende Anteil von Menschenarbeit bei den Transporten die Leistungsfähigkeit einer solchen Anlage, die zudem einen provisorischen Charakter dadurch erhält, daß die wasserseitige Stützung bei jedem Neubauwechsel entfernt und wieder errichtet werden muß. Immerhin sollen diese einfachen Transporteinrichtungen daselbst für den Bau von Schiffen bis etwa 90 m Länge und 13 m Breite während langer Jahre recht zufriedenstellende Dienste geleistet haben.

In vervollkommneter Art bedient sich nach Abb. 635 bis 638 das Lübecker Travewerk seit einigen Jahren einer Seilbahn zum Bau größerer Schiffe, die eine Benutzung über einer Bodenfläche von 120 m Länge und 14 m Breite gestattet. Von den Masttoppen der auf Betonsockeln ruhenden eisernen Portale führen seitlich und rückwärts stählerne Stage zu den in die Erde eingelassenen Betongegengewichten. Auf den von Portal zu Portal seitlich gespannten Tragseilen (34 mm ∅ Tiegelgußstahldraht) können die Katzen durch ein Fahrseil (10 mm ∅) mit einer Geschwindigkeit von 1,15 m/sek hin und her bewegt werden, ein drittes Seil dient zum Hieven und Fieren der Last mit 0,33 m/sek Geschwindigkeit. Die Winden werden durch zwei Elektromotoren von je 5 PS angetrieben, die in den Führerhäuschen am Fuße des landseitigen Portals untergebracht sind. Bei fortgeschrittenem Bau des Schiffes kann die Bedienung auch von den beiden hoch gelegenen Führerständen am Portal aus geschehen. Die Hubhöhe in der Mitte der Bahn beim größten Durchgang beträgt 14 m bei einer Last von 1,5 t, gleichzeitig in beiden Laufkatzen hängend. Die Katzen können ebensowohl einzeln wie gemeinsam benutzt werden; sie beherrschen nicht nur den eigentlichen Schiffbauplatz, sondern, vermöge der Seilspannweite, zweckmäßig auch den vorgelagerten Materialablageplatz. Da diese Hellingseilbahn, die die Werft sich selbst erbaut hat, seit mehreren Jahren einwandfrei arbeitet, soll auch die noch vorhandene zweite Betonhelling für den Bau größerer Schiffe in gleicher Weise ausgestattet werden.

Eine noch weitergehendere Ausbildung der Hellingseilbahn besitzt die Reiherstieg-Schiffswerft. Dort wurde bei der bereits vor etwa zwei Jahrzehnten begonnenen Modernisierung der Hellingtransporte die Wahl durch die überaus große Platzbeschränktheit mit Notwendigkeit auf ein solches System gedrängt, das diese Transporte einerseits in die Luft verlegt und andererseits eine Platz beanspruchende Seitenzufuhr des Materials vermeidet. Da weiterhin auch die Aufstellung fester Gerüste den kärglichen Raum, namentlich zwischen den Helgen, noch empfindlich beschnitten haben würde, entschloß man sich damals zur Anlage von Kabelkranen, die sämtliche der vorgenannten Bedingungen erfüllen. Zunächst nur für eine Helling; erst später folgte — nach fast zweijähriger Erprobung der ersten Anlage — die Inbetriebnahme einer gleichartigen Seilbahn auch für die zweite Helling. Die Anordnung, die Arbeitsweise und nicht zuletzt auch das leichte, luftige Aussehen der ganzen Anlage[2]), die eine Hellinggrundfläche

[1]) Diese Seilbahnanlagen sind Anfang 1924 ersetzt worden durch zwischen den Hellingen auf Hochbahnen laufende elektrische Drehkrane.

[2]) Die Pläne rühren von dem Zivilingenieur A. Böttcher, die Ausführung der Winden und Katzen von der Demag her. Eine ausführliche Beschreibung der Anlage ist enthalten in Z. V. d. I. 1908, S. 1829 u. ff.

von rund 6000 qm bedient, geht aus Abb. 639 hervor: Die Tragseile für die Lastkatzen verlaufen mit etwa 160 m freier Spannweite parallel zur Schiffslängsachse und finden ihren Halt beiderseitig an eisernen Masten, die auf der Landseite in lotrechter, auf der Wasserseite dagegen in geneigter Stellung verankert sind, um hier mit dem Ende der Katzenbahn noch über den durch das nahe Ufer zurückgedrängten Fußpunkt der Masten hinauszureichen. Es ist dies um so erwünschter, als die nutzbare Länge der Fahrstrecke an der Wasserseite durch den nach beiden Mastspitzen geleiteten Doppelanschluß jedes Tragseiles merklich verkürzt wird. Dieser kreuzseilige Anschluß verhindert aber zweckmäßig jede zusätzliche Biegungsanstrengung der wasserseitigen Gerüstkonstruktion, wie sie bei unmittelbarem Seilanschluß an die rund 20 m lange Kopftraverse der Masten — diese sind hier ja zur Freihaltung des Stapellaufprofiles um fast das Doppelte der Landmastendistanz auseinander gerückt![1]) — in empfindlicher Weise auftreten würde. Auf Grund der mit dieser Seilführung erzielten wesentlichen Gewichtsersparnis der Portale muß jene auch als ein wesentliches und vorteilhaftes Merkmal dieses Seilbahnsystems angesehen

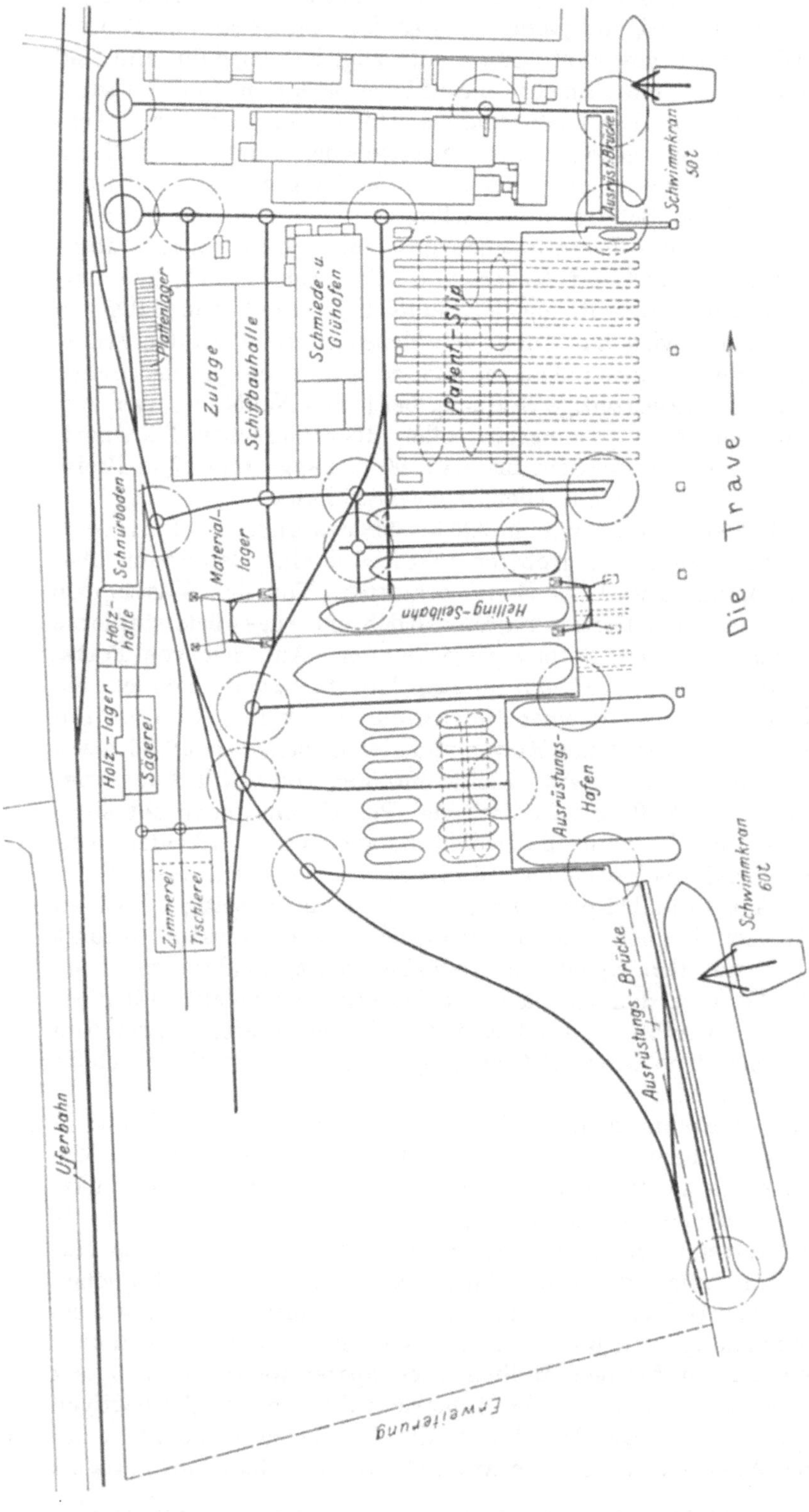

Abb. 635. Werftplan (Lübeck).

[1]) Desgl. ist die Traverse gegen die ursprüngliche, abgebildete Lage inzwischen noch wesentlich höher gelegt worden.

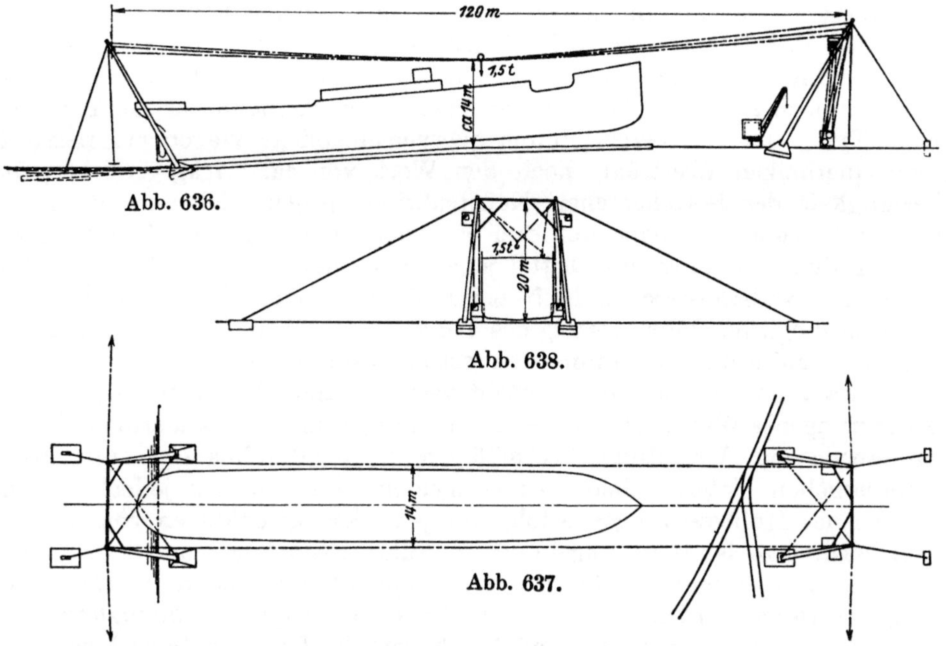

Abb. 636.

Abb. 638.

Abb. 637.

Abb. 636 bis 638. Hellingseilbahn (Lübeck).

Abb. 639. Hellingseilbahnen (Hamburg).

werden. Denn hierdurch wird in hervorragendem Maße das Verhältnis der toten Stützkonstruktionsgewichte zu der Größe und Tragkraft der Anlage günstig beeinflußt und werden weiterhin deren Anschaffungs- und Aufstellungskosten nach Möglichkeit gemindert. Diese Tatsachen finden bei dieser Anlage einen ziffernmäßigen Ausdruck auch darin, daß das Gewicht der Eisenkonstruktion pro Quadratmeter vom Haken bestrichener Hellinggrundfläche und pro Tonne Nutzlast nur 3,7 kg beträgt, während es z. B. bei der noch zu besprechenden Hendersonschen Seilbahn auf der Palmerswerft in Jarrow-on-Tyne, die den Seilzug durch querverschiebliche Wagen auf riesige Fachwerks-Doppelquerbalken überträgt, noch den Wert von ca. 5,7 kg erreicht. Die absolute Leichtigkeit der Böttcherschen Konstruktion spiegelt sich auch darin wieder, daß die Gesamtkosten der sogar auf drei Fahrstränge erweiterten Hamburger Neuanlage alles in allem nur etwa ein Drittel jener englischen Anlage betragen haben.

Auf jeder der Seilbahnstrecken läuft bei Reiherstieg eine Katze für 2 t Nutzlast, der zwecks größtmöglicher Verringerung des Totgewichtes nicht von einer mitfahrenden, sondern von einer am Fuße der Landmasten fest aufgestellten Winde eine Fahrgeschwindigkeit von etwa 100 m in der Minute erteilt werden kann. Dagegen trägt jede Katze ihr eigenes gedrungenes Windwerk, um — wie man annahm — die andernfalls bei so großen Katzenwegen zur Verhütung übermäßigen Hubseildurchhanges außerordentlich schwer erforderlichen Unterflaschen[1]) zu vermeiden. Das Steuern jedoch sowohl der Fahr- als auch der Hubbewegungen erfolgt für jede der Seitenkatzen von dem an der zugehörigen Mastspitze landseits angebrachten Führerhause aus, von dem namentlich die senkrechten Lastbewegungen durch die naturgemäß erleichterte Distanzschätzung besonders gut verfolgt werden können. Im übrigen muß die Verständigung zwischen den beiden Führern und dem zum An- und Abschlagen der Lasten nötigen Leuten mittels verschiedenfarbiger Fähnchen für die einzelnen Fahrstrecken erfolgen.

Die mit dem Aufkommen der Hellingseilbahnen entstandene Befürchtung, das durch die vertikale Nachgiebigkeit einer so langen Seilstrecke hervorgerufene Tänzeln der Last werde die Schiffbauarbeiten erschweren oder verzögern, hat sich, wie übrigens schon bei den Anlagen in Jarrow und auch bei den späteren Ausführungen, auch hier bei Reiherstieg als ungerechtfertigt erwiesen. Vermöge dieser Nachgiebigkeit braucht vielmehr eine Platte, beispielweise, nur angenähert in ihre Einbaustellung gesenkt zu werden, um dann ohne sonstiges Kranmanöverieren bzw. Ingangsetzen der Winde einfach und schnell mit Hilfe eines Dornes od. dgl. in die endgültige Lage gebracht zu werden. Desgleichen hat sich auch der die ganze Reiherstieganlage zweifellos sehr vereinfachende Fortfall einer maschinellen Querbeweglichkeit der Katzen nicht als ein Mangel für die Arbeitsfähigkeit herausgestellt, da die Ausführung der Laufkatzen und die Einhängung der Schleifleitungen für die hier in Frage kommenden Schiffsbreiten ein genügendes seitliches Abziehen des Lasthakens leicht zuläßt[2]).

Eine dieser Reiherstieganlage nicht unähnliche Einrichtung besitzt, allerdings in sehr primitiver Durchbildung, auch die Lübecker Maschinenbaugesellschaft. Diese bewerkstelligt die Beplattung der Schiffskörper von Schwimmbaggern auf zwei Hellingen, die von je zwei Seilbahnen der Länge nach überspannt werden. Die beiden Drahtseile jeder Helling schließen sich land- und wasserseitig fest an je eine schräge Holzstütze an, die an ihren Kopfenden wieder durch einen Querbaum miteinander verbunden sind. Der Antrieb für die Hub- und Fahrbewegung jeder Katze (2,2 t) erfolgt durch einen gemeinsamen Elektromotor (3 PS) von einem unter jeder kopfseitigen Stütze aufgestellten Winden- und Führerstande aus.

Der beste Beweis für die Eignung des Kabelkransystems ist die Tatsache, daß die Reiherstiegwerft im Jahre 1920 auch für zwei neue Hellinge wiederum eine Seilbahnanlage[3]) gewählt hat. Die Abb. 640 und 641 zeigen diese beiden neuen Kabelkrane (Bleichert) in einer Gesamtansicht — bei der im Hintergrund auch die vorbeschriebene

---

[1]) Daß diese Annahme nicht unbedingt richtig ist, beweist die Ausbildung der nachbeschriebenen neueren Anlagen mit feststehenden Windwerken.

[2]) Der nachträglich über Kiel angeordnete dritte Fahrstrang soll hauptsächlich zum Einlassen früher erst nach dem Stapellauf an Bord gebrachter Gegenstände dienen, wodurch man keine der seitlichen Transportkatzen festlegen will.

[3]) S. a. Bruckmann: Schiffbau, XXIII. Jahrg. Nr. 22/23.

ältere Anlage zu erkennen ist — bzw. mit einer landseitigen Stütze. Wenn auch das in der Verwendung leichter und elastischer Seile als Katzenfahrbahn liegende Wesen — außer der schon aus den Bildern ersichtlichen baulichen Anordnung — bei der neuen wie bei der alten Anlage das gleiche ist, ist die neue Anlage doch insofern auch grund-

Abb. 640. Hellingkabelkrane (Hamburg).

sätzlich abgeändert worden, als die ursprüngliche Anordnung des Hubwerkes auf der Laufkatze durch dessen feste Aufstellung (zu ebener Erde) ersetzt worden ist. Das früher befürchtete zu starke Durchhängen eines normalen und noch handlichen Hakengeschirres ist durch Zuhilfenahme sogenannter Reiter verhindert, bügelförmiger Elemente, die, durch die Laufkatze verschoben, auf einem besonderen „Knotenseil“ in bestimmten

Abständen selbsttätig sich absetzen und dadurch eine Stützung des ausgefahrenen Hubseiles bewirken. (Die Abb. 642 und 643 lassen die Wirkungsweise solcher Reiter erkennen, die infolge ihrer verschieden großen Ösen A, A' usw. durch die gleichfalls verschieden großen Knoten B, B' usw. beim Verfahren der Katze K auf dem Knotenseil abgesetzt werden.) Durch die Verlegung der Winden von den Katzen in feste Stände werden betriebliche Vorteile in weitgehendem Maße erreicht: Zunächst wird das Katzengewicht bedeutend verringert und eine höhere Fahrgeschwindigkeit [1]) bei vollkommenerer Manövrierfähigkeit mittels feinfühliger Handbandbremse ermöglicht, sodann entfällt mit dem Wegfall der Schleifleitungen die mit einem etwaigen Reißen derselben verbundene Gefährdung der Arbeiter sowie überhaupt eine Beeinträchtigungsmöglichkeit der Leitfähigkeit durch Reif und Schnee, und endlich ist eine leichtere und bessere Wartung der Winden möglich.

Abb. 641. Landseitiger Stützturm der Helling-Kabelkrananlage (Hamburg).

Über der einen der beiden neuen Hellinge sind (mit 5 m Abstand) zwei Kabelbahnen von je 167 m Spannweite, über der anderen (mit 5,5 m Abstand) drei Kabelbahnen von je 118 m angeordnet. Das wasserseitige Portalgerüst hat bei einer Höhe von rund 35 m eine Stützweite von 38 m; die beiden landseitigen Turmgerüste haben rund 30 m Höhe und 11 bzw. 5 m Stützweite. Die Verankerung dieser vertikalen Türme hat wegen der Platzbeengung auf dem Werftgelände — s. Abb. 641 — erhebliche Schwierigkeiten bereitet, so daß die Halteseile durch die Dächer und Innenräume der angrenzenden Gebäude geführt werden mußten. Die Winden — Katzenzug- und Hubwinden — sind in Flurhöhe in einem Hause hinter den landseitigen Portalen untergebracht; die Steuerung aber erfolgt für jede Katze von einem auf dem landseitigen Portal oben ein-

[1]) Mit der Katzfahrgeschwindigkeit ist man bei Kabelkranen auch bei uns schon bis 7 m/sek gegangen z. B. bei den von der Allgemeinen Transportanlagengesellschaft, Leipzig, für die Schwarzenbach-Talsperre gebauten Kranen; andere Firmen gehen jedoch über 4 m nicht hinaus, um die Stöße der Reiter gegen die Knoten des Knotenseiles nicht zu stark werden zu lassen.

gebauten Führerhäuschen aus. Die Laufkatzen haben eine Tragfähigkeit von je 2 t, eine Fahrgeschwindigkeit von 120 m und eine Hubgeschwindigkeit von 40 m/min.

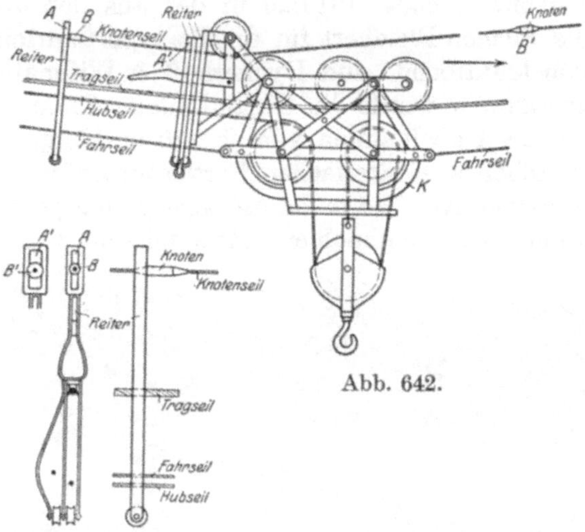

Abb. 642.

Abb. 643.

Abb. 642 und 643. Schema einer Kabelkrankatze.

Es erscheint selbstverständlich, daß das bei der Ausbildung laufkranartiger Helling-Transportanlagen festzustellende Bestreben, den Schiffbauplatz durch eine größtmögliche Anzahl unabhängig voneinander arbeitender Hebezeuge zu beherrschen, auch in der Entwicklung der Helling-Seilbahnen sich geltend gemacht hat. Konnte eine solche Entwicklung etwas schon bei den bisher betrachteten Ausführungen wahrgenommen werden, so tritt sie bei der neuesten großen Hellinganlage der Deutschen Werft in Hamburg in ganz auffallendem Maße in die Erscheinung, wo die Unterteilung eines jeden Schiffbauplatzes in nicht weniger als acht, durch je eine Kabelkrankatze zu bearbeitende Streifen vorgenommen ist. Die Abb. 644 läßt in dem Lageplan der ganzen Werft rechts die Anordnung der drei Großhellinge erkennen, auf denen vorzugsweise Schiffe von 8000 t Tragfähigkeit aufwärts gebaut werden[1]). Für die Wahl des Hellingkransystemes war außer der Rücksicht auf Geringhaltung der Anlagekosten[2]) vor allem die Forderung maßgebend, daß die Krane auch den großen Materiallagerplatz vor den Hellingen zu bedienen haben. Auf diesem wird das hauptsächlich von

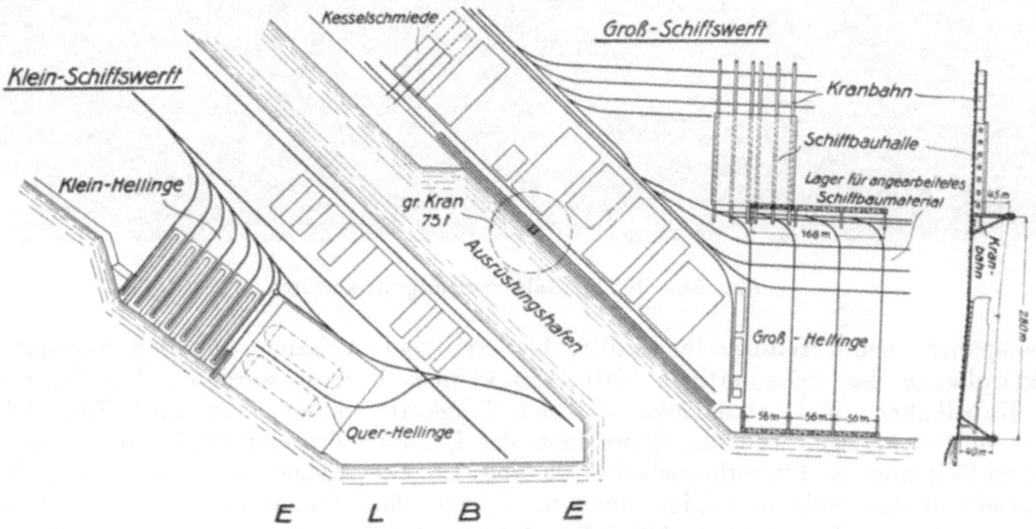

Abb. 644. Werftplan (Hamburg).

der Gutehoffnungshütte-Oberhausen mit der Eisenbahn fertig vorbearbeitet ankommende Schiffbaumaterial gelagert. Gleichzeitig ergab die beste und billigste Aufteilung

[1]) Vgl. Scholz: Jahrb. Hafenbau. Ges. 1921.

[2]) Die Kosten der vorliegenden Anlage hatten sich beim Kabelkransystem unter Berücksichtigung der Fundierungen zu nur etwa $^2/_5$ derjenigen ergeben, die eine durch ein starres Laufkrangerüst überbaute Anlage erfordert hätte; der Eisenbedarf stellte sich dabei sogar nur auf $^1/_5$ des letzteren Falls Erforderlichen; dgl. auch, entsprechend den zu montierenden Eisengewichten, die Bauzeit. Auch ist während der Montage der ja nur an den Enden der Hellinge aufzustellenden Gerüste die gleichzeitige Herstellung der letzeren und auch die Stapelung der ersten Schiffbauteile (unter Benutzung aushilfsweiser Transport- und Hebemittel) möglich.

des Werftgeländes die Anordnung der eigenen Schiffbauhallen hinter den Hellingen, so daß, unter Einschluß der Anfuhr- und Ablagerungsplätze, die Hauptrichtung der Hellingtransporte ausgesprochen in deren Längsachse sich ergab. Als Folge wieder aller solcher Überlegungen hat sich dann das Kabelkransystem als das geeignetste ergeben. Die Ausführung erfolgte 1919/20 in der aus den Abb. 645 und 646 ersichtlichen Art[1]) durch die Firmen Bleichert für die Transporteinrichtungen, Gutehoffnungshütte für die Eisenkonstruktionen und Dyckerhoff & Widmann für die Eisenbetonarbeiten; in Betrieb genommen wurde die Gesamtanlage Ende September 1920. Die Gesamtanlage besteht aus 24 Kabelbahnen von je 280 m Länge, die im gegenseitigen Abstand von 6,5 m zwischen zwei dreifachen Portalstützen von 3 × 56 m = 168 m Gesamtweite und 40 m wasserseitiger, 45 m landseitiger Höhe gespannt sind. Durch die gesamte Kabelkrananlage wird demnach eine Arbeitsfläche von 168 m × 280 m, das sind mehr als 47000 qm,

Abb. 645. Helling-Kabelkrananlage (Hamburg).

überspannt; neun Hellinge für Schiffe bis etwa 240 m Länge mit den zugehörigen Lagerplätzen des einbaufertigen Materiales können bedient werden. Auf jeder der 24 Kabelbahnen läuft eine Katze von 4 t Tragkraft, deren Fahr- und Hubantriebe sich im rückwärtigen Teil des Querträgers des Landportales befinden[2]); in dessen vorderem Teil sind die Führerhäuschen — je eines für zwei Krane, die so u. U. von einem einzigen Manne bedient werden können — mit den Steuerapparaten und Standanzeigern untergebracht (Abb. 647). Die Arbeitsgeschwindigkeiten betragen 160 m/min für das Katzfahren und 40 m/min für das Heben; der Windenantrieb erfolgt durch einen 40 PS-Motor für jede Laufbahn. Nötigenfalls können auch mehrere Katzen mittels Querbalken (s. Abb. 649) zum Transportieren größerer Lasten, wie Schotten, Decksaufbauten und schweren Winden, verbunden werden. Die feste Anordnung des Führerstandes auf dem hohen Portale[3]) ermöglicht im allgemeinen natürlich einen guten

[1]) Ein mit der Ausführung im wesentlichen sich deckendes Projekt ist von dem durch die Werft hinzugezogenen Zivilingenieur Anton Böttcher in Hamburg ausgearbeitet worden.

[2]) Nähere Konstruktionsangaben finden sich im „Zentralbl. Bauverw." 1921 Nr. 93.

[3]) Außer Treppen in jeder Landstütze vermittelt ein im Endturm eingebauter Personen- und Lastenaufzug den Verkehr zwischen Werftflur und Werftgalerie.

Überblick über den ganzen großen Arbeitsplatz, wenigstens bei günstigeren Witterungen[1]; sie gestattet auch (im Vergleich zu dem beispielsweise bei Laufkranen mit dem Lasthaken mitfahrenden Führerstand) eine sicherere Abschätzung der senkrechten Entfernungen. Sie hat andererseits jedoch den Nachteil, daß dem Kranführer durch Schottenwände oder Decksaufbauten die Sicht nach der Einbaustelle genommen

Abb. 646. Helling-Kabelkrananlage (Hamburg).

werden kann. In solchen Fällen muß man sich, ebenso wie bei etwas unsichtigem Wetter, durch Zwischenleute, die die Signale weitergeben, helfen. Bei ganz nebligem Wetter kann man natürlich weder mit diesem noch mit irgendeinem anderen Kransystem arbeiten.

[1]) Die allgemeine Vorbedingung für die Zweckmäßigkeit der Führerstandanordnung ist, daß der Führer das Licht im Rücken hat.

Diese Kabelkrananlage — die übrigens die größte ihrer Art auf der Welt ist — hat sich in nunmehr vierjährigem Betriebe durchaus bewährt. Von den 24 Tragkabeln (vollverschlossene Seile von 45 m/m ∅) hat bisher noch nicht ein einziges ausgewechselt zu werden brauchen[1]); auch die Fahr- und Hubseile waren nur ganz vereinzelt auszuwechseln. Die Erhöhung des landseitigen Portales gegenüber dem wasserseitigen um etwa 8 m — zu dem 5 m betragenden Höhenunterschied der Gerüstkonstruktionen kommt noch ein Betrag von 3 m, um den die wasserseitigen Fundamente tiefer liegen — verleiht den Katzen in der Lastförderrichtung in sehr zweckmäßiger Weise ein kraftsparendes Gefälle, während für den dafür wohl mehr Kraft verbrauchenden Rücktransport in der Regel doch nur die unbelastete, leichte Katze — von nur 1,1 t Eigengewicht — in Betracht kommt. Diese Möglichkeit wirtschaftlich günstiger Fahrbahnverlegung ist übrigens ein weiterer grundsätzlicher Vorzug des Kabelkransystems mit seiner zwangläufigen Katzenbewegung mittels Fahrzugseilen; bei der Adhäsionsbewegung von Schienenlaufkatzen oder -kranen ist solches in gleichem Maße bekanntlich nicht durchführbar. Auch die bei diesem Mehrkabelkran-System bestehende Moglichkeit eines Quertransportes der Last vermittels des Schiefziehens des Hakens ist bei dem starren Kransystem nicht in dem Maße vorhanden, weil diesfalls das Seil aus den Rillen der Hubtrommel leicht herausspringen kann. Als besonders günstige Auswirkung der Weitspannbarkeit der Kabelbahnen hat es sich im vorliegenden Fall, wie bereits angedeutet, ergeben, daß letztere auch die aus der Schiffbauhalle ausfahrenden Werkstättenkrane überspannen und dadurch eine unmittelbare Aufnahme und Weiterbeförderung der dort

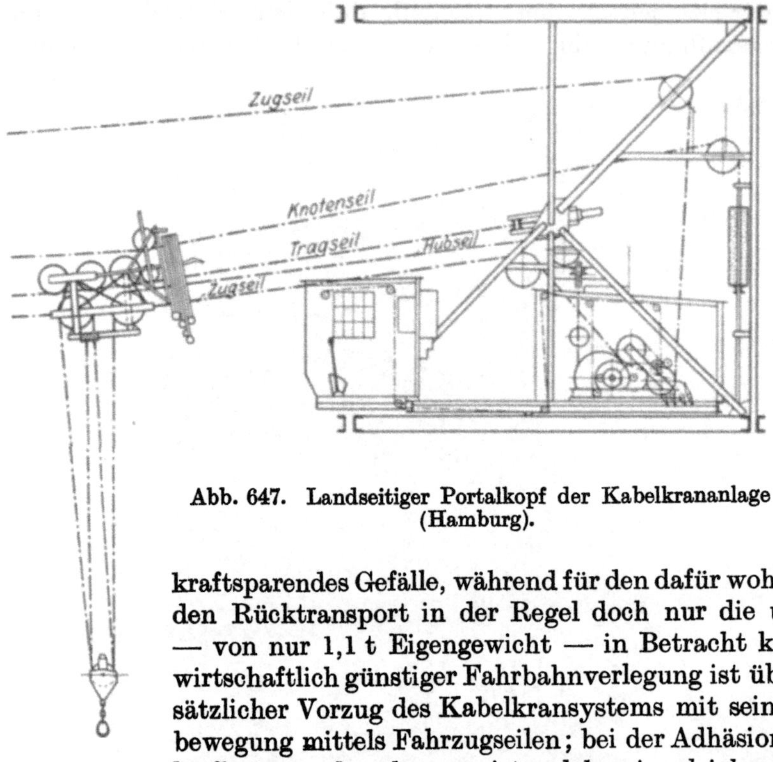

Abb. 647. Landseitiger Portalkopf der Kabelkrananlage (Hamburg).

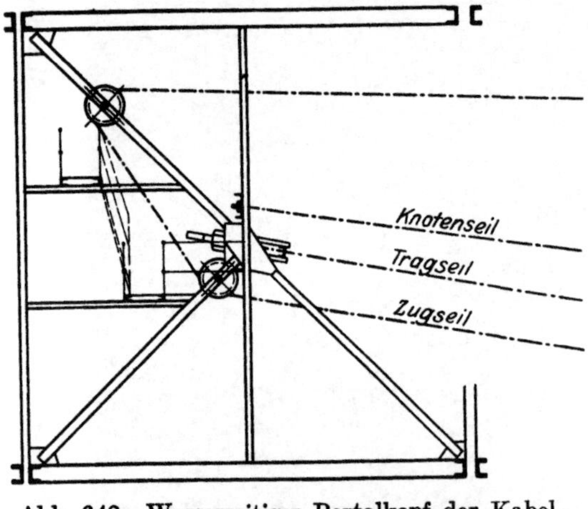

Abb. 648. Wasserseitiger Portalkopf der Kabelkrananlage (Hamburg).

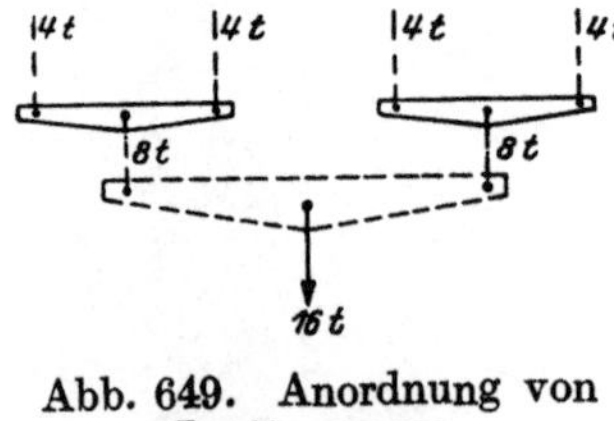

Abb. 649. Anordnung von Lasttraversen.

[1]) Zweckmäßige Behandlung ist für lange Haltbarkeit selbstverständlich Voraussetzung: So werden die Tragseile alle 3 Tage mit Diaporin eingeschmiert (durch einen auf dem Katzenpodest mitfahrenden Mann), die Fahr- und Hubseile ständig durch eine automatische Tropföleinrichtung; bei eintretender Abnutzung der oberen Lauffläche des Tragkabels wird dieses etwas gedreht, so daß wieder eine unverbrauchte Seil oberfläche zur Wirkung kommt usw.

bearbeiteten Teile vornehmen können (vgl. Abb. 645). Auch bei dieser vielgliedrigen Anlage hat sich im Betriebe als besondere, zweckdienliche Eigentümlichkeit die durch die Verwendung und Aufhängung der Tragseilfahrbahnen bedingte Elastizität ergeben, die gerade bei Hellingsarbeiten das Einpassen der Arbeitsstücke an Bord wesentlich erleichtert und beschleunigt. Es hat sich auch hier gezeigt, daß es, im Gegensatz zu Kranen mit starrer Laufbahn, beim Kabelkran nicht notwendig ist, die Last genau auf Stellung zu bringen. Die Arbeiter können vielmehr auch die schwersten Platten durch in die Nietlöcher eingesteckte Dorne über die jeweilige Hängelage hinaus heben und senken und dadurch in die Richtlage einpassen. Durch dieses Verfahren werden die sonst durch das Einstellen der genauen Höhenlagen der Last mittels des Hubwerkes entstehenden Zeitverluste vermieden, also eine Verkürzung der Bauzeit mit dem Kabelkran ermöglicht.

Eine Abänderung der bisher betrachteten Bauart stellt die Hellingbahn bei Palmers in Jarrow o. T. (Henderson-Aberdeen) — eine der ersten Hellingseilbahnen überhaupt! — dar[1]). Und zwar insofern, als zunächst die Fahrbahnen der Lasthaken querschiffs verschieblich gemacht und dadurch die Gesamtbreite jedes Schiffes auch theoretisch voll-

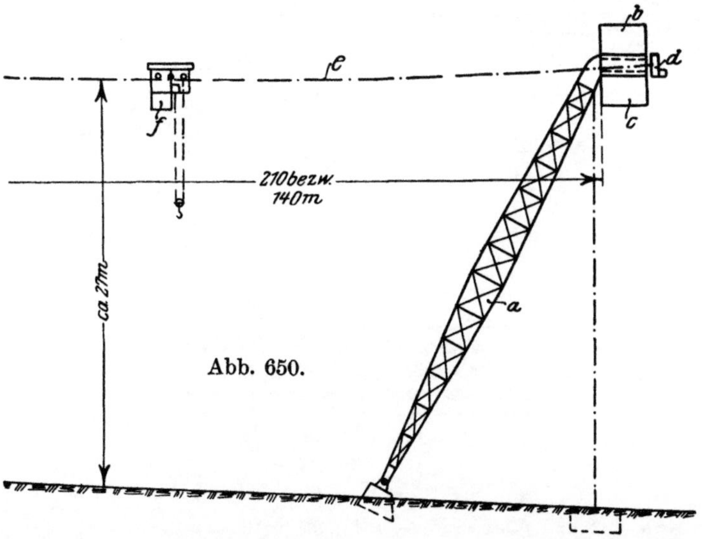

Abb. 650.

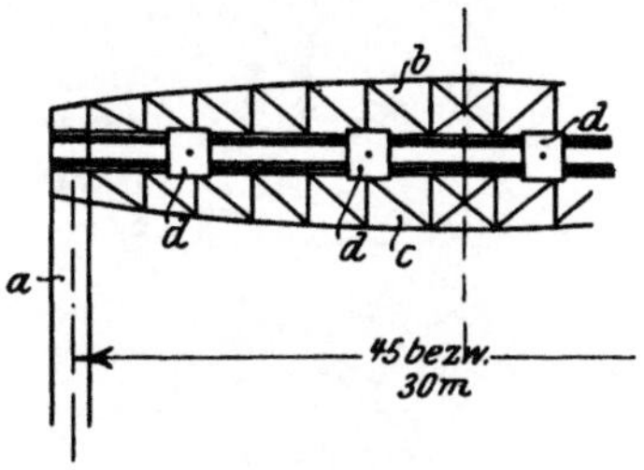

Abb. 651.

Abb. 650 und 651. Fahrbare Helling-Seilbahn (Jarrow).

kommen in den Arbeitsbereich des Transportmittels gebracht ist und weiter insofern, als durch das Mitfahren des Windenführers eine bessere Bedienbarkeit auch bei beliebig langen Schiffen erstrebt ist[2]). Die grundsätzliche Anordnung dieser englischen Hellingseilbahn geht aus den Abb. 650 und 651 hervor; das die 3 t-Führerlaufkatze *f* tragende Drahtseil *e* ist mit seinem land- und seinem wasserseitigen Ende an je einem Wagen *d* befestigt, der längs zweier Träger *b*, *c*, die die oberen Enden der Gitterstützmaste *a* verbinden, elektrisch verfahrbar ist. Entsprechend dieser weitergehenden Durchbildung sind die Anschaffungskosten solcher Hellingseilbahnen natürlich auch größer: Die für die in den Abbildungen angegebenen Maße ausgeführte Palmersche Doppelanlage, die, wie gesagt, für drei nebeneinander aufgelegte Schiffsbauten bestimmt ist, hat s. Z. ein Summe von rund 600000 M. erfordert.

Die Parallelverschiebbarkeit der Seilbahn ermöglicht fraglos eine vollkommene Bearbeitung der ganzen Baustelle, wohingegen schon die erste amerikanische Drahtseilbahn, auf den vorgenannten Bath-Iron-Works, mit der Winkelverschieblichkeit der querschiffs verlegten Seilstrecke mehr oder weniger nur die Mitten der Schiffe bedienen konnte. Da jedoch eine solche Bewegbarkeit der Seilbahn, wobei also der eine Stützpunkt des Tragseiles fest, der andere dagegen auf einer kreisförmigen Bahn verfahr-

[1]) D. R. P. Nr. 187739.

[2]) In der Praxis hat sich nach den mir bekannt gewordenen Urteilen der Betriebsleitungen von Werften mit feststehenden Kabelbahnen auch bei solchen ein Mangel durch nur unvollständige oder ungenügende Bedienbarkeit des Schiffbauplatzes durchaus nicht ergeben.

bar ist, die Kosten nicht unwesentlich zu beschränken vermag, so sei auch auf eine derartige Anordnung (nach einem Entwurfe von Heckel) hingewiesen. Dieser sieht eine aus der Palmersschen Anordnung herzuleitende radial fahrbare Kabelbahn[1]) vor, bei welcher der die Seilbahn tragende Wagen auf einer kreisförmigen Schiene der wasserseitigen Portalstütze um die andere mastenförmige Stütze als Drehachse fahrbar ist. Das besonders kennzeichnende[2]) besteht aber in der Anordnung des Kabelwagens *a* derart, daß dieser — nach Abb. 652 und 653 — den Portalquerträger *b* übergreift und damit ein Überfahren der Portalständer ermöglicht. Zur Aufnahme einseitiger Kippmomente ist dabei eine besondere Leitschiene auf dem vorderen Teil des Obergurtes angebracht. Während bei der Hendersonschen Ausführung, bei der die Querträger durch die Ständer

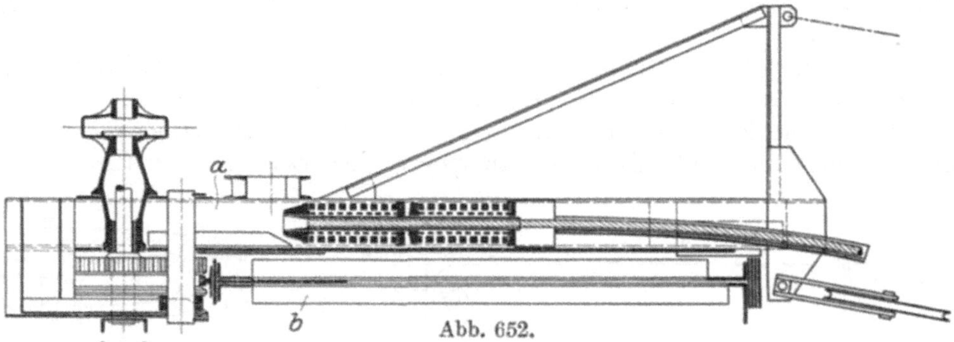

Abb. 652.

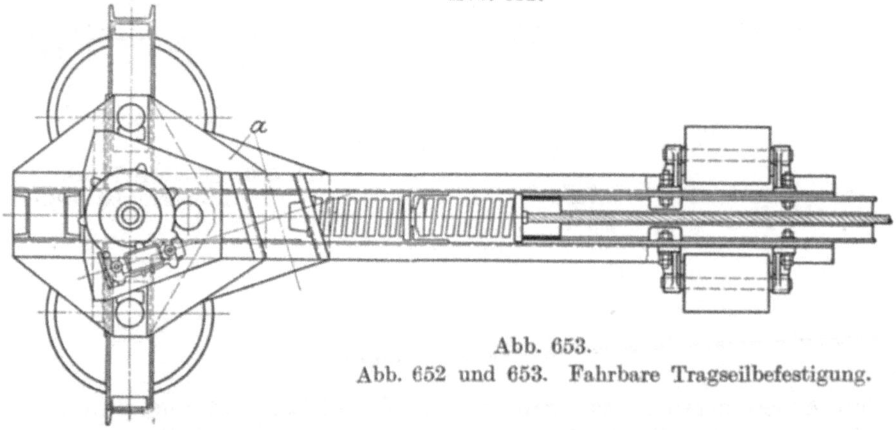

Abb. 653.

Abb. 652 und 653. Fahrbare Tragseilbefestigung.

verbunden sind, der Weg des Kabelwagens durch deren lichte Weite begrenzt ist, kann bei der Heckelschen Bauart die volle Breite der Portalkonstruktion für das Ausschwenken der Katzfahrbahn ausgenützt werden[3]).

Im Anschluß an die bisher betrachteten Transporteinrichtungen, die der Materialbewegung beim Bau von Schiffen auf Längshelgen dienten, sei im Nachstehenden einiges über die Lastenbewegung bei den sog. Querhellingen gesagt. Diese dienen zum Bau im allgemeinen nur kleiner Fahrzeuge und sind daher namentlich auf Flußschiffwerften zu finden. Die Bewegung der Bauteile, die hier in der Regel ja nur ein geringes Gewicht haben und auch in entsprechend viel geringeren Mengen und für kleinere Entfernungen als bei Seeschiffen in Betracht kommen, macht ähnliche maschinelle Transportvorrichtungen, wie sie für den Bau großer Dampfer von Vorteil sind, hier nicht nötig

[1]) Die übliche Bezeichnung „radial fahrbarer Kabelkran" für einen solchen, dessen einer Stützturm um die von dem andern gebildete Achse auf einer entsprechend kreisförmig gebogenen Schiene verfahren werden kann, ist — wie leider so vieles in den Benennungen fördertechnischer Einrichtungen — doch recht unzutreffend; „kreisfahrbar" oder auch das in der Sprache des Kranbaues sonst übliche „schwenkbar" würden m. E. das Wesen besser kennzeichnen, da doch die Fahrart eben jener Stütze und nicht die der Katze das Eigentümliche der Bauart ist.

[2]) D.R.P. Nr. 329712.

[3]) Meines Wissens liegt eine Ausführung dieser Bauart zwar nicht für Hellinge, wohl aber für einen Steinbruchbetrieb bereits vor.

und auch nicht bezahlt. Nur ganz vereinzelt vorkommende etwas größere Lasten werden zweckmäßig mit einem einfachen Fahrdrehkran bewegt [1]). Anders als bei der Bewegung der Bauteile liegt es jedoch bei der Bewegung des ganzen Schiffes. Da die Querhellinge außer zum Bau neuer Schiffe häufig auch zum Ausbessern alter Schiffe gebraucht werden, so werden hierfür, d. h. zum Trocken- und Wiederzuwassersetzen der Schiffe, maschinelle Einrichtungen oft am Platze sein. Nicht nur, daß dadurch die Anlage zu kostspieliger Docks überflüssig wird, fallen bei der Benuztung solcher Aufzugsvorrichtungen für das Zuwasserlassen neu gebauter Schiffe auch die sonst durch deren Stapellauf verursachten Kosten aus [2]). Wenn auch die für den Stapellauf so kleiner Schiffe entstehenden Kosten im Vergleich zu denen großer Schiffe natürlich nur verschwindend sind — für eine Schiffsgröße beispielsweise von 28 × 5 m wurden sie vor dem Kriege mit etwa 500 M. angegeben —, so fällt der durch ihre Ersparnisse erzielte Gewinn bei der relativen Gering-

Abb. 654.

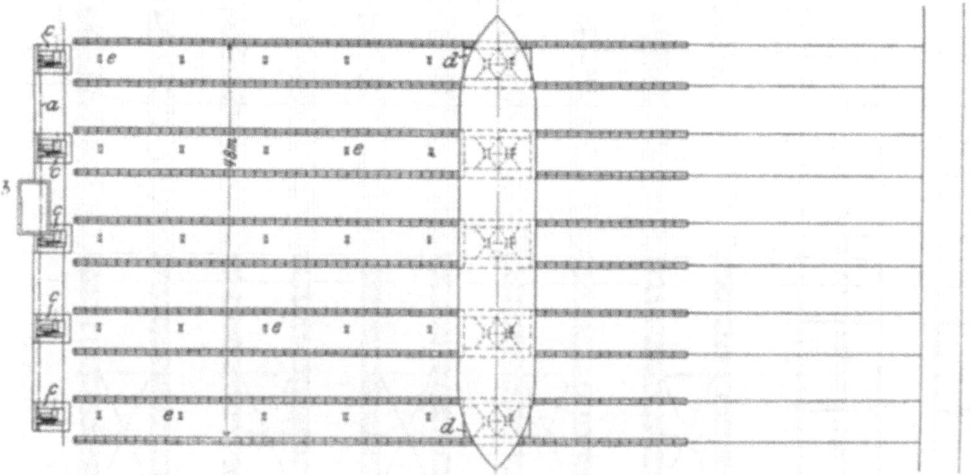

Abb. 655. Querschlepper (Cosel).

wertigkeit der Objekte und bei den entsprechend häufigen Wiederholungen solcher Stapelläufe doch ins Gewicht.

Die Anordnung einer maschinell ausgestatteten Querhelling ist in Abb. 654 und 655 wiedergegeben, die den einen der Schiffsbauplätze der Werft von Cäsar Wollheim in Cosel bei Breslau darstellt. Das Bild läßt zunächst erkennen, daß hier, wie bei sehr vielen anderen Binnenwerften, schon bei einigermaßen größeren Flußschiffen ein Längsablauf wegen der sehr beschränkten Wasserverhältnisse überhaupt nicht möglich wäre. Die Anordnung ist nun in diesem Falle so getroffen, daß die Breite der Helling von fünf parallelen Schrägschienenbahnen durchzogen wird, auf deren jeder ein Wagen *d* für die

[1]) Einen auf zur Querhelling paralleler Hochbahn fahrenden Turmdrehkran (Demag) benutzt neuerdings die Schiffswerft- und Maschinenbau-A.-G., Mannheim. Der Kran hat die stattlichen Abmessungen von 4 t × 15 m bis 1 t × 40 m; vgl. Z. V. d. I. 1925, Nr. 33.

[2]) Daß trotzdem nicht auch für den Stapellauf großer Schiffe allgemein das obenbeschriebene Verfahren geübt wird, dürfte seinen Grund einesteils darin haben, daß ein solcher Querablauf infolge des höheren Querschnittes der Seeschiffe durch die Krängung gefährlich werden könnte, andernteils auch darin, daß der für die Anlage von Querhellingen erforderliche Mehrbedarf an Platz bei Seeschiffswerften häufig Schwierigkeiten oder allzugroße Kosten verursacht.

Aufnahme des Schiffskörpers läuft. Das Hochziehen und das Ablassen des letzteren erfolgt dadurch, daß die Wagen *d* gleichzeitig und gleichmäßig von Triebwerken *c* verfahren werden, die mittels einer durchgehenden Welle *a* von einer elektrischen Winde (50 PS) bei dem erhöhten Führerstand *b* in Gang gesetzt werden. Als Zugorgan werden Seile benutzt, die zur größeren Schonung über Stützrollen *e* geführt sind. Die Anschaffung erforderte für die Winde und Wagen nebst Leitrollen und Seilen etwa 30000 M.

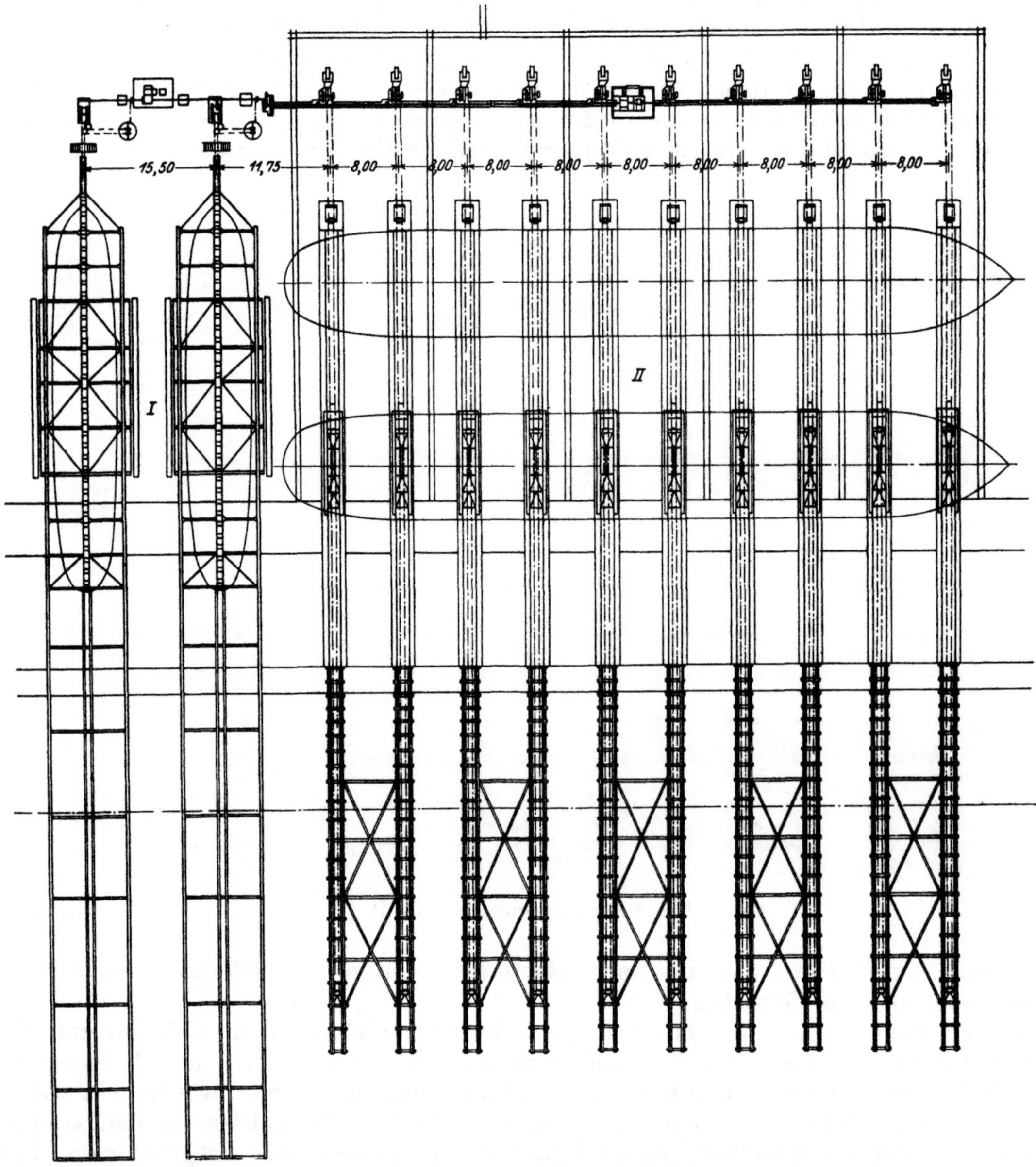

Abb. 656.

Eine in mehrfacher Hinsicht bedeutsame Anlage dieser Art besitzt die Frerichswerft. Sie ist in den Abb. 656 und 657 veranschaulicht. Es stehen nach der in den letzten Jahren vorgenommenen Erweiterung jetzt zehn Bahnen für das Auf- und Niederholen der Schiffe zur Verfügung, und zwar können, da jeder Wagen mit 200 t belastet werden kann, Schiffe mit einem Eigengewicht von 2000 t und einer Länge von 85 m und einer Breite von 14 m mit voller Ausrüstung an Land gezogen werden. Die einzelnen Wagen, bestehend in der Hauptsache aus zwei miteinander verbundenen Blechträgern, übertragen durch je 14 Räderpaare den Druck auf die Bahn; diese sind, um kleine Unebenheiten zwischen Schiff und Bahn auszugleichen, federnd gelagert. Die

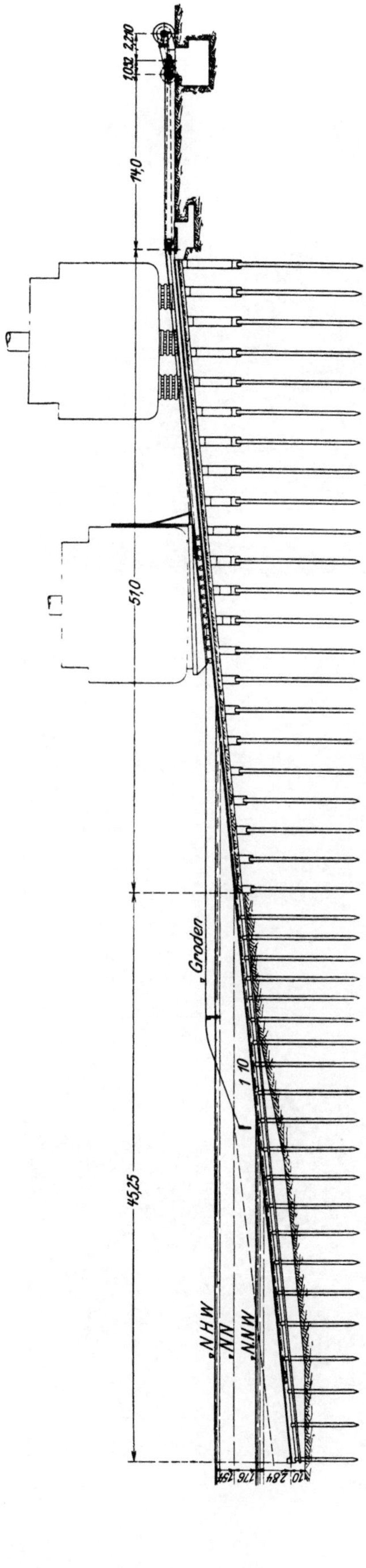

Abb. 657.

Abb. 656 und 657. Slipanlage (Einswarden).

Wagen selbst bestehen aus einem Ober- und einem Unterteil, zwischen denen ein Rollrahmen liegt. Hierdurch ist es möglich, die Wagen unschwer unter dem Schiff hervorzuziehen[1]). Vorn am Wagen angeordnete Galgen gestatten ein Festlegen des Schiffes. Das Aufziehen eines jeden Wagens geschieht durch eine Seilwinde von 25 t Zugkraft (Demag); der Antrieb der Winde erfolgt von einer unter Flur angeordneten Transmissionswelle aus, die ihrerseits durch einen 143pferdigen Elektromotor getrieben wird. Da die Winden einzeln oder auch in Gruppen von dieser Hauptwelle abgeschaltet werden können, vermag man außer großen auch mehrere kleinere Schiffe gleichzeitig aufzuholen und abzulassen. Zwischen Winde und Transmission ist eine Schleifkupplung eingeschaltet, die den Wagen anfangs nur mit einem Druck von 1,5 t unter das Schiff zu ziehen gestattet, nach dessen Erreichung die Kupplung schleift. Erst wenn sämtliche Wagen auf diese Weise festgezogen sind, werden die Klauenkupplungen eingeschaltet und das Schiff an Land gezogen. Das Führerhaus mit den Kontrollern ist hochgelegt, so daß der Bedienungsmann die ganze ausgedehnte Anlage gut übersehen kann. Die Länge der Bahnen beträgt 96 m und gewährleistet am unteren Ende einen Wasserstand von 4 m über den Wagen. Die Geschwindigkeit der letzteren beträgt 1,5 m/min. Die Photographie Abb. 658 zeigt einen großen Eimerbagger in Reparatur auf dem Slip.

An Stelle des Queraufziehens von Schiffen wird aus den im vorhergehenden bereits genannten Gründen, der dabei möglichen Krängungsgefahr und großen Platzbeanspruchung, häufig das Längsaufziehen derselben vorgenommen. Ein Ausführungsbeispiel ist durch die Abb. 659 und 660 gegeben, das die schon ältere Slipanlage der Frerichswerft darstellt. (Die Abb. 659 läßt rechts neben den beiden benutzten Längsslips auch den Querslip in früherer Gestalt erkennen.)

Jeder der beiden Längsslips, die speziell zum Aufholen scharfer Schiffe (wie Fischdampfer, Logger, Segelschiffe u. dgl.) bestimmt sind, besteht aus einem Wagen von 46 m Länge, der aus einem Mittelträger und zwei Seitenträgern unter Querverbänden zusammengesetzt ist. Diese ganze Walzeisenkonstruktion ruht mittels einer großen Anzahl Stahlgußrollen auf vier Schienen, von denen die mittleren eine Spurweite von etwa 1,5 m, die äußeren dagegen eine

[1]) D.R.P. Nr. 352639.

Abb. 658. Querslip (Einswarden).

Abb. 659. Längsslips (Einswarden).

solche von 9 m besitzen. Der Mittelträger dient als Auflager für den Kielstapel und ist zum Aufnehmen des ganzen Schiffsgewichtes befähigt[1]). Zur Festlegung des aufzuschleppenden Schiffes sind an dem oberen Teile des Wagens beiderseits fünf bewegliche Kimmpallen vorgesehen, deren Heben und Senken mittels Schraubenspindeln von Hand geschieht. Der Aufzug jedes Slipwagens erfolgt durch eine Stirnradkettenwinde (von 60 t Zugkraft mit einer Kettengeschwindigkeit von 1,5 m/min). Der Antrieb der beiden Winden geschieht wiederum durch Vorgelege von einer durchlaufenden Welle aus, die ihrerseits von einem 38 PS-Elektromotor in Umlauf gesetzt wird. Die seitliche Querslipanlage dient dagegen zum Aufschleppen flachbodiger Fahrzeuge (Leichter, Prähme, Bagger und Frachtdampfer). Sie besteht aus sechs Wagen, die wiederum auf je zwei Schienen von etwa 70 m Länge verfahren können. Das Aufziehen der Slipwagen

Abb. 660. Längsslips (Einswarden).

erfolgt in diesem Falle durch sechs Kettenwinden von je 12 t Zugkraft, die, wie vorhin, vermittels einer durchlaufenden Welle von einem 38pferdigen Elektromotor angetrieben werden. Zum Ausgleich von Spannungen, die bei einer solchen vielgliedrigen Anlage kaum zu vermeiden sind, sind zwischen die Zugketten und die Wagen hydraulische Bremszylinder eingeschaltet. Mit dieser Einrichtung ist man imstande, Fahrzeuge bis zu 58 m Länge und 800 t Leergewicht aufzunehmen. Das Nebeneinanderliegen der Quer- und Längsaufzüge ermöglicht es aber in vorteilhafter Weise, auch größere Schiffe, bis zu 77 m Länge und 1000 t Leergewicht, dadurch aufzuschleppen, daß der Queraufzug mit dem unteren Teile der Wagen des benachbarten Längsaufzuges gemeinsam benutzt wird. Nötig ist dann nur, die Antriebswellen der Winden durch ein Vorgelege zu verbinden, so daß die beiden Motoren zweckmäßig auf die gemeinsame Triebwelle wirken. Die Gesamtkosten der Anlage haben 203500 M. betragen. Sie arbeitet, bei regster Be-

[1]) Als größte Schiffe sind solche bis zu 50 m Länge und 450 t Eigengewicht angenommen.

nutzung, technisch wie wirtschaftlich gut; ihre Rentabilität kann u. a. daraus gefolgert werden, daß sie im Berichtsjahre ungefähr 90 Schiffen in 500 Tagen zur Aufnahme diente.

Eines Horizontalslips in Verbindung mit einem Dock hat sich in eigenartiger Weise die frühere Reichswerft in Danzig[1]) bedient (Abb. 661 und 662): Die Schiffe werden hier nicht, wie sonst üblich, auf schräg zum Wasser geneigten Hellingen erbaut, wonach sie durch die eigene Schwerkraft auf geschmierten Planken ins Wasser gleiten, sondern werden auf wagrechtem Kiel gebaut. Sind sie so weit fertiggestellt, daß sie dem Wasser übergeben werden können, so werden sie mit Hilfe einer elektrischen Spillwinde in ein Schwimmdock (6000 t) hineingezogen, das, an seinem einen Ende kreisbogenförmig gestaltet, genau in den inneren Boden des an das Slip angrenzenden Beckens paßt (Abb. 661). Nach Versenken dieses Dockes schwimmt der Neubau frei. Ein solches

Abb. 661. Horizontalhelling mit anschließendem Schwimmdock (Danzig).

Zuwasserbringen des Schiffes auf dem Horizontalslip erscheint wohl umständlicher als bei der Schräghelling, hat aber durch größere Sicherheit und Billigkeit Vorzüge.

Im Anschluß an diese für Schiffsausbesserungen benutzten Einrichtungen seien nur wenige Worte noch den gleichen Zwecken dienenden Schwimmdocks gewidmet. Als Ersatz für Trockendocks[2]) werden zum Ausbessern von Schiffen neuerdings bekanntlich Schwimmdocks wieder in zunehmendem Maße verwendet. Dem hauptsächlichsten Vorteil der ersteren, ihrer unbegrenzten Festigkeit und Dauerhaftigkeit sowie ihren viel geringeren Unterhaltungskosten, stehen die im allgemeinen kürzere Bauzeit, geringere Pumpenarbeit und vor allen Dingen leichtere Beweglichkeit der Schwimmdocks gegenüber[3]). Bei der Ausstattung von Schwimmdocks mit Kranen, die in der Hauptsache

[1]) Die heutige Bezeichnung ist „The international Shipbuilding and Engineering Co. Ltd".

[2]) Über die Kranausstattung von Trockendocks s. z. B. Abb. 605.

[3]) Hinsichtlich der Kosten stellen sich nach recht eingehenden Ermittlungen an Hand einer großen Zahl von Ausführungen die beiden Dockarten wie folgt: An Anlagekosten erfordern Trockendocks — errechnet für Schiffe von mehr als 20000 t Verdrängung — im Mittel 205 M. je t Verdrängung, Schwimm-

das Übernehmen von Material auf das Dock, das Versetzen der Stahlgußstapelklötze und, soweit die Verhältnisse es gestatten, die Hilfeleistung bei den Reparaturarbeiten gedockter Schiffe zu besorgen haben, ist ein großer Spielraum nicht gelassen. Da für die Aufstellnng der Krane ohne Beeinträchtigung der mittleren Plattform ja nur die schmalen Seitenkästen oder höchstens die Randstreifen der Plattform in Betracht kommen, so gelangt man bei der Wahl des Kransystems in erster Linie auf drehbare Lastausleger.

Abb. 662. Horizontalhellingkrane (Danzig).

Die Abb. 664 gibt das Schwimmdock der Kieler Reichswerft wieder, dessen Seitenkästen an jedem Ende einen feststehenden Drehkran (Demag) tragen (und zwar die beiden vorn sichtbaren mit elektrischem Antrieb, die anderen mit Handantrieb; das

docks rund 200 M., also annähernd dasselbe. An Unterhaltungskosten jedoch erfordern die Schwimmdocks fast das achtfache der Aufwendungen bei Trockendocks (nach auf dem XII. Internationalen Schiffahrtskongreß zu Philadelphia vorgetragenen Berichten). — Beispielsweise sei erwähnt, daß das oben abgebildete 40000 t-Schwimmdock (von 200 m Länge, 56 m Breite und 19 m Gesamthöhe) der vorm. Kaiserl. Werft Kiel eine Bausumme von rund 5 Millionen M. — einschließlich der Herrichtung der Versenkstelle etwa 7,5 Millionen — und eine Bauzeit von etwa $1^1/_2$ Jahren erfordert hat. Das Mitte 1924 für Southampton in Betrieb genommene sehr große Schwimmdock von 61960 t Tragfähigkeit kostete (bei einem Eigengewicht von rund 20000 t) 375000 £. Dagegen werden z. B. die Herstellungskosten für die Trockendocks in Belfast, die eine Größe von 850 × 110 × 26 englische Fuß haben, zu 7 Millionen, die Kosten für das in Portsmouth für die größten englischen Panzerschiffe gebaute Trockendock (Morrison & Mason) auf mehr als 30 Millionen Mark angegeben; s. Page's Weekly 1910, 29. Apr., und Engg. 1912, 2. Aug.

Schwenken der Ausleger erfolgt bei allen mittels Handkurbel). Bei 11,5 m Ausladung ist die Tragkraft der elektrischen Krane 2,5 t, die der Handkrane 1 t, bei 5,7 m Ausladung 5 t bzw. 2,5 t. Ordnet man die Kranausleger nicht fest an dem Ende des Docks an, sondern längsfahrbar, so dürfte die Arbeitsbereitschaft des Schwimmdocks durch seine erweiterte Kranbedienbarkeit nur gewinnen.

Die Abb. 663 gibt in der Photographie des 35000 t-Schwimmdocks von Blohm & Voss einen weiteren Fortschritt einer solchen Kranausbildung dadurch wieder, daß die Drehausleger auf fahrbare Portale (Demag) gestellt sind, wodurch bei wesentlicher Erhöhung des Lasthakenbereiches eine ungehinderte Begehbarkeit der Pontondecks erhalten ist[1]).

Bei den fahrbaren Portalkranen (Nagel & Kaemp) zweier anderer Docks von Blohm & Voss ist die Ausstattung mit einer Lastmomentbegrenzung besonders erwähnenswert.

Abb. 663. Schwimmdock-Portaldrehkrane (Hamburg).

Diese elektrische Sicherheitsvorrichtung bietet den Vorteil, daß bei einer bestimmten Ausladung nur die dabei zulässige Höchstlast gehoben werden kann, wodurch ein Umkippen des Kranes durch etwaige Überlastung vermieden wird. Weiter ist bei dem einen Kran bemerkenswert, daß der Lasthaken beim Einziehen des Auslegers seine Höhenlage beibehält, also nur in wagerechter Richtung bewegt wird. Dies wird dadurch erreicht, daß der Flaschenzug des Hubwerkes in einer Laufkatze hängt, die ihrerseits wieder in einem Flaschenzug liegt, der so angeordnet ist, daß die Laufkatze beim Einziehen des Auslegers sich senkt, während sie beim Auslegen des Auslegers sich hebt. Bemerkenswert ist noch die außerordentlich geringe Spurweite dieses weitreichenden und leistungsfähigen Schwimmdockkranes (Nagel & Kaemp), die bei 2,5 t Tragkraft und 20 m

[1]) In gleicher Weise ist auch das 25000-t-Schwimmdock der Vulkan-Werke, Hamburg und das 32000 t-Schwimmdock (Swan-Hunter) der englischen Admiralität für Medway gebaut; s. Schiffbau 1913, 12. Febr. bzw. Engg. 1912, 2. Aug.

Ausladung (bzw. 5 t und 11 m) nur 3,5 m beträgt, während die größte Rollenhöhe über Schienenoberkante 32 m ist. — Bei dem 40000 t-Schwimmdock[1]) der Kieler Reichswerft (Abb. 664)[2]) dienen für die genannten Arbeiten in der Hauptsache zwei auf Pontondeck — das noch eine untere lichte Weite von 45 m besitzt — seitlich fahrende Dampfdrehkrane für 4 t bei 10 m Ausladung (Demag), die bei 2 t Tragkraft noch eine Ausladung von 20 m aufweisen. Um bei solcher tiefen Anordnung der Krane diese aber beim Versenken des Docks entfernen zu können, ist der Stirnseite desselben noch ein besonderes Ponton auf Konsolen vorgelagert, auf das die Krane sicher auffahren können. Außerdem befinden sich an einem Ende der Seitenkästen zwei einfache Ladebäume von 13 m Länge und 6 t Tragfähigkeit, die zur Übernahme von Lasten aus Fahrzeugen

Abb. 664. Schwimmdock-Wippdrehkrane (Kiel).

usw. bestimmt sind. (Die vordern Endes sichtbaren Drehausleger dienen nur dem Verkehr zwischen den beiden Seitenkästen des Docks.) — In einfacherer Weise ist diese Möglichkeit der Entfernung der Krane vom Dock beim Schwimmdock der Rotterdamsche Droogdock-Maatschappij durch Benutzung eines selbständigen Schwimmkranes (Demag) erzielt. Als weitere Annehmlichkeit ist damit gegebenenfalls natürlich noch die Verwendbarkeit dieses Schwimmkranes zu beliebigen anderen Arbeiten verbunden. Das spitzbockförmig fest auf dem Kranponton aufgestellte Gerüst trägt zunächst zwei Lasthaken für je 30 t, die an dem Schrägausleger in 1,5 m Abstand nebeneinander aufgehängt sind, wodurch sperrige Lasten bis 60 t Gewicht in einfacher und sicherer Weise auch in eine schräge Lage gebracht werden können. An einem leichteren und einziehbaren Spitzenausleger ist außerdem noch ein Lasthaken für 15 t angeordnet. Der Antrieb der Windwerke geschieht durch einen Petroleummotor.

[1]) Vgl. Schiffbau 1911, S. 77 u. ff.

[2]) Dieses hat nach dem Kriege an den Feindbund abgetreten werden müssen.

Die Verwendbarkeit an Land fahrender, weitreichender Krane auch für Arbeiten an gedockten Schiffen, wobei z. B. die Ladung von diesen geleichtert oder per Achse weiterbefördert werden kann, veranschaulicht Abb. 665 des Sägereikais der Vulkan-Werke zu Hamburg. Die beiden fahrbaren Turmkrane haben dabei für eine Tragkraft von 5000 kg eine Ausladung von nicht weniger als 48 m, der linksstehende fahrbare Hammerkran für 12000 kg noch eine solche von 30 m; die größten Tragkräfte dieser Krane sind 30000 kg bei 13,3 m bzw. 40000 kg bei 13,5 m Ausladung.

Bevor im folgenden die zur Schiffsausrüstung dienenden Krane behandelt werden, sei der Vollständigkeit halber noch eine Anlage (Bleichert) vorgeführt, die dem gegenteiligen Zweck, der Schiffsabrüstung, dient. Zum Abbruch der in der Abrüstungswerft der Aufbau-Industrie-Gesellschaft m. b. H. in Bremen liegenden Schiffe beherrscht ein Kabelkran durch seine Spannweite von 268 m die ganze Breite des Hafenbeckens, durch seine Parallelverfahrbarkeit über eine Strecke von 225 m auch dessen ganze Länge; zur Ablagerung der abgewrackten Schiffsbestandteile und zu deren Weiterbeförderung ist zwischen Kai und linksseitigem Stützturm noch reichlich Platz vorhanden. Die Tragkraft des Kranes beträgt 3 t, die Höhe der Türme ist 25 und 22,5 m. Bei einer Hubgeschwindigkeit von 30 m/min und einer Katzfahrgeschwindigkeit von

Abb. 665. Kranausstattung für Schiffsreparatur und -ausrüstung (Hamburg).

120 m/min weist der Kran eine stündliche Leistung von 8 Spielen bei längstem Katzenfahrweg auf; bei kürzerem, z. B. 120 m langen Katzfahrweg 11 Spiele. Das Verfahren der Türme erfolgt mit 12—15 m/min. Die in etwa zweijährigem Betriebe erwiesene Zweckmäßigkeit dieses Kranes hat in diesem Jahre zur Neuaufstellung eines weiteren, gleichartigen Kranes für denselben Zweck geführt.

B. Schiffsausrüstung.

Die Lastenbewegungen auf der Helling stellten sich auf Grund ihrer zahllosen Wiederholungen gleichsam als Massentransporte dar, bei denen zweckdienlich auch die für solche gültigen Forderungen zu erfüllen waren. Die Wirtschaftlichkeit der Transporte mußte dadurch gewahrt werden, daß wenigstens für die häufigen Wege der nur leichten Bauteile auch nur leichte Transportmittel in Tätigkeit zu setzen waren; deren Leistungsfähigkeit andererseits mußte bei größtmöglicher Fahrgeschwindigkeit wieder durch eine solche Anordnung gewahrt werden, daß diese Transportmittel von unnützen Wegen und Zeitverlusten fern gehalten wurden.

Ganz anders nun liegen die Verhältnisse bei der Lastenbewegung in der Ausrüstung. Hier handelt es sich im allgemeinen um mehr vereinzelte Bewegungen schwerer und schwerster Montageteile, bei denen es weniger auf flinke Beförderung als auf genaues und sicheres Manöverieren ankommt. Nichstdestoweniger muß eine rationelle Durchführung auch dieser Arbeiten angestrebt werden, da die Wirtschaftlichkeit des Betriebes, die bei den Hellingtransporten durch die Häufigkeit der Einzelbewegungen beeinflußt wurde, hier durch die Größe der Einzelleistung beeinflußt wird. Auch hier wieder zeigt es sich indes, daß die rationelle Lösung dieser Anforderung in recht verschiedener Weise möglich und durch die jeweils vorliegenden Verhältnisse zu rechtfertigen ist. Die mit all diesen modernen und rationellen Hilfsmitteln zu erzielenden Vorteile dürften besonders anschaulich wiederum durch einen vorherigen kurzen Hinweis auf frühere Mittel in die Erscheinung treten.

Die Veteranen schwerer Ausrüstungshebezeuge, die Masten- oder Scherenkrane — so benannt je nach der Veränderungsweise der Ausladung durch ein biegsames Zugorgan bzw. durch eine starre Hinterstrebe —, die durch ihre rohe Größe und ihre oft sogar recht erhebliche Tragkraft schon vor einem Menschenalter das Staunen der Werft- und Hafenbesucher erregten, haben heute vom betriebs- und wirtschaftstechnischen Standpunkte aus fast nur noch geschichtliches Interesse. Ist der ja nur auf eine Vertikalebene beschränkte Arbeitsbereich ihrer Konstruktion einer flotten und einem Verholen des Schiffes überhobenen Durchführung der verschiedenen Einbauarbeiten ja ganz unfähig; einer leichten und genauen Abwicklung der Montage aber, selbst in der Kranwippebene, widerspricht außerdem die bei ihnen stets mit der wagerechten Verschiebung der Lasten noch störend verbundene Vertikalbewegung derselben[1]).

Abb. 666. Derrickkran (Clydebank).

Es ist bei der einstigen Vorherrschaft dieses altehrwürdigen Kransystems indes begreiflich, daß sich dessen Vertreter auch heute noch auf sehr vielen Werften vorfinden. Dabei werden noch diejenigen Anordnungen als die günstigsten gelten können, bei denen die Füße der vorderen Scherenbeine ein gutes Stück von der Kaikante zurückliegen, da hierbei ohne Verkürzung der nutzbaren Ausladung über Deck wenigstens ein bequemes Ablagern und Aufnehmen auch sperriger Lasten vor den Kranfüßen möglich ist, unabhängig von der Spreizweite der Masten.

Die mit dem Wachsen der Schiffe zunehmende Schwierigkeit eines Verholens derselben unter dem Kran zeitigte als den nächsten wesentlichen Fortschritt im Bau feststehender Ausrüstungskrane die Einführung einer weiteren Bewegung, die ein Ver-

[1]) Betr. Verbesserung von Scherenkranen (Babcock & Wilcox) s. Engg. 1914, v. 12. Juni.

setzen der Last in Richtung der Längsachse des Schiffes zum Ziele hat. So begegnen wir aus jener Endepoche des vorigen Jahrhunderts heute zahlreichen sog. **Derrickkranen**, die unter Beibehaltung des schrägausladenden Wippmastes — gleichsam den zusammengelegten Zweibeinen — noch eine horizontale Drehbarkeit desselben aufweisen und somit die unzureichende, nur querschiffs liegende Arbeitslinie der Masten- und der Scherenkrane zu einer sich auch längsschiffs erstreckenden Arbeitsfläche erweitert haben.

Abb. 667. Schwenkmastenkran (Emden).

Bemerkenswerte Vertreter dieses besonders ja in England für die verschiedensten Zwecke einer auffallenden Beliebtheit sich erfreuenden Systems besitzen z. B. in 150 t-Ausführungen die Werften von Doxford in Sunderland, von Brown in Clydebank (Abb. 666) u. a.

Auf deutschen Werften trifft man solche Krane, deren nur von parallelen Seilen gehaltener Schrägmast gegen seitliche Wind- und Massenkräfte naturgemäß bloß geringe Steifigkeit besitzt, ungleich seltener an. So weist die alte Seebecksche Werft in Bremerhaven u. a. noch einen derartigen, elektrischen Schiffsmontagekran (von 35 t Tragkraft und 17 m größter Ausladung) auf, der überdies seinerzeit noch aus England bezogen worden ist.

In seinen bewegungskonstruktiven Schwächen erinnert an diese Derrickkrane auch der in Abb. 667 vorgeführte Kran, der früher die Schiffe bei den Nordseewerken in

Emden ausrüstete. An einem Gitterturm, der zwar in seinen Stützportalen eine für die Zuführung der Ausrüstungsgegenstände und auch für den übrigen Kaiverkehr wesentlich günstigere Ausbildung als die zuletzt erwähnten Krane hat (die zur Erreichung der erforderlichen Nutzausladung noch auf unförmliche Säulen oder Sockel gesetzt werden mußten — vgl. die vorhergehende Abbildung —), sind zwei Ausleger angehängt, die ihre Schwenkbewegung in genau der gleichen Weise durch seitliche Seilzüge erhalten wie die Rohrausleger des an früherer Stelle[1]) besprochenen Hellingkranes der nämlichen Werft. Wie dort, hat sich auch hier dieses System wenig bewährt, um so weniger, als die Lastausladung ganz unveränderbar war. Auch die aus der Abbildung ersicht-

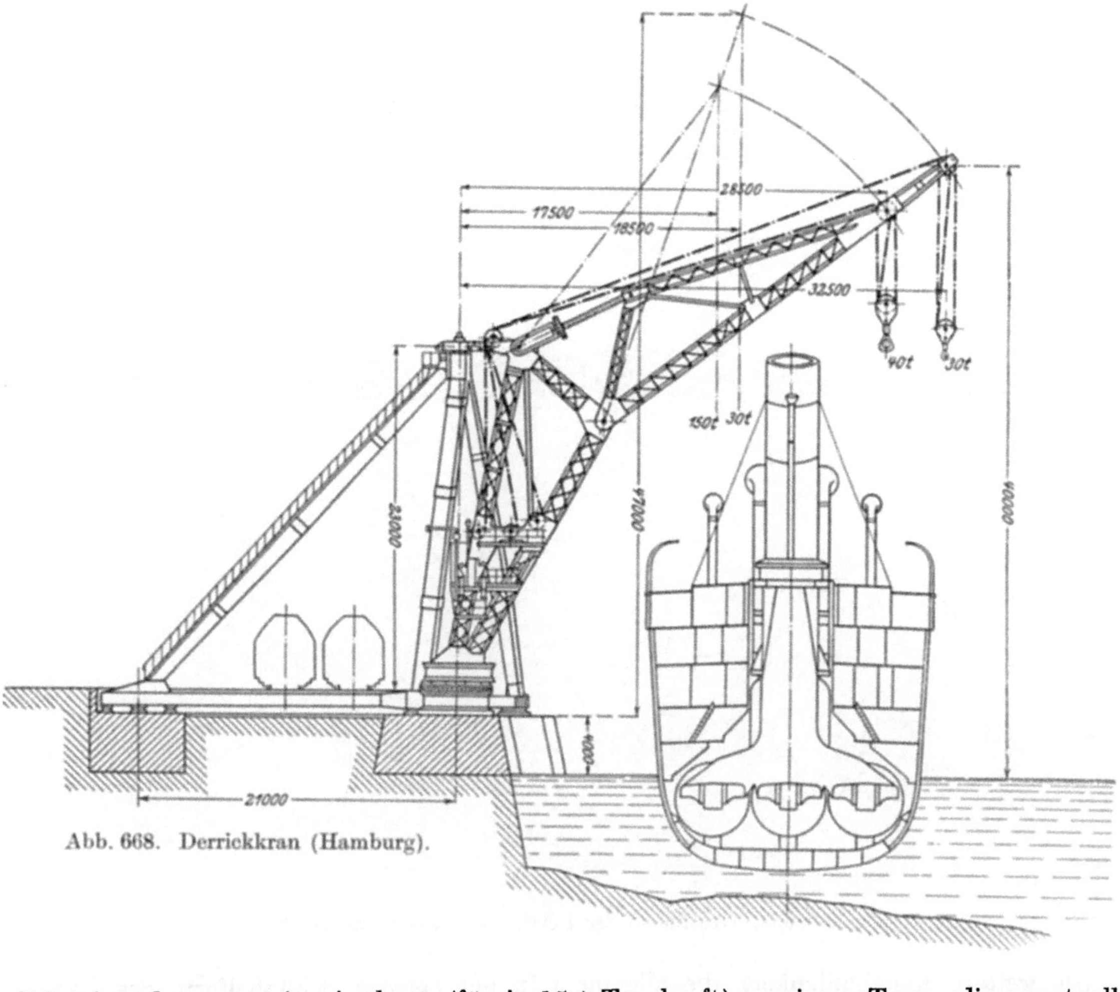

Abb. 668. Derrickkran (Hamburg).

liche Anordnung zweier Ausleger (für je 15 t Tragkraft) an einem Turm, die eventuell zum gleichzeitigen Ausrüsten zweier Schiffe sollten benutzt werden können, dürfte praktisch dafür kaum auszunutzen sein. Heute steht den Nordseewerken an seiner Stelle ein leistungsfähiger fahrbarer Turmdrehkran zur Verfügung, dessen größte Tragkraft 65 t, Ausladung 32 m und Hubhöhe 39,6 m beträgt (und zwar 65 t × 13 m bzw. 15 t × 30 m bzw. 5 t × 32 m).

Den durch Größe wie durch Bauart hervorragendsten Ausrüstungskran des in Rede stehenden Systems besitzt bei uns zweifellos noch die Werft von Blohm & Voss in Hamburg. Die Abb. 668 und 669 des bereits im Jahre 1898 für eine größte Tragkraft von 150 t und eine größte Ausladung von 32,5 m gebauten Kranes (Demag) lassen zunächst die Betriebsvorteile dieser vervollkommneten Ausführung erkennen: die bei hochbordigen Schiffen wesentlich vergrößerte Nutzausladung, und zwar durch Verlegung der Wipp-

[1]) Siehe S. 326.

achse vom Kranfuß nach Mitte Ausleger, sowie die erhöhte Betriebssicherheit durch den Ersatz des losen Seilflaschenzuges durch starre Spindeln für das Einziehen und Auslegen des Lastarmes. Infolge der Hochlage der Wippachse kann außerdem die Eisenkonstruktion des Kranes, unter Fortlassung der störend breiten Fundamenterhöhungen bzw. der riesigen tonnenförmigen Sockel bei den älteren Derricks, bis auf Werftflur herabgeführt werden, ohne eben dadurch die nutzbare Ausladung des Kaikranes zu beeinträchtigen. Vielmehr wird durch den weiten und hohen Stützbock hindurch der Kaiverkehr keinerlei Behinderung erfahren, die sich bei jenen oberirdisch miteinander verbundenen Sockelerhebungen der letztbeschriebenen Krane oft kaum vermeiden ließ.

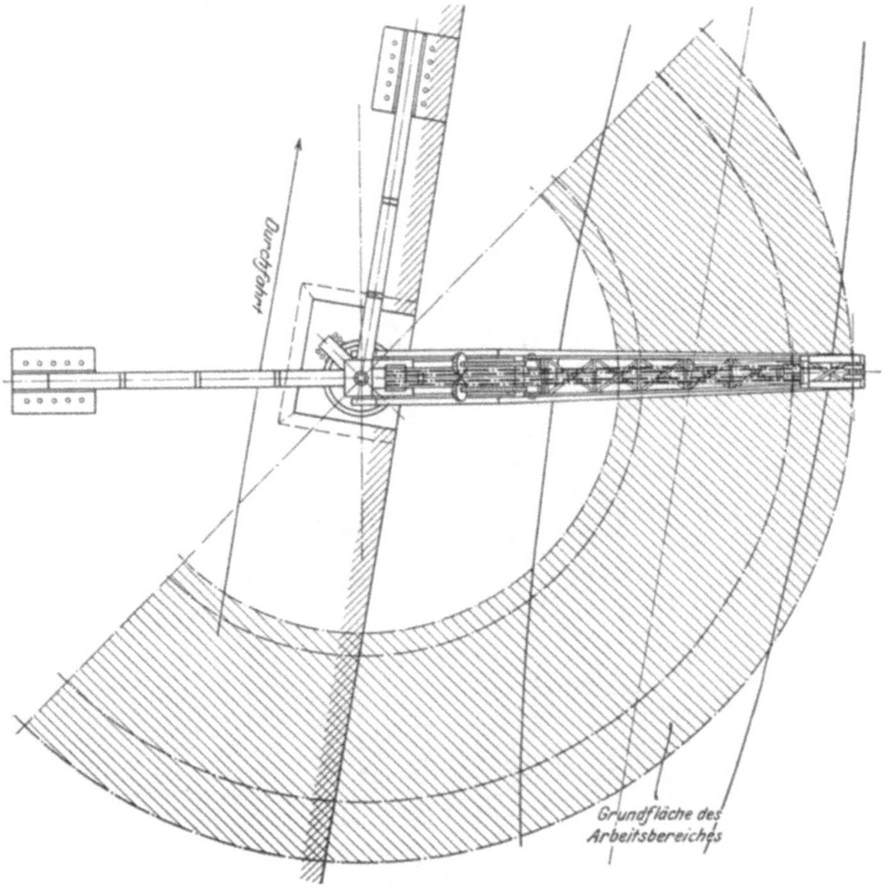

Abb. 669. Arbeitsfeld des Derrickkranes (Hamburg).

Als weitere Annehmlichkeit, die allgemein in der spitzen Schnabelform des Lastarmes begründet ist, verdient noch die bequeme Arbeitsmöglichkeit zum Einsetzen langer Masten Erwähnung, die darin besteht, diese ganz dicht am Schnabel senkrecht hochzunehmen und einzusetzen, was die breiten Katzbahnausleger der noch zu besprechenden Hammerwerke ja nicht gestatten.

Die verhältnismäßig niedrigen Fundamentierungs- und Anschaffungskosten — für diesen Hamburger Kran etwa 165000 M. — vervollständigen die schätzbaren Eigenschaften dieser Ausführung.

Der Grundriß, Zeichnung Abb. 669, deutet aber gleichzeitig den Betriebsnachteil selbst dieser verbesserten Kranart an, daß der Wirkungsbereich des Auslegers durch die Bockstreben ganz beträchtlich geschmälert wird, wovon besonders der Platz zum Ablegen und Aufnehmen der Lasten an Land betroffen wird[1]). Demgegenüber ist man bei der

[1]) Eine dem oberen Verlauf des Auslegerprofiles angepaßte Ausbildung der Stützstreben ermöglicht die volle Schwenkbarkeit des Kranes; sie ist für Hochbauzwecke, d. h. für Krane mit geringer Tragfähigkeit

Benutzung von Auslegerkranen mit uneingeschränktem Schwenkwinkel — auch in der Form sog. Drehscheibenkrane — allerdings wesentlich im Vorteil, wenn auch hierbei das Krangesamtgewicht wegen der erforderlichen freien Standfestigkeit im allgemeinen größer ausfallen wird als bei jenen.

Eine der ersten und mächtigsten Ausführungen dieser Art dürfte der einst viel bestaunte Riesenkran im Hamburger Hafen (Abb. 670) sein, der für eine Tragkraft von 150 t bei 17,3 m fester Ausladung — damals der größte Kran der Welt! — im Jahre 1887 aufgestellt worden war, hauptsächlich zu dem Zweck, um Kruppsche Kanonen für die Ausstellung in Philadelphia zu verladen. Bei seinen im Vergleich zu heutigen Riesenkranen durchaus nicht riesigen Verhältnissen — seine größte Ausladung (für den

Abb. 670. Alter Drehscheibenkran (Hamburg).

kleinen Haken *b* in Abb. 671) beträgt nur 19,3 m, die Höhe der obersten Rolle über Kai 31 m — wog dieser von Stuckenholz gebaute Drehscheibenkran doch rund schon eine halbe Million Kilogramm, wovon die Hälfte auf den Sandballast entfiel. Daß dieser Koloß indes selbst früher wenig benutzt wurde, heute aber fast gar nicht mehr, hat seinen Grund zunächst in der ganz unzweckmäßigen Führung des Hubmittels, einer alldings riesigen Gallschen Kette — von 220 m Länge und 27000 kg Gewicht! —, die in einem einzigen Zuge für Haupt- und Hilfshaken *a* bzw. *b* über den Antrieb *c* durch den Kran und, was das Schlimmste ist, unabänderlich durch die Luft geführt ist. Durch diese Anordnung hängt z. B. beim Arbeiten mit der großen Flasche die schwere Kette *b* stets störend über Deck oder Kai, und selbst das anfänglich versuchte Fortziehen derselben durch besondere Leute hatte sich als zu umständlich erwiesen, um es regelmäßig anzuwenden. Ein weiterer Grund für die Nichtbenutzung des Kranes liegt in seinem

auch ausgeführt worden. Vgl. Wintermeyer: Z. d. V. d. I. 1914, Nr. 6, und Bechstein: Prometheus 1914, Nr. 1293. Eine andere Abstützungsart von Derrickkranen ist beschrieben auf S. 289 dieses Buches.

schneckenhaften Arbeiten, das zum Teil natürlich auch wieder auf die übermäßigen Kraftverluste bei der besprochenen Anordnung zurückzuführen ist: Bei einer Leistung der Antriebsdampfmaschine von ca. 45 PS wird den größeren Lasten eine Hubgeschwindigkeit von nur 0,25 m/min erteilt; eine volle Schwenkung des Kranes, die mittels 32 Druckrollen auf einem Laufkranz von 13 m Durchmesser vor sich geht, erfordert entsprechend nicht weniger als eine Zeit von $^1/_4$ Stunde[1]).

Andere Ausführungen des Drehscheibenkransystemes hat man — besonders im Ausland — den steigenden Anforderungen für die Schiffsausrüstung zunächst durch eine weitreichendere Nutzausladung auch bei größeren Schiffen anzupassen gesucht. Die Abb. 672 bis 675 geben einige Beispiele hierfür und lassen erkennen, daß man diesen Zweck teils dadurch erreichte, daß man die Drehscheibe auf Mauersockel oder Eisengerüste hochlegte, wodurch, ähnlich wie bei dem vorbeschriebenen 150 t-Kran für Blohm & Voss, unter Umständen nahezu der ganze Ausleger über das Schiff reichte. Am günstigsten für den Verkehr am Ausrüstungskai wird dabei ohne Frage die Benutzung eines portalartigen Eisenunterbaues für die Schwenkkonstruktion sein, wie er beispielsweise bei dem in Abb. 672 dargestellten 150 t-Kran der Elswick Works in Newcastle o. T. gewählt ist. Dieser Kran zeichnet sich übrigens noch dadurch aus, daß für das Heben und Senken der Hauptlasten zwei 75 t-Rollenzüge benutzt werden, deren (hydraulische) Antriebe gemeinschaftlich oder gesondert betätigt werden können, was für manche Arbeiten bei der Montage zweifellos von Vorteil sein kann.

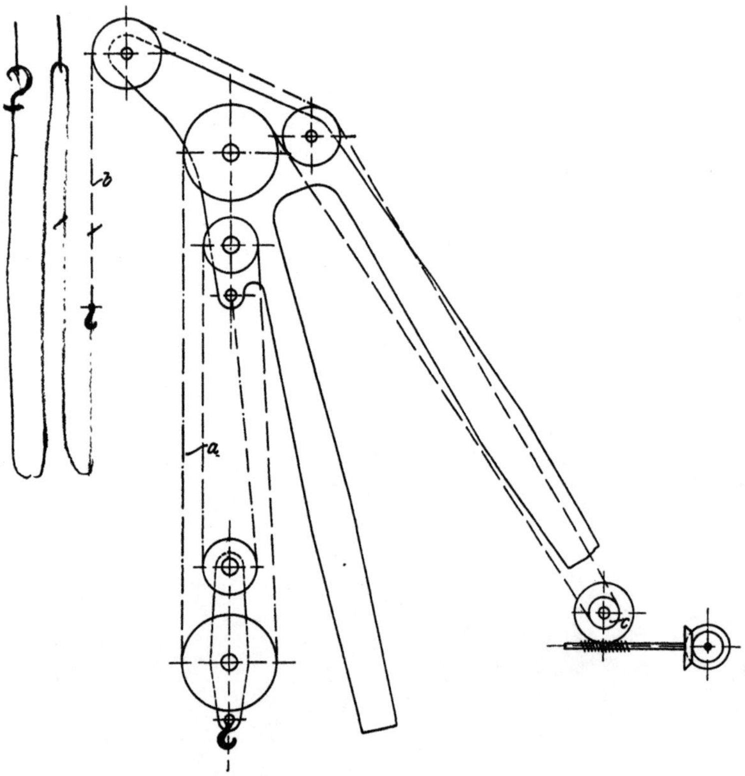

Abb. 671. Hubkettenführung (Hamburg).

Besonders wird die Arbeitsfähigkeit eines solchen Drehscheibenkranes noch gewinnen, wenn man das Feld des Lasthakens durch Hinzunahme einer Wippbewegung des Auslegers auf die von diesem bestrichene Kreisringfläche ausdehnt. Zwei sehr stattliche derartige Ausführungen sind durch die Abb. 673 und 674 illustriert, die den 150 t-Werftkran in Newport-News bzw. den vor erst etwa anderthalb Jahrzehnten in Monfalcone in Betrieb genommenen 80 t-Ausrüstungskran (Petravič) darstellen.

Recht interessant sind diese z. T. älteren Ausrüstungskrane auch durch die Verschiedenartigkeit ihrer Antriebsmittel. Nimmt man zu den vorgenannten Beispielen noch den in Abb. 676 ersichtlichen 30 t-Ausrüstungskran der Hamburger Werft von Stülcken hinzu, so hat man fast sämtliche Kraftmittel vertreten: Hand-, Dampf-, Druckwasser-, Druckluft- und Elektrizitätsantrieb.

Der Druckwasserantrieb, der — als ältester elementarer Kranantrieb überhaupt — in früheren Zeiten neben dem Dampfantrieb bekanntlich vielfachste Anwendung fand, wird bei der in Abb. 675 wiedergegebenen Ausführung in einer besonders

[1]) Eine Modernisierung dieses Kranungetüms ist jetzt, durch die Fa. Nagel & Kaemp, dadurch einigermaßen vorgenommen worden, daß Dampfkessel und Dampfmaschine herausgenommen und ein elektrischer Hubmotor von 45 PS und ein Schwenkmotor von 18 P eingebaut worden sind.

eigenartigen Weise vorgenommen, die wegen ihres allerdings mehr geschichtlichen als praktischen Interesses hier Erwähnung finden möge. Bei diesem von Armstrong, dem Erfinder der hydraulischen Krane[1]), für die Mersey-Docks in Liverpool gebauten 100 t-Kran ist zur Vermeidung eines vielfachen Kettenflaschenzuges, der für indirekten Druckwasserbetrieb damals sonst erforderlich gewesen wäre, zu dem Mittel gegriffen worden, die Last unmittelbar durch den Kolben des an den Auslegerschnabel gehängten hydraulischen Zylinders zu heben. (Für kleinere Zugwirkungen, wie sie für das Bemasten von Schiffen erforderlich sind, geht von der Spitze des Auslegers noch ein gewöhnlicher

Abb. 672. Hydraulischer Ausrüstungskran (Newcastle).

hydraulischer Kettenflaschenzug, für 30 t, herab.) Eine Kritik jener Anordnung noch besonders zu geben, erscheint überflüssig, um so mehr, als eine künftige Wiederholung[2]) dieser Anordnung, die vor allem die nutzbare Hubhöhe außerordentlich verkleinert, wohl nirgends mehr in Betracht gezogen werden dürfte[3]). Auch in Liverpool wird an

[1]) Der erste hydraulische Kran, der für 5 t Tragkraft und bereits mit 3 Hubzylindern ausgestattet war, ist von Armstrong im Jahre 1846 auf dem Kai von Newcastle o. T. errichtet worden. — Der erste dampfbetriebene Kran dagegen soll — gleichfalls in England — erst im Jahre 1851 ausgeführt worden sein. Beide jedoch als feststehende Drehkrane, mit Zuführung des Kraftmittels durch die hohle Drehsäule.

[2]) Gleichartige Krane sind von Armstrong, vor mehreren Jahrzehnten schon, auch für das Arsenal in Spezia (für 160 t) und für die Elswick Works (120 t) ausgeführt worden; vgl. Proc. Inst. Civ. Engs., 1876 bis 1877.

[3]) Das Modell eines grundsätzlich gleichen Scherenkranes von 120 t — von der Comp. de Fives-Lille i. J. 1887 für den Hafen von Marseilles erbaut — befindet sich im Science Museum zu London.

Stelle dieses Kranes meistens schon der schwimmende 100-t-Kran benutzt, und nicht die Schiffe an diese herangefahren, sondern umgekehrt.

Der in Abb. 676 in einer Teilansicht wiedergegebene 30 t × 6 m-Ausrüstungskran der Werft von H. C. Stülcken Sohn hatte bei seiner Inbetriebnahme im Jahre 1893 ausschließlich Handantrieb. Um den im Laufe der Zeit erhöhten Anforderungen, die die Leistungsfähigkeit dieses Kranes (Demag) bald als zu klein ergaben, gerecht zu werden, hat die Werft, nachdem sie bereits die Ausladung selbst auf 10 m (× 19 t) vergrößert hatte, zur Beschleunigung der Arbeitsweise des Kranes folgendes originelle Mittel angewandt: Sie hat — zu Beginn des Jahres 1911 — den schleppenden Handantrieb für das Heben in einfachster Weise dadurch ausgeschaltet, daß sie eine umkehrbare Bohrmaschine[1]), wie sie, mit Druckluft von 7 at getrieben, auf der Werft ja in großer Anzahl zum Bohren von Löchern bis 70 mm dient, an den vorhandenen Vierkantwellenstumpf für die Handkurbel ansetzte (s. auch in Abb. 677 und 678). Um eine solche Handbohrmaschine, die im Gebrauchsfalle ja bequem von einem Manne zum Kran getragen werden kann, für eine sichere Abgabe der Hubarbeit heranziehen zu können, ist weiter nichts erforderlich gewesen, als auf der Windenbühne des Kranes einige leichte Flacheisenböcke *b* anzubringen, gegen die die Bohrmaschine *a* sich abstützen kann. Man arbeitet auf diese Weise — bei 130 Umdrehungen der Bohrspindel in der Minute — etwa sechsmal so schnell als mit dem alten Handantrieb; statt der früher erforderlichen 6 Mann genügt jetzt ein einziger. Gewiß dürfte sich diese überaus einfache und billige Methode zur Mechanisierung von Lasthebearbeiten als Notbehelf manchmal auch anderswo mit Nutzen anwenden lassen, besonders dort, wo es sich um nur gelegentliche kleinere Leistungen handelt.

Abb. 673. Wippdrehkran (Newport News).

Um die in der Wippbarkeit hochliegender Lastarme begründeten Vorzüge (eines weitreichenden Hebezeuges von möglichst geringer Bauhöhe, dessen Ausleger eben auf Grund seiner radialen Einziehbarkeit eine von den Schiffsaufbauten unabhängigere, also geringere Höhe erhalten kann) auch unter Vermeidung einer Drehscheibe, die bei großen Kranen naturgemäß zum mindesten durch die starke Platzbeanspruchung stört, zu gewinnen, ist die neue Type der sog. Hammerwippkrane geschaffen worden. Die Abb. 679 zeigt eine derartige Ausführung für das Reichsmarineamt in

[1]) Größe „Improved Reversible Drill Nr. 0."

Kiautschou[1]) (Demag), bei der der Lastarm in Höhe von 20 m über Werftboden wippbar an eine drehbare Fachwerkssäule angelenkt ist, die von einem dreibeinigen Bockgerüst gestützt wird. Während die Anordnung der Gerüstbeine in der aus der Abb. 679 ersichtlichen Art vorteilhaft so gewählt ist, daß auch die größten Lasten auf den durchgehenden Zufuhrgleisen angefahren werden können, vermag sich das weitausladende Gegengewicht ohne Fortnahme nutzbaren Platzes zu drehen. Recht zweckmäßig ist bei dem Entwurf des Stützgerüstes auch die Aufstellung der Drehsäule mitten über der kaiseitigen Verbindung der Fußpunkte des Gerüstes[2]), wodurch dieses, bei einfacherer und im Anschluß an die Kaimauer möglichen Fundamentierung, verhältnismäßig leicht und billig ausgeführt werden kann. Ein ganz gleichartiger Hammerwippkran arbeitet bei der Tranmere Bay Development Co. zu Birkenhead bei Liverpool.

Abb. 674. Wippdrehkran (Monfalcone).

Die mehrfach erwähnten Vorteile, die durch die Verwendung eines Auslegerwippschnabels gerade bei der Bedienung hochbemasteter Schiffe gegeben sind, haben auch trotz der zunehmend in Aufnahme gekommenen „Hammerkrane“ mit horizontalem Laufkatzenausleger, doch auch später noch zu weiteren Ausbildungen und Anwendungen des Wippkransystems für Ausrüstungszwecke geführt[3]). Abb. 681 veranschaulicht z. B. den neuen Wippdrehkran des Bremer Vulcan, der sich durch sein turmförmiges, auf ein Durchfahrtsportal drehbar aufgesetztes Stützgerüst auszeichnet. Der große, 100 t-Haken vermag noch 80 t bei 18,5 m Ausladung (von Drehachse) zu tragen.

[1]) Eingehend und mit vergleichenden Hinweisen beschrieben von Böttcher: Z. V. d. I. 1906, S. 1605 u. ff.

[2]) D. R. P. Nr. 151260. [3]) Z. B. Blohm & Voss, Nordseewerke, Frerichswerft, Bremer Vulcan.

Es hatte die Bewertung der Wippkrane ja nicht mit Unrecht eine Einbuße dadurch erlitten, daß den Vorzügen, die der Wippbewegung des Auslegers für das Arbeiten zwischen der Schiffstakelage eigen sind, Nachteile gegenüberstehen, die die gleichzeitige Wippbewegung auch der Last für die Vornahme der Ausrüstungsarbeiten im Gefolge hat. Gewiß ist es daher als ein wesentlicher Gewinn zu betrachten, daß es den Vervollkommnungsbestrebungen des modernen Kranbaues gelungen ist, die als senkrechte Bewegung bislang ebenso charakteristische wie unerwünschte Begleiterscheinung jeder Radialbewegung der Last an Wippkranen zu beseitigen. Begreiflicherweise sind auch hierfür im Laufe der Zeit verschiedene Lösungen gefunden[1]) worden, von denen hier diejenige erwähnt sein soll, die an dem Ausrüstungskran (Demag) der Werft von Frerichs in Einswarden angewandt wurde[2]). Daselbst umschlingt das sonst am Ausleger befestigte Seilende *a* (in Abb. 682) erst noch einen zwischen der Kransäule *b* und dem Ausleger *c* eingeschalteten Flaschenzug d, d_1, während das andere Trum *e* in gewohnter Weise zur Hubwerkswinde *f* geführt ist. Die nun beispielsweise beim Aufrichten des Auslegers, also bei gegenseitiger Annäherung der Flaschenzugrollen, freiwerdende Seillänge bewirkt in einfachster Weise, daß die eingehängte Last in gleicher Höhenlage bleibt, daß sie sich also in wagerechter Richtung (gegen den Ausleger hin) bewegt. Entsprechend ist der Vorgang beim Niederlassen des Auslegers. Die Anordnung bietet aber außer diesem in der zweckdienlichen Lastbewegung gelegenen Vorteil und außer der durch den Fortfall unnützen Lasthebens trotz vermehrter Reibungswiderstände erzielbaren Arbeitsersparnis auch noch eine wesentliche Erhöhung der Betriebssicherheit. Denn zunächst wird die Einziehspindel *g* durch die Seilkräfte im Flaschenzug ganz erheblich entlastet und dann verhindert bei etwaigem Bruch der Spindel dieser Flaschenzug vollends das Abstürzen des Auslegers. Ein Nachteil dieser Konstruktion dagegen liegt in der Weitläufigkeit dieser Seilführung, die bei nicht ganz sorgfältiger Anordnung erfahrungsgemäß leicht zu Anständen Ursache geben kann[3]).

Abb. 675. Direkt wirkender Druckwasserkran (Liverpool).

[1]) Vgl. auch das bei „Häfen“ Gesagte; ferner Schäfer: Dingler 1909, Heft 8; Wintermeyer: Fördertechn. 1910, S. 55 u. ff.; Trua 1909, S. 451; Fördertechn. 1910, S. 128.

[2]) Der Kran ist i. J. 1918 aus bisher nicht aufgeklärter Ursache eingestürzt (in unbelastetem Zustand).

[3]) Eine grundsätzlich wohl ganz gleichartige Einrichtung, bei der der Wippausleger indes durch eine längs der festen Gewindespindel bewegte Lenkerstange betätigt wird, ist auch an Hafenkranen (Stothert & Pitt) in Bath zur Anwendung gekommen; vgl. Engg. 1912, v. 26. Januar.

Seit dem Beginn unseres Jahrhunderts nun hat sich für stationäre Schiffsausrüstungskrane die in der Haupstache aus einem starren T-förmigen Ausleger und einem festen Stützturm bestehende Gerüstform zunehmends eingebürgert. Und dies mit gutem Grunde. Denn der wagerechte Lastarm gibt nicht nur die schätzenswerte Möglichkeit, mit dem bewährten Element der Laufkatze in schnellster und rationellster Weise die Lasten auch querschiffs horizontal zu versetzen, sondern der starre Doppelausleger eignet sich auch besonders gut zur Vornahme weiterer, für die Arbeitsweise oder für die Stabilität des Kranes vorteilhafter Konstruktionsmaßnahmen, wie die nachstehenden Beispiele dartun werden. Bemerkt sei, daß an sich Ausrüstungsdrehkrane mit horizontaler Lastkatzenbewegung wohl schon ältern Datums sind, daß indes erst die vorgenannte Gerüstausbildung die für den modernen Großschiffbau so zweckmäßige Weiterentwicklung dieser Type ermöglicht hat. Beispielsweise benutzt die Germaniawerft zur Ausrüstung von Torpedo- und Unterseebooten einen schon ca. 40 Jahre alten derartigen Kran derrickartiger Form (Abb. 683 und 684), den sie noch von der alten Werft mit übernommen hat. Die auf der wagerechten Gurtung des Auslegers von Hand verfahrbare 15 t-Katze ist für elektrisches Heben mittels eines neben dem kaiwärtigen Seitenstützpunkt aufgestellten Motors und Führerstandes eingerichtet worden, während das Heben des 4t-Hakens sowie das Schwenken des Kranes noch von Hand erfolgen. Dieser Kran, der den nördlichen Abschluß des

Abb. 676. Preßluftantrieb eines Ausrüstungskranes (Hamburg).

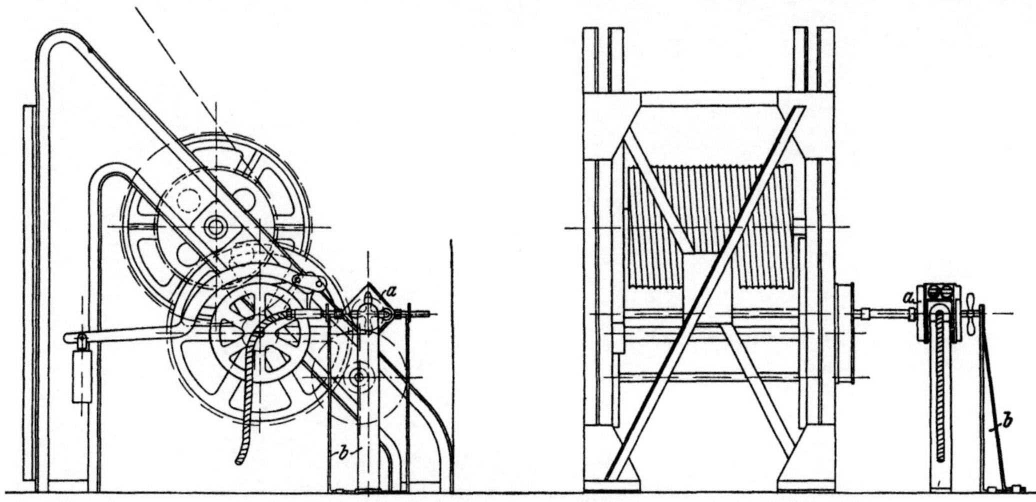

Abb. 677. Abb. 678.

Abb. 677 und 678. Preßluftantrieb eines Ausrüstungskranes (Hamburg).

auch in krantechnischer Hinsicht unvergleichlich abwechslungsreichen und instruktiven Kieler Hafens bildet, macht übrigens trotz seines Alters mit seiner schlankverteilten Eisenkonstruktion einen auffallend eleganten Eindruck.

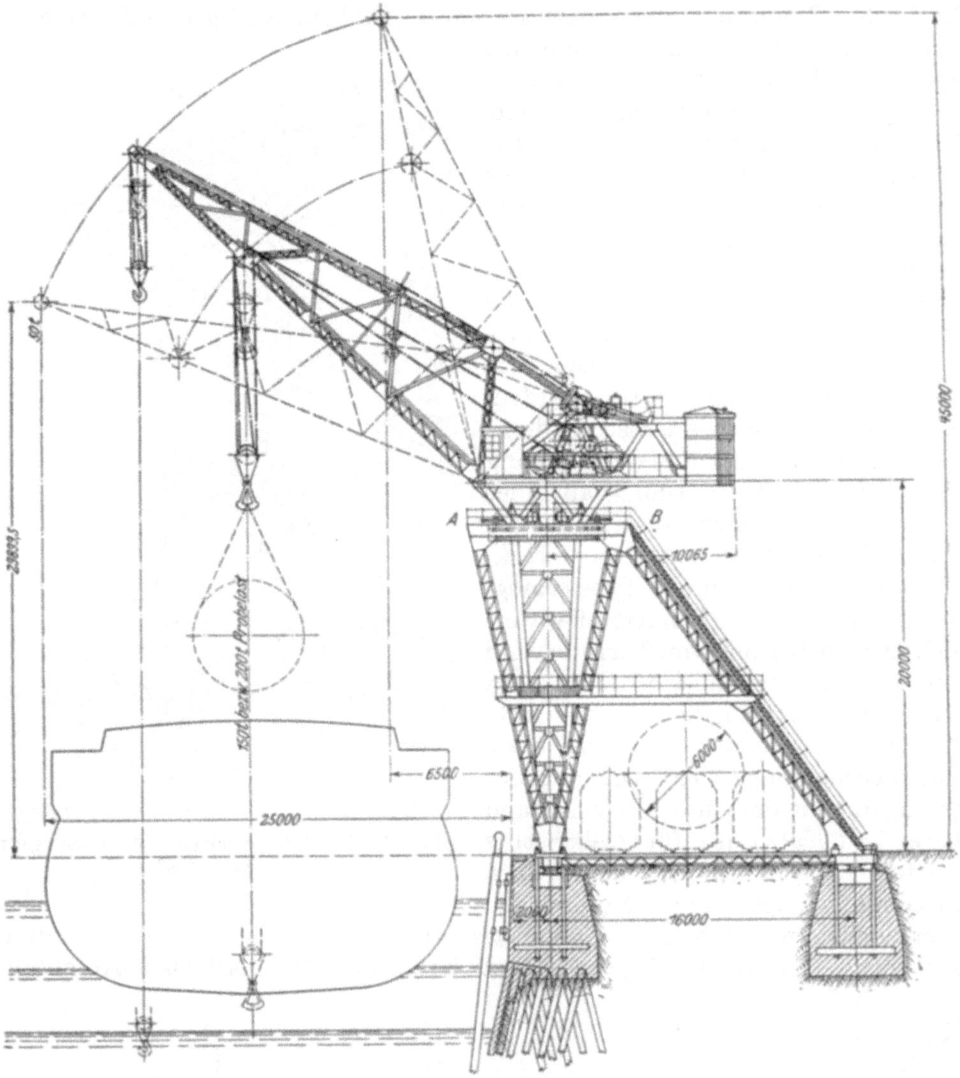

Abb. 679.

Abb. 679 und Abb. 680. Hammerwippkran (Kiautschou).

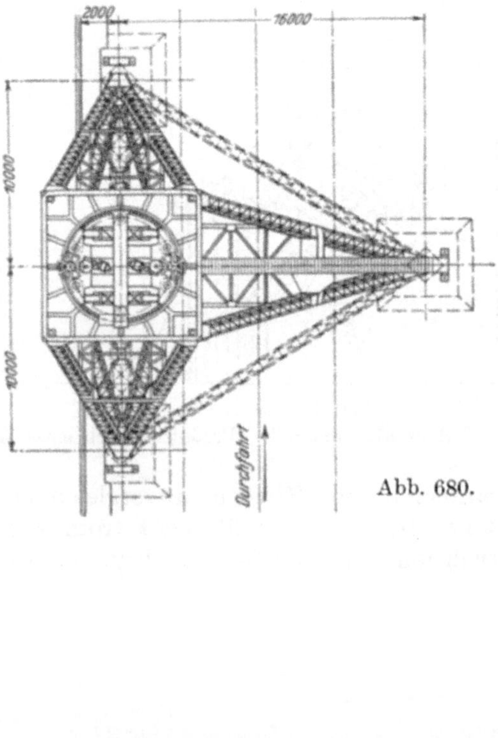

Abb. 680.

Im Vergleich nun mit den ersten jener — nach der Form des drehbaren oder festen Teiles H a m m e r - bzw. Pyramiden- oder T u r m w e r f t k r a n genannten — Ausführungen (Benrath), die 1901 für das Kaiserdock in Bremerhaven geliefert worden sind, weist schon der kurz darauf von der nämlichen Firma für die Howaldtswerke gebaute Kran (Abb. 685) recht wesentliche Vervollkommnungen auf. Die bei jenen mit vollständigen Hub- und Fahrantrieben nebst Zubehör ausgestattete Laufkatze stellt natürlich ein sehr bedeutendes Totgewicht dar, das eine nutzlose Mehrbelastung der ganzen Krankonstruktion hervorruft. Außerdem bedingt das Fehlen eines schwächeren Hilfswindwerkes dort ein weniger rationelles Arbeiten bei den gerade häufig vorkommenden kleineren Lasten. Beim Howaldt-Kran dagegen, der sich überdies durch eine weit größere Ausladung und Höhe auszeichnet, ist sowohl das Hauptwindwerk als auch das Katzenfahrwerk auf dem Gegenarm des Lastenauslegers fest angeordnet und auf diese Art gleichzeitig als Ballast nutzbar gemacht. Die 150 t-Winde ist in Anbetracht der einzuziehenden sehr großen Seillänge praktischerweise als Doppeltrommelspillwinde gebaut, die das

Abb. 681. Turmwippdrehkran (Einswarden).

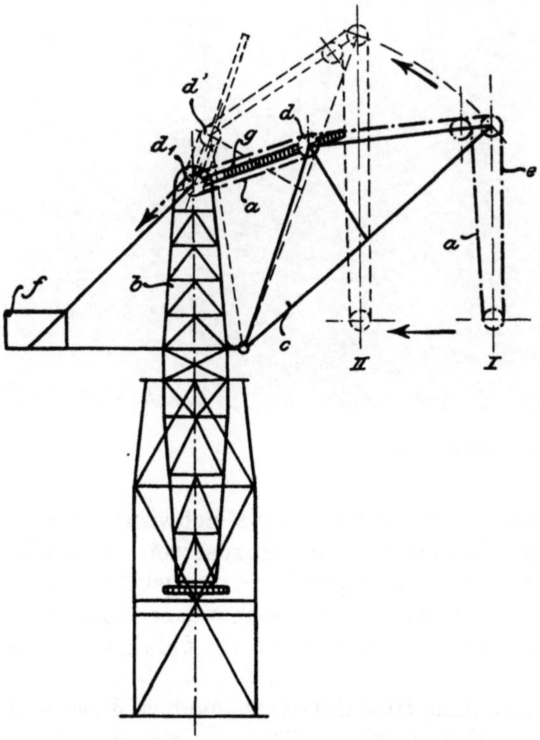

Abb. 682. Wippdrehkran (Einswarden).

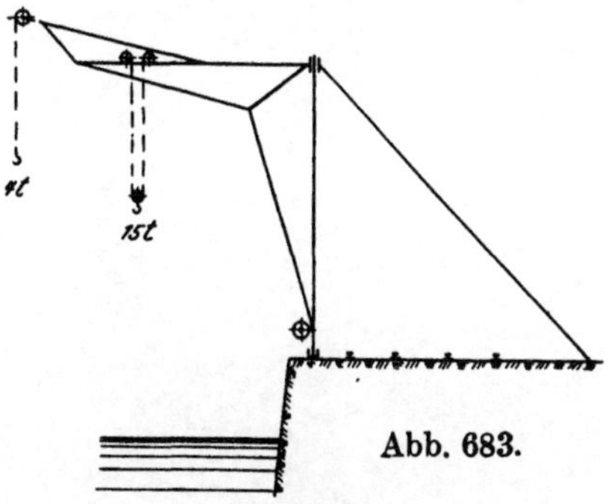

Abb. 683.

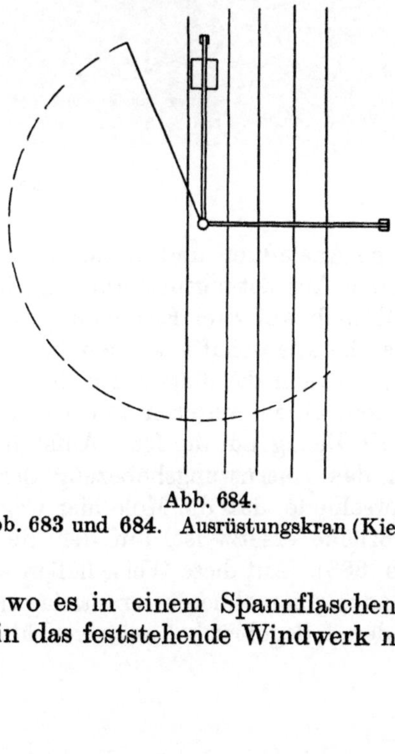

Abb. 684.

Abb. 683 und 684. Ausrüstungskran (Kiel).

lose Trum nach der Kransäulenmitte ablaufen läßt, wo es in einem Spannflaschenzug aufgespeichert wird. Als weitere Zugseiltrommel ist in das feststehende Windwerk noch das Fahrtriebwerk für die Katze eingebaut, das, mit der Hubwinde gekuppelt, die Last bei gleichbleibender Höhenlage verschieben kann. Die Laufkatze selbst trägt nur für kleine Lasten bis 15 t ein besonderes, schnell arbeitendes Hubwerk. Recht zweckmäßig für die Ausnutzbarkeit des Kranes erscheint weiter dessen eigenartige Aufstellung im Werftgelände. Auf einer weit in den Kieler Hafen sich erstreckenden schmalen Mole erhebt er sich, 100 m vom Ufer entfernt, und vermag so unter vollster Ausnutzung seiner Leistungsfähigkeit und seiner Bewegungsmöglichkeit gegebenenfalls gleichzeitig mehrere Schiffe zu bedienen, ohne daß diese erst kostspielig verholt zu werden brauchen. Hierbei ermöglicht es ihm, wie die Abb. 685 noch zeigt, seine ge-

Abb. 685. Hammerkran (Kiel).

waltige Ausladung und Höhe sogar, das unter Umständen mittels Schwimmdocks zugeführte Ausrüstungsmaterial ungehindert zu übernehmen und einzusetzen. Daß dieses gewöhnlich auf zwei Eisenbahngleisen durch das dementsprechend ausgebildete Stützgerüst herangeschafft werden kann, bedeutet dem ersten Bremerhavener Kran gegenüber, bei dem die diagonalen Streben der unteren Gerüstfelder die Durchfahrt ganz versperrten, einen weiteren Fortschritt.

Mit Bezug auf die freie Aufstellung kommt dem Howaldt-Kran meines Wissens nur noch das Ausrüstungshebezeug der einstigen Eiderwerft in Tönning gleich, mit dem Unterschiede, daß die Mole hier wegen des sehr flachen Ufers durch eine leichtere Transportbrücke ersetzt ist, auf der die Montageteile dem Wippausleger zugeführt werden (Abb. 686). Auf diese Weise ließen sich die Anschaffungskosten dieser für 75 t bei 10 m Ausladung berechneten Krananlage (Schenck & Liebe Harkort) mit 130000 M., einschließlich der Anlegebrücke, auch verhältnismäßig niedrig halten.

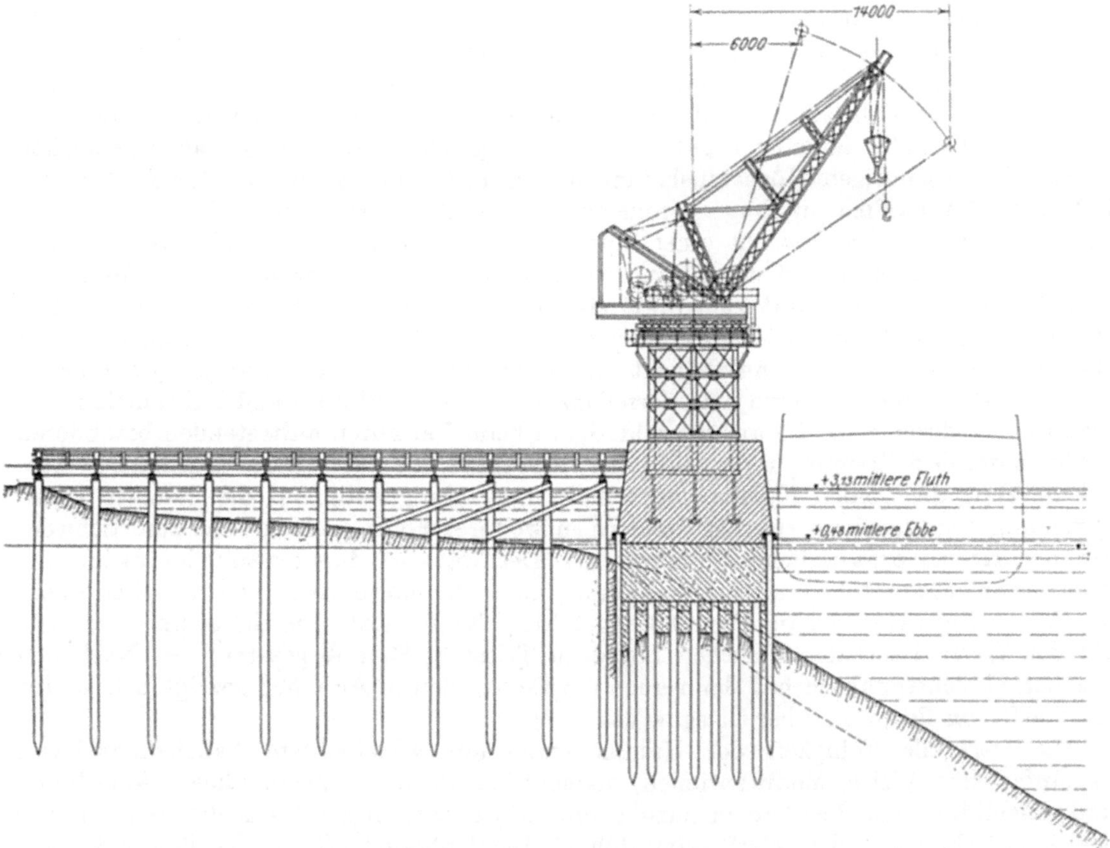

Abb. 686. Wippdrehkran (Tönning).

Abb. 687. Hammerkran (Triest).

Gegenüber den bisherigen Ausführungen von Hammerkranen weist nun die in Abb. 687 ersichtliche Anlage einen bemerkenswerten Unterschied dadurch auf, daß der kurze Arm des Auslegers, der bisher nur für die feste Aufstellung des Gegengewichtes gedient hat, als Fahrbahn für die Katze der Höchstlast, der längere Auslegerarm dagegen als Fahrbahn für eine leichtere Katze hergerichtet ist. Sinngemäß entsprechen hierbei die zugehörigen Höchstausladungen von 17,5 und 28,5 m den für Lasten von 120 bzw. 35 t maximal in Frage kommenden Aufstellungsorten im Schiff. Dabei kann vorteilhafterweise das Gewicht einer Katze in ausgefahrenem Zustande als Ausgleich für die andere arbeitende Katze herangezogen werden. Um die Sicherheit des Betriebes bezüglich der Kranstabilität zu gewährleisten, sind die beiden Katzen in solche elektrische Abhängigkeit voneinander gebracht, daß eine jede nur während der unbelasteten Endstellung der anderen benutzbar ist. Zweckmäßig für die gegenseitige Gewichtsausgleichung der Katzen ist eine jede derselben mit eigenem Winde- und Fahrantrieb ausgestattet, wodurch z. B. die am Howaldt-Kran beim Verfahren auftretenden besonderen Verluste durch Seilreibung u. a. m. wieder in Wegfall kommen. Diese gegenseitige Ausbalancierung der beiden Katzen wirkt nicht nur sehr günstig auf die gesamte Beanspruchung der Eisenkonstruktion, sondern in weiterer Folge auch auf das zum Schwenken des Kranes erforderliche Drehmoment. Der Entwurf dieser zweifellos rationellen Anordnung schwerer Hammerkrane stammt, aus dem Jahre 1901, von der Maschinenfabrik von Petravič; der in Abb. 688 abgebildete Kran wurde von dieser im März 1903 auf der Werft des Österreichischen Lloyd zu Triest in Betrieb gesetzt[1]). — Nach den gleichen Gesichtspunkten hat dann auch die Demag den in Abb. 688 gezeigten Kran für die Werft von Beardmore bei Glasgow gebaut[2]).

Die wertvolle Fähigkeit der Hammerkrane mit wagerechtem Fahrbahnausleger, in einfachster Weise Modifikationen, namentlich in der zweckmäßigen Anordnung und Ausbildung der Lastkatzen zuzulassen, dürfte wirkungsvoll aus der Betrachtung des Ausrüstkranes[3]) der Werft von Joh. C. Tecklenborg A.-G. in Geestemünde hervorgehen (Demag). Indem man dort — vgl. Abb. 689 — die Laufkatze für die bis 150 t schweren Lasten, sowie, diametral gegenüber, das zugehörige feste Windwerk nicht wie bisher auf, sondern zwischen die beiden Träger des Auslegers verlegte, hat man auf deren Obergurten eine durchgehende Bahn für einen vollständigen Drehkran[4]) freibekommen, mit dessen spitzem Ausleger, wie die Photographie (Abb. 691) deutlich zeigt, ein Einsetzen auch der höchsten Masten unabhängig von der Höhe des Hauptkranes bequem möglich ist. Sodann können ganz allein durch diesen Drehkran leichtere Lasten, bis 20 t, von Land an Bord und umgekehrt geschafft werden, ohne, wie bislang, dafür das Drehwerk oder das Windwerk des großen Kranes in Gang setzen zu müssen. Eben hierdurch aber wird der Betrieb der Anlage, die sich lediglich durch die relativ seltene Benutzung für das Bewegen von Schwerlasten nicht bezahlt machen würde, recht wirtschaftlich.

Ebenso vorteilhaft wie diese Hinzunahme eines obenlaufenden Hilfsdrehkranes für den Gesamtbetrieb des Riesenkranes ist, ebenso günstig ist für dessen Aufstellung die neuartige Abstützung der Schwenkkonstruktion: Der bisher innerhalb eines breiten Stützgerüstes drehbar gelagerte Auslegerstiel umschließt hier glocken- oder mantelartig die schlanke Stützpyramide. Die Grundabmessungen der letzteren können infolgedessen erheblich kleiner als bei den früheren Ausführungen werden, was im Verein mit der Verringerung der Grundfläche und Kosten des Fundamentes[5]) noch

[1]) Ausführliche konstruktive Angaben über diesen Kran sind gemacht von Kann: Z. f. Elektrotechn., Wien und in Z. V. d. I. 1905, S. 1261 u. ff.

[2]) Vgl. auch den Bericht von Ernst in Z. V. d. I. 1902. [3]) Vgl. Heym: Z. V. d. I. 1909, S. 1180.

[4]) D.R.P. Nr. 190961. Der Vorschlag zur Ausbildung des obenlaufenden Hebezeuges als Drehkran stammt von dem damaligen Direktor Claussen der Tecklenborg-Werft.

[5]) Die Fundamentkosten betrugen hier mit 36000 M. nur etwa halb so viel als sonst. Es tritt nämlich außer einer Ersparnis an Fundamentmaterial — bei der die Drehsäule umschließenden Stützpyramide hatte der durchgehende Fundamentklotz bei etwa 13 m Höhe in der Regel eine Grundfläche von 18 m im Quadrat,

den besonders schätzenswerten Erfolg zeitigt, daß die Kranmitte gegen früher bedeutend näher an die Uferkante rückt, d. h. daß für dieselbe Nutzausladung des Kranes dessen

Ausleger bedeutend kürzer gehalten werden kann. Führt man in weiterer Ausbildung dieses Systems — die der bei Schwimmkranen vorgenommenen übrigens völlig ent-

also 324 qm, bei der durch die Glocke umschlossenen Stützpyramide dagegen besteht das Fundament aus vier einzelnen Eckklötzen von je 5 m im Quadrat, also von zusammen nur 100 qm Grundfläche — außer dieser Ersparnis an Fundamentmaterial tritt aber auch noch eine entsprechende Ersparnis an Fundamentpflöcken ein.

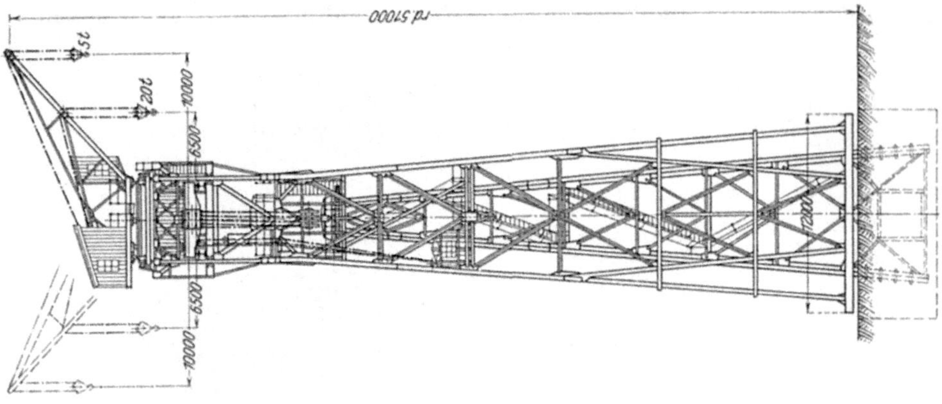

Abb. 690.

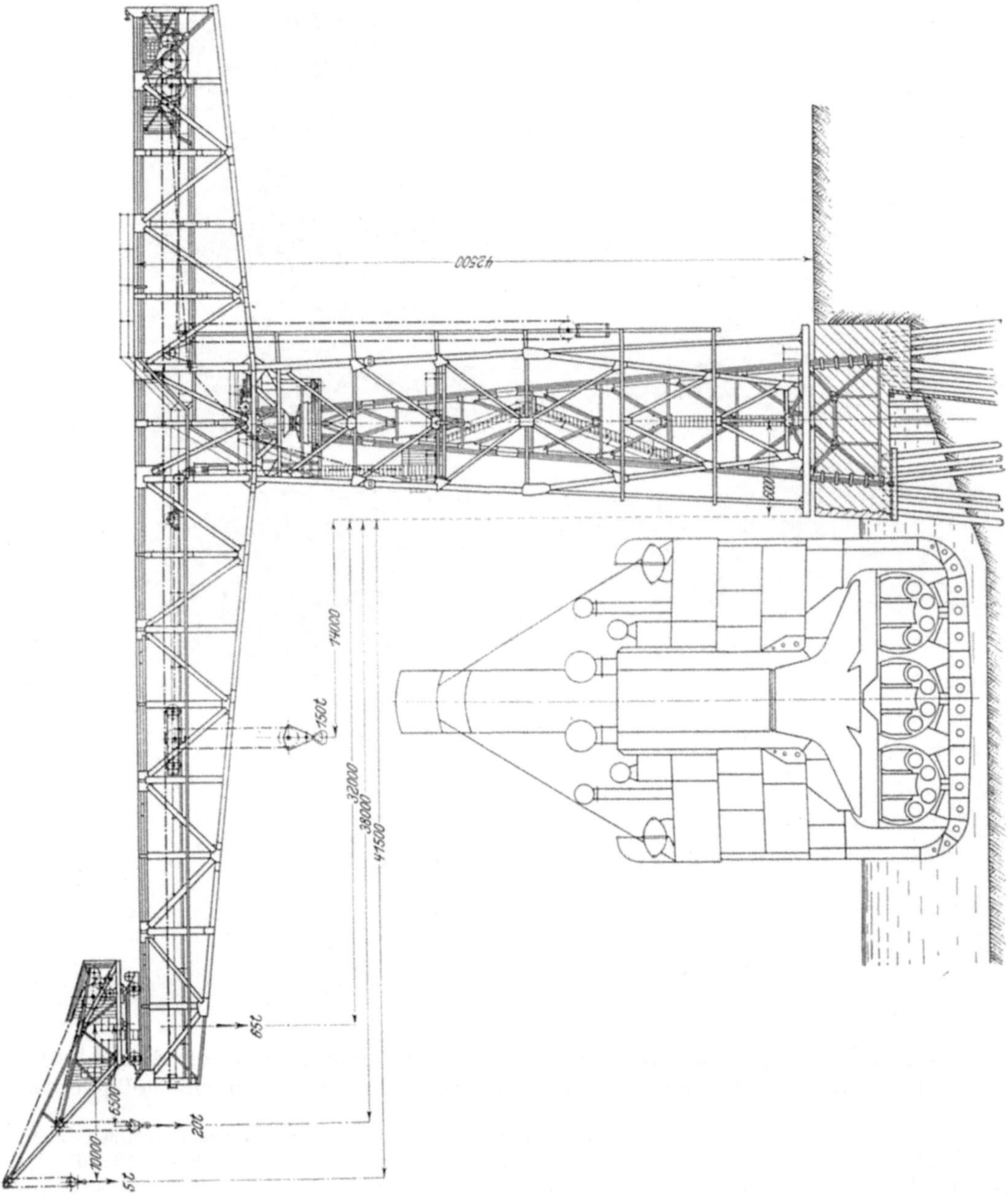

Abb. 689.

Abb. 689 und 690. Hammerkran (Geestemünde).

Abb. 691. Hammerkran (Geestemünde).

spricht — die drehbare Mantelkonstruktion nicht ganz bis herunter, sondern läßt sie einige Meter über dem Erdboden schon enden, so gewinnt man weiter an nutzbarer Grundfläche und Arbeitsmöglichkeit. Dies ist z. B. bei dem im übrigen dem vorbeschriebenen gleichen 250 t-Hammerkran (Demag) der Schichauwerft in Danzig der Fall[1]), bei dem der untere Abschlußring der Drehglocke noch über 7 m über Flur sich befindet, so daß Verkehr und Ablagerungsmöglichkeit am Kran so gut wie gar nicht behindert sind.

Die augenfälligen Vorzüge dieser Kranbauart haben in den folgenden Jahren weitere grundsätzlich gleiche Ausführungen zur Folge gehabt. Beispielsweise sind in St. Nazaire zwei 150 t-Hammerkrane (Le Titan Anversois) in Betrieb gekommen, bei deren jedem wieder ein besonderes leichtes Hebezeug oben auf dem Ausleger fahrbar ist. In dem einen Fall ist der Drehkran nur in der ursprünglichen einfacheren Weise durch eine Katze mit Querausleger ersetzt, die auf der gegenüberliegenden Seite mit einem zweckmäßig tief herabhängenden Führerkorbe versehen ist (Abb. 692), von dem aus die Last

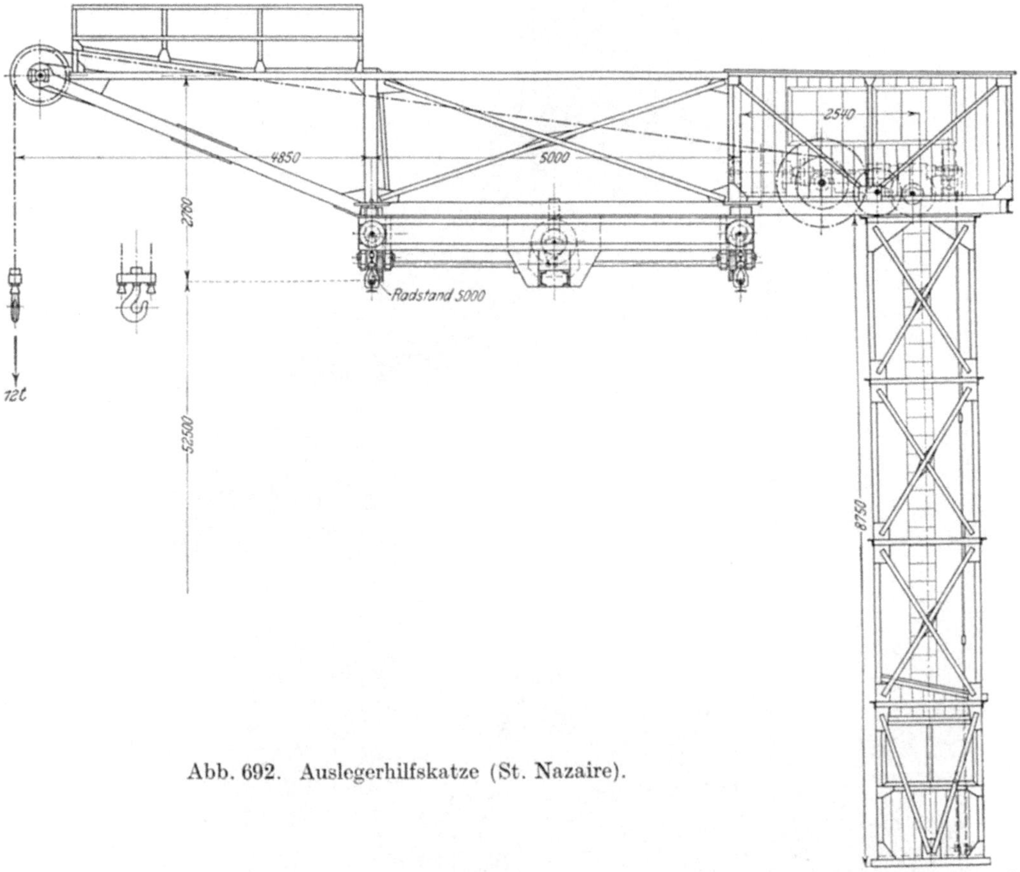

Abb. 692. Auslegerhilfskatze (St. Nazaire).

in jeder Lage gut überblickt werden kann. Durch Fortlassung des Schwenkwerkes wollte man billiger bauen. Auch der Bremer Vulkan hat auf seinen Hammerkran nachträglich noch einen fahrbaren Drehkran aufgesetzt.

Auch der im Jahre 1912 in Betrieb genommene Ausrüstungskran der Hamburger Vulcanwerft hat sich dieses Prinzip der Hilfskranordnung auf dem Riesenausleger zunutze gemacht. Nachdem man von der ursprünglich geplanten Anschaffung eines Schwimmkranes, der dort an dem meist mit Schiffen vollbelegten Kai in seiner Arbeit, namentlich bei der Lastaufnahme von Land, zu sehr behindert gewesen sein würde, abgekommen war, wählte man für den feststehenden Ausrüstungskran die aus den schematischen Abb. 693 und 694 ersichtliche Anordnung[2]). Unterschiedlich ist dieselbe gegen die zuletzt besprochene noch durch die Abstützung des Auslegers, die hier nicht in einer bis unten reichenden Ummantelung der Stützsäule besteht, sondern in einer haubenartigen Umschließung nur des oberen Teiles des Stützgerüstes, das sich, wie gezeichnet, in einer Doppelspitzbockform der Ecke des schon vorhandenen Gebäudes gut und unter gering-

[1]) Vgl. Z. V. d. I. 1913, Nr. 21 und Schiffbau 1913, Nr. 17. [2]) Näheres s. Z. V. d. I. 1912, Nr. 27.

ster Behinderung des Flurverkehrs anschließt[1]). Als Nachteil dieser durch die örtlichen Verhältnisse veranlaßten Anordnung erscheinen allerdings die sehr bedeutenden seitlichen Drucke an den Lagerstellen, die bei einer derart verkürzten Stützhaube und den dort in Frage kommenden großen Kräften bzw. Hebelarmen auftreten. Als Hauptdaten dieses von der Demag erbauten Kranes sind, in Ergänzung der bereits aus der Skizze Abb. 693 hervorgehenden, noch folgende zu nennen: Die Laufkatze vermag Lasten von 100000 kg bei einer Ausladung bis 51,4 m zu heben, während der oben fahrende Drehkran 20000 kg noch bei 57 m und 5000 kg bei 61,4 m Ausladung (von Drehachse Hammerkran gemessen) heben kann. Die Hubhöhe der Hauptwinde beträgt 50 m, des oberen Drehkranes 58 m und 65 m bei Ausladungen von 6,5 bzw. 10 m. Der Zeitaufwand für eine volle Drehung unter Höchstlast beträgt nur 9 Minuten. Die Photographie Abb. 695 zeigt den Kran beim Verladen eines 3000 PS-Ölmotors.

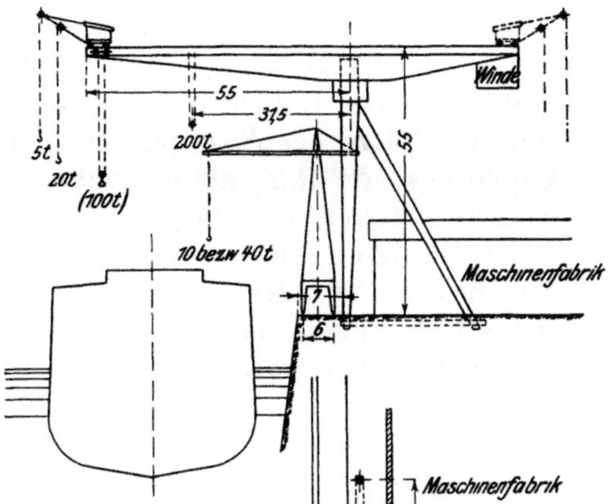

Abb. 693.

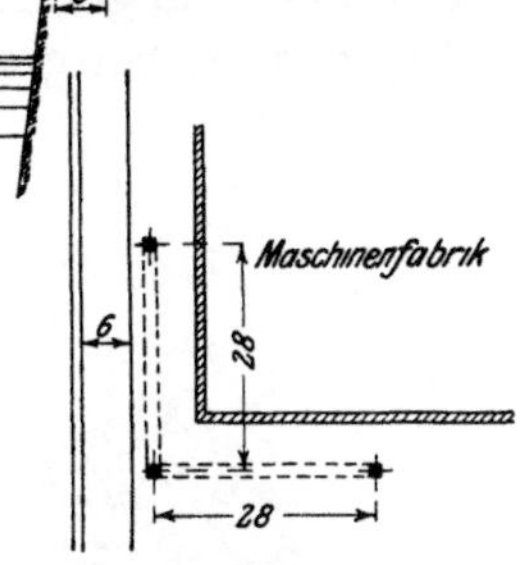

Abb. 694.

Abb. 693 und 694. Krananordnung an einem Ausrüstungskai (Hamburg).

Abb. 695. Hammerdrehkran (Hamburg).

[1]) Zwischen Kaikante und Kranfuß fahren u. a. zwei Turmdrehkrane für leichtere Ausrüstungsarbeiten (s. Abb. 693 und 695).

Die bisher gekennzeichnete Entwicklung der Hammerkrane hat ihre — bis jetzt — letzte Stufe in der kurz vor dem Kriege, 1913, geschaffenen Ausbildung des Hammerwippkranes nach den Abb. 696 bis 698 erreicht. Dieser von der Demag für Blohm & Voss erbaute Kran ist z. Z. der größte Kran der Welt in bezug auf das zulässige Lastmoment von 250 t × 34,5 m[1]); auch in bezug auf die Bauhöhe — in der hochgezogenen Stellung erreicht die Spitze des Auslegers eine Höhe von 96 m über Flur — und in bezug auf die Größe des von ihm, als feststehenden Kran, bestreichbaren Arbeitsfeldes, das bei einem Durchmesser von 147 m einen Grundflächeninhalt von rund 17000 qm hat, dürfte er unerreicht dastehen.

Mit diesem 250 t-Kran, der deshalb als Hammerwippkran bezeichnet wird, weil sein hammerförmiger Ausleger von 55,4 m Länge hochgerichtet werden kann, hat man die Möglichkeit, bei großen Schiffen die Masten und Schornsteine über die hohen Teile

Abb. 696. Hammerwippdrehkran (Hamburg).

des Schiffes bequem transportieren und aufsetzen zu können. Die in der äußersten Stellung von 53 m Ausladung verriegelte große Katze kann beim Einziehen des Auslegers aus der horizontalen Lage mit 100 t belastet werden. Auf dem Obergurt des Kranes fährt ein Drehkran mit gleichfalls einziehbarem Ausleger von 20 t × 10 m bzw. 10 t × 18 m Tragkraft. Es kann z. Z. entweder nur der kleine Drehkran oder die große Katze benutzt werden; eine gleichzeitige Benutzung beider ist nicht möglich und wird durch eine gewisse Zwangläufigkeit verhindert; es muß der kleine Kran erst

[1]) In bezug auf die Größe der Tragkraft allein wird er heute ja schon von manch anderem Kran erreicht, ja z. T. übertroffen: z. B. von den amerikanischen 400 t-Laufkranen (Alliance Co.) und selbst von Auslegerkranen, z. B. von den Schwimmkranen (Demag) für den Panamakanal und für die ehemalige Kaiserliche Werft Wilhelmshaven, von dem feststehenden Hammerdrehkran (Demag) für die Schichau-Werft, von dem Drehscheibenkran (Arrol) für Portsmouth Dockyard, die sämtlich 250 t Nutzlast zu heben vermögen. Vordem soll der 1909 für die englische Devonport-Werft gebaute Turmdrehkran (Cowans, Sheldon & Co.) von 160 t Tragkraft bei 29 m Ausladung mit einer Gesamthöhe von 55 m und Gesamtauslegerlänge von 67 m der „größte Kran der Welt“ gewesen sein.

in die Endstellung am hinteren Auslegerarm gebracht werden, bevor die große Katze belastet werden kann. In diesem Auslegerteil ist auch das Maschinenhaus mit dem Hubwerk und dem Einziehwerk untergebracht. Die beiden Motoren des mit Spilltrommeln ausgerüsteten Hubwerkes, die nach Umkuppeln auch das Einziehwerk betätigen, leisten zusammen 190 PS. Das Hubseil, das einerseits durch die Last straff gehalten wird, läuft in mehrfachen Gängen über diese Spilltrommeln und wird andererseits durch eine sog. Speicherflasche, die sich außerhalb am Krangerüst zwangläufig auf oder ab bewegt,

Abb. 697. Hammerwippdrehkran (Hamburg).

aufgespeichert — eine Einrichtung, die sich hier sehr gut bewährt hat. Das Verfahren der Katze geschieht durch zwei auf dieser untergebrachte Motoren von je 38 PS; das Schwenken erfolgt gleichfalls durch zwei 38 PS-Motoren, die unten am Drehkranz aufgestellt sind. Die Arbeitsgeschwindigkeiten des Hammerkranes sind beim Heben von 250 t etwa 1,6 m/min, von 200 t etwa 2 m und von 100 t etwa 4 m/min; das Katzenfahren mit 250 t erfolgt mit ca. 10 m/min und das Schwenken des Kranes um 360° in 12 Minuten, während das Einziehen des Auslegers mit 100 t in seine höchste Stellung etwa 45 Minuten dauert. Von dem unterhalb des Auslegers angeordneten Führerhaus aus werden alle Bewegungen des großen Kranes eingeleitet. Wird jedoch nur der kleine Drehkran benutzt, so können von seinem eigenen Führerstand aus auch die Drehwerksmotoren des großen Kranes gesteuert werden. Mit Rücksicht auf die angestrebte Feinfühligkeit und leichte Bedienbarkeit der Steuerapparate trotz sehr großer Motoren — ihre Gesamtleistung beträgt 524 PS — ist für sämtliche Motoren Leonard-Schaltung gewählt[1]).

Neben diesem 250 t-Kran sind für die Ausrüstung der Schiffe noch fünf fahrbare Turmdrehkrane (Demag) mit einziehbarem Ausleger von 10 t × 35 m bzw. 15 t × 20 m Tragkraft vorgesehen, deren Fahrbahn durch den Standort des 250 t-Kranes unterbrochen ist. Soll jedoch der eine oder andere Turmdrehkran auch jenseits des großen Kranes

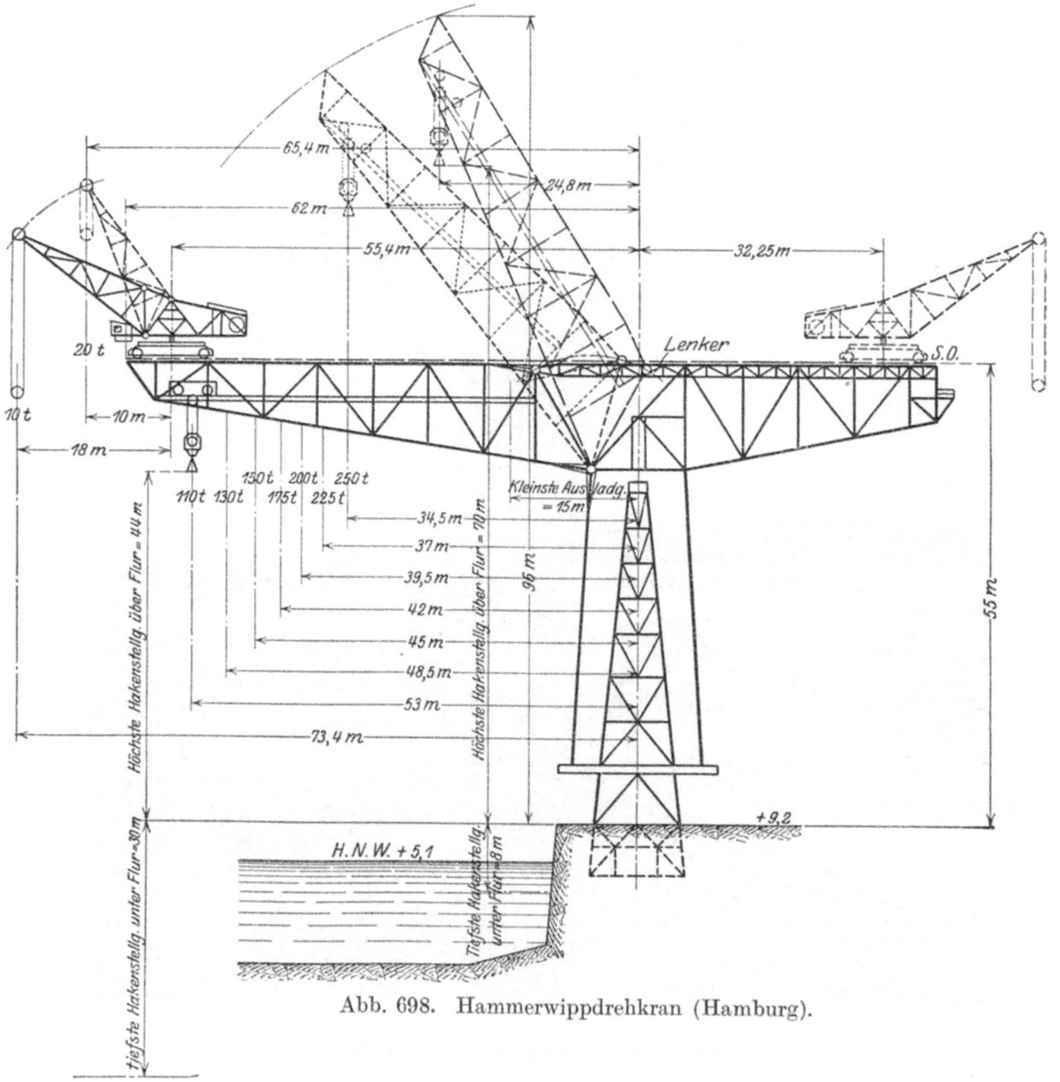

Abb. 698. Hammerwippdrehkran (Hamburg).

benutzt werden, so kann er — sein Gewicht beträgt 245 t — durch diesen im betriebsfertigen Zustand dorthin versetzt werden (und zwar in verhältnismäßig kurzer Zeit, da die dazu erforderlichen Aufhängevorrichtungen an den Turmkranen von vornherein vorgesehen sind). Abb. 699 zeigt den großen und einen kleinen Ausrüstungskran neben dem 100 t-Mastenschwimmkran der Werft beim Bau des Riesenschiffes „Imperator".

Als Ersatz für einen älteren Ausrüstungskran mit schrägem Wippausleger nach Abb. 682 stellte die Frerichswerft bei Beendigung des Krieges den aus Abb. 700 ersichtlichen Hammerdrehkran mit gleichfalls über das Stützgerüst gestülpter und verkürzter

[1]) Näheres s. im Anhang über „Elektrotechn. Gesichtspunkte".

Haube (Demag) auf[1]). Dieser Kran, der eine Rollenhöhe von 30,5 m über Fußboden hat, trägt bei 13,8 m Ausladung 100 t (30 t bei 28 m). Außerdem ist noch eine Hilfsflasche für 10 t vorgesehen, die, ähnlich wie beim Hammerkran in St. Nazaire, seitlich über den Ausleger hinausragt. Dadurch können auch Schiffsmasten, die mit ihrer Spitze über den Kran hinausragen, unbehindert von diesem in das Schiff eingesetzt werden.

Abb. 699. Hammer- und Turmdrehkran am Ausrüstungskai (Hamburg).

Die durch die Verkürzung der Stützhaube des Schwenkauslegers erreichten Vorteile machte sich endlich auch der Ausrüstungskran (Demag) der „Deutsche Werft" zu nutze. Die Katze vermag 75 t — eine für den Handelsschiffbau im allgemeinen

Abb. 700. Hammer- und Wippdrehkran am Ausrüstungsbecken (Einswarden).

genügende Tragkraft — bei einer Ausladung bis zu 30 m und 50 t bei einer solchen bis zu 50 m zu heben. Es können dadurch unter Umständen drei nebeneinander liegende Schiffe, je bis 12 m breit, ausgerüstet werden. Das bei den neueren und neuesten großen

[1]) Er arbeitet dort — neben einem fahrbaren Portal-Wippdrehkran für 5 t × 21 m (Nagel & Kaemp) — an einem 125 m langen Pier.

Ausrüstungskranen — der in Rede stehende Kran ist erst nach dem Kriege aufgestellt worden — ungewöhnliche Fehlen eines zweiten Hebezeuges, in Gestalt eines auf dem Obergurte laufenden Drehkranes[1]), einer weitern Katze o. dgl., wird hier durch große Arbeitsgeschwindigkeiten ausgeglichen: Heben der Höchstlast mit 7,5 m/min (200 PS), Katzfahren mit 75 m/min (16,3 PS), volles Auslegerschwenken in 8 Minuten (2 × 15 PS).

Eines Ausrüstungskranes ähnlicher Bauart, aber in fahrbarer Ausführung, bedienen sich die Nordseewerke zu Emden, wie Abb. 620 auch erkennen läßt. Seine größte Ausladung ist 32 m (bei 5 t Last), seine größte Tragkraft 65 t (bei 13 m Ausladung).

Bei allen vorbesprochenen Anordnungen mit obenfahrendem Leichtkran ist die Hubhöhe für schwere Lasten dadurch jedoch verkürzt worden, daß die Fahrbahn der Hauptkatze tiefer gelegt wurde. Um beide Hebezeuge auf dem Obergurt des großen Auslegers unabhängig voneinander fahren lassen zu können, könnte weiterhin die Aufstellung des Hilfskran-Drehauslegers *c* (Abb. 701) auf einem Fahrportal *b* ratsam sein, das jederzeit über die Hauptkatze *a* hinwegzufahren imstande ist.

Der Gewinn an nutzbarem Werftterrain, der schon bei den ganz über die Stützpyramide gestülpten Drehmänteln und besonders bei deren nur haubenartiger Ausbildung erzielt worden ist, tritt in beachtenswertem Maße auch bei der Dreibeinform des Stützgerüstes auf, wie sie beispielsweise bei dem in Abb. 702 gezeigten großen Kran der Kieler Germaniawerft angewandt ist (Demag). Dort ist, im Prinzip ähnlich wie bei den vorerwähnten Hammerwippkranen, die Abstützung des oberen Säulenlagers durch einen dreifüßigen Spreizbock vorgenommen, innerhalb dessen sich der Verkehr um so ungehinderter abwickeln kann, als auch der Schwenkantrieb, der sich bei den ersten Turmwerftkranen ja vollständig zu ebener Erde befand, nach dem oberen Halsrollenlager der Drehsäule, in die Nähe des Führerstandes verlegt worden ist. Die Laufkatze vereinigt in sich die vollständigen Hubwerke für die Hauptlast von 150 t und für die Hilfslast von 45 t sowie das Fahrwerk nebst den zugehörigen vier Antriebsmotoren, wodurch die äußeren Abmessungen der Katze, die überdies mit normalen breiten Windetrommeln für totale Seilaufwicklung arbeitet, allerdings außerordentlich groß werden. Immerhin bleibt der Energieverbrauch beim Fahren und auch beim Heben noch in befriedigenden Grenzen, da andererseits der Wirkungsgrad der Triebwerke bei dieser einfachen Anordnung jenem bei weitläufiger Seilführung wieder überlegen ist. Endlich verdient — gleichsam als ein Vorläufer der letztbesprochenen Hilfsdrehkrane — noch die Aufstellung eines leichten fahrbaren Bockes auf dem Ausleger dieses Kranes Erwähnung, der es ermöglicht, kleinere Lasten für Montage, bis zu 1000 kg Schwere, mit Hilfe einer im Kranführerhaus stehenden Winde rasch heraufzuholen. Im übrigen ist auch hier beabsichtigt, durch Aufsetzen eines Auslegers an die vorhandene Katze und durch Verlängerung des Lastarmes die Ausladung des Kranes bis auf 46 m zu vergrößern, damit künftig die Beplankung an der ganzen Schiffsseite ohne Verholen des Schiffes möglich wird. Entsprechend dem Gewichte der letzten Außenplatte soll die Tragfähigkeit des Katzenauslegers 10 t betragen. Das Gewicht der an sich schon recht schweren Katze wird indes durch diese beträchtliche Vergrößerung ihres Arbeitsbereiches nicht nennenswert zunehmen, da dafür vorteilhafterweise wieder das bisherige Hilfswindwerk in Fortfall kommen kann.

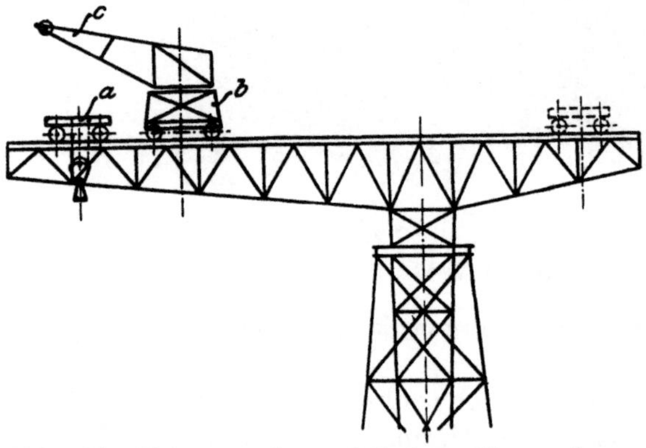

Abb. 701. Katzenanordnung bei einem Hammerkran.

[1]) Die Wahl dieser Kranform erklärt sich aus dem Umstand, daß der beschaffte Kran, der eigentlich zum raschen Aus-dem-Wasser-heben schwerer Flugboote im Kriege für Norderney bestimmt gewesen war, seinerzeit besonders schnell lieferbar war.

Die früher begründete Nützlichkeit eines Werftkranauslegers für horizontale Lastkatzenbewegung führte begreiflicherweise auch zur Anwendung eines solchen auf das Drehscheibenkransystem, das sich bei nur einfacher Zentrierung ja durch den Fortfall einer besonderen Drehsäulenkonstruktion und ihrer hohen Fußlagerdrucke auszeichnet. Hierbei ist es — im Gegensatz zu den ursprünglichen Drehscheibenkranen mit Schrügauslegern — naturgemäß erforderlich, den Ausleger auf eine turmartige Konstruktion aufzusetzen, die das Überstreichen der Schiffsbauten gestattet.

Abb. 702. Hammerkran (Kiel).

Von den verschiedenen Bauarten, bei denen die Drehscheibe entweder meistens hoch oben auf einem festen Stützturm oder unten am Ende eines langen Vertikalfortsatzes des Drehauslegers angeordnet ist, mögen die folgenden Illustrationen einige Ausführungsbeispiele wiedergeben.

Der zunächst in Abbildung 703 dargestellte Uferkran (Demag) für die Werft der Lübecker Maschinenbau-Aktien-Gesellschaft ist für 10 t Nutzlast bei maximal 16,5 m Abstand von Kranmitte bestimmt. Er dient zum Ausrüsten von Schwimmbaggern und weist eine hierfür günstige Anordnung dadurch auf, daß der Führerstand mit den

Steuerapparaten nicht wie gewöhnlich hoch am Ausleger, sondern möglichst nahe der Arbeitsstelle angebracht ist. Die stete Übersicht der beim Schwenken wechselnden Arbeitsstelle wird zweckmäßig dadurch gewahrt, daß das Führerhaus jeder Schwenkbewegung der Last unter Vermittlung eines vom Ausleger zentrisch herabhängenden leichten Gerüstes folgt[1]).

Während man bei uns, wie die vorhergehenden Beispiele erkennen ließen, für sehr große Ausladungen und Lasten auf die Anwendung dieses Kransystems bisher meist zugunsten eines solchen verzichtet hat, bei dem der Riesenausleger mittels einer weit gelagerten Säule gegen äußere Kräfte abgestützt wird, findet man bei ausländischen, namentlich englischen Werften Drehscheibenhammerkrane auch für Lasten von 150

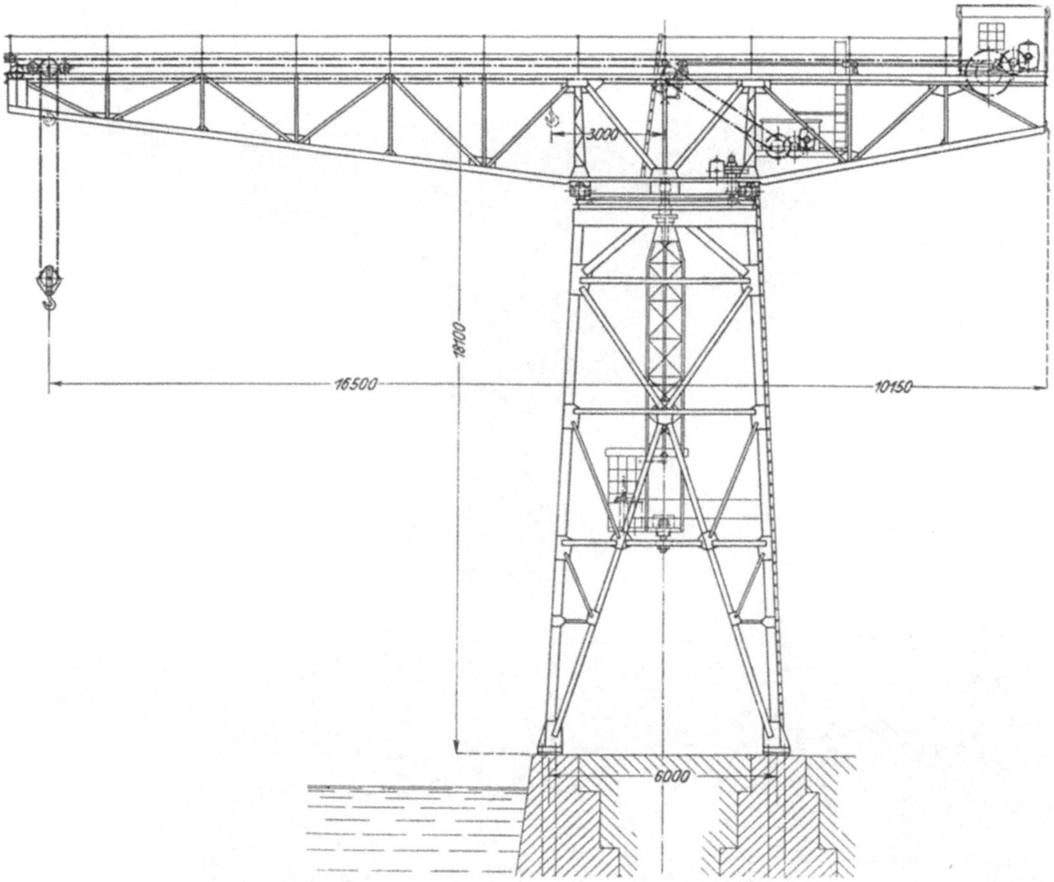

Abb. 703. Drehscheiben-Hammerkran (Lübeck).

und sogar 200 und 250 t Tragkraft vor; z. B. bei Vickers in Barrow-in-Furneß, Abb. 704 (Appleby); bei Brown in Clydebank (Arrol), bei der North Eastern Marine Engineering Co. in Wallsend (Arrol), bei der Fairfield Shipbuilding Co. in Glasgow für 200 t (Arrol)[2]), für die Chantiers de la Loire in St. Nazaire (Le Titan Anversois), für Mitsu Bishi Dockyard in Nagasaki, Abb. 705 (Arrol), für Portsmouth Dockyard für 250 t (300 t Probelast, Arrol) — dem zur Zeit wohl größten Kran Englands —[3]) u. a. Wohlgemerkt, findet sich diese Ausbildung aber nur bei Landkranen vor; bei Schwimmkranen würde sie natürlich weit weniger am Platze sein, als insbesondere die der Glockenform, deren Stabilitätsverhältnisse hierfür bedeutend günstigere sind.

[1]) Gleicher Art ist auch ein 160 t-Drehscheibenkran (Cowans, Sheldon & Co.) auf der Staatswerft Devenport.

[2]) Der mechanische Teil dieses seinerzeit größten Kranes Großbritanniens — er trägt 250 t (Probelast) noch bei 75′ 0″ Ausladung — ist von Stothert & Pitt in Bath gebaut worden.

[3]) S. Engg. 1914, S. 514.

Der allgemeine Aufbau der spezifisch englischen Bauart von Werft-Hammerkranen geht aus den beistehenden Abb. 704 und 705 deutlich hervor. Er kennzeichnet sich als ein horizontaler Lastausleger mit diametralem Fortsatz für die Gegengewichts- bzw. Windenaufnahme, der sich vermittels eines Druckrollenkranzes — jedoch unter Fortfall des Hammerstieles — auf den prismatischen Stützturm schwenkbar auflegt. Eine Vereinfachung in der Eisenkonstruktion, eben durch den Wegfall der langen Führungsmäntel oder -säulen, sowie das dadurch bedingte luftigere Aussehen des vertikalen Teiles ist dieser Bauart gewiß nicht abzusprechen; die daraus sich ergebenden Vorteile haben ihr denn auch schon eine relativ große Verbreitung verschafft. Jene bestehen in dem Ausschluß der Nachteile der Hammerkrane mit Drehsäule oder -glocke, daß

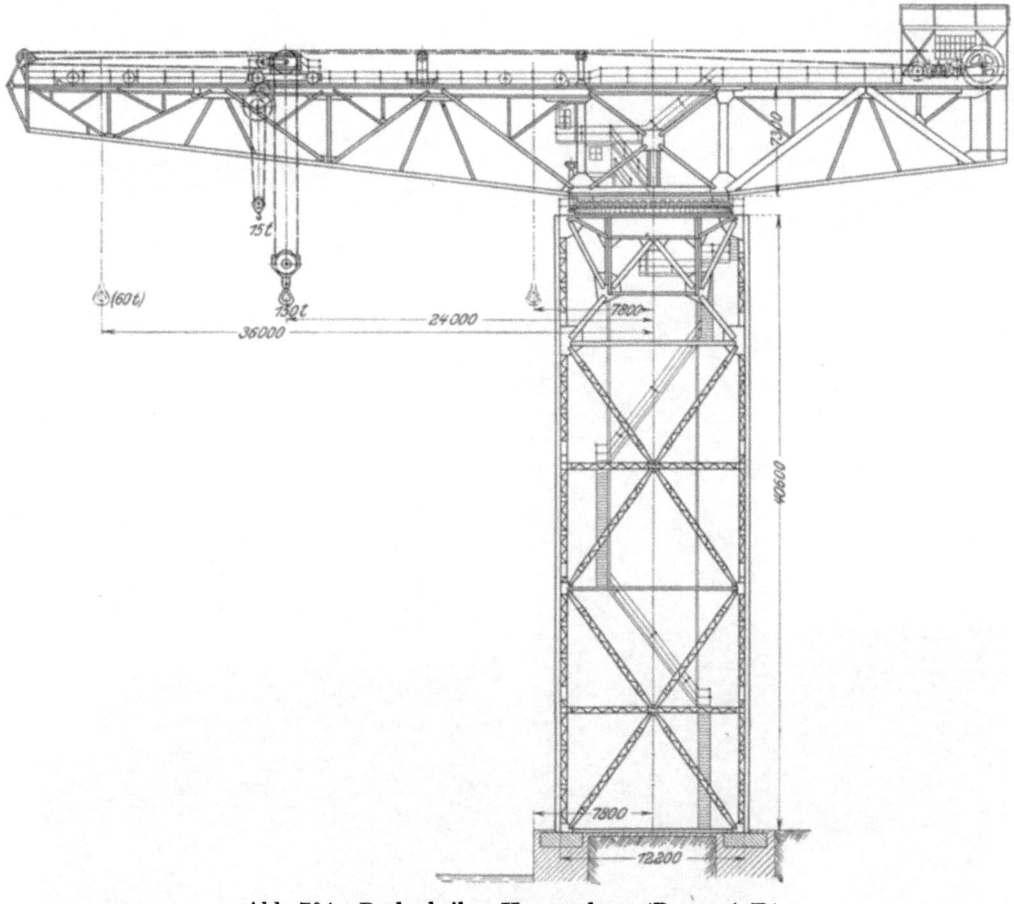

Abb. 704. Drehscheiben-Hammerkran (Barrow i. F.).

diese auf Verdrehung beanspruchten Teile durch das schwer vermeidliche Lösen der Nietungen viel für ihre dauernde Instandhaltung erforden und daß ferner das sehr stark beanspruchte Spurlager[1]) im Falle eines Defektes nur sehr schwer zugänglich ist. Auch sind die Drehscheibenkrane durch die Vermeidung von Zugbeanspruchungen des Fundamentes den anderen überlegen. Der wunde Punkt der Drehscheibenkrane war bisher indes stets das obere Rollenlager. Es wird nämlich die Übertragung der enormen Vertikalkräfte bei einer derartigen freien Auflagerung des Auslegers mehr oder weniger immer nur von einzelnen Rollen übernommen werden, die dadurch einesteils selbst eine schädliche Beanspruchung erfahren und diese leicht auch in Deformationen der angrenzenden Konstruktionsteile äußern können. Es haben sich solche Erscheinungen

[1]) Die in den Fußlagern moderner Drehsäulen-Hammerkrane auftretenden Drucke erreichen Größen von 6 bis 800 t und mehr!

denn auch mehrfach und augenfällig gezeigt[1]). Wenn hierin nun nicht auch gleich immer eine direkte Klippe für die Sicherheit des Betriebes liegen muß, so muß doch zumindest die Wirtschaftlichkeit desselben durch die dadurch vermehrte Abnutzung und den naturgemäß dauernd erhöhten Kraftbedarf für das Schwenken eine Einbuße erleiden[2]).

Von Wert und Einfluß auf die Bauart künftiger Werfthammerkrane dürfte demnach eine Auflagerkonstruktion des Auslegers sein, die nach den bisherigen Erfahrungen

Abb. 705. Drehscheiben-Hammerkran (Nagasaki).

die erwähnten Mißstände festliegender Druckrollenkränze ausschaltet, ohne indes die Vorteile des freien Stützturmes, des Fortfalles auf Verdrehung beanspruchter Nietkonstruktionen und des der Unzugänglichkeit eines hochbelasteten Spurlagers aufzugeben. Eine solche vervollkommnete Anordnung ist an einem schon vor Jahren bei der

[1]) Z. B. krankte der in Abb. 704 abgebildete Drehscheibenkran lange Zeit daran, daß der Druckring solchen unerwarteten Beanspruchungen nicht standhalten konnte.

[2]) Eine Folgeerscheinung davon ist denn auch die Tatsache, daß bei diesen Drehscheibenkranen für eine gleiche nutzbare Schwenkleistung richtigerweise fast doppelt so starke Motoren — meist 50 PS — vorgesehen sind als bei Drehsäulenkranen mit Spurlager.

Loire-Werft von St. Nazaire in Betrieb genommenen 150 t-Ktan (Le Titan Anversois)[1]) dadurch getroffen worden, daß der Ausleger — auf dem übrigens wieder ein kleinerer Drehkran (5 t × 17 m) läuft — sich nicht mehr auf einem Kranz zahlloser Kegelrollen abwälzt, sondern mit Hilfe von vier Balancier-Radgestellen, mit je vier sich lose auf den Achsen drehenden Rädern, auf dem oberen Fahrkranz schwenkt[2]). Für kleinere Bauhöhen und Ausladungen sind gleichartige Krane — die eigentümlicherweise „Titan"-Krane genannt wurden — schon früher, namentlich für Hafenbauzwecke, ausgeführt worden[3]).

Der einzige meines Wissens bei uns bisher zur Ausführung gelangte größere Hammerwerftkran mit Drehscheibenlagerung ist das in Abb. 706 veranschaulichte 100 t-Aus-

Abb. 706. Drehscheiben-Hammerkran (Vegesack).

rüstungshebezeug des Bremer Vulcan[4]). Es hat indes von den älteren Flurdrehscheibenkranen den Vorzug beibehalten, daß der gesamte Schwenkmechanismus leicht übersehbar und zugänglich ist. Zu dem Zweck ist der Ausleger dieses Kranes (Demag) fest auf ein pyramidenförmiges Fachwerkgerüst aufgesetzt, das sich unten auf einem Doppelschienenkranz um einen im Fundament befestigten Königstock drehen läßt. Dadurch wird gleichzeitig die Stabilität des Kranes, für die bei den vorgenannten Drehscheibenkranen ja mehr oder weniger nur der frei aufliegende Ausleger selbst zur Wirkung kommt,

---

[1]) Vgl. auch Richter: Z. V. d. I. 1911, S. 1540.

[2]) Als Schwenkmotor ist in diesem Fall ein 30 PS-Motor verwendet.

[3]) Vgl. z. B. Z. V. d. I. 1909, S. 1865.

[4]) Näheres s. Z. V. d. I. 1901, S. 1559 u. ff. — Eine kleinere deutsche Ausführung eines Drehscheiben-Hammerwerftkranes ist beschrieben in Schiffbau 1908, S. 199.

größer, weil hier auch der vertikale Fortsatz dabei noch mitwirkt. Auf den Hammerausleger ist später noch ein fahrbarer Drehkran aufgesetzt worden. Die Werft hat später noch einen drehbaren Vollportalkran für 100 t Tragkraft mit einziehbarem Ausleger von 21,5 m Länge angeschafft, durch dessen hohes Portal beladene Eisenbahnwagen bequem hindurchfahren können. — Von prinzipiell gleicher Bauart ist auch der in Abb. 707 wiedergegebene fahrbare 10 t-Ausrüstungskran (Demag) auf der Werft der Flensburger Schiffsbaugesellschaft, auf den im folgenden noch kurz zurückgekommen wird.

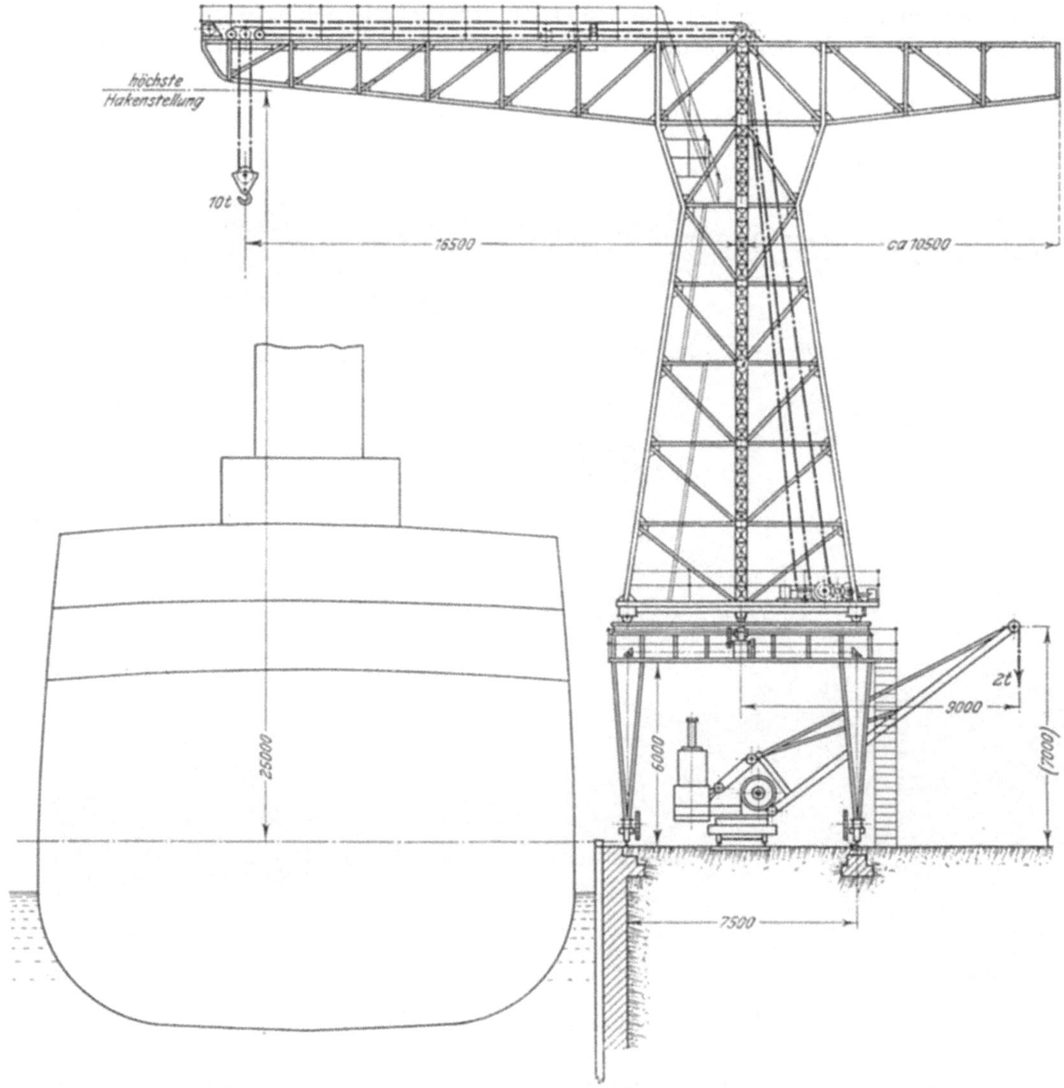

Abb. 707. Fahrbarer Drehscheiben-Hammerkran (Flensburg).

Nach der Entwicklung, die die kranartigen Hilfsmittel für die Bewegung selbst schwerster Lasten in anderen Betrieben aufweisen, muß es immerhin auffallen, daß für schwere Schiffsausrüstungskrane die Schwenkbewegung großer Auslegermassen noch fast ausschließlich als Mittel zum Lastversetzen längsschiffs gewählt ist. Unzweifelhaft würde ja auch hier wie anderswo, eine zweite gradlinige Horizontalbewegung für Montagearbeiten wesentlich vorteilhafter sein als die kreislinige. Eine ganz verschwindende Anzahl ausländischer Werften, die sich den Luxus überdachter Ausrüstungsbassins geleistet haben, konnte diesen Grundgedanken in der Form hochfahrender **Laufkrane** mit normaler Katzenquerbeweglichkeit wohl ohne weiteres verkörpern.

Beispielsweise zeigt Abb. 708 das eigenartige Ausrüstungsbecken der Werft von Yarrow in Scotstoun bei Glasgow, die allerdings nur kleinere Schiffe, meist Torpedoboote, baut, deren Ausrüstung aber durch einen elektrischen Laufkran (Appleby) von 50 t Tragfähigkeit und 28 m Spannweite auf einer 100 m langen Fahrbahn besorgt wird. Und zwar — unter ausgiebiger Verwendung der leichtbeweglichen Laufkatze — in rationellster Weise, um so mehr, als sich die Werkstätten beiderseits unmittelbar an diese Schiffsmontagehalle anschließen. Hierdurch wird gleichzeitig die Anfuhrarbeit für die Montageteile unter deren größtmöglicher Schonung auf ein Mindestmaß beschränkt.

Während dieses Prinzip der Schiffsausrüstung mittels Laufkranen meines Wissens nur noch in Amerika, hier allerdings sogar für recht ansehnliche Verhältnisse[1]), Anwendung gefunden hat, ist man in Deutschland bisher selbst für den Bau kleiner Schiffe

Abb. 708. Ausrüstungslaufkran (Scotstoun).

nicht dazu übergegangen. Frei am Ufer eines Flußlaufes oder breiten Wasserbeckens gelegene Ausrüstungsstellen, die bei uns die überwiegende Mehrzahl bilden, eignen sich allerdings auch nicht ohne weiteres für die Errichtung von Laufbahnkranen der vorbeschriebenen Art.

In abgeänderter Anordnung mit einer querschiffs gerichteten auskragenden Fahrbahn des Laufkranes, ähnlich der Abb. 709, dürften die Anlagen meistenfalls jedoch ohne besondere Schwierigkeit aufzustellen und auch mit Erfolg zu betreiben sein. Dem hier gezeigten Kran (Demag) der Werft von Sachsenberg fehlt zwar noch die Fähigkeit, die Lasten auch seitlich, d. h. in Richtung der Längsachse des anliegenden Schiffes zu bewegen. Hierdurch erst würden die dem Laufkransystem innewohnenden Vorzüge auch für die Schiffsmontage voll zur Geltung kommen: Rechtwinklig zueinander verlaufende horizontale Lastbewegungen, reichlich großes Arbeitsfeld in Ausdehnung querund längsschiffs, absolute Fernhaltung bewegter Konstruktionsteile vom Werftboden

[1]) Z. B. bei der New York Shipbuilding Co. durch einen über einem 50 m breiten Ausrüstungsbassin fahrenden Laufkran von 100 t Tragkraft.

und relativ geringe Gewichte der mitzubewegenden Totlasten. Es war denn auch beabsichtigt, dem Krane noch eine solche Seitenbewegung zu geben[1]).

Ein Ausführungsbeispiel einer solch vollkommeneren Durchbildung ist in den Abb. 710 und 711 wiedergegeben. Die Anlage veranschaulicht die Kesselschmiede der ehemaligen Kieler Kaiserlichen Werft (jetzt Deutsche Werke A.-G.,Werft Kiel). Die Abbildungen lassen auch erkennen, daß der Vorteil, den die obenerwähnte englische Anordnung der Werkstatt neben der Montagehalle mit sich bringt, hier dadurch in besonders hohem Maße vorhanden ist, daß der (25 t-) Laufkran (Schenck & Liebe-Harkort) den Arbeits-

Abb. 709. Auslegerbockkran (Cöln-Deutz).

raum der Halle vollständig überstreicht und somit die Bauteile ganz ohne Umladung befördern kann.

Die in Abb. 712 dargestellte Anlage gleicht der vorbeschriebenen wohl in der Anordnung, wenn auch nicht im Zweck. Sie dient auf der Reiherstiegwerft für den Material-

[1]) An Stelle eines auf verbreitertem Gerüst ausfahrenden Laufkranes könnte hierzu, allerdings unter Verzicht auf die Geradlinigkeit der Seitenbewegung, auch nur ein Drehkran auf das vorhandene Gerüst gesetzt werden. Die Benutzung eines solchen würde dagegen wieder das Gute haben, daß dessen Ausleger nicht auch eine Vergrößerung des in das Anfahrtsprofil der Schiffe ja störend starr hineinragenden Standgerüstes — das schon jetzt bei Hochwasser eine zu geringe Hubhöhe ergibt — für die vorkommenden maximalen Ausladungen und Höhen erforderte. Die weitere Annehmlichkeit eines Drehkranschnabels beim Arbeiten in Schiffstakelage ist an anderer Stelle ja schon gewürdigt worden. Eine dem ähnliche Hebe- und Transport-Anlage (bestehend aus einer querschiffs über den Fluß aufgestellten rund 50 m langen Hochbahn mit wasserseitig fest eingebautem 100 t-Schiffshebewerk, mit auf den Untergurten fahrender 50 t-Laufkatze und auf den Obergurten fahrendem 6 t $\times$ 7 m bzw. 4 t $\times$ 10 m-Schwenkkran, ersteres zum einseitigen Anheben und Trockenlegen von Schiffen, die Katze zum Herbeischaffen und Einsetzen schwerer Ausrüstungsstücke, und der Kran für die Bewegung leichter Lasten) ist unlängst von der Demag für die Schiffswerft Thomas in Duisburg-Meiderich ausgeführt worden. Vgl. Z. V. d. I. 1925, Nr. 52 und Fördertechnik 1926, Heft 4.

transport auf dem Magazinplatz und zur Be- und Entladung von Leichtern. Die aus Eisenbeton hergestellte Kranbahn hat eine Länge von 140 m und ragt 8 m über die Kaimauer heraus. Der Laufkran hat 30 m Spannweite und 15 t Tragfähigkeit.

Die bisher betrachteten Kranarten für die Schiffsausrüstung gehörten hinsichtlich der Hauptstützkonstruktion durchweg dem feststehenden Typus an. Sie hatten entsprechend dem bei ihrer Benutzung in Fage kommenden Baustadium des Schiffes

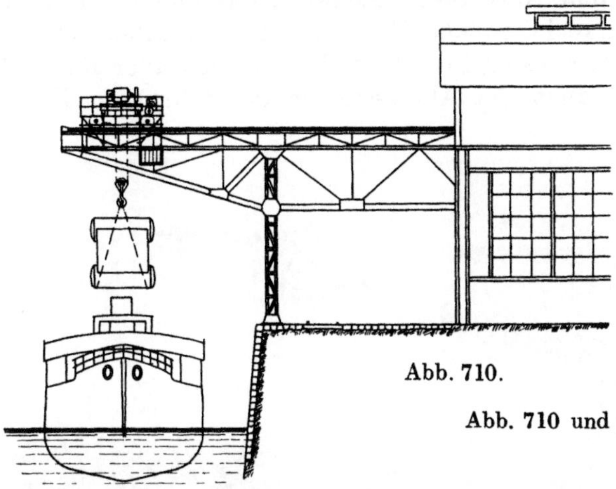

Abb. 710.

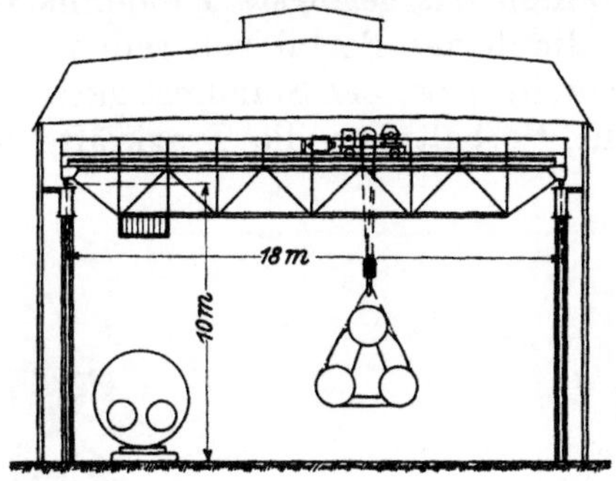

Abb. 711.

Abb. 710 und 711. Ausrüstungslaufkran (Kiel).

ihren Aufstellungsort zweckmäßig in der Nähe der Maschinenbauwerkstätten, um die Vermittlung zwischen dem Orte der Herstellung und dem des Einbaues der Ausrüstungsgegenstände nach Möglichkeit zu vereinfachen und zu verbilligen. Die Bedachtnahme hierauf ist natürlich außerordentlich wichtig; wo diese Forderung noch nicht erfüllt ist, sucht man ihr, wenn möglich, sogar durch nachträgliche Werkstättenverlegung noch gerecht zu werden. Von diesem Gesichtspunkte aus sind natürlich die Krane, die vermöge einer Ortsveränderlichkeit sich nicht allein den jeweiligen Liegeplätzen des Schiffes am Kai anpassen können, sondern die unter Umständen auch das Einbaumaterial von den entferntesten Lagern und Werkstätten selbst heranschaffen und ganz beliebig über die Montagestelle, ohne das geringste Verholen der Schiffe, verteilen können, außerordentlich im Vorteil. Wo man zur Anlage großer und stationärer Krane nicht durch direkte oder indirekte Erwägungen wirtschaftlicher Natur veranlaßt wird, wo also weder die konstruktive Rücksichtnahme auf die außerordentliche Größe des maximalen Lastmomentes noch die Gründung einer Fahrbahn die Kosten für die Anlage ortsveränderlicher Krane zu hoch werden lassen, verwendet man letztere denn auch für die Arbeiten der Schiffsausrüstung oft und gern.

Abb. 712. Laufkran mit wasserseitiger Fahrbahnauskragung (Hamburg).

Sieht man von den zahllosen kleineren, auf Flur fahrbaren Drehkranen — den sog. „Eseln“ — ab, die auf den Werften abwechselnd zu allen möglichen kran- und lokomotivartigen Arbeiten auf dem Lagerplatz wie in den Hallen, an der Helling wie an der Ausrüstungsstelle mit außerordentlichem Nutzen gebraucht werden können und auf die an späterer Stelle noch eingegangen ist, so kommt als Bauart für fahrbare Ausrüstungskrane praktisch fast nur der Portaldrehkran in Frage. Einmal, weil das Portal beim Verfahren das geringste Hindernis für den Kaiverkehr darstellt, das andere Mal, weil sich durch das Portal von selbst eine zweckdienliche Vergrößerung der Höhe und der Spurweite bzw. der Standfestigkeit des Kranes ergibt. Trotzdem bleiben aber für praktische Verhältnisse die Tragkräfte und auch die Abmessungen der fahrbaren Portal-

Abb. 713. Fahrbarer Portal-Schwenkkran (Hamburg).

krane hinter denen der vorbesprochenen ortsfesten Riesenkrane meist sehr wesentlich zurück.

Über den Einfluß der verschiedenen Auslegerformen und der Lastbewegungsweisen **auf den Betrieb** wäre bei den fahrbaren Ausrüstungskranen das gleiche zu sagen, wie bei den feststehenden. Es sei deshalb nur weniges noch zu diesen Anlagen bemerkt. Das bereits in Abb. 707 gezeigte Ausrüstungsbecken auf der alten (jetzigen Maschinenbau-) Werft der Flensburger Schiffsbaugesellschaft benutzt — neben einem älteren 100 t-Scherenkran mit Dampfantrieb zum Einsetzen der Kessel und schweren Maschinenteile — noch einen modernen elektrischen Kran, der in dem Gerüstaufbau seines drehbaren Oberteiles dem vorbeschriebenen Hammerdrehscheibenkran des Bremer Vulcan gleicht. Dieser Kran (Demag) ist fortwährend für die Montage aller kleineren Ausrüstungsgegenstände in Betrieb und arbeitet zweckmäßig sehr schnell. Die Dispositionszeichnung, Abb. 707, ermöglicht auch noch einen Vergleich der Größen des Arbeitsbereiches dieses Kranes und eines der kleinen englischen Dampfdrehkrane der Werft. Die hierbei erkennbare Überlegenheit des Hammerkranes ist um so mehr zu würdigen als sein Anschaffungspreis von etwa 33000 M. dafür unbedingt recht niedrig genannt werden muß.

Zwei andersartige Horizontalausleger-Portalkrane für ganz leichte Ausrüstungsarbeiten sind weiterhin in den Photographien der Reiherstieg-Werfte und der Werft von H. C. Stülcken Sohn in Hamburg, Abb. 713 und 714, zur Anschauung gebracht. Während letzterer Kran (Schenck & Liebe-Harkort), der hauptsächlich zum Zuwassersetzen der fertigen Dampfbarkassen dient, in die er vorher — und zwar durch das Dach des Bauschuppens — die Kessel und Maschinen eingesetzt hat, in seinem äußeren Aufbau den Helling-Turmdrehkranen[1]) gleicht, hat sich jener, wohl aus verkehrstechnischen Erwägungen heraus, erst später zu seiner heutigen Form entwickelt. Ursprünglich nämlich als Hochbahnkran benutzt, ersetzte man nachher das den Kaiplatz ständig versperrende Eisengerüst durch ein fahrbares Portal, und zwar möglichst nahe an die Uferkante gerückt, so daß sowohl das zu Wasser bzw. von Werk II ankommende Material gut hochgenommen und über den ganzen Platz verteilt als auch umgekehrt die anliegenden Schiffe für leichte Montagearbeiten auf ihre ganze Länge hinreichend von dem Lasthaken bestrichen werden können.

Der ursprünglich zum Bau von Dock IV der Kais. Werft Wilhelmshaven verwendete Drehkran (Nagel & Kaemp) mit starrem Schrägausleger (Abb. 716 und 717) ist mittels

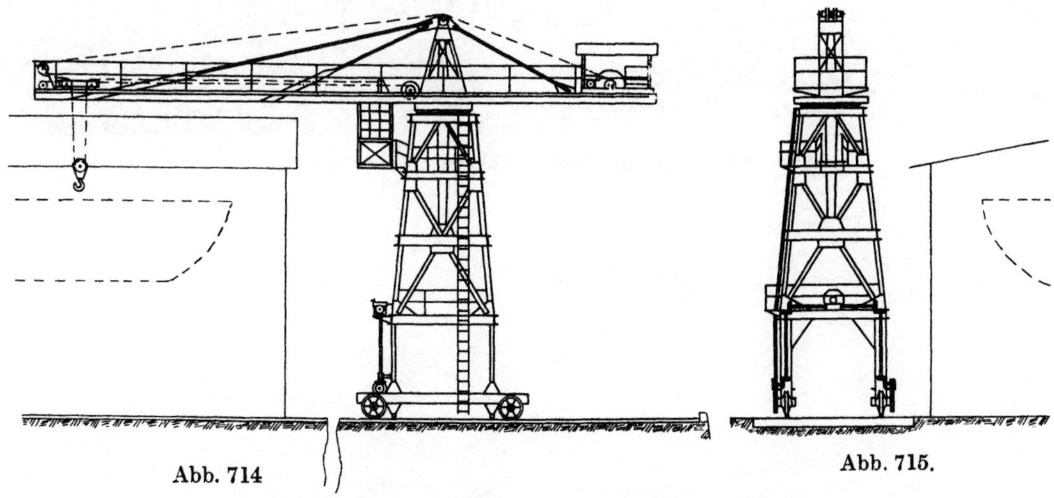

Abb. 714

Abb. 715.

Abb. 714 und 715. Fahrbarer Turmdrehkran (Hamburg).

einfacher Einstellung vom Führerhaus aus — eine Handkurbelwinde vermag durch Seilzug *d* und Gabel *c* die Mittelflasche *b* ein- und auszuschalten — für zwei verschiedene Ausladungen und dementsprechende Höchstbelastungen verwendbar (15,5 m bei 6 t bzw. 9 m bei 10 t). Die haubenartige Aufhängung des Auslegers und die verhältnismäßig sehr niedrige Bauhöhe dieses insgesamt nur $34^1/_2$ t schweren Kranes begünstigt nicht unwesentlich ein Versetzen desselben mit Hilfe des großen Scheren-Schwimmkranes der Werft, zu welchem Zweck der Drehzapfen noch als Aufhängeöse ausgebildet ist. Um diesen Kran auch für die Arbeiten an den eingedockten Schiffen, für die er wegen seiner niedrigen Bauhöhe nicht in Frage kam, verwenden zu können, ist er später mit einem neuen, höheren Ausleger versehen worden. Weitere Erwähnung verdienen auch an dieser Stelle die bereits früher behandelten fahrbaren Turmdrehkrane am Ausrüstungskai von Blohm & Voss.

Eine nach meinem Dafürhalten sehr praktische Anordnung haben die landseitigen Ausrüstungskrane der A.-G. „Weser"; vgl. Abb. 718. Hier wird der Kai des Ausrüstungshafens von drei derart weiten Portalen überspannt, daß ein aufgesetzter Drehkran (von 2750 kg Tragkraft bei 26 m Ausladung) mit Hilfe eigener Fahrbeweglichkeit —

[1]) Fahrbare Turmdrehkrane verwendet für Ausrüstungszwecke auch die Vulcanwerft, Hamburg.

für rund 10 m Strecke — auch ohne Wippen den Quertransport der Lasten zu bewerkstelligen vermag, und zwar rein horizontal. Beträgt doch die Nutzausladung des ganz

Abb. 716. Fahrbarer Dock-Drehkran (Wilhelmshaven.)

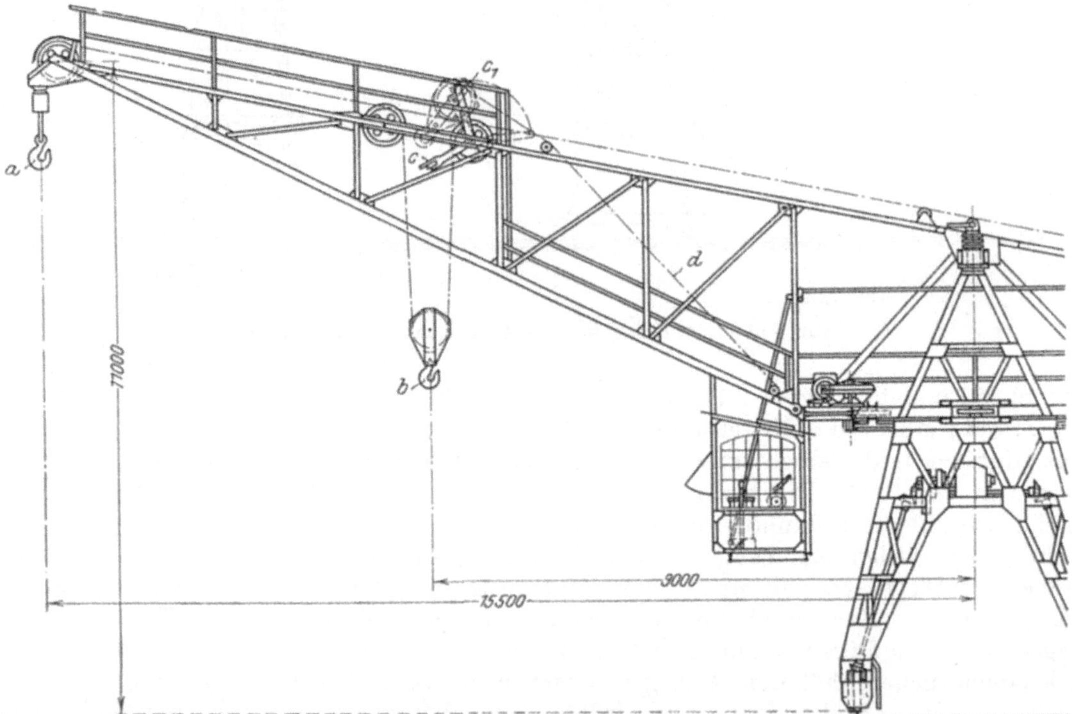

Abb. 716 u. 717. Fahrbarer Schwenkkran für Dockbedienung (Wilhelmshaven).

ausgefahrenen Drehkranes über Kaikante 22 m. Die Zurücksetzung des wasserseitigen Portalfußes von der Kaikante in Verbindung mit einer Fahrbahnauskragung an dem Stützgerüst gestattet es ferner, Gegenstände jederzeit längs des Kais ablegen zu können, ohne den Kran weder bei seinem Fahren zu behindern, noch ihn in der Breite seines

Lasthakenbereiches zu beschränken. Auf Grund des weitreichenden Arbeitsfeldes — im vorliegenden Falle ist die Hakenbahn 300 m lang und 18 bzw. 20 m breit — sowie der vorteilhaften Arbeitsweise solcher Krane dürfte deren Disposition, die meines Wissens noch nirgends sonst besteht, entschieden als empfehlenswert für Ausrüstungsanlagen bezeichnet werden[1]).

Eine dieser in der Verwendung längs des Ausrüstungskais laufender Bockgerüste mit horizontal darauf fahrbarem Drehausleger ähnliche Anlage wurde kurz vor dem Kriege durch die Demag für die Schiffswerft „De Schelde" in Vlissingen ausgeführt.

Abb. 718. Fahrbarer Portal-Drehkran (Bremen.)

Damit dürfte bei uns erstmalig das System an Land fahrbarer Krane auch für schwerste Ausrüstungsarbeiten eine Verkörperung erfahren[2]): Auf der 40 m hohen Fahrbahn des

[1]) Einen den Kai in etwa 100 m Länge befahrenden Ausrüstungskran in Gestalt eines fahrbaren Halbportalkranes, mit aufgesetztem Drehkran, von 3 t Tragfähigkeit und 16,5 m Ausladung, besitzt neuerdings auch die Germaniawerft in Kiel.

[2]) In Amerika war ein gleichartiger Schiffsmontagekran (Wellman-Seaver), für 75 t Tragkraft und mit ca. 30 m langem hochklappbaren Ausleger, bereits ein Jahrzehnt vorher in Betrieb bei der Fore River Co.; vgl. Broughton, „Electric Cranes", London 1911, S. 607. Auch sind derartige verladebrückenähnliche Anordnungen von Werftausrüstungskranen vor Jahren schon von Kammerer in dessen sehr lesenswerter Studie über die Technik der Lastenförderung von einst und jetzt (S. 169) in Vorschlag gebracht worden.

Bockauslegers, der wasserseitig um fast ebensoviel über die Kaikante hinausreicht, läuft dort außer dem genannten Drehausleger für 15 t noch eine Katze für 150 t[1]).

Als eine eigenartige Abweichung von dem Typus der Fahrportalkrane für Schiffszwecke hat auch der durch Abb. 719 illustrierte Kran (Beck & Henkel) zu gelten. Bei diesem ist das Stützgerüst des hammerförmigen Auslegers auf ein niedriges Fahrgestell aufgesetzt. Das Verfahren desselben sowie das Schwenken des Auslegers erfolgt, allerdings entsprechend langsam, durch Handkurbelantrieb von unten, was im Verein mit der Anordnung zweier fester Ausladungen für die Last eine beträchtliche Vereinfachung der Konstruktion bewirkt. Der Anschaffungspreis dieses zwar nicht zum Ausrüsten vielmehr zum Abrüsten alter Schiffe gebrauchten Kranes (20 t × 6 m bzw. 10 t × 8 m)

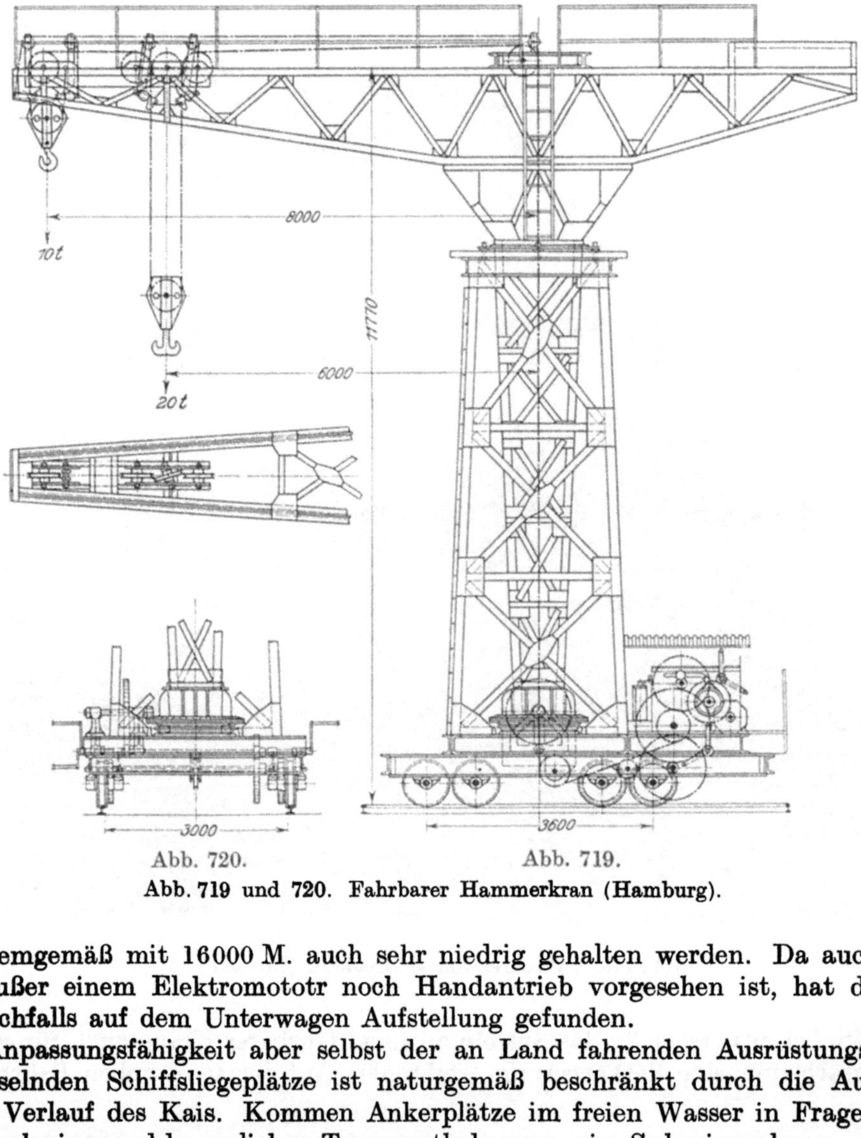

Abb. 720. Abb. 719.

Abb. 719 und 720. Fahrbarer Hammerkran (Hamburg).

konnte demgemäß mit 16000 M. auch sehr niedrig gehalten werden. Da auch für das Heben außer einem Elektromototr noch Handantrieb vorgesehen ist, hat das Windwerk gleichfalls auf dem Unterwagen Aufstellung gefunden.

Die Anpassungsfähigkeit aber selbst der an Land fahrenden Ausrüstungskrane an die wechselnden Schiffsliegeplätze ist naturgemäß beschränkt durch die Ausdehnung und den Verlauf des Kais. Kommen Ankerplätze im freien Wasser in Frage, so kann nur ein schwimmend-bewegliches Transporthebezeug, ein Schwimmkran, aushelfen. Die Notwendigkeit eines solchen stellte sich schon frühzeitig mit dem anfänglichen Wachsen des Schiffsbaues ein; auch die Tragkraft und Abmessung des Kranes wählte man von vornherein schon recht bedeutend und blieb so mit der Leistungsfähigkeit des Kranes in einem möglichst angemessenen Verhältnis zu den durch den Schwimm-

[1]) Vgl. Z. V. d. I. 1911, S. 1784.

körper an sich verursachten erheblichen Kosten. Die gleichzeitige Benutzungsmöglichkeit eines Schwimmkranes für mehrere Schiffe, seine schätzenswerte Fähigkeit, an alle Seiten der Schiffe heranzukommen und nicht zuletzt seine beliebige Verwendbarkeit auch zu anderen als Schiffsbauarbeiten, zu Uferbefestigungen und zu sonstigen Versatz- und Montagearbeiten innerhalb seines weitreichenden Wirkungskreises machen ihn zu einem äußerst wertvollen, fast universellen Hilfsmittel einer Werft. Die konstruktive Entwickelung der Schwimmkrane mit ihren daraus entspringenden Betriebsvorteilen ist daher von nicht geringerem Wert und Interesse als die der Landkrane.

Die ersten Ausführungen und Verbesserungen der Schwimmkrane waren denen der Landkrane analog: Auf dem Schwimmkörper zuerst ein schrägstehendes Zweibein mit

Abb. 721. Schwimmender Wippkran (Flensburg).

fester Ausladung, dann mit Wippbarkeit der geraden Masten und endlich geknickte Fachwerksausleger. Nur vermochte bei den schwimmenden Kranen der Elektromotor die Dampfmaschine wegen der Zuleitungs- bzw. der Erzeugungsschwierigkeiten des elektrischen Stromes nicht so bald zu verdrängen, und es erschien ferner wegen der Beweglichkeit des Pontons eine besondere Schwenkbarkeit des Auslegers längere Zeit als bei den Landkranen überflüssig. Hier wie dort ließ sich mit der konstruktiven Einfachheit der ersten Masten- und Scherenkrane die betriebstechnische Vollkommenheit natürlich nicht immer verbinden. Wo auf jene der Hauptwert gelegt werden kann, greift man mitunter selbst heute noch auf die primitivste Zweibockform zurück[1]).

[1]) So ist noch im August 1923 auf der jetzigen „Danziger Werft" ein schwimmender 60 t-Scherenkran in Betrieb genommen worden, dessen Mastenausleger von dem alten ortsfesten Scherenkran der früheren Kaiserlichen Werft daselbst stammen. Abb. 721 läßt einen Kran der Flensburger Schiffsbaugesellschaft erkennen, der, ursprünglich nur als Eisbrecher bestimmt, sich durch die nachträgliche Hinzunahme der

Selbst in großen Ausführungen, mit entsprechend vollkommenerer Durchbildung der Eisenkonstruktion und der Bewegungsmechanismen, sind schwimmende Krane für

Abb. 722. Feststehende und schwimmende Scherenkrane (Wilhelmshaven).

Mastenkonstruktion in einfachster Weise als Ausrüstungskran (mit 20 t Tragfähigkeit) ausgestalten ließ. — Ein diesem Schwimmkran in seinem äußern Aufbau — dem durch einen vordern Stützbock gehaltenen schrägen Lastausleger — ähnelndes Ausrüstungs-Hebefahrzeug ist vor einiger Zeit auch von der Werft Wilhelmshaven und der Droogdock Maatsch., Rotterdam in Benutzung genommen worden. Wegen der weiteren konstruktiven Eigentümlichkeiten dieser Ausführungen sei verwiesen auf Schiffbau 1910, S. 710 u. ff. u. 1912, S. 259 u. ff.

Ausrüstungszwecke bis vor wenigen Jahren noch fast ausschließlich in Scherenform ausgeführt worden. Außer den Vulcan-Werken, der Kieler Reichswerft u. v. a. besitzt z. B. auch die vorm. Kais. Werft Wilhelmshaven schon seit langer Zeit solche Krane. Während Abb. 699 einen solchen ursprünglichster Bauart, mit festen Halteseilen des Mastenbockes, bei den Bauarbeiten des „Imperator" in der Hamburger Werft der Vulcan-Werke zeigt, läßt Abb. 722 die verschiedenen Bauarten solcher Schwimmkrane erkennen und gleichzeitig eine jener außergewöhnlichen Verwendungsmöglichkeiten derselben bei der Niederlegung des alten feststehenden Scherenkranes dieser Werft, im Sommer 1903. Durch die Anordnung eines starren Hintermastes mit Spindelverstellung des Fußendes kann die Last hier für längere Transportwege wenigstens schon auf dem Pontondeck sicher abgelegt und auch um eine gar nicht unbeträchtliche Größe aus- und eingeschwungen werden (Abb. 723). Bei dem i. J. 1902 beschafften[1]), mit Fachwerksstreben ausgeführten Wilhelmshavener Krane[2]) betragen die Ausladungen des großen Giens für 100 t, von Vorderkante Ponton gemessen, 11 m nach außen und 6 m nach innen, während dessen höchste Hakenstellung 30 m über Wasserspiegel ist. Indes wird beim Arbeiten solcher Krane gegen Schiffswandungen, also bei den eigentlichen Ausrüstungsarbeiten, die Beschränkung der nutzbaren Ausladung durch die geraden Ausleger noch fühlbarer sein, als bei den stationären Mastenkranen, weil aus Gründen der Stabilität die Wippachse auf dem Ponton im all-

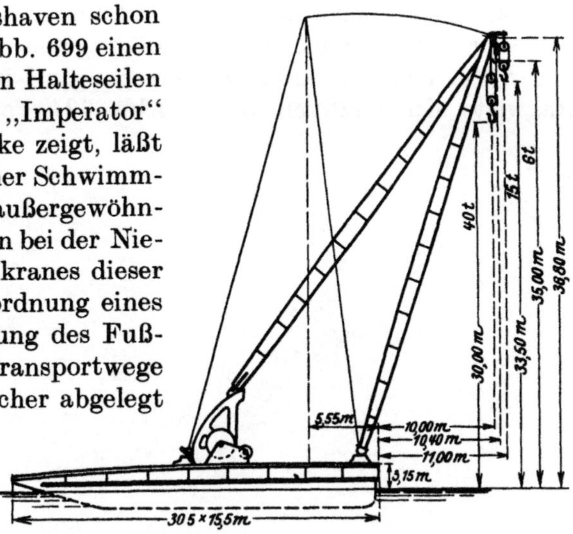

Abb. 723. Wippbarer Scherenschwimmkran.

Abb. 724. Scherenkran und Wippdrehkran (Belfast).

---

[1]) Der im Vordergrund der Abb. 722 ersichtliche Schwimmkran mit Blechstreben stammt schon aus dem Jahre 1876!

[2]) An den Feindbund ausgeliefert.

gemeinen tiefer als auf dem Kai liegt. Es wuchs die Unzulänglichkeit der Mastenkrane deshalb mehr und mehr mit der Höhe und Breite der zu bedienenden Schiffe. Die Schaffung eines anderen Typus von Schwimmkranen wurde zum zwingenden Bedürfnis.

Bevor zur Besprechung der wichtigsten Ausführungsarten solcher moderner und modernster Schwimmkrane[1]) übergegangen wird, möge der sichtbare Fortschritt in der Tragweite der letzteren durch Abb. 724 vor Augen geführt werden. Kaum dürfte

Abb. 725. Schwimmender Wippkran (Danzig).

krasser die Überlegenheit der neuen Kranform über die alte und damit zugleich die Unzulänglichkeit der letzteren gezeigt werden können, als hier, beim Bau eines modernen Ozeanriesen (der „Laurentic“ auf der Werft von Harland und Wolff in Belfast).

Die ersten wesentlichen Maßnahmen, die zur Verbesserung der Schwimmkrane ergriffen wurden, bestanden in der Einführung einer geknickten oder einer stetig gekrümmten Auslegerform bei starrer Verbindung der bisher getrennten Druck- und Zugstreben

[1]) Wegen weiterer Ausführungen schwimmender Krane sei auf den Abschnitt dieses Buches über Hafenkrane verwiesen.

zu einem einzigen Gitterträger und gleichzeitig darin, daß die Kippachse dieses Gitterauslegers um ein beträchtliches Stück von der Vorderkante des Schwimmkastens zurückgesetzt wurde[1]). Hierdurch wurde, wie z. B. aus Abb. 725 ersichtlich, nicht nur eine Vergrößerung der Nutzausladung unter Vermeidung eines Zusammenstoßes von Ausleger und Schiffswand erreicht, sondern auch die Möglichkeit geschaffen, die Lasten vor den Kranfüßen auf dem Ponton abzusetzen[2]).

Eine Beschränkung in den Abmessungen der Lasten, wie sie früher für das Durchschwenken durch das sich verjüngende Zweibein geboten war, fällt nunmehr fort. Bei alledem erfordert diese Konstruktion außer einem kürzeren, für enges Fahrwasser geeigneteren Schwimmkasten auch noch für den Lastausleger einen geringeren Materialaufwand als die alten Kranmasten, die auf ihre ganze große Länge knickfest sein mußten

Abb. 726. Schwimmender Auslegerbockkran (Triest).

Wenn man infolgedessen noch die wesentlich niedrigeren Anschaffungskosten der Schwimmkrane nach diesem neueren System in Betracht zieht — die z. B. in den Abb. 722 und 725 dargestellten 100 t-Krane verhalten sich, bei zwar viel größerem Ponton des ersteren, aber größerer Ausladung des letzteren mit rund 850000 bzw. 285000 M. hinsichtlich dieser Kosten wie 3 : 1 —, wenn man also alle diese Unterschiede in Betracht zieht, so wird man die zunehmende Bevorzugung des neuen Typus begreiflich finden. Eine Bevorzugung, die übrigens ebenso bei staatlichen wie bei privaten, als bei inländischen wie ausländischen Werften stattfindet.

---

[1]) Einer der ersten derartigen Krane dürfte der im Jahre 1903 für den Rigaer Hafen gebaute 66 t-Dampfschwimmkran (Kramatorskaja) sein, der noch mit einem Leitkurvenbock für die Spindelverstellung des Auslegers versehen war, aber bereits noch einen besonderen kleinen Drehkran (7 t × 10 m) für die Anbordnahme leichterer Lasten aufwies; vgl. Müller: Z. V. d. I. 1905, S. 1 u. ff.

[2]) Recht anschaulich sind die anfänglichen Fortschritte im Bau von ortsfesten und schwimmenden Ausrüstungskranen dargestellt in Z. V. d. I. 1904, S. 987 u. ff.

Bevor die stetig fortschreitende Entwicklung dieser neueren Schwimmkrane nach dem Wippauslegersystem[1]) weiter verfolgt werden soll, mögen noch die Bestrebungen Erwähnung finden, die durch Benutzung bockkranartiger Schwimmgerüste mit horizontallaufenden Katzen die mannigfachen Übelstände der Scherenbauart zu vermeiden suchten.

Eine der ersten Ausführungen dieser Art ist in Abb. 726 wiedergegeben: sie ist bereits im Jahre 1902 von Petravič an das Stabilimento Tecnico nach Triest geliefert worden, woselbst sie hauptsächlich zum Zusammenbau österreichischer Schlachtschiffe verwendet wurde[2]). Neben dem Umstand, daß bei einem solchen schwimmenden Bockkran, im Gegensatz zu dem Scherenkran, die Nutzausladung ohne Vergrößerung der Bauhöhe erweitert werden kann — im vorliegenden Falle beträgt die maximale Ausladung über Bordwand 14,5 m bei 20 t Tragkraft, die Höhe der Katzfahrbahn rund

Abb. 727. Schwimmender Auslegerbockkran (Danzig).

20 m über Deck — ergibt sich dabei ohne weiteres die Annehmlichkeit einer horizontalen Lastkatzenbewegung und ferner die Möglichkeit, das Kranponton in ausgiebiger Weise zum Absetzen und Transportieren der Lasten benutzen zu können. Ein Nachteil des Systems ist allerdings darin zu erblicken, daß ein Wechsel der Arbeitsebene des Kranes wegen des starren Katzbahnauslegers oft ein vorheriges Zurückfahren des Schwimmkörpers aus den Schiffsaufbauten erforderlich macht. Zur Vornahme solcher Manöver kann im allgemeinen wohl der Fahrantrieb des Pontons benutzt werden, andernfalls dienen für das Verholen des Kranes einige an die gemeinschaftliche Hub- und Katzfahr-Dampfwinde anmontierte Spillköpfe. — Im Jahre darauf entschied sich von deutschen Werften auch Klawitter in Danzig zur Anschaffung eines derartigen Schwimmkranes (Demag)[3]). Entsprechend der größeren Tragkraft (60 t) sind die Stützböcke hier nach Abb. 727 zweckmäßig in Gitterkonstruktion ausgeführt worden.

---

[1]) S. auch Wintermeyer: Schiffbau 1910, S. 599 u. ff.

[2]) Gleichzeitig wurde von der nämlichen Firma ein mit diesem fast übereinstimmender Kran auch für den Österreichischen Lloyd nach Triest geliefert; s. Z. V. d. I. 1906, S. 1504 u. ff. — Ein gleicher Schwimmbockkran, für 100 t Tragfähigkeit, und 14 m maximaler Nutzausladung, ist im Jahre 1903 von der Brown Hoisting Co. für die Staatswerft von New York gebaut worden, s. Engg. News. Rec. 1903, S. 767.

[3]) Beschrieben von Pickersgill: Z. V. d. I. 1905, S. 1589.

Später hat diese Schwimmkranform eine Wiederbelebung in der durch die Abb. 728 und 729 gezeigten Ausführung (Prager Maschinenbau-Akt.-Ges.) erfahren. Die Bestimmung des Kranes nicht nur für Schiffsbauzwecke (im Seearsenal zu Pola), sondern auch zum Heben gesunkener Unterseeboote, quer- oder auch längsschiffs, führten zur Anordnung zweier auf dem Ausleger laufender Katzen von je 120 t, zusammen also

Abb. 728. Schwimmender Auslegerbockkran (Pola).

240 t Tragfähigkeit. Während für ersteren Fall in der Regel nur mit der vorderen Katze gearbeitet zu werden braucht, deren Ausladungen dabei für 120 t bis 14,5 m und für 90 t bis 18 m betragen können, ist für das Zusammenarbeiten der beiden Katzen zum Längsheben von Unterseebooten der Schiffskörper mit einer Aussparung versehen, die ein Durchlassen der schiffseitigen Lastflasche IV (in Abb. 729) ermöglicht, so daß diese mit der Flasche III der ausgefahrenen zweiten Katze das gesunkene Boot an zwei, 26,5 m voneinander entfernten Punkten fassen und hochziehen kann. Da dies bis aus einer Wassertiefe von 40 m möglich sein soll, und die Dampftrommeln als Gegengewicht

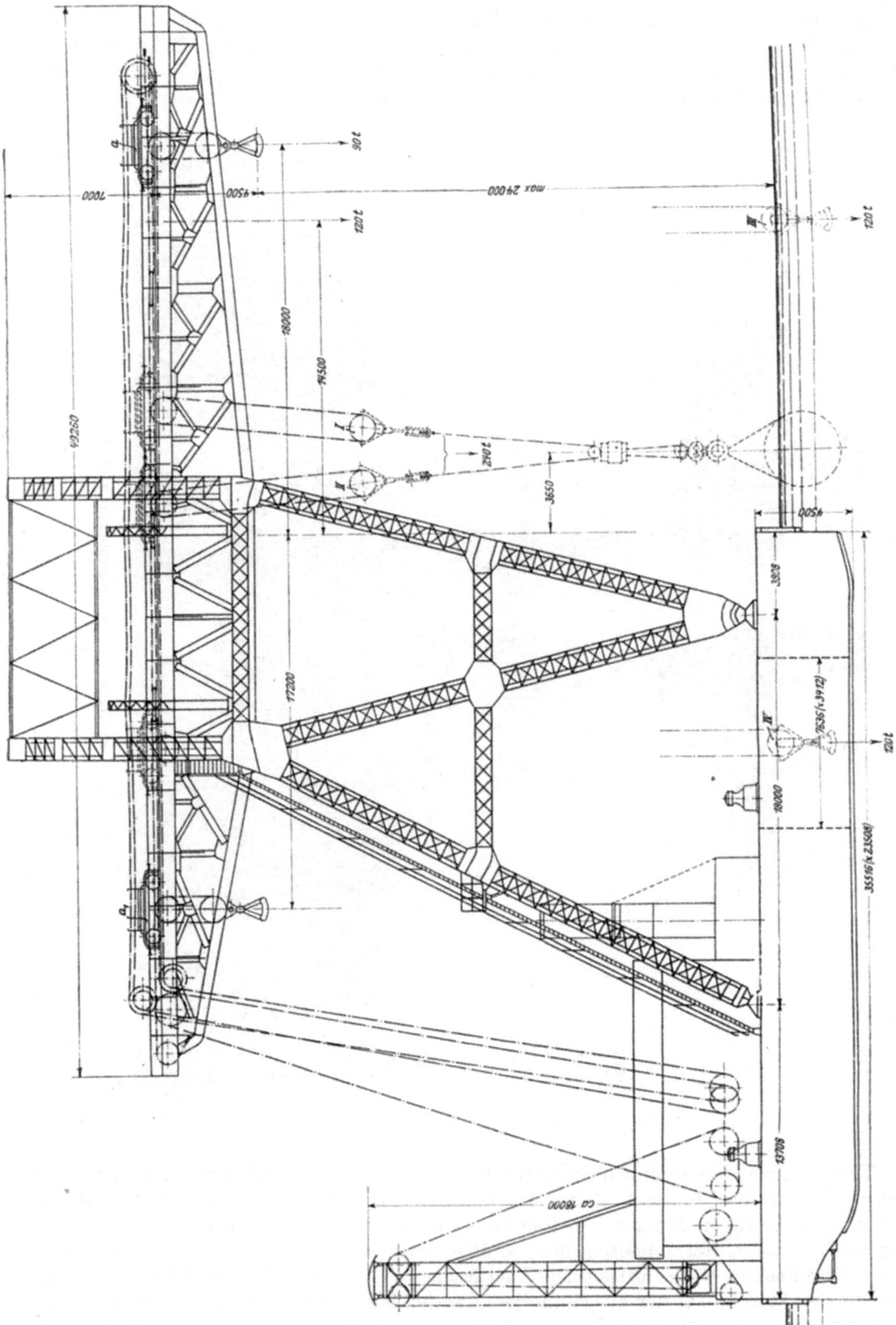

Abb. 729. Schwimmender Auslegerbockkran (Pola).

auf dem rückwärtigen Teile des Pontons aufgestellt sind, so ergab sich eine außerordentlich weitläufige Seilführung[1]). Auf die Wiedergabe näherer Daten dieses hervorragenden Bauwerkes, soweit sie nicht noch aus der Zeichnung und der Tabelle hervorgehen, kann unter Hinweis auf ausführliche Veröffentlichungen[2]) hier wohl verzichtet werden.

Im Anschluß an diesen Kran mögen auch noch einige andere Vorrichtungen berücksichtigt werden, die, und zwar ausschließlich, zum Heben gesunkener Unterseeboote dienen. Entsprechend dem jugendlichen Alter dieser Schiffsgattung ist auch die Entwicklung solcher Hebezeuge noch verhältnismäßig kurz und ihrem Abschluß wohl noch keineswegs nahe. Immerhin liegen auch hier schon bemerkenswerte Fortschritte vor und mögen die diesbezüglichen deutschen Ausführungen als Belege hierfür herangezogen werden.

Während in anderen Ländern mit dem Bau von Unterseebooten die Schaffung zugehöriger Hebeeinrichtungen durchaus nicht Schritt gehalten hat — Frankreich z. B. die erste Pflegestätte des Unterseebootbaues, besaß lange Zeit für deren Rettung in dem „Vulcain" ja nur ein ganz unzureichendes Fahrzeug, das mit einem kurzen Ausleger über dem Vordersteven nur eine Hebekraft von etwa 100 t äußern konnte[3]) — hatte man

Abb. 730. Bergungsschiff (Kiel).

[1]) Z. B. beträgt die Gesamtlänge der beiden Hubseile (55 mm Durchm.) 1,6 km!

[2]) S. vor allem Beran: Z. V. d. I. 1911, S. 750 u. ff.

[3]) S. Schiffbau 1909, S. 762 und Flamm: Trua. 1910, S. 381. — Allerdings ist schon 1912 in St. Nazaire ein leistungsfähigeres Hebeschiff

sich in Deutschland rechtzeitig mit einer solchen Einrichtung versehen, die leistungsfähig genug erschien, um den Schrecknissen solcher Unfälle mit Erfolg zu begegnen[1]). Es war dieses zunächst das in den Abb. 730 und 731 veranschaulichte Dockschiff „Vulkan" der deutschen Marine, das, auf den Howaldtswerken erbaut, schon im Jahre 1908 in Betrieb war[2]). Es bestand aus zwei parallelen Schiffskörpern von etwa 70 m Länge, die an ihren vorderen und hinteren Enden durch Querverbindungen über Wasser zusammengehalten waren. Mittschiffs wurden beide Seitenteile von einer doppelten und gegeneinander versteiften Bockgerüstkonstruktion überbrückt, an der die Hebeflaschen aufgehängt waren (Abb. 731). Jeder dieser beiden Flaschenzüge wurde von einer Dampfwinde, die vor den Stützböcken auf Dock stand, angetrieben und vermochte

Abb. 731. Bergungsschiff (Kiel).

gebaut worden, das, in seinem Aufbau dem deutschen „Vulkan" sehr ähnlich, durch elektrische Winden eine Hebekraft von 1000 t äußert. (Schiffbau 1912, S. 528.)

Auch England, Rußland und Österreich waren bald dem Vorgehen Deutschlands in der Bereitstellung mehr oder minder leistungsfähiger Hebefahrzeuge gefolgt.

[1]) Wenn sich bei dem Untergang unseres „U 3" und des Torpedobootes 178 der Erfolg leider nicht in vollem Maße ergeben hatte, so war dies darin begründet, daß das Rettungsschiff gerade selbst gedockt wurde und deshalb nicht schnell genug zur Stelle sein konnte bzw. daß ein eigenartiges Geschick es gewollt hatte, daß der Hebeprahm infolge des zu hohen Seeganges bei der Rettungsaktion selbst gesunken war. Es liegt darin vielmehr nur ein warnender Beweis dafür, daß die allgemein für einen leistungsfähigen und gesicherten Kranbetrieb aufzustellende Forderung nach genügender Reserve bei den Hebeschiffen der Marinen erhöhte Geltung hat.

[2]) Näheres s. von Klitzing: Z. V. d. I. 1908, S. 717 u. ff.

eine Zugkraft von 250 t auszuüben. Die Gesamthubkraft des Dockschiffes betrug demnach 500 t[1]). Zweckmäßig erscheint bei dieser ersten Ausführung auch noch die zwischen den beiden Hebepontons getroffene Anordnung schwenkbarer Tragbalken, auf die das gehobene Boot sicher abgesetzt und dadurch auch bei Seegang gut befördert werden kann. Allgemein ist für die rechtzeitige Hilfsbereitschaft von Hebeschiffen natürlich auch die Selbständigkeit der Fahrbewegung und eine genügend große Fahrgeschwindigkeit von ausschlaggebendem Wert. Letztere beträgt im vorliegenden Falle etwa 12 Meilen in der Stunde. (Bei dem vorigen 240 t-Kran erscheint die Fahrgeschwindigkeit mit 3,4 Kn. für Rettungszwecke allerdings reichlich klein.) Als ein Nachteil hingegen wird es bezeichnet, daß das zu hebende Boot nur an zwei Stellen gefaßt und dadurch zu großen Beanspruchungen und Deformationen ausgesetzt wird.

In dieser Beziehung bedeutet das in den Abb. 732 bis 735 wiedergegebene neuere Bergungsdock einen weiteren Fortschritt. Dasselbe ist, wenige Jahre vor dem Kriege, von den Howaldtswerken gebaut[2]) und an das Kaiserliche Kanalamt in Kiel zum Heben gesunkener Schiffe geliefert worden[3]).

Abb. 732. Bergungsdock (Kiel.)

Es besteht aus zwei L-förmigen Schwimmkörpern, die durch eiserne Gitterquerträger miteinander verbunden sind. Jedes dieser beiden Pontons ist durch Schotte in wasserdichte Abteilungen zerlegt, die zum Absenken des Docks mit Wasser gefüllt und zum Heben mittels (benzinbetriebener) Zentrifugalpumpen gelenzt werden. Soll ein gesunkenes Fahrzeug gehoben werden, so wird das Dock zunächst über demselben verankert und abgesenkt, und ersteres wird alsdann mittels der besonders aus der Zeichnung ersichtlichen Vorrichtung, die das Wesentliche und Eigentümliche der ganzen Anlage ist, gefaßt und hochgenommen: Die einander zugekehrten Seiten der Schwimmkörper haben je acht Lastangriffsstellen (1—8 bzw. 1′—8′), die durch ein Seil *a* bzw. *a′* so miteinander verbunden sind, daß eine Überlastung oder gar ein Bruch einzelner Lastangriffsteile vermieden wird. Mit den Lastwinden *b* wird nun dieses Ausgleichsseil, so-

[1]) Die ursprünglich nur 300 t betragende Zugwirkung ist mit Rücksicht auf das steigende Gewicht der Unterseeboote durch Umwandlung der dreirolligen Flaschenzüge in fünfrollige auf 500 t verstärkt worden. Dieser Last kann durch die beiden Antriebsdampfmaschinen von je ca. 100 PS bei 155 Touren i. d. Min. eine Hubgeschwindigkeit von 0,4 m/min erteilt werden.

[2]) Die Entwürfe zu dieser wie zu der vorbesprochenen Anlage rühren von dem damaligen Oberingenieur der Howaldtswerke, von Kitzing, her.

[3]) Vgl. auch Schiffbau 1911, S. 329 u. ff.

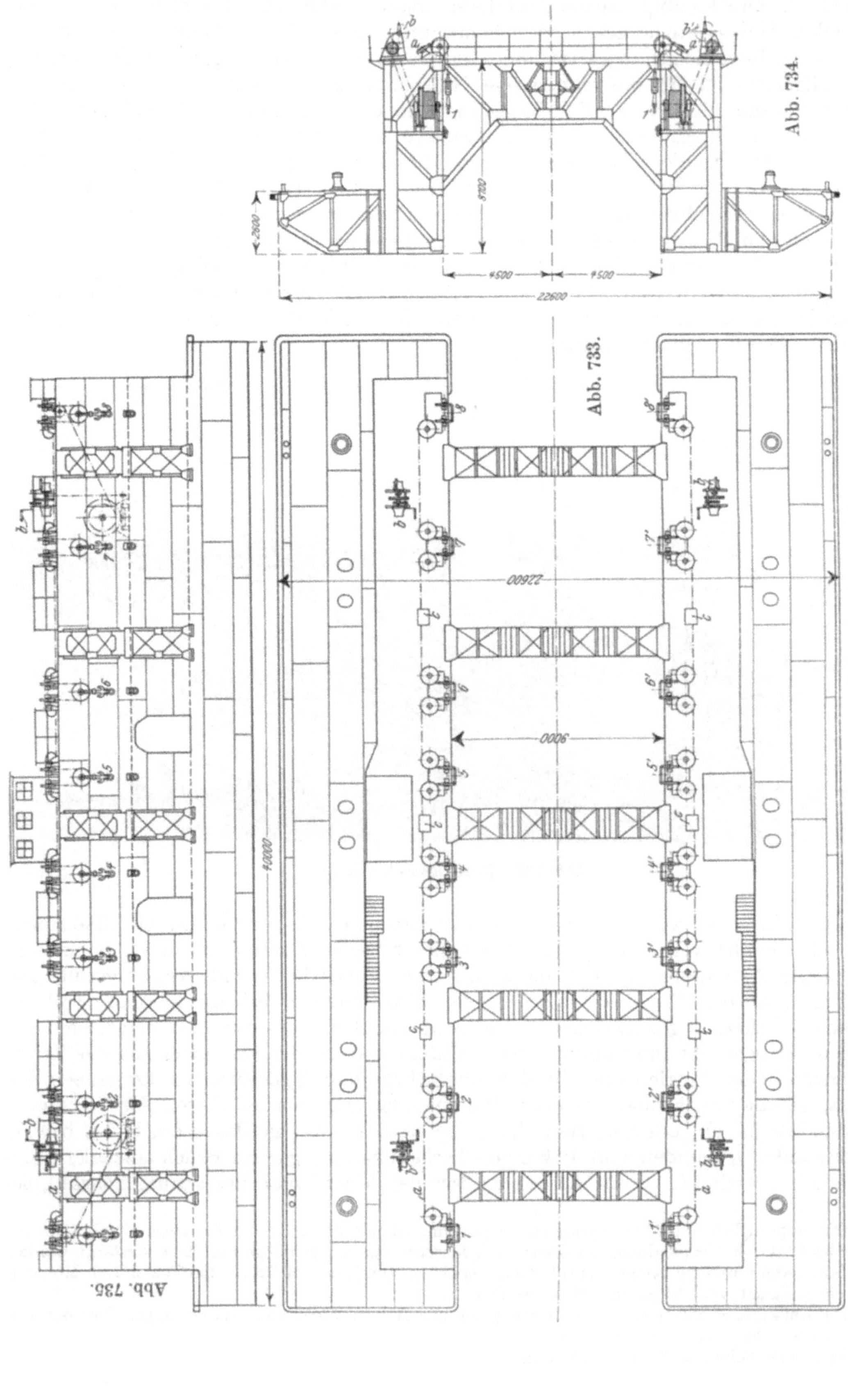

Abb. 733 bis 735. Bergungsdock (Kiel.)

bald die Hebestroppen an den Lasthaken befestigt sind, auf eine große Spannung gebracht[1]). Kann man aus dem Aufhören des Hin- und Hergleitens der Seile annehmen, daß genügend Spannung vorhanden und der Lastausgleich erfolgt ist, so werden die auf Oberdeck befindlichen Seilklemmen *c* eingeschaltet, die bei etwaigem Reißen eines Bergungsseiles o. dgl. ein Herunterfallen des, wie gesagt, durch Auspumpen des Docks gehobenen Fahrzeuges verhindern. Sollen z. B. bei kleineren Fahrzeugen einzelne Lastpunkte außer Wirkung treten, wie in Abb. 732, so werden die betreffenden Lasthaken in die darunter befestigten Ringe eingelegt, ohne daß dadurch indes der Kraftausgleich irgendwie gehindert ist. Das abgebildete Dock vermag bis 1000 t zu heben; der Anwendung des gleichen Prinzipes für größere Leistungen, wenn auch nur für kleinere Wassertiefen, dürften Schwierigkeiten aber kaum entgegenstehen. —

Die bock- oder portalartigen Schwimmkrane, die im Vorhergehenden mit einigen typischen Beispielen erwähnt worden sind, sind indes trotz ihres, namentlich in der reinen Horizontalbeweglichkeit der Last gelegenen Vorzuges mehr oder weniger nur Ausnahmen geblieben; die praktische Entwicklung der Schwimmkrane vollzog sich vielmehr fast ausschließlich in den durch die nachher erwähnten wipp- und schwenkbaren Auslegerkrane gekennzeichneten Bahnen.

Hierbei ließ sich einesteils die Manövrierfähigkeit des Kranes durch die Zuhilfenahme des Schwenkens und des Wippens bedeutend erhöhen, andernteils waren die Stabilitätsverhältnisse dabei günstiger als bei schwimmenden Böcken von einer den modernen Schiffsgrößen angepaßten Höhe.

Aus den Figuren des 140 t-Schwimmkranes für Swan, Hunter & Wigham Richardson in Wallsend o. T. (Abb. 736 und 737) geht außer dem allgemeinen Aufbau des Kranes noch die zweckmäßige Aufstellung des Kessels und der Dampfmaschinen zum Antrieb der Windwerke sowie der Schraubenwellen hervor[2]). Das außerdem noch erforderliche Gegengewicht wird in der bei den Scherenkranen üblich gewesenen Weise durch Ballastwasser gebildet, das symmetrisch in zwei wasserdichten Abteilungen des hinteren Schwimmkörpers untergebracht werden kann. Ferner erkennt man an der gestrichelten Tieflage des Auslegers, wie die gebrochene Form desselben sich unübertreffbar leicht der Forderung anpassen konnte, daß der Kran trotz seiner großen Bauhöhe durch eine verhältnismäßig niedrige Brücke innerhalb seines Anwendungsgebietes hindurchfahren kann.

Von der Hinzunahme einer besonderen Schwenkbewegung glaubte man bei den großen Schwimmkranen sehr lange Zeit ganz absehen zu sollen. Beim Vorhandensein festliegender Wasserballastkammern standen Rücksichten auf das beim Auslegerschwenken stark gefährdete Horizontalschwimmen des Pontons entgegen, um so mehr, als man für die Neigung desselben früher weniger zuließ als heute, wo man damit bis etwa 5—6° und mehr geht[3]); auch erschien ja ohnedies bei der Manövrierbarkeit des ganzen Schwimmkranes ein besonderer Schwenkmechanismus für den Ausleger als eine zunächst nicht unbedingt nötige Komplikation. Die leichteren Auleger kleinerer

---

[1]) Der Vollständigkeit halber seien hier die Versuche erwähnt, die kurz vor dem Kriege in Amerika mit Hebemagneten zum Hochziehen von Unterseebooten und Torpedos angestellt worden sein sollen, um das beschwerliche Befestigen von Seilen oder Ketten unter Wasser unnötig zu machen. Über den Ausfall dieser Proben ist Näheres nicht zu erfahren gewesen.

Sehr eigenartig, aber auch sehr zweckmäßig erscheint die Art, in der einige der gesunkenen deutschen Kriegsschiffe in Scapa Flow kürzlich gehoben worden sind: es wurden die Hüllen sehr großer Ballons unter Wasser an dem auf dem Meeresgrund liegenden Schiffe befestigt und darauf aufgebläht. Durch den dadurch entstandenen ungeheuren Auftrieb der Ballons sind die Schiffe dann mit an die Oberfläche gezogen worden. Jeder der beiden an ein Schiff angesetzten Ballons soll eine Hebefähigkeit von 150 t besessen haben. (Übrigens sind Schiffshebungen nach diesem Verfahren im kleinen auch vordem schon vorgenommen worden, vgl. Schiffbau 1912, Nr. 11 u. 14.)

[2]) Eine ausführliche Beschreibung dieses Kranes ist gegeben von Kaemmerer: Z. V. d. I. 1908, S. 281 u. ff.

[3]) Beispielsweise zeigt der große Kran der Baltischen Schiffswerft (Abb. 739) mit einer Hakenlast von 150 t bei 16 m (Kran-) Ausladung 6°, mit der Probelast von 265 t sogar 8° Neigung des Pontons; der Schwimmkran der Germaniawerft (Abb. 740) mit einer Hakenlast von 150 t bei 17 m (Schiffs-) Ausladung eine Pontonneigung von 6° 9′.

Schwimmkrane aber machte man auch schon vordem schwenkbar, was ihnen besonders bei länglichen, schiffsähnlichen Pontons zustatten kam. Denn dabei ist auch eine Be-

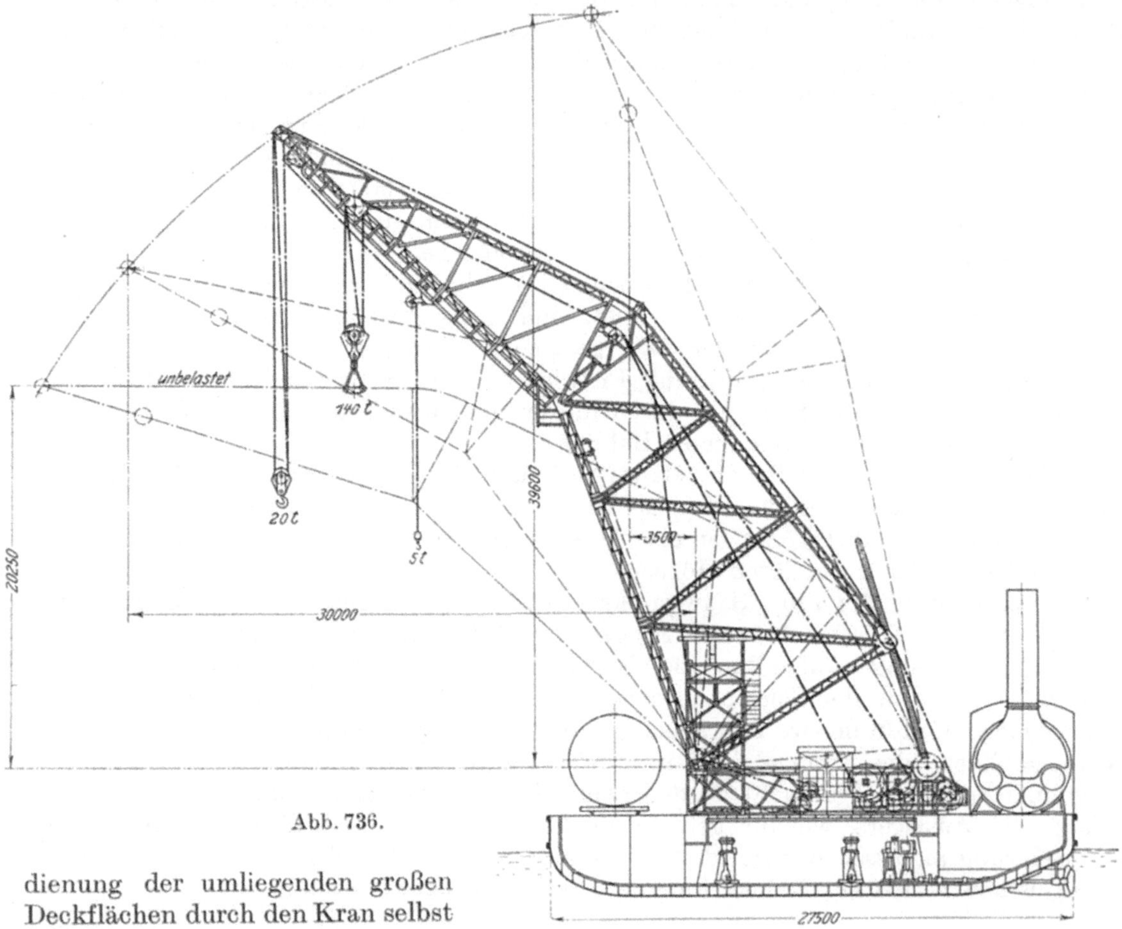

Abb. 736.

dienung der umliegenden großen Deckflächen durch den Kran selbst möglich, also, bei guter Ausnutzung der Tragfähigkeit des Schwimmkörpers, für weitere Fahrstrecken ein schnelles Übernehmen und Anbordgeben schwerer Lasten.

Eine Reihe weiterer hervorragender Unterschiede, grundsätzlicher wie baulicher Art, sind erstmalig in dem Schwimmkran verkörpert, den die Demag vor etwa 15 Jahren an die Werft von Harland & Wolff in Belfast geliefert hat (Abb. 738 und 724). Für die neuartige Verwendung von Elektrizität für die Bewegungsantriebe, die zwar das Mitführen einer vollständigen elektrischen Zentrale im Ponton erfordert[1]), sprach neben dem Wunsch nach einer möglichst feinfühligen Steuerung und Bremsung

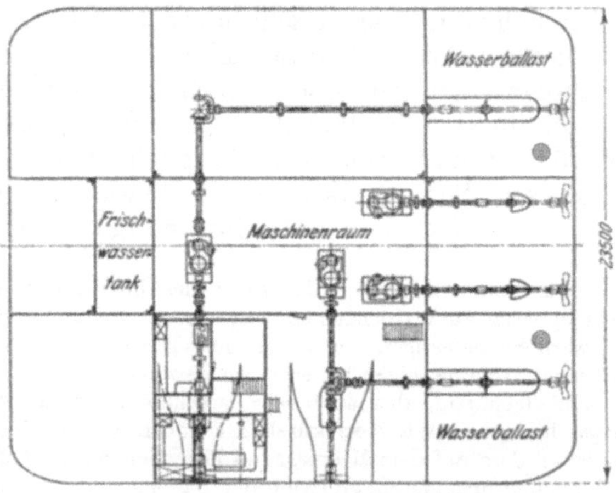

Abb. 737.

Abb. 736 und 737. Schwimmender Wippkran (Wallsend).

[1]) Ein Anschluß der Elektromotoren an das Landnetz — wie er beispielsweise bei dem neuen Schwimmkran der Germaniawerft vorgesehen ist — wird sich praktischerweise natürlich nur bei Arbeiten am Kai durchführen lassen.

des Windwerkes besonders auch der Vorteil der besseren elektrischen Kraftübertragung nach den in dem mächtigen Gerüst an verschiedenen Stellen verteilten Windwerken. Der Führer braucht nicht mehr, wie bei der direkt wirkenden Dampfmaschine, stets in der Nähe des Windwerkes belassen zu werden. Es wäre dies hier um so weniger angängig gewesen, als letzteres hier, in einer bei Schwimmkranen besonders zweckdienlichen Weise, am unteren Teil der drehbaren Auslegerglocke angeordnet ist, wodurch

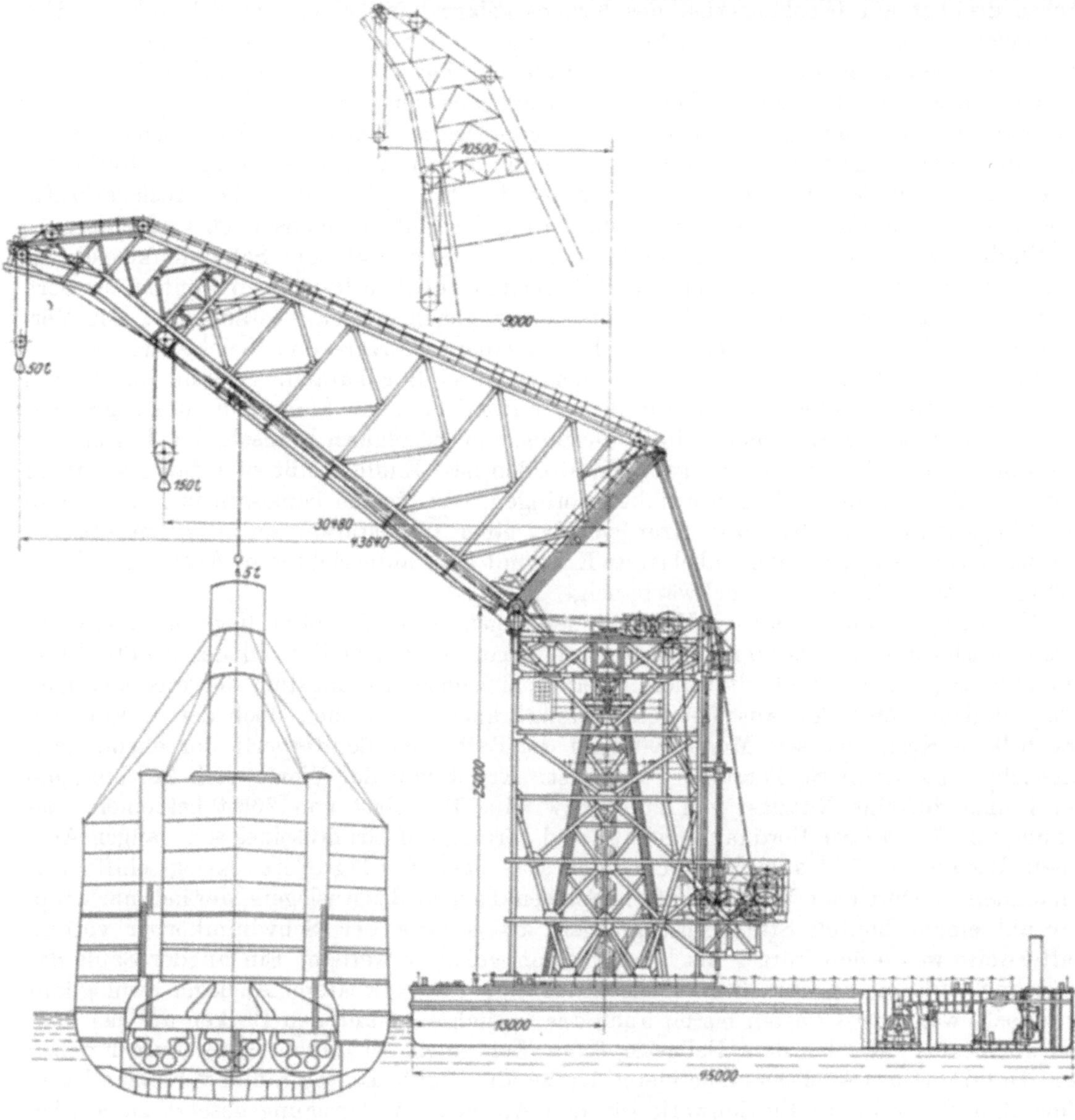

Abb. 738. Schwimmender Wippdrehkran (Belfast).

es nicht allein den Schwerpunkt der Gesamtkonstruktion tiefer legt, sondern auch gleichzeitig als Gegengewicht gegen die Auslegerkräfte wirkt. Der Führer hat vielmehr seinen Stand in dem dem Ausleger zugekehrten oberen Teile des Schwenkgerüstes. Die Abstützung des schwenkbaren Teiles durch eine von diesem glockenförmig umschlossene Fachwerkspyramide ergibt eine schätzenswerte Hochlage der Auslegerkippachse mit einem Freiprofil selbst für die größten Schiffe.

Bei den früher betrachteten Schwimmkranen bestand die Einziehvorrichtung des Auslegers stets in schrägliegenden, dreh- und schwingbar gelagerten Schraubenspindeln. Bei diesen müssen indes recht ungünstige Beanspruchungen auftreten: Beim

Auslegen des Lastarmes treten zu den normalen Zug- und Torsionsspannungen des Spindelmaterials noch beträchtliche Biegungsanstrengungen, herrührend von dem Eigengewicht der schweren Spindeln; bei eingezogenem Lastarm überdies noch durch die Erzitterungen des freistehenden Spindelendes.

Bei dem vorliegenden Krane, wie auch bei dem nachfolgenden, ist dieser Übelstand praktisch dadurch vermieden worden, daß die Spindel, die nur um ihre eigene vertikale Achse drehbar am Glockengerüst des Kranes gelagert ist, einen die Schraubenmutter bildenden Wagen längs einer starken Führung am Krangerüst sich verschieben läßt, wobei die Bewegung der Mutter weiter durch ein Zwischengestänge auf den Ausleger übertragen wird [1]). Die unter Umständen sehr bedeutende Horizontalkomponente der Stangenkraft wird also lediglich auf die biegungsfesten Träger an der Eisenkonstruktion des Kranes geleitet, während die Spindel selbst von jeder Biegung freibleibt. [Auch die übrigbleibende Zugbeanspruchung der Spindeln durch die Auslegerkräfte läßt sich dabei durch einfache Gewichtsbelastung des Mutterwagens noch verkleinern [2]).]

Endlich verdient noch die Aufstellung dieses Kranes auf dem Schwimmkörper Erwähnung. Er steht nicht, wie sonst üblich, mitten auf dem länglichen Ponton, sondern seitlich derart, daß er von drei Bordkanten einen gleich großen Abstand hat. Die Vorzüge dieser Aufstellung bestehen zunächst in einem Kürzer- und Leichterwerden des Auslegers bei der nämlichen Nutzausladung von drei Bordkanten. Sodann im Gewinn einer größeren Einzelplatzfläche auf dem Pontondeck zum Aufstapeln umfangreicher Ausrüstungsteile, zu welchem Behufe diesfalls, auf besondern Wunsch der Bestellerin, das Ponton noch besonders lang gemacht worden ist. Endlich läßt sich dabei leicht im Ponton selbst ein festes Gegengewicht anbringen, das hier so bemessen ist, daß der in der Längsrichtung vollbelastete Kran sich bei einer Windstärke von 50 kg/qm ebensoviel nach vorn neigt, wie der unbelastete Kran mit ganz aufgerichtetem Ausleger sich bei 200 kg/qm Winddruck nach rückwärts neigt.

War dieser Kran mit seinen Höhenabmessungen — seine Spitze liegt bei aufgerichtetem Ausleger mehr als 70 m über Wasserspiegel — seinerzeit wohl der größte Riese unter seinesgleichen [3]), so besitzt diesen Vorzug hinsichtlich wenigstens der wasserseitigen Tragfähigkeit unter den Ausrüstungsschwimmkranen vermutlich noch der in Abb. 739 ersichtliche Kran, der seit Mitte 1909 auf der Baltischen Schiffswerft der ehem. Kais. russischen Marine in St. Petersburg tätig ist. Er ist von der Werft nach Zeichnungen der Demag für eine Nutzlast von 200 t bzw. eine Probelast von 265 t bei einer Ausladung von 7,5 m über Bordkante gebaut und vermag auf Grund seines sehr langen Auslegers Lasten von 75 t auch noch über den abseitigen Bord größerer Kriegsschiffe aufzunehmen [4]). Durch den Verzicht auf die Schwenkbarkeit des Auslegers, der hier nur wippbar auf einem breiten Stützgerüst gelagert ist, konnte der Schwimmkörper vorteilhafterweise wesentlich kürzer als beim vorigen gehalten werden. Ein an der Säule der Stützkonstruktion angebrachter Konsolkran mit schwenkbarem Ausleger ermöglicht es jedoch, wenigstens Lasten bis 6 t auch aus seitlich angefahrenen Barken auf das Ponton abzulegen. Wie bei dem Belfaster Kran läuft auch bei diesem Petersburger neben dem Untergurt des Auslegers eine kleine Katze, die leichte Lasten radial versetzen kann, ohne daß das schwere Einziehwerk für den Ausleger in Bewegung gesetzt zu werden braucht.

Als weitere Ausrüstungshebezeuge mögen noch die beiden Kieler 150 t-Schwimmkrane genannt sein, die nach den Abb. 740 und 741 seit etwa anderthalb Jahrzehnten

---

[1]) D.R.P. Nr. 196536 (Demag). Indes führt auch z. B. die Fa. Smulders-Schiedam die von ihr gebauten Schwimmkrane mit einer gleichartigen Ausleger-Verstelleinrichtung aus.

[2]) D.R.P. Nr. 198962.

[3]) Er ist darin inzwischen von dem neuen Schwimmkran der Germaniawerft (Abb. 740) und dem der Wilhelmshavener Marinewerft (Abb. 743) übertroffen worden, deren obere Auslegerrolle 74,5 m bzw. 81,4 m über Wasser liegen.

[4]) Die Photographie stellt beispielsweise das Übernehmen der 16000 PS-Schiffsmaschine auf das Linienschiff „Pawel I" von einer jenseits angefahrenen Barke dar.

auf der Germaniawerft bzw. auf der ehemaligen Kaiserlichen Werft in Betrieb genommen worden sind. Ersterer gleicht in der Gerüstausbildung und -aufstellung grundsätzlich wohl dem Schwimmkran von Harland & Wolff, ist jedoch außer mit eigener Fahr-

Abb. 739. Schwimmender Wippkran (Petrograd).

bewegung auch noch mit einer zweiten fahrbaren Katze ausgestattet, die für Lasten bis 35 t eine einfache Querschiffsverschiebung gestattet und von ihrem angebauten Gerüst aus gleichzeitig eine leichte Revision des Auslegers ermöglicht. Die Hauptflasche hängt dagegen an der Spitze des dementsprechend ungemein kräftigen Lastarmes, so, daß sich bis 110 t schwere Gegenstände noch 27 m über das Ponton hinaus ablegen lassen. Diese besonders weitgehende Arbeitsfähigkeit setzt den Kran in den Stand, die schweren Panzertürme, Geschütze u. dgl. auch noch auf der abgelegenen Seite des Schiffes montieren zu können. Allerdings sind dadurch recht große Pontonabmessungen bzw. Gegengewichte erforderlich. Die Entfernung von Mitte Kran, d. h. von der Schwenkachse bis Stirnseite Ponton beträgt 13 m bzw. 27 m; als besondere Gegengewichte mußten noch rund 400 t toter Ballast verwendet werden[1]). Außerdem ist natürlich im rückwärtigen Teile des Pontons die gesamte und umfangreiche Kessel- und Maschinenanlage[2]) aufgestellt, die zur Erzielung der verschiedenen Kranbewegungen dient. Von den nach der Inbetriebnahme des Krans seitens der Werft noch vorgenom-

Abb. 740. Schwimmender Wippdrehkran (Kiel).

[1]) Und zwar 200 t als Zement und Lochputzen im Ponton, 100 t als Eisen im Spindelwagen und 90 t als Beton unter dem Windenhaus.

[2]) Die gesamte Anlage besteht aus zwei Kesseln (10 at Überdruck), zwei Propellerdampfmaschinen (je 150 PS), einer Zentralmaschine für die Kraftstromerzeugung (300 PS) und einer Lichtmaschine (12 PS), die außer einer Anzahl Glühlampen noch vier im Ausleger angebrachte Bogenlampen speist. Außerdem befindet sich bei Achterdeck noch eine Ankerlichtmaschine; ferner an Deck vier vertikal arbeitende Dampfwinden zum Verholen des Kranes (Verholspills). — Im übrigen ist bei dem Kran auch die Möglichkeit vorgesehen, ihn mittels Steckkontakt an das Werftleitungsnetz anzuschließen und zu betreiben.

menen Verbesserungen möge insbesondere die praktischere Ausbildung des großen Lastschäkels erwähnt werden. Dieser hatte in seiner ursprünglichen geschlossenen Form den Nachteil, daß er zum Einhängen einer Seilschlinge immer erst auf Deck gelegt werden mußte, woselbst nach Lösen des einen Gelenkbolzens der Bügel mühsam geöffnet und noch mühsamer geschlossen werden mußte. Zur Vermeidung dieser umständlichen Handhabung hat man jetzt zwischen die Schenkel der Kausche ein so ausbalanciertes Kniehebelsystem eingeschaltet, daß durch dessen Gewichtswirkung das Einhängen einer Seilschlinge mit Leichtigkeit in der Luft vorgenommen werden kann[1]). Das Arbeiten mit dem Kran (Demag) ist jetzt recht zufriedenstellend.

Abb. 741. Schwimmender Wippdrehkran (Kiel).

Der in Abb. 741 veranschaulichte neue Schwimmkran, der, fast gleichzeitig mit jenem, von der Demag an die Kaiserliche Werft — jetzt Deutsche Werke A.-G., Werft Kiel — geliefert wurde, sollte einen weiteren Betriebsvorteil durch die bauliche Maßnahme ergeben, daß die drehbare Haube nur so weit herabgeführt ist, um noch nutzbare Räume zwischen Pontondeck und Drehring freizulassen. Eine solche Ausnutzung dürfte indes, wenigstens soweit das Ablagern schwerer Lasten in Frage kommt, schon deshalb nicht durchführbar sein, weil diese Lagerfläche ganz außerhalb des Bereiches der Lasthaken gelegen ist. Die durch die nur einseitige helmförmige Drehhaube an sich gegenüber der vollen Glocke zwar erzielte Materialersparnis findet einen Ausgleich jedoch wieder darin, daß einesteils die Führung der unteren Rollen für wechselnde Kraftrichtung beiderseitig, d. h. schwerer ausgebildet sein muß, und daß andernteils

[1]) Die gleiche Seilkausche ist übrigens auch bei dem stationären 150 t-Kran der Werft nachträglich eingebaut worden (D.R.P. Nr. 220452).

die Gegengewichtsbelastung des Windenhauses in stärkerem Maße erforderlich ist[1]). Die Höhenabmessungen sind bei diesem Krane so eingerichtet worden, daß er trotz seiner maximalen Bauhöhe von 70,5 m über Wasserspiegel mit ausgelegtem Lastarm diese Höhe auf nur 39 m reduziert, wodurch er befähigt ist, einerseits die Schwebefähre der Werft[2]), andererseits unter Umständen auch die Brücken des Kaiser-Wilhelm-Kanals zu passieren. Es fällt diesem Schwimmkran neben der Durchführung eigentlicher Schiffsausrüstungsarbeiten nämlich auch die Aufgabe zu, die Bojen an weitverteilte Stellen des Hafens zu verlegen und instand zu halten. Die elektrischen Triebwerke für die Kranbewegungen, die, wie gesagt, durch ihre Anordnung im unteren Teil

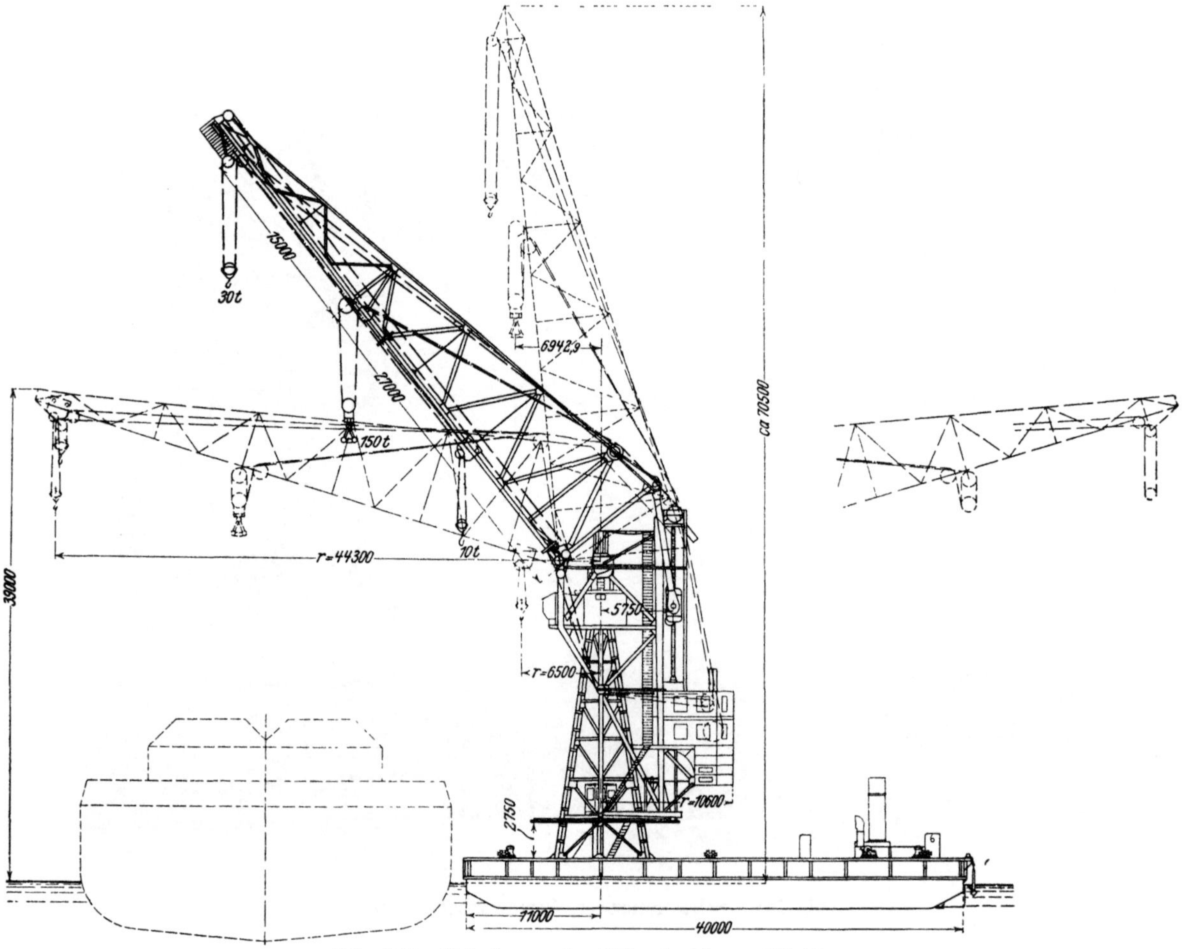

Abb. 742. Schwimmender Wippdrehkran (Kiel.)

des Drehhelmes wiederum zur Ausbalancierung mit herangezogen worden sind, werden von einem unter der Wippachse — allerdings reichlich hoch — gelegenen Führerstande aus gesteuert. Die Kraftzentrale ist wiederum im Ponton untergebracht[3]).

[1]) Im vorliegenden Falle z. B. sind an das Windenhaus nicht weniger als 172 t Ballast angepackt worden. — Die Werft Gusto in Schiedam hat bei den neueren von ihr gebauten großen Schwimmkranen die Drehsäule nach Abb. 745 aus voller Blechkonstruktion, in Form eines abgestumpften Kegels, ausgebildet, eine Bauweise, die wesentlich billiger sein soll.

[2]) Diese trennt die Bauhäfen der Werft von dem Außenhafen und hat eine lichte Höhe von etwa 45 m über Wasserspiegel.

[3]) Die Anlage besteht aus zwei Kesseln (von je 75 qm Heizfläche und 11 at Überdruck), zwei Propellerdampfmaschinen (je 150 PS), zwei Dampfturbinen (Zölly), deren jede eine 60 KW.- und eine 30 KW.-Dynamo antreibt. Für das Verholen des Pontons sind außerdem wieder vier Spills vorhanden, von denen ein jedes 5 t Zug bei 5 m Geschwindigkeit leisten soll.

Den Rekord der schwimmenden Ausrüstungskrane stellte bis vor Kurzem der 250 t-Kran (Demag) der Marinewerft zu Wilhelmshaven dar, der, i. J. 1914 erbaut, in seiner Art jahrelang als größter der Welt gegolten hat[1]). Seine Bauart, Abmessungen und Tragkräfte dürften aus der Abb. 744 und aus der Photographie Abb. 743, die ihn beim Versetzen eines Hellingturmdrehkranes zeigt, zur Genüge hervorgehen.

C. Lagerplatz-, Hof- und Werkstättenbedienung.

Eine rationelle Kranausstattung ist an den vorbetrachteten Arbeitsplätzen der Werft, an der Baustelle (Helling) und an der Montagestelle (Ausrüstung) der Schiffe aus den mehrfach genannten Gründen zwar am notwendigsten und wichtigsten, an den

Abb. 743. Schwimmender Wippdrehkran (Wilhelmshaven).

übrigen Arbeitsstätten der Werft indes auch keineswegs unwichtig. Es würde natürlich widersinnig sein, beispielsweise nur die Transportarbeiten auf der Helling vollkommener zu gestalten, ohne auch die vorhergehenden Bewegungen dieser Transportlasten zu vervollkommnen. Es hieße nur halbe Arbeit tun, würde man die mit teuren Hellinganlagen erstrebte Leistungsfähigkeit und Wirtschaftlichkeit des Betriebes dadurch in seiner Wirkung auf das Gesamtergebnis abschwächen, daß man an anderen Stellen den Materialdurchgang durch das Werk rückständig ließe.

[1]) Er ist inzwischen vor dem schwimmenden Drehscheiben-Wippkran (Cowans, Sheldon & Co.) für 350 t größte Nutzlast bei 30 m Ausladung (bzw. 300 t bei 36,3 m) übertroffen worden; vgl. The Engineer, 1924, 11. April.

In Frage kommt hier in der Hauptsache noch die Materialbewegung auf den Werftlagerplätzen und in den Bearbeitungswerkstätten. Als Transportmittel werden ersterenfalls am meisten fahrbare Dampfdrehkrane benutzt, die, ohne von besonderer Kraftzuleitung abhängig zu sein, auf einfachen Werftgleisen leicht überallhin geleitet werden und somit die einfachste Vermittlung zwischen allen Punkten des Werkes übernehmen können. In ihrer Verwendbarkeit zu Rangier- und Verschiebearbeiten liegt ein weiterer, nicht unwesentlicher Vorzug solcher Hofkrane. Sie sind ohne Frage diejenige Krantype, in deren Benutzung sich die allermeisten Werften des In- und Auslandes gleichen, mehr fast noch als in den gewöhnlichen Laufkranen. Diese universelle Verwendbarkeit zuerst

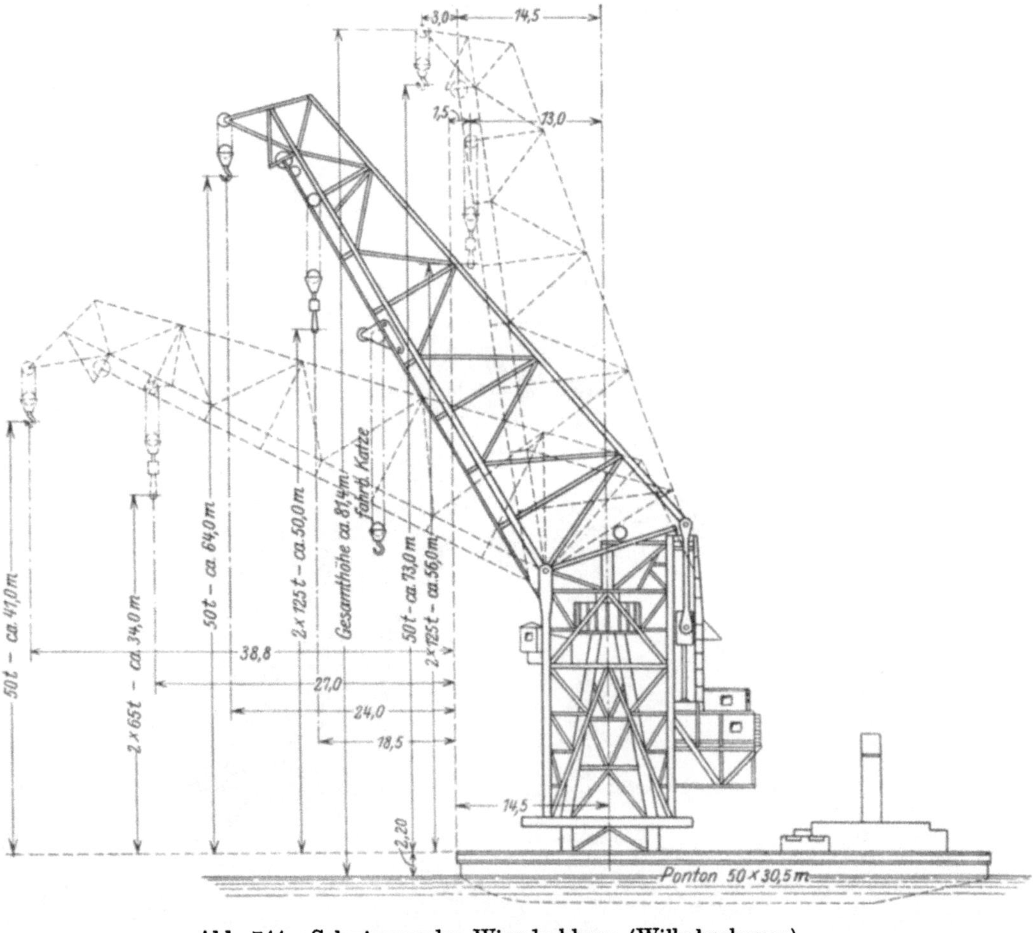

Abb. 744. Schwimmender Wippdrehkran (Wilhelmshaven).

erkannt und geschäftlich verwertet zu haben, ist das Verdienst der Engländer. Durch ihren Reichtum an Werften hatten sie für diesen frühzeitig normalisierten Kran — als „Standard"-crane — von vornherein ein großes Absatzgebiet, das sie indes bald auch auf die Werften jenseits ihrer Landesgrenzen ausdehnen konnten. Daß auch deutsche Werften zu Zeiten, in denen der deutsche Kranbau, ohne zu viel zu sagen, schon vorbildlich in der Welt geworden war, zum großen Teil noch mit solchen englischen Drehkranen arbeiteten, hatte seinen Grund nicht in technischer, sondern lediglich in geschäftlicher Überlegenheit unserer Vettern jenseits des Kanals, die diese Krantype eben als Massenartikel in allereinfachster Form beizeiten normalisiert hatten und sie dementsprechend billig und vom Vorrat schnell auf den Markt bringen konnten. Daß bei deutschen Konstruktionen die Beanspruchungen meist durch größere Kessel, durch vermehrte Maschinerie und verstärkte Abmessungen von Wellen, Hebeln u. dgl. vorsichtiger behandelt sind, daß der Betrieb mit ihnen durch größtmögliche Standfestigkeit des Fahrgestelles gesichert, oder gar, daß Kran und Kranführer gegen die Unbilden der Witterung durch ein solides und verglastes Haus geschützt sind, das alles ist gegenüber der größeren Billigkeit jener einfachen Krane — vgl. z. B. Abb. 746 — aber vielfach leider nicht

Abb. 745. Schwimmender Wippdrehkran (Rotterdam).

Abb. 746. Fahrbarer Dampfdrehkran (Newport News).

ausschlaggebend. Daß ein solcher Standpunkt doch nicht immer im Interesse der Werft selber liegt, möge durch das Urteil einer unserer größten Werften belegt werden, das sich auf die langjährige Benutzung mehrerer solcher englischer Drehkrane, zumal der wohl verbreitetsten Marke, stützt. Sie äußert sich das eine Mal, „daß der Wagen (des

Kranes) entschieden zu klein ist, wodurch natürlich ein sehr leichtes Kippen bzw. Umfallen des Kranes hervorgerufen wird", das andere Mal, „daß der Kessel zu klein ist"[1]). Also auf solide und reichliche Bemessung ist auch bei diesen gewöhnlichen Transportmitteln der Werft klugerweise Wert zu legen!

Solche normalisierten Ausführungen fahrbarer Dampfdrehkrane[2]) mit verstellbarer Ausladung und für Regelspur zeigen in deutscher Bauart die Abb. 747 und 748 auf der Hamburger Werft der Vulcanwerke: Sie haben eine Tragkraft von 6000 kg bei 4 m Ausladung und 9 m Rollenhöhe, 3000 kg bei 6,5 m Ausladung und 7,7 m Rollenhöhe und 1500 kg bei 9 m Ausladung und 4,6 m Rollenhöhe. Sie heben 3000 kg mit 20 m/min und 6000 kg mit 10 m/min; ihre Fahrgeschwindigkeit bei anhängender Vollast beträgt

Abb. 747. Fahrbare Hofkrane (Hamburg).

50 m, ohne Last 100 m/min, und sie drehen sich zweimal in einer Minute. Der Dampfkessel hat 8 at Überdruck. — Die Hofkrane mit geknicktem Schnabel nach Abb. 748 heben 10000 kg bei 4,5 m, 4000 kg bei 8 m und 3000 kg bei 10 m Ausladung[3]).

[1]) Im ersteren Falle handelt es sich um einen fahrbaren Dampfdrehkran von 1,8 t × 7 m bzw. 3 t × 5 m; im zweiten Fall um einen solchen von 1 t × 10,6 m bzw. 4 t × 4,6 m, wobei der mit Steinkohlen zu heizende Quersiederkessel (6 at) eine Heizfläche von 4 qm und eine Rostfläche von 0,62 qm aufweist. — Eine das Umkippen fahrbarer Auslegerkrane verhütende Feststellvorrichtung — bestehend aus Schienenklammern, die andrerseits bandbremsenartig um das Laufrad greifen — ist beschrieben bei Uebbing: Der Maschinenmarkt 1925, Nr. 88.

[2]) Vgl. auch Benedict: Maschinenbau 1924, Heft 16 und der Maschinenmarkt 1924, Nr. 50.

[3]) Die vielverbreiteten fahrbaren Normal-Dampfkrane der Demag haben bei etwa gleichen Daten — 6 bis 2 Tragkraft bei entsprechend 4,75 bis 9 m Ausladung und 9,1 bis 5 m Rollenhöhe — für den Rangierbetrieb auf geradem Gleise eine Zugkraft für 9 leere oder 5 volle 10 t- oder 4 volle 15 t-Waggons. (Außerdem baut die Demag noch ein Schwermodell mit einer größten Tragkraft von 10 t bei 5,5 m Ausladung und einer kleinsten Tragkraft von 2 t bei 14 m Ausladung.) — Der neuerdings von der Niemag gebaute Dampfkran soll imstande sein, ein Zuggewicht von 100 t mit 150 m/min Geschwindigkeit auf gerader und ebener Strecke zu befördern, d. s. 5 beladene Wagen mit je 15 t Nutzlast; vgl. Benedict: Z. V. d. I. 1925, Nr. 31. — Die Verschiebeleistung normaler Dampfkrane wird im allgemeinen mit 90 t und bei Vollast mit nur 50 bis 60 m/min, ohne Last mit 100 bis 120 m/min Fahrgeschwindigkeit angegeben; s. Z. V. d. I. 1922, Heft 41.

Außer diesen bekannten Normaldampfdrehkranen sind aber auch, zuerst wohl in England, durch die Rücksicht auf die weiteren Transporte und auf die Verschiebe- und Rangieraufgaben solcher Hofkrane abweichende Typen geschaffen worden, von denen die folgenden zunächst einige vollkommen lokomotivartige Ausführungen zeigen[1]).

Abb. 749 ist eine schmalspurige Kran-Tender-Lokomotive (Henschel), die mit einem Drehkran für 2000 kg Tragkraft und 4 m Ausladung ausgestattet ist. Das hier vor allem interessierende Kranwerk ist folgendermaßen eingerichtet: Das zur Aufnahme des Kranes erforderliche Gestell mit der Kransäule befindet sich auf dem Rahmen der Lokomotive, mit diesem fest verbunden und den Kessel umfassend. Der aus den beiden Auslegerschilden, deren unteres Verbindungsstück als Schneckenrad ausgebildet ist, bestehende Kran ruht auf einem um die Säule drehbaren Rollenkranz. Zwischen den Kranschilden ist die Zwillingsdampfmaschine mit Umsteuerung angeordnet, die durch

Abb. 748. Fahrbare Hofkrane (Hamburg).

Zahnradübersetzung die Hubseiltrommel in Bewegung setzt. (Der Dampf für diese Maschine wird einem auf dem Kessel sitzenden Ventil entnommen.) Zum Schwenken des Kranes ist (auf der linken Seite der Lokomotive) eine stehende Einzylinder-Dampfmaschine mit Schwungrad angebracht, die mittels Zahnrad- und Schneckenübersetzung die Drehung des Kranes bewirkt. Um ein Umstürzen der Lokomotive bei etwa an den Kran gehängter Mehrlast zu verhüten, sind an den Pufferbohlen, vorn und hinten, Schienenklammern angebracht. — Abb. 750 stellt eine Kranlokomotive (Henschel) ähnlicher Bauart dar.

Grundsätzlich anders ist dagegen die Arbeitsweise der in Abb. 751 wiedergegebenen Kranlokomotive. Bei ihr ist unmittelbar auf dem Lokomotivkessel der Hubdampfzylinder angeordnet, dessen Kolbenstange an dem rückwärtigen, solid geführten Ende des Lastauslegers angreift, der mittels einer Schwingstütze auf dem Schwenkrahmen gelagert ist. Das Lastheben erfolgt hier also durch unmittelbare Kolbenwirkung, d. h. unter Fortfall von Seil- oder Kettentrommeln, Flaschenzügen o. dgl. Die Last hängt vielmehr unmittelbar an dem neigbaren Ausleger, der mit festen Lasthaken versehen ist und diese mit der anhängenden Last balancierartig heben und senken kann. Die Ha-

[1]) S. a. Die Werkbahn, 1925, Heft 3.

ken sind für Lastgrößen von 2, 3 und 4 t mit Ausladungen von 6,1 bzw. 4,875 bzw. 3,655 m von Mitte Gleis angeordnet. Vermöge der vollen Schwenkbarkeit des Kran-

Abb. 749. Lokomotivkran.

Abb. 750. Lokomotivkran.

schnabels — die zugehörige kleine Dampfmaschine ist seitlich neben dem Drehkran angeordnet — können die Eisenbahnwagen auf demselben Gleis wie die Kranlokomotive oder auch auf einem benachbarten Fahrstrang stehen. Solche eigenartige Transporthebezeuge (Hawthorn) laufen in größerer Anzahl z. B. auf der Doxford'schen Werft, woselbst sie sowohl zum Anfahren der mit Schiffbaumaterial beladenen Waggons als

Abb. 751. Lokomotivkran (Sunderland).

auch zum Entladen und Stapeln sowie zum Weitertransport desselben nach der Werkstatt oder Helling dienen.

Von den gebräuchlicheren und mit normalen Windwerken arbeitenden Bauarten solcher Hofkrane, die außer durch Dampf zunehmends auch durch Elektrizität betrieben werden, ist ein Beispiel letzteren Systems noch durch die in Abb. 752 wiedergegebene Ausführung (Hartmann) dargestellt[1]). Der Kran vermittelt hier, in der Sächsischen Maschinenfabrik, den Verkehr zwischen zwei durch eine Straße voneinander weit getrennten Fabrikhöfen.

Abb. 752. Lokomotivkran (Chemnitz).

In der eisenbahnwagenartigen Ausbildung des Untergestelles ähneln den zuletzt beschriebenen Hilfsmitteln die in den Abb. 753 und 754 dargestellten Krane mit einklappbarem Ausleger, aber ohne eigene Fahrbeweglichkeit. Sie sind aus dem Bedürfnis heraus entstanden, ein Hebezeug zu haben, das schnell und einfach an beliebigen Stellen einer Bahnstrecke verwendet werden kann. Es genügt hierzu nicht die Fahrbarkeit und die unabhängige Betriebbarkeit des Hebezeuges allein, sondern es ist auch dessen völlige

[1]) Näheres, insbesondere über die elektrische Ausrüstung s. in El. Kraftbetr., 1909, S. 453 u. ff.

Anpassungsfähigkeit an das Bahnprofil nötig. Andernfalls ist man in der noch üblichen Weise gezwungen, einen besonderen Schutzwagen unter dem überstehenden Kranausleger einzustellen oder gar eine Ummontierung einzelner Konstruktionsteile vorzunehmen.

Abb. 753. Klappauslegerkran.

Beides aber ist umständlich, zeitraubend und kostspielig und verringert die Betriebsbereitschaft eines solchen Hilfsmittels.

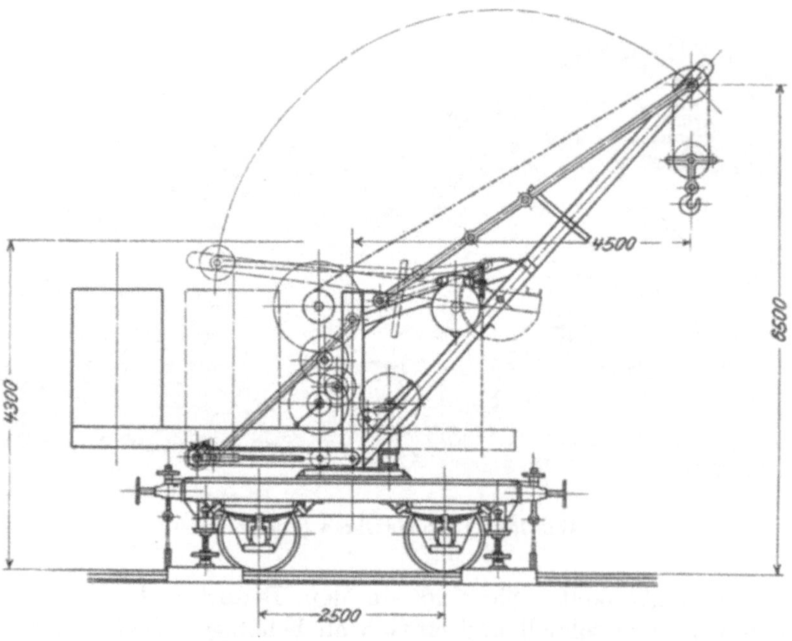

Abb. 754. Klappauslegerkran.

Namentlich für die Verwendung bei der Eisenbahn, bei Hilfs- und Sanitätszügen sind seit Jahren schon Konstruktionen solcher sog. Eisenbahn- oder Waggondrehkrane geschaffen worden, die in möglichst zweckdienlicher Weise die in der Arbeitsstellung des Kranes aus der Umgrenzungslinie für Eisenbahnfahrzeuge herausragenden Teile für die Transportstellung verschwinden lassen sollen. Diese Mittel bestehen größtenteils darin, daß die gefährdenden Ausleger-Vorderteile um ein zwischengeschaltetes Gelenk in das Bahnprofil einklappbar, die ausladenden Gegengewichte horizontal einschiebbar gemacht sind. Die Abb. 753 und 754 lassen Anordnung und Wirkungsweise einer derartigen Ausführung, für 7,5 t Tragkraft und 4,5 m Ausladung erkennen (Mohr & Federhaff)[1].

In Abb. 755 ist ein Waggonkran (Petravič) abgebildet, der den nämlichen Zweck in origineller Art durch horizontales Einklappen seines Auslegerschnabels und gleichzeitiges Einschwenken des übrigen Gerüstaufbaues erreicht. Durch diese verdoppelte Klappbarkeit wird die Konstruktion zu einer recht ansehnlichen Ausladung befähigt, die vorliegendenfalls für das Verlegen von Schienen am Platze ist.

Abb. 755. Klappauslegerkran.

Ist weniger auf längere Transportwege als auf einen vergrößerten Hakenbereich, auf die Fähigkeit des Kranes zur Materialablage bis in den Schiffsneubau hinein, Bedacht zu nehmen, so vermögen die an den eigentlichen Hellingplätzen gebräuchlichen Drehkranausbildungen nach Abb. 756 und 757 dieser Anforderung gut zu genügen.

Für die Stückgutverladung auf kleineren Anfuhr- und Abladeplätzen dient vielfach ein einfacher sog. Fairbairn-Kran, wie er z. B. nach Abb. 758 in den Hamburger Vulcan-Werken für 1000 kg Tragfähigkeit und 10 m Ausladung zur Verfügung steht.

Die Abb. 757 veranschaulicht z. B. die Bedienung des Blechlagers der Werft Conrad in Haarlem durch einen handbetriebenen Turmdrehkran von 3 t × 13 m (Figee), der sich noch dadurch auszeichnet, daß er zum Befahren zweier sich rechtwinklig kreuzender Gleise eingerichtet ist. Um den Kran in die andere Fahrtrichtung zu versetzen, können die Laufräder, nachdem das Portal durch Schraubenwinden angehoben worden ist, in die Richtung dieses Gleises gedreht werden[2].

Durch Hochlegung der Kranfahrbahn nach Abb. 759 ist in der Baggerwerft der Lübecker Maschinenbaugesellschaft eine Vergrößerung der Lagerfläche und deren Freihaltung von bewegten Teilen der Transportanlage erreicht worden.

Kommen größere Flächen der Werft für häufige Materialbewegungen in Frage, beispielsweise auf dem Plattenlager, so wird man zu deren Bedienung die fahrbaren

---

[1] System Zutt (D.R.P. Nr. 165621). Den gleichen Zweck mit ähnlichen Mitteln verfolgen die D.R.P. Nr. 188311 (Breslauer Maschinenbauanstalt), Nr. 201013 (Augsburg-Nürnberg), Nr. 219654 (Demag) u. a. Vgl. a. Weicken: Z. V. d. I. 1925, Nr. 42. — Nicht durch Einklappbarkeit, sonden durch Einfahrbarkeit des Auslegeroberteiles auf dem drehbaren Gerüstaufbau des Waggons sucht das D.R.P. Nr. 233160 (Flohr) das Ziel mit einfacherer Bedienungsweise zu erreichen; vgl. Schrader: Dingler 1910, Heft 28 und ders. Z. V. d. I. 1914, Nr. 35.

[2] Eine ähnliche Einrichtung (Gauhe-Gockel) ist ausführlich schon besprochen in dem Ausstellungsbericht von Ernst in der Z. V. d. I. 1903 (Abb. 261 bis 265). Vgl. a. S. 127 u. a. o.

Drekhrane unter Umständen durch eine weitreichendere Krantype mit Vorteil ersetzen können. Die besondere Ausbildung dieser dann als Bock- oder Laufkran gestalteten Einrichtung wird sich der Form des Lagerplatzes aber unschwer anpassen lassen können. So zeigen z. B. die Abb. 760 und 761 den auf dem Plattenlager der Germaniawerft benutzten Kran, der mit Rücksicht auf die bei der dreieckigen Grundform des Lagers zweckmäßige Stapelung der Platten in radialer Anordnung als sog. Karussellkran ausgeführt ist (Augsburg-Nürnberg). Hierbei dreht sich der Brückenträger einerseits um einen festen Stän

Abb. 756. Fahrbarer Wippdrehkran (S. Marco).

der A neben dem Hauptzufuhrgleis — den Verkehr hier also fast gar nicht hemmend andererseits legt er sich, in einer Entfernung von 45 m, auf ein Stützjoch B auf, das auf einer kreisbogenförmigen Schiene C fahrbar ist. Auf diese Weise entsteht eine in den Grundzügen karussellartige Ausbildung der Anlage, deren Katze (5 t Tragfähigkeit) bei Benutzung eines 16 m langen Kragarmes eine kreisausschnittförmige Arbeitsfläche von nicht weniger als 120 m Durchmesser beherrscht. Das Fahrwerk für das Stützportal ist, wie z. B. bei Velozipedkranen üblich, auf diesem selbst unten angebracht und vermag die ganz ausgefahrene Last mit etwa 100 m/min zu schwenken[1]).

[1]) Ein gleichartiger Kran der M. A. N. bedient auch den runden Eisenlagerplatz der Fa. F. A. Neumann in Eschweiler. — Ähnlich sind auch für die Bedienung von Schmiedepressen gebrauchte Schwenkportalkrane; s. Z. V. d. I. 1913, S. 94.

In Aufbau und Arbeitsfähigkeit dieser kreisfahrbaren Verladebrücke ähnlich ist der schwenkbare Halbportalkran (Schenck) nach Abb. 762 bis 765, der in der Marinewerft Wilhelmshaven zum Entladen von Kohlen auf einen halbkreisförmigen Lagerplatz und zur Einfüllung der Kohlen in einen unter dem Kranausleger angeordneten Überladerumpf des Kesselhauses dient[1]).

Kreisfahrbarkeit der Katze weist die in Abb. 766 ersichtliche Verladebrücke (Demag) auf der Kieler Werft der Deutsche Werke A.-G. auf[2]). Um ein schnelles Bekohlen

Abb. 757. Fahrbarer Verladeturmdrehkran (Haarlem).

der dort liegenden Schiffe zu erreichen, ist die das angrenzende Kohlenlager (von 124 m Breite und 61 m Tiefe) überstreichende Verladebrücke mit einer endlosen Katzenfahrbahn an der Außenseite des Brückenträgers ausgestattet, auf der zwei Führerstandskatzen von 4,8 t Tragkraft in umlaufendem Betriebe verkehren. Die Brücke hat bei 9 m lichter Höhe 38,3 m Spannweite, einen 20 m langen Landausleger und einen 17,5 m langen Wasserausleger; dieser ist mit seinem über das Wasser ragenden Teil hochklappbar. Als Sicherheitseinrichtung gegen ein Zusammenfahren der Katzen ist einfacher

[1]) Betr. schwenkbare Verladebrücke mit eingebautem Förderband s. S. 20 u. a. o. Kreisfahrbare Halbbockkrane (von 120 t Tragkraft und 21,6 m Spannweite) mit gemeinsamer Schwenkachse sind beschrieben von Thieme: Z. V. d. I. 1913, Nr. 3.

[2]) Eine gleichartige Verladebrücke mit zwei umlaufenden Windwerkskatzen (Petravič) besitzt auch das Wiener Gaswerk; vgl. Michenfelder: Die Materialbewegung in chem.-techn. Betrieben, Abb. 179.

Weise nur eine Klingel zur gegenseitigen Verständigung der beiden Katzenführer vorgesehen.

Eine andersartige Kranausbildung ließ der gleichfalls dreieckige Plattenlagerplatz der Lübecker Maschinenbau-A.-G. entstehen (s. Abb. 767). Da dort auch die das Lager

Abb. 759. Auf Hochbahn fahrende Hofkrane (Lübeck).

begrenzenden Fahrschienen des winkelportalförmig ausgestalteten Kranes spitzwinklig zueinander verlaufen, so hat man den Brückenträger gegen seine Abstützung verschieblich gemacht. Und zwar ist die Anordnung so getroffen worden, daß das eine Brückenende mittels eines Rollenhalters an dem Stützportal drehbar und zugleich längsverschieblich aufgehängt ist, während das andere Ende in üblicher Weise auf einer Hochbahn elektromotorisch verfahrbar ist. Dabei vermag sich also der Brückenträger dem Portal gegenüber selbsttätig, der wechselnden Spannweite entsprechend, einzustellen. Das Stützjoch selbst kann mit Hilfe von Handkurbeln auch verfahren werden, so daß der spitzwinklige Lagerplatz bis zu 22 m Breite — der größten Spannweite der Brücke — auf seine ganze Länge von etwa 75 m vollständig bedient werden kann. Der Kran, d. h. das hochgelegene Brückenende wird durch einen 1 PS-Motor mit 25 m/min vorwärts bewegt; die Laufkatze hat einen 4 PS-Motor zum Heben von 2 t-Lasten mit 6 m/min und einen 1,7 PS-Motor zum Fahren mit 60 m/min. Die Katze wird durch Schaltzüge vom Boden aus, das elektrische Brückenfahrwerk vom Portal aus bedient. Die Anschaffung dieses eigenartigen, von Nagel & Kaemp gebauten Kranes hat etwa 15000 M. erfordert.

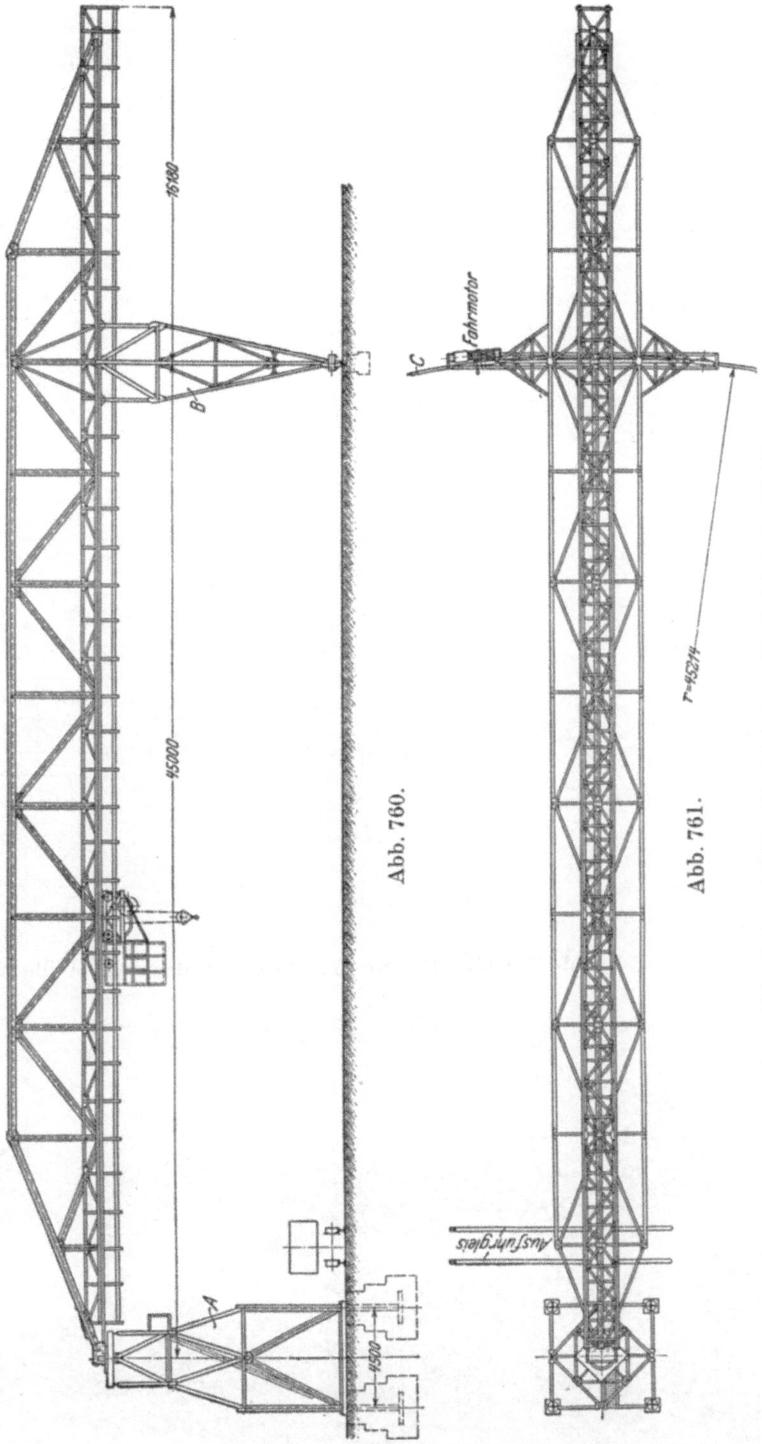

Abb. 760.

Abb. 761.

Abb. 760 und 761. Kreisfahrbare Verladebrücke (Kiel).

Erstreckt sich das Plattenlager in normaler Form neben den Bearbeitungswerkstätten, so wird man auch mit normalen Kranausbildungen — seien es Laufkrane, Bockkrane o. dgl. — auskommen und dafür den Hauptwert auf das Zusammenarbeiten dieser Krane mit den benachbarten Werkstätten legen. Das Schema der bezüglichen Krananordnung der Abb. 582 und 583 ließ bereits erkennen, daß eine solche Vermittlung zwischen Werkstatt und Lager durch Ausstattung der Werkstättenkrane mit Katzenauslegern zu erreichen ist. Es ist dies ein mit Recht steigend in Aufnahme kommendes Verfahren, weil der Auslegerlaufkran mit einfachsten Mitteln und unter Benutzung vorhandener Tore nicht nur das

Material vom Lager übernehmen, sondern auch noch sämtliche Maschinen seiner Halle sowie einen Teil der Nebenhalle bedienen kann. Die Abb. 768 und 769 zeigen die kon-

Abb. 764.

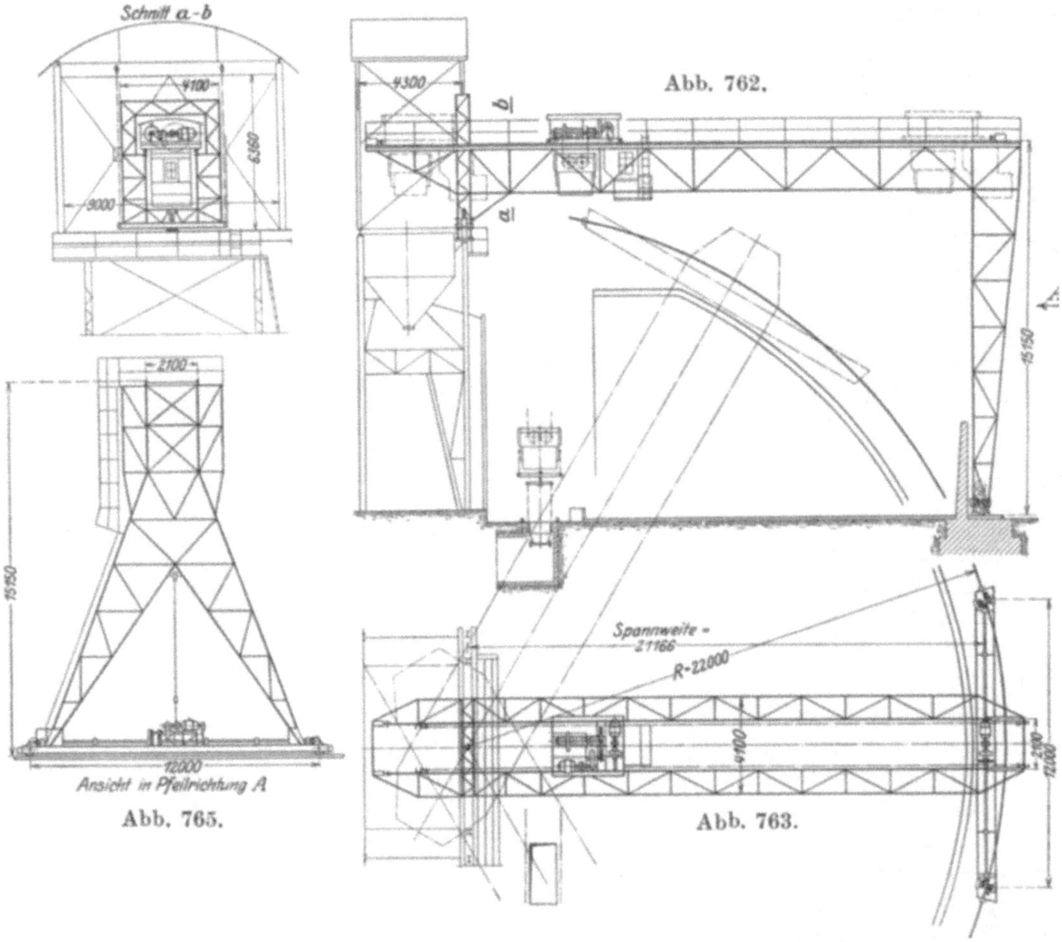

Abb. 762 bis 765. Kreisfahrbare Verladebrücke (Wilhelmshaven).

Abb. 766. Verladebrücke mit umlaufenden Katzen (Kiel).

struktiven Eigenheiten eines solchen Auslegerlaufkranes. Er fährt über dem an das Plattenlager angrenzenden Seitenschiff (Zulage) der Schiffbauhalle der Hamburger Vulcanwerft und vermittelt den Materialdurchgang in folgender Weise: Er nimmt die Platte, die durch einen der vier parallelen Hochbahnlaufkrane des Plattenlagers vor der Schiffbauhalle abgelegt worden ist, hier mit seinem Ausleger durch ein Tor hoch, zieht sie in die Halle hinein und schafft sie zur Zulage. Von hier aus fährt er sie alsdann vor eines der über Mitte Schiffbauhalle querlaufenden Werkstattschiffe, von wo sie einer der gewöhnlichen Laufkrane zur Schere oder Stanze bringt. Von da aus befördert sie ein über dem anderen Seitenschiff fahrender Auslegerlaufkran nach außen, von wo sie durch Hofkrane in das Arbeitsfeld der Hellinglaufkrane geschafft werden.

Abb. 767. Verladebrücke mit unparallelen Fahrgleisen (Lübeck).

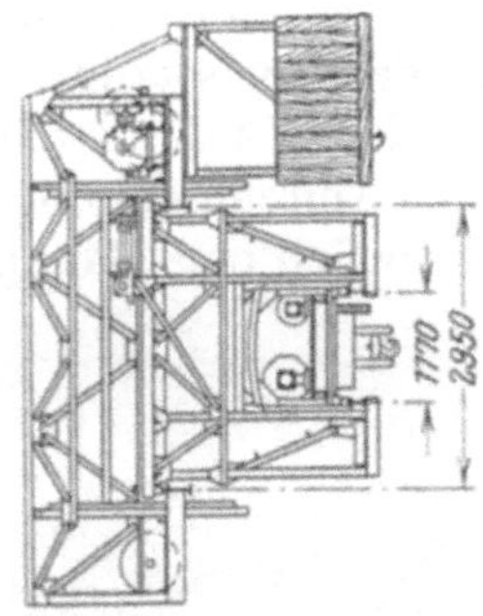

Abb. 769.

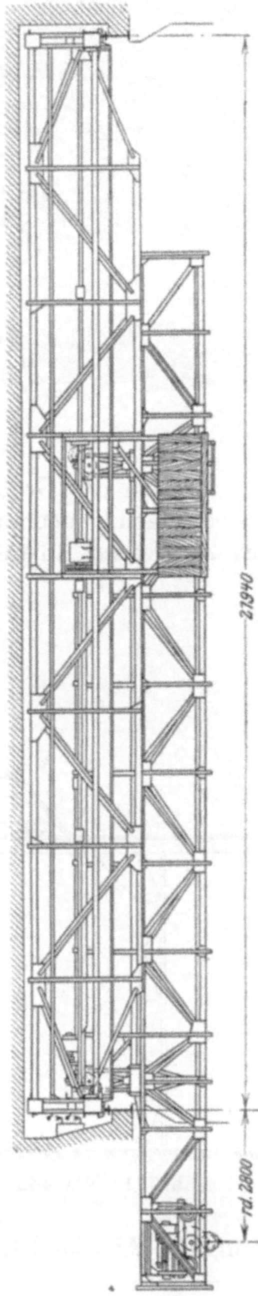

Abb. 768.

Abb. 768 und 769. Fahrausleger-Laufkran (Hamburg).

Eine Verbindung von Werkstatt und Außenplatz kann aber auch dadurch geschaffen werden, daß man beide durch einen gemeinsamen Laufkran vollständig bestreichen läßt. Man gewinnt dabei — abgesehen von der Ersparung eines zweiten Kranes — gegen vorhin den großen Vorteil, daß ein Überladen der Last von dem Lagerkran auf den Werkstättenkran wegfällt. Man hat indes — abgesehen von der meist geringeren Größe des ja nur in der Fortsetzung des Werkstättenschiffes bedienbaren Lagerstreifens — den Nachteil in den Kauf zu nehmen, daß das Ausfahren des Laufkranes aus dem Gebäude eine Durchbrechung der Wand bedingt, die mit der erforderlichen Abschlußvorrichtung natürlich eine Komplizierung der ganzen Anlage bedeutet.

Abb. 770. Wanddurchfahrender Laufkran (Köln).

Je nach der Größe des Kranes erfordert der zur Bewegung dieser Abschlußfläche zu benutzende Mechanismus einen mehr oder minder großen Aufwand. Wie die Abb. 770 bis 775 einiger Ausführungen zeigen, wird die Bewegung der Abschlußwand teils durch den Kran selbst, teils durch eine besondere Maschinerie bewirkt. Ein vielfach übliches Verfahren, das durch die Photographie der Anlage Abb. 770 (Flohr) illustriert wird, besteht darin, den Giebelwandstreifen mit Rollen auf die Fahrbahn des Laufkranes aufzusetzen und durch letzteren nach Bedarf verschieben zu lassen. Der Einfachheit dieser Methode steht als nennenswerter Nachteil nur gegenüber. daß ein Abschließen der Wandöffnung für den Fall nicht möglich ist, daß der Kran etwa längere Zeit lediglich im Freien zu arbeiten hat[1]).

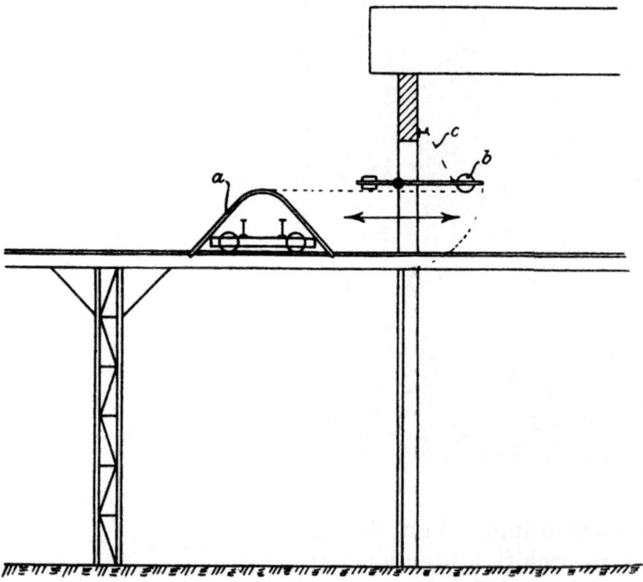

Abb. 771. Wanddurchfahrender Laufkran (Oberbilk).

Einen solchen jederzeitigen Schutz des Halleninnern, der bei schlechtem oder kaltem Wetter natürlich sehr erwünscht sein wird, läßt dagegen die drehbare Anordnung des Abschlußstreifens zu. Eine solche ist beispielsweise in Abb. 771 skizziert. Hier

[1]) Die abgebildete Anlage, für 3 t Tragkraft und 14,62 m Spannweite des Kranes, entstammt dem Eisenbahn-Werkst. Amt Köln-Nippes. Eine gleichartige Giebelwandverschiebung findet beispielsweise auch bei der neueren Schiffbauhalle der Reichswerft Kiel, Abb. 583, statt; vgl. Michenfelder: Schiffbau 1909, S. 623.

erfolgt das Hochklappen des Wandflügels wiederum durch den Kran selbst, und zwar dadurch, daß über seine Laufbrücke einige Bügel *a* gelegt sind, die beim Durchfahren der Gebäudewand einige entsprechend an der Abschlußfläche angebrachte Rollen *b* hochdrücken; die Feststellung des so geöffneten Tores erfolgt dann bei längeren Durchgangsarbeiten zweckmäßig durch eine Haltekette *c*. An Stelle eines solchen Hochklappens der Tore durch den Kran wird dieses bisweilen auch durch einen besonderen Flaschenzug o. dgl. besorgt[1]).

Bei hängend gelagerten Laufkranträgern kann man den gleichen Effekt durch eine Vertikalverschiebung des Abschlußtores erzielen. Die Abb. 772 bis 775 geben eine solche Ausführung der Maschinenbauanstalt Humboldt wieder, bei der das Abschlußtor *b* der Kranlaufbahn *a* durch ein elektrisches Windwerk *c* und Unterstützung von Gegen-

Abb. 772. Wanddurchfahrender Laufkran (Köln).

gewichten *d* jederzeit gehoben und gesenkt werden kann. Um auch dem herabhängenden Führerkorb des Laufkranes den Durchgang zu gestatten, tritt mit dem Heben und Senken des Tores *b* gleichzeitig ein Senken bzw. ein Heben einer besonderen seitlichen Abschlußtüre für die Korböffnung ein.

Auch für die weitere Materialbewegung, von der Werkstatt nach den Hellingen, können ausfahrende Laufkrane wesentliche Vereinfachungen herbeiführen. Besonders natürlich dann, wenn sich die Helling unmittelbar an die Werkstatt anschließt und die bearbeiteten Bauteile den Hellingkranen somit von den Werkstattkranen direkt zugeführt werden. Ein paar Beispiele für derartige Dispositionen sind ja bereits an früherer Stelle aufgeführt worden; z. B. bei Besprechung der Hellinganlagen der vormals Kaiserl. Werft Wilhelmshaven (Abb. 580), der Deutschen Werft (Abb. 644), der Seebeckschen Werft (Abb. 602) u. a. Die Einfachheit der Arbeitsweise tritt bei der letztgenannten Werft um so mehr in die Erscheinung, als auch die Zuführungskrane aus der

[1]) Die beiden letztgenannnte Anlagen sind bei den im Oberbilker Stahlwerk aus der Räderschmiede bzw. aus dem Hammerwerk ausfahrenden Laufkranen (Augsburg-Nürnberg) ausgeführt.

Werkstatt hier außerordentlich einfach gehalten sind. Es sind dies nach Abb. 776 und 777 durchgebildete sog. Pendelkrane, bei denen ein Kranträger *c* schwingbar an dem Verbindungsrohr *a* zweier Laufräder *b* aufgehängt ist und mit seiner unteren Fahrbahn *d* ein einfaches, als Katze dienendes Laufwägelchen aufnimmt. Während an diesen bei Seebeck ein elektrischer Flaschenzug für das maschinelle Heben der Arbeitsstücke

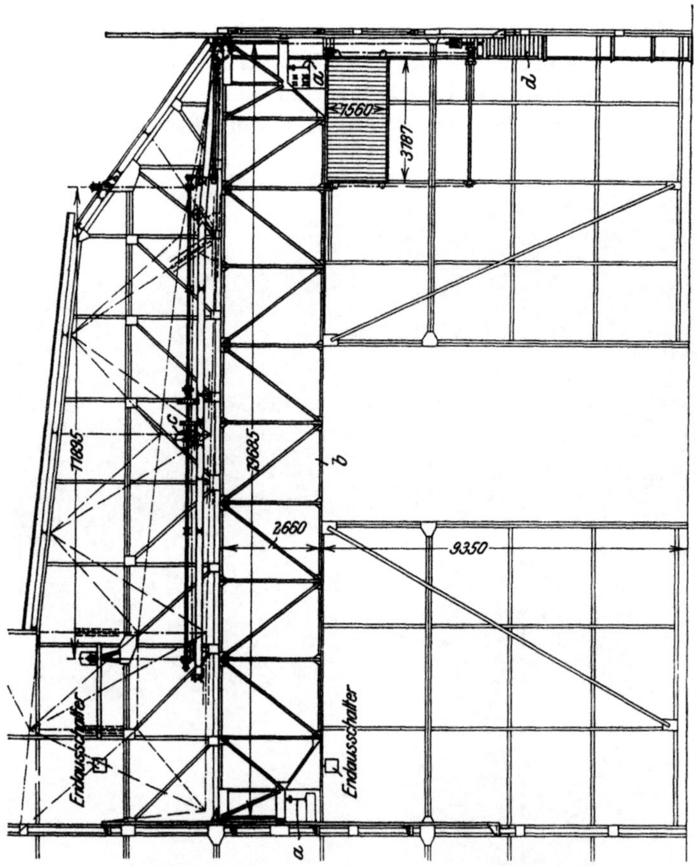

Abb. 773.

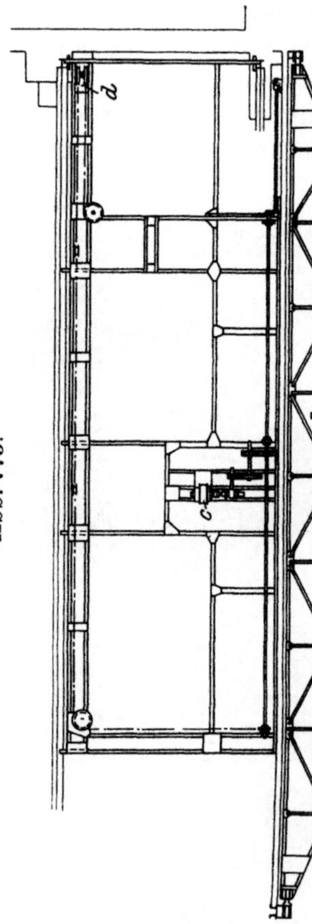

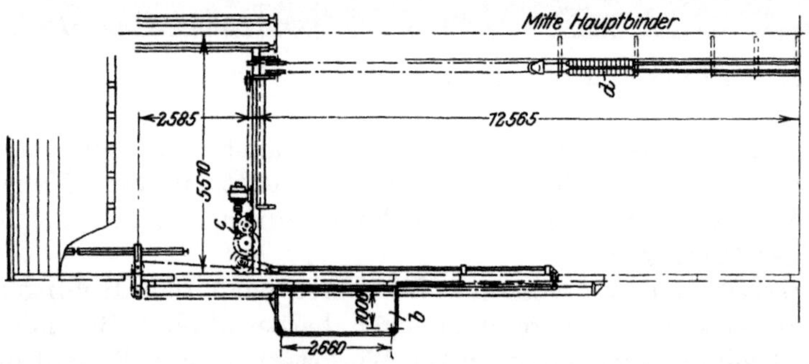

Abb. 775.

Abb. 773 bis 775. Verschließmechanismus der Durchfahrtswand (Cöln).

eingehängt wird, erfolgt die Längs- und die Querfahrbewegung derselben ausschließlich von Hand, und zwar einfach durch einen in der entsprechenden Fahrtrichtung vom Arbeiter auf das Werkstück ausgeübten Zug. Der große Durchmesser und die sorgfältige Lagerung der Laufräder machen das Arbeiten mit diesen einfachen Hebezeugen sehr leicht. Der Fortfall von Rädergetrieben und Handkettengerassel läßt weiterhin den Betrieb sehr geräuschlos werden; die konstruktive Einfachheit endlich fordert für die Anschaffung dieser Krane nur geringe Aufwendungen seitens der Werft. Als einen Nachteil dieses Kransystems, das sich bisher nur einer wohl unverdient geringen

Verbreitung[1]) erfreut, könnte man es vielleicht betrachten, daß bei seitlich stattfindendem Fahrantrieb leicht ein Ecken

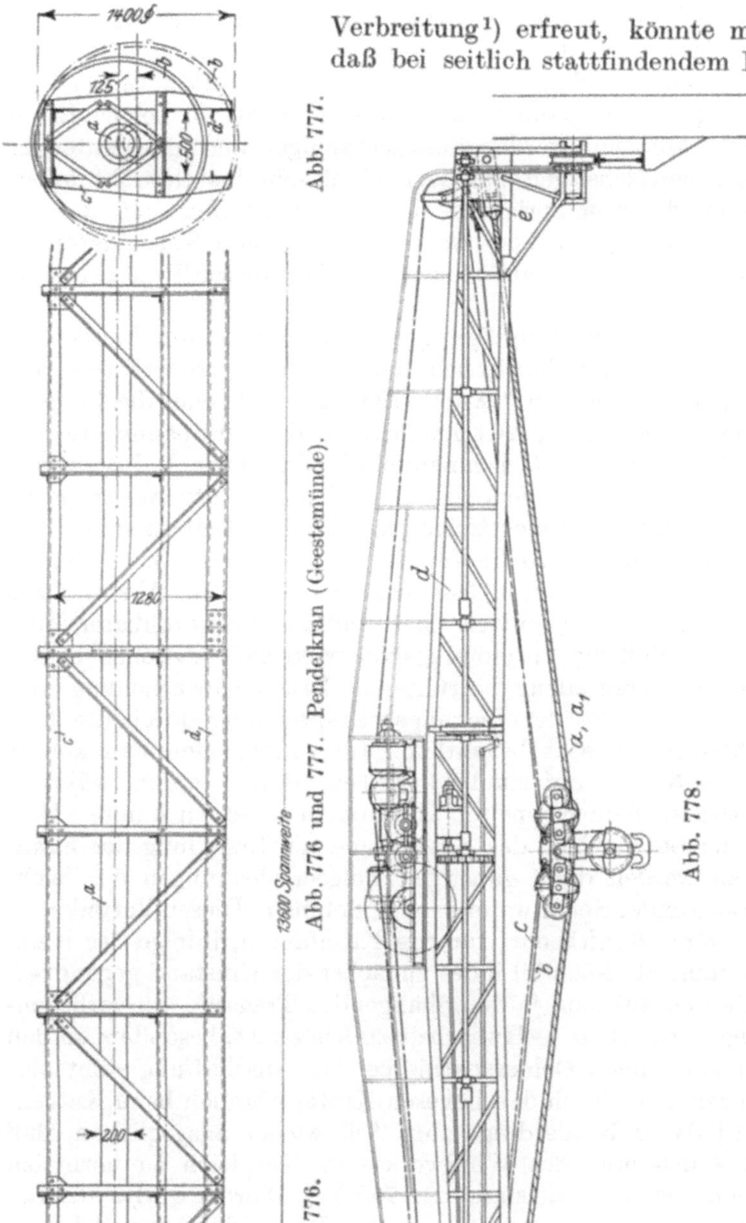

Abb. 776. Abb. 777.

Abb. 776 und 777. Pendelkran (Geestemünde).

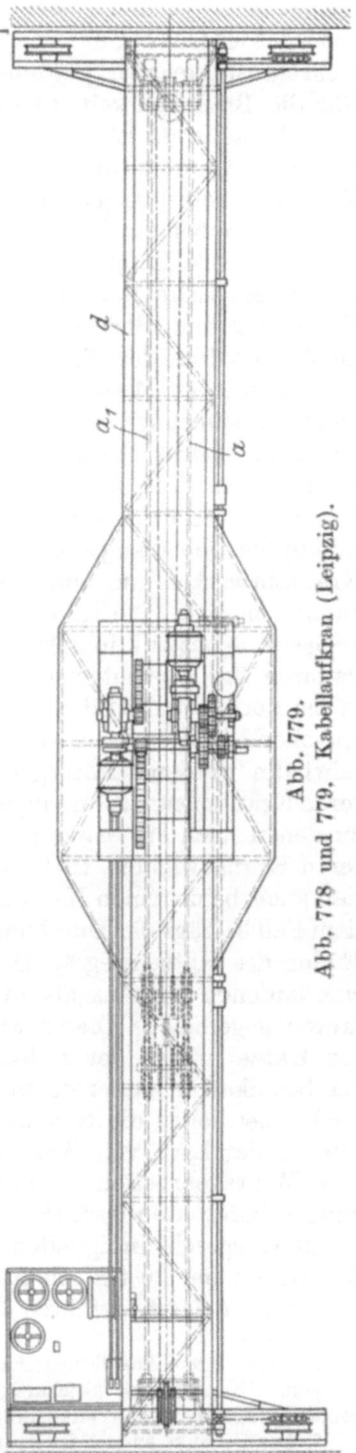

Abb. 778. Abb. 779.

Abb. 778 und 779. Kabellaufkran (Leipzig).

[1]) Z. B. arbeiten Pendelkrane, von 1,5 t Tragfähigkeit und 10 m Spannweite (Beck & Henkel) noch in der Bad. Anilin- und Sodafabrik zu Ludwigshafen. Der Katzenwagen läuft hier indes oben auf dem Gitterträger; er umgreift letztern, um unterhalb desselben den Flaschenzug aufnehmen zu können. — Auch die in Abb. 529 skizzierten Laufbalken stellen ja Pendelkrane allereinfachster Art dar.

des Kranbalkens eintritt. Es dürfte diese fraglos vorhandene Gefahr indes einfach dadurch auszuschalten sein, daß man auch die seitlich aufgenommenen Lasten zunächst gegen Kranmitte zu verfährt und erst dann, mit gleichverteilten Seitenkräften, den ganzen Kran verfährt. Bei den geringen Spannweiten und Lasten, für die solche Krane natürlich überhaupt nur in Frage kommen, werden diese zeitweiligen und unbedeutenden Mehrtransporte aber gegenüber den sonstigen Vorzügen nicht sehr ins Gewicht fallen. Für die Brauchbarkeit dieser Pendelkrane spricht deutlich wohl der Umstand, daß die in Rede stehende Werft sich nach und nach nicht weniger als siebzehn Stück derselben angeschafft, und zwar — ein weiterer, in der baulichen Einfachheit dieser Type gelegener Vorzug — selbst angefertigt hat.

Das Streben nach Vereinfachung und Verbilligung des vielgebrauchten Laufkranes auch für große Tragkräfte und Spannweiten hat in neuester Zeit zu der bemerkenswerten Bauart des Kabellaufkranes geführt. Die Abb. 778 und 779 veranschaulichen die deutsche Erstausführung (Bleichert)[1]) eines solchen von 20 t Tragkraft und 18 m Spannweite, die im August 1924 für die Verladung schwerer Maschinenteile in der neuen Industriehalle der technischen Messe zu Leipzig in Betrieb genommen worden ist. Das Neuartige an dieser Ausführung[2]) ist die Verwendung zweier freigespannter Drahtseile a und a_1 — an Stelle starrer Schienenträger — als Fahrbahn für die Katze. Diese Drahtseile — vorliegenden Falls zwei Spiralseile von je 46 mm Durchmesser — sind im Abstand von 0,53 m an die beiderseitigen Kranfahrwerke mittels nachstellbarer und drehbarer Endseilkupplungen e angeschlossen, so daß die Verbindungskonstruktion d zwischen beiden Kranfahrwerken nur die aus dem Tragseilzug herrührende Druckbeanspruchung aufzunehmen hat. Die infolge des Fortfalles der Biegungsbeanspruchung durch die Last zulässige Konstruktionserleichterung ist sehr beachtlich. Im vorliegenden Fall konnte dadurch das Gesamtgewicht des Kranes auf rund 14 t[3]) beschränkt werden, während es bei normaler Ausführung etwa zu dem Doppelten angenommen werden müßte. Entsprechend billiger kann auch die Beschaffung des Kranes und die Erstellung der Kranfahrbahn werden. Naturgemäß werden diese günstigen Folgeerscheinungen der leichteren Krankonstruktion mit wachsender Spannweite auch zunehmen. Diesen Vorteilen — zu denen noch ein etwas geringerer Kraftbedarf für das Kranfahren, infolge des leichteren Krangewichtes, tritt, — steht als Nachteil indes zunächst der Umstand gegenüber, daß auch beim reinen Katzenfahren auf dem ja durchhängenden Tragseil — in vorliegendem Fall beträgt der Durchhang etwa 1,1 m — Hubarbeit zu leisten ist, besonders an den Enden des Katzenweges. Der einmaligen Geldersparnis bei der Anschaffung steht also eine laufende Mehrausgabe im Betriebe durch den höheren Kraftverbrauch beim Katzenfahren gegenüber. Dieser wird dadurch allerdings zum Teil wieder ausgeglichen, daß die Katze infolge der festen Aufstellung des Windwerkes im Vergleich zu normalen Laufkrankatzen außerordentlich leicht ist (diesfalls nur 700 kg). Ferner dürfte für Betriebe, bei denen die Genauigkeit der Lastenbewegung, unter Vermeidung von Schwankungen der Last, von Wert oder gar erforderlich ist — wie z. B. für Gießerei- oder feinere Montagearbeiten —, die allseits mehr oder weniger nachgiebige Seilfahrbahn Störungen befürchten lassen[4]).

Arbeitsgeschwindigkeiten und Kraftverbrauch dieses Kabellaufkranes sind: für das Heben der 20 t-Höchstlast 2,5 m/min, für das Heben der 5 t-Normallast 10 m/min (19 PS), für das Katzfahren 25 m/min (19 PS) und für das Kranfahren 75 m/min (18 PS).

---

[1]) Eine weitere Ausführung eines Kabellaufkranes (Bleichert) erfolgt z. Zt. für die Heseper „Torfwerke", Meppen. Grundsätzlich gleichartige Ausführungen in Form von auf Flur fahrenden Verladebrücken — dementsprechend Kabel-Verladebrücken genannt — sind an andrer Stelle dieses Buches (S. 254) behandelt.

[2]) Der Gedanke an sich ist zwar nicht neu (vgl. D.R.P. Nr. 341042), wenn auch in Anwendung auf das reine Laufkransystem m. W. noch nicht ausgeführt. Eine bockkranartige Ausführung dieses Systemes ist beschrieben in Eng. 1920, S. 631.

[3]) Davon entfallen auf die gesamte Eisenkonstruktion nur 5,5 t und auf die leichte Laufkatze (ohne Hakengeschirr) nur 0,7 t.

[4]) An Stelle einer plötzlich wirkenden elektrischen Fahrwerksbremsung dürfte eine allmählich wirkende Handbremse hier deshalb besonders am Platze sein.

Eine eigenartige Vereinfachungsmöglichkeit des Lastentransportes zwischen Werkstatt und Ausrüstung ist durch die Skizze Abb. 780 und 781 illustriert. Sie kennzeichnet das auf der Werft von Cäsar Wollhein geübte Verfahren, wobei der allerdings ziemlich leichte Ausrüstungskran (Demag) gleichzeitig als Spill zum Heranholen der mit Kesseln beladenen Lowren aus der naheliegenden Kesselschmiede dient. Zu diesem Zweck ist der drehbare Unterteil des Kranes nachträglich vom Werk selbst in einfachster Weise als Trommel *a* ausgebildet worden, die bei Ingangsetzen des Schwenkwerkes ein über Umleitrollen in die Kesselschmiede geleitetes Seil *b* aufwickelt und dadurch den Kesselwagen heranzieht. [Die Skizze läßt bei *c* noch die Lage des früher[1]) beschriebenen Schiffsaufzuges erkennen.] — Anschließend an den skizzierten Kran mögen durch die Abb. 782 und 783 weitere Ausführungsbeispiele leichtester Ausrüstungshebezeuge veranschaulicht werden. Ersteres ist für eine

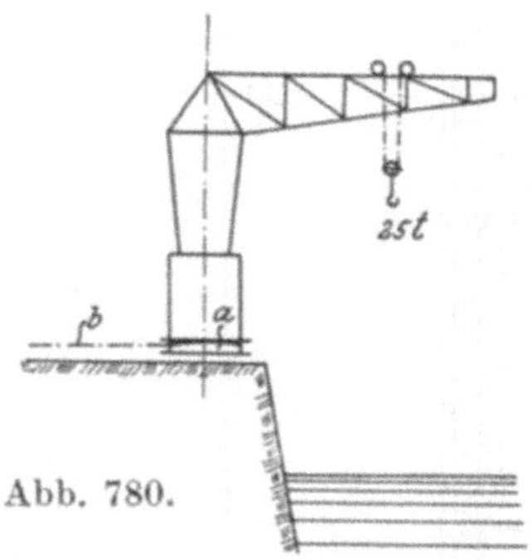

Abb. 780.

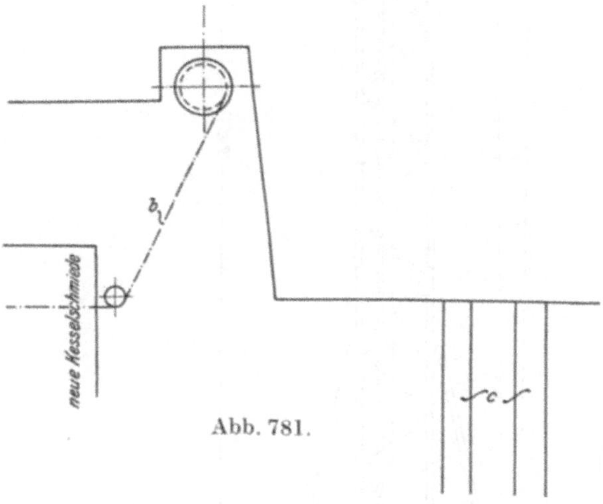

Abb. 781.

Abb. 780 und 781. Ausrüstungskran mit Wagenzugtrommel (Breslau-Cosel).

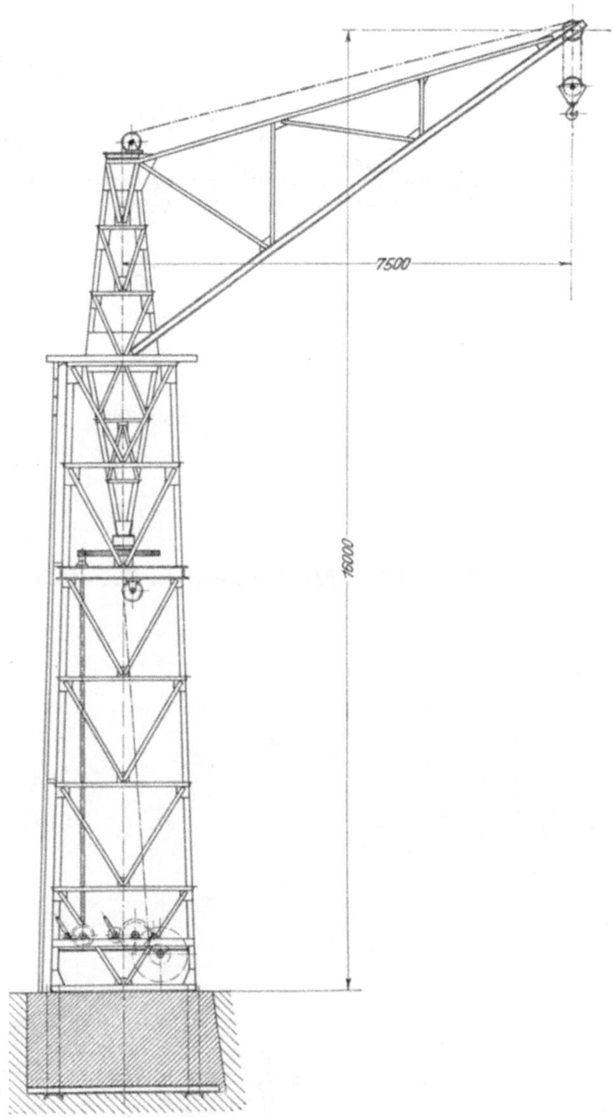

Abb. 782. Feststehender Turmdrehkran (Wilhelmshaven).

Tragkraft von nur 3,5 t von Zobel-Neubert an die Kaiserliche Werft Wilhelmshaven geliefert worden und zeichnet sich trotz einfachster Durchbildung durch eine nicht geringe Arbeitsfläche seines Hakens aus. Die verhältnismäßig bedeutende Auslegerhöhe ist zweckmäßig durch ein turmartiges Stützgerüst erreicht worden, das mit seinem untern, freien Teil sämtliche Handtriebwerke gut umschließt[2]). Das in Abb. 783 dargestellte

[1]) S. 375.

[2]) Bei Erweiterung der Werftanlage ist dieser Kran abgebrochen und nicht wieder aufgestellt worden.

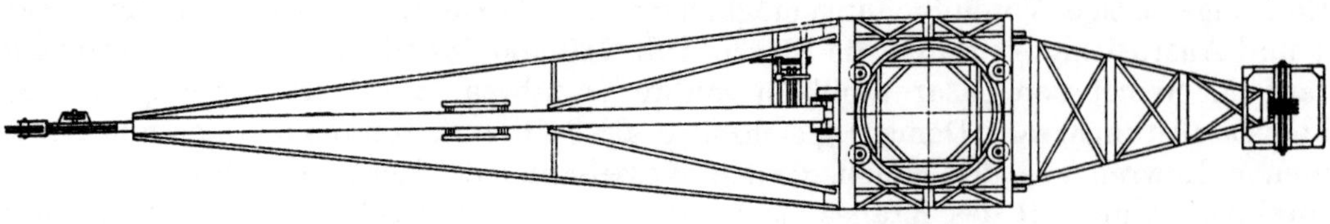

Abb. 784.

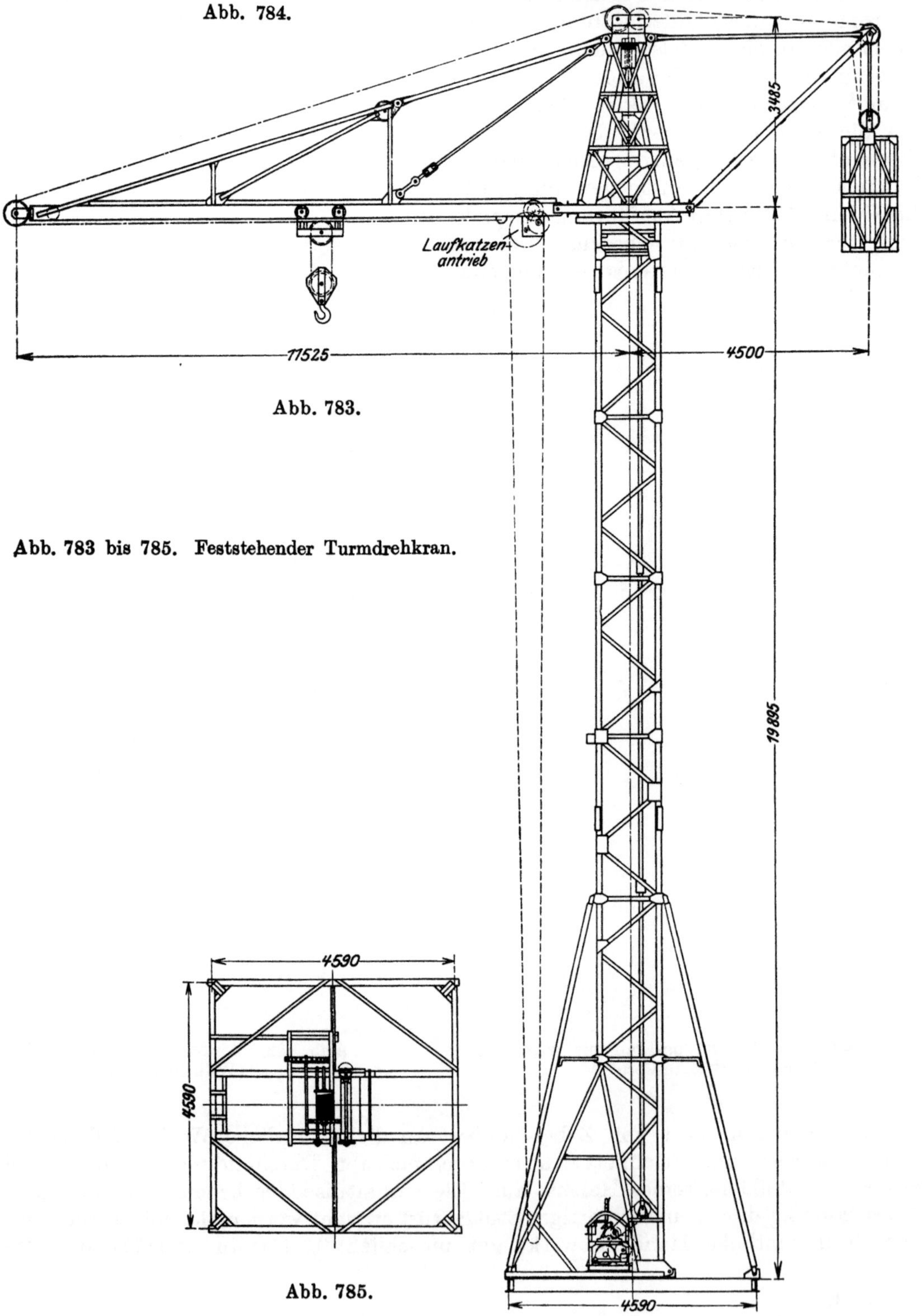

Abb. 783.

Abb. 783 bis 785. Feststehender Turmdrehkran.

Abb. 785.

Hebezeug ergibt durch die Anordnung einer auf schlankestem Stützturm aufgestülpten horizontalen Katzenfahrbahn eine gegen die vorige noch erweiterte Arbeitsfähigkeit.

Einige weitere aus der eigenartigen Abstützung und Ausbildung schwenkbarer Lastausleger sich ergebende Arbeitsmöglichkeiten lassen die folgenden Abbildungen erkennen. Während der in Abb. 786 gezeigte Dachschwenkkran (Nagel & Kaemp)

Abb. 786. Dach-Wippdrehkran (Hamburg).

durch seine Hochlegung weder irgendwelchen nutzbaren Platz beansprucht, noch den Verkehr in irgendeiner Weise, wie die gewöhnlichen, auf Flur aufgestellten Derrickkrane [1]), hindert, ermöglicht der Aufbau eines einfachen Auslegers auf die Katze des Laufkranes nach Abb. 787 (Schenck & Liebe-Harkort) ein Herausholen von Lasten durch das Dach der anliegenden Halle, was bei der üblichen Form der Drehauslegerlaufkrane — mit an der Katze hängendem Lastausleger — nicht ohne weiteres möglich gewesen wäre. Der

[1]) S. S. 289 und 388.

erstgenannte Kran arbeitet mit einer Tragkraft von 15 t und einem von 11,5 bis 3 m einziehbaren Ausleger über dem Hofe der Maschinenfabrik von Menck & Hambrock, G. m. b. H., in Altona; letzterer dient, mit einer Tragfähigkeit von 5 t und einer Ausladung von 5 m, zum Übernehmen von Gegenständen aus einem Dachgeschoß auf den Werken der Societa Siderurgica di Savona [1]).

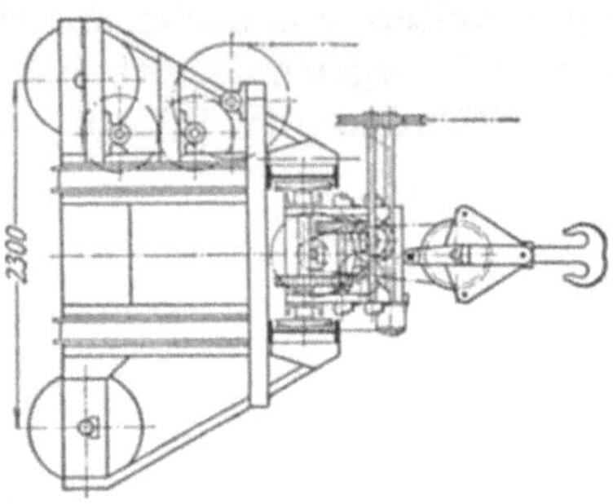

Abb. 789.

Von jener Gattung der laufkranartigen Hebezeuge, deren Arbeitsbereich durch einen Lastausleger über die Laufschienen hinaus erweitert ist, geben die Abb. 788 bis 791 einige durch besondere Einfachheit sich auszeichnende Beispiele. Die erste zeigt, wie eine solche Arbeitsfähigkeit lediglich durch Verlängerung der unter den Fahrschienen *b* hängenden Kranträger *a* erreicht ist. Der auch in seiner sonstigen Durchbildung mit Handantrieben einfachst gehaltene Kran (Schenck) wird im allgemeinen zwar in seiner Fahrbewegung durch die auslegerseitige Schienenabstützung mittels Säulen oder Pfeilern ziemlich beschränkt sein; indes dürfte dies für manche Sonderfälle — z. B. für die Querübermittlung von Werkstücken zwischen nur einzelnen Teilen von Hallenschiffen o. dgl. — nicht hinderlich sein.

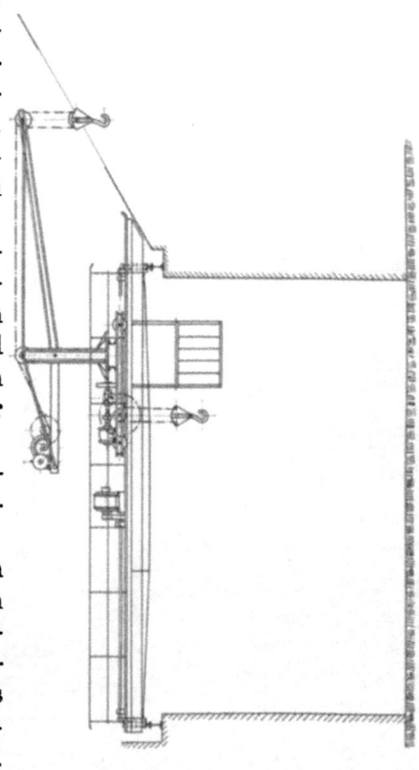

Abb. 787. Laufkran mit oberem Drehausleger (Savona).

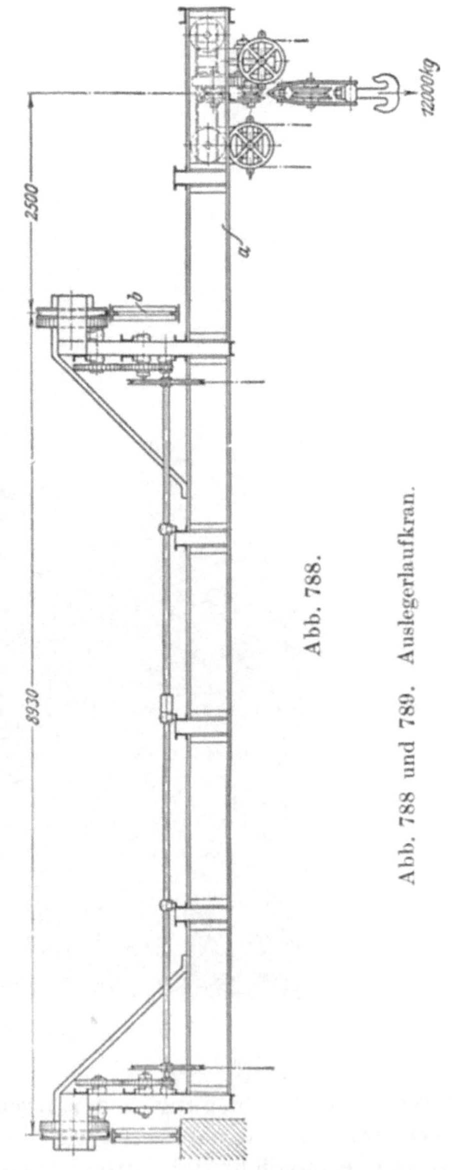

Abb. 788.

Abb. 788 und 789. Auslegerlaufkran.

Die Ausführung nach Abb. 790 vermeidet diese Beschränkung durch die Schwenkbarmachung des Laufkatzenträgers. Auch bei diesem leichten Kran (1 t × 7 m), der von Flohr für die A. G. vorm. Jacob Hilgers geliefert wurde, erfolgen die Bewegungsantriebe in der ersichtlichen Weise von Hand, nur das Fahren geschieht elektrisch durch einen fünfpferdigen Motor mit 40 m minutlicher Geschwindigkeit.

Für besondere örtliche Verhältnisse und Verladeaufgaben ist die der letzterwähnten ähnliche, in Abb. 791 dargestellte Krananlage (Beck & Henkel) geschaffen worden:

[1]) Eine ähnliche Aufgabe wird auch durch die Konstruktion des später beschriebenen „Reiterkranes" für Schiffs- und Schuppenbedienung gelöst.

Es zieht sich hier, in der Maschinenfabrik von Thyssen & Co., ein Verladegleis zwischen zwei eng benachbarten Gebäude hindurch, aus deren jedem auf die Eisenbahnwagen verladen werden muß und auch zwischen denen ein Lastentransport muß erfol-

Abb. 790. Drehausleger-Laufkatze (Rheinbrohl).

gen können. Die infolgedessen gewählte Drehauslegerkatze, von 5 t Tragfähigkeit, 5 m Ausladung und 4,7 m Spannweite, hat ganzmotorischen Antrieb: einen Hubmotor von 16 PS für 9,1 m Geschwindigkeit, einen Schwenkmotor von 5,5 PS für zwei Umdrehungen und einen 21 PS-Fahrmotor für 100 m Geschwindigkeit in der Minute.

Abb. 791. Drehausleger-Laufkatze (Mühlheim a. d. R.).

Zwei nicht gewöhnliche Gründe für die Verwendung eines winkelportalartigen Kranunterbaues lagen bei den Ausführungen nach Abb. 792 und 794 vor. Mit ersterer sollte es möglich sein, von einem Lagerplatz das Material auch über ein zwischenstehendes Mauerstück hinweg abzusetzen, mit letzterer sollte für den Verkehr zwischen Schiff und Land eine hohe Uferböschung überbrückt werden. Der Kran nach Abb. 792, der von Nagel & Kaemp für die Harburger Jutespinnerei gebaut ist, konnte auf Grund seiner relativ geringen Größe und Benutzung sehr einfach gehalten werden.

Das Schwenken erfolgt von Hand mittels Haspelkette *a*, desgleichen das Kranfahren mittels Kurbeln *b* (Abb. 793); nur das Heben der bis 1 t schweren Lasten wird durch

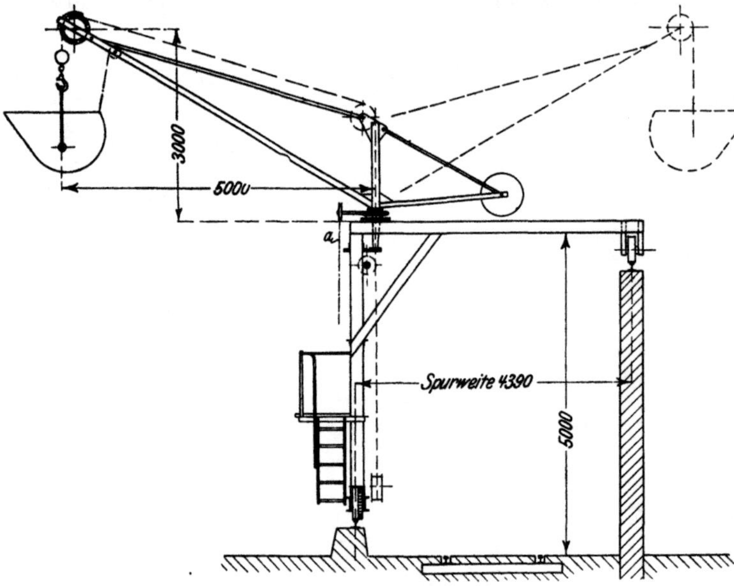

Abb. 792.

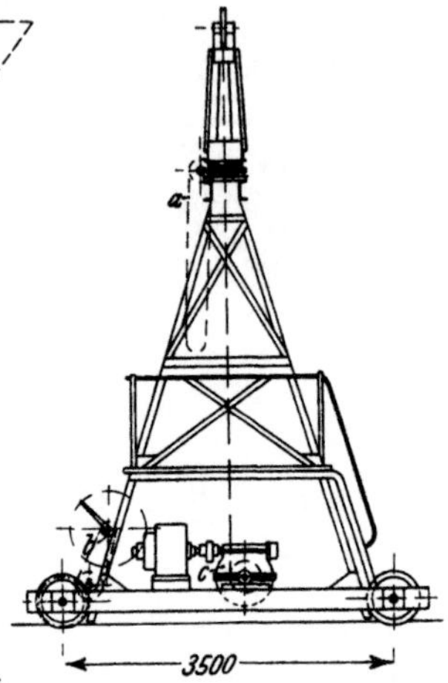

Abb. 793.

Abb. 792 und 793. Halbportal-Drehkran (Harburg).

eine auf dem Portalfuß aufgestellte elektrische Winde *c* besorgt. Entsprechend solch einfacher Ausstattung konnte der Kaufpreis des Kranes auf 8000 M. beschränkt bleiben.

Abb. 794. Halbportal-Drehkran (Basel).

Endlich noch einiges über die Lastenbewegungen in den Schiffsbauwerkstätten selbst. In diesen finden natürlich zunächst die bereits besprochenen Hebe- und Transportvorrichtungen, normale Lauf- und Drehkrane, Motorlaufkatzen, Veloziped- und

Abb. 795. Krantechnische Werkstattausrüstung.

Konsolkrane vielfachste Anwendung, und zwar in begreiflicher Weise oft recht ansehnlichen Abmessungen und von beträchtlicher Leistungsfähigkeit. So gibt Abb. 795 einen Einblick in Schiff IV der mechanischen Werkstatt der Vulcan-Werke, Hamburg.

Abb. 796. Krantechnische Werkstattausrüstung.

Sie zeigt im Hintergrund einen Laufkran für 70000 kg Last (mit Hilfshubwerk für 20000 kg), 20 m Spannweite und 60 m Fahrgeschwindigkeit, im Vordergrund zwei Konsolkrane von je 3000 kg Tragkraft und 6 m Ausladung. Abb. 796 zeigt eine transporttechnisch ähnliche Ausstattung einer Kesselschmiede, bei der die Verbindung der beiden Hallen durch einen stirnseitig querfahrenden Laufkran vermittelt wird.

Außer solchen Kranen bekannter Bauart werden in den Werkstätten der Werften öfter aber noch Hebezeuge besonderer Art benutzt. Es sind dies die pneumatischen Hebezeuge, für deren Betrieb die Vorbedingungen auf den Werften besonders günstig sind, da diese ja ohnehin mit mehr oder weniger ausgedehnten Preßluftanlagen[1]) für das Nieten, Stemmen, Bohren u. dgl. versehen sind. Bei zweckmäßiger Ausführung des Fabrikates ist dann das Arbeiten mit Drucklufthebezeugen, die leicht transportabel, betriebsicher und regulierbar sind, einem solchen mit Hand- oder elektrischen Flaschenzügen mindestens gleichwertig[2]).

Abb. 797. Direkt-pneumatisches Hebezeug.

Über den Bau und die Wirkungsweise pneumatischer Hebezeuge möge im Anschluß an die beistehenden Abbildungen verschiedenartiger Ausführungen (Niles-Werke) Folgendes gesagt werden:

Der Antrieb wird entweder durch einen Druckluftzylinder (Abb. 797 und 798) oder durch einen Druckluftmotor (Abb. 799 und 800) bewirkt; ersterenfalls wieder kann der Zylinder für einen direkten Lastangriff vertikal angeordnet (Abb. 801 und 797) oder unter Vermittlung eines Rollenzuges liegend gelagert werden (Abb. 798).

Bei weitem am häufigsten ist die senkrechte Anordnung des Triebzylinders, da hierdurch nicht nur dessen gebrauchsfertige Aufstellung durch einfaches Einhängen an der jeweils gewünschten Stelle erreicht wird, sondern auch die Kraftübertragung vom Kolben auf die Last durch unmittelbare Zugwirkung der Kolbenstange vor sich geht, also unter Ausschluß unnötiger Reibungsverluste durch Rollen, Seile u. dgl. und deren Verschleißes. Dem Heben und Senken der Last liegen bei der Konstruktion nach Abb. 801 und 802 die nachgenannten Vorgänge zugrunde: Bei der gezeichneten Stellung des Einlaß-Konushahnes tritt die Druckluft — von 6 der 7 at — durch dessen Aussparung 1 aus dem Schlauchanschluß bzw. dem Kanal 2 in die Leitung 3 und damit unter den Kolben. Die auf dessen oberer Seite noch lastende Druckluft, die für das vorhergehende Senken des Hakens gebraucht worden war, entweicht nun bei hochgehendem

[1]) Um nur ein Beispiel zu nennen, sei erwähnt, daß die Flensburger Schiffsbaugesellschaft (schon im Jahre 1908) an Preßluftwerkzeugen in Betrieb hatte: ca 160 Bohrmaschinen, 140 Meißel- und Stemmhämmer, 60 Niethämmer und 30 Hebezeuge. Die hierfür vorhandene Kompressoranlage leistet über 100 cbm/min.

[2]) Für die Unempfindlichkeit pneumatischer Hebezeuge selbst in durch Staub und Hitze stark angreifenden Betrieben spricht die Tatsache, daß z. B. auch in den Großgießereien Nordamerikas zum Bedienen der schweren Formkästen auffallend viel Luftdruck-Hebezeuge verwendet werden. (Stahleisen 1912, Nr. 17.)

Kolben durch das Rohr 4 und die Kanäle 5, 6 und 7 ins Freie. Da der Aufstieg des Kolbens nun um so schneller erfolgen wird, je schneller die über dem Kolben befindliche Luft austreten kann, so ist hierin ein Mittel für die Regulierung der Geschwindigkeit beim Lastenheben gegeben. Es ist zu dem Zweck eine Stellschraube 8 vorgesehen, durch die

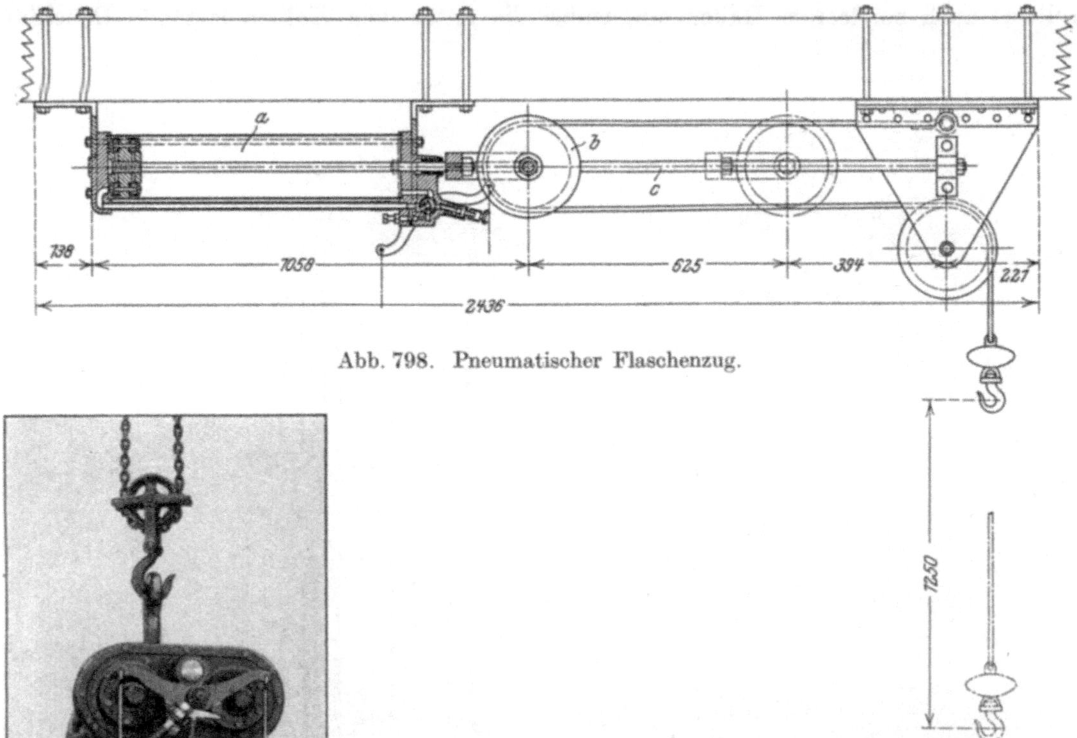

Abb. 798. Pneumatischer Flaschenzug.

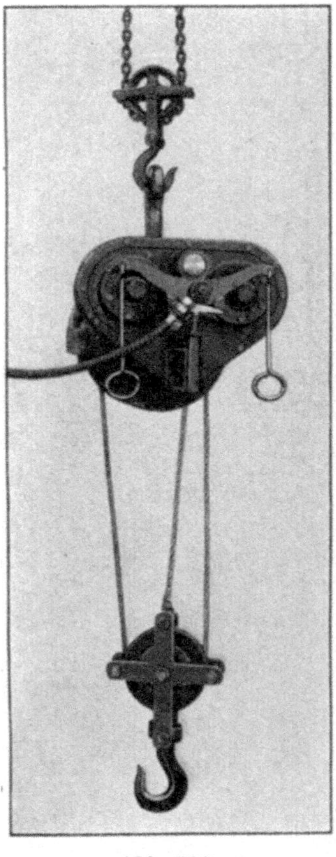

Abb. 799.

Abb. 800.

Abb. 799 und 800. Pneumatische Winden.

der Durchgangsquerschnitt der Bohrung 6 des Hahnkonus beliebig verengt oder erweitert werden kann. Da der Druck unter dem Arbeitskolben nur um ein ganz Geringes größer ist als die auf die obere Kolbenseite wirkenden Kräfte, so läßt sich die Last in jeder beliebigen Höhe leicht dadurch anhalten, daß man den Auspuff für die obere Kolbenseite unterbricht. Dies tritt in der Mittelstellung des Hahnkonus ein, in der dieser durch die Federn 9 und 10 gewöhnlich gehalten wird. Das Senken der Last wird dadurch herbeigeführt, daß man den Konushahn in die der gezeichneten entgegengesetzte Stellung bringt. In dieser verbindet die Aussparung 1 nach wie vor die Kanäle 2 und 3, öffnet aber auch den Kanal 12, so daß Druckluft auch durch diesen und weiter durch den Kanal 15 und das Rohr 4 über den Kolben tritt. Da nun die obere Kolbenfläche um den Querschnitt der Kolbenstange größer ist, als die untere, so tritt eine Abwärtsbewegung des Kolbens auch bei leerem Haken ein, wobei die unter dem Kolben lastende Druckluft

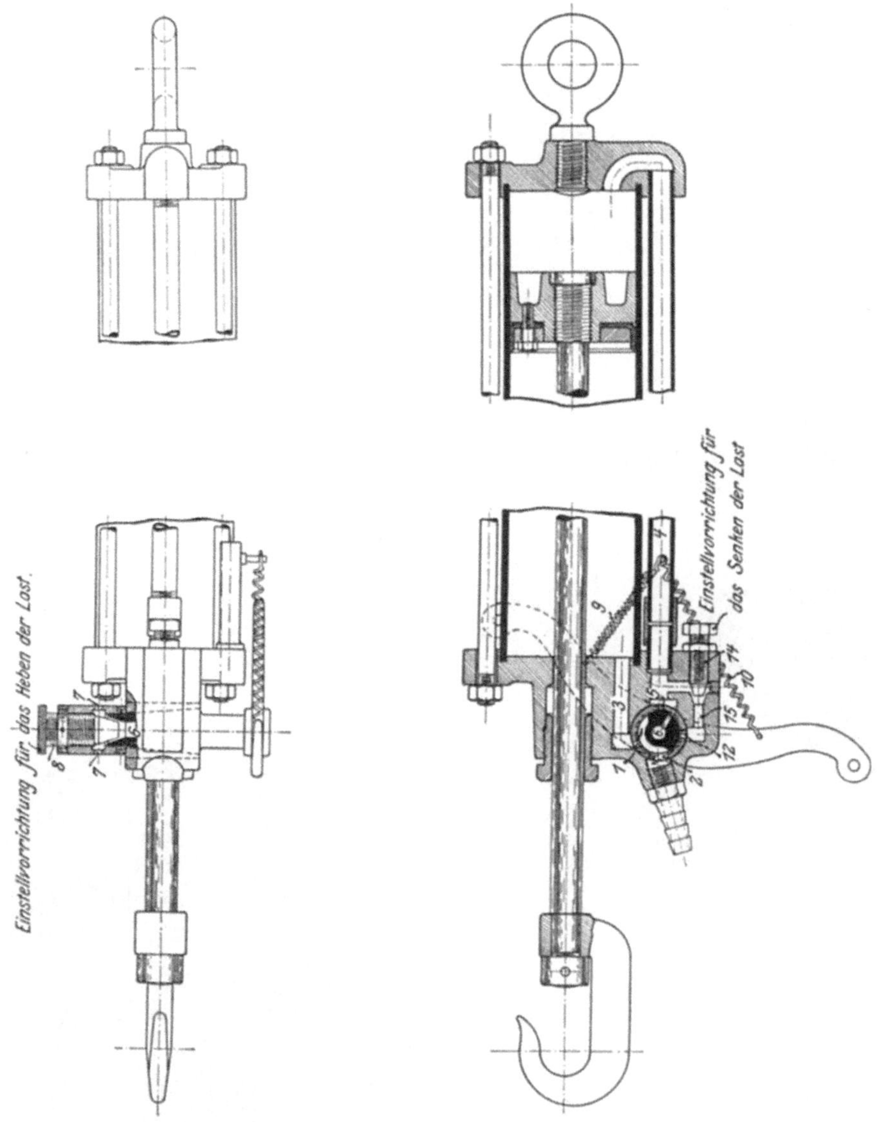

Abb. 802. Abb. 801.

Abb. 801 und 802. Pneumatischer Hebezylinder.

durch den Kanal 3, die Aussparung 1 und den Kanal 2 in die Schlauchleitung zurückgedrückt und auf diese Weise wiedergewonnen wird. Um auch für das Senken der Last die Geschwindigkeit regulieren zu können, ist eine Stellschraube 14 angeordnet, die, analog wie vorhin, den Querschnitt des Kanales 15 verändert und somit den Abwärtsbetrieb reguliert.

Die Kosten für Anschaffung und Betrieb dieser pneumatischen Hebezeuge erscheinen angesichts der bequemen Verwendungs- und Arbeitsweise niedrig. Erfordert einesteils die Anschaffung eines solchen Hebezeuges nur wenige hundert Mark, so beträgt andernteils auch der Luftverbrauch für ihren Betrieb nur wenige hundert Liter pro Hub[1]). Beispielsweise braucht die Type für 1 t Hebekraft — die für eine Hubhöhe von $1^1/_2$ m nur 300 M. kostet — bei 6 at Luftpressung nur 0,132 cbm frei angesaugte Luft pro Hub, was, auf den Kompressor übertragen, einem Kraftverbrauch von 1 PS gleichkommt. Mit einem Luftkompressor von 1 cbm minutlicher Ansaugeleistung, dessen Anschaffungspreis bei erstklassiger Ausführung vielleicht 1200 M. beträgt, könnten demnach bequem sieben solcher Hebezeuge zu gleicher Zeit betrieben werden. In den Abb. 799 und 800 ist noch eine Preßluftmotorwinde bzw. -flaschenzug von 1,5 t Tragfähigkeit veranschaulicht. Solche Ausführungen lassen sich zwar für beliebige Hubhöhe einrichten, arbeiten indes nicht annähernd so ökonomisch wie die vorgenannten zylindrischen Hebezeuge. Dies geht z. B. daraus hervor, daß ein solcher Preßluftmotor in der Minute über 2 cbm Luft verbraucht, d. i., auf den Kompressor übertragen, ca. 15 PS.

Der vervollkommneten transporttechnischen Ausstattung von Arbeits- und Fabrikationsräumen — nicht für die vereinzelte Bewegung schwerer Stücke, sondern für eine länger dauernde Bewegung beliebiger Arbeitsstücke auf ihrem Fabrikationsgange — wird seit kurzem auch bei uns erhöhtes Interesse zugewendet. Auch hierfür hat, wie auf so vielen Gebieten gerade der Transporttechnik — man denke nur an die Verladebrücken, an die Hochofen-Schrägaufzüge, an die Kabelkrane und -bagger, an die Stahlwerkssonderkrane, an die Elektrohängebahnen, an die Elektrokarren, an die magnetischen Verladeweisen, an die Conveyorförderung und so manches andere — auch für die Ausbildung dieser Fabrikationstransporte hat Amerika[2]) wieder anregend gewirkt. Besonders seitdem durch die Berichte über die rationellen Fabrikationsweisen in den Fordschen Werken die günstigen geschäftlichen Auswirkungen transporttechnischer Fabrikationshilfsmittel offenkundig geworden sind, beginnt man auch bei uns mit der Einführung solcher Arbeitsweisen[3]). Es handelt sich dabei — je nach der Einbaumöglichkeit am Boden oder an der Decke — hauptsächlich um ständig umlaufende Transportvorrichtungen in der Gestalt von Band-, Platten-, Rollen- oder Kettenförderern — meist Montagebahnen bzw. -bänder[4]) oder Wandertische genannt —,

[1]) Die normal für eine Hubhöhe von 1250 mm in 10 Abstufungen von etwa 0,5 bis 7,5 t Tragkraft gebauten pneumatischen Niles-Hebezeuge kosten entsprechend 175 bis 875 M., haben einen Luftverbrauch (6 at) pro Hub von etwa 0,06 bis 1 cbm und wiegen entsprechend etwa 45 bis 450 kg. Der Zylinder ist dabei aus gezogenen Stahlröhren, die Kolbenstange aus Stahl hergestellt und der Kolben mit einer Ledermanschette zuverlässig abgedichtet.

[2]) Diese unleugbare Tatsache ist weniger ein uns etwa beschämender Beweis für die technisch-geistige Überlegenheit der Amerikaner als vielmehr die zwangläufige Folge der drüben ungünstigeren wirtschaftlichen Verhältnisse, vor allem der viel höheren Löhne. (Die Höhe der Stundenlöhne beträgt nach einer neuesten englischen Aufstellung durchschnittlich in Deutschland, Österreich und Italien etwa 25%, in Frankreich und Norwegen etwa 35%, in Schweden rund 40%, in Holland rund 45% der in Amerika gezahlten Löhne.) Zum Teil sind die in den Verein. Staaten Nordamerikas in einer den Absatzmöglichkeiten entsprechenden großzügigen Weise zur Anwendung gebrachten fortschrittlichen Transportmethoden in ihren Grundgedanken und selbst Erstausführungen sogar in Deutschland entstanden; vgl. Helm: Z. V. d. I. 1925, Nr. 38.

[3]) Bis zum Frühjahr 1925 hatten rund 20 Werke in Deutschland solche Hilfsmittel in Gebrauch. Das älteste soll — zum umlaufenden Transport von Formkästen auf durch Kette bewegten Wagen — bereits i. J. 1896 bei der Nähmaschinenfabrik M. Pfaff in Kaiserslautern eingerichtet worden sein; vgl. Schmidt: Maschinenbau 1926, Heft 5. Dann folgte m. W. vor etwa sechs Jahren die Gottfried Lindner A.-G., Waggonfabrik in Ammendorf bei Halle a. S.

[4]) Entsprechend den amerikanischen Bezeichnungen „assembling lines“ bzw. „assembling conveyors“ (in England: assembly conveyor) oder „moving tables“. Für die hier in Rede stehende Fabrikation sind vom deutschen „Ausschuß für wirtschaftliche Fertigung“ die folgenden Bezeichnungen vorgeschlagen worden, um zunächst in der Benennung dieser zukunftsreichen Gebiete eine einheitliche Unterscheidung zu treffen:

Gleitmontage — wenn bei längerer Dauer einzelner Arbeitsvorgänge das Werkstück zeitweise aus dem Fabrikationsumlauf herausgezogen werden muß;

Bandarbeit — wenn auch bei längerer Bearbeitungsdauer das Werkstück auf dem entsprechend periodisch bewegten Bande verbleiben kann;

Fließarbeit — wenn bei nur kurzer Bearbeitungsdauer das Werkstück auf dem stetig bewegten Bande verbleiben kann.

Insbesondere ist „Fließarbeit“ definiert worden als „eine örtlich fortschreitende, zeitlich bestimmte, lückenlose Folge von Arbeitsgängen“.

Eingehendere Betrachtungen über das Arbeiten an solchen Werkstattfördermitteln finden sich u. a. bei die das darauf liegende oder daran hängende Werkstück während der Vorbeibewegung an den verschiedenen Werkstellen bearbeiten lassen; bei einer länger erforderlichen Arbeitsdauer kann die Fördereinrichtung stillgesetzt werden oder es kann auch der betreffende Arbeiter bis zur folgenden Arbeitsstelle mit dem Werkstück gehen oder fahren. Daß bei einem solchen Arbeitsverfahren nicht nur die bei zeitweisem Heran- und Fortschaffen der Werkstücke entstehenden Zeitverluste und Wartepausen, daß unnütze Hebungen und Handgriffe fortfallen, daß vielmehr in der zwangläufigen steten Vorüberführung des Werkstückes an den Arbeitsständen, die gerade nur so lange dauert, wie es die Bearbeitung erfahrungsgemäß als Minimum erfordert, daß in eben diesem „Fließen“ der Arbeit vor allem ein unausweichbarer Betätigungsantrieb für die Arbeiter d. h. ein nützlicher Zwang zur dauernden Einhaltung des rationellsten Arbeitstempos liegt, ist ohne weiteres klar. Der größte Vorteil aus der fließenden Fertigung liegt für das Unternehmen, in geschäftlicher Beziehung, in dem dadurch bewirkten schnellen Durchlauf der Werkstoffe, dem Fortfall großer Lagerhaltung und der somit erzielten besseren Verzinsung der in den Teilen angelegten Beträge.

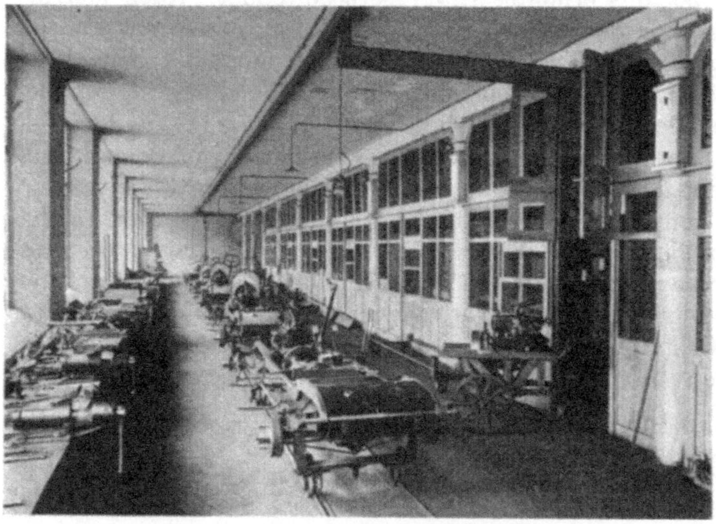

Abb. 803. Montagebahn (Brandenburg).

Von noch schätzbarerem fabrikations-erzieherischen Werte ist bei der Benutzung automatischer Arbeitsbahnen aber der Zwang zu genauester, verläßlicher Qualitätsarbeit. Denn die Voraussetzung für ein rationelles Arbeiten dieser Bahnen ist, außer dem Vorhandensein einer genügend großen Menge des Arbeitsgutes und einer entsprechenden Höhe der Löhne, die den Luxus überflüssiger Handgriffe und zeitweiliger Arbeitspausen nicht gestattet, die allersorgfältigste Vorbereitung des Werkstückes für den auf der Bahn stattfindenden Fabrikationsvorgang, beispielsweise bei Montagebahnen das allergenaueste Zusammenpassem der zugehörigen Einzelteile. Nur bei Fortfall jeglicher Nacharbeit werden Stockungen vermieden, die sich durch die ganze Fabrikationskette störend auswirken. Die gerade bei uns für die „Fordschen“ Arbeitsbahnen in fast amerikanischem Maße gemachte Propaganda, die diese Fördermethoden beinahe als die Quelle märchenhafter Erfolge erscheinen lassen, erfordert es, um so mehr auf die Beachtung der vorstehenden Gesichtspunkte hinzuweisen. Die bloße Übertragung solch einschneidender, in der Einführung sowohl als auch in der Durchführung an sich recht kostspieliger Förderarbeitsmethoden kann, wenn nicht auch die Vorbedingungen dafür gegeben sind, leicht das Gegenteil der beabsichtigten Rationalisierung bewirken. Auch hier gilt: „In der Beschränkung erst zeigt sich der Meister.“ Die maßvolle und der Eigenart der Verhältnisse angepaßte Förderweise indes kann auch außerhalb der Vereinigten Staaten von Nordamerika gute Früchte tragen.

Sachsenberg: Maschinenbau 1924, Heft 13 und 1925, Heft 21; bei Schmidt: Anz. Essen 1925, Nr. 21; Neumann: Zentralbl. d. Hütten- u. Walzwerke 1925, Nr. 9 u. 10, Schlesinger: Z. V. d. I. 1925, Nr. 9; Begeman: Cassiers Mech. Handl. Numb. 1925, Jan.; Kaiser: Anz. Essen 1925, Nr. 34; Köttgen: Das wirtschaftliche Amerika 1925; Bergmann: Motorwagen 1925, Heft XIII; Müller: Techn. Rundschau d. Berliner Tageblatts 1925, v. 22. Juli; le Vrang: Anz. f. Berg-, Hütten- u. Maschinenwesen 1925, Nr. 71; Bosch u. Durst: Maschinenbau 1925, Heft 22; Sachsenberg: Z. V. d. I. 1926, Nr. 7; Lohse: Z. V. d. I. 1926, Nr. 11. — Mit den verschiedensten Fragen der Fließarbeit, sowohl organisatorischer als auch fabrikatorischer und konstruktionstechnischer Art, beschäftigen sich vor allem auch die Abhandlungen des Maschinenbau 1925, Heft 9 u. 21.

Wenn auch eine eingehendere Behandlung von durch die Benutzung solcher maschineller Arbeitsmittel berührten psychologischen Momenten den Rahmen dieses Buches überschreiten würde, so sei doch auf deren zweckdienliche Berücksichtigung hier wenigstens kurz hingewiesen. Nicht allein, daß die Einführung solch radikal mechanisierender Arbeitsverfahren meistens mehr oder weniger starken Widerständen seitens der betroffenen Arbeiter begegnen dürfte, die nur allmählich und vorsichtig ausgeschaltet werden sollten, auch die Durchhaltung solcher Verfahren dürfte wegen der natürlichen Veranlagung der Arbeiter nicht immer ohne Schwierigkeit möglich werden. Ford selbst hat erklärt, daß die Arbeit bei den von ihm angewendeten Verfahren so eintönig sei, daß man es kaum für möglich halten sollte, daß ein Arbeiter sie verrichten möchte. Beobachtungen der Psyche der Arbeiter bei monotoner Arbeit haben nun ergeben, daß — vom Standpunkt geistig-kulturellen Strebens möchte man sagen, gottlob! — in der Tat nur ein verhältnismäßig kleiner Teil der Arbeiter für gegenständlich derart beschränkte Arbeitshandlungen veranlagt und verwendbar ist. Dieser kleine Teil ist imstande, dauernd die einförmigste Arbeit zu verrichten und dabei an etwas ganz anderes — oder vielleicht auch an gar nichts — zu denken[1]).

Abb. 804. Montagebahn (Brandenburg).

Eine hierher gehörige Ausbildung stellen z. B. die Montagebahnen für Automobiluntergestelle und -motoren in den Brennabor-Werken zu Brandenburg gemäß Abb. 803 bzw. 804 dar[2]). Der Zusammenbau der Konstruktionsteile erfolgt dabei auf schienengelagerten Montagewagen, die der Arbeiter nach Vollendung seiner stets gleichbleibenden Arbeitsmanipulation mühelos dem benachbarten Arbeitsplatz zustößt, wo dann die folgende Teilarbeit an der Konstruktion vorgenommen, diese darauf wieder dem Nachbar zugerollt wird u. s. f. Die Ausgabe der einzubauenden Teile geschieht durch ein hinter den Arbeitsplätzen angeordnetes Magazin, in dem auch an diesen Teilen etwa erforderliche Nacharbeit erledigt wird. Nach Beendigung der Montage gelangen die Montagewagen auf einer mit Gefälle verlegten Rückführungsbahn wieder an die Ausgangsstelle für den Arbeitsprozeß. Diese verhältnismäßig sehr einfachen und in Herstellung wie im Betrieb sehr billigen Fabrikationshilfsmittel, von denen in den Brennabor-Werken etwa ein Dutzend in Gebrauch[3]) sind, haben sich dort als durchaus zweckmäßig bewährt: sie schalten unnütze Wege der Arbeiter sowie Zeit und Kraft erfordernde Lade- und Transportarbeit aus und passen sich mit ihrer handbetriebenen Arbeitsweise

[1]) Daß es von dieser Art Menschen auch in Amerika nicht allzu viele gibt, beweist wohl auch der ständige, überaus starke Arbeiterwechsel in den Fordschen Werken selbst. Die deutschen Arbeiter, deren es auch in den Fordschen Werken sehr viele gibt, halten es dort an den „Ketten" noch weniger aus als ihre einheimischen Berufsgenossen; s. Köttgen: Das wirtschaftliche Amerika 1925, S. 153. Buhle dagegen fand die Arbeiter bei Ford die Kettenarbeit fröhlich und frisch ausführend; s. Glasers Annalen 1925, Nr. 1159. Vgl. a. Breiting: Der Maschinenmarkt, Pößneck 1925, Nr. 98 und le Vrang: Anzeiger für Berg-, Hütten- und Maschinenwesen 1925, Nr. 71.

[2]) Vgl. a. Piorkowski: Organisation 1925, Nr. 7.

[3]) Schon i. J. 1914 geplant, sind die ersten Montagebahnen in den Brennabor-Werken kurz nach dem Kriege nach den Angaben von Dr.-Ing. Karl Reichstein ausgeführt worden. — Vgl. auch Reichstein: Maschinenbau 1925, Heft 10 und Häneke: V. d. I.-Nachr. 1925, Nr. 50.

dem — im Vergleich zu amerikanischen Verhältnissen — beschränkten Umfange der Fabrikation[1]) vollkommen an.

Eine für gänzlich andere Zwecke bestimmte Anlage vollkommenerer Art, die, von den bekannten Lesebändern abgesehen, eine der ersten in Deutschland[2]) sein dürfte,

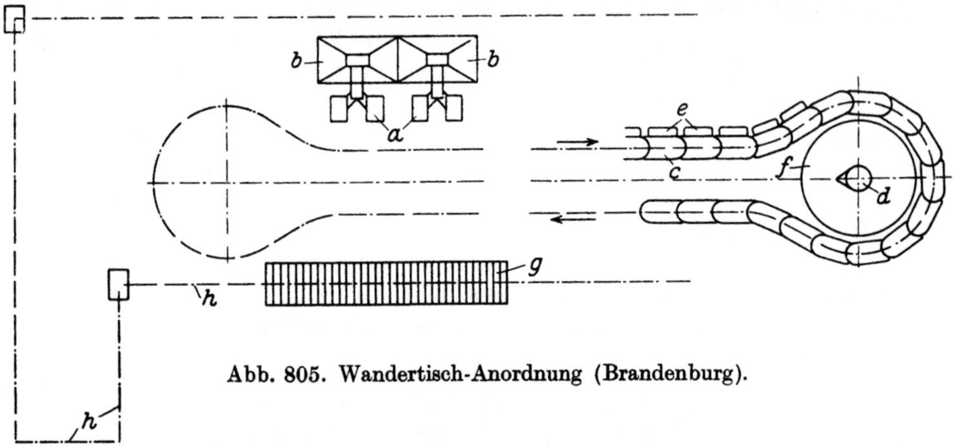

Abb. 805. Wandertisch-Anordnung (Brandenburg).

ist vor Jahresfrist nach Abb. 805 bis 808 in der Elisabethhütte zur Aufstellung gekommen. Sie dient dort zum Transport leerer und gefüllter Formkästen[3]), wobei während

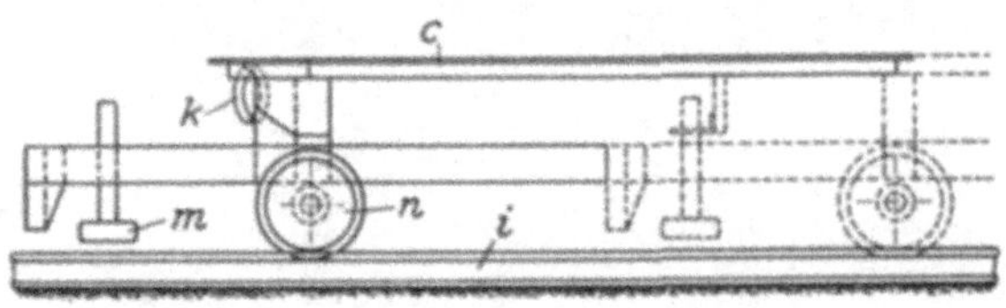

Abb. 806.

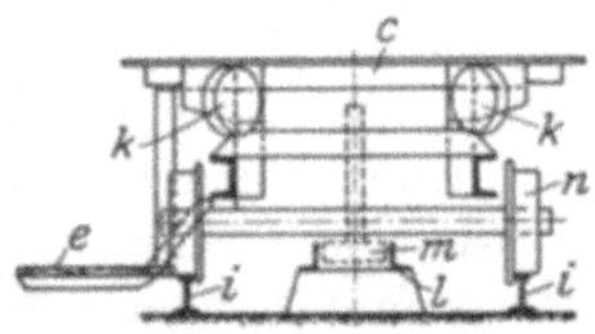

Abb. 807.

Abb. 806 bis 808. Wandertisch-Element (Brandenburg).

[1]) Während z. B. in der Fordschen Fabrik die tägliche Erzeugung mehrere tausend Kraftwagen beträgt, beträgt sie bei uns noch nicht so viel Dutzend (bei den Brennabor-Werken z. Z. nur etwa 20 bis 30 Stück, bei den Opel-Werken etwa 90 bis 105 Wagen pro Tag; vgl. Zeiz: Berliner Tageblatt, 1925, Nr. 530).

[2]) In den Vereinigten Staaten von Amerika sind Wandertische bereits i. J. 1891 in der Gießerei der Westinghouse Co. in Wilmerding in Betrieb genommen worden, d. h. zu einer Zeit, wo weder Ford noch wir daran dachten! Auch die Gießerei von French & Hecht in Davenport (U.S.A.) bediente sich schon 1912 eines ständig umlaufenden Formtisches; vgl. Lohse: Z. V. d. I. 1912, Nr. 38. Die erste Montagebahn Fords ist erst i. J. 1913 eingerichtet worden; vgl. a. „Betrieb u. Organisation" 1924, November.

[3]) Bis 490 kg Gewicht.

des Fahrens — der Former steht auf einem seitlichen Trittbrett — die Kerne eingelegt und die Kästen zusammengesetzt werden, das Gießen selbst und auch das Herausnehmen der Gußstücke aus der Form erfolgt. Der Arbeitshergang ist dabei folgender: Die an den Plätzen *a* neben den Sandbunkern *b* fertiggestellten Formkästen werden auf den nebenan wandernden Tisch *c* gesetzt, der sie langsam zu der Gießstelle *d* bringt. Auf dem Wege dahin werden die Formen von dem auf dem Seitentritt *e* mitfahrenden Arbeiter zum Vergießen fertig gemacht. Das Gießen erfolgt mit Handpfannen durch auf der Drehscheibe *f* stehende Arbeiter, wobei sich diese Plattform natürlich mit der gleichen Winkelgeschwindigkeit wie die umführten Tischelemente bewegt. Die während der Weiterfahrt bald erstarrten, sehr dünnwandigen Gußstücke werden ihrer Form entledigt und der verbrauchte Sand durch einen Rost *g* mittels Band- und Becherförderer *h* der Aufbereitungsanlage und von dort den Verbrauchsbehältern *b* wieder zugeführt.

Dieser Wandertisch (Bleichert) besteht aus 53 Tischelementen *c* — vgl. Abb. 806 bis 808 — die zu einem geschlossenen Lauf nach Abb. 805 aneinander gelenkt sind, so daß eine endlose Tischfläche (von 900 mm Breite) gebildet ist, die durch Nocken eines darunter angeordneten Kettenantriebes in ein ständiges Wandern versetzt wird. Der Mittenabstand der — etwa 0,7 m über Fußboden — parallel nebeneinander laufenden Plattenstränge beträgt 2,1 m, der Halbmesser der beiderseitigen Endumführungsbögen 2,9 m und die Mittenentfernung dieser beiden Bögen 24,5 m; die Gesamtlänge der endlosen Tischfläche beträgt sonach nahezu 60 m. Die von einem 8,8 PS-Motor bewegte Schleppkette erteilt dem Tisch eine Wandergeschwindigkeit von 0,175 m/sek (in der eingezeichneten Pfeilrichtung), die erforderlichenfalls bis auf 0,110 m/sek verringert werden kann. Über die eigenartige Abstützung der Tischelemente, die einerseits auf den Fahrschienen *i* (mit 650 mm Spurweite), andererseits mittels Rollen *k* durch das benachbarte Tischelement erfolgt, geben die Abb. 806 bis 808 guten Aufschluß. An den Umleitstellen sind noch besondere Schienen *l* zwischen den Fahrgleisen angebracht, an der die Einzeltische sich mittels horizontaler Rollen *m* führen, um hier eine übermäßige Spurkranzreibung der Stützräder *n* zu vermeiden. —

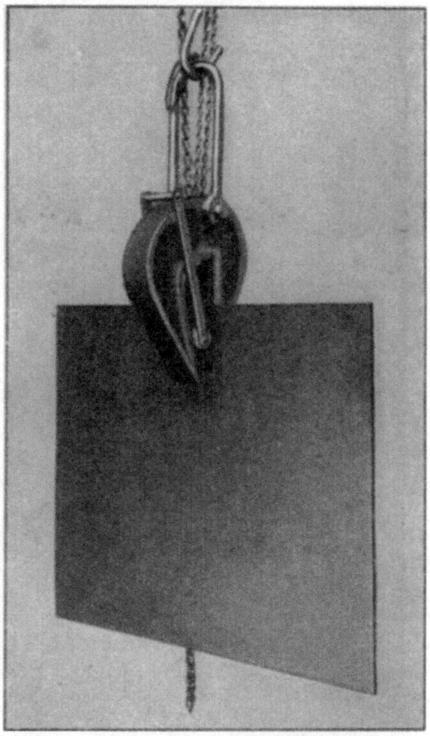
Abb. 809. Blechklemme.

Nachdem im vorstehenden Abschnitt die wichtigsten Gesichtspunkte für die Auswahl und die Anwendung namentlich der verschiedenen Werftkrane behandelt worden sind, mögen auch noch einige wenige Worte der Besprechung eines wohl untergeordneteren, aber nicht unwichtigen Hilfsmittels für den Transport der häufigsten und eigenartigsten Lasten einer Werft, der Bleche, gewidmet sein. Ähnlich wie z. B. auf dem Hüttenwerk das Vorhandensein oder das Nichtvorhandensein eines Hebemagneten den Effekt der Kranarbeit oft außerordentlich günstig oder ungünstig zu beeinflussen vermag, wird auch auf der Werft die Größe der Leistungsfähigkeit manches Kranes abhängen können von der schnellen und sicheren Aufnahme der zahllos zu bewegenden Bleche. Sind die Vorbedingungen für den Transport von Blechen ja im allgemeinen schon wenig günstig durch deren Unhandlichkeit und federnde Nachgiebigkeit, so sind sie es hier auch für ein etwaiges magnetisches Erfassen noch besonders dadurch, daß die Stapelung der Bleche in der Regel stehend erfolgt (s. z. B. Abb. 628). Die Möglichkeit eines sicheren Hochnehmens oder gar eines wahlweisen Herausgreifens einzelner Bleche erscheint dabei so gut wie ausgeschlossen. Eine Vorrichtung, die mit einfachen mechanischen Mitteln aber ein Anheben und Weitertransportieren der Bleche ermöglicht, muß demnach einen entschiedenen Wert für alle solche Arbeiten haben. Die Abb. 809 veranschaulicht die Benutzung eines dafür bestimmtem Hilfsmittels, einer sog. Blechklemme (Wilhelmi). Die Wir-

Abb. 810. Lokomotivtransportkran.

kungsweise derselben beruht, wie erkenntlich, auf einem Festpressen der Platte durch einen Klemmbügel, wobei der Klemmdruck sich selbsttätig entsprechend der Schwere der Platte einstellt. Im Grunde genommen ist die Wirkungsweise dieser Klemme also die gleiche wie die der an früherer Stelle[1]) erwähnten Blechhaken. Um die Sicherheit

[1]) S. Abb. 502.

des Betriebes zu erhöhen, ist die Klemme nicht aus gewöhnlichem Guß, sondern aus Elektro-Stahlguß hergestellt.

Mit Rücksicht darauf, daß größere Werften nicht nur eine bisweilen auch größere Zahl von Lokomotiven in Betrieb haben, die natürlich gelegentlichen Ausbesserungs-

Abb. 811. Waggontransportkran.

arbeiten unterworfen werden müssen, sondern auch den Bau von Lokomotiven in ihr Fabrikationsprogramm aufgenommen haben, dürfte ein Hinweis auf die für die transporttechnische Behandlung von Lokomotiven und ähnlichen Lasten geschaffenen Sonder-

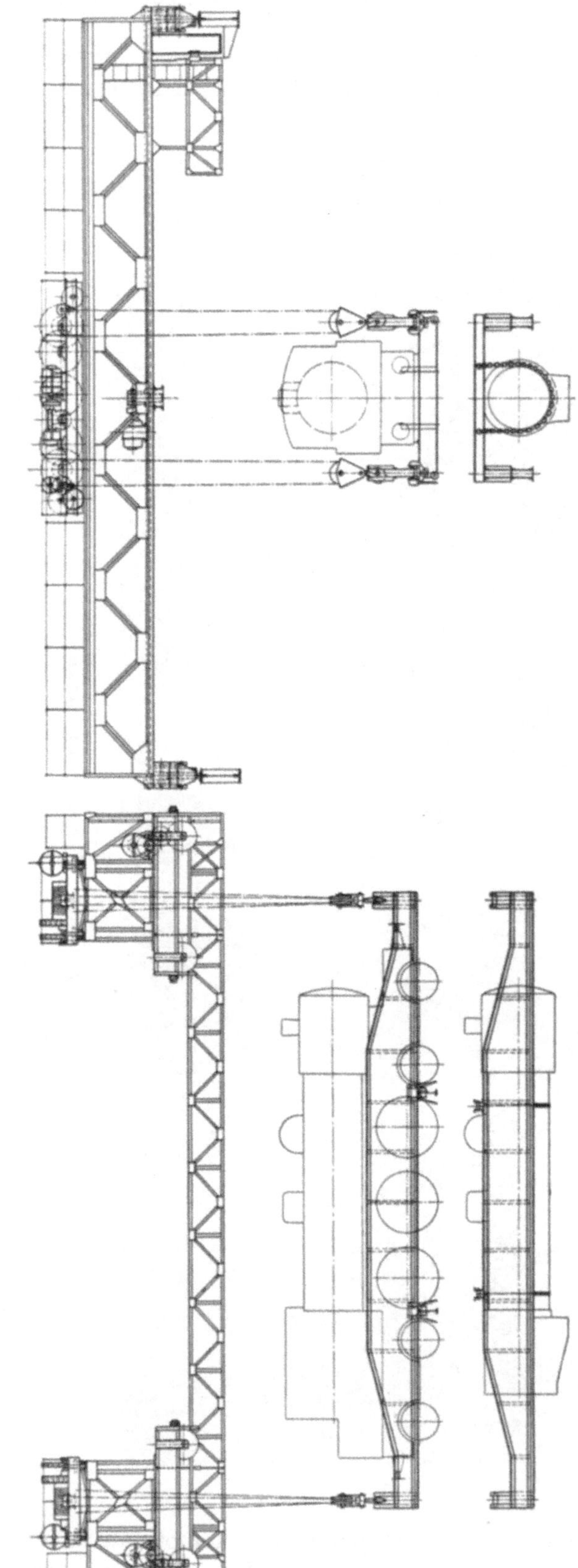

Abb. 813.

Abb. 812.

Abb. 812 und 813. Lokomotivtransportkran.

krane[1]) an dieser Stelle angebracht sein. Im allgemeinen geht man in solchen Werkstätten jetzt dazu über, für das Bewegen dieser Lasten an Stelle der sehr viel Platz auf der Arbeitsflur beanspruchenden Schiebebühnen[2]) obenlaufende Krane zu benutzen; ist das vorhandene Gebäude für die Aufnahme schwerer Laufkrane, wie sie für diesen Zweck doch meistens erforderlich sind, zu schwach oder sind die Ausbesserungsarbeiten auch im Freien vorzunehmen, so kann dafür auch die Bockkranform mit Vorteil angewendet werden. Für die weitere Ausbildung der Krane ist der Umstand von Einfluß, ob die Lokomotiven oder Fahrzeuge in der Längs- oder in der Querrichtung des Werkstattgebäudes stehen. Letzterenfalls weist der Kran in der Regel zwei Katzen auf, die die Lokomotive mittels Querbalken unter der Feuerbüchse und der Rauchkammer fassen; für sonstige leichtere Transportarbeiten ist oft noch eine weitere schwächere Katze oder doch ein leichteres Hilfswindwerk in eine der Hauptkatzen eingebaut. (Bei einem häufigen Transport kleinerer Lasten über größere Strecken in der Kranfahrrichtung empfiehlt sich die Hinzunahme eines besonderen und leichten Transportmittels als rationellere Zubringer.) Andernfalls können die längsgerichteten Traversen an beiden Enden von je einer Katze zweier Laufkrane gefaßt werden, die für ein gleichmäßiges gemeinsames Arbeiten zusammengekuppelt werden. Die Anordnung eines solchen Doppelkranes

[1]) Ausführlicheres s. Scheuermann: Maschinenbau 1924, Heft 23, Wülfrath: Organ Fortschr. Eisenbahnwes. 1919, Heft 1 u. Z. V. d. I. 1914, Nr. 3; sowie 1925, Nr. 9; Leyensetter: Dt. Techn. 1922, S. 61 u. Hänchen: Maschinenbau 1926, Heft 1.

[2]) Zum Verschieben ausgebundener Lokomotivuntergestelle außerhalb der Kranbereiche benutzt man mit Vorteil einfache Rollwagen, d. s. auf Schienen rollende Unterlagsbalken (Patent von Dormus).

ist insofern vorteilhafter, als infolge der niedriger möglichen Kranfahrbahn die Baukosten auch der Halle niedriger sein können und als zwei leichtere Krane für andere Zwecke zur Verfügung stehen und die Beschaffung besonderer Leichtkrane erübrigen.

Die Abb. 810 bis 813 lassen derartige Lokomotiv- und Waggon-Krananlagen (Zobel-Neubert) erkennen. Die Lokomotivhebe-Doppelkrane haben bei je 50 t Tragkraft und 20 m Spannweite nachstehende Arbeitsgeschwindigkeiten: Heben 1,4 m/min

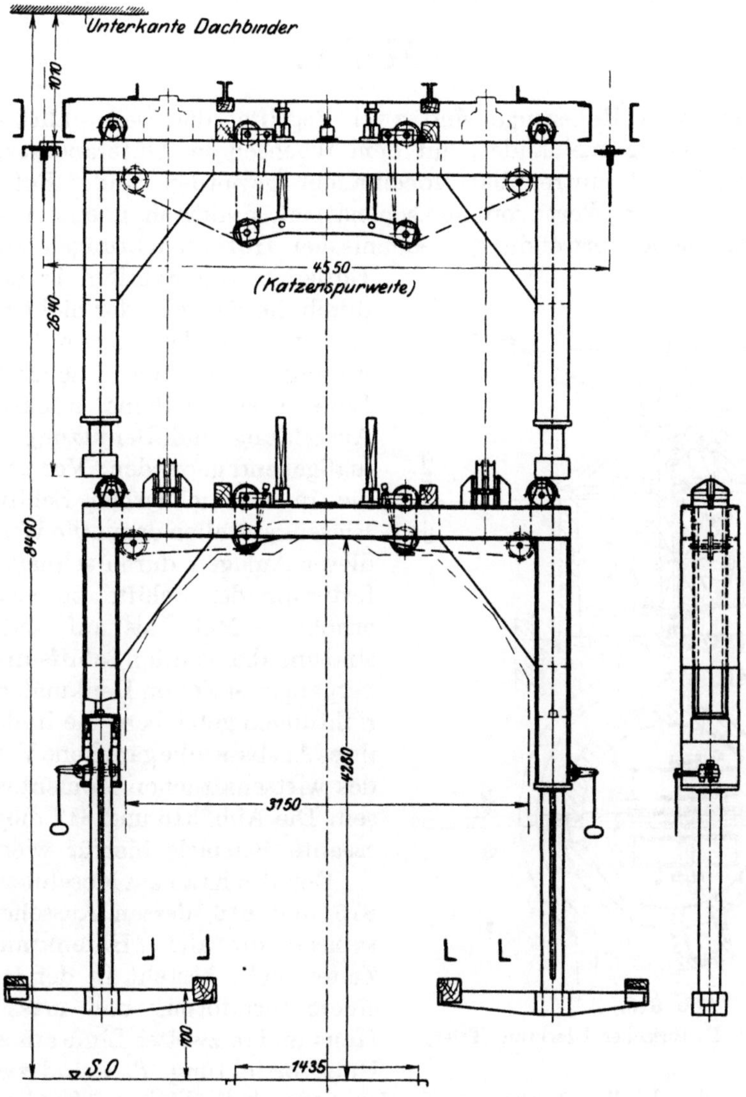

Abb. 814. Pratzengehänge einer Waggonhebe- und Transportvorrichtung.

(28 PS), Katzenfahren 13,2 m/min (6,4 PS) und Kranfahren 45 m/min (28 PS). Die Wagenhebekrane haben bei 20 t Tragkraft, mit je zwei Katzen für 10 t, wovon die eine mit 5 t-Hilfshubwerk, und 11,44 m bzw. 10,53 m Spannweite als Geschwindigkeiten: Hauptheben 2 m/min (21 PS), Hilfsheben 12,1 m/min (12,5 PS), Katzenfahren 12 m/min (3 PS) und Kranfahren 55 m/min (21 PS). Aus der Abb. 814 der biegungsstarken Pratzen ist ersichtlich, wie das Pratzengehänge in der höchsten Laststellung durch Anschlagen gegen die Laufkatze teleskopartig und ganz selbsttätig sich ineinanderschiebt. Durch diese Verkürzung der Konstruktionshöhe des Pratzengehänges ist es trotz der nur geringen Bauhöhe des Kranes bzw. Gebäudes möglich, über die besetzten Wagenstände hinwegzufahren, und zwar ohne den Kranführer oder auch nur einen besonderen Motor in Anspruch zu nehmen.

Häfen.

Hafenbetriebe und Hebezeuge sind zwei Begriffe, die, seit Jahrhunderten schon in vielfacher Beziehung zueinander, mit dem Wachsen des Güteraustausches unter den Völkern heute gänzlich untrennbar voneinander geworden sind. Fußte in früheren Jahrhunderten, wo der Wert von Menschenarbeit praktisch noch zu vernachlässigen war, die gelegentliche Verwendung mechanischer Hilfsvorrichtungen zum Laden und Entladen von Schiffen in der technischen, durch die Schwere der nicht mehr von Hand zu bewältigenden Lasten begründeten Notwendigkeit, so sind in neuerer Zeit in erster Linie wirtschaftliche Rücksichten für die Ausbildung und Benutzung der Hebezeuge maßgebend geworden. Vor allem drängen ja die in den modernen Schiffen angelegten Riesenkapitalien dazu, die Wirtschaftlichkeit dieser Anlagen durch schnellstmögliche Abfertigung der Schiffe zu erzielen bzw. zu erhöhen. Mehr als auf anderen Gebieten sind uns aber von den Schiffsumschlagsplätzen vergangener Zeiten Denkmäler von Hebevorrichtungen geblieben, die in der Primitivität ihres Ausbaues die gänzliche Vernachlässigung des wirtschaftlichen Momentes erkennen lassen. Die Abb. 815 und 817 mögen zwei interessante Beispiele hierfür wiedergeben.

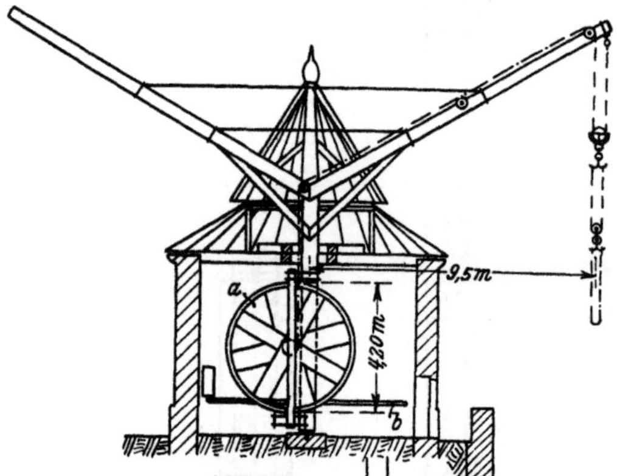

Abb. 815.

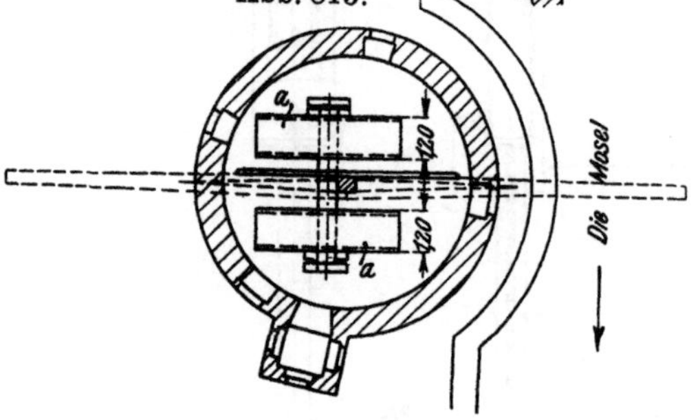

Abb. 816.

Abb. 815 und 816. Historischer Uferkran (Trier).

Der alte Kran am Moselufer zu Trier, Abb. 815 und 816, dessen Aussehen und Bauart typisch für alle „Hafenkrane“ damaliger Zeiten ist[1]), besteht in der Hauptsache aus einem turmförmig und massiv gemauerten Haus und in zweiter Linie aus einer hölzernen Hebevorrichtung, das sind zwei sogenannte Treträder *a*, die durch die Gehbewegung der darin befindlichen „Krahnenknechte“ in Umdrehung versetzt wurden und dadurch die Lastkette auf ihre gleichfalls sich drehende Achse aufwickelten. Das Schwenken des hölzernen Auslegers, der mit den Treträdern an einer drehbar gelagerten Holzsäule befestigt war, erfolgte von Hand mittels eines langen Querbaumes *b*, gegen den sich die Knechte mit dem Rücken stemmten. Die Tragkraft des Kranes, der — inzwischen natürlich teilweise ausgebessert — bis heute noch seinen Dienst tut, beträgt immerhin 50 Ztr.

[1]) Die Erbauung dieses vermutlich ältesten der noch vorhandenen Uferkrane datiert nach einer in der Trierischen Chronik (II. Jahrgang, Nr. 9) veröffentlichten Urkunde aus dem Jahre 1413, ein zweiter ganz ähnlicher Kran daselbst stammt aus dem 17. Jahrhundert; ein gleicher in Bingen, Würzburg, Lüneburg, sowie in Andernach a. Rh. aus dem Jahre 1555; vgl. Schweitzer: Z. Bauw. 1898, Nr. 1—3 und Kammerer: Die Technik der Lastenförderung von einst und jetzt, S. 108 u. 109. — Interessant ist übrigens die Tatsache, daß letzterer „Rheinkrahnen“ noch bis vor wenigen Jahren, wie vor 350 Jahren, seinen Dienst getan hat, indem er die mit der Eisenbahn aus der vulkanischen Umgegend des Laacher Sees herangeschafften Steine auf die Schiffe verlud.

Waren schon diese häufigen mittelalterlichen Uferkrane, die viel mehr Gebäude als Maschinen waren, bezeichnend für die Schwerfälligkeit ihrer Zeit — die Umfassungs-

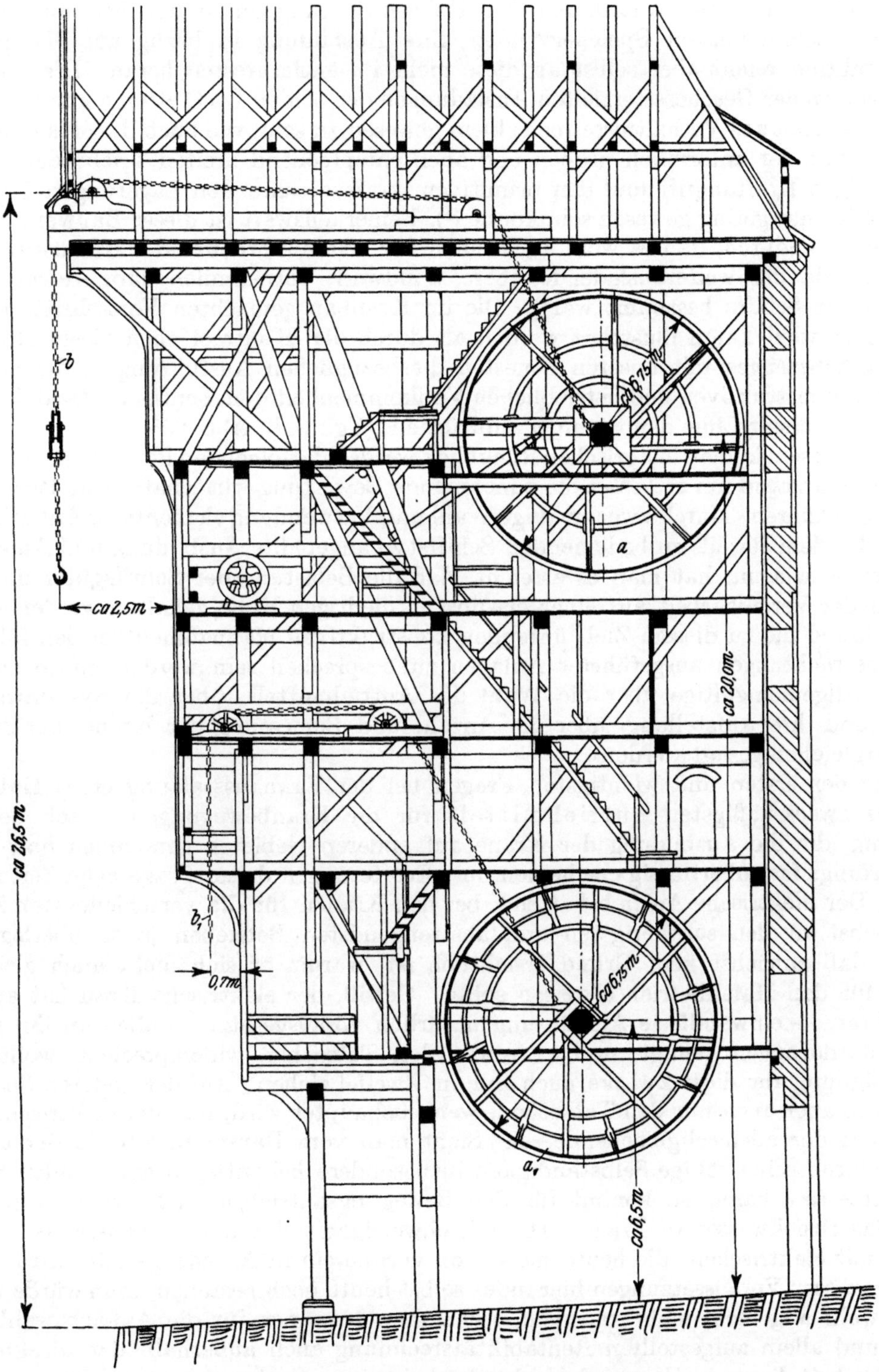

Abb. 817. Historischer Uferkran (Danzig).

mauer des Andernacher Kranes war beispielsweise 1 m, unten sogar 1,45 m dick — so geht die Verquickung von Haus- und Kranbau auffallender noch aus dem berühmten Danziger „Krahntor" (Abb. 817) hervor. Für die Aufnahme der beiden zwar ungemein großen Treträder a und a_1, und allerdings auch für gleichzeitige Verteidigungszwecke, ist hier im Jahre 1444[1]) sogar ein vielgeschossiges Gebäude errichtet worden, das in seiner Mächtigkeit zu den Leistungen des Kranes in einem heute schwer begreiflichen Mißverhältnis stand. Die Anordnung der Hebeeinrichtung entspricht bei ihm etwa der unserer allereinfachsten Speicherwinden, ihre Ausbildung in bezug auf Material und Konstruktion reicht aber selbst an diese nicht im entferntesten heran. Die durch das Vorspringen der Geschosse erzielten Ausladungen der beiden Lastketten b und b^1 scheinen selbst für damalige Verhältnisse recht klein gewesen zu sein, wie auch die erzeugten Hubkräfte, trotz der unförmlich großen und auch entsprechend breiten Triebräder, bei dem ungünstigen Kraftangriff und den primitiven, kraftverzehrenden Lagerungen der Rollen und Räder nur gering gewesen sein können[2]). Bemerkenswert ist dieses Bauwerk übrigens auch noch dadurch, daß es wohl auch einen der ersten Vorläufer der Ausrüstungskrane darstellt, da das weiterausladende obere Windwerk vornehmlich zum Aufrichten der Masten der Schiffe bestimmt war[3]). Die im Kranbau gemachten Fortschritte könnten wirksamer wohl kaum illustriert werden als durch den Kontrast eben dieses alten Ausrüstungshebezeuges mit unseren neuesten diesbezüglichen Ausführungen, die mit ihrer höchsten konstruktiven und betrieblichen Vollkommenheit dem heutigen Stand des Kranbaues ja in erster Linie den Stempel aufdrücken. (Vgl. z. B. Abb. 698.)

Nach diesem kurzen historischen Rückblick werden die folgenden Betrachtungen neuerer Hafenkrananlagen um so besser die zunehmende Bewertung wirtschaftlicher Rücksichten vor Augen führen. Durch zweckmäßige Wahl und Verwendung elementarer Antriebmittel, durch die dem jeweils zu bedienenden Schiffstyp angepaßte Ausbildung und Aufstellung der Krane u. a. m. hat man es erreicht, daß die Belastung der Schiffsgüter durch die Kosten der Verladearbeit auf einer erwünscht niedrigen Höhe gehalten werden können.

Während die zu diesem Ziel führenden konstruktiven Maßnahmen bei den folgenden Einzelbetrachtungen ausgeführter Anlagen zu besprechen sein werden, möge zunächst einiges Allgemeingültige über die Wahl des Antriebmittels, über die Systemwahl der Krane und ihre Aufstellung, über die Anzahl und Bemessung der Krane, der Zentrale und dergleichen gesagt werden.

Eine der ersten und wichtigsten Fragen bei der Kranausstattung eines Hafens ist die des zweckmäßigsten Antriebmittels für die Kranbewegungen. Nach der Entwicklung, die die Ausbildung der Krane auf anderen Gebieten genommen hat, könnte es allerdings fast überflüssig erscheinen, mit Erörterungen dieser Frage noch Zeit zu verlieren. Der elektrische Antrieb hat sich bei den Kranen für die verschiedensten Zwecke und selbst in den schwierigsten und anstrengendsten Betrieben ja so überlegen bewährt, daß zunächst kein Grund ersichtlich ist, warum er sich nicht auch gleich geeignet für den Hafenbetrieb erweisen sollte. Gewiß, der elektrische Kran hat auch als Hafenkran — einwandfreie Ausführung natürlich vorausgesetzt — allen an ihn gestellten Anforderungen genügt, und es würde den Tatsachen widersprechen, wollte man seine Eignung für diese Zwecke auch nur in Zweifel ziehen. Auf der anderen Seite entspricht es aber auch nur den Tatsachen, wenn behauptet wird, daß der elektrische Kran hier nicht der alleinseligmachende sei. Sieht man vom Dampfantrieb ab, der auch in Häfen durch seine völlige Selbständigkeit insbesondere bei entlegen arbeitenden Kranen am Platze sein kann, so kommt für den Bewegungsantrieb auch heute mitunter doch noch das Druckwasser in Frage. Die Gleichwertigkeit durch Druckwasser betriebener Krane mit elektrischen, die heute meist von vornherein in Abrede gestellt wird, dürfte unter gewissen Voraussetzungen hier indes selbst heute noch bestehen. Man würde diesem Urteil wohl allgemein mehr zuneigen, wenn man bei einer für die Antriebswahl meist einzig und allein aufgestellten Rentabilitätsrechnung auch außerhalb der direkten Berechenbarkeit liegende Vor- und Nachteile der beiden Systeme berücksichtigen würde. Sind beispielsweise die betrieblichen Vorbedingungen für beide Kranarten in gleichem Maße vorhanden, so sollten Erwägungen auch indirekt wirtschaftlicher Art — etwa die

[1]) Nach einer anderen Quelle sogar schon i. J. 1411. [2]) Die maximale Tragkraft wird mit 6 t angegeben.
[3]) S. Gurlitt (Historische Städtebilder, Bd. 11, S. 19).

leichtere Bedienbarkeit hydraulischer Hebezeuge durch Ungeübte bei Ausständen, die geringere Reparaturbedürftigkeit der hydraulischen Maschinen, die größere Feuergefährlichkeit elektrischer Krane durch Kurzschluß u. dgl. — doch nicht ganz ohne Einfluß bleiben. Es ist begreiflich, daß man dann dort, wo eben die Hafenbetriebsverhältnisse der Hydraulik im Prinzip günstig sind — z. B. in frostfreien Seehäfen mit einer großen Anzahl und nur selten zu verfahrender Krane — auch heute noch dem Druckwasserkran den Vorzug gibt. Die Erfahrung hat gezeigt, daß man in solchen Fällen mit dieser Wahl durchaus nicht schlecht gefahren ist, vorausgesetzt natürlich, daß man auch hinsichtlich konstruktionstechnischer Verbesserungen, die in der Hauptsache auf eine Erhöhung der Kranwirtschaftlichkeit durch größtmögliche Einschränkung des Wasserverbrauches und auf eine Erhöhung der Betriebssicherheit durch Ausschluß der Frostgefahr abzielen, gleichen Schritt mit der Weiterentwicklung der elektrischen Krane gehalten hat. Näheres hierüber wird ja an den bezüglichen Stellen noch im einzelnen zu sagen sein.

Für die Abwicklung des Umschlagverkehrs — in technischer und wirtschaftlicher Hinsicht[1]) — ist von größtem Einfluß die Wahl der Gestalt und der Anordnung der Krane. Die Ausbildung des Hebezeuges — als Halb- oder als Vollportalkran, als Verladebrücke o. a. — wird sich zweckmäßigerweise nach den vom Kran verlangten Vermittlungen zwischen Schiff einerseits und Lagerschuppen, Lagerplätzen, Waggons oder Fuhrwerken andererseits richten. Für die in Seehäfen häufigste Aufgabe des Kranes, vom Schiff in den Schuppen zu laden, hat sich bekanntlich der Halbportalkran als die zweckmäßigste Form ergeben: Die Winkelform des Portals läßt zunächst dem Kaiverkehr freiesten Durchgang und stellt gleichzeitig die verhältnismäßig leichteste und luftigste Stützkonstruktion für das eigentliche Hebezeug, den aufmontierten Schwenkauslegerkran dar. Dieser aber gewinnt weiterhin durch seine Lagerung hoch über Kaikante ganz außerordentlich an Hubhöhe und eventuell auch an nutzbarer Ausladung. Durch die bei ihm gleich gut vorhandene Lademöglichkeit zwischen Schiff und Waggons oder Fuhrwerken hat sich der Halbportalkran denn auch bald zu dem wohl universellsten Transportmittel in Häfen herausgebildet[2]). Gehört die Bedienung von Schuppen aber nicht zu den Aufgaben des Kranes — wie es vorzugsweise bei Flußhäfen des öfteren der Fall ist —, fällt also die einfache Stützung des landseitigen Portalendes durch die Schuppenwandung fort, so muß man zwecks Beibehaltung der genannten Vorzüge zu einem landseitigen Stützfuß des Portals (Abb. 837) greifen, will man dafür nicht etwa eine besondere Hochbahn (Abb. 836) errichten. Jedes dieser Aushilfsmittel hat seine Vor- und Nachteile, für deren gegenseitige Abwägung die jeweiligen Verhältnisse den Ausschlag zu geben haben. Im allgemeinen dürfte die Errichtung einer landseitigen Hochbahn der Ausbildung der Krane als Vollportalkrane wohl dann vorzuziehen sein, wenn eine größere Anzahl Krane an einer verhältnismäßig kurzen Kaistrecke zusammen zu arbeiten haben, da dann sowohl die Mehrkosten für die vielen Vollportale ins Gewicht fallen, als auch die Versperrung der landseitigen Fahrstrecke durch die vielen Portalfüße empfindlicher als durch wenige feste Fahrbahnsäulen wird. Selbstverständlich können aber auch hier wieder besondere Rücksichten, z. B. auf die Zuführung des Kraftmittels, die Entschließung in andere Bahnen lenken. Hat endlich der Kran das Schiffsgut auch über einen größeren Lagerplatz zu verteilen, so wird sich hier, wie schon an früherer Stelle ausgeführt[3]), die Verlängerung des Portals zu einer Verlade-

---

[1]) So sind die Unterschiede in den Löschkosten von Schiffsladungen, die (nach einer englischen Zusammenstellung) aus den nachfolgenden Zahlenangaben ersichtlich sind, zum nicht geringsten Teile in der Verschiedenheit der zur Verfügung stehenden Hafen- bzw. Krananlagen begründet. Danach betragen für ein Schiff von 10000 t Tragfähigkeit die Kosten für das Löschen einer Teilladung von 2500 t in

Antwerpen. . . .	1000 M.	Hull.	5550 M.
Amsterdam	1800 „	London	6000 „
Rotterdam. . . .	1800 „	Glasgow	7000 „
Hamburg	4400 „	Liverpool	11900 „

[2]) Ein Beispiel für die Benutzung des Halbportales auch zur Überbrückung von Uferböschungen durch Hafenkrane ist in Abb. 859 veranschaulicht.

[3]) Vgl. auch das über Verladebrücken für Erz- und Kohlenlagerplätze Gesagte, S. 8 u. ff.

brücke als zweckdienlich ergeben. Die diesfalls natürlich erforderliche Fahrbeweglichkeit der Last längs der Brücke wird sich dann wieder nach Maßgabe der besonderen Verhältnisse des vorliegenden Falles durch eine Katze[2]) oder durch einen Drehkran[3]) am besten ausführen lassen. Aber auch hierfür sind natürlich andere Dispositionen denkbar, die den Verkehr zwischen Schiff, Bahn und Platz ermöglichen. So bestehen z. B. in dem neuen Hafen von Frankfurt a. M. die Lösch- und Ladeeinrichtungen für Kohlen zwischen Schiff, Eisenbahn, Fuhrwerken und Lagerplatz aus fahrbaren Vollportalkranen am Ufer und festen Hochbahnen über den Lagerplätzen, auf denen die Drehkrane laufen können. Während beim Umschlagsverkehr das Portal an beliebiger Stelle des Ufers stehen kann, wird es beim Verkehr nach und von den Lagerplätzen an die Hochbahn gestellt und der Transport von Kohlen durch Überfahren des Kranes bewerkstelligt werden; ähnlich, wie es bei der Anordnung nach Abb. 867 und 868 der Fall ist.

Nächst der Wahl der zweckmäßigsten Konstruktionsart der Krane wird die Entscheidung über die Bemessung der Tragkräfte, über die Anzahl und über die Anordnung der Krane von wesentlichem Einfluß auf die Wirtschaftlichkeit der Gesamtanlage sein müssen. Eine auch nur nahezu vollkommene Ausnutzung der Krantragfähigkeit wird in der Regel allerdings bloß im Massengutverkehr zu erreichen sein, wo man — bei Kranen von etwa 2,5—3 t[4]) — die Löschgefäße eben so bemessen kann, daß bei jedem Hub die Tragfähigkeit des Kranes ausgenutzt wird. Im Stückgutverkehr dagegen ergibt sich, bei Verwendung einfacher Haken mit Stropps oder Ketten, eine Durchschnittslast von nur etwa 0,4 t. Da aber vereinzelt schwerere Lasten vorkommen, zu deren Herausziehen man die Schiffe nicht erst verholen lassen will, so wird die Tragfähigkeit der Stückgutkrane in Seehäfen in der Regel auf 1—3 t bemessen. Um diese Tragfähigkeit der Krane etwas besser auszunutzen, werden — z. B. in Hamburg — an den Kranhaken Querträger mit zwei Endhaken gehängt, so daß doppelt soviel Huborgane in Benutzung genommen werden können (Abb. 818). Trotz einer solchen Maßnahme bleibt indes die Tatsache bestehen, daß im Stückgutverkehr die Tragkraft der Krane durchschnittlich nur zu etwa einem Viertel ausgenutzt wird. Dies tritt weniger schädlich allerdings dadurch in Wirkung, daß bei hydraulischen Maschinen in der Regel mehrere Wasserverbrauchsstufen vorhanden sind und daß vor allem auch die Elektromotoren sich der verschiedenen Belastung mit ihrem Stromverbrauche anpassen. Eine Überlastung der Krane darf im allgemeinen nicht zugelassen werden, weil dabei der eine oder der andere Konstruktionsteil leiden, ja unter Umständen der ganze Kran zum Umschlagen gebracht werden kann[5]). Unwesentliche Mehrbelastungen dürften indes kaum zu beanstanden sein; sie sind ja selbst bei hydraulischen Kranen möglich, weil die äußerste Tragfähigkeit derselben zur Vornahme der erforderlichen Prüfbelastungen auf $^5/_4$ der normalen bemessen wird. Zeitweise vorkommenden besonders schweren Gütern wird in den Häfen — wie noch gezeigt wird — meist durch Aufstellung eines besonderen Schwerlastkranes Rechnung getragen.

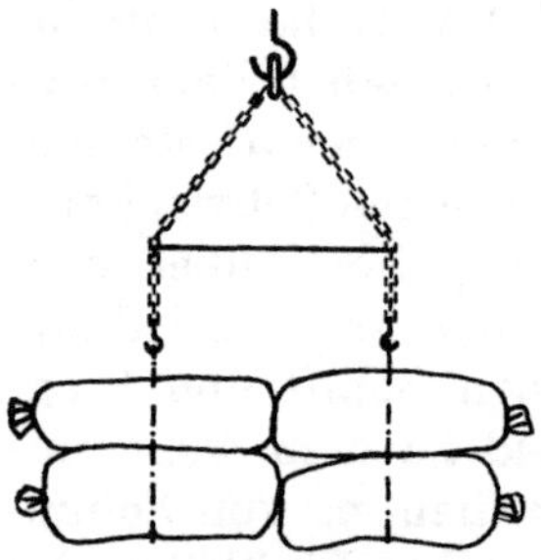

Abb. 818. Hakengehänge (Hamburg).

Mehr noch als bei der Bestimmung der Tragkräfte der einzelnen Krane ist man bei der Festsetzung der Leistung der Zentrale auf die Schätzung angewiesen, da hierbei nicht nur die Kräfte, sondern auch die Zeiten abgewogen werden müssen. Der Bemessung der Zentrale von vornherein den zu erwartenden Höchstkraftbedarf des Jahres oder gar die Anzahl der vorhandenen Krane zugrunde zu legen, könnte aus denselben

[2]) Z. B. in Emden (Augsburg-Nürnberg). [3]) Z. B. in Rheinau, Mannheim (Mohr & Federhaff).

[4]) Bei Kranen für den Betrieb mit schweren Greifern kommen auch bei uns größere Tragfähigkeiten vor. So sind unlängst am Holtkusenkai in Hamburg zwei 5t-Vollportalkrane für den Freiladeverkehr, d. h. für Umschlag von Massengut zwischen Schiff und Eisenbahn eingeführt worden; vgl. Techn. Rdschau d. Hamb. Fremdenblattes 1926, Nr. 5/6.

[5]) Derartige Vorkommnisse zählen, namentlich allerdings bei Dampfkranen, nicht zu den Seltenheiten (z. B. Stettin, Köln u. a.); bei elektrischen Kranen ist deshalb großes Gewicht darauf zu legen, daß die Maximalausschalter nennenswerte Überlastungen nicht zulassen.

Gründen, wie bei der Wahl der Tragkraft, durch die meist schlechte Ausnutzung der Anlage leicht unrationell werden. Immerhin sind aber auch hier die einflußgebenden Verhältnisse, die Größe der Verkehrsschwankungen, die Art der Schiffsgüter, die Höhe der Schiffsliegegebühren oder dergleichen zu verschieden, um Werte von allgemeiner Gültigkeit für die Bemessung von Hafenzentralen angeben zu können[1]).

Auch die Anzahl der Krane ist ein Faktor, der mit den örtlichen Verhältnissen im Hafen, mit der Art der Schiffe und auch mit der Ausbildung der Krane selbst wechselt. So wird man für die Löschung einer Schiffsladung in Schuppen oder auf Lagerplätze mehr Hebezeuge einstellen können als für die Schiffsentladung in Waggons, deren Zufuhr mit der erhöhten Kranleistung unter Umständen nicht Schritt zu halten vermag. Bei Massengütern wiederum, die mit Greifern gehandhabt werden, brauchen, bei gleicher Leistungsfähigkeit der Eisenbahnanlagen, weniger Krane aufgestellt sein, als bei Stückgütern, deren längerdauerndes Anschlingen dem Rangieren und Verwiegen der Wagen mehr Zeit läßt[2]). Bei Seeschiffen endlich wird die Anzahl der gleichzeitig zur Entladung benutzbaren Krane zunächst davon abhängen können, wie flott der Nachschub des Schiffsgutes im Innern des Dampfers bewerkstelligt werden kann und sodann, wie nahe die Krane für ein gemeinschaftliches Arbeiten aus einer Luke aneinandergefahren werden können. Für diesen Zweck hat sich weiterhin, beispielsweise für Hamburger Verhältnisse, als besonders günstig die Einziehbarkeit des Auslegers erwiesen[3]).

So wertvoll eine solche Auslegerverstellbarkeit für eine intensive Bedienung von Seeschiffen sein kann, so wichtig und notwendig erweist sich für das Löschen und Laden von Flußschiffen die Fahrbeweglichkeit des Kranes. Um den an und für sich hier schwächeren Schiffskörper durch einseitige Belastung nicht übermäßig auf Biegung zu beanspruchen, ist es erforderlich, die Be- oder Entladung des Schiffes möglichst symmetrisch zu dessen Mitte erfolgen zu lassen. Kommt man nun im allgemeinen bei der Entladung solcher kleinerer Schiffe mit einem Kran aus, so erfordert doch diese Rücksicht, d. h. die Vermeidung einseitiger Lastanhäufung, ein häufiges Verfahren dieses Kranes. In Seehäfen spielte das Fahrwerk bei den Kranen nur eine untergeordnete Rolle. Es diente in der Regel nur zur zeitweisen Einstellung des Kranes über einer der Luken des Schiffes, wo dieser alsdann so lange arbeiten konnte, als ihm aus dem Innern des Schiffes überhaupt noch Güter zugeführt werden konnten. Für das Fahrwerk erschien in diesem Falle daher Handantrieb sehr oft auch vollkommen genügend[4]); mitunter findet man dafür, selbst bei neueren Krananlagen, z. B. in Liverpool

[1]) Beispielsweise hat man in Stettin zur Bedienung von 85 hydraulischen Hebezeugen und einer Anzahl hydraulischer Spills eine Maschinenleistung von 600 PS zur Verfügung. Mit dieser werden bei allerdings sehr schwankendem Verkehr jährlich 1,8 Millionen t in Ein- und Ausgang bewältigt. (Das anfangs 1916 zur Unterstützung und als Reserve für die Dampfzentrale erbaute elektrisch betriebene Pumpwerk hat sich im Vergleich mit der Dampfzentrale als unwirtschaftlich erwiesen. Die Gründe hierfür lagen, abgesehen von den hohen Strompreisen, besonders an der Schwierigkeit, die Förderleistung der Pumpe dem stark schwankenden Bedarf der Krane anzupassen.)

[2]) Z. B. haben es die Verhältnisse im Stettiner Freihafen als vorteilhaft ergeben, wenn vor dem Schuppen durchschnittlich auf je 25 m Kailänge ein Kran kommt; an den Plätzen jedoch, wo auf Waggons zu arbeiten ist, ist das Vorhandensein eines Kranes für erst je 50 m Kailänge am zweckmäßigsten.

[3]) Man ist nach nachträglichem Einbau einer Handspindelverstellung der Ausleger bei den 42 ältesten elektrischen Halbportalkranen (aus dem Jahre 1898) imstande, die Krane so dicht aneinander zu stellen, daß eine größere Anzahl bequem an einem Schiff gleichzeitig zu arbeiten vermögen. Die neueren Hamburger Krane am Asia- und Bremer-Kai sind zu dem Zweck von vornherein mit einem derartigen Einziehwerk versehen worden, desgl. auch die neueren Krane im Bremer Freihafen. — Bei Neuausführung von Kranen in Bremen und in Hamburg werden die Einziehwerke für die Ausleger indes nicht mehr von Hand, sondern elektromotorisch betätigt. Während aber die älteren Einziehwerke nur eine Verstellung des leeren Auslegers innerhalb verhältnismäßig enger Grenzen, etwa zwischen 10 und 13 m, ermöglichten, kommen (in Bremen) jetzt Krane (M.A.N.) zur Verwendung, die ein Verstellen des Auslegers unter Last, d. h. beim Arbeiten ermöglichen, und zwar von 13 bis auf 5 m. Die Krane können also so nahe zusammengerückt werden, daß zwei Krane aus einer Luke arbeiten und daß bei passender Verteilung solcher Krane auf einen Dampfer etwa die doppelte Anzahl von Kranen wie jetzt gestellt werden können.

[4]) Beispielsweise sind, gleich wie die in Abb. 819 abgebildeten, auch die neueren 44 elektrischen Halbportalkrane in Hamburg nur mittels Handkurbeln verfahrbar gemacht worden. — Falls aber elektrisches Verfahren gewünscht wird, so sollte der zugehörige Motor wenigstens nur so stark wie der Schwenkmotor

und Immingham, auch noch Druckwasserantrieb. Heute indes gehen die Bestrebungen schon dahin, die Uferkrane auch in Seehäfen durch (elektr.) Kraftantrieb fahrbar zu machen. Die oft wechselnde, sehr verschiedene Größe der Dampfer mit oft recht verschieden angeordneten Luken macht ein häufiges Verfahren, u. U. vieler Krane, notwendig. Bei Handverfahren können besonders bei ungünstigem Wetter beträchtliche Zeitverluste entstehen, die dem Hafenbetrieb und den Reedern unerwünschte Kosten machen.

Die verschiedene Bauart von See- und Flußschiffen wirkt auch noch auf ein anderes Gebiet des Hafenumschlages verschiedenartig zurück: auf die Beladung von Schiffen durch Waggonkipper. Während sich die Benutzung solcher Kipper in Binnenhäfen als außerordentlich praktisch ergeben hat, ja gleichsam als unentbehrlich für die Leistungsfähigkeit und die Wirtschaftlichkeit des Ladebetriebes, kann man u. U. in den gleichen Erwartungen bei Seeschiffen von den Kippern arg getäuscht werden. Der Grund liegt, wie gesagt, aber nicht in den Kippern, sondern in den Schiffen. Die 15 t

Abb. 819. Elektrische Kaischuppenkrane (Hamburg).

Kohlen, die auf einmal in die meist enge Luke hineingekippt werden, brauchen zu ihrer Verteilung im Schiffsinnern eine so lange Zeit, daß die Leistungsfähigkeit des Kippers oft nicht im Entferntesten ausgenutzt werden kann.

Nach diesen Überlegungen allgemeiner Art mögen nun an Hand der beistehenden Photographien verschiedenartige Ausführungen von Hafenkrananlaegn im besonderen besprochen werden.

Die Abb. 819 bis 821 veranschaulichen zunächst die verbreitetste Type von Kaikranen, der fahrbaren Halbportalkrane, in unseren großen Seehäfen Hamburg, Bremen und Stettin. Während Hamburg und Bremen mit stattlichen elektrisch betriebenen Neuanlagen (Nagel & Kaemp bzw. Augsburg-Nürnberg) vertreten sind, präsentiert sich der Stettiner Freihafen mit seiner hydraulischen Krananlage im neuen Hafenbecken (Dinglinger). Da Stettin neben Bremen unsere hauptsächlichste Anwendungsstätte des Druckwasserkranbetriebes auch heute noch ist[1]), so seien einige mit diesem Kraft-

gewählt werden. Es können dann nämlich der Schwenkkontroller und der Schwenkwiderstand auch für den Fahrmotor benutzt und somit die Mehrkosten des maschinellen Fahrantriebes auf das Minimum beschränkt werden.

[1]) Es arbeiten in Stettin am alten Becken kaiseitig 43 fahrbare hydraulische Krane, von 1,5 bzw. 2,5 t Tragkraft (Dinglinger), und zwar 30 in Halb- und 13 in Vollportalform, sowie ein feststehender elektrischer Vollportalkran von 10 t Tragfähigkeit (Demag); an der Rückseite der Speicher laufen gleichfalls zwei hydraulische Halbportalkrane, von 1,5 t Tragkraft (Dinglinger). (Im Speicher befinden sich außerdem noch 12 hydraulische Fahrstühle und Flaschenzüge.) Weiter sind an dem neuen Becken vorhanden: 24 hydraulische Portalkrane, von 1,5 bzw. 2,5 t Tragkraft (Dinglinger), kaiseitig, und zwar 16 in Halb- und 8 in Vollportal-

mittel hier seinerzeit gemachten Erfahrungen wiedergegeben. Vorweggenommen möge werden, daß diese sich auf langjährige Erfahrungen stützenden Ergebnisse durchaus günstig für den Druckwasserbetrieb waren, was ja auch darin seinen besten Ausdruck fand, daß auch das i. J. 1912 in Betrieb genommene neue Hafenbecken wiederum mit hydraulischen Kranen ausgestattet worden ist.

Abb. 820. Elektrische Kaischuppenkrane (Bremen).

---

form, eine fahrbare elektrische Verladebrücke mit obenlaufendem Drehkran von 6 t Tragkraft (Guilleaumewerke); eine solche von 3 t Tragkraft, eine fahrbare Brücke mit längs- und querlaufender Katze von 5 t Tragkraft (s. Abb. 920) sowie elektrische Portaldrehkrane von 1,5 t Tragkraft und 13 m Ausladung. Im ganzen arbeiten im Stettiner Hafen also heute noch 69 Druckwasserkrane, im Bremer Hafen deren 89 (s. Fußnote 2 auf S. 494).

Die Aufstellung der Krane ist zunächst in Anlehnung an die in Stettin verkehrenden kleineren Schiffe[1]), bei denen man mit je einem Kran für die beiden äußeren und die mittlere Luke auskommt, zweckmäßig so getroffen, daß neben je zwei Kranen von 1,5 t Tragfähigkeit ein solcher von 2,5 t Tragkraft sich befindet. Hierdurch ist erreicht, daß jedes Schiff an der Mittelluke, wo ja die schwersten Lasten untergebracht sind, auch von einem schweren Kran, an den Seitenluken dagegen von leichteren Kranen bedient wird. Die Krane selbst sind zunächst zum Zwecke einer Druckwasserersparnis bei geringeren Lasten in der bekannten Weise mit drei nebeneinander liegenden Hubzylindern ausgestattet, derart, daß z. B. bei den 1,5 t-Kranen die beiden äußeren Plunger zusammen 500 kg, der mittlere Plunger dagegen allein 1000 kg hebt, alle drei zusammen mithin 1,5 t. In dieser Mehrzylinderanordnung liegt eine der wesentlichsten

Abb. 821. Hydraulische Kaischuppenkrane (Stettin).

Überlegenheiten moderner hydraulischer Krane gegenüber älteren, bei denen die für die Wirtschaftlichkeit des Betriebes natürlich höchst wichtige Lastabstufung noch mit sogenannten Teleskopkolben vorgenommen wurde. Als eine weitere und wichtige Vervollkommnung des Triebwerkes hydraúlischer Krane ist der Ersatz der Schiebersteuerung durch Ventilsteuerung zu betrachten. Vor allen Dingen sind Ventilsteuerun gen erfahrungsgemäß viel leichter dicht zu halten als Schiebersteuerungen. Macht sich aber ein Nachdichten erforderlich, so kann dies bei den Ventilsteuerungen mit Leichtigkeit ausgeführt werden, ohne daß der Apparat von der Rohrleitung losgenommen zu werden braucht; das Nachdichten von Schiebern und Schieberflächen dagegen erfordert bekanntlich ungleich größere Mühe umd Arbeit. Das Verfahren der Portale wird aus den schon eingangs erwähnten Gründen auch hier zweckmäßig nur von Hand bewirkt und zwar von einem auf Mitte Portalbrücke aufgestellten Kurbelbock

[1]) Hauptsächlich kommen an aus Schweden Erzschiffe, aus England Schiffe mit landwirtschaftlichen Maschinen, Kohlen u. dgl., also jedenfalls kleinere Schiffe als in Häfen mit transatlantischem Verkehr.

aus. Bei der geringen Spannweite des Portals erscheint ein solcher zentraler Fahrantrieb durchaus genügend und jedenfalls einfacher, als eine gegen ein Ecken des Portals mitunter dulchgeführte Trennung der Fahrantriebe für beide Laufschienen[1]). Bemerkenswert für die ganze Disposition der Verladearbeiten im Stettiner Hafen ist noch die völlige Trennung des Umschlagverkehrs von dem Lagerverkehr. Der Umschlagverkehr, als der wichtigere, soll richtigerweise von den übrigen Arbeiten in und am Schuppen keinesfalls gestört werden. Deshalb kann sich hier der ganze übrige Verkehr landseitig hinter dem Schuppen abwickeln. Zu dem Zweck überspannen diesseits, analog der kaiseitigen Anordnung, die Rampe und die Eisenbahngleise vier besondere hydraulische Halbportalkrane, die in Verbindung mit acht feststehenden kleinen Kellerkranen die Landverladung des Lagergutes besorgen. Für diese letztgenannten kleinen Drehkrane (Becker) ist als Hubantrieb abweichend Elektrizität gewählt worden; einesteils weil die Krane sehr vereinzelt — nur an den Enden und in der Mitte zweier langer Schuppen — stehen, andernteils, weil durch eben diese der kalten Zugluft sehr ausgesetzte Lage die Verwendung eines hydraulischen Mechanismus doch bedenklich wäre. Im übrigen

Abb. 822.

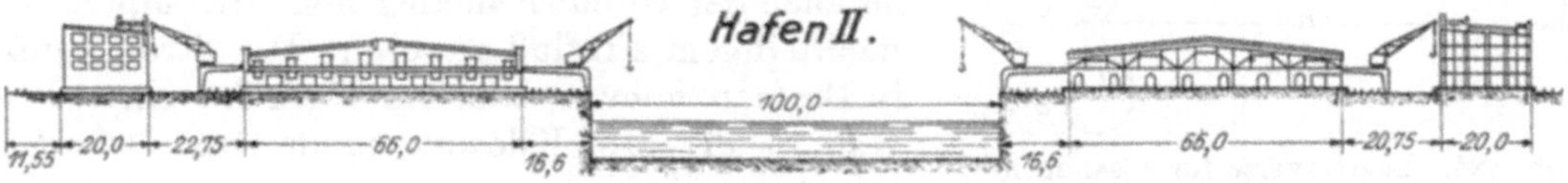

Abb. 823.

Abb. 822 und 823. Verteilung des Güterverkehrs (Bremen).

ist die Ausbildung der Kellerkrane so einfach wie möglich gehalten, z. B. erfolgt das Schwenken nur von Hand, damit sie eventuell auch von den Rollkutschern selbst bedient werden können.

Eine solche zweckmäßige Trennung des Verkehrs ist übrigens auch in den vorgenannten Bremer Häfen in weitgehender Art durchgeführt worden: Reiner Umschlag an der Kaje zwischen Schiff, Schuppen und Eisenbahnwagen wechselseitig, Uferkrane überspannen am Hafen I zwei, am Hafen II drei Eisenbahngleise, an der Landseite, d. h. zwischen Schuppen und Speicher ebenfalls zwei Gleise, sowie Anfuhrmöglichkeit für Fuhrwerk. (Abb. 822 bzw. 823). Diese Möglichkeit ist auch an den Schuppengiebeln und in den eingebauten Schuppenhöfen vorhanden. Transport der einzulagernden Güter vom Schuppen zum Speicher durch Speicherkrane; Güterbewegung innerhalb der Speicher durch Aufzüge und Winden. — Für die Erweiterung des Hafens II besteht der Plan, an der Kaje vier Gleise anzulegen, die vom Kranportal zu überspannen sind. Hierbei soll, um nicht mit zu großer Ausladung arbeiten zu müssen, die Bauart mit auf dem Obergurt des Portals fahrbarem Kranhaus verwendet werden — eine Bauart, die wohl bei Verladebrücken üblich, bei Uferkranen für Seehäfen in größerer Anzahl immerhin neu ist.

Die vorhin erwähnte wechselweise Aufstellung der Kaikrane ermöglicht im allgemeinen das Heben bis 4 t schwerer Lasten durch das Zusammenarbeiten zweier Krane. Für eine den verschiedenen Tragkräften derselben entsprechende Gewichtsverteilung werden dann zweckmäßig derart ungleicharmige Traversen (Abb. 824) benutzt, daß die

[1]) Beispielsweise werden die neueren Halbportalkrane im Hamburger Hafen dadurch verfahren, daß unten an Kaikante 2 Mann und oben an der Schuppenschiene noch ein Mann kurbeln müssen. Neuerdings werden die Halbportalkrane auch dort mit elektrischem Fahrwerk ausgerüstet. — Im übrigen sei hier bemerkt, daß sich der zentrale Fahrantrieb — mit einem mittleren Motor und beiderseitigen Transmissionsleitungen — selbst bei längsten Verladebrücken, bis 127 m Spannweite, bewährt hat; vgl. Garlepp: Z. V. d. I. 1910, S. 1879.

Schwerlast P in einem Punkte derselben angreift, dessen Abstände a und b von den beiden Kranhaken den Tragkräften P_1 und P_2 der letzteren umgekehrt proportional sind[1]).

Nicht minder als die Erfahrungen in Stettin die Eignung des Druckwassers für den Kranbetrieb in Seehäfen ergeben haben, waren auch die diesbezüglichen Resultate im Bremer Freihafen durchaus günstig ausgefallen. Dieses Ergebnis ist hier insofern wohl noch beachtenswerter, als die Beurteilung der Arbeitsweise hydraulischer Krane hier sich auch an Vergleiche mit andersartig, aber unter den nämlichen Voraussetzungen, betriebenen Kranen anlehnen konnte. Zu der nachstehend wiedergegebenen Tabelle der Betriebsergebnisse der verschiedenartigen drei Bremer Hafenanlagen[2]) sei zunächst erwähnt, daß alle der Wertbemessung zugrunde liegenden Voraussetzungen — z. B. die in den Betrag für die Unterhaltungskosten der Krane einbegriffenen Einzelkosten für Beaufsichtigung, Reparatur, Schmier- und Putzmaterial, Versicherung und dergleichen — bei allen drei Anlagen dieselben gewesen sind, so daß die Ergebnisse eben auch direkt miteinander verglichen werden können. Allerdings muß gesagt werden, daß sich die Kosten für eine Tonne bewegter Lasten bei den elektrisch- und den gasbetriebenen Kranen auch damals schon wohl etwas günstiger gestellt hätten, wenn diese Anlagen hätten intensiver ausgenutzt werden können. Für das Ergebnis in Sonderheit des elektrischen Kranbetriebes ist auch der verhältnismäßig hohe Strompreis von nachteiligem Einfluß gewesen. Der Strom mußte in Bremen vom städtischen Werk für einen Preis von 10 Pf. pro Kilowattstunde bei 7000 Volt Spannung (Drehstrom) entnommen werden; dessen Umformung in Gleichstrom von 440 Volt und teilweise Aufspeicherung in Akkumulatoren ergab dann z. B. für 1909 den in der Tabelle eingesetzten relativ hohen Preis von 18,122 Pf. pro Kilowattstunde. Daß im folgenden

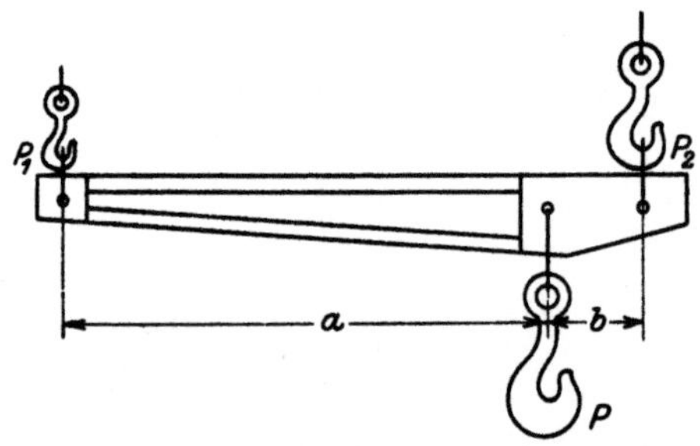

Abb. 824. Lasttraverse für zusammenarbeitende Krane ungleicher Tragfähigkeit.

[1]) Ein solches Zusammenarbeiten zweier Krane (zum Bewegen von Lasten bis 4,5 t) unter Zuhilfenahme von Tragbalken geschieht auch in Bremen in ausgedehntem Maße.

[2]) Die verschiedenen Krananlagen des Bremer Hafens verteilen sich heute wie folgt:

Hafen I:	62	hydraulische Uferkrane	für	1500	kg
	25	„ „	„	2400	„
	1	„ „	„	4000	„
	1	„ „	„	10000	„
	17	„ Speicherkrane	„	1500	„
	47	„ Aufzüge	„	1000/1500	„
	22	„ Winden	„	1500	„
	28	„ Spills			
	1	elektrischer Uferkran	„	1500	„
	1	dampfbetrieb. Schwimmkran	„	45000	„

(Bei der — noch für das laufende Jahr — geplanten Vermehrung der Hebezeuge am Hafen I werden weitere elektrische Krane zur Aufstellung kommen.)

Hafen II:	59	elektrische Uferkrane	für	2500	kg
	6	„ Speicherkrane	„	1500	„
	15	„ Speicheraufzüge	„	1500	„
	30	„ Spills			
	2	„ Rangierwinden			
	1	Benzin-Schwimmkran	„	10000/12,500	kg
Hohentorshafen:	14	elektrische Winden	„	1000	kg
	1	„ Spill			
	1	„ Rangierwinde.			

Es sind im Bereiche der Bremer Lagerhausgesellschaft heute also insgesamt 203 hydraulische und 129 elektrisch betriebene Hebe- und Transportanlagen vorhanden. Davon sind eigentliche Hafenkrane 89 hydraulisch und 60 elektrisch, während das Verhältnis noch kurz vor dem Kriege 99 hydraulische und 32 elektrische Hafenkrane war. — Über die im Bremer Hafen III arbeitende pneumatisch-mechanische Getreideumschlaganlage s. an späterer Stelle.

Jahre ein günstigeres Resultat hinsichtlich der Stromkosten und weiter auch der Förderkosten pro gekrante Tonne erzielt werden konnte, hatte seinen Grund, wie bemerkt, darin, daß fast immer direkt von den Umformern gearbeitet werden konnte und daß auch die Reparaturkosten erheblich niedriger als vorher waren. Andererseits würde aber auch das Druckwasser billiger werden, wenn es möglich gewesen wäre, die Pumpmaschine stets mit dem günstigsten Wirkungsgrade laufen zu lassen und den zeitweiligen Überschuß aufzuspeichern. Indes ist auch diese ungünstigere Arbeitsweise durch die besonderen Hafenbetriebsverhältnisse dort bedingt. Gerade die allabendlichen Überstunden einiger weniger Hebezeuge, wobei die Maschinen sehr ungünstig arbeiten, kosten ja unverhältnismäßig viel.

Hydraulischer Kran-Betrieb (Hafen I):

Betriebsjahr	Total bewegte Last	Totaler Druckwasserverbrauch	Totaler Kohlenverbrauch		Totale Unterhaltungskosten[3])	1 cbm Druckwasser kostet	1 cbm Druckwasser bewegt	1 t Last verbraucht Kohlen	1 t Last verbraucht Druckwasser	1 t Last kostet
	t	cbm	kg	ℳ	ℳ	ℳ	t	kg	cbm	ℳ
1908	1324794	231693	986330	20028	46646,15	0,288	5,718	1,086	0,175	0,0503
1909	1394791	264232	1047700	19942	66145,10	0,254	5,278	0,751	0,1895	0,0474
1910	1401592	271584	1048400	20425	69091,45	0,254	5,16	0,748	0,194	0,0492

Elektrischer Kran-Betrieb (Hafen II):

Betriebsjahr	Total bewegte Last	Totaler Stromverbrauch	Totale Stromkosten	Totale Unterhaltungskosten[3])	1 KWSt. kostet	1 KWSt. bewegt	1 t Last verbraucht Strom	1 t Last kostet
	t	KWSt.	ℳ	ℳ	ℳ	t	KWSt.	ℳ
1908	318710	49527	8599	32645,58	0,17362	6,43	0,155	0,1024
1909	339570	53594	9712,30	40396	0,18122	6,335	0,157	0,1189
1910	362070	62460	9920,76	27609,70	0,15932[2])	5,961	0,168	0,0765

Gasmotorischer Kran-Betrieb (Hohetorshafen)[1]):

Betriebsjahr	Total bewegte Last	Totaler Gasverbrauch	Totale Kühlwasserkosten	Totale Unterhaltungskosten[3])	1 cbm Gas kostet	1 cbm Kühlwasser kostet	1 t Last verbraucht Gas	1 t Last kostet
	t	cbm	ℳ	ℳ	ℳ	ℳ	cbm	ℳ
1909	85556	1994	600	6133	0,135	0,120	0,172	0,102

Auch in Bremen war das wirtschaftlich so zufriedenstellende Arbeiten mit den hydraulischen Kranen erst wieder nach Vornahme einer Reihe grundsätzlicher Konstruktionsverbesserungen an diesen erreicht worden. Zunächst gleichfalls durch die Einführung der Mehrzylindermaschinen an Stelle der alten Teleskopkolbenmaschinen, deren Hauptübelstände darin bestanden, daß sowohl die innenliegenden Stopfbüchsen nicht dicht zu halten waren als auch darin, daß das Entwässern des Zylinders schwierig bzw.

[1]) Diese Krananlage (Abb. 825), deren Betrieb zwar außerordentlich einfach und billig war — ein 10 pferdiger Gasmotor betrieb durch Transmission alle vier Krane — eigenete sich allerdings nicht für Seeschiffe, da die Last noch durch die Hand des Arbeiters eingeschwenkt wurde und die Ausladung deshalb nur ganz gering sein mußte. Die Anlage ist inzwischen erweitert und für elektrischen Betrieb eingerichtet worden.

[2]) Die Batterien wurden nur in Ausnahmefällen zur Arbeit herangezogen, da das Städt. Werk in der Lage war, während des ganzen Tages genügend Strom zu liefern.

[3]) Das sind Kosten für Beaufsichtigung, Reparaturen für Krane, Maschinen, Kessel und Hauptrohrbzw. Kabelleitungen, ferner für Schmiermaterial, Putzwolle, Heizung der Kranhäuser, sowie für Feuerversicherung; nicht enthalten sind jedoch die Kosten für Verzinsung und Amortisation sowie die Löhne für die Kranführer.

unrationell war. Die unzweckmäßige Anordnung jener alten Teleskopkolben[1]) machte es nämlich nötig, daß für die Entwässerung des Zylinders jedesmal erst der Lasthaken ganz hochgezogen wurde, damit das Druckwasser aus dem inneren Arbeitsraume der Kolben herausgedrückt wurde. Daß das auf diese Weise nutzlos verbrauchte Hubwasser bei einer so großen Anzahl von Kranen die Wirtschaftlichkeit des Betriebes natürlich beeinträchtigen mußte, ist begreiflich. Eine weitere Vervollkommnung war bei den Bremer Druckwasserkranen durch die Einführung einer Ventilsteuerung bewirkt worden, bei der nicht nur für jeden der drei verschiedenen Arbeitsquerschnitte der Hubmaschine zwecks geringen Wasserverbrauches ein besonderes Ventil vorgesehen ist, sondern bei der auch der Steuerapparat selbst vorteilhaft dadurch geschont wird, daß die Drosselung des Preßwassers nicht mehr an dem Sitz des Ventils, sondern längs einer mantelförmigen Verlängerung desselben vor sich geht.

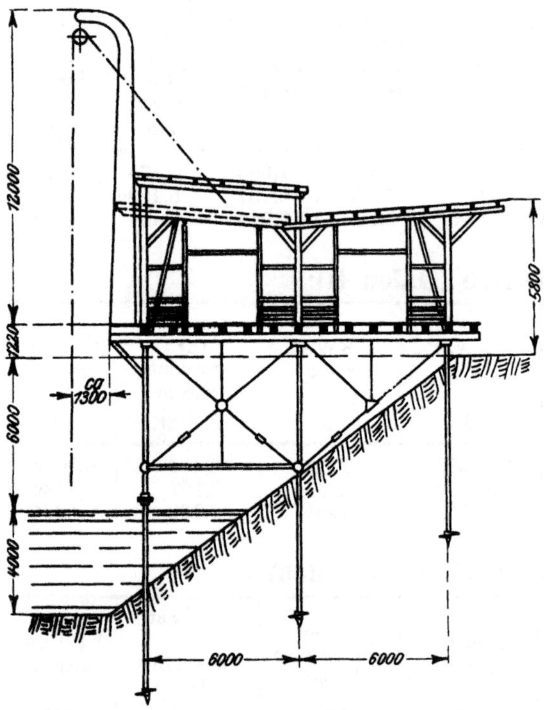

Abb. 825. Gasmotorischer Kaischuppenkran (Bremen).

Zu den betriebstechnisch wichtigsten Erfordernissen für ein zufriedenstellendes Arbeiten einer hydraulischen Krananlage gehören die Maßnahmen gegen eine schädliche Einwirkung des Frostes und der Wärmeausdehnung[2]). Unter erstere fällt außer der bereits erwähnten leichten und gründlichen Entwässerbarkeit der Krane eine zweckmäßige Anwärmung des Druckwassers. Diese erfolgt in unseren neueren großen hydraulischen Hafenbetrieben in der Regel[3]) zweckmäßig dadurch, daß das Wasser schon vom Maschinenhaus aus durch die Kondensation mit etwa 30° in die Hauptdruckrohrleitung tritt, durch die es ohne allzu große Wärmeverluste den Kranen zugeführt wird. Wie vollkommen genügend dieses Verfahren ist, zeigt sich dadurch, daß, sowohl in Bremen wie auch in Stettin, das Wasser selbst im strengsten Winter die Krane nach getaner Arbeit noch mit einer Temperatur von etwa 6—10° verläßt Die oft sehr große Länge der Druckrohrleitungen — z. B. liegt in Bremen der entfernteste Kran noch über 2 Kilometer von der Zentrale ab — spielt für die Wärmeverluste keine allzu große Rolle, da die Leitungen bei der Aufführung der Kaimauern in unterirdischen Kanälen ja leicht und ohne besonders hohe Kosten vollkommen frostsicher verlegt werden können[4]). Zum Schutz gegen schädliche Ausdehnungen der umfangreichen Druckrohrleitungen in Seehäfen sind genügend Kompensationseinrichtungen in gleichem

[1]) Diese bestanden aus zwei achsial ineinander verschieblichen und an ihrer inneren Gleitstelle abgedichteten Rohren, deren Druckwirkungen einzeln 500 bzw. 1000 kg, gemeinschaftlich demnach 1500 kg betrugen.

[2]) In Gegenden mit milderem Klima ist die Frostgefahr natürlich weniger beachtlich; z. B. schon in England, wo infolgedessen im Antrieb von Hafenkranen die Hydraulik selbst heute noch eine verhältnismäßig große Rolle spielt, obwohl auch dort die Vervollkommnung elektrischer Betriebsweise dieser eine schnell zunehmende Einführung verschafft.

[3]) In eigenartiger Weise erfolgt in Bremen das Anwärmen des Wassers bei dem größten hydraulischen Kran (10 t) — der zum Verladen schwerer Güter (Maschinen, Automobile, Möbeltransportwagen u. a.) dient — noch dadurch, daß die Abgase des Ofens im Führerhaus durch die Zylinderummantelung ins Freie geführt werden.

[4]) Wo dies nicht ohne weiteres möglich ist, wie z. B. bei der Rohrüberführung zum Becken II des Stettiner Freihafens, kann man die Rohre unter Wasser einfach frei auf Böcke lagern.

Maße und unbedingt erforderlich. Bei den vorbetrachteten Anlagen hat man zu dem Zweck in die Leitung eine Anzahl Zwischenrohrstücke eingeschaltet, die eine Bewegung der anschließenden Rohrstrecken in ihren Flanschen gestatten.

Daß die weitere Entwicklung des Kranbaues und insbesondere auch der Hafenkrananlagen durch die in der Folgezeit eingetretene Vervollkommnung in der Erzeugung und der Verwendung des elektrischen Stromes geradezu überstürzend zugunsten des elektrischen Antriebes sich vollzogen hat, ist allgemein bekannt. Fast alle nicht nur in den folgenden Abschnitten sondern auch in den übrigen Teilen dieses Buches behandelten Ausführungen sind ja Beispiele und Beweise dafür. Es schien mir aber gewissermaßen eine Ehrenpflicht gegenüber dem Druckwasserantrieb zu sein, der uns Älteren und unseren Vätern Jahrzehnte hindurch gut gedient hat und dem auch der heutige Kranbau noch manches verdankt, etwas länger bei ihm zu verweilen, als es vielleicht schon seine heutige, viel weniger aber noch seine künftige Stellung in der Transportwirtschaft rechtfertigt. Wie die vorerwähnte Entwicklung sich vor allem natürlich wirtschaftlich auswirkt, läßt u. a. die nachstehende Übersicht über die heutigen Umschlagskosten[1]) mittels elektrisch und hydraulisch betriebener Ladeeinrichtungen[2]) der Stettiner Hafenbetriebsgesellschaft m. b. H. erkennen:

	größte Leistung	mittlere Leistung	Stromverbrauch	Kraftkosten	Bedienungskosten	Unterhaltungskosten	Gesamtkosten
	t/st	t/st	KWSt.	Pf./st	Pf./st	Pf./st	Pf./st.
Kipper	240	102	0,44	8,8	8,6	3,2	20,8
Brücken	60	32	0,58	11,6	4,8	2,0	18,4
			Druckwasserverbrauch	Kosten f. d. Erzeugung von Druckwasser			
			cbm/t	Pf./t	Pf./t	Pf./t	Pf./t
hydr. Krane		8,2	0,288	13,8	6,5	7,7	28,0

Was die Kosten des Druckwasserbetriebes für normale Stückgut-Kaikrane im Vergleich zu den Kosten gleichartiger elektrischer Krane anlangt, so ergaben sich aus vorstehender Tabelle die Kosten für die Erzeugung des Preßwassers zu 13,8 Pf. je t Umschlagsgut, nach in Hamburg und Bremen mit elektrischen Stückgutkranen gemachten Erfahrungen verbrauchen diese etwa 0,16 kW-st. Bei dem z. Zt. dort geltenden Strompreise von 25 Pf./kW-st würden sich also die Energiekosten für 1 t Umschlagsgut beim elektrischen Betrieb auf nur 4 Pf. stellen. Berücksichtigt man noch, daß bei letzterem durch Fortfall der erheblichen Kapital-, Verwaltungs- und Unterhaltungskosten der Preßwasserzentrale erhebliche Ersparnisse gemacht werden, so ergibt sich eine weitere Verbilligung des elektrischen Kranbetriebes gegenüber dem hydraulischen.

Von den Faktoren, die Einfluß auf die Annehmlichkeit und auch auf die Wirtschaftlichkeit des Kranbetriebes haben können, sei noch die Wahl des Huborganes mit wenigen Worten berührt. Während bekanntlich bei fast allen anderen Anwendungen von Kranen das Drahtseil die Kette verdrängt hat, hat sich letztere im Hafenbetrieb doch bis heutigen Tages noch ausgiebig erhalten. Bei hydraulischen Kranen, bei denen nicht, wie bei elektrischen, Rücksicht auf die Aufwickelbarkeit des Lastorganes auf eine Trommel zu nehmen ist, kann man sich die bedeutend größere Dauerhaftigkeit von Ketten

[1]) D. s. reine Betriebs- und Unterhaltungskosten (Verwaltungs- und Kapitalkosten sind dabei nicht berücksichtigt).

[2]) Die den Ermittlungen zugrunde liegenden Einrichtungen sind ein Seeschiff-Kohlenkipper, sog. Schwingkipper, von 30 t Tragkraft und drei Verladebrücken mit Laufkatze von 5 t Tragkraft im Reiherwerderhafen sowie die Druckwasserkrane im Freibezirk.

recht wohl und mit Vorteil noch zunutze machen. Die diesbezüglichen Erfahrungen in Bremen, wo sämtliche Krane mit Gliederketten als Huborgan arbeiten, haben die Betriebsdauer der letzteren als zehnmal so groß wie bei Seilen ergeben. Während ein Seil wohl höchstens 1—2 Jahre läuft, sind dort Ketten in Betrieb, die, abgesehen von vereinzelten Gliederausbesserungen, schon seit 20 Jahren arbeiten. In anderen Fällen allerdings sucht man auch bei neueren Druckwasserkranen durch die Verwendung von Seilen deren Vorzüge eines geräuschloseren und sanfteren Ganges zu gewinnen. Um die Lebensdauer der Seile dann aber einigermaßen genügend groß zu haben, muß man vor allem für reichliche Rollendurchmesser —in den normalen Fällen nicht unter 700 mm — Sorge tragen. Aber selbst dann ist bei allen Hafenkranen, insbesondere für Seeschiffe, zweckmäßig am Ende des Seiles, wo es den Haken trägt und in die Schiffsluken eingelassen wird, noch ein reichlich langes Lastkettenstück einzuschalten. Dieses verhindert wirksam das vorzeitige Durchscheuern des Seiles an den Lukenkanten und dient gleichzeitig als Hakengewicht. Eine solche Anordnung besitzen beispielsweise auch die abgebildeten elektrischen Krane in Bremen. Auch empfiehlt sich beim Umschlingen scharfkantiger Lasten (Maschinenteile, Kisten u. dgl.) die Benutzung sog. Seilschützer, außen abgerundeter eiserner Winkelstücke, die zwischen Seil und Lastkante zur Schonung beider eingelegt werden..

Weniger einer wirtschaftlichen Notwendigkeit als dem Zuge der Zeit folgend, ist man bei diesen in Abb. 820 veranschaulichten Hafenanlagen im Zollausschlußgebiet von Bremen zu elektrisch betriebenen Kranen übergegangen. Auf jeder Seite des neuen Hafenbeckens sind daselbst 14 bzw. 16 Krane (Augsburg-Nürnberg und je einer von Flohr und Grusonwerk) angeordnet, die, wiederum von Hand verfahrbar, sich auf den ersten Blick durch eine luftige Fachwerkskonstruktion ihrer Portale auszeichnen. Eine solche Durchbildung der Eisenkonstruktion dürfte grundsätzlich natürlich namentlich für große und stark benutzte Häfen, wo die vielen, dicht nebeneinander arbeitenden Krane fast eine durchlaufende Überdachung des Kais abgeben, besonders schätzenswert sein. Allerdings sollte die Leichtigkeit der Konstruktion dabei — mit Rücksicht etwa auf leichte Beweglichkeit und viel weniger natürlich noch auf billigen Anschaffungspreis — nicht zu weit getrieben werden: Die schon aus der Abb. 820 erkennbare Leichtigkeit der Portalkonstruktion hat bei diesen Bremer Kranen s. Zt. dazu geführt, daß die Portale, namentlich beim Einsetzen der Bewegungen, sichtbar zitterten und daß demzufolge Nieten sich gelockert hatten (besonders am Stock des Schwenkritzels).

Das enge Aneinanderstehen der Krane ließ nach dem einleitend Gesagten auch hier eine Einziehbarkeit des Auslegers zweckmäßig erscheinen. In Anbetracht jedoch der verhältnismäßig seltenen Vornahme der Auslegerverstellung konnte man hier, ganz ähnlich wie auch noch bei den neueren Hamburger Kranen, mit einer Spindelverstellung (von 13 bis auf 10 m) durch Handkettenantrieb auskommen. (Bei Neuausführung werden die Einziehwerke für die Ausleger indes auch hier nicht mehr von Hand sondern elektromotorisch betätigt.) Die Arbeitsgeschwindigkeiten sind bei diesen elektrischen Kranen, denen der Strom durch je ein biegsames Kabel mit Steckkontakt an der Schuppenwand zugeführt wird, etwas größer als bei den älteren hydraulischen Kranen gewählt worden: Während bei jenen die Maximallast von 2,4 t mit 0,80 m/sek gehoben und mit 2,0 m/sek geschwenkt werden konnte, sind die entsprechenden Werte hier zu 0,85 m/sek bzw. 2,5 m/sek angenommen worden.

Die Entwickelung der Hafenkrane in Hamburg[1]) bekundet indes einen entschiedenen Übergang zur Elektrizität als Antriebsmittel. Nachdem auch dort (am Magdeburger Kai) versuchsweise eine Anzahl Krane hydraulisch betrieben worden waren, ist man bei der späteren Erweiterung der Anlagen beim Dampfantrieb geblieben, weil man die Vorteile hydraulischen Betriebes dort nicht als so ausschlaggebend ansah, daß man dafür die vermeintliche Gefahr des Einfrierens in den Kauf nehmen wollte. Als dann, gegen

[1]) Näheres s. u. a. bei Haase: Die modernen Lösch- und Ladeeinrichtungen. Gustav Fischer, Jena 1913; Arndt: Seehafenentwicklung. M. Krayn, Berlin 1913.

Ende des vorigen Jahrhunderts, die Bewegung zugunsten der Elektrizität einsetzte, sind die folgenden Krane nur mehr elektrisch ausgeführt worden. Man fühlte sich hierzu um so mehr veranlaßt, als zu dem Zweck eine eigene, sehr große elektrische Zentrale gebaut worden war[1]). Bei der erfreulichen Entwickelung, die der Hamburger Hafen in unserm Jahrhundert genommen hat[2]), dürfte seine Krananlage und insbesondere die elektrisch betriebene heute wohl als eine der größten der Welt, wenn nicht sogar als die größte, anzusehen sein[3]). Die große Anzahl der seit Anfang dieses Jahrhunderts neu angeschafften elektrischen Krane — fast ausnahmslos von Halbportalform — wurde dadurch noch außerordentlich erhöht, daß auch die zahlreichen aus früherer Zeit noch vorhandenen Brownschen Dampfkrane (ungefähr 200 Stück) nach und nach großenteils in elektrische umgewandelt worden sind[4]).

Einen kleinen Begriff von der Reichhaltigkeit der Kranausstattung der Hamburger Häfen kann man auch durch die Betrachtung der in Abb. 819 veranschaulichten einen Kaiseite des Kuhwärder Beckens (Kaiser-Wilhelm-Hafen) erhalten. Dieses schon im Jahre 1904 fertiggestellte Hafenbecken dürfte hinsichtlich der Anzahl der an ihm arbeitenden Krane — 126 Halbportalkrane und 8 Vollportalkrane — wohl als die reichstausgestattete

---

[1]) Diese Zentrale ist samt zugehörigem Kabelnetz i. J. 1919 an die Hamburgischen Elektrizitätswerke übergegangen. Seitdem erfolgt die Versorgung des Hafens von den Großkraftwerken der H. E. W. durch hochgespannten Drehstrom, der in mehreren Unterkraftwerken im Hafen in Gleichstrom umgewandelt wird.

[2]) Z. B. hat die Anzahl der angekommenen Br.-Reg.-Tonnen betragen im Jahre 1900: 8037514, im Jahre 1905: 10380775 und im Jahre 1910: 12657000. (Die entsprechende Zunahme in diesem Dezennium betrug in anderen Welthäfen: Liverpool von 9316000 auf 10881000, London von 15553000 auf 18631000, Marseille von 6164000 auf 9441000, Rotterdam von 6327000 auf 10659000, Antwerpen von 5692000 auf 10756000.) — Die Verkehrsentwicklung des Hamburger Hafens ist in der Folgezeit im Vergleich z. B. mit den kontinentalen Welthäfen Rotterdam und Antwerpen nicht in gleichem Maße günstig verlaufen. Der bis Anfang 1925 feststellbare Monatsdurchschnitt der angekommenen Tonnage (N.-R.-T.) ist in diesen Häfen für die Jahre 1913, 1923 und 1924 folgendermaßen:

Hamburg	1186981	bzw.	1283410	bzw.	1301910
Rotterdam	1065488	„	950084	„	1251653
Antwerpen	1001556	„	1192339	„	1441320

Im ersten Halbjahr 1925 hat sich die Entwicklung für Hamburg wieder günstiger gestaltet, da in diesem der Schiffsverkehr betragen hat in Hamburg 6740 Schiffe mit rd. 8,5 Mill. N.-R.-T., in Rotterdam 5417 Schiffe mit 8,17 Mill. und in Antwerpen 4892 Schiffe mit 8,25 Millionen N.-R.-T., entsprechend einem Monatsdurchschnitt von rd. 1,42 bzw. 1,36 bzw. 1,38 Millionen N.-R.-T.

Besonders bemerkenswert und für die Ausbildung der Umschlageinrichtungen von einschneidendem Einfluß ist die Erscheinung, daß immer mehr der Hamburger Hafen zu einem Hafen für Stückgüter, der Rotterdamer Hafen dagegen zu einem solchen für Massengüter sich entwickelt hat.

[3]) Es arbeiteten allein in den staatlichen Freihafenbetrieben Hamburgs vor dem Kriege:

An fahrbaren Kranen (an der Wasserseite der Schuppen laufend) 332 elektrische Krane, von $2^1/_2$—3 t Tragfähigkeit, 237 fahrbare Dampfkrane von 1,5—2,5 t Tragfähigkeit, 79 fahrbare Handkrane von 1 t Tragfähigkeit; an feststehenden Kranen (besonders an der Landseite der Schuppen) 48 elektrische Krane von 1,25 bis 2,5 t Tragfähigkeit, 17 hydraulische Krane von 2 t Tragfähigkeit, 60 Handkrane von 2,5 t Tragkraft und viele andere mehr, insgesamt 805 Hebezeuge von im ganzen rund 2 Millionen kg Tragkraft. Zu Beginn des Jahres 1924 ist die Zahl der elektrischen Krane auf 688 gestiegen; außerdem arbeiten im Freihafen heute noch 17 hydraulisch, 65 dampf- und 65 handbetriebene Krane — insgesamt also 835 Krane!

Diese stattliche staatliche Krananlage des Hamburger Hafens wird noch wesentlich vermehrt durch die Hebezeuge der Freihafen-Lagerhaus-Gesellschaft: 330 hydraulische, 9 elektrische, 11 durch Gaskraft und 202 durch Hand betriebene Hebezeuge bzw. Aufzüge. Zusammen stehen im Hamburger Hafenbezirk also 1387 Krane und Aufzüge zur Verfügung.

[4]) Diese Umwandlung geschah übrigens in der eigenen Werkstatt des Hafens derart, daß unter Weiterbenutzung der alten, noch gegossenen Unterwagen, sowie der kastenförmigen Blechausleger und der Säulen nur das (aus dampfbetriebenen Flaschenzügen bestehende) Windwerk und das Schwenkwerk nebst der elektrischen Installation erneuert wurden. (Die 1,5 t-Krane erhielten einen 14 PS-Hubmotor für 36 m/min und einen 5,6 PS-Schwenkmotor für 2 m/min Geschwindigkeit, die 2,5 t-Krane entsprechend einen 25 PS- und 5,6 PS-Motor für die gleichen Arbeitsgeschwindigkeiten.) Bei der sehr großen Anzahl solcher alten Dampfkrane fällt diese nur teilweise Modernisierung für den Erneuerungsfond doch ganz gewaltig ins Gewicht; kostet eine derartige Umänderung doch immer schon ein paar 1000 M. weniger als ein gänzlich neuer Kran, dessen Anschaffungskosten vorliegendenfalls auf vielleicht 15000 M. zu veranschlagen wären. — Wegen der heute benutzten größeren Tragfähigkeit und Ausladung werden jetzt alte Dampfkrane nicht mehr in elektrische umgebaut.

Anlage ihrer Art gelten. Die Photographie läßt bei der hier mitunter besonders dichten Aufstellung der Krane gleichzeitig das Zweckmäßige der Auslegereinziehbarkeit erkennen. Wie schon an früherer Stelle gesagt, kommen hier für die Entladung eines einzigen Schiffes oft 10 oder 11 Krane gleichzeitig zur Verwendung. Die Entladeleistung ist unter solchen Umständen natürlich ganz bedeutend. Es ist nichts Seltenes, daß eines der größeren Schiffe (von 8000 t) dann — bei Verwendung von 10 Kranen und Tag- und Nachtarbeit[1]) — bereits innerhalb 40 Stunden entleert ist. Die Stundenleistung eines Kranes beträgt dabei 20 t. Die in der Abbildung ersichtlichen Krane (Nagel & Kaemp) sind für eine Maximallast von 3 t und für von 11—8 m verstellbare Ausladungen gebaut. Von der durch die 14 m breiten Portale überspannten Grundfläche wird nur ein verhältnismäßig schmaler Streifen, nämlich nur für ein Eisenbahngleis, dem eigentlichen Ladebetrieb weggenommen, wohingegen der Ladeperron erheblich gegen sonst verbreitert worden ist. Eine solche Disposition muß im allgemeinen als recht zweckmäßig erscheinen, da hierbei das Arbeitsfeld des Kranes auf der Rampe zum Absetzen der Güter bedeutend vergrößert wird und infolgedessen gleichzeitig zwei Kolonnen von Lagermannschaften zum Transport des Schiffsgutes in die Schuppen beschäftigt werden können. Natürlich kann sich hierdurch die Leistungsfähigkeit der Krane — eine entsprechend schnelle Abfertigung im Schiffsinnern vorausgesetzt — beträchtlich erhöhen; es konnten hier mit Lasten von 1 t bei normalem Betrieb etwa 40, bei forciertem Betrieb sogar etwa 50 Kranspiele in der Stunde ausgeführt werden[2]). — Leider ließ sich in Hamburg über die Löschkosten per t eine einwandfreie Auskunft nicht erhalten, weil eine genaue Statistik darüber nicht geführt wird. Der Vorteil der elektrischen Krananlagen liegt dort, den Dampfkranen gegenüber, also weniger in ihrer größeren Wirtschaftlichkeit — wenn auch die günstige Ausnutzbarkeit einer dampfbetriebenen elektrischen Zentrale durch die Kraftabgabe am Tage und die Lichtversorgung bei Nacht die Wirtschaftlichkeit einer elektrischen Hafenkrananlage im allgemeinen erhöhen hilft — als vielmehr in ihrer steten Betriebsbereitschaft und auch in ihrer bequemeren Bedienbarkeit. Hinzu kommt vielleicht noch ein soziales Moment insofern, als auf elektrischen Kranen auch die Gesundheit der Kranführer mehr geschont wird als auf Dampfkranen.

Einesteils zur Erhöhung der Leistungsfähigkeit der Krane, andernteils zur besseren Ausnutzung ihrer Tragfähigkeit wird besonders beim Lösch- und Ladebetrieb, wo die Lasten sehr häufig aus Säcken, Ballen, Kisten u. dgl. von verhältnismäßig geringem Eigengewicht bestehen, die Benutzung einfacher Hilfsmittel von Vorteil sein, die ein leichtes Anschlingen mehrerer solcher Einzellasten ermöglichen. Besonders bewährt hat sich für den Transport von Säcken und Ballen in Hamburg das Arbeiten mit einer sog. Hangel, d. i. einer aus einer Eisenstange bestehenden Spreize, die nach Abb. 818 ein leichteres und schnelleres An- und Abschlagen der Lasten ermöglicht.

Die bei elektrischen und hydraulischen Krananlagen selbstverständliche **Zentralisierung der Krafterzeugung** hat man früher mitunter auch bei durch Dampf betriebenen Krananlagen durchgeführt. Auch hierfür bot der Hamburger Hafen zwei bemerkenswerte Beispiele: Die im Jahre 1890 am Asia- und Petersen-Kai angelegten 29 fahrbaren 2,5 t-Halbportalkrane (Nagel & Kaemp bzw. Beck & Henkel) wurden von einer gemeinsamen Kesselbatterie gespeist[3]), die, zweckmäßig in der Mitte der Kran-

[1]) Mit Rücksicht auf die häufiger vorkommenden Arbeiten bei Dunkelheit sind in Hamburg zweckmäßig die Belastungsgewichte der Kranhaken weiß gestrichen, wodurch sie für die Ladearbeiter wie für den Kranführer natürlich leichter erkennbar sind. Abgesehen von der dadurch möglichen schnelleren Arbeitsabwicklung ist diese an sich zwar geringfügige Maßnahme aber auch imstande, etwaige Beschädigungen oder Verletzungen bei Nachtbetrieb zu verhindern. — Es sei bei dieser Gelegenheit übrigens die interessante Tatsache festgestellt, daß die meisten Unglücksfälle bei dem Kranbetriebe Hamburgs nicht etwa am Kran selbst entstehen, sondern an Deck der Schiffe, und zwar hauptsächlich durch das Ausschlagen schief gefaßter langer Lasten (Hölzer o. dgl.), die von der Schiffwinde zwischen Bordwand und Kumming abgelegt werden sollen und den Arbeiter dabei in den Lukenraum stoßen.

[2]) Am Amerika- und O'Swald-Kai, der nur mit Laderampen von der üblichen kleineren Breite versehen ist, hat sich ergeben, daß die dort aufgestellten Halbportalkrane (Demag) mit Lasten von auch etwa 1 t bei gleichmäßigem Betrieb nur etwa 18, bei forciertem Betrieb bis 24 Kranspiele pro Stunde ausführen können.

[3]) Bestehend aus 5 Kesseln, für 10 at Dampfdruck, von zusammen 355 qm Heizfläche.

fahrstrecke angebracht, den einzelnen Kranmaschinen den Dampf durch an der oberen Laufschiene angeordnete Gelenkrohre zuführte. Geht durch die Zentralisierung der Krafterzeugung bei Dampfkranen nun an sich schon deren wertvollste Eigenheit, die völlige Selbständigkeit und Unabhängigkeit der Aufstellung von irgendwelchen Leitungen, verloren, so kam für den vorliegenden Fall auch nicht einmal der immerhin dadurch erreichte Vorteil entsprechend zur Geltung, den Kran durch den Fortfall des eigenen Kessels wenigstens leichter zu bekommen. Denn ein Verfahren der Krane, wobei sich dieser Fortfall günstig äußern könnte, kommt bei Ausführungen in Seehäfen ja nur verhältnismäßig wenig in Betracht. Die betriebliche Wirtschaftlichkeit der Anlage war zudem außerordentlich gering, sollen doch die 29 Dampfkrane ebensoviel Kohlen verbraucht haben wie 150 elektrische Halbportalkrane gleicher Verhältnisse (am O'Swaldkai)[1]. — Inzwischen ist diese an sich gewiß bemerkenswerte Anlage auch eingegangen: die Dampfkrane sind durch elektrisch betriebene ersetzt und die Dampfzentrale ist abgebrochen worden. Es ist begreiflich, daß dieses System, das sich natürlicherweise auch durch viel Kondensat kennzeichnet, ohne Nachfolge geblieben ist.

Was die Verwendung der so zweckmäßigen Halbportalkranform für den Kaibetrieb anlangt, dürften unsere deutschen Häfen zweifellos an erster Stelle stehen. Im Ausland begegnet man an ihrer Stelle viel häufiger den Vollportalkranen, teilweise sogar noch in recht eigenartigen Formen. Die Abb. 826 bis 834 lassen z. B. die typischen Kranarten des Hafens von London erkennen, die, sämtlich hydraulisch betrieben, auf den ersten Blick mehr die Mannigfaltigkeit ihrer Systeme als die Zweckmäßigkeit ihrer Bauart zum Ausdruck bringen. Die Einfachheit der Durchbildung scheint sich allerdings günstig wenigstens in den niedrigen Anschaffungspreisen dieser Krane bemerkbar zu machen. So werden die Kosten des zweifellos vollkommensten Kranes I, der mit Fahr- und Wippbarkeit und für eine Tragfähigkeit von 24 Cwts. (d. i. etwa 1,2 t) ausgestattet ist, zu 726 £, die des fahrbaren 30 Cwts.-Kranes II zu nur 575 £ und die des fahrbaren 30 Cwts.-Kranes IV sogar zu nur 415 £ angegeben. — Es sei hier nachgetragen, daß ja auch bei uns die Anschaffung hydraulischer Krane wesentlich billiger als die elektrischer ist, selbst heute noch, wo die scharfe Konkurrenz die Preise gerade für die elektrischen Krane außerordentlich gedrückt hat. Man kann wohl, ganz ungefähr, sagen, daß sich die Anlagekapitalien für die beiden Kranarten heute wie 2:3 verhalten, oder mit anderen Worten, daß ein vollständiger hydraulischer Hafenkran nur so viel kostet wie ein entsprechender elektrischer Kran ohne die elektrische Ausrüstung.

Mit ähnlichem Vorteil, wie bei den vorbesprochenen Seehäfen, können Halbportalkrane auch in den Betrieben von Binnenhäfen benutzt werden. Der volle Erfolg erfordert indes hier die besondere Anpassung an die veränderten Betriebsbedingungen insofern, als einerseits ein größerer Wert auf das Verfahren des Kranes zu legen ist, als andererseits aber wieder auf das dichte Zusammenarbeiten der Krane Rücksicht nicht genommen zu werden braucht. Die erstere Bedingung des öfteren Verfahrens der Krane am Kai, die, wie gesagt, Druckwasser als Betriebsmittel ungleich mehr für Seehafenkrane empfiehlt, läßt ein maschinelles Verfahren des Portales hier nicht selten erwünscht erscheinen; die letztgenannte Möglichkeit dagegen läßt wieder eine Vereinfachung der Bewegungsmechanismen des Kranes dadurch zu, daß eine Verstellbarkeit des Auslegers in Fortfall kommen kann.

Die Anwendung von Halbportalkranen in Flußhäfen zeigen die Abb. 835 und 836 Erstere gewährt einen Blick in den Rheinhafen von Köln. Sie zeigt einen Teil der noch hydraulisch betriebenen Anlagen, während der neuere Teil des Hafens schon durch elektrische Krane bedient wird. Auch hier weisen die neueren der hydraulischen Krane (Dinglinger) — von den 34 Druckwasserhebezeugen stammen die ersten 28 bereits aus dem Jahre 1896 — eine Reihe konstruktiver und betrieblicher Vorteile gegen die älteren (Hoppe) auf.

---

[1]) Die Wirtschaftlichkeit der gemeinsamen Kesselanlage war zwar größer als die früherer Einzelkesselanlagen, doch waren die (Brownschen) Krane an sich wegen ihrer großen Zylinder auch große Dampffresser.

Zunächst ersetzte man wieder die Teleskopmaschine des Hubwerkes durch eine Mehrzylindermaschine und erreichte damit die bekannten, an früherer Stelle bereits aufgezählten günstigen Wirkungen. Sodann ließ man die umständliche Rückleitung des verbrauchten Wassers, das man gegen Einfrieren mit einem Glyzerinzusatz versehen hatte, fortfallen und arbeitete einfach mit Abwasser. Die Betriebsverhältnisse in Köln haben es als hinreichend ergeben, wenn das Druckwasser sogar ohne besondere

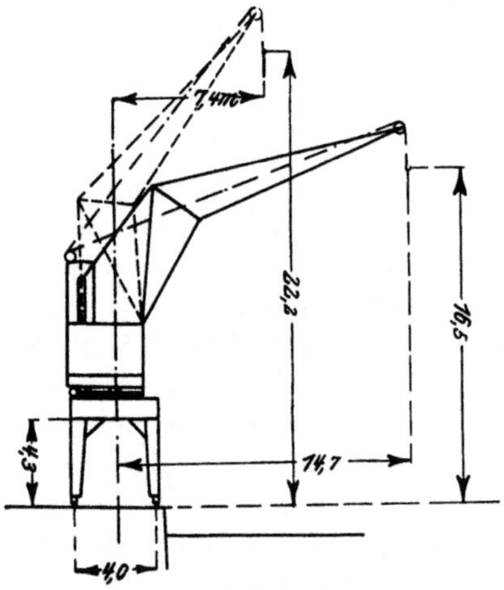

I. Abb. 826.

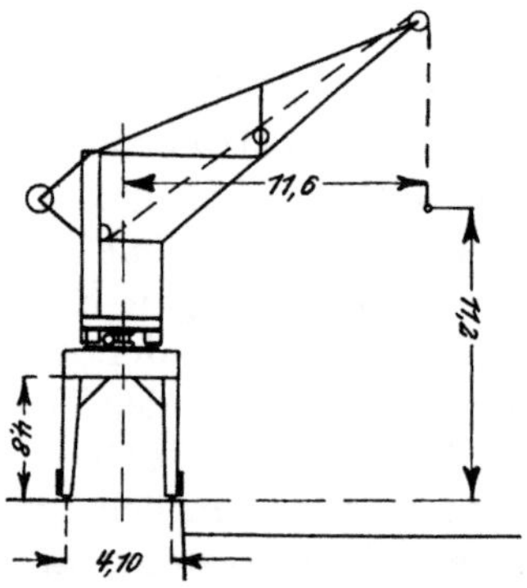

II. Abb. 827.

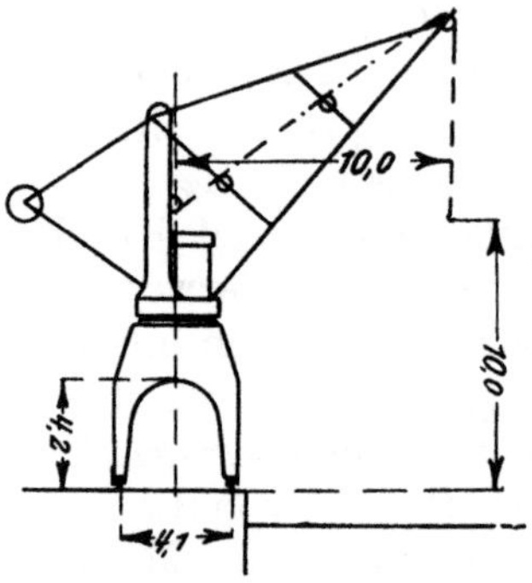

III. Abb. 828.

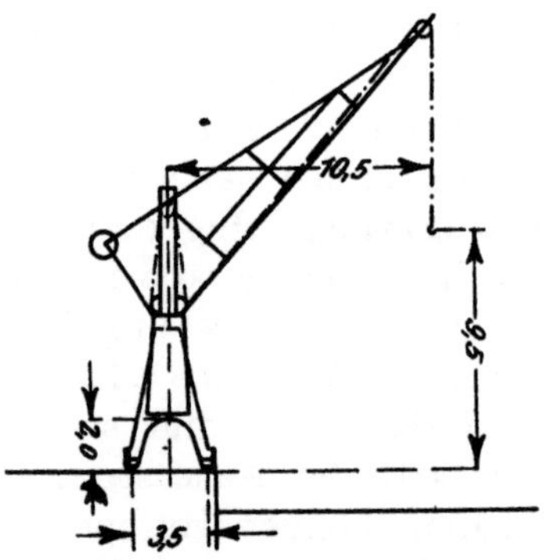

IV. Abb. 829.

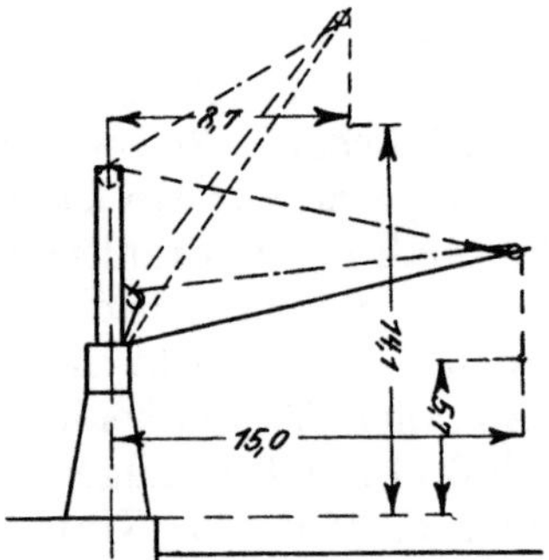

V. Abb. 830.

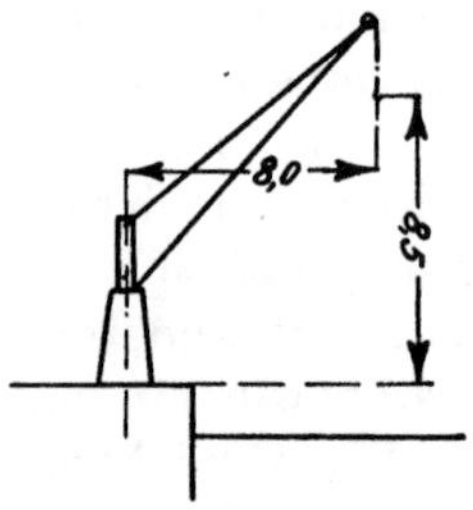

VI. Abb. 831.

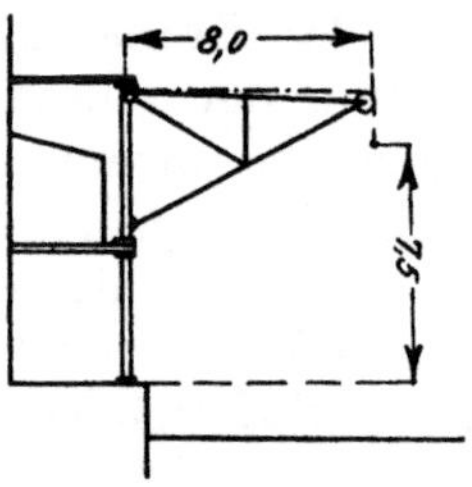

VII. Abb. 832.

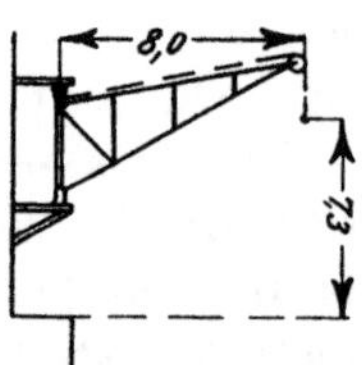

VIII. Abb. 833.

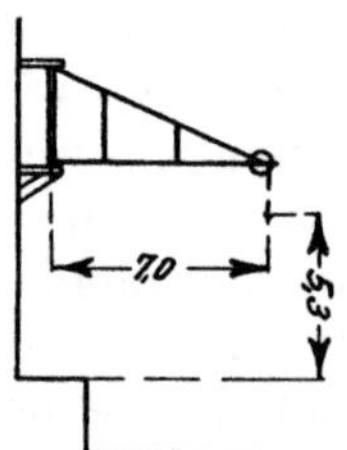

IX. Abb. 834.

Abb. 826 bis 834. Hafenkrantypen (London).

Anwärmung mit etwa 10⁰ vom Akkumulator in die Krane geleitet wird. Neben diesen, vor allem die wirtschaftliche Seite der Kranarbeit beeinflussenden Maßnahmen hat man auch im Aufbau der Krane selbst noch einige Änderungen vorgenommen, die in betrieblicher Hinsicht dem Kran zugute kommen. Diese bestanden erstens darin, daß der Führerstand, der bei den ersten Kranen (wie im Hintergrund der Abbildung ersichtlich) vorn am Portal fest angeordnet war und somit beim Arbeiten auf der Rampe nur einen ungenügenden Überblick gestattete, in den schwenkbaren Teil des Kranes verlegt wurde.

Sodann wurde der Hauptübelstand der derrickkranartigen Stützung[1]) des Lastauslegers, eine volle Schwenkung desselben nicht zuzulassen, dadurch beseitigt, daß man den drehbaren Aufbau, ähnlich wie in Stettin (Abb. 821), als selbständigen Drehscheiben-

Abb. 835. Kaischuppenkrane (Köln).

Abb. 836. Kaischuppenkrane (Düsseldorf).

[1]) Die Derrickbauart, d. h. die Anordnung rückseitiger Haltestreben für die freistehende Schwenkachse, wie sie s. Zt. auch bei den Druckwasserkranen in Bremen und in Triest gewählt worden ist, hat allerdings den Vorteil, daß die zu schwenkenden Massen aufs Äußerste beschränkt werden können.

kran ausbildete. Die Schwenkbarkeit um einen vollen Kreis hat sich nämlich des öfteren doch als erwünscht herausgestellt, z. B. wenn aus zwei solchen Stellen des Schiffes gleichzeitig geladen werden soll, zwischen denen sich ein Mast befindet.

Trotz des an sich nun durchaus nicht unbefriedigenden Arbeitens dieser neueren Druckwasserkrane ist man in Köln dennoch zur Elektrifizierung der neuen Krananlagen übergegangen[1]). Der Hauptgrund dafür ist eben die ungenügende Verfahrbarkeit der hydraulischen Krane, die bei der leichten Bauart der dort in Betracht kommenden Rheinschiffe, wie früher schon besagt, aber häufig und unbedingt erforderlich ist. Da das Verfahren durch Druckwasser nun praktisch nicht in Frage kommt, so mußte man sich dazu, wie die Abbildung erkennen läßt, zweier Handkurbeln bedienen, deren Effekt den gesteigerten Verkehrsanforderungen aber nicht genügen kann. Infolgedessen leisten

Abb. 837. **Schiffsentladekrane (Neuß).**

die reichlich vielen Krane in Köln wohl auch nicht mehr, als es anderswo eine geringere Anzahl elektrischer Krane vermag[2]). Als ein weiterer Nachteil des hydraulischen Betriebes hat sich hier, wo viel mit Selbstgreifern gearbeitet wird, der Umstand fühlbar gemacht, daß der Greifer sich — durch Gegenstoßen an einen vom Kranschnabel herabhängenden Ring — immer nur in der bestimmten, nicht unbeträchtlichen Höhe öffnen

[1]) Zur Zeit sind im Kölner Hafen vorhanden: 34 fahrbare hydraulische Portalkrane (davon 1 Vollportalkran), 16 fahrbare elektrische Portalkrane (für Gleichstrom und, erstmalig, für Einphasen-Wechselstrom [s. Anhang]), 8 fahrbare Dampfkrane und 6 feststehende hydraulische Kellerkrane, d. h. in Summa 64 Verladekrane. — Einphasiger Wechselstrom (von etwa 220 Volt mit 45,3 Perioden) ist kurz vor dem Kriege auch für den Betrieb der Krane des Osthafens von Frankfurt a. M. gewählt worden.

[2]) Beispielsweise bewältigten im Düsseldorfer Rheinhafen (einschl. Heerdt) wesentlich weniger Krane — insgesamt nur etwa 40 Stück — einen wesentlich größeren Umschlag. Dieser betrug im Jahre 1910 in Düsseldorf 1742114 t, in Köln 1256132 t. Im Jahre 1923 hat der Gesamtumschlag im Düsseldorf-Heerdter Hafen 891811 t betragen, zu dessen Bewältigung an Kranen zur Verfügung standen: in Düsseldorf 41 Krane von 1,5 bis 5 t Tragfähigkeit, außerdem ein Schwerlastkran von 25 t; in Heerdt 4 Dampfkrane und 1 elektrischer Kran für je 5 t Nutzlast. Dieser Umschlagsrückgang ist in den politischen Verhältnissen begründet, die eine Abnahme des Umschlages von 1848078 t i. J. 1913 auf 532473 t i. J. 1915 zur Folge hatten.

läßt. Um die schädlichen Wirkungen bei einem solchen Arbeitsvorgang möglichst einzuschränken, hat man in Köln in entsprechender Höhe an den Gebäuden feste Trichter angebracht, in die der Greiferinhalt ohne allzu großen Sturz entleert werden kann. Die Abb. 835 läßt übrigens gleichzeitig noch ersehen, daß man mit dem Durchgangsprofil für den Waggonverkehr recht freigebig gewesen ist, auf Kosten der Rampen- bzw. der Schuppenbreite. Nach den verschiedentlich gemachten Erfahrungen dürften in derartigen Fällen zwei Eisenbahngleise, ein Ladegleis neben der Rampe und ein Rangiergleis nebenan, völlig genügen, dagegen dürfte die dadurch mögliche Verbreiterung von Gebäude- und Ladeperron[1]) meistens recht erwünscht sein.

Die für den Umschlagverkehr an freien Kaistrecken dienenden Vollportalkrane sind durch die Abb. 837 und 838 in normalen fahrbaren elektrischen Ausführungen

Abb. 838. Kaikrane (Kosel).

für den Rheinhafen von Neuß (Schenck & Liebe-Harkort) und den Oderhafen von Kosel (Zobel-Neubert) veranschaulicht. Das erstere Bild, das übrigens noch dadurch interessant ist, daß es gleichzeitig einige andersartige Hafenverladevorrichtungen, die an späterer Stelle noch zu besprechen sind, zeigt, läßt u. a. den beim Vollportalkran zweckmäßig vorgebauten Führerstand erkennen, wodurch dem Kranführer der Überblick über die Arbeitsstellen in ungehindertster Weise ermöglicht ist. Die Krane des Koseler Hafens, die hauptsächlich der Erzverladung nach den oberschlesischen Hütten dienen und mit Selbstgreifern arbeiten, wurden später durch einen weiteren Kran gleicher Type ergänzt, der sich in relativ neuartiger Weise eines Elektromagneten als Greiforgan bediente.

[1]) Die Ausführung der Rampe soll zweckmäßig übrigens mit einem so starken Gefälle vorgenommen werden, daß der Regen durch den am Kai ungehinderten Sturmwind keinesfalls in den Schuppen zurückgepeitscht werden kann.

Abb. 839. Portal(turm)drehkrane (Bremen).

Abb. 840. Portal(turm)drehkran (Dortmund).

Die Bauart dieser normalen Vollportalkrane für Kaibetrieb hat seit einigen Jahren in den nach den Abb. 839 bis 842 ausgeführten Turmdrehkranen[1]), System Flohr, eine

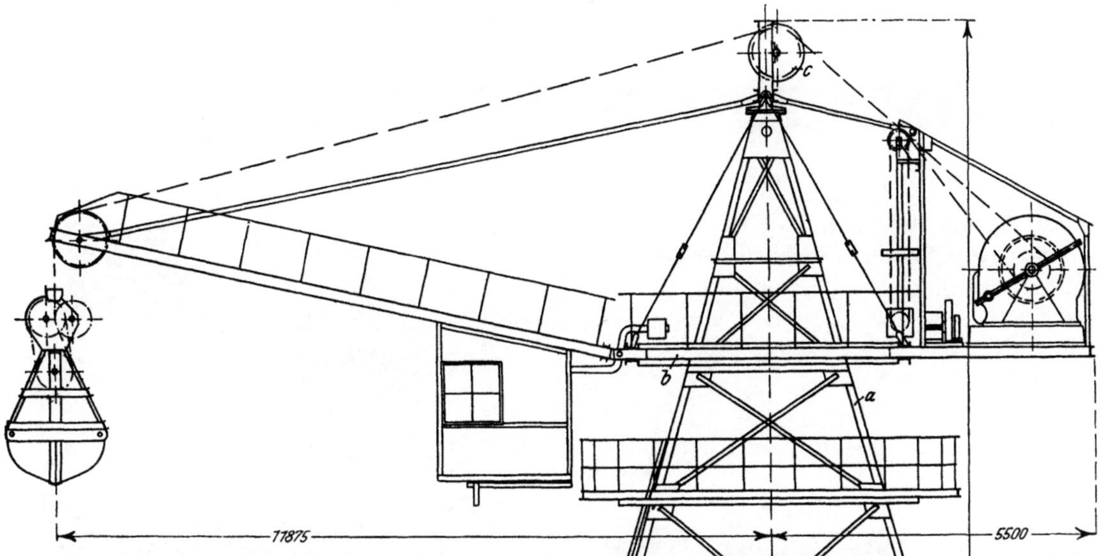

andersartige Lösung gefunden. An Stelle des bisher auf eine Drehscheibe auf das Portal aufgestellten vollständigen Drehkranes ist bei dieser Konstruktion der durch das Windwerk auf der Gegenseite ausbalancierte Ausleger an einer pyramidenturmartigen Verlängerung des Portals aufgehängt. Durch die hierbei bedingte Zurücklegung des gesamten Windwerkes ergibt sich von selbst eine sehr wirksame Ausbalancierung der Auslegerlasten, die, im Verein mit der sicheren Abstützung der Schwenkkonstruktion gegen den Portalturm, den Kran besonders gut zur Aufnahme größerer Lastmomente, d. h. für weite Ausladungen bzw. große Tragkräfte befähigt. Seine durch den Turmaufbau des Portals leicht beliebig steigerbare Bauhöhe, macht ihn in gleicher Weise aber auch für sehr große Hubhöhen und, was für den Hafenbetrieb unter Umständen noch besonders erwünscht sein kann, auch für ein leichtes Überstreichen von Schiffsmasten und -schornsteinen geeignet[2]). Die Führung des Lastseiles vom Windwerk über die

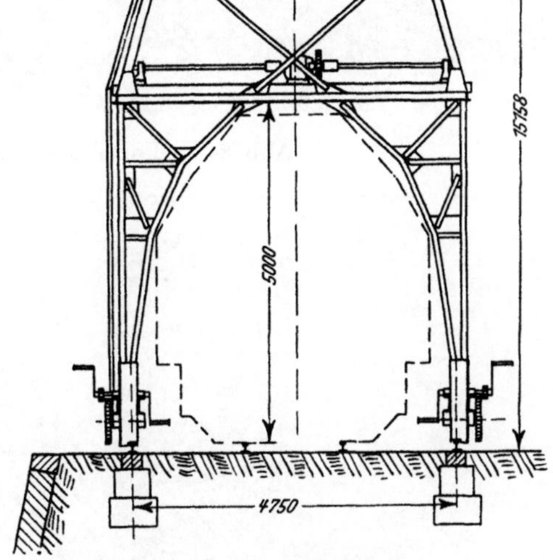

Abb. 841.

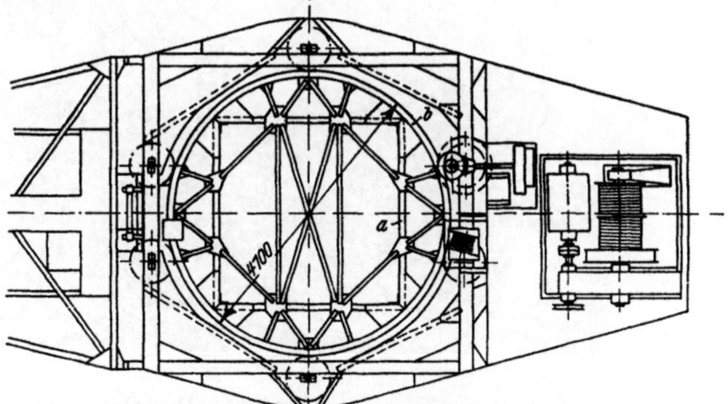

Abb. 842.

Abb. 841 und 842. Portal(turm)drehkran.

[1]) Vgl. hierzu auch S. 317 u. ff.

[2]) Die größere Stabilität dürfte diese Turmdrehkrane mit durch die Schwenkkonstruktion hindurchgehendem Stützturm für solche Zwecke auch geeigneter machen als z. B. die in Abb. 845 skizzierte Anordnung, bei der die schwenkbaren Teile auf das Turmplateau frei aufgesetzt sind. Die Abbildung zeigt eine Ausführung dieser Art (Jäger), die zur Entladung direkt auch in die oberen Luken eines Speichers (d. Fa. Georg Karl Zimmer) verwendet wird.

Spitze *c*, Abb. 841, der Stützkonstruktion *a* hinweg nach der Auslegerrolle bewirkt dadurch, daß die Resultante der Seilkräfte annähernd in die Achse des Stützturmes zu liegen kommt, eine weitere Entlastung des Stützturmes vor einseitigen Drucken. Durch die endlich noch vorgenommene sorgfältige Rollenlagerung der gesamten Schwenkmassen

Abb. 843. Portaldrehkran (Hamburg).

Abb. 844. Portaldampfdrehkran (Husum).

gegen einen an der Stützpyramide *a* festen Drehring *b* wird ein leichtes Schwenken der Last erreicht, die im übrigen noch von dem zweckmäßig am Auslegerfuß aufgestellten Kranführer jederzeit gut überblickt werden kann[1]).

[1]) Vgl. auch Schrader: Dingler 1906, Heft 32/33.

Die beiden in Abb. 840 veranschaulichten Krane, deren Portale für die Überbrückung zweier Eisenbahngleise besonders verbreitert werden mußten, dienen im Hafen von Dortmund zum Löschen von Erz u. dgl. mittels Kübel oder Greifer. [Jeder der Krane hat — bei einer Tragfähigkeit von 6,5 t, einer Ausladung von 13,75 m und einer Spurweite von 9,5 m — beim Verladen von Ez mittels Kübel eine Leistung von ca. 100 t/st ergeben; die Geschwindigkeiten waren dabei 36 m/min für das Heben (75 PS), 120 m/min für das Schwenken (9 PS) und 30 m/min für das Fahren (10 PS).] — Die in Abb. 839 abgebildeten Krane dienen in der Gasanstalt Woltmarshausen bei Bremen zum Löschen von Kohlen mit Greifern. Die Stundenleistung jedes dieser beiden für 40 t bestellten Krane hat sich bei der Abnahme zu rund 52 t ergeben; es sollen jetzt in normalem Betriebe, nach völliger Einarbeitung der Krane sowohl wie der Bedienungsmannschaft, aber über 60 t je Kran und Stunde gelöscht werden können.

Zwei in die Klasse der Ufervollportalkrane gehörige Ausführungen besonderer Art (Nagel & Kaemp) weisen endlich noch die Abb. 843 und 844 auf. Der erstere, der zum Umschlag von Stückgütern und Kohle (mittels Kübel) zwischen dem Schiff und einem ausgedehnten, aber durch kleinere Gebäude unterbrochenen Lagerplatz dient, ist zu diesem Zwecke mit einer hohen und weitreichenden Katzfahrbahn an dem Ausleger versehen. Diese ermöglicht es ihm, 2 t schwere Lasten bis auf 22 m Ausladung über jene Gebäude hinweg zu befördern; größere Lasten, bis 5 t Gewicht, können durch Zwischenschaltung einer losen Rolle bis auf 9 m Ausladungtransportiert werden. Dieser Kran — der übrigens mit der gebrochenen Form seines Auslegers und dem gleichzeitig als Windschirm dienenden Gegengewicht auf seinen zwei Stützbeinen einmal mit Recht den bekanntlich vom Vogel Kranich stammenden Namen Kran führt — ist seinem Verwendungszweck damit zweifellos gut und eigenartig angepaßt. [Das Heben erfolgt bei ihm mit einer Geschwindigkeit von 0,5 m/sek (20 PS), das Schwenken mit 3 m/sek (7,5 PS) und das Kranfahren mit 0,25 m/sek (6,5 PS); das Katzfahren erfolgt durch den Hubmotor.

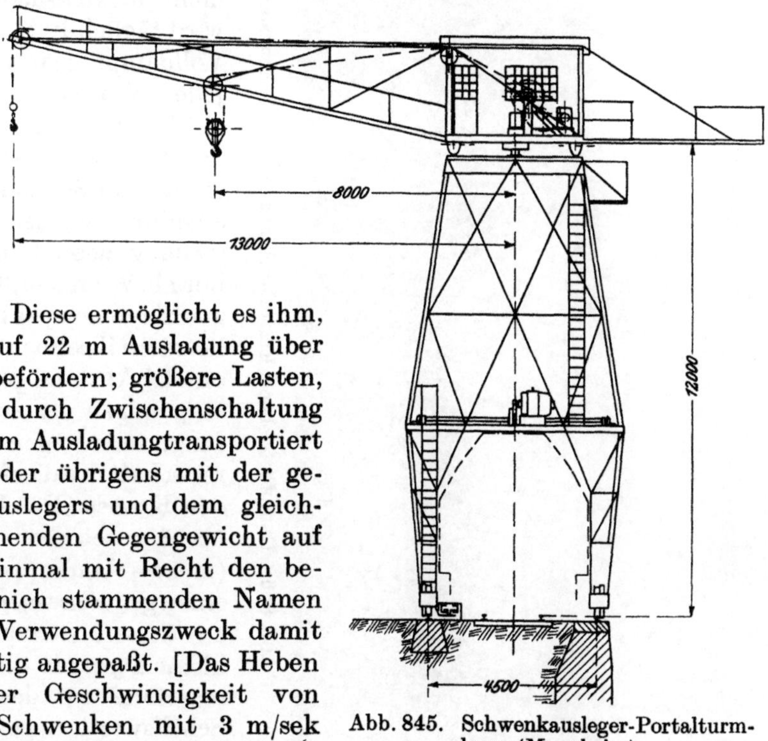

Abb. 845. Schwenkausleger-Portalturmkran (Mannheim).

Die Eigentümlichkeit des in Abb. 844 dargestellten Portalkranes besteht in der Verwendung von Dampf als Antriebskraft[1]). Dem Vorteil, der hierbei dem elektrischen Betrieb gegenüber besonders für abgelegene Arbeitsplätze durch den Fortfall langer Stromzuleitungen vorhanden ist, stehen indes die Nachteile gegenüber, die das Heraufschaffen von Wasser und Heizmaterial nach dem hochgelegenen Kessel verursachen.

Auch für die dem Kruppschen Erzumschlag in Oberlahnstein nach Abb. 846 dienenden Brücken (Grusonwerk) ist aus wirtschaftlichen Überlegungen heraus noch Dampfantrieb gewählt worden, da die Errichtung eines besondern elektrischen Kraftwerkes für diese abgelegene und relativ kleine Krananlage zu teuer geworden wäre. Doch erscheint hier der Betrieb der mit fahrbaren Dampfkranen ausgestatteten Brücken noch

[1]) Der für obenlaufende Drehkrane und Katzen (von Laufkranen) naturgemäß sehr schwerfällige Dampfantrieb, der bei uns selbst in früheren Jahrzehnten nur selten ausgeführt worden ist, ist ungleich häufiger z. B. in England ausgeführt worden.

dadurch besonders umständlich, daß zum Verfahren der Brücke der Drehkran immer erst auf das wasserseitige Brückenbein gefahren werden muß, woselbst dann das Fahrwerk der Brücke mit dem des Drehkranes gekuppelt und somit durch letzteres angetrieben werden kann. Ein Verfahren von Hand, wie es bei dem vorgenannten kleinen 2 t-Krane des Husumer Hafens wohl gut durchführbar war, kam bei dieser ungleich schwereren Anlage — jede der Brücken hat bei 5 t Tragkraft des Drehkranes eine Spannweite von 37,5 m und eine Gesamtlänge von rund 50 m — nicht mehr in Betracht. Andrerseits läßt der ununterbrochene Tagesbetrieb mit den Brücken die Verwendung von Dampfkraft nicht unwirtschaftlich erscheinen, denn es wird täglich 10 Stunden hintereinander unter Volldampf gearbeitet und der Kessel nur jeden Morgen von neuem angeheizt[1]).

Abb. 846. Dampfbetriebene Erzverladekrananlage (Oberlahnstein).

Als ein Gegenbeispiel hierzu, in betreff der Kraftmittelwahl, möge an dieser Stelle die in Abb. 847 dargestellte Anlage (Petravič) angeführt werden. Trotz der einsamen Aufstellung dieses Kranes — er dient in Korneuburg b. Wien hauptsächlich zum Umladen der aus Slavonien per Schiff ankommenden Langhölzer in Eisenbahnwaggons — ist von Dampfantrieb Abstand genommen worden, und zwar teils wegen der schwierigen Kohlenbeschaffung, teils wegen der geringern Betriebsbereitschaft des diesfalls nicht ständig arbeitenden Kranes. Das Heben und Katzfahren der bis 3 t schweren Lasten erfolgt vielmehr (mittels Umkuppeln der Vorgelege) durch einen gemeinsamen 14 PS-Gleichstrommotor, zu dessen Strombeschaffung eine eigene, kleine Dynamo dient, die von einer Dampfmaschine auf der etwa 1,5 km entfernten Schiffswerft angetrieben wird. Der Strom wird der Krananlage mittels einer Freileitung zugeführt.

A. Umschlag zwischen Schiff und Schuppen.

Für die Benutzung der bisher besprochenen Krantypen war es Voraussetzung, daß am Kai genügend Platz zur Aufnahme der Stützportale vorhanden ist. In der Mehrzahl der Fälle trifft dies, wenigstens bei uns, ja auch zu, in manchen jedoch, besonders in England und Holland, ist durch die örtlichen Verhältnisse der Platz zwischen der Kaikante und der Schuppenwand aber so

[1]) Es stellten sich bei dieser Anlage die Ladekosten für 1 t Erz auf M. 0.10 bei Greiferbetrieb und auf M. 0.22 bei Kübelbetrieb (mit selbsttätiger Entleerung). Letzterer muß namentlich bei feuchtem Erz angewendet werden.

weit beschränkt, daß eine solche normale Lösung der Kranfrage nicht möglich ist. Einige Beispiele von dann wählbaren Sonderbauarten von Kranen sind durch die folgenden

Abb. 847. Feststehende Holzverladevorrichtung (Korneuburg).

Abb. 848. Fahrbare Dachkrane (Liverpool.)

Abbildungen angeführt. Die Abb. 848 bis 850 geben zunächst die Verhältnisse in den Dockanlagen von Liverpool wieder, wo die außerordentlich beschränkten Platzverhältnisse eine

Verkleinerung der Schuppen durch die Aufstellung von vor ihnen fahrenden Kranen nicht zuließen, sondern in außerordentlich zweckmäßiger Weise zur Wahl von auf den Dächern der Schuppen fahrenden Kranen führten. Diese als Dachkrane bezeichneten Hebezeuge sind, teils mit hydraulischem, teils mit elektrischem Bewegungsantrieb, für eine Tragkraft von 30 Cwts. (ca. 1,5 t) in großer Anzahl auf den Dächern besonders des Huskisson Dock bzw. des Kings Dock angeordnet[1]). Während die nach Abb. 848 mit Druckwasser arbeitenden Ausführungen (Armstrong) die Last durch Schwenken des Auslegers seitlich bewegen, bewirken dies die elektrischen Ausführungen nach Abb. 849 (Appleby) durch Einfahren der an einer leichten Auslegerkatze hängenden Last. Die Triebwerke für die Hub- und Einfahrbewegung sind miteinander verbunden und werden durch einen gemeinsamen Motor in schnellster Aufeinanderfolge betätigt, so daß die mit diesen Kranen erzielten Leistungen recht beträchtlich sind. Einschließlich

Abb. 849. Fahrbare Dachkrane (Liverpool).

des An- und Abschlagens der Lasten werden durchschnittlich 30—40 Hübe in der Stunde gemacht. Abb. 850 veranschaulicht einen neueren elektrischen Dachdrehkran mit Einziehbarkeit des Auslegers, gleichfalls im Liverpooler Hafen.

Abb. 851 stellt einen auf dem Dach eines Magazines der Ersten Donau-Dampfschiff-fahrts-Gesellschaft am Donaukanal in Wien verkehrenden elektrischen Drehkran (Petravič) dar. Die Zeichnung Abb. 852 läßt in der örtlichen Situation die diesem Kran zufallenden Aufgaben erkennen. Die Tragfähigkeit des Kranes ist 1,5 t, die Ausladung 17 m; die Spurweite beträgt 3 m, der Radstand 3,85 m. Das Heben erfolgt mit 46,2 m/min (22 PS), das Schwenken mit 121 m/min (4,3 PS), das Fahren mit 39,9 m/min (6,5 PS.)

Einen anderen Ausweg für solche Fälle, wo der Platz vor den Hafenhallen für das Verfahren gewöhnlicher Krane zu eng ist, zeigt die Abb. 854 des Kais der North British Railway Co., Silloth. Hier hat der zwischen Schuppen- und Kairand verbleibende

[1]) Im Betriebe der Mersey Docks and Harbour Board zu Liverpool bzw. Birkenhead liefen vor dem Kriege — an 20 Schuppendächern — nicht weniger als 141 solcher Krane, und zwar durchweg von 30 Cwts. Tragkraft und allergrößtenteils mit hydraulischem Antrieb. Auch im Rotterdamer Hafen arbeiten Dachkrane (von meist 1,5 t × 22 m) in großer Zahl; vgl. de Roode: „Güterumschlag“, V. d. I.-Verlag 1926.

schmale Streifen gerade noch zur Aufstellung eines Velozipedkranes (Armstrong) hingereicht. Diese hier gewiß recht eigenartige Kranausstattung hatte auch bei uns eine prinzipielle Nachahmung an dem neueren Speicher des Packhofes von Magdeburg erhalten. Hier ist die Wand des Schuppens sogar bis ganz an die Kaikante herangerückt worden, so daß der Velozipedkran (Demag) an der Innenseite dieser Wand laufen muß. Während er in Silloth für das Überladen von Gütern mit seinem Ausleger zwischen die Stützsäulen

Abb. 850. Fahrbarer Dachkran (Liverpool).

der Halle hindurchreichen kann, muß er sich hier dazu der einzelnen Türöffnungen in der Speicherwand bedienen. Ein Vorzug einer solchen inneren Anordnung des Kranes ist indes nicht zu erkennen; im Gegenteil, die durchgehende Wand beschränkt wohl die Verbindung zwischen Schiff und Schuppen auf die wenigen Türstellen, verbreitert aber den nutzbaren Raum im Schuppen keineswegs, da der für das Verfahren des Kranes benötigte Streifen ja doch freibleiben muß. Wenn dazu noch, wie in Magdeburg, die benachbarten Speicher mit freiliegenden Kaigleisen ausgestattet sind, so entfällt durch die Innenanordnung des Kranes auch noch die Möglichkeit, sich mit den benachbarten Kranen unterstützen oder aushelfen zu können. Die zur Verladung leichten

Stückgutes an sich gewiß nicht ungeeigneten Velozipedkrane haben indes jetzt, wo sie auch zum Verladen losen Getreides benutzt werden sollen, wegen ihrer zu geringen Ausladung und Tragfähigkeit versagt. Im Magdeburger Hafen sind 22 Krane (12 Vollportal- und 6 Halbportalkrane, 3 fahrbare Dampfkrane und 1 feststehender 20 t-Kran) vorhanden, die in ihren neueren Ausführungen von Anfang an mittels Elektrizität (Gebr. Böhmer bzw. Grusonwerk), in ihren älteren Ausführungen aber durch Druckwasser betrieben wurden. Die leichte Bedienbarkeit und die große Lebensdauer der hydraulischen Krane — einige derselben arbeiten im Magdeburger Packhof anstandslos schon seit dem Jahre 1864, also seit länger als einem Halbjahrhundert! — hatten ihnen auch hier viele Freunde erworben. Man würde angeblich auch bei der Erweiterung des Hafens bei der Hydraulik geblieben sein, wenn gleich eine große Anzahl von Kranen hätte angeschafft werden können und wenn Dauerbetrieb bei ihnen zu erwarten gewesen wäre. Bei einer Betriebszeit indes von nur wenigen Stunden am Tage konnten hydraulische Krane, deren Kessel-

Abb. 851. Fahrbarer Dachkran (Wien).

anlage für die Preßpumpen des Akkumulators dauernd in Betrieb sein müßte, kaum wirtschaftlich arbeiten. Die hydraulischen Krane sind deshalb mittlerweile abgebrochen und teilweise durch elektrische (von 2500 kg Tragkraft und 14 m Ausladung) ersetzt worden; außerdem ist dort neuerdings noch ein Drehkran für 5000 kg und 14 m (Grusonwerk) zur Aufstellung gekommen.

Nachstehend sei noch die Betriebskostenberechnung für einen der neueren elektrischen Krane im Magdeburger Hafen wiedergegeben. (Die Kosten für die Anschaffung des Kranes betrugen 24000 M., die Gesamtkosten der Kabel für 12 Krane 24000 M., mithin für einen Kran 2000 M.):

10% Verzinsung und Abschreibung des Krananlagekapitals	2400.— M.
8% Verzinsung und Abschreibung des Kabelanlagekapitals	160.— „
Erfahrungsgemäße Unterhaltungskosten pro Jahr	240.— „
	Sa. 2800.— M.

Bei 224 Arbeitstagen stellen sich somit die täglichen allgemeinen Unkosten beim Betrieb eines Kranes auf:

2800:224 = ...	12.50 M.
Dazu ein Arbeitslohn von	4.— „
	Sa. 16.50 M.

Die reinen Stromkosten betragen nach den dortigen Stromrechnungen 2,6 Pf. für eine Tonne gehobenes Gut, folglich stellen sich die gesamten Unkosten bei einer Tagesleistung von 50 t auf:

Allgemeine Unkosten . . .	16.50 M.
Stromkosten 50 × 2,6 = . .	1.30 „
	Sa. 17.80 M.

demnach für 100 kg auf 17,80 : 50 × 10 = 3,6 Pf.

Bei höheren Tagesleistungen als 1000 Ztr. ergeben sich die Kosten für 100 kg aus folgender Tabelle:

Bei	1000	Ztr.	zu	3,6	Pf.
„	1200	„	„	3,0	„
„	1400	„	„	2,6	„
„	1500	„	„	2,5	„
„	2000	„	„	1,9	„
„	2500	„	„	1,6	„
„	3000	„	„	1,4	„
„	3600	„	„	1,2	„

Eine andere Disposition der Schiffsverladekrane bei beengten Kaiverhältnissen weist endlich die Anlage am Güterbahnhof in Amsterdam auf (Abb. 855). Daselbst haben in einfacher Weise eine größere Anzahl Schwenkausleger feste Aufstellung an der Schuppenwand erhalten, so daß der schmale Kaistieg wenigstens zwischen den Kranen vollständig für den Verkehr gewonnen ist. Die Hubwinde ist bei jedem dieser für 1 t × 5,6 m gebauten Schwenkkrane in einem Kasten am Kranfuße untergebracht, während der zugehörige Elektromotor, der gleichzeitig das Schwenken des Auslegers bewirkt, sich innerhalb des Schuppens befindet.

Diese für Kaikrane allerdings seltene Disposition findet sich dagegen häufiger an der Landseite der Schuppen, wo sie zum Ein- und Ausladen der Lagergüter aus Wagen dienen. Die Abb. 856 und 858 bringen beispielsweise einen der von Mohr & Federhaff für den Hamburger Hafen gebauten Wandkrane in

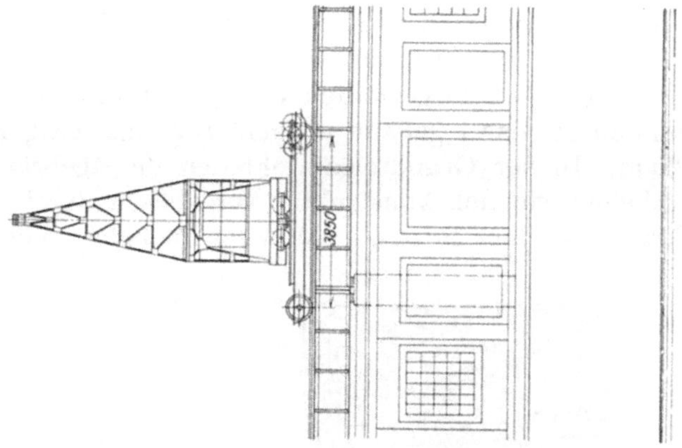

Abb. 853.

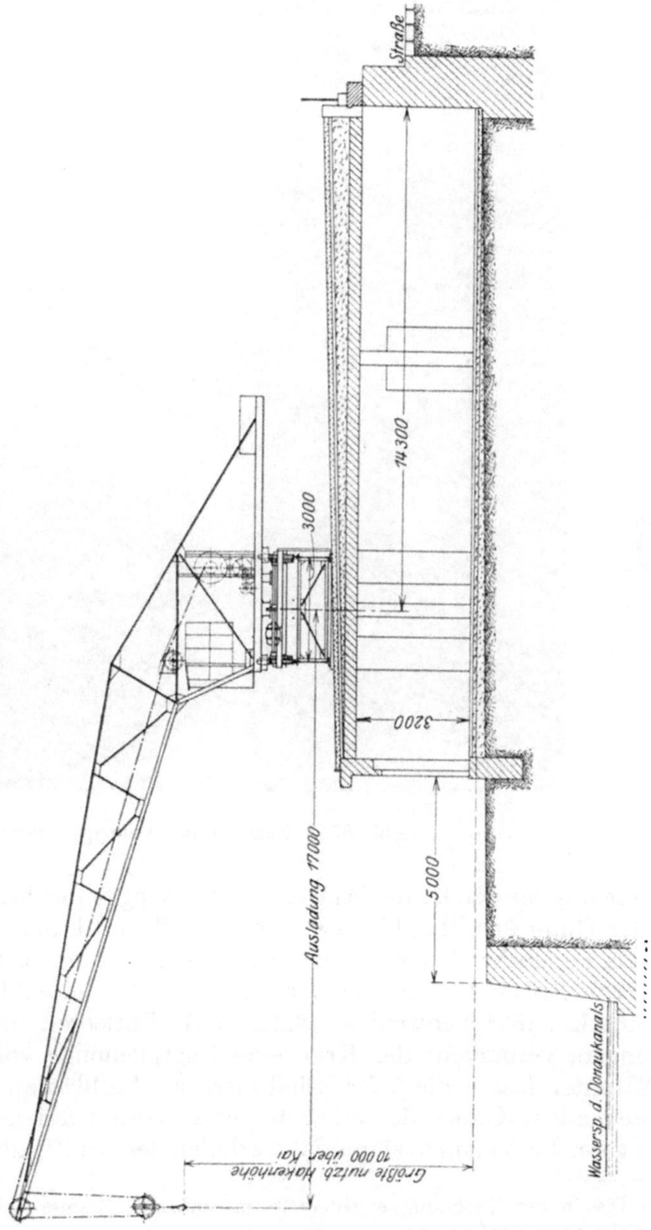

Abb. 852.

Abb. 852 und 853. Fahrbarer Dachkran (Wien).

seiner Anordnung und Arbeitsweise deutlich zur Veranschaulichung. [Die Tragkraft beträgt je 2,5 t, die Ausladung 4,55 m und die Hubgeschwindigkeit 10,5 m/min (15 PS); das Schwenken der Ausleger erfolgt von Hand[1]).]

Die in Abb. 859 dargestellten Winkelportalkrane sind von der Gießerei Bern für den Rheinhafen zu Basel gebaut worden, für eine Tragkraft von 4 t und eine Ausladung von 20 m. In der Grundform wohl den meistgebräuchlichen Hafenkranen gleichend, unterscheiden sie sich konstruktiv von diesen durch die Fahrbarkeit der aufgesetzten Drehkrane, die hier in den besonderen örtlichen Verhältnissen bzw. der veränderten

Abb. 854. Kaischuppen-Velozipedkrane (Silloth).

Verladeaufgabe der Krane begründet ist. Wegen der beigelassenen großen Uferböschung hat der Güterumschlag hier zwischen Schiff und hinter der Portalbrücke — statt unter derselben — stehenden Waggons zu erfolgen. Für ein dementsprechendes Spiel, bestehend aus 22 m Heben (0,7 m/sek) der Last von 4 t (einschl. Greifer), 12 m Drehkranfahren (0,5 m/sek), 180° Schwenken (2,2 m/sek), Entleeren und den analogen Rückwärtsbewegungen, verbraucht der Kran eine Energiemenge von 0,8 Kilowattstunden.

Mitunter lassen die Uferverhältnisse an Flußläufen oder Kanälen die Anlage eines feststehenden Kranes der einer Kranfahrbahn vorziehen. Durch reichlich große Ausladung der Last kann alsdann das Verholen der Schiffe gleichfalls möglichst eingeschränkt

---

[1]) Die in der Zeichnung angedeutete mechanische Bremse auf der Motorkupplung ist in Wirklichkeit nicht ausgeführt worden.

werden. Die Abb. 860 zeigt eine derartige von Steffens & Nölle gebaute Anlage in deren eigenem Werke am Teltowkanal, die zum Verladen von Stabeisen aus Schleppkähnen dient, und zwar in den Bereich des über dem benachbarten Lagerplatz verkehrenden Lauf-Drehkranes[1]). [Der Kran, der in seinem wesentlichen Aufbau mit den Ausführungen nach Abb. 714 und 839 übereinstimmt, hat 5 t Tragkraft und 21 m Ausladung. Seine Arbeitsgeschwindigkeiten sind 20 m/min (30 PS) beim Heben, 60 m/min (10 PS) beim Katzenfahren und 90 m/min (10 PS) beim Schwenken in ausgefahrener Laststellung.]

Abb. 855. Schuppenwandkrane (Amsterdam).

Ein in seiner örtlichen Anordnung diesem ähnlicher Kran (Steffens & Nölle) ist nach Abb. 861 gleichfalls am Teltowkanal in Tempelhof aufgestellt; er dient zum Kohlenverladen aus bzw. in Schleppkähne mittels Kipplowren. [Bei einer Nutzlast von 1,5 t und einer Ausladung von 17,15 m betragen seine Arbeitsgeschwindigkeiten 26 m/min (11,25 PS) beim Heben und 108 m/min (3,6 PS) beim Schwenken der Last.] Die außerordentlich schlanke Eisenkonstruktion des Kranes stützt sich auf eine kastenförmige Drehsäule oben ab, während ein unteres Widerlager die horizontalen Druckrollen des Auslegerfortsatzes aufnimmt. Der motorische Antrieb des Schwenkwerkes erfolgt auf den am oberen Stützlager befestigten Zahnkranz; zur Reserve ist Handantrieb durch Kurbel und Kettenvorgelege vorgesehen. Im Gegensatz zu der vorigen Ausführung sind bei diesem Krane voll gekapselte Motoren, in beiden Fällen Drehstrom, genommen worden.

Abb. 856. Schuppenwandkran (Hamburg).

Im Nachstehenden seien noch die Betriebskostenrechnungen mit dieser Anlage gegeben, und zwar einmal für eine Jahresleistung von 48000 t und das andere Mal für eine solche von nur 24000 t Kohle. Bei einer stündlichen Leistung des Kranes von 20 t ent-

[1]) In Abb. 518 dargestellt.

spricht der ersteren eine Betriebsdauer von 8 Monaten = 200 Tagen von je 12 Stunden, d. i. 2400 Stunden; letztere einem Betrieb von nur 1200 Stunden im Jahre. Die Anschaffungskosten betrugen für den Kran 12400 M., für Fundamente und Gewichte 600 M., also zusammen 13000 M.

Zu 1.	Amortisation und Verzinsung, 15% =	1950.— M.
	Stromkosten für 9600 Kilowattstunden à 10 Pf.	960.— „
	1 Kranführer, Lohn für das ganze Jahr	2000.— „
	4 Hilfsarbeiter, Lohn für je 2400 Stunden à 45 Pf.	4320.— „
	Schmiermaterial, Reparaturen u. dgl.	350.— „
		Sa. 9580.— M.

Die Betriebskosten je geförderte Tonne betragen demnach: 9580 : 48000 = 0,20 M.

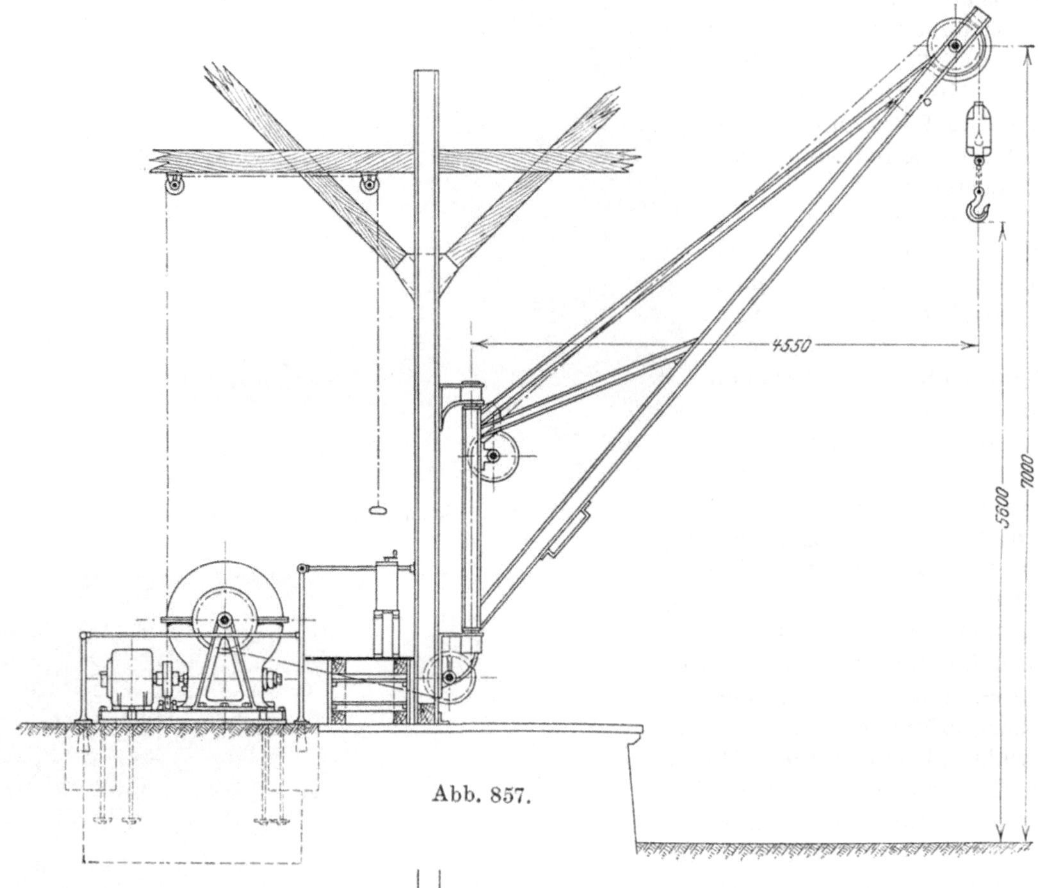

Abb. 857.

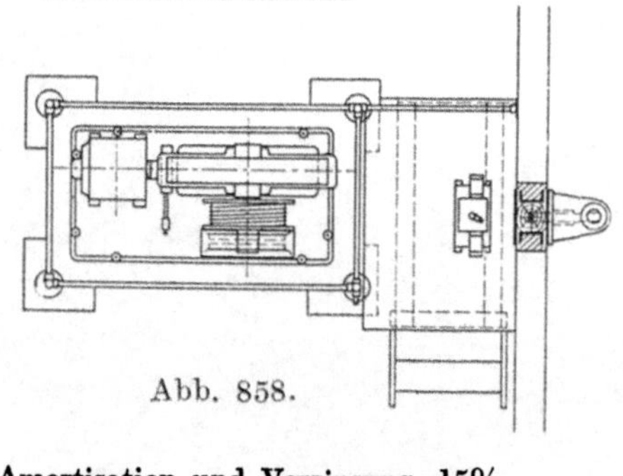
Abb. 858.

Abb. 857 und 858. Schuppenwandkran (Hamburg).

Zu 2.	Amortisation und Verzinsung, 15%	1950.— M.
	Stromkosten für 4800 Kilowattstunden	480.— „
	1 Kranführer, Lohn für das ganze Jahr	2000.— „
	für Hilfsarbeiter, Lohn für je 2400 Stunden à 45 Pf.	2160.— „
	Schmiermaterial, Reparaturen u. dgl.	250.— „
		Sa. 6840.— M.

d. h. je Tonne 6840 : 24000 = 0,285 M.

Abb. 859. Böschungskrane (Basel).

Abb. 860. Schiffsentladekrane (Tempelhof).

Die Minderausnutzung des Kranes für eine nur halb so große Jahresleistung hat also eine Erhöhung der spezifischen Förderkosten um volle 42,5% zur Folge.

Einige in Form oder in Aufstellung ungewöhnliche Ausführungen von Hafenkranen sind in den nachstehenden Photographien veranschaulicht.. Die Abb. 862 zeigt eine dem letztbeschriebenen Uferkran in seinem schlanken Aufbau nicht unähnliche Ausführung eines feststehenden Drehkranes (Figee), bei dem in Anbetracht seiner sehr großen Höhe eine seitliche Abstützung gegen die Speicherwand angezeigt schien. Die außerordentliche Höhe seines Auslegerschnabels befähigt ihn, die dem Schiff entnommenen Teekisten — der Kran arbeitet ausschließlich zur Bedienung des Amsterdamer Teelagerhauses — auch den höheren Stockwerken des Speichers direkt zuzuführen. Die Ausladung

Abb. 861. Schiffsentladekran (Tempelhof).

des Kranes beträgt 11,085 m, die Tragfähigkeit 0,5 t. Er vermag stündlich 190 Kisten Tee von 40—60 kg Einzelgewicht umzuschlagen.

In der weitreichenden Bauhöhe und der daraus sich ergebenden Arbeitsmöglichkeit diesem gleich, durch die Fahrbarkeit ihm aber noch überlegen, ist der Kran (Nagel & Kaemp) am Kornspeicher des Berliner Osthafens. Er ist zum Absetzen von Schiffsgütern auf die ausklappbaren Lukenpodeste auch noch des obersten Speichergeschosses befähigt. Die technischen Hauptdaten sind 1,5 t Tragkraft, 9,1 m Ausladung, 10,57 m Spurweite und 23 m Rollenhöhe; Geschwindigkeit beim Heben 52,8 m/min (22,5 PS), beim Schwenken 90 m/min (3 PS) und bei Fahren 18 m/min (5 PS).

Durch die Leichtigkeit und Betriebssicherheit der Anordnung besonders zweckmäßig erscheint die Verladebrücke mit Reiterdrehkran (Petravič) nach Abb. 863. Diese Brücken dienen dem Umschlagverkehr am Praterkai der Ersten Donau-Dampfschiffahrts-Gesellschaft in Wien und unterscheiden sich von den üblichen Bauarten zunächst dadurch, daß der Drehkran nicht auf einen Brückenträger von der gewöhnlichen rechteckigen Kastenform aufgesetzt ist, sondern daß er den als Dreieckbalken ausgebildeten Brückenträger reiterartig umgreift. Hierdurch ist nicht nur ein vollkommener Schutz gegen ein

Abstürzen des Kranes geschaffen, sondern auch eine nennenswerte Verringerung von Gewicht und Preis der Anlage. Ungewöhnlich sind diese Brücken auch noch dadurch, daß sie die Schuppen, die sie nicht über die Rampen, sondern durch die Dachluken bedienen, vollständig überspannen und somit auch landseitig angefahrene Fuhrwerke beladen können.

Mit der Abb. 864 sind zwei Verladeeinrichtungen (Petravič) dargetsellt, die der Güterverladung des Wiener Lagerhauses der Süddeutschen Donau-Schiffahrtsgesellschaft dienen. Durch die Aufgabe, die Schiffe mit dem ungewöhnlich weit von der Kaikante entfernten Lagerhaus, noch dazu in dessen ganzer Ausdehnung von 80 m, verbinden zu können, wurde man zu einer verladebrückenmäßigen Bauart des Kranes geführt, dessen Katzenbahn zum Anschluß an die verschiedenen, den Speicher durchquerenden Deckenfahrbahnen längs des Speichers verfahrbar ist[1]). Der horizontale Bockausleger gestattet in günstiger Weise, auch bei einem Verfahren über den im Vordergrund ersichtlichen zweiten Kran hinwegzustreichen, der für das Ausladen schwererer Stückgüter am Ende der Ufermauer fest aufgestellt ist. In dem Unterbau dieses hammerförmigen Drehkranes ist weiterhin noch ein elektrisches Spill zum leichten Verholen der Kähne eingelassen. Die ganze Anlage befindet sich seit April 1905 im Betrieb. Das gleiche Prinzip der Bedienung eines Schuppens durch eine in diesen ausfahrende Katze einer kaiseitigen Verladebrücke ist in den letzten Jahren mehrfach durchgeführt worden[2]); u. a. bei der Kohlenverladeanlage des Braunkohlen-Brikett-Verkaufsvereins in Rheinau, und zwar im Prinzip nach Ausführung III der Abb. 865 bis 870[3]).

Abb. 862. Schiffsentladekran und Speicherbeladearme (Amsterdam).

Diese Zusammenstellung zeigt unter I und II zwei andere Ausführungen desselben Grundgedankens: Einmal dadurch, daß man auf die vor den Speicherabteilungen fah-

[1]) Ausführliche Angaben über die Gesamtanlage, sowie über deren Einzelteile, insbesondere über die Verriegelung der Katzfahrbahnen des Kranes und des Lagerschuppens sind enthalten in der Sonderabhandlung von Dub: Z. V. d. I. 1908, S. 361 u. ff.

[2]) Eine in solcher Arbeitsweise gleiche Anlage mehrerer teils im Freien, teils im Gebäude angeordneter Laufkrane (eines Hammerwerkes) ist beschrieben in Stahleisen 1914, Nr. 21.

[3]) Eine eingehende Beschreibung dieser Anlage siehe bei Buhle: Z. V. d. I. 1908, S. 831 ff.

rende schiebebühnenartige Verladebrücke (II) einen Drehkran oben aufgesetzt hat, dessen Einfahren in den Schuppen dementsprechend auf Hochbahnen erfolgt, das andere Mal dadurch, daß man diesen Drehkran auf aus den Schuppenabteilungen bis über

Abb. 863. Verladebrücke mit Reiterdrehkran (Wien).

Abb. 864. Schiffsentlade- und Schuppenbeladeeinrichtung (Wien).

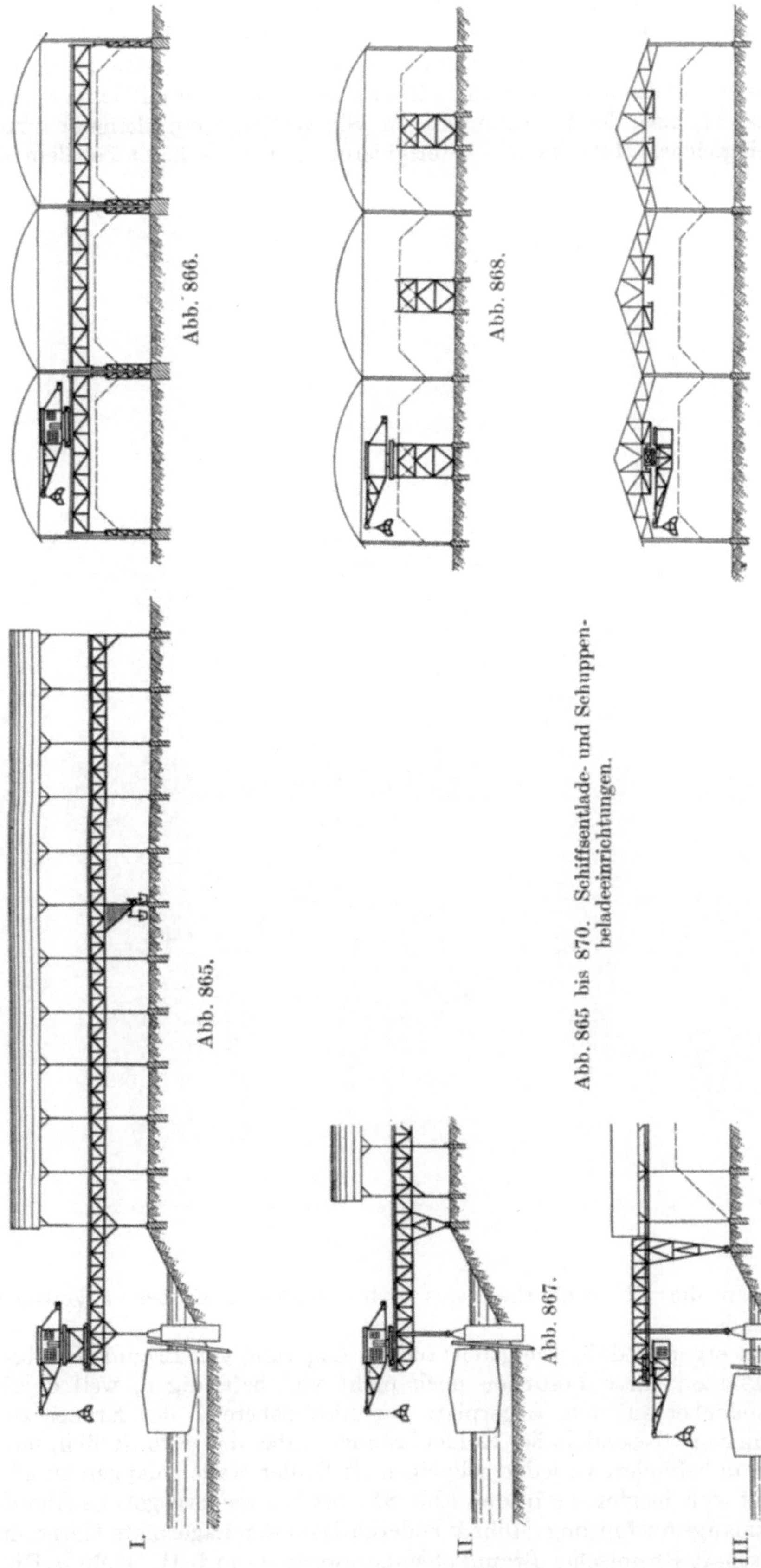

Abb. 865. Abb. 866. Abb. 867. Abb. 868. Abb. 869. Abb. 870.

Abb. 865 bis 870. Schiffsentlade- und Schuppenbeladeeinrichtungen.

das Schiff ausfahrende Laufkrane (I) gesetzt hat. Ein Vorteil dieser beiden Anordnungen gegenüber der Disposition III besteht zwar darin, daß die Dächer der Hallen nicht zur Aufnahme der schweren Laufkatze besonders stark gemacht zu werden brauchen, ein Nachteil jedoch darin, daß durch die vermehrte Eisenkonstruktion der mittleren Schuppenhochbahnen (Skizze II) bzw. der Laufkrananlagen (Skizze I) nur ein kleinerer nutzbarer Lagerraum — bei gleicher Hallenhöhe — übrigbleibt. Auch erscheint bei dem unten-

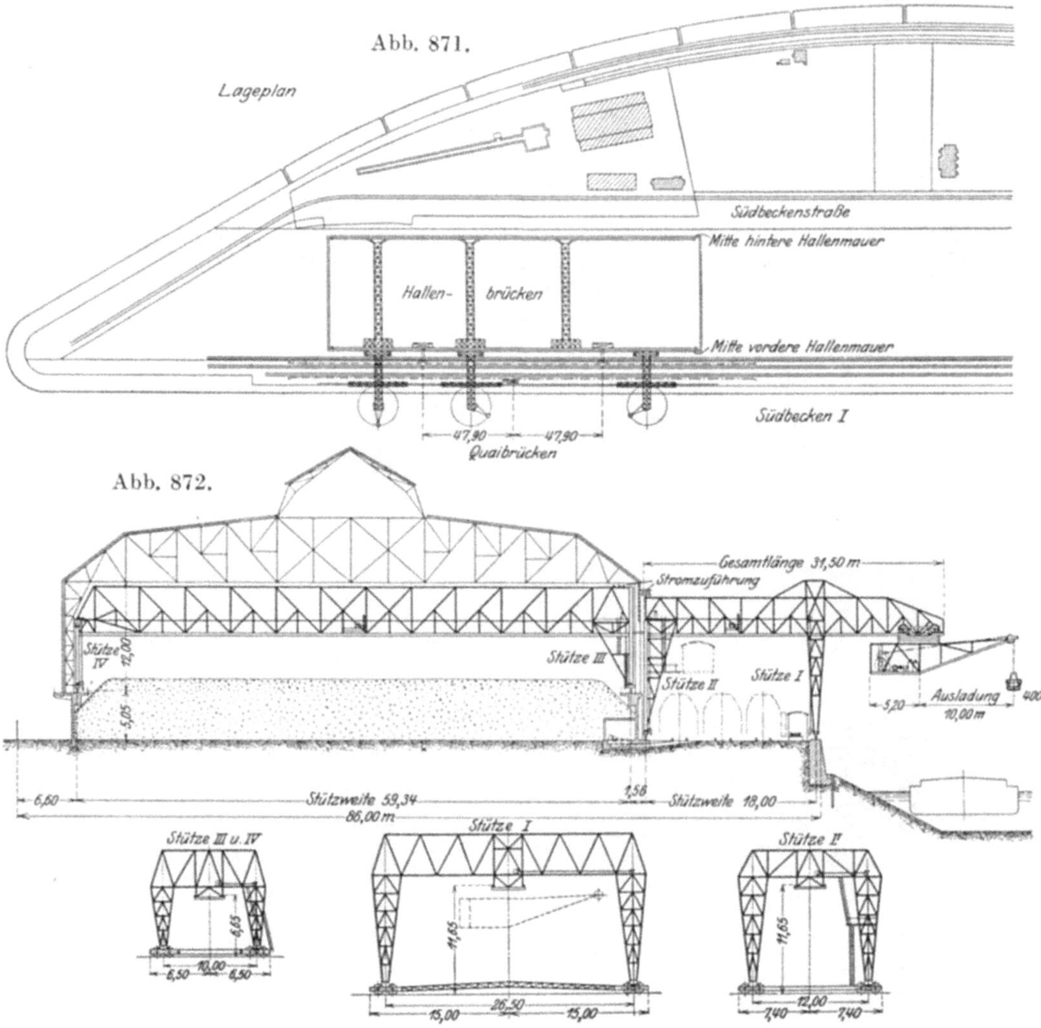

Abb. 873. Abb. 874. Abb. 875.

Abb. 871 bis 875. Verladebrücken mit überlaufender Krankatze (Karlsruhe).

hängenden Drehkran die Übersehbarkeit des Arbeitsfeldes noch besser gewahrt als bei dem obenlaufenden.

Es hat sich indes ergeben, daß, wenigstens für die Lagerung von Braunkohlenbriketts auf überdeckten Plätzen, diese Lösungen noch nicht voll befriedigen, weil durch die Stützen der Hallendächer auf dem Lagerplatz der Aktionsbereich des Kranes zu sehr behindert ist. Denn es ist besonders bei Kohlenbränden unbedingt erforderlich, mit dem Greifer schnell und unbehindert zu jeder beliebigen Stelle der Halle gelangen zu können. Als zweckmäßig hat sich hierfür die in den Abb. 871 bis 875 wiedergegebene Anordnung ergeben, deren erstmalige Ausführung (Mohr & Federhaff) für den Lagerplatz Karlsruhe der Vereinigungsgesellschaft Rheinischer Braunkohlenbergwerke G.m.b.H., Köln a. Rh. vorgenommen ist[1]). Innerhalb der 200 m langen Halle verkehren drei Brücken[2]), die mit 59,34 m die ganze Hallenbreite überspannen; außerhalb der Halle, am Kai, laufen gleichfalls drei Verladebrücken mit je 18 m Spannweite, die mit den ersteren an den Hallentoren miteinander gekuppelt werden können. Diese Tore sind so breit bemessen, daß der Drehkran bequem auch dann hindurchfahren kann, wenn die Brücken nicht genau in der Mitte des Tores stehen. An beiden gemeinsam fahren hängende Auslegerdrehkrane und zwar für jedes Brückenpaar ein solcher von 4 t Tragkraft und 10 m Ausladung

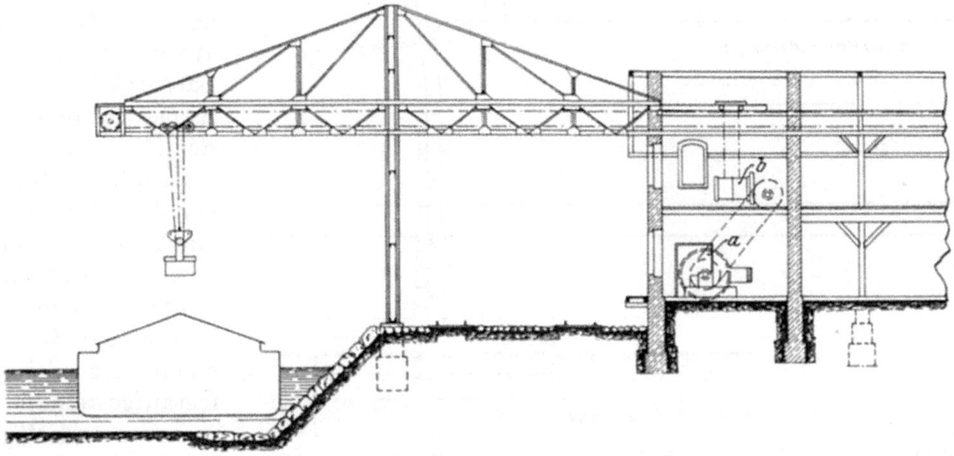

Abb. 876.

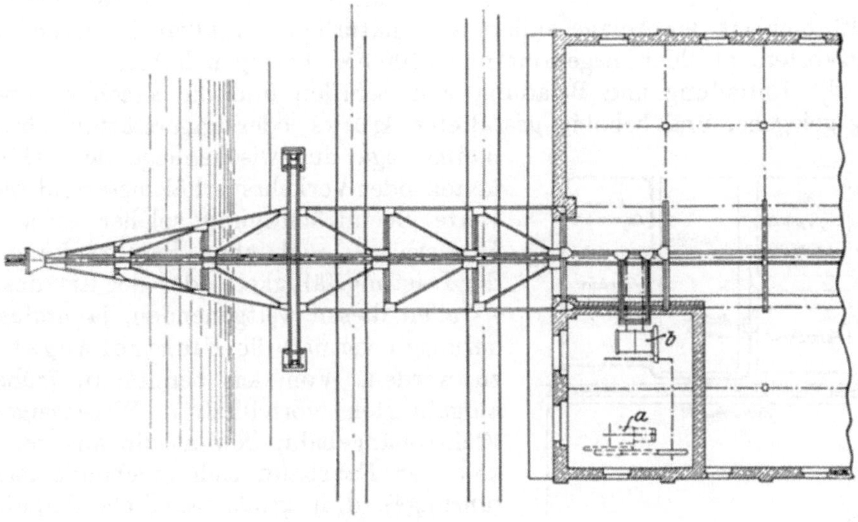

Abb. 877.

Abb. 876 und 877. Speicherbeladeeinrichtung (Saerbeck).

Die Lagerfähigkeit der Halle beträgt 70000 t, die Umschlagsleistung 4000 t täglich (unter Einrechnung der normalen Hemmungen durch Eisenbahn, Schiffahrt und Nachbarbetriebe).

Die vollständige Bedienbarkeit solcher großer Lagerhallen erfordert naturgemäß einen entsprechend großen Aufwand für diese Transporteinrichtungen. Dafür hatte man, wie auch bei den vorbetrachteten Fällen, ein Äquivalent in der großen Leistungs-

[1]) Auf Grund der zufriedenstellenden Ergebnisse und Erfahrungen, die bei dieser Anlage gemacht worden sind, sollen auch in Mannheim, Rheinau und Ludwigshafen gleichartige Ausführungen geschaffen werden. Die zugehörigen Kaibrücken sind bereits im Betriebe.

[2]) Die Anlage ist nachträglich noch um ein Brückenpaar vergrößert worden. Vgl. auch Weiß: Schiffbau 1925, Nr. 6.

fähigkeit der Anlage, die teils begründet ist in der gleichzeitigen Verwendbarkeit mehrerer Entladekrane (wie bei I), teils in dem gänzlichen Fortfall der Verholarbeit für die Schiffe (wie bei I—III). Für die Bedienung kleinerer Lagerhäuser lassen sich ähnliche Einrichtungen in einfachster Form und mit geringen Kosten z. B. nach den Abb. 876 und 877 herrichten. Die Anlage dient zur Aufnahme von Getreide aus dem Schiff in den Speicher der Teutoburger-Wald-Eisenbahn zu Saerbeck[1]). Um die Konstruktion der über Schiff ausladenden Katzenfahrbahn sowie deren Verlängerung im Gebäude möglichst leicht ausführen zu können, erfolgt die Bewegung der Katze von einem im Schuppen festaufgestellten Gasmotor *a* und Winde *b* aus durch Seilzüge. Die für diesen Fall genügende Einfachheit der Anlage äußert sich natürlich vor allem in deren geringen Aufstellungskosten, die hier insgesamt nur 15000 M. betragen haben.

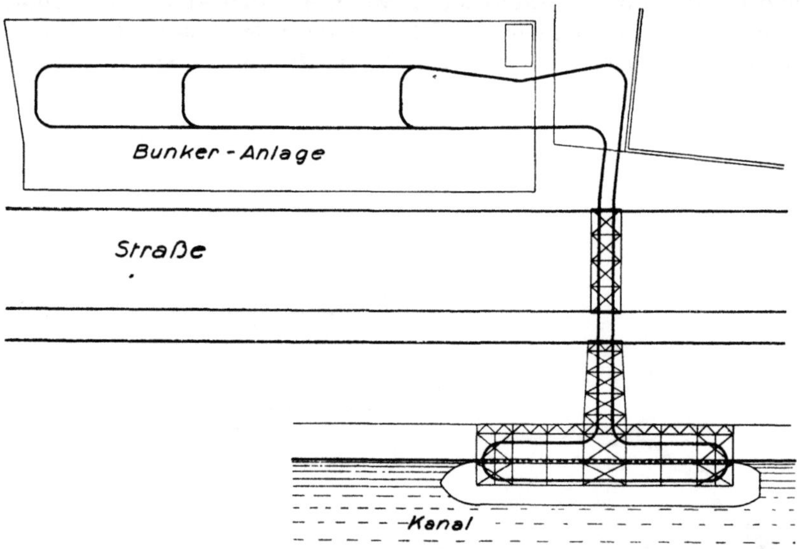

Abb. 878. Linienführung einer Elektrohängebahn für Schiffsentladung.

Für die Entladung und Beladung von Schiffen und die anschließende Bedienung beliebig gelegener und beliebig gestalteter Arbeits- oder Lagerstätten, ohne Rücksichtnahme sogar auf zwischenliegendes Gelände, Baulichkeiten oder Verkehrsverhältnisse und ohne nennenswerte Beeinträchtigung solcher etwa vorhandener Hindernisse, auch ohne Beschränkung hinsichtlich der Leistungsfähigkeit oder der Art des Fördergutes — allen diesen weitgehenden, ja umfassenden Forderungen vermag die Elektrohängebahn gerecht zu werden. Von den bereits an früherer Stelle[2]) aufgeführten vorteilhaften Wesenseigenheiten der Elektrohängebahn kommt die aus der Einschienigkeit der Fahrbahn sich ergebende leichte Linienführung[3]), d. h. große räumliche Anpaßbarkeit und Bescheidung bei den oft sehr beengten Verhältnissen am Hafen besonders zur Geltung. Die Abb. 878 und 879 lassen beispielsweise erkennen, wie die Bahn zunächst in einem einfachen Strang über den zu bedienenden Kahn entlang geführt werden kann, so daß dieser vollständig, aber ohne verholt werden zu müssen, von der Elektrowindenkatze bestrichen wird. Die Bahn kann dann in beliebiger Richtung durch Gebäude, über Werkstraßen und Lagerplätze —

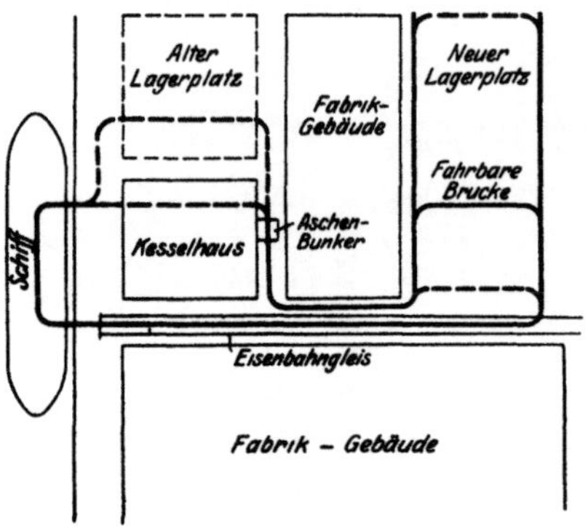

Abb. 879. Linienführung einer Elektrohängebahn für Schiff-, Schuppen- und Lagerplatzbedienung.

[1]) Gleichartige Schiffsentladeanlagen arbeiten z. B. noch bei der Wesermühlen A.-G. in Hameln (Bleichert), bei den Ölmühlen zu Heilbronn und zu Neuß (Losenhausen) u. v. a.

[2]) S. 27.

[3]) Mit dem Kurvenradius geht man bei ferngesteuerten (führerlosen) Katzen bis zu 2 m — bei mittleren Verhältnissen bis zu 2,5 m —, bei Führerstandskatzen bis zu 4 m herab. Mit der Fahrgeschwindigkeit geht man bei führerlosen Katzen bis zu 72 m/min, bei Führerstandskatzen dagegen bis zu 120, ja in einzelnen dafür besonders günstigen Fällen sogar bis zu 180 m/min. Für die Hubgeschwindigkeit werden, je nach der verlangten Leistung, Werte bis zu 40 m/min gewählt; als mittlerer Wert ist etwa 15 m/min anzusehen.

mit oder ohne „fahrbare Brücke“ — geleitet werden, wobei ihre Parallelführung auch über Eisenbahngleise die Entladung oder Beladung eines ganzen Wagenzuges ohne Rangiernotwendigkeit gestattet. (Vgl. hierzu auch die Ausführung der Schleifenbahn (Bleichert) nach Abb. 880, die zur Kesselbekohlung beim Rasselsteiner Eisenwerk dient sowie der Waggonentlade-, Stapelungs- und Bekohlungsanlage für Haidhof nach Abb. 881 und 882.) Eine spätere Einbeziehung weiterer Arbeitsstätten in den Bereich der Transportanlage ist unter Beibehaltung alles Vorhandenen mittels einfacher Ergänzungsstrecken möglich.

Die Abb. 883 stellt, als ein überzeugendes Beispiel für die Anpassungsmöglichkeit der Elektrohängebahn an die verschiedenartigsten Verhältnisse, die Transporteinrichtung (Bleichert) dar, die in der Stralauer Glashütte für Kohlen und für Gemengematerialien besteht. Die Skizze zeigt nicht nur, wie die auf verschiedenen Eisenbahngleisen *a* im Werk angefahrenen Kohlen in Schuppen entladen und von dort mittels eines Hochbahnstranges *b* über den lebhaften Fabrikhof und zwischen eng beieinander stehenden Gebäuden

Abb. 880. Elektrohängebahn für Eisenbahn- und Bunkerbedienung (Neuwied).

zu den Generatoren geschafft werden, sondern auch, wie das in Kähnen auf dem Rummelsburger See ankommende Gemengematerial — das heute in primitiver Weise noch mit der Hand entladen und fortgekarrt wird — künftig durch die einfach fortgesetzte Elektrohängebahn *c* gelöscht und dem Gemengehaus zugeführt werden soll.

Die Bedienung umfangreicher Lagerplätze, die vermöge der Einschienenbahn in beliebiger Entfernung vom Ufer und in beliebiger Richtung zu diesem angeordnet sein können — wodurch, im Gegensatz zu der bei gewöhnlichen Uferkranen herrschenden Notwendigkeit, das kostbare Kaigelände restlos für die eigentlichen Lösch- und Ladearbeiten ausgenutzt werden kann — die Bedienung freier großer Lagerplätze kann bei Elektrohängebahnanlagen durch die Zuhilfenahme fahrbarer Brücken in vollkommenster und doch einfachster Weise erfolgen. Die Abb. 53 u. 879 geben derartige Anordnungen wieder. Damit die Elektrohängebahnfahrzeuge in jeder Stellung der fahrbaren Brücke auf diese auf- und ablaufen können, ist die Brücke an den festen Fahrstrang mittels sog. Schleppweichen angeschlossen. Die auf dem festen Schienenstrang verschieblich aufliegende Zungenspitze einer solchen Schleppweiche wird infolge des häufigen Darüber- und Dagegenfahrens der Wagenräder besonders bei schweren Fahrzeugen und Lasten erfahrungsgemäß leicht abgenutzt, wobei die plattgewalzte Zungenspitze seitlich absteht und dadurch eine Entgleisungsgefahr für die auflaufenden Elektrohängebahnwagen bildet — eine Gefahr, deren Ausschaltung bei Führerstandskatzen wegen der jedesmaligen Men-

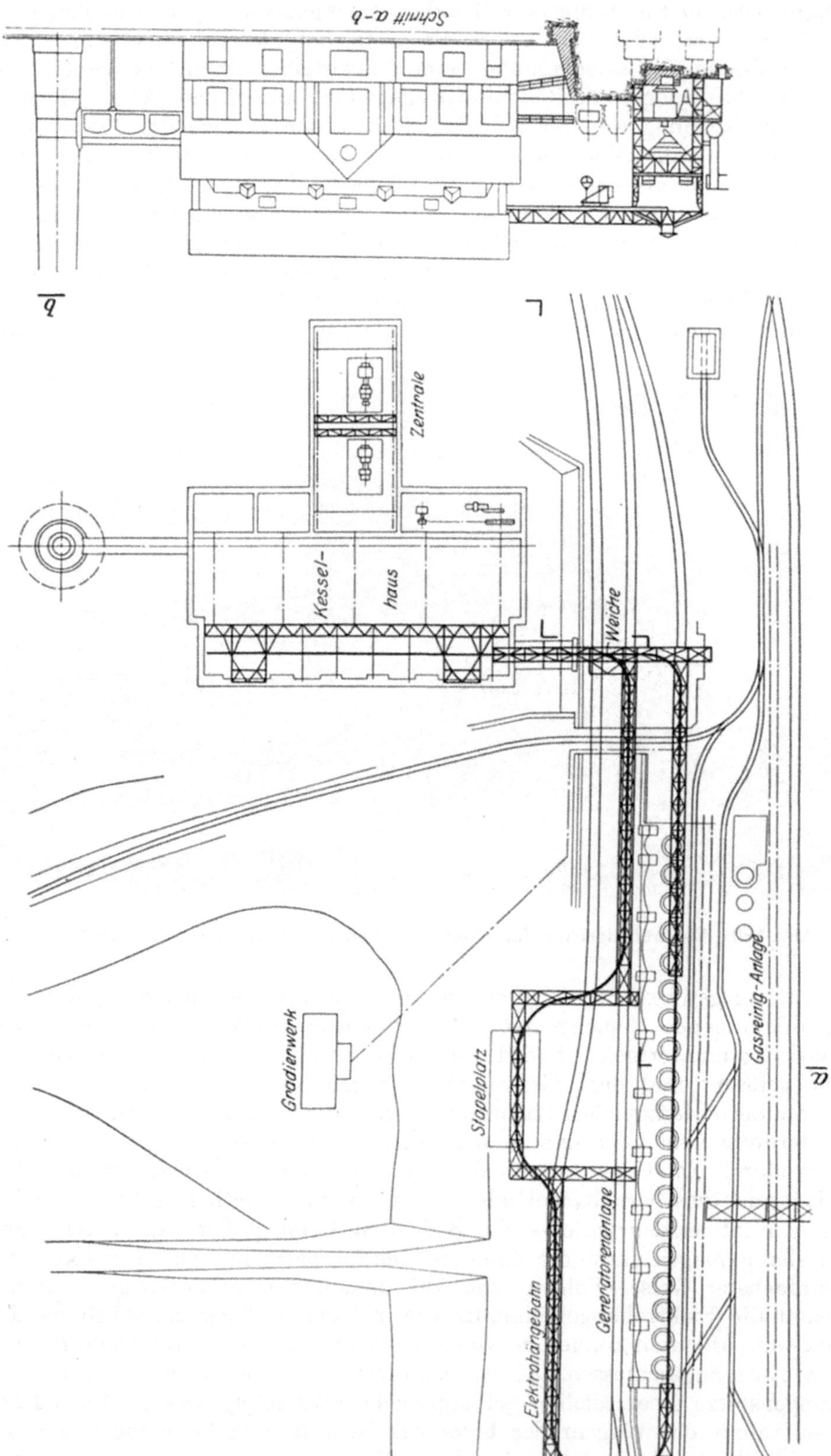

Abb. 882.

Abb. 881.

Abb. 881 und 882. Elektrohängebahn für Waggonentladung und Kesselbekohlung.

schengefährdung natürlich besonders erstrebenswert ist. Eine diesem Zweck dienende Einrichtung ist in der Sicherheits-Schleppweiche (Bleichert) nach Abb. 884 bis 886 geschaffen worden[1]). Bei dieser sind neben der Zungenspitze *c* beiderseits der Fahrschiene besondere abgeschrägte Schienenstücke *D* angeordnet, auf die die Spurkränze der Laufräder der Hängebahnwagen auflaufen und dadurch so hoch angehoben werden, daß ihre Lauffläche *F* mit der Weichenspitze überhaupt nicht mehr in Berührung kommt (Abb. 886). Die somit über die Gefahrstelle hinweggehobene Radlauffläche kommt dann auf der stärkeren Weichenzunge wieder zur Auflage und wird durch die Schleppweiche *E* auf die fahrbare Brücke übergeleitet. Beim Ablauf erfolgt der Hergang in gleicher Art. — Ein treffliches Beispiel für die zweckmäßige Anwendung solcher Sicherheits-Schleppweichen bot die eingangs[2])

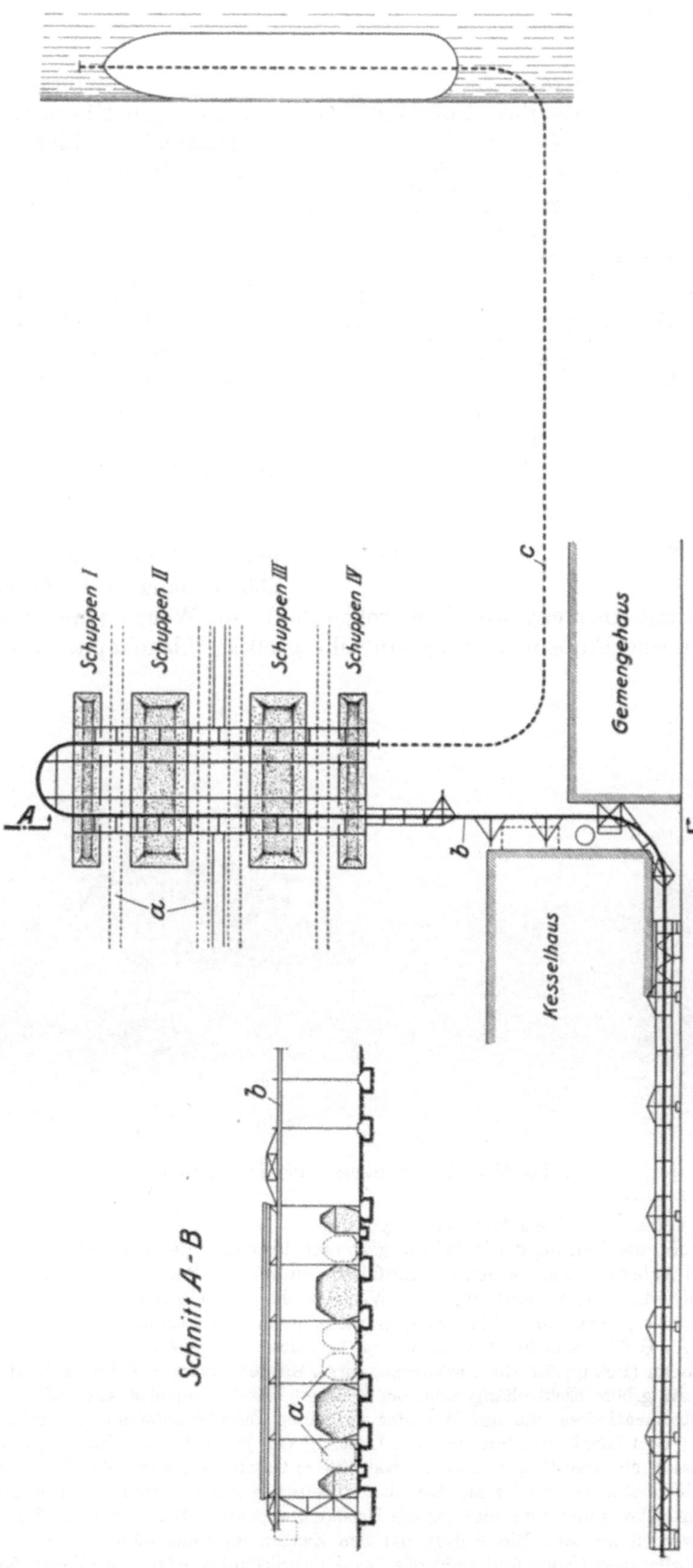

Abb. 883. Elektrohängebahn für Schiffs-, Schuppen- und Waggonbedienung (Stralau).

[1]) Eine andere Ausbildung für besonders schwere Lasten, wobei beide Wagenräder durch Zahnräder vom Motor angetrieben werden (Bleichert benutzte Reibräder), ist von Pohlig zur Vermeidung des Gleitens der Räder getroffen worden; vgl. Stephan: Der prakt. Maschinenkonstrukteur 1925, Nr. 39 u. Ind. Techn. 1925, S. 43.

[2]) S. S. 29.

näher beschriebene große Umschlagsanlage im Berliner Westhafen, bei der vier schwere Führerstandskatzen ständig über die in größerer Zahl vorhandenen Schleppweichen zu fahren haben.

Die Ausstattung der Elektrohängebahnwagen mit einem oder gar mit zwei Fahrmotoren[1]) sowie ihre Unfähigkeit zur selbsttätigen Überwindung größerer Fahrbahnsteigungen[2]) — Eigenschaften, die die mittels Zugseil arbeitende Drahtseilbahn nicht hat — legt es u. U. nahe, die Transporteinrichtung in einer zwischen den genannten Arten liegenden Weise auszubilden, um so für den gegebenen Fall gewissermaßen die Vorteile beider ohne deren hierfür bestehende Nachteile zu haben. Ein solcher Fall lag z. B. bei der durch Teilansichten in den Abb. 887 bis 890 wiedergegebenen großen Transportanlage (Bleichert) für die Badische Anilin- und Sodafabrik in Ludwigshafen vor. Es war hier nicht nur die über große Kai-, Lager- und Weiterverarbeitungsplätze ausgedehnte Schwebebahn — der Lagerplatz ist weit über 500 m, der gesamte Schienenweg rund 2300 m lang![3]) — für eine Stundenleistung von 300 t mit einer ungewöhnlich großen Zahl von Wagen (rund 1000!) auszustatten, deren elektrische Einzelausrüstung ein sehr großes Anlagekapital erfordert hätte, sondern es

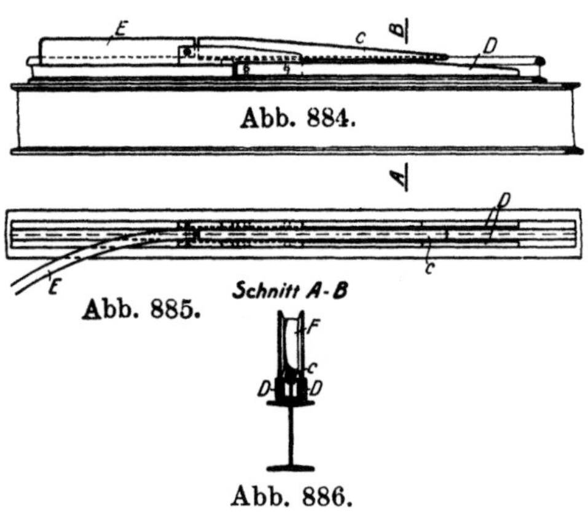

Abb. 884 bis 886. Sicherheitsschleppweiche.

Abb. 887. Schiffsentlade- und Transporteinrichtung (Ludwigshafen).

[1]) Letzteres insbesondere bei Steigungen.

[2]) Mit der Neigung der Fahrbahn geht man über ganz geringe Beträge — etwa 3% bei Innenstrecken, 1% bei Außenstrecken (wegen der Einflüsse von Schnee, Reif u. a.) — auch mit Rücksicht auf die Blockierungssicherheit beim Herabrollen der Wagen nicht gern hinaus. Als unterste Grenze des Wagenabstandes kommen — je nach der Abfertigungsmöglichkeit an den Beladestellen — etwa 15 m in Betracht.

[3]) An Größe noch übertroffen wird selbst diese Anlage von der im Herbst 1924 in Betrieb gekommenen Hängebahn (Pohlig) für die Farbwerke vorm. Meister Lucius & Brüning in Höchst a. M. Diese Anlage — m. W. die größte Elektrohängebahn der Welt — besteht zunächst aus z. Zt. zwei (später fünf) gleichartigen Schrägbahnentladern, die am Mainufer auf einer Eisenbetonhochbahn verfahren und mit Selbstgreifern von je 5 cbm Inhalt arbeiten und eine Leistung von je 100 t/std aufweisen; daran schließt sich die Elektrohängebahn mit einer Ringstrecke von fast 2400 m Gesamtlänge und 500 t/std Förderleistung an, und zwar auf einer Hochbahn teils wieder aus Eisenbeton, teils aus Eisen bestehend. Die Elektrohängebahnwagen haben je einen Führerstand, von dem aus die Entladeklappen der Kübel von je 12,5 cbm sowie die Fahrwerke bedient werden können. Die Anlage hat den Zweck, mit Mainschiffen oder Eisenbahnwagen ankommende Brennstoffe zu entladen und wahlweise zum Fabrikbunker oder zum Verkaufsbunker oder zum Lagerplatz

waren in der Förderstrecke mehrfach auch starke Steigungen zu überwinden. Mit der deshalb getroffenen Ausgestaltung der Transportanlage als sog. Seilhängebahn — wobei mit Hilfe eines umlaufenden Zugseiles die an einer Fahrschiene hängenden Wagen fortbewegt werden — ist den genannten Rücksichten Rechnung getragen worden. Gleichzeitig ist, wie bei der Elektrohängebahn, damit die Möglichkeit gewahrt worden, zur Bedienung der ausgedehnten Lagerplätze fahrbare Brücken (*A* in Abb. 889 und 890) anzuwenden, auf die das Zugseil mittels Umkehrscheiben von dem festen Fahrstrang *B* übergeleitet wird. Die Abgabe des Materials erfolgt selbsttätig durch Umkippen des Kübels, der seitlich und unterhalb seines Schwerpunktes aufgehängt ist, an einem die Arretierung lösenden Anschlage, der an beliebiger Stelle der Brücke bzw. des Lagers eingestellt werden kann. Die Wiederaufnahme des Materiales vom Lager zwecks Weiterschaffung zu den Kesseln und Generatoren geschieht mit Hilfe von auf den fahrbaren Brücken laufenden Greiferdrehkranen *C*, die durch eingebaute Trichter *D* die Hängebahnkübel beladen. In ähnlicher Weise geht die ursprüngliche Füllung der Kübel (*B* in Abb. 888) mit den in Rheinkähnen ankommenden Kohlen vor sich, indem die Greiferkatzen von Schrägbahn-Uferkranen die hochgenommenen Kohlen in einen Sammelbehälter *A* fallen lassen, aus dem sie auf der mitfahrenden Beladestrecke *D* in die Kübel *B* abgezogen und der Seilförderstrecke *C* zugeführt werden, wobei die Hängebahnwagen sich mit dem Zugseil dieser Förderbahn selbsttätig kuppeln.

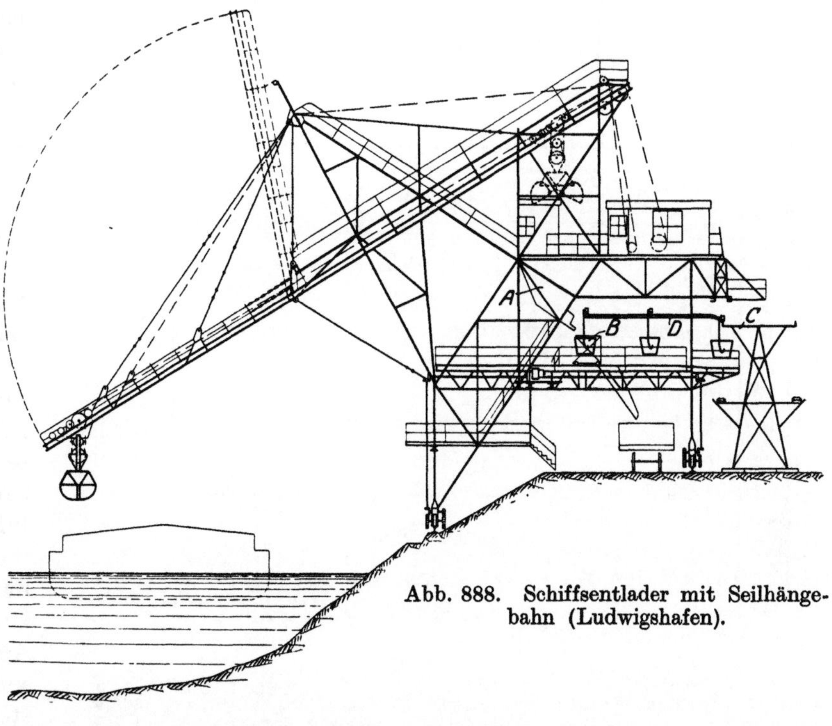

Abb. 888. Schiffsentlader mit Seilhängebahn (Ludwigshafen).

Seit einigen Jahren — erstmalig i. J. 1913[1]) — hat sich auch bei uns zur Beförderung von namentlich Stückgütern innerhalb größerer Betriebe das als Elektrokarren[2]) bezeichnete Hilfsmittel in ungewöhnlichem Maße eingeführt. Als schienenloses, elektrisch angetriebenes Transportmittel, das, mit einer Akkumulatorenbatterie als Kraftquelle[3]) ausgerüstet, auch von der Stromzuführung unabhängig ist, ist der Elektrokarren an sich überaus manövrierfähig und fast un-

zu befördern; vom Lagerplatz sollen die Brennstoffe wieder zurück zum Fabrikbunker geschafft werden, von dem aus die Verteilung nach den einzelnen Verbrauchsstellen des Werkes stattfindet. Auf dem Lagerplatz laufen wieder zwei fahrbare Verladebrücken mit obenlaufendem Drehkran von 8 t Tragkraft (4,5 cbm Greifer) und 10,5 m Ausladung. Vgl. auch Z. V. d. I. 1925, Nr. 38.

[1]) In Amerika lief auf einem Bahnhof in Jersey-City der erste solche elektrische Gepäckkarren bereits im Jahre 1906; vgl. Wagenknecht: Prometheus 1914, Nr. 1281.

[2]) Diese Bezeichnung bildet einen weiteren Beitrag zu der an verschiedenen Stellen dieses Buches gegeißelten mangelhaften Terminologie der Transporttechnik. Als Karren werden — nach einer Festsetzung des „Ausschuß für wirtschaftliche Fertigung" — Fahrgeräte bezeichnet, bei denen das Gewicht der Last außer auf den Rädern beim Fahren zum Teil auf dem Bedienenden, beim Stillstand zum Teil auf einer Stütze lastet, wohingegen Fahrgeräte, bei denen das Gewicht der Last lediglich auf den Rädern ruht — wie bei den „Elektrokarren" —, nicht Karren, sondern Wagen sind!

[3]) Für die Ladung einer Karren-Batterie werden je nach Wagentype bzw. Batteriegröße ca. 7 bis 13 KWh benötigt, mit einem Fahrbereich bis 60 km bei einem 1500 kg-Wagen.

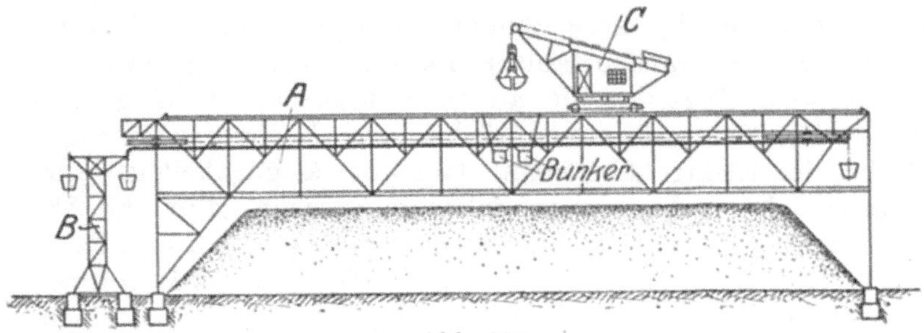

Abb. 889

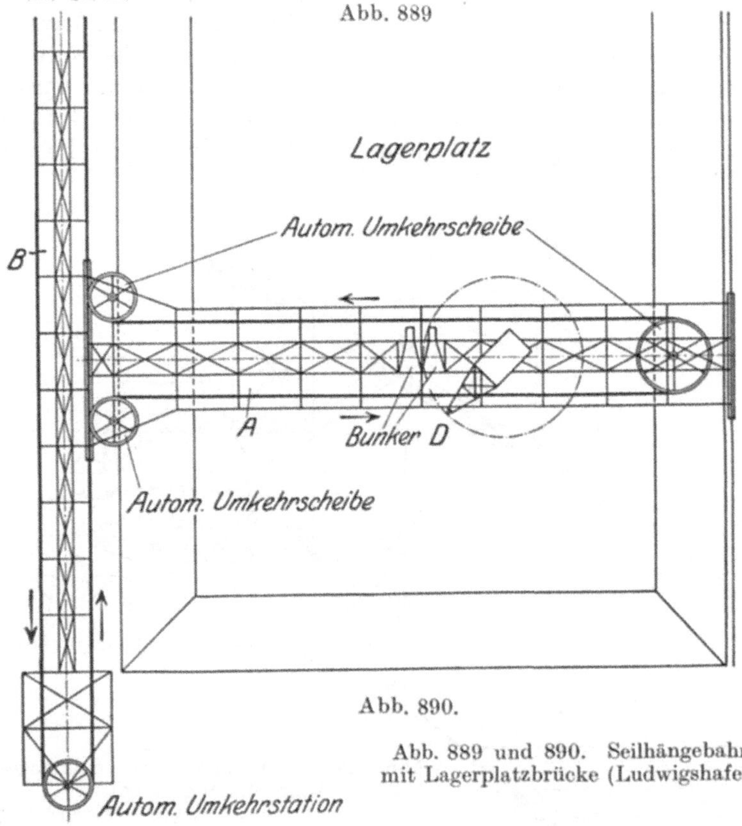

Abb. 890.

Abb. 889 und 890. Seilhängebahn mit Lagerplatzbrücke (Ludwigshafen).

Abb. 891. Elektrokarren.

beschränkt in seiner Verwendbarkeit. In Lagerschuppen, Werkstätten und Höfen vermag er ohne weiteres die Lastenbeförderung zwischen beliebigen Punkten zu übernehmen, ohne daß besondere Aufwendungen für die Schaffung und Instandhaltung eines bestimmten Förderweges nötig sind, der an sich die Möglichkeiten transporttechnischer Verbindung ja überdies stark beschränkt[1]). Durch bauliche Weiterausgestaltung ist der normale Elektrokarren, dessen ebene Plattform mittels angesteckter Bretter für umfangreiche Lasten erweitert oder für Klein- oder Schüttgut behälterförmig (Abb. 892) gestaltet werden kann, auch für Sonderarbeiten befähigt: z. B. als automobiler Muldenkipper, nach Abb. 893 und 894 zum kranmaschinellen Aufnehmen und Absetzen schwererer Lasten, oder mit aufzugsartig heb- und senkbarer Plattform zum Stapeln von Stückgütern oder mit nur wenig

[1]) Die Beschaffenheit des Weges an sich ist für die Vorteilhaftigkeit der Benutzung von Elektrokarren natürlich nicht gleichgültig: z. B. ist Kopfpflaster für die Schonung sowohl des Wagens als auch des Fördergutes sehr wenig dienlich, wohingegen glatte Asphaltplatten und selbst Mosaikbelag erfahrungsgemäß recht günstig sind. Vgl. Hellmich: Fördertechn. 1925, Heft 2.

anhebbarer Plattform zum Transport von Ladebänken. Auch kann der Karren beliebiger Bauart als indirektes Transportmittel, als sog. Schlepper, Verwendung finden[1]). Für die als auskragender Bockkran oder als Drehkran ausgebildete Beladevorrichtung, bei der in Abb. 894 dargestellten Ausführung für 500 kg Hebekraft, empfiehlt sich meistens Handantrieb[2]). Den Bau und die Verwendung weiterer Elektrokarrentypen führt Abb. 895 aus dem Liverpooler Hafen- und Speicherbetriebe vor Augen[3]). Für das Arbeiten mit Ladebänken — die zu befördernden

Abb. 892. Elektrokarren mit Ansteckbrettern.

[1]) Der Karren vermag dann, je nach Art der Fahrstraße und der zu schleppenden Fahrzeuge, Anhängelasten bis 6500 kg zu ziehen. — Die neuerdings als Zugmaschinen sich einführenden Lokomobilen mit Schwerölmotor — Abb. 896 zeigt eine solche Ausführung „Werwolf" der R. Wolf A.-G. in Magdeburg — sind naturgemäß robuster, aber weniger beweglich. Sie sind auch nicht selbst beladbar, dafür aber als Antriebsmaschine für stationäre Anlagen industrieller oder landwirtschaftlicher Art gut verwendbar. Der abgebildete „Werwolf" — der Lanzsche „Bulldog" ist in Bauart und Leistung ganz ähnlich — ist, bei einem Betriebsgewicht von 2500 kg, imstande, als Zugmaschine Lasten bis 8000 kg zu befördern und als Antriebsmaschine Leistungen bis 15 PS eff. abzugeben. Der Verbrauch an billigen Betriebsstoffen, wie Paraffinöl, Gasöl u. a., soll bei voller Belastung nur 0,25 kg f. d. PS eff. und Stunde betragen. Der Anschaffungspreis beträgt etwa M. 4500.— bis 5000.—. Ein Vorteil dieser Zugmaschinen gegenüber den flinkeren Elektrokarren besteht noch darin, daß sie wegen ihrer unter 7 km/st liegenden Fahrgeschwindigkeit eines Führerscheines für den Bedienungsmann nicht bedürfen. Als Schleppvorrichtung, die auf Grund ihres kompakten und geschlossenen Baues, ihrer großen Wendigkeit und ihres sauberen und geräuschlosen Betriebes besonders zweckmäßig vor allem für den Rangierdienst im Innern von Werken erscheint, kommt seit kurzem noch der sog. Einachsschlepper, auch „elektrisches Pferd" genannt, in Betracht. (S. Dahlheim: „Das Techn. Blatt" der Frankfurter Zeitung vom 16. Januar 1925, Wintermeyer: Anzeiger für Berg-, Hütten- und Maschinenwesen vom 11. August 1925 und Müller: Maschinenbau 1925, Heft 10.) Die Abb. 897 (Maschinenfabrik Gottw. Müller) läßt ihn als zweirädrigen Handwagen (Baulänge rund 3,3 m, Baubreite und -höhe je rund 1 m) erkennen, in dessen gut gefedertem Kastengestell die Akkumulatoren und der Motor samt Getriebe so eingebaut sind, daß eine vollkommene Ausbalancierung um die Fahrachse und damit eine sehr leichte Lenkbarkeit durch den Führer an der Doppeldeichsel erreicht ist. Das hohe Gewicht der Antriebsteile, besonders der Akkumulatorenbatterien — aus der Not wird hier eine Tugend! — erzeugt in Verbindung mit der Vollgummibereifung der beiden Räder eine weitgehende Adhäsion und Leistungsfähigkeit der Einrichtung. Der Wagen ist an seiner Rückseite mit einem Puffer ausgestattet, mittels dessen er auch drückend wirken kann. Das Gewicht des Schleppers beträgt 1650 kg, die Leistung des Motors $3^1/_2$ PS. Mit der entwickelten Zugkraft kann die Maschine in der Ebene bis 50 t Bruttolast auf Schienen fortbewegen, und zwar mit einer Geschwindigkeit von 4 km in der Stunde, wobei der Fahrbereich 3,5 km beträgt. Auf Pflaster fahrend, ist die Anhängelast entsprechend 10 t. Bei einem Anschaffungspreise von 5400 M. ist die Verwendung des Einachsschleppers außerordentlich wirtschaftlich im Vergleich sowohl mit dem Transportbetrieb durch Pferde als auch durch Arbeiter (die jährlichen Unkosten verhalten sich dabei wie 2650:3010:22500 M.). Der Transportbetrieb mit solchen flurfahrbaren Zugmaschinen hat in schwebender Ausführung ein Gegenstück in der später beschriebenen Elektrohängebahn mit zugartigem Betrieb bei der neuen Bremer Getreideumschlagsanlage.

[2]) Die A.E.G. baut einen Elektrokrankarren, bei dem die Hubwinde — für 1250 kg Last — elektrisch angetrieben wird; dabei ist das Windwerk nebst der Batterie als Gegengewicht der Kranlast (schwenkbar) angebracht.

[3]) Vgl. auch Woernle: Z. V. d. I. 1925, Nr. 3.

Güter werden auf besondere transportable Böcke abgesetzt, die von dem untergefahrenen Karren ohne Umladung mitgenommen werden — ist die Karrenplattform heb- und senkbar eingerichtet. (Bei manchen Ausführungen eines solchen Elektro-Hubkarrens[1]) erfolgt das Heben und Senken der Plattform durch Handkurbelantrieb vom Führer mittels Zahnrädern und Zahnstangenstücken, auf welch letzteren die Plattform an ihren vier Ecken ruht.) Bei der Bestimmung des Elektrokarrens, auch in beengten und lebhaften Betriebsverhältnissen sicher und ohne Gefährdung seinen Weg sich zu suchen, kommt seiner Lenkeinrichtung natürlich ganz besondere Bedeutung zu. Sie soll so beschaffen sein, daß der Fahrer den Karren dauernd leicht und sicher selbst kleinste Ablenkungen machen lassen kann. Die hierzu erforderliche Verstellung der Laufräder — wobei man zur Erzielung kleinster Fahrkurven und einwandfreier, schonender Laufradbewegung meistens Vierradlenkung wählt und in jeder Kurvenstellung alle Radachsen in einem Punkt, dem jeweiligen Krümmungsmittelpunkt, sich schneiden läßt — geschieht fast stets durch Handhebel- oder auch Handradbetätigung seitens des Fahrers [vgl. z. B. die Ausführung (Eßlingen) nach Abb. 891 bzw. 895]; nur bei der Bleichertschen „Eidechse“ wird der Fußtritt[2]) des auf einem wippbaren

Abb. 893. Elektrokarren mit Schwenkkran.

Abb. 894. Elektrokarren mit Bockkran.

[1]) Als handgezogene Fahrgeräte sind Hubkarren für Ladebankbetrieb schon längere Zeit in Gebrauch, wobei das Hochnehmen der Bank durch Niederdrücken der Wagendeichsel erfolgt (z. B. der Hubkarren „Schildkröte“ der Maschinenfabrik Ernst Wagner in Reutlingen). Vgl. Omega: Engg. Ind. Manag. 1920, 4. November, Brandt: Organisation 1924, Heft 11/12 sowie Laver: Fördertechn. 1925, Heft 2; ferner Hellmich: Maschinenbau 1925, Heft 10 und Der Maschinenmarkt 1924, Nr. 50 sowie Wiesenfarth: Maschinenbau 1925, Heft 12. Nach letzterem beträgt bei der Benutzung solcher Handhubkarren die Ersparnis (an Zeit und entsprechend auch an Lohn) $66^2/_3\%$ gegenüber der Beförderung mittels einfacher Handkarren und gewöhnlicher Hebezeuge.

[2]) D. R. P. Nr. 394 682; vgl. auch D. R. P. Nr. 177017.

Brett stehenden Fahrers dazu benutzt. Während die Handbetätigung den Fahrer in der ruhigen und gewohnt-sicheren Bein- bzw. Körperstellung beläßt, hat die Fußbetäti-

Abb. 895. Elektrokarren im Hafenbetrieb (London).

gung als Vorzug zunächst den Umstand für sich, daß der Fahrer die eine Hand zum Sich-fest-halten frei hat und ferner, daß für die Betätigung des Lenkmechanismus sein Körpergewicht zum größten Teil ausgenutzt wird. Die natürliche Folge hiervon ist, daß wegen des fast gänzlichen Fortfalles einer besonderen Muskelkraftäußerung auch bei langandauerndem Fahren eine Ermüdung nicht eintritt. Eine Abfederung des Standbrettes, die auch andere Bauarten (z. B. MAN) neuerdings aufweisen, ist hierbei, wo der Fahrer in der Kurve überwiegend auf nur einem Bein steht, besonders angebracht, um die bei unebenem Boden entstehenden Stöße zu mildern. Mit dem horizontal auslegbaren Handhebel und dem Handrad hat der Trittbrettlenker den Vorteil sympathischer oder gleichsinniger Bewegung — Rechtsauslage für Rechtskurven, Linksauslage für Linkskurven — gemein, ein Vorteil, der praktisch allerdings nur bei häufigem Wechsel des Fahrers zur Geltung kommen dürfte. Bei der Bewertung der Lenkeinrichtungen ist indes noch zu beachten, daß bei dem nach der Seite auszulegenden Handhebel dann, wenn Gleichsinn der Be-

Abb. 896. Zugmaschine.

wegungen herrschen soll, dieser Hebel gerade bei scharfen Kurven am weitesten aus dem Fahrprofil herausragt, also zu Anstößen führen kann, während bei der Fußwippe der Fahrer dann vorteilhafterweise gerade die Stellung einnehmen muß, die der Trägheits- und Fliehkraft, die ihn herabzuschleudern sucht, entgegenwirkt.

Die Wirtschaftlichkeit der Benutzung von Elektrokarren für lebhaften Gütertransport innerhalb verschiedenartigster Werksgelände und -betriebe ist bereits durch zahlreiche Versuchsergebnisse einwandfrei erwiesen. Sie tritt namentlich bei der Beförderung leicht handhabbarer Lasten — Kisten, Koffer, Pakete, Ballen u. dgl. — auf nicht zu kurzen Förderstrecken in die Erscheinung[1]). Die Wirtschaftlichkeit des Elektrokarrens geht aus der folgenden Aufstellung der jährlichen Unkosten einerseits und der Leistungen andrerseits hervor, die mit dem Betrieb von Elektrokarren[2]) und von Handkarren verbunden sind:

Abb. 897. Einachsschlepper.

[1]) Beispielsweise haben Versuche im Kaischuppenbetrieb als durchschnittliche Förderkosten beim Elektrokarrenbetrieb nur die Hälfte der Kosten beim Handbetrieb, als Mehrleistung aber das bis 8,5 fache ergeben. Durch die größere Umschlagsgeschwindigkeit hat die Liegezeit der Schiffe wesentlich abgekürzt werden können. Und zwar haben die Gesamtförderkosten beim Handbetrieb durchschnittlich M. 15.85, beim Elektrokarrenbetrieb M. 7.80 f. d. t betragen, die Leistungen pro Mann und Stunde beim Handbetrieb durchschnittlich etwa 1,9 t, beim Elektrokarrenbetrieb etwa 1,1 t, die Umschlagsarbeit pro Mann und Stunde beim Handbetrieb durchschnittlich etwa 70 mt, beim Elektrokarrenbetrieb etwa 130 mt. Weitere Angaben s. Lukas: AEG-Mitteilungen 1923, Heft 8 und Maschinenbau 1924, Heft 24; AEG, Das Kleinförderwesen bei Verwendung von Elektrokarren, 1925; Siemens-Z. 1924, Heft 11/12 und Scheffler: Eisenbahnwerk 1924, Heft 18, sowie ETZ. 1916, Heft 1; Hellmich: Fördertechn. 1925, Heft 2; Wintermeyer: Fördertechn. 1925, Heft 1; Schultze: Werkzeugmaschine 1925, Heft 14; Müller: Maschinenbau 1925, Heft 10. —Neuere, sehr umfangreiche Ermittlungen lassen die Wirtschaftlichkeit von Elektrokarren in noch günstigerem Lichte erscheinen: Danach betragen die Kosten des Lastentransportes durch Elektrokarren nur 40$^0/_0$ derjenigen bei Handbetrieb (1,30 bzw. 3,20 M/tkm); der Zeitaufwand aber beträgt sogar nur 7$^0/_0$ des beim Handtransport erforderlichen (0,22 bzw. 3,36 st/tkm). Vgl. ETZ. 1925, Heft 36 (AEG.-Mitteilung). Weitere Versuche an Elektrokarren (1500 kg) und einpferdigem Fuhrwerk ergaben, bei Gleichwertigkeit beider in bezug auf Leistung, als tägliche Kosten M. 14 bezw. M. 19, d. h. eine Tagesersparnis von M. 5 beim Elektrokarrenbetrieb; vgl. Poelmann: „Güterumschlag", 1926 V. d. I.-Verlag. — Weitere Feststellungen über die Wirtschaftlichkeit der Verwendung von Elektrokarren im Gepäck- und Eilgutverkehr im Hauptbahnhof Magdeburg haben ergeben, daß die früher von 48 Arbeitskräften mit 40 Handkarren geleistete Transportarbeit jetzt von nur 36 Arbeitskräften mit 3 Elektrokarren bewältigt wird, wodurch die laufenden Ersparnisse rund 16000 M. im Jahr betragen, d. h. die Anschaffungskosten der Karren sind bereits durch einen 7 bis 8 monatlichen Betrieb vollständig getilgt. Die Benutzung von Anhängewagen ergab den Zeitaufwand zur Beförderung einer bestimmten Gepäckmenge zu nur etwa $^1/_4$ bis $^1/_5$ des beim Handkarrentransport erforderlichen. Vgl. Z. V. d. I. 1925, Nr. 38 (AEG.-Mitteilung), Weicken: Maschinenbau 1926, Heft 4 und Hellmich: Z. V. d. I. 1925, Nr. 50.

[2]) Zugrunde gelegt ist eine Ausführung (AEG) eines Karrens mit fester Plattform von 1500 kg Tragfähigkeit.

Anlagekapital insgesamt . . . . M. 3000.—
(Anlagekapital für die Batterie. . . . . „ 1100.—)
Verzinsung (10% von M. 3000.—) . . . . M. 300.—
Tilgung [6,3% von M. 3000—1100[1])] . . . . „ 120.—
Unterhaltungskosten
der Batterie (G.-O) bei täglich einmaliger Entladung (23% des Batteriewertes) . . . . „ 253.—
des mechan.-elektr. Teiles ($^2/_5$ f. Bereifung u. $^3/_5$ f. kleinere Instandsetzungen) . . . . „ 100.—
Schmier- und Putzmaterial sowie Revision . . . . „ 30.—
Stromkosten (bei 300maliger Aufladung der vollen Batteriekapazität und einem Strompreise von M. 0.10 kW-st) . . . . „ 185.—
Löhne (300 Schichten à M. 4.— u. Lohnanteil eines Wärters zur Beaufsichtigung der Ladung) . . „ 1300.—
Gesamtbetrag der jährlichen Unkosten . . . . M. 2288.—

Wird die tägliche Leistung des Karrens zu 30 tkm (1200 kg Belastung und 25 km Fahrstrecke) angenommen, d. s. 9000 tkm jährlich, so betragen die Betriebskosten insgesamt 2288 : 9000 = rund M. 0,25 je tkm. Zur Erzielung der vorstehenden Leistung eines einzigen Elektrokarrens sind erfahrungsgemäß drei Handkarren mit je vier Mann erforderlich. Diese würden an Lohnaufwendungen also das zwölffache erheischen[2]). — Gemessen an der Leistung eines Mannes sind die Verhältnisse folgendermaßen[3]): In einem Hafenbetriebe war die Durchschnittsleistung eines Mannes bei Handkarrenverwendung 97,35 mt/st, bei Elektrokarrengebrauch aber 216,50 mt/st, d. h. die Leistungssteigerung betrug rund 123% oder, mit anderen Worten, es wurden für die Beförderung 55% an reinen Arbeitslöhnen gespart.

Transportverhältnisse			Anlagekosten		Betriebskosten				
Art des Transportes		Aufwand an Mannschaft und Geräten	Einzeln	Insgesamt	Verzinsung des Anlagekapitals (10%)	Amortisation, Instandhaltung, Schmierung usw.	Stromkosten (10 Pf./kWh)	Lohn (300 Schichten zu 9 Std.)	Insgesamt
Elektrizitätszähler	früher	7 Transport-Arbeit.	—	—	—	—	—	11600	14325
		25 Federhandwagen	290	7250	725	2000	—	—	
	jetzt	1 Fahrzeugführer	—	—	—	—	—	2200	6680
		1 Elektrowagen	3950	3950	395	1060	300	—	
		25Federhndw.(Anh.)	290	7250	725	2000	—	—	
Bleche Rohmaterial Abfallmaterial Halbfabrikate Fertigfabrikate Öl Hilfsstoffe	früher	8 Transport-Arbeit.	—	—	—	—	—	13300	22508
		4 Handwagen	160	640	64	284	—	—	
		2 Kutscher	—	—	—	—	—	4160	
		2 Pferde m. Gesch.	2500	5000	500	2280	—	—	
		6 Brückenwagen	1000	6000	600	1320	—	—	
	jetzt	1 Fahrzeugführer	—	—	—	—	—	2200	6629
		1 Elektroschlepper	5510	5510	551	1160	450	—	
		4 Elektroanhänger	160	640	64	284	—	—	
		6 Brückenwagen	1000	6000	600	1320	—	—	
Kupfer Gußteile Magnetpole Blechpakete von u. zu d. Teillagern	früher	12 Transport-Arbeit.	—	—	—	—	—	20000	20522
		6 Handwagen	160	960	96	426	—	—	
	jetzt	1 Fahrzeugführer	—	—	—	—	—	2200	4955
		1 Elektrowagen	3950	3950	395	1060	300	—	
		4 Elektroanhänger	700	2800	280	720	—	—	
Bedienung einer im I. Geschoß befindlich. Montage-Abt. m. den erforderl. Materialien Abtransp. d. fert. Mot. nach den Prüffeldern	früher	5 Transport-Arbeit.	—	—	—	—	—	8300	8561
		3 Handwagen[4])	160	480	48	213	—	—	
	jetzt	1 Fahrzeugführer	—	—	—	—	—	2200	3955
		1 Elektrowagen mit Kran[5])	3950	3950	395	1060	300	—	

[1]) Die Tilgung der Kosten für die Batterie fällt fort, weil diese durch Unterhaltung dauernd in ihrem Neuwert erhalten bleibt.
[2]) Vgl. a. Müller: Organisation 1925, Nr. 7.
[3]) Vgl. Z. V. d. I. 1925, Nr. 14 (AEG); Givens: Organisation 1925, Nr. 7.
[4]) Mit Hebeböcken } Anlagekosten, weil gleich, außer Ansatz gelassen.
[5]) Mit Kran

Recht klar ist die Wirtschaftlichkeit des Elektrokarrenbetriebes auch aus der vorstehenden tabellarischen Gegenüberstellung[1]) ersichtlich, die die Kosten des früheren Hand- und Fuhrwerkstransportes und des jetzigen Elektrokarrentransportes im Nürnberger Werk der S.-S.-W. enthält (S. 537).

Die nachstehende Zusammenstellung gibt die listenmäßigen Daten von Elektrokarren verschiedener Größen und Herkunft wieder (S. 539).

Im Anschluß an diese Elektrokarren, denen auf Grund ihrer Handlichkeit, Anpassungsfähigkeit und Leistungsfähigkeit bei der transporttechnischen Ausgestaltung von Speicher-, Hof- und Hallenbetrieben zweifellos eine große Zukunft bevorsteht, seien noch einige andere fahrbare Kleinfördermittel[2]) betrachtet, die auch für die Güterbewegung besonders im Hafenbetriebe mit Nutzen angewendet werden können. Die Ausführung nach Abb. 898 zeigt einen in den Liverpooler Hafenspeichern und auch sonst in England[3]) schon vielfach verwendeten Drehkran, der in seiner schienenlosen Fahrbarkeit dem vorerwähnten Krankarren ähnlich ist, jedoch vermöge seiner größeren Abmessung auch als Stapelmaschine zu benutzen ist.

Abb. 898. Automobiler Speicherkran (Liverpool).

Eine ausschließlich für Stapelzwecke gebaute Maschine ist der neuerdings nach Abb. 899 auf den Markt gebrachte Kran (Kampnagel). Bei diesem mit einem umlegbaren Ausleger aus Mannesmannrohr ausgestatteten Stapler erfolgt das nur gelegentliche Verfahren von Hand; die Hub- und die Schwenkbewegung erfolgt, und zwar mittels nur eines Motors, elektrisch. Die Ausladung beträgt 1,60 m, die erzielbare Stapelhöhe bis 5 m. Die minutlichen Arbeitsgeschwindigkeiten betragen bei den beiden Typen von 600 kg und von 300 kg Tragfähigkeit für das Heben 38,4 m bzw. 45,0 m, für das Schwenken 1,5 bzw. 2,2 Umdrehungen.

Für eigentliche Stapelzwecke ist auch bei uns schon das Förderband stark in Gebrauch, das, auf zwei mittlere Laufräder gesetzt, wegen der Leichtigkeit seiner Konstruk-

[1]) Nach Wießner: Siemens-Zeitschrift 1925, 10. Heft.

[2]) Vgl. dazu u. a. Dahlheim: Fördertechn. 1925, Heft 6; ebenda Heft 2 und Ritter: ebenda Heft 19.

[3]) Auch bei uns beginnt dieses ebenso bewegliche wie gedrungene und daher vielseitigst verwendbare Hebetransportmittel sich einzuführen. Z. B. baut die Lauchhammer-Rheinmetall A.-G. einen solchen Kran mit Akkumulatorenbetrieb in den Größen für 500, 750 und 1000 kg Tragkraft mit Ausladungen des (als doppelarmiger Hebel ausgebildeten) Wippauslegers von 3—5 m bzw. 2,25—4 bzw. 1,75—3 m. Nähere Angaben darüber s. bei Ritter: Fördertechnik 1925, Heft 19.

Tragfähigkeit	Plattformgröße	Fahrgeschwindigkeit max.	Steigungsfähigkeit[1]	Fahrbereich	Motoren[2]	Batterie-Kapazität[3]	Innenkurvenradius min.	Lenkart	Eigengewicht	Anschaffungspreis	Fabrikat
kg	mm	km/st	%	km	PS	Amp.-St.	mm		kg	M.	
3200[4]	2500×1400	10	—	—	2×5	—[7]	2000	wagrecht auslegbarer Handhebel[11]	1950	—	Křižik
2032	2057×1016	8	—	—	2×1	129	1370	wagrecht auslegbarer Handhebel	1120	—	Ransomes
1600	2100×1150	10	—	—	2×2,75	70[8]	1400	wagrecht auslegbarer Handhebel[11]	1150	Kč. 31500.—	Křižik
1500	2200×1125	7	10	40	2×1,15	70[8]	1770	wagrecht auslegbarer Handhebel	1000[12]	3600.—[13]	AEG
1500	1580×880	15	10[5]	60	2×1,85	240[9]	350	senkrecht wippbares Standbrett	1150	3400.—	Bleichert
1500	2030×980	15	10[5]	34	2×2,5	70[8]	1400	senkrecht auslegbarer Handhebel	1080	—	Eßlingen
1500	2200×1100	12	10	50	1×5	240	2000	senkrecht auslegbarer Handhebel	1100	3500.—	Hansa-Lloyd
1500	2150×1340	9	10	34	2×	80	400	senkrecht stehendes Handrad	1150	3500.—	MAN
1500	2200×1100	10	10	60	1×3	80	1900	senkrecht auslegbarer Handhebel	1000	3000.—	Scheele
1500	1800×900	8		30	1×2,75	250	1900	wagrecht auslegbarer Handhebel	1100	—	Schiemann
1500	2200×1200	10	8,5	50[6]	2×0,9	63[10]	480	senkrecht auslegbarer Handhebel	1235	3950.—	SSW
1000	2050×1180	8		24	1×2,75	200[8]	1000	senkrecht auslegbarer Handhebel	1200	3800.—	Schiemann
800	1900×1100	10	—	—	2×2,25	70[8]	1200	wagrecht auslegbarer Handhebel[11]	800	Kč. 25900.—	Křižik
750	1420×800	8	10	40	1×1,15	80	1200	wagrecht auslegbarer Handhebel	520[12]	2000.—	AEG
750	2000×1000	13	10[5]	40	2×1,25	132[9]	350	senkrecht wippbares Standbrett	800	2700.—	Bleichert
750	1800×920	12	6[5]	—	1×2,5	47[8]	1200	senkrecht auslegbarer Handhebel	810	—	Eßlingen
750	1600×1000	8	—	24	1×1,36	200	1800	wagrecht auslegbarer Handhebel	900	2650.—	Schiemann

[1]) Mit voller Last; ohne Last bis zum Doppelten dieses Wertes.

[2]) Durch die Anordnung von zwei Motoren, von denen jeder ein Rad der Lenkachse antreibt, wird eine selbständige Einstellung deren Drehzahl in den Kurven entsprechend den verschieden großen Krümmungsradien erreicht, wodurch ein Gleiten und Abnutzen des Gummireifens vermieden wird.

[3]) Die im allgemeinen für große Fahrstrecken, z. B. für Außendienst in Betracht kommenden Gitterplatten-Batterien haben bei zwar viel größerer Kapazität eine wesentlich geringere Lebensdauer als die Großoberflächen-Batterien (200 bzw. 1000 Ladungen); vgl. Z. V. d. I. 1926, Nr. 2.

[4]) Die AEG baut auch eine Type für 2500 kg Tragkraft, von 2320×1300 Plattformgröße und mit Antrieb durch 2 Motoren von je 2,2 PS, die mit (G.O.-) Batterie 1720 kg wiegt. Der geringe Bedarf an dieser Größe — bis jetzt (Frühjahr 1925) hat die AEG mit 15 solcher Ausführungen nur 1% ihrer übrigen Karrenerzeugung erreicht — läßt eine weitere Beibehaltung fraglich erscheinen.

[5]) Mit Vollast; ohne Last das Doppelte.

[6]) Mit G.O.-Batterie und bei Leerlauf; mit G.P.-Batterie: 100 km. Bei Vollast in beiden Fällen die Hälfte.

[7]) Wird nach dem jeweiligen Betriebserfordernissen bemessen.

[8]) Mit Großoberflächen-Batterie; mit Gitterplattenbatterie: 132 bzw. 80 Amp.-Std. Vgl. a. Rödiger: E. T. Z. 1926, 6. Heft.

[9]) Mit Gitterplatten-Batterie; mit G.O.-Batterie 140 bzw. 70 Amp.-Std.

[10]) Mit Großoberflächen-Batterie; mit Gitterplatten-Batterie: 132 Amp.-Std.

[11]) Evtl. auch senkrechtes Handrad.

[12]) Mit Ky-Batterie; mit G. O.-Batterie etwa 25 % mehr.

[13]) Mit Vierradlenkung; mit Zweiradlenkung und Einmotorantrieb (2,72 PS.): M. 2625.—.

tion und der Einfachheit seines Betriebsmechanismus, ohne weiteres von Hand an den jeweiligen Verwendungsort gefahren werden kann. Bei der dieser Einfachheit und Leichtig-

Abb. 900. Fahrbares Förderband (Liverpool).

Abb. 899. Handfahrbare Stapelmaschine (Hamburg).

keit entsprechenden Geringheit der Anschaffungskosten und der wegen seiner stetigen Förderung recht ansehnlichen Leistungsfähigkeit können auch kleinere Betriebe mit der Wahl eines solchen Hilfsmittels wesentliche wirtschaftliche Vorteile sich verschaffen. Sei es beim Stapeln von Einzel- oder Massengut in geschlossenen Räumen oder im Freien, sei es beim Beladen oder Entladen von Eisenbahnwagen, Schiffen oder anderen Transportmitteln, wobei außer der Ersparung von Arbeitern auch noch eine Verkürzung der Abfertigungszeit und eine Ersparnis der Stand- oder Liegegelder erzielt wird. So vermag eine normale Ausführung — mit Rücksicht auf atmosphärische und mechanische Einflüsse zweckmäßig ein Gummiband —, die bei 10 m Achsabstand eine Breite von 0,5 m und eine Fördergeschwindigkeit von 1 m/sek aufweist. die ihm durch einen zwischen den Laufrädern aufgestellten 2 PS-Elektromotor[1]) erteilt wird, etwa 40 t/st an Steinkohlen und 30 bis 35 t an Braunkohlen zu fördern. Seitliche Holzleisten dienen zur Sicherung beim Stückguttransport. — Die Abb. 900 veranschaulicht ein solches Band beim Anbordbringen von Passagiergepäck im Hafen von Liverpool Die auf dem Bande angebrachten Querleisten verhindern ein Zurückrutschen auch bei stark ansteigender Förderrichtung.

Neuerdings sind auch fahrbare elektrische Aufzüge für Stapelungszwecke geschaffen worden, von denen Abb. 901 eine Ausführung (Mohr & Federhaff) wiedergibt. Die Tragfähigkeit ist 500 kg, die Hubgeschwindigkeit 0,10 m/sek. Diese Tragkraft läßt sich durch Einbau einer losen Rolle, bei entsprechender Verminderung der Hubgeschwindigkeit, verdoppeln. Der Stapelaufzug ist auf vier kugelgelagerten Rollen fahrbar, deren beide vorderen als Drehrollen ausgebildet sind. Diese werden beim Heben der Last zweckmäßigerweise durch eine Abstützvorrichtung entlastet, wodurch ein sicherer Stand des Aufzuges erzielt wird. Die mit Rollen geführte Lastbühne ist an zwei Drahtseilen aufgehängt und besitzt zum Einhängen von Ladebrettern, d. h. zum leichten Aufbringen der Lasten, auf drei Seiten besondere Rundeisenstangen. Das Ingangsetzen der Hebevorrichtung geschieht durch Ziehen am Steuerseil; die Stromzuführung erfolgt durch ein biegsames Kabel[2]).

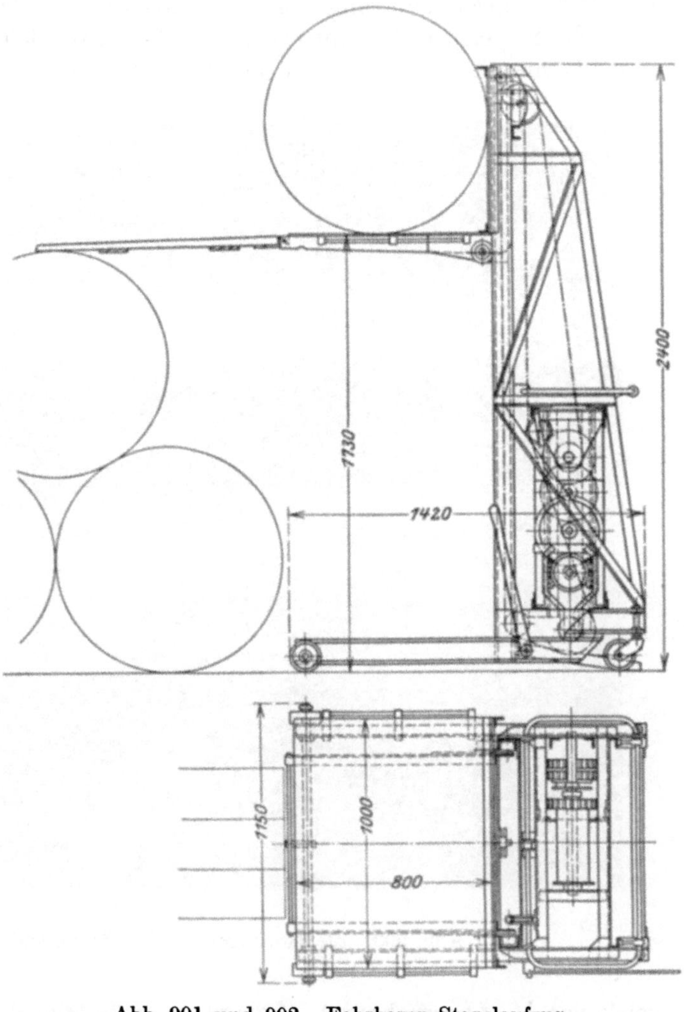

Abb. 901 und 902. Fahrbarer Stapelaufzug.

[1]) Die Firma Schoof & Weigel, Erfurt, treibt ihre fahrb. Bänder unter Fortlassung der Riemen- oder Kettentransmission durch den Motor unmittelbar auf das Rädervorgelege an. Auch stützen Schoof & Weigel das obere Bandtrum nicht in der üblichen Weise auf Rollen ab, sondern führen es bloß in einer Holzmulde, auf deren glattgehobelten Brettern es schleift. Durch diese feste Unterlage wird das Band schwingungsfreier geführt und nimmt infolgedessen auch bei stark geneigter Förderrichtung das Material sicherer mit, ohne selbst wesentlich stärker abgenutzt zu werden.

[2]) Bleichert stattet seinen Elektrokarren auch mit einer bis 1650 mm über Flur hebbaren Bühne, für 750 kg Höchstbelastung, aus, mit deren Hilfe nicht nur ein schnelles und bequemes Stapeln sondern auch ein schneller und müheloser An- und Abtransport der Stapelgüter möglich ist. Die Hubgeschwindigkeit der voll-

Als eines für das Entstapeln von Stückgütern und allgemein für die Abwärtsbewegung solcher geeigneten Hilfmittels, das in seiner Bau- und vor allem seiner Betriebsweise unübertreffbar einfach ist, sei hier noch der sog. Rollenbahn[1]) gedacht. Die aus dicht nebeneinander in beiderseitigen Blechschilden kugelgelagerten zylindrischen Stahlrollen bestehende Bahn ist mit Gefälle verlegt und läßt dadurch das an irgend einer Stelle aufgelegte Fördergut, das eine ebene Auflagefläche haben muß (wie Kisten, Pakete und dgl.), durch seine eigene Schwerkraft abwärtsrollen. Seitliche Ablenkungen der Förderrichtung werden mit Hilfe konischer Rollen bewirkt, senkrechte Abwärtsförderung mit Hilfe schraubenförmig verlegter Kegelrollen. Die Normalausführung einer Rollenbahn der Siegerin-Goldmanwerke, Mannheim, weist 6 Rollen von je 100 mm Durchmesser und 450 mm Länge auf das m auf (bei 615 mm Baubreite der Bahn einschließlich der

Abb. 903. Elektrohängebahn für Schuppenbedienung (Klettendorf).

seitlichen ⌊-Lagerrahmen). Anlage- und Betriebskosten sind begreiflicherweise minimal: eine solche Rollenbahn kostet einschließlich der Füße nur 72 M/lfd. m; Kurven kosten 190 M. Die Betriebskosten bestehen lediglich in der Schmierung der Rollen, die nur alle paar Monate vorgenommen zu werden braucht.

Bei der vorstehend berührten Frage der Stapelung von Schiffsgut darf vor allem auch die Elektrohängebahn als ein dafür besonders geeignetes Hilfsmittel nicht unerwähnt bleiben. Überall dort, wo es sich um einen gleichbleibenden Transportweg und Stapelplatz handelt und wo auch die Heranführung des Stapelgutes zu übernehmen ist, kommen die an anderer Stelle[2]) mehrfach festgestellten vorteilhaften Eigenheiten dieser

---

beladenen Plattform beträgt 2 m/min ($^3/_4$ PS-Motor), die Fahrgeschwindigkeit 165 m/min ($2^1/_4$ PS). — Eine fahrbare Stapelmaschine für Fässer und Kisten, in einer gleichfalls dem Elektrokarren ähnlichen Bauart von Fahrgestell und Führerstand ist dargestellt in V. d. I.-Nachr. 1925, Nr. 30.

[1]) Eingehendere rechnerische und bauliche Unterlagen gibt u. a. Walther: Fördertechnik 1925, Heft 20.

[2]) S. 27 u. 526. Vgl. auch Michenfelder: Maschinenbau 1923, Heft 18.

einschienigen Schwebebahn voll zur Geltung, umsomehr als die Bodenfläche voll für die Stapelung ausgenutzt werden kann. Es brauchen weder Zufahrtswege noch Zwischengänge freigelassen werden, und auch die Höhe der Stapelung ist von der Zugänglichkeit von unten unabhängig. Die Abb. 903 veranschaulicht eine derartige zum Stapeln von Rohzuckersäcken in einem Speicher dienende Anlage (Bleichert) für eine Leistung von 50 t/st.

Für das Absetzen von Schiffsgütern vor dem Speicher zum Zwecke der Weiterverteilung von Hand in den einzelnen Stockwerken sind die Anlagen nach den folgenden Abbildungen bestimmt. Für die Sackverladung in einem Speicher der Firma Gebr. Wolff am Dortmunder Hafen dient nach Abb. 904 und 905 eine Katze, die sich längs eines nur im oberen Speicherstockwerk verankerten langen Auslegers über Schiff bewegen und

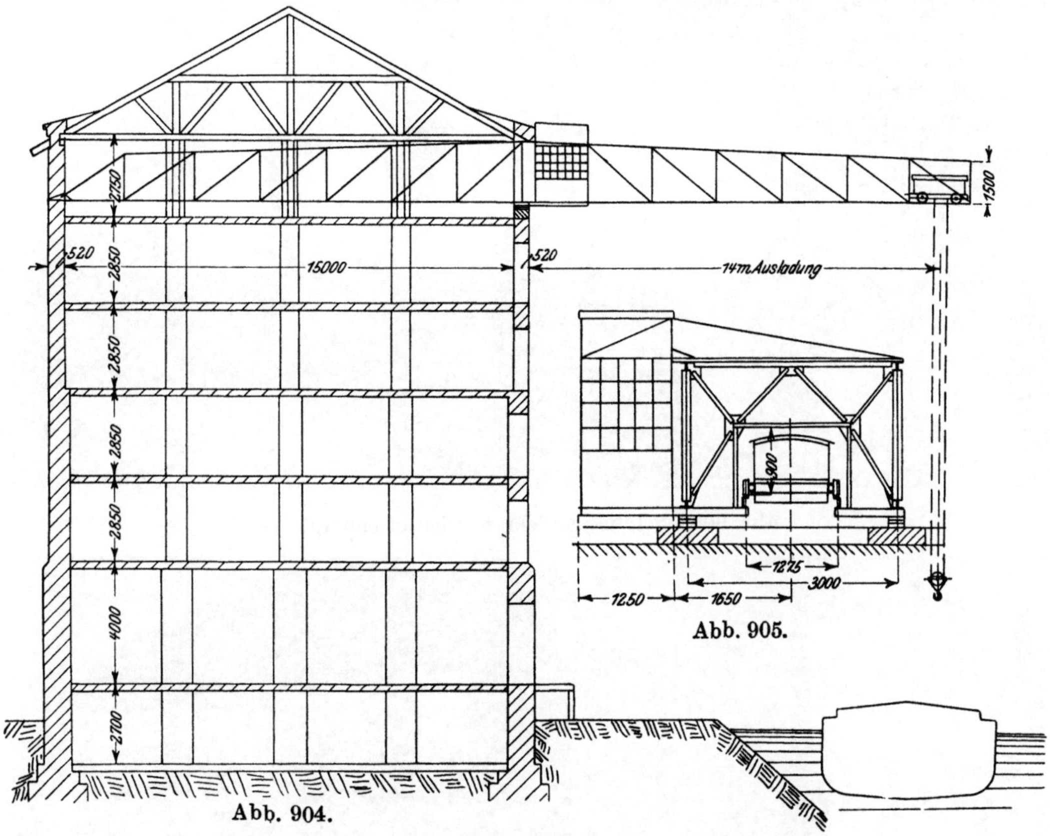

Abb. 904 und 905. **Schiffsentladeeinrichtung (Dortmund).**

die hochgenommenen Säcke auf ein Podest vor dem jeweils gewünschten Stockwerk absetzen kann. Die Anlage (Fredenhagen) leistet bei 16,8 m/min Hubgeschwindigkeit (12,5 PS) und 25,8 m/min Fahrgeschwindigkeit (12,5 PS) i. d. Stunde 200 Sack. Ihre Anschaffungskosten betrugen 8000 M.

Mit drehbaren Katzenauslegern, die seitlich des Gebäudes durch eine mit diesem verankerte Stützkonstruktion gehalten werden, arbeiten die Anlagen nach Abb. 906 und 907. Die erstere vermag durch ihre Aufstellung an der Ecke des Speichers[1]) die Lasten zu beiden Seiten desselben abzusetzen, was unter Umständen wohl erwünscht sein kann. Der für 5 t Tragkraft und 7,5 m nutzbare Ausladung sehr kräftig durchgebildete Kran (Piechatzek) erforderte zu seiner betriebsfertigen Aufstellung, einschließlich zweier selbstentleerender Transportkübel, die Summe von 9500 M.

Dieser sowohl als besonders auch der durch Abb. 907 dargestellte Schiffsentladekran (Flohr), der bei einer Tragkraft von 1,5 t mit seiner 18,3 m langen Ausladung auch noch

[1]) Der Firma Carl Donner in Charlottenburg.

Abb. 906. Schiffsentladekran (Charlottenburg).

Abb. 907. Schiffsentladekran (Berlin).

einen nicht unmittelbar am Schuppenkai[1]) anliegenden Kahn bedienen kann, beschränkt natürlich durch die Schwenkbarkeit der Ausleger auch das Verholen der Schiffe gegenüber festen Lastarmen.

Anstatt der für das Bedienen von Schiffen am Speicher in der Regel erforderlichen mehr oder minder langen Fahrbahnausladung für die Lastkatze kann es bei geringer Entfernung der Lastaufnahmestelle vom Gebäude genügen, die Lastkatze selbst mit einem Ausleger zu versehen, der beim Hinausreichen aus der Gebäudewand die Last aufnehmen kann. Bei der durch die Abb. 908 dargestellten Anlage (Flohr) ist zwar die Fahrbahn der Speicherlaufwinde auch noch etwas ins Freie verlängert worden, um bei einer Nutzausladung von 2,3 m den Lastzug zur Vermeidung größerer Kippmomente durch zwei vordere Laufräder unmittelbar aufnehmen zu können. Die für eine Tragkraft von 1,5 t gebaute Katze wird von einem Arbeiter an Handgriffen *a* (Abb. 909 und 910) eines zu dem Zweck an dem Windenrahmen angebrachten leichten Gerüstes verfahren. Das Heben dagegen erfolgt elektrisch mit einer Hubgeschwindigkeit von 10 m/min (6,5 PS); die Betätigung des Anlassers *c* kann mittels eines nach unten geführten Steuerseiles *b* erfolgen.

Abb. 908. Handlaufkatze.

Die bei der Schiffs- und Schuppenbedienung, besonders bei lebhaftem Hafenverkehr zu erfüllende Forderung einer schnellstmöglichen Transportabwicklung hat in den Nachkriegsjahren den in Abb. 911 gezeigten Doppelkran (Demag) als eine Form des Hafenkranes entstehen lassen, die sich bereits in zahlreichen Ausführungen in großen Seehäfen des In- und Auslandes bewährt hat[2]). Dieser Doppelkran ist eine Vereinigung der für den Kaibetrieb ja hauptsächlich und mit Vorteil verwendeten Kransysteme des Drehkranes und des Laufkatzenkranes und ergibt damit auch eine glückliche Vereinigung der betrieblich günstigen Eigenarten beider unter gleichzeitiger Beschränkung des für die getrennten Einzelkrane erforderlichen Platzes auf nur die Hälfte. Diese letztere Folge ist für eine rasche Löschung der Schiffe, wobei möglichst viele Hebezeuge an einer Luke arbeiten sollen, von besonderer Bedeutung. So können beim Doppelkran-Hafenbetrieb u. U. vier Hebezeuge an eine Luke gebracht werden. Bau- und Arbeitsweise des Doppelkranes gehen aus der Abbildung klar hervor: Auf dem Portalgerüst ist der Drehkran aufgestellt, zwischen den Portalfüßen ist die Laufkatze an einem längsverschiebbaren Fahrgerüst angeordnet. Während der Drehkran (3 t) vorwiegend für den Sperrguttransport benutzt wird, kann mit der Katze (1,5 t) gleichzeitig Stückgut bewegt werden. Die Leichtigkeit der Laufkatze und die Gradwegigkeit ihrer Lastbewegungen läßt sie größere Fahrgeschwindigkeiten und — wenigstens relativ — größere Leistungen erzielen als den Drehkran[3]). Die Steuerung beider Hebezeuge erfolgt von den angebauten Führerständen[4]) aus vollkommen unab-

[1]) Der Firma C. Salomon, Weizenmühle, in Berlin, Mühlenstraße 8.

[2]) Z. B. arbeiten im Hamburger Hafen z. Zt. schon 29 solcher Doppelkrane. (Im Bremer Hafen dagegen erstrebt man das ungestörte Arbeiten mit zwei Kranen an einer Schiffsluke durch Krane mit einziehbaren Auslegern; vgl. Dronke: „Güterumschlag", V. d. I.-Verlag 1926).

[3]) Erfahrungsgemäß sind mit der Katze bis 40 Spiele in der Stunde zu erzielen, mit dem Drehkran aber nur bis 25. Vgl. Keßner: Bayr. Ind. Handelszg. 1925, Nr. 7.

[4]) Bei neueren Ausführungen ist infolge der erhöhten Katzfahrgeschwindigkeit das Führerhaus fest in die wasserseitige Portalstütze eingebaut.

hängig voneinander. Bei Ausbildung der Laufkatze als Einschienenkatze ist die Möglichkeit besonders schätzenswert, diese auf die angrenzenden Speicherfahrbahnen in beliebiger Richtung überzuleiten, also auch für den Innentransport heranzuziehen, den Drehkran aber für die Bedienung der Rampen zu benutzen. Durch schwenkbare Aus-

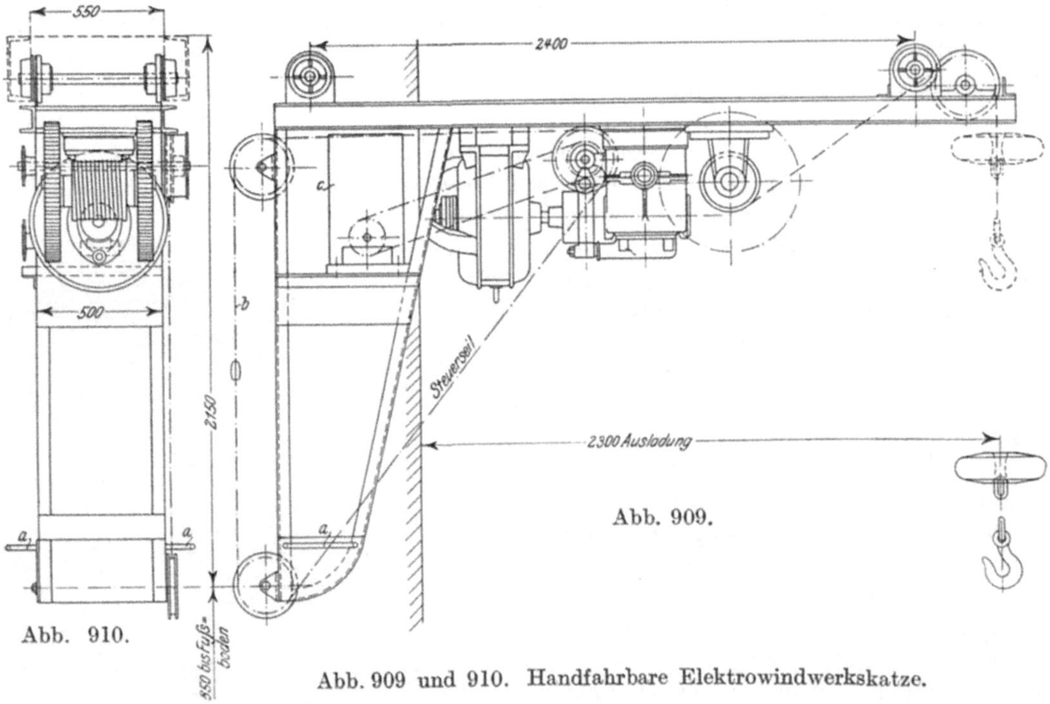

Abb. 910. Abb. 909.

Abb. 909 und 910. Handfahrbare Elektrowindwerkskatze.

bildung des Katzenauslegers ließe sich übrigens der Arbeitsbereich dieser Doppelkrane noch vergrößern. Andrerseits haben die Doppelkrane — deren Gewicht und Anschaffungspreis begreiflicherweise recht bedeutend sind — den betriebswirtschaftlichen Nachteil, daß mitunter eines der beiden Hebezeuge unbenutzt liegenbleiben muß (z. B. bei sperrigen Gütern in vielen Fällen die Laufkatze[1]).

Besteht beim Vorhandensein von Doppelkranen schon die Möglichkeit, einen Dampfer mit fünf Luken mittels zehn Hebezeugen bedienen zu können, so ließe sich die hiermit erzielbare Lösch- und Ladegeschwindigkeit — zunächst wenigstens theoretisch — noch weiter steigern durch die Schaffung dreifacher Krane. Die Ausnutzbarkeit solcher wird im praktischen Betriebe jedoch ganz davon abhängen, ob an einer Luke oder auch an der Schuppenrampe die Bedienung von drei Kranketten, die auf verhältnismäßig engen Raum zusammengedrängt sind, möglich ist. Nach den bisherigen Betriebserfahrungen im Bremer

Abb. 911. Doppelkran (Hamburg).

[1]) S. bei Overbeck Z. V. d. I. 1926, Nr. 3.

Hafen ist eine solche Möglichkeit zu bezweifeln, bei vielen Gütern wird sie von vorn herein ausgeschlossen sein.

Die gleiche Aufgabe, die Schnelligkeit des Löschens und Ladens durch das Nebeneinanderarbeiten mehrerer Lasthaken an einer Schiffsluke zu steigern, gleichzeitig aber

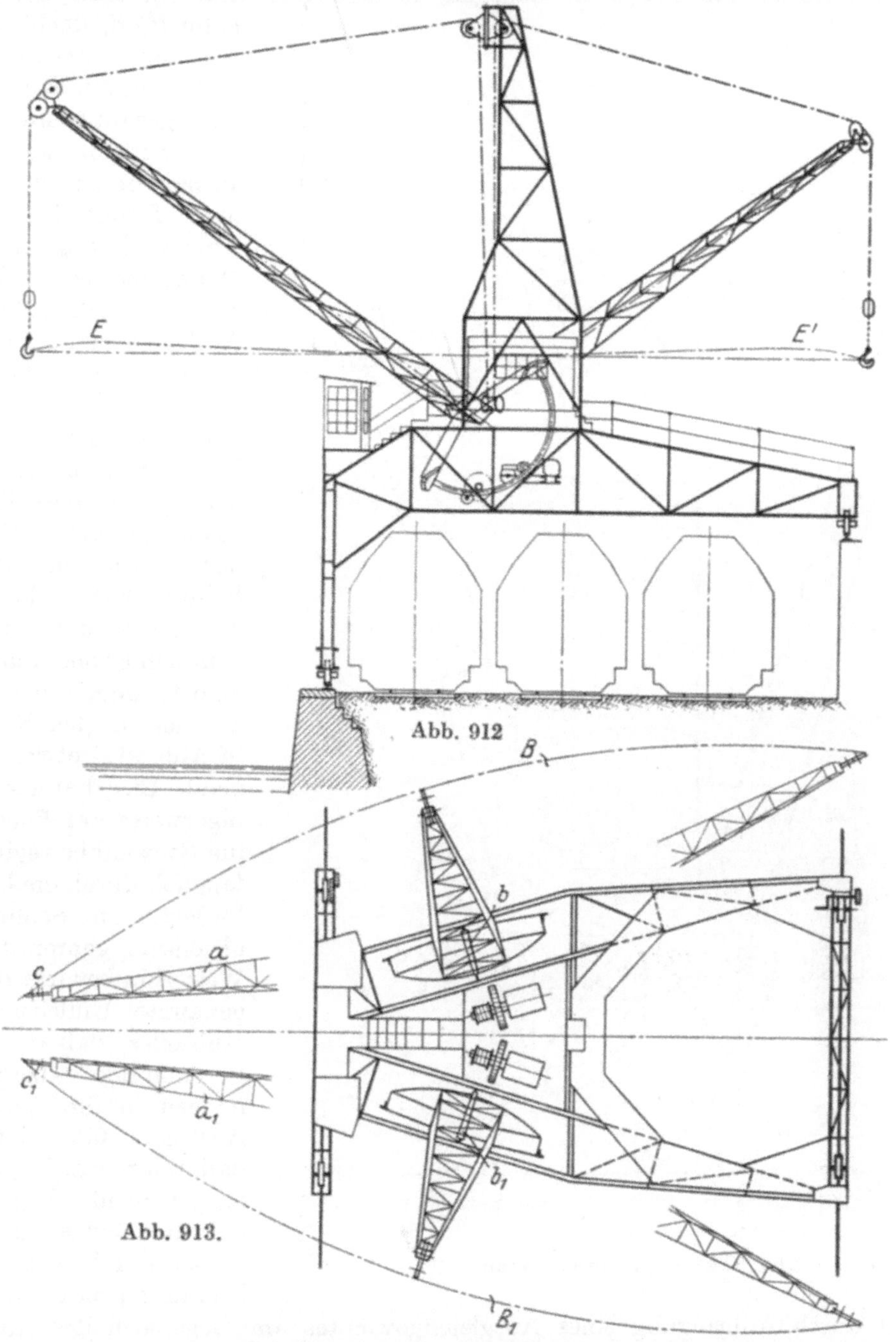

Abb. 912 und 913. Doppelauslegerkran.

die Behinderung der Kranschwenkbewegung durch die Decksaufbauten auszuschalten, hat auch zu der neuartigen Kranausbildung (Schenk & Liebe-Harkort) nach Abb. 912 bis 914 geführt[1]). Das Wesentliche im Aufbau dieses Doppelschwenkkranes ist die Anord-

[1]) S. a. Uellner: Werft Reederei Hafen 1924, Heft 13.

nung zweier Ausleger a, a_1, deren jeder um eine sowohl gegen die Kaikante als auch gegen die Horizontale geneigte Achse b, b_1 schwenken kann. Die Achsenneigung gegenüber der Kaikante hat den Zweck, das Aufnehmen von Lasten wohl vor der Mitte des Kranes, das Absetzen an Land jedoch seitlich vom Portal zu ermöglichen; die Achsenneigung gegenüber der Horizontalen bezweckt dagegen, die beim Schwenken beschriebene Hakenbahn B, B_1 flachbogenförmig, statt kreisförmig, zu gestalten, um dadurch den Ausleger ungehindert aus dem Bereich der Schiffsaufbauten ziehen zu können. Damit die Last die Aufwärtsbewegung der Doppelauslegerkopfrolle c, c_1 beim Schwenken des Auslegers nicht auch auszuführen braucht, ist das Hubseil von der Winde über eine scharnierartig gelagerte Seilscheibe d, d_1 an der Spitze eines Turmgerüstes geführt. Die von der Last beschriebene Schwenkkurve liegt dadurch nahezu in einer horizontalen Ebene, nur in den Endstellungen des Auslegers ist sie (bei E und E' in Abb. 912) etwas ansteigend. Dies hat zweckmäßigerweise zur Folge, daß die Schwenkbewegung anfänglich durch die Last gefördert, zum Schluß aber gleichsam gebremst wird. Weiterhin bewirkt die vorgenannte Umleitung des Hubseiles, daß die Resultierende der Seilzüge stets nahezu in die Achse des Auslegers fällt, letzteren dadurch nur auf Druck beanspruchend. Der Kraftaufwand für das Schwenken des hierdurch an sich schon leichter zu haltenden Auslegers wird durch Anbringung eines Ausgleichgewichtes am Gegenarm des Auslegers noch weiter vermindert. Jeder der beiden Ausleger wird von einem kaiseitig am Portal angeordneten Führerhäuschen aus bedient. Das Gewicht eines solchen Doppelschwenkkranes ist etwa ein Viertel kleiner als das zweier gleichartiger einfacher Krane. Die bauliche Zusammendrängung der Konstruktion macht die Aufstellung eines solchen Doppelkranes alle 15 m möglich, wohingegen bei der Verwendung normaler Drehkrane mit 11 m Ausladung ja nur alle 23 m ein Kran stehen kann.

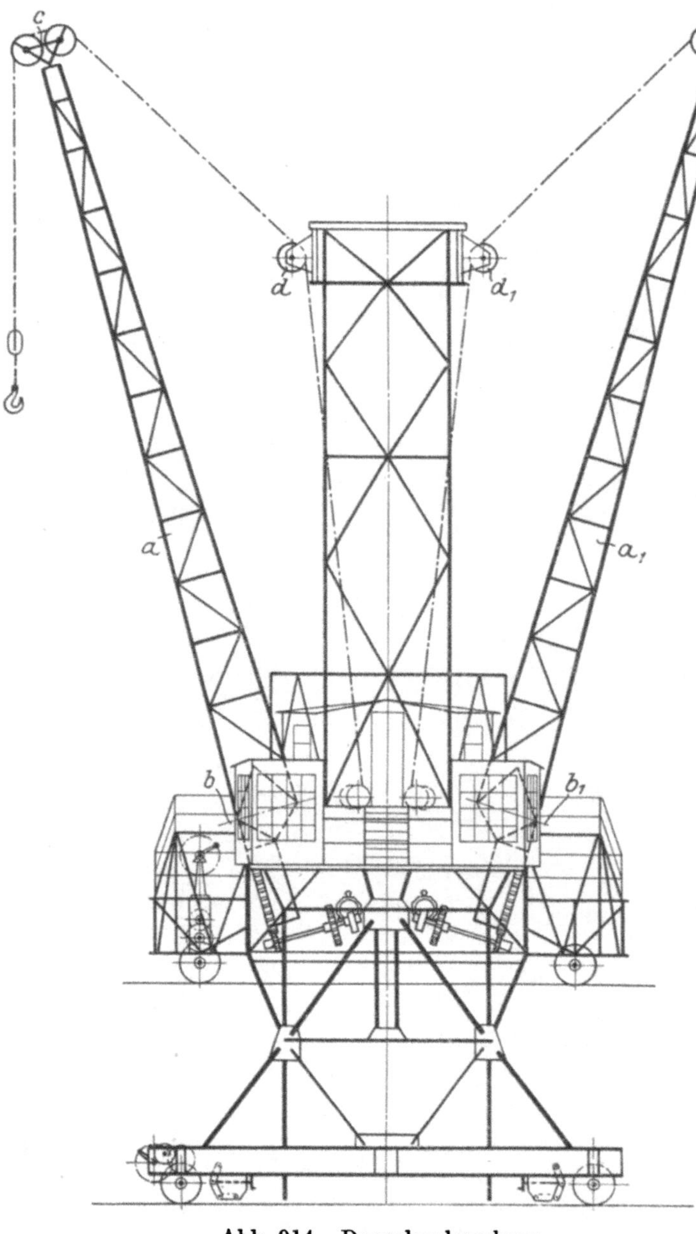

Abb. 914. Doppelauslegerkran.

Eine andere Lösung des neuerdings immer stärker auftretenden Bestrebens, Hafenkrane mit einziehbarem Ausleger so zu bauen, daß während der Einziehbewegung die Last in der horizontalen Ebene verbleibt[1]), ist nach Abb. 915 (Schenck & Liebe-Harkort) vorgenommen: Das Hubseil *a* ist von der Windwerkstrommel *b* zunächst über eine Rolle *c* geleitet, die sich an Schienen *d* wagenartig führt und gelangt erst dann zur Auslegerrolle *e*. Der Umleitrollen-Wagen *c* hängt an einem Seile *f*, das um die Rollen *g* und *h* geführt und an der Achse von *h* befestigt ist. Durch die Umleitung des Hubseiles *a* um die Rolle *c* wird auf diese ein steter Druck nach unten ausgeübt. Wird nun der Ausleger *i* des Kranes mit Hilfe des Seiles *k* bzw. des Einziehwerkes *l* eingezogen, so verkürzt sich der Abstand *g—h* und die Rolle *c* bewegt sich abwärts. Deren Zuführungsbahn *d* ist nun so gestaltet, daß der Lasthaken während der ganzen Einziehbewegung in gleicher Höhenlage verbleibt.

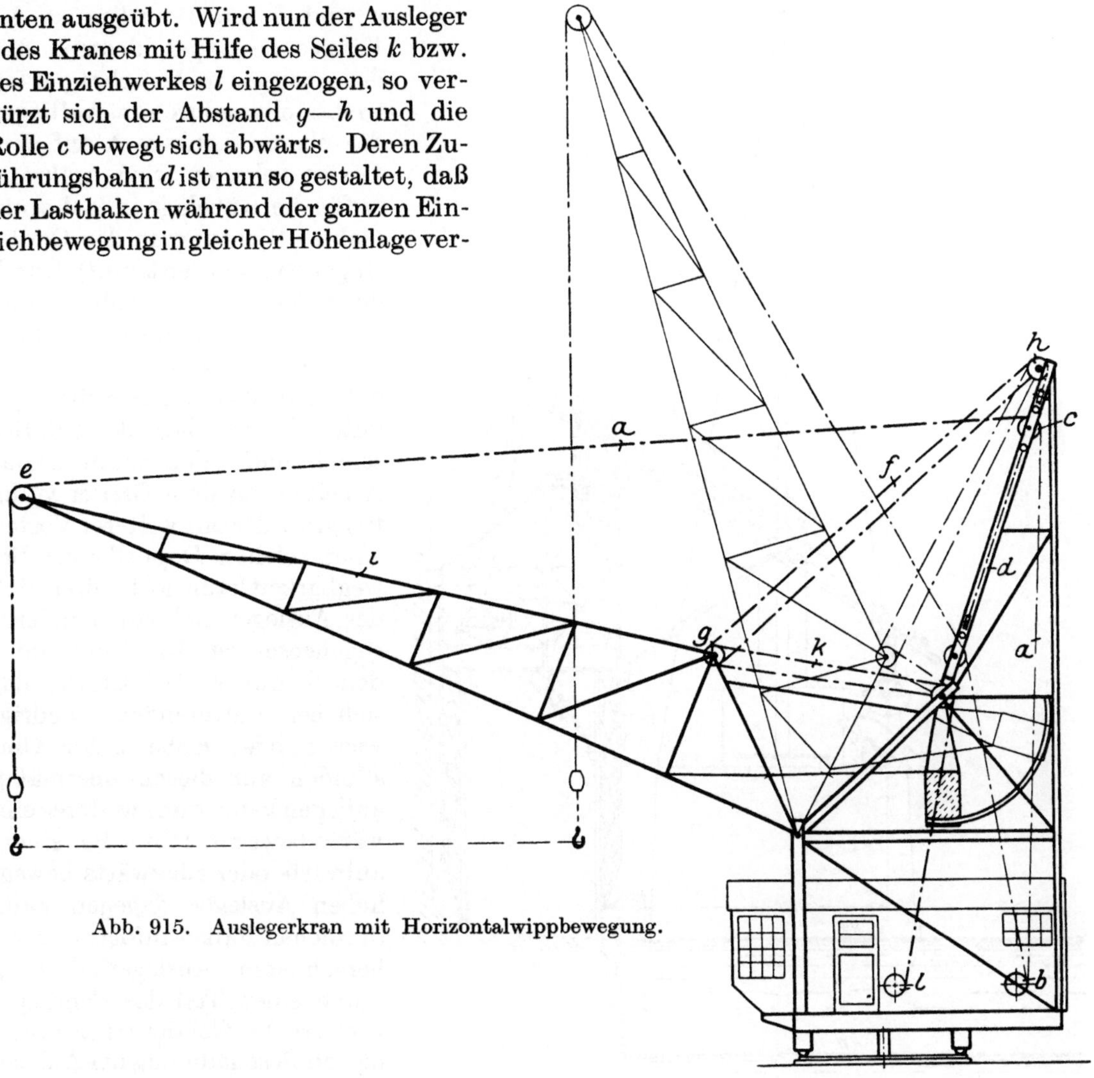

Abb. 915. Auslegerkran mit Horizontalwippbewegung.

Um die Kraft für das Einziehen des Auslegers tunlichst klein zu halten, wird der die Rolle *c* tragende Wagen zweckmäßig so schwer ausgeführt, daß er das Gewicht des Auslegers, wenigstens teilweise, ausgleicht.

Bei der Konstruktion von Entladevorrichtungen mit nicht schwenkbarem Ausleger ist für Seehäfen besonders noch auf das Zusammenarbeiten dieser Ausleger mit den Schiffsaufbauten, den Masten, Schornsteinen und der Takelage und mehr und mehr auch den Stagen für drahtlose Telegraphie Rücksicht zu nehmen. Einesteils erfordert ja schon die Hafenvorschrift, daß der Kran im Ruhezustand höchstens etwa 2 m über Kaikante hinausragen darf, eine Einziehbarkeit des Auslegers, andernteils muß für eine

[1]) In Bremen werden z. Zt. fünf verschiedene Arten solcher Krane aufgestellt; vgl. Dronke: „Güterumschlag", V. d. I.-Verlag 1926.

solche auch wegen des Verfahrens der Krane bzw. des Verholens der Schiffe Sorge getragen werden.

An Stelle der hierfür in der überwiegenden Mehrzahl der Fälle gewählten Hochklappbarkeit des Auslegers oder der horizontalen Verschiebbarkeit desselben ist bei der in den Abb. 916 bis 917 dargestellten Anlage zu einer andersartigen Bewegung gegriffen worden: Die Katzenfahrbahn ist mit zwei Lenkern *a* und *b* am Portalgerüst des Kranes so angeschlossen, daß der Ausleger in der schrägen Betriebsstellung durch das Aufliegen des oberen Lenkers *b* auf dem Gerüst gehalten wird, während er für die Ruhelage in fast senkrechter Richtung an das Gerüst eingezogen werden kann[1]). Durch diesen Mechanismus läßt sich nun der Ausleger aus der Ruhestellung in die Arbeitsstellung so bewegen, daß sich dabei seine Spitze gut unter die Takelage des Schiffes schiebt und so den Raum für das Arbeiten mit dem Greifer völlig frei gibt. Als ein weiterer Vorteil einer solchen Doppellenker-Bewegbarkeit kann noch gelten, daß der Ausleger sich auch in entgegengesetzter Richtung unter dem Tauwerk der Schiffe, das sich bei eintretendem Niedrigwasser oder Ebbe unter Umständen auf diesen übermäßig auflegen kann, ohne weiteres einwärts bewegen läßt. Bei einem aufwärts oder rückwärts beweglichen Ausleger dagegen kann in solchen Fällen infolge der unberechneten Auslegerbelastung durch einen Teil des Schiffsgewichtes die Gefahr einer ernsthaften Beschädigung der Anlage, wenn nicht gar eines Umkippens des Kranes geschaffen werden. Zum mindesten aber ist solchenfalls das Entfernen des Auslegers aus dem Tauwerk sehr viel schwieriger als bei dem einfachen Darunterhinwegziehen dieses nach unten schwingenden Auslegers.

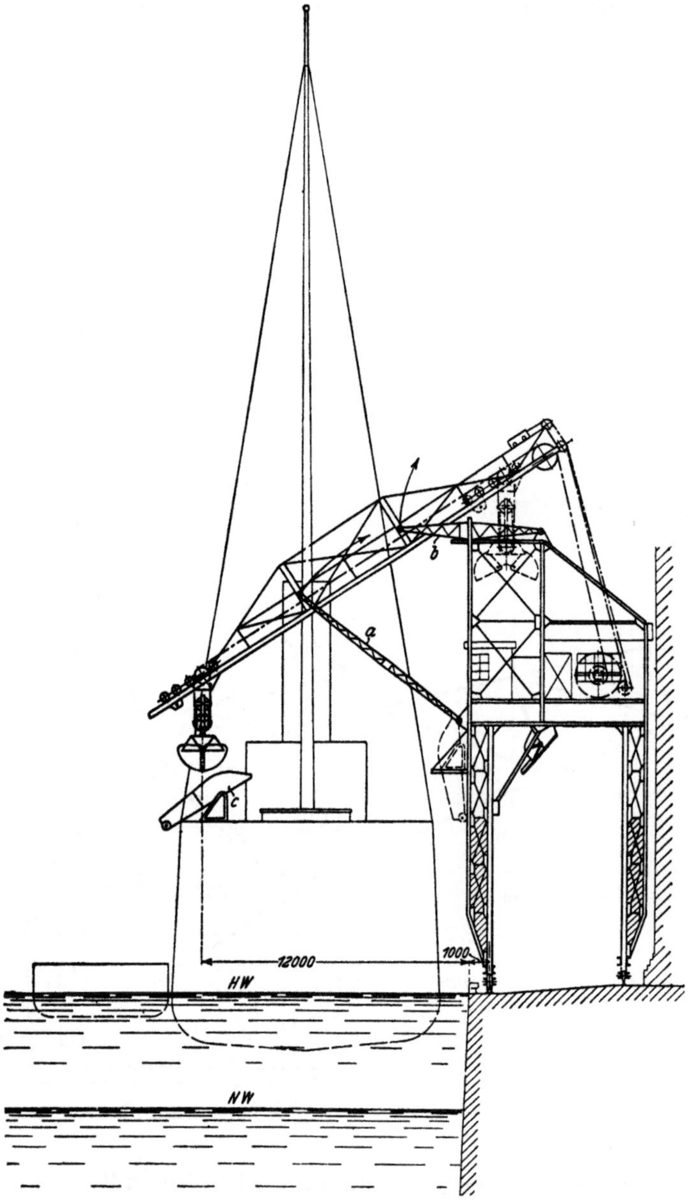

Abb. 916. Entladekran mit schwingbarem Ausleger (Hamburg).

Die abgebildeten Krane (Bleichert) dienen im Gaswerk Grasbrook-Hamburg zum Löschen aus England kommender Kohlen. Diese werden durch die Greiferkatzen der Krane zunächst in Bunker entleert, die, etwa zehn Greiferinhalte fassend, über den Portalgerüsten derselben angeordnet sind; von hier aus werden sie vermittels einer Elektrohängebahn direkt über die nebenstehenden Silos weiter befördert, zu welchem Zweck die Krane — im ganzen jetzt vier Stück — nachträglich auf eine 21 m hohe Fahr-

[1]) D.R.P. Nr. 201575.

bahn gesetzt worden sind[1]). Das Abziehen der Kohlen aus den Silozellen erfolgt gleichfalls durch eine Elektrohängebahn. Die Leistung jeder dieser beiden Hängebahnen entspricht mit 300 t stündlich der Summe der Leistungen der vier Entladekrane[2]).

Ebenso interessant wie diese Schiffsentladung in Grasbrook in bezug auf die damit erreichten betriebstechnischen Fortschritte ist, ebenso lehrreich ist sie in bezug auf die Frage der Wirtschaftlichkeit. Früher wurden die Kohlenschiffe durch einen hydraulisch und einen dampfbetriebenen Kran dadurch entleert, daß Kohlenwagen (von 1 t Inhalt) in das Schiff gesenkt, von Hand vollgeschaufelt, hochgezogen und auf Gleisen von Hand weitergeschoben wurden. Hierbei war für den Druckwasserkran zunächst der Kranführer, weiterhin ein Mann zum Steuern der Wagen sowie 12 Mann zum Vollschaufeln derselben erforderlich, also ingesamt 14 Mann; für den Dampfkran ein Maschinist, ein Helfer, ein Mann zum Steuern der Wagen und acht Mann zum Einschaufeln, d. h. zusammen 11 Mann. Die Leistung des hydraulischen Kranes betrug dabei 44 t, die des Dampfkranes 35 t in der Stunde. Das Löschen der Kohle und der Transport bis in die Kohlenschuppen, auf einem mittleren Wege von ca. 180 m, war in Akkord vergeben, wobei 52 Pf. für die Tonne gezahlt wurden. Die Betriebskosten für Dampf und Schmiermaterial betrugen 4 Pf. für die Tonne, so daß bei dieser früheren Transportweise die gesamten Löschkosten sich auf 56 Pf. f. d. Tonne belaufen haben. Beim Arbeiten mit der neuen Anlage, bei deren Inbetriebnahme (vor 15 Jahren) zunächst nur die beiden abgebildeten Krane vorhanden waren, wurde für das Löschen der

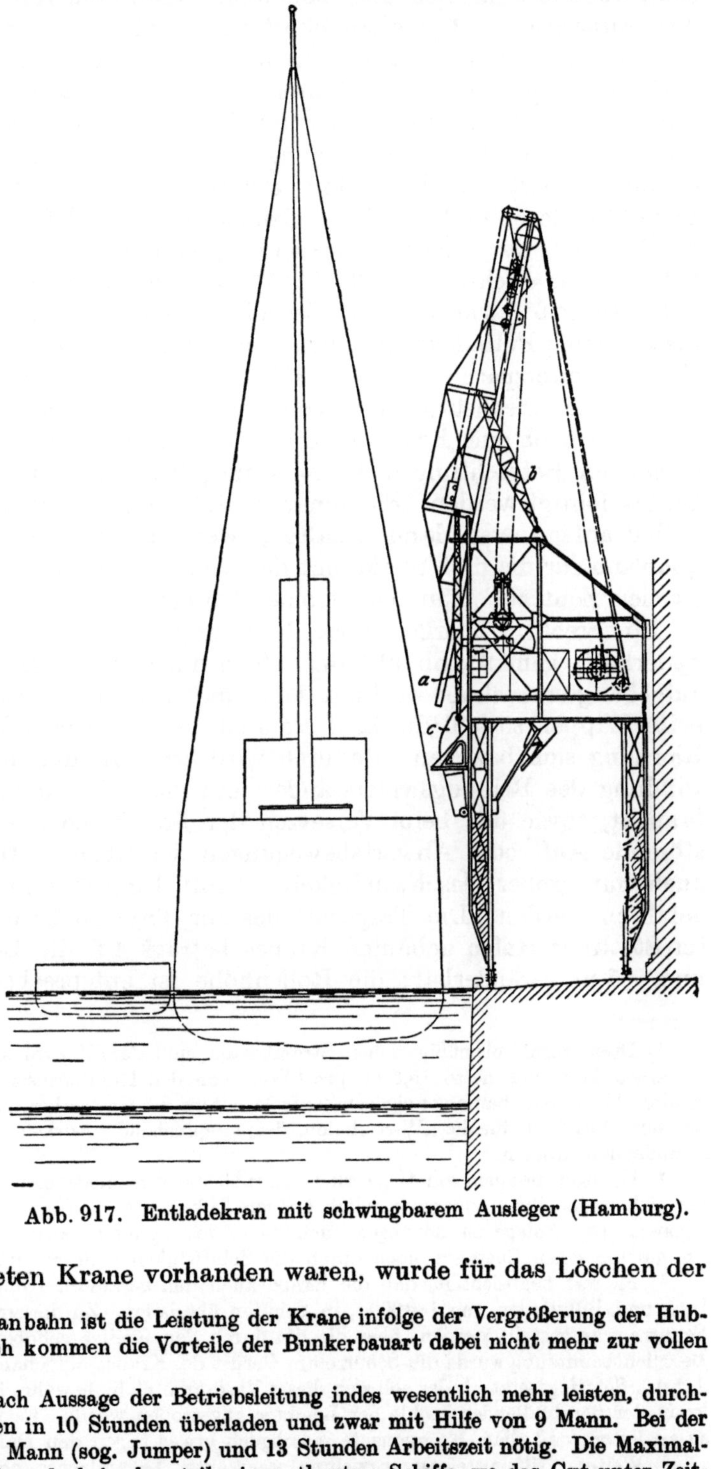

Abb. 917. Entladekran mit schwingbarem Ausleger (Hamburg).

[1]) Durch die Höherlegung der Kranbahn ist die Leistung der Krane infolge der Vergrößerung der Hubhöhe allerdings geringer geworden, auch kommen die Vorteile der Bunkerbauart dabei nicht mehr zur vollen Geltung.

[2]) Tatsächlich sollen die Krane nach Aussage der Betriebsleitung indes wesentlich mehr leisten, durchschnittlich je etwa 100 t; 1500 t werden in 10 Stunden überladen und zwar mit Hilfe von 9 Mann. Bei der alten Handarbeitsweise waren dazu 45 Mann (sog. Jumper) und 13 Stunden Arbeitszeit nötig. Die Maximalleistung ist natürlich entsprechend höher, da bei schon teilweise entleertem Schiffe, wo das Gut unter Zeitverlust erst mehr oder weniger zusammengesucht werden muß, ja viel weniger geschafft wird. Die Arbeitsgeschwindigkeiten der Krane sind 72 m/min beim Heben und 144 m/min beim Katzenfahren.

Kohlen und den Transport bis in den Kohlenbehälter ein Akkordsatz von 25 Pf. pro Tonne gezahlt, die Stromkosten betrugen etwa 10 Pf. pro Tonne[1]), so daß sich die gesamten Löschkosten nurmehr auf rund 35 Pf. für die Tonne beliefen. Immerhin betrug also schon bei den derzeitig noch ungünstigen Schiffen[2]) und hohen Strompreisen die Ersparnis an Löschkosten gegen früher etwa 40%, d. i. bei einer Bedarfsmenge von etwa 100000 t jährlich über 20000 M. Nach dem vollen Ausbau der Anlage dürfte das Jahresquantum und jene Löschkostenersparnis sich aber noch entsprechend höher stellen.

Besonders interessant ist nun weiter die Tatsache, daß durch die Benutzung dieser leistungsfähigen Krane, und zwar infolge der dadurch gesparten Löschzeit, den Benutzern auch noch eine nicht unbedeutende Bareinnahme zufließt. Dies erklärt sich daraus, daß nach den Bedingungen über die Kohlenlieferungen die Werke für jede Stunde ersparte Löschzeit 6 sh. erhalten, für jede etwa zugesetzte Stunde allerdings 12 sh. Strafe zu zahlen haben. Beispielsweise sind für das Löschen eines 3000 t-Schiffes 60 Stunden als normal festgesetzt. Da man mit den vier Kranen zu dessen Entladung aber höchstens $3000 : 4 \times 75 = 10$ Stunden braucht, so beträgt die Vergütung $(60 - 10) \times 6 = 300$ sh. Unter Berücksichtigung dessen erreicht man durch den Gebrauch dieser neuen Entladekrane somit gegen früher bei einem Jahresquantum von 100000 t eine Gesamtersparnis von über 30000 M. Bei günstigeren Verhältnissen in bezug auf die Schiffsbeschaffenheit und die Stromerzeugung sowie bei einem Mehrumschlag[3]) tritt natürlich auch noch eine Erhöhung dieses Ersparnisbetrages ein. Allerdings sind bei den vorstehenden Betrachtungen die Mehrausgaben durch Verzinsung und Tilgung nicht mit berücksichtigt worden. Ein genaues Bild wird man über die Rentabilität dieser Kohlenentladeanlage erst dann erhalten, wenn auch noch das gesamte jährliche Kohlenquantum für die drei Werke mit den vier Überladern und unter Verwendung des in der eigenen Zentrale erzeugten Stromes bewegt wird.

Eine recht bemerkenswerte Neuerung stellt der Kran mit Wippausleger (Mohr & Federhaff) gemäß Abb. 918 dar. Sein durch eine Lenkerstange *c* an der Gerüstspitze aufgehängter Ausleger wird mit dem inneren Ende *a* derart am Krangerüst *b* geführt, daß beim Wippen sowohl die Last als auch der Schwerpunkt des Auslegers in horizontaler Richtung sich bewegen. Dadurch wird erreicht, daß Kraftaufwand nur für die Überwindung des Reibungswiderstandes und nicht für unnütze Hubarbeit geleistet werden braucht, sowie daß beim Versetzen der Last reine Horizontalwege sich ergeben, ohne störende Auf- oder Abwärtsbewegungen derselben[4]). Infolgedessen kann der Ausleger auch mit großer Geschwindigkeit — mit 1 m/sek und mehr — eingezogen oder ausgefahren werden. Die Tragkraft des für Thyssen & Co., Berlin, zum Kohlenumschlag im Stettiner Hafen gebauten Kranes beträgt 4 t, die Lastausladung ist zwischen 17 m und 7,5 m veränderbar; die Rollenhöhe ist entsprechend 20 und 24 m. Das Heben,

---

[1]) Diese verhältnismäßig hohen Stromkosten sind darauf zurückzuführen, daß der Strom z. Zt. noch für einen Preis von netto 15,5 Pf. pro kW-st von den Hamburgischen Elektrizitätswerken bezogen werden mußte. Nach dem Bau einer eigenen Zentrale seitens des Gaswerkes dürften sich die Selbstkosten des Stromes auf nur etwa 7 Pf. für die kW-st stellen, dementsprechend niedriger auch die auf die Tonne gelöschter Kohle entfallenden Kosten.

[2]) Es legen nämlich am Gaswerk Grasbrook die verschiedensten Schiffstypen an, darunter auch solche, die sich wegen ihrer außergewöhnlich kleinen Luken u. a. m. für eine maschinelle Entleerung sehr schlecht eigenen. Die Anlage ist deswegen auch mit Zweiseilgreifern ausgestattet worden, damit diese wenigstens im geschlossenen Zustande noch durch die Schiffsluken geführt und erst unten geöffnet werden können.

[3]) Es war beabsichtigt, daß die Krane auch den gesamten Kohlenbedarf der beiden Gaswerke Barmbeck und Billwärder, von 180000 t, in Schuten überladen. Zu diesem Zweck sollte auf dem Seeschiffe eine Schurre *c* aufgestellt werden, über die die durch den Greifer gehobene Kohle in den Kahn hinübergleitet. Bei Nichtbenutzung wurde die Schurre am Gerüst des Kranes aufgehängt und durch diesen selbst nach Bedarf auf das Schiff gesetzt. Indes soll sich dieses Verfahren nicht bewährt haben, da durch die horizontale Seitenkraft der herabfallenden Kohle der Leichter abgestoßen wurde. Es wäre deshalb besser, den Kohlenstrom so zu leiten, daß diese Komponente womöglich etwas gegen den Dampfer zu gerichtet ist.

[4]) Weitere Hilfsmittel zur Erzielung wagrechter Lastenbewegung beim Wippen des Auslegers — eine im Bau von Hafenkranen z. Zt. sehr aktuelle Frage! — sind behandelt auf S. 394. Im Ausland dafür übliche Mittel — sog. „Level luffing cranes" — sind beschrieben u. a. bei Woernle: Z. V. d. I. 1925, Nr. 3.

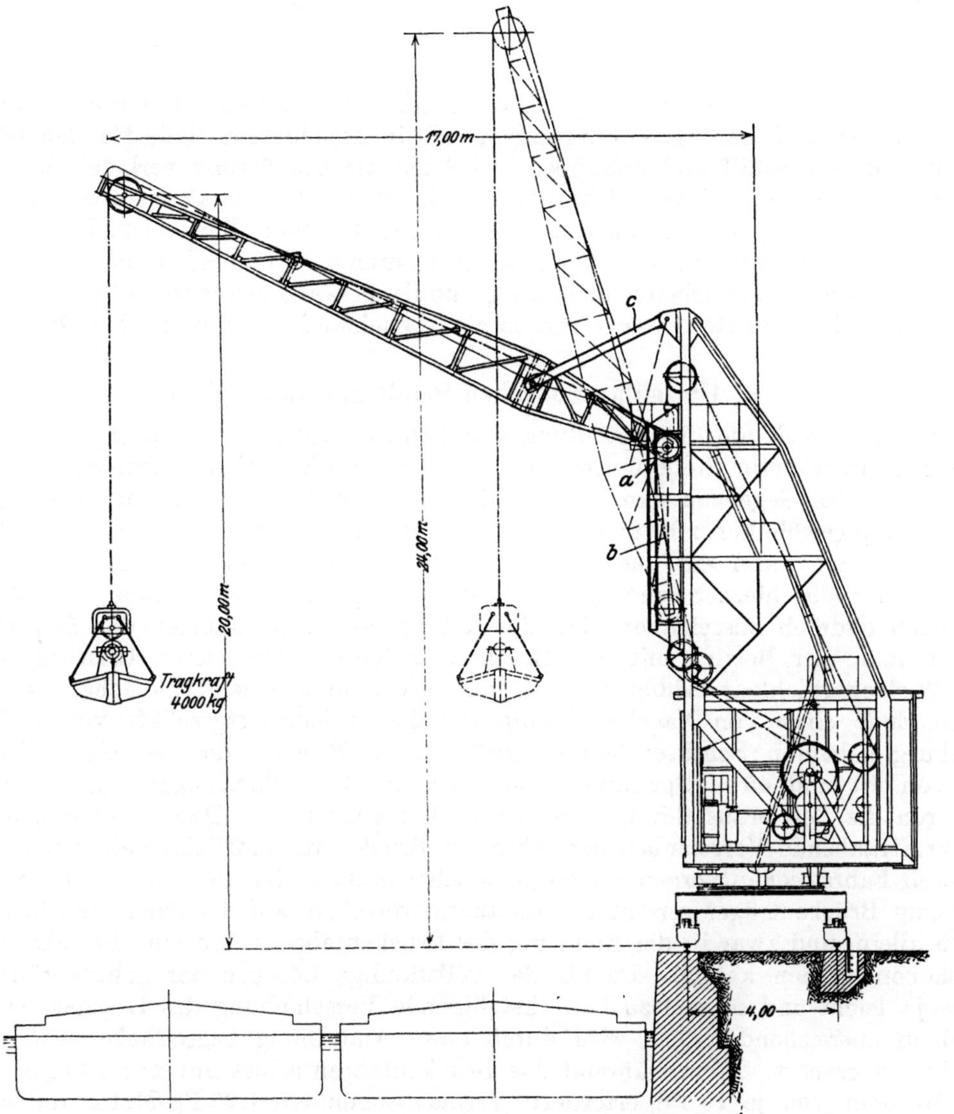

Abb. 918. Horizontalwippkran (Stettin).

Schwenken und Fahren (Spurweite 4 m) der Last kann mit 0,7 m bzw. 0,3 bzw. 0,4 m/sek erfolgen.

Die Rücksicht namentlich auf Erhöhung der Leistungsfähigkeit der Hafenumschlagseinrichtungen hat in den letzten Jahren zu weiteren Neukonstruktionen geführt, die in einer Vereinigung mehrerer Krane zu einem Ganzen bestehen. Die Abb. 911 und 912 ließen die Früchte solcher Bestrebungen an einigen Ausführungen bereits erkennen. Der Doppelkran nach Abb. 919 hat einerseits einen wippbaren Ausleger, mit dem bis 50 t schwere Lasten bei 11,5 m, bis 30 t schwere bei 16 m Ausladung gehoben werden können; andrerseits hat er einen festen Horizontalausleger für eine Katze, mit der leichte Lasten, bis

Abb. 919. Doppelkran (Duisburg).

2,5 t, bei einer Ausladung bis zu 25 m gehoben werden können. Die Katze vermag mit einer Geschwindigkeit von 35 m/min auf dem Ausleger zu fahren. Die Hubgeschwindigkeit für die kleine Last beträgt 15 m/min. Die Anlage arbeitet bei der Firma Ewald Berninghaus in Duisburg. Die in Abb. 911 veranschaulichte Kombination von Drehkran und Laufkatzenkran eignet sich in besonderem Maße für den Güterumschlag zwischen Schiff und Schuppen. — Auch die Ausrüstung verladebrückenartiger Krane mit mehreren auf dem Brückenträger fahrenden Schwenkkranen ist eine zur Erhöhung der Leistungsfähigkeit gebrauchte Maßnahme. So ordnet beispielsweise die Maschinenfabrik Eßlingen zwei über den äußeren Kanten des Trägers laufende Auslegerkrane an. In ähnlicher Weise arbeitet auch die große Kipperkatzen-Verladebrücke (Demag) auf der Wilhelmshavener Reichswerft mit zwei nebeneinander obenlaufenden Drehkranen[1]).

B. Umschlag zwischen Schiff und Lagerplatz.

Handelt es sich um die Entladung von Schiffen auf größere Lagerplätze, so wird, wie schon an früherer Stelle eingehend ausgeführt[2]), die verladebrückenmäßige Bauart des Kranes das Gegebene sein. Wegen der besonderen Vor- und Nachteile durch die Verwendung gewöhnlicher Katzen, horizontal verschieblicher oder schwenkbarer Katzenausleger o. dgl. kann auf das dort Stehende verwiesen werden. Im Nachfolgenden mögen nur einige hierher gehörige Ausführungsbeispiele gezeigt werden, die sich zum Teil noch dadurch auszeichnen, daß durch besondere Anordnungen der Brücken oder Katzen u. a. der Betrieb mit den Brücken erleichtert bzw. deren Leistungsfähigkeit oder Wirtschaftlichkeit erhöht werden soll. Die Abb. 920 zeigt zunächst das wasserseitige Ende einer von Nagel & Kaemp für das Holzimportgeschäft von J. Bach in Hamburg gebauten Schiffsentladebrücke[3]). Diese Brücke, die bei einer Tragfähigkeit von 5 t und 45 m Spannweite noch beiderseits Auskragungen von je 20 m hat, ist durch die Sonderausbildung ihrer Katze bemerkenswert: Damit nämlich das zeit- und kraftraubende Verschieben der schweren Brücke nur möglichst selten und nur bei größeren Fahrstrecken vorgenommen zu werden braucht, ist die Katze selbst mit einer quer zum Brückenträger gerichteten Laufbahn versehen, auf der der kleine Lasthakenwagen allein, und zwar in der Richtung des Brückenfahrens, um eine Strecke von 5 m verschoben werden kann[4]). Da für das vollständige Löschen der Schutenräume eine solche ja leicht und schnell zu bewerkstelligende Verschiebung des Lasthakens im allgemeinen ausreichend ist, so wird durch diese Anordnung begreiflicherweise an Zeit und Strom gespart. Denn während das Brückenfahren selbst mit nur 10 m/min schon zwei Motoren von je 10 PS erfordert, vermag schon ein 1,25 PS-Motor die einfache Lastenbewegung durch den querfahrenden Katzenwagen mit 15 m/min zu vollführen. Für das Hauptkatzenfahren mit 60 m/min ist ein 7 PS-Motor, für das Lastheben mit 12 m/min ein 21 PS-Motor vorgesehen.

Die Anwendbarkeit einer solchen Querlaufkatze mit frei auskragenden Lastarmen wird naturgemäß mit der Größe der Tragkraft abnehmen. Eine für solche Fälle geeignetere konstruktive Lösung ist in der umstehenden Abb. 922 skizziert, die eine von Schenck & Liebe-Harkort für den Hafen von Swakopmund gebaute 20 t-Verladeanlage darstellt. Dabei ist die gewöhnliche Katze durch einen normalen Dreimotorenlaufkran ersetzt, dessen somit längs des Schiffes laufende Katze die angestrebte Schiffsbedienbarkeit ermöglicht. Dadurch wird ein Verfahren der Brücke selbst weniger erforderlich, weshalb hierfür auch nur Handantrieb vorgesehen ist.

Durch die Verwendung eines schwenkbaren Auslegers, besonders in der Form eines gewöhnlichen Drehkranes, kann man den gleichen Effekt bei der Schiffsentladung leicht

[1]) Näheres s. E. T. Z. 1925, Heft 45.

[2]) Vgl. das auf S. 8 u. ff. Gesagte.

[3]) Diese Brücke ist jetzt im Freibezirk des Stettiner Hafens in Betrieb.

[4]) Eine genauere Darstellung dieser mit Längs- und Querfahrbewegung des Lasthakens ausgestatteten Katze ist gegeben bei Michenfelder: Z. V. d. I. 1910, S. 487. — Eine gleichartige Katzenausbildung weist auch die Verladebrücke der Abb. 217 auf.

in verstärktem Maße erhalten, da Ausladungen von 10 m und auch mehr, entsprechend einer Breite des Schiffsbedienbarkeit von 20 m und mehr, doch in keiner Weise Schwierigkeiten machen. Eine neuzeitliche Ausführung dieser ja auch an anderen Stellen dieses Buches[1]) mehrfach besprochenen Bauart von Schiffsverladebrücken mit obenlaufendem Drehkran ist durch Abb. 923 im Betrieb eines Flußhafens veranschaulicht. Diese Anlage (Losenhausen) dient — schon seit fünfzehn Jahren — im Hafen zu Worms sowohl zum Befördern des Schiffsgutes auf den Lagerplatz als auch zur direkten Beladung von Fuhrwerken und Eisenbahnwagen. Diese letztere für den Kleinhandel erforderliche

Abb. 920. Verladebrücke mit Querlaufkatze (Hamburg).

Arbeitsweise, auf die ja die Verladeeinrichtungen in Binnenhäfen mitunter besondere Rücksicht zu nehmen haben[2]), ist im vorliegenden Falle durch die seitliche Anordnung eines Trichters mit beweglicher Schnauze über den Anfahrtsstellen der Wagen ermöglicht. Da der Kran meist zur Entladung von Kies o. dgl. benutzt wird, ist er für Greiferbetrieb ausgestattet; wegen seiner öfteren Verwendung auch zum Entladen von Blechen indes ist außerdem eine Traverse mit zwei Hebemagneten vorgesehen[3]). Endlich kann der Kran mittels einer angehängten losen Flasche auch noch für schwerere Stückgüter (7,5 t) gebraucht werden. [Die Brücke hat eine Spannweite von 36,2 m und eine Gesamt-

[1]) S. S. 17 u. ff. [2]) Vgl. a. Abb. 52. [3]) Vgl. S. 276.

länge von 64 m; der Drehkran hat bei 13 m Ausladung eine Nutz-Tragkraft von 5 t bei Greiferbetrieb und 7,5 t bei Stückgutverladung. Die Hubgeschwindigkeit beträgt ersterenfalls 36 m/min, letzterenfalls 18 m/min (45 PS); die Schwenkgeschwindigkeit

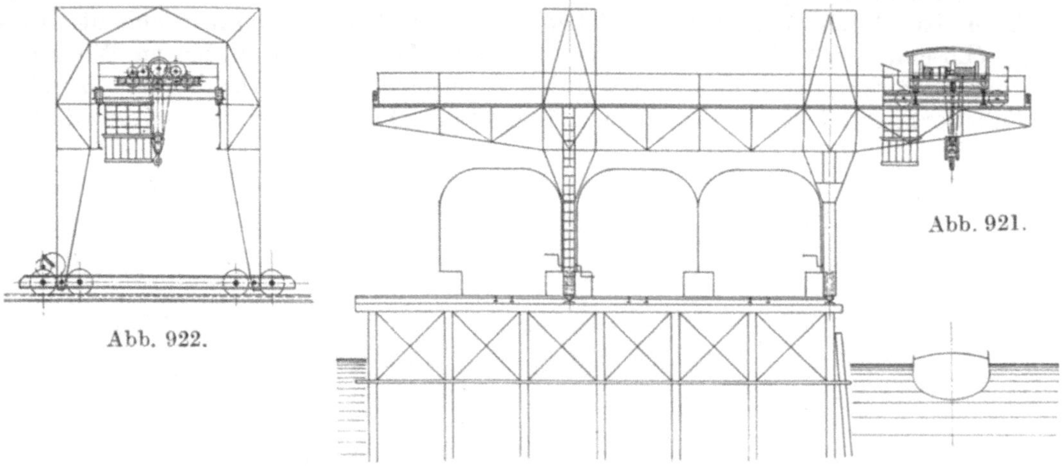

Abb. 921 und 922. Auslegerbockkran mit Querlaufkatze (Swakopmund).

ist 120 m/min (9,1 PS), die Fahrgeschwindigkeit des Drehkranes auch 120 m/min (34 PS), die der Brücke 15 m/min (32 PS).]

Die für die Verladeanlagen der Donau-Dampfschiffahrts-Gesellschaft am Praterkai in Wien gestellten Bedingungen besonders großer Standsicherheit einesteils und nied-

Abb. 923. Drehkran-Verladebrucke (Worms).

riger Anlagekosten andrerseits haben zu der sehr eigenartigen und zweckmäßigen Ausbildung zweier fahrbarer Verladebrücken (Petravič) nach Abb. 863 geführt. Der auf der Brücke — von rund 40 m Spannweite, 16 m wasserseitiger und rund 5 m landseitiger Ausladung — laufende Drehkran (1,5 × 16 m) umfaßt reiterartig den Brückenbalken, dessen Querschnitt ein gleichseitiges Dreieck mit nach oben gerichtetem Scheitel ist. Die Brücke überspannt mit ihrer lichten Höhe von etwa 12 m einen langen Speicher, der, gleich einem dahinter liegenden Schuppen, von dem Drehkran auch durch Dachluken bedient werden kann[1]).

Eine Krananlage, die unter Fortfall der Lagerplatzbrücke lediglich zum Entladen von Kieskähnen in Fuhrwerke dient, ist beistehend skizziert (Abb. 924). Der Drehkran (Weyermann) ist diesfalls vermittels zweier Kuppelstangen a, a_1 vorteilhaft mit zwei Trichterwagen b, b_1 verbunden. Infolgedessen kann einerseits der Kranführer vollständig unabhängig von den Fuhrleuten arbeiten, während andererseits diese wieder unabhängig von dem Kranführer ihre Wagen aus den Trichtern beladen können. Eigentümlich ist bei dieser Anlage noch die Verwendung von Benzin als Antriebsmittel[2]). Dadurch erhält der Kran, gegenüber einem Dampfkran, den Vorzug, daß er, jederzeit betriebsbereit, überall ohne besondere Genehmigung aufgestellt werden kann und daß er auch den Dampfkesselrevisionen nicht unterworfen ist. Die Sauberkeit des Betriebes und die günstige Ausnutzung des Brennstoffes sind weitere Vorteile von Kranen mit Verbrennungsmotorantrieb im Vergleich zu Dampfkranen. Außerdem dürfte die leichte Herbeischaffung des Benzins sowie die relativ geringen Anschaffungskosten des Kranes

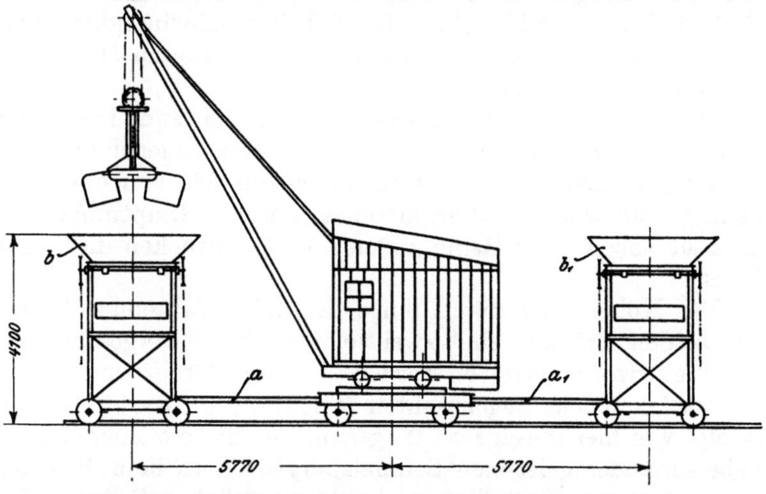

Abb. 924. Schiffsentladekran mit Sammelwagen (Berlin).

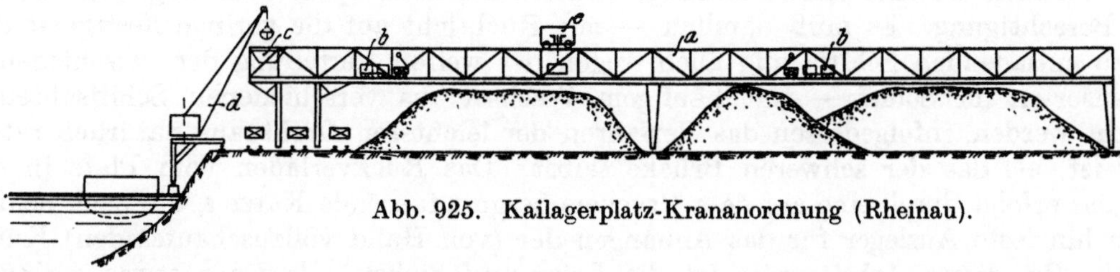

Abb. 925. Kailagerplatz-Krananordnung (Rheinau).

als Annehmlichkeiten einer solchen Anlage anzusehen sein. [Der Kran ist für 3 t Tragkraft, 5,77 m Ausladung, 7 m Rollenhöhe und 2,13 m Spurweite gebaut. Ein 15 PS-Benzinmotor mit 240 minutlichen Umdrehungen verleiht dem Kran unter Zuhilfenahme von Stirn- und Kegelrädern sowie Kegelräderwendegetrieben ungefähr die folgenden Arbeitsgeschwindigkeiten: 16 m/min beim Heben, 60 m/min beim Schwenken und 25 m/min beim Fahren. Das Gewicht des vollständigen Kranes beträgt ca. 13 t, der Anschaffungspreis betrug etwa 12000 bis 13000 M.]

Für die Rentabilitätsrechnung dieses Kranes gilt das Folgende:

Leistung des Kranes: Der Zeitbedarf für ein Spiel beträgt ca. 70 Sekunden, so daß bei zehnstündiger Arbeitszeit 36000 : 70 = 514 Spiele gemacht werden können. Dieses entspricht bei einem Greiferinhalt von 0,6 cm einer Leistung von rund 300 cbm.

Betriebskosten des Kranes: Bedienung, d. i. ein Maschinist, pro Tag	6.50 M.
Brennstoffverbrauch, d. i. ca. 50 kg Benzin, pro Tag	11.50 „
Reparaturen, Schmieröl u. dgl. pro Tag	2.— „
10% Amortisation, bei 300 Arbeitstagen	4.40 „
	Sa. 24.40 M.

[1]) Betr. Einzelheiten s. Feigl: Z. V. d. I. 1915, Nr. 10.

[2]) Weiteres über Benzin-, Dampf- und Akkumulatorenkrane s. bei Woeste: Z. V. d. I. 1925, Nr. 9.

Demnach kostet das Ausladen von 1 cbm Kies mit diesem Kran ungefähr 8 Pf.[1])

Neuerdings werden fahrbare Drehkrane auch mit Antrieb durch Dieselmotor ausgeführt, die die gleichen Vorzüge den Dampfkranen gegenüber aufweisen und noch dazu durch alle billigen Treiböle (Rohöl, Braunkohlenteeröl, Gasöl und dgl.) gespeist werden können; z. B. baut die Ilsenburger Hütte solche Krane, mit Normalspur und 2 m Radstand, für Tragkräfte von 2 bis 6 t und Ausladungen von entsprechend 9 bis 4,7 m und Rollenhöhen von 5 bis 9,1 m. Die Arbeitsgeschwindigkeiten sind für das Heben 20 m/min bei 3 t und 10 m/min bei 6 t Last, für das Fahren 50 bis 60 m und für das Schwenken $2^1/_2$mal in der Minute.

Eine eigenartige Transportanlage, die sich zum Löschen der Schiffe gleichfalls fahrbarer Schwenkausleger, zum Bedienen von Lagerplätzen und Wagen jedoch einer besonderen Brücke bedient, ist nach der Abb. 925 von Demag für Rheinauhafen bei Mannheim gebaut worden. Hier, an einem unserer Hauptumlade- und Stapelplätze für Kohle, arbeitet neben einer Reihe anderer Verladebrücken die abgebildete Anlage in folgender Weise[2]):

Die Kohle wird durch längs des Ufers fahrende Winkelportalkrane *d* — für jede der beiden Brücken sind zwei solcher Krane vorgesehen, die früher mit Dampf jetzt mit Elektrizität betrieben werden — mittels Greifer aus dem Schiff gehoben und in einen am Brückenende angebrachten Trichter *c* entleert. Die Weiterverteilung der Kohle erfolgt von hier durch zwei Wagenzüge *b*, die mit einer elektrischen Lokomotive auf zwei nebeneinander gelegenen Schmalspurgleisen in dem Brückenträger *a* verfahren werden und sich durch verstellbare Anschläge seitlich entleeren. Durch diese ganz unabhängig voneinander arbeitenden und je in doppelter Zahl vorhandenen Einrichtungen *d* bzw. *b*, deren einziges Bindeglied in dem für beide jederzeit verfügbaren Fülltrichter *c* besteht, sind Wartepausen nach Möglichkeit ausgeschlossen, und ist die Leistungsfähigkeit der Anlage infolgedessen recht hoch. Bei einer Stundenleistung jeder Brücke von 90 t erreicht man durch die Doppelanlage eine Tagesleistung von 1800 t. In wirtschaftlicher Beziehung hat auch die Benutuung der frei beweglichen Drehkrane, die auf den ersten Blick vielleicht als eine unzweckmäßige Dezentralisierung erscheinen mag, jedoch ihre volle Berechtigung. Es muß nämlich — mit Rücksicht auf die geringe Festigkeit der hier zu entladenden Schiffe und auch wegen der weiten Verteilung der verschiedenen Kohlensorten im Schiff — mit häufigem Wechsel aus verschiedenen Schiffsabteilen gelöscht werden, infolgedessen das Verfahren der leichteren Drehkrane natürlich rationeller ist, als das der schweren Brücke selbst. Das Rückverladen vom Platz in die Waggons erfolgt durch eine auf dem Brückenobergurt fahrende Katze *e*, die nach beiden Seiten hin feste Ausleger für das Anhängen der (von Hand vollzuschaufelnden) Kübel besitzt. Bei dieser Arbeitsweise ist die Leistungsfähigkeit allerdings etwas geringer. Auch wird hierbei die Rentabilität der Anlage durch die zum Vollschaufeln jedes Katzenkübels erforderlichen 3—4 Mann[3]) beeinträchtigt.

Eine gewisse Ähnlichkeit mit den Transportvorgängen bei dieser Anlage hat die Arbeitsweise bei der in Abb. 926 gezeigten Kohlenverladung im Gaswerk Haarlem. Hier werden die Kohlen zunächst wieder durch einen Auslegerkran (Figée), der hier allerdings in Form einer amerikanischen Verladebrücke mit Schrägbahnkatze ausgebildet ist, in einen Trichter (am landseitigen Ende der Brücke) entleert, von dem aus sie in Wagen abgezogen und über die Stapelplätze weiter befördert werden.

Eine Anlage, die sich besonders durch die Anpassung der Greifervorrichtungen an die Eigenart der Last auszeichnet und die außerdem noch durch die Verwendung zweier

[1]) Über Drehkrane (Demag) mit Antrieb durch Benzolmotoren und mit Tragkräften von 6 t bei 4,75 m bis 2 t bei 9 m Ausladung s. Z. V. d. I. 1925, Nr. 32.

[2]) Neben dieser großen Brücke von etwa 120 m Gesamtlänge arbeitet auf den nämlichen Gleisen, in ganz gleicher Weise, noch eine kürzere von etwa 60 m Länge.

[3]) Im übrigen werden gebraucht 3 Mann im Schiff (beim Greifer), 2 Mann als Kranführer auf den beiden Drehkranen und 3 Mann am Trichter (je einer zum Bedienen der Wagenzüge und einer zum Notieren). Für das Bedienen der Katze ist ein besonderer Mann nicht nötig, da dies einer der am Trichter stehenden Leute besorgt.

unabhängig voneinander arbeitender Laufkatzen ihre Leistungsfähigkeit bedeutend zu erhöhen imstande ist, ist in Abb. 927 veranschaulicht. Es ist eine sehr stattliche Ver-

Abb. 926. Feststehende Schiffsentladebrücke (Haarlem).

Abb. 927. Holzverladedoppelkran (Waldhof).

ladebrücke (Guilleaumewerke), die in der Zellstofffabrik Waldhof bei Mannheim zum Stapeln und zum Rückverladen geschichteter Rundhölzer dient. Sie kann, wie gesagt, gleichzeitig mit zwei Laufkatzen von je 4,1 t Tragfähigkeit arbeiten, und zwar mit zwei

Spezialgreifern, die vor allem imstande sind, die Hölzer auch sanft und ordnungsmäßig geschichtet wieder abzulegen. Die Brücke, die bei einer Stützweite von 80 m eine Gesamtlänge von 140 m besitzt, hat teils infolge des gleichzeitigen Arbeitens eben jener zwei Katzen, teils infolge deren recht hoher Geschwindigkeiten — 48 m/min für das Heben 180 m/min für das Katzenfahren, (15 m/min für das Brückenfahren) — die beträchtliche Leistung von 120 t stündlich aufzuweisen[1]).

Einen weiteren und gleichfalls besonders durch das verwendete Tragmittel interessanten Beitrag für die mit der Mechanisierung der Schiffsentladung gemachten Fortschritte stellt der neuzeitliche Umschlagsverkehr in Baumaterialien auf den Wasserstraßen Berlins dar[2]). Seit Jahren werden an den verschiedenen Schiffsumladeplätzen die Baumaterialien, in Sonderheit Ziegelsteine, die in ungeheuren Mengen von auswärtigen Ziegeleien in Kähnen ankommen, nicht mehr durch mühseliges Auskarren ans Land befördert, sondern gleichfalls durch maschinell betriebene Krane. Dies würde an sich nun zwar nicht etwas besonders Bemerkenswertes vorstellen, würde auch bei

Abb. 928. Ziegelentladekran (Berlin).

der Eigenart des Verladegutes, das ja weder ein Hochnehmen aus den Schiffen durch zeit- und arbeitssparende Greifmittel gestattet, wie etwa Sand, Kohle oder Getreide, noch ein Abladen durch Auskippen oder -schütten, ein leistungsfähiges oder wirtschaftliches Arbeiten kaum möglich machen. Das Eigenartige bei der in Rede stehenden Transportweise besteht vielmehr darin, daß mit Hilfe des Kranes gleichsam die Ziegelfuhrwerke unmittelbar im Schiff beladen werden können, daß also nicht nur die Mannschaften zum Auskarren der Steine gespart werden, sondern daß auch die nochmalige Umladung in die Fuhrwerke an Land vermieden ist. Die nachstehenden Abbildungen veranschaulichen dieses Verfahren an Hand einiger typischer Beispiele solcher Entladevorrichtungen (Bleichert)[3]).

---

[1]) Eine fast gleiche, nur etwas kleinere Anlage (Mohr & Federhaff) ist ausführlicher beschrieben von Buhle: Z. V. d. I. 1909, S. 786 u. ff.

[2]) Ausführliches darüber s. bei Claus: Schriften des Verbandes Deutscher Diplom-Ingenieure, Heft II. Berlin: M. Krayn. 1910.

[3]) Ein grundsätzlich gleiches Verfahren wird, wenn auch in entgegengesetzter Abwicklung, seit einiger Zeit auch bei der Verschiffung von Kohle, Koks und Erz an den Umschlagplätzen größerer Hüttenwerke geübt; vgl. z. B. die Abb. 41.

Die Einrichtungen kennzeichnen sich als fahrbare Brücke, die zum einen Teil den Kai, auf dem die Anfahrt der Steinwagen stattfindet, überspannt, zum andern Teil

Abb. 929. Ziegelentladedoppelkran (Berlin).

frei über die Wasserfläche des Hafenbeckens bzw. über die Steinkähne auskragt. Die Arbeitsweise, wobei die kastenförmigen Obergestelle der Spezialfuhrwerke durch die

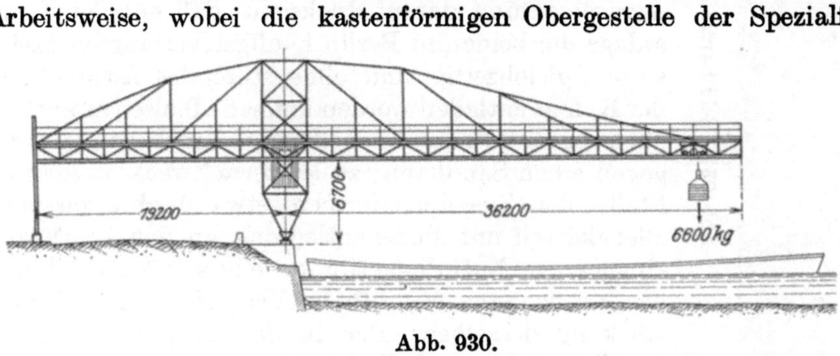

Abb. 930.

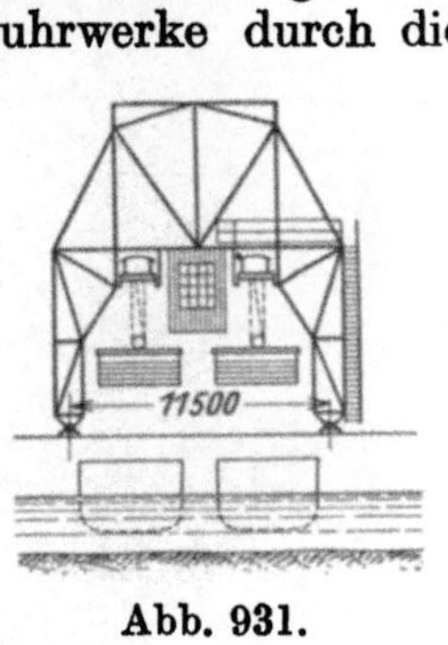

Abb. 931.

Abb. 930 und 931. Ziegelentladedoppelkran (Berlin).

Katzentraverse von diesen abgehoben, in die Kähne niedergelassen, dort vollgepackt und darauf abfuhrbereit wieder auf das Untergestell der Wagen aufgesetzt werden, geht aus den Abbildungen ja anschaulich hervor.

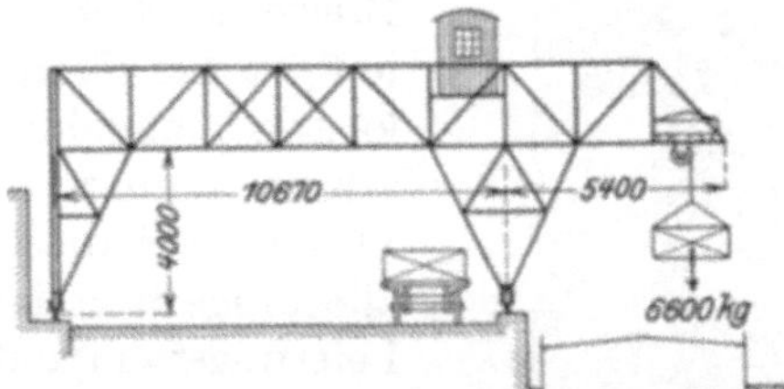

Abb. 932.

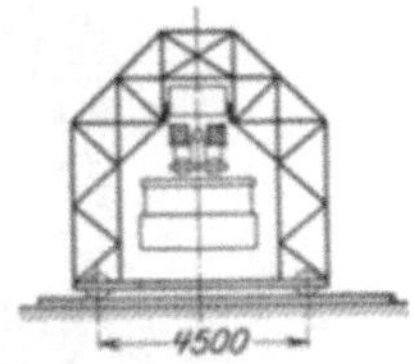

Abb. 933.

Abb. 932 und 933. Ziegelentladekran (Berlin).

Während zur früheren Entladung der Ziegelsteine eines Kahnes mehrere Tage mühseligster Arbeit erforderlich waren, geht dies heute mühelos in wenigen Stunden vor sich. Die Betriebskostenrechnung[1]) läßt zu-

[1]) Entnommen aus Claus: Heft II der Schriften des Verbandes deutscher Diplom-Ingenieure.

Abb. 934. Schiffsentlade- und Lagerungseinrichtung (Stralau).

nächst für die in Abb. 928 und 932 wiedergegebene Anlage[1]) die Wirtschaftlichkeit des Verfahrens ziffermäßig entnehmen.

10% Abschreibung von 28550 M. für die Krananlage	2855.— M.
$4\frac{1}{2}$% Verzinsung	1282.50 „
10% Abschreibung von 24300 M. für Baulichkeiten	2430.— „
$4\frac{1}{2}$% Verzinsung	1093.50 „
Platzmiete für das städtische Grundstück	3000.— „
Straßenunterhaltung	345.— „
Sa.	11007.— M.
oder für 1000 Steine (bei 30 Millionen Totalumschlag)	0.37 „
Stromkosten (0,3 Kilowattstunden) einschließlich Kranführer, Putz- und Schmiermaterial	0.13 „
Unvorhergesehenes, Reparaturkosten u. dgl.	0.02 „
Sa.	0.52 „
10% Verwaltungsunkosten	0.05 M.
Also betragen die Gesamtentladekosten für je 1000 Steine	0.57 M.

Der neuere Kran am Schöneberger Hafen in Berlin (Abb. 929 und 930) stellt eine Vervollkommnung insofern dar, als er erstens für sog. „stevenrechte" Entladung, d. h. für senkrecht zum Ufer anlegende Schiffe und außerdem als Doppelanlage ausgeführt ist. Die stevenrechte Entladung bietet gerade bei den räumlich sehr beschränkten Uferverhältnissen der Berliner Stadthäfen den Vorteil, daß durch das Entladen eines Schiffes natürlich nur ein sehr geringer Platz mit Beschlag belegt wird; die Ausbildung als Doppelanlage dagegen nimmt darauf Rücksicht, daß mit der Krananlage die beiden in Berlin häufigst verlangten Steinsorten gleichzeitig und ohne störendes Auswechseln der Kähne entladen werden können. Bisweilen entlädt auch die eine Katze einen Ziegelkahn, die andere dagegen einen Sandkahn; zu letzterm Zweck werden an Stelle der Ziegelplattformen etwa 1 cbm fassende Blechkästen mit Bodenentleerung an den Lasthaken eingehängt. Natürlich erfordert eine solche Ausbildung des Kranes eine wesentliche Vergrößerung und Verstärkung desselben: Der in der Längsrichtung des Schiffes auskragende Teil seines Gestelles hat im vorliegenden Falle eine Länge von 36,2 m erhalten, die Breite des Portals, durch das die beiden Katzen (von je 6,6 t Tragfähigkeit) mit den anhängenden Steinkästen ja ungehindert nebeneinander müssen hindurchfahren können, beträgt von Mitte zu Mitte Stützfuß 11,5 m. Bei dieser Anlage, deren Anschaffungskosten allerdings fast das Dreifache der vorgenannten, deren Leistungsfähigkeit dagegen das Doppelte beträgt, sollen sich die Förderkosten für 1000 Steine auf insgesamt 0,52 M. stellen. Schon bei einem bloßen Vergleich dieser Kosten mit den für das Auskarren der Steine zu zahlenden Löhnen — für 1000 Steine 1 M. — er-

[1]) Der in Abb. 928 abgebildete Kran an der Fruchtstraße ist inzwischen außer Betrieb gekommen; die in Aufbau und Arbeitsweise gleichartige Anlage nach Abb. 932 ist am Bundesratsufer in Berlin in Tätigkeit.

gibt sich die Überlegenheit der Krananlage in wirtschaftlicher Beziehung, ganz abgesehen von der bedeutend größeren Leistungsfähigkeit und Unabhängigkeit des machinellen Arbeitsverfahrens[1]).

Soll ein großer Lagerplatz an beliebigen Stellen eine Transportverbindung mit dem Schiffe haben, teils zum Beschütten, teils zum Rückverladen, so löst man neuerdings zweckmäßigerweise die Gesamtanlage auf in zwei Anlagen, von denen die eine in der Hauptsache das Schiff, die andere das Lager bearbeitet, während das Zusammenarbeiten beider in verschiedener Weise ermöglicht wird. Einige bemerkenswerte Beispiele solcher kombinierter Entlade-, Lagerungs- und Verladeeinrichtungen, wie sie bei der zunehmenden Größe neuzeitlicher Lagerplätze und ihres Umschlages mehr und mehr gewählt werden, seien an Hand der nachstehenden Abbildungen besprochen.

Die durch die Abb. 934 bis 937 dargestellte Anlage (Heckel) dient zum Beladen des 75000 t fassenden Kohlenlagerplatzes der Firma Louis Schulze, G. m. b. H. in Stralau

Abb. 935. Schiffentlade- und Lagerungseinrichtung (Stralau).

bei Berlin, aus Schleppkähnen des Rummelsburger Sees, zum Beladen von Fuhrwerken und zum Rückladen. Die ganze Einrichtung besteht in der Hauptsache aus dem die Schiffe bedienenden Fahrportalkrane mit wasserseitig aufgesetztem Drehausleger und landseitig angeordneten Fülltrichtern, aus zwei fahrbaren Verladebrücken mit einem gemeinsamen obenfahrenden Drehkran zum Bedienen des Lagerplatzes sowie aus einer diese beiden Teile verbindenden Hängebahn, die an den Fahrstrecken beider entlang geführt ist.

Die Wirkungsweise ist folgende: Der Uferkran fördert den Greiferinhalt in die beiden Trichter, durch die die Hängebahn gespeist wird. Nach Verwiegen und Registrieren der Hängebahnwagen fahren diese über die in der Mitte des Platzes angeordnete Hochbahn, an den beiden Verladebrücken vorbei, zu den an deren Ende angeordneten Fülltrichtern für die Landfuhrwerke oder sie beschütten unter Benutzung der einen oder anderen fahrbaren Brücke irgendeine gewünschte Stelle des Lagers. Für das

[1]) Ein den gleichen Zweck unter Benutzung eines Transportgefäßes mit ausziehbarem Boden verfolgendes Verfahren (Luther) ist beschr. von Jokl: Techn. Rundsch. 1912, Nr. 6.

Rückverladen dient ein auf der Brücke fahrender Greiferdrehkran. Dieser kann bei genau nebeneinander stehenden Brücken von der einen auf die andere überlaufen und somit durch an beiden Brücken angebrachte Trichter die Hängebahnwagen für das

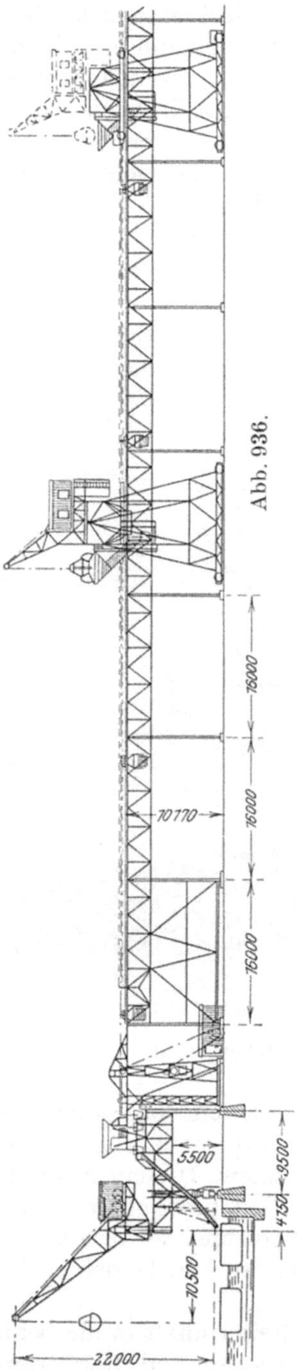

Abb. 936.

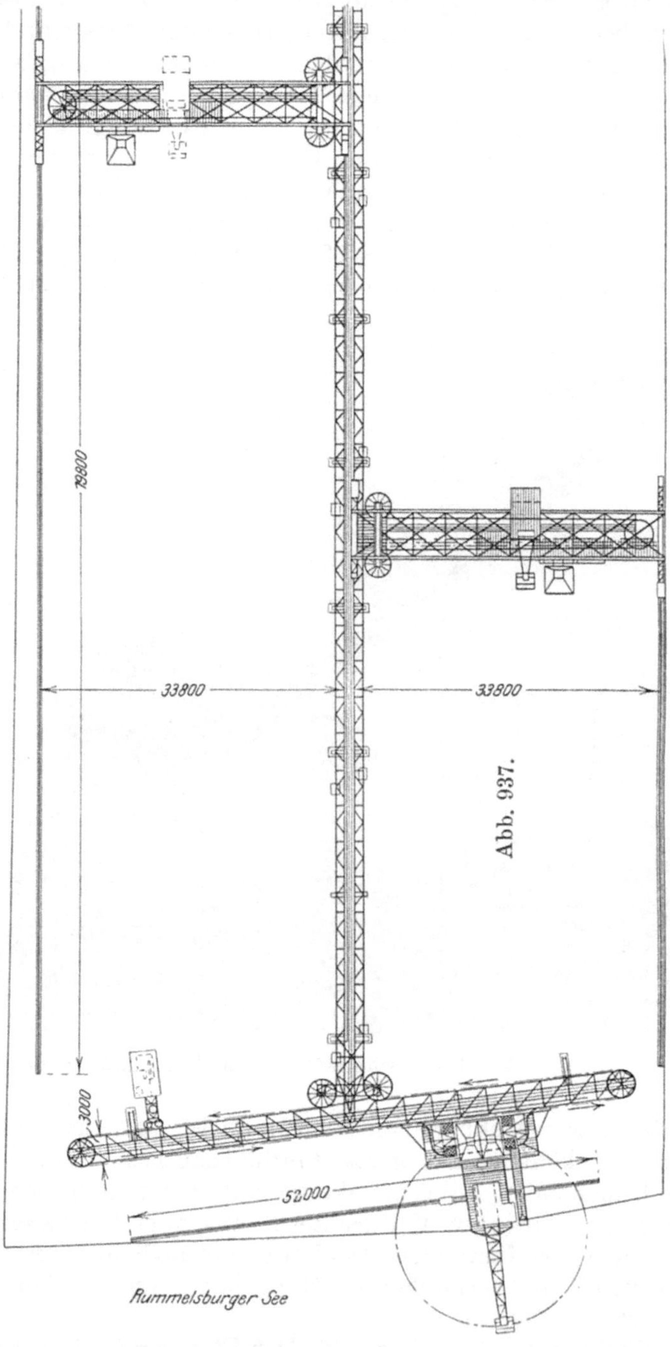

Abb. 937.

Abb. 936 und 937. Schiffsentlade- und Lagerungseinrichtung (Stralau).

Rückverladen speisen. Die Trichter sind um etwa 3 m verfahrbar an der Brücke angeordnet, so daß auch die unter dem Trichter befindliche Lagerstelle vom Greifer erreicht werden kann, ohne daß erst die Brücke selbst bewegt zu werden braucht. Die Hängebahnwagen sind mit dreifachem Entleerungsapparat ausgestattet, wodurch dieselben an drei verschiedenen Stellen entleert werden können, d. h. die Möglichkeit gegeben ist, zwei verschiedene Sorten Kohle aus zwei Schiffen zu verladen und gleichzeitig eine dritte Sorte mit Hilfe des obenfahrenden Greiferkranes nach der Landstation zu fördern. Ferner kann eine Sorte vom Schiff auf Lager geworfen werden, während eine zweite Sorte vom Schiff nach der Landstation und eine dritte mit der anderen Verladebrücke nach der Landstation befördert wird. Endlich kann eine Sorte vom Lagerplatz mit Hilfe einer am Portalkran angebrachten Rutsche in den Kran zurückverladen werden.

Zu der nachstehend wiedergegebenen Betriebskostenrechnung dieser Anlage sei zunächst folgendes erwähnt: Der Uferkran und der fahrbare Brückendrehkran müssen unter Umständen gleichzeitig arbeiten, weshalb in der Berechnung zwei Kranführer aufgeführt sind. Diese sowohl als auch der Seilbahnwärter werden, um stets eingearbeitete Leute bereit zu haben, mit ihrem ganzen Jahreslohn in Rechnung gesetzt; die Hilfsarbeiter dagegen nur entsprechend ihrer effektiven Arbeitszeit, und zwar mit 0.45 M. f. d. Stunde. Am Uferkran, der in zwei Trichter fördert, und bei dem gleichzeitig die Hängebahnwage zu bedienen ist, sind zwei Hilfsarbeiter vorgesehen; desgleichen der Sicherheit halber auch zwei Mann für das Abziehen aus den Lagerplatztrichtern. Das Verfahren der anderen Brücke, die dann, wenn der Drehkran auf der einen arbeitet, nur zum Beschicken des Platzes dient, wird von dem Seilbahnwärter ausgeführt. Der Amortisationsquote ist einmal eine zehnjährige, das andere Mal eine fünfzehnjährige Tilgung, d. s. 10 bzw. 6,66% der Anlagekosten, zugrunde gelegt. Nicht berücksichtigt sind in der Rechnung die Zinsen und Amortisation für das Grundstück, Fundamente und Stromzuführungen bis zu den Schleifleitungen der Verladeanlage.

Die aus den Kähnen geförderte Menge beträgt pro Jahr 1500000 Ztr. = 75000 t. Hiervon gehen

1. 37500 t vom Schiff direkt in die Landfuhrwerke,
2. 37500 t vom Schiff nach dem Platz und von dort in die Landfuhrwerke.

Die Förderung vom Platz in den Kahn wird als unwesentlich nicht in Betracht gezogen.

Die einzelnen Verladevorrichtungen haben pro Jahr folgendes zu leisten:

a) Uferkran 75000 t in 1000 Stunden.
b) Seilbahn 75000 + 37500 = 112500 t in 1500 Stunden.
c) Brückendrehkran 37500 t in 500 Stunden.

Bei direkter Förderung nach den Landfuhrwerken wird die Kohle nur einmal, bei Förderung über den Lagerplatz zweimal durch die Hängebahn transportiert.

Die Kosten f. d. Tonne des Transportes bei Förderung nach Pos. 1 — vom Schiff direkt in die Landfuhrwerke — ergeben sich aus den Kosten von a) + b), während die Kosten des Transportes nach Pos. 2 — über den Platz in die Landfuhrwerke — sich aus a) + 2b) + c) ergeben.

a) Uferkran. (Anlagekosten 31200 M.)	bei 10jähr. Amortisation	bei 15jähr. Amortisation
Amortisation	3120.— M.	2080.— M.
Verzinsung, 5%	1560.— „	1560.— „
Stromverbrauch: 21500 Kilowattstunden à 0.10 M.	2150.— „	2150.— „
1 Kranführer, Lohn für das ganze Jahr	1800.— „	1800.— „
4 Hilfsarbeiter (2 im Kahn, 2 zum Abziehen und zur Bedienung der Wage) je 1000 Stunden à 0.45 M.	1800.— „	1800.— „
Schmierung, Materialien, Reparaturen	600.— „	600.— „
	11030.— M.	9990.— M.

Betriebskosten pro Jahr und Tonne:

1. bei 10jähriger Amortisation $= \frac{11030}{75000} = 0.147$ M.

2. bei 15jähriger Amortisation $= \frac{9990}{75000} = 0.133$ M.

b) Seilbahn. (Anlagekosten 54800 M.)		
Amortisation	5480.— M.	3633.— M.
Verzinsung, 5%	2740.— „	2740.— „
Stromverbrauch: 8500 Kilowattstunden à 0.10 M.	850.— „	850.— „
1 Wärter, Lohn f. d. Jahr	1500.— „	1500.— „
Schmierung, Materialien, Reparaturen	800.— „	800.— „
	11370.— M.	9543.— M.

Betriebskosten pro Jahr und Tonne:

1. bei 10jähriger Amortisation $= \frac{11370}{112500} = 0.101$ M.

2. bei 15jähriger Amortisation $= \frac{9543}{112500} = 0.085$ M.

c) Verladebrücken. (Anlagekosten 97000 M.)

Amortisation	9700.— M.	6467.— M.
Verzinsung, 5%	4850.— „	4850.— „
Stromverbrauch 9300 Kilowattstunden à 0.10 M.	930.— „	930.— „
1 Kranführer, Lohn pro Jahr	1800.— „	1800.— „
2 Hilfsarbeiter zum Abziehen der Wagen, je 500 Stunden à 0.45 M.	450.— „	450.— „
Schmierung, Material, Reparaturen	700.— „	700.— „
	18430.— M.	15197.— M.

Betriebskosten pro Jahr und Tonne:

1. bei 10jähriger Amortisation $= \frac{18430}{37500} = 0.491$ M.

2. bei 15jähriger Amortisation $= \frac{15197}{37500} = 0.405$ M.

Zusammenstellung der Betriebskosten:

1. Förderung vom Schiff direkt zu den Landfuhrwerken:

	Bei 10jähr. Amortisation	Bei 15jähr. Amortisation
a) = M.	0.147	0.133
b) = M.	0.101	0.085
f. d. Tonne M.	0.248	0.218
f. d. Zentner M.	0.0124	0.0109
	= 1.24 Pf.	= 1.09 Pf.

2. Förderung vom Schiff auf den Platz und vom Platz zu den Landfuhrwerken:

a) = M.	0.147	0.133
2 × b) = M.	0.202	0.170
c) = M.	0.491	0.405
f. d. Tonne M.	0.840	0.708
f. d. Zentner M.	0.042	0.0354
	= 4.2 Pf.	= 3.54 Pf.

Nach den Abb. 939 bis 946 erfolgt die Beschüttung eines sehr ausgedehnten Lagers mit Kies, Sand, Steinschotter u. a. sowie die Beladung von Fuhrwerken mit diesen per Schiff ankommenden Materialien in eigenartiger Weise durch das Zusammenwirken einer Elektrohängebahn und fahr- bzw. schwenkbarer Brücken[1]). Uferseitig überspannt eine um eine rückwärtige Achse sich drehende Brücke von 57 m Gesamtlänge die obere und untere Ladestraße. (Die wasserseitige Stütze ist, wie die Abb. 940 besonders erkennen läßt, als drehbare Rollenstütze ausgebildet, die auf einer geradlinigen Schienenbahn auf Flur verfahrbar ist. Zu dem Zweck besteht das Stützbein aus einem unteren in Richtung dieser Fahrschiene geführten Teile und aus einem oberen, drehbaren Teile, das die Auflagerdrucke der Brücke mit vier Stützrollen aufnimmt.) Durch diese Schwenkbarkeit der Entladebrücke kann das Schiff in seiner ganzen Ausdehnung gelöscht werden. Die Hängebahnkatzen können das Gut alsdann längs einer durch den Lagerplatz geführten festen Hochbahn einer an dieser fahrbaren Brücke über Schleppweichen zuführen und an beliebiger Stelle entladen. Während die Überstreichung des gesamten Platzes nach Abb. 938 vermittels einer fahrbaren und um das landseitige Hochbahnende schwenkbaren Brücke erfolgt[2]), erfolgt sie nach Abb. 945 und 946 durch je eine zu beiden Seiten der Hochbahn nur geradlinig verfahrende Brücke. Die letztere Disposition gestattet wohl im allgemeinen eine schnellere und unabhängigere Bedienung der beiden Lagerplatzhälften, erfordert aber eine nicht unbeträchtliche Vermehrung der Eisen-

[1]) Nach einem Vorschlage der A.-G. Lauchhammer für das Städt. Tiefbauamt Charlottenburg. — Die etwas andersartige Ausführung der Anlage (Guilleaumewerke) ist eingehend beschrieben von Pollok: Z. V. d. I. 1910, S. 1670. [2]) D.R.P. Nr. 203702 vom 2. II. 1908 (Bleichert).

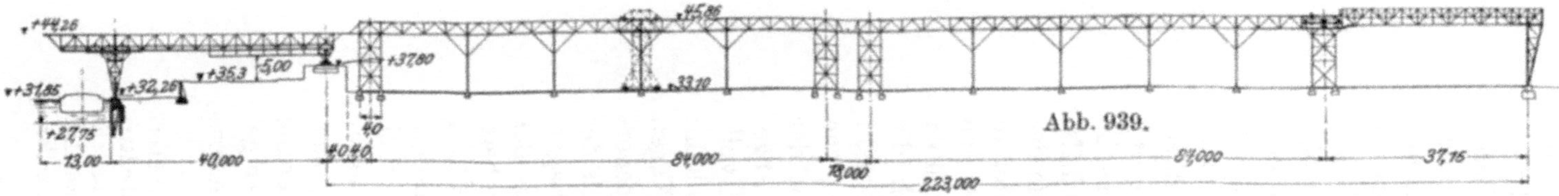

Abb. 939.

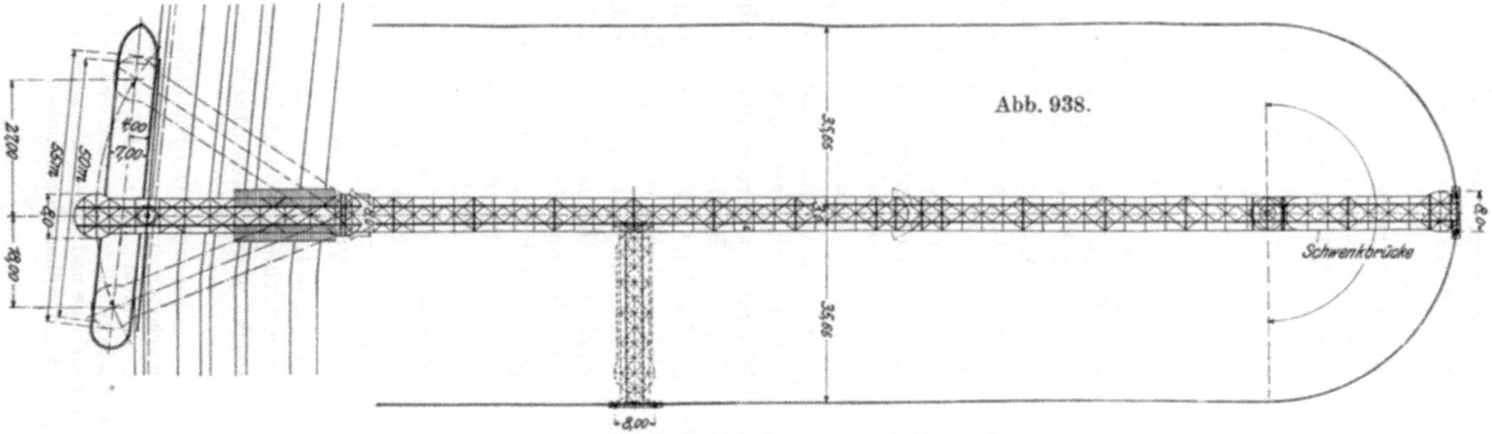

Abb. 938.

Abb. 938 und 939. Schiffsentlade- und Lagerungseinrichtung.

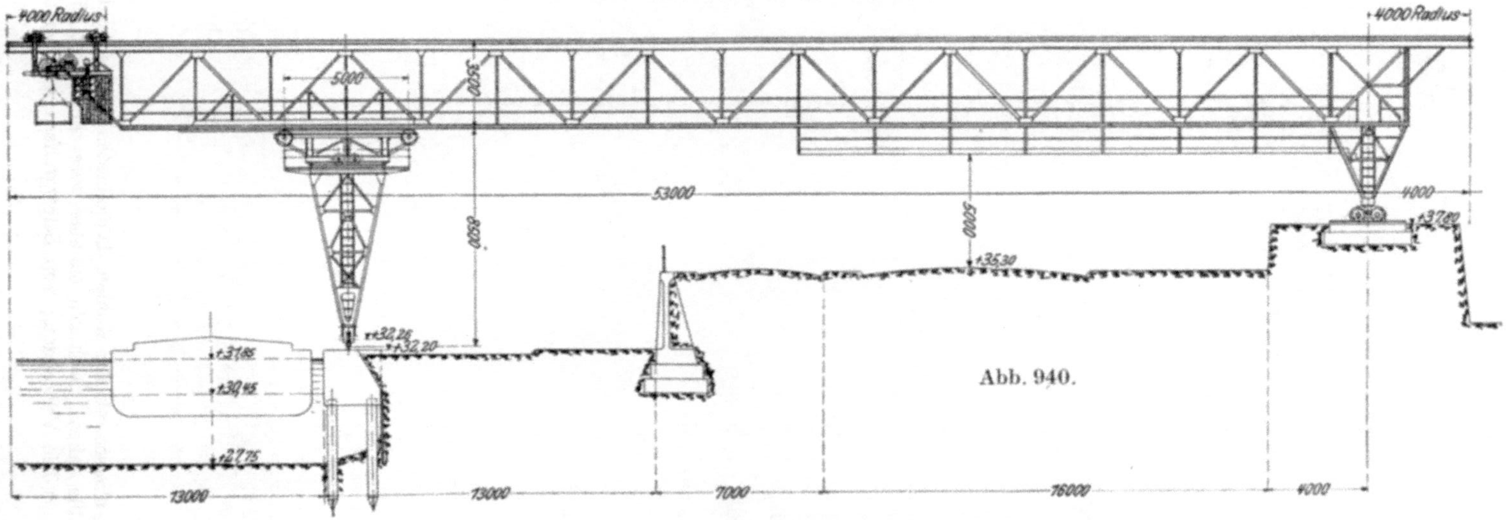

Abb. 940.

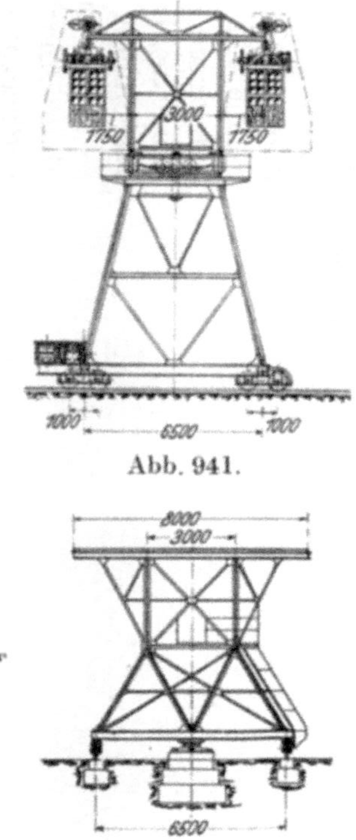

Abb. 941.

Abb. 942.

Abb. 940 bis 942. Schiffsentladebrücke.

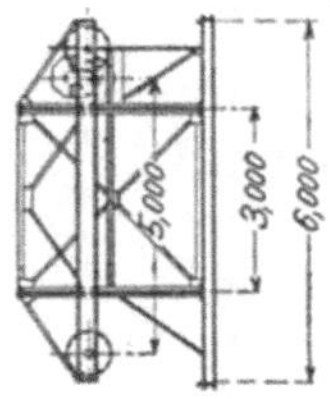

Abb. 944.

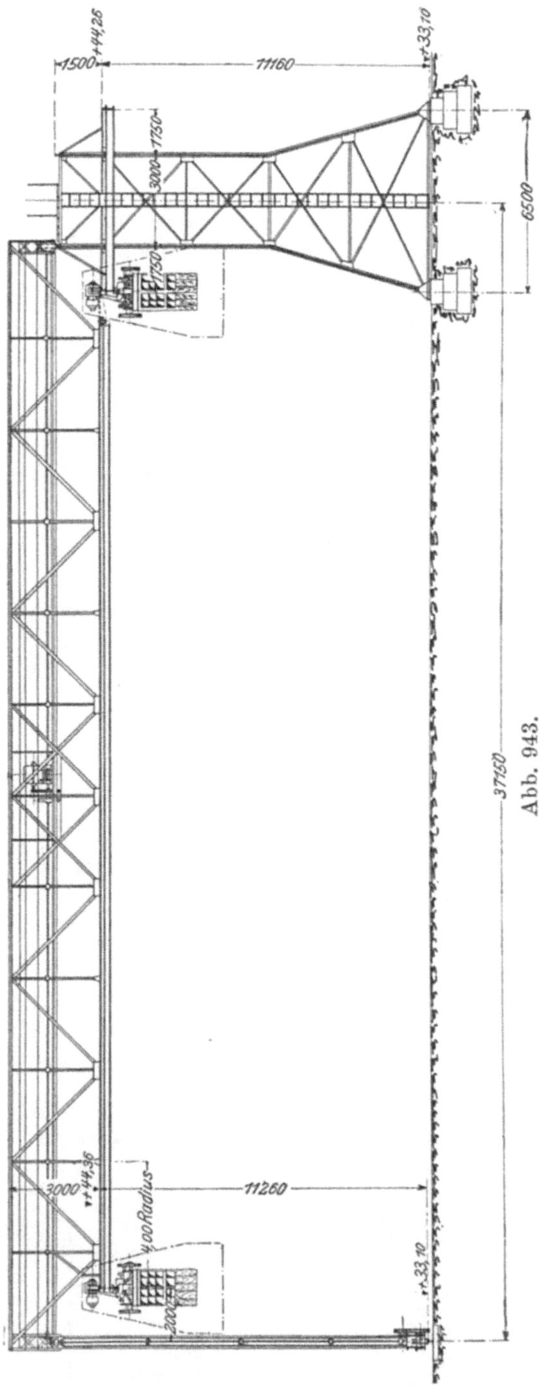

Abb. 943.

Abb. 943 und 944 Schwenkbrücke des Lagerplatzes.

konstruktion teils durch die Hinzunahme der zweiten Brücke an sich, teils durch die Fortführung der mittleren Hochbahn über die ganze Längsausdehnung des Lagerplatzes.

Eine teilweise Ähnlichkeit mit dieser Anordnung weist die Lastenbeförderung auf, wie sie durch die Bleichertschen Anlagen nach den Abb. 947 und 949 für das Gaswerk in Bromberg bzw. in Mariendorf bei Berlin ausgeführt worden sind. Die erstgenannte Anlage dient zur Entladung vornehmlich der auf dem Wasserwege über Danzig ankommenden englischen Kohlen[1]). Der ganze Transport erfolgt auch hier ausschließlich durch eine Hängebahn, deren Arbeitsfeld mittels einer verfahrbaren Brücke wieder in dem erforderlichen Maße vergrößert wird. Die zur angestrebten Vermeidung eines Schiffsverholens erforderliche Bedienbarkeit einer größeren Schiffsfläche wird im vorliegenden Falle dadurch erreicht, daß die Hängebahn an einem über das Schiff ausladenden festen Gerüst entsprechend lang über jenes hinweggeführt ist. Auch die übrige Arbeitsweise der Anlage geht aus der Zeichnung klar hervor: Die 1 t Kohlen fassenden Wagen der Hängebahn werden über Schiff abgesenkt, im Kahne abgehakt und vollgeschaufelt[2]). Die von der Hängebahn alsdann hochgezogenen vollen Wagen werden entweder direkt zum Brecherwerk des Ofenhauses oder mittels der einstellbaren Brücke auf den Lagerplatz gefahren, woselbst sie an der durch Einstellen eines Auslösehebels, eines sog. Frosches, für die Entladung bestimmten Stelle entleert werden. Die entleerten Wagen fahren natürlich ohne Aufenthalt nach dem Ausleger zurück. Wie zu erwarten, haben sich die Kosten bei dieser Kohlenförderung gegen früher, wo mit Schiebkarren gelöscht wurde, wesentlich vermindert.

[1]) Die englischen Kohlen bildeten die überwiegende Mehrheit des gesamten Kohlenbedarfs in Bromberg, und nur der kleinere Teil besteht aus oberschlesischen Kohlen, da die besten Marken englischer Kohle im Preise den mittleren Sorten schlesischer Kohle nahezu gleich sein, sie aber wesentlich durch höhere Gasausbeute und besseren Koks übertreffen sollen.

[2]) Die Verwendung von Selbstgreifern war bei der Bauart der Kähne ausgeschlossen.

Die reinen Betriebskosten für das Entladen der Kohlen betragen jetzt nur 1,8 Pf. für 100 kg, während früher für das Auskarren, Verwiegen und Einbringen in den Schuppen

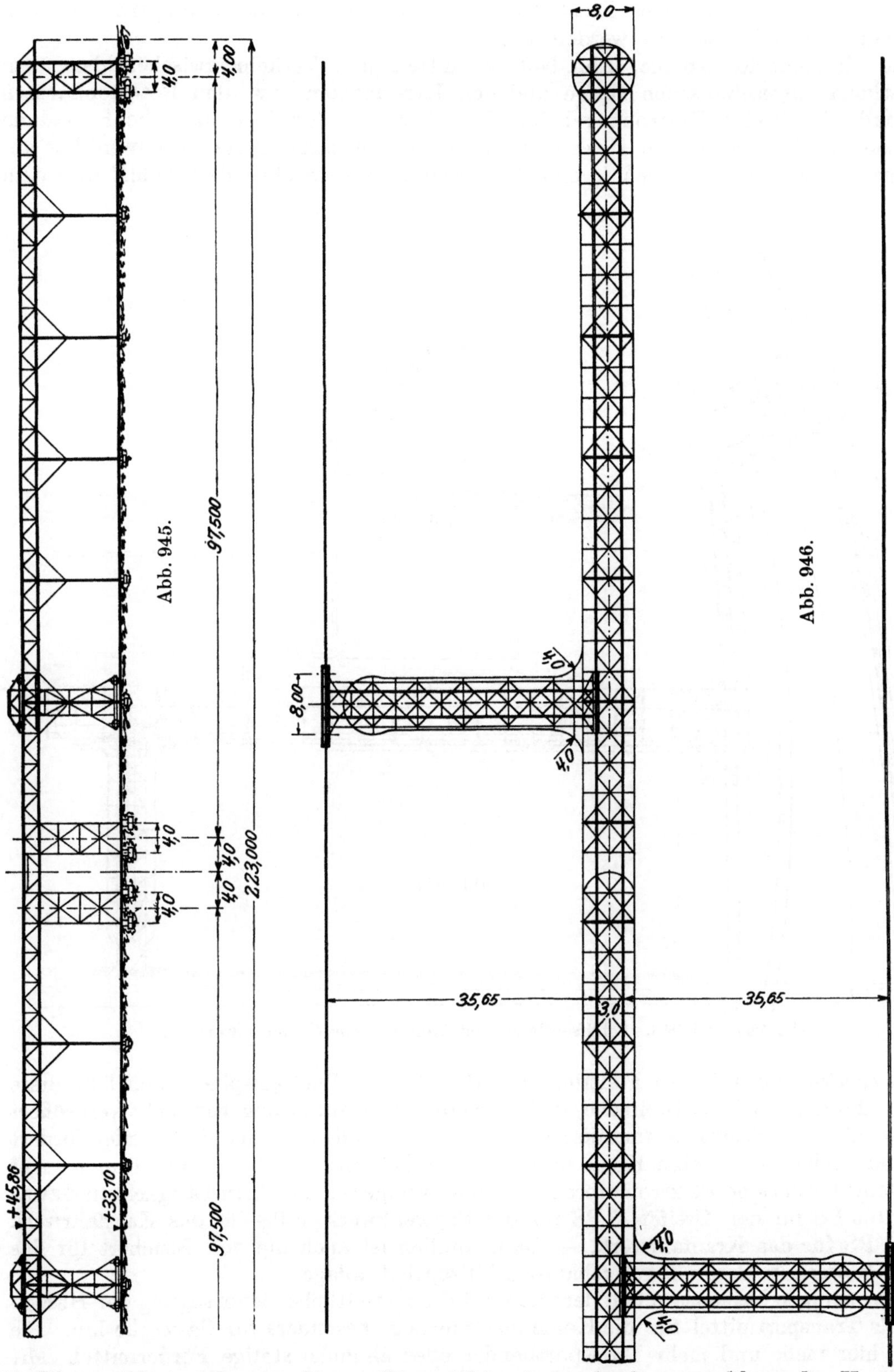

Abb. 945.

Abb. 946.

Abb. 945 und 946. Lagerungseinrichtung.

13 Pf. gezahlt werden mußten. Ein nicht minder hoch anzuschlagender Vorteil besteht aber auch hier wieder darin, daß das Werk durch die zweckmäßige Mechanisierung

seiner Transporte von den Kohlenarbeitern unabhängiger geworden ist. Die Bahn fördert jetzt, bei Verwendung von vier Wagen, ungefähr 120 t Kohle in 10 Stunden, eine Leistung, die durch weiteres Einstellen von Kohlenwagen und Schippern natürlich noch entsprechend gesteigert werden kann.

Die Mariendorfer Anlage, Abb. 949, vermittelt den Verkehr zwischen dem dem Teltowkanal angeschlossenen Hafen und den Lagerplätzen bzw. den Retortenhäusern gleichfalls durch eine Eektrohängebahn. Die Beladung derselben bzw. die Entladung der Kohlenschiffe erfolgt hier indes durch zwei auf fahrbaren Portalen schwenkbar angeordnete Ausleger, auf denen je eine Greiferlaufkatze zwischen dem Schiff und dem

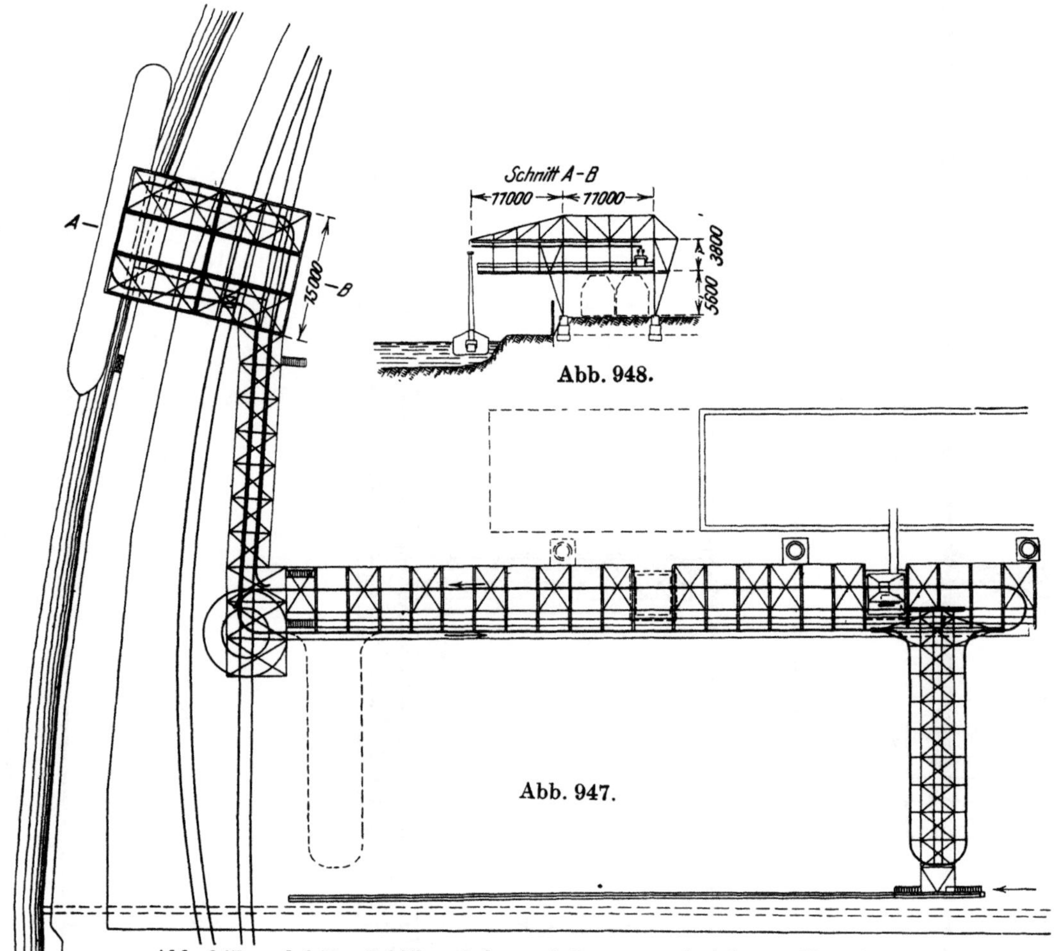

Abb. 948.

Abb. 947.

Abb. 947 und 948. Schiffsentlade- und Lagerungseinrichtung (Bromberg).

im Fahrportal angeordneten Fülltrichter verkehrt. Die Photographie schon läßt diese Anlage, die noch auf das Dreifache, d. h. für eine Stundenleistung von 600 t vergrößert werden soll, von gleichsam amerikanischer Größe erkennen. Jeder der Greifer fördert bei einem Inhalt von 3 cbm Kohle und 25 bis 30 Hüben ca. 100 t in der Stunde. Auf dem Doppelkrane sind Elektromotoren von nicht weniger als 250 PS in Tätigkeit, und zwar je ca. 100 PS für den Greifer, 8 PS für das Schwenkwerk, 5 PS für das Katzfahrwerk und 12 PS für das Kranfahrwerk. — Ganz ähnlich ist auch die von Bleichert für das städt. Gaswerk in Berlin-Tegel gebaute Schiffsentladeanlage.

Diese wenigen Beispiele schon deuteten auf die neuzeitliche Bevorzugung der Hängebahn als Transportmittel für die Kohlenbeförderung, besonders für Gaswerke hin. Sie ersetzt hier mehr und mehr Transportbänder oder ähnliche stetige Fördermittel. Mit Vorteil zunächst deshalb, weil die Hängebahn, deren empfindliche Teile dem Angriff des Fördergutes entrückt sind, dem Verschleiß viel weniger als jene ausgesetzt sind;

Abb. 949. Schiffsentladeeinrichtung (Mariendorf).

kommt bei ihnen doch nur der unempfindliche Wagenkasten selbst mit dem Material in Berührung. Nicht minder aber ist ihrer Einführung hier ihre außerordentliche Anpassungsfähigkeit an einen Richtungswechsel der Bewegungen, sei es in horizontaler sei es in vertikaler Richtung, günstig gewesen, die ihre Anwendung völlig unabhängig macht von der gegenseitigen Lage der Aufnahme- und der Abgabestellen des Materials.

Schiffsentladevorrichtungen in der Form fahrbarer Doppelausleger-Bockkrane (Kantileverkrane) sind bei uns im allgemeinen selten. Vor allem treten bei einigermaßen weit reichendem Arbeitsfeld des Lasthakens die für das Verfahren des Kranes zu überwindenden großen Massenwiderstände hindernd auf. Eine Einschränkung des Verfahrens der Brücke kann zwar durch Zuhilfenahme schwenkbarer oder u. U. selbst querliegender Katzenausleger erreicht werden. Man ist überdies bestrebt, das Gewicht der Katze bei all diesen Ausführungen dadurch möglichst gering zu halten, daß man die Antriebsmaschine in den nicht auskragenden Teil verlegt und von dort aus die Hub- und die Katzfahrbewegungen durch Seilzüge nach dem leichten Katzenwagen übermittelt. Die Abb. 950 gibt beispielsweise eine solche Verladeanlage (Schenck & Liebe-Harkort) wieder, die am Ufer des Rheines, bei Rheinbrohl, hauptsächlich zum Umschlag von Steinen zwischen Schiff und Eisenbahn bzw. Lager dient. Solange ein solcher Kran in der einmal angenommenen Arbeitsebene tätig sein kann, läßt der zentrale Antrieb

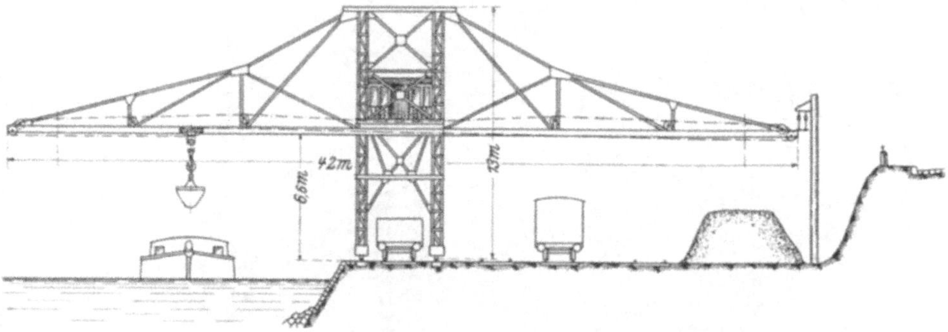

Abb. 950. Fahrbarer Doppelauslegerbockkran (Rheinbrohl).

allerdings recht große Geschwindigkeiten der Last, insbesondere des leichten Katzenwagens zu und ermöglicht dann auch relativ hohe Leistungen. So leistet die letztgenannte Anlage bei nur 3 t Tragkraft 90 t in der Stunde.

Den beim Fahren mit Kantileverkranen auftretenden wirtschaftlichen Mißständen[1]) sucht die in Abb. 951 dargestellte Ausführung (Appleby) dadurch abzuhelfen, daß sie zur Einstellung des Auslegers über verschiedenen Arbeitsstellen die Schwenkbarkeit desselben einführt. Bei entsprechendem Arbeitsprogramm bzw. Transportaufgaben dürfte eine derartige Kranausbildung, die zwar andererseits wieder eine Komplikation und Verteuerung des Kranes eben durch das Schwenkwerk bedingt, die Eignung des in Rede stehenden Systems zweifelsohne erhöhen[2]). (Die Abmessungen dieses für 2,25 t berechneten Kranes sind 42 m als Länge der Katzenlaufbahn und 16 m für deren Höhe über Flur. Seine Arbeitsgeschwindigkeiten betragen 60 m/min beim Heben, 180 m/min beim Katzenfahren, 100 m/min beim Schwenken und 38 m/min beim Kranfahren.)

Durch die Zweckmäßigkeit der Anordnung und baulichen Durchbildung nach dieser Richtung zeichnet sich die in den Abb. 952 bis 955 dargestellte Anlage (Simmering) aus, die vor einiger Zeit für den Massenumschlag von Stück- und Sackgut an der Donau in Wien für die Regensburger Schiffahrts-A.-G. Bayerischer Lloyd aufgestellt worden ist. Der Doppelausleger, der trotz sehr stattlicher Abmessung — er ragt nach beiden Seiten rund 50 m aus — einen leichten und luftigen Eindruck macht, ist schwenkbar auf dem fahrbaren Portal gelagert und dient einer leichten seilbetriebenen Katze als

[1]) Näheres s. S. 250 u. 333.

[2]) Ein dampfbetriebener Kantileverkran von 50 t $\times$ 27,5 m, bei dessen Eigengewicht von 500 t die Schwenkeinstellung besonders zweckmäßig erscheint, ist beschrieben in „The Engineer" 1925 v. 20. Nov.

Laufbahn. Die Spurweite des Portales beträgt 7 m, die Tragkraft der Katze 2 t; die Fahrgeschwindigkeit der Katze ist 150 m, die Hubgeschwindigkeit 65 m/min. Praktischerweise ist die obere Plattform des Portalgerüstes so ausgeführt, daß in der Mitte

Abb. 951. Fahrbarer Schwenkauslegerbockkran (Plaistow).

ein großer kreisförmiger Raum zum Durchladen der bei beliebiger Auslegerstellung unter den Kran gefahrenen Lasten freibleibt. Da vom seitlich am Mittelgerüst angebrachten Führerhaus aus das ausgedehnte Arbeitsfeld, besonders bei nebligem Wetter, kaum würde übersehen werden können, hat der Kranführer stets eine Zeigervorrichtung vor sich, die den Weg und Stand des Lasthakens wiedergibt.

Die mit diesem Kran erzielten günstigen Betriebsergebnisse müssen dazu führen, das weit verbreitete Urteil von der allgemeinen Unzweckmäßigkeit und Unwirtschaftlichkeit derartiger Kranausbildungen für solche Fälle doch wohl zu ändern, in denen die besondere Bauart des Kranes und die Eigenart der Transportaufgaben, wie hier, die sonst vorhandenen Mängel des Systems nicht zur Auswirkung kommen lassen. Der Geringfügigkeit der beim Massenumschlag vorkommenden Lastgrößen ist einesteils durch die Leichtigkeit der Katze und die Zweckmäßigkeit der Fahrseilführung, andernteils durch die Schwenkbarkeit des Doppelauslegers Rechnung getragen. Dadurch ist das Verhältnis

Abb. 952. Fahr- und schwenkbarer Kantileverkran (Wien).

der Totlast zur Nutzlast ein günstiges bzw. die zwischen den beliebig wechselnden Arbeitsplätzen jeweilig herzustellende Transportverbindung als geradlinige auch stets die günstigste. Kraft- und Zeitaufwand für die Transporte sind also — von den seltenen Fällen notwendigen Kranfahrens abgesehen — kleinst gehalten, die Voraussetzung für die Wirtschaftlichkeit der Anlage ist gegeben.

Eine schwenkbare Verladebrücke, die ebensosehr durch ihre Anordnung wie durch ihre Arbeitsweise und Leistungsfähigkeit bemerkenswert ist, möge endlich noch durch die Abb. 956 vorgeführt werden. Sie bedient das Kohlenlager der Semet-Solvay-Werke in Milwaukee und dürfte mit ihrer stündlichen Platzbeladefähigkeit von 600 t eine der leistungsfähigsten Verladebrücken ihrer Art darstellen. Die Brücke, die eine lichte Spannweite von 100 m und eine ganze Länge von 150 m besitzt, ist um die im Vordergrund des Bildes ersichtliche Antriebsstation schwenkbar und vermag somit eine Kreisfläche von 300 m im Durchmesser nahezu vollständig zu bedienen. Die Zufuhr der Kohle geschieht durch einen in der Schwenkachse gelagerten Aufgabetrichter, der durch einen schräg ansteigenden Robins-Gurtförderer (Muth-Schmidt) gespeist wird. Die Beschickung des Vorratsplatzes erfolgt durch einen gleichen, im Brückenträger angeordneten Gurtförderer, während der Rücktransport der Kohle vermittels einer Greiferlaufkatze, zwar „nur“ mit einer stündlichen Leistung von 300 t, vor sich geht. Die Hubgeschwindigkeit des 5 t-Greifers beträgt ca. 60 m/min (150 HP), die Fahrgeschwindigkeit seiner Katze 180 m/min (60 HP), beides, wie gesagt, mittels Seilzügen von der an der Schwenkachse der Brücke aufgestellten gemeinsamen Winde aus. Zum Schwenken der Brücke sind vier Motoren von je 14 HP eingebaut, die der Fahrstütze eine Geschwindigkeit von 9 m in der Minute erteilen.

Abschließend möge noch die in den Abb. 957 bis 960 veranschaulichte Schiffsentlade- und Lagerungseinrichtung besprochen werden, die sich ebensosehr durch die Vielgestaltigkeit und Eigenartigkeit ihrer Durchbildung wie durch die Zweckmäßigkeit und Leistungsfähigkeit ihrer Anordnung auszeichnet. Die Anlage dient zum Getreideumschlag

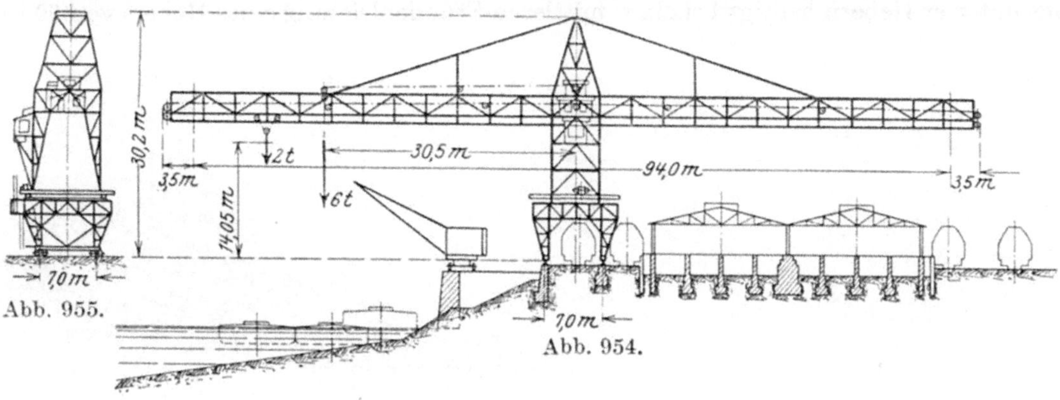

Abb. 955. Abb. 954.

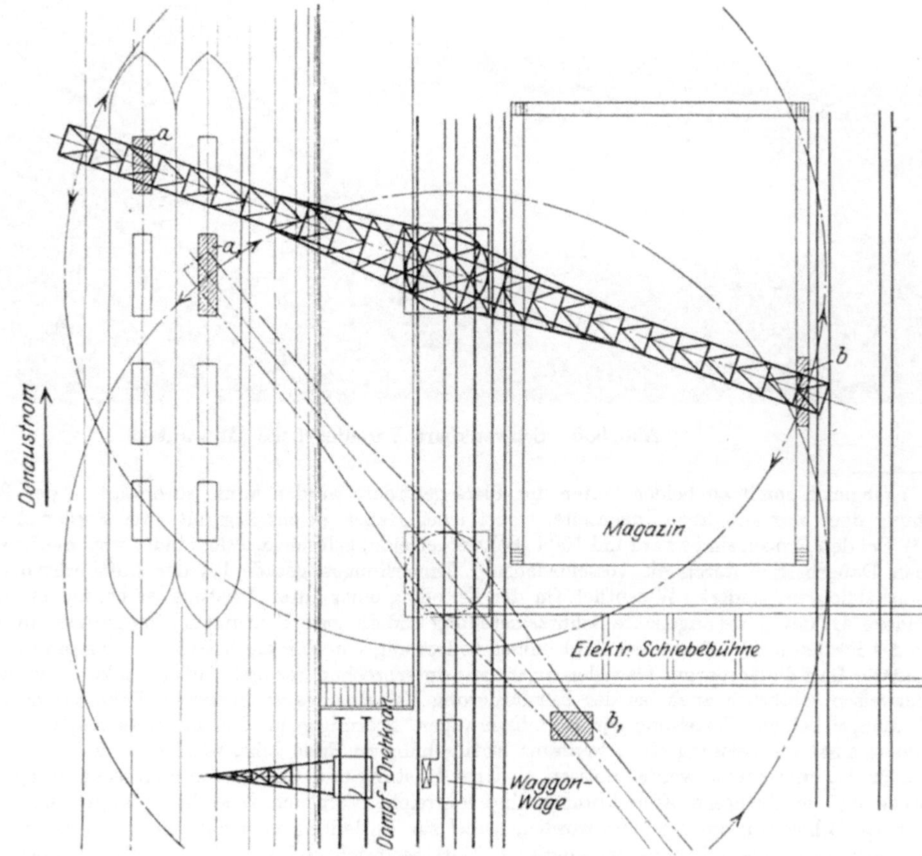

Abb. 953.

Abb. 953 bis 955. Umschlag mittels schwenkbaren Kantileverkranes (Wien).

im Arbeitsbereiche der Bremer Lagerhaus-Gesellschaft[1]). Sie benutzt dazu als Fördermittel in der Hauptsache **Luftförderer** für die Entnahme des Getreides aus den Schiffen, Bandförderer und Elevatoren für dessen Weiterschaffung nach dem Speicher sowie

[1]) Weitere Angaben darüber sind enthahlten bei Tillmann: Werft Reederei Hafen 1921, Heft 13 und Monatsschrift „Die Weser" 1925, Nr. 6; Koehler: „Das Techn. Blatt" der Frankfurter Zeitung vom 16. September 1922; über die maschinellen Einzelheiten insbesondere bei Overbeck: Z. V. d. I. 1918, S. 301.

zur Rückverladung und Elektrohängebahnen für den Transport von leeren Säcken aus dem Sacklagerschuppen nach dem Speicher und den Piers.

An den beiden bisher fertiggestellten Piers sind insgesamt acht Saugluftheber (Mahag) angeordnet, deren jeder aus zwei Ansaugbehältern mit je zwei Förderleitungen besteht, die an allseitig bewegbaren Auslegern aufgehängt sind[1]). Die Leistung eines Piers mit vier Hebern beträgt bei einer mittleren Stundenleistung eines Hebers von 60 t[2])

Abb. 956. Schwenkbare Verladebrücke (Milwaukee).

[1]) Obgleich somit an beiden Seiten der Piers gefördert werden kann, so erfolgt in der Regel die Entlöschung doch nur auf deren Innenseite, wobei jeder Heber gleichzeitig mit zwei Förderrohren arbeitet.

[2]) Bei den Proben sind zwar rund 100 t (Schwergetreide) gelöscht worden, indes wird die Leistung im praktischen Dauerbetrieb durch die verschiedensten Einwirkungen gerade bei der Luftförderung in der Regel ganz erheblich vermindert. Wesentlich für die Erzielung einer guten Leistung ist besonders die richtige, der besondern Art des Gutes angepaßte Schlitzeinstellung und die gute Führung der Saugdüsen (an der Aufnahmestelle des Fördergutes). Sind diese nicht immer vollständig von Fördergut bedeckt, so kann durch den Zutritt sekundärer Luft die Förderung bisweilen sogar ganz unterbrochen werden. Außerdem kommen, wie bei anderen Förderweisen, natürlich auch bei der Luftförderung als leistungsvermindernde Faktoren noch zur Geltung z. B. Mängel bei der Gestellung der Eisenbahnwagen, Störungen an den maschinellen Anlagen u. dgl. m.; außerdem sinkt die Leistung stets, wenn die Entlöschung zu Ende geht, wenn also die Reste auch unter den Decks hinweg entnommen werden müssen. — Über Leistung und Kosten von Schiffsentladungen durch pneumatische und mechanische Einrichtungen sind lehrreiche Vergleichsversuche unlängst bei einer Anlage in Trelleborg (Schweden) durchgeführt worden, wobei zur Entladung zweier gleich großer Dampfer ein Schiffsbecherwerk und eine fahrbare pneumatische Entladeeinrichtung für eine stündliche Leistung von 100 t Schwergetreide benutzt wurden. Diese Ermittlungen hatten nachstehendes Ergebnis (vgl. **Wagner**: Ind. Techn. 1925, S. 47 u. ff.):

Das Löschen von 1000 t Weizen erforderte an						
Zeit Std.	Arbeiterstunden	Löhnen Kr.	Strom-Energie kW-st	Strom-Preis Kr.	Gesamtkosten Kr.	beim
39	278	460	324	21	481	Becherwerk
22	81	135	1077	115	250	Luftförderer

für die achtstündige Schicht rund 1900 t; die mittlere Jahresleistung der Gesamtanlage kann zu 800000 t angenommen werden. Die in den ersten Kriegsjahren gebaute Anlage erfährt z. Z. noch eine Erweiterung und dürfte damit eine der größten Anlagen ihrer Art überhaupt werden. Für den Betrieb eines jeden Hebers dient eine mittels eines 175 PS-Elektromotors bewegte Luftpumpe. Bemerkenswert bei dieser Anlage ist noch, daß die Luftpumpen mit Wasserfiltern arbeiten, durch welche die von den Ansaugebehältern (Rezipienten) kommende Luft hindurchgesaugt und gereinigt wird, bevor sie in die Pumpen tritt. Diese Ausführung hat sich auf Grund größerer Schonung der Pumpen und Verbesserung ihres Wirkungsgrades durchaus bewährt[1]).

Zur Weiterbeförderung des entsaugten Getreides[2]) nach dem Speicher dienen, wie gesagt, Transportbänder, von denen vier auf jedem Pier vorhanden und in einem hochgelegenen geschlossenen Kanal gelagert sind. Diese Bänder schaffen das Getreide über den Pier an Land und übergeben es hier senkrecht zu ihnen laufenden Querbändern. Diese wieder werfen es in Elevatoren ab, die es nach dem Dachgeschoß des Speichers auf sechs die ganze Länge und Breite desselben — 106 m × 30 m — bestreichende Verteilungsbänder schütten.

Die Größe der Anlage geht überzeugend daraus hervor,

Abb. 957. Pneumatische Schiffsentladung und mechanische Weiterbeförderung (Bremen).

[1]) Die Räume für die Wasserfilter müssen genügend erwärmt werden können, da sonst durch die u. U. sehr kalte angesaugte Luft Eisbildung entstehen kann.

[2]) Für die Verladung des Getreides in Eisenbahnwagen oder Flußschiffe wird es aus den Rezipienten über besondere Sammelbehälter und Wiegevorrichtungen einfach in Fallrohre oder Rutschen geleitet.

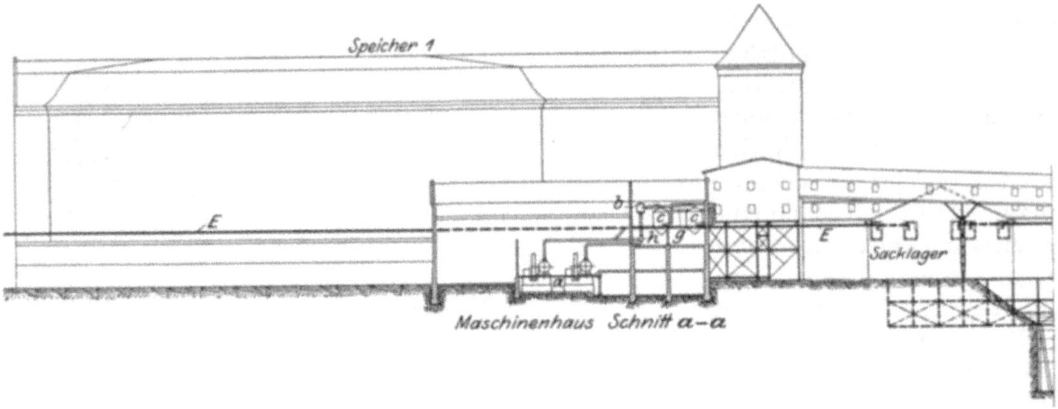

Abb.

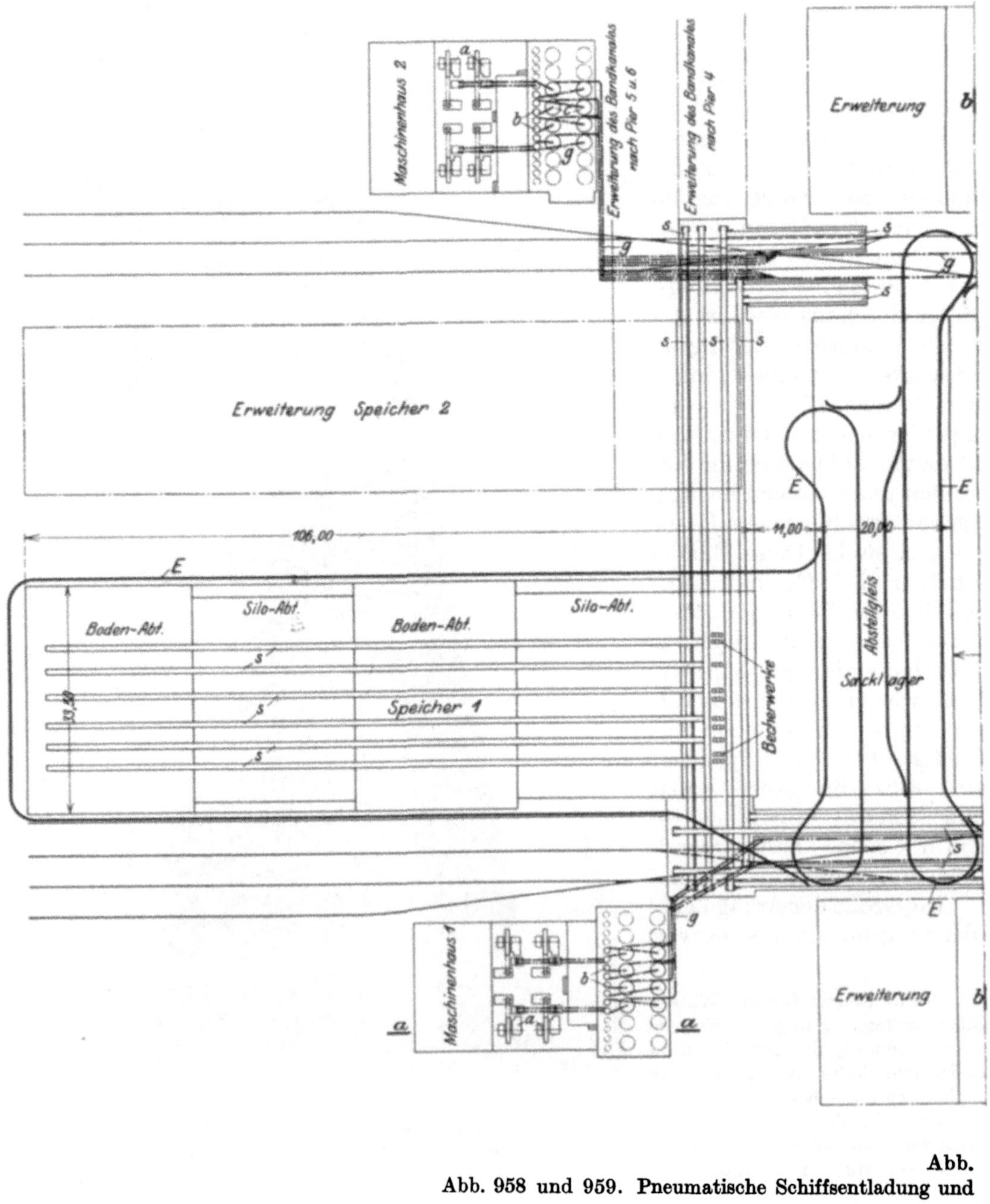

Abb.
Abb. 958 und 959. Pneumatische Schiffsentladung und

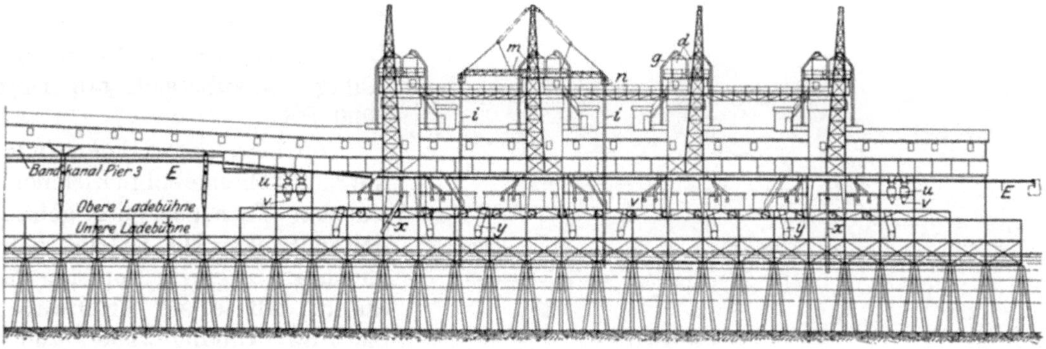

959.

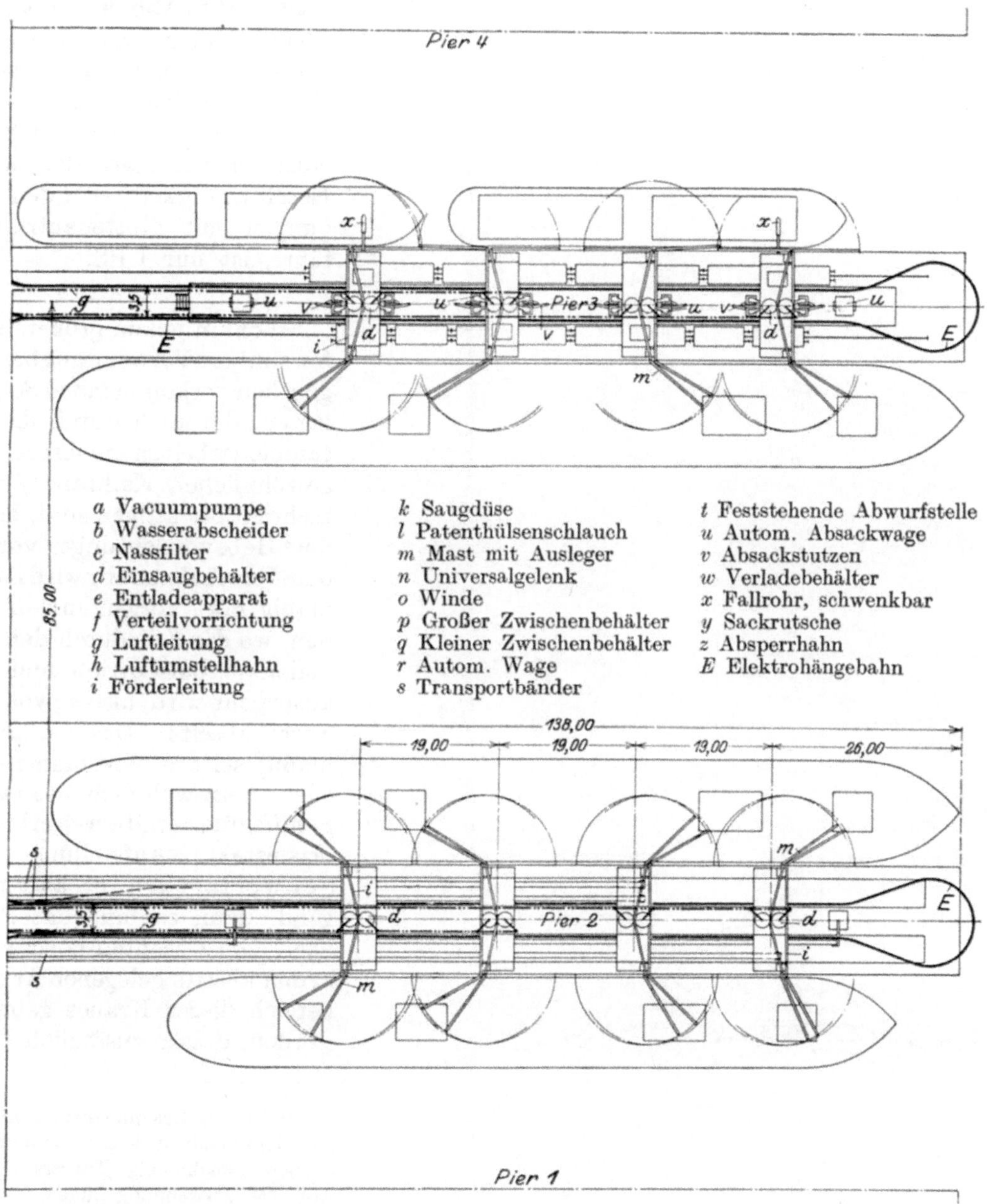

958.
mechanische Weiterbeförderung (Bremen).

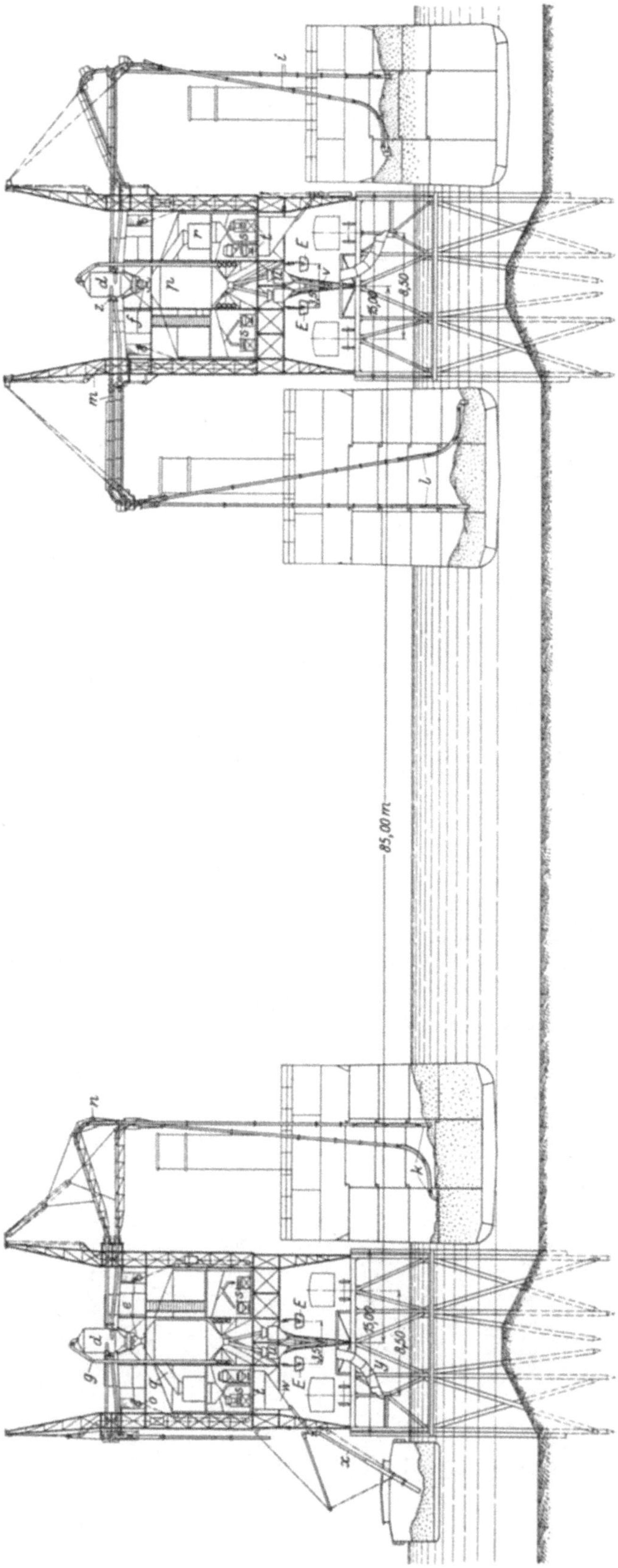

Abb. 960. Pneumatische Schiffsentladung mit anschließenden Bandförderern und Elektrohängebahn (Bremen).

daß die Länge der Transportbänder, zusammengesetzt, etwa $5^1/_2$ km betragen würde. Die Leistung sämtlicher Motoren der Anlage beläuft sich auf rund 2000 PS.

Von besonderer Eigenart ist die Elektrohängebahn (Bleichert) für den Transport der gebündelten Säcke. Ihr Betrieb geht gleichsam zugartig vor sich dadurch, daß je ein Triebwagen bis fünf Anhängewagen zieht, von denen jeder 100 bis 150 Säcke faßt (Abb. 957 links). Es können im ganzen sieben derartige Züge auf der 1185 m langen Strecke Sacklager—Pier—Speicher verkehren. Der Kraftbedarf eines solchen Zuges, der mit 1 m Geschwindigkeit — in den Steigungen mit Kettenantrieb — fährt, ist nur 1 PS.

Wohl in jedem größeren Hafen sind zur Verwendung bei gelegentlich vorkommenden Schwerlasten, die auch durch das Zusammenarbeiten mehrerer der gewöhnlichen Kaikrane[1]) nicht mehr zu bewältigen sind, besondere Hebevorrichtungen vorhanden. Ihre Aufstellung wird zweckmäßig dort vorgenommen werden, wo der Kai durch den normalen Verladebetrieb nicht beansprucht wird, also gewöhnlich etwas abseits. Das verhältnismäßig seltene Vorkommen solcher ungewöhnlich schweren Schiffsgüter ergibt weiterhin die ortsfeste[2]) Aufstellung der **Schwerlastkrane** als genügend, denn es muß das Schiff nach dem Gesagten ja so wie so in den abseits gelegenen Arbeitsbereich dieses Kranes gebracht werden, dessen zusätzliche Aus-

[1]) Für das Zusammenarbeiten mehrerer Krane mit ungleichen Tragkräften können zweckmäßig Traversen nach Abb. 824 Verwendung finden.

[2]) Über schwimmende Hafenverladekrane s. a. d. folgenden Seiten.

Abb. 961. **Hafenwippdrehkran (Lourenco Marques).**

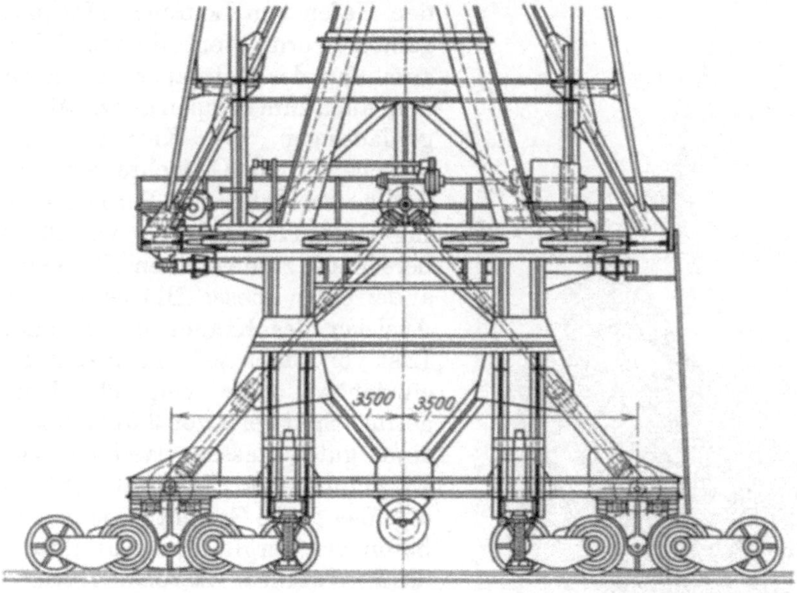

Abb. 962.

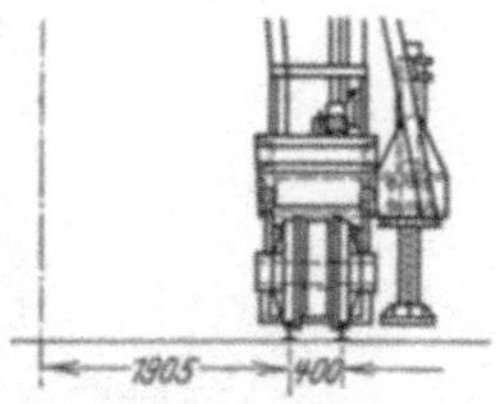

Abb. 963.

Abb. 962 und 963. **Fahrwerk des Hafendrehkrans (Lourenco Marques).**

stattung mit einem besonderen Fahrwerk und einer Fahrbahn dann doch in keinem Verhältnis zu seiner Ausnutzung stände. Bildet infolgedessen die stationäre Aufstellung dieser Krane die Regel, so kommen Abweichungen hierfür doch auch vor, beispielsweise dann, wenn der Kran vorher auch für den Bau der Kaimauer o. dgl. zu benutzen ist.

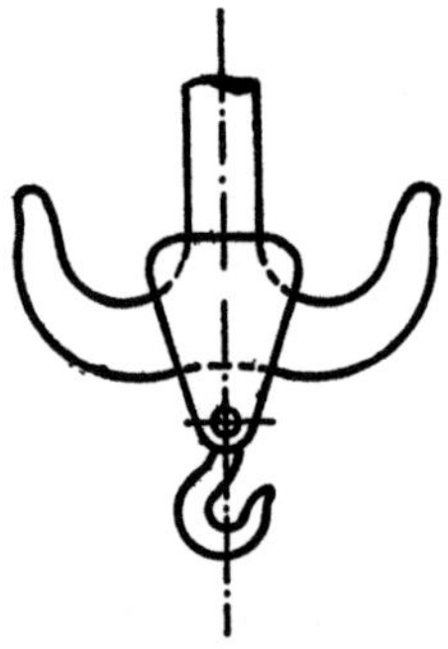

Abb. 964. Kombinierter Lasthaken.

Nur einige wenige Beispiele solcher Hafenschwerlastkrane seien hier noch durch die folgenden Abbildungen gegeben. Sie lassen im Verein mit den an früherer Stelle[1]) bereits besprochenen Ausführungen die Verschiedenheit ihres Aufbaues erkennen. Die in diesem begründeten Vor- und Nachteile der verschiedensten Systeme sind gleichfalls früher ausführlich begründet worden, weshalb auch darauf nur mehr hingewiesen zu werden braucht. Es möge hier bloß eine unscheinbare Maßnahme kurz Erwähnung finden, die unter Umständen aber doch die Benutzung des Kranes angenehmer zu gestalten vermag. Die bei schwereren Kranen oft vorkommenden Doppelhaken eignen sich nur schlecht für ein einseitiges Einhängen der Last, wobei ein Ausspringen der Seile aus den Lastrollen des Gehänges erfahrungsgemäß leicht eintreten kann. Zur Verhütung dessen hat man bei dem in Abb. 967 dargestellten 30 t-Hammerkran im Hamburger Hafen (Augsburg-Nürnberg), an den des öfteren auch leichtere Lasten anzuschlingen sind, den Doppelhaken durch nachträgliche zentrale Anordnung eines einfachen Hakens, nach Abb. 964, auch für das Anschlingen kleinerer Lasten gleich geeignet gemacht.

Abb. 965. Wippdrehkran (Altona).

Der in den Abb. 961 bis 963 veranschaulichte schwere Hafenkran[2]), der von Nagel & Kaemp für den Hafen von Lourenco Marques geliefert wurde, diente dort zunächst zum Bau der Kaimauer und nach dem auch zum Kippen ganzer Waggonladungen. Der Kran ist, entsprechend dem Gewichte der von ihm zu versenkenden Betonklötze, für eine Tragfähigkeit von 60 t berechnet; zum genauen Nebeneinandersetzen dieser Blöcke ist der Ausleger des Kranes unter voller Last von 15 bis auf 6 m Ausladung einziehbar. Die vorgeschriebene geringe Spurweite von 3,81 m macht eine gute Massenverteilung zur Erreichung der Stabilität notwendig, das große Gesamtgewicht eine besonders sorgfältige Ausbildung des Laufwerkes. Da von dem maximalen Gesamtgewicht des Kranes, von 400 t[3]), bei ungünstiger Aus-

[1]) Vgl. S. 388, 397 u. a.

[2]) Ein gleicher Kran (Stothert & Pitt) bedient auch das Trockendock im Hafen von Southampton.

[3]) Das Eigengewicht des Kranes beträgt 320 t (davon die Eisenkonstruktion 130 t und der Ballast 80 t), dazu kommt noch die Probelast von 80 t.

legerstellung über die Hälfte auf eine Ecke des Portals drückt, so sind, da Eisenbahnschienen größere Drucke als 30 t nicht aufnehmen, an jeder Portalecke acht Laufrollen angeordnet, die zur gleichmäßigen Druckaufnahme in Balanciers gelagert sind (s. Abb. 962). Um mit dem Kran auch das Kippen von Eisenbahnwagen vornehmen zu können, sind drei Haken angeordnet, die beiden seitlichen zum Heben und der mittlere zum Kippen der Bühne. Die zugehörigen Hubwerke sind in dem rückwärtigen Windenhause aufgestellt. Um Überlastungen zu vermeiden, kann stets nur eine Hubwinde angetrieben werden; es ist jedoch eine Mitnehmerkuppelung vorgesehen, die das Steuerseil nachschleppt. Durch Festhalten des einen Windwerkes und Nachlassen des Hubseiles kann dann gekippt werden. [Arbeitsgeschwindigkeiten und Motorleistungen dieses Kranes sind bei 60 t Last: 4 m/min für das Heben (2 à 100 PS), 30 m/min (19 PS) für das Schwenken, 10 m/min (43 PS) für das Fahren; das Einziehen des Auslegers um 9 m, in der Wagerechten gemessen, beansprucht 10 Minuten (32 PS).]

Abb. 966. Schwenkausleger-Portalkran (Geestemünde).

Die Abb. 965, 966 und 968 veranschaulichen einige andersartige Konstruktionen schwerer Uferkrane (Nagel & Kaemp): einen elektr. 8 t-Sockeldrehscheibenkran mit Wippbewegung, einen elektr. 10 t-Portaldrehscheibenkran mit Katzenbewegung der Last für die Fischereihäfen in Altona und Geestemünde und einen 30 t-Hammerdrehkran für den O'Swaldkai in Hamburg. Bei ersterem ist die nutzbare Hubhöhe sowohl durch die Höherlegung der Drehscheibe über Flur als auch durch eine vorteilhaft geknickte Form des Auslegerschnabels auch für kleinste Ausladungen recht groß erzielt worden. Bei letzterem sind die durch die mantelartige Umschließung der Stützpyramide sich ergebenden Konstruktions- und Betriebsvorteile[1]) vorhanden. Dieser im Jahre 1913 errichtete Kran weist bei einer Tragkraft von 30 t, einer zwischen 4,5 und 16,5 m veränderlichen Ausladung und einer Hubhöhe von 33 m folgende Daten auf: Heben 2,4 m/min (30,8 PS), Schwenken 24 m/min (13,5 PS) und Katzfahren 13,5 m/min (8,4 PS).

[1]) S. S. 400.

Die vorgenannte Verwendung von Kranen zum Kippen von Waggons ins Schiff erfolgt bei uns verhältnismäßig nur sehr selten. Und nicht ohne Grund; denn die großen freischwingenden Massen von Plattform und Waggon können leicht das Schiff beschädigen; jedenfalls muß man vor jedem Kippen erfahrungsgemäß ziemlich lange auf einen annähernden Ruhezustand warten. Die Leistung solcher Krankipper hat sich infolgedessen auch als nicht hoch ergeben (etwa 120 t/st), und trotzdem wird die Kohle bei dem hohen freien Fall durch die Luken nur mäßig geschont[1]). Eine der wenigen deutschen Ausführungen[2]) von Hafen-Schwerlastkranen, die auch das Kippen

Abb. 967. Hammerkran (Hamburg).

von Eisenbahnwagen zu übernehmen haben, ist in der beistehenden Abb. 967 eines normalen 75 t-Hammerkranes (Augsburg-Nürnberg) im Hafen von Hamburg wiedergegeben. Die vom Kranhaken hochzunehmende Plattform, die zum Auf- und Abfahren der Waggons in einer Grube abgestzt werden kann, wird mit dem Wagen in der gewünschten Höhe dadurch gekippt, daß ein auf ihrem bügelartigen Hängegerüst aufmontierter Elektro-

[1]) Eine größere Schonung der Kohle erreicht man durch Anhängen eines falldämpfenden Teleskoprohres an einen Ausleger des Kippergerüstes (Abb. 1018); vgl. Buhle: Glückauf 1911, S. 618. Andersartige Mittel zur Schonung von Kohle und Schiff sind u. a. beschrieben durch Michenfelder: Z. V. d. I. 1913, Nr. 6.

[2]) In England ist allerdings eine größere Anzahl solcher Krankipper zur Aufstellung gelangt, z. B. in Liverpool (in Form von sieben schwenkbaren hydraulischen Schrägauslegerkranen von je 20 t Tragkraft), in Cardiff, Glasgow u. a. Die obengenannten Übelstände sollen sich bei ihnen (nach dem sehr erschöpfenden Berichte von Ottmann und Loebell in der Z. Bauw. 1910, S. 477) jedoch in mehr oder minder fühlbarem Maße geltend gemacht haben. Andrerseits waren die mir, wenigstens in Liverpool, von maßgeblicher Seite berichteten Erfahrungen recht günstig. Auch die Leistungsfähigkeit ist dort durchaus nicht so gering: im Durchschnitt wurden daselbst mit jedem solchen Kran 1000 t in $4^1/_2$ Stunden gekippt, günstigenfalls sogar 30 Waggons von je 10t, entsprechend 300 t/st! Siehe Michenfelder: Z. V. d. I. 1913, Nr. 6 und ff.

motor mittels Kettengetriebe zwei beiderseits der Bühne befestigte Räder dreht. Den Strom erhält der Kippmotor durch ein von der Laufkatze des Kranes zugeleitetes Kabel, das sich — wie beim Betrieb mit Hebemagneten — beim Heben und Senken selbsttätig auf einer Trommel auf- und abwickelt. Das Kippen kann somit gleichfalls vom Kranführer aus allein besorgt werden.

Auch im Hafenbetrieb kann es bisweilen erwünscht sein, einen Kran nicht nur längs eines durch sein Fahrgleis gegebenen Arbeitsstreifens verwenden zu können, sondern auch an abseits davon gelegenen Plätzen. Sei es, daß die Beschaffung eines besonderen Kranes dafür — etwa wegen der Geringfügigkeit oder Seltenheit der Arbeiten — sich nicht lohnt, sei es auch nur, daß der Kran aus seinem eigentlichen Arbeitsbereich wegen gelegentlicher anderer Inanspruchnahme des letzteren entfernt werden soll. In solchen Fällen ist die Möglichkeit eines Versetzens des Kranes natürlich von Nutzen. Eine solche kann nun, außer durch die an anderer Stelle behandelte Zuhilfenahme besonderer Versetzkrane[1]), in einfacherer Weise durch geeignete Ausbildung des Fahrwerkes[2]) des Kranes selbst geschaffen werden. Die Ausführungen nach den folgenden Abbildungen geben dafür einige Beispiele.

Abb. 968. Hammerkran (Hamburg).

Die Abb. 969 bis 971 zeigen zunächst eine Ausführung (Mohr & Federhaff), die mit Hilfe von gewöhnlichem kleinen Bockkran und Schiebebühne einen ausgedehnten Lagerplatz zu bedienen vermag[3]). Es handelt sich hier im besonderen darum, Betonblöcke von einer beliebigen Stelle des Lagers auf einer am Ende desselben gelegenen schiefen Ebene abzulassen. Dieses Ablassen des von dem Bockkran beladenen Wagens geschieht nur mit der Bremse, das Aufholen des leeren Wagens dagegen mit dem Motor einer seitlich aufgestellten Winde, während das Zubringen des Beladekranes zu dem jeweils gewünschten der das Lager durchziehenden Gleise von der Schiebebühne besorgt wird. Da es sich hier, im Gegensatz zu ähnlichen Anlagen in Hüttenwerken und Werften, weniger um einen forcierten Betrieb, als um die Aufgabe handelte, mit einer möglichst einfachen und billigen Anordnung das in Rede stehende Ziel zu erreichen, so kann die mit solch einfachen Mitteln getroffene Lösung ohne Frage als zweckentsprechend gelten. [Die Daten

[1]) Vgl. z. B. Abb. 449 u. 621. [2]) Vgl. auch S. 127.
[3]) Eine ähnliche Ausführung (Oerlikon) ist beschrieben von Thieme: Z. V. d. I. 1916, Nr. 29.

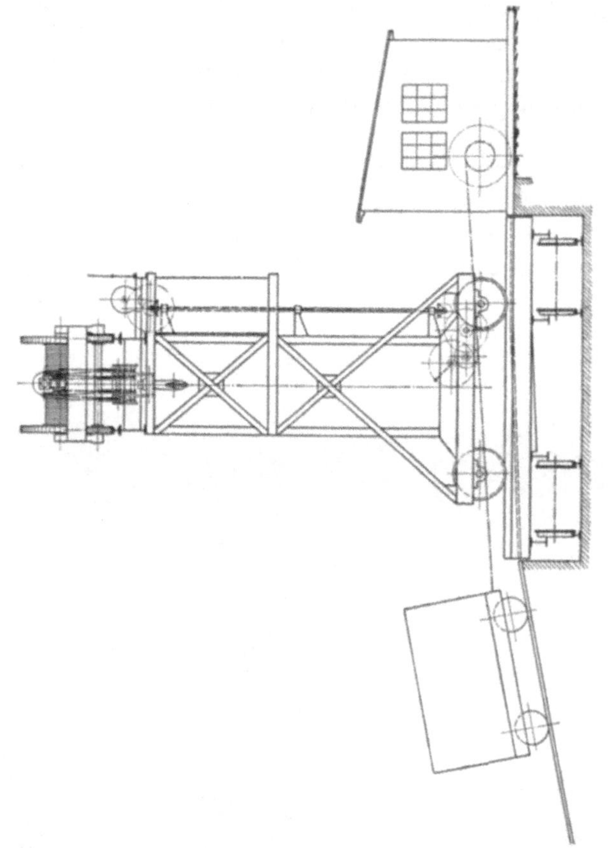

Abb. 970.

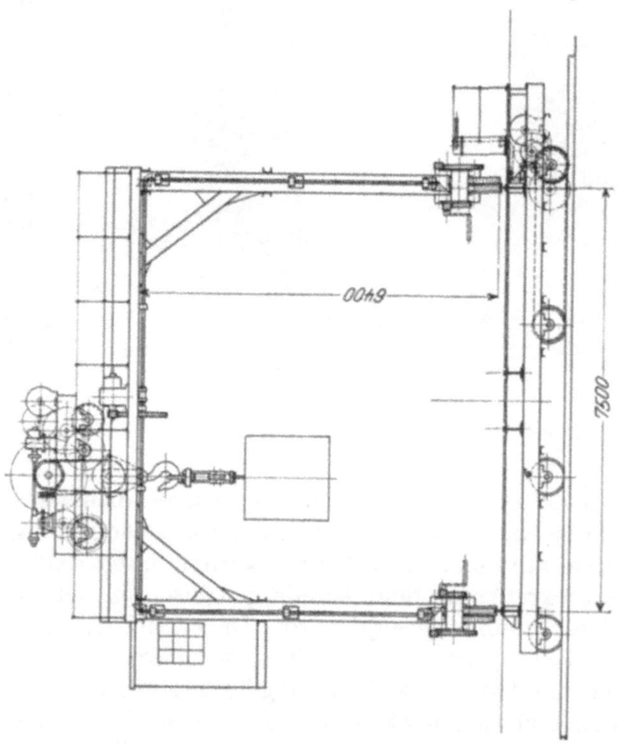

Abb. 969.

Abb. 969 und 970. Bockkran-Versetzanlage (Barcelona).

der einzelnen Antriebsvorrichtungen sind vorliegendenfalls: für den Kran (Tragkraft 30 t): Hubgeschwindigkeit 0,49 m/min (7 PS), Katzfahrgeschwindigkeit 6,25 m (2,4 PS), Kranfahrgeschwindigkeit 11,7 m (7 PS); für die Schiebebühne (Tragkraft 52 t): Fahrgeschwindigkeit 7 m (7 PS); für die Zugwinde (Zugkraft 7,5 t): Fahrgeschwindigkeit 10,5 m (2,4 PS).]

Der zur Stück- und Massengutverladung an den Donau-Lagerhäusern der Stadt Wien benutzte Vollportaldrehkran (Simmering) soll gelegentlich auf ein rechtwinklig zu seinem Fahrgleis verlegtes Quergleis verschoben werden können, um den gleichfallls auf dem Hauptgleis arbeitenden Elevatoren das Vorbeifahren zu gestatten. Zu dem Zwecke ist das Kranfahrwerk so gebaut, daß die Balanciers, nach Abheben des ganzen Kranes mittels der in der Abb. 972 ersichtlichen Vorrichtung, bequem und vollständig gedreht werden können.

In Aufgabe und Lösung von diesem verschieden ist der versetzbare 10 t-Portalkran (Škodawerke) nach Abb. 973. Er dient zur Bearbeitung zweier Trockendocks des vorm. Österreich. Lloyd in Triest, die er von einem Schienengleis nicht erreichen kann. Zu dem Zweck fährt er mittels eines besonderen Rades, das senkrecht zu den beiden Balancierrädern steht, auf einem quer zu den Gleisen der beiden Trockendocks verlegten Verbindungsgleis[1]).

Wieder anders sind die Verhältnisse bei dem schweren Bockkran (Grusonwerk) nach Abb. 974. Er dient zum gelegentlichen Befördern bis 75 t schwerer Lasten an weit auseinander liegenden Stellen eines großen Versuchsplatzes. Letztere haben parallel zueinander gerichtete Krangleise, die mittels eines quer-

[1]) Siehe Sykora: Z. V. d. I. 1919, Nr. 1.

verlegten Verbindungsgleises sämtlich von dem Kran zu befahren sind. Dieser wird zu dem Zweck so über das Quergleis gefahren[1]), daß seine vier Füße über den vier Kreuzungsstellen von Kran- und von Quergleis liegen. Die vier Drehschemel, in denen, um eine vertikale Achse drehbar, die beiden Laufräder eines jeden Kranfußes gelagert sind, werden nun durch hydraulische Hebeböcke — sog. Daumenkräfte[2]) — angehoben, um 90° gedreht und wieder abgelassen. Durch geeignete Ausbildung des Kranfahrwerkes kann der Kran auf dem Quergleis bis zu dem gewünschten Parallelgleis verfahren werden, worauf das Einsetzen des Kranes in dieses in analoger Art erfolgt. Die örtlichen Zustände machten eine eigene elektrische Zentrale zum Speisen der Kranmotoren notwendig; das aus einem Benzolmotor von 50 PS und einem Steuerdynamo mit Erregerdynamo bestehende Aggregat ist in dem geräumigen Hause am Fuße des Kranes untergebracht. — Eine gleichartige Rekordausführung (Grusonwerk) dürfte der in Abb. 975 veranschaulichte Bockkran sein. Er dient (in Japan) dazu, schwere Schmiedeblöcke auf zwei parallelen Gleisen zu befördern, die, an verschiedenen Stellen des Werkes gelegen, durch ein Quergleis verbunden sind. Durch die vorbesprochene Einstellbarkeit der Fahrgestelle mit Hilfe hydraulischer Hebeböcke wurde es auch dort möglich, mit nur einem solchen Krane auszukommen. Dieser Kran, der eine Stützweite von 12,2 m hat, dürfte mit seiner Tragkraft von 180000 kg wohl der stärkste seiner Art sein; er ist 1914 gebaut. Die Abbildung zeigt ihn im Hofe des Grusonwerkes auf den Gleiskreuzungsstellen und läßt auch das zum Angreifen der Daumenkraft angeordnete Ansatzstück unter dem Querträger des Kranstützfußes erkennen.

Abb. 971. Bockkran-Versetzanlage (Barcelona).

Abb. 972. Umsetzfahrwerk.

[1]) Eine Sonderausbildung zum Befahren von Gleiskreuzungen ist beschrieben bei Hänchen: Maschinenbau 1925, Heft 24.

[2]) Solche Daumenkräfte — kleine handbetriebene direkt-hydraulische Winden — werden für Tragkräfte von 20 bis 200 t und Hubhöhe von normal 180 mm ausgeführt (Grusonwerk).

C. Umschlag zwischen Schiff und Schiff.

Der Güterumschlag in Häfen geht zum allergrößten Teil, gemäß den vorstehend behandelten Ausführungsbeispielen, zwischen Schiff und Land vor sich. In Seehäfen spielt ein Teil des Umladeverkehrs sich allerdings zwischen Seeschiff und Flußschiff

Abb. 973. Umsetzfahrwerk.

Abb. 974. Umgesetzter Bockkran.

ab, sei es, daß ein Entladen der Seeschiffe an Land wegen des Wasser- oder der Kaiverhältnisse nicht möglich ist, sei es, daß durch das direkte Überladen von Schiff auf Schiff die Zwischenlagerung des Materials an Land vermieden werden kann. Für solche Arbeitsfälle nun hat sich der Übergang von an Land fahrenden Kranen zu schwimmenden Kranen, die sich leicht zwischen die zum Güteraustausch zu verbindenden Schiffe einstellen lassen, als nächstliegende Lösung ergeben[1]). Solche Schwimmkrane zeichnen sich gegenüber an Land aufgestellten Transporteinrichtungen, die bei entsprechender Ausgestaltung unter Umständen ja auch die Transportvermittlung zwischen zwei Schiffen übernehmen können[2]), vor allem wieder durch ihr Nichtgebundensein an einen Aufstellungsort aus.

Eine solche an Land angeordnete Umladevorrichtung, insbesondere für Massengüter aus Seedampfern in Flußschiffe, ist mit zweckmäßiger Sonderausbildung des Lastauslegers durch die Abb. 976 dargestellt (Schenck). Als Mittel zur Entfernung des Auslegers aus dem Takelagebereich der Schiffe ist hier — anstatt der meistens üblichen festen oder schwenkbaren Katzenausleger und hochklappbaren Brückenkragarme — die Längsverschieblichkeit der gesamten Laufbahnträgerkonstruktion A gewählt. Zu dem Zwecke

Abb. 975. Umsetzfahrwerk.

läßt sich dieser wagerechte Fachwerkträger mit festen seitlichen Gleitbahnen längs am Stützgerüst gelagerter Rollen von einer Ausladung von 19 m bis zu dem vorderen Fahrsteg zurückziehen[3]). Die eigentliche Verladearbeit bewirkt ein am Laufwagen c aufgehängter Selbstgreifer. Zur automatischen Ermittlung und Aufzeichnung des Gewichtes ist in dem Ausleger eine Wage D eingebaut, und zwar mit so langer Brücke, daß die Laufkatze bei beliebiger Ausladung arbeiten kann, ohne ihren Standort auf der Wage verlassen zu müssen. Für die Hub-, Katzfahr- und Auslegerbewegung ist auf dem Portalgerüst ein gemeinsames Windwerk E angeordnet, das durch einen einzigen Motor angetrieben wird. Es besteht lediglich aus mehreren Trommeln mit Stirnradvorgelegen, die beliebig

---

[1]) Weitere Lösch- und Überladevorrichtungen sind beschrieben bei Commentz: Schiffbau 1912, Nr. 22 und 23; vgl. auch Kammerer: Z. V. d. I. 1906, Nr. 4.

[2]) Vgl. z. B. die Abb. 33, 918, 954 u. a.

[3]) Nach dem gleichen Prinzip sind auch vier Bockkrane (Bleichert) ausgebildet, die auf dem Pier in Nordenham die Schiffsgüter in Waggons überladen. Die Ausleger lassen sich hier, für Lasten von 1,5 t, bis zu einer Höchstausladung von 10 m durch eine Handwinde aus dem Bockgerüst herausschieben. Vgl. dazu auch v. Hanffstengel: Z. V. d. I. 1908, S. 1762.

mit dem Motor gekuppelt werden können. Ein an besonderen Trommeln angeschlossenes Gegengewicht gleicht das Gewicht des leeren Greifers aus.

Die Gewichtsmessung[1]) spielt im Umschlagverkehr entsprechend der Zunahme von Menge und Wert der Güter naturgemäß eine immer wichtigere Rolle. Während bei bodenständigen oder schwebenden Schienenbahnen die Wägung in der Regel durch Gleisunterbrechung und Einschaltung einer Wage in den unterbrochenen Gleisstrang vorgenommen wird, wird für nur zeitweise, gelegentliche Gewichtsmessung an Kranen bei Stückgütern gewöhnlich die in den Lasthaken eingehängte Kranwage bekannter Bauart benutzt[2]). Abgesehen davon, daß diese Wagen für genaue Gewichtsanzeige

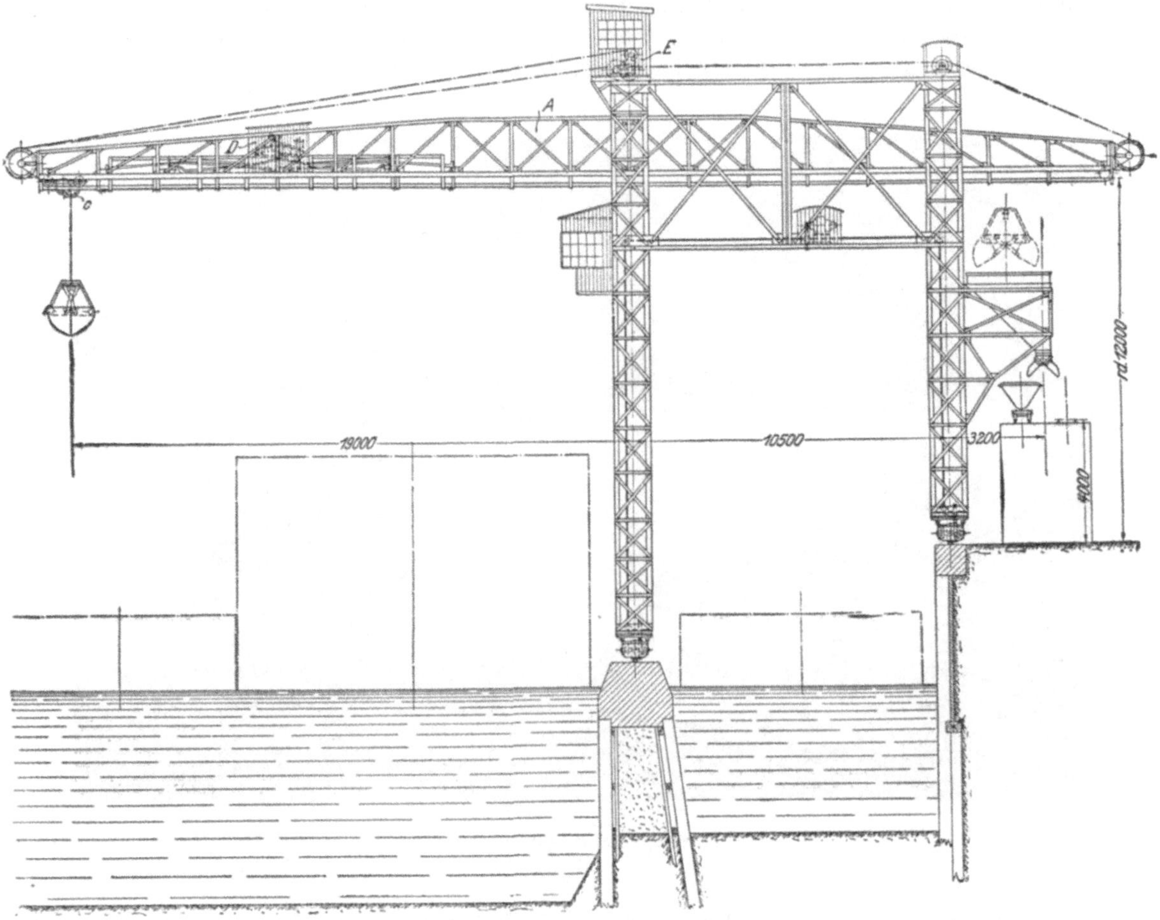

Abb. 976. Fahrausleger-Bockkran.

vollkommen wagerecht hängen müssen, haben sie noch den Nachteil, daß die nutzbare Arbeitshöhe des Kranes durch sie u. U. fühlbar verringert wird. Für eine ständige und selbsttätige Wägung, und zwar sowohl von mittels Hakengeschirres beförderten Stückgütern als auch von mittels Greifers bewegten Schüttgutes, dienen heute in zunehmendem Maße die sog. Seilzugwagen. Ihre Wirkungsweise beruht auf der Messung des Zuges in den die Last tragenden Seilen; sie ermöglichen das Wiegen während des Hebens und Senkens der Last, also ohne Zeitverlust.

Die Wirkungsweise einer solchen Seilzugwage (Essmann)[3]), die sowohl in Drehkrane als auch in Laufkrane eingebaut werden kann, geht aus den Abb. 977 bis 979 hervor, denen die

[1]) Vgl. Volkhardt: Maschinenbau 1924, Heft 22.

[2]) Abgesehen von dem rohen Schätzungsverfahren, wonach das erfahrungsgemäße Durchschnittsgewicht der Förderung eines Kranspieles mit der Anzahl der Kranspiele, beispielsweise beim Löschen eines Kahnes, multipliziert wird.

[3]) Näheres s. Baritsch: Werft Reederei Hafen 1924, Heft 10.

Anordnung an einem Auslegerdrehkran zugrunde liegt. Zur Feststellung des Gewichtes der am Kran hängenden Last wird der am Hubseil *a* herrschende lotrechte Zug, der ja dem Gewicht der Bruttolast (gefüllter Greifer, Kübel oder Stückgut) einschließlich dem Gewicht des frei herabhängenden Seilstückes gleich ist, ausgenutzt. Die horizontale Seitenkraft *b* des von der Auslegerkopfrolle *c* nach der Winde führenden Seiles wird bei *d* durch vier Lenker *e* auf den festen Ausleger abgeleitet und dadurch für den Wiege-

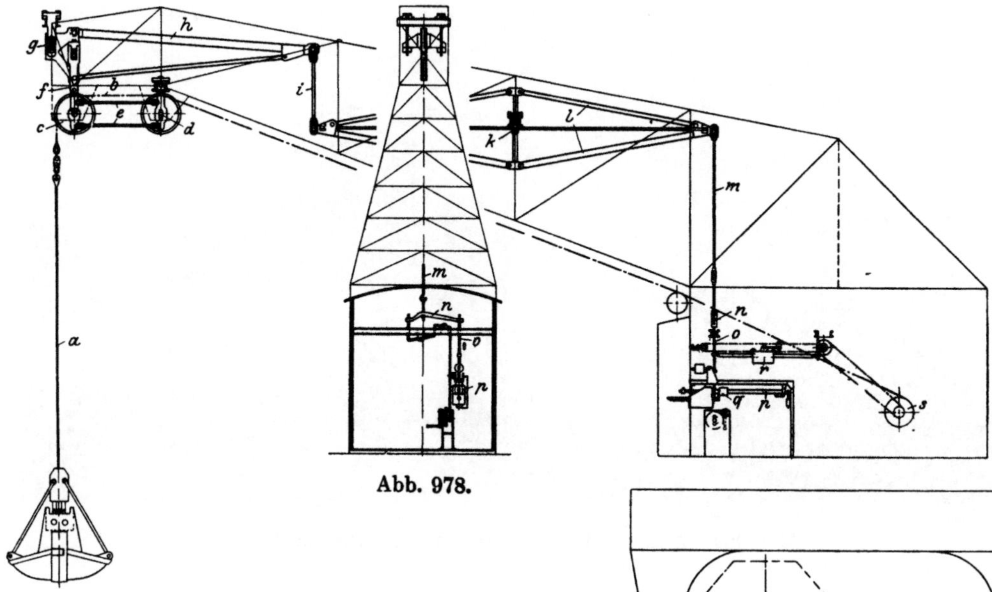

Abb. 978.

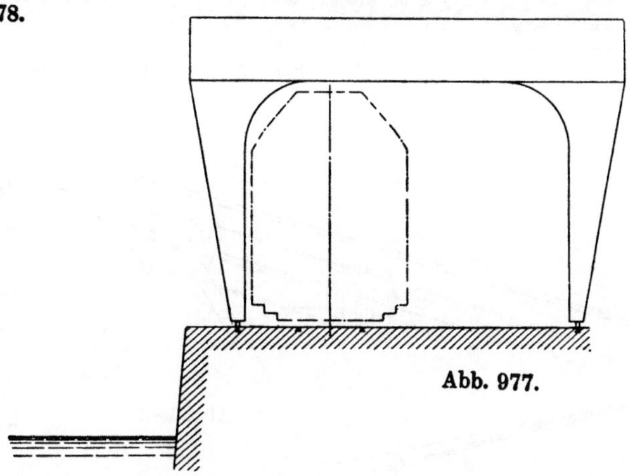

Abb. 977.

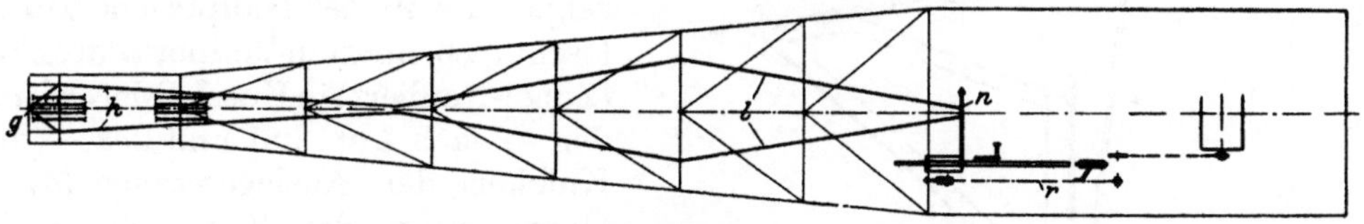

Abb. 979.

Abb. 977 bis 979. Seilzugwage an einem Auslegerkran.

vorgang unwirksam gemacht. Das in Pfanne und Schneide gelagerte Gehänge *f* der Auslegerkopfrolle überträgt den lotrechten Seilzug auf den gleicher Art in *g* gelagerten ungleicharmigen Hebel *h*, der die Last vermittels der Verbindung *i* auf den um *k* beweglichen gleicharmigen Hebel *l* überträgt. Die Stange *m* überträgt durch den Hebel *n* und die Stange *o* den Lastzug endlich auf den Laufgewichtsbalken *p* der im Führerstand untergebrachten Wage, die durch Verschieben des Laufgewichtes *q* das Gewicht der Kranlast feststellen läßt. Damit nun auch noch das Gewicht des frei herabhängenden Seilstückes *a* bei jeder beliebigen Höhenlage der Last abgezogen wird, wird ein verschiebbares Gewicht *r* von der Hubtrommel *s* aus zwangläufig verstellt. Infolgedessen

Abb. 980. Auslegerkran mit Seilzugwage (Harburg).

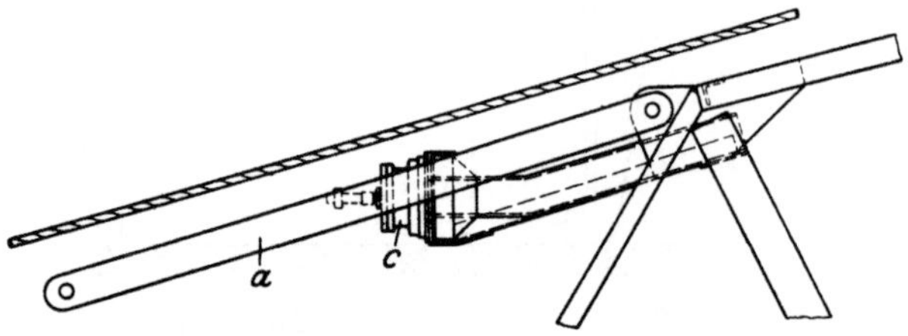

Abb. 982

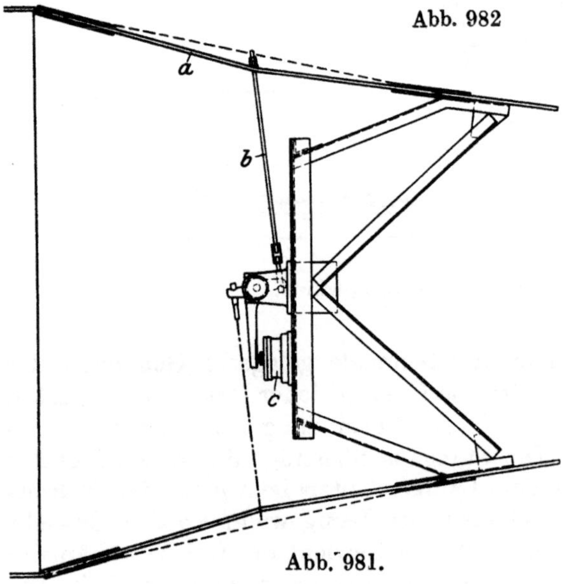

Abb. 981.

Abb. 981 und 982. Wiegeeinrichtung.

wird — durch entsprechende Belastung der Stange *o* — das zusätzliche Seilgewicht (*a*) ausgeglichen[1]).

Abb. 980 veranschaulicht den Einbau einer Seilzugwage in einen neuen Kaikran (Nagel & Kaemp) des Harburger Hafens. Der Kran hat bei einer Ausladung von 14 m eine Tragfähigkeit von 5,5 t.

Eine andersartige Wiegeeinrichtung zeigen die in der Hauptsache zur Erzlöschung benutzten Vollportaldrehkrane (Zobel-Neubert) in Kosel-Oderhafen, bei der — nach Abb. 981 und 982 — durch Knicken der Auslegerstange (*a*) und Übertragung des Zuges durch Zugstangen (*b*) auf eine Membrane (*c*) die Gewichtsanzeige stattfindet. Die Verbindung zwischen der Membrandose und dem Manometer im Führerhaus wird durch ein Kupferröhrchen gebildet.

---

[1]) Während die ersten, bereits vor fünfzehn Jahren ausgeführten Seilzugwagen eine Genauigkeit von $^1/_2$% der Nettolast aufwiesen, hat deren Fehlergrenze infolge zwischenzeitlicher Vervollkommnungen auf nur 1‰ beschränkt werden können.

Die Entwicklung, die die schwimmenden Überladekrane genommen haben, hat viel Ähnlichkeit mit der schwimmender Werftausrüstungskrane, ja auch mit der an Land arbeitender Hafenkrane: Zuerst die einfachste Form eines auf dem Schwimmkörper fest aufgestellten Lastauslegers, der zunächst schwenkbar und dann fahrbar und wippbar ausgebildet wurde und endlich die verladebrückenmäßige Bauart mit Lastkatzenbewegung und mit evtl. Zusammenarbeiten mit andersartigen Fördervorrichtungen. Weiterhin wurde das Arbeiten mit solchen Kranen nach und nach, wie dort auch, noch vervollkommnet durch zweckmäßigere Formgebung des gegen die Schiffswandungen arbeitenden Auslegers selbst, durch Hochlegung des Führerstandes in den Ausleger u. a. m. Als bewegende Kraft hat man auch hier begreiflicherweise in erster Linie Dampf gewählt, da er sich am leichtesten an Ort und Stelle selbst erzeugen läßt; erst bei neueren größeren Ausführungen ist man, genau wie bei den Werftschwimmkranen, auch zur Verwendung des elektrischen Stromes übergegangen, der dann wohl oder übel erst in der eigens mitgeführten Zentrale gewonnen werden muß. Allen Entwicklungsstadien gemeinsam soll natürlich das Bestreben sein, durch zweckmäßige Verteilung der Konstruktion den Schwerpunkt des Ganzen möglichst tief zu bekommen, um die Stabilität des Kranes, auch bei bewegtem Wasser, zu sichern.

Abb. 983. Schwimmender Fahrdrehkran (Mannheim).

Die nachstehenden Abbildungen veranschaulichen einige Ausführungen schwimmender Überladekrane neuerer Bauart. Der fahrbare Schiffsdampfdrehkran (Beck & Henkel) der Abb. 983 und 984, der für eine Tragfähigkeit von 4 t, entsprechend einem Greiferinhalt von 2,5 cbm, berechnet ist, ist besonders weit auslegbar gemacht, damit er noch unter Brücken, die in seinem Anwendungsgebiet[1]) liegen, hindurchfahren kann. Die Stabilität des Kranes ist durch die Verlegung der Fahrschienen dicht neben die äußeren Bordwände des Leichterschiffes günstig beeinflußt. Der in der üblichen Zweckmäßigkeit als Gegengewicht aufgestellte Quersiederkessel hat 8 at Überdruck bei 9 qm wasserumspülter Heizfläche. Die Dampfmaschine entwickelt bei 180 mm Zylinderdurchmesser, 280 mm Hub und ca. 300 Umdrehungen 50 PS; sie ermöglicht ein Heben mit 36 m/min, ein Schwenken mit 120 m/min und ein

[1]) Er arbeitet im Betrieb der Mannheimer Dampfschleppschiffahrtsgesellschaft.

Fahren mit 24 m/min Geschwindigkeit. Um ein etwaiges Verholen des Schiffes ausführen zu können, ist an jeder Seite des Unterwagens noch ein Spillkopf *a* angeordnet; der Antrieb derselben erfolgt durch Einkuppeln auf die Fahrwerkswelle, wobei die Laufräder des Kranes abgekuppelt werden. — Die in den Abb. 985 und 986 abgebildeten Ausführungen dienen zum Leichtern von Seeschiffen und weisen dementsprechend die vorerwähnte Erhöhung des Auslegergerüstes und des Führerstandes auf; im übrigen stimmt ihre Bauart mit der des vorigen überein. (Der erstere Kran ist von Jäger für den Hafen von Rotterdam, der andere von Schenck & Liebe-Harkort für die Firma Knipscheer in Ruhrort bzw. für die Steinkohlenhandelsvereinigung in Rotterdam gebaut worden.)

Bevor zur Besprechung größerer Überladeeinrichtungen übergegangen werden soll, möge eines einfachen Apparates gedacht werden, der speziell zur Förderung von Sack-

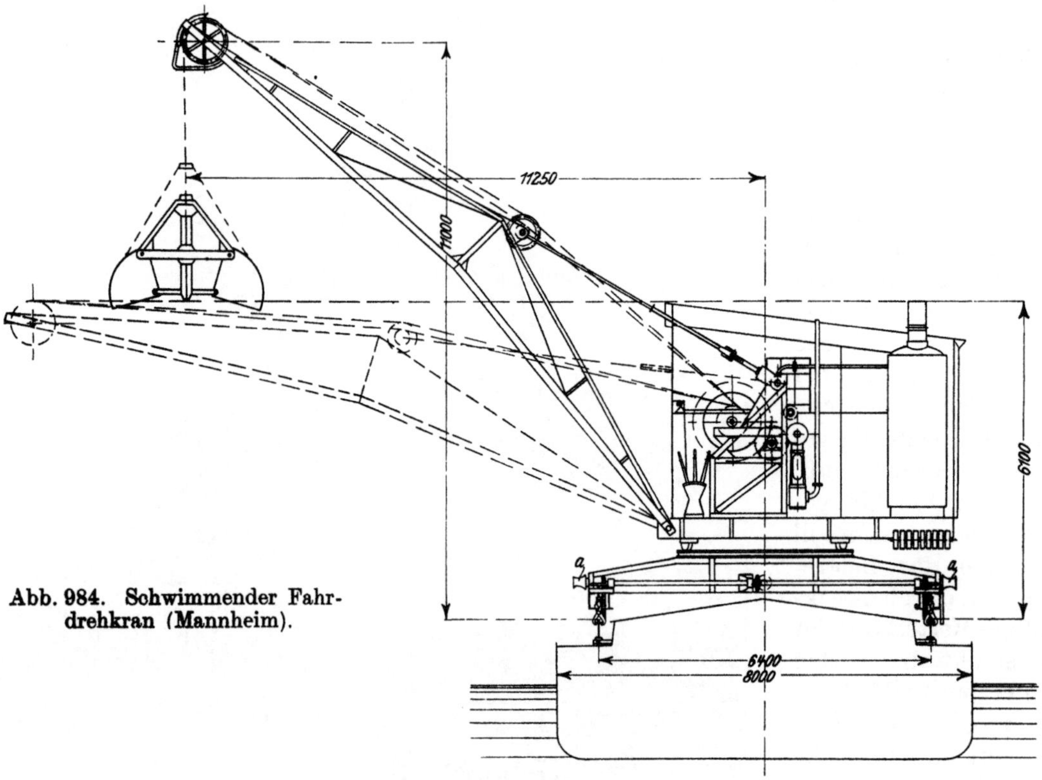

Abb. 984. Schwimmender Fahrdrehkran (Mannheim).

gütern, Kohlenkörben od. dgl. sowie zur Bekohlung von Schiffen bestimmt ist. Es ist dies eine seit einiger Zeit unter dem Namen „Kraftrolle" in den Handel gebrachte Maschine, die durch Abb. 987 bei ihrer Benutzung, durch Abb. 988 in ihrem inneren Aufbau veranschaulicht ist. Da die Übernahme von Kohlen u. a. durch auf Deck aufgestellte Dampfwinden in der Leistungsfähigkeit namentlich wegen der schwer durchführbaren Verzweigung vieler Rohrleitungen auf Deck recht beschränkt ist, war man auch hier schon vor Jahren zu elektrischen Winden übergegangen, die man, um möglichst freies Deck zu behalten, einfach und in beliebiger Anzahl an der Takelage des Schiffes aufhing[1]). Die Winden bestanden aus dem Antriebsmotor und einer mit ihm durch Stirnradvorgelege verbundenen normalen Seiltrommel. Die Kraftrolle dagegen ist eine Spilltrommel mit eingebautem motorischen Antrieb und zeichnet sich somit durch einen wesentlich gedrängteren Bau aus. Der Elektromotor ist derart im Innern der Spilltrommel angeordnet, daß letztere direkt auf das Magnetgestell des Motors aufgesetzt ist. Dies bedingt, daß das Magnetgestell des Motors mit der Geschwindigkeit der Spilltrommel

[1]) S. z. B. Kammerer: Die Technik der Lastenförderung, S. 196.

rotieren muß. Das Gewicht des Elektromotors nimmt nun bekanntlich, bei gleicher Leistung, mit der Zunahme der Geschwindigkeit ab, mit welcher sich der Anker im Magnetfelde dreht. Aus diesem Grunde bewegt sich der Anker der Kraftrolle

Abb. 985. Schwimmender Fahrdrehkran (Rotterdam).

in entgegengesetzter Richtung zum Magnetfelde so, daß die Relativgeschwindigkeit beider Teile etwa 800 Umdrehungen in der Minute beträgt. Die Konstruktion der Kraftrolle geht aus der Schnittzeichnung Abb. 988 hervor: Auf die Welle des Ankers *a* ist ein Stahlritzel *b* aufgesetzt. Das Magnetgestell *c* trägt einen innen verzahnten Kranz *d*; durch ein am fest aufgehängten Gehäuse *e* befindliches Zwischenzahnrad *f*, das sich auf seiner Achse lose dreht, sind die beiden Teile zwangläufig miteinander verbunden. Da die Mitnahme des Seiles durch Reibung zu erfolgen hat, muß dasselbe genügend oft um die Trommel *g* herumgeschlungen werden[1]). Der Be-

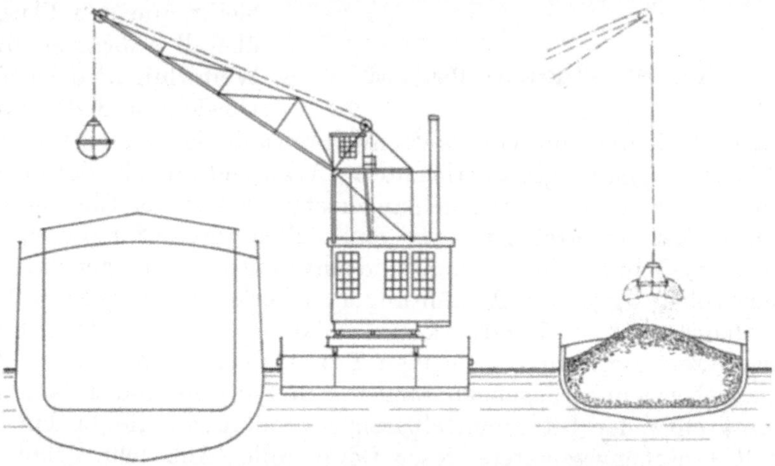

Abb. 986. Schwimmender Fahrdrehkran (Rotterdam).

[1]) Versuche in dieser Richtung haben ergeben, daß bei trockenem Hanfseil schon $1^1/_2$ Umschlingungen hierfür ausreichend sind.

trieb der Kraftrolle gestaltet sich nun in der folgenden einfachen Weise: Ist die Last am einen Ende des Seiles angehängt, so genügt, wie bei jedem Spill, ein geringer Zug am anderen Seiltrum, um die Last zu heben. Hört der Zug am losen Seilende auf, so gleitet das Seil auf der Trommel, während die Last in der Schwebe bleibt. Wird dagegen am losen Ende nachgelasssen, so sinkt die Last, worauf wiederum das Seil auf der Trommel gleitet. Dieses Gleiten des Seiles unter Belastung ruft zwar eine stärkere Seilabnutzung hervor, doch dürften sich beim regelrechten Betrieb nur kurze derartige Pausen ergeben, da z. B. beim Kohlennehmen der gefüllte Korb nach dem Anheben doch sofort eingeschwungen und entleert wird. Nachdem die Last abgenommen ist, erfolgt das Senken des leeren Hakens mittels einer Reibungskupplung zwischen Spilltrommel und Magnetgestell.

Die Kraftrolle ermöglicht eine Förderung von 100—120 kg bei 2 m/sek Hubgeschwindigkeit, so daß sich eine Stundenleistung von 24—30 t bei 6—7 m Förderhöhe ergibt. Der Apparat, der nur ca. 200 kg wiegt, läßt sich nach Gebrauch auf zwei angegossenen Ringen *h* leicht über Deck rollen. Die Herstellung und der Vertrieb dieser Kraftrolle, deren Anschaffungspreis ungefähr 2500 M. beträgt, erfolgt durch die Siemens-Schuckert-Werke und Gebrüder Körting.

Abb. 987. Elektrisches Hängespill.

Das Bedürfnis sehr vieler Betriebe, an Stelle bisher verwendeter Handwinden und -flaschenzüge solche mit maschineller Arbeitsweise zu haben und dadurch die Bewegung auch größerer Lasten schneller vornehmen zu können, Arbeiter und Zeit zu sparen und dennoch den Betrieb leistungsfähiger zu machen, dieses mehr und mehr auftretende Verlangen hat in den letzten Jahren zur Schaffung einer großen Anzahl verschiedener Arten von Elektroflaschenzügen geführt[1]). Allen gemein ist das ihrem Aufbau zugrunde gelegte Bestreben, die gedrungenste Form für die Vorrichtung zu schaffen, so daß vor allem ihre Bauhöhe so klein wie möglich bleibt, um den Flaschenzug auch nachträglich überall anbringen und verwenden zu können. Weiterhin wird natürlich angestrebt, auch das Gewicht und den Anschaffungspreis tunlichst klein zu halten, um eine Massenverbreitung des zu einem Handelsartikel gewordenen Elektroflaschenzuges zu erleichtern. Während manche der entstandenen Bauarten durch mehr oder minder rohes Aneinandersetzen bekannter Elemente das Ziel auch nur roh und angenähert zu erreichen vermögen, stellen andere für diesen Zweck sorgsam durchkonstruierte Bauarten einheitliche und einwandfreie Lösungen dar. Die Abb. 989 bis 992 zeigen eine solche eigenartige Ausführung (Bleichert). In dem gegen äußere Einflüsse geschlossenen Gehäuse *a* ist als Windwerk ein umlaufendes Stirnrädergetriebe mit zwei in entgegengesetztem Sinne sich drehenden Trommeln angeordnet, auf die die Hubseile *b* an diametral gegenüberliegenden Stellen *c* und *d* auf- und ablaufen. Infolgedessen kann die Last entweder bei unmittelbarem Anschluß an die beiden Seilenden (Abb. 989) oder mit zwischengeschalteter loser Doppelrolle (Abb. 990) gehoben werden. Bei der zweiseiligen Lastaufhängung ist es möglich, die halbe Last mit der doppelt so großen Geschwindigkeit zu heben als bei der vierseiligen Aufhängung. Durch diese einfache Umschaltmöglichkeit — die lose Rolle ist zu dem Zweck so gebaut, daß entweder

[1]) Ausführlichere Konstruktionsangaben und Wirtschaftlichkeitsrechnungen s. bei Ritter: Fördertechnik 1925, Heft 19. Vgl. a. Hänchen: Prakt. Maschinen-Konstrukteur 1925, Nr. 48.

die Hubseilenden am Gehäuse oder unmittelbar an der Flasche befestigt werden können — kann die Leistungsfähigkeit des Flaschenzuges u. U. bedeutend gesteigert werden, z. B. wenn bei lebhaftem Stückgutverkehr zeitweise leichtere Lasten schneller gehoben werden sollen. Die auf der Motorwelle sitzende Bremse wird elektrisch gelüftet, wirkt also sicher auch für den Fall, daß die Stromzuführung wider Erwarten einmal ausbleiben sollte. Die Endausschaltung *e* wird, wie erkenntlich, durch die hochgezogene Hakenflasche und nicht vermittels der Seile betätigt. Dadurch ist die Gewähr vorhanden, daß — was besonders bei fahrbaren Elektrozügen mit engem Durchfahrtsprofil wertvoll ist — die Last auch wirklich in höchster Lage sich befindet und nicht etwa, infolge eingetretener Seillängung, noch aus dem Lichtprofil heraustritt. Abb. 991 bis 993 stellen die Verbindung eines (elektromotorisch) fahrbaren Flaschenzuges *a* mit einem rollbar aufgehängten Führersitz *f* dar, eine für längere Förderstrecken oft nützliche Ausgestaltung. Diese Elektrozüge werden in Typen von 450 bzw. 900 kg bis 1250 bzw. 2500 kg Tragkraft (ohne bzw. mit loser Rolle) gebaut und haben ein Eigengewicht von 190 bis

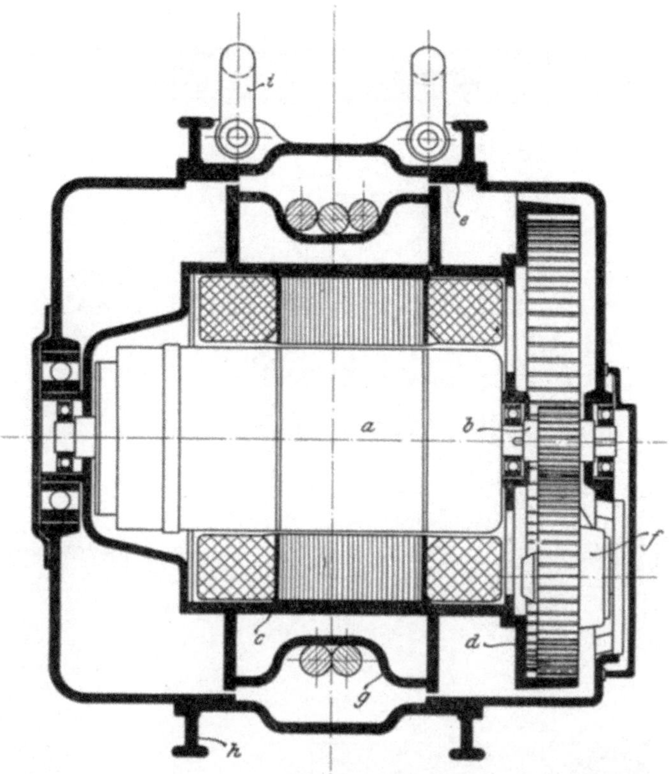

Abb. 988. Elektrisches Hängespill.

Abb. 989. Elektrozug.

Abb. 990. Elektroflaschenzug.

380 kg. Dabei beträgt die Bauhöhe entsprechend 750 bis 850 mm, die Baulänge 780 bis 920 mm und der größte Gehäusedurchmesser 350 bis 400 mm. Als Arbeitsgeschwin-

digkeiten kommen in Betracht für das Heben 14 bzw. 7 m/min (2 PS) bei der kleinsten Type für 450 bzw. 900 kg Tragkraft und 10 bzw. 5 m/min (3,6 PS) bei der größten Type für 1250 bzw. 2500 kg Tragkraft; für das motorische Fahren 30 m/min (0,5 PS).

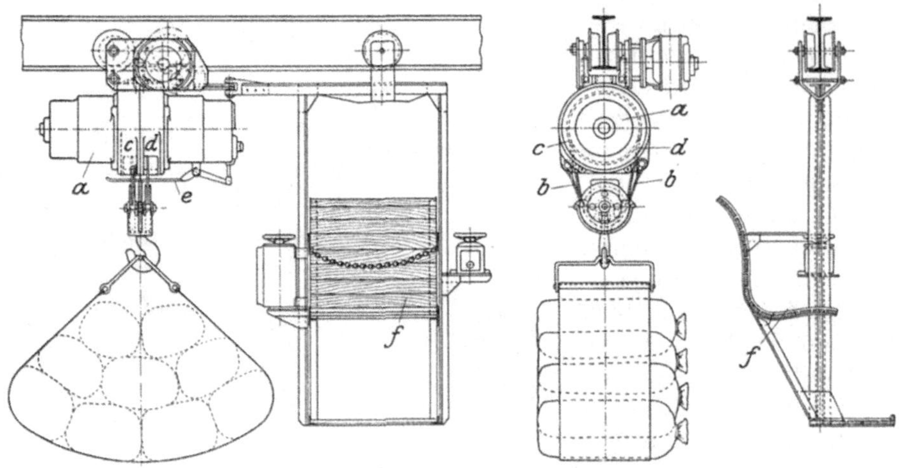

Abb. 991. Abb. 992. Abb. 993.
Abb. 991 bis 993. Fahrbarer Elektroflaschenzug mit Führersitz.

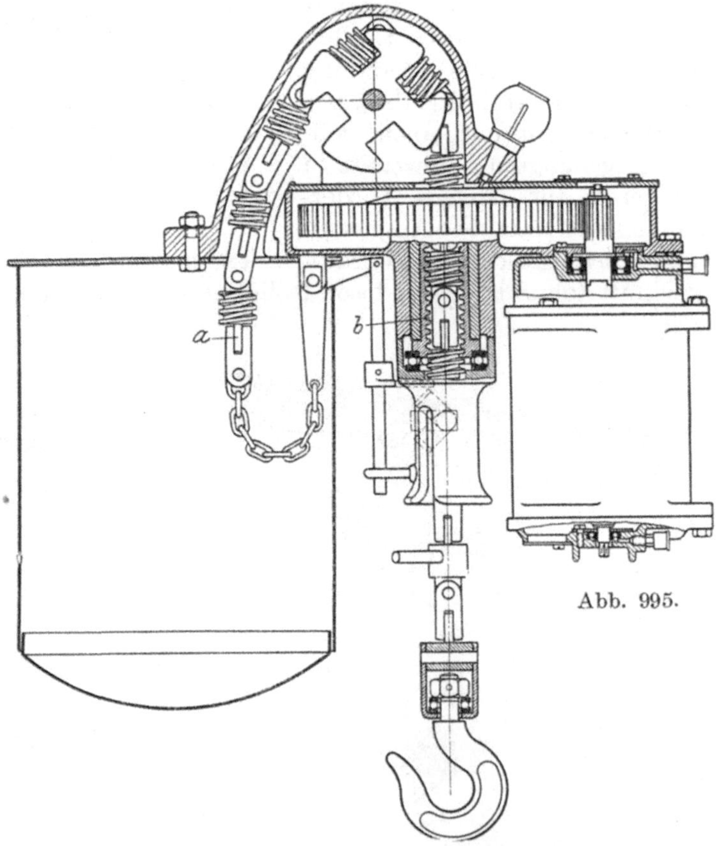

Abb. 995.

Abb. 994. Abb. 994 und 995. Elektrozug mit Spindelkette.

Bei den weitverbreiteten Demag-Zügen, die von 500 bis 5000 kg Tragkraft gebaut werden, wird die Hubgeschwindigkeit mit 7 bzw. 4 m/min (1 bzw. 6 PS), die Fahrgeschwindigkeit mit 30 bzw. 25 m/min (1 bzw. 2 PS) angegeben.

Ein Elektrozug von ganz besonderer Eigenart ist in den letzten Jahren als sog. Schlangenzug (Stahl) nach Abb. 994 und 995 in den Handel gekommen[1]). Bei ihm ist das Huborgan eine Gelenkkette *a*, deren einzelne Glieder außen mit Gewinde versehen sind und durch eine elektromotorisch gedrehte Mutter *b* angetrieben werden, gleichsam eine gelenkige Spindel. Diese Spindelkettenzüge, die für 250 bis 3000 kg Tragkraft angefertigt werden, zeichnen sich durch verhältnismäßig sehr einfaches Getriebe und geringes Gewicht aus. Beispielsweise wiegt ein solches Hebezeug für 1 t Tragkraft und 3 m Hub nur rund 90 kg, während das Gewicht eines elektrischen Seilflaschenzuges — bei allerdings größerer Hubhöhe und -geschwindigkeit — durchschnittlich wohl doppelt so groß angenommen werden kann. Die kleinste Type des Schlangenzuges, die bei einer Tragkraft von 250 kg eine Hubhöhe von 6 m aufweist, hat bei einer Motorleistung von 1 PS eine Hubgeschwindigkeit von 7 m/min, die größte Type von 3000 kg Tragkraft und 5 m Hubhöhe hat durch einen 2,8 PS-Motor eine Hubgeschwindigkeit von 1,7 m/min.

Abb. 996. Schwimmender Wippdrehkran (Liverpool).

Dienen die schwimmenden Hafenkrane weniger dem Umschlag von Massengütern als der Überladung schwerer Einzelgüter, so läßt man die Verfahrbarkeit des dementsprechend schweren Kranes fortfallen und begnügt sich mit der Schwenkbarkeit des evtl. noch wippbaren Auslegers. Die Abb. 996 gibt den 30 t-Schwimmkran (Demag) des Hafens von Liverpool, die Abb. 997 den 60 t-Schwimmkran (Smulders) des Hafens von Buenos-Aires wieder. Bei letzterem ist die verschiebliche Anordnung des Gegengewichtes bemerkenswert (die Smulders übrigens bei allen seinen großen Kranen ausführt). Die daraus sich ergebenden Vorteile bestehen zunächst darin, daß mittels geringer Verschiebung des Gegengewichtes ein ganz geringfügiges Heben und Senken der Last sicher und genau erzielt werden kann, und ferner, daß das Ponton stets horizontal ge-

[1]) Ausführliches darüber s. bei Stahl: Maschinenbau 1924, Heft 21 und im Centralbl. Hütten Walzw. 1922, Nr. 43, sowie Peglow: Dt. Masch. Anz. 1925, Nr. 5 u. 6 und Der prakt. Maschinen-Konstrukteur 1924, Nr. 8.

richtet ist. Das Gegengewicht wird durch elektrisch angetriebene Spindeln verschoben; der Antriebsmotor ist unten, die Anzeigevorrichtung und der Kontroller dagegen sind zweckmäßig oben im Führerhaus untergebracht. Die Ausrüstung beider mit eigenem Fahrantrieb des Pontons erhöht in erster Linie natürlich ihre Nützlichkeit an Ort und Stelle auf Grund

Abb. 997. Schwimmender Drehkran (Buenos Aires).

ihrer größeren Dienstbereitschaft und Manövrierfähigkeit, sie kann aber auch die Lieferung bzw. Montage der Krane wesentlich dadurch erleichtern, daß diese die Reise vom Ort ihrer Erbauung nach dem ihrer Verwendung mit eigener Kraft zurücklegen können[1]).

[1]) So hat beispielsweise der letztgenannte Kran seine Antrittsreise von Schiedam in Holland nach Buenos-Aires in Argentinien unter eigenem Dampf und ohne Demontage seiner Konstruktion innerhalb 45 Tagen allein zurückgelegt. Nähere Angaben über diesen und über einen gleichen 100 t-Hafenschwimmkran sind enthalten in Engg. 1908, 13. November u. Z. V. d. I. 1909, 30. Januar.

Abb. 998 zeigt den riesigen neuen 200 t-Schwimmkran „Mammoth“ des Liverpooler Hafens beim Heben eines 152 t schweren Brückenträgers.

Ein Überladeschwimmkran mit horizontalem Ausleger und Laufkatzenbewegung ist in Abb. 999 nach einem Vorschlage von Bleichert für den Umschlag von Erzen und

Abb. 998. Schwimmender Wippdrehkran (Liverpool).

Kohlen aus Seeschiffen in Flußfahrzeuge in Rotterdam skizziert. Die grundsätzliche Anordnung und Arbeitsweise dieser für eine Stundenleistung von 130—150 t Erz oder

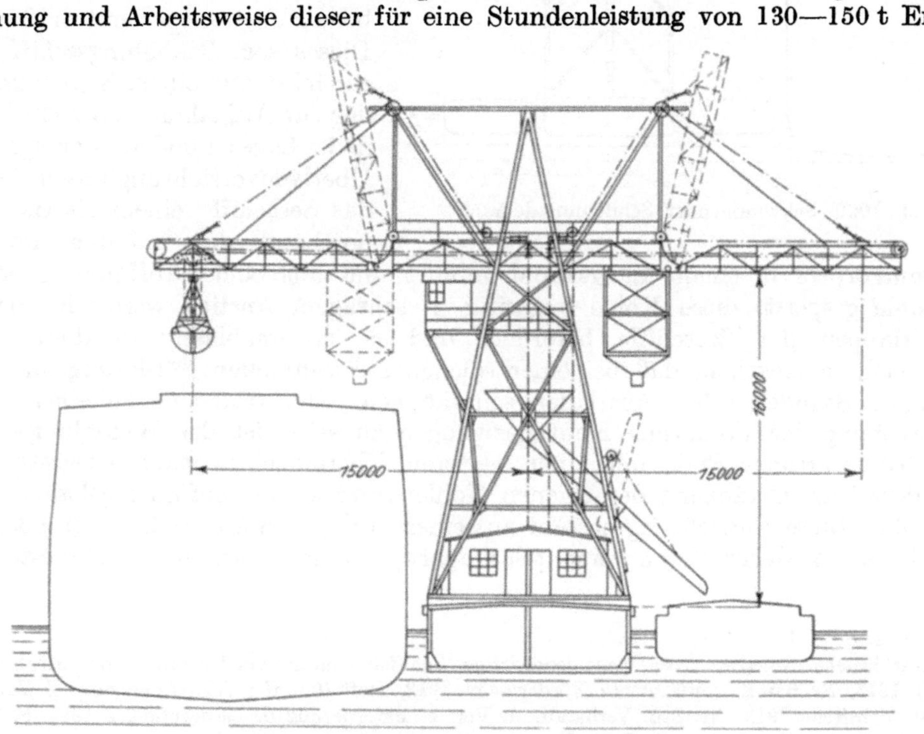

Abb. 999. Schwimmender Schiffsumladekran.

100 t Kohle befähigten Einrichtung bedarf an Hand der Abbildung kaum weiterer Erklärung. Die für den gleichen Zweck nach Abb. 1000 getroffene Anordnung eines derartigen Überladeschwimmkranes (Schenck & Liebe-Harkort) strebt durch die Verwen-

dung einer selbstfahrenden Laufkatze an, die mehrfach schon erwähnten[1]) allgemeinen Nachteile weitläufiger Seilzüge einer abseits aufgestellten Antriebsmaschine zu vermeiden. Bei den großen Ausführungen gemäß jener amerikanischen Bauart benötigt man zur Einleitung der Arbeitsbewegungen häufig noch eine besondere Zwischensteuerung, weil die Kupplungen und Bremsen sonst zu schwer zu betätigen sind. In bezug auf stoßfreies Anlassen sind demgegenüber bei den automobilen Katzen ungefähr die gleichen Fortschritte zu verzeichnen, wie etwa beim elektrischen Mehrmotorenkran dem Einmotorenkran gegenüber. Allerdings muß durch eine derartig durchgebildetere Konstruktion die Anlage wesentlich teurer werden, denn es wächst nicht nur mit der schwereren Katze der ganze übrige Aufbau des Kranes, sondern es wird auch die Maschinenanlage durch die notwendige Hinzunahme der elektrischen Zentrale, die den Strom für die Katzenmotoren liefert, wesentlich umfangreicher. Auch erscheint die Stabilität des Kranes weniger günstig.

Für die Bekohlung von Seeschiffen[2]) hat man sich in neuerer Zeit wieder in zunehmendem Maße kontinuierlich arbeitender Transportmittel, wie Becherwerke oder Bänder, bedient, bei denen — infolge des Fortfalles der Förderpausen hin- und herlaufender Krankatzen — die Leistung leicht ganz außerordentlich gesteigert werden kann[3]). Für die Beförderung von Kohlen auf einen Lagerplatz boten z. B. die Anlagen der Abb. 35 und 956 treffende Beispiele. Eine Anwendung dieses Verfahrens auf das Beladen von Schiffen mit Kohle bezweckt das in beistehender Abb. 1001 wiedergegebene Hebetransportmittel (Smulders). Dieses sog. Bekohlungsschiff besteht zunächst aus einem Schwimmkörper, der zur Aufnahme von 1000 t Kohlen in der Lage ist und aus der eigentlichen Überladevorrichtung dieser Kohlen in das Seeschiff: einem eisernen Transportband, das, auf dem Boden des Schwimmkörpers in einem Längskanal geführt und aus Schieberöffnungen beständig mit Kohle gespeist, diese Kohle bugseitig in schrägem Anstieg weiter bis nach den Bunkerklappen der Seeschiffe befördert und sie so unablässig in diese entleert. Es ist leicht einzusehen, daß bei einer solchen fortwährenden Förderung die Kohlen in wenigen Stunden schon überladen sein können. Um trotzdem zu einer etwaigen Unterbrechung der Förderung nicht gezwungen zu sein, ist das Bekohlungsschiff an seinem rückwärtigen Ende mit einer weiteren Überladeeinrichtung ausgestattet, die eine jederzeitige Ergänzung des eigenen Kohlenvorrates aus Zuführungskähnen o. dgl. ermöglicht. Diese Vorrichtung besteht aus einem auf den Bordwänden fahrenden Bockkran, dessen Ausleger durch seine teleskopartige Einziehbarkeit im Ruhestand dem

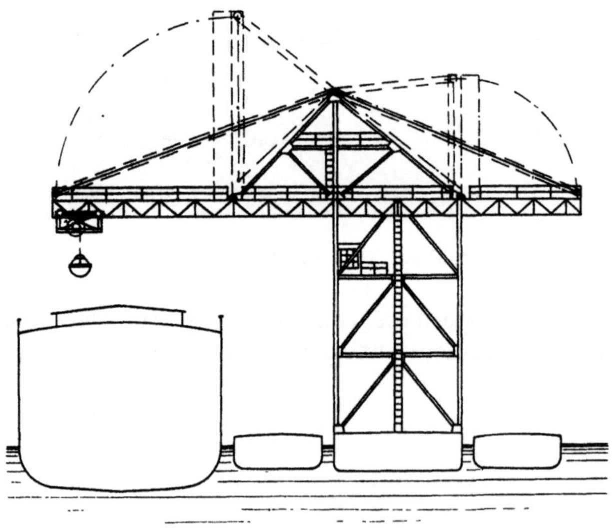

Abb. 1000. Schwimmender Schiffsumladekran.

---

1) Vgl. z. B. S. 12.

2) Ausführliche Angaben über verschiedenartige Schiffsbekohlungsvorrichtungen bei Michenfelder: Z. V. d. I. 1913, Nr. 6 u. ff. sowie ders.: Fördertechn. 1912, Heft 10 u. ff.; Wintermeyer: Z. V. d. I. 1912, Nr. 40 u. Schiffbau 1912, Nr. 3 u. Verhandl. d. Ver. z. Beförderung d. Gewerbfleißes 1914, S. 316 u. ff.; Albrecht: Techn. Rundschau d. Berl. Tagebl. 1914, Nr. 52.

3) An sich ist dieses Verfahren durchaus nicht neu: z. B. arbeiten im Betriebe der Liverpool Barge & Coaling Co. schon seit etwa 35 Jahren zwei Bekohlungsschiffe, deren jedes etwa 1300 t Kohlen faßt, die durch ein umlaufendes Becherwerk auf einen bockartigen Gerüstaufbau des Schiffes befördert werden, von wo aus sie durch Teleskoprohre in das zu bebunkernde Schiff fallen; vgl. Michenfelder: Z. V. d. I. 1912 u. ebenda 1913, S. 206 u. ff.

Abb. 1001. Bekohlungsschiff mit Beladekran.

Abb. 1002. Bekohlungsschiff mit Übernahme-Becherwerk (Rotterdam).

Schiffsverkehr jedoch kein Hindernis bietet[1]). Derartige Bekohlungsschiffe, mit Leistungen von 200, 300 und mehr Tonnen stündlich, arbeiten vor allem im Rotterdamer, aber auch im Hamburger Hafen.

Eine noch wesentlich leistungsfähigere Einrichtung (Smulders) stellt das Bekohlungsschiff „Westfalen" nach Abb. 1002 dar, bei dem die, wie beim vorigen, durch das Auslegerband zu überladenden Kohlen durch ein besonderes, quer dazu förderndes Becherwerk von seitlich anliegenden Leichtern fortlaufend herangeschafft werden. Das Becherwerk ist quer zu diesen schwingbar, so daß auch die Trimmarbeit auf ein Mindestmaß beschränkt wird. Die Leistung dieser Anlage, die im Betriebe des Rheinisch-Westfälischen Kohlensyndikates zu Rotterdam arbeitet, ist normal 600, maximal 1000 t/st!

Abb. 1003. Bekohlungsschiff.

Durch die Fähigkeit, ein Seeschiff gleichzeitig in die Bunkerschächte auf beiden Seiten zu bekohlen, stellt der schwimmende Kohlenheber (Grusonwerk) nach Abb. 1003 und 1004 eine weitere Vervollkommnung dar[2]). Auf einem horizontalen Ausleger, der bis hinter Bordkante hochklappbar angeordnet ist, läuft die Katze, deren Greifer *c* bei 2 t Nutzlast bis auf 9 m Ausladung über Pontonkante verfahren werden kann. Die Kohlen gelangen aus dem Greifer durch einen Füllrumpf und maschinell bewegten Schieber in den in seiner Neigung einstellbaren Elevator *a* (von rund 16 m Länge). Dieser Elevator fördert, gleichzeitig oder wechselweise, in ein zweites Becherwerk *b* (von 12 m Länge) und in

[1]) Neuerdings werden dafür nur einfache Drehkrane benutzt, die auf einen bockartigen Unterbau über dem Schiffskörper fahren; sie sind einfacher und billiger.

[2]) Vgl a. Kruppsche Monatshefte 1923, Dezember.

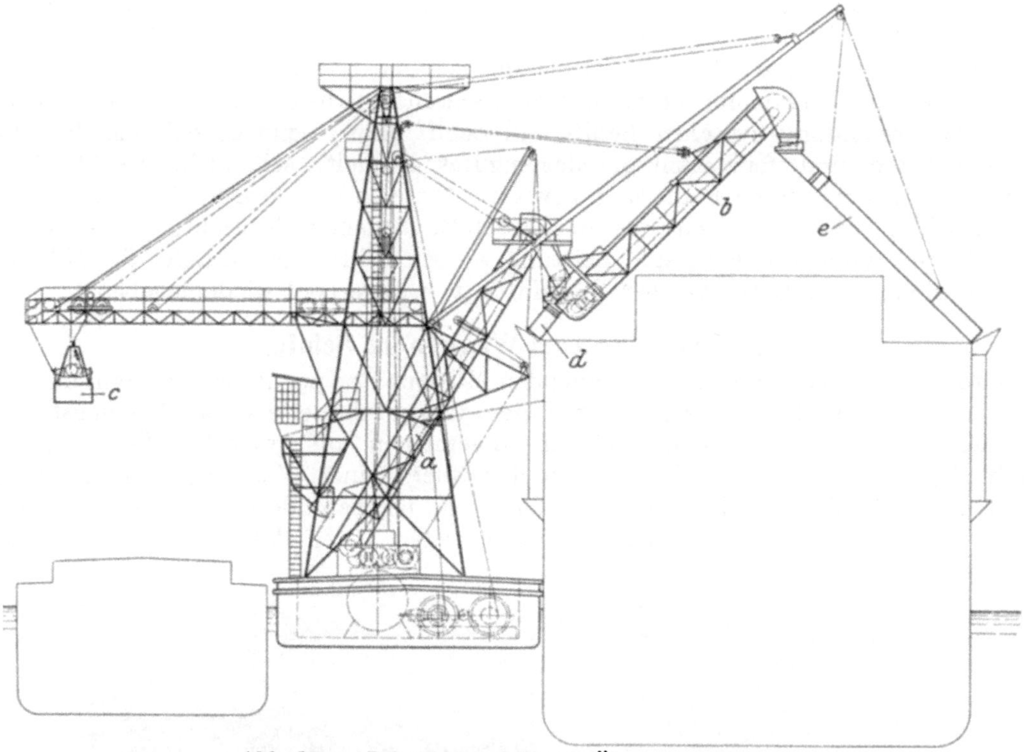

Abb. 1004. Bekohlungsschiff mit Übernahme-Katze.

Abb. 1005. Pneumatische Überladevorrichtung (Liverpool).

ein allseitig bewegliches Abflußrohr *e*. Die Kohlen können also durch die Schüttrohre *e* und *d* in die beiderseitigen Bunkerschächte des Seedampfers gelangen, und zwar gestattet die stufenweise Anordnung der Becherwerke mit den zugehörigen Auslaufrohren, die

Kohlen sowohl unmittelbar neben dem Heberponton als auch, gegebenenfalls zu gleicher Zeit, in einer Entfernung bis 24 m davon in die Bunker des zu bekohlenden Schiffes gelangen zu lassen. Die Überladeleistung dieses Kohlenhebers beträgt 120 t/st.

Einfacher und vollkommener als mit mechanischen Hilfsmitteln wird die transporttechnische Verbindung zwischen Schiff und Schiff dann, wenn es sich um das Überführen leichten und feinverteilten Massengutes handelt, seit mehr als 30 Jahren schon durch pneumatische Förderung bewirkt. Diese in den großen Häfen namentlich zum Umschlag von Getreide aus See- in Flußschiffe dienenden Einrichtungen — schwimmende Turmbauten bis 300 t/std. Leistung — seien hier nur durch die Abb. 1005 eines schwimmenden Getreidehebers im Hafen von Liverpool wiedergegeben[1]).

D. Umschlag vom Waggon ins Schiff.

Werden die in das Schiff zu überladenden Massengüter per Achse angefahren, so ergibt sich bekanntlich das Ausschütten der Wageninhalte als das leistungsfähigste Verfahren[2]). Diese Entleerung kann im allgemeinen auf zweierlei Weise erfolgen: Durch Kippen des Wagens oder nur durch Öffnen seiner Wandungen. Letzterenfalls wird ein vollständiges Ausfließen des Ladung nur bei besonders für diesen Zweck gebauten Wagen, den sog. Selbstentladern, eintreten. Zweifellos erfolgt bei ihnen aber

Abb. 1006. Schiffsbeladeeinrichtung (Narvik.)

die Materialabgabe mit den denkbar einfachsten Mitteln, so daß Betriebe, die sich ausschließlich solcher Selbstentladewagen für die Zufuhr der zu verschiffenden Massengüter bedienen können, hiermit gewiß die schnellste Abfertigung derselben erzielen werden.

Ein Beispiel hierfür möge die in den Abb. 1006 bis 1009 abgebildete Anlage im Hafen von Narvik bilden, mit der die ungeheueren Mengen des hochwertigen norwegischen Eisenerzes — mit einem Durchschnittsgehalt von 65—70% Eisen — für die Schiffsausfuhr verladen werden[3]). Die der Luossavaara-Kiirunavaara-Gesellschaft gehörige Anlage besteht in der Hauptsache aus etwa 30 stählernen Taschen, die von den darüber gefahrenen Wagenzügen *a* mit Erz gefüllt werden und dieses vermittels hochklappbarer

[1]) Im Rotterdamer Hafen allein arbeiten z. Z. 28 solche Getreideheber von 150 bis 300 t/std. Weiteres über pneumat. Förderung s. bei de Roode u. bei Schäfer: „Güterumschlag", V. d. I.-Verlag 1926.

[2]) Betr. die gleichfalls recht leistungsstarke Methode, die in Spezialkübeln ankommenden Kohlen oder dgl. samt diesen auszuheben und automatisch im Schiff zu entladen, siehe S. 21 dieses Buches; vgl. ferner S. 561.

[3]) S. „Le Génie Civil" Bd. XLVI, Nr. 1 u. Schwabe: Z. öst. Ing.-V. 1911, 15. Dez. — Eine ähnliche Anlage eines 50000 t-Erzbunkers am Oberen See bei Marquette, Mich., ist beschrieben von Elwitz: Stahleisen 1912, Nr. 45.

Abb. 1007. Schiffsbeladeeinrichtung (Narvik).

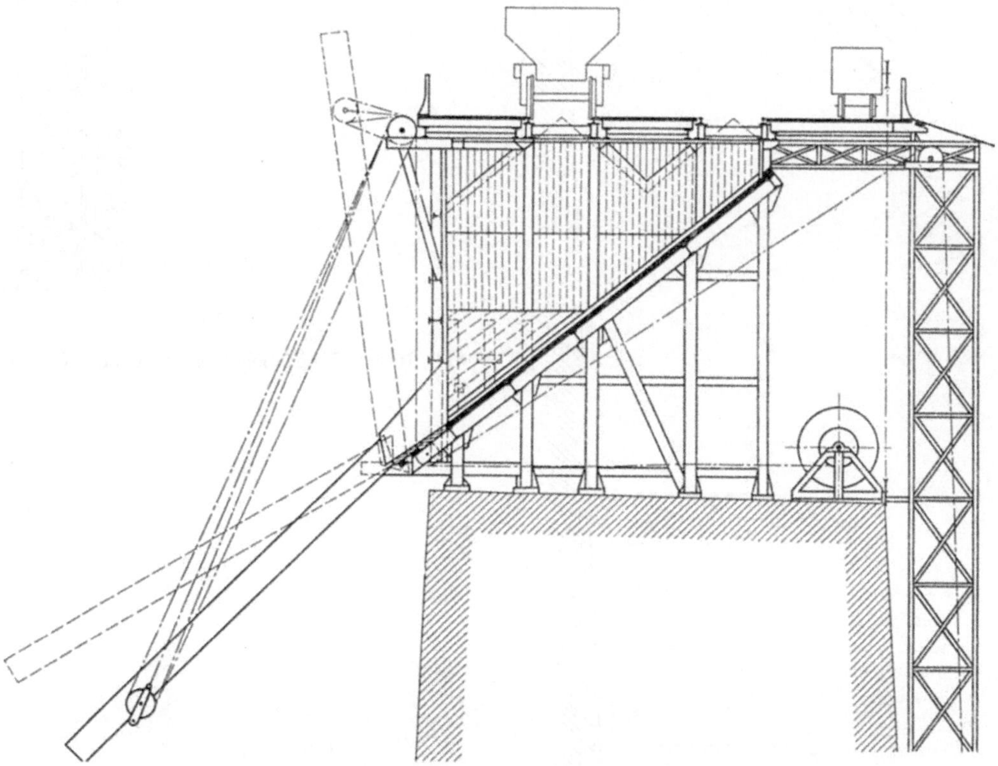

Abb. 1008. Schiffsbeladeeinrichtung (Narvik).

Rinnen *b* dann in das Schiff abfließen lassen können. Um ausnahmsweise große Schiffe bedienen zu können, sind einzelne der Füllrinnen besonders hoch angeordnet und sind für die Führung ihrer Hubseile noch besondere Böcke über der Zuführungsplattform

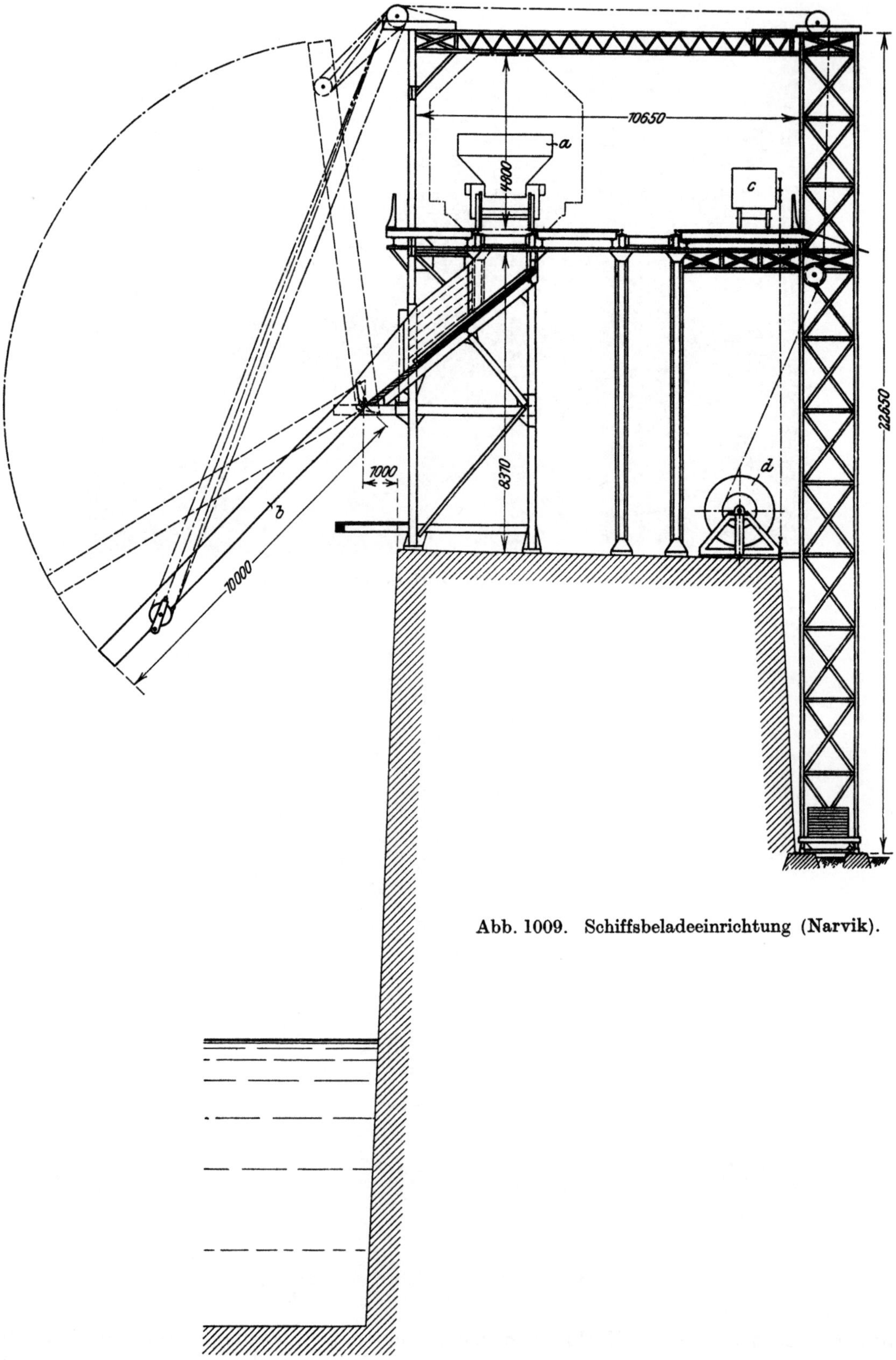

Abb. 1009. Schiffsbeladeeinrichtung (Narvik).

errichtet worden (s. Abb. 1006 u. 1009). Die Wagen *a*, die das Erz von den Minen heranschaffen, fassen netto 35 t und sind für Bodenentleerung eingerichtet. Die durch ein Gegengewicht in dem rückwärtigen Schacht ausbalancierten Füllrinnen *b* werden durch unten aufgestellte Winden *d* nach Bedarf gehoben und gesenkt. Eigenartig ist dabei der Antrieb dieser Winden: Er wird, gemeinsam für alle Rinnen, durch einen auf einem Laufwagen *c* befestigten Elektromotor unter Vermittelung einer Seiltransmission bewirkt.

Trotz ihrer maschinell überaus einfachen Ausstattung ist die Leistungsfähigkeit der Anlage, auf Grund sowohl des einfachen Entleerungsvorganges der Wagen als auch der gleichzeitigen Entleerbarkeit ganzer Wagenzüge [1]), doch ungemein groß. Es können mit den abgebildeten Einrichtungen täglich nicht weniger als ca. 20000 t Erz verschifft werden, d. h. jährlich, bei 300 Tagen, 6 Millionen Tonnen [2]). Die Herrichtung dieser Erzverladeanlage, deren Bau im Jahre 1899 begonnen und im Jahre 1906 beendet worden ist, hat ungefähr 4 Millionen Mark gekostet; die Gesamtaufwendungen (einschl. der Zentrale, der Reparaturwerkstätten, der Lokomotivschuppen, der Brecheranlage usw.) betrugen rund 8 Millionen Mark.

Bei der die Regel bildenden Zufuhr des Materials durch normale Eisenbahnwagen wird sich für die Massenentleerung stets noch ein Schrägstellen, d. h. ein Kippen des Wagens notwendig machen. Außer den hierfür, wie gesagt, nur selten benutzten Kranen und den bei uns noch seltener verwendeten Kreiselwippern [3]) kommen hierfür in der Regel sog. Waggonkipper in Betracht. Die Schrägstellung des Wagens erfolgt bei ihnen entweder dadurch, daß dieser auf eine Plattform gebracht wird, die sich um eine mittlere horizontale Achse dreht oder an ihrem rückwärtigen Ende angehoben — hochgezogen oder -gedrückt — wird, oder endlich dadurch, daß der Wagen auf eine von vorneherein schräge Bahn gezogen wird. Als treibende Kraft für dieses Schrägstellen wird entweder die Schwerkraft des Wageninhaltes (bei evtl. zusätzlichem Handantrieb) oder Druckwasser oder Elektrizität benutzt; die erstere naturgemäß bei den älteren, die letztere bei den neueren Ausführungen.

Die Abb. 1010 veranschaulicht zunächst einen der „Schwerkraftkipper“ oder auch „automatische Kipper“ genannten Waggonentladevorrichtungen (Scholten). Der Arbeitsvorgang ist bei ihnen einfach der, daß der aufgefahrene volle Wagen seinen Schwerpunkt vor der Drehachse der Plattform hat und dadurch sich von selbst schräg stellt; nach erfolgter Entleerung dagegen liegt der Schwerpunkt landseitig hinter der Kippachse, wodurch wiederum ein selbsttätiges Zurückschwingen des Wagens in die horizontale Lage erfolgt [4]). Diese Bauarten eignen sich insbesondere für die Beladung von Schiffen deshalb gut, weil hierfür, d. h. bei der Beschüttung tiefliegender Schiffe, die (für die Landentladung erforderliche) Grube — der Vorderteil des Waggons bewegt sich für die Entleerung ja nach unten — sowie das Wiederherausholen des Materials aus dieser Grube in Wegfall kommt. Da natürlich auch die Anlagekosten dieser automatischen Kippeinrichtungen im Vergleich zu denen elementar betriebener außerordentlich niedrig sind, so haben sich jene Kipper in unseren Häfen ziemlich stark eingebürgert [5]). Die abgebildete Anlage, die zum Kippen von Waggons mit 10—20 t Inhalt und 2,5

[1]) Zu dem Zweck ist die Mittenentfernung der Erztaschen gleich der der Erzwagen gewählt.

[2]) Infolge einer Vereinbarung zwischen der schwedischen Regierung und der Gesellschaft ist die jährliche Ausfuhrmenge — von der etwa 80% zur Versorgung der Hochöfen des Ruhrgebietes nach Deutschland fließt! — indes auf maximal 3800000 t f. d. Jahr festgesetzt.

[3]) Kreiselwipper bewirken bekanntlich ein Auskippen über die Seitenwände des Wagens (vgl. Abb. 57); ganz ähnlich verhält es sich auch bei anderen, amerikanischen Konstruktionen, sog. Seitenkippern, bei denen die Drehachse gleichfalls parallel, aber seitlich des Eisenbahngleises gelegen ist. Eine derartige Behandlung der Wagen läßt aber z. B. die deutsche Eisenbahnbehörde mit Rücksicht auf das Laufwerk derselben, vor allem auf die das Schmieröl haltenden Achsbüchsen nicht zu; sie verlangt sog. Stirnkipper, bei denen die horizontale Kippachse normal zur Gleisrichtung ist.

[4]) Näheres über die Ruhrorter Kipperanlagen s. bei Germanus: „Güterumschlag“, V. d. I.-Verlag 1926.

[5]) Z. B. sind in den Duisburg-Ruhrorter Häfen, denen auch die umstehende Photographie entnommen ist, nicht weniger als 12 solcher selbsttätiger Kipper vorhanden; die ältesten derselben (Gutehoffnungshütte) stehen bereits seit 1881 und dürften somit wohl die ersten Waggonkipper in Deutschland sein. Ferner arbeiten auch im Koseler Oderhafen 6 solcher Kipper (Gutehoffnungshütte); desgl. im Hafen von Dortmund u. a.

bis 4,5 m Radstand bemessen ist, kostete einschließlich der beiden Brücken und einschließlich einer von Hand bewegbaren Drehscheibe nur etwa 37000 M.[1]).

Die Abb. 1010 läßt am Böschungsrand (des Parallelhafens zu Duisburg) gleichzeitig noch einige der im Duisburg-Ruhrorter Hafen überaus zahlreich — im ganzen 218mal — vorhandenen Ladebühnen erkennen, von denen aus, unter Vermittelung von Schüttrinnen, das Entleeren der mit Schiebkarren und Handkippwagen ins Schiff zu verladenden Kohlen erfolgt. Bei den meisten der Bühnen ist diese primitive Verladeart indes nur bei kleineren Wasserständen möglich.

Außer mit den hier anschließend noch zu besprechenden neuesten elektrischen Kippern werden die Kohlen in den ausgedehnten Duisburg-Ruhrorter Häfen[2]) zum kleinen Teil auch noch in der einfachsten Art mit Schiebkarren über Laufgänge, oder mittels besonderer Kohlentrichter, die von Hand gefüllt werden, oder endlich auch mittels fahrbarer Drehkrane (größtenteils 3,5 t × 13,5 m) in die Schiffe umgeladen[3]).

Abb. 1010. Waggonkipper (Duisburg).

Über die reinen Arbeitskosten dieser verschiedenen Verladungsarten gibt die nachfolgende Tabelle einen interessanten Aufschluß[4]):

[1]) D. h. ohne Mauerwerk. — Falls Böschungen überhaupt nicht überbrückt zu werden brauchen, ermäßigt sich der Preis eines solchen Kippers, der überdies auch noch mit Handantrieb versehen ist, um nötigenfalls die Entleerung vervollständigen zu können, natürlich weiter ganz wesentlich. Er ist dann auf nur etwa $^2/_3$ des vorigen zu veranschlagen.

[2]) Das Gebiet der Ruhrorter Hafenanlage umfaßt einen Flächenraum von 650 ha, von denen u. a. 185 ha auf Wasserflächen, 225 ha auf Umschlags- und Lagerplätze und 225 ha auf Weg- und Gleisanlagen entfallen. Dieser Hafen, der seine Entwickelung in erster Linie der Ausbeutung des Ruhrkohlenbeckens und der damit zusammenhängenden rheinisch-westfälischen Industrie verdankt, ist heute der größte Binnenhaven der Welt. Betrug doch i. J. 1910 die Zahl der eingelaufenen Schiffe über 43000, der Gesamtverkehr über 19 Millionen t im Werte von mehr als einer halben Milliarde Mark! Zur Kennzeichnung der Gewaltigkeit seines Verkehrs seien nachstehend die Ziffern des Umschlagverkehrs auch einiger anderer Häfen aus dem Jahre 1909 vergleichsweise aufgeführt: Düsseldorf 1673640,0 t, Kosel 1948851,5 t, Rheinau bei Mannheim 1658153,5 t, Mannheim 5709996,0 t, Walsum 1633073,5 t, Alsum mit Schwelgern 2831453,5 t, Duisburg-Ruhrorter Hafen 17255779,0 t, Emden 1708278,0 t, Stettin 2686987,0 t, Hamburg 10471470,0 t. Im Jahre 1913 betrug die Gesamtumschlagsmenge des Duisburg-Ruhrorter Hafens rund 28 Millionen t. In Kosel — dem wichtigsten Umschlaghafen der Oder — betrug 1913 der Umschlag 3,7 Million t; im Londoner Hafen wurden im gleichen Jahre rund 20 Millionen, in Hongkong 23 Millionen und in New York 24 Millionen t umgeschlagen. — Von den für das Jahr 1911 als Gesamtumschlagverkehr in Duisburg-Ruhrort angegebenen rund 20 Millionen t waren 13 Millionen Kohlen, das übrige Erz, Getreide usw.

[3]) Vgl. z. B. Schloesser: Weltmarkt 1925, Nr. 3 u. Weiß: Schiffbau 1925, Nr. 6.

[4]) A. O. werden die Umschlaggebühren im Duisburg-Ruhrorter Hafen bei Benutzung der Kipp- und Verladeeinrichtungen mit 0,60 M/t gegenüber 1,75 M/t bei Handbetrieb angegeben; vgl. Heller: Z. V. d. I. 1912, Nr. 13.

Verladungsart	Anzahl der Arbeiter	Zeitraum der Entladung eines 10 t-Wagens Min.	Ladungsleistung in 10 Arbeitsstunden t	Ladungskosten für den 10 t-Wagen M.	Ladungskosten eines Kahnes von 1000 t M.
Mit Schiebkarren über Laufgänge . .	2	100	60	2,0	200
Mit Kippwagen auf Gleisen über Ladebühnen	2	85	70	1,6	160
Mittels der Kohlentrichter	4	25	240	0,9	90
Mittels Dampfkran	12	10	600	1,50	150
Mittels Waggonkipper (aut.)	5	5	1200	0,25	25

Wenn auch die Ladekosten durch einen solchen automatischen Kipper, der keine künstliche Arbeitskraft, verhältnismäßig nur wenig Bedienung und niedrige Anlage-

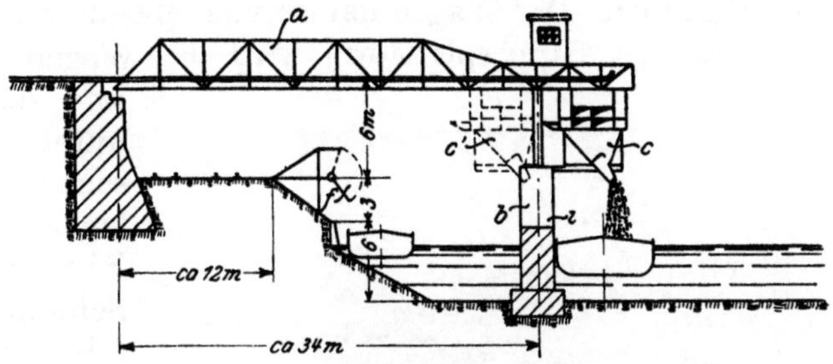

Abb. 1011.

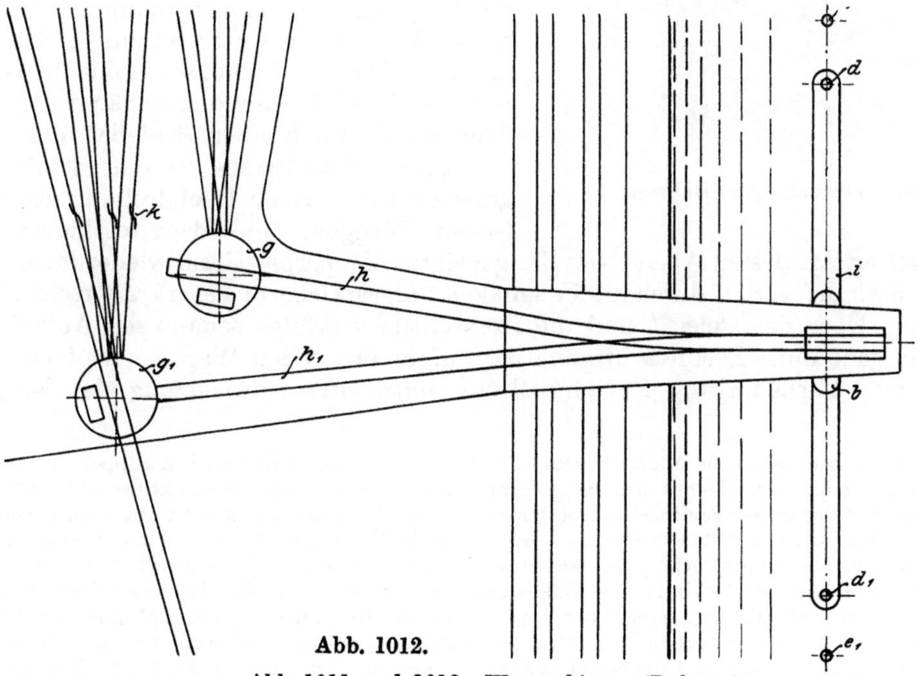

Abb. 1012.

Abb. 1011 und 1012. Waggonkipper (Ruhrort).

kosten erfordert, wohl auf das Mindestmaß herabgedrückt werden können, so ist die stündliche Leistungsfähigkeit desselben infolge der langsamen zwanglosen Bewegungseinleitungen und bei der üblichen Zuführung der Wagen auf einem gemeinsamen Gleise oder Drehscheibe doch erfahrungsgemäß auf etwa 10—12, höchstens aber 15 Wagen beschränkt. Eine höhere Leistung kann der Kipper nur durch eine vollkommenere Disposition der Wagenzu- und -abfuhr und bei einer Zwangläufigkeit der Kippbewegung vermittels Elementarkraftantrieb erzielen.

Ein außerordentlich typisches Beispiel gibt hierfür gleichfalls der Ruhrorter Hafen in seinen neuen elektrischen Kohlenkippern ab. Nachdem im Jahre 1906 der erste elektrische Kohlenkipper daselbst seine Eignung für eine außerordentlich flotte Abwickelung des drängenden Umschlagverkehrs erwiesen hatte, sind bis heute im ganzen neun Stück gleicher Ausführungen beschafft worden[1]). Die Anordnung derselben geht aus den Zeichnungen und aus der Photographie dieser Anlage (Abb. 1011 bis 1013) hervor.

Die Entladung der Waggons, sowie deren Zu- und Abfuhr spielt sich in der Hauptsache folgendermaßen ab: Der volle Kohlenwagen läuft auf geneigten Gleisen (1:200) zunächst auf eine Drehscheibe g_1 auf, woselbst er verwogen wird. Nach Drehung dieser Scheibe bewirkt ein Schrägstellen derselben — das rückwärtige Ende der Scheibe wird dabei um etwa $^1/_3$ m angehoben — den selbsttätigen Ablauf des Wagens über das Gleis h_1 und die Brücke a nach der Kipperplattform. Das Gleis h_1, das anfänglich im Gefälle nach der Bühne zu liegt, steigt hinter der Weiche wieder an, um später den Wagenrücklauf zu ermöglichen. Der Wagen hat so viel lebendige Kraft, daß er die Neigung überwinden kann. An der Kipperplattform wird der Wagen an seinen Radkränzen festgebremst und durch Fanghaken, die sich selbsttätig unter seine vordere Achse legen und zur schadlosen Aufnahme der Stöße federnd gelagert sind, gegen einen Weiterlauf beim Kippen zurückgehalten; seitlich einfedernde Schnappriegel verhindern ein vorzeitiges Abrollen des zurückgekippten Wagens von der nach rückwärts schräggestellten Bühne[2]). Bei der Kippung — die allgemein auch durch die Schwerkraft, unter Unterstützung durch den Motor, erfolgt — fließt die Kohle in einen normal 60—65 t fassenden Behälter c[3]), von dem aus sie durch einen Schieber über eine bewegliche Schüttrinne in das Schiff abgelassen wird. Nach Rückdrehung des entleerten Waggons und Beiseiteschieben der Schnappriegel erfolgt dessen Ablauf von der geneigten Kipperplattform wiederum selbsttätig, wobei noch die vorher durch die Fanghaken aufgespeicherte Federkraft recht nützlich mitwirkt. Über das Geleis h und die Drehscheibe g erfolgt sodann der Ablauf der leeren Wagen ganz ohne Beeinträchtigung der Zufuhr der vollen Wagen. Ist hierdurch schon die erste Vorbedingung für eine flotte, ungestörte Abwickelung des Kipper-

Abb. 1013. Waggonkipper (Ruhrort).

[1]) Wenn auch die grundsätzliche Anordnung und Arbeitsweise bei allen 9 elektrischen Kippern die gleiche geblieben ist, so haben die Versuche mit dem ersten Kipper doch zu einer Reihe konstruktiver Abänderungen bei den folgenden Anlaß gegeben: Zunächst ist bei ihnen das Führerhaus bedeutend tiefer angeordnet worden, weil bei der ersten Ausführung der Steuermann zur Beobachtung der Vorgänge sich jedesmal zum Fenster hinaus lehnen muß und selbst dann noch mehr oder weniger auf die Zeichen des auf der Wasserbühne i stehenden Vorarbeiters angewiesen ist. Weiterhin ist die Aufstellung der Kontroller und der Antriebsmotoren bei den späteren Kippern verbessert worden: beim Probekipper stehen die Kontroller schwer zugänglich unter dem Führerhause und werden durch 5 Handhebelgestänge bedient, bei den neueren Kippern stehen sie innerhalb des Führerhauses. Beim Probekipper stehen die Motoren verteilt an verschiedenen Stellen (z. B. hängt der Schieber- und der Schüttrinnenmotor, wiederum sehr schwer zugänglich, unten am Schütttrichter), bei den neueren Kippern dagegen sind die Motoren für eine leichtere Überwachung näher aneinander gestellt. Endlich ist auch noch das Trichterhub- und -fahrwerk, wofür beim Probekipper eine vertikale Schleifleitung bzw. ein Kettenantrieb vorgesehen war, durch Benutzung von Teleskopwellen mit abseits stehendem Motor bzw. durch Zahnstangenantrieb abgeändert worden. Die Besonderheit der letzten zwei in den Jahren 1912/13 erbauten Kipperanlagen besteht in einer nach rückwärts verlängerten Fahrbahn des Trichters, so daß auch ein Kahn beschickt werden kann, der hinter dem Wasserpfeiler liegt. Diese Einrichtung verhindert Unterbrechungen des Kippgeschäftes bei Kahnwechsel.

[2]) Nähere Angaben s. bei Germanus: „Güterumschlag", V. d. I.-Verlag 1926.

[3]) Dieser Trichter, der zur Anpassung an die verschiedenen Wasserstände heb- und senkbar ist, faßt bei höherem Wasser natürlich entsprechend weniger, u. U. nur eine Wagenladung.

geschäftes erfüllt, so sind nicht minder die weiteren bei diesen Anlagen noch getroffenen Maßnahmen imstande, die Leistungsfähigkeit fast bis zur Grenze des Erreichbaren zu steigern. Hierher gehört zunächst die Fahrbarmachung des Behälters *c* in Richtung quer zur Längsachse des Schiffes, wodurch die mechanische Beladung des Schiffes auch in seiner ganzen Breite erfolgen kann; eine Arbeit, die sonst nur mittels Handverteilung vorzunehmen war. Für das Längsverholen der Schiffe ist weiter an den Enden des Wasserpfeilers *i* je ein elektrisches Spill d, d_1 angeordnet. Auch hierdurch fallen unfreiwillige Wartepausen, wie sie anderwärts beim Verholen des Schiffes durch Staken nicht selten eintreten, fort[1]). Auch an Land ist bei jedem Kipper noch ein Spill vorhanden, das einzelne Wagen, die nicht selbsttätig der Drehscheibe zurollen wollen, sog. Heißläufer, heranziehen kann. Um andererseits ein vorzeitiges Auflaufen von Wagen auf die noch besetzte Wippdrehscheibe g_1 zu verhüten, was außer einer Beschädigung des Materials natürlich Betriebsstörungen und auch eine Verminderung der Leistung der Anlage zur Folge haben müßte, kann der Führer dieser Drehscheibe durch Handhebel sog. Entgleisungsklötze *k* zur Wirkung bringen. Es sind dies Kurvenstücke, die — in etwa 25 m Entfernung von der Drehscheibe — von der Seite her auf das bedrohte Gleis geklappt werden können und dadurch den auflaufenden Wagen auf das Erdreich überleiten.

Durch das Zusammenwirken aller dieser Maßnahmen ergibt sich die Leistungsfähigkeit eines solchen Kippers als recht beträchtlich: Im Durchschnitt werden mit einem Kipper stündlich normal bis 20 Waggons gekippt, entsprechend einer Leistungsfähigkeit von 300 t[2]). Allerdings ist auch hierbei gutlaufende Kohle Voraussetzung; bei nassen und festsitzenden Kohlen, die erst mit der Hacke losgeschlagen werden müssen, dauert das Entleeren natürlich entsprechend länger.

Die Kehrseite der — wenigstens für deutsche Verhältnisse — ungewöhnlich hohen Leistungsfähigkeit[3]) dieser Kipper ist indes auch eine ungewöhnliche Höhe der Anlagekosten und auch der Betriebskosten der Kipper. Der Preis eines solchen beträgt komplett nicht weniger als rund 400000 Mark[4]). An Motoren sind dabei vorgesehen für das Kippen 42 PS, für das Trichterheben und -senken 70 PS, für das Trichterfahren 42 PS, für das Schieberbewegen 12 PS, für das Schüttrinnenheben und -senken 12 PS und für das Schiffsverholen 2 à 8 PS, d. i. 16 PS, zusammen also 194 PS. An Bedienung sind bei jedem Kipper 8 Mann nötig: 3 Steuerleute (je einer auf dem Kipper, auf der Voll-

---

[1]) Vorliegendenfalls werden allerdings diese Schiffsverholspills nur selten benutzt, und zwar deshalb, weil die in Ruhrort verkehrenden Schiffe in der Regel eigene (Hand-) Winden haben, deren Seile der Schiffer leicht an den den Pfeilerköpfen vorgelagerten Holzdalben e, e_1 dem sog. Dickdolf, befestigen und das Schiff auf diese Weise am bequemsten vorziehen kann.

[2]) Bei den Probeversuchen, bei denen allerdings die Vorbedingungen sehr günstig waren — es waren stets genügende Waggons, die außerdem sämtlich die Bremserhäuschen rückwärts hatten, vorhanden, desgl. leichtfallende Kohle u. a. — soll man stündlich sogar 40 Waggons, d. i. 600 t, erzielt haben! Aber auch der durchschnittlichen Leistungsfähigkeit des Kippers würde es erfahrungsgemäß außerordentlich zugute kommen, wenn, z. B. bei schlechtlaufender Feinkohle, die Waggons stets schon in der Zeche am Boden mit Nuß bestreut würden.

[3]) Die Doppelkipperanlage der Norfolk and Western Railway in Lamberts Point bei Norfolk, Va., vermag stündlich 30 Eisenbahnwagen bis zu 100 t Ladegewicht zu entleeren, also eine Leistung bis zu 3000 t/st zu vollbringen! (The Iron Age 1914, 7. Mai.)

[4]) Diese Gesamtbaukosten setzten sich — nach Ottmann und Loebell: Z. Bauw. 1910, S. 471 u. ff. — aus nachstehenden Einzelkosten zusammen:

Eisenkonstruktion des Kippers	M.	96000.—
Maschinenteile und elektrische Ausrüstung des Kippers	„	106500.—
Unterbauten	„	83000.—
Eisenkonstruktion für zwei Kippdrehscheiben	„	21000.—
Maschinenteile und elektrische Ausrüstung hierfür	„	50000.—
Zwei elektrische Verholspills	„	13400.—
Ein elektrisches Verschiebespill	„	4500.—
Abfertigungshäuser, Beleuchtung, Wasserleitung	„	17000.—
Zusammen	M.	391400.—

und auf der Leerdrehscheibe), 1 Mann auf der Kipperplattform zur Betätigung der Handradbremse (d. i. der Schienenbremse, die ein zu heftiges Auflaufen der Wagen mildern soll) und zum Wagenlosschlagen (d. i. das Lösen der Stirnwandbefestigung des Waggons), 2 Mann auf dem Berge für das Ankommenlassen der Waggons und deren Abbremsen, 1 Mann zum Nachsehen der Puffer[1]) und endlich 1 Mann zum Aufschreiben.

Bei derart hohen Unkosten erscheint es begreiflich, daß die Rentabilität solcher Kipperanlagen nur bei stärkster Ausnutzung genügend vorhanden sein wird. Inwieweit dies, selbst bei dem in Ruhrort herrschenden Riesenverkehr, wo man immerhin aber auch mit nassen und festsitzenden Kohlen u. a. m. zu rechnen hat, der Fall ist, kann vielleicht aus der Tatsache abgeleitet werden, daß die Kippgebühr für Kohle, die nach dem ersten Tarif zu 6 Pf./t festgesetzt worden war, heute auf 30 Goldpfennig je t erhöht werden mußte. Für Koks von 10 auf 40 Pf./t[2]). An Strompreis wird dabei in Ruhrort der für Häfen durchaus nicht hohe Satz von 8 Pf./kWh (Grundpreis) entrichtet.

Abb. 1014. Waggonkipper (Emden).

Bei der Betrachtung der hohen Anlagekosten der Kipper in Ruhrort darf indes nicht unerwähnt bleiben, daß die wesentliche Verteuerung der Anlage durch die Hochlegung und die Hinausführung des Kippers ins Wasser andererseits die völlige Trennung und Unabhängigmachung des Kippergeschäftes vom übrigen Uferumschlag bewirkt. Bei mehr oder weniger tiefliegenden Flußläufen ergibt sich zwar eine gewisse Hochlage des Kipperniveaus oft von selbst oder mit verhältnismäßig geringen Schwierigkeiten und Kosten. Bei ebenem Gelände dagegen, wie es bei den Landkipperanlagen in der Regel vorhanden ist, erfordern solche Kippersysteme, bei denen sich die Vorderkante des geneigten Wagens bis 2—3 m unter Schienenhöhe bewegt, wie gesagt, entweder eine sehr tiefe Füllgrube am auskippenden Ende und überdies noch eine Hochbeförderung des ausgekippten Gutes oder aber eine Hochführung der ganzen Gleisanlage bis auf eine Höhe von 6, 8 oder mehr m. In beiden Fällen kann dadurch die Anlage selbst eines sonst so billigen Schwerkraftkippers bis zur völligen Unwirtschaftlichkeit desselben verteuert werden. Etwas günstiger liegen die diesbezüglichen Verhältnisse schon bei den um die vordere Kante der Kippbühne sich drehenden Anlagen, bei denen die Tiefe der Grube bzw. die Höhe der Hochbahn eben um jenen Betrag von 2—3 m geringer werden kann. Das Schiefstellen der Plattform muß in diesem Fall natürlich durch besonderen Antrieb erfolgen; häufig geschieht es vermittels unter der Bühne angreifender

[1]) Es ist dies erforderlich, um beim Kippen ein Hinabfallen etwa lose sitzender Puffer in den Kohlentrichter zu verhüten; in solchen Fällen legt der Mann einen Halter vor.

[2]) Die Kippgebühren betragen z. B. in Kosel und Emden nur M. 1.— f. d. Waggon.

Druckstangen, die durch Kolben- oder Spindeldruck angetrieben werden[1]). Immerhin erfordert aber auch ein solcher Kipper, dessen Anlagekosten, je nach Art und Ausführung der Konstruktion, zu 15000—30000 M. angegeben werden, bei Landentladung für die Herstellung seiner meist doch in das Grundwasser reichenden Grube eine Summe, die die Eigenkosten des Kippers unter Umständen erheblich überschreiten.

Diese Übelstände in oder unter Schienenhöhe entleerender Kipper haben zur Konstruktion sog. Aufzugskipper oder Hochkipper geführt. Da deren Merkmal in einem dem Kippen vorhergehenden Hochziehen des Wagens bzw. der Bühne besteht, so ergibt sich für die Aufstellung der Winde und die sichere Führung der Bühne die Zuhilfenahme eines Gerüstes als Notwendigkeit. Einige Beispiele derartiger Aufzugskipper, die sich wegen der Anpassungsfähigkeit der Ausschütthöhe an verschiedene Wasserstände und Ladehöhen besonders für die Schiffsbeladung eignen, sind in Abb. 1014 bis 1017 aufgeführt.

Abb. 1015. Waggonkipper (Rotterdam).

Die Abb. 1014 und 1015 veranschaulichen das Entleeren von Waggons mit den Aufzugskippern (Nagel & Kaemp) im Hafen zu Emden bzw. zu Rotterdam. Beide Ausführungen ähneln einander sehr, ist doch der nachstehend beschriebene Emdener Kipper nach dem Muster des Rotterdamer — des ersten elektrischen Kohlenkippers der Welt! — erbaut worden. Der Arbeitsvorgang ist folgender: Von dem mit Gefälle nach dem Kipper angelegten Aufstellungsgleise rollt der volle Wagen über eine selbstzeichnende Wage und zwei Drehscheiben auf die Hub- und Kippbühne. Nachdem die Schüttrinne dem Wasserstand und der Schiffshöhe entsprechend eingestellt ist, wird der Wagen bis zur Schüttrinne aufgezogen, sodann die Kippbühne rückwärts angehoben, so daß der nach vorn rollende Wagen durch selbsttätige Greifer an der Vorderachse gefaßt wird. Nachdem das Kopfstück des Wagens geöffnet ist, rutschen die Kohlen über die Schüttrinne ins Schiff. Hierauf geht der Waggon in die wagerechte Lage zurück, wird gesenkt und läuft über die zweite Drehscheibe[2]) nach dem mit Gefälle vom Kipper verlegten Aufstellungsgleise für leere Wagen. Die Bewegung der Wagen auf den Gleisen wird durch elektrische Spills nach Bedarf unterstützt. Da-

[1]) Ausgeführte Beispiele sind behandelt z. B. bei Hanffstengel: Z. V. d. I. 1907, S. 1525 u. ff., Aumund: Z. V. d. I. 1909, S. 1440; ders. „Hebe- u. Förderanlagen“, Bd. I, S. 479 u. f.

[2]) Bei der Rotterdamer Anlage müssen die zu- und abfahrenden Wagen über dieselbe Drehscheibe von und nach den (sich überdies unter spitzem Winkel schneidenden) Gleisen gebracht werden. Dadurch stören sie sich natürlich gegenseitig, und viel Zeit geht verloren.

mit die Kohlen bis ins Schiff eine nicht zu große Fallhöhe haben, was bekanntlich ihre Güte verringert, ist am Kipper noch ein Kran vorgesehen, mit dessen Hilfe man bei Beginn der Verladung im Schiffsraum einen Kohlenberg (mit Kübeln) aufschüttet, auf den dann die verkippten Kohlen ohne Schaden abrutschen können.

Die größte Leistungsfähigkeit dieses Kippers beträgt etwa 20 Wagen stündlich, entsprechend 200—300 t. Die Gesamtkosten dieser im Jahre 1901 erbauten Kipperanlage betrugen 255200 M.[1]). [Die Hauptabmessungen und Geschwindigkeiten dieses Kippers sind: Ganze Höhe des Gerüstes 23 m, Hubhöhe der Plattform 12,5 m, höchste Lage der Schüttrinnenunterkante bei 45° Neigung 8 m über Kai, die dabei erreichte größte Ausladung 6 m. Die Tragfähigkeit der Bühne ist rund 28 t, deren Hubgeschwindigkeit 19 m/min (130 PS), die Kippgeschwindigkeit 25 m/min (60—80 PS); das Heben und Schwenken der Schüttrinne erfolgt mit etwa 4 m/min (12—18 PS), das Heben mittels des Hilfskranes mit 3,6 m/min (18 PS). Sämtliche Motoren und Windwerke sind in einem neben dem Kipper aufgestellten massiven Haus untergebracht; ihre Bedienung erfolgt von einem oben im Aufzugsgerüst angebrachten Steuerstand aus.]

Abb. 1016. Waggonkipper (Glasgow).

Der in Abb. 1016 dargestellte Kohlenkipper[2]) der in doppelter Ausführung gleichfalls von Nagel & Kaemp gebaut und im Jahre 1907 am Rothesai Dock bei Glasgow in Betrieb gesetzt worden ist, unterscheidet sich in seiner Anordnung nicht unwesentlich von den vorgenannten. Zunächst sind die Winden nicht unten neben, sondern oben auf dem Kippergerüst untergebracht. Dies hat außer einer Platzersparnis eine nur zentrische Belastung des Gerüstes zur Folge, wodurch dieses leichter und billiger werden kann. Durch den weiteren Fortfall der vielen Seilleitrollen werden außerdem der Wirkungsgrad des Windwerkes und die Lebensdauer der Seile größer, mithin die Betriebskosten kleiner. Ferner ist bei dieser Anlage die Gleisführung der Waggons außerordentlich durch vollständige Trennung der Wagenzu- und -abfuhr vervollkommnet worden. Während nämlich die vollen Wagen durch elektrische Spills ebenerdig zum Kipper herangeholt, vor ihm gedreht und, wie in Ruhrort, durch Aufwippen der Drehscheibe selbsttätig zum Ablauf auf die Bühne des Kippers gebracht werden, laufen die leeren

[1]) Davon entfallen auf den eigentlichen Kipper mit den maschinellen Einrichtungen 213600 M., auf das Fundament (ohne Pfahlrost, der in der Kaimauer mit enthalten ist) 32400 M. und auf das Maschinenhaus 9200 M.

[2]) Eine ausführliche Beschreibung dieses Kippers ist zu finden bei Schlachter: Z. V. d. I. 1909, S. 1255 u. ff.

Wagen auf einer schräg geneigten Hochbahn selbsttätig auf die Verschiebegleise zurück. Durch diese Disposition der Wagenführung ist es möglich geworden, bei 8 m Hub und allerdings sehr großen Geschwindigkeiten auf Leistungen von 57 Wagen in der Stunde zu kommen, was einen kaum zu übertreffenden Rekord darstellen dürfte. Für die die Beladung eines leeren Schiffes vorbereitende Herrichtung eines Kohlenhügels dient auch hier wiederum ein am Kippgerüst angebrachter Schwenkausleger (4,5 t × 9 m), der mit Vorteil natürlich auch für das gelegentliche Übernehmen von Stückgütern benutzt werden kann. Bemerkenswert dürfte bei diesem Kipper, der in England erstmalig das Druckwasser durch Elektrizität für den Antrieb ersetzte, noch eine Steuerung mittels Leonard-Schaltung sein[1]). Die elektrische Anlage konnte hierbei mit Rücksicht darauf, daß die verschiedenen Motoren des Kippers nie gleichzeitig gebraucht werden, aber noch insofern sehr vereinfacht werden, daß für alle drei Motoren — den Hub-, den Kipp- und den Kran- bzw. Schüttrinnenmotor — eine gemeinsame Dynamo benutzt wird, die nur auf den jeweils arbeitenden Motor zu schalten ist. Immerhin erfordert natürlich ein in seiner ganzen Anordnung und Bemessung derart leistungsfähiger Kipper eine entsprechend hohe Anlagesumme, die vorliegendenfalls ca. 250000 M. ohne Fundament, ohne Hochbrücke und ohne Drehscheibe und Spill betragen hat[2]). [Die Hubgeschwindigkeit der 32 t[3]) betragenden Bruttolast ist rund 30 m/min (300 PS); die Hubhöhe beträgt 18,3 m[4]). Die Kippgeschwindigkeit beträgt etwa 90 m/min (300 PS); das Bewegen des Schüttrinnenendes erfolgt mit 12 m/min, das Heben beim Hilfskran mit 36 m/min (durch einen gemeinsamen Motor von 50 PS).]

Abb. 1017. Waggonkipper (Kosel).

Eine andere Bauart eines Aufzugkippers für die Schiffsbeladung mit Kohlen zeigt die Abb. 1017 in einer Ausführung des Grusonwerkes für den Oderhafen bei Kosel. Da die dort vorhandenen automatischen Kipper mit ihren festen Trichtern für eine Anpassung an die wechselnden Wasserstände nicht fähig waren, deshalb namentlich bei Hochwasser im Frühjahr und Herbst an einigen Tagen überhaupt nicht arbeiten konnten, bei Niedrigwasser dagegen wiederum eine zu große Sturzhöhe hatten, beschaffte

[1]) S. Anhang.

[2]) Dabei ist auch das Umformeraggregat für die Leonardschaltung nicht mit einbegriffen, dessen Kostenanteil für den Kipper sich schwer berechnen läßt, da z. B. das Schwungrad auch zum Puffern für die Krandynamo benutzt wird, die auf derselben Achse sitzt.

[3]) Für Kohlenwagen von 20 t Ladefähigkeit und 8 t Eigengewicht.

[4]) Der andere Kipper hat nur eine Hubhöhe von 15,25 m.

man sich im Jahre 1906 zwei elektrische Kipper, deren Bühnen außer der Kippbewegung auch noch eine Hubbewegung ausführen können. Die in dem Gerüst angeordnete Kippvorrichtung besteht aus zwei gelenkig miteinander verbundenen Armen, von denen der obere als Plattform zur Aufnahme des Kohlenwagens ausgebildet ist. Mit dieser Plattform, die im Ruhezustand landseitig auf dem Ufermauerwerk aufliegt, ist wasserseitig ein Trichter verbunden, unter dem das die beiden Arme verbindende Gelenk aufliegt. Der andere Arm führt von diesem Gelenk nach einem festen Drehpunkt am Gerüst. Das Kippen geht in folgender Weise vor sich: Der beladene Wagen wird auf die zunächst horizontal liegende Plattform geschoben, die Vorderklappe des Wagens geöffnet und die Plattform um das vordere Gelenk gekippt, so daß die Kohle in den Trichter gleitet. Alsdann werden die beiden Arme zusammen um den festen Drehpunkt soweit bewegt, bis der Trichter mit seinem Inhalt die tiefstmögliche Lage im Schiffsraum eingenommen hat, d. h. die Kohle bloß wenig zu fallen braucht. Die Schonung der Kohle soll bei dieser sehr anpassungsfähigen Konstruktion recht groß sein, die Leistungsfähigkeit allerdings nur gering. Sie bleibt mit 8 Kippungen stündlich sogar hinter der der benachbarten automatischen Kipperanlagen zurück, die 10—12 Entleerungen in der Stunde vornehmen können. Der Grund hierfür ist einesteils der, daß das Ausschütten eines Trichters bzw. eines Wageninhaltes öfter unterbrochen werden muß durch das Verholen der Kähne in der Anladung, das überdies noch durch die Schiffer von Hand zu erfolgen hat. Weiterhin dürfte auch die Wagenzu- und -abführung einer Steigerung der Leistungsfähigkeit des Kippers im Wege sein. Es führt nämlich von der Kipperplattform aus nur ein gemeinsames Gleis über zwei bewegliche Drehscheiben nach dem Zustellungs- bzw. Abstellungsgleis, so daß die Wagenbewegung nur langsam und mit öfteren Wartepausen vor sich gehen kann.

Abb. 1018. Waggonkipper (Gijon).

In neuer und zweckdienlicher Weise besorgt der in Abb. 1018 abgebildete Schwingkipper (Demag) die schonende Überführung des Waggoninhaltes in das Schiff. Die den Wagen haltende Aufzugsplattform wird zum Kippen mit ihrem rückwärtigen Ende an Kurvenschienen geführt, während ihr vorderes Ende auf gelenkig mit ihr verbundene Schwinghebel sich abstützt oder gleichfalls an einer vorkragenden Kurve geführt wird. Durch Schwingen der Kipperplattform — beim Kippen nach vorwärts — und Zwischenschaltung eines teleskopartigen Schüttrichters[1]) werden die für Schiff und Kohlen schädlichen Wirkungen des freien Abstürzens vermieden. Nach jeder Wagenentleerung kann der unterste Teil dieses Trichters um ein der Haufenhöhe im Schiff entsprechendes Stück gehoben werden. Der abgebildete Kipper arbeitet seit wenigen Jahren in dem

[1]) Eines sturzdämpfenden Teleskoprohres mit Bodenabschluß bediente sich bereits der alte hydraulische Krankipper im Bremer Freihafen; s. Gerdau: Z. V. d. I. 1892, Nr. 11.

spanischen Hafen Gijon; auch im Hamburger und Stettiner Hafen sind gleichartige Kippeinrichtungen im Betriebe.

Um die Beladeleistung für ein Schiff zu erhöhen und um gegebenenfalls auch das Schiff nicht an den Kipper verholen zu müssen, hat man die Gerüste auch der großen Aufzugskipper bisweilen fahrbar gemacht[1]). Dadurch kann man zwei, drei und selbst mehr Kipper gleichzeitig auf ein Schiff arbeiten lassen. Die erhöhte Leistungsfähigkeit einer solchen gleichsam konzentrierten Anlage hat natürlich eine dementsprechende Zu- und Abfuhrmöglichkeit der sich zusammendrängenden Waggons zur Voraussetzung.

Außer den im Vorhergehenden besprochenen Kippersystemen und den an früherer Stelle schon erwähnten Portalkranen dienen auch in Kosel-Oderhafen noch einfache Rutschen, mit denen leichteres Material, z. B. Flacheisenbündel u. dgl., einfach ins Schiff gelassen werden, zum Güterumschlag.

Die Kosten der maschinellen Anlagen stellen sich dabei wie folgt:

Verladevorrichtung	Neubaukosten einschl. Unterbau M.	Unterhaltungs- u. Betriebskosten pro Tag M.	
Automat. Kohlenkipper . . . . je	32400	15	Dabei sind enthalten M. 12.— für Stromverbrauch. Alle 2 Jahre müssen die Seile erneuert werden (= M. 1200.)
Elektr. „ „ . . . . je	138000	25	
Elektr. Potralkrane von 5 t Trgf. . . . je Desgl. von 4 t Trgf. . . . . je	} rd. 30000	33	
Dampfkrane von 2 t Trgf. . . . . je	rd. 12000	22	

Um die Nachteile der bisher betrachteten Kippersysteme, die tiefen Füllgruben bzw. das starke Gerüst mit seiner schweren Aufzugsbühne, zu vermeiden, ist die Bauart der sog. Kurvenkipper[2]) geschaffen worden, bei denen das Kippen des Waggons

Abb. 1019. Waggonkipper (Bremerhaven).

[1]) Ausführlichere Angaben über derartige Kipperanlagen s. Michenfelder: Z. V. d. I. 1913, Nr. 6 u. ff.

[2]) Weitere Ausführungen solcher (feststehender und fahrbarer) Kurvenkipper sind, mit näheren Angaben über deren Wirtschaftlichkeit, beschrieben bei Amund: Z. V. d. I. 1909, S. 1496 u. ff. — Über die Bauart der sog. „Scherenkipper“ s. S. 38 und vor allem Helm: Z. V. d. I. 1925, Nr. 38, Selter: Fördertechnik 1925, Heft 19 sowie Voss: V. d. I.-Nachr. 1926, Nr. 9.

infolge dessen Hinaufziehens auf eine nach oben gekrümmte Fahrbahn erfolgt. Man erreicht dadurch mit einfachsten Mitteln also sowohl eine Hochführung des Waggons als auch den Fortfall beweglicher und schwerer Plattformen, mit anderen Worten eine Vermeidung der tiefen Erdgruben und eine Verringerung der toten Lasten. Außerdem ermöglicht es diese Bauart wie keine andere, daß der Kipper durch einfache Fahrbarmachung der Kurvenbahn an wechselnden Stellen gebraucht werden kann; vgl. z. B. Abb. 85.

Die Abb. 1019 und 1020 veranschaulichen zwei nach diesem Prinzip ausgeführte Kipperanlagen (Pohlig). Bei ersterer, für den Norddeutschen Lloyd in Bremerhaven gebauten Anlage, wird die Kurvenbahn durch ein eisernes Gerüst, bei der anderen, in der Zentrale Reisholz des Rheinisch-Westfälischen Elektrizitätswerkes, durch einen Eisenbeton-Unterbau abgestützt[1]). Bei diesem ist das zum Heraufziehen der Wagen mittels Gallscher Ketten dienende Windwerk direkt auf dem Unterbau aufgesetzt, bei jenem im Unterteil des Gerüstes angeordnet. Damit sich die durch Fanghaken gehaltene

Abb. 1020. Waggonkipper (Reisholz.)

Vorderachse des Wagens bei dessen Hochziehen nicht dreht, werden die Vorderräder zunächst durch ein Spill[2]) auf einen ganz niedrigen Stahlgußunterwagen gezogen, aus dem die Fanghaken sich beim Anziehen der Hubketten unter die Vorderachse des Wagens legen. Nach Passieren des Kurvenüberganges, von etwa 30 auf 60°, und nach Losschlagen der Stirnwand des Waggons erfolgt dessen Entleerung. Bei der Anlage nach Abb. 1019 wird die entleerte Kohle durch ein Becherwerk über den Einlauf einer Schüttrinne gehoben, durch die sie dann ins Schiff rutscht. Bei der anderen Anlage dagegen fallen die Kohlen durch einen Trichter zunächst auf einen Kohlenbrecher, von dem aus sie dann gleichfalls mittels eines Becherwerkes den Bunkern des Kesselhauses zugeführt werden. Die Kosten der letztgenannten Anlage wurden einschließlich des Unterbaues auf nur 35000 M. angegeben. Man hat hierbei wegen der vollständigen Unabhängigkeit von Grundwasser die Annehmlichkeit, die Kosten vorher bestimmt übersehen zu können. Die Aufzugs-, d. h. Kurvenfahrgeschwindigkeit beträgt nur etwa 0,5 m/sek (50 PS); die stündliche Leistung allerdings auch nur etwa 6 Waggons. Zweifellos günstig aber

[1]) Eine gleichartige Einrichtung (für Erzentladung) mit aus Hochofenzement erstelltem Unterbau ist beschrieben in der Bauwelt 1913, Nr. 51.

[2]) Bei der Reisholzer Anlage genügt hierfür die Schrägstellung des Drehscheibengleises, wodurch der Waggon selbsttätig auf den Unterwagen abläuft.

ist die Anlage solcher Kipper gerade unmittelbar am Wasser, wie etwa in Bremerhaven, wo man in der Regel ja mit schwierigen Fundamentierungen zu rechnen hat, durch den Umstand, daß alle für das Kippen erforderlichen Teile in einem Apparat vereinigt sind, der unabhängig von irgendwelchen Fundamenten ist.

Zum Schluß seien noch einige kranartige Anlagen besonderer Bauart kurz besprochen, die für den Bau oder die Erweiterung von Häfen und sonstigen Ingenieurtiefbauten nutzbringend verwendet werden können.

Der in erster Linie zum Ausheben und Beiseiteschaffen von Erd- und Gesteinsmassen o. dgl. bestimmte Löffelbagger ist, wie sein Aufbau nach Abb. 1021 (Ruston) ja ohne weiteres erkennen läßt, eine Abart des fahrbaren Dampfdrehkranes. Er ist auch, wie dieser, nach Abhängen des Eimers samt Treibstiel und Anhängen eines Lasthakens an die Flasche zum Heben und Verladen beliebiger Einzellasten benutzbar. Um den Bagger unabhängig von einem Schienengleis und selbst auf weniger festem Untergrund an wechselnde Arbeitsstellen frei verfahren zu können, bewegt er sich nach Abb. 1022 mittels breiter Raupenbänder, die einen genügend kleinen Flächendruck ergeben[1]). Diese neueste Löffelbaggerbauart (Menck & Hambrock) wird für Löffelgrößen von rund 0,5 bis 2 cbm Inhalt hergestellt, wobei die Windekraft entsprechend 6000 bis 23000 kg beträgt, die größte Reichweite rund 8,2 bis 13,4 m, die größte Reichhöhe 6 bis 10 m und die größte Ausschütthöhe rund 4,2 bis 7,2 m[2]).

Abb. 1021. Löffelbagger.

Ein für den Baggerbetrieb wichtiges Element stellt der Löffelverschluß dar, dessen Hauptarten die Löffelklappe und der Löffelschieber sind. Die Löffelklappe (vgl. Abb. 1021) ist die ursprüngliche und weitestverbreitete Einrichtung, deren Nachteil des Nach-Unten-Ausschlagens — übermäßiger Kraftverbrauch infolge entsprechend hohen Anhebens des zu entleerenden Löffels und Beschädigung der Wagen[3]) durch das hoch und

[1]) Während die Räder eines Lastkraftwagens mit 100 bis 150 kg/qcm auf den Boden drücken, ist der Flächendruck selbst des schwersten Raupenketten-Fahrzeuges nur 5 bis 6 kg/qcm; vgl. Simon: Schweizer Baublatt 1924, Nr. 100.

[2]) Weitere Angaben über Löffelbagger (Niemag) — mit Löffelinhalten von 1 bis 3 cbm, entsprechenden Reißkräften von 12000 bis 32000 kg und theoretischen Leistungen von 80 bis 180 cbm/std. — finden sich bei Benedict: Bauingenieur 1925, Heft 18. S. auch Garbotz: Die Bauzeitung 1924, Nr. 70, Der Bauingenieur 1924, Heft 12 und 13 sowie Zentralbl. d. Bauverwaltg. 1925, Nr. 34; vgl. a. Woeste: Z. V. d. I. 1926, Nr. 14.

[3]) Nach der Betriebsstatistik des Kanalbauamtes Hannover betragen die Kosten für Instandhaltung der Wagen bei Beladung mit (Pendel-) Schieberlöffeln nur 2 bis 7% gegen 35% bei Beladung durch (Brems-) Klappenlöffel.

plötzlich herabfallende Baggergut — durch die spätere Ausbildung als Flach- oder auch als Rundschieber vermieden werden sollte[1]). Indes wird bei neueren Ausführungen durch Höherlegung des Klappendrehpunktes auch erreicht, daß die Klappe — wenigstens in den tieferen Ausschüttstellungen — nicht mehr nach unten ausschlägt und auch in den höheren Lagen nur wenig. Damit fallen einerseits die Gefahren einer Beschädigung von Wagen, Füllrumpfen oder gar Menschen fort, die durch das Gegenschlagen der Klappe oder auch nur infolge der vergrößerten Fallhöhe entstehen können, andrerseits wird die Leistungsfähigkeit des Baggers dadurch gesteigert, daß der Löffel nicht übermäßig hoch über den Aufnahmebehälter gehoben zu werden braucht. Eine Regelung des Öffnungsgeschwindigkeit und Öffnungsweite bzw. der Ausschüttmenge ist durch Bremsung der Klappenbewegung möglich. Ein besonderer Vorzug der gebremsten Klappe ist es, daß man hoch auszuschütten vermag. Hierzu ist erforderlich, daß die Klappe in den höchsten Löffelstellungen mit Sicherheit verschlossen gehalten wird. Dies ist mit dem Löffelschieber nicht ohne weiteres erreichbar, weil dieser sich von selbst öffnen will, wenn die

Abb. 1022. Löffelbagger.

Löffelstiele bei hoher Löffelstellung eine zu große Schräglage haben. Denn der Schieber wird nur durch sein Gewicht und nicht durch eine besondere Kraft geschlossen gehalten. Wird nun der Löffel sehr hoch gehoben, so wirkt dieses Gewicht auf Öffnen. Der Löffelschieber, der mit Kraft — in der Regel mittels der Löffelvorschubmaschine — aufgezogen wird und deshalb naturgemäß auch eine Regelung der Öffnungsweite und -geschwindigkeit sowie infolge seines flachen Bewegungsraumes die Beschränkung der Löffelhubhöhe auf das Mindestmaß gestattet, wird für das Öffnen von der vom Vorschubwerk

[1]) Ein ebener Schieber, der naturgemäß seitliche Führungen benötigt (Abb. 1024), arbeitet nur in solchen Fällen einwandfrei, wenn diese Führungen durch das zu baggernde Gut nicht beeinträchtigt werden. Zähes oder klebriges Gut verstopft die Führungen leicht, stückiges klemmt sich in den Führungsleisten leicht fest. Die dadurch auftretenden Betriebsstörungen sind bei einem gebogenem Schieber, der nach Abb. 1023 Führungen nicht aufweist, sondern um zwei Zapfen schwingbar aufgehängt ist (Orenstein & Koppel), wirksam ausgeschaltet. Bei ihm ist ferner durch entsprechende Ausbildung des Bodens der Schwerpunkt so weit nach hinten verlegt, daß seine Schwerkraft in allen Löffelstellungen ein auf Schließen des Schiebers wirkendes Drehmoment erzeugt. — Bei einer neueren Bauart (Demag), die gewissermaßen eine Vereinigung von Schieber und Klappe ist, ist der Löffelboden so geführt, daß er — zwecks Vermeidung plötzlicher Entleerung — zunächst schieberartig zurückgezogen wird und dann erst nach unten klappt.

abgekuppelten Löffelöffnungswinde betätigt. Wenn man also ausschütten will, so kann man die Stellung des Löffels nur durch erneutes Umkuppeln ändern, was namentlich bei kleinen Wagen öfter notwendig ist. Ein solches wiederholtes Umkuppeln hat aber Zeitverlust und eine entsprechende Leistungsverminderung zur Folge.

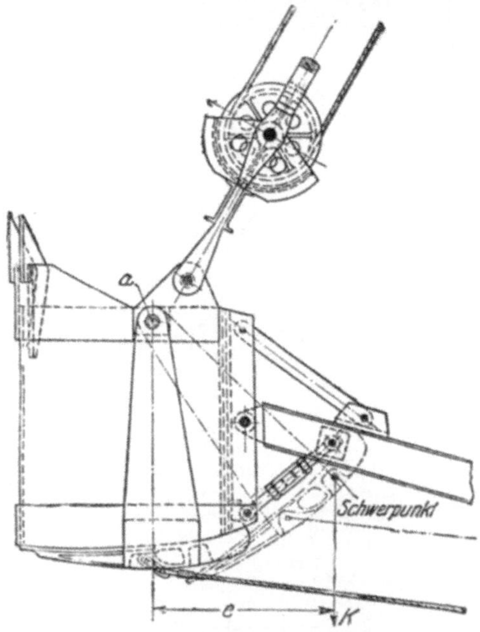

Abb. 1023. Baggerlöffel mit Rundschieber.

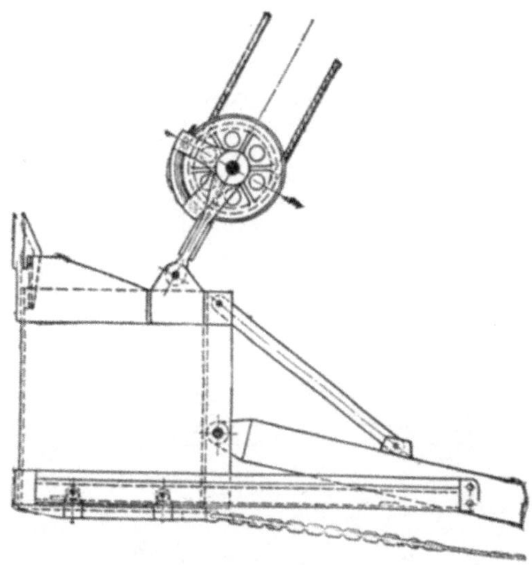

Abb. 1024. Baggerlöffel mit Flachschieber.

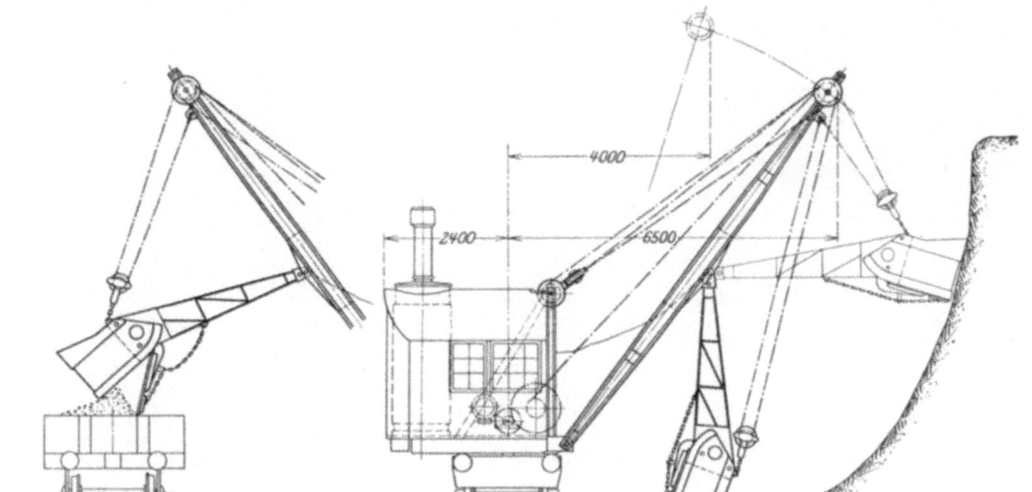

Abb. 1025. Kranschaufler.

Eine durch den Fortfall des Vorschubmechanismus vereinfachte Bauart eines Löffelbaggers stellt der Dampf-Schnellschaufler (Orenstein & Koppel) nach Abb. 1025 dar, ein regelspuriger Drehkran, an dessen Ausleger die Schaufel mit einem unverschieblichen Arm angelenkt ist. Bei Annahme einer Zeit von 45 Sekunden für ein Schaufelspiel beträgt die tägliche Leistung des 1 cbm-Schauflers etwa 750 cbm. Für die Stückgutverladung kann er, als Kran mit einfachem Haken, Einzelgewichte bis 3000 kg heben, mit einem Doppelhaken und Flasche bis etwa 7000 kg. Dabei beträgt die Hubgeschwindigkeit 20 bzw. 10 m/min, die Fahrgeschwindigkeit bis 80 m bei Vollast, bis 175 m/min ohne Last;

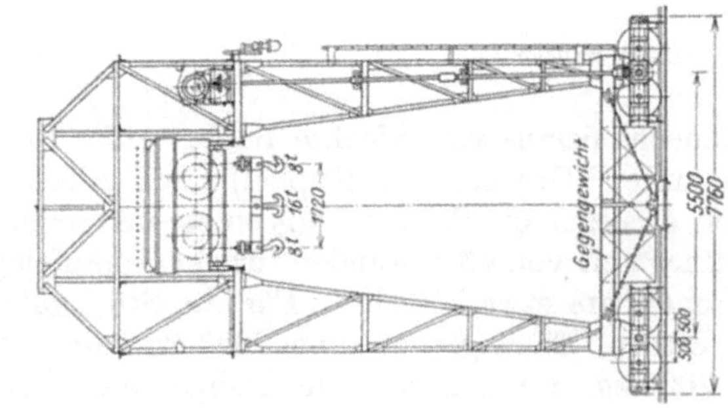

Abb. 1026.

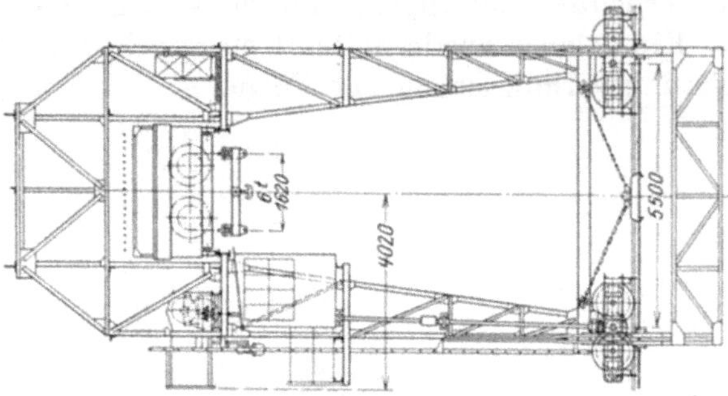

Abb. 1027.

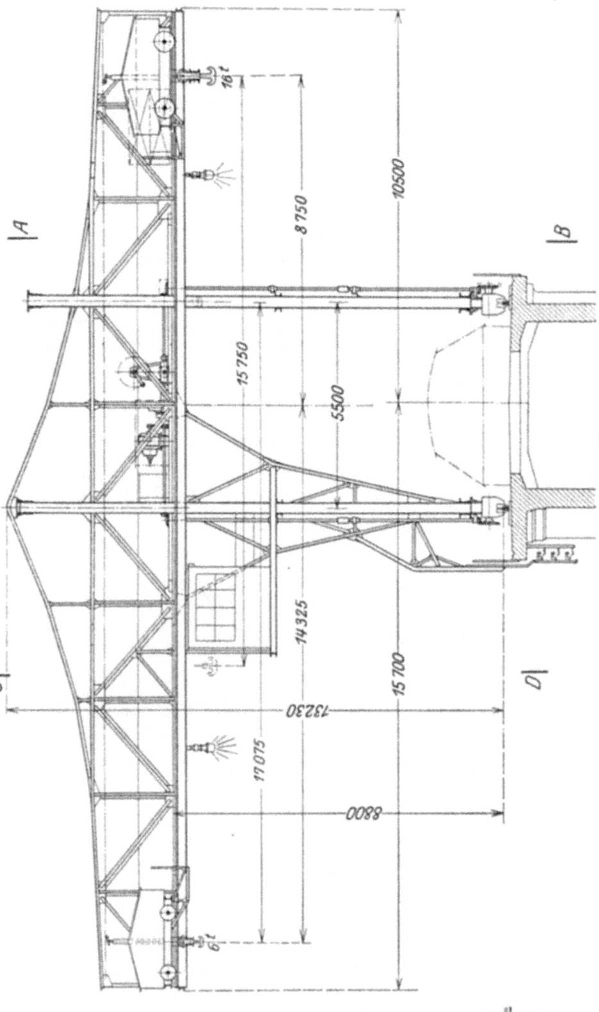

Abb. 1028.

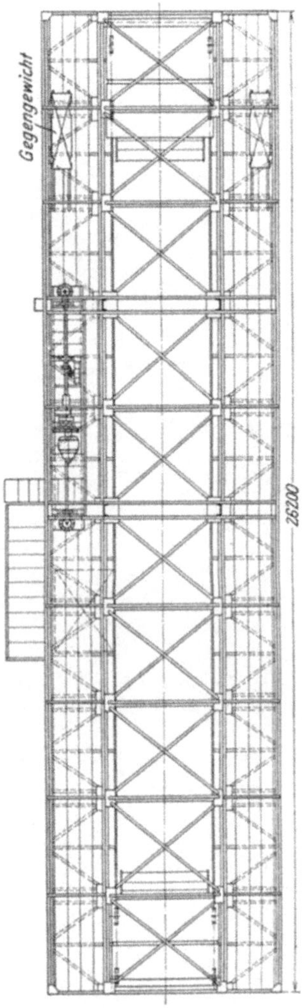

Abb. 1029.

Abb. 1026 bis 1029. Tiefbaukran (Genf).

Schwenken 2,5 bzw. 4 mal in der Minute. Im Rangierbetrieb zieht der Schaufler 4 beladene 20 t-Waggons, 5 15 t- oder 6 10 t-Waggons. Sein Konstruktionsgewicht ist 21500 kg, sein Dienstgewicht etwa 27500 kg.

In Aufbau und Arbeitsweise zwischen den Löffelbaggern und den Eimerbaggern, deren Besprechung den Rahmen dieses Buches indes überschreiten würde, liegt der neuerdings gleichfalls für die Abtragung von Halden, von Kohlen-, Erz- oder Sandaufschüttungen und dgl. eingeführte „Schaufelradbagger" (Humboldt). Sein unterschiedliches Merkmal

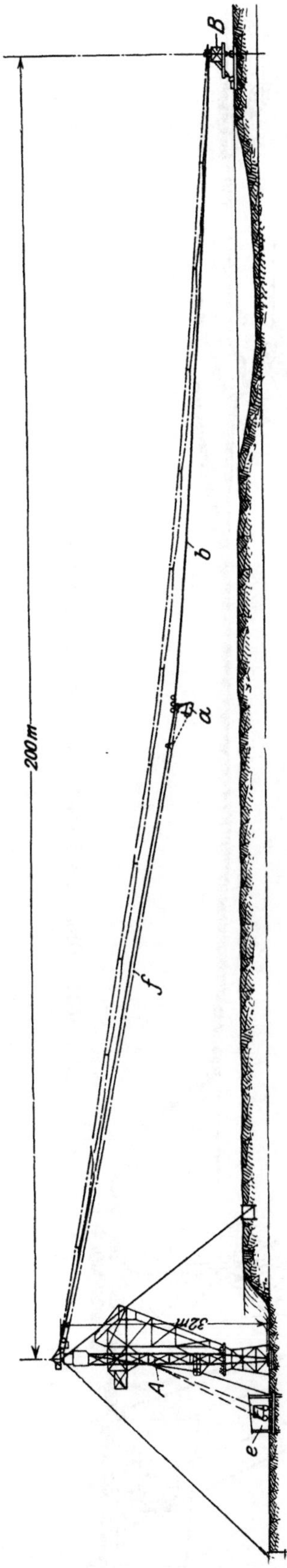

Abb. 1030.

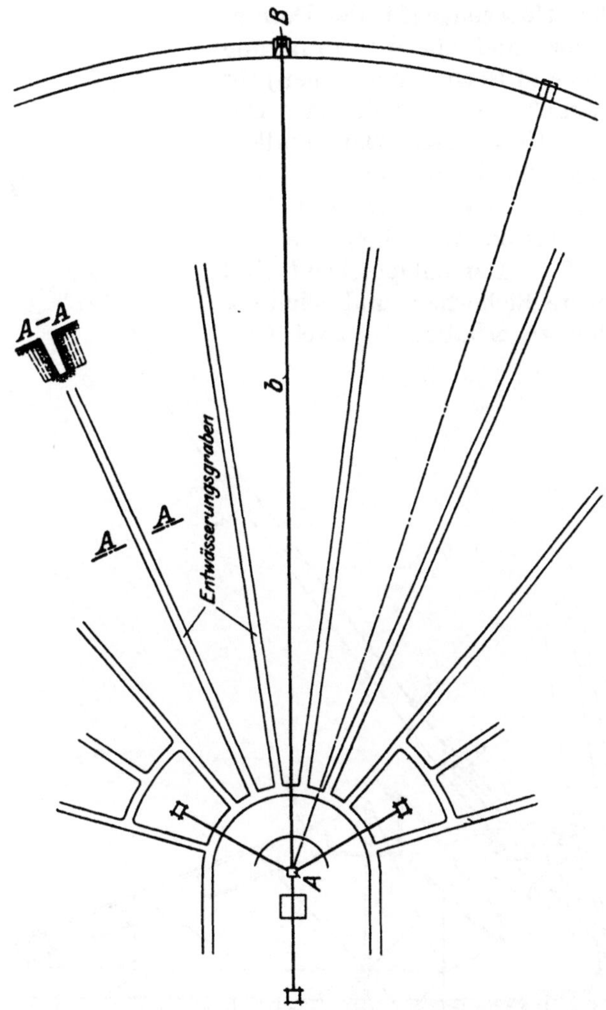

Abb. 1031.

Abb. 1030 und 1031. Kabelbaggeranordnung (Sanimoor).

gegenüber den Löffelbaggern besteht in der Verwendung einer rotierenden Löffelbatterie, eben dem Schaufelrad — einem an seinem Umfange mit 6 becherartigen Schaufeln versehenen Radkörper —, durch dessen ständige Drehung eine ununterbrochene Aufnahme des Materials stattfindet und entsprechend große Leistungen erzielt werden können. Die Abgabe des von den Schaufeln aufgenommenen Materials erfolgt durch ein bandartiges Transportmittel, auf das es über Rutschen aus den Schaufeln gelangt. Mit solchen Schaufelbaggern, die mit Schaufelrädern von 3 bis 6 m Durchmesser und 450 bis 850 mm Breite ausgeführt werden, können Stundenleistungen von entsprechend 100 bis 400 cbm erzielt werden.

Das in den Abb. 1026 bis 1029 veranschaulichte Hebezeug (Gießerei Bern), das erstmalig für den Bau einer Stauwehranlage bei Genf im vergangenen Jahre geschaffen worden ist, löst in zweckmäßiger Weise die besondere Aufgabe, die Zahl der sonst bei derartigen Bauten erforderlichen Hebezeuge (für den Dammbalkentransport und für die Verladung der Montage- und Betriebsmaschinen) auf das Mindestmaß zu beschränken. Das Ausheben der Unterwasser-Dammbalken bedingte eine Tragkraft von 6 t, der Transport der Oberwasser-Dammbalken und der schwersten Maschinenteile eine solche von 16 t. Dementsprechend sind — um größere Sicherheit und leichtere Konstruktion zu erhalten — zwei von-

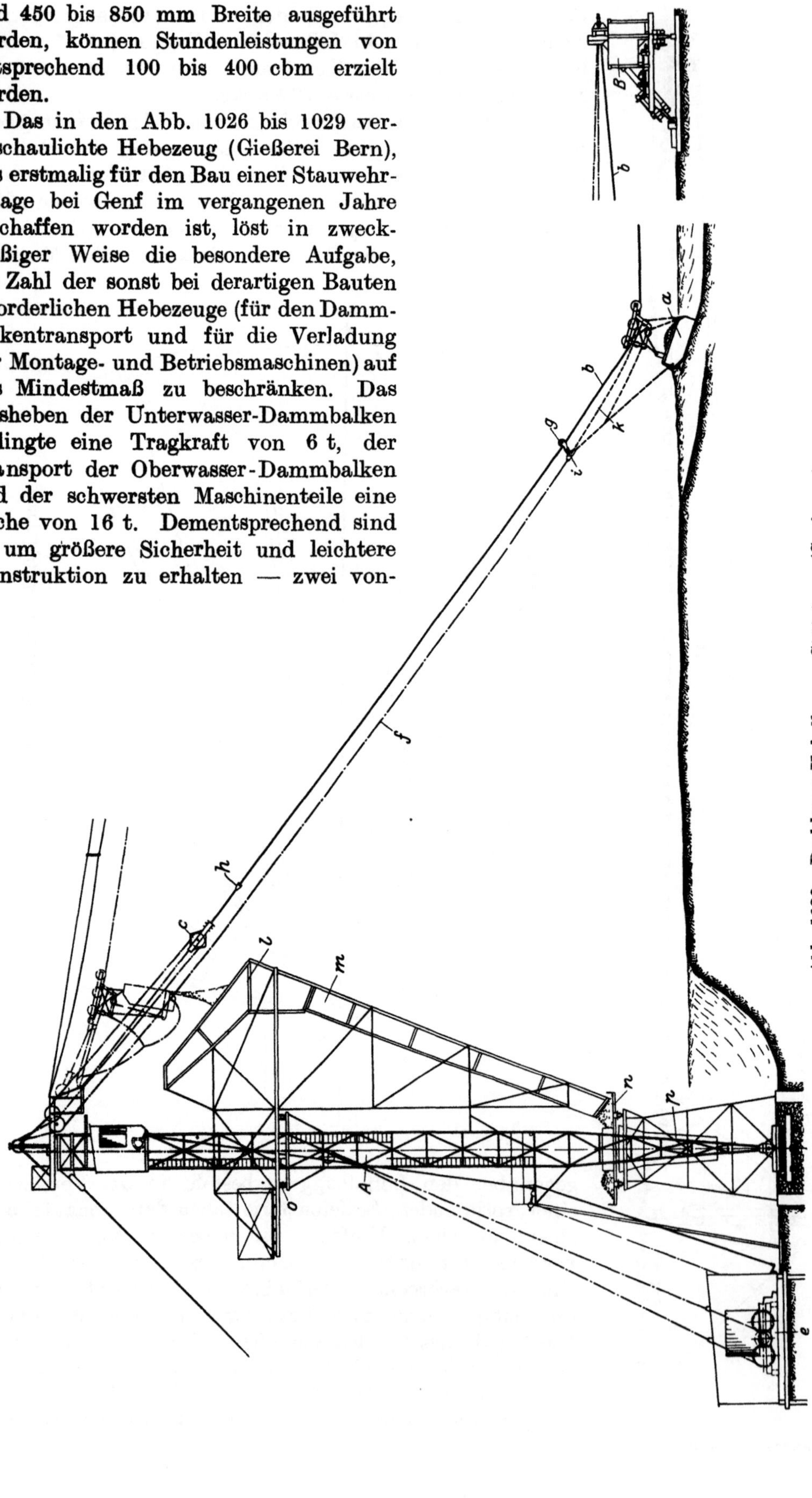

Abb. 1032. Drehbarer Kabelbagger-Stützturm (Sanimoor).

	Art u. Zweck	Abmessung	Tragkraft	Geschwindigkeit	Leistung	Sonstiges	Erbauer	Benutzer	Seite
Drehkrane	Hammerwippkran f. Schiffsausrüstungszwecke (feststehend)	**78,4** m größte Ausladung Bauhöhe: **96** m üb. Flur	250 t Nutzlast (× 34,5 m)	Heben: 1,6 m/min Katzfahr.: 10 m/min	Antriebsmotoren von zus. 524 PS	—	Demag	**Blohm & Voss, Hamburg**	**406**
Drehkrane	Wippdrehsäulenkran f. Schiffsausrüstungszwecke (schwimmend)	53,3 m größte Ausladung Bauhöhe: 81,4 m üb. Wasserspiegel	250 t Nutzlast (× 33 m)	—	Antriebsdampfmaschine von zus. 1000 PS	—	Demag	**Reichswerft Wilhelmshaven**	**445**
Drehkrane	Wippdrehscheibenkran (schwimmend)	48,3 m größte Ausladung Bauhöhe: 72 m	**350** t Nutzlast (× 30 m)	—	—	Rollkranz: 15 m Durchmesser Ponton: 81 × 27,6 m	Cowans, Sheldon & Co.	**Mitsubishi Shoji Kaisha (Japan)**	**445***
Laufkrane	Werkstattkran	28 m Spannweite	210 t Nutzlast (315 t Probel.)	Heben: 2 m/min Katzfahr: 30 m/min Kranfahr.: 60 m/min	3 Antriebsmotoren von zus. 370 PS	Eigengewicht: 185 t	Grusonwerk	—	247
Laufkrane	Gießpfannenkran mit lose hängender Pfanne	27,5 m Spannweite	(**400** t Probelast	—	—	4 Vollwandträger	Alliance Machine Co.	Stahlwerk Gary (U. S. A.)	247*
Verladebrücken	Abraumförderbrücke m. eingebautem Gummiband	**128,5** m Spannweite	—	—	500 cbm/st. (**750** t) i. M.	Veränderliche Spannweite von 121,5—128,5 m	A. T. G.	**Braunkohlenwerke Plessa N.-L.**	17*
Verladebrücken	Erzverladebrücken m. Schwenkauslegerkatze	**200** m Katzfahrweg	30 t	Heben 66 m/min Katzfahr: **360** m/min	550 t/st	—	Demag	**August Thyssenhütte Gew. Rotterdam (Holl.)**	16
Verladebrücken	Kohlenverladebrücken m. Schwenkauslegerkatze	127 m Spannweite 23,5 m } Ausla- 15,0 m } dungen	6 t	—	—	—	Mohr & Federhaff	**Hugo Stinnes Harburg**	17*
Verladebrücken	Schwenkbare Kohlenverladebrücke m. eingebautem Gummiband	100 m Spannweite 150 m ganze Länge	—	—	600 t/st	Beschüttete Kreisfläche von 300 m Durchmesser	Brownboist	Solvay-Werke Milwaukee (U. S. A.)	574
Kontinuierl. Förderanlagen	Bekohlungsschiff m. Plattenband u. Zuführungsbecherwerk	—	—	—	**1000** t/st	—	Smulders	**Kohlensyndikat Rotterdam (Holl.)**	**604**
Kontinuierl. Förderanlagen	Elektrohängebahn z. Kohlentransport	**2400** m Bahnlänge	—	—	500 t/st	Selbstentladekübel von 12,5 cbm Inhalt	Pohlig	**Meister, Lucius & Brüning, Höchst a. M.**	**530***

	Art u. Zweck	Abmessung	Tragkraft	Geschwindigkeit	Leistung	Sonstiges	Erbauer	Benutzer	Seite
		—	—	—	—	—	—	—	—
Kontinuierl. Förderanlagen	Getreideumschlagsanlage	Länge der Transportbänder ca. $5^1/_2$ km	—	—	800 t/st. max. 8 Antriebsmotoren d. Luftpumpen von zus. 1400 PS, Leistung sämtl. Motoren: rd. 2000 PS	Zu einer aus (16) Luftförderern, Bändern, Elevatoren u. Elektrohängebahn besteh. Anlage gehörig	Mahag	Lagerhaus-Gesellschaft Bremen	576
Besondere Fördermittel, Einzelteile	Bockkran	12,2 m Stützweite	180 t	—	—	Mit quereinstellbarem Fahrwerk	Grusonwerk	(Japan)	587
	Kipperkatzenbrücken	48 m Stützweite	—	—	500 t/st.	Mit je 2 seitlichen Drehkranen	Demag	Reichswerft Wilhelmshaven	39
	Aufzugskipper	18,3 u. 15,25 m Hubhöhe	32 t	—	57 Waggon von je 20 t Ladefähigkeit = 1140 t/st 3 Antriebsmotoren von zus. 650 PS	—	Kampnagel	Rothesai-Dock Glasgow (Engl.)	616
	Kabelkran f. Abraumtransport	475,5 m Spannweite	1,5 t	—	—	—	Bleichert	Gew. Heinrichshall Köstritz b. Gera	25
	Selbstgreifer mit starrer Führung	—	17 t Fassungsvermögen (Erz)	—	550 t/st i. M. 1100 t/st. max.	Zu einer aus 7 Schiffsentladern von je 550 t/st besteh. Anlage gehörig	Wellman-Seaver-Morgan Co.	U. S.-Corporation, Conneaut (U. S. A.)	124*
	Hebemagnet	2000 mm Durchm.	75 t Block	—	—	—	—	—	242

einander unabhängige Laufkatzen für 6 bzw. für 16 t angeordnet worden, die sich auf je einem Ausleger des fahrbaren Bockgestelles bewegen. Mit Rücksicht auf die Standsicherheit des Kranes, dessen Portal nur 5,5 m Spannweite hat, muß beim Arbeiten der einen Katze die andere als Gegengewicht sich stets in ihrer äußeren Endstellung in Ruhe befinden. Zu diesem Zweck sorgt eine elektrische Verriegelung dafür, daß immer eine der Katzen außer Strom und am Auslegerende ist, sobald die andere betätigt wird. Die Hauptdaten dieses „Wehrkran" genannten Bauhilfsmittels sind außer den schon genannten: Hubgeschwindigkeit der 16 t-Katze (Hubhöhe 24 m) rund 2 m/min (15 PS-Motor), Hubgeschwindigkeit der 6 t-Katze (Hubhöhe 37 m) rund 3,4 m/min (9 PS-Motor), Katzfahren der 16 t-Katze mit 7,5 m/min (2,8 PS), Katzfahren der 6 t-Katze mit 8,3 m/min (2 PS). Das Kranfahren erfolgt mit 18 m/min (15 PS).

Endlich verdient noch ein — wenigstens hierzulande — ganz neuartiges Hilfsmittel für die in Rede stehenden Erdbauarbeiten Erwähnung, das als Kabelbagger[1]) zum Ausheben und gleichzeitigen Fortschaffen von Erde, Sand, Torf und leichtem Gestein künftig mit Recht wohl auch hier bei uns sich mehr Eingang verschaffen wird. Die Abb. 1030 bis 1032 lassen in einer — für die Gewinnung von Torf im Torfwerk Sanimoor bestimmten — Ausführung (Bleichert), m. W. des ersten deutschen Kabelbaggers überhaupt, den Aufbau und die Arbeitsweise eines solchen Kabelbaggers erkennen. Im Bau einem Kabelkrane grundsätzlich gleich,

[1]) S. auch Buhle: Bautechnik 1923, Heft 1 und Zapf: Z. V. d. I. 1925, Nr. 28.

unterscheidet sich der Kabelbagger von jenem durch die schürfende Arbeitsweise seines Transportgefäßes (*a*), das an einem zu diesem Zweck bis in die Schürfstellung nachlaßbaren Tragkabel (*b*) aufgehängt ist. Das Nachlassen wie das Hochziehen des Tragkabels — letzteres nach Füllung des Schürfkübels — erfolgt mittels eines Flaschenzuges *c* von der Winde *e* aus (Abb. 1032). Das Verfahren des Kübels durch das Seil *f* erfolgt vorliegendenfalls maschinell nur in der Schürfrichtung, während die Rückwärtsfahrt auf dem schräggespannten Tragkabel nicht zwangläufig, sondern nur durch die Gewichtswirkung von Katze und Kübel erfolgt. Es besteht natürlich auch die Möglichkeit, die Katze, wie beim Kabelkran, in beiden Fahrtrichtungen durch Seilzug zu bewegen. Der weitere Arbeitshergang ist hier derart, daß der mit dem Tragkabel hochgezogene, gefüllte Kübel durch das mittels Laufrolle *g* aufgehängte Zugseil gegen einen (einstellbaren) Anschlag *h* am Ende der Fahrbahn bewegt wird, worauf der Seilzug durch Vermittlung der Rolle *i* und Kette *k* auf den rückwärtigen Teil des Kübels übertragen wird und diesen kippt. Sein Inhalt stürzt in eine Schurre *m*, die, entsprechend der Schwenkbarkeit dieses Kabelbaggers, auf *o* drehbar gelagert ist; zum Zurückhalten großer Wurzelstücke ist sie mit einem Rost *l* versehen. Aus dieser Rutsche fällt der Torf auf einen Drehteller *n*, von dem er in einen Trichter *p* abgestrichen und auf ein Tranportband geschüttet wird, das ihn auf langen Haufen ablagert. Von diesen gelangt der Torf dann mittels fahrbaren Becherwerkes über ein weiteres Band zu den Torfpressen in die Fabrik. Besonders schätzenswert ist bei der vorliegenden Bestimmung des Kabelbaggers dessen gleichzeitige Verwendung zur Vorentwässerung des Torfes dadurch, daß der Schürfkübel in der aus dem Grundriß Abb. 1031 ersichtlichen Weise zur vorausgehenden Herstellung von Entwässerungsgräben benutzt werden kann. Die Schürfung des Torfes ist, 10 m von dem Gegenblock beginnend, bis 25 m an den festen Turm heran möglich. Die technischen Daten dieses 200 m überspannenden Kabelbaggers, dessen feststehender Turm *A* 32 m und dessen kreisfahrbarer Gegenblock *B* 3 m hoch ist, sind im wesentlichen folgende: Die Tragkraft der Katze beträgt brutto 2500 kg, entsprechend einem Eigengewicht des Kübels von 800 kg und einem Fassungsvermögen von 1,5 cbm bei einem Schüttgewicht des Rohtorfes von i. M. 1000 kg/cbm. Die Leistung des Baggers ist bei mittlerem Förderweg 30 bis 35 t/st, entsprechend 25 Förderspielen. Dabei ist die Fahrgeschwindigkeit der Katze beim Schürfen 50 m, beim Freilaufen 200 m/min, die Hubgeschwindigkeit (durch Verkürzung des Tragkabels) 7,1 m in der Minute. Der Kraftbedarf der Kübelkatze ist 50 PS, der Fahrmotor des Gegenblockes 8 PS.

An den zahllosen Beispielen dieses Buches konnte die Entwicklung der Fördertechnik, in erster Linie der deutschen Fördertechnik, verfolgt werden insbesondere nach der Richtung zweckdienlicher Anpassung der konstruktiven Lösungen an die betrieblichen Aufgaben mannigfachster Art. Soweit diese Aufgaben Abmessungen, Tragkräfte oder Leistungen ungewöhnlicher Größe betrafen, erschienen ihre Lösungen begreiflicherweise besonders eindrucksvoll. Rekordausführungen ringen dem Menschen erfahrungsgemäß stets Staunen, oft Bewunderung ab, auch dann, wenn das Gebiet, auf dem solche Leistungen vollbracht sind, ihm im allgemeinen recht gleichgültig gewesen ist. Durch das anerkennende Interesse an solchen Einzelleistungen wächst unbewußt auch die Wertschätzung des betreffenden Betätigungsgebietes. Dem Ansehen des hier behandelten Gebietes der Kran- und Transporttechnik auch in weiteren Kreisen dürfte durch das Bekanntwerden solcher fördertechnischer Höchstleistungen daher besonders gedient sein. Aus diesem Grunde seien als abschließender Ausdruck unserer fördertechnischen Entwicklung die bemerkenswertesten der in diesem Buche verstreut enthaltenen Angaben solcher Art auf den vorstehenden Seiten 627/28 übersichtlich zusammengefaßt.

Elektrotechnische Gesichtspunkte bei Krananlagen.

1. Geschichtliches.

Es ist eine bekannte Tatsache, daß der neuzeitige Hebezeugbau seine großartige Entwicklung innerhalb einer verhältnismäßig kurzen Zeit nur durch die mitschreitende Entwicklung der Elektrotechnik nehmen konnte. In Erkenntnis dieses Umstandes wird auch heute noch in engster Fühlung auf beiden Gebieten rastlos weitergearbeitet. Nicht vergessen soll werden, daß auch vor Anwendung des Elektromotors der Kranbau es schon zu manchen bemerkenswerten Anlagen gebracht hatte. Es sei nur an die alten, mit Preßwasser betriebenen Krane für Hafen- und Werftanlagen, ferner an die auch noch heute erstellten Dampfkrane erinnert, deren Arbeitsweise noch jetzt das uneingeschränkte Lob ihrer Besitzer findet. Hinzu kommen noch Krane, die vereinzelt auch heute noch durch fortlaufenden Seil-, Riemen- oder Wellenantrieb, in wirtschaftlich zwar wenig einwandfreier Art, bewegt werden. Einen in jeder Hinsicht vollkommenen Umschwung brachte jedoch erst der Elektromotor im Kranbau hervor. Wenn es auch nicht die Aufgabe dieses Abschnittes ist, den Entwicklungsgang der verschiedenen elektrischen Antriebsarten für Krane zu behandeln, so dürfte doch das nachstehend über die ersten Vorfahren unserer neuzeitigen Krane Gesagte wissenswert sein.

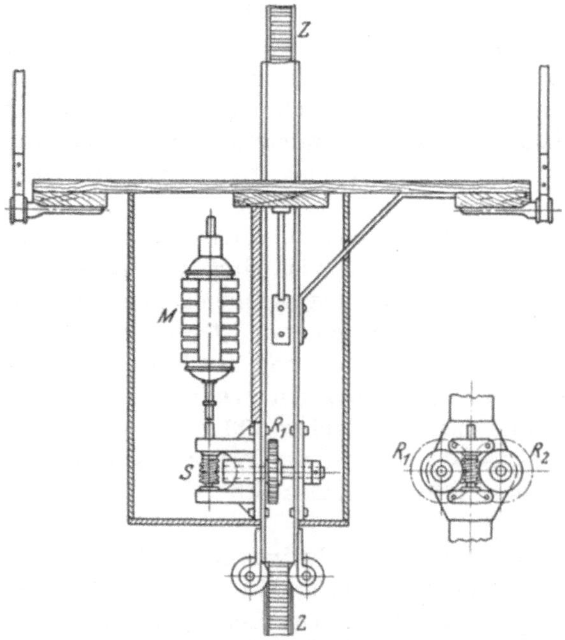

Abb. 1033. Erster elektrischer Hebezeugantrieb (Mannheim).

Der erste Versuch, den elektrischen Strom für Hebezeuge nutzbar zu machen, wurde bereits im Jahre 1880 gemacht. Werner Siemens führte in diesem Jahre einen für die Mannheimer Industrieausstellung bestimmten elektrischen Aufzug aus, bei dem nach Abb. 1033 ein unter der Aufzugsbühne befestigter Motor M mit stehender Welle Verwendung fand, dessen Ritzel in eine längs des Aufzugsschachtes verlegte Zahnstange Z eingriff (sog. Kletteraufzug). Dieser Aufzug ist in dem Deutschen Museum von Meisterwerken der Naturwissenschaft und Technik in München als bleibendes Wahrzeichen des ersten elektrisch betriebenen Hebezeuges aufgestellt.

Der erste elektrisch betriebene Kran in Deutschland ist, soweit ich habe feststellen können, im Jahre 1883/84 nach den Angaben von Ernst Heinrich Geist in Köln gebaut[1]). Dieser Kran, ein Laufkran für 7,5 t Nutzlast, dessen mechanischer Teil von der Firma van der Zypen & Charlier in Köln-Deutz und dessen elektrischer Teil von der Helios-Elektrizitäts-Gesellschaft A.-G. in Köln hergestellt wurde, kam anfangs des Jahres 1885 in der alten Montagewerkstatt des Helios in Betrieb. Die Abb. 1034 dieses geschichtlichen Kranes zeigt deutlich das Wesentliche im Aufbau der alten sogenannten Einmotorenkrane. Der auf einem Holzkonsol aufgestellte Elektromotor arbeitet mit großer Übersetzung mittels Baumwollseilen auf eine Welle, auf der drei Reibungskupplungen für die drei Wendegetriebe zum Heben, Katzen- und Kranfahren angebracht sind. Die Zeichnung Abb. 1035 gibt einen ähnlichen Antrieb wieder, der zu unserem vermutlich zweitältesten elektrischen Kran gehörte, einem 1885 für eine Hamburger Brückenaufstellung von der A.-G. für Eisenindustrie und Brückenbau vorm. Johann Kaspar Harkort in Duisburg a. Rh. benutzten fahrbaren Bockkran. Das Bild zeigt den an einem Stützbein des Bockkranes angeordneten, von Zobel, Neubert & Co. in Schmalkalden gelieferten Zentralantrieb und läßt die Kraftübertragung mittels Riemens vom Motor auf die Vorgelegwelle erkennen, von der aus sie durch ein Stirnräderpaar auf eine gemeinschaftliche Steuerkastenwelle erfolgt. Auf letzterer befinden sich die für den damaligen Stand der Technik recht gut ausgebildeten drei Reibungswendegetriebe mit Spreizkupplung, und zwar je eins für Heben, Kran- und Katzenfahren. Die Steuerung dieser Wendegetriebe erfolgte durch Schnecke und Zahnsegment mittels Handräder. Als weiterer Vorläufer auf dem Gebiete der elektrischen Krane kommt ein von der Demag i. J. 1887 an die Werft von Blohm & Voss in Hamburg gelieferter 30 t-Einmotorenlaufkran in Frage. Dieser Kran, dessen Antrieb

[1]) Nach dem Bericht über Mechanische Hafenausrüstung von Cool u. de Kanter auf dem XII. Internat. Schiffahrtskongreß zu Philadelphia 1912 soll schon 1882 im Hafen von Rotterdam ein elektrisch betriebener Kran (Haniel & Lueg) aufgestellt gewesen sein, der indes später umgebaut worden sei. Nähere Angaben hierüber sind leider nicht zu erlangen gewesen.

durch einen 8 PS-Gleichstrommotor der Firma Siemens & Halske erfolgte, ist noch heute, nach fast 40 Jahren, in der Kesselschmiede genannter Werft in der ursprünglichen Form im Betriebe. Das Jahr 1889 brachte dann den ersten elektrisch betriebenen Drehkran — einen feststehenden Wanddrehkran mit auf horizontalem Blechausleger fahrender einfacher Katze —, der von der Maschinenfabrik E. Becker in Berlin für die dortige Deutsche Allgemeine Ausstellung für Unfallverhütung gebaut worden war. Das darauffolgende Jahr, 1890,

Abb. 1034. Erster elektrischer Kran (Köln).

endlich ist bemerkenswert durch den Bau des ersten elektrisch betriebenen Hafendrehkranes der Welt durch Nagel & Kaemp in Hamburg, einem von Hand fahrbaren Halbportalkran von 1500 kg Tragfähigkeit und 13 m Ausladung, der heute noch an der ursprünglichen Stelle in Altona am Hafen die von England kommenden Kohlendampfer löscht.

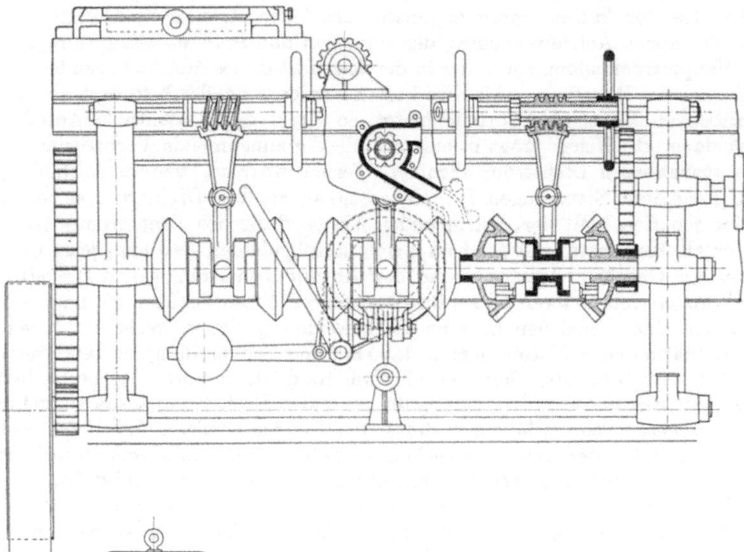

Abb. 1035. Antriebsmechanismus eines alten elektrischen Kranes (Hamburg).

Für die Einführung des elektrischen Antriebes im Kranbau kommen, soweit bekannt, die vorgenannten Krane als verdienstvolle Vorläufer in Betracht. Die nicht minderwichtige Frage, wem das Verdienst gebührt, zuerst den elektrischen Einzelantrieb für die Kranlastbewegungen ausgeführt und damit eigentlich den Siegeszug der elektrischen Krane eröffnet zu haben, hat zu der Feststellung geführt, daß dieser, den Kranbau so umwälzende Gedanke zuerst in dem Entwurfsbüro der Maschinenfabrik Oerlikon entwickelt worden ist. Diese Firma hat im Jahre 1893, nachdem bereits in den Jahren 1890/91 von Nagel & Kaemp A. G. in Hamburg ein als Mehrmotorenkran ausgebildeter Versuchskran gebaut worden war, mit dem Bau des ersten, für den Betrieb bestimmten Dreimotorenkranes begonnen. Es war ein Laufkran für Gebr. Sulzer für 20 t Tragkraft, 13,5 m Spannweite und von verhältnismäßig schon recht neuzeitlicher Ausführung mit einem Gleichstrom-Hubmotor von 8 PS und je einem 4 PS-Motor für Katzen- und Kranfahren (mit Arbeitsgeschwindigkeiten von 1—2 m/min bzw. 7—10 m/min bzw. 17—21 m/min).

Trotz der ersten guten Erfolge war jedoch noch ein weiter Weg zurückzulegen bis alle Einzelheiten der elektrischen und mechanischen Ausführungen zu der gegenwärtigen Stufe der Vollkommenheit gebracht waren. Man machte bald die Erfahrung, daß der Hebezeugbetrieb an die Motoren und Steuergeräte eine Reihe von Anforderungen stellte, denen die bisher für Dauerbetrieb erprobten Ausführungen nicht gewachsen waren. Von den Elektrizitätsfirmen sind dann im Laufe der Jahre recht brauchbare, dem Hebezeugbetrieb nach jeder Richtung hin angepaßte Motoren und Steuerungsteile durchgebildet, so daß jetzt wohl kaum noch eine Forderung besteht. die elektrisch nicht gelöst werden könnte.

2. Vorzüge des elektrischen Betriebes.

Der elektrische Antrieb von Kranen und verwandten Maschinen besitzt eine ganze Reihe Vorzüge, insbesondere größte Betriebssicherheit, jederzeitige Betriebsbereitschaft, wirtschaftliche Arbeitsweise, leichte und handliche Bedienbarkeit, weitgehendste Steuerfähigkeit, saubere, reinliche Arbeitsweise u. a. m. Infolge dieser Vorzüge hat der elektrische Antrieb für diese Betriebe die anderen Antriebsarten, wie Dampf, Preßluft- und Preßwasser allergrößtenteils verdrängt.

Die Einfachheit, Sicherheit und Wetterbeständigkeit geeignet gewählten Materials, der Wegfall wesentlicher Unterhaltungskosten für die Zuleitung der Betriebskraft, die Möglichkeit, den Strom auch den beweglichen Maschinen in einfacher Weise zuführen zu können, sind Vorzüge, die im Hebezeugbau von ausschlaggebender Bedeutung sind. Hinzu kommt, daß der Elektromotor sich in seinem Stromverbrauch selbsttätig der jeweiligen Belastung anpaßt und daher bei jeder Last wirtschaftlich arbeitet. Weiter werden die Verluste während der Betriebspausen und insbesondere die größeren Leitungsverluste, wie sie z. B. bei Druckwasserbetrieb auftreten, vermieden.

Weitere Vorzüge der elektrisch betriebenen Hebezeuge sind die einfache und sichere Bedienung, sowie die weitgehende Drehzahlregelung der Motoren, wodurch die im neuzeitigen Kranbetriebe unerläßliche hohe Steuerfähigkeit in vollem Maße erzielt wird. Die Einstellung der verschiedenen Geschwindigkeiten beim Heben und Senken, die Regelung der Fahrgeschwindigkeit und endlich das genaue Anhalten läßt sich bei keiner anderen Antriebsart so vollkommen erreichen, wie beim elektrischen Antrieb.

Alle diese Eigenschaften haben zur Ausbildung einer ganzen Reihe neuartige Hebezeuge geführt, deren Bau mit einem anderen Betriebsmittel überhaupt nicht oder aber nur in sehr schwieriger und umständlicher Weise möglich ist.

3. Stromart.

Die sehr oft aufgeworfenen Frage, ob für Krananlagen Gleichstrom oder Drehstrom vorzuziehen ist, wurde bis vor kurzem meist zugunsten des Gleichstromes beantwortet. Wenn auch der Gleichstrom, infolge des hohen Anlaufmomentes, der einfachen und besseren Drehzahlregelung und elektrischen Abbremsung des Hauptstrommotors, sowie der in der Eigenart dieses Motors liegenden selbsttätigen Einstellung der Drehzahl nach der Belastung — kleinere Lasten werden schneller befördert als schwere — zweifellos gerade für den Kranbetrieb mancherlei Vorteile bietet, so steigt der prozentuale Anteil der Verwendung von Drehstrom doch dauernd. Hierzu trägt in erster Linie die zunehmende Verbreitung der Überlandzentralen bei, welche fast ausnahmslos Drehstrom abgeben. Ferner wird die weitere Ausbildung des Drehstromkollektormotors mit geeigneten Steuerungen für Hebezeugzwecke den Drehstrom sicher noch ein größeres Verwendungsgebiet schaffen. Mit der zunehmenden Verwendnng des Drehstromes ist auch der asynchrone Drehstrommotor als Kranmotor mit solchem Erfolg durchgebildet, daß man jetzt nicht mehr ohne weiteres behaupten kann, der Gleichstrommotor sei für den Antrieb von Kranen dem Drehstrommotor grundsätzlich überlegen. Beide Arten von Motoren haben ihre besonderen Eigenschaften, die nach den jeweiligen Betriebsbedingungen bald den einen, bald den anderen als besonders geeignet erscheinen lassen. Auf keinen Fall sind aber die Eigenschaften eines Motors derart, daß sie seine Verwendung aus betriebstechnischen Gründen ausschlössen.

Auf die bekannte, dem Gleichstrom-Hauptstrommotor eigene selbsttätige Geschwindigkeitsregelung muß man allerdings bei Anwendung des normalen Drehstrommotors verzichten. Dieser Nachteil, der übrigens nicht so wesentlich ist, läßt sich durch Wahl etwas geößerer Arbeitsgeschwindigkeiten für die einzelnen Bewegungen in leichter Weise ausgleichen, so daß auch das mit Drehstrom betriebene Hebezeug dem mit Gleichstrom betriebenen in seiner Leistungsfähigkeit wohl kaum nachsteht.

Zur weiteren Beurteilung der Stromfrage können die für Gleichstrom und Drehstrom möglichen Steuerungen von Belang sein. Zweifellos bietet hier der Gleichstromantrieb mit seinen verschiedenen, an sich einfachen Senkbremsschaltungen große Vorteile. Aber auch bei Drehstrom hat man eine geeignete Lösung in der sogenannten Gegenstromsenkbremsschaltung und in der neuartigen Zweimotorensenkschaltung gefunden, welche die Bedingung einer Drehzahlregelung unter der normalen Motordrehzahl in ähnlicher Weise wie bei Gleichstrom erfüllen. Als ungünstig kommt allerdings bei der Drehstromgegenschaltung hinzu, daß in den Senkbremsstellungen der für das Bremsen erforderliche Strom dem Netz entnommen werden muß, hingegen bei Gleichstrom der Motor für das Bremsen als Generator über Widerstände geschaltet läuft und hierbei nur einen geringen Netzstrom für die Fremderregung des Feldes benötigt.

Ferner ist bei Drehstrom noch der Betrieb mit Drehstrom-Kollektormotor zu nennen. Dieser Motor läßt sich in seiner Drehzahl in den weitesten Grenzen, ähnlich wie bei Gleichstrom, regeln, ohne hierbei auf der Senkseite beim Bremsen Strom aus dem Netz zu verbrauchen. Der durchgezogene Motor gibt im Gegenteil Strom in das Netz zurück. Die Kosten der Antriebe mit Drehstrom-Kollektormotoren sind allerdings höhere als die der Gleichstromausrüstungen, doch werden die guten Betriebseigenschaften dieses Kollektormotors den Drehstrom auch für Hebezeuganlagen, insbesondere für Antriebe, bei denen eine weitgehende und feinfühlige Drehzahlregelung verlangt wird, noch mehr Eingang verschaffen.

Wird für den Betrieb von Kranen ein besonderes Kraftwerk errichtet, z. B. in Hafenanlagen, so hängt die Entscheidung über die Stromart mehr von wirtschaftlichen als von betriebstechnischen Erwägungen ab. Man gibt dann, bei wenig ausgedehnten Gebieten vielfach dem Gleichstrom den Vorzug. Ist dagegen ein ausgedehntes Hebezeuggebiet mit Strom zu versorgen, so wird man zur Verringerung der Leitungskosten mit hochgespanntem Drehstrom, der an geeigneten Punkten auf eine Betriebsspannung herabgesetzt wird, arbeiten.

Hiernach kann die Frage, ob Gleichstrom oder Drehstrom für Hebezeuganlagen zu verwenden ist, zumal auch ein wesentlicher Preisunterschied zwischen normalen Ausrüstungen der gleichen Leistungen nicht besteht, wohl dahin entschieden werden, daß dort, wo Gleichstrom zur Verfügung steht und das Versorgungsgebiet nicht zu groß ist, diese Stromart vorzusehen ist und in allen anderen Fällen ohne Bedenken Drehstrom genommen werden kann. Tritt bei vorhandenem Drehstromnetz der Fall ein, daß die Betriebsbedingungen unbedingt Gleichstrom fordern, so ist der Drehstrom durch umlaufende Maschinen, Motorgeneratoren oder Einankerumformer, oder durch Quecksilberdampfgleichrichter mit feststehenden Teilen, in Gleichstrom umzuformen.

Der Einphasenstrom hat, da es bisher nur wenige Einphasenstromnetze gab, für den Betrieb von Hebezeugen nur selten Anwendung gefunden. Da sich jedoch die Zahl der Einphasenstromnetze im Zusammenhang mit der Entwicklung der elektrischen Vollbahnen neuerdings erhöht, so wird dem Einphasenstrom künftig wohl eine etwas größere Bedeutung zukommen. Eine Umformung des etwa vorhandenen Einphasenstromes in Gleichstrom oder Drehstrom ist allenfalls aus wirtschaftlichen Rücksichten, aber nicht mehr aus betriebstechnischen Gründen erforderlich, da ein zum Betrieb von Hebezeugen geeigneter Einphasenstrommotor mit Steuerungen inzwischen mit vollem Erfolg ausgebildet ist.

Als Betriebsspannung für Hebezeuguasrüstungen wählt man zweckmäßig eine Normalspannung, und zwar für Gleichstrom 220 oder 440 oder 500 Volt und für Drehstrom 220 oder 380 oder 500 Volt. Bei ausgedehnten Anlagen oder großen Motorleistungen kommen, um in erster Linie an Leitungsmaterial zu sparen 500 Volt und bei Gleichstrom sehr oft Spannungen bis 600 Volt in Frage. Bei Festlegung der Spannung für die Ausrüstungen ist bei Drehstromantrieben darauf zu achten, daß für das Anlaufsmoment, welches im Mittel das 2,5fache des normalen beträgt, die volle oder wenigstens die annähernd volle Netzspannung an den Motorklemmen zur Verfügung steht. Es sinkt nämlich beim Drehstrommotor das Anzugsmoment, proportional dem Quadrat der Spannungsabnahme; eine Tatsache, deren Nichtbeachtung schon manchesmal die Auswechselung eines Drehstrommotors oder die Aufstellung eines sogenannten Zusatztransformators zur notwendigen Folge hatte. Andererseits hüte man sich aber, dem Motor eine zu hohe Spannung, in der Hoffnung, damit ein großes Anzugsmoment zu erreichen, zuzuführen. Es würde dadurch lediglich durch Übermagnetisierung eine zu hohe Stromaufnahme und damit eine schädliche Erwärmung eintreten, während das Anlaufsmoment nicht größer wird, als das für den Motor festgelegte.

4. Aussetzleistung.

Den Unterschied in der Beanspruchung der Motoren hat man bisher fast ausschließlich in der sogenannten Zeitleistung der Motoren berücksichtigt (30, 45, 60 und 90 Minuten Beanspruchung). Mit dieser Zeitleistung konnten die Hebezeugbauer bzw. Elektriker, welche berufen sind, Motoren für Hebezeuge auszuwählen, nicht viel anfangen, denn zwischen der Beanspruchung des Kranes mit seinem aussetzenden Betrieb und der ununterbrochenen zulässigen Beanspruchung eines Motors von der kurzen Zeit von 30 bis 90 Minuten besteht keinerlei Beziehung. Der VDE. hat die Frage der Kranmotoren-Beanspruchung einer eingehenden Prüfung unterzogen und hat jetzt den neuen Begriff der Aussetzleistung eingeführt. Man versteht darunter das Verhältnis der Betriebszeit des Motors zu Betriebszeit plus Stillstand. Man unterscheidet Motoren für 15%, 25% und 40% Einschaltdauer [ED.] Obwohl die Diagramme, Abb. 1036, welche

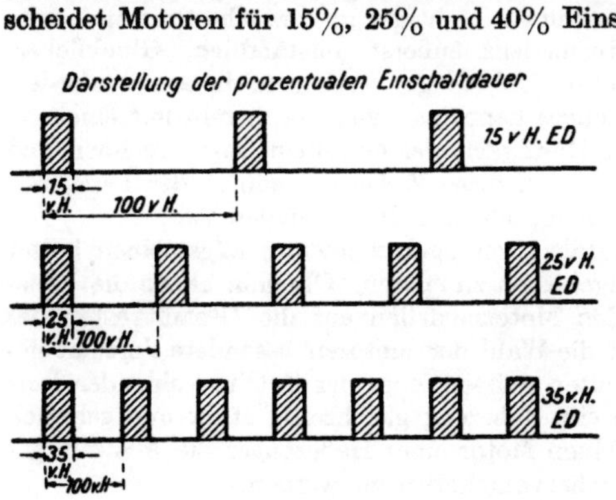

Abb. 1036.

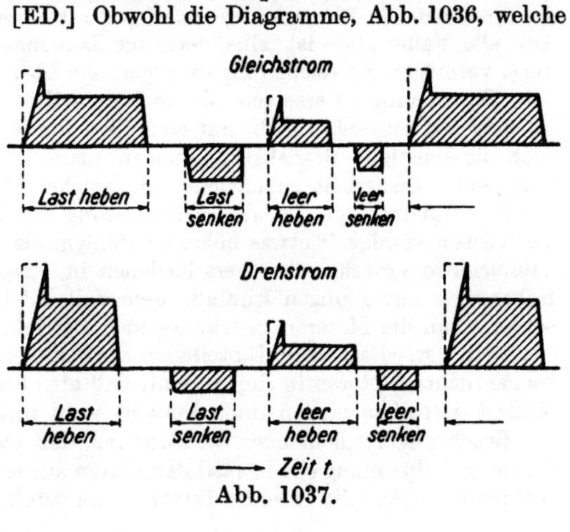

Abb. 1037.

diese Aussetzverhältnisse darstellen, schon mehr Ähnlichkeit mit den Kranbetrieben haben, als die vorgenannte Zeitleistung, so ist trotzdem noch manche Arbeit notwendig, um die Auswertung der Krandiagramme (Abb. 1037) auf den Begriff der Aussetzleistung zu bringen. Ein Kranspiel wird sich zusammensetzen aus der Leistung für das Heben der Vollast und der erforderlichen Zeit; ferner dem Absenken der Vollast auf ein kurzes Stück Weg. Wenn die Last abgesetzt ist, Senken des leeren Hakens und dann wieder Heben der Volllast. Würde man die verschiedenen Beanspruchungen des Motors unberücksichtigt lassen und nur die Arbeitszeitabstände addieren und in Verhältnis zur Gesamtzeit setzen, so würden die Motoren alle zusammen zu groß ausfallen. Ferner muß betont werden, daß man bei Bestimmung der Motoren bzw. der Aussetzleistung nicht die theoretisch mögliche Spielzahl mit der theoretisch möglich größten Last berücksichtigen darf. Auch dabei würden sich die Motoren als viel zu groß herausstellen. Es ist erforderlich, daß der Hebezeugbauer, um sich in den Begriff der Aussetzleistung einzuarbeiten, ein Diagramm aufstellt und die praktisch mögliche Spielzahl vorsieht. Als praktisch möglich ist die Spielzahl während etwa 8 bis 10 Stunden dividiert durch die Gesamtzeit anzusehen. Dabei kommen die unvermeidlichen Betriebspausen, wie Frühstück, Mittagessen, Vesper, ferner verschiedene sonstige Arbeitsunterbrechungen zur Berücksichtigung (z. B. bei einem Greiferkran, wenn der Wagen oder das Schiff leer sind und es können nicht mehr soviel Kranspiele gemacht werden).

Die Elektrizitätsfirmen haben Rechnungsarten ausgearbeitet, welche mit den Werten der vorstehend beschriebenen Diagramme die Motoren richtig bestimmen lassen.

5. Motoren.

Die Anforderungen, die an Motoren für Krane und verwandte Transporteinrichtungen gestellt werden, sind so wechselnd und vielseitig, daß es vieler Erfahrungen bedarf, um durch sachgemäße Auswahl der Motoren den zweckmäßigen Betrieb der Hebezeuge sicherzustellen. Die Gesichtspunkte, die hierbei besonderer Beachtung bedürfen, betreffen die

Leistungsfähigkeit des Motors,
Drehzahl des Motors,
Offene oder geschlossene Bauart,
Ein- oder Zweiteiligkeit der Motorgehäuse,
Beschränkung auf wenige normale Ausführungen.

Leistungsfähigkeit. Die Abmessungen eines Kranmotors werden durch zwei Bedingungen bestimmt.

1. Der Motor muß die während eines jeden Arbeitsspieles erforderlichen Augenblicksleistungen hergeben können.
2. Die zulässigen Erwärmungsgrenzen dürfen nicht überschritten werden.

Um der ersten Bedingung zu genügen, muß die Motorleistung entsprechend dem Bewegungswiderstand, der Arbeitsgeschwindigkeit und dem Wirkungsgrad des Getriebes gewählt werden. Diese Motorleistung wird von Seiten des Hebezeugbauers festgesetzt. Es muß darauf hingewiesen werden, daß es sich empfiehlt, diese Leistung reichlich zu wählen.

Die Aufgabe des Elektrotechnikers ist es nun, den Motor so zu bemessen, daß er den vom Hebezeugbauer gestellten Bedingungen entspricht, ohne sich unter den vorliegenden Betriebsverhältnissen zu sehr zu erwärmen. Da die Erwärmung durch das Produkt aus dem Quadrat der Stromstärke und der Zeit gegeben ist, so müßte man zur genauen Ermittlung des erforderlichen Motormodells ein genaues Zeitdiagramm der Augenblicksleistungen des Motors aufstellen und daraus den quadratischen Mittelwert der Stromstärke berechnen. Das Motormodell müßte dann so reichlich gewählt werden, daß es ohne eine schädliche Erwärmung dauernd mit diesem Mittelwert der Stromstärke belastet werden kann. Dabei ist noch darauf zu achten, daß der Motor mit Rücksicht auf das geforderte Anzugsmoment unter Umständen größer zu wählen ist, als es allein wegen der Erwärmung möglich wäre.

Der beschriebene Weg zur Bemessung des Motormodells ist aber in der Regel nicht gangbar, da sich die verschiedenen Betriebsmöglichkeiten des Hebezeuges gewöhnlich gar nicht genau vorausbestimmen lassen. Auf alle Fälle aber ist eine derartige Berechnung des Motormodells äußerst umständlich. Glücklicherweise vermögen die reichen Erfahrungen, die über den Betrieb von Hebezeugen vorliegen, die sonst erforderliche Berechnung zu ersetzen. Je nach dem Zweck des Hebezeuges kann man von vornherein mit einer gegebenen Betriebsweise, d. h. mit einer bestimmten Dauer und Häufigkeit der einzelnen Spiele rechnen und auch die sonstigen Betriebsbedingungen ausreichend beurteilen. Auf diese Weise ist man in der Lage, mit genügender Sicherheit zu entscheiden, welches Motormodell im einzelnen Fall zu wählen ist.

Es empfiehlt sich, bei dieser Bemessung der Motoren sorgfältig vorzugehen und im allgemeinen besser die Leistungsfähigkeit etwas höher zu wählen, als an den Anlagekosten zu sparen. Ohnehin haben die Preisunterschiede zwischen den verschiedenen in Frage kommenden Motormodellen auf die Gesamtkosten des Hebezeuges nur geringen Einfluß. Jedenfalls ist in bezug auf die Wahl der Motoren besondere Vorsicht geboten, wenn die Motoren in sehr warmen Betriebsräumen arbeiten müssen, oder der Zutritt kühlender Luft erschwert ist. Daß es in Einzelfällen vorkommen kann, daß ein Hebezeug gleichzeitig stark und schwach beanspruchte Motoren in sich vereint, daß also für jeden einzelnen Motor eines Hebezeuges die Auswahl gesondert getroffen werden muß, braucht wohl nicht besonders hervorgehoben zu werden.

Beachtung verdient noch die Tatsache, daß Drehstrommotoren infolge der Phasenverschiebung zwischen Strom und Spannung einen wattlosen Strom aufnehmen, der besonders bei geringer Belastung und beim Leerlauf ins Gewicht fällt. Der Drehstrommotor kühlt sich also in den Zeiten geringer Belastung oder beim Leerlauf weniger ab als der Gleichstrommototr, so daß er vielfach nicht so hoch beansprucht werden kann, wie der Gleichstrommotor. Es ist daher bei Drehstrom noch mehr als bei Gleichstrom erforderlich, die Motoren reichlich zu bemessen. Dies ist um so mehr zu empfehlen, als ein Drehstrommotor sich nur bis zu einer bestimmten Grenze, die im allgemeinen etwa das zwei- bis dreifache des normalen Momentes beträgt, überlasten läßt. Weiter ist in Drehstromanlagen bei der Wahl des Motors auf ein etwaiges Schwanken der Netzspannung Rücksicht zu nehmen. Man ist vielfach geneigt, bei Anlagen mit schwankender Spannung den Motor für die niedrigste vorkommende Spannung zu bemessen, um auf alle Fälle das nötige Anzugsmoment zu haben. Der Motor wird sich dann aber bei einer längeren Dauer der Höchstspannung übermäßig erwärmen. In solchen Fällen bleibt nur der Ausweg, den Motor für eine mittlere Spannung zu bestimmen und das Modell so reichlich zu wählen, daß das erforderliche Anzugsmoment auf alle Fälle vorhanden ist.

Drehzahl der Motoren. Die Drehzahl der Motoren muß entsprechend den besonderen Betriebsbedingungen eines Hebezeuges gewählt werden. Es wird oft nicht genügend beachtet, daß von der gesamten in einem bewegten Triebwerk liegenden Arbeit in den meisten Fällen der größte Teil auf die umlaufende Masse des Motors entfällt. Das schnelle Anfahren und das genaue Anhalten wird also um so mehr erschwert, je größer die lebendige Kraft dieser umlaufenden Massen ist. Aus diesem Grunde sind Motoren mit möglichst geringem Schwungmoment des Ankers bzw. Läufers zu wählen. Auf diesem Wege läßt sich jedoch bei den Motoren die schnell und oft umgesteuert werden müssen, noch nicht die genügende Steuerfähigkeit erzielen. Es wird vielmehr erforderlich, gleichzeitig auch die Drehzahl gering zu halten. Allerdings haben Motoren mit geringer Drehzahl eine größere umlaufende Masse, als schnellaufende Motoren. Da aber die lebendige Kraft nur in der ersten Potenz von der Masse, dagegen in der zweiten Potenz von der Geschwindigkeit des umlaufenden Teiles abhängt, so ist sie bei langsamlaufenden Motoren verhältnismäßig kleiner, als bei schnellaufenden.

Bei der Wahl der Drehzahl ist ferner zu berücksichtigen, inwieweit eine Erhöhung der Geschwindigkeit bei Entlastung oder bei durchgezogenem Motor zu erwarten ist. Der Wunsch nach geringen Anlagekosten treibt auf der einen Seite zur Wahl hoher Drehzahlen. Die Sicherheit des Betriebes erfordert aber auf der anderen Seite vielfach geringe Drehzahlen. In jedem Einzelfall muß also ein Ausgleich zwischen diesen beiden einander widersprechenden Forderungen geschaffen werden.

Bei den Fahr- und Drehwerken ist diese Frage von geringerer Bedeutung. Die Entlastung geht bei den Fahrwerken in der Regel nicht so weit, daß ein Durchgehen des Motors zu befürchten wäre, so daß überall dort, wo es nicht auf sehr schnelles Anfahren und genaues Anhalten ankommt, und die Fahrgeschwindigkeiten nicht besonders groß sind, Motoren mit hoher Drehzahl (bis 1500 Umdr./Min.) zulässig sind. Dies gilt z. B. für Katzfahrwerke von Kranen mit geringen Fahrgeschwindigkeiten, für Fahrwerke selten verfahrener Verladebrücken und Portalkrane, für Laufkatzen und Fahrwerke der Werkstatt- und Montagekrane, für Triebwerke von Drehscheiben usw. Jedoch ist überall da, wo das Fahr- oder Drehwerk schnell und häufig umgesteuert werden muß und ein geringes Überfahren des Zieles schon Nachteile mit sich bringt, die Wahl langsamlaufender Motoren (etwa 500 bis 750 Umdr./Min.) zu empfehlen.

Bei Hubwerken ist bei der Wahl der Drehzahl des Motors sowohl die Rücksicht auf ein etwaiges Durchgehen, als auch auf die geforderte Steuerfähigkeit maßgebend. Bei Verwendung eines selbstsperrenden Getriebes oder einer Lastdruckbremse ist ein Durchgehen des Motors an und für sich ausgeschlossen und ein Motor mit hoher Drehzahl zulässig. Ist jedoch das Getriebe nicht selbstsperrend, oder sind Lastdruckbremsen nicht vorhanden, so wird in der Regel ein Motor mit geringer Drehzahl gewählt werden müssen. Dies trifft besonders dann zu, wenn das Getriebe einen hohen Wirkungsgrad besitzt, so daß bereits kleine Lasten den Motor zu sehr beschleunigen, oder wenn der Motor, um den leeren Haken oder kleine Lasten zu senken, im Senksinne auf Arbeitsleistung geschaltet wird. Eine zu große Beschleunigung gefährdet in diesen Fällen den Motor in mechanischer Hinsicht. Besonders vorsichtig muß die Drehzahl gewählt werden, wenn das Senken der Lasten, wie z. B. bei sog. Vergütungskranen die zum Härten von großen Geschützrohren dienen, betriebsmäßig mit einem Vielfachen der Hubgeschwindigkeit erfolgt. Für derartige außergewöhnliche Fälle kommen meistens Gleichstrommotoren in Frage. Um den Hebezeugbauer in die Lage zu setzen, alle an ihn in solchen Sonderfällen herantretende Aufgaben zu lösen, können diese Motoren von vornherein so gebaut werden, daß beim Senken ein Mehrfaches der normalen Drehzahl erreicht werden kann.

Einen Anhalt dafür, welche Drehzahlen bei den verschiedenen Motorleistungen sich im Laufe der Jahre als vorteilhaft erwiesen haben, geben die Abb. 1038 und 1039. Die angegebenen Werte sind Durchschnittswerte der üblichen Ausführung.

Offene oder geschlossene Bauart. Offene Motoren können unbedenklich in Räumen verwendet werden, die gegen Feuchtigkeit und Schmutz geschützt sind. Das ist der Fall bei fast allen Kranen in Kraftwerken, sauberen Werkstätten, Lagerräumen und solchen im Freien stehenden Kranen, die ausreichend große und gut geschlossene Führerhäuser besitzen. Kommen Hebezeugmotoren im Freien zur Aufstellung, oder in Betriebsräumen, wo mit Staub, Schmutz, Spritzwasser usw. gerechnet werden muß, wie in Gießereien, Hüttenwerken, Zementfabriken, chemischen Fabriken usw., so ist es in allen diesen Fällen nötig, den Motor mit einem vollständig geschlossenen Gehäuse zu versehen, das alle elektrischen Teile gegen Staub und Feuchtigkeit schützt. Diese Kapselung des Motors bedingt eine unvermeidliche Steigerung der Anlagekosten, da diese Ausführung die Abkühlung verhindert und den Motor auf die Kühlung durch Ausstrahlung beschränkt, wodurch eine Vergrößerung seiner sämtlichen Abmessungen bedingt wird. Es wäre aber, abgesehen von Ausnahmefällen, verkehrt, wenn man diesen Nachteil dadurch umgehen wollte, daß man den Motor selbst offen wählt, ihn aber durch eine Umkleidung aus Blech oder Holz vor dem Eindringen von Staub und Feuchtigkeit schützt. Man verhindert bei einer solchen Anordnung sowohl die Luftkühlung, als auch die Ausstrahlungskühlung.

Zum Schutz gegen Säuredämpfe reicht die Kapselung des Motors nicht aus. Um dem schädlichen Einfluß dieser Dämpfe zu begegnen, müssen die Isolationsteile besonders imprägniert und metallische Teile des Motors, soweit es sich nicht um Kontaktflächen handelt, mit einem säurefesten Lack bestrichen werden. Die Kollektoren, die sich nach Lage der Sache nicht schützen lassen, unterliegen einem etwas schnelleren Verschleiß, wie denn überhaupt eine sichere Beständigkeit gegenüber dem Einfluß der Säuredämpfe kaum erreicht werden kann.

Ein- oder Zweiteiligkeit der Motoren. Von der steten Betriebsbereitschaft der Hebezeuge hängen oft hohe Werte ab. Wenn in dem ineinandergreifenden Betrieb eines Hüttenwerkes z. B. ein wichtiger Kran, für den eine Reserve nicht zur Verfügung steht versagt, so ist u. U. der ganze ordnungsgemäße Gang des Werkes bis zum Hochofen zurück gestört. Ebenso können zum Beispiel durch Verzögerung des Lösch- und Ladegeschäftes eines Schiffes derartige Nachteile entstehen, daß dagegen die ganzen Kosten des Hebezeuges zurücktreten. Das Bestreben muß deshalb dahingehen, die Wartung und Instandhaltung der Hebezeugmotoren so zu erleichtern, daß jede Störung, die wie bei allen Maschinen so auch bei den ungewöhnlich stark beanspruchten Hebezeugmotoren nie ganz zu vermeiden sein wird, in möglichst kurzer Zeit beseitigt werden kann. Als wichtigste Maßnahme in diesem Sinne hat sich bei den geschlossenen Motoren die vollständige Teilung des Motorgehäuses erwiesen, die es ermöglicht, den oberen Gehäuseteil nach Lösung weniger Schrauben abzuheben. Auf diese Weise wird das Innere des Motors vollständig zugänglich gemacht, ohne daß es erforderlich ist, den unteren Teil zu entfernen. Der Motor braucht also nach Instandsetzungen nicht von neuem auf das Hebezeug gebracht und ausgerichtet zu werden. Diese Zweiteiligkeit des Motorgehäuses ist bei den geschlossenen Kranmotoren für Gleichstrom fast restlos, aber auch bei den anderen Stromarten

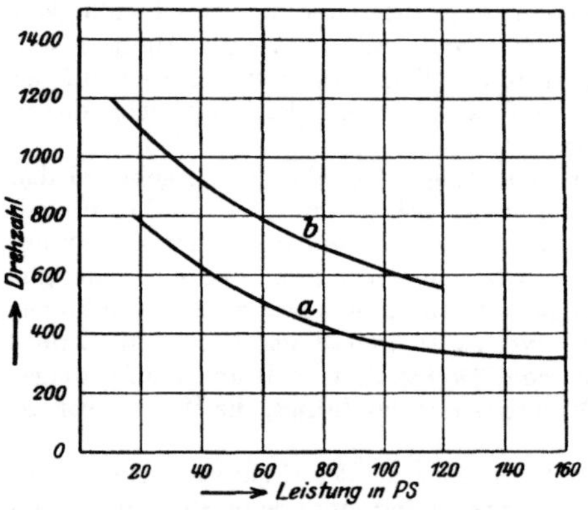

Abb. 1038. Übliche Drehzahlen von Gleichstrom- und Einphasenstrom-Kranmotoren.
a) langsamlaufende Motoren *b)* schnellaufende Motoren

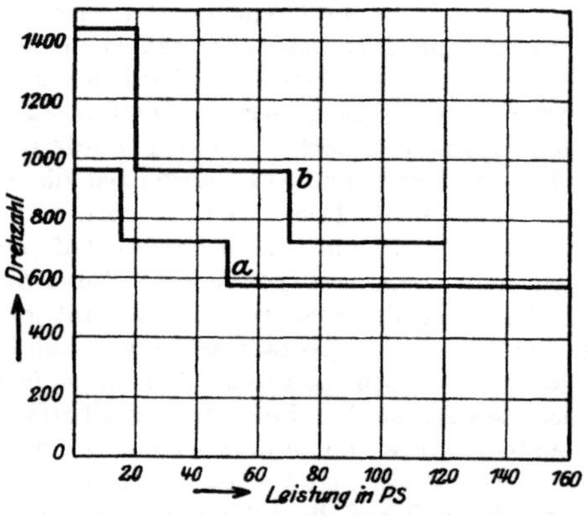

Abb. 1039. Übliche Drehzahlen von Drehstrom-Kranmotoren.
a) langsamlaufende Motoren *b)* schnellaufende Motoren

von einigen Firmen, dem Beispiel der Siemens-Schuckertwerken folgend, nach einheitlichen Gesichtspunkten durchgeführt und hat nicht wenig zu der weiten Verbreitung dieser Motoren beigetragen. Sie sollte bei Hebezeugen, bei denen eine Betriebsstörung wirtschaftliche Nachteile mit sich bringt, stets angewendet werden. Von der Zweiteiligkeit ist nur bei kleineren Motoren abgesehen, die infolge ihres geringen Gewichtes leicht als Ganzes befördert werden können.

Beschränkung auf wenige normale Ausführungen. Wenn irgend möglich, sollten als Kranmotoren nur die listenmäßigen Normalaufsührungen der Elektrizitätsfirmen zur Verwendung kommen. Abgesehen davon, daß die Motoren und ihre Reserveteile billiger sind, wenn sie als Massenfabrikat ausgeführt werden, als wenn sie für jeden Einzelfall besonders hergestellt werden müssen, ergibt sich noch der wichtige Vorteil, daß Ersatzmaterial leichter erhältlich ist. Es braucht nicht hervorgehoben zu werden, daß hierdurch eine große Sicherheit gegeben ist. An den einmal durchgearbeiteten Normalien nach Möglichkeit festzuhalten, ist aber nicht nur für die Elektrizitätsfirma vorteilhaft, sondern liegt begreiflicherweise auch im Nutzen der Kranbaufirmen. Noch mehr aber und dieses sei ausdrücklich betont, liegt es im Nutzen des Bestellers und Benutzers des Kranes. Es kann nicht genug darauf hingewiesen werden, welchen Vorteil gerade der Besteller, sei es nun ein Hüttenwerk, eine Schiffswerft, eine Maschinenfabrik oder auch nur der Besteller und der Besitzer eines einzelnen Kranes, davon hat, wenn wenigstens für den elektrischen Teil der Hebezeuge normale Motoren der einen oder anderen bekannten Elektrizitätsfirma verwendet sind. Wohl ist es unter Umständen für den Maschinenbauer verlockend, bei der Durcharbeitung eines Hebezeuges zu anormaler Ausführung des elektrischen Teiles, insbesondere der Motoren, zu greifen. Für den Besteller eines Kranes aber ist es ein Glück, daß solchen Verlangen der Hebezeugbauer nach anormalen Ausführungen seitens der Elektrizitätsfirmen nicht oder doch nur bedingungsweise entsprochen wird. Dieses geschieht einmal durch die Forderung verhältnismäßig hoher Mehrpreise für solche Sonderausführungen, dann aber insbesondere durch die in solchen Fällen geforderten langen Lieferzeiten, welche nicht selten die doppelte Zeit und mehr beträgt.

Es ist nun eine Erfahrungstatsache, daß bei Vergebung einer Krananlage oft alle möglichen Punkte und Einzelheiten des mechanischen Teiles besprochen werden, daß aber der elektrische Teil meistens in wenigen

Minuten oder überhaupt nicht behandelt wird. Und doch kann, wenn dieser Seite etwas mehr Aufmerksamkeit geschenkt würde, viel Geld gespart und vor allem vielen Betriebsstörungen vorgebeugt werden. Wenn wirklich bei der Bestellung ein geringer Mehrpreis, verursacht durch die Vorschrift, nur wenige Motor- und Steuergerätemodelle zu verwenden, eintreten sollte, so wird dieser Betrag zum Teil bereits dann ausgeglichen, sobald es sich um die Beschaffung von Reserveteilen handelt. In den meisten Fällen wird eine Preiserhöhung wohl überhaupt nicht eintreten. Vielfach höhere Beträge aber als die, welche bei der Neuanlage im günstigsten Falle gespart werden können, gehen oft durch die am elektrischen Teil eintretenden Betriebsstörungen verloren, wenn sich z. B. herausstellt, daß ein Reservemotor bzw. Reserveanker nicht vorhanden ist und ein anderer Motor an der betreffenden Stelle nicht unterzubringen ist. Darum sollte der wichtigste Gesichtspunkt bei Vergebung des elektrischen Teiles eines Kranes sein: Rücksichtnahme auf vorhandene Motormodelle bzw. Beschränkung auf einige wenige Motormodelle, wenn bisher eine Einheit nicht vorhanden war und es sich um eine größere Anzahl Krane handelt. Die nachstehende Zusammenstellung läßt die Möglichkeit erkennen, ohne zu große Sprünge in den Motorleistungen alle Bewegungsarten neuzeitlicher Krane mit höchstens 5 Motormodellen auszuführen.

Motorleistung PS	Umdrehungen minutlich	Verwendungsgebiet
5	730	Katzenfahrwerk kleiner Krane Drehwerke, Schwenkwerke, Kippwerke von Chargiermaschinen, Stripperkranen etc.
12	730	Katzenfahrwerk größerer Krane Kranfahrwerk kleinerer Krane
25	730	Hubwerk kleiner Krane Kranfahrwerk mittlerer Krane
45	580	Hubwerk mittlerer Krane Kranfahrwerk größerer Krane
75—80	580	Hub- und Kranfahrwerk von Kranen größerer Tragfähigkeit bzw. solchen mit sehr großen Arbeitsgeschwindigkeiten.

Wird gleich bei Ausschreibung einer Krananlage eine solche Aufstellung den verschiedenen Hebezeugfirmen, welche zur Angebotsabgabe aufgefordert sind, beigegeben, so bietet deren Ausführung wohl kaum Schwierigkeiten. Die gegebene Vorschrift erleichtert auch weiter dem Besteller einen Preisvergleich unter den eingehenden Angeboten zu ziehen. Sind Krane vorhanden, bei denen noch größere Motorleistungen vorkommen, so könnte durch Einführung eines weiteren Motors von etwa 100 bis 120 PS die Reihe noch um ein Modell erweitert werden, oder es könnte durch Parallelschalten von 2 Motoren die verlangte Leistung erzielt werden. Sehr oft wird die Meinung geäußert, daß der Kranbesteller sich durch die Beschränkung auf einige bestimmte Motormodelle zu sehr an das Fabrikat einer bestimmten Elektrizitätsfirma bindet. Diese Annahme besteht jedoch zu Unrecht, da die äußeren Abmessungen der Motoren gleicher Ausführung, Leistung und Drehzahl von den namhaften Elektrizitätsfirmen nennenswerte Unterschiede nicht zeigen. Weiter kann man, um den Eintritt einer solchen Zwangslage zu vermeiden, zweckmäßig bereits bei der Anfrage, unbedingt aber bei der Bestellung die Vorschrift einfügen, daß unter allen Umständen der Einbau auch eines größeren Motors bei allen Bewegungen möglich ist.

Anzugsmoment. Die bei jedem Kranbetrieb erforderliche Beschleunigung der Massen bedingt, daß die Motoren beim Anfahren einer starken Überlastung ausgesetzt sind. Dieser Überlastung müssen die Kranmotoren ohne weiteres gewachsen sein, d. h. sie müssen das erforderliche Beschleunigungsmoment hergeben können und ihre Erwärmung muß bei dem ständig wiederholten Anlassen in den zulässigen Grenzen bleiben. Die für Kranzwecke durchgebildeten Motoren der Elektrizitätsfirmen sind so gebaut, daß sie diesen Bedingungen entsprechen. Die Anzugsmomente dieser Motoren betragen etwa das 2,5- bis 3fache des Drehmomentes bei Stundenleistung. In dieser Ausführung reichen die Motoren für die normal vorkommenden Anlaufsbedingungen, sofern nicht in bezug auf das Beschleunigungsmoment und die Zeitdauer, in welcher der Motor den starken Anlaufstrom auszuhalten hat, ungewöhnliche Ansprüche gestellt werden, vollkommen aus.

Abhängigkeit der Drehzahl von der Belastung. Gleichstromkranmotoren werden fast durchweg als Hauptstrommotoren (Reihenschlußmotoren) gebaut. Nur ausnahmsweise für bestimmte Zwecke und bei Steuerung mit Gleichstromsteuermaschinen (Leonardschaltung) kommen Nebenschlußmotoren zur Anwendung. Abb. 1040 zeigt den Zusammenhang zwischen der Drehzahl und dem Drehmoment bei einem Hauptstrommotor, wenn von jeder willkürlichen Beeinflussung der Drehzahl durch das Steuergerät abgesehen wird. (Eigenregelung.) Wie man sieht, steigt die Drehzahl bei abnehmendem Drehmoment erheblich an. Dieses Verhalten des Hauptstrommotors ist in den meisten Fällen, z. B. bei Hafen- und Verladekranen sehr günstig, da sich durch das schnelle Heben des leeren oder schwach belasteten Hakens eine wesentliche Zeitersparnis ergibt. Vor allem aber macht sich diese Eigenart beim Senken des leeren oder schwach belasteten Hakens bemerkbar.

Die Drehzahl des Nebenschlußmotors ist auch bei veränderlicher Last ungefähr die gleiche.

Bei Drehstrommotoren tritt eine selbsttätige Änderung der Drehzahl in Abhängigkeit von der Last nur bei Schleifringmotoren auf, und zwar auch nur dann, wenn Widerstand im Läuferstromkreis eingeschaltet ist. Schleifringmotoren mit ausgeschaltetem Anlaßwiderstand und Motoren mit Kurzschlußläufer ändern ihre Drehzahl bei Änderung der Last so gut wie gar nicht. (Abb. 1041.) Infolge dieses Verhaltens ist der Drehstrommotor als Hebezeugmotor etwas ungünstiger als der Gleichstrom-Hauptstrommotor. Dieser Nachteil ist jedoch keineswegs von solcher Bedeutung, daß deshalb etwa die Verwendung des Drehstrommotors als

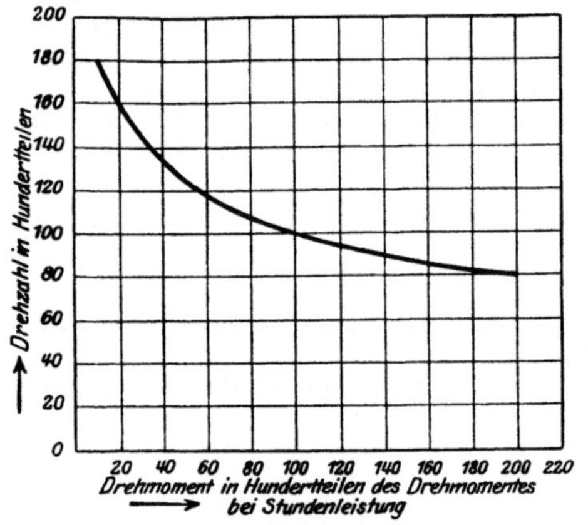

Abb. 1040. Abhängigkeit der Drehzahl von der Belastung beim Gleichstrom-Kranmotor.

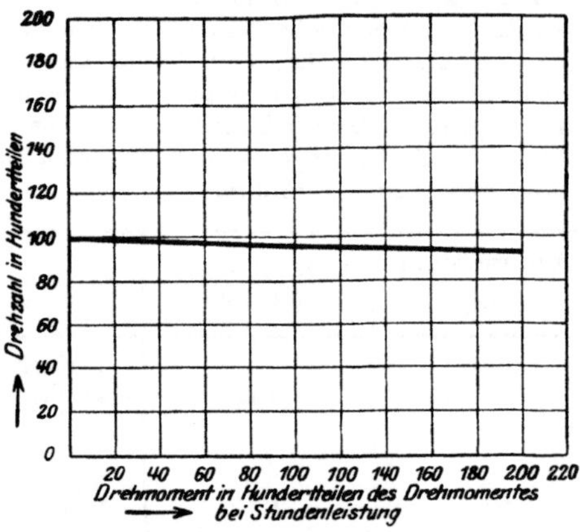

Abb. 1041. Abhängigkeit der Drehzahl von der Belastung beim Drehstrom-Kranmotor.

Hebezeugmotor in Frage gestellt würde. Überhaupt tritt die selbsttätige Änderung der Drehzahl, die Eigenregelung, bei allen Hebezeugmotoren hinter der vom Kranführer erzwungenen Fremdregelung zurück.

Der Einphasen- und der Drehstromkollektormotor gleicht in bezug auf die Änderung der Drehzahl in Abhängigkeit von der Last durchaus dem Gleichstrom-Hauptstrommotor.

Wirkungsgrad. Zu der allgemeinen Einführung des elektrischen Antriebes für Hebezeuge hat der hohe Wirkungsgrad des Elektromotors wesentlich mit beigetragen. Der Wirkungsgrad ist bereits bei 30% der normalen Belastung ein recht guter und bleibt von 50% der Normallast an in weiten Grenzen nahezu gleich.

6. Steuergeräte.

Nach den Motoren als treibende Elemente sind die Steuergeräte als die willensvermittelnden Teile einer Kranaustrüsung von größter Bedeutung. Es gibt heute wohl keine im Betrieb vorkommende Forderung nach schnellem Anlassen bzw. häufiger Umkehrung mehr, die nicht mit Hilfe eines für viele Anlaß- und Steuerarten ausführbaren Steuergerätes erfüllt werden könnte. Nicht gering aber waren die zu überwindenden Schwierigkeiten, ehe es gelang, Anlaßgeräte zu schaffen, um die im normalen Kranbetrieb vorkommende Anzahl von Schaltungen einwandfrei vornehmen zu können. Erst nachdem man dazu überging, die zur Einleitung der einzelnen Bewegungen früher bei den durch Transmissions- oder durch Seilantriebe, oder auch noch bei den elektrischen Einmotorenkranen gebräuchlichen Wendegetriebe durch den Einzelantrieb jeder Bewegung mittels eines Elektromotors zu ersetzen, konnte man auch zu größeren Arbeitsgeschwindigkeiten übergehen.

Die bis dahin von den Wendegetrieben ausgeübte Bewegung wurde von dem Umkehranlasser übernommen, womit zweifellos ein großer Teil der Schwierigkeiten dem Maschinenbauer abgenommen und dem Elektrotechniker übergeben wurde. Aber nicht nur der Ersatz als solcher gelang, sondern es ließen sich damit Arbeitsbedingungen erfüllen, die man mit den umständlichen Wendegetrieben, welche namentlich bei größeren Leistungen dauernd Instandsetzungen erfordern, niemals hätte durchführen können.

Während bei der Auswahl des Motors hauptsächlich darauf zu achten ist, daß die Erwärmung die zulässige Grenze nicht überschreitet, steht bei der Wahl der Steuervorrichtungen außer der Erwärmungsgrenze die Rücksicht auf den Verschleiß an den Kontaktstellen mit an erster Stelle. Der Verschleiß, der von den an den Kontakten auftretenden Funken herrührt, ist von der Höhe der Spannung, der zu schaltenden Leistung und der Anzahl der Schaltungen abhängig. Außer der Anzahl der Schaltungen sind aber noch einige weitere Punkte zu beachten. So ist z. B. die Abnutzung an den Kontakten der Anlaßgeräte bei gleich vielen Schaltungen dann, wenn während der Arbeitsperioden viele nur kurze Wege gefahren werden müssen, eine wesentlich höhere, als dann, wenn meist größere Wege zurückgelegt werden. Ist es insbesondere erforderlich, während der Anlaufsperiode des Motors, wobei etwa die 2—3fache Stromstärke auftritt, häufig auszuschalten, so ist naturgemäß die Abnutzung an den dem Verschleiß unterworfenen Stellen eine noch wesentlich höhere.

Leider wird aber den Steuergeräten und Widerständen, die für das gute Arbeiten eines Kranes so überaus wichtig sind, nicht immer die nötige Beachtung geschenkt. Man muß leider häufig die Beobachtung machen, daß der mechanische Teil der Krane äußerst kräftig gebaut ist und auch die Motoren entsprechend stark genug gewählt sind, daß aber die Steuerteile aus falscher Sparsamkeit zu schwach bemessen werden, ein Vorgehen, daß sich bei angestrengtem Betrieb aufs empfindlichste rächt. Es ist daher, um sicher zu gehen, unbedingt erforderlich, reichlich bemessene Steuergeräte und Widerstände zu wählen, und weiter mit Rücksicht auf eine einfache Lagerhaltung von Reserveteilen, sich auf möglichst wenig Modelle zu beschränken.

Großer Wert ist auch auf geeignete Au stellung der Steuergeräte und Widerstände zu legen. Es ist ein alter Fehler, diese Teile in enge Räume hineinzubauen, worunter dann der Betrieb zu leiden hat. Ebenso wie früher oft in Kraftwerken der Platz für dieSchaltanlage fehlte, so mangelt es jetzt häufig auf Kranen noch an Raum für die Steuerteile, die doch für die Betriebssicherheit des Kranes von der größten Wichtigkeit sind. Man muß ferner dafür Sorge tragen, daß die Widerstände, wenn sie nicht unmittelbar mit dem Steuergerät verbunden sind, an einem Ort aufgestellt werden, an dem sie sich gut abkühlen können und für eine Bedienung und Auswechselung gut zugänglich sind. Jeder einzelne Widerstandskasten muß möglichst für sich ausgebaut werden können. Die tägliche Überwachung stark benutzter Steuervorrichtungen, die Auswechselung der dem Verschleiß unterworfenen Teile, sowie das Abnehmen und Befestigender ganzen Apparate muß schnell und ohne Schwierigkeiten erfolgen können.

Die verschiedenen Größen der zu schaltenden Motorleistungen einerseits, und die Verschiedenheit in der Betriebsweise der Hebe- und Transportzeuge, ob normal oder angestrengt, andererseits, hat zur Durchbildung von 3 Arten von Steuergeräten geführt und zwar:

1. Steuerwalzen oder Konztroller,
2. Steuerschalter und
3. vermittels Steuerwalzen, der sog. Meisterwalzen zu betätigender Schütze, der Schützensteuerungen.

Nachstehend sollen kurz die hauptsächlichsten Unterschiede dieser Arten erläutert werden.

Steuerwalzen oder Kontroller. Die Steuerwalzen oder Kontroller sind für Motorleistungen aufsteigend bis etwa 30 PS bei 110 Volt, bzw. bis etwa 80 PS bei 500 Volt und normalem Betrieb verwendbar. Handelt es sich darum, ein im angestrengten Betrieb arbeitendes Triebwerk zu steuern, so muß hinsichtlich der PS-Leistung eine reichlich bemessene Steuerwalze, unter Umständen das nächst größere Modell, als es der vorliegenden Motorleistung entspricht, gewählt werden.

Die Steuerwalzen sind aus den Straßenbahnkontrollern hervorgegangen und haben daher einen ähnlichen Aufbau wie diese. Die Kontakte sind in Form von Segmentstücken auf eine Welle isoliert aufgesetzt, die in einem gußeisernen, auch das Bedienungselement tragende Gehäuse, gelagert ist. Auf einer seitlich angebrachten Hammerleiste sitzen, ebenfalls voneinander isoliert, die Kontakthämmer, welche bei Drehung der Kontaktwalze durch die auf dieser angebrachten Kontaktsegmente der Schaltung entsprechend miteinander verbunden werden. Die richtige Markierung der einzelnen Schaltstellungen erfolgt durch ein im Innern des Gehäuses angeordnetes Sperrad. Ein bei den Gleichstromsteuerwalzen eingebauter Funkenbläser soll nach Möglichkeit für eine geringe Abnutzung der Kontakte sorgen. Für eine schnelle Auswechselung des dem Verschleiß in der Hauptsache unterworfenen Kontakthammerkopfes ist dieser mit dem zugehörigen Anschlußteil, dem Hammerschaft, bei den neueren Steuerwalzen in leichter Weise ausklapp- und herausnehmbar angeordnet. Hierdurch kann natürlich eine erforderlich werdende Auswechselung gegen Ersatzhämmer in der denkbar kürzesten Zeit vorgenommen werden.

Steuerschalter. Die Steuerschalter kommen für größere Motorleistungen, die mit Steuerwalzen nicht mehr geschaltet werden können und für wichtige Hebe- und Transportzeuge, die stets betriebsfähig sein müssen, auch bei kleineren Leistungen, in Frage. Diese Steuergeräte sind kräftig gebaut, so daß sie auch den stärksten Anforderungen gewachsen sind. Der Unterschied zwischen Steuerwalzen und Steuerschalter besteht darin, daß bei letzteren der Stromschluß durch Schalter hergestellt wird. Die Betätigung dieser Schalter erfolgt vermittels unrunder Scheiben, die auf einer Schaltwelle aufgesetzt sind. Die Kontakte der Schalter sind als Druckkontakte, und zwar Kupfer auf Kohle, oder Kupfer auf Kupfer ausgebildet. Ein mechanisches Abschleifen der Kontakte, wie es bei den Gleitkontakten eintritt, findet nicht statt. Ferner liegt der Hebelkontakt bei Stromschluß sofort mit der ganzen Fläche auf und hebt sich beim Öffnen gleichzeitig mit der ganzen Fläche ab. Da also der ganze Kontaktquerschnitt gleichmäßig belastet ist, so haben die Kontakte eine wesentlich längere Lebensdauer als die Kontakte der Steuerwalzen oder Kontroller. Zur Erhöhung der Lebensdauer der Kontakte wird im allgemeinen an jedem Kontakt ein magnetischer Funkenbläser angebracht. Nur in leichten Betrieben wird bei Drehstrom auf die Funkenbläser an den Kontakten für den Läuferstrom verzichtet.

Die Reihenfolge in der Betätigung der Schalter ist von der Anordnung der unrunden Scheiben auf der Schaltwelle abhängig. Mit Hilfe dieser Scheiben können die verschiedensten Schaltungen ausgeführt werden.

Die Schalter sind in einem gußeisernen Gehäuse, in welchem auch die Schaltwelle mit unrunden Scheiben und Sperrad gelagert ist, untergebracht. Für die leichte Zugänglichkeit zu den Schaltern ist das Gehäuse vorn durch ein abnehmbares Deckblech verschlossen.

Die Steuerschalter haben sich in zahllosen Betrieben bis zu Leistungen von 250 PS vorzüglich bewährt. Größere Motorleistungen zu steuern, scheiterte bislang an der zu schweren Bedienung, der entsprechend der Schaltleistungen auszuführenden großen Steuerschalter. Der Kranführer würde diese von Hand überhaupt nicht mehr, oder aber nur mit sehr verminderter Schaltzahl bedienen können. Man mußte daher für das Steuern größerer Leistungen, insbesondere bei angestrengt arbeitenden Betrieben, bereits für kleinere Leistungen zu der Verwendung von Schützensteuerungen greifen. Neuerdings ist aber auch durch die Anwendung von motorischer Steuerschalterantriebe eine Abhilfe geschaffen. Bei diesem Antriebe ist von Hand nur die leicht gehende Kupplung eines, durch einen kleinen Hilfsmotor betätigten Getriebes, mit der Steuerschalterwelle vorzunehmen. Der Hilfsmotor übernimmt die Schaltbewegung ganz, so daß mit diesem Antriebe die größten Steuerschalter in einer, für den Führer auch bei dem angestrengtesten Betrieb nicht ermüdenden Weise, bedient werden können. Ein weiterer Vorteil ist der, daß die motorischen Antriebe allein im Führerstand und die Steuergeräte getrennt hiervon, z. B. in dem Kranträger unter Zwischenschaltung einer mechanischen Bewegungsübertragung aufgestellt werden können, wodurch der Führerstand klein und übersichtlich wird.

Schützensteuerungen. Die Schützensteuerung hat für den Kranbetrieb, hervorgerufen durch die andauernde Steigerung der Motorleistungen und Geschwindigkeiten in den letzten Jahren an Verbreitung sehr zugenommen. Wenn es auch durch Vervollkommnung der Steuerwalzen und durch Verwendung der Steuerschalter möglich ist, sehr große, im Kranbetrieb vorkommende Motorleistungen zu bedienen, so ist doch zu beachten, daß die Betätigung dieser Steuergeräte für größere Leistungen durch die großen Abmessungen einen erheblichen Aufwand an Kraft erfordern. Es kommt hinzu, daß es bei Kranen mit 5—7 Motoren, wie z. B. bei Stripper- und Blockziehkranen oder Chargierkranen, bei denen der Führerstand häufig schon sehr klein ausfällt, nicht immer möglich ist, alle Steuergeräte im Handbereich des Kranführers unterzubringen. Wenn dies dennoch gelingt, so ist dem Führer oft der Ausblick auf das Arbeitsfeld so erschwert, daß er nicht schnell und sicher genug steuern kann. Endlich ermüdet der Führer natürlich sehr leicht durch die unausgesetzte angestrengte Bedienung einer Anzal größerer Apparate.

Hier schafft die Schützensteuerung willkommene Abhilfe. Das Wesen derselben besteht darin, daß die bei den Steuerwalzen und Steuerschaltern mit der Betätigungswalze in einem Gehäuse vereinigten Kontakte in einzelne, durch Magnete bewegte Apparate, die sog. Schützen, aufgelöst sind. Mit der Steuerwalze, der sog. Meisterwalze, werden nur die schwachen Hilfsströme der kleinen, das Schließen der Schützenkontakte bewirkenden Elektromagnete gesteuert. Da es sich hier meist um ganz geringe Stromstärken handelt, so kann die Meisterwalze in allen Teilen erheblich geringere Abmessungen erhalten, als wenn die Motorströme unmittelbar geschaltet werden. Dementsprechend ist denn auch die Bedienung einer Meisterwalze wesentlich leichter, als die einer Steuerwalze oder eines Steuerschalters für die gleiche Motorleistung. Auch bietet die Unterbringung der Meisterwalze, welche leichter und klein gehalten werden kann, im Führerstand keine Schwierigkeit.

Die zugehörigen Schütze können an beliebiger Stelle des Führerkorbes im Kranträger, auf einem gemeinschaftlichem Rahmen oder auch einzeln, untergebracht werden. Die Meisterwalze ist dabei mit den Schützen nur durch schwache Leistungen verbunden, welche für die geringen Hilfsströme ausreichend sind, während die Verbindungsleitungen zwischen Schützen und Motoren für die tatsächlich auftretenden Motorstromstärken zu bemessen sind. Durch die Verwendung dünner Leitungen zwischen der Meisterwalze und den Schützen hat man leicht die Möglichkeit, Abhängigkeitskontrakte für Endausschaltung und Umgehungsschaltung in größerer Entfernung anzubringen, ohne für den vollen Motorstrom bemessene Leitungen verlegen zu müssen. Zwecks Vermeidung der Verstaubung sollten die Schütze möglichst in einem besonderen gut abgedichteten Raum untergebracht werden, wofür es bereits eine große Zahl guter Beispiele gibt.

Den genannten Vorzügen stehen allerdings auch Nachteile gegenüber, und zwar wird eine Schützensteuerung einen wesentlich höheren Anschaffungspreis erfordern. Weiter schaffen die in großer Anzahl dazu kommenden schwachen Verbindungsleitungen für die Hilfsströme, insbesondere bei nicht sachgemäßer Verlegung und die Schützen selbst eine weitere Fehlerquelle. Ferner kann die nicht zwangsweise, sondern durch Hilfsstrom und Magnete mittelbar bewirkte Betätigung der Kontakte ebenfalls zu Störungen führen.

Bestimmte Regeln, in welchen Fällen zweckmäßig Schützensteuerung zu verwenden ist, lassen sich nicht aufstellen, und es ist Sache der Hebezeugfirmen, eine Entscheidung hierüber nach den jeweiligen Arbeitsbedingungen der Krananlage zu treffen. Solange aber nicht die Notwendigkeit vorliegt, aus dem einen oder anderen der vorerwähnten Gründen Schützensteuerung zu nehmen, ist jedenfalls die Steuerung durch unmittelbar zu bedienende Steuerwalzen oder Steuerschalter vorzuziehen, zumal durch Anordnung von motorischen Antrieben die Möglichkeit besteht, auch für größere Leistungen leicht zu bedienende Steuerschalter zu verwenden.

Bedienungselemente. Für die Lebensdauer der im Kranbetrieb gebräuchlichen Steuergeräte ist die richtige Wahl der Bedienungselemente von größerem Einfluß, als oft angenommen wird. Die größtmöglichste Schonung der Geräte bietet zweifellos die Bedienung durch einfaches Handrad. Das Handrad hat hierbei lediglich einen kleinen Knopf oder ein sonstiges Zeichen zur Markierung der Mittelstellung. Mit einem solchen Handrade ist es dem Kranführer fast nicht möglich,. ohne mit der Hand nachzugreifen, von einer Endstellung der Steuergeräte in die entgegengesetzte Endstellung zu schalten. Weiter fühlt man mit einem Handrad auch besser die in dem Sperrad jedes Steuergerätes angebrachte Markierung der einzelnen Stellungen. Die durch Handradbedienung hervorgerufene Schonung der Steuergeräte und Motoren ist daher ganz bedeutend.

Es wird der Verwendung von Handrädern oft entgegengehalten, daß es nicht möglich sei, so schnell wie bei Hebelantrieb zu steuern. Bei Kranen mit einer großen Anzahl Motoren trifft dieses vereinzelt zu, meist ist es aber wohl nur die persönliche Ansicht des betreffenden Hebezeugerbauers. So verwendet manche Hebezeugfirma fast ausnahmslos Handradantrieb selbst bei Hüttenkranen mit größerer Motorenzahl, ohne daß Klagen über zu langsames Bedienen entstehen. Andere Kranbaufirmen sind wieder der Ansicht, daß schon bei einem normalen Dreimotorenkran mindestens 2 Bewegungen durch Universalantrieb, miteinander verbunden sein müssen, während für die dritte Bewegung, meistens das Heben, Hebelsteuerung mit Vertikalbewegung vorzusehen ist, um eine sog. sympatische Bewegung des Steuerorgans mit der auf- und abgehenden Last zu haben.

Das dem Handrad ähnliche Bedienungselement, die Kurbel, gewährt den Steuergeräten zwar auch noch eine gewisse Schonung, doch ist es hier bereits mit einer einzigen Bewegung, d. h. ohne nachzugreifen möglich, die Schaltwalzen um den ganzen Ausschaltwinkel zu drehen. Von manchem Betriebsleiter wird dennoch der Kurbelantrieb vorgezogen, weil hierbei eine bessere Markierung der Nullstellung durch die Kurbel selbst gegeben ist.

Bei dem Hebelantrieb endlich ist, wie bekannt, zu unterscheiden, die einfache Hebelsteuerung mit vertikaler oder horizontaler Bewegung und die sog. Universalsteuerung. Ferner gibt es noch Ausführungen, bei denen durch einen unter dem Steuergerät angebrachten Untersatz mit eingelagerter Kegelradübersetzung ein seitlicher Hebel angeordnet ist.

Durch die bei allen Hebelantrieben erforderliche Übersetzung, sei es durch Kegelrad oder durch Zahnrad mit Zahnstange, sei es durch steilgängige Spindel, wird natürlich ein größerer Kraftaufwand zur Bedienung erforderlich. Außerdem geht dem Bedienungsmann das feine Gefühl für die einzelnen Stellungen verloren und endlich ist ein schnelles Überschalten von der einen in die andere Bewegungsrichtung des Motors ohne weiteres möglich. Es soll jedoch durchaus nicht den Hebelantrieben die Daseinsberechtigung abgesprochen werden, denn es gibt eine ganze Anzahl Fälle, in denen die Arbeitsvorgänge oder die beschränkten Raumverhältnisse im Führerstand unbedingt zur Anwendung von Hebel- bzw. Universalsteuerungen zwingt. So hat z. B. der seitliche Hebelantrieb vielfach bei Hafenkranen Anwendung gefunden, und zwar dann meist in unmittelbarer Verbindung mit der mechanisch zu betätigenden Haltebremse.

Bei kleineren Kranen, namentlich solchen in Seitenschiffen von Werkstätten, Gießereien, Lagerräumen usw. oder bei selten benutzten Verladekranen, bei denen ein besonderer Bedienungsmann, der ständig auf dem Kran seinen Aufenthalt nimmt, den Betrieb zu sehr verteuern würde, werden vielfach Steuergeräte in liegender Anordnung mit selbsttätiger Rückstellung und Betätigung durch Seil- oder Kettenzüge vom Flur aus, angewendet. Diese Antriebe geben jedoch sehr oft Anlaß zu Störungen, die aber weniger in den Steuergeräten selbst liegen, als in der Möglichkeit, daß es jedem dort beschäftigten Arbeiter möglich ist, den Kran mit Hilfe der herunterhängenden Zugorgane in Gang zu setzen. Daß hierdurch oft eine unsachgemäße Handhabung eintritt, ist begreiflich, es wird einfach an den Seilen oder Ketten gezogen, soweit es eben die vorhandenen Anschläge gestatten, und dann wird nach beendeter Lastbewegung das Seil plötzlich losgelassen. Die selbsttätige Rückstellung nach der Nullstellung erfolgt daher so schnell, daß oft ein Überschalten in die entgegengesetzte Bewegungsrichtung eintritt und Steuergeräte und Motoren beschädigt werden können. Ein weiterer Nachteil liegt endlich noch darin, daß sich während der Fahrbewegung des Kranes oder der Katze die herunterhängenden Bediennungsseile oder Ketten an Werkzeugmaschinen oder sonstigen Gegenständen festhängen, wodurch oft ein unfreiwilliges Anlaufen der Motoren erfolgt. Es ist erforderlich, bei solchen Vorkommnissen und auch bei evtl. an einem Steuergerät plötzlich eingetretenen Störungen, die ein Ausschalten des betreffenden Motors verhindern, die Möglichkeit zu haben, den Kran schnell stillzusetzen. Am zweckmäßigsten erfolgt dieses durch ein besonderes, von dem Kran herabhängendes Zugorgan, wodurch ein auf dem Kran angebrachter Ausschalter das Hebezeug vom Leitungsnetz ganz abschaltet. Das Fehlen einer solchen einfachen, leicht anbringbaren Sicherheitsvorrichtung hat oft schwere Beschädigungen an Kranen und weiterhin auch an Maschinen und Gebäudeteilen hervorgerufen.

Widerstände. Mit den Steuergeräten stehen die Anlaß- oder Regelwiderstände in engstem Zusammenhange, die zur Vermeidung zu hoher Anlaufsstromstärken und auch zur vorübergehenden Regelung der Umdrehungszahl der Motoren erforderlich sind. Diese Widerstände werden fast ausnahmslos entweder aus gußeisernen Elementen oder auch mit aus Porzellan-Isolierung versehenen Rahmen hergestellt, die mit einem Drahtmaterial von hohem spezifischen Widerstand bewickelt sind. Die Drahtwiderstände kommen fast nur noch für kleinere Leistungen in Betracht, da hierbei mit den Gußelementen nicht der erforderliche genügend hohe Ohmsche Widerstand erreichbar ist; auch kommen als angebaute Widerstände die Gußwiderstände wegen ihren hoher Gewichte weniger zur Ausführung.

Die Wahl der Widerstände richtet sich ganz nach den Betriebsbedingungen der einzelnen Triebwerke. Wenn die Widerstände einigermaßen reichlich bemessen sind, d. h., wenn die Querschnittsbelastung pro qmm nicht zu hoch genommen wird, so sind Störungen an ihnen nicht zu befürchten. Während z. B. bei Drahtwiderständen die Belastung für normalen Betrieb im Durchschnitt mit etwa 6 Amp. pro qmm Querschnitt angenommen wird, sollte man bei Kranen für schwere Betriebe nur etwa 4 Amp. pro qmm zulassen. Für gußeiserne Widerstände sind die entsprechenden Zahlen $4^1/_2$ bis 5 Amp. pro qmm für normale Betriebe und 3 bis $3^1/_2$ Amp. für schwere Betriebe. Ist für irgendeinen Antrieb dauernde Drehzahlregelung erforderlich, so ist auch der zugehörige Widerstand für Dauerregulierung zu bemessen, wobei die Querschnittsbelastung nur etwa die Hälfte der letztgenannten Werte betragen darf.

Bei Aufstellung der Widerstände ist darauf zu achten, daß jeder einzelne Widerstandskasten in leichter Weise ausgebaut werden kann und daß für eine möglichst gute Ventilation gesorgt werden muß. Wenn sich aus Platzmangel die Übereinanderstellung von Kästen nicht umgehen läßt, so muß zum mindesten vermieden werden, daß die untenstehenden Kästen die oberen mitheizen. Zwischen den einzelnen Kästen muß daher ein Zwischenraum bleiben; außerdem ist noch die Anordnung geneigt liegender Bleche zwischen den einzelnen Abteilungen zu empfehlen, um die aus einem Kasten aufsteigende Wärme von den darüberstehenden Widerstandselementen fernzuhalten. Verkehrt ist es, die Widerstände in einem vollständig geschlossenen Kasten einzubauen. Man sollte höchstens die Kästen gegen grobe Verunreinigung durch eine geeignete obere Abdeckung schützen, die aber mindestens 10 cm weit von dem oberen Rand angeordnet sein sollte, um der aufsteigenden Wärme kein zu großes Hindernis zu bereiten.

7. Bremsmagnete.

Die Bremsmagnete haben bekanntlich die Bestimmung, das zum Halten der mechanischen Bremse vorhandene Bremsgewicht anzuheben, sobald der Motor das Triebwerk in Bewegung setzt. Sie bilden demnach ein ungemein wichtiges Element für die Betriebsfähigkeit und Sicherheit einer Krananlage, da das richtige Zusammenarbeiten von mechanischer Bremse und Bremslüftmagnet von erheblicher Bedeutung ist.

Für das gute Arbeiten der Bremse ist von großer Wichtigkeit, daß die Zugkraft des Bremsmagneten sorgfältig bemessen wird. Der Magnet muß auf der einen Seite so stark bemessen sein, daß er die ganze Hubarbeit leisten kann, wobei des Kerngewicht des Magneten als ein Teil des Bremsgewichtes zu betrachten ist. Auf der anderen Seite wäre es ein Fehler, den Bremsmagneten mit Rücksicht auf Reserve für eine größere Hubarbeit zu bestellen, als es der wirklich benötigten Hubarbeit entspricht. Der Bremsmagnet zieht das Gewicht dann zu schnell an (er schlägt) und läßt andererseits das Gewicht beim Einfallen der Bremse nicht schnell genug los (er klebt).

Ferner bedingt das einwandfreie Arbeiten des Elektromagneten, daß bei Anlauf des zugehörigen Motors die mechanische Bremse voll angelüftet ist, und daß vor allem auch der Bremslüftmagnet seinen vollen Hub wenigstens nach oben ausführen kann. Diese Forderung muß sich durch richtiges Einstellen das Bremsgestänges ohne weiteres erreichen lassen.

Vom Standpunkt des Elektrotechnikers aus verdient zweifellos die Backenbremse den Vorzug vor allen anderen Ausführungen, da bei ihr unter allen Umständen eine vollkommene Lüftung durch den vorgesehenen Hub des Bremsmagneten möglich ist, während dies bei den einfachen Bandbremsen und mehr noch bei den mehrfach umschlungenen Bremsen nicht immer der Fall ist. Auch die richtige Einstellung der Backenbremsen nach eingetretenem Verschleiß ist wesentlich einfacher.

Weiter möge noch auf einen sehr oft vorhandenen Übelstand hingewiesen werden. Die Einstellung der Bremse soll natürlich so sein, daß bei ausgeschaltetem Bremsmagnet das Bremsgewicht auch wirklich vermittels des Bremsgestänges die Bremse fest anzieht. Voraussetzung hierfür ist, daß der ausgeschaltete Magnet seine tiefste Stellung noch nicht erreicht hat. Bei Zugmagneten muß daher vermieden werden, daß der Kern des Magneten, wie dies bei stärkerer Abnutzung der Bremse vorkommen kann, durch das Gehäuse des Magneten am Niedergehen verhindert wird, da sonst die Bremswirkung aufgehoben und der Elektromagnet, dessen Gehäuse dann die Stöße beim Einfallen des Gewichts aufzunehmen hat, beschädigt werden kann. Dem erwähnten Übelstand kann aber leicht durch ein Nachstellen und durch Anbringen eines Anschlages, welcher die zulässig tiefste Lage des Bremsgewichtshebels festlegt, abgeholfen werden.

Geradezu gefährlich kann die Unterlassung eines rechtzeitigen Nachstellens werden, wenn z. B. mit einem für eine höhere Tragkraft bemessenen Kran zufällig längere Zeit nur verhältnismäßig kleine Lasten gehoben werden. Wird dann plötzlich ein schweres Stück angehoben, so wird die Bremse, welche die kleinen Lasten durch die eigene Reibung noch festhielt, nicht mehr in der Lage sein, die Last zu halten, da das Bremsgewicht statt an dem Bremsgestänge, an dem Bremslüftmagneten hängt. Die Folge davon ist meist ein äußerst rasches Sinken, wenn nicht gar ein Abstürzen der Last. Eine häufige Untersuchung der Bremseinrichtung nach dieser Richtung hin kann daher nicht dringend genug angeraten werden.

Die Gleichstrom-Bremsmagnete werden als Zugbremsmagnete, und zwar als Hauptstrom- oder als Nebenschlußbremsmagnete ausgeführt. Sie besitzen ein allseitig staub- und regendicht geschlossenes Gehäuse, so daß sie auch im Freien aufgestellt werden können. Der Magnetkern ist durch den Boden hindurchgeführt und gleichzeitig als Kolben für den zur Vermeidung von Stößen dienenden Luftpuffer ausgebildet. Die Luftdämpfung kann durch Stellschrauben geregelt werden.

Der Hauptstrombremsmagnet wird unmittelbar in dem Ankerkreis des Motors gelegt, so daß eine besondere Zuleitung nicht erforderlich ist. Dies ist häufig bei großer Länge der Schleifleitungen, z. B. bei Verladebrücken, von Bedeutung. Diesem Vorteil steht aber der Nachteil gegenüber, daß der Magnet einen nicht zu unterschätzenden Spannungsabfall hervorruft. Außerdem ist der Hauptstrommagnet allen Schwankungen des Motorstromes mit unterworfen. Dies ist besonders störend bei Hubwerken, da bei diesen meist ein vorsichtiges Anfahren gefordert wird und der Anfahrstrom daher in der Regel nur etwa den dritten Teil des normalen Betriebsstromes beträgt. Der Magnet muß also so gewickelt sein, daß er bei diesem Strom die Bremse bereits lüftet und andererseits den vollen Betriebsstrom aushält. Dies führt dann zu großen Abmessungen des Bremsmagneten. Aus diesem Grunde wird fast allgemein bei Hubwerken von der Verwendung von Hauptstrombremsmagneten Abstand genommen. Bei Senkbremsschaltungen ist ein Hauptstrommagnet in allen Fällen ausgeschlossen, da der Motorstrom erst durch das Senken der Last in dem als Generator geschalteten Motor erzeugt wird, und die Bremse bereits vorher gelüftet sein muß. Etwas günstiger liegen die Verhältnisse für den Hauptstrommagneten bei den Katzfahrwerken, die im allgemeinen etwa mit der halben normalen Stromstärke angelassen werden. Am besten würde sich der Hauptstrombremsmagnet bei Kranfahrwerken ausnutzen lassen, da in diesem Falle die Stromaufnahme des Motors und so auch des zugehörigen Hauptstrommagneten auch bei unbelastetem Kran in der Regel nicht wesentlich kleiner ist als bei anhängender Vollast und daher im Augenblick des Anfahrens stets ein höherer Strom auftritt, der etwa 70% des normalen Stromes beträgt. Aber gerade bei Kranfahrwerken kommt der Hauptvorteil des Hauptstrommagneten, das Wegfallen einer besonderen Zuleitung, nicht zur Geltung, weil für Kranfahrwerke, z. B. bei allen Kranen mit am Kranträger angehängten Führerstand, Schleifleitungen nicht in Frage kommen. Solche Krane bilden aber die Mehrzahl aller Hebezeuganlagen.

Der Nebenschlußbremsmagnet wird durch einen besonderen, im Steuergerät angeordneten Kontakt geschaltet und erfordert daher eine, bei Endausschaltung sogar zwei besondere Zuleitungen. Da er parallel zum Motor liegt, so ist seine Stromstärke und damit das Lüften der Bremse unabhängig vom Strom des Motors, wodurch die Sicherheit der Steuerung günstig beeinflußt wird. Der Nebenschlußmagnet wird daher weit häufiger verwendet, als der Hauptstrommagnet. Für Senkbremsschaltungen kommt er ausschließlich in Frage.

Die Belastungsfähigkeit ist bei Gleichstrombremsmagneten, ebenso wie bei den Motoren durch die Erwärmung der Wicklung gegeben, wobei die Dauer und Häufigkeit der einzelnen Spiele maßgebend ist. Die Magnete sind daher entsprechend der Betriebsweise zu wählen. Für Betriebe mit langer Einschaltdauer oder für Dauereinschaltung sind Nebenschlußbremsmagnete mit Sparschalter zu verwenden. Der Sparschalter öffnet sich nach erfolgtem Anziehen durch eine an dem Magneten angebrachte Vorrichtung selbsttätig und schaltet dadurch einen Widerstand vor die Magnetwicklung, da zum Halten des Magnetkernes ein wesentlich geringerer Strom genügt, als während der Zeit des Anhubes.

Bei den Drehstrombremsmagneten unterscheidet man Zugmagnete und Motormagnete. Der Unterschied liegt, wie die Namen besagen, darin, daß im ersteren Falle ähnlich wie bei den Gleichstrommagneten ein eiserner Kern in ein magnetisches Feld hineingezogen wird, während im zweiten Falle die Kraft durch einen kleinen Motor hergegeben wird. Leider haben alle Drehstromzugmagnete den Nachteil, daß beim Einschalten derselben die Einschaltestromstärke sehr hoch ist. Dieser hohe Stromstoß geht allerdings sofort nach erfolgtem Anhub ganz wesentlich herunter, doch tritt hierdurch bei häufigem Einschalten leicht eine erhebliche Erwärmung der Magnetwicklung ein. Die Bemessung dieser Zugmagnete ist daher hauptsächlich von der Häufigkeit der Schaltungen abhängig und weniger von der Einschaltedauer. Zu bemerken ist noch, daß mit verringertem Hub auch die Einschaltestromstärke abnimmt, so daß man hierdurch unter Umständen ein Mittel in der Hand hat, die zu starke Erwärmung eines Magneten zu vermeiden, vorausgesetzt, daß der Magnet noch imstande ist, trotz der verminderten Hubarbeit, die Bremse genügend zu lüften.

Bei allen Drehstromzugmagneten ist besonders darauf zu achten, daß die Zugkraft des Magneten auch voll für das Bremsgewicht ausgenutzt wird, da dieselben sonst sehr heftig schlagen. Es sind zwar bei den meisten Ausführungen geeignete Dämpfungsvorrichtungen für das Abfangen des Schlages beim Anziehen und auch beim Einfallen der Bremse vorhanden, die Dämpfungsvorrichtungen erleiden jedoch mit der Zeit durch Abnützung der Dichtungsbleche, durch Lockern der zur Dämpfungsregulierung dienenden Einstellschraube u. a. m. oft Veränderungen, weshalb man sich auf diese nicht allzusehr verlassen, sondern lieber die Zugkraft der Magnete ganz ausnutzen soll.

Bei den Motorbremsmagneten erfolgt das Anheben des Bremsgewichtes durch einen kleinen Motor in Verbindung mit einem einfachen oden doppelten Zahnradvorgelege. Meistens sind auch bei diesem geeignete Dämpfungsvorrichtungen durch federnde Anschläge, durch Luftpuffer oder durch Rutschkupplungen, die zwischen Läufer und Zahnrad eingeschaltet sind, vorgesehen.

8. Anlaßarten.

Für die Wahl der Anlaßart des Motors sind die an das betreffende Triebwerk gestellten Bedingungen maßgebend, auch kann die Größe der Motorleistung hierfür mitbestimmend sein. Die einfachste Art ist das Anlassen eines Motors für eine Drehrichtung über einen Widerstand. Wie aus nachstehenden Stromlaufbildern, Abb. 1042—1044, zu ersehen ist, wird bei Gleichstrom, und zwar bei dem Nebenschlußmotor in dem Ankerstromkreis, bei dem Hauptstrommotor und bei dem entsprechend gebauten Einphasenstrommotor in dem gesamten Strom-

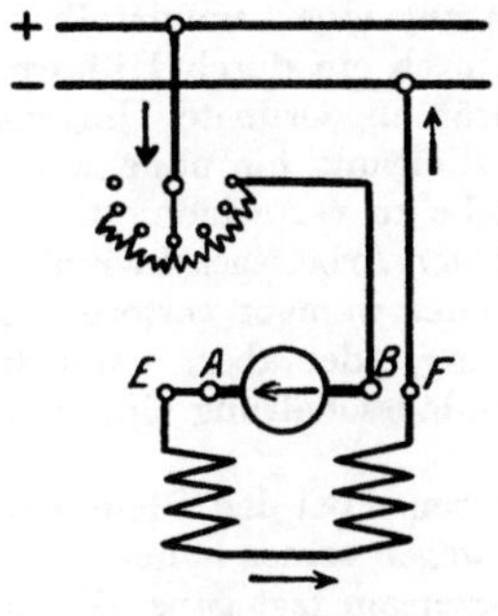

Abb. 1042. Hauptstrommotor.

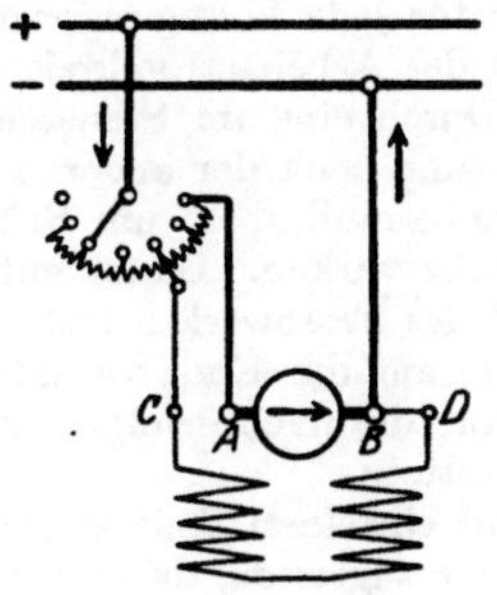

Abb. 1043. Nebenschlußmotor.

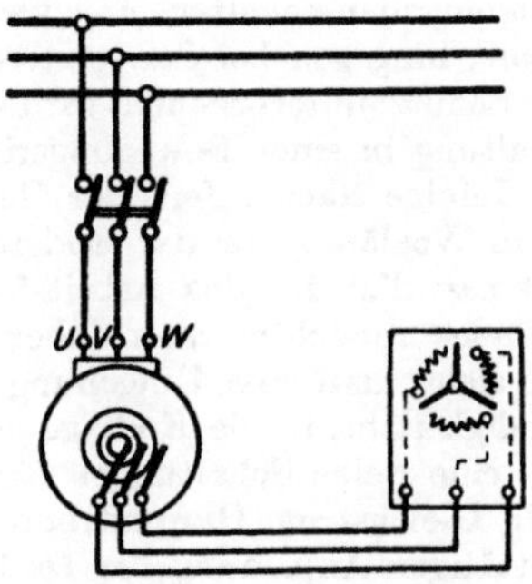

Abb. 1044. Drehstrommotor mit Schleifringläufer.

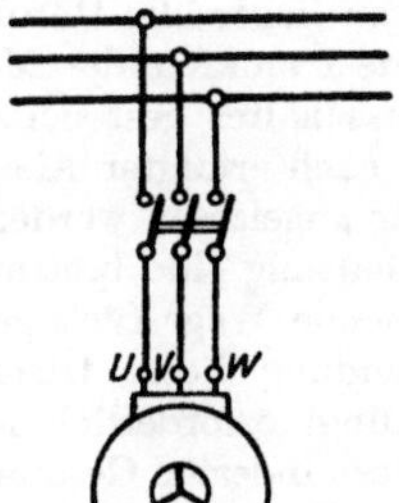

Abb. 1045. Drehstrommotor mit Kurzschlußläufer.

kreis und bei dem Drehstrommotor in dem Läuferstromkreis ein durch einen Anlasser regelbaren Widerstand gelegt. Sind die Motorleistungen klein, so kann der Regelanlasser wegfallen und der Motor mit einem festen Widerstand vor dem Anker bzw. Läufer angelassen werden. Wenn es die Betriebsverhältnisse zulassen, so kann weiter, insbesondere bei Drehstrom auch noch auf den festen Vorschaltwiderstand verzichtet und der Motor im Kurzschluß angelassen werden. Den Stromlauf eines solchen Drehstrommotors mit Kurzschlußläufer zeigt Abb. 1045.

Bei Einphasenstrom kann das Anlassen je nach der Bauart des Motors durch einen regelbaren Widerstand, durch Verschiebung der Bürsten, oder aber durch einen Stufentransformator erfolgen. Die einfachste und wirtschaftlichste Steuerung ist die durch Bürstenverschiebung, da hierbei Anlasser und Widerstände nicht nötig sind. Sie ist allen anderen Anlaßarten vorzuziehen, wenn der Motor zu dem Führerstand feststehend angeordnet ist, der Führer also durch ein einfaches Gestänge die Verschiebung der Bürstenbesetzung vornehmen kann. Handelt es sich hingegen um einen Motor, der gegenüber dem Führerstand nicht ortsfest aufgestellt ist, so scheitert meistens die Verwendung dieser Steuerung an der schwierigen, ohne Spiel herzustellenden Bewegungsübertragung. Aber auch hier hat man in neuerer Zeit Ausführungen geschaffen, welche die gestellten Forderungen einer genauen und feinfühligen Verschiebung der Bürstenbrücke recht gut erfüllen.

Eine Sonderstellung unter den Anlaßarten nimmt die Leonardschaltung ein. Hierbei wird nicht wie bei den eingangs genannten Arten über einen regelbaren oder festen Widerstand angelassen, sondern es wird, wie aus der Abb. 1078 zu ersehen ist, dem im Feld voll erregten Gleichstrom-Nebenschlußmotor ein Ankerstrom mit veränderlicher Spannung zugeführt. Diese Schaltung ist in bezug auf Feinfühligkeit und Drehzahlregelung die vollkommenste Anlaßart und Steuerung und nach jeder Richtung hin der Widerstandsschaltung vorzuziehen.

Die Anlaßart des Motors für nur eine Drehrichtung findet im Hebezeugbau weniger Anwendung. Dagegen ist es mehr der Fall z. B. bei Antrieben von Seilbahnen, Transportbändern, Spills und zum Teil auch bei Rangierwinden. Für Hebezeuge kommt, da die Arbeitswege begrenzt sind, fast ausnahmslos ein Anlassen des Motors für wechselnde Drehrichtung in Frage. Bei Dreh- und Fahrwerken müssen die Motoren in beiden Drehrichtungen Arbeit leisten, die Schaltung ist also für jede Drehseite die gleiche. Anders verhält es sich bei Hubwerken. Hier unterscheidet man Steuerungen für selbstsperrende und solche für nichtselbstsperrende Hubgetriebe. Für die ersteren, bei welchen der Motor infolge Selbstsperrung des Getriebes, auch beim Senken der Last Arbeit abzugeben hat, wird die gleiche Schaltung wie bei Fahrwerken angewendet. Bei nichtselbstsperrenden Hubgetrieben, bei welchen die Last das Getriebe mit Motor durchzieht, müssen Senkbremsschaltungen vorgesehen werden, die ein Abstürzen der Last auf der Senkseite verhindern. Damit auch kleine Lasten und der leere Haken gesenkt werden können, sind im Anschluß an die Senkbremsstellungen zumeist noch einige Senkkraftstellungen angeordnet. Sind bei nichtselbstsperrenden Getrieben Lastdruckbremsen eingebaut, die auf der Senkseite das Triebwerk selbstsperrend machen, so ist ebenfalls die gleiche Schaltung wie bei Fahrwerken anwendbar.

Die Kransteuerungen zerfallen hiernach in zwei Hauptgruppen, die allgemein als Fahrschaltungen und als Hubschaltungen bezeichnet werden. Die einzelnen Schaltungen selbst sind natürlich in Anpassung an die jeweiligen Betriebsverhältnisse in der verschiedensten Form durchgebildet. Auch hat fast jede Hebezeugmaterial bauende Elektrizitätsfirma im Laufe der Zeit Sonderausführungen geschaffen, die auch den weitgehendsten, an einen elektrischen Kranbetrieb gestellten Forderungen voll und ganz genügen.

9. Schaltungen.

Das gute Arbeiten eines Hebezeuges hängt in erster Linie von der Wahl der richtigen Schaltung für die einzelnen Triebwerke ab. Für die Anordnung einer geeigneten Schaltung ist maßgebend, ob es sich um ein Fahrwerk oder ein Drehwerk oder ein Hubwerk handelt, welche Arbeitsgeschwindigkeit zugrunde gelegt ist und welche Ausführung in bezug auf das Getriebe, selbstsperrend oder nichtselbstsperrend das letztere hat. Bei sämtlichen Schaltungen kann, wenn erforderlich, der Arbeitsweg einseitig oder auch beiderseitig je durch eine Hauptstromendausschaltung oder eine Hilfsstromendausschaltung zwangläufg begrenzt werden. Bei der ersteren liegen die Hauptstromendausschalter, und zwar für jede Bewegungsrichtung einer, unmittelbar im Arbeitsstromkreis des Motors, hingegen bei der letzteren der Arbeitsstromkreis durch ein durch Hilfsstromendausschalter gesteuertes Schütz unterbrochen wird. Durch eine im Steuergerät angeordnete Umgehung kann nach erfolgter Abschaltung in einer Bewegungsrichtung nach der anderen Richtung hin ohne weiteres wieder angelassen werden. Infolge Nachlaufens der Getriebe muß aber, um Brüche zu vermeiden, die Endausschaltung eine bestimmte Weglänge vor der Endstellung wirken. Dieses mit der Arbeitsgeschwindigkeit wachsende Wegestück geht natürlich für das Arbeitsfeld des Triebwerkes mehr oder weniger verloren. Zur Vermeidung dieses Übelstandes verzichtet man daher oft auf die Endausschaltung, oder aber, wenn diese unbedingt erforderlich ist, sieht man eine Umgehung vor, die nach erfolgter Endausschaltung ein Steuern mit verminderter Geschwindigkeit bis in die Endlage gestattet.

Im Nachstehenden sind eine Reihe Schaltungen für die einzelnen Fälle angegeben. Bei den Gleichstromschaltungen liegt hierbei ein Gleichstrom-Hauptstrommotor zugrunde, da dieser wegen seines hohen Anlaufmomentes und seiner selbsttätigen Anpassung der Drehzahl an die Last bei Hebezeugen fast ganz allgemein verwendet wird. In Ausnahmefällen, und zwar bedingt durch die Betriebsverhältnisse, kann natürlich auch ein Nebenschlußmotor oder ein Doppelschlußmotor gewählt werden. Die Steuerung dieser letzteren Motoren ist im wesentlichen die des Hauptstrommotors, nur wird das Nebenschlußfeld durch das Steuergerät gesondert geschaltet. Für die Drehstromschaltungen ist der am meisten gebräuchlichste asynchrone Drehstrommotor gewählt und weiter das Wesentlichste über den Antrieb mit Kommutatormotoren gesagt.

Fahrschaltungen. Mit diesen Schaltungen wird der Motor für beide Drehrichtungen gleichmäßig gesteuert. Sie sind also für Triebwerke, die nach beiden Bewegungsrichtungen hin eine gleichgerichtete Arbeitsleistung vom Motor verlangen, geeignet. In Frage kommen hierfür Katz- und Kranfahrwerke, Drehwerke, aber auch für Hubwerke mit selbstsperrenden Getrieben oder mit nichtselbstsperrenden Getrieben, jedoch mit Lastdruckbremse auf der Senkseite u. s. f.

Gleichstrom. Einfache Umkehrschaltung. Diese Schaltung zeigt die Abb. 1046, den Stromlauf die Abb. 1047 und die Abwicklung des Steuergerätes die Abb. 1048. Wenn die bewegte Masse und die Geschwindigkeit nicht zu groß ist, so läßt sich im allgemeinen ein genügend genaues Halten ohne Bremsen erzielen. Im anderen Falle sind Haltebremsen vorzusehen, die durch Elektromagnete oder bei zum Führerstand ortsfest angeordneten Triebwerken auch durch Fußtritt betätigt werden können.

Umkehrschaltung mit Nachlaufbremsung. Diese Schaltung dient dazu, Triebwerke mit größerer Arbeitsgeschwindigkeit möglichst schnell und ohne großen Stoß zur Ruhe zu bringen. In ihrer Durchführung

stellt sie eine Erweiterung der einfachen Umkehrschaltung dar, und zwar sind, wie aus Abb. 1049 und Stromlaufbild 1050 zu ersehen, zwischen den Kraftstellungen für Vorwärts- und Rückwärtslauf einige Bremsstellungen, die zum Bremsen aus beiden Bewegungsrichtungen benutzt werden, eingefügt. Der laufende Motor wird dabei vom Netz getrennt und über Widerstände kurz geschlossen, so daß er als Generator arbeitet. Die zu ver-

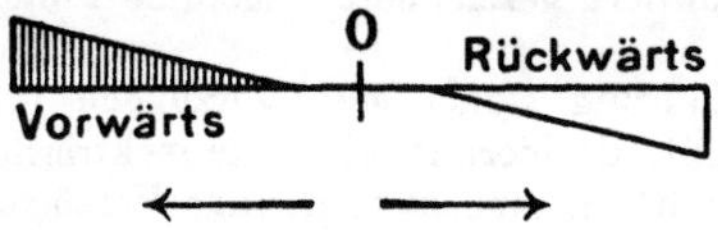

Abb. 1046. Einfache Umkehrung-Schaltung.

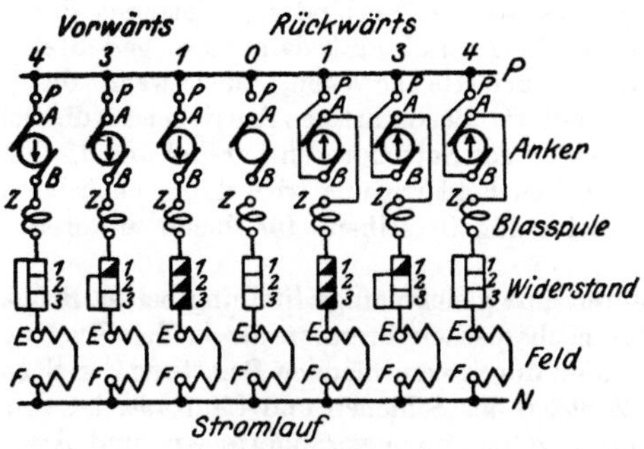

Abb. 1047.

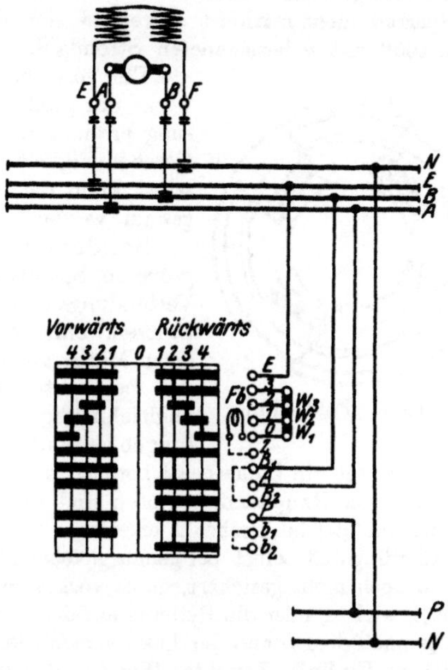

Abb. 1048. Abwicklung.

nichtende Arbeit der bewegten Massen wird auf diese Weise in elektrischen Strom und dieser in den Widerständen in Wärme umgesetzt. Durch Versetzen der entsprechenden Kontaktstücke in dem Steuergerät kann je nach Bedarf die Bremswirkung verstärkt oder abgeschwächt werden.

Die mittelste Bremsstellung, bei welcher die Bremsung am kräftigsten wirkt, ist gleichzeitig Ruhestellung für das Steuergerät. Ein Aufreißen des Bremsstromes und eine damit verbundene starke Abnutzung der Kontakte tritt beim Zurückgehen in diese Ruhestellung nicht ein.

Da die Wirkung der elektrischen Bremsung mit sinkender Drehzahl des Motors sehr stark abnimmt, so ist bei allen Triebwerken, die genau halten müssen, neben der elektrischen Nachlaufbremsung eine Haltebremse notwendig. Diese Bremse ist auch dann erforderlich, wenn das Fahrzeug in der Ruhestellung festgehalten, insbesondere gegen Winddruck gesichert werden soll. Wird hierbei eine, durch einen Elektromagneten betätigte Bremse gewählt, so ist die Schaltung derart, daß der Bremsmagnet erst in der mittleren Bremsstellung B 2 das Bremsgewicht fallen läßt.

Eine weitere neuere Art dieser Schaltung ist die Fahrbremsschaltung mit Feldteilung. Wie der Name be-

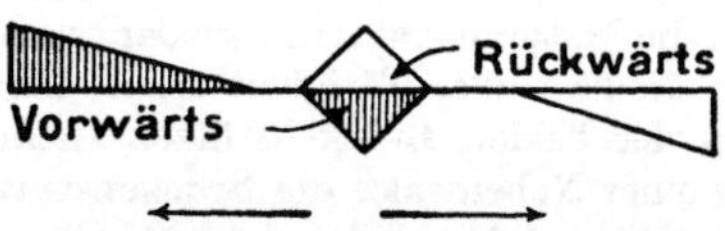

Abb. 1049. Umkehrung mit Nachlaufbrems-Schaltung.

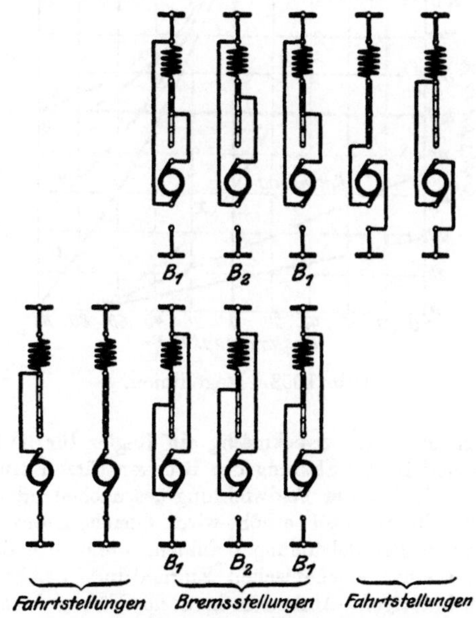

Abb. 1050. Stromlauf.

reits sagt, kann hierbei durch Teilung des Magnetfeldes eines vierpoligen Hauptstrommotors nach Abb. 1051 und entsprechender Schaltung der beiden Feldgruppen eine Herabsetzung der Motordrehzahl erreicht werden. Gegenüber der einfachen Umkehrung mit Nachlaufbremsung hat diese Schaltung den Vorzug, daß mit ihr in Verbindung mit veränderlichem Widerstand eine viel weitgehendere Drehzahlregelung bzw. Bremsung vorgenommen werden kann. Die Abb. 1052 der Regellinien läßt den Vorteil der Schaltung deutlich erkennen und weiter auch, daß der Motor auf den Stellungen 1 und 2 Arbeit zu leisten bzw. Bremsarbeit aufzu-

nehmen imstande ist, um eine Drehzahl innerhalb bestimmter Grenzen zu halten. So wird z. B. in Stellung 1 die Drehzahl des Motors bei einem abzugebenden Drehmoment von 40% des normalen etwa $7^1/_2$% und bei dem gleichen aufzunehmenden Bremsmoment etwa 25% der normalen Drehzahl sein. Der Übergang von den Feldteilungsstellen (Bremskraftstellungen) in die Kraftstellungen mit normaler Feldschaltung und umgekehrt, erfolgt ohne Unterbrechung des Motorstromes. In dieser Übergangsstellung, die als Schaltstellung im Sperrad nicht markiert ist, ergibt sich die in Abb. 1052 punktiert gezeichnete Regellinie x und den in Abb. 1053 mit y bezeichneten Stromlauf.

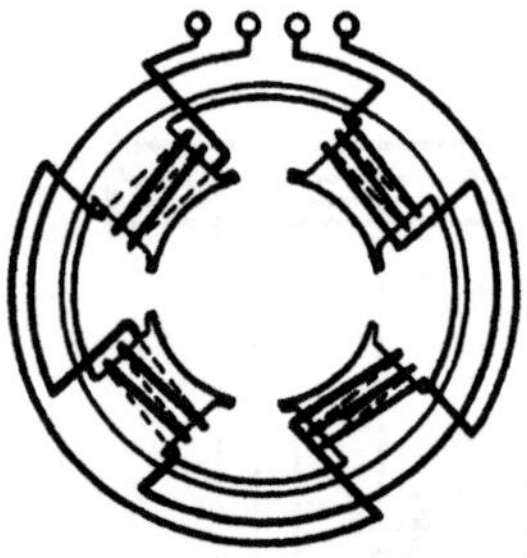

Abb. 1051. Feldteilung.

Die vorstehend beschriebene Schaltung eignet sich vorzüglich für Triebwerke mit großer Arbeitsgeschwindigkeit, da hiermit eine gute elektrische Bremsung erreicht wird und weiter, wenn nötig, eine zwangläufige Verzögerung der Geschwindigkeit vor Erreichung der Endlagen möglich ist. In den Endlagen selbst kann das Triebwerk dann ohne großen Stoß durch Endausschalter stillgesetzt werden.

Sonderschaltung für Verladebrücken. Bei Verladebrücken mit größeren Spannweiten tritt immer wieder der Wunsch auf, zwecks Ersparnis der Verbindungswelle mit zugehörigen Übersetzungen, die Triebwerke der beiden Stützen, ohne Zwischenschaltung einer starren Verbindung, getrennt durch je einen Motor anzutreiben. Der elektrische Antrieb muß dann so eingerichtet sein, daß beide Stützen sich gleichmäßig vorwärts bewegen, auch wenn die Last ungleichmäßig auf beide Stützen verteilt ist. Bei derartigen Antrieben ist die Schaltung so gewählt, daß die Anker der beiden Antriebsmotoren parallel und die Felder im Serie durch ein Steuergerät betätigt werden. Infolge der gleichen Felderregung wird dann, auch bei Verwendung von Hauptstrommotoren und nicht gleichmäßiger Belastung derselben, für beide Motoren eine ausreichend gleiche Drehzahl erreicht.

Allerdings ist selbst bei genau gleicher Drehzahl der Motoren eine gleichmäßige Stellung beider Brückenstützen noch nicht gesichert, da es vorkommen kann, daß die mechanischen Bremsen der beiden Triebwerke ungleich wirken, oder die Reibung auf den Schienen, hervorgerufen durch verschiedene Belastung der Stützen z. B. je nach dem Stand der Last, verschieden ist. Auch der Zustand der Schienen und Laufräder ist von erheblichem Einfluß. Feuchtes Wetter oder gar Glatteis bringen vollkommen veränderte An- und Auslaufverhältnisse hervor. Um für diesen Fall die nacheilende Stütze wieder in Parallelstellung zu der voreilenden zu

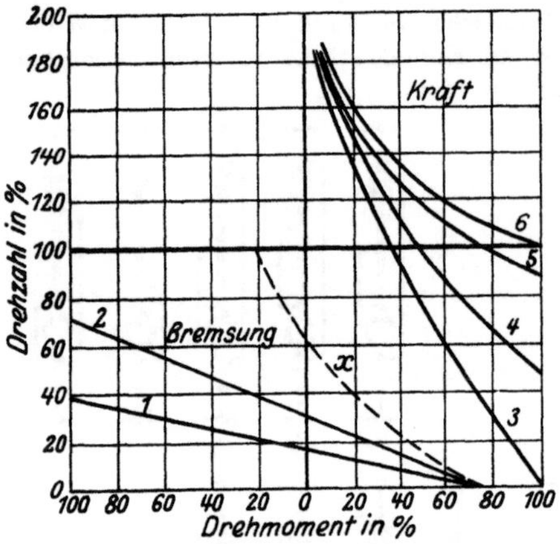

Abb. 1052. Regellinien.

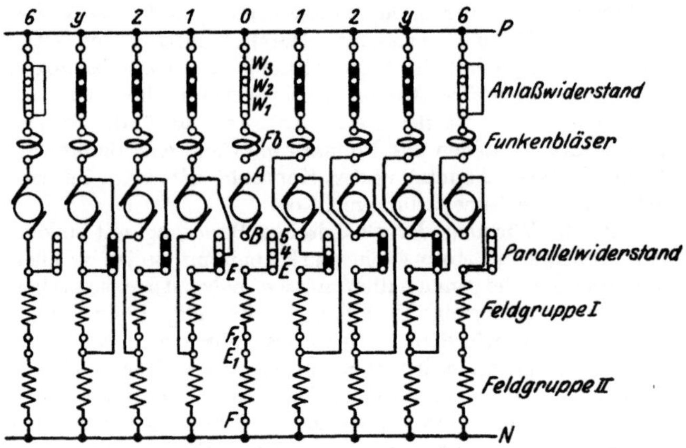

Abb. 1053.

bringen, wird zweckmäßig ein Regler für die Feldwicklung vorgesehen, der in Tätigkeit tritt, wenn der Unterschied in der Stellung der Brückenstützen einen bestimmten Betrag überschreitet. Die Schaltung ist dabei derart, daß der Feldwicklung des nacheilenden Motors Widerstand parallel geschaltet und dadurch die Drehzahl dieses Motors erhöht wird. Gleiche Drehzahlen erhalten die Motoren erst dann wieder, wenn sich die Stützen in Parallelstellung befinden, wenn also der Feldregler wieder außer Tätigkeit tritt. Der Feldregler ist von einer mechanischen Einrichtung, welche die Stellung der beiden Brückenstützen zueinander anzeigt, zu betätigen. Außerdem kann der Führer durch Betätigung einer Nebenwalze die Brückenstützen in Parallelstellung bringen, sobald er merkt, daß eine der beiden Stützen zurückgeblieben ist. Zu diesem Zweck setzt er zunächst die ganze Brücke durch Ausschalten des Steuergerätes still. Je nach der Stellung, die er jetzt der Nebenwalze gibt, betätigt das Steuergerät entweder den einen oder den anderen Motor. In der Mittelstellung der Nebenwalze werden die beiden Motoren gemeinsam gesteuert. Die Nebenwalze wird so mit dem Steuergerät verriegelt, daß sie nur in der Ausschaltestellung betätigt werden kann. Aus Sicherheitsgründen werden Endausschalter vorgesehen, welche die Motoren beider Brückenstützen stillsetzen, wenn der Unterschied in der Stellung der Brücke einen bestimmten Betrag überschreitet. Die Schaltung ist dabei so getroffen, daß zunächst nur die voreilende Stütze nach rückwärts und die nacheilende nach vorwärts gebracht werden kann. Das gleichzeitige Einschalten beider Motoren in derselben Bewegungsrichtung ist erst wieder möglich, wenn sich die Stützen in Parallelstellung befinden. Infolge der zweifellos vorhandenen Nachteile in bezug auf die Betriebssicherheit wird aber doch im allgemeinen die Anordnung mit einer Verbindungswelle vorgezogen.

Drehstrom. Einfache Umkehrschaltung. Diese entspricht in ihrer Wirkung der einfachen Umkehrung bei Gleichstrom. Der Anlaßwiderstand liegt hierbei, wie aus der Abwicklung Abb. 1054 zu ersehen ist, in dem Läuferstromkreis des Motors.

Eine Nachlaufbremsung wie bei Gleichstrom ist bei Drehstrom nicht möglich, da es bei letzterem ausgeschlossen ist, den Motor durch Abtrennung vom Netz und Schalten auf Widerstände, elektrisch zu bremsen. Man kann allerdings durch Überschalten der Nullstelluug, also durch Geben von Gegenstrom, den Motor abbremsen, wobei aber darauf zu achten ist, daß das Steuergerät nach Stillstand des Triebwerkes sofort in die Nullstellung zurückgedreht wird. Auch kann das Steuergerät so ausgebildet werden, daß ähnlich der entsprechenden Gleichstromschaltung, die Gegenstrom-Nachlaufbremsung auf eine oder mehrere Stellungen beiderseitig vor der Nullstellung eintritt, die Gegenstrombremsung aber nur beim Schalten nach der Nullstellung hin wirkt.

Sonderschaltung für Verladebrücken. Bei Drehstrom kann man durch Parallelschaltung zweier gleichen, nicht starr gekuppelten Motoren und Vorschalten eines gemeinsamen kleinen Widerstandes vor die Läufer auch bei ungleicher Belastung eine gleiche Drehzahl der Motoren erzielen. Die Steuerung beider Motoren erfolgt durch ein Steuergerät mit Widerstand, bemessen für die Summe der Motorleistungen. Da aber auch hier, infolge ungleichen Nachlaufens der beiden Triebwerke usw., wie bei der entsprechenden Gleichstromschaltung ein Schiefstellen der Brücke nicht ausgeschlossen ist, so sind auch hier Sicherheitsmaßnahmen wie Nebenwalze und Endausschalter erforderlich.

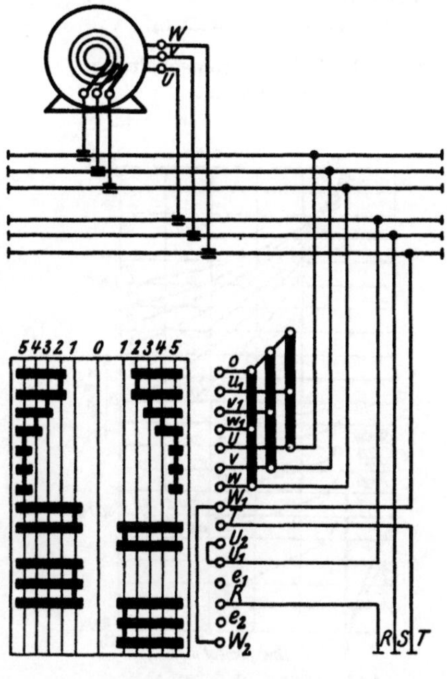

Abb. 1054. Abwicklung.

Hubschaltungen. Bei den älteren elektrisch betriebenen Hebezeugen wurden auch für die Hubwerke anfänglich vielfach gleiche Steuerungen für Heben und Senken verwendet, da bei der Art der damaligen Hubwerksantriebe die Motoren sowohl beim Heben als auch beim Senken Arbeit zu leisten hatten. Zum Teil lag dies daran, daß man anfänglich mit geringen Hubgeschwindigkeiten zufrieden war, welche die Verwendung von selbstsperrenden Schnecken gestatteten, zum Teil aber auch daran, daß die Hebezeugerbauer in alter Gewohnheit nur schwer von der Verwendung der Lastdruckbremse abzubringen waren und sich nur allmählich mit den elektrischen Senkbremsschaltungen vertraut machten.

In neuerer Zeit sind die Lastdruckbremse und die selbstsperrende Schnecke, durch die künstlich erzielt wurde, daß der Motor auch beim Senken Arbeitsleistung abzugeben hatte, mehr zurückgetreten. Die Lastdruckbremse spielt heute wegen der außerordentlichen Sorgfalt, die bei ihrem Bau und ihrer Behandlung erforderlich ist, in dem Hebezeugbau nur noch eine ganz nebensächliche Rolle und der Schneckenantrieb findet im wesentlichen als Kraftübertragungsmittel nur da Verwendung, wo es sich um geringe oder mittlere Hubgeschwindigkeiten, vor allem bei kleineren Kranen, handelt.

Für beide Anordnungen, also für selbstsperrende Schnecken oder für Senken mit Lastdruckbremsen, findet, wie bereits auf Seite 644 gesagt, die einfache Umkehrschaltung Verwendung. In der Regel wird aber auch dann noch zum Stillsetzen eine Haltebremse vorgesehen. Diese wird, wenn das Hubwerk gegenüber dem Führerstand beweglich ist, wie z. B. bei Laufkatzen von normalen Laufkranen, durch einen Bremsmagneten betätigt. Ist das Hubwerk mit dem Führerstand fest vereinigt, wie z. B. bei Drehkranen, so kann auch eine mechanische Hand- oder Fußbremse vorgesehen werden. In Ausnahmefällen wird bei Gleichstrom auch eine Umkehrschaltung mit Nachlaufbremsung angewendet.

An Stelle der Hubwerke mit selbstsperrendem Getriebe haben sich fast ausschließlich die nichtselbstsperrenden Hubgetriebe ohne Lastdruckbremse auf der Senkseite Eingang verschafft. Die hierfür durchgebildeten nachstehend beschriebenen elektrischen Senkschaltungen übertreffen an Sicherheit und Wirtschaftlichkeit die früheren Ausführungen ganz wesentlich. Diese Schaltungen umfassen in gleicher Weise die Hub- und Senkseite, doch ist ihre Bennenung ganz allgemein nach der besonders kennzeichnenden Schaltung auf der Senkseite gewählt. Eine Haltebremse ist bei diesen Steuerungen, um ein Abstürzen der Last aus der Schwebe zu verhindern, stets erforderlich.

Gleichstrom. Senkbremsschaltung mit starker Fremderregung. Bei dieser Schaltung, Abb. 1055, wird der Motor beim Bremsen, wie bei der Umkehrschaltung mit Nachlaufbremsung über einen Widerstand geschlossen und bei gelüftetem Bremsmagneten von der sinkenden Last als Generator angetrieben. Dabei wird in der ersten Senkbremsstellung nach dem Stromlaufbild, Abb. 1056, die Feldwicklung unter Vorschaltung von Anlaßwiderstand unmittelbar an das Netz gelegt. Der Motor ist also in der ersten Senkbremsstellung kräftiger erregt, als wenn er sich bei der Hintereinanderschaltung von Anker, Feldwicklung und Widerstand selbst erregen müßte. Die Schaltung eignet sich infolgedessen für alle Fälle, in denen der Betrieb ein stoßfreies Bewegen der Last fordert, insbesondere, wenn die Last um geringe Strecken von wenigen Millimetern gehoben oder gesenkt werden muß. In erster Linie ist dieses der Fall bei Montage- und Gießereikränen, bei denen es sich darum handelt, Maschinenteile oder Formkästen möglichst gleichmäßig und vorsichtig zu heben und abzusetzen.

Bei Kranen mit hohem Wirkungsgrad des mechanischen Teiles hat die starke Fremderregung noch den Vorteil, daß sie in der ersten Schaltstellung eine zu hohe Senkgeschwindigkeit, wie sie sonst bei den geringen Eigenwiderständen des Kranes bereits bei kleinen und mittleren Lasten eintreten könnte, verhindert. Dadurch, daß bei dieser Schaltung der gewöhnliche Hauptstrommotor zur Verwendung kommt, und eine zusätzliche Nebenschlußwicklung oder besondere Widerstände für die Fremderregung vermieden werden, wird der Austausch von Motoren und das Bereithalten von Ersatzteilen erleichtert.

Die Geschwindigkeit, mit der die Last gesenkt wird, kann durch Veränderung des eingeschalteten Widerstandes geregelt werden. Die Senkgeschwindigkeit ist um so größer, je weiter das Steuergerät aus der Mittelstellung herausbewegt wird und je mehr Widerstand dadurch in den Motorenkreis geschaltet ist. Naturgemäß ist

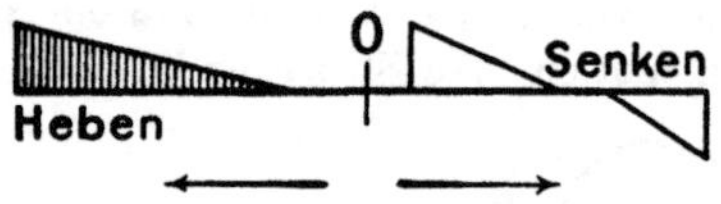

Abb. 1055. Senkstromschaltung-Schaltung.

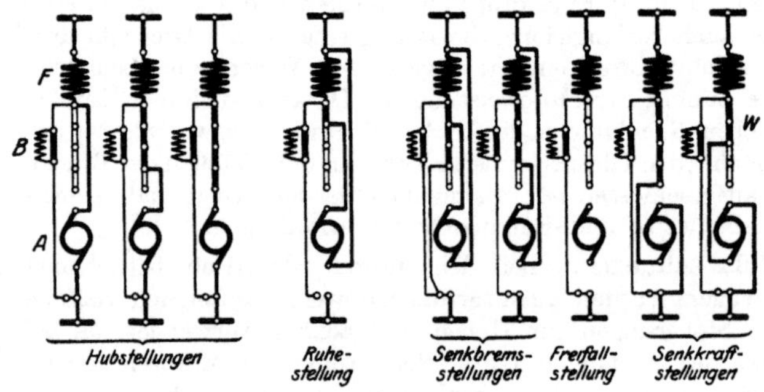

Abb. 1056. Stromlauf.

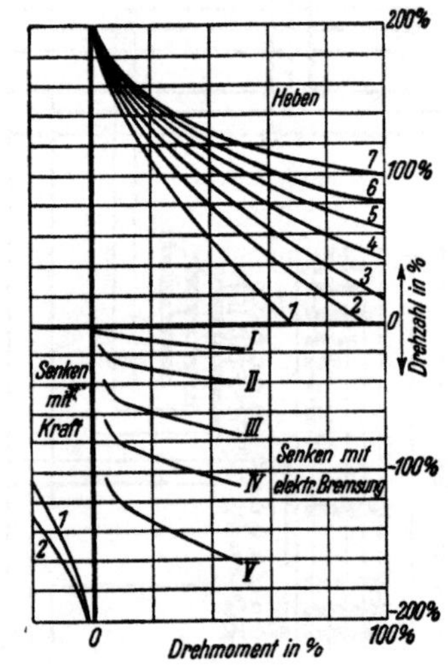

Abb. 1057. Regellinien.

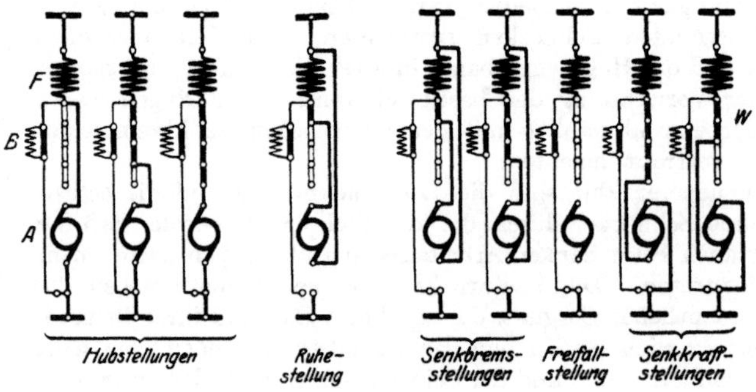

Abb. 1058. Stromlauf.

die Geschwindigkeit in derselben Schaltstellung bei kleinen Lasten geringer, als bei großen Lasten. Der leere Haken oder sehr kleine Lasten ziehen das Windwerk mit dem Motor überhaupt nicht mehr durch. Für diesen Fall sind hinter den Senkbremsstellungen noch Senkkraftstellungen vorgesehen, in denen der Motor im Senksinne an das Netz geschaltet ist. Zwischen den Senkbrems- und Senkkraftstellungen liegt eine Stellung, in welcher der Motor, ohne kurz geschlossen zu sein, vom Netz abgeschaltet ist, so daß bei gelüftetem Bremsmagnet eine sinkende Last nur die Widerstände des Getriebes zu überwinder hat.

Abb. 1057 zeigt die Regellinien für diese Schaltung. Bei diesen Linien ist das Motormoment in Hundertteilen des normalen Momentes als Abszisse und die Drehzahl in Hundertteilen beim Heben nach oben und beim Senken nach untenhin aufgetragen. Die Einstellung auf die verschiedenen Regellinien wird durch den Übergang auf die einzelnen Schaltstellungen erzwungen. Jede einzelne Regellinie gibt an, wie sich der Motor ohne willkürliche Beeinflussung durch das Steuergerät auf der entsprechenden Schaltstellung in bezug auf seine Drehzahl verhält, wenn sich sein Drehmoment bei wechselnder Belastung ändert. Andererseits kann man den Regellimien 1—7 (Heben) I—V (Senken mit elektrischer Bremsung) 1—2 (Senken mit zugeführtem Netzstrom), die den verschiedenen Schaltstellungen entsprechen, sofort entnehmen, wie sich für ein bestimmtes Drehmoment die Drehzahl auf den verschiedenen Schaltstellungen einstellt.

Wenn der Motor im Senksinne eine hohe Drehzahl erreicht hat, so muß natürlich darauf geachtet werden, daß nicht zu schnell auf die erste Senkstellung zurückgeschaltet wird, da sonst infolge der kräftigen Fremderregung ein zu starker Bremsstrom erzeugt wird und ein Feuern am Kommutator auftritt. Für die Betätigung der Steuergeräte kommen daher nur Antriebsmittel in Betracht, die, wie Handrad oder Hebel, ein vorsichtiges Steuern ermöglichen, nicht aber Seilsteuerung.

Die Schaltung wird außer für Hubwerke mit nichtselbstsperrenden Getrieben auch dann verwendet, wenn Unsicherheit darüber herrscht, ob das Getriebe als selbstsperrend anzusehen ist, d. h. wenn dieses für kleinere und mittlere Lasten noch vollkommem selbstsperrend ist, nicht aber für die Vollast.

Für das Abbremsen des Nachlaufes beim Heben und Senken sowie zum Festhalten der angehobenen Last in beliebiger Stellung muß eine Haltebremse vorgesehen werden, die durch einen Bremsmagneten in den Senkstellungen und in den Hubstellungen gelüftet wird.

Senkbremsschaltung mit schwacher Fremderregung. Diese Schaltung unterscheidet sich von der Senkbremsschaltung mit starker Fremderregung dadurch, daß die Feldwicklung in der ersten Senkstellung nicht unter Vorschaltung des Anlaßwiderstandes, sondern nur unter Vorschaltung des Nebenschlußbremsmagneten, wie Abb. 1058 zeigt, gelegt ist. Die Fremderregung ist dabei wesentlich schwächer als bei der vorher genannten Schaltung. Das sog. Nachsacken der Last bei Zurückschaltung in die Nullstellung wird infolgedessen nicht vollständig vermieden. Man hat dafür aber auf der anderen Seite den Vorteil, daß selbst dann, wenn auf der Senkseite schnell geschaltet wird, ein übermäßiges Anwachsen des Bremsstromes und das damit verbundene Feuern am Kommutator vermieden wird. Man wählt also die Schaltung für solche Betriebe, in denen es darauf ankommt, ohne feinere Regelung schnell zu arbeiten, wobei dem Führer keine Zeit zur Verfügung steht, die einzelnen Schaltstellungen genau zu beobachten. Am häufigsten trifft diese Arbeitsweise bei den Sonderkranen der Hüttenwerke und bei Verladekranen für Massengüter zu.

Die Schaltung ist auch dann zu verwenden, wenn bei der Art des gewählten Antriebes des Steuergerätes ein genaues Schalten nicht vorausgesetzt werden kann. Dies ist z. B. der Fall bei dem Universalantrieb sowie bei Steuergeräten mit selbsttätiger Rückstellung, welch letztere für Seilbedienung vom Flur meist verlangt wird. Die Schaltung kommt daher vielfach zur Verwendung für Hubwerke von kleineren Werkstattkranen, bei denen sich die Anordnung eines besonderen Führerkorbes nicht lohnt, ferner bei Hubwerken von Flaschenzügen, Laufkatzen u. dgl.

Ferner ist mit Rücksicht darauf, daß bei schwacher Fremderregung die Kontakte des Steuergerätes weniger angegriffen werden, die Schaltung mit schwacher Fremderregung auch überall da zu empfehlen, wo man mit einer geringeren Bremswirkung auskommt. Dies ist der Fall, wenn die Hubwerke ohne selbstsperrend zu sein, eine starke Selbsthemmung besitzen. Bei solchen Triebwerken, mit im allgemeinen nur geringem Wirkungsgrad, läßt sich eine feinstufige Senkbremsung auch durch die schwache Fremderregung erzielen.

Die Regellinien der Senkbremsschaltung mit schwacher Fremderregung verlaufen ähnlich wie die der Schaltung mit starker Fremderregung. Zum Abbremsen des Nachlaufes beim Heben und Senken, sowie zum Festhalten der angehobenen Last ist ebenfalls eine Haltebremse vorzusehen, die durch einen Nebenschlußbremsmagneten in den Senkstellungen und in den Hubstellungen gelüftet wird.

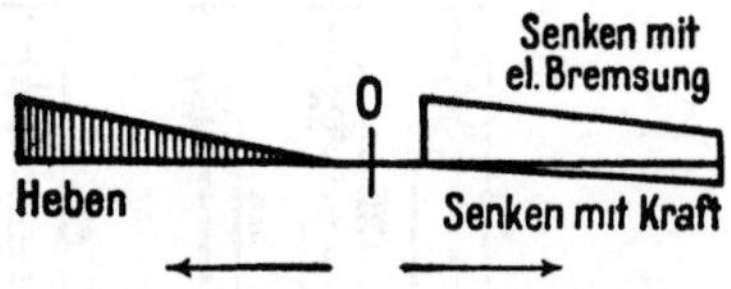

Abb. 1059 Sicherheits-Senkschaltung.

Das Nachsacken der Last kann bei beiden Schaltungen durch entsprechende Bemessung des Anlaßwiderstandes verhindert werden. Dem Motor wird hierbei bereits in der ersten Stellung ein genügender Strom zugeführt, um der größten vorkommenden Last das Gleichgewicht zu halten.

Da es sich bei Hubwerken nicht nur um das Absenken größerer Lasten handelt, sondern auch kleine Lasten und der leere Haken gesenkt werden müssen, reicht die freiwerdende Arbeit nicht immer aus, das Getriebe des Windwerkes durchzuziehen. In solchen Fällen muß dann dem Motor auch in der Senkrichtung Strom zugeführt werden. Meist ist aber das zum Absenken des leeren Hakens bzw. zum Antrieb des Triebwerkes erforderliche Drehmoment sehr gering, so daß der Hauptstrommotor in den Senkkraftstellungen, selbst bei vorgeschaltetem Anlaßwiderstand, eine hohe Drehzahl annimmt. Besonders macht sich dies bei Kranen mit hohem Wirkungsgrad bemerkbar. Vom Kranführer muß deshalb bei Anwendung der bisherigen Senkbremsschaltungen große Aufmerksamkeit gefordert werden, da er bei Steigen der Drehzahl rechtzeitig von den Senkkraftstellungen in die Senkbremsstellungen rückschalten muß.

Durch die Leistungssteigerung der Hebezeuge nicht nur in bezug auf Hubkraft, sondern noch vielmehr in bezug auf die Zahl der Arbeitsspiele, werden die Kranführer zu schnellstem Arbeiten gezwungen, und es muß die Forderung vorsichtigen Steuerns zurücktreten. Die Folge davon waren verschiedentlich Betriebsschäden. Diesem Übelstand hat man durch Anwendung verbesserter Schaltungen zu begegnen gesucht. Man versah den Hauptstrommotor mit einer zusätzlichen Nebenschlußwicklung, die in den Senkkraftstellungen eingeschaltet wird und dadurch den Motor am Durchgehen verhindert. Weiter wurde eine im folgenden näher beschriebene Sicherheitssenkschaltung auf den Markt gebracht, welche den Vorzug hat, daß der für Hebezeuge übliche Hauptstrommotor verwendet werden kann.

Sicherheits-Senkschaltung. Die Schaltung, Abb. 1059, zeigt eine wesentlich vollkommenere Hubwerkschaltung, da ein Durchgehen der Last ohne besondere Hilfsmittel durch das Wesen der Schaltung selbst ausgeschlossen ist. Die Schaltung ist hierdurch den erwähnten Senkbremsschaltungen überlegen, da bei diesen Schaltungen beim Senken schwerer Lasten an und für sich die Möglichkeit nicht ausgeschlossen ist, daß die Geschwindigkeit zu groß wird, wenn der Führer das Steuergerät zu lange auf der schwächsten Senkbremsstellung stehen läßt oder auf die Senkkraftstellungen übergeht. Man war bisher darauf angewiesen, dieser Gefahr des Durchgehens durch nicht immer ganz betriebssichere, mit dem Hubwerk verbundene Sicherheitsvorrichtungen, wie Schleuderklingel oder Fliehkraftausschalter, zu begegnen. Da die Sicherheitssenkschaltung eine zu große und gefährlich werdende Senkgeschwindigkeit überhaupt nicht zuläßt, werden alle besonderen Vorsichtsmaßregeln vollständig entbehrlich. Voraussetzung ist natürlich, daß eine Stromunterbrechung nicht eintritt, d. h. also, daß das Steuergerät und die Schleifleitungs-Stromabnahme, wenn eine solche vorhanden, in Ordnung ist. Die Schaltung stellt daher einen technischen Fortschritt dar, der für Krane, die außergewöhnlich beansprucht sind, oder wertvolles Gut zu befördern haben, von wesentlicher Bedeutung ist.

Bei dieser Schaltung wird der Motor, wie Abb. 1060 zeigt, beim Heben in gewöhnlicher Weise als Hauptstrommotor geschaltet und durch Widerstände geregelt. Dabei ergeben sich die in Abb. 1061 mit 1—7 bezeichneten Regellinien. Dagegen arbeitet der Motor beim Senken wie eine Nebenschlußmaschine, und zwar in ein und derselben Schaltstellung, bei kleineren Lasten als Motor und bei großen Lasten als ein von der Last angetriebener Generator. Die Hauptstromwicklung liegt dabei in allen Senkstellungen in Reihe mit dem ganzen Vorschaltwiderstand am Netz, während der Ankerstrom parallel zum Feld von einer Stelle des Vorschaltwiderstandes abgezweigt wird. Diese Abzweigstelle wird beim Regeln auf der Senkseite verschoben, wodurch der vor dem Anker liegende Teil des Vorschaltwiderstandes geändert wird. Bei dieser Steuerung erhöht sich die Felderregung selbsttätig, wenn der von der Last durchgezogene Motor als Generator arbeitet, und die abgehende Last wird dadurch kräftig gebremst. Der Hauptstrommotor wirkt in dieser Beziehung noch günstiger als ein voll eingeschalteter Nebenschlußmotor mit gleichbleibender Erregung.

Die Wirkung, die man beim Senken mit dieser Schaltung erzielt, geht aus den Regellinien I—V der Abb. 1061 hervor. Obgleich beispielsweise bei Regellinie IV das Drehmoment an der Motorwelle von 0 bis 50 % zunimmt, ändert sich die Drehzahl nur von 85 bis 115 %.

Um ein Nachsacken der Last zu verhindern, wird der Anlaßwiderstand so klein bemessen, daß der Motorstrom bereits in der ersten Stellung genügt, um der größten vorkommenden Last das Gleichgewicht zu halten. Die Schaltung kommt daher für solche Fälle in Frage, in denen die Reibung des Getriebes selbst nicht ausreicht, um ein Nachsacken der Last zu verhindern. Um bei dem kleinen Anlaßwiderstand zu verhindern, daß die Drehzahl bei kleinen Lasten bereits auf der ersten Schaltstellung einen hohen Wert erreicht, wodurch der Regelbereich verringert wird, ist in der Einschaltstellung für das Heben nach Abb. 1060 ein Widerstand parallel zum Anker gelegt. Dieser Widerstand, der bei großen Lasten die Wirkungsweise des Motors nur unwesentlich verändert, erfüllt bei kleinen Lasten die Aufgabe, das Feld des Motors zu verstärken, indem die Feldwicklung von der Summe aus dem Ankerstrom und dem Strom im Zweigwiderstand durchflossen wird.

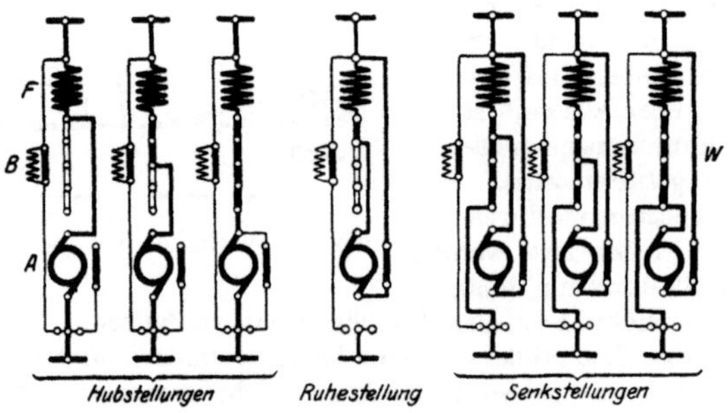

Abb. 1060. Stromlauf.

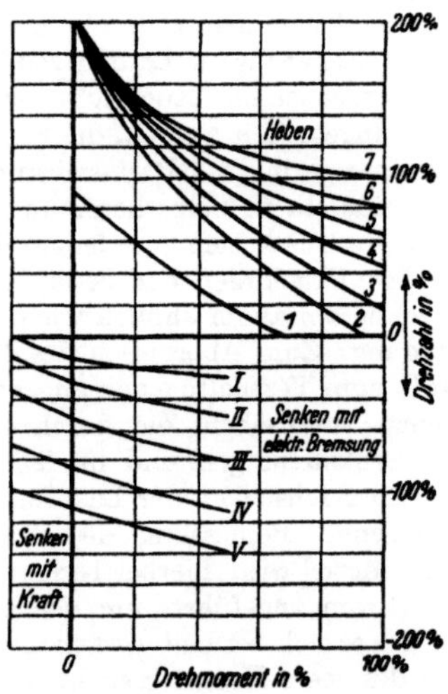

Abb. 1061. Regellinien.

Der Motor ist daher, selbst wenn der Ankerstrom z. B. beim Heben des leeren Hakens sehr gering ist, noch so kräftig erregt, daß die Drehzahl verhältnismäßig gering ist und der leere Haken nötigenfalls langsam gehoben werden kann. Die Wirkung dieser Anordnung geht aus dem Verlauf der Regellinie I der Abb. 1061 hervor.

Die beschriebene Sicherheitssenkschaltung hat eine weitgehende Anwendung gefunden. Es haften ihr aber noch einige nachteilige Eigenschaften an. Wie Abb. 1060 erkennen läßt, fließt auf der ganzen Senkseite dauernd ein Netzstrom über den Anlaßwiderstand und die Feldwicklung des Motor. Es wird also auch dann Netzstrom verbraucht, wenn Arbeit durch die abzusenkende Last frei wird. Ferner werden die Regellinien, Abb. 1061, für diese Schaltung sehr flach, woraus hervorgeht, daß beim Überschalten von einer in die andere Regelstellung erhebliche Beschleunigungs- bzw. Verzögerungskräfte auftreten, die sich als Stromüberlastungen am Kommutator des Motors bemerkbar machen. Nimmt man beispielsweise an, es werden mit 20 % Drehmoment auf Stellung IV gesenkt, so daß der Motor etwa 100 % Drehzahl habe und schaltet auf Stellung III, dann behält zunächst der Motor seine Drehzahl und muß auf die niedrigere Drehzahl verzögert werden. Das dabei auftretende Moment liegt in der Verlängerung der Regellinie III auf 100 % Drehzahl, was etwa 100 % Drehmoment entsprechen dürfte. Im Augenblick des Überschaltens ist demnach das verzögernde Moment viermal so groß als das der Last entsprechende Bremsmoment. Abschwächen läßt sich diese Erscheinung durch Anordnung eines kleinen Anker-Vorschaltwiderstandes. In Hüttenwerken mit billiger Stromerzeugung und bei Motoren, die wegen des fast ausschließlichen Beschleunigungsbetriebes in der Grundbelastung nicht so hoch beansprucht werden können, treten die erwähnten Erscheinungen in den Hintergrund. Es hat deshalb dort die beschriebene Sicherheitssenkschaltung die weiteste Verbreitung gefunden.

Für zahlreiche andere Fälle, besonders in Anlagen mit hohen Stromkosten, wurde eine andere Schaltung gefordert, bei welcher das Absenken der Last durch elektrisches Bremsen, aber ohne Stromentnahme aus dem Netz möglich ist. Die Schaltung muß aber auch gestatten, beim Absenken der größten vorkommenden Last mit dem Steuergerät bis in die Senkkraftstellungen zu gehen, ohne daß die Senkgeschwindigkeit zu groß wird und ohne daß der Kranführer besondere Sorgfalt aufzuwenden hat. Es lag nahe, die an erster Stelle beschriebenen Senkbremsschaltungen mit der im weiteren angeführten Sicherheitssenkschaltung so zu vereinigen, daß man den Motor als Generator über den Anlaßwiderstand abbremst und die Senkkraftstellungen wie in der Sicherheitssenkschaltung ausführt. Es muß aber beachtet werden, daß beim Überschalten in die Senkkraftstellungen der Motor sowohl die Drehzahl Null als auch eine hohe Drehzahl haben kann, je nachdem, ob der leere Haken oder die größte Last gesenkt wird. Ein Vergleich der Schaulinien in Abb. 1057 und Abb. 1061 zeigt, daß die Vereinigung nicht gut möglich ist, da die steil ansteigenden Senkkraftlinien der Abb. 1057 sich nicht in die flach verlaufenden Regellinien der Abb. 1061 einfügen, es müßten deshalb in den Grenzfällen recht erhebliche Stromstöße im Anker auftreten. Aus diesem Anlaß wurde eine neue verbesserte Sicherheitssenkschaltung geschaffen, welche die Vorteile beider Schaltungen miteinander vereinigt, die aber nicht ihre Nachteile hat.

Das Wesentliche dieser Schaltung zeigt das Stromlaufbild Abb. 1062. Beim Verfolg der Stromrichtung in Schaltung „Senken mit Bremsen“ ist zu beachten, daß sich zwar die Drehrichtung gegenüber „Heben“ ändert, die Stromrichtung im Anker und Feld aber nicht. Die Schaltung für das Heben ist normal, der Motor läuft als Hauptstrommotor. Für „Senken mit elektrischem Bremsen“ wird der Motor als Generator auf den Anlaßwiderstand arbeitend geschaltet. Der Motor ist dabei vom Netz getrennt und verbraucht daher keinen Strom aus dem Netz.

In den Stellungen „Senken mit Kraft“ wird der Stromkreis für „Senken mit Bremsen“ nicht geöffnet, die Freifallstellung fällt also fort. Es wird etwa in der Mitte des Bremswiderstandes Spannung zugeführt, so daß zwei parallele Stromkreise, nämlich der über die Erregung und der über den Anker entstehen. Der Motor ist jetzt als Nebenschlußmotor mit Ankervorschaltwiderstand geschaltet und die Stromrichtung für das Feld vertauscht. Beim Weiterschalten wird der Punkt, an welchem die Spannung zugeführt wird, nach dem Anker zu verlegt, so daß im Erregerstromkreis eine Feldschwächung und am Anker eine Spannungserhöhung eintritt. Durch geringe Widerstandsänderung wird eine verhältnismäßig große Drehzahländerung des Motors erreicht. In den Stellungen „Senken mit Kraft“ wird Strom verbraucht, der allerdings größer ist als der für die Bewegung des Getriebes erforderliche. Dieser Stromverbrauch fällt aber nicht ins Gewicht, da das Lastsenken im Gegensatz zu der älteren Sicherheitssenkschaltung, bei welcher während der ganzen Senkperiode der Motor am Netz liegt, ohne Stromverbrauch aus dem Netz erfolgt.

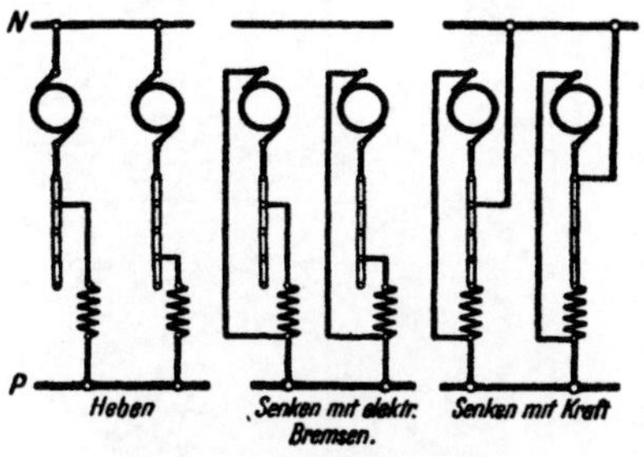

Abb. 1062. Stromlauf.

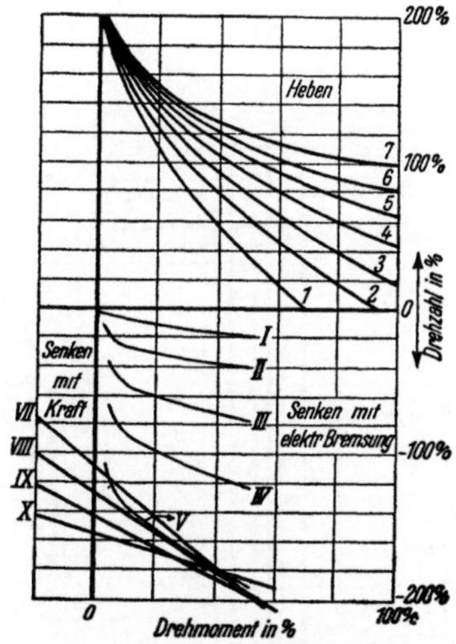

Abb. 1063. Regellinien.

Die Linien in Abb. 1063 zeigen die Regelfähigkeit des Motors mit der neuen Schaltung. Ein Vergleich mit den Regellinien der Schaltungen Abb. 1061 und Abb. 1057 zeigt die Richtigkeit des vorstehend Gesagten. In Abb. 1063 bedeuten die Regellinien 1—7 Heben; I Bremsen mit starker Fremderregung; II, III, IV und V Bremsen ohne Stromentnahme aus dem Netz und VII, VIII, IX und X Senken mit Kraft bei Stromentnahme aus dem Netz.

Nach den Regellinien kann der leere Haken, wenn das Windwerk dabei 10 % des normalen Drehmomentes zum Antrieb erfordert, mit etwa 1,6facher Geschwindigkeit gesenkt werden. Wenn der Kranführer beim Senken der Vollast aus Unachtsamkeit auf Stellung VIII übergeht, kann die Geschwindigkeit nicht über die etwa 2fache ansteigen, wobei noch ein guter Wirkungsgrad des Getriebes vorausgesetzt ist. Aus dem Verlauf der Linien geht hervor, daß die Senkkraftstellungen sowohl beim Senken des leeren Hakens als auch beim Absenken der Last benutzt werden können, ohne daß größere Stromstöße auftreten. Die geradlinig verlaufenden Senkkraftregellinien bilden nahezu Tangenten der letzten Senkbremsregellinie. Im Berührungspunkt der Linien geht das Überschalten von der einen zur anderen Stellung ohne jeden Stoß vor sich. Aber auch bei anderen Werten ist das Überschalten nur mit einem geringen Stromanstieg verbunden.

In dem Begrenzen der Höchstgeschwindigkeit liegt der Vorzug der neuen Schaltung. Der Nachteil der bisherigen Senkbremsschaltung (Abb. 1057) ist hauptsächlich der, daß der Kranführer den Motor auf den Stromstoßstellungen des Steuergerätes bis auf die vierfache und noch höhere Drehzahl kommen lassen kann, um dann durch Zurückreißen des Steuermittels abzustoppen. Dabei treten Stromstöße auf, die sowohl die Steuerteile, als auch den Motor und endlich auch die Triebwerke, die Seile u. s. f. gefährden. Bei der neuen Sicherheits-

senkschaltung ist die bisher gut bewährte starke Fremderregung auf der ersten Senkbremsstellung beibehalten worden, wodurch das Sacken der Last, welches eintritt, wenn der Hauptstrommotor sich als Hauptstromgenerator von Null aus selbst erregen muß, verhütet wird. Sie kann weggelassen werden bei Steuerungen für Kleinhebezeuge, da man hier mit verhältnismäßig geringen Arbeitsgeschwindigkeiten und niedrigerem Wir-

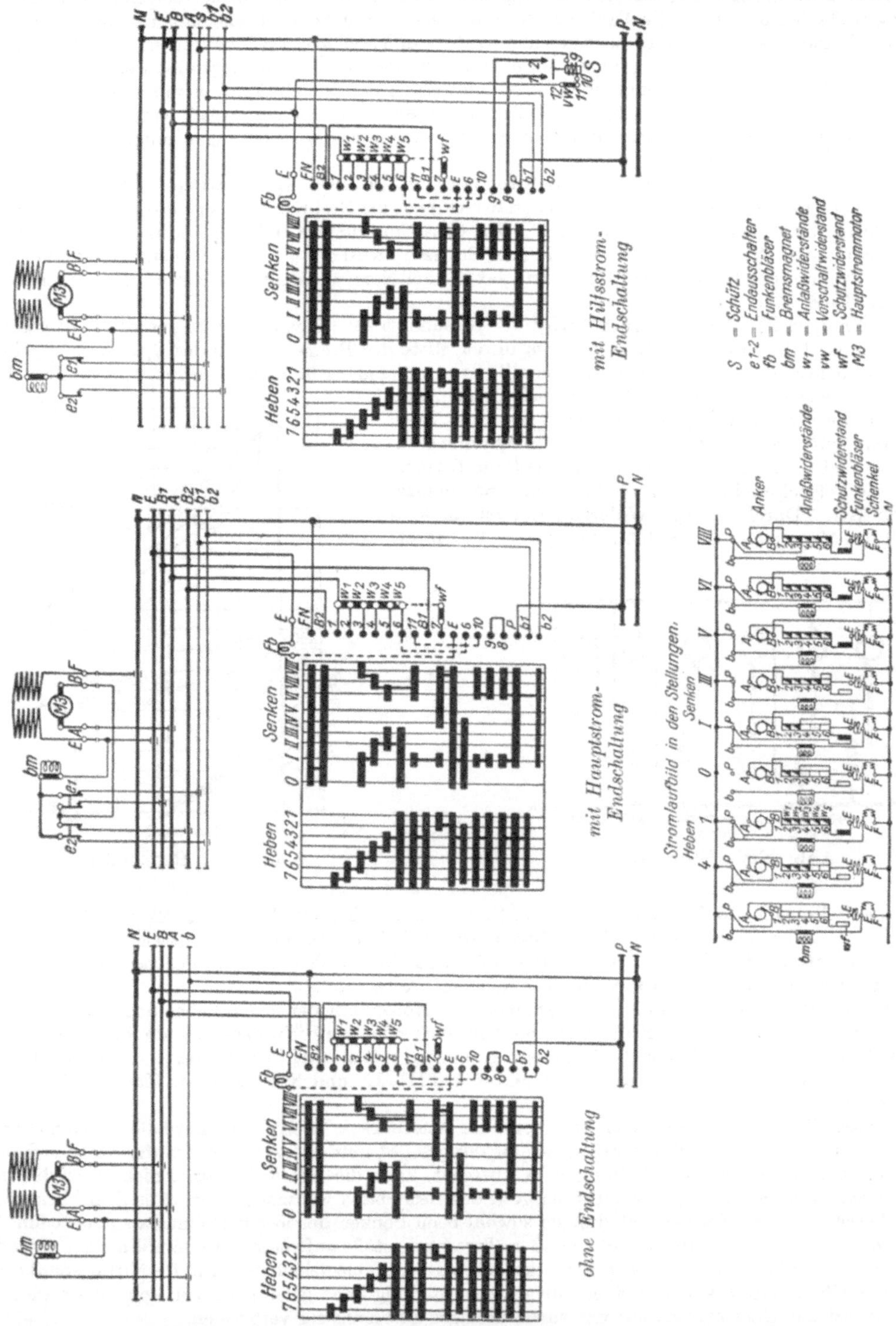

Abb. 1064. Schaltbilder der Sicherheits-Senkschaltung.

kungsgrad rechnet, so daß das Sacken nicht wesentlich in Erscheinung tritt. Man muß ferner auf die starke Fremderregung verzichten bei allen Steuergeräten, welche durch Seilzug bedient werden und mit selbsttätiger Rückstellung durch Feder ausgestattet sind. Bei diesen Antrieben ist betriebsmäßig mit einem fast augenblicklichen Zurückführen aus den Senkkraftstellungen nach Null zu rechenen, was leicht Feuererscheinungen am Kollektor des Motors zur Folge haben kann.

Die Schaltbilder, Abb. 1064, zeigen die innere Schaltung des Steuergerätes der neuen verbesserten Sicherheitssenkschaltung. Diese Schaltbilder lassen ferner die erforderliche Anzahl von Schleifleitungen erkennen.

Schaltung für mechanische Senkbremse. Bei Hafenkranen kommt häufig eine Sonderschaltung zur Verwendung, bei welcher die elektrische Senkbremsschaltung wegfällt und zum Senken die als einseitig wirkende Senksperradbremse ausgebildete Manövrierbremse, Abb. 1065, durch den Steuerhebel des Steuergerätes gelüftet wird. Dabei ist mit Rücksicht auf die Feinheit der Steuerung vorausgesetzt, daß das Lüften der mechanischen Bremse wenig Kraft erfordert. Der Hebel wird beim Senken nach links gelegt und zwar zunächst über den Ausschlagwinkel O 1, wobei die Bremse allmählich gelüftet wird. Der Motor ist dabei entweder abgekuppelt oder er wird von der Last durchgezogen und läuft leer mit. Wenn bei leichten Lasten oder beim Senken des leeren Hakens auch bei völliger Lüftung der Bremse noch kein Senken erfolgt, so wird der Hebel nach links bis in die Senkkraftstellungen weiterbewegt und der Motor erhält Strom im Senksinne. Beim Heben wird der Hebel nach rechts in die Stellungen 1—6 gebracht. Um dies zu ermöglichen, ist am Gestänge der Bremse ein Langloch vorgesehen.

Da die Bremse als Senksperradbremse ausgebildet ist, so läßt sie nur eine Bewegung der Last im Hubsinne zu, so daß ein Nachsacken der Last auch dann ausgeschlossen ist, wenn das Steuergerät sich noch in der ersten Schaltstellung befindet und daher noch der ganze Widersand eingeschaltet ist.

Die in Abb. 1066 dargestellte Vorrichtung gestattet es, die Bremse in allen Hubstellungen mit Hilfe einer am Steuerhebel angebrachten Klemmvorrichtung anzuziehen. Beim Anziehen des schlaffen Seiles kann also der Motor, bevor er das Seil spannt, allmählich künstlich belastet werden, so daß die Last stoßfrei gehoben wird.

Sonderschaltung für Lokomotivkrane. Wenn zwei unabhägige Hubwerke zusammen arbeiten sollen, wie es z. B. bei Lokomotivhebekranen der Fall ist, so muß eine Schaltweise gewählt werden, bei welcher die Motoren auch bei verschiedener Belastung praktisch gleiche Drehzahlen aufweisen. Solche Schaltungen sind für Hubwerke in ähnlicher Weise durchgebildet, wie bei der Sonderschaltung für Fahrwerke von Verladebrücken.

Drehstrom. Während bei Gleichstrom die elektrische Bremsung durch Generatorwirkung des Motors die Möglichkeit bot, die Aufgabe des elektrischen Senkens von Lasten in mannigfachster Weise zu lösen, mußte man sich beim Drehstrommotor, der nach Trennung vom Netz nicht als Generator arbeitet, nach besonderen Hilfsmittels umsehen. Vorausgeschickt sei zunächst, daß die Bezeichnung „synchrone Drehzahl" die, durch die Periodenzahl des Netzes und durch die Polzahl des Motors gegebene Leerlaufdrehzahl des Motors ist. Diese beträgt bei den am meisten bestehenden Drehstromnetzen mit 50 Perioden/Sek. und dem für Hebezeugmotoren gebräuchlichen Drehzahlbereich 1500, 1000, 750 und 600 Min. Bei Belastung schlüpft der Motor, er läuft untersynchron und die Drehzahl sinkt bei der Normalleistung um einige Prozent auf die „asynchrone" Drehzahl. Eine elektrische Bremsung beim übersynchronen Lauf des Motors ist ohne weiteres möglich. Wird eine untersynchrone Drehzahlregelung verlangt, so ist eine Gegenstrom-Senkbremsschaltung anzuwenden, die in ihrer Wirkungsweise der Gleichstrom-Senkbremsschaltung ähnlich ist. Immerhin ist die Auswahl an Senksteuerungen bei Drehstrom wesentlich geringer, als bei Gleichstrom. Dies ist auch der Hauptgrund dafür, daß das selbstsperrende Getriebe und die Lastdruckbremse sich als Senkmittel in Drehstromanlagen schwerer verdrängen ließ, als in Gleichstromanlagen.

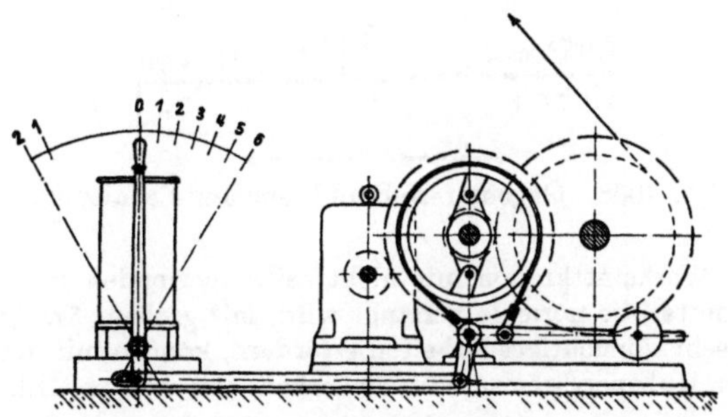

Abb. 1065. Anordnung der mechanischen Senkbremse.

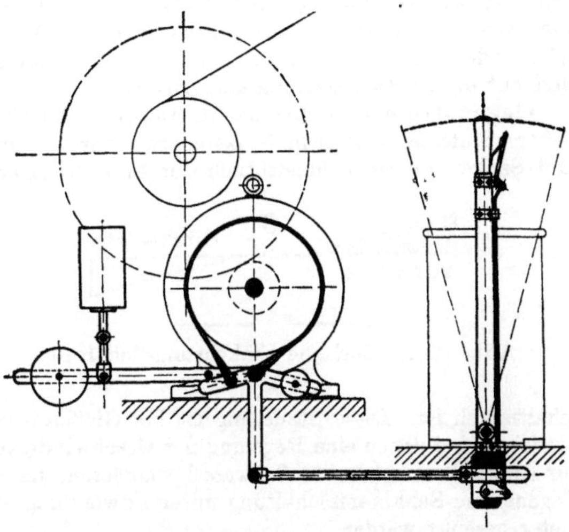

Abb. 1066. Vorrichtung zum Anziehen der Bremse in jeder Hubstellung.

Einfache Umkehrschaltung. Bei selbstsperrenden Getrieben oder beim Senken mit Lastdruckbremse kommt bei Drehstrom ebenso wie bei Gleichstrom die einfache Umkehrschaltung, Abb. 1067, in Frage. Der Nachlauf kann auch hier durch Anschluß eines Bremsmagneten, der in der Nullstellung zum Einfallen kommt, abgebremst werden. Im Falle der Gefahr kann man das Hubwerk durch Gegenstrom stillsetzen, wobei daber darauf zu achten ist, daß das Steuergerät sofort nach Stillstand des Motors wieder in die Nullstellung zurückgedreht wird, da sonst in der entgegengesetzten Richtung angefahren oder der Widerstand überlastet wird.

Wenn die Regelwiderstände genügend klein bemessen werden, ist die einfache Umkehrung eine Sicherheitssenkschaltung und kann dann in Fällen verwendet werden, in denen selbstsperrende Getriebe oder

Lastdruckbremsen nicht vorhanden sind. Der im Senksinne eingeschaltete Drehstrommotor wird dabei von einer genügend großen Last mit einer ganz bestimmten übersynchronen Geschwindigkeit, d. h. über die normale Leerlaufsdrehzahl hinaus, durchgezogen, wobei er als Generator auf das Netz arbeitend und bremsend wirkt. Seine Geschwindigkeit ist um so größer, je größer die Last und je mehr Widerstand in den Läuferkreis geschaltet wird. Der Motor wird dabei, wie üblich, mit einem Widerstand angelassen, der bei Drehung des Steuergerätes aus der Nullstellung allmählich ausgeschaltet wird. In der äußersten Schaltstellung ist der Widerstand gleich Null und die Drehzahl des Motors nahezu die synchrone. Je weiter dann der Hebel oder das Handrad des Steuergerätes nach der Nullstellung zurückgedreht wird, um so größer wird der eingeschaltete Widerstand und je mehr steigt bei durchgezogenem Motor die Drehzahl über die normale Drehzahl hinaus. Der eingeschaltete Widerstand bleibt aber immer in solchen Grenzen, daß die zulässige Höchstgeschwindigkeit auch bei der größten vorkommenden Last nicht überschritten wird. Der Drehzahlregelbereich liegt also nach dem Vorstehenden zwischen der synchronen Geschwindigkeit und einer über der normal liegenden zulässigen Höchstgeschwindigkeit.

Beim Senken des leeren Hakens nimmt der Motor in denselben Schaltstellungen, in denen er beim Senken von Lasten als Generator arbeitet, Strom vom Netz auf. Seine Drehzahl ist um so größer, je weiter das Steuergerät aus der Nullstellung gedreht ist und wird schließlich in der Endstellung nahezu gleich der synchronen Drehzahl.

Zum Abbremsen des Nachlaufes, sowie zum Festhalten der angehobenen Last in beliebiger Stellung muß bei der Schaltung eine, durch einen Elektromagneten betätigte Haltebremse vorgesehen werden, die sowohl in den Senkstellungen als in den Hubstellungen gelüftet wird.

Die Sicherheitssenkschaltung eignet sich für die Fälle, in denen die Senkgeschwindigkeit nicht genau geregelt zu werden braucht, wie z. B. bei Verladekranen mit großen Hubhöhen, normalen Hüttenkranen usw. oder wenn das Anbringen mechanisch betätigter Manövrierbremsen Schwierigkeiten bereitet, z. B. bei rasch arbeitenden, von der Ferne zu bedienenden Laufkatzen. Wohl 95 % aller mit Drehstrom betriebenen Krane sind mit dieser Hubschaltung ausgerüstet.

Gegenstrom-Senkbremsschaltung. Die Gegenstrom-Senkbremsschaltung, Abb. 1068, stellt eine äußerst einfache elektrische Senksteuerung für Drehstrom dar, die sowohl in bezug auf Regelung beim Heben und Senken als auch hinsichtlich der Betriebssicherheit ein guter Ersatz für die Gleichstrom-Senkbrems-

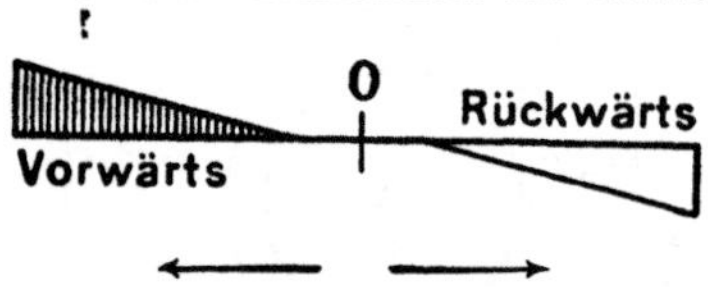

Abb. 1067. Einfache Umkehrung-Schaltung.

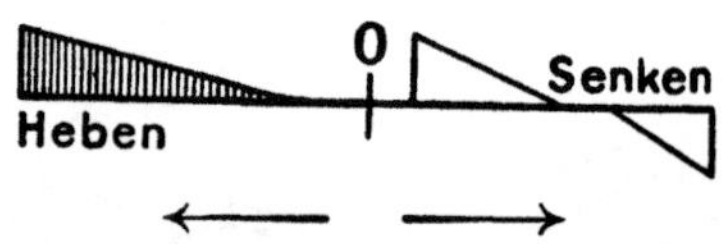

Abb. 1068. Gegenstrom-Senkbremsung-Schaltung.

schaltungen ist. Diese Steuerung ist bei Gießerei- und Werkstattkranen mit nicht selbstsperrenden Hubgetrieben, bei denen eine Regelung der Geschwindigkeit unter die normale verlangt wird, mit großem Erfolg zur Anwendung gebracht. Schwere Formkästen, die ein sehr vorsichtiges Arbeiten erfordern, können mit der Gegenstrom-Senkbremsschaltung unter Anwendung einer Hubsperrbremse mit Sicherheit um wenige Millimeter gesenkt werden.

Der Motor ist bei dieser Schaltung auch beim Senken im Hubsinne eingeschaltet, sein Drehmoment aber durch Einschalten von Widerstand in den Läuferkreis so vermindert, daß das von der Last her auf die Motorwelle wirkende Drehmoment gleich oder größer ist als das elektrische Drehmoment des Motors. Es besteht daher entweder Gleichgewicht zwischen Motor und Last im Stillstand, so daß keine Lastbewegung eintritt, oder die Last zieht den Motor gegen sein eigenes Moment durch und es tritt erst Gleichgewicht bei einer bestimmten Senkgeschwindigkeit ein, wenn nämlich die Spannung am Läufer und, abhängig hiervon, die Stromstärke und das Motor-Drehmoment sich so erhöht haben, daß Lastmoment und Motor-Drehmoment gleich sind. Die Senkgeschwindigkeit kann durch Änderung des Widerstandes im Läuferkreis in weitem Bereiche geregelt werden. Der in den Läuferkreis geschaltete Widerstand wird um so mehr vergrößert, und die Geschwindigkeit daher um so mehr erhöht, je weiter das Steuergerät aus der Ruhestellung gedreht wird.

Damit auch eine leichte Last oder der leere Haken mit großen Geschwindigkeiten gesenkt werden kann, sind noch eine Freifallstellung und ein oder mehrere Senkkraftstellungen vorgesehen. In den Senkkraftstellungen arbeitet der Motor beim Senken des leeren Hakens als Motor, während er in denselben Regelstellungen bei größeren Lasten wie bei der Sicherheits-Senkschaltung übersynchron als Generator angetrieben wird und sich dadurch bremst. Die zulässige Höchstdrehzahl kann also in diesen Senkkraftstellungen nicht überschritten werden. Die Abb. 1069 zeigt die Regellinien für die Gegenstrom-Senkbremsschaltung.

Wie bei der Gleichstrom-Senkbremsschaltung will man auf der ersten Senkstellung die kleinste Senkgeschwindigkeit erreichen. Man muß also dem Drehstrommotor durch den Läuferwiderstand ein Drehmoment geben, welches der größten Last entspricht. Da aber der Drehstrommotor ein Drehmoment im Hubsinne, und zwar abhängig vom Läuferwiderstand entwickelt, so ist klar, daß bei kleinerer Last und großen Motordrehmoment ohne besondere Vorkehrungen zu treffen, die dieses verhindern, in den ersten Senkstellungen des Steuergerätes eine Bewegung im Hubsinne eintreten wird. Durch Weiterschalten auf die nächsten Senkstellungen, also Vergrößern des Läuferwiderstandes und damit Vermindern des Motordrehmomentes wird dieser Zustand beseitigt. Bei den gesteigerten Ansprüchen an den Kranführer wollte man aber seine Aufmerksamkeit entlasten und verlangte Einrichtungen, welche die unerwünschte Hubbewegung auf der Senkseite nicht in Erscheinung treten lassen. Diese Aufgabe wurde zuerst auf mechanischem Wege durch die doppelt wirkende Hub- und Senksperradbremse in Verbindung mit einem Motorbremsmagneten gelöst. Die Gegenstrom-Senkbremsschaltung mit dieser Anordnung der Bremsen Abb. 1070 ergibt einen einwandfreien Betrieb. Die Lösung fand aber keinen Anklang, weil die Herstellung der Sperradbremsen teuer und diese im Betrieb schwierig einwandfrei arbeitsfähig zu halten ist. Dies hat dazu geführt, daß zum Teil aus Kranen die Hub- und Sperradbremse ausgebaut und durch eine ganz normale Haltebrense ersetzt wurde und weiter neue Krane, wenigstens solche kleinerer Leistung von vornherein gleich die normale Bremse erhalten. Der Nachteil, Heben kleinerer Lasten auf den ersten Gegenstrom-Senkstellungen wird jedoch nicht überall als störend empfunden, da der Führer ganz gefühlsmäßig bei kleineren Lasten schneller über die ersten Steuerstellungen schaltet als bei schweren Lasten.

Für Kräne größerer Leistung hat man aber neuerdings Mittel und Wege gefunden, das ungewollte Heben auf der Senkseite durch eine elektrische Rücklaufsperrung zu verhüten. Eine dieser Ausführungen ist die, daß selbsttätig so viel Widerstand in den Läuferkreis des Motors geschaltet wird, bis Lastmoment und Motormoment miteinander ausgeglichen sind. Die Einrichtung ist aus dem Schaltbild Abb. 1071 zu ersehen. Sie besteht aus einem, an den Motor angebauten Schleppstufenschalter S, von welchem durch Schütze die Läuferwiderstände geschaltet werden. Wird mit dem Steuergerät auf Stellung I geschaltet, so ist ein Teil des Läuferwiderstandes, und zwar durch die eingeschalteten Schütze a, b, c kurz geschlossen. Ist das Motordrehmoment größer als das Lastmoment und demnach die Drehrichtung im Hubsinne, so wird der Schalter S im Sinne der Pfeilrichtung bewegt und die Kontakte an diesem Schalter der Reihe nach geöffnet bis Stillstand des Triebwerkes eintritt. Um die Last abzusenken, ist der Kranführer gezwungen, auf die Steuergerätestellungen II, III, IV usw. zu gehen. Daraus geht hervor, daß erst die nichtgewollte Bewegung eintreten muß, bevor die Einrichtung zur Wirkung kommt. Bei der erwähnten Senksperrbremse hat sich diese Erscheinung nicht bemerkbar gemacht. Die Bewegung ist aber so klein, sie beträgt je nach der Hubgeschwindigkeit und der Motordrehzahl höchstens 1—2 cm.

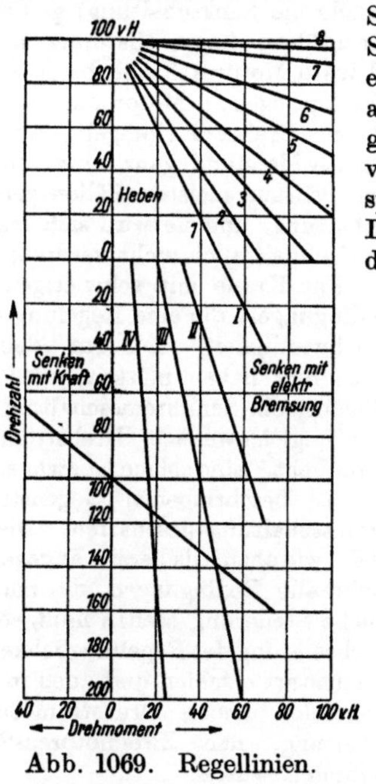

Abb. 1069. Regellinien.

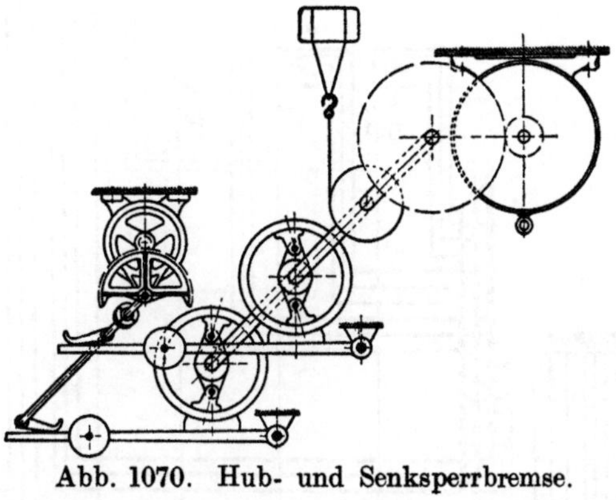
Abb. 1070. Hub- und Senksperrbremse.

Trotzdem die beschriebene Einrichtung ermöglicht, auf rein elektrischem Wege einen Übelstand zu beseitigen, welcher bisher der Gegenstrom-Senkbremsschaltung anhaftete, so wird sie dadurch den Gleichstrom-Sicherheits-Senkbremsschaltungen noch nicht vergleichbar. Bei der letzteren gelingt es auch bei größter Unachtsamkeit des Kranführers nicht, die Senkgeschwindigkeit unzulässig zu steigern, selbst wenn beim Senken der größten Last in die letzte Senkkraftstellung gegangen wird. Im Gegensatz hierzu liegen die Regellinien aller Bremsschaltungen, welche mit Gegenstrom arbeiten, wie aus Abb. 1069 ersichtlich, außerordentlich ungünstig. Die Linien verlaufen sehr steil, und eine geringe Erhöhung des Drehmomentes hat eine sehr große Änderung der Drehzahl zur Folge.

Setzt man einen mechanischen Gesamtwirkungsgrad von 0,7 für das Hubwerk voraus, so übt die Vollast am Wellenstumpf des Hubmotors ein durchziehendes Drehmoment von etwa 50 % aus, bezogen auf das zum Heben erforderliche Drehmoment. Schaltet man den Motor im Hubsinne mit etwa 50 % Drehmoment ein, so wird die Vollast gerade in der Schwebe gehalten oder höchstens ganz langsam absinken. (Regellinie I). Senkt man aber die Vollast in Stellung IV, so erreicht man eine sehr hohe Drehzahl, die für den Motor nicht meht zulässig ist. Andererseits benötigt man jedoch die Stellung IV, um auch leichte Lasten langsam senken zu können. In der Möglichkeit, bereits auf den Senkbremsstellungen unzulässig hohe Drehzahlen zu erreichen, liegt die große Gefahr dieser Schaltung. In Sonderfällen, z. B. bei Greiferkranen, läßt sich der Übelstand beseitigen, da man hier als kleinste Last stets den leeren Greifer, dessen Gewicht etwa 50 % der Gesamtlast beträgt, zu senken hat. Man kann infolgedessen hierbei auf die Senkstellungen mit großem Läuferwiderstand verzichten. Bei Kranen, die kleinste und größte Lasten zu bewältigen haben und bei denen das Absenken des leeren Hakens ebenfalls möglich sein muß, ist große Vorsicht beim Steuern mit der Gegenstrom-Senkbremsschaltung erforderlich.

Die erwähnte Unsicherheit läßt sich beseitigen, wenn man außer dem Schleppstufenschalter an dem Motor noch einen Zentrifugalkontakt Z anbaut und diesen auf das eine Schütz c wirken läßt. Wird die Drehzahl und damit die Senkgeschwindigkeit zu groß, so schaltet der Zentrifugalkontakt das Schütz ein und schließt den Läuferwiderstand bis auf den kleinsten, für das Senken der Vollast bemessenen Wert kurz, wobei die Senkgeschwindigkeit verringert wird. Diese Einrichtung stellt aber kein selbsttätiges Regeln dar, es ist nur eine Sicherheitsmaßnahme, die den Kranführer zwingt, vorsichtiger zu steuern, wenn er nicht Gefahr laufen will, daß ihm die Einrichtung beim Senken unterbricht und ihn zwingt, auszuschalten und von neuem anzulassen.

Bei großen Motorleistungen, die die Verwendung von Schützensteuerung notwendig machen, läßt sich auch die Übergangsstellung von der Gegenstromschaltung in die Senkkraftstellung ohne Zwischenstellung ermöglichen und so die bisher nicht sehr erwünschte Freifallstellung beseitigen.

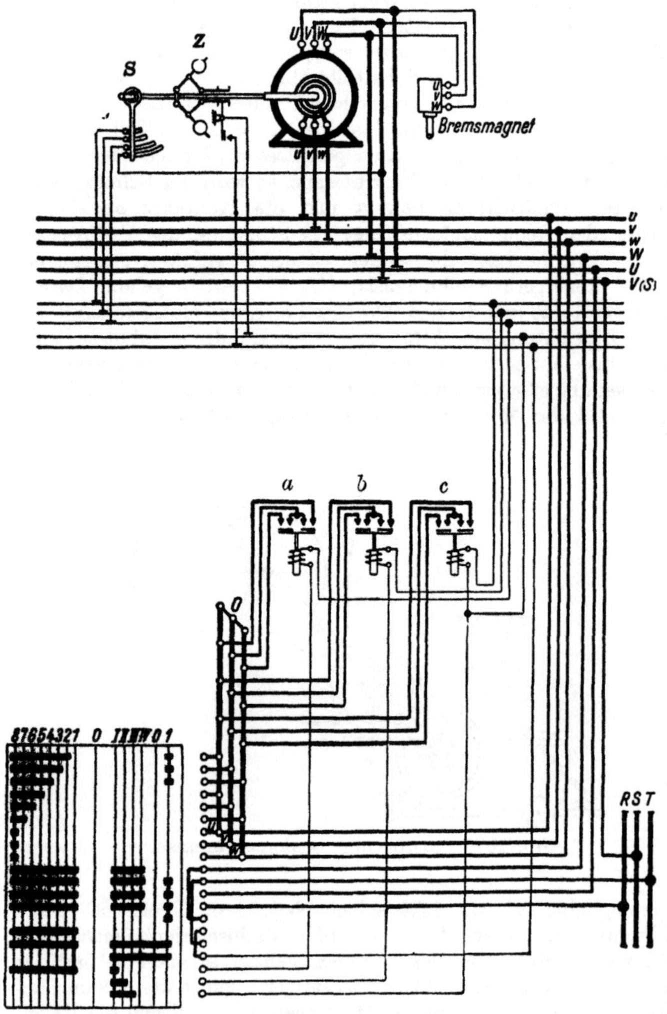

Abb. 1071. Schaltbild.

Wie aus Vorstehendem zu ersehen, ist bei Kranen mit Antrieb durch Drehstrom-Asynchronmotoren mit den bisherigen Schaltungen die Regelfähigkeit für das Senken der Lasten in der vollendeten Weise wie bei Gleichstrom noch nicht erreicht. Die größte Verbreitung hat bisher die Sicherheits-Senkschaltung (übersynchrone Senkschaltung) gefunden. Der Kranführer kann allerdings mit ihr als kleinste Motordrehzahl beim Senken und durchgezogenem Motor nur etwa die synchrone Drehzahl einregeln, wenn er den Anlaßwiderstand ganz kurz schließt. In den weitaus meisten Fällen genügt diese Schaltung, und sie wird sich wegen ihrer Einfachheit auch nicht verdrängen lassen.

Für Krane mit schwierigen Betriebsbedingungen, die eine Regelung der Senkgeschwindigkeit auch auf kleine Werte unbedingt haben müssen, wird eine, der Gleichstrom-Senkbremsschaltung möglichst gleichwertige Drehstromschaltung gebraucht. Eine solche ist zwar seit Jahren in der beschriebenen Gegenstrom-Senkbremsschaltung geschaffen. Diese erfüllt aber, wie ebenfalls bereits angegeben, noch nicht alle Bedingungen, die man an eine solche Steuerung stellen muß, so daß eine Verbesserung der Regelmöglichkeiten wünschenswert erschien und auch in der nachstehenden neuen Drehstrom-Senkbremsschaltung, der Zweimotoren-Schaltung, gefunden wurde.

Zweimotoren-Schaltung. Diese neue Drehstrom-Senkbremsschaltung, die in jeder Beziehung einer guten Gleichstrom-Senkschaltung gleichwertig ist, hat zur Grundlage die Anwendung von zwei starr mit einander gekuppelten gleich großen Asynchronmotoren. Jeder dieser Motoren hat seinen Anlaßwiderstand für sich. Die Summe der Leistungen beider Motoren entspricht der zum Heben der Vollast erforderlichen Leistung. Zum Heben der Last werden die beiden Motoren gleichsinnig, zum Senken der Last gegensinnig geschaltet. Der Vorgang beim Heben mit den 2 Motoren und das Regeln der Hubgeschwindigkeit durch Einschalten von Widerstand in die Läuferkreise der beiden Motoren unterscheidet sich in keiner Weise von der Steuerung mit einem Motor. Zum Senken wird der eine Motor (Hubmotor) im Hubsinne der andere Motor (Senkmotor) im Senksinne geschaltet.

Die erforderlichen Schaltungen für Heben und Senken sind in einem Steuergerät vereinigt, so daß der Kranführer nur das Handrad zu bewegen hat, um die beabsichtigten Lastbewegungen auszuführen. Auf der ersten Senkstellung wird in den Läuferkreis jedes der beiden Motoren ein gleich großer Widerstand geschaltet, der so bemessen ist, daß das volle Drehmoment entwickelt wird. Die Motoren halten sich also bei Nullast am Haken, das Gleichgewicht und das Triebwerk steht still. Hängt Last am Haken, so wirkt diese gleichsinnig mit dem im Senksinne geschalteten Motor, und es wird eine Bewegung nach abwärts eintreten und eine Geschwindigkeitssteigerung bis zu dem Zeitpunkt, in welchem die Summe aus Lastmoment und Drehmoment des im Senksinne geschalteten Motors dem Drehmoment des im Hubsinne geschalteten Motors gleich ist. Bei dieser Überlegung ist zu berücksichtigen, daß die Widerstände auf der ersten Senkstellung unverändert geblieben sind, daß aber bei der Drehzahlsteigerung (im Senksinne) die Spannung an den Läuferklemmen des Hubmotors zugenommen und die an den Klemmen des Senkmotors abgenommen hat, so daß die Stromaufnahme in den Widerständen und damit auch das Drehmoment in den Motoren sich änderte und die Summe aus Lastmoment und Moment des Senkmotors gleich dem Drehmoment des Hubmotors werden konnte. Dieser Umstand ist wesentlich für die Regelung. Er bewirkt, daß sich der Doppelmotor gleichsam elastisch der jeweiligen Last anpaßt, ohne eine unzulässige Geschwindigkeit anzunehmen. Durch Vergrößern des Läuferwiderstandes des im Hubsinne geschalteten Motors und Verkleinern des Läuferwiderstandes des im Senksinne geschalteten Motors erfolgt ein Senken der Last nach den Regellinien II und III in Abb. 1072. Größere Senkgeschwindigkeiten lassen sich erreichen, wenn der im Hubsinne geschaltete Motor ganz abgeschaltet und mit dem im Senksinne geschalteten Motor in der bekannten übersynchronen Senkschaltung weitergearbeitet wird. Es ergeben sich dann die Regellinien IV bis VI, wobei eine bestimmte zulässige Höchstdrehzahl nicht überschritten wird.

Die neue Zweimotoren-Schaltung bietet gegenüber der Gegenstrom-Senkbremsschaltung die folgenden Vorteile: Regelmöglichkeiten wie bei Kranen mit Antrieb durch Gleichstrommotoren. Man kann sowohl beim Heben als auch beim Senken der Last kleine Geschwindigkeiten erzielen.

Beim Lastsenken sind die Geschwindigkeiten in den einzelnen Schaltstellungen des Steuergerätes von der Last verhältnismäßig wenig abhängig. Der Kranführer ist sicher, daß er auf ein und derselben Stellung des Steuergerätes praktisch gleiche Regelfähigkeit hat, gleichgültig ob die Vollast oder eine geringere Last am Haken hängt.

Jede Stellung des Steuergerätes auf der Senkseite ist sowohl Bremsstellung, als auch Senkkraftstellung. Es können daher kleine Lasten, die zur Überwindung der Leergangsreibung des Getriebes nicht ausreichen, aber nur eine geringe zusätzliche Kraft erfordern, langsam gesenkt werden.

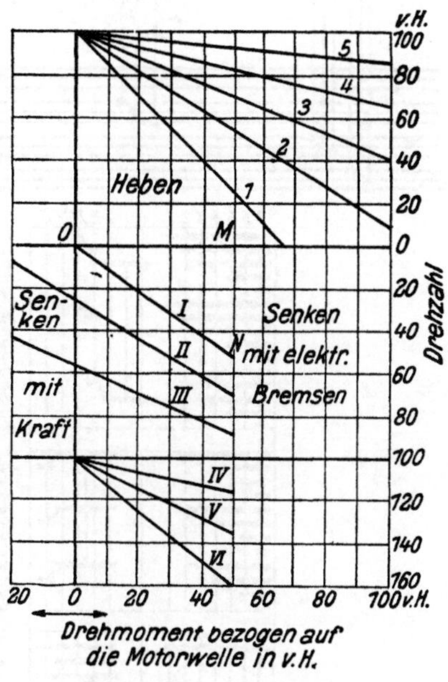

Abb. 1072. Regellinien.

Die sonst notwenige Übergangsstellung von Senken-Bremsen auf Senken-Kraft ist bei der neuen Schaltung überhaupt nicht erforderlich. Es sind daher die für andere Schaltungen, wie z. B. Gegenstromschaltung erforderlichen Zusatzapparate zur Vermeidung der Freifallstellung überflüssig.

Abb. 1073. Schaltbild des Hubwerkes eines ausgeführten 25 t-Kranes zeigt die Einfachheit dieser Schaltung.

Die neue Schaltung wird man mit Vorteil dort anwenden, wo auf gute Regelfähigkeit und die Beherrschung kleiner Senkgeschwindigkeiten bei allen Lasten Wert gelegt wird, also bei Gießerei-, Montage-Kranen und ähnlichen Hebezeugen. Sie verbraucht, ebenso wie die reine Gegenstrom-Schaltung, beim Senken Strom aus dem Netz. Der Verbrauch ist aber verhältnismäßig recht gering, da er nur auf den kurzen Strecken in Betracht kommt, in welchen mit kleiner Geschwindigkeit gesenkt werden muß. In den weitaus meisten Fällen kommen im normalen Betrieb größere Senkwege vor und da wird in eingearbeiteter Kranführer schnell über die eigentlichen Regulierstellungen hinweg und in die Senkkraftstellungen gehen. Hier arbeitet er dann nur mit dem einen im Senksinne geschalteten Motor weiter, welcher nun, von der Last durchgezogen, als asynchroner Stromerzeuger Kraft ins Netz zurückgibt.

Für Krane mit kleinen Hubleistungen lassen sich unter Umständen die beiden Motoren in einem Gehäuse vereinigen, so daß sie äußerlich wie ein einheitlicher Motor mit 2 Lagern erscheinen, der lediglich 2 Satz Ständerklemmen und Schleifringe hat. Bei großen Hebezeugen, z. B. bei Greiferkranen mit hohen Hubgeschwindigkeiten, verwendet man häufig bereits aus räumlichen Gründen 2 Motoren und ist in diesem Falle die Verwendung der Zweimotorenschaltung das Gegebene.

Schaltung für mechanische Senkbremse. Diese Schaltung, Abb. 1074, bei welcher die für Gleichstrom dargestellte Anordnung für mechanische Senkbremsung ebenfalls verwendet wird, kommt in erster Linie in Betracht, wenn Führerstand und Hubwerksantrieb in ein und demselben Raume aufgestellt sind, also hauptsächlich bei Hafen-Drehkranen, Portalkranen und Laufkatzen mit angebautem Führerstand. Das Senken der Last erfolgt hierbei durch eine als einseitig wirkende Senksperradbremse ausgebildete Arbeitsbremse. Um diese unmittelbar mit dem Steuergerät verbinden zu können, ist auf der Senkseite ein genügender Winkelausschlag freigelassen. Anschließend sind einige Senkkraftstellungen für das Senken des leeren Hakens oder leichter Lasten, die für sich allein das Getriebe nicht durchziehen, vorgesehen.

Die Läuferwiderstände sind bereits in den ersten Senkkraftstellungen so gering bemessen, daß, falls bei größeren Lasten unvorsichtig auf die Senkkraftstellung geschaltet wird, der von der Last übersynchron angetriebene Motor sich wie bei der Sicherheitssenkschaltung genügend bremst und daher ein Durchgehen ausgeschlossen ist

Antriebe mit Kommutatormotoren. Die Verwendung von Kommutatormotoren für Kranantriebe in Drehstromnetzen bietet bemerkenswerte Vorteile gegenüber Drehstrom-Asynchronmotoren. Die Kommutatormotoren, in Frage kommen Einphasen-Repulsionsmotoren und Drehstrom-Reihenschlußmotoren, haben den Vorteil einer sehr feinfühligen und praktisch verlustlosen Regelung der Drehzahl durch Bürstenverschiebung. Es fallen also die Verluste in den Regelwiderständen des Asynchrommotors fort. Die Kommutatormotoren arbeiten im Bereiche des Hebens wie Gleichstrom-Hauptstrommotoren, die Drehzahl steigt mit abnehmendem Moment über die normale Drehzahl. Kleine Lasten können dadurch schneller gehoben werden als schwere. Für Drehstromnetze ist die Verwendung von Drehstrom-Reihenschlußmotoren zu empfehlen, da diese sowohl vom betriebstechnischen als auch vom wirtschaftlichen Standpunkt aus wesentliche Vorteile gegenüber den Einphasen-Repulsionsmotoren bieten.

Die Regellinien eines Drehstrom-Reihenschlußmotors zeigt Abb. 1075. Diese Regellinien verlaufen beim Heben ähnlich wie die eines Gleichstrom-Hauptstrommotores, wobei man jedoch nicht an wenige Steuergerätestellungen gebunden ist, sondern infolge der Regelung durch Bürstenverschiebung einen feinfühligen und stetigen Übergang von Stellung zu Stellung hat. Bei Repulsionsmotoren verlaufen die Hubregellinien

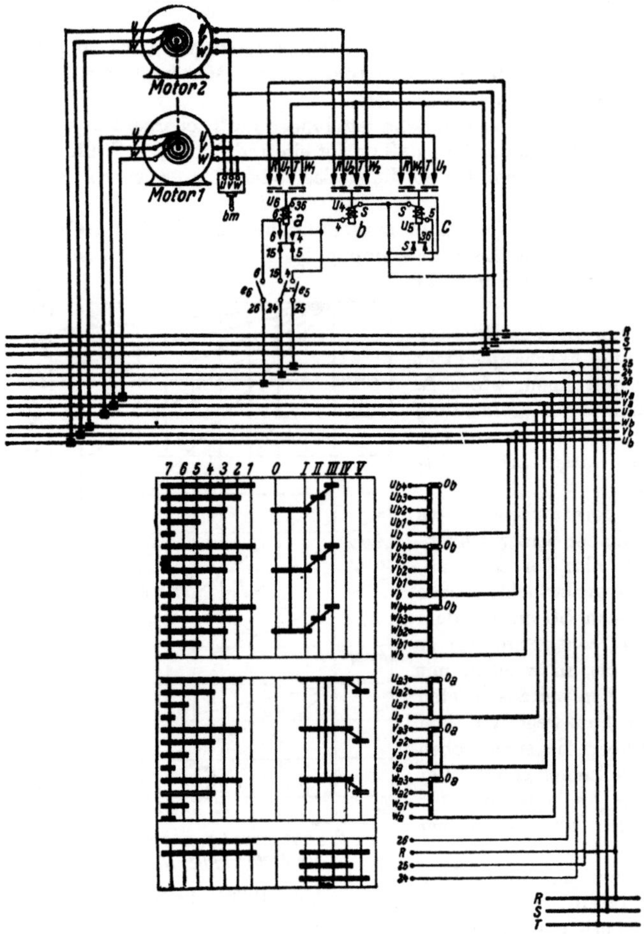

Abb. 1073. Schaltbild.

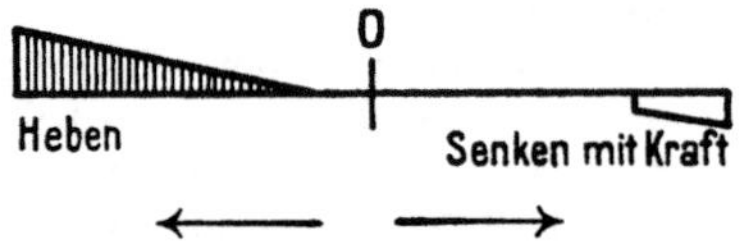

Abb. 1074.

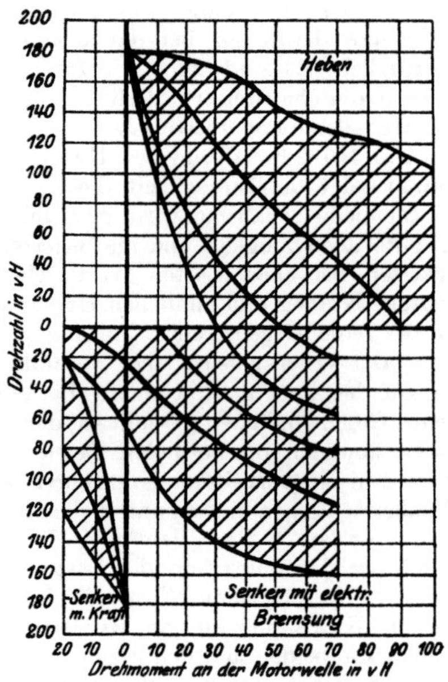

Abb. 1075. Regellinien.

ähnlich. Während die Gl.-Hauptstrommotoren bei starker Entlastung eine unzulässige Drehzahl annehmen können, fällt beim Drehstrom-Reihenschlußmotor die Gefahr einer unzulässigen Drehzahlerhöhung fort. Man kann durch geeignete Abmessungen erreichen, daß die Höchstdrehzahl bei völliger Entlastung und äußerster Bürstenauslage auf etwa 180 % der synchronen Drehzahl begrenzt ist.

Während des Senkens wird der Motor von der Last gegen sein Moment durchgezogen. Die Senkbremsung findet ähnlich statt, wie bei der Gegenstromschaltung für Asynchronmotoren. Ein wesentlicher Unterschied besteht jedoch darin, daß während des Bremsens Strom aus dem Netz nicht entnommen wird. Es findet vielmehr eine Stromrückgabe an das Netz, also eine Nutzbremsung statt, da der Motor als Generator arbeitet. Sowohl beim Repulsionsmotor als auch beim Drehstrom-Reihenschlußmotor läßt sich die höchstmögliche Senkdrehzahl auch bei äußerster Bürtsenauslage begrenzen. Bei Drehstrom-Reihenschlußmotoren beträgt diese 160 % der synchronen, während man bei Repulsionsmotoren mit Rücksicht auf die Kommutierung äußerstenfalls 140 % der synchronen Drehzahl zulassen darf.

Während des Senkens mit elektrischer Bremsung tritt eine Nebenerscheinung auf, welche allen als Generator arbeitenden Kommutatormotoren mit Reihenschlußeigenschaft gemeinsam ist, sie erregen sich selbst und schicken Ströme in das Netz, deren Stärke und Frequenz nicht zu beherrschen sind und welche für eine für den Motor gefährliche Größe annehmen können. Um einen einwandfreien Betrieb zu gewährleisten, muß die Selbsterregung unterdrückt werden. Man erreicht dieses durch Widerstände, welche beim Senken vor den Ständer des Motors geschaltet werden. Diese Widertände vernichten einen Teil des während des Senkens zurückgewonnenen Stromes. Während bei Repulsionsmotoren der größte Teil des Nutzstromes in den Widerständen vernichtet wird, können diese Widerstände bei Drehstrom-Reihenschlußmotoren wesentlich kleiner gehalten werden, so daß der Wirkungsgrad der Nutzbremsung höher ist.

Kleine Lasten, deren Gewicht nicht ausreicht, das Getriebe durchzuziehen, können mit Kraft gesenkt werden. Dabei werden die Bürsten aus der Senkbremsstellung über die Nullstellung in die Senkkraftstellung verschoben. Während beim Repulsionsmotor in jedem Falle ein Überschalten der Freifallstellung (Nullstellung der Bürsten) notwendig ist, kann man bei Drehstrom-Reihenschlußmotoren kleine Lasten mit geringer Geschwindigkeit auch auf den letzten Senkbremsstellungen mit Kraft senken. Es ist also in diesem Falle ein Überschalten der Freifallstellung nicht nötig. Die Drehzahlregellinien des Senkens mit Kraft sind Spiegelbilder der Hubregellinien.

Für die Beurteilung der Wirtschaftlichkeit des Kranantriebes durch Drehstrom-Reihenschlußmotoren oder durch Repulsionsmotoren sind folgende Gesichtspunkte wesentlich:

Repulsionsmotoren lassen sich, wie alle Einphasen-Induktionsmotoren grundsätzlich nicht so hoch ausnutzen, wie Drehstrommotoren. Infolgedessen hat der Drehstrom-Reihenschlußmotor trotz des Zwischentransformators einen höheren Wirkungsgrad und weiter auch einen besseren Leistungsfaktor als ein Repulsionsmotor. Ganz wesentlich ist aber, daß infolge der besseren Materialausnutzung beim Drehstrom-Reihenschlußmotor das Schwungmoment des Motorankers kleiner als beim Repulsionsmotor und daher die Beschleunigungsleistung für den Anker eine geringere ist. Ferner sei noch darauf hingewiesen, daß der Anschluß von Repulsionsmotoren an Drehstromnetze eine ungleiche Belastung der Phasen hervorruft und zwar sowohl in bezug auf Wirk- als auch auf Blindleistung, selbst wenn man zwei Repulsionsmotoren in V-Schaltung an das Netz anschließt, so besteht doch noch eine Ungleichheit der Phasenbelastung von etwa 15 %. Repulsionsmotoren sind deshalb nur in Einphasennetze am Platze, hingegen für Drehstromnetze bei Wahl von Kommutatormotoren stets nur Drehstrom-Reihenschlußmotoren genommen werden sollten. —

Die Einfachheit der Steuerung eines Hubwerkes mit Drehstrom-Reihenschlußmotor zeigt die Abb. 1076. Bei Fahrwerken fällt der mit 5 bezeichnete Bremswiderstand fort. —

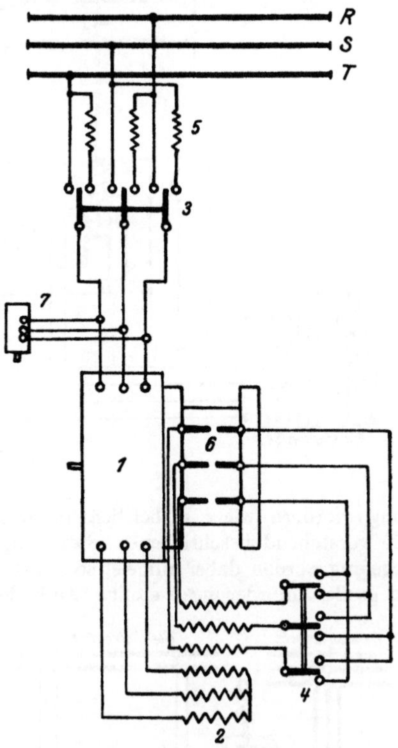

Abb. 1076. Steuerung.

1 Drehstrom-Reihenschlußmotor. *2* Zwischentransformator. *3* Ständer-Umschalter. *4* Läufer-Umschalter. *5* Bremsschaltungs-Widerstände. *6* Kommutator. *7* Bremsmagnet.

Einphasenstrom. Die Steuerung des als Repulsionsmotor gebauten Kranmotors erfolgt durch Bürstenverschiebung oder mit Hilfe von Steuergeräten und Widerständen. Wo ein Anlassen bzw. eine Regelung der Drehzahl durch Bürstenverschiebung möglich ist, ist diese vorzuziehen. Andernfalls werden für Fahr- und Hubwerke ähnliche Schaltungen benutzt wie bei Gleichstrom.

Reihenschlußmotoren werden durch Stufentransformatoren geregelt, wobei eine Fernsteuerung ohne weiteres möglich ist.

Stromwächterschaltung. Wird ein mit den beschriebenen Widerstandsschaltungen betriebenes Hebezeug vom Führer unachtsam und zu schnell gesteuert, so treten beim Anfahren mit den einzelnen Triebwerken hohe Stromstöße auf. Die an den Führer gegebene Vorschrift, normale Schaltzeiten einzuhalten, wird, sobald er sich unbeobachtet glaubt, zumeist nicht befolgt. Die Folge ist, daß insbesondere bei großen Motorleistungen und verhältnismäßig kleiner Netzleistung, für das Hebezeug selbst und für die weiter an das Netz angeschlossenen Stromverbraucher Schwierigkeiten eintreten können. Dieser Übelstand hat dazu geführt, die Anlaßzeit durch eine Stromwächterschaltung selbsttätig in Abhängigkeit von einer bestimmten festgelegten Stromspitze zu regeln. Bei dieser Einrichtung, die für das Schalten der einzelnen Widerstandsstufen allerdings die Verwendung von Schütze voraussetzt, hat der Kranführer eine besondere Aufmerksamkeit auf die richtigen Schaltzeiten für die einzelnen Stufen nicht aufzuwenden. Er kann das Handrad oder den Steuerhebel beim Einschalten gleich bis in die Endlage bringen, ohne daß dadurch der Motor und das Stromnetz durch zu hohe Stromstöße gefährdet werden. Der Schutz ist dadurch erreicht, daß bei Gleichstrom ein Stromrelais, der Stromwächter, in den Hauptstromkreis des Motors gelegt ist und die Kontakte des Stromwächters so auf die einzelnen Anlaßschütze einwirken, daß das Weiterschalten des in der Schaltreihe folgenden Schützes immer erst dann erfolgt, wenn der Anlaßstrom auf einen bestimmten Wert herabgesunken ist und beim Schalten des nächstfolgenden Schützes der Stromstoß einen bestimmten Wert nicht überschreitet.

Bei Drehstrom ist die Einrichtung ganz ähnlich wie bei Gleichstrom. Die durch den Stromwächter beeinflußten Schütze liegen in dem Läuferstromkreis des Motors. Das Schaltbild einer Stromwächterschaltung für Drehstrom zeigt Abb. 1077. Bei der vorstehend beschriebenen Schaltung wird für die sämtlichen, in Abhängigkeit von der Stromstärke zu steuernden Anlaßschütze nur ein gemeinsamer Stromwächter benötigt.

Eine andere Lösung ist die, jedes der zu steuernden Anlaßschütze mit einem eigenen Stromwächter zu versehen. Die Schaltung ist dann ganz ähnlich wie in Abb. 1077 angegeben, nur wird jedes Rotorschütz durch einen besonderen Stromwächter gesteuert.

Leonardschaltung. **Bei Hebezeugen, die mit großen Motorleistungen arbeiten, oder sehr häufig und während langer Arbeitszeiten gesteuert werden müssen, oder endlich eine besonders weitgehende und feine Regelung erfordern, wie z. B. bei Schwimmkranen, Geschützkranen, Waggonkippern, Gichtaufzügen usw., reichen die vorstehend beschriebenen Steuerungsverfahren zuweilen nicht aus. Die Steuergeräte für Hauptstromregelung werden dabei zumeist so schwer und unhandlich, daß ihre Betätigung an die Bedienungsmannschaft zu große Anforderungen stellt. Außerdem sind sie infolge ihrer starken Beanspruchung einer zu schnellen** Abnutzung ausgesetzt. Für derartige Betriebe kann unter Umständen die Schützensteuerung in Frage kommen. Dieser aber sind alle Eigenschaften der Widerstandsschaltung ebenso eigentümlich, wie den unmittelbar betätigten Schaltungen. Wo dies nachteilig ist und die Regelung nicht durch die Abhängigkeit der Drehzahl von der Last beeinflußt werden soll, ist die Steuerung mit Gleichstrom-Steuermaschinen in Leonardschaltung vorzuziehen. Diese Steuerung wird bereits seit Jahren für Hebezeuge mit Erfolg benutzt. Sie stellt die beste, in der Anschaffung etwas teuere Steuerung, dar, mit der sich jede noch so schwierige Aufgabe in einfachster Weise erfüllen läßt.

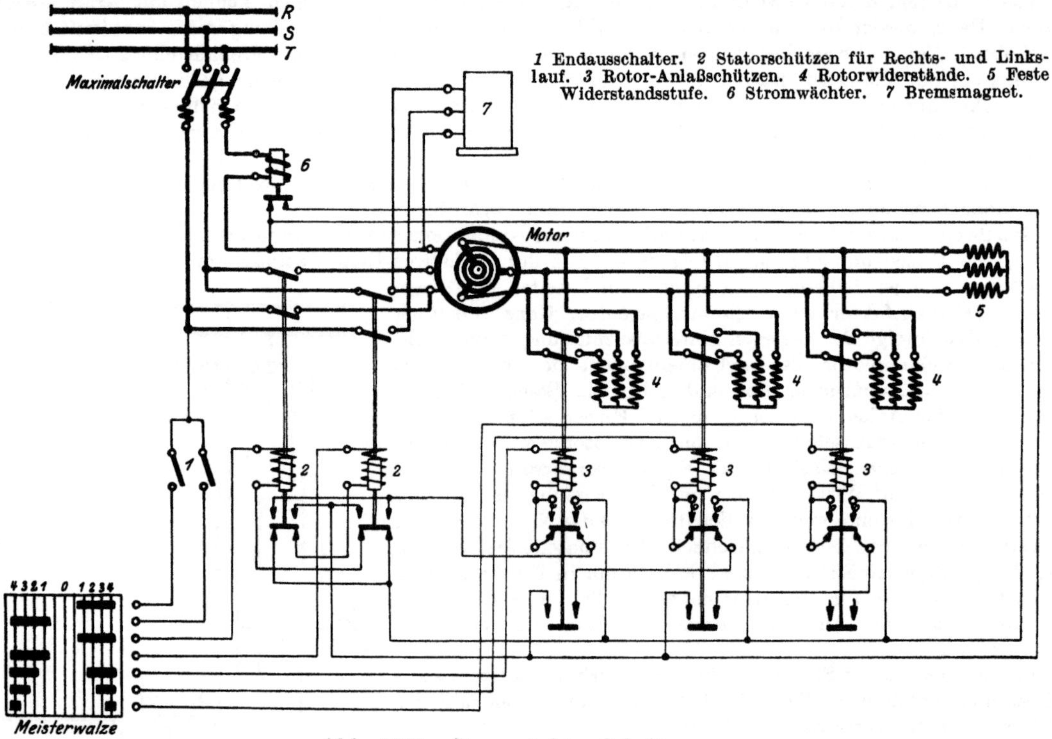

1 Endausschalter. *2* Statorschützen für Rechts- und Linkslauf. *3* Rotor-Anlaßschützen. *4* Rotorwiderstände. *5* Feste Widerstandsstufe. *6* Stromwächter. *7* Bremsmagnet.

Abb. 1077. Stromwächter-Schaltung.

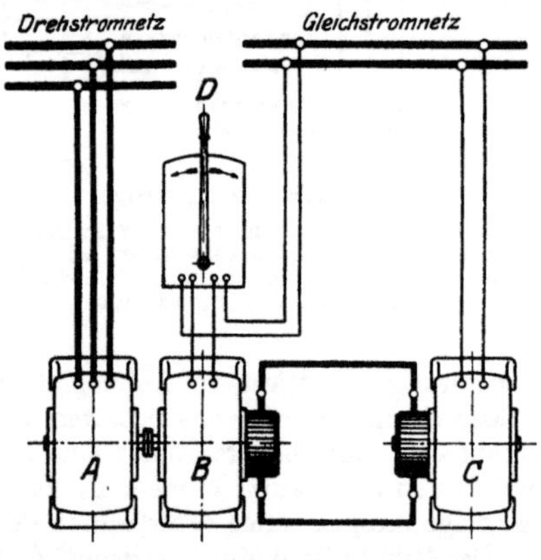

Abb. 1078. Leonard-Schaltung.

Bei der Leonardschaltung erhält der Anker des Arbeitsmotors, wie aus dem Schaltbild Abb. 1078 hervorgeht, seinen Strom nicht unmittelbar vom Netz, sondern aus einer besonderen mit gleichbleibender Drehzahl umlaufenden Gleichstrom-Steuerdynamo. Der Arbeitsmotor wird fremderregt und in seiner Drehzahl dadurch geregelt, daß die Spannung der Steuerdynamo mit Hilfe eines Nebenschlußreglers geändert wird. Da der durch den Nebenschluß fließende Strom gering ist, so bietet es keine Schwierigkeit für die Regelung vielstufige und verhältnismäßig kleine Steuergeräte zu bauen. Die Drehzahl des Arbeitsmotors ist im Gegensatz zur Regelung durch Widerstände nicht von der Größe der Last abhängig, sondern fast allein durch die Spannung der Steuerdynamo gegeben. Einer jeden Schaltstellung des Nebenschlußreglers der Steuerdynamo entspricht also bei allen Belastungen und gleichgültig ob der Triebwerksmotor Arbeit zu leisten oder abzubremsen hat, einer annähernd bestimmten Drehzahl des Arbeitsmotors. Auslegen des Steuerhebels nach vorwärts bewirkt Zunahme der Drehzahl in dem einen Sinne, Auslegen nach rückwärts Zunahme der Drehzahl im entgegengesetzten Sinne, Zurückziehen des Steuerhebels sofortige Abnahme der Drehzahl und evtl. Bremsen. Hiermit wird eine außerordentlich große Genauigkeit erreicht, da die Last streng der Bewegung des Steuerhebels folgt.

Der Strom für die konstante Erregung des Arbeitsmotors und die veränderliche Erregung der Steuerdynamo wird, wenn kein Gleichstrom zur Verfügung steht, einer besonderen, mit dem Steuermaschinensatz unmittelbar gekuppelten Erregermaschine entnommen. Da die Steuerdynamo während der ganzen Betriebszeit des betreffenden Hebezeuges laufen muß, so arbeitet die Anlage um so wirtschaftlicher, je größer die Arbeitszeiten gegenüber den Betriebspausen sind. Die Verluste in der Steuermaschine werden bei einigermaßen lebhaftem Betrieb durch das Wegfallen der bei den Widerstandsschaltungen auftretenden Anlaßverluste aufgewogen.

Die Steuerdynamo kann sowohl durch einen Elektromotor als auch durch andere Arbeitsmaschinen (Dampfmaschine, Gasmaschine, Wasserturbine usw.) angetrieben werden. Der aus Antriebsmaschine und Steuerdynamo bestehende Maschinensatz bildet die sogenannte Steuermaschine. Bei elektrischem Antrieb kann der Steuermotor an jedes vorhandene Gleichstrom-, Drehstrom- oder Einphasenstromnetz angeschlossen werden, sofern das zur Verfügung stehende Netz für den Betrieb der Steuermaschine ausreicht.

Muß der Arbeitsmotor Bremsarbeit leisten, so wird er die Steuermaschine über die normale Drehzahl hinaus antreiben und diese, bei elektrischem Antrieb, Strom in das Netz zurückgeben. In geeigneten Fällen wird auf die Welle der Steuermaschine ein Schwungrad gesetzt, das im Zeitraum seiner Beschleunigung Arbeit aufspeichert und diese in der Zeit seiner Verzögerung wieder abgibt, eine Anordnung, die als Ilgnersystem bezeichnet wird. Durch Anordnung eines Relais, welches unmittelbar vom Strom des Steuermotors betätigt wird, kann verhindert werden, daß sich die Stromstärke des Steuermotors bei Änderung seiner Drehzahl ebenfalls ändert, so daß also die Stromaufnahme aus dem Netz praktisch die gleiche bleibt. Dies Verfahren hat sich sowohl in kleinen Anlagen, als auch in den größten Betrieben außerordentlich bewährt.

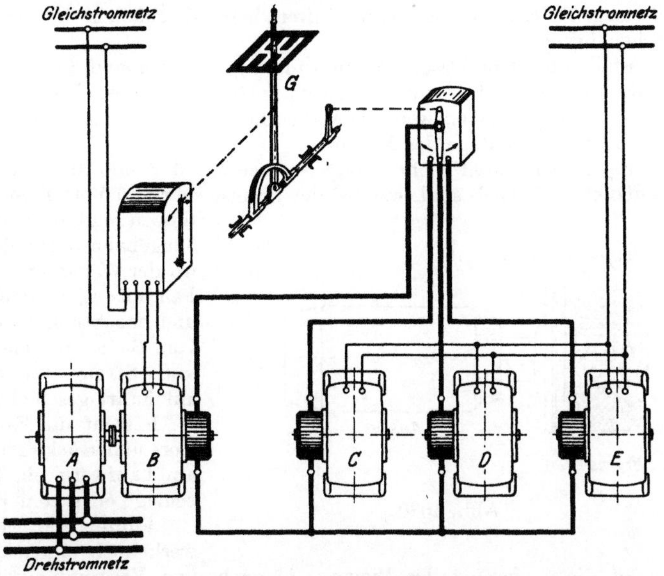

Abb. 1079. Schaltungsbild für Steuerung mehrerer Motoren mit einer einzigen Steuerdynamo.

A Steuermotor. *B* Steuerdynamo. *C, D, E* Arbeitsmotoren. *G* Steuerapparat.

Bei Antrieb der Steuerdynamo durch eine Dampfmaschine, Gasmaschine oder Wasserturbine, muß das auf der Welle sitzende Schwungrad so bemessen sein, daß es, wenn der Arbeitsmotor beim Bremsen Strom in die Steuerdynamo zurückliefert und diese antreibt, eine unzulässige Beschleunigung verhindert. Damit das Schwungrad voll zur Geltung kommt, kann die Anordnung getroffen werden, daß der Regler der Antriebsmaschine innerhalb weiter Geschwindigkeitsgrenzen ausgeschaltet wird. Hierdurch wird bei allen Belastungen eine einzige, der mittleren Leistung entsprechende Füllung erzielt, so daß die Belastungsstöße vollständig vom Schwungrad aufgenommen werden.

Die Steuermaschine kann in einem eigenen Kraftwerk oder Unterwerk aufgestellt oder auf dem Hebezeug untergebracht werden. Da die Steuermaschine beim elektrischen Antrieb für eine hohe Drehzahl vorgesehen werden kann und daher geringe Abmessungen besitzt, so ist ihre Aufstellung auf dem Hebezeug selbst dann möglich, wenn es sich um Laufkrane oder andere bewegliche Hebezeuge handelt, auf denen meist nur ein beschränkter Raum zur Verfügung steht.

Gegebenenfalls können, wie aus Abb. 1079 zu ersehen ist, auch mehrere Motoren, die nicht gleichzeitig arbeiten, von einer einzigen Steuerdynamo betrieben werden. Dieses wird durch einen Umschalter, vermittels welchem die einzelnen Motoren wahlweise auf die Steuerdynamo geschaltet werden, in einfacher Weise erreicht.

Elektrohängebahnen. Eine Sonderstellung unter den Schaltungen nehmen die Steuerungen der Elektrohängebahnen ein.

Der elektrische Antrieb von Elektrohängebahnwagen gliedert sich in zwei Abteilungen, von denen die eine den Antrieb des Fahrwerkes umfaßt, die andere den Antrieb des Hubwerkes, sofern ein solches überhaupt vorhanden ist.

Die Antriebmotoren der Fahrwerke bei Gleichstrom haben im Laufe der Jahre manche Wandlung durchgemacht. Zuerst baute man Nebenschlußmotoren, um eine möglichst gleichbleibende Geschwindigkeit bei vollem und leerem Wagen zu erzielen und mußte dafür die hohen Anlaufströme mit in den Kauf nehmen. Bald sah man jedoch ein, daß dieser Weg nicht der richtige war, denn normalerweise erfolgte das Einschalten der Motoren nicht wie bei ortsfest aufgestellten Maschinen durch Anlasser, wie weiter unten noch beschrieben werden wird, sondern sie werden unmittelbar an die Netzspannung gelegt. Demzufolge steigt die Stromstärke beim Einschalten erheblich, und es kam zu manchen Ankerbeschädigungen auch bei Überladung der Fördergefäße.

Der Hauptstrommotor vermeidet an und für sich diesen Übelstand, besitzt aber die Eigenschaft, bei geringer Belastung erheblich schneller zu laufen, was wiederum unangenehm war bei Anlagen mit vielen Kurven, in denen der Wagen infolge zu hoher Fahrgeschwindigkeit zu stark ins Pendeln geriet.

Es wurde deshalb der Compoundmotor gewählt, der bei entsprechender Bemessung die günstigsten Resultate erzielte.

Bei Drehstrom kommt hauptsächlich der Kurzschlußmotor in Anwendung bis zu 3 PS, darüber hinaus aus Gründen des besseren Anlaufes und zur Vermeidung zu hoher Stromstöße Motoren mit Schleifringläufer und ständig vorgeschaltetem geringen Läuferwiderstand.

Der Antrieb des Fahrwerkes erfolgt meist unmittelbar, indem das Motorritzel direkt auf den Zahnkranz des Laufrades treibt. Das bedingt Motoren mit geringer Umdrehungszahl, gibt aber einfache Laufwerksanordnung. Bei Drehstrom sind Motoren geringer Umdrehungszahl teuer und schwer erhältlich. In diesem Falle muß eine Übersetzung eingebaut werden, die unter Umständen schon wegen des Bremsgestänges erforderlich ist.

Da die Elektrohängebahnwagen auf der freien Strecke sich selbst überlassen sind, müssen sie unmittelbar nach dem Wegbleiben des Stromes zum Stehen kommen. Diesem Zwecke dienen an den Fahrwerken angebrachte Hauptstrombremsen, die mit dem Motor Strom bekommen und die Bremse, die eine Backen-, Band- oder sog. Tellerbremse sein kann, lüften, beim Wegbleiben des Stromes abfallen und den Wagen sicher zum Stehen bringen.

Eine äußerst praktische Ausführung der Bremsen sind die von der Firma Bleichert durchgeführten Konstruktionen für Gleich- und Drehstrom in Gestalt von sog. Tellerbremsen nach Abb. 1080. Sie vermeiden jegliches Gestänge, haben wenig bewegte Massen, bilden mit dem Motor ein geschlossenes Ganzes und bieten eine bequeme Montage des Motors.

Es braucht wohl nicht gesagt zu werden, daß alle Motoren infolge ihrer Verwendungsart regen- und staubdicht gekaspelt sind, was bei der Bremse sehr von Vorteil ist, da sie sich unabhängig von äußeren Einflüssen zeigt und stets sicher arbeitet. Das Steuern der Elektrohängebahnwagen ohne Windwerk erfolgt an den Beladestellen, wo der Wagen angehalten werden soll, dadurch, daß man die Fahrleitung einpolig unterbricht (bei Drehstrom zweipolig) und das Stück Fahrleitung vor der Beladestelle über einen vom Bedienungsmann betätigten ortsfesten Schalter beliebig unter Strom setzt. Nach dem Beladen wird der Wagen wieder auf Fahrt geschickt.

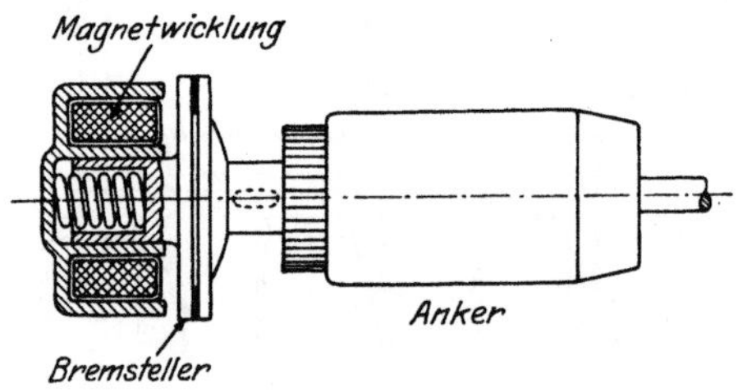

Abb. 1080.

Besteht die Fahrbahn aus einer Pendelstrecke, so daß Vor- und Rückwärtsfahrt in Frage kommt, so befindet sich am Laufwerk ein Umschalter, der automatisch durch Anschläge oder vom Bedienungsmann umgelegt wird.

Führen die Elektrohängebahnwagen außer dem Fahrwerk noch ein elektrisch betriebenes Windwerk mit sich, so erfolgt die Steuerung des Wagens, je nach dem Verwendungszweck, auf mannigfache Art.

Zu unterscheiden sind hier zwei Gruppen: Solche Wagen, die der Bedienungsmann ständig in der Gewalt hat, d. h. die er an jeder beliebigen Stelle der Fahrbahn mittels eines ortsfesten Steuerschalters umschalten kann, und solche Wagen, die nur an den Be- oder Entladestellen vom Bedienungsmann gesteuert werden können, im übrigen aber auf der Strecke ihre vorgeschriebene Arbeitsleistung selbst erledigen.

Bei den Wagen mit Windwerk spielt natürlich die Stromzuführung vom Bedienungsstand nach dem beweglichen Wagen eine große Rolle.

Zur Steuerung eines Fahrmotors werden bei einpoliger Stromzuführung, d. h. die Rückleitung des Stromes erfolgt wie bei der Straßenbahn durch die Schienen, 4 Zuleitungen benötigt, für den Hubmotor nochmals 4 und bei Hubendschaltungen 5, falls nicht noch besondere Senkbremsschaltungen vorgesehen sind. Hieraus ist ohne weiteres ersichtlich, daß man bei Bahnen großer Länge versuchen wird, die Zahl der Stromzuführungen durch besondere Schaltungen auf möglichst wenige herabzumindern.

Bei kurzen Bahnen, z. B. Verladern, wird man die vielen Schleifleitungen ruhig in Kauf nehmen, da sie meist billiger sind, als die Apparate zu ihrer Verminderung. Auch ist es bei letzter Ausführung nicht immer möglich, alle Bewegungen gleichzeitig auszuführen, was unter Umständen erwünscht ist.

Der Antriebsmotor des Windwerkes ist wohl in allen Fällen ein Hauptstrommotor, auf den nun eine der vielen Kranschaltungen angewandt wird.

Zur Erzielung möglichst weniger Schleifleitungen sind eine ganze Reihe patentierter Schaltungen erfunden worden, die hier aufzuführen zu weit führen würde.

Es sei hier nur diejenige nach D.R.P. 167893 angeführt, die eine für alle Zwecke verwendbare Lösung darstellt. Die Schaltung benötigt außer der Hauptstromzuführung nur eine Hilfsleitung und auch nur an den Stellen, wo eine Bewegungsänderung , also an den Beladestellen, vorgenommen werden soll.

Auf der Schaltwalze *a* befindet sich nach Abb. 1081 ein Fortschaltrad *b*, das entsprechend den 4 Stellungen der Schaltwalze 4 Zähne hat, in die ein kleiner Hubmagnet *c* eingreift und bei jedem Hub die Walze um eine Stellung weiter dreht. Die Stromzufuhr zu dem Magnet erfolgt über einen Stromabnehmer, der an der Hilfsleitung schleift, die ihrerseits wieder durch einen am Steuergerät befestigten Druckknopf oder Hilfsschalter Strom erhält.

Ein Druck auf den Hilfsschalter gibt also einen Stromimpuls nach dem Magneten *c*, der die Walze um soviel Stellungen weiterdreht, als Impulse gegeben werden. Man kann sich also einen beliebigen Betriebsvorgang wählen. Fährt der Wagen auf einer Strecke, die nicht mehr im Bereich des Steuergerätes liegt, so kann er nie eine andere Bewegung als die vorgeschriebene machen. Soll der Wagen am Ende der Bahn automatisch umkehren, so ist es nur notwendig, an dieser Stelle ein Stück Hilfsleitung zu ziehen, das direkt an + angeschlossen ist. In dem Augenblick, wo der Hilfsstromabnehmer die Hilfsleitung berührt, wird die auf Vorwärtsfahrt stehende Schaltwalze auf Rückwärtsfahrt umgeschaltet, und der Wagen kehrt ohne menschliches Zutun nach seinem Ausgangspunkt zurück. Soll von rückwärts nach vorwärts automatisch umgekehrt werden, wird noch eine zweite Vorwärtsfahrt auf der Walze angebracht.

Soll der Wagen unmittelbar nach Beendigung seiner Hubbewegung ohne Zutun des Bedienungsmannes auf Fahrt übergehen, sieht man am Hubendausschalter einen Kontakt vor, der in dem Augenblick der Endausschaltung einen Stromstoß nach dem Magneten schickt und die Walze auf Vorwärtsfahrt umschaltet.

Vorausgesetzt sei, daß das Einleiten der einzelnen Bewegungen des Hub- oder Fahrmotors bei Handbetrieb durch das an der Beladestelle vorgesehenen Steuergerät über den an der Fahrleitung schleifenden Stromabnehmer stattfindet. Die Steuergeräte sind meistens beweglich an auf der Strecke verteilten Steckdosen angeschlossen, so daß der Bedienungsmann mit beim Beladen der Fördergefäße tätig sein kann und dadurch ganz wesentlich an Bedienungspersonal gespart wird. Dadurch, daß nun beliebig viele solcher Stellungen auf der Walze vorgesehen werden, können alle im Betriebe vorkommenden Schaltungen mit dem Apparat ausgeführt werden. Er ist dadurch in seiner Vielseitigkeit und Einfachheit kaum zu übertreffen.

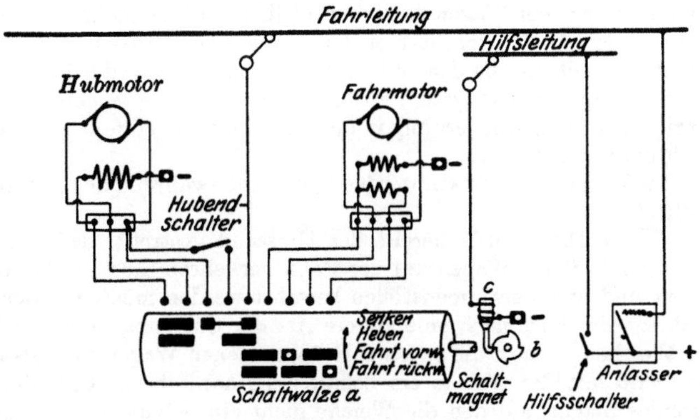

Abb. 1081.

Bei Drehstrom ist die Schaltung in ähnlicher Weise anwendbar. Es kommt jetzt statt der ein- oder zweipoligen Fahrleitung eine dreipolige zur Anwendung, alles andere bleibt bestehen.

Es gibt auch Schaltungen, die ohne jede besondere Hilfsleitung, also nur mit den eigentlichen Stromzuführungsleitungen arbeiten, hauptsächlich bei Drehstrom, wo man durch vorheriges Einschalten nur zweier Phasen vorbereitend auf den Schaltvorgang einwirkt. Der eigentliche Motor läuft ja nur an, wenn alle drei Phasen Strom bekommen, wird also bei diesem Schaltvorgang nicht beeinflußt. Diese Schaltungen erfordern naturgemäß eine Reihe von Relais, von deren einwandfreiem Arbeiten die Betriebssicherheit der Anlage abhängt, auch sind sie meist nur anwendbar bei Betrieben, wo der Bedienungsmann den Wagen ständig im Bereich des Steuergeräte hat. Soll der Wagen auf der Strecke sich selbst überlassen bleiben, sind wieder besondere Relais einzuschalten, die die Schaltung unübersichtlich und unsicher machen. Hubendschaltung erfordert ebenfalls noch ein Relais.

Häufig wird die Forderung gestellt, das Fördergefäß zur Schonung des Materials in jeder Höhenlage zum Entleeren zu bringen. Zu diesem Zwecke läuft auf der Trommelwelle des Hubwerkes eine zweite Trommel, nur ganz leicht mit der Hubtrommel durch eine Reibungskupplung verbunden. Die zweite Hilfstrommel führt ein dünnes Seil, das nach dem Auslösehebel des Fördergefäßes geht. Soll das Gefäß entleert werden, ist es nur notwendig, dasselbe abzusenken und dabei die Hilfstrommel festzuhalten. Dies geschieht durch einen kleinen Bremsmagneten, der auf dieser Senkstellung Strom bekommt und die Kraft der Reibungskupplung zwischen den beiden Trommeln überwindet.

Das Entleeren der Fördergefäße während der Fahrt geschieht normal durch Anschläge, die in das Freiprofil des Wagens hineinragen und den Auslösehebel herumwerfen. Bei großen Lagerplatzlängen werden derartige Auslösevorrichtungen sehr teuer, lassen sich auch schwer fortbewegen. Dann greift man zur automatischen Auflösevorrichtung, an jeder beliebigen Stelle, vorher an der Beladestelle, einstellbar. Ein elektrischer Schalter ist mit dem Laufrad durch Zahnrad oder Schneckenübersetzung so gekuppelt, daß er nach einer bestimmten, vorher einstellbaren Wegelänge einen Stromstoß nach einem kleinen Magneten, der den Auslösehebel des Kübels herauswirft, gibt; sobald die Auslösung erfolgt ist, entkuppelt sich der Schalter vom Laufrad.

Sobald die Auslösung des Kübels erfolgt ist, kann man bei Pendelbahnen durch Einbau eines weiteren Schalters erreichen, daß der Wagen seine Fahrtrichtung umsteuert und nach der Beladestelle zurückkehrt.

Elektrohängebahnen mit Hubwerk werden dort verwandt, wo es sich um Überwindung von Höhenunterschieden der einzelnen Arbeitsplätze handelt und keine allzuhohen Leistungen verlangt werden.

Laufen jedoch infolge hoher Leistungen eine ganze Reihe von Wagen auf der Bahn, so würde die Anlage, bei der alle Wagen mit Windwerk versehen werden, sehr teuer werden. In einem solchen Falle baut man, wie früher schon beschrieben, Schrägstrecken ein, auf denen die Wagen mit Fahrwerk durch kontinuierlich umlaufendes Seil oder Kette herauf- oder hinunterbefördert werden. Die Wagen fahren also auf der horizontalen Strecke elektrisch, auf den Schrägstrecken mechanisch. Die Fahrmotorbremse bleibt dabei elektrisch oder mechanisch gelüftet. Die Wagen fahren dabei vollkommen automatisch, ohne Zutun eines Bedienungsmannes.

Schrägstrecken erfordern viel Platz. Ist dieser nicht vorhanden, greift man zu senkrechten Aufzügen nach Art der Lastenaufzüge. Auch hierbei kann der selbsttätige Betrieb soweit getrieben werden, daß ein Bedienungsmann nicht erforderlich ist.

Der vor der Aufzugsschale eintreffende Wagen bleibt automatisch vor der Einfahrt bei nicht vorhandener Förderschale stehen, solange, bis sie die zur Einfahrt richtige Lage hat. Dann bekommt der Wagen Strom, fährt genau auf Mitte Förderschale, wo er stehen bleibt und schaltet den Aufzug, der mit einem automatischen Anlasser versehen ist, auf Heben. Oben angekommen, schaltet sich der Aufzug aus, der Wagen fährt heraus und schickt die Förderschale wieder nach unten. Dieser Betrieb erfordert 2 Aufzüge, einen für Abwärtsfahrt und einen für Aufwärtsfahrt. Wird mit nur einem Aufzuge gearbeitet, läßt der herausfahrende Wagen automatisch einen neuen Wagen hineinfahren, der von dem Aufzug alsdann nach unten befördert wird, wo dasselbe Spiel beginnt. Auch hierfür gibt es eine Reihe patentierter und im Betriebe erprobter Schaltungen, die naturgemäß kompliziert und einer gewissen Wartung bedürfen.

Werden zur Überwindung von Höhenunterschieden Spiralaufzüge verwandt, bei denen die Wagen auf einer spiralförmig gewundenen Laufbahn durch eine in der Mitte der Spirale sich drehende Druckschiene, die hinter das Laufwerk greift, hinaufgedrückt, so ist auch hierbei durch geeignete Schaltungen dafür gesorgt, daß der Betrieb sich ohne Unterbrechung abwickelt. Naturgemäß kann hier der Wagen nur zu bestimmten Zeiten einfahren, und zwar bei Aufwärtsfahrt, wenn sich die Druckschiene hinter ihm, bei Abwärtsfahrt vor ihm befindet. An der oberen Einfahrt werden die Wagen meist durch die Druckschiene selbst zwangläufig eingeführt, was bei der unteren Einfahrt nicht notwendig ist. Der Wagen fährt dort hinein und bleibt von selbst stehen, wenn er den Punkt erreicht hat, wo ihn die Druckschiene mit Sicherheit erreicht. Sollte wider Erwarten einmal ein Wagen so stehen bleiben, daß er nicht richtig von der Druckschiene erfaßt werden kann, oder bei den Ausfahrten, daß er den Bereich der Druckschiene noch nicht richtlg verlassen hat, so sind Notschalter eingebaut, die den Aufzug sofort zum Stillstand bringen. Ebenso sind sog. Einlaßschalter vorgesehen, die den Wagen nur zu ganz bestimmten Zeiten entsprechend der Stellung der Druckschiene und der vorgeschriebenen Wagenentfernung in den Spiralaufzug einfahren lassen, so daß ein vollkommen selbsttätiger Betrieb gewährleistet ist.

Die Fahrwerksbremsen werden hier wieder während der Auf- oder Abwärtsfahrt elektrisch oder mechanisch gelüftet.

Weiter oben wurde bereits der Umstand gestreift, daß zur Erzielung hoher Leistung bei Kreisbahnen einen ganze Reihe Wagen auf der Bahn verkehren müssen, die, da sie elektrisch fahren und sich selbst überlassen sind, vor Zusammenstößen bewahrt werden müssen. Hier beginnt das große Gebiet der Sperrungen, doch sei hier kurz noch eine andere Art der Sperrung beschrieben, das ist die der elektrischen Verriegelung der Weichen. Damit die sich selbst überlassenen Wagen niemals über eine offene Weiche herunterfahren können, wird mit der Weiche ein Schalter mechanisch betätigt, der die Fahrleitung desjenigen Zufahrtstranges stromlos macht, auf den die Weiche nicht eingestellt ist. Ein dort eintreffender Wagen bleibt also vor der offenen Weiche stehen.

Die eigentliche Streckensperrung zur Verhinderung des Aufeinanderfahrens mehrerer Wagen wird dadurch erreicht, daß man die Fahrleitung in einzelne Blockabschnitte unterteilt, und diese durch vom Wagen betätigte Blockschalter speist.

Je nachdem nun diese Schalter vom Wagen betätigt werden, sind die Sperrungen eingeteilt in

1. rein mechanisch betätigte Blockanordnung,
2. gemischte, d. h. mechanisch betätigte und elektrisch auslösende oder umgekehrt,
3. nur elektrisch betätigte.

Von jeder dieser 3 Ausführungen sei unter den vielen je eine aufgeführt.

In Abb. 1082 ist eine rein mechanische Sperrung dargestellt nach D.R.P. Nr. 184147. *a—e* sind die einzelnen Blockschalter, die mit einem Hebelkreuz versehen sind, das von dem Wagen beim Passieren um je eine Stellung weiter gedreht wird. Auf der Welle des Hebelkreuzes sitzt eine Schaltwalze mit den schwarz und weiß gezeichneten Kontakten, die an drei auf jeder Seite angebrachten Kontaktfedern schleifen, so, daß entweder die schwarzen oder die weißen Kontakte anliegen. In den gezeichneten Stellungen liegen die schwarzen Kontakte an.

Der auf Strecke 2 fahrende Wagen 5 hat den Schalter *c* so gedreht, daß Blockstrecke 3 keinen Strom hat. Wagen 6 muß also solange warten, bis Wagen 5 Schalter *d* passiert hat und dadurch Strecke 3 freigibt und die eben verlassene Strecke 2 blockiert.

Das Kennzeichnende an dieser Sperrung ist, daß der Wagen immer gleichzeitig zwangläufig die vorhergehende Blockstrecke freigibt und unmittelbar hinter sich eine neue Blockstrecke schafft. Wird also wirklich einmal ein Schalter gar nicht oder zweimal, was dasselbe ist, gedreht, so hat der Wagen, immer hinter sich eine Blockstrecke. Es ist also unmöglich, daß zwei Wagen aufeinanderfahren.

Da auf Anlagen großer Leistung Schalthäufigkeiten von 3000 pro Tag keine Seltenheit sind, laufen diese Schalter in Öl.

Die Anzahl der Schalter ergibt sich aus der Wagenentfernung und diese wieder aus der Leistung der Bahn. Beträgt die Wagenentfernung 40 m, so muß alle 20 m bei der Anordnung nach Abb. 1082 ein Schalter sitzen. Da es aber nicht notwendig ist, die Blockstrecken von Blockschalter zu Blockschalter gehen zu lassen, sondern nur solange, als ein Wagen braucht, um mit Sicherheit zum Stehen zu kommen, kann auf diese Weise viel an Schaltern gespart werden. Es beträgt alsdann die Schalterentfernung bei obigem Beispiel 40 m weniger die Blockstrecke. Mit der Länge der Blockstrecken geht man je nach Konstruktion der Fahrbremsen und der Fahrgeschwindigkeit bis zu drei Meter herunter.

Wie sich die Sperrung bei Weichen gestaltet, zeigt Abb. 1083. Die Sperrung bleibt immer in Ordnung, ganz gleich, ob ein Wagen in den Abzweig fährt, oder aus diesem kommt.

Den Kernpunkt der Schaltung bildet der Schalter 2, Abb. 1083, der in die Verbindungsleitungen zwischen Schalter 1—3 eingebaut ist und die Leitungen bei jeder Drehung wechselweise vertauscht. Da, wo Schalter 2 sitzt, befindet sich noch ein zweiter Schalter 4, der normalen Sperrung. Dieser ist aber nur halb besetzt und eröffnet die Sperrung des Abzweigstranges. Die beiden Schalter 2 und 4 sitzen stets so, daß erst Schalter 4 blockiert, ehe Schalter 2 die rückwärtige Strecke freigibt.

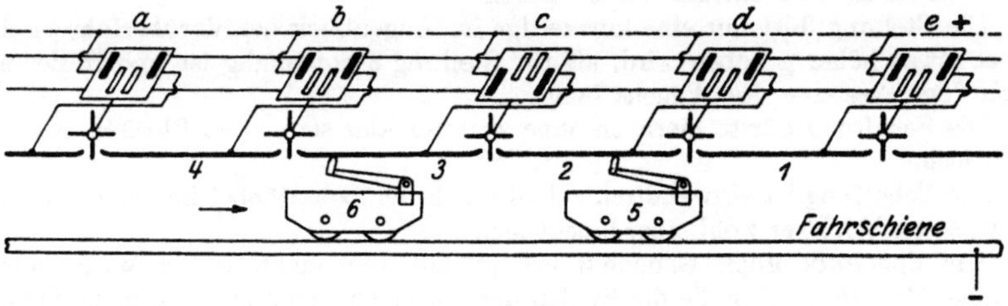

Abb. 1082.

Münden zwei oder mehrere Gleise auf einen gemeinsamen Strang und werden die Wagen diesem Strang wahllos von den Abzweigungen zugeführt, so ist auch für den Fall eine Sperrung vorgesehen, daß zwei Wagen gleichzeitig eine Weiche passieren wollen. Voraussetzung für diesen Betrieb ist natürlich, daß die Weiche selbsttätig vom Wagen auf mechanischem oder elektrischem Wege umgelegt wird.

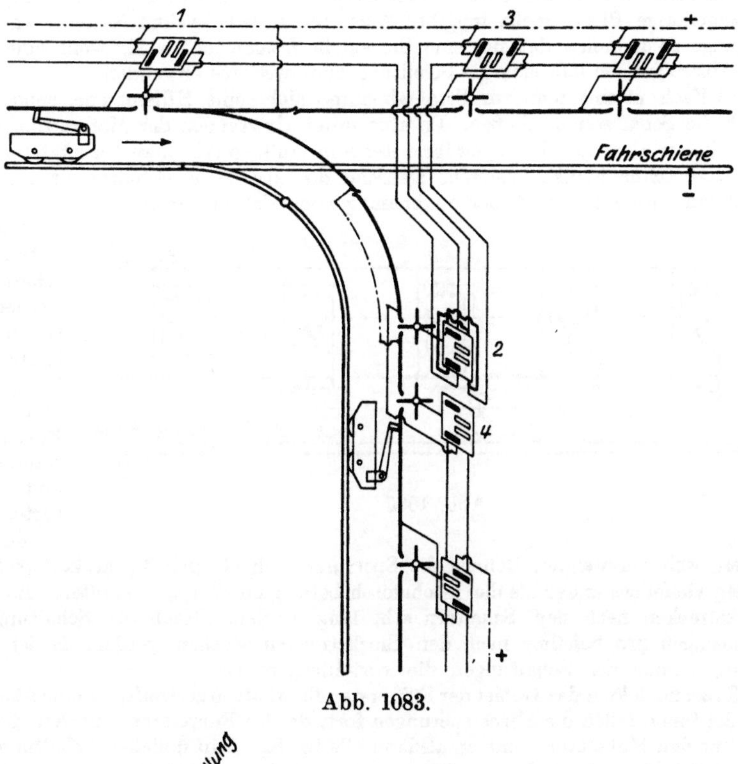

Abb. 1083.

Schwieriger gestaltet sich die Sperrung, wenn an einen ortsfesten Strang eine fahrbare Brücke mit Schleppweiche anschließt. Für diesen Fall muß eine Verbindung zwischen der festen und der auf der fahrbaren Brücke befindlichen Sperrung durch Schleifleitungen so geschaffen werden, daß in allen Stellungen der Brücke die Blockierung einwandfrei arbeitet.

Die zur Anwendung kommenden Schaltungen richten sich nach der Wagenentfernung und der Länge der Brückenfahrbahn. Eine eingehende Beschreibung würde den Rahmen dieses Buches überschreiten.

Alle vorkommenden Schaltungen lassen sich zwanglos mit der Sperrung nach Gruppe 1 bewältigen.

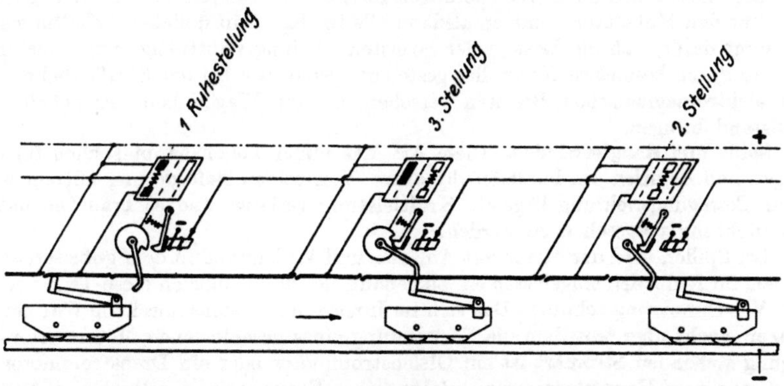

Abb. 1084.

Die Sperrung nach Gruppe 2, d. h. gemischte Schaltung, halbmechanisch, halb elektrisch betätigte Schalter, stellt im Prinzip Abb. 1084 dar. Die Schalter 1—4 werden ähnlich wie bei Gruppe 1 mechanisch durch den Stromabnehmer gedreht und in der eingeschalteten Stellung durch eine Sperrklinke festgehalten. Die Sperrklinke kann durch einen Magneten abgehoben werden und läßt dabei den Schalthebel wieder in seine Ruhelage zurückkehren, wo er alsdann für neue Betätigung bereitsteht. Die mit dem Schalthebel gekuppelte Walze hat drei Stellungen:

1. Ruhestellung: die Blockstrecke erhält über den Vorschaltwiderstand, der zum sanfteren Anfahren dient, Strom von der Speiseleitung,
2. die Blockstrecke ist stromlos,
3. der Magnet des zurückliegenden Blockschalters bekommt einen Stromstoß und läßt dessen Schalthebel in die Ruhelage zurückkehren.

Die Stellung 3 ist nur eine kurzzeitige im Augenblick des Vorüberfahrens des Wagens, indem der Schalthebel etwas höher gehoben wird, als für Stellung 2 notwendig ist und in der er sich infolge der Sperrklinke nach dem Passieren des Wagens fängt.

Die Schaltung dürfte hiernach ohne weiteres klar sein. Das Blocken erfolgt mechanisch, das Entblocken elektrisch.

Die Schaltung ist einwandfrei, solange sich der Schalthebel immer an der Sperrklinke fängt. Tut er das nicht, so entblockt er wohl, aber blockt nicht.

Die Sperrung nach Gruppe 3 erfolgt auf rein elektrischem Wege mittels einer Hilfskontaktschiene *a*, siehe Abb. 1085, über die die Spulen der einzelnen Schalter 1—4 kurze Stromstöße erhalten und die Blokkung hervorrufen. Gleichzeitig wird ein zweiter Kontakt am Schalter geschlossen, da die zweite Spule des zurückliegenden Schalters unter Strom sitzt und den Schalter in seine Ursprungsstellung zurückdreht, also die zugehörige Blockstrecke freigibt. Auch bei diesem System ist die Zwangsläufigkeit der beiden Schaltvorgänge so gewahrt, daß nur eine Blockstelle freigemacht wird, wenn eine neue Blockstelle geschaffen ist. Auf Abzweigungen läßt sich die Schaltung ohne weiteres anwenden.

Vielfach nimmt man zur Stromabnahme nicht eine Hilfsschiene, sondern läßt den Motorstrom direkt durch die Schalterspule fließen. Da aber unter Umständen der Motorstrom sehr gering ist, eine Betätigung der Schalter aber unbedingt gewährleistet sein muß, so läßt man bei letzterem Patent durch den Motorstrom nur eine kleine Klinke auslösen, während die eigentliche Schaltarbeit von einem kräftigen Nebenschlußmagneten ausgeführt wird, der unabhängig vom Motorstrom ist.

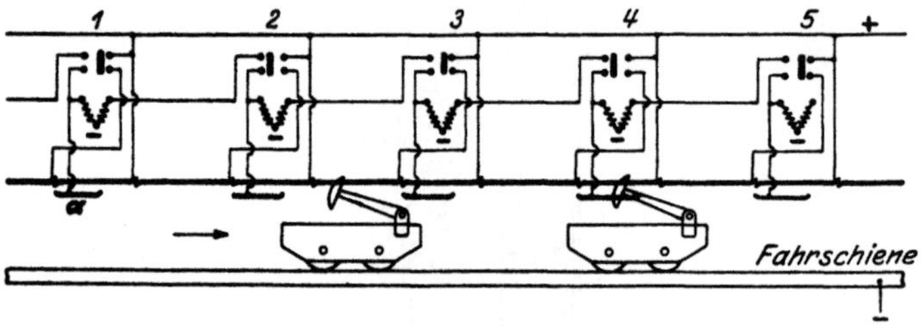

Abb. 1085.

Alle diese Sperrungen nach Gruppe 3 haben die äußerst angenehme Eigenschaft, daß die Schalter ferngesteuert werden können. Man kann sie also in einem vom Wetter geschützten Raum in einem Kasten alle beieinander anbringen, wo sie gut zu überwachen und evtl. Störungen schnell durch Eingriffe von Hand zu beseitigen sind, während die Schalter nach Gruppe 1 und 2 auf die ganze Länge der Bahn verteilt werden müssen.

Zu beachten ist allerdings, daß bei langen, weit verzweigten Bahnen die Sperrung nach Gruppe 3 sehr kostspielig wird, da erstens die Schalter um ein vielfaches teurer als die mechanisch betätigten sind und zweitens die Verbindungsleitungen von den Blockstrecken nach den Schaltern sehr lang werden. Nach der Schaltung (Abb. 1085) müssen sogar je 2 Leitungen pro Schalter nach den Blockstrecken gezogen werden. Es ist also von Fall zu Fall zu erwägen, welche der Schaltungen die vorteilhaftere ist.

Es sei noch kurz das Gebiet der Führerstandlaufkatzen gestreift, die eine Abart der Elektrohängebahnen sind. Bei ihnen fallen die Fernsteuerungen fort, da der Führerstand an den Elektrohängebahnwagen angebaut ist. Für den Hubmotor kommen alsdann alle im Kranbau üblichen Schaltungen in Frage. Ein Endausschalter sorgt dafür, daß die Last in der höchsten Stellung selbsttätig zum Stillstand kommt. Die Fahrmotoren werden durch besondere Kontroller gesteuert, genau wie bei der Straßenbahn. Die Fahrmotoren sind wieder mit elektromagnetischen Bremsen versehen, die die Wagen beim Ausschalten des Kontrollers sicher zum Stillstand bringen.

Spille und Rangierwinden. Diese Art Maschinen dienen hauptsächlich für das Verholen von Eisenbahnwagen und Schiffen auf kürzeren Strecken. Von beiden Beförderungsmitteln wird eine ziehende, also nur in einer Bewegungsrichtung liegende Kraftleistung verlangt und es brauchen daher die Motoren nur für eine Drehrichtung vorgesehen zu werden.

Bei Spillen wird der Motor mit Anlasser und Widerstand in dem gußeisernen Spillkasten, welcher bis zum Deckel im Erdboden eingelassen ist, eingebaut, der dann zugleich diese Teile vor äußeren Witterungseinflüssen und Verschmutzung schützt. Das sich im Innern des Kastens durch die Wärmeunterschiede bildende Schwitzwasser macht aber trotzdem die Verwendung eines geschlossenen Motors erforderlich. Je nach der zur Verfügung stehenden Stromart ist ein Gleichstrommotor oder ein Drehstrommotor zu wählen. Bei Gleichstrom wird man dem Hauptstrommotor infolge seiner Eigenregelung, selbsttätige Anpassung seiner Drehzahl in gewissen Grenzen an die zu bewegende Last, den Vorzug geben. Voraussetzung ist hierbei allerdings, daß auch bei leerlaufendem Spillkopf die Reibungsarbeit des Getriebes noch genügend groß ist, um ein Durchgehen des Motors zu verhindern. Anderfalls muß ein Motor mit Verbundwicklung genommen werden. Für die Steuerung des Motors kommt ein Schaltwalzenanlasser für eine Drehrichtung des Motors in Frage, dessen Betätigung in der Regel durch einen Fußtritt oder durch einen Steckschlüssel erfolgt.

Rangierwinden finden ihre Aufstellung zumeist in eigens für diesen Zweck errichtete Häuschen, in denen ein Schlitz für die Durchführung des Zugseiles gelassen wird. Die Motoren können daher ohne weiteres in offener Ausführung vorgesehen werden. Auch hier werden entsprechend der zur Verfügung stehenden Stromart Gleichstrom- oder Drehstrommotoren verwendet. Um das auf der Trommel aufgewickelte Seil stromlos ausgeben zu können, wird die Trommel von dem Getriebe mit Motor abgekuppelt. Bei Gleichstrom muß ein Verbundmotor zur Anwendung kommen, da ein Hauptstrommotor, sobald dieser bei abgekuppelter Trommel eingeschaltet würde, durchgeht. Als Anlasser dient ebenfalls eine Schaltwalze für eine Drehrichtung des Motors, die am besten mit einem Handrad oder einer Kurbel betätigt wird.

Lasthebemagnete. Lasthebemagnete eignen sich nur für den Anschluß an Gleichstrom. Steht diese Stromart nicht zur Verfügung, so muß durch einen besonderen durchlaufenden Umformer, der am besten mit auf dem Kran aufgestellt wird, die vorhandene Stromart in Gleichstrom umgeformt werden. Der für den Stromverbrauch des Lastmagneten bemessene Generator erhält zweckmäßig eine Verbundwicklung, wodurch eine nahezu gleichbleibende Spannung bei Belastung von Null bis auf Vollast erreicht wird. Für das Steuern der Lastmagnete werden die sogenannten Magnetwalzen benutzt. Mit diesen wird der Magnet über einen Regelwiderstand eingeschaltet. Um ein schnelles und sicheres Abfallen der Last zu erreichen, sind, wie aus dem Schaltbild, Abb. 1086, hervorgeht, über die Nullstellung hinaus, entgegengesetzt den Einschaltestellungen noch einige Gegenstrom-Stoßstellungen auf der Steuerwalze vorgesehen.

Die Spulen der Lastmagnete werden so bemessen, daß sie den Arbeitsbedingungen des aussetzenden Betriebes entsprechen. Wie bei den Motoren für aussetzenden Betrieb müssen kurzzeitige Einschaltungen mit Ruhepausen mehrfacher Länge wechseln. Wird dieses nicht beachtet, so erwärmt sich die Spule über das normal zulässige Maß und leidet Schaden. Zur Vermeidung einer übermäßigen Erwärmung und damit evtl. Schadhaftwerden der Spule baut die Deutsche Maschinenfabrik in den Magneten eine Wärmeschutzpatrone ein. Diese Patrone wird im Innern so angebracht, daß sie die Spule berührt und somit die gleiche Wärme wie die Magnetspule annimmt. Der Schutz besteht nun darin, daß bei einer Erwärmung, welche unterhalb der für die Isolation der Spule noch zulässigen Grenze liegt, eine in der Patrone befindliche Masse zum Schmelzen kommt, wodurch ein Kontakt betätigt und der Stromkreis des Magneten unterbrochen wird. Nach Abkühlung und Einsetzen einer neuen Patrone ist der Lasthebemagnet wieder geschützt und betriebsbereit.

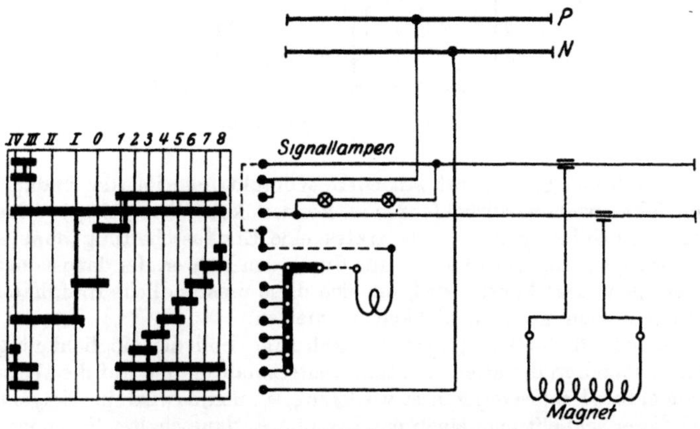

Abb. 1086. Schaltbild einer Magnetwalze.

Ganz besondere Sorgfalt muß auf die Stromzuführung nach dem Lastmagneten gelegt werden, da jede Stromunterbrechung ein Abstürzen der Last zufolge hat. Insbesondere bezieht sich dieses auf die bewegliche Zuleitung nach dem am Kranhaken hängenden Magneten. Ein freies Hängenlassen dieser Leitung würde sicher sehr bald zu Störungen führen. In Erkenntnis dieser Tatsache wird daher fast ausnahmslos eine Kabeltrommel, welche bei hochgehenden Magneten die Leitung selbsttätig aufwickelt, verwendet.

10. Sicherheits-Vorrichtungen.

Die Hebezeuge wie auch sonstige Transportanlagen aller Art, die auf begrenzter Bahn laufen, können durch Überfahren der Endstellungen sowie durch übermäßiges Anwachsen der Geschwindigkeit oder der Stromstärke gefährdet werden. Je mehr durch das Streben nach immer größerer Beschleunigung im Güterverkehr und nach immer weiterer Steigerung der Leistungsfähigkeit industrieller Betriebe eine hohe Arbeitsgeschwindigkeit der Transportanlagen bedingt ist, um so größerer Bedeutung gewinnen die Vorrichtungen, die eine Gefährdung des Hebezeuges verhindern.

Das Haupterfordernis für die Sicherheitsvorrichtung ist vollständige Zuverlässigkeit. Fehler in den Sicherheitsvorrichtungen können bei dem hohen Werte der Güter, die von manchen Hebezeugen, wie z. B. von neuzeitigen Hüttenkranen oder großen Werftkranen gefördert werden, abgesehen von der Gefährdung von Menschenleben, schwerwiegende Folgen nach sich ziehen. Erfahrungsgemäß wird die Überwachung von Apparaten, die nur selten in Tätigkeit treten, oft vernachlässigt. Damit man also sicher ist, daß die Sicherheitsvorrichtungen im Augenblick der Gefahr in Tätigkeit treten, ist es erforderlich, die Apparate so einfach wie möglich auszubilden, damit etwaige Mängel oder Störungen leicht entdeckt werden.

Begrenzung der Endstellungen. Zur Begrenzung der Endstellungen genügen bei Fahrwerken mit geringen Fahrgeschwindigkeiten, z. B. bei Laufkatzen auf Kranen von geringer Spannweite, in der Regel einfache Puffer, besonders dann, wenn der Führer an der Bewegung teilnimmt und dadurch im allgemeinen von selbst schon veranlaßt wird, das Fahrwerk vorsichtig zu steuern. Auch ist bei Fahrwerken mit kleineren Geschwindigkeiten nicht zu befürchten, daß die noch in Bewegung befindlichen Massen des Motors beim schnellen Stillsetzen des Hebezeuges zu einer Beschädigung des Triebwerkes führen, da die Räder die Möglichkeit haben, auf den Schienen zu gleiten.

Bei Kranfahrwerken mit größeren Geschwindigkeiten ist im allgemeinen eine Begrenzung des Weges erforderlich. Ebenso ist bei Hubwerken, auch bei solchen mit geringen Geschwindigkeiten, eine selbsttätige Begrenzung der höchsten Lasthakenstellung vorzusehen, da sonst beim Anfahren des Lasthakens an das Eisengerüst des Kranes die Tragorgane reißen oder Teile des Kranes brechen können, wodurch Menschenleben gefährdet werden. Zur Begrenzung der Endstellung dienen die im folgenden beschriebenen Verfahren und Vorrichtungen, die vielfach auch für betriebsmäßiges Ausschalten gebraucht werden.

Einfache Endausschaltung. Bei der einfachen Endausschaltung nach Abb. 1087, wie sie bei Fahrwerken für beide Endstellungen, bei Hubwerken meist nur für die höchste Lasthakenstellung Verwendung findet, wird ein ein- oder zweipoliger Endausschalter vorgesehen, der in bestimmter Entfernung vor der Endstellung den Stromkreis des Motors und gegebenenfalls den des Bremsmagneten für die eingestellte Fahrtrichtung unterbricht. Der Führer hat dann die Möglichkeit, ohne weiteres zurückzufahren, wobei sich der Endausschalter beim Zurückgehen des Hebezeuges durch Einwirkung einer Feder selbsttätig wieder einschaltet. Die Entfernung vor der Endstellung ist dadurch gegeben, daß nach Unterbrechung des Motorstromes bei a die Möglichkeit vorliegen muß, einen Nachlaufweg zurückzulegen. Dieser muß um so größer gewählt werden, je größer die Geschwindigkeit und je schwächer die Bremswirkung ist.

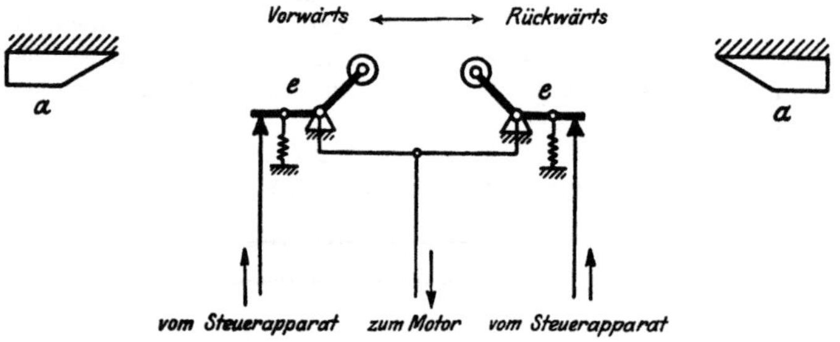

Abb. 1087. Endausschaltung.

Bei der beschriebenen Endausschaltung muß das Steuergerät besondere Kontaktringe für die Endausschalter erhalten. Wird auf die Möglichkeit, ohne weiteres zurückfahren zu können, kein Wert gelegt, so kann man unter Verwendung der gewöhnlichen Ausführung des Steuergerätes eine Endausschaltung ohne selbsttätige Wiedereinschaltung vor den Motor legen. Der Schalter ist dann durch den Führer, der dazu seinen Platz verlassen muß, von Hand wieder einzulegen. Der Führer wird, um sich diese umständliche Handhabung zu ersparen, eine Überschreitung der Endstellungen nach Möglichkeit vermeiden.

Endausschaltung mit Umgehung. Soll die Möglichkeit gegeben sein, nicht nur zurückzufahren, sondern auch in der alten Richtung weiterzufahren und auf die Weise den Nachlaufweg, der sonst für das Arbeitsfeld des Kranes verloren ist, wiederzugewinnen, so wird eine Umgehungsschaltung nach Abb. 1088 angewendet. Bei dieser schließt man einen parallel zum Endausschalter liegenden Schalter und hebt dadurch die Wirkung des Endausschalters wieder auf. Diese Umgehungsschaltung kommt bei Fahrwerken in Frage, bei denen häufig in der Nähe der äußersten Endstellungen gearbeitet werden muß, bei Hubwerken dann, wenn es sich darum handelt, die ganze Hubhöhe möglichst vollständig auszunutzen. Sie wird gerade für die Begrenzung der höchsten Hakenstellung bei Hubwerken besonders wichtig, da der Endausschalter für den Nachlauf des leeren Hakens eingestellt werden muß, d. h. für einen Fall, bei dem die Geschwindigkeit besonders groß ist und nach dem Ausschalten die verzögernde Wirkung der Last fehlt, der Nachlaufweg also besonders groß ist. Der Umgehungsschalter wird gewöhnlich unmittelbar neben dem zugehörigen Steuergerät aufgestellt und von dem Führer durch Fußtritt betätigt. Der Schalter öffnet sich wieder, sobald der Führer den Fuß vom Fußtritthebel zurückzieht.

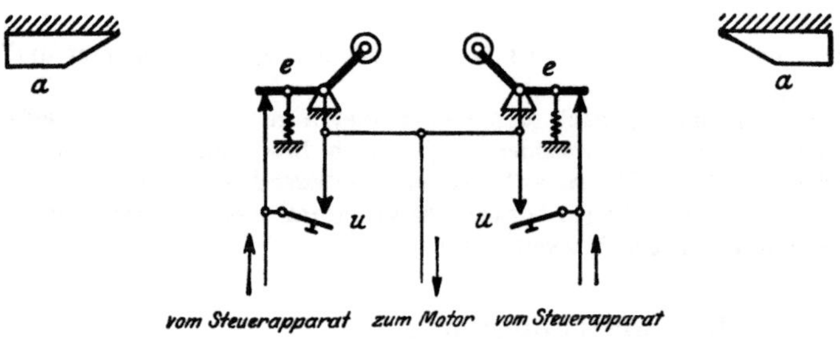

Abb. 1088. Endausschaltung mit Umgehung.

Stufenendausschaltung. Bei der Stufenendausschaltung wird durch besondere Vorrichtungen sichergestellt, daß die Geschwindigkeit auf der Strecke vor dem Endausschalter einen bestimmten Wert nicht überschreitet. Mit sehr einfachen Mitteln wird dies durch die Schaltung mit einer Nebenwalze erreicht. Bei dieser Anordnung wird in einem bestimmten Abstand vor dem eigentlichen Endausschalter, der den Motor endgültig stillsetzt, ein zweiter Endausschalter betätigt, der den Motor vorläufig ausschaltet. Nachdem dann die Hauptwalze in Ruhestellung gedreht ist, kann der Führer durch Drehen einer Nebenwalze den Endausschalter überbrücken und den Motor durch die Hauptwalze wieder anlassen. Er hat dabei jedoch nur die Möglichkeit, die Hauptwalze bis zur zweiten oder dritten Stellung zu bringen, da eine weitere Drehung durch die Nebenwalze gesperrt wird. Die Geschwindigkeit bleibt infolgedessen auf dem Weg zwischen den beiden Endausschaltern immer unterhalb einer bestimmten Grenze, so daß sich, wenn der zweite Endausschalter in Tätigkeit tritt, nur ein geringer Nachlaufweg ergibt.

Bei der beschriebenen Schaltung wird der Motor durch den ertsen Endausschalter in jedem Falle stillgesetzt, auch wenn die Geschwindigkeit den für die letzte Strecke des Weges vorgeschriebenen geringen Betrag nicht überschreitet. Außerdem muß außer der Hauptwalze noch eine besondere Nebenwalze betätigt werden. Beides wird mit einer Schaltung vermieden, bei welcher der Motorstrom in Abhängigkeit von der Geschwindigkeit durch einen an den Motor oder einer Vorgelegewelle angeordneten Fliehkraftschalter nur dann unterbrochen wird, wenn die Stellung, in welcher der erste Endausschalter in Tätigkeit zu treten hat, mit einer Geschwindigkeit überfahren wird, die den zulässigen Wert übersteigt. Die Schaltung hat also den Vorteil, daß der Betrieb nicht unnötig unterbrochen wird. Um nach dem Stillsetzen wieder anfahren zu können, muß der Führer die Walze in die Ruhestellung zurückbringen und von neuem einschalten. Hält er dann die Geschwindigkeit in der Fahrtrichtung bis zum zweiten Endausschalter in zulässigen Grenzen, so bleibt die Stromzuführung zum Motor bestehen. Andernfalls wird der Motor wieder abgeschaltet.

Begrenzung der Senkgeschwindigkeit. Eine Begrenzung der Geschwindigkeit ist nur beim Senken erforderlich, da die Motoren beim Heben, Drehen und Fahren immer genügend belastet sind, ihre Drehzahl also das zulässige Maß nicht überschreitet.

Man kann eine zu hohe Senkgeschwindigkeit durch die Wahl besonderer Steuerungen z. B. der unter Schaltungen eingehend beschriebenen Sicherheitssenkschaltung bei Gleichstrom und der Sicherheitssenkschaltung sowie der Zweimotorenschaltung bei Drehstrom von vorneherein ausschließen. Man wird daher in der Mehrzahl aller Fälle diesen Schaltungen den Vorzug geben. Bei den übrigen Schaltungen müssen Einrichtungen mit Fliehkraftschalter verwendet werden, die entweder die Überschreitung der Geschwindigkeit durch Glockensignale rechtzeitig anzeigen, oder selbsttätig die Geschwindigkeit durch Einfallen der Bremse oder eines Teiles der dann mit zwei Bremsmagneten ausgerüsteten Bremse verringern bzw. durch Abschalten des Motors auf Null zurückführen. Betriebssicherer ist es natürlich, von der Verwendung dieser Hilfsmittel abzusehen und eine Senkbremsschaltung zu wählen, die eine zu hohe und gefährliche Senkgeschwindigkeit überhaupt nicht zuläßt. Das Vertrauen zu der Sicherheit der neuerdings durchgebildeten Senkbremsschaltungen haben denn auch dazu geführt, daß diese fast ausschließlich genommen werden.

Begrenzung des Stromes. Zur Begrenzung des Stromes werden für Kranmotoren die üblichen Schmelzsicherungen oder Höchststrom-Selbstschalter mit der bekannten Freiauslösung oder in neuerer Zeit vielfach die sogenannten Sicherungseinrichtungen benutzt. Die Schmelzsicherungen genügen für nicht zu schweren Betrieb. Wo jedoch haufiges rasches Einschalten und damit eine Überlastung des Motors zu erwarten ist, und das Auswechseln von Schmelzsicherungen unliebsame Betriebsstörungen hervorrufen würde, wie z. B. in flotten Hüttenbetrieben, bei Hafenanlagen für Massengüterverkehr u. s. f., werden mit Vorteil statt der Sicherungen Höchststromausschalter gewählt. Bei Verwendung von Selbstschaltern ist die Ansicht geteilt, ob es zweckmäßig ist, einen Schalter gemeinsam für sämtliche Motoren zu wählen oder nur einen solchen für den Hubmotor, oder endlich für jeden einzelnen Motor einen besonderen Schalter einzubauen.

Da die Anlaufstromstärke eines Kranmotors, je nach der Schnelligkeit, mit welcher der Kranführer einschaltet, etwa die 2—3 fache der normalen Stromaufnahme beträgt, müssen die Sicherungen und auch die Selbstschalter für diese Anlaufstromstärke bemessen bzw. eingestellt werden. Nach Beendigung des Anlaufes werden dann aber diese Strombegrenzungsmittel den Stromkreis ebenfalls erst bei der Stromstärke unterbrechen, welche ungefähr der doppelten bis dreifachen Motorleistung entspricht. Einer Überlastung der Motoren und damit auch des Kranes läßt sich also durch Einbau von Sicherungen oder den normalen Höchststromausschaltern nicht vorbeugen. Selbstschalter, die tatsächlich vor Überlastungen schützen sollen, müssen mit einer Zeitauslösung versehen sein. Diese Zeitauslösung läßt sich so einstellen, daß die Stromunterbrechung erst bei etwa 2 bis etwa 10 Sekunden anhaltender Überlastung eintritt. Da nun der Anlauf im Kranbetrieb, während welcher der hohe Strom auftritt, im allgemeinen nicht länger dauert, so kann der Zeitselbstschalter annähernd für die normale Betriebsstromstärke des betreffenden Motors eingestellt werden. Tritt nun eine länger dauernde Überlastung durch eine zu schwere angehängte Last, ein warm gewordenes Lager oder dergleichen ein, so unterbricht nach Ablauf der eingestellten Zeit der Selbstschalter den Stromkreis. Merkwürdigerweise haben diese Höchststrom-Selbstschalter mit Zeitauslösung nur in ganz vereinzelten Fällen, dann aber mit gutem Erfolge, Anwendung gefunden, während ihr Einbau doch unbedingt empfehlenswerter als derjenige normaler Selbstschalter ist.

In gleicher Weise wie die Selbstschalter mit Zeitauslösung arbeiten die Sicherungseinrichtungen. Diese Einrichtung besteht aus einem für sämtliche Antriebe eines Kranes gemeinsamen Selbstschalter mit Höchststrom- und Spannungsrückgangsauslösung und aus Höchststromrelais für die einzelnen Antriebe. Das Relais muß die Eigenschaft haben, daß es bei der immer wiederkehrenden Überlastung anzusprechen beginnt, daß aber die Auslösung so verzögert wird, daß letztere mehr Zeit erfordert, als die normale Überlastung beim Anfahren dauert. Erst wenn die Überlastung zu lange besteht, also eine zu große Erwärmung der Motoren und Leitungen eintreten könnte, oder wenn kurzschlußartige Stromstöße auftreten, muß die Auslösung wirken. Am besten eignet sich dazu ein Relais mit vereinigter Verzögerungs- und Schnellauslösung. Die Verzögerungsauslösung tritt bei jedem Kranspiel, wenn auch nur vorbereitend und bei zu lang anhaltender geringer Überlastung in Kraft, die Schnellauslösung dagegen bei Stromstößen, die den mehrfachen Betrag der normalen Überlastung erreichen.

Bei Antrieb eines Hebezeuges mit Gleichstrom erhält für die Stromverteilung jeder Motor ein Relais. Die Rückleitung von sämtlichen Motoren wird über die Höchststromspule des gemeinsamen Selbstschalters geführt.

Auch in den Drehstromanlagen wird für jeden Motor nur ein Relais vorgesehen, wobei die beiden freien Phasen über die beiden Höchststrom-Auslösespulen des Selbstschalters zu leiten sind. Diese Sicherung ist ausreichend, weil bei dem Motorbetrieb kaum eine ungleiche Belastung der Phasen auftreten kann. Tritt eine solche aber infolge eines Leitungsfehlers und Erdschlusses ein, so ist sie so bedeutend, daß der Höchststromausschalter auslöst, wodurch dann alle 3 Phasen abgeschaltet werden. Mit dem Steuergerät, dem Endausschalter oder dergleichen wird der Motor zumeist nur 2phasig abgeschaltet. Für diesen Fall muß das Relais immer in der nicht abgeschalteten Phase liegen. Entsteht dann bei durch das Steuergerät oder dem Endausschalter abgeschaltetem Motor irgendein Leitungsfehler, so kann der Stromverlauf noch über die durch das Relais gesicherte Leitung gehen und gegebenenfalls das Relais über den Selbstschalter den Antrieb in allen 3 Phasen ausschalten.

Um die neue Einrichtung gegenüber den Sicherungen noch vorteilhafter zu gestalten, wird die Schaltung des Höchststromausschalters mit den Steuergeräten des Kranes elektrisch so in Verbindung gebracht, daß der Kranführer gezwungen ist, alle Steuergeräte des Kranes auf Null zu stellen, bevor der Selbstschalter wieder eingelegt werden kann.

Die Schaltung von Sicherungseinrichtungen mit magnetischen Relais in Verbindung mit den Steuergeräten und Motoren zeigen die Abb. 1089 und 1090.

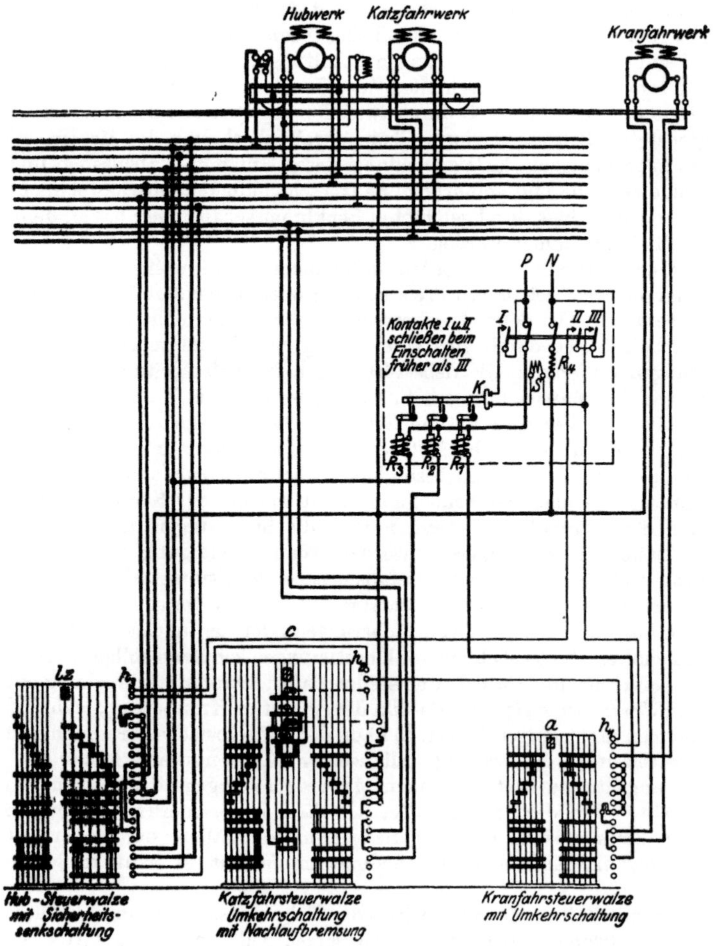

Abb. 1089. Sicherungseinrichtung für Gleichstrom.

An Stelle der mit einer Öldämpfung oder einem Windflügelhemmwerk versehenen magnetischen Überlastungsrelais können auch thermische Zeitrelais verwendet werden. Diese letzteren brauchen auf eine nicht so hohe Auslösestromstärke eingestellt zu werden wie die magnetischen Relais, da ihre Auslöseverzögerung auf einem träge verlaufenden Wärmevorgang beruht. Die Auslösung kann durch einen am Zeitrelais angebrachten Nebenschluß in gewisse Grenzen eingestellt werden.

Bei dem thermischen Zeitrelais wird bei einer bestimmten Erwärmung des Auslösemittels, in Abhängigkeit von Strom und Zeit, ein Kontakt betätigt, der den Stromkreis der Nullspannungsspule des Selbstausschalters unterbricht. Der Überstrom kann um so höher steigen, je kürzere Zeit die Überlastung dauert, andererseits bewirken kleinere Überlastungen ebenfalls ein Auslösen, wenn sie entsprechend lange andauern. Diese letztere Eigenschaft ist ein Vorzug gegenüber dem magnetischen Relais, da dieses bei kleineren, noch unterhalb der Auslösestromstärke, aber über dem Vollaststrom liegenden länger dauernden Überlastungen, den Motor nicht abschaltet. Neben der verzögerten thermischen Ausschaltung ist in das Relais noch eine unverzögerte magnetische Auslösung eingebaut, die bei zu großen Überströmen und Kurzschlüssen den Selbstschalter sofort ausschaltet. Auch dieser Auslösestrom kann in gewissen Grenzen verändert werden.

11. Führerstand.

Wenn auch hinsichtlich des elektrischen Teiles das gute Arbeiten einer Krananlage in erster Linie von den gewählten Motoren, Steuergeräten und Bremsmagneten abhängt, so dürfen doch die übrigen Teile der Anlage, insbesondere die zweckmäßige Anordnung des Führerstandes nicht vernachlässigt werden.

Zunächst sollte bei Bestellung einer Krananlage auf den Erhalt möglichst geräumiger Führerstände gedrungen werden. Es ist zwar zuzugeben, daß die seitens des Bestellers gemachten Forderungen über das freizulassende Durchgangsprofil oder anderes, die Anbringung genügend großer Führerstände zuweilen sehr erschweren, wenn nicht unmöglich machen. Wird aber von vornherein auf diese Notwendigkeit nachdrücklich hingewiesen, so gelingt es wohl in den meisten Fällen auch Platz zu schaffen. Wo dieses aber tatsächlich nicht zu erreichen ist, soll wenigstens durch Aufstellung der Widerstände außerhalb des Führerkorbes in diesem selbst möglichst viel freier Raum geschaffen werden. Schon bei der ersten Instandsetzung an Anlaßgeräten oder bei einer Störung an Leitungsanschlüssen wird sich eine richtige Anordnung des Führerstandes angenehm bemerkbar machen. Leider wird oft genug bei Aufstellung der Steuergeräte einzig und allein darauf gesehen, daß diese für den Führer handlich und für einen guten Ausblick geeignet stehen. Wenn auch diese beiden Punkte naturgemäß zuerst berücksichtigt werden müssen, so macht es doch meistens nichts aus, wenn man beispielsweise zwischen den einzelnen Geräten Zwischenräume von etwa 10—20 cm läßt.

Um eine gute Wartung der Steuergeräte vornehmen zu können, ist zu beachten, daß ein Losnehmen der Schutzdeckel von den Steuergeräten ohne Schwierigkeit möglich sein muß. Bei abgenommenem Schutzdeckel muß man leicht an die Kontakthämmer und Kontaktsegmente herankommen können, um die Hämmer nachstellen und schadhafte Teile auswechseln zu können. Die Geräte sind so in dem Führerstand festzuschrauben, daß man sie lösen kann, ohne erst Leitern holen oder Gerüste bauen zu müssen. Ferner müssen sie so aufgestellt werden, daß die Leitungsanschlüsse schnell und ohne besondere Hilfswerkzeuge und ohne Losnehmen und Verrücken der Steuergeräte, gelöst und wieder befestigt werden können. Der Boden des Führerstandes soll einschl. eines seitlichen Randes von einigen Zentimetern Höhe vollkommen dicht sein, um das Herunterfallen losgenommener Schrauben oder sonstiger kleiner Teile zu verhindern. Wenn man dann noch dafür sorgt, daß sich auf jedem Kran das notwendigste Werkzeug befindet, so ist jedenfalls die Gewähr gegeben, daß auftretende kleine Störungen schnell beseitigt werden können.

Schalttafel. Für die Kranschalttafel gilt der Grundsatz, sie so klein wie möglich zu machen, damit diese so wenig wie möglich Raum im Führerstand beansprucht und dem Führer einen freien Ausblick nach allen Seiten läßt. Hiergegen ist kaum etwas einzuwenden, da auf der Tafel mit Ausnahme des Hauptausschalters in der Regel keine Apparate angebracht sind, die betriebsmäßig zu betätigen sind. Außer dem Hauptausschalter, den Sicherungen, wenn solche gewählt sind, und den für die Beleuchtung erforderlichen Teilen, werden oft auch noch Strom- und Spannungszeiger angeordnet. Der Wert der letzteren ist allerdings zweifelhaft, da sie durch die Erschütterungen der Krane und durch die fortwährende stoßweise Belastung meist schon nach ganz kurzer Zeit nicht mehr genau zeigen. Es kommt noch hinzu, daß der Stromzeiger erfahrungsgemäß mindestens für den dreifachen Strom des größten Motors gewählt werden muß und daß es hierdurch meist unmöglich ist, die Stromstärke der kleineren Motoren abzulesen. Zweckmäßiger dürfte es jedenfalls in vielen Fällen sein, auf der Schalttafel Klemmen vorzusehen, die ohne jede Schwierigkeit den gelegentlichen Anschluß beweglicher Meßinstrumente gestatten, die wohl fast in jedem größeren Betrieb vorhanden sind.

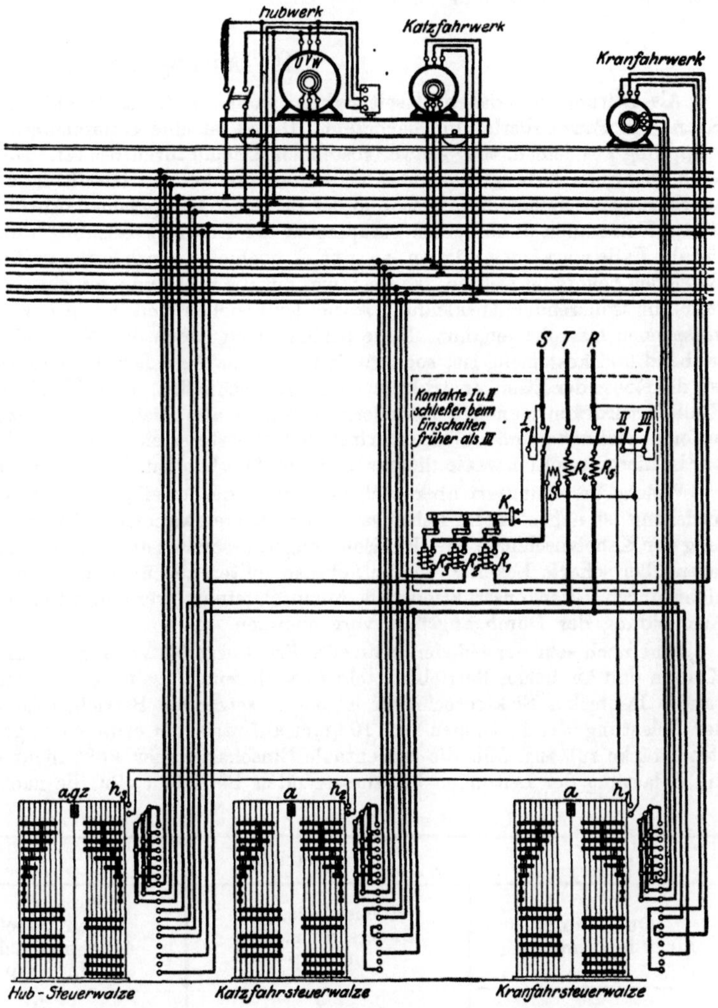

Abb. 1090. Sicherungseinrichtung für Drehstrom.

Als Schaltanlage findet statt der offenen Motortafel immer mehr der eisengekapselte Schaltkasten mit eingebauten Schalt- und Sicherungsteilen Eingang, der gegen Witterungseinflüsse, Verschmutzung und nicht zum mindesten gegen Berührung stromführender Teile den besten Schutz bietet. Entsprechend der Anzahl Motoren wird dann die Schaltanlage aus elektrisch und mechanisch verbundener Einzelkästen zusammengesetzt. Bei Anordnung einer Sicherungseinrichtung können die benötigten Relais als Einzelrelais in Gußeisengehäuse gewählt werden, oder aber es werden die Relais in einem gemeinsamen Schutzkasten untergebracht, der dann zweckmäßig an den Schaltkasten mit Selbstschalter angebaut wird. Für die Beleuchtung wird zumeist ein besonderer kleiner Schaltkasten mit Drehschalter, Sicherungen und Steckkontakt für den Anschluß einer Handlampe benutzt.

Damit der Führer beim Verlassen des Hebezeuges die Krananlage stromlos machen kann und weiter bei vorzunehmenden Untersuchungen und Beseitigung von Fehlern die Gewißheit hat, daß alle Teile spannungslos sind, ist es ratsam, unmittelbar hinter dem Hauptstromabnehmer einen zwei- bzw. bei Drehstrom einen dreipoligen Ausschalter, bemessen für den Gesamtstrom, einzubauen.

Zu der Frage der Beleuchtung eines Kranes möge erwähnt werden, daß es nach den Vorschriften des V. D. E. nicht zulässig ist, bewegliche Glühlampen an eine höhere Spannung als 250 Volt anzuschließen. Gegen diese Vorschrift wird häufig verstoßen. Bei Kranen mit mehr als 250 Volt, die mit Gleichstrom betrieben werden, muß daher auf den Anschluß beweglicher Lampen verzichtet werden. Bei Drehstrom mit dieser Spannung kann man sich besser durch Einschaltung eines kleinen, für die Glühlichtbeleuchtung ausreichenden Transformators helfen, dessen Kosten ganz unbedeutend sind. Selbst wenn Handlampen nicht vorhanden sind, ist bei der letztgenannten Stromart die Zwischenschaltung eines kleinen Lichttransformators auch für die festverlegten Lampen wegen der verminderten Gefahr günstiger. Es ist jedoch darauf zu achten, daß nicht ein Transformator mit der sogenannten Sparschaltung genommen wird, da bei diesem immer noch die eine Phase die höhere Spannung führt.

12. Leitungsanlage.

Als Leitungsmaterial wird seit Jahren wohl für die Mehrzahl aller in bedeckten Räumen arbeitenden Krane die Panzeraderleitung bevorzugt. Dieses ist eine Gummiaderleitung, welche zum Schutze eine Umklöpplung aus feinen, sehr schwer rostenden Eisendrähten besitzt. Die Verlegung der Panzeraderleitung ist auch im Freien zulässig, was indes nicht zu empfehlen ist. Hierfür ist zweckmäßiger, die asphaltierte Panzeraderleitung zu verwenden, welche außer der eben angegebenen Ausführung noch eine Juteumwicklung besitzt. Wenn auch diese beiden Hauptarten der Leitungsverlegung wohl, sorgfältige Montage vorausgesetzt, für alle Fälle ausreichen dürften, so gibt es noch eine ganze Reihe weiterer Verlegungsarten, die von einzelnen Betrieben bevorzugt werden. Es seien hier nur die Verlegung von einfacher Gummiaderleitung in Stahlpanzerrohr mit isolierender Auskleidung sowie der gleichen Leitung in gewöhnlichem, mit isolierenden Endtüllen versehenen Gasrohr genannt. Diese beiden Arten haben den Nachteil, daß nicht nur die Montage sehr zeitraubend und kostspielig ist, sondern daß auch das Aussehen des Kranes darunter leidet, da es nicht möglich ist, die Rohre der Eisenkonstruktion so eng anzuschließen, wie bei Verlegung von Leitungen ohne diesen Schutz. Endlich wird von manchen Bestellern auch normales Bleikabel vorgezogen, oder auch das bei Schiffsinstallationen vielfach gebräuchliche Marinekabel. Letzteres entspricht wiederum der normalen Panzeraderleitung nur ist hierbei noch ein wasserdichter Bleimantel vorhanden, der das Eindringen von Feuchtigkeit verhindern soll.

Welche Verlegungsart aber auch auf Grund der jeweiligen Betriebserfahrungen gewählt wird, die Hauptforderung ist neben gutem Leitungsmaterial eine einwandfreie Montage. Es ist außer auf sorgfältige Herstellung der Kabelanschlüsse bzw. Endisolierungen besonders auf Vermeidung scharfer Krümmungen und Hinweglegen über scharfe Ecken zu achten, ebenso sollten alle nicht im Rohr verlegten Leitungen, auch Bleikabel, nicht durch Eisenkonstruktionsteile hindurchgeführt werden, ohne daß eine isolierende, gut abgerundete Auskleidung der Durchgangstelle vorgenommen ist.

Eine noch sehr verschieden beurteilte Frage war bis vor kurzem die der Querschnittsbemessung von auf Kranen und ähnlichen Betriebsmitteln zu verlegenden Leitungen. Nach den neuesten Vorschriften des Verbandes Deutscher Elektrotechniker ist bei aussetzenden Betrieben für die Vollaststromstärke die Erhöhung der Belastung der Leitungen von 10 qmm aufwärts um etwa 40 % gegenüber der höchstzulässigen Dauerstromstärke zulässig, falls die prozentuale Einschaltedauer 40 % nicht überschreitet. Genaue Angaben über die Belastung der Leitungen bei aussetzenden Betrieben gibt die nachstehende Aufstellung:

	Dauerbetrieb		Aussetzende Betriebe
Querschnitt in qmm	Höchstzulässige Dauerstromstärke in Amp.	Nennstromstärke für entsprechende Abschmelzsicherung in Amp.	Höchstzulässige Vollaststromstärke in Amp.
1	2	3	4
2,5	20	15	15
4	25	20	20
6	31	25	25
10	43	35	60
16	75	60	105
25	100	80	140
35	125	100	175
50	160	125	225
70	200	160	280
95	240	200	335
120	280	225	400
150	325	260	460
185	380	300	530
240	450	350	630
310	540	430	730
400	640	500	900

Es ist ratsam, auf Kranen Drähte von weniger als 4 qmm Querschnitt nicht zu verwenden, selbst dann nicht, wenn nach der Strombelastung ein geringerer Querschnitt zulässig wäre. Der Grund hierfür liegt darin, daß bei den noch kleineren Drahtquerschnitten Brüche oder Ungenauigkeiten bei Herstellung der Endverbindungen auch bei größter Sorgfalt nicht immer zu vermeiden sind.

Die Leitungen werden bei Gleichstromanlagen in der Regel als Einfachkabel verlegt, da die Lagerhaltung für dieses Material am einfachsten ist. Aber auch bei Drehstrom ist es nicht immer möglich, nur dreifach verseiltes Kabel zu nehmen. Zum Teil hindern hieran die für mehrere Motoren gemeinsam verlegten Leitungen

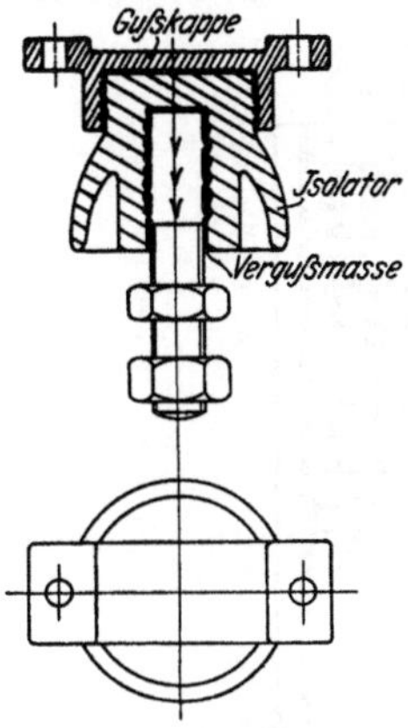

Abb. 1091. Isolator in Glockenform.

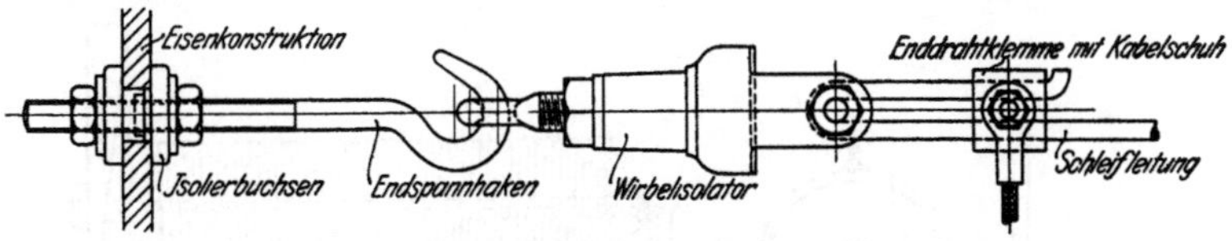

Abb. 1092. Endbefestigung einer blanken Schleifleitung mit doppelter Isolierung.

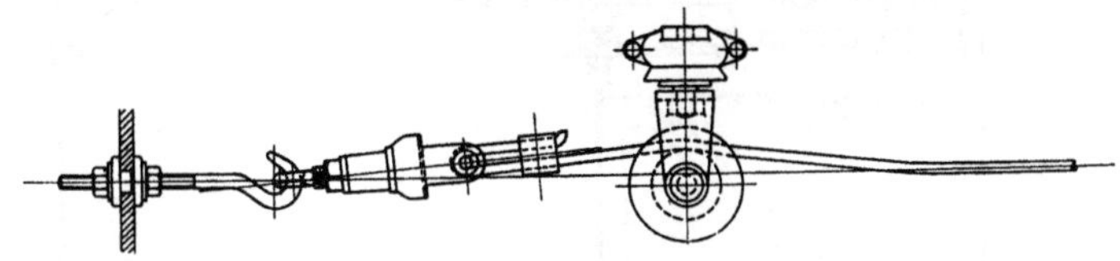
Abb. 1093. Blanke Schleifleitung mit richtiger Höhenlage des Stromabnehmers.

für eine Phase, oft aber auch vorhandene Endausschalter und dergleichen. Die Gefahr, daß durch die auftretende induktive Wirkung eine gefährliche Erwärmung der nicht verseilten Leitungen entsteht, ist jedoch sehr gering, da die Leitungswege meist sehr kurz sind. Nur für die Leitung vom Hauptstromabnehmer zur Schalttafel und auch für die Leitung vom Führerstand zu dem meist auf Mitte der Kranbühne stehenden Kranfahrmotor sollte auscshließlich Dreifachkabel genommen werden.

Die Querschnittsbemessung der blanken Schleifleitung auf den Kranen selbst erscheint deshalb nicht von so großer Bedeutung, weil man hier meist schon aus Festigkeitsrücksichten an bestimmte allgemein eingeführte Querschnitte entsprechend 6, 8 oder 10 mm ∅ gebunden ist und auch die Vorschriften des Verbandes deutscher Elektrotechniker für blanke Schleifleitungen eine höhere Beanspruchung zulassen. Über 10 mm, alleräußerst 12 mm ∅ verlegt man jedoch zweckmäßig keine blanken Leitungen, da sonst die Gewichtsbelastung der Stromabnehmer bei lose verlegter Schleifleitung leicht zu groß würde. Sind noch größere Querschnitte erforderlich, so werden mehrere Drähte parallel gelegt.

Abb. 1094. Stromschine mit kupferumpreßten Kopf

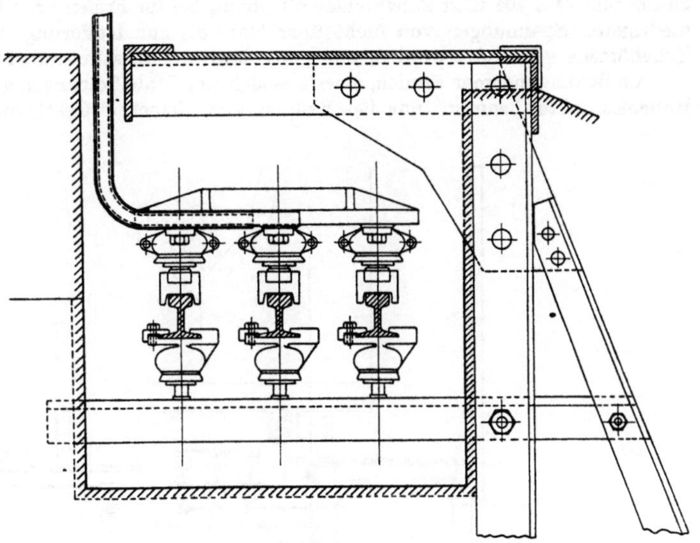
Abb. 1095. Kranschleifleitung mittels Grubenschienen und Stromabnahme durch Schleifschuhe (Ruhrort).

Die Verlegung der blanken Leitungen innerhalb der Krane erfolgt meistens in der Weise, daß dieselben an den beiderseitigen Kopfstücken mittels isolierter Spannschrauben befestigt werden. Bei Spannweiten über 12—14 m ist es zweckmäßig, in der Mitte noch eine Unterstützung der Leitungen vorzunehmen. Von der festen Verlegung der Leitungen mittels Drahtklammern sieht man bei Kranen mit nicht allzu großer Spannweite mit Rücksicht auf den größeren Raumbedarf einer solchen Befestigungsart meistens ab. Nur bei Verladebrücken, bei denen unter dem Brückenträger fast stets genügend Platz zur Unterbringung einer größeren Zahl horizontal verlegter Leitungen vorhanden ist, werden diese so verlegt. Eine solche Verlegungsart hat noch den Vorteil daß bei starkem Winde die Leitungen nicht aus ihren Unterstützungen herausgeschleudert werden, was bei loser Verlegung nicht selten eintritt.

Für alle im Freien oder in wenig sauberen Betrieben laufenden Krane sollten für die Schleifleitungen, Drahthalter, Leitungsstützen und auch für die Isolierung der Stromannehmer nur glockenartig geformte Isolatoren verwendet werden. Abb. 1091 zeigt z. B. eine brauchbare Ausführung eines solchen Isolators. Eine Ausnahme kann bei den isolierenden Endspannungsvorrichtungen gemacht werden, doch wird man hier zur Erzielung einer guten Isolation zweckmäßig noch einen Zwischenisolator nach Abb. 1092 einschalten. Einfache Hart-

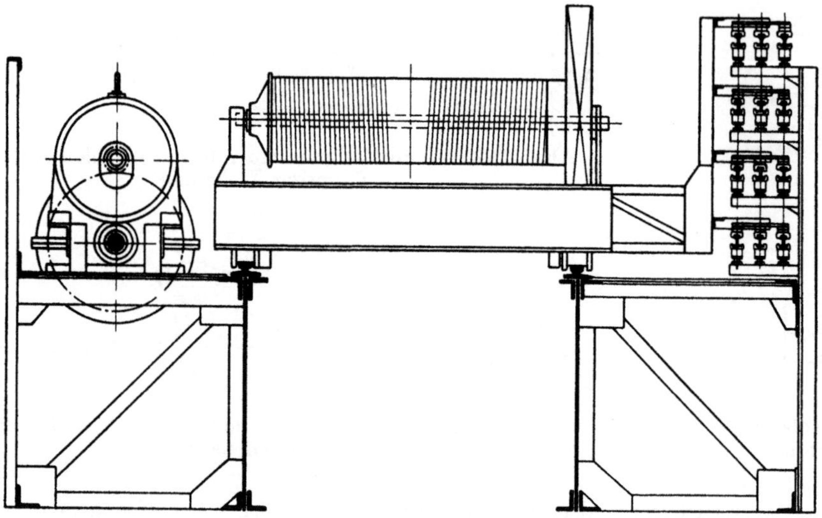

Abb. 1096. Anordnung von Schleifschienen an einer Katzenfahrbahn.

gummibüchsen, wie man ihnen leider oft genug bei im Freien arbeitenden Kranen begegnet, sollten nur bei niedrigeren Spannungen von nicht über 220 Volt zur Isolierung der blanken Schleifleitungen oder deren Zubehörteile verwendet werden, und auch dann nur in sehr sauberen Betriebsräumen.

Als Stromabnehmer werden, soweit es sich um Schleifleitungen aus Kupferdrähten handelt, fast nur noch Rollenkontakte benutzt, nur bei Kranen mit kleineren Geschwindigkeiten und Motorleistungen kommt

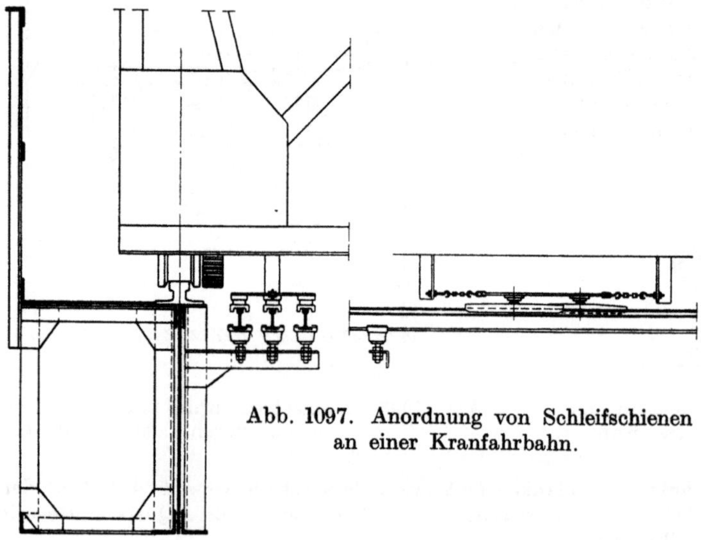

Abb. 1097. Anordnung von Schleifschienen an einer Kranfahrbahn.

weiter noch der Schleifkontakt zur Anwendung. Auf eine richtige Anordnung der Schleifleitungen zu den Stromabnehmern ist hierbei zu sehen, damit ein genügend großer aber auch ein nicht zu großer Kontaktdruck vorhanden ist. Die Nichtbeachtung dieses Punktes hat ein starkes Feuern und damit eine elektrische Zerstörung oder einen großen mechanischen Verschleiß der Schleifleitungsteile zur Folge. Bei Rollenkontakten ist weiterhin natürlich für eine gute Schmierung des Rollenzapfens zu sorgen. Dies erfolgt am besten durch eine kleine Staufferbüchse und nicht durch ein gewöhnliches Schmierloch, da letzteres sich leicht verstopft und auch sonst meist gar nicht beachtet wird. Eine Ausführungsform einer Schleifleitungsanlage mit Rollenkontakten zeigt Abb. 1093.

Die Schleifleitungen im Gebäude werden am besten an fest an der Wand befestigten Konsolen oder an der Deckenkonstruktion angebracht. Eine feste Verlegung hat den Vorzug, daß bei einem Drahtbruch der hartgezogene Kupferdraht nicht durch den ganzen Raum geschleudert wird. Für die Hauptstromabnahme kommen am besten wieder Rollenkontakte zur Verwendung. Sind mehrere Krane auf einer Bahn vorhanden, so tut man in Hinblick auf Reserve gut, der Schleifleitung einen nicht zu großen Querschnitt zu geben, sondern statt dessen für jeden Pol oder bei Drehstrom für jede Phase eine Doppelleitung mit getrenntem Hauptstromabnehmer zu verlegen. Empfehlenswert aus Sicherheitsgründen ist ferner die Zwischenschaltung eines besonderen Ausschalters für jede blanke Kranschleifleitung, und zwar in nächster Nähe derselben und für jedermann erreichbar, so daß bei Störungen irgendwelcher Art die Schleifleitung und die Krane leicht stromlos gemacht werden können.

Große Vorteile bietet in bezug auf Betriebssicherheit und langer Lebensdauer die jetzt mehr und mehr zur Anwendung kommende Stromanbahme mittels Schienen. Als Stromschienen kommem hierbei normale Grubenschienen oder Schienen mit kupferumpreßtem Kopf, der nach dem Erfinder benannten Vahle-Schiene, nach Abb. 1094, in Frage. Die Schienen werden an einem Ende fest, im übrigen lose, in der Längsrichtung verschiebbar, auf Porzellanisolatoren verlegt. Diese Beweglichkeit hat den Zweck, die durch Wärmeunterschiede bedingte Längenänderung der Schienen ungehindert zuzulassen, ohne daß Isolatorenbrüche eintreten. Bei der Querschnittsberechnung der Schienen muß beachtet werden, daß Eisen nur etwa $^1/_8$ der Leitfähigkeit des Kupfers besitzt. Reicht das größtmöglichst einzubauende Schienenprofil für die zu leitende Stromstärke nicht aus, so kann man sich durch ein, in kurzen Abständen gut leitend an die Schiene angeschelltes Kupferseil leicht helfen. Dieses parallel gelegte Kupferseil erfüllt dann bei längeren Schleifleitungen für Drehstrom zugleich den Zweck, Wirbelströme, die einen Spannungsabfall hervorrufen, zu vermeiden.

Als Stromabnehmer werden Rollenstromabnehmer oder gußeiserne Schleifschuhe, die zuweilen mit einem Bronzefutter versehen sind, verwendet. Die letzteren haben den Vorzug, daß die Schleifflächen große Abmessungen erhalten können, wodurch eine sichere Stromabnahme erreicht und der Verschleiß auf ein Mindestmaß herabgesetzt wird. Dazu kommt noch, daß bei der üblichen Anordnung, Schienen unten mit oben laufenden Schleifschuhen, der Stromanbehmer durch sein Eigengewicht einen vollkommen genügend großen Kontaktdruck gewährleistet, so daß von der Anordnung irgendwelcher Federn oder dergleichen abgesehen werden kann und die Ausführung der Schleifschuhe selbst die denkbar einfachste ist.

Das Anwendungsgebiet dieser Stromabnahme hat sich denn auch in letzter Zeit sehr vergrößert. Nachdem bereits im Jahre 1905 auf Vorschlag der Siemens-Schuckertwerke für fahrbare Krane im Ruhrorter Hafen eine nach jeder Richtung hin sehr gut bewährte 1800 m lange Hauptschleifleitung mit Grubenschienen nach Abb. 1095 ausgeführt wurde, werden jetzt von vielen Firmen für Hebezeuge fast ausschließlich diese Schleifschienen verwandt. Die Abb. 1096 und 1097 zeigen z. B., wie für die Katzfahrbahn und für die Kranfahrbahn eines Laufkranes die Schleifschienen in übersichtlicher und gut zugänglicher Weise angeordnet werden können.

Alphabetisches Verzeichnis der im Buche erwähnten Anwendungs- bzw. Fabrikationsstätten der Krane.

(Die letzteren sind mit einem * versehen.)

Gebrauchte Abkürzung	Genaue Firma
Aachen — Rothe Erde	Hüttengesellschaft der Rothen Erden, Zweigniederl. der luxemburgischen Aktiengesellschaft Société Métallurgique des Terres Rouges, Aachen — Rothe Erde
Akt.-Ges. für Hüttenbetrieb	Akt.-Ges. für Hüttenbetrieb Duisburg-Meiderich
Alais	Compagnie des Mines, Fonderies et Forges d'Alais, Tamaris
*A. E. G.	Allgemeine Elektrizitätsgesellschaft, Berlin
Amberg	Berg- und Hüttenamt Amberg (Bayern)
Amsterdam	Verwalt. d. Güterbahnhof. Amsterdam
Andernach	Magistrat der Stadt Andernach a. Rh.
*Andritz	Maschinenfabrik Andritz, A.-G., Andritz bei Graz (Österreich)
*Ardelt	Ardeltwerke G. m. b. H., Eberswalde bei Berlin
*Arrol bzw. *Appleby	Sir Wm. Arrol & Co., Ltd., Glasgow (England)
*Armstrong	Sir W. G. Armstrong, Whitworth & Co., Ltd., Newcastle o. T. (England)
*ATG	Allgemeine Transportanlagen-Gesellschaft m. b. H., Leipzig-Großzschocher
*Augsburg-Nürnberg	Maschinenfabrik Augsburg-Nürnberg A.-G., Werk Nürnberg
August Thyssen-Hütte	August Thyssen-Hütte, Gewerkschaft Hamborn
Bach	J. Bach, Holzimport, Hamburg
Bagnoli	Societa Anonima „Ilva", Bagnoli b. Neapel (Italien)
Bamag	Berlin-Anhaltische Maschinenbau-Akt.-Ges. Berlin-Dessau
Baildonhütte	Oberschlesische Eisenindustrie A.-G. Gleiwitz, Abt. Baildonhütte, Kattowitz
Baltische Schiffswerft	Baltische Schiffswerft u. Maschinenfabrik Petrograd (Rußland)
Bath Iron Works	Bath Iron Works, Bath, Me. (Ver. Staat. Amerika)
Beardmore	Wm. Beardmore & Co., Ltd., Dalmuir bei Glasgow (England)
*Bechem & Keetman	Duisburger Maschinenbau A.-G., vorm. Bechem & Keetman, Duisburg (jetzt: Deutsche Maschinenfabrik, A.-G., Duisburg)
*Beck & Henkel	Maschinenbau-A.-G. vorm. Beck und Henkel, Cassel
*Becker	E. Becker, Maschinenfabrik, Berlin-Reinickendorf
Stahlw. Becker	Stahlwerk Becker A.-G., Willich bei Krefeld
*Benrath	Benrather Maschinenfabrik A.-G., Benrath (jetzt: Deutsche Maschinenfabrik A.-G., Duisburg)
Bergische Stahlindustrie	Bergische Stahlindustrie, Gußstahlfabrik, Remscheid
*Bergmann	Bergmann-Elektrizitätswerke A.-G., Berlin N.
Bethlen-Falva-Hütte	Bismarckhütte, Abt. Falva-Hütte, Schwientochlowitz, Ost-Oberschlesien.
Bingen	Magistrat d. Stadt Bingen a. Rh.
Bismarckhütte	Bismarckhütte, Bismarckhütte O./S.
Blaenavon	Blaenavon Steel Co., Blaenavon (England)
*Bleichert	Adolf Bleichert & Co., Leipzig-Gohlis
Blohm & Voß	Blohm & Voß, Kom.-Ges., Hamburg
*Böhmer	Gebr. Böhmer, A.-G., Magdeburg
Bolckow-Vaughan	Bolckow, Vaughan & Co., Ltd., Middlesbrough (England).
*Bolzani	Gebr. Bolzani, Berlin-N.
Borsigwerk	Borsigwerk, Aktiengesellschaft, Borsigwerk O./S.
Borsig	A. Borsig, G. m. b. H., Berlin
Braubacher Hütte	Blei- und Silberhütte in Braubach
*Breitfeld, Daněk & Co.	Maschinenbau A.-G. vorm. Breitfeld, Daněk & Co., Prag (Tschechoslowakei)
Bremen (Hafen) bzw. (Hüttenwerk)	Bremer Lagerhaus-Gesellschaft, Bremen s. Norddeutsche Hütte
Bremerhaven (Dock) bzw. (Werft)	Kaiserdock, Bremerhaven s. Seebeck
Bremerhütte	Storch & Schöneberg, A.-G., Kirchen a. d. Sieg, Abt. Bremerhütte, Geisweid, (Kreis Siegen.)
Brennabor-Werke	Gebr. Reichstein, Brennabor-Werke, Brandenburg (Havel)
*Breslauer Maschinenbauanstalt	Breslauer A.-G. für Eisenbahnwagenbau u. Maschinenbauanstalt, Breslau
Briton Ferry	Briton Ferry Steel Co., Briton Ferry, South Wales (England)
Bromberg	Städt. Gaswerk, Bromberg
*Bromowski, Schulz & Sohr	Prager Maschinenbau-Akt.-Ges. (vormals Ruston, Bromovsky u. Ringhoffer), Prag u. Adamsthal (Tschechoslowakei)
Brown	John Brown & Co., Ltd., Clydebank (England)
*Brown	Brown & Wilson (England)
*Brown-Boveri	A.-G. Brown, Boveri & Cie., Baden (Schweiz)
*Brownhoist	The Brown Hoisting Machinery Co., Cleveland, Ohio (Ver. Staat. Nordamerika)
Bubendorf	Bubendorfer Kohlenwerke G. m. b. H., Frohburg i. Sa.
Buderus	Buderus'sche Eisenwerke, Abteilung Sophienhütte, Wetzlar
Buenos-Aires	Hafenverwaltung, Buenos-Aires (Argentinien)
Burbach	Verein. Hüttenwerke Burbach—Eich—Düdelingen, A.-G., Abt. Burbacher Hütte, Saarbrücken
Capito & Klein	Capito & Klein, A.-G., Feinblechwalzwerk, Benrath
Carlshütte	vorm. Röchling'sche Eisen- u. Stahlwerke, A.-G., Abt. Carlshütte, Diedenhofen (Lothr.)
*Carlshütte	Carlshütte A.-G., Waldenburg-Altwasser
Charlottenhütte	A.-G. Charlottenhütte, Niederschelden (Kreis Siegen)
Cöln (Hafen)	Städt. Hafenverwaltung, Cöln a. Rh.
Concordiahütte	Rombacher Hüttenwerke, Abt. Concordiahütte, Bendorf a. Rh.
Werft Conrad	Werf Conrad-Haarlem (Holland)
Cosel-Oderhafen	Eisenbahn-Betriebsamt 2, Gleiwitz
*Cowans-Sheldon	Cowans, Sheldon & Co., Limited, Carlisle (England)
Crenzthalerhütte	A.-G., Charlottenhütte, Niederschelden, Kr. Siegen, Abt. Köln-Müsen, Creuzthal b. Siegen

Gebrauchte Abkürzung	Genaue Firma
*Cuttler-Hammer	The Cuttler-Hammer Mfg. Co., Milwaukee, Wisc. (Ver. Staat. Nordamerika)
Danziger Werft	The international Shipbuilding and Engineering Co., Ltd., Danzig
*Delattre	Ed. Delattre & Cie., Ferrière-la-Grande (Frankreich)
Decazeville	Soc. An. de Commentry-Fourchambault et Decazeville (Frankreich)
Deutscher Kaiser	jetzt August Thyssen-Hütte (s. d.)
*Demag	Deutsche Maschinenfabrik, A.-G., Duisburg
Deutsches Museum	Deutsches Museum für Meisterwerke der Naturwissenschaft und Technik, München
Deutsche Werft	Deutsche Werft, Hamburg
Deutsche Werke	DeutscheWerke Akt.-Ges. Werk Rüstringen Werft Kiel
Differdingen	vorm. Deutsch-Luxemburgische Bergwerks u. Hütten-A.-G., Abt. Differdingen (Luxemburg)
Diedenhofen	vorm. Röchlingsche Eisen- u. Stahlwerke A.-G., Abt. Carlshütte, Diedenhofen (Lothr.)
*„Deutschland"	Maschinenfabrik „Deutschland", Dortmund
Dillingen	A.-G. der Dillinger Hüttenwerke, Dillingen-Saar
*Dinglinger	Rud. Dinglinger, Maschinenfabrik, Köthen (Anhalt)
Döhlen	Sächsische Gußstahl-Werke, Akt. - Ges., Dresden, Abteilung Gußstahlfabrik Döhlen, Döhlen b. Dresden
Donnersmarckhütte	Donnersmarckhütte, Oberschles. Eisen- u. Kohlenwerke A.-G., Hindenburg, Oberschl.
Dortmund (Hafen)	Städt. Hafenverwaltung, Dortmund-Hafen
Dortmunder Union	Deutsch-Luxemburg. Bergwerks- u. Hütten-A.-G., Abt. Dortmunder Union, Dortmund
Doxford	Wm. Doxford & Sons, Sunderland (England)
Droogdock-Maatschappij	HollandscheDroogdockMaatschappijRotterdam (Holland)
Düdelingen	Eisenhütten A.-G. Düdelingen, Düdelingen (Luxemburg)
Düsseldorf (Hafen)	Städt. Hafenamt Düsseldorf
Düsseldorfer Röhrenwalzwerk	Düsseldorfer Röhren- und Eisenwalzwerke (vorm. Poensgen), Düsseldorf-Oberbilk
Duisburg (Hafen)	Verwaltung der Duisburg-Ruhrorter Häfen, Duisburg-Ruhrort
Eastern Shipbuilding Co.	Eastern Shipbuilding Co., New London, Conn. (Amerika)
Ebbw Vale Co.	Ebbw Vale Steel, Iron & Coal Co., Ltd., Ebbw. Vale, Monmouthshire, South Wales (England)
Eckamp	Rheinische Spiegelglasfabrik, Eckamp
Eicken	Stahlwerke Eicken & Co., Hagen i. W.
Eiderwerft	Eiderwerft, Tönning (jetzt Werftbetriebsges. m. b. H.)
*Eintrachthütte	vorm. Eintrachthütte, Maschinenbauanstalt der Vereinigten Königs- und Laurahütte, Eintrachthütte, Kr. Beuthen O./S.
*Eisenach	Magnetwerk, G. m. b. H., Eisenach
Eisenerz	Österreichische Alpine-Montangesellschaft, Eisenerz (Österreich)
*Electric Controller Co.	The Electric Controller & Supply Co., Cleveland, Ohio (Ver. Staaten Nordamerika)
Elisabethhütte	Elisabethhütte J. Krüger, Brandenburg a. d. Havel
*Elswick Works	Sir. Wm. G. Armstrong, Whithworth & Co., Ltd., Elswick Works, Newcastle o. T. (England)
Emden (Brikettfabrik) bzw. Hüttenwerk bzw. (Hafen)	Rheinisch-Westfälisches Kohlensyndikat Essen, Brikettfabrik Emden s. Hohenzollernhütte Preuß. Wasserbauamt Emden
Engers	Fried. Krupp, Akt.-Ges., Mülhofenerhütte, Mülhofen b. Engers a. Rh.
Esch	vorm. Gelsenkirchener Bergwerks-A.-G., Abt. Aachener Hüttenverein, Esch a. Alz.
*Eßlingen	Maschinenfabrik Eßlingen, Eßlingen
*Essmann	Ottensener Waagenfabrik Albert Essmann & Co., Altona-Ottensen
Etablissements Cail	Société Française de Constructions Mécaniques, Denain (Frankreich)
Fairfield Co.	The Fairfield Shipbuilding & Engineering Co., Ltd., Glasgow
Falvahütte	Bismarckhütte, Abt. Falvahütte, Schwientochlowitz, Ost-Oberschlesien
Fentscher Hütte	Lothringer Hüttenverein Aumetz-Friede, Kneuttingen, Abt. Fentscherhütte
*Figee	HaarlemscheMaschinefabriek voorheen Gebr. Figee, Haarlem (Holland)
*Findeisen	C. Herm. Findeisen, Chemnitz i. Sa.
Flensburger Schiffsbauges.	Flensburger Schiffsbaugesellschaft, Flensburg
Flender	Brückenbau Flender Akt.-Ges., Schiffs- u. Dockbauwerft, Lübeck-Siems
*Flohr	Carl Flohr A.-G., Berlin und Wittenau
Fore River Co.	Fore River Shipbuilding Co., Quinçy, Mass. (Ver. Staat. Nordamerika)
Frankfurt (Hafen)	Direktion des städt. Hafen-, Brücken- u. Kanalbaues, Frankfurt a. M.
*Fredenhagen	W. Fredenhagen, Offenbach a. M.
Frerichs	J. Frerichs & Co., A.-G., Einswarden (Oldenburg)
Friedenshütte	Oberschlesische Eisenbahn-Bedarfs-A.-G., Abt. Friedenshütte bei Morgenroth, Ost-Oberschlesien
Friedrich-Alfredhütte	Fried. Krupp, A.-G., Friedrich-Alfredhütte, Rheinhausen-Friemersheim
Friedrich-Wilhelmshütte	Deutsch-Luxemburgische Bergwerks- u. Hütten-A.-G., Abt. Friedrich-Wilhelmshütte, Mülheim a. d. Ruhr
*Fühles & Schulze	Fühles & Schulze, Maschinenfabrik, München
*Gauhe-Gockel	Gauhe, Gockel & Cie., G. m. b. H., Oberlahnstein a. Rh.
Geisweid	Geisweider Eisenwerke, A.-G., Geisweid b. Siegen
Gelsenkirchen	Gelsenkirchener Bergwerks-A.-G., Abt. Schalke, Gelsenkirchen — Hochöfen
Georgsmarienhütte	Klöckner-Werke A.-G., Abt. Georgs-Marien-Werke, Georgsmarienhütte bei Osnabrück
Germaniawerft	Fried. Krupp, A.-G., Germaniawerft, Kiel-Gaarden
*Gießerei Bern	Gesellschaft der L. von Roll'schen Eisenwerke, Filiale Gießerei Bern (Schweiz)
Grasbrook	Gaswerk Hamburg-Grasbrook
Grillo-Funke	Gewerkschaft Grillo, Funke & Co., Gelsenkirchen-Schalke
Gröditz	A.-G. Lauchhammer, Abt. Gröditz i. Sa.
*Grusonwerk	Fried. Krupp, A.-G., Abt. Grusonwerk, Magdeburg-Buckau
*Guilleaumewerk	Guilleaumewerke, A.-G., Neustadt a. d. H. (bestehen nicht mehr!)
Gustavsburg	Maschinenfabrik Augsburg-Nürnberg A.-G., Abt. Gustavsburg
Gutehoffnungshütte	Gutehoffnungshütte, Aktienverein f. Bergbau u. Hüttenbetrieb, Oberhausen (Rhld.)
Haarlem (Gaswerk) bzw. (Werft)	Gaswerk d. Stadt Haarlem (Holland) Werf Conrad, Haarlem (Holland)
Hagendingen	vorm. Stahlwerk Thyßen, Hagendingen
Halbergerhütte	Halbergerhütte, G. m. b. H., Brebach-Saar
Hamburg (Hafen)	Kaiverwaltung Hamburg
*Hansa-Lloyd	Hansa-Lloyd Werke, Akt.-Ges., Bremen
Hanyangwerke	Hanyang Iron and Steel Works, Hanyang-Hankow (China)
Harkort	Schöntaler Stahl- u. Eisenwerke, Peter Harkort & Sohn, G. m. b. H., Wetter a. d. Ruhr
*Harkort,	Akt.-Ges. f. Eisenindustrie u. Brückenbau, vorm. Joh. Casp. Harkort, Duisburg
Harland & Wolff	Harland & Wolff, Ltd., Belfast (Irland)
*Hartmann	Sächs. Maschinenfabrik vorm. Rich. Hartmann, Chemnitz
Haspe	Klöckner-Werke A.-G., Abt. Hasper Eisen- u. Stahlwerke, Haspe i.W
Hattingen	s. Henrichshütte.
Hayingen	Les Petits Fils de F. de Wendel & Co., Hayingen (Lothringen)

Gebrauchte Abkürzung	Genaue Firma
*Hawthorn	R. & W. Hawthorn, Leslie & Co., Newcastle o. T. (England)
Hebburn-Werft	R. & W. Hawthorn, Leslie and Co., Hebburn-Newcastle o. T. (England)
*Heckel	Gesellschaft für Förderanlagen Ernst Heckel, m. b. H., Saarbrücken u. Achern (Baden)
*Hein, Lehmann	Hein, Lehmann & Co., A.-G., Düsseldorf
*Henderson	J. M. Henderson & Co., Aberdeen (England)
Henrichshütte	Henschel & Sohn, G. m. b. H. Abt. Henrichshütte, Hattingen a. d. Ruhr
*Henschel	Henschel & Sohn, G. m. b. H., Cassel
Hermannshütte	Friedr. Krupp, A.-G., Hermannshütte bei Neuwied a. Rh.
Hilgers	A.-G. f. Verzinkerei u. Eisenkonstr. vorm. Jakob Hilgers, Rheinbrohl
Hirschfelde	Direktion der Staatl. Elektrizitätswerke, Dresden-N.
Hoerde	s. Phönix
Hoesch	Eisen- u. Stahlwerk Hoesch, A.-G., Dortmund
Hohenzollernhütte	Hohenzollernhütte, Akt.-Ges., Emden
„Hohenzollern“	Maschinenfabrik Hohenzollern, Düsseldorf
*Hoppe	vorm. C. Hoppe, Berlin (jetzt F. Gebauer, Maschinenfabrik, Berlin)
Howaldtswerke	Howaldtswerke, Kiel
Hubertushütte	Hubertushütte Hohenlinde, O.-S.
Huldschinsky	Oberschlesische Eisenbahn-Bedarfs-A.-G., Abt. Huldschinskywerke, Gleiwitz
*Humboldt	Maschinenbauanstalt Humboldt, Köln-Kalk
Hüsten	Hüstener Gewerschaft, Hüsten i. W.
*Jaeger	Duisburger Maschinenfabrik J. Jäger, Duisburg
Jaeger	G. u. J. Jaeger, G. m. b. H., Elberfeld
Ilseder Hütte	Ilseder Hütte, Groß-Ilsede (Hannover)
*Ilsenburg	Fürst Stolberg-Hütte, Ilsenburg a. Harz
St. Ingbert	vorm. Rümelinger u. St. Ingberter Hochöfen und Stahlwerke, A.-G., St. Ingbert (jetzt: Soc. des Hauts Fourneaux et Aciéries de Differdange — Saint Ingbert — Rumelange, St. Ingbert)
Julienhütte	Oberschlesische Eisenindustrie, A.-G., Abt. Julienhütte, Bobrek, O.-S.
Kabelwerk Oberspree	Kabelwerk Oberspree d. A. E. G., Oberschöneweide b. Berlin
Kamenskoje	Société Métallurgique Dnieprovienne Midi de la Russie in Kamenskoje (Rußland)
*Kampnagel	Eisenwerk (vorm. Nagel & Kaemp) A.-G. Hamburg
Kawasaki	Kawasaki Dockyard Co., Kobe (Japan)
Kaiserl. Werften	vorm. Kaiserliche Werft { Danzig, Kiel, Wilhelmshaven
Keyling & Thomas	Eisengießerei-A.-G. Keyling & Thomas, Berlin
Kiautschou	vorm. Kaiserl. Reichsmarineamt, Berlin
Kiel (Werften) bzw.	s. u. Germaniawerft, Howaldtswerke u. Deutsche Werke
Torpedoinspektion) bzw.	Inspektion des Torpedowesens, Kiel
Kanalbauamt	vorm. Kaiserl. Kanalamt, Kiel
Kiiruna	s. Narvik
Kladno	Eisenwerk Kladno der Prager Eisen-Industrie-Gesellschaft, Kladno (Tschechoslowakei)
Klawitter	J. Klawitter, Danzig
Kneutingen	Lothringer Hüttenverein Aumetz-Friede, Kneuttingen (Lothringen)
Köln	Städt. Hafendirektion Köln
Koninklijke Maatschappy	Koninklijke Maatschappy de Schelde, Vlissingen (Holland)
Königshütte	Vereinigte Königs- u. Laurahütte, A.-G., Eisenwerk Königshütte
*Körting	Gebr. Körting, A.-G., Hannover-Körtingsdorf
Kraft	Hochofenwerk Lübeck A.-G., Zweigniederlassung Hütte Kraft, Stolzenhagen-Kratzwieck
Kramatorskaja	Hüttenwerke Kramatorskaja, A.-G., Kramatorskaja, Gouv. Charkow (Rußland
Křižik	Böhmisch-Mährische Elektrotechnische Werke Fr. Křižik, A.-G., Prag-Karolinenthal
Krupp	Fried. Krupp, A.-G.: Gußstahlfabrik Essen-Ruhr; Friedrich-Alfred-Hütte, Rheinhausen-Friemersheim; Hermanshütte, Neuwied; Mülhofenerhütte, Engers; Germaniawerft, Kiel-Gaarden; Grusonwerk, Magdeburg-Buckau
Küppersbusch	F. Küppersbusch Söhne, A.-G., Gelsenkirchen-Schalke
Kure	Kais. Japanische Werft, Kure (Jap.)
*Lauchhammer	Linke-Hofmann-Lauchhammer A.-G., Riesa bzw. Lauchhammer-Rheimetall A.-G., Berlin
*Laudi	Carl Laudi, Maschinenfabrik, Einbeck (Hannover)
*Liebe-Harkort	Schenck & Liebe-Harkort, A.-G., Düsseldorf-Oberkassel
Lipine	Schles. Akt.-Ges. f. Bergbau u. Zinkhüttenbetrieb, Lipine
Liverpool (Hafen)	Mersey Docks and Harbour Board, Liverpool
London (Hafen)	Port of London Authority, London, E. C.
Longwy	Aciéries de Longwy, Longwy-Bas (Frankreich)
*Losenhausen	Düsseldorfer Maschinenbau-A.-G., vorm. J. Losenhausen, Düsseldorf
Lourenco Marques	Hafenverwaltung Lourenco Marques (Südafrika)
Louvroil	Soc. An. des Usines de l'Espérance, Louvroil (Frankreich)
*Luther	Mühlenbau- und Maschinenfabrik G. Luther, Braunschweig
Lübeck (Maschinenbau) bzw.	Lübecker Maschinenbau-Gesellschaft Lübeck
(Hochofenwerk)	Hochofenwerk Lübeck A.-G., Herrenwyk
M. A. N.	Maschinenfabrik Augsburg-Nürnberg A.-G., Nürnberg
Magdeburg (Hafen)	Städtisches Maschinen-Betriebsamt, Magdeburg
* Mahag	Maschinenfabrik Hartmann A.-G., Offenbach a. M.
Mannesmann	Aciéries et Usines à Tubes de la Sarre, Saarbrücken-Burbach
Mannheimer Dampfschiff-fahrtsges.	Mannheimer Dampfschleppschiffahrts-Gesellschaft, Mannheim
St. Marco	Stabilimento Tecnico, Triest (Italien)
Mariendorf (Gaswerk)	Continental Imperial Gas-Associat., Mariendorf-Berlin
Stahlwerk Mark	Eisen- u. Stahlwerk „Mark“, Wengern a. d. Ruhr
*Märkische Maschinenbauanstalt	Märkische Maschinenbauanstalt, Wetter a. d. Ruhr (jetzt: Deutsche Maschinenfabrik, A.-G., Duisburg)
Marthahütte	Kattowitzer A.-G. für Bergbau- und Eisenhüttenbetrieb, Marthahütte, Kattowitz
Maximilianshütte	Eisenwerk-Ges. Maximilianshütte, Rosenberg (Oberpfalz)
Maxhütte	Eisenwerk-Gesellschaft Maximilianshütte, Hüttenverwaltung in Maxhütte b. Haidhof (Oberpfalz)
Meiderich	Rheinische Stahlwerke, Duisburg-Meiderich
Meiderich (Werft)	Meidericher Schiffswerft vorm. Thomas & Co. G. m. b. H., Duisburg-Meiderich
Meier & Weichelt	Meier & Weichelt, Eisen- u. Stahlwerke, Leipzig-Lindenau
Menck & Hambrock	Menck & Hambrock, G. m. b. H., Altona-Hamburg
Mersey Docks	Mersey Docks & Harbour Board, Liverpool (England)
Meyer-Papenburg	Jos. L. Meyer, Papenburg a. d. Ems
Mitsu Bishi	Mitsu Bishi Dockyard, Nagasaki (Japan)
*Mohr & Federhaff	Mannheimer Maschinenfabrik Mohr & Federhaff, Mannheim
Monfalcone	Cantiere navale triestino Monfalcone, Triest (Italien)
Mülhofenerhütte	Fried. Krupp, A.-G., Mülhofenerhütte bei Engers

Gebrauchte Abkürzung	Genaue Firma
Müller	Maschinenfabrik Gottwalt Müller, Berlin-Karlshorst
München (Elektrizitätswerk)	München, Elektrizitätswerk
München (Museum)	s. Deutsches Museum
*Muth-Schmidt	Muth-Schmidt, Maschinenfabrik, G.m.b.H., Lichtenberg bei Berlin (Firma besteht als solche nicht mehr, s. Heckel)
Nagasaki	Mitsu Bishi Dockyard, Nagasaki (Japan)
*Nagel & Kaemp	Eisenwerk (vorm. Nagel & Kaemp), A.-G., Hamburg
Narvik	Luossavaara-Kiirunavaara Aktiebolag, Oslo (Norwegen)
Nazaire	Chantiers de la Loire à St. Nazaire (Frankreich)
*Neubauer	Louis Neubauer, Maschinenfabrik, Chemnitz
Neugebauer	R. Neugebauer, Hamburg
Neuß	Städt. Hafenverwaltung Neuß a. Rh.
Newcastle o. T.	s. Swan-Hunter bzw. Hawthorn
Newport-News	Newport News Shipbuilding & Dry-Dock Co., in Newport-News, Virgin. (Ver. Staat. Nordamerika)
New-York (Staatswerft)	New-York Shipbuilding Co., Camden N. J. (Ver. Staat. Nordamerika)
Nickelwerke	Deutsche Nickelwerke, Schwerte
Niederrheinische Hütte	Rheinische Bergbau- u. Hütten-A.-G., Niederrheinische Hütte, Duisburg-Hochfeld (Abteil. des Eisenwerk Kraft)
*Niemag	Niederrheinische Maschinenfabrik G. m. b. H., Duisburg-Meiderich
*Niles-Werke	Deutsche Niles-Werke, Berlin-Weißensee
Norddeutsche Hütte	Norddeutsche Hütte, A.-G., Oslebshausen b. Bremen
Nordenham	Midgard, Deutsche Seeverkehrs-A.-G., Nordenham
Nordseewerke	Nordseewerke, Abt. d. Deutsch-Luxemburg. Bergwerks- u. Hütten-A.-G., Emden
North Eastern Co.	North Eastern Marine Engineering Co., Wallsend (England)
Nürnberger Marmorwerke	Marmorwerke Nürnberg, Joh. Funk, Nürnberg
Oberbilker Stahlwerk	Oberbilker Stahlwerk, Düsseldorf-Oberbilk
Oberhausen	Gutehoffnungshütte, Oberhausen, Rheinland
Oberspree (Kabelwerk)	Kabelwerk Oberspree, Oberschöneweide b. Berlin
Oderwerke	Stettiner Oderwerke, Akt.-Ges. f. Schiff- u. Maschinenbau, Stettin
Oeking	Stahlwerk Oeking, A.-G., Düsseldorf
*Oerlikon	Maschinenfabrik Oerlikon, Oerlikon bei Zürich (Schweiz)
Österreichischer Lloyd	vorm. Österr. Lloyd, Triest (Italien)
Oettingen	vorm. Rümelinger u. St. Ingberter Hochöfen u. Stahlwerke, A.-G., Abteil. Öttingen
*Orenstein & Koppel	Orenstein & Koppel A.-G., Berlin SW 61
Palmers	Palmers Shipbuilding & Iron Co., Ltd., Jarrow o. T. (England)
Papenburg	Jos. L. Meyer, Papenburg a.d. Ems
Peine	Ilseder Hütte, Abt. Walzwerk, Peine
Petersburg	vorm. Baltische Schiffswerft u. Maschinenfabrik der Kais. russischen Marine, St. Petersburg (Rußland)
*Petravič	Maschinenfabrik J. v. Petravič & Co., Wien-Hernals (Österreich)
*Piechatzek	F. Piechatzek, Berlin-N.
Pittsburg & Conneaut Co.	Pittsburg & Conneaut Co., Ashtabula, Ohio (Ver. Staat. Amerika)
Plessa	Plessaer Braunkohlengruben, Plessa, Kr. Liebenwerda
Phönix	„Phoenix" Akt.-Ges. f. Bergbau- u. Hüttenbetrieb, Abt. Berge-Borbeck Dortmunder Hochofenwerke, Dortmund Hörder Verein, Hörde i. W. Ruhrort-Laar
*Pohlig	J. Pohlig, A.-G., Köln
Pola	Seearsenal Pola (Italien)
Poldihütte	Poldihütte, Tiegelgußstahlfabrik, A.-G., Kladno (Tschechoslowakei)
*Prager Maschinenbau-A.-G.	Prager Maschinenbau-A.-G. (vorm. Ruston, Bromowski & Ringhoffer), Prag (Tschechoslowakei)
Putzler	Gebr. Putzler, G.m.b.H., Glashüttenwerke, Penzig i. Schles.
*Ransomes	Ransomes, Sims & Jefferies. Ltd., Ipswich (England)
Rasselstein	Rasselsteiner Eisenwerks-Gesellschaft. A.-G., Rasselstein b. Neuwied a. Rh.
Ravené	Deutsche Eisenhandel-A.-G., Abt. Ravené, Berlin
Reiherstieg	Reiherstieg Schiffswerfte u. Maschinenfabrik, Hamburg
Reisholz	Rheinisch-Westfälisches Elektrizitätswerk, A.-G., Essen-Ruhr
Rheinau	Hafen Rheinau b. Mannheim
*Rheiner Maschinenfabrik	Rheiner Maschinenfabrik Windhoff & Co., G. m. b. H., Rheine i. W.
Rheinhausen	s. Friedrich-Alfred-Hütte
Rheinische Stahlwerke	Rheinische Stahlwerke Duisburg-Meiderich
*Rheinmetall	Lauchhammer-Rheinmetall A.-G., Berlin
Riesa (Stahlwerk)	Linke-Hofmann-Lauchhammer A.-G., Abt. Riesa
Riga	Verwaltung des Hafens der Stadt Riga
Riva Trigosa	Dockvereinigung, Riva Trigoso (Ital.)
Rodingen	Société Anonyme d'Ougrée Marihaye Abt. Rodingen (Luxemburg)
Röchling	Röchling'sche Eisen- und Stahlwerke Akt.-Ges., Völklingen a. d. Saar
Rolandshütte	Hochofenwerk Lübeck, A.-G., Abt. Rolandshütte, Weidenau a. d. Sieg
*Rollsche Eisenwerke	Gesellschaft der L. von Rollschen Eisenwerke, Gießerei Bern (Schweiz)
Rombach	vorm. Rombacher Hüttenwerke, Rombach
Rothe Erde	Hüttengesellschaft der Rothen Erden, Zweigniederlassung der luxemburg. Akt.-Ges. Société Métallurgique des Terres Rouges, Aachen-Rothe Erde
Rothehütte	Staatl. Hüttenamt Rothehütte, Rothehütte a. Harz
Rotterdam (Hafen)	Gemeentewerken von Rotterdam (Holland)
Ruhrort (Hafen) bzw. (Hüttenwerk)	Verwaltung der Duisburg-Ruhrorter Häfen, Ruhrort bzw. A.-G. Phönix, Abt. Ruhrort
*Ruston	Ruston, Proctor & Co, Ltd., Lincoln (England)
Sachsenberg	Gebr. Sachsenberg, A.-G., Cöln-Deutz
Sachsenwerk	Sachsenwerk, Licht- u. Kraft-A.-G., Niedersedlitz b. Dresden
*Sandviken	Sandviken Transportband-Ges. m. b. H., Berlin-Charlottenburg
Sanimoor	Torfwerk Sanimoor A.-G., Seeshaupt (Oberbayern)
San Marco San Rocco	Stabilimento Tecnico Triestino, Triest (Italien)
Savona	Societa Siderurgica di Savona, Savona (Italien)
*Scheele	Heinrich Scheele, Kraftfahrzeug-Fabrik, Köln-Lindenthal
*Schenck	Carl Schenck, G.m.b.H., Darmstadt
*Schenck & Liebe-Harkort	Schenck u. Liebe-Harkort, Akt.-Ges. Düsseldorf-Oberkassel
Schichau	F. Schichau, Elbing und Danzig
*Schiemann	Max Schiemann & Co., Lokomotiv- u. Fahrzeugbau, Wurzen i. S.
*Scholten	Gebr. Scholten, Maschinenfabrik, Duisburg
*Schoof & Weigel	Schoof & Weigel, Maschinenfabrik, Erfurt
Louis Schulz	Louis Schulz, G. m. b. H., Stralau bei Berlin
Seebeck	G. Seebeck, A.-G., Schiffswerft, Maschinenfabrik u. Trockendocks, Geestemünde-Bremerhaven

Gebrauchte Abkürzung	Genaue Firma
Semet Solvay-Werke	Semet Solvay Co., Milwaukee (Ver. Staat. Nordamerika)
*Senßenbrenner	C. Senßenbrenner, G. m. b. H., Düsseldorf-Oberkassel
Sharon	Carnegie Steel Co,. Sharon Ver. Staat. Nordamerika)
*S. S. W.	Siemens-Schuckertwerke, G.m.b. H., Berlin
*Simmering	Maschinen- u. Waggonbau-Fabriks-Aktien-Gesellschaft in Simmering, vormals H. D. Schmid, Wien XI
*Skodawerke	Skodawerke, A.-G., Pilsen (Tschechoslowakei)
*Smulders	Werf Gusto, Fa. A. F. Smulders, Schiedam (Holland)
Stabilimento	Stabilimento Tecnico Triest, (Italien)
*Stahl	R. Stahl A.-G., Stuttgart
*Steffens & Nölle	jetzt „Eisenhandel Gutehoffnungshütte G. m. b. H. Werksabt. vorm. Steffens & Nölle, Essen"
Stettin (Hafen) bzw. (Werften)	Stettiner Hafen - Betriebs - Gesellschaft, Stettin, bzw. Vulcan-Werke, Hamburg u. Stettin, A.-G., Stettiner Oderwerke, Stettin
Stinnes	Hugo Stinnes, G. m. b. H., Mannheim
*Stothert & Pitt	Stothert & Pitt, Ltd., Bath (Engl.) (Verbunden mit der Wellman-Seaver Co., London)
Stralau	Stralauer Glashütte A.-G., Berlin-Stralau
Strebelwerk	Strebelwerk Mannheim
*Stuckenholz	Märkische Maschinenbauanstalt Ludwig Stuckenholz, A.-G., Wetter a. d. R. (jetzt Deutsche Maschinenfabrik, A.-G., Duisburg)
Stumm	Neunkircher Eisenwerk Akt.-Ges., vormals Gebrüder Stumm, Neunkirchen-Saar
Stülcken	H. C. Stülcken Sohn, Hamburg
Stuttgart	Städt. Gaswerk, Stuttgart
Sulzer	Gebr. Sulzer, Winterthur (Schweiz)
Swakopmund	Hafenverwaltung Swakopmund (Südwestafrika)
Swan-Hunter	Swan, Hunter & Wigham Richardson Ltd., Wallsend o. T. (England)
Tecklenborg	Joh. C. Tecklenborg, A.-G., Geestemünde
Thyssen (Maschinenfabrik bzw. Stahlwerk)	Maschinenfabrik Thyssen & Co., A.-G., Mülheim (Ruhr) bzw. Thyssen & Co., Eisen-, Stahl- und Röhrenwerke, Mülheim (Ruhr)
*Tigler	Maschinenbau-A.-G. Tigler, Duisburg-Meiderich
*Titan	Le Titan Anversois, Société Anonyme, Hoboken-lez-Anvers (Belgien)
Trafford Park Steel Works	Trafford Park Steel Works, Manchester (England)
Tranmere Bay Co.	Tranmere Bay Development Co., Birkenhead-Liverpool (England)
Trefz	vorm. Jacob Trefz & Söhne, Mannheim (jetzt Hugo Stinnes, G. m. b. H., Mannheim)
Trier	Städt. Hochbauamt Trier
Triest	Stabilimento Tecnico Triestino, Triest (Italien)
Trzynietz	Eisenwerk Trzynietz, Trzynietz (Tschechoslowakei)
Ückingen	vorm. Neunkircher Eisenwerk, vorm. Gebrüder Stumm. Abt. Eisenhütte, Ückingen
Union s. Dortmunder Union	
Vickers	Vickers, Sons & Maxim, Ltd., Barrow in Furneß (England)
Vireau-Molhain	Soc. An. de Forges de Vireau-Molhain (Frankreich)
Vlissingen	Koninklijke Maatschappy „de Schelde"
Völklingen	s. Röchling
Voith	Maschinenfabrik J. M. Voith, Heidenheim a. d. Brenz
*Voß & Wolter	Voß & Wolter, Berlin-N.
*Vulkan	A.-G. „Vulkan", Köln-Ehrenfeld
Vulkan-Werke	Vulcan-Werke, Hamburg u. Stettin, Akt.-Ges.
Vulkan (Bremer)	Bremer Vulcan, Vegesack b. Bremen
*Wagner	Ernst Wagner, Apparatebau, Reutlingen
Wallsend	s. Swan-Hunter
Walsum	s. Gutehoffnungshütte
*Wellman-Seaver	vorm. Deutsche Wellman-Seaver-Gesellschaft m. b. H., Düsseldorf (in Verb. mit A.-G. Lauchhammer in Lauchhammer)
de Wendel	Les Petits Fils de F. de Wendel & Co., Hayingen
Weser A.-G.	A.-G. „Weser", Bremen
Westfälische Stahlwerke	Rombacher Hüttenwerke, Hannover, Abt. Westfälische Stahlwerke, Bochum
*Weyermann	Paul Weyermann, vorm. Karl Oehlmann, Berlin-Neukölln
Wien	Süddeutsche Donau-Dampfschiffahrts-Gesellschaft, Wien (Österreich)
*Wiener Lokomotiv-Fabr.	Wiener Lokomotiv-Fabriks-A.-G., Wien-Floridsdorf (Österreich)
Wilhelmshaven (Werft)	Marinewerft Wilhelmshaven Deutsche Werke Akt.-Ges. Werk Rüstringen
*Wilhelmshütte	Wilhelmshütte, A.-G. f. Maschinenbau u. Eisengießerei, Altwasser i. Schl.,
Witkowitz	Witkowitzer Bergbau- u. Eisenhütten-Gewerkschaft, Witkowitz (Tschechoslowakei)
Wittenau	s. Flohr
Wittener Stahlröhrenwerk	Wittener Stahlröhrenwerke, Witten a. d. Ruhr
*Wolf	R. Wolf, A.-G., Magdeburg-Buckau
Wolff	Gebr. Wolff, Dortmund (Hafen)
Wollheim	Cäsar Wollheim, Cosel bei Breslau
Worms (Hafen)	Städt. Hafendirektion Worms
Yarrow	Yarrow & Co., Ltd., Scotstoun bei Glasgow (England)
Yawatamachi	Kaiserl. Japanische Stahlwerke, Yawatamachi (Japan)
Ymuiden	Koninklijke Nederlandsche Hoogovens en Staalfabrieken, Ymuiden (Holland)
Yokosuka	Kaiserl. Japanische Werft, Yokosuka (Japan)
Zellstoffabrik Waldhof	Zellstoffabrik Waldhof b. Mannheim
Ziegeltransportgesellschaft	Ziegeltransport-A.-G., Berlin
*Zobel-Neubert	Zobel, Neubert & Co., Schmalkalden i. Thür.
v. d. Zypen	Vereinigte Stahlwerke v. d. Zypen und Wissener Eisenhütten-A.-G., Köln-Deutz
v. d. Zypen & Charlier	Waggonfabrik van der Zypen & Charlier, G. m. b. H., Köln-Deutz

Alphabetisches Sachverzeichnis.

(Die Zahlen bedeuten die Textseiten des Buches; * bedeutet Fußbemerkung.)

Lehrbuch der Bergwerksmaschinen. (Kraft- und Arbeitsmaschinen). Von Dr. **H. Hoffmann,** Ingenieur, Bochum. Mit 523 Textabbildungen. VIII, 372 Seiten. 1926. Gebunden RM 24.— Enthält folgende Kapitel: XIII. Schachtförderanlagen. XIV. Die Dampffördermaschinen. XXIV. Elektrische Kraftübertragung im Bergbau.

Tiefbohrwesen, Förderverfahren und Elektrotechnik in der Erdölindustrie. Von Dipl.-Ing. **L. Steiner,** Berlin. Mit 223 Abbildungen. X, 340 Seiten. 1926. Gebunden RM 27.—

Inhaltsübersicht:

Einleitung: **Das Bohren.** Das stoßende Bohren. Gestängebohren. Seilbohren. Schnellschlagbohren. — Das drehende Bohren. Bohren in festem Gebirge. Bohren in wildem Gebirge. **Das Fördern des Erdöles.** Das Fördern mittels Schöpflöffels und Kolbens. Das Fördern mittels Schöpflöffels. Das Fördern mittels Kolbens. Das Fördern durch Tiefpumpen. Einzelantrieb. Gruppenantrieb. Tiefpumpen amerikanischer Bauart. Vorteile der elektrischen Antriebsart. Wirtschaftlichkeit der Förderung mittels Tiefpumpen bezogen auf den Brennstoffverbrauch. Vergleich der Wirtschaftlichkeit zwischen Löffelförderung und Pumpbetrieb. Die Förderung mittels Druckluft. — Die Förderung mittels Senkpumpen. — Schachtbetrieb.

Die Bergwerksmaschinen. Eine Sammlung von Handbüchern für Betriebsbeamte. Unter Mitwirkung zahlreicher Fachgenossen herausgegeben von Diplom-Bergingenieur **Hans Bansen,**

Es liegen vor:

Dritter Band: Die Schachtfördermaschinen. Zweite, vermehrte und verbesserte Auflage, bearbeitet von **Fritz Schmidt** und **Ernst Förster.**

I. Teil: Die Grundlagen des Fördermaschinenwesens von Privatdozent Dr. **Fritz Schmidt,** Berlin. Mit 178 Abbildungen im Text. VIII, 209 Seiten. 1923. RM 8.40

III. Teil: Die elektrischen Fördermaschinen. Von Prof. Dr.-Ing. **Ernst Förster,** Magdeburg. Mit 81 Abbildungen im Text und auf einer Tafel. VII, 154 Seiten. 1923. RM 6.—

Sechster Band: Die Streckenförderung. Von Dipl.-Berging. **Hans Bansen.** Zweite, vermehrte und verbesserte Auflage. Mit 593 Textfiguren. XII, 444 Seiten. 1921. Gebunden RM 18.—

Im Laufe des Jahres 1926 werden erscheinen:

Dritter Band: Die Schachtfördermaschinen. Zweite Auflage.

II. Teil: Die Dampffördermaschinen. Bearbeitet von Dr. **Fritz Schmidt.**

Lehrbuch der Bergbaukunde mit besonderer Berücksichtigung des Steinkohlenbergbaues. Von Prof. Dr.-Ing. e. h. **F. Heise,** Direktor der Bergschule zu Bochum, und Prof. Dr.-Ing. e. h. **F. Herbst,** Direktor der Bergschule zu Essen. In 2 Bänden.

Erster Band: Gebirgs- und Lagerstättenlehre. Das Aufsuchen der Lagerstätten (Schürf- und Bohrarbeiten). Gewinnungsarbeiten. Die Grubenbaue. Grubenbewetterung. Fünfte, verbesserte Auflage. Mit 580 Abbildungen und einer farbigen Tafel. XIX, 626 Seiten. 1923. Gebunden RM 11.—

Zweiter Band: Grubenausbau. Schachtabteufen. Förderung Wasserhaltung. Grubenbrände. Atmungs- und Rettungsgeräte. Dritte und vierte, verbesserte und vermehrte Auflage. Mit 695 Abbildungen. XVI, 662 Seiten. 1923. Gebunden RM 11.—

Ⓦ **Grundzüge der Bergbaukunde** einschließlich Aufbereitung und Brikettieren. Von Dr.-Ing. e. h. **Emil Treptow,** Geh. Bergrat, Professor i. R. der Bergbaukunde an der Bergakademie Freiberg, Sachsen. Sechste, vermehrte und vollständig umgearbeitete Auflage.

I. Band: **Bergbaukunde.** Mit 871 in den Text gedruckten Abbildungen. X, 636 Seiten. 1925. Gebunden RM 18.—

II. Band: **Aufbereitung und Brikettieren.** Mit 324 in den Text gedruckten Abbildungen und XI Tafeln. X, 338 Seiten. 1925. Gebunden RM 21.—

Die mit Ⓦ bezeichneten Werke sind im Verlag von Julius Springer in Wien erschienen.

GPSR Compliance

The European Union's (EU) General Product Safety Regulation (GPSR) is a set of rules that requires consumer products to be safe and our obligations to ensure this.

If you have any concerns about our products, you can contact us on ProductSafety@springernature.com

In case Publisher is established outside the EU, the EU authorized representative is:

Springer Nature Customer Service Center GmbH
Europaplatz 3
69115 Heidelberg, Germany

Batch number: 10684808

Printed by Printforce, the Netherlands